国外油气勘探开发新进展丛书（十五）·石油地质理论专辑

盐构造与沉积和含油气远景

［英］G. I. Alsop　S. G. Archer　A. J. Hartley　主编
　　　　N. T. Grant　R. Hodgkinson

张功成　崔　敏　余一欣　屈红军　等译

石油工业出版社

内 容 提 要

本书论述了盐构造成因，描述和模拟了盐构造及其周缘构造变形特征，研究了中欧含盐盆地、被动大陆边缘和挤压背景下的盐构造，揭示了盐构造对沉积和油气成藏的影响，阐述了最新的盐构造研究方法和理论进展。

本书可以作为油气勘探机构管理者、专家、科研院所石油地质专业研究人员及大专院校相关专业师生参考使用。

图书在版编目（CIP）数据

盐构造与沉积和含油气远景／（英）G. I. 奥尔索普
（G. I. Alsop）等主编；张功成等译．—北京：石油
工业出版社，2020.11
（国外油气勘探开发新进展丛书．十五．石油地质专辑）
书名原文：Salt Tectonics, Sediments and Prospectivity
ISBN 978-7-5183-2419-4

Ⅰ．①盐… Ⅱ．①G… ②张… Ⅲ．①盐-构造 Ⅳ.
①O611.65

中国版本图书馆 CIP 数据核字（2017）第 320329 号

Salt Tectonics, Sediments and Prospectivity
Edited by G. I. Alsop, S. G. Archer, A, J. Hartley, N. T. Grant and R. Hodgkinson
© The Geological Society of London 2012
All rights reserved.
This translation of Salt Tectonics, Sediments and Prospectivity first published in 2012
is published by arrangement with The Geological Society of London.

本书经英国 Geological Society of London 授权石油工业出版社有限公司翻译出版。版权所有，侵权必究。
北京市版权局著作权合同登记号：01-2016-4219

出版发行：石油工业出版社
（北京安定门外安华里 2 区 1 号楼 100011）
网　　址：www.petropub.com
编辑部：（010）64523543　图书营销中心：（010）64523633
经　　销：全国新华书店
印　　刷：北京晨旭印刷厂

2020 年 11 月第 1 版　2020 年 11 月第 1 次印刷
787×1092 毫米　开本：1/16　印张：42
字数：1075 千字

定价：300.00 元
（如出现印装质量问题，我社图书营销中心负责调换）
版权所有，翻印必究

《国外油气勘探开发新进展丛书（十五）》
编委会

主　任：赵政璋

副主任：赵文智　张卫国

编　委：（按姓氏笔画排序）

王屿涛　李胜利　吴因业　沈安江

张功成　周进高　周家尧　章卫兵

蒋宜勤　靳　军

序

为了及时学习国外油气勘探开发新理论、新技术和新工艺，推动中国石油上游业务技术进步，本着先进、实用、有效的原则，中国石油勘探与生产分公司和石油工业出版社组织多方力量，对国外著名出版社和知名学者最新出版的、代表最先进理论和技术水平的著作进行了引进，并翻译和出版。

从2001年起，在跟踪国外油气勘探、开发最新理论新技术发展和最新出版动态基础上，从生产需求出发，通过优中选优已经翻译出版了14辑80多本专著。在这套系列丛书中，有些代表了某一专业的最先进理论和技术水平，有些非常具有实用性，也是生产中所亟需。这些译著发行后，得到了企业和科研院校广大科研管理人员和师生的欢迎，并在实用中发挥了重要作用，达到了促进生产、更新知识、提高业务水平的目的。部分石油单位统一购买并配发到了相关技术人员的手中。同时中国石油天然气集团公司也筛选了部分适合基层员工学习参考的图书，列入"千万图书下基层，百万员工品书香"书目，配发到中国石油所属的4万余个基层队站。该套系列丛书也获得了我国出版界的认可，三次获得了中国出版工作者协会的"引进版科技类优秀图书奖"，形成了规模品牌，获得了很好的社会效益。

2017年在前14辑出版的基础上，经过多次调研、筛选，又推选出了国外最新出版的7本专著，即《世界巨型油气藏：储层表征与建模》《亚洲新元古界—寒武系盆地地质学与油气勘探潜力》《微生物碳酸盐岩：对全球油气勘探与开发的意义》《碳酸盐岩油气勘探与储层分析》《油气勘探开发中的沉积物源研究》《盐构造与沉积和含油气远景》《湖相砂岩储层与含油气系统》，以飨读者。

在本套丛书的引进、翻译和出版过程中，中国石油勘探与生产分公司和石油工业出版社组织了一批著名专家、教授和有丰富实践经验的工程技术人员担任翻译和审校工作，使得该套丛书能以较高的质量和效率翻译出版，并和广大读者见面。

希望该套丛书在相关企业、科研单位、院校的生产和科研中发挥应有的作用。

中国石油天然气集团公司副总经理

译者的话

在全球，盐构造发育的沉积盆地分布极其广泛，其油气也极为丰富，如波斯湾盆地、里海、北海、墨西哥湾、南大西洋等，这些盆地过去、现在及未来都是全世界的重点勘探区域。近年来，盐构造理论与技术方法有了显著进步。在这一背景下，G. I. Alsop 等组织盐构造研究领域的一批杰出专家教授撰写了著作《Salt Tectonics，Sediments and Prospectivity》，总结了近年来盐构造研究的最新进展。

我国油气勘探正在发生深刻的变化，处在由国内勘探为主转变为国内、国外并举的新时期。与盐构造相关的含油气盆地在我国比较少，盐构造及其对油气成藏的研究相对较弱。有必要引进国外相关的最新研究成果，借鉴经验，促进我国在盐构造方面的科研工作。

石油工业出版社组织翻译的《盐构造与沉积和含油气远景》(《Salt Tectonics，Sediments and Prospectivity》)，恰好满足了当前我国国内外油气勘探、科研工作和教学中的迫切需要，可以指导勘探机构和科研院所的相关科研、决策及教学工作。中海油研究总院张功成、崔敏、骆宗强、金莉、陈莹、祁鹏、纪沫、赵钊、王龙、李飞跃和孙瑞，西北大学屈红军、李鹏、史毅、汪立、罗腾文、杜美迎、张凤廉、赵冲和胡芸冰，中国石油大学（北京）余一欣、张一鸣、王怡和苏群等分别翻译和校对部分章节；张功成、崔敏对本书做了统一校对。

最后，感谢本书的主编 G. I. Alsop 等给我们带来盐构造研究的最新研究成果。感谢伦敦地质学会允许出版中文译本。

目　　录

绪论
STUART G. ARCHER, G. IAN ALSOP, ADRIAN J. HARTLEY,
NEIL T. GRANT, RICHARD HODGKINSON ………………………………………（ 1 ）

第一部分　盐动力层序地层学

第 1 章　盐动力层序变形与地层学定义
　　　　KATHERINE A. GILES, MARK G. ROWAN ………………………………（ 11 ）
第 2 章　墨西哥 La Popa 盆地直立盐焊接与侧翼地层露头剖析
　　　　MARK G. ROWAN, TIMOTHY F. LAWTON, KATHERINE A. GILES ………（ 36 ）
第 3 章　墨西哥 La Popa 盆地 La Popa 盐焊接的始新统 Carroza 组盐动力层序地层学、
　　　　河流沉积学和构造几何学
　　　　JOSEPH R. ANDRIE, KATHERINE A. GILES,
　　　　TIMOTHY F. LAWTON, MARK G. ROWAN …………………………………（ 65 ）
第 4 章　澳大利亚南部弗林德斯山脉中部毗邻 Patawarta 异地盐席的新元古代 Wonoka
　　　　组沉积和盐动力层序地层
　　　　RACHELLE A. KERNEN, KATHERINE A. GILES,
　　　　MARK G. ROWAN, TIMOTHY F. LAWTON, THOMAS E. HEARON ………（ 85 ）
第 5 章　墨西哥东北部 La Popa 盆地二次盐焊接裂缝控制的古水文学研究
　　　　ADAM P. SMITH, MARK P. FISCHER, MARK A. EVANS …………………（113）

第二部分　被动大陆边缘盐构造

第 6 章　从全球视野角度分析部分巴西盆地盐构造地质特征
　　　　WEBSTER U. MOHRIAK, PETER SZATMARI, SYLVIA ANJOS ……………（141）
第 7 章　坎波斯盐盆和桑托斯盐盆中的盐沉积、负载及重力活动
　　　　IAN DAVISON, LEE ANDERSON, PETER NUTTALL …………………………（169）
第 8 章　巴西海域桑托斯盆地盐动力作用对构造样式和沉积物展布的影响
　　　　MARTA C. M. GUERRA, JOHN R. UNDERHILL ………………………………（185）
第 9 章　被动大陆边缘盐构造——以桑托斯盆地、坎波斯盆地和宽扎盆地为例
　　　　DAVE G. QUIRK, NIELS SCHØDT, BIRGITTE LASSEN,

STEVEN J. INGS, DAN HSU, KATJA K. HIRSCH, CHRISTINA VON NICOLAI ……………………………………………………… (217)

第10章 翻滚盐构造
DAVID G. QUIRK, ROBIN S. PILCHER …………………………………… (259)

第11章 墨西哥湾北部区域盐流运动学研究
XAVIER FORT, JEAN-PIERRE BRUN ……………………………………… (280)

第12章 盐动力对海底水道均衡剖面的影响以及在相结构分析中的应用：以墨西哥湾Magnolia油田为例进行概念模型分析
IAN A. KANE, DAVID T. MCGEE, ZANE R. JOBE ……………………… (304)

第13章 被动陆缘盆地内盐构造数值模拟中力学分层的分析
MARKUS ALBERTZ, STEVEN J. INGS ……………………………………… (320)

第14章 利用区域二维地震资料和四维物理实验分析加拿大东部劳伦盆地的盐构造演化
J. ADAM, C. KREZSEK …………………………………………………… (350)

第15章 Parentis盆地海域（比斯开湾东部）伸展和反转期间的盐构造演化
O. FERRER, M. P. A. JACKSON, E. ROCA1, M. RUBINAT ……………… (381)

第三部分　中欧盐盆地

第16章 中生代至新生代波兰盆地内盐构造的演化概况
PIOTR RZYWIEC …………………………………………………………… (405)

第17章 活动基底断层之上底辟构造隆升期间盐供给的物理模拟和数值模拟
STANISŁAW BURLIGA, HEMIN A. KOYI, ZURAB CHEMIA ……………… (420)

第18章 中欧盆地系统二叠系盐岩区域构造意义
YURIY PETROVICH MAYSTRENKO, ULF BAYER, MAGDALENA SCHECK-WENDEROTH ……………………………………… (436)

第19章 楔形体和缓冲区：来自乌克兰陆上第聂伯—顿涅茨盆地的新构造特征
JONATHAN BROWN, M. BOWYER, V. ZOLOTARENKO ………………… (460)

第四部分　盐体内部及邻区的变形

第20章 重力驱动挤压作用下多层厚蒸发岩内的应变分布
JOE CARTWRIGHT, MARTIN JACKSON, TIM DOOLEY, SIMON HIGGINS …………………………………………… (481)

第21章 巴西桑托斯盆地BM-S-8和BM-S-9区块层状蒸发盐的褶皱作用和变形分析
J. CARL FIDUK, MARK G. ROWAN ……………………………………… (505)

第 22 章 利用三维地震资料研究复杂的盐内变形：以荷兰海域西部上二叠统 Zechstein 统 Z₃ 细脉为例
F. STROZYK, H. VAN GENT, J. L. URAI, P. A. KUKLA ……………… (523)

第 23 章 盐构造过程中嵌入岩体的位移与变形的数值模拟
——以南阿曼盐盆为例
SHIYUAN LI, STEFFEN ABE, LARS REUNING,
STEPHAN BECKER, JANOS L. URAI, PETER A. KUKLA ……………… (537)

第 24 章 裂缝样式分析在区域应力与底辟构造局部应力相互作用研究中的应用
——以西班牙巴斯克比利牛斯山脉波萨德拉萨尔底辟为例
A. QUINTÀ, S. TAVANI, E. ROCA ……………… (557)

第 25 章 英国萨默塞特郡布里斯托尔海峡沿岸盐相关构造研究
JAMES TRUDE, ROD GRAHAM, ROBIN PILCHER ……………… (570)

第五部分　会聚背景下的盐和盐冰川

第 26 章 扎格罗斯山脉先存盐构造及褶皱作用
JEAN-PAUL CALLOT, VINCENT TROCMÉ, JEAN LETOUZEY,
EMILY ALBOUY, SALMAN JAHANI, SHARAM SHERKATI ……………… (587)

第 27 章 伊朗北部加姆萨尔盐推覆体及基于合成孔径雷达干涉成像技术对
周缘断层的季节性反转的分析
SHAHRAM BAIKPOUR, SHRISTOPHER J. TALBOT ……………… (606)

第 28 章 突尼斯北部海底"盐冰川"——一个北非白垩纪被动陆缘三叠系盐岩
流动性的实例
AMARA MASROUHI, HEMIN A. KOYI ……………… (624)

第 29 章 法国上普罗旺斯地区次阿尔卑斯褶皱冲断带的异地盐体
ROD GRAHAM, MARTIN JACKSON,
ROBIN PILCHER, BILL KILSDONK ……………… (640)

绪 论

STUART G. ARCHER[1], G. IAN ALSOP[1], ADRIAN J. HARTLEY[1],
NEIL T. GRANT[2], RICHARD HODGKINSON[3]

(1. Geology and Petroleum Geology, School of Geosciences, University of Aberdeen, Aberdeen AB24 3UE, UK; 2. ConocoPhillips UK Ltd, Rubislaw House, North Anderson Drive, Aberdeen AB15 6FZ, UK; 3. Bowleven plc., 1 North St Andrew Lane, Edinburgh, EH2 1HX, UK)

一、引言

盐是一种在相对封闭和局限条件下，由于水体蒸发而形成的矿物盐岩结晶体。这个非叙述性的术语概括了地下所有可流动的蒸发沉积物，正是盐的流动性使其研究变得有趣而复杂。作为一种岩石，盐具有可以在一定地质条件下迅速变形的独特性，例如当坡度不大于0.5°时其性能就像一种黏性流体。盐的屈服强度几乎可以忽略，很容易发生变形，主要由差异沉降或者构造荷载引起。不同的蒸发沉积物之间的流变机制和流变行为存在着显著差异，湿盐主要产生扩散蠕变变形，特别是在低应变速率以及差异压力较小的时候，所以含盐盆地的演化变形要比非含盐盆地复杂得多。在盆地的地球动力演化过程中，盐动力作用能够产生不同的体系结构和几何形态，发育形态的多样化有相当大的经济以及学术意义。

自1906年得克萨斯州东部的Spindletop Dome油田发现以来，盐岩就在石油勘探中扮演着重要的角色。目前，盐构造对石油工业有重要的意义，因为世界上许多大油气区都存在于与盐相关的沉积盆地中，例如墨西哥湾、北海(North Sea)、坎波斯(Campos)盆地、下刚果(Lower Congo)盆地、桑托斯(Santos)盆地和伊朗西南部的扎格罗斯(Zagros)。因此，为了有效、高效地勘探油气，对于盐的理解以及它是如何影响盐构造和沉积是非常重要的。特别是在裂谷盆地中，盐被认为是控制含油气系统的重要因素。盐动力作用能够产生构造圈闭，形成大陆边缘的反向倾斜，还能够通过流动搬运或携带邻区的岩石。盐构造能影响同沉积及非同沉积地层的发育模式以及储层的分布，对于地层圈闭的形成也起到了非常重要的作用。盐层也能够影响油气聚集，形成顶部或者侧向封堵，并作为区域盖层控制油气运移和充注。盐具有高导热性，对盆地的沉积热演化程度有着重要的影响。厚盐层能够使盐层下面的沉积物降温，同时加热盐层上面的沉积物。这种影响不可低估，在墨西哥湾深水区和桑托斯盆地，即使上覆沉积层厚度达到或超过5km，它依然能够为烃源岩的热演化提供有利条件。盐还能够影响储层物性，主要通过控制热孔隙水影响储层成岩过程，例如在墨西哥湾深水区古近系成藏组合的勘探中，这种影响是重要的风险因素。盐在时间上持续性地活动和演化，不仅表现为典型的盐滚、盐底辟、盐基、盐篷和盐垮塌等持续的活动，而且受沉积速率和模式的变化影响，最终造成地变形程度也不同。盐运动的相对时间及其对物源、储层、圈闭、封堵和关键时刻的影响控制了含盐盆地的含油气远景。在石油以外的领域，盐还被用作生产钾肥、石膏和硝酸盐的原材料，在封存放射性核废料以及封盖隔离二氧化碳

（CO_2）方面也具有很大作用。

二、盐构造与沉积和含油气远景会议总结

2010年1月伦敦地质学会石油分会联合沉积地质协会在英国伦敦柏林顿宫召开国际会议，会议主题是盐构造与沉积和含油气远景，目的是汇集工业界和学术界的学者，在全球范围内提出当今有关盐构造的新理论，研讨其对盐动力构造层的沉积、盆地演化的影响以及最终对油气远景的影响。

这次会议是近年来地质学会出席人数最多的会议之一，本书汇集了29篇会议论文。盐构造在地球科学的学术界和工业界都是一个重要的主题。这次收集的论文汇编成了一个主题广泛的论文集，包括许多最近对盐和沉积动力学的研究。希望本书能够成为对未来研究有价值的参考文献。文集中概述了各个主题论文中提出的重要研究成果和总结的关键概念。这是自1996年Alsop等出版专著后，地质学会出版的第一部致力于盐构造和沉积的专著，为这个领域的发展及时注入了新的内容。

本书分为五个主题，涵盖了与盐构造、沉积及油气远景相关的各种地貌和地质作用过程，分别是盐动力层序地层学、被动大陆边缘盐构造、中欧盐盆地、盐体内部及邻区的变形以及会聚背景下的盐及盐冰川。

1. 盐动力层序地层学

盐动力层序地层学将层序地层学的原理直接运用到受盐影响的沉积地层中，这一部分由Giles和Rowan撰写的一篇关于盐动力层序地层学概念和变形研究的论文开篇。钩型盐动力层序是指一个狭窄的以不整合为界的变形区，具有大倾角（>70°）的不整合层组和突变的沉积相。楔型盐动力层序则为一个宽缓的褶皱区，低角度削截、渐变的沉积相。复合型盐动力层序可能反映了底辟上升速率与沉积速率比值的变化。

Rowan等论述了墨西哥北部La Popa盆地一条垂直盐焊接的露头剖面特征。盐动力褶皱与局部不整合表明早期形成的盐墙，在后期区域挤压背景下被挤压形成垂直盐焊接。在24km长的盐焊接范围内，变形程度明显不同，推测其变形程度是受原始盐墙厚度以及后期挤压的方向和大小共同控制。在挤压方向与盐墙垂直的地方，底辟局部会发生闭合，而不会产生进一步的变形。然而，在挤压方向与盐墙斜交的部位，存在明显的盐焊接右旋剪切作用及裂缝，这可能影响盐焊接的封堵能力。

Andrie等对La Popa盆地盐焊接的详细研究表明，在挤压引起的盐撤盆地中，河流沉积在相带分布和盐动力褶皱几何形态上存在明显的差异。层序底部的河道沉积通常较薄、宽阔而且古流向多变；而层序上部河道沉积较厚，叠置河道的古流向与盐焊接平行。此外，在沉积层中盐动力褶皱作用增强，使得盐体向上变窄，这表明与盐隆起速率相比，沉积速率降低了。

Kernen等研究表明临近澳大利亚南部的弗林德斯（Flinders）山脉中部新元古界可能为异地盐席。毗邻盐的沉积物代表了一种从浪控陆架沉积到海岸平原沉积的进积层序。盐动力层序边界很明显，削截角度大于50°。

Smith等认为在La Popa盆地，断裂控制着次级盐焊接的古水文条件。同位素和流体包裹体的分析结果表明盐脉是在盐体排驱后形成的，大部分处在盐焊接弯曲部位。此外，分析结果还表明盐焊接也起到了垂向流体运移通道以及水平运移遮挡的作用。这也清晰地指出了盐焊接封堵油气的潜力，封堵效果受盐焊接弯曲程度和构造压缩量等因素的影响。

2. 被动大陆边缘盐构造

Mohriak 等探讨了巴西的古生代内克拉通盆地和中生代冈瓦纳大陆（Gondwana）分离时形成的离散边缘盆地的盐构造。重磁震数据证明大西洋中生代的裂谷系发育一套厚的原地盐层，该盐层上部在由陆壳向洋壳过渡区清晰可见。最近的油气发现表明，深水区盐下成藏组合将成为重要油气生产领域。

Davison 等研究了巴西南部坎波斯盆地与桑托斯盆地中的盐沉积、荷载以及盐的重力排替作用。在盆地拉张后期，蒸发岩沉积速率迅速加快（<1Ma），导致荷载加大，进一步使盆地沉降，随之盐流向（或排向）这些沉降盆地中。地震剖面解释表明，盐在上覆沉积物明显堆积前，向坡下流动，导致盐荷载重新分配并且可能使断层活化。

Guerra 和 Underhill 研究了桑托斯盆地盐动力作用对构造样式和沉积模式的控制。受盐动力作用和沉积物输入的驱动产生了重力滑动和重力扩展，并导致盐上地层显著变形。Cabo Frio 断层是一个向陆倾斜的铲式断层，控制了上陆坡主要的沉积中心，在盐核褶皱内部通过挤压收缩，使沉积物向下陆坡聚集。来自多个方向的沉积补给构成一种受褶皱及介于其间的微盆控制的沉积模式。由于盐动力作用，相对于盐下层序，盐上的沉积向着盆地方向迁移，恢复技术能够考虑到很多关键因素以提高油气系统评价的水平。

Quirk 等以桑托斯盆地、坎波斯盆地和宽扎盆地等被动大陆边缘盆地为例，对盐构造进行了讨论。在大陆裂解后，由于热沉降，盐快速流向洋盆。向海和向陆倾斜的正断层上覆盖的地层发生伸展和转换变形，是盆地内带早期演化的标志，而盆地外带具有挤压构造的特征。热沉降和盐的排替作用能够在相对较短时间内将被动大陆边缘沉积物向海推进数十千米。

Quirk 和 Pilcher 提出了翻滚盐构造的概念，其与伸展机制下盐墙的发育相关。在这样的条件下，盐墙表现为将两翼地层截断，其不对称性与正断层的形成模式有关，不整合或者超覆面将倾向相反的地层分隔开。这种构造被认为是正断层向盐滚侧翼滑脱形成的。盐向断层下盘低应力区的顶部流动，引起盐体的逆向倾斜，使其变得不稳定。随后通过不断地旋转生长，形成一条新的反向倾斜断层，其断层面沿盐体边缘发生反向滑脱，形成新不整合或者超覆面，这个过程有可能多次重复发生。

Fort 和 Brun 讨论了墨西哥湾北部盐流动的区域动力学特征。前人认为沉积荷载是主要的驱动力，但是他们的研究成果与前人恰好相反，认为在墨西哥湾北部盐构造主要控制的因素是滑移，这与陆缘的整体倾斜相关。

Kane 等研究了盐动力作用对墨西哥湾 Magnolia 油田海底水道的影响。在盐构造生长期间，水道可能下切海底，因为其侵蚀的能力远远超过了地层生长的能力。然而，在水流不畅的地区，地层的生长对水流起到阻碍作用，进而引起了河流的改道。盐层大规模的增长和撤离可能导致海底水道的周期性变化。

Albertz 和 Ings 进行了被动大陆边缘盆地尺度的盐构造力学分层的数值模拟研究。他们利用二维平面应变数值实验来说明蒸发岩黏度变化、盐流嵌入沉积层中的样式与上覆沉积层变形之间的联系。低黏度的盐可能从盆地盖层之下完全排出，同时嵌入的地层将盐流分隔开，造成盐在向海方向挤压的过程中发育了挤压构造。嵌入的沉积地层与盐之间的密度差将会导致它们相互分离，最后形成较厚的纯盐岩区。这种浮力分异的过程可以解释原地盐盆地中出现的层状盐岩以及异地盐席中的纯盐岩的形成。

Adam 和 Krezsek 通过综合地震解释和类比实验结果，分析了加拿大大西洋近海劳伦盆地中盆地尺度的盐构造的形成过程。该盆地在晚三叠世沉积了超过 3km 厚的盐。50～70km 宽的盆地主要由相互关联的半地堑裂谷组成。晚三叠世之后，沉积作用将流动的盐带入一系列由盐焊接和盐枕、张性底辟和盐篷、挤压底辟和褶皱以及异地盐推覆体控制的区域。次级盐滑脱形成了生长断层及伴随的微盆。

Ferrer 等研究了比斯开湾东部 Parentis 盆地伸展和反转过程中盐构造的演化。当晚侏罗世北大西洋和比斯开湾打开时，盐底辟和盐墙开始形成。白垩纪中期，许多盐构造停止发育，盐源供给层逐渐枯竭。然而，在晚白垩世至新生代比利牛斯山造山运动期间，盆地缓慢的反转，几乎所有的挤压收缩被盐构造所占据。在这一过程中，盐构造重新活动形成了挤压底辟、垂直盐焊接和盐冰川。

3. 中欧盐盆地

这一部分由 Krzywiec 的论文开篇，作者主要概述了波兰盆地中生代到新生代盐构造的演化过程。欧洲中西部在二叠纪至白垩纪形成了一系列陆缘沉积盆地，主要充填硅质碎屑沉积物、碳酸盐岩和 Zechstein 统蒸发岩。盐相关构造主要分布在盆地的边缘（盐层较薄），在盐和盐枕之上发育以滑脱铲式断层为界的地堑。在盆地的中心或轴向部位，盐层较厚，逐渐发育为盐底辟。在晚白垩世，盆地发生反转，这些构造重新活动，还有一些构造在渐新世或中新世沉降时也发生活化。

Burliga 等以位于波兰中部的一条活动基底断层上部的盐底辟构造为例，用物理模拟和数值模拟的方法研究了该底辟构造抬升的盐源供给。实验表明盐补给首先来自基底断层的下盘。随后挤压该模型，使得底辟中的盐体变薄并重新分布，同时补给盐茎转移到断层的下盘。数值模拟表明基底断层的大小控制着穿过该断层的盐底辟的盐源供给量，随着时间的推移，来自上盘和下盘的盐源供给逐渐发生变化。

Maystrenko 等探讨了二叠系盐岩在中欧盆地群中的区域性作用。作为对二叠纪之后的几个构造事件的响应，Zechstein 统盐岩的流动导致了盐墙和底辟发育，其厚度高达 9km。这些盐墙和底辟中产生的盐撒，对新生代沉积物的沉积和变形都会产生强烈的影响。

Brown 等对乌克兰第聂伯—顿涅茨盆地晚古生代发生局部反转的构造带进行了观察，并对楔形体和缓冲区进行了描述。在这个晚泥盆世裂谷形成的大型内克拉通盆地中，沉积了两套蒸发岩，随后发生了石炭纪后裂谷期热沉降，并在一些区域形成伸展构造。Brown 等指出盆地边缘的伸展可能与一些基底断裂发生局部厚皮反转相关。基底断层的反转导致单斜褶皱发育，而且在后期的构造活动（前阿尔卑斯期）阶段进一步发生扩展，这说明晚石炭世到早二叠世主要为挤压缩短作用而非伸展作用，这与许多前人观点相反。

4. 盐体内部及邻区的变形

这一部分由 Cartwright 等的论文开篇，作者主要研究了地中海东部黎凡特盆地一套厚的多层蒸发岩，在重力作用下发生缩短时应变分解的情况。重力扩展是由盆地沉降、黎凡特盆地边缘倾斜以及尼罗河沉积物进积作用共同形成的。在墨西拿期，蒸发岩层发育四套富含盐且相互隔离的滑脱层，在蒸发岩内独自流动。挤压区的剖面解释为泊肃叶流，盐向下倾方向流动比沉积地层的嵌入要快，也比上覆沉积物的聚集要快，这是第一次使用地震数据在区域尺度上阐明盐体内部的流动规律。

Fiduk 和 Rowan 对层状蒸发岩内的褶皱和变形进行了分析，对巴西近海桑托斯盆地的研究揭示了一套厚层蒸发岩，由被三层较软的滑脱层（富含盐岩）分隔开来的三套相对较硬的硬石膏层构成。这种地层动力特征是对各种收缩变形的响应，与会聚型重力滑动和边缘扩展相关。这些硬石膏层可能会受到严重破坏，也会产生与强烈的非同轴变形相关的曲线褶皱、鞘褶皱。由于蒸发岩内部滑脱产生了应变分解，非同轴变形会向下倾方向增大。

Strozyk 等研究了荷兰近海西部 Zechstein 统复杂盐内变形的三维地震剖面。他们用 10m 厚的硬石膏模拟了蒸发岩内的石香肠构造和褶皱，并用盐矿实地观察和数值模拟结果相对比，认为这种变形是盐层流变、三维盐流动、基底构造及上覆岩层运动相互作用的反应。

Li 等对阿曼盐盆南部的实例进行了研究，用盐岩充当底辟构造，制作了一个用于底辟位移和变形研究的数值模型。通过有限元模型研究了盐层顶面的差异位移是如何引起盐流动，如何引起大型碳酸盐岩体发生褶皱、破裂的；而这些构造都是阿曼盐底辟中潜在的油气圈闭。数值模拟结果表明：盐岩变形后可能很快发育盐构造，拉张形成石香肠构造和裂缝，挤压产生褶皱和盐岩冲断构造。

Quinta 等在西班牙比利牛斯山脉的研究中，用断裂模式作为一种区域与底辟相关的应力场相互作用的约束方法。在底辟构造的上覆毗邻区，收集了连接处以及断层的相关数据，用于分析底辟周围应力场的演化模式。数据表明，应力场从主要区域构造相关的应力控制向由底辟动力引起的局部应力控制演化。

Trude 等研究了英格兰南部布里斯托尔海峡存在的可能与盐有关的构造，这是一篇发人深省的文章，也是该部分的压轴文章。先前对研究区的解释均与拉张、反转和走滑构造相关，但是这篇文章的贡献在于挑战既定的观点。在巴西和墨西哥湾三维高质量地震资料的支持下，作者认为布里斯托尔海峡许多著名的构造，实际上可以用盐撤导致的构造塌陷以及晚三叠世和早侏罗世产生的底辟进行更好地解释。

5. 会聚背景下的盐和盐冰川

扎格罗斯山脉也许是世界上的最合适研究挤压背景下的盐构造的地区。这一部分首先由 Callot 等关于扎格罗斯先存盐构造和褶皱的文章开始，作者通过 X 射线断层扫描技术进行了 4D 模拟实验，研究了先存盐构造在后来压缩变形中所起的控制作用。他们认为初始的底辟形状能够控制后期发育的垂直似管状的挤压底辟，在局部形成锐化的倒转褶皱，同时枕状底辟可能优先形成。线性盐脊对于褶皱的走向和两翼地层的延展具有强烈的影响，通常由于构造活动的影响，使其翼部断开。

Baikpour 和 Talbot 利用干涉合成孔径雷达成像（SAR），研究了伊朗北部古近纪—新近纪异地盐推覆体。他们用先进的合成孔径雷达图像描述了阿尔伯兹山脉南部活动的褶皱和断层，它们均受到存在的异地盐体的制约。对地震反射特征的研究表明，断层长度超过了小于 3.5 级地震所能产生的断层长度，也正说明区域性的应力比以前的认识要强。

Masrouhi 和 Koyi 调查了白垩纪北非被动大陆边缘形成的海底盐冰川，以突尼斯盐冰川为例分析了侧向盐流动特征。三叠系盐体出现在两套白垩纪地层之间，表明了盐在白垩纪沿着沉积物—水的界面挤入并侵位的过程。这种盐冰川的显著标志通常与现存陆坡相关的正断层作用及向盆地流动的盐流有关。在许多被动大陆边缘也会以发育异地盐席为特征。

Graham 等研究了法国东南部阿尔卑斯山（Alpine）次级逆冲褶皱带中的异地盐体。东南部阿尔卑斯山次级逆冲褶皱带的地质情况众所周知，但是构造方面依然存在难题，而引入盐构造可能是最好的解释。当盐沿着海底向上侵入的时候，倒转的侏罗系代表了翻转的褶翼。这些异地的挤出盐体或者盐冰川与墨西哥湾情况相似，但随后的阿尔卑斯山造山运动的区域性挤压使其变得非常复杂。

三、现今与未来盐构造的研究方向

这里收集了一系列内容广泛的论文,对盐构造的研究情况进行了深入介绍。本论文集是近几十年研究工作的成果总结,从盐变形(建立了盐的流动规律)及其对构造和地层的影响等多个方面,提高了对盐的理解和认识。

目前,某些特定的研究(包括某些地区和某些专题)显得更加盛行。例如巴西、墨西哥湾和中欧是目前盐构造的热点研究区域,热点专题主要包括区域性的盐活动及其内部地层发育机制。物理模拟和数值模拟推动了该项研究向前发展,并从中得到了重要的认识。这个领域仍然被持续关注,因为它提供了一种创建盐构造模型的廉价方法。实验研究的目的通常是理解动力学和模拟幕式的变形过程。模型变得越来越精细复杂,同时也整合了数值测量技术,例如粒子图像测速分析技术、轴向计算层析成像技术,而且离散和有限单元模型能够使研究人员更加深入理解构造演化进程。当然,对于建立大规模含盐沉积盆地的精细复杂的连续性模型,计算机的运行能力至关重要。这种研究方法将会持续发展,还有可能帮助描述变形特征、明确盆地的形状以及沉积模式对于盐构造的影响。这种模型研究方法对于解决某些难题具有独特的作用:如在不同沉积荷载压差下,盐是如何滑移或者扩展的?

模拟研究的下一步方向是在盐地质力学的理解方面,这方面吸引了石油工业界越来越多的参与。因为盐活动发生过程中长时间呈流体状态,不适用于剪切应力模式。盐体内的应力张量包括流体静力和地层压力。这种应力体系的一个重要影响就是盐扰乱了区域应力状态,导致了盐与黏弹性围岩之间的复杂相互作用。这对在靠近盐底辟或者穿过盐席的钻井有重要影响,同时也影响到对盐作为侧向封堵而形成有效油气圈闭的可能性的理解。最近的有限元模拟说明了盐的存在对区域应力的影响。更加先进的模型使用了更加真实的岩石属性和地层力学变量,使我们对盐体地质力学有了更进一步的了解,有助于了解盐促进围岩变形的机制以及对油气的封堵性、油气聚集和孔隙压力变化的影响。

地震反射、采集和处理技术的进步极大地促进了对盐和沉积沿着盐的垂直两翼、倒转的盐边缘和盐下发生的相互作用的认识,例如巴西近海图皮(Tupi)油田。另外,地震分辨率能够精确分辨盐席或者盐底辟内部的结构,提供了一个很好的机会去研究盐体内部的变化,并将其直接与先存构造联系起来。在确定盐活动及其与沉积物间的相互作用时,盐体内不同部分盐流动的识别显得日益重要。

通过提高地震数据的处理技术,盐体地震反射成像得到了改善,这为盐—沉积物的研究提供了新的思路。在过去,盐体的几何形态只能依靠推测。现在,由于盐侧翼和盐底清晰成像,就有可能重新审视盐构造二维剖面的平衡和演化恢复,更重要的是三维空间恢复,这样能够更好地理解沉积盆地中盐的地球动力学演化,以及盐流动是如何造成围岩变形的。另外,还可能发现潜在的圈闭,构造中薄弱点和孔隙压力区的识别可以划分界限及勘探目标。使用这些新的数据,将会提高盐构造的研究程度,以及在含盐盆地中,盐对油气勘探的正、负面的影响。

盐流动监测分析技术的改进,包括干涉合成孔径雷达持续的发展可能提供地表盐流动每周的变化信息。微地震分析技术的进步能够探测有毒废料以及盐体中储存的二氧化碳。最终，通过干涉合成孔径雷达和微震活动性的远程分析，甚至广泛使用的地球成像技术都可以用于野外工作，以更好地研究地质露头。基础的地表实测工作将继续为研究提供科学保障，包括所需测试、更可靠的盐构造约束模型以及其相关的沉积物间的相互作用。

参 考 文 献

Alsop, G. I., Blundell, D. &Davison, I. (eds) 1996. Salt Tectonics. Geological Society, London, Special Publications, 100, 310.

（张功成　李飞跃　译，骆宗强　校）

第一部分

盐动力层序地层学

第1章 盐动力层序变形与地层学定义

KATHERINE A. GILES[1], MARK G. ROWAN[2]

(1. Institute of Tectonic Studies, New Mexico State University, P. O. Box 30001, Las Cruces, NM 88003, USA; 2. Rowan Consulting, Inc., 850 8th Street, Boulder, CO 80302, USA)

摘 要 盐动力层序是一系列与被动底辟相邻的以不整合面为边界的薄褶皱地层。钩型盐动力层序变形范围较窄(50~200m), 不整合角度大于70°, 块体坡移沉积和剧烈相变现象比较常见。楔型盐动力层序变形范围大, 发育广阔的褶皱变形区(300~1000m), 削截角度低, 相变过渡自然。盐动力层序的厚度和时间跨度与准层序组相当, 而且它叠置形成等于三级沉积旋回规模的复合盐动力层序(CHS)。钩型盐动力层序叠置形成的板状复合盐动力层序表现为：边界近平行, 顶板岩层薄, 而且会发生局部变形。楔型层序叠置形成的锥型复合盐动力层序表现为：边界发生褶皱和会聚, 顶板岩层厚, 变形范围较大。不同类型的盐动力层序是受沉积速率与底辟隆升速率的比值控制：比值低, 则形成板状复合盐动力层序；比值高, 则形成锥型复合盐动力层序。其中, 底辟隆升速率取决于深层盐体之上的净差异负载、挤压作用和伸展作用三个因素。相似的复合盐动力层序类型发现于不同的沉积环境中, 但其沉积响应不同。复合盐动力层序边界(不整合)是在经历长时间的缓慢沉积后形成的, 一般属于陆架环境中的海侵体系域以及深水环境中的高位体系域。地表环境可能导致底辟蚀顶, 也会形成盐动力变形区向上变窄现象。

长期以来, 人们根据地表和地下数据认为, 被动生长盐底辟构造侧翼的地层, 呈典型薄片状, 并且在靠近底辟构造处发生翻转, 局部形成角度不整合(Bornhauser, 1969; Johnson 和 Bredeson, 1971; Steiner, 1976; Lemon, 1985; Davison 等, 2000)。角度不整合界面定义的是分隔一系列相关的原生盐动力生长地层的边界面；其中, 这一系列生长岩层被称为盐动力层序(Giles 和 Lawton, 2002)。Giles 和 Lawton(2002)定义盐动力层序为"顺序生长岩层, 受近表层以及挤出盐体活动的影响, 被束缚在顶面和底面的角度不整合界面之间, 而且随着与底辟距离的增大, 角度不整合逐渐变成平行不整合, 直到与上、下地层整合接触"。盐动力层序因净底辟隆升速率和净沉积物积累速率的相对大小而产生(Giles 和 Lawton, 2002; Rowan 等, 2003)。Rowan 等(2003)建立由于披覆褶皱引起的盐动力层序中的岩层翻转模型(Schultz-Ela(2003)称之为"褶翼"(flap)), 其中, 披覆褶皱位于被动底辟边缘, 且被动底辟相对于相邻微盆而抬升。随着地层起伏和翻转岩层削蚀作用的增强, 会产生叠覆和超覆, 从而形成角度不整合。在持续的盐动力作用下, 随着浅层弯滑褶皱和不整合角度的增加, 角度不整合面和超覆面形成集中的滑移区域(Rowan 等, 2003)。因地层翻转和不整合滑移形成的空间被盐类充填, 在盐底辟边缘形成一个尖端, 此处底辟和不整合地层相交。

在本文中, 定义两种盐动力层序的端元类型, 它们可以叠置成两种更大规模的地层形态, 即两种复合盐动力层序。本文重点研究复合盐动力层序, 对其几何形态进行描述, 然后, 文中给出浅海大陆架、深海大陆坡和盆地及地表三类不同沉积环境下的盐动力层序露头和地震实例。通过研究不同沉积环境中的相似点和差异性, 认识到了其决定性控制因素, 并讨论了这些因素对沉积相的影响；利用各影响因素之间的相互关系，得到不同的盐动力层序和复合盐动力层序的成因模式；最后，讨论各因素变化对模型的影响，并将复合盐动力层序同微盆里与之相似而规模较大的几何形态进行对比。这些几何形态是微盆挤压或者差异沉降而形成的。本文所提出的盐动力层序和复合盐动力层序模型，可作为预测盐底辟侧翼圈闭的几何构形、油藏特征和分布以及油气的封存和运移的重要工具。

1.1 盐动力层序及复合盐动力层序分类

已经识别出两类端元类型的盐动力层序，这两类分别称为钩型和楔型盐动力层序（图1-1）。这两种类型是从几何学形态角度进行分类的，它们的披覆褶皱形态以及不整合边界处的不整合角度均不相同。由于位于墨西哥 La Popa 盆地的露头形态以及南澳大利亚的弗林德斯山脉和 Willouran 山脉的露头形态不同，这是造成以上两种类型差异的主要原因。而且，墨西哥的实例表明，钩型和楔型盐动力层序与准层序组沉积规模相当，其厚度达到几十米。

钩型盐动力层序披覆褶皱狭窄且坡度较大（图1-1a）。岩层在距离底辟 50~200m 处褶皱变薄，地层翻转角度不超过 90°。边界不整合角度较高（>70°），但也不超过 90°，当距离达到 200m 以上时，不整合不明显。相比之下，楔型层序几何形态比较平缓和开阔（图1-1b），褶皱变薄出现在距离底辟 300~1000m 的更为广阔的范围，且地层翻转作用微小而缓慢，边界不整合角度较小（<30°，通常情况下为 5°~10°），当其延伸至底辟构造 500m 以外，不整合就不明显了。

(a)钩型盐动力层序　　　　　　　　　　　(b)楔型盐动力层序

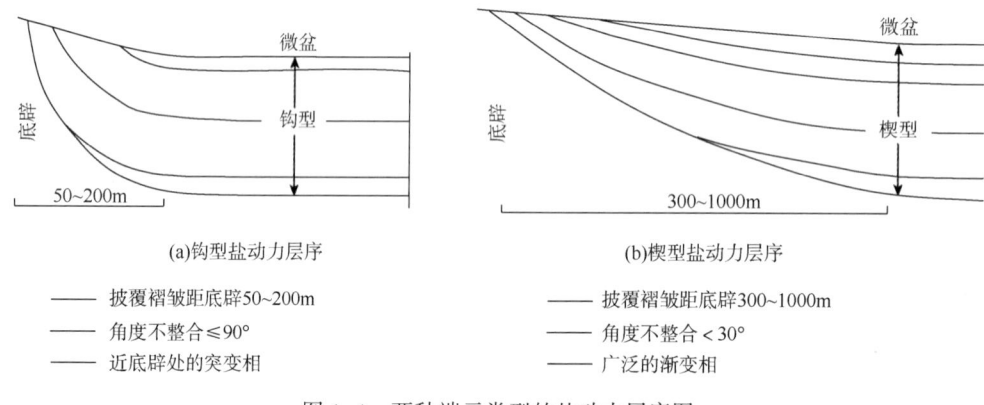

── 披覆褶皱距底辟50~200m　　　　　　── 披覆褶皱距底辟300~1000m
── 角度不整合≤90°　　　　　　　　　　 ── 角度不整合<30°
── 近底辟处的突变相　　　　　　　　　　── 广泛的渐变相

图1-1　两种端元类型的盐动力层序图

盐动力层序叠加成两种端元类型的复合层序，分别称之为板状盐动力层序和锥型盐动力层序，对于它们的定义是基于墨西哥和南澳大利亚的野外露头的岩层几何特征，以及不同盆地的地下地震模拟而实现的。复合层序叠置形成的地层厚度达到几百米，通过对 La Popa 盆地和墨西哥湾北部的年代测算显示，复合盐动力层序和三级沉积层序相一致，地质年代从几百年到几百万年不等。

板状复合盐动力层序（tabular CHS）由钩型盐动力层序垂直叠置而成（图1-2a），形成大规模的板状形态（上下边界平行或近似平行），单个层序岩层减薄和披覆褶皱产生在距离底辟构造 200m 处。在单个钩型盐动力层序里，披覆褶皱单斜层的轴迹在盐动力层序边界处，互相之间有轻微偏移，但它们被限制在一个狭窄区域，这个区域走向大致与底辟边缘平行，而且紧邻底辟边缘。不整合区域与底辟构造相交，形成一些小尖头的形态。与板状复合盐动力层序相对比,锥型复合盐动力层序是通过楔型盐动力层序叠置形成的一个范围广阔的锥形褶皱形态(上下边界逐渐向底辟会聚,图1-2b)。下部边界在距离底辟300~1000m内形成褶皱,使得向底辟的方向有很大范围的岩层减薄;叠置的披覆褶皱单斜层的轴迹倾斜于底辟边缘,并有轻微的弯曲。尽管单个的楔型盐动力层序发育低角度不整合,而在复合盐动力层序边界下的锥型复合盐动力层序中,低部位的楔型盐动力层序反而表现出高角度的削蚀。

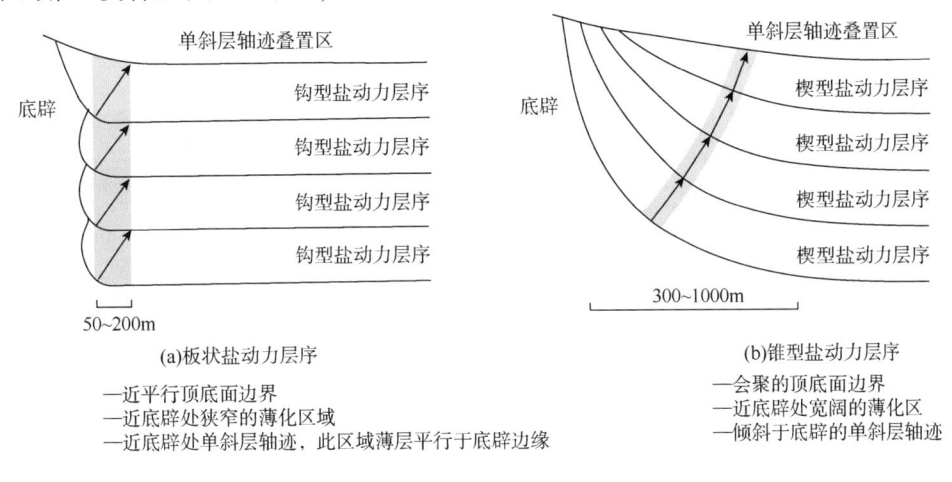

图1-2 复合盐动力层序(CHS)的两种端元类型

(a)板状盐动力层序
—近平行顶底面边界
—近底辟处狭窄的薄化区域
—近底辟处单斜层轴迹,此区域薄层平行于底辟边缘

(b)锥型盐动力层序
—会聚的顶底面边界
—近底辟处宽阔的薄化区
—倾斜于底辟的单斜层轴迹

1.2 地表和地下实例

以上所描述的各类地层层序的几何形态可以在各种沉积环境中看到。由于沉积环境的变形过程是相似的,因而盐动力褶皱类型在不同的沉积环境中是相似的,但是,其中也有一些关键的区别(尤其是对披覆褶皱作用的沉积响应)。在接下来的部分,笔者综合调查研究了浅海大陆架、深海大陆坡和盆地及地表的相关数据。

1.2.1 浅海大陆架沉积环境(来源于墨西哥 La Popa 盆地的实例)

浅海沉积的盐动力变形作用,包括底辟、层顶减薄、褶皱及物质循环,这些过程在很多盆地中都有体现,如伊朗的法尔斯(Fars)省(Jahani 等,2007),南澳大利亚的弗林德斯山脉(Lemon,1985;Dyson,1998),西班牙巴斯克比利牛斯山(个人通信,J. A. Muñoz,2009)和路易斯安那海滨(Johnson 和 Bredeson,1971);而在位于墨西哥东北部的 La Popa 含盐盆地的古近系—白垩系中,发现有盐动力层序和复合盐动力层序两种类型(Giles 和 Lawton,2002;Roman 等,2003;Aschoff 和 Giles,2005;Giles 等,2008)。

La Popa 盆地(图1-3)中含有一套约7000m 的古近系—下白垩统,它形成了盐动力层序,并紧邻三个盐底辟构造露头(El Gordo、El Papalote 和 La Popa 盐焊接形成一个盐墙)。这个盐动力层序的存在表明,地层沉积作用过程中一直在发生被动的底辟作用。该盐底辟构造是从侏罗系(牛津阶)Minas Viejas 组中上升形成的。盆地中出露层的主体主要包含 Parras 页岩和上覆的 Difunta 组(按照年龄变新排列,包括 Muerto 组、Potrerillos 组、Adjuntas 组、Viento 组和 Carroza 组)。以上这些地层涵盖海相到非海相,主要由硅质碎屑单元组成,沉积于上白垩统到古近系 Hidalgoan/Laramide 褶皱系前陆盆地体系的远源部分。这个体系包含

— 13 —

Parras 盆地和与之相邻的 Sierra Madre Oriental 逆冲褶皱带(Dickinson 和 Lawton, 2001; Lawton 等, 2001)。Hidalgoan 挤压作用使各 La Popa 盆地内出露地层发生变形, 而形成北西—南东走向的 Coahuila 陆缘褶皱带(Wall 等, 1961)。在 La Popa 盆地, 挤压变形始于马斯特里赫特阶沉积晚期, 此时也正是 Potrerillos 组中粉砂岩层沉积的时期(Druke, 2005; Giles 等, 2008); 局部层发生挤压作用时, La Popa 盆地最上部的白垩系和古近系部分正进行沉积充填。两个底辟构造(El Gordo 和 La Popa 盐焊接)伴随挤压变形而形成, 另外一个底辟构造(El Papalote)处于褶皱边缘, 和其他底辟构造相比, 经历挤压变形较少(Rowan 等, 2003, 2012)。

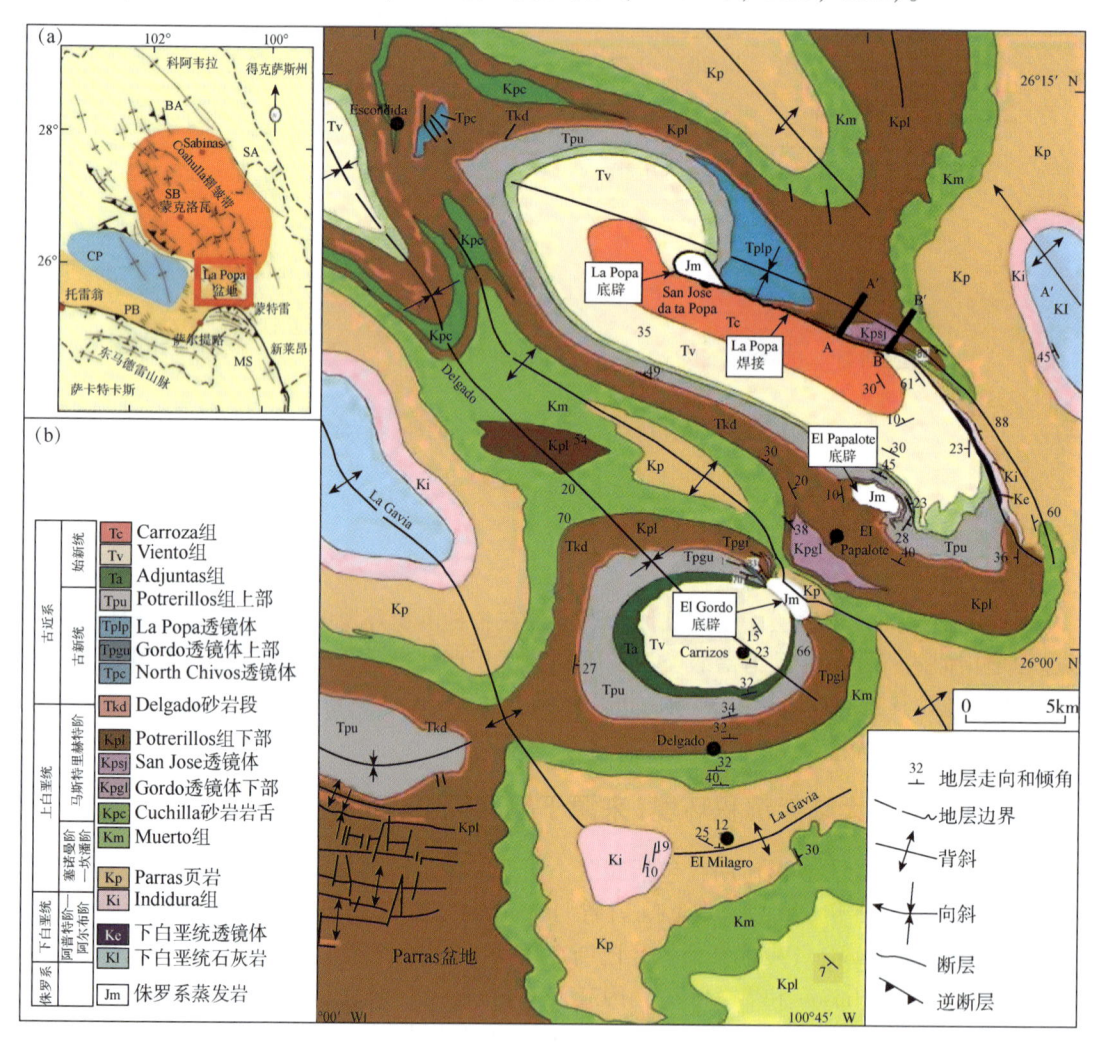

图 1-3　墨西哥东北部 La Popa 盆地地质图(据 Lawton 等, 2001, 修改)
(a)墨西哥东北部 La Popa 盆地(LP)地理位置图; (b)A—A′横剖面(图 1-4)和 B—B′横剖面(图 1-5)位置图

在三个底辟中, Potrerillos 组的下泥岩层和上泥岩层发育了完好的钩型盐动力层序, La Popa 盐焊接的中粉砂岩段也发育了好的钩型盐动力层序。在 La Popa 盆地, 泥岩代表最底部的深水相(外大陆架半远洋黑色页岩), 据推测, 其总体沉积速度最为缓慢。中粉砂岩层包含了沉积在中部大陆架环境的前三角洲泥岩和粉砂岩。相比泥岩层, 它们处在更浅的水环境下, 经推测, 其沉积速度要相对高一些(Druke, 2005); 在中粉砂岩层中, 钩型盐动力层序随向上重复相而发生进积(图 1-4)。在盐动力层序边界之上, 接近底辟构造底部的沉积中,包含有碳酸盐泥石流层，该层含有从泥状形态到砂状形态的碳酸盐基质。

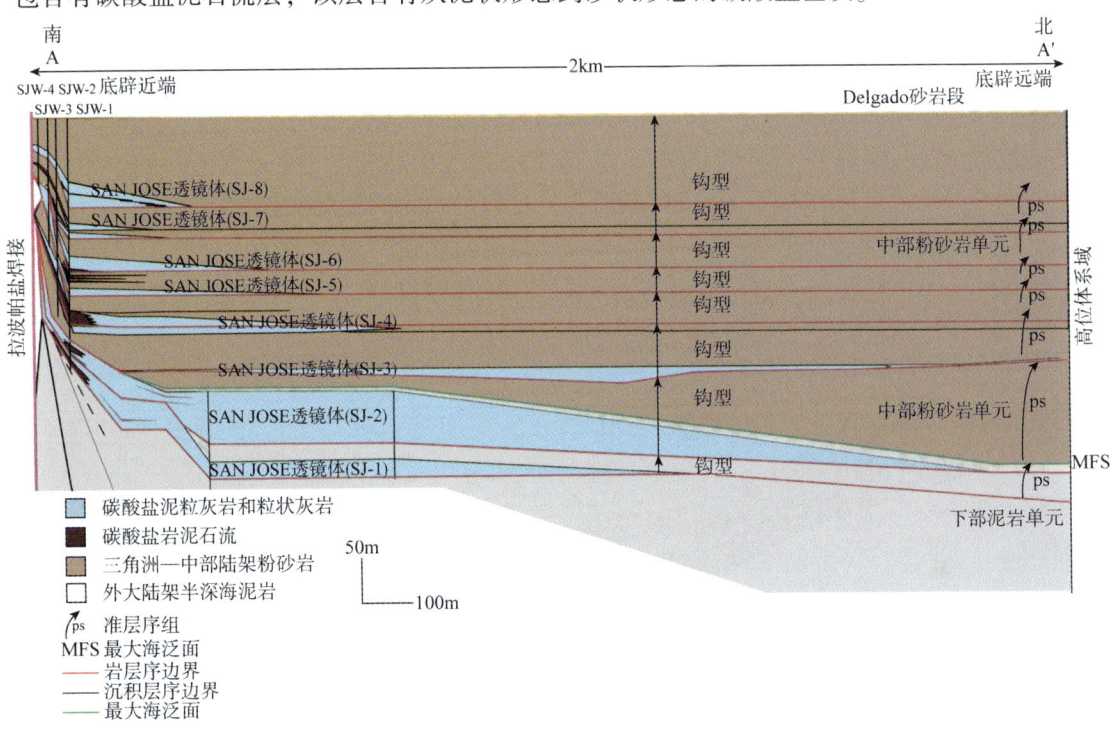

图 1-4　A—A′横剖面（据 Druke，2005，修改）

展示了墨西哥 La Popa 盆地 La Popa 盐焊接北面的 Potrerillos 组下泥岩层和中粉砂岩层中发育的钩型盐动力层序和板状复合盐动力层序；剖面位置参见图 1-3

泥石流碎屑颗粒源于两部分，一是底辟构造里的非蒸发岩，如岩浆岩（Garrison 和 MacMillan，1999）；二是底辟顶部沉积，主要是浅水和底辟无关的海相碳酸盐岩层，如牡蛎、红藻泥粒灰岩、局部寄生虫、珊瑚和红藻斑礁（Hunnicutt，1988；Mercer，2002；Druke，2005）。这些源于底辟构造的泥石流层在靠近底辟的位置是最厚的，距离越远厚度越薄，一般它们距离底辟的延伸距离不超过几百米。泥石流层通常上覆发育石灰岩或者嵌入异地浊积灰岩（泥粒灰岩和粒状灰岩）夹层。这些石灰岩的存在表明，它们是产生于浅水的碳酸盐岩沉积，位于膨胀底辟上部。随后重力驱动的碎屑和浊流将它们运移到侧翼（Giles 等，2008）。根据碳酸盐岩泥石流和异地浊积灰岩在底辟中的分布形态，它们共同被称为碳酸盐岩小透镜体层（Laudon，1975）。

敞口陆架和下临滨的细颗粒砂岩有时比较薄，它们覆盖在底部的碳酸盐岩层之上，但通常不会超覆于底辟之上。在 El Papalote 底辟上泥岩层的钩型盐动力层序中，这些砂岩被解读为高密度流形成的沉积（Druke 和 Giles，2008）。在所有的研究实例中，层序以从中部大陆架到外大陆架的底辟之上的黑色页岩或者粉砂岩终止，因而推断，地层起伏是在长期而缓慢的黑色页岩层沉积过程中形成的，而其中形成的陡峭地不稳定斜层最终坍塌，形成泥石流。坍塌陡坡形成角度不整合构造，通常被块体坡移所覆盖，这是下一个钩型盐动力层序的物质基础。典型的钩型盐动力层序的厚度从 25m 到大于 100m 不等，在 50~200m 宽的狭窄区域内发育褶皱和尖灭（图 1-4）。通常认为，钩型盐动力层序沉积的规模与准层序—准层序组相当（Druke 和 Giles，2008；Giles 等，2008）。

楔型盐动力层序在 La Popa 盐焊接的 Muerto 组发育良好（图 1-5）。Muerto 组包含从粉砂岩到中等粒径的砂岩，其中发育少量的燧石—中砾泥岩在前积三角洲中沉积（Hon，2001；Weislogel，2001）。硅质碎屑层的存在代表浅大陆架/前三角洲粉砂岩、从下临滨到前滨或者组成进积准层序组的滩海砂岩；它们有相对高的沉积速率。在单个的楔型盐动力层序中，各层的重复始于下—中部临滨砂岩准层序，它超覆于盐动力层序边界之上（图 1-5）。准层序遵循前积叠置模式。该模式向浅部地层减薄，一直到位于沉积环境最上部的临滨准层序和滩海/海岸平原准层序组。它们上覆于主要的海泛面，而海泛面之上依次发育浅陆架/前三角洲粉砂岩。

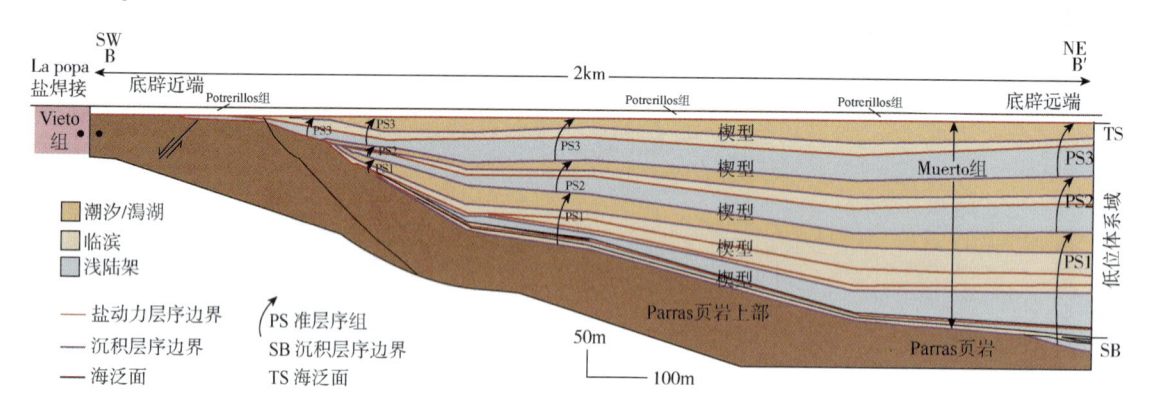

图 1-5　B—B′横截面（据 Hon，2001，修改）
展示的是墨西哥 La Popa 盆地 La Popa 盐焊接的 Muerto 组中发育的楔型
盐动力层序和锥型复合盐动力层序；横截面位置参见图 1-3

Muerto 组楔型盐动力层序缺少源于底辟构造的泥岩所组成的泥石流混合物，而该泥岩是钩型盐动力层序的常规组成部分。这种现象表明，底辟被覆盖在主要由 Parras 页岩构成的地层之下。侵蚀不整合虽然存在，但推断它的成因并非由于钩型盐动力层序中的滑塌导致。底辟上的地层起伏可能是在比较缓慢的浅大陆架/前三角洲粉砂岩沉积过程中形成的，因而近底辟带就可能被抬升到临滨的环境中。轻微膨胀的底辟构造上的临滨浪蚀可能会切割角度不整合面。该面则会被下一个楔型盐动力层序的自下而上发育的临滨砂岩所超覆。Muerto 组楔型盐动力层序厚度一般为 50~100m，薄层延伸到 400~600m，并以准层序组的时间跨度进行沉积（Hon，2001）。

单个的钩型和楔型盐动力层序分别在 La Popa 盐焊接和 El Papalot 盐焊接叠置成板状和锥型复合盐动力层序（图 1-6 和图 1-7）。在 La Popa 盆地的陆架上，锥型复合盐动力层序通常在高位体系域和（如果存在的话）低位体系域中形成，此时海岸线后退（无论是正常后退还是被迫后退）使得流入陆架的硅质碎屑沉积物增多。相关例子包括 Parras 组、Muerto 组、La Popa 盐焊接的 Potrerillos 组底部的下粉砂岩层（图 1-6）、Delgado 的中粉砂岩层和 El Papalote 底辟的 Potrerillos 组的上砂岩层（图 1-7）。

研究发现，随着海岸线后退的进行，Parras 组下部粉砂岩层序偏砂性更为明显。随着沉积物进入速率降低，地层起伏再次出现在削蚀作用区域，上部的复合盐动力层序边界形成。最上面的锥型复合盐动力层序偏砂性降低（图 1-6）。研究也表明，含砂地层（Muerto 组）不会延伸到盐焊接区，并被其分成相距几百米的两部分。朝向底辟的偏砂层尖灭反映出地层起伏区域的沉积层变薄和削蚀作用，这个区域比起现有记录的钩型盐动力层序的地层起伏范围更为广阔。

在 La Popa 盆地，有两个地方不符合陆架上的锥型复合盐动力层序和高位体系域的特征。一是中部粉砂岩层，尽管它在 El Papalote 底辟和 La Popa 盐焊接净沉积速率差不多，但是，它在 El Papalote 底辟形成锥型复合盐动力层序(图 1-7)，在 La Popa 盐焊接却形成板状复合盐动力层序；二是阿普特阶 Cupido 组到 Indidura 组的碳酸盐岩，尽管其沉积速率非常慢，最终形成 La Popa 盐焊接的锥型复合盐动力层序的一部分(图 1-6)。在下一部分将会讨论复合盐动力层序的影响因素，并解释分析其结果。

板状复合盐动力层序主要在 La Popa 盆地浅水区的海侵体系域内发育。此时由于滨线发生海侵，进入大陆架的硅质碎屑沉积物降低。相关主要实例有 La Popa 盐焊接的 Potrerillos 组的下泥岩部分和 El Papalote 底辟的上泥岩部分(图 1-6 和图 1-7)。尽管发生海退并且沉积速率高，但是 La Popa 盐焊接的中部粉砂岩部分也形成了板状复合盐动力层序。

在 Potrerillos 组的泥岩沉积过程中，底辟膨胀进入到浅层清水区域，这为碳酸盐岩的高速率沉积提供了一个非常理想的环境。在 La Popa 盐焊接泥岩里的钩型盐动力层序中，碳酸盐岩相比中部粉砂岩中的厚度和区域范围更大；中粉砂岩层中的碳酸盐岩相表明其位于高位体系域，并且有更高的碎屑沉积注入盆地(图 1-4 和图 1-6)。在下泥岩层中，碳酸盐岩的生成速率更高，覆盖于底辟上的碳酸盐岩更厚，因而在钩型盐动力层序结构中产生范围更广阔的披覆褶皱。由于宽度不同，标识出下泥岩、中粉砂岩和上泥岩的叠置板状复合盐动力层序的复合层序界线(图 1-6)。在 La Popa 盐焊接的上泥岩层部分，解释了在 La Popa 小透镜体 3 和小透镜体 4 之间的一个复合层序界线。此界线处标志着板状复合盐动力层序向锥型复合盐动力层序的转变。这种现象对于海侵体系域是不正常的。据此推断，这种现象表明此处粒状碳酸盐岩含量大量增加。在 La Papa 盐焊接和 El Gordo 底辟处富含颗粒的沉积物形成了高达 100m(Giles 和 Goldhammer，2000)，地震上可识别的斜坡沉积，推动底辟延伸至相邻微盆内达 4000m(Giles 等，2008)。

在地层中，大陆架环境下的复合盐动力层序边界有一致的位置。这标志着从锥型复合盐动力层序到板状复合盐动力层序过渡的不整合面与三级海侵体系域的开始部分相一致；而板状复合盐动力层序的顶部边界构成了最新的海侵体系域与最早的高水位期体系域(即接近最大海侵面)之间的不整合。以上这些可以在 La Popa 盆地(图 1-6 和图 1-7)和南澳大利亚的弗林德斯山脉观察到。Kernen 等(2012)研究过一个锥型复合盐动力层序，其底部的复合盐动力层序边界恰好处在最大海侵面之上，而顶部边界处于下一个海侵体系域的开端。

1.2.2 深海斜坡和盆地环境(以墨西哥湾深水环境为例)

由于没有出露于地表，所以分析深水沉积环境下的盐动力层序更加困难，这就不得不依赖地下数据来分析。地震数据和井数据记录了生长于斜坡或者深海平原的底辟侧翼不整合围限的褶皱层序，已发表的实例包括北墨西哥湾盆地陆上和海上盐动力层序(Johnson 和 Bredeson，1971；Rowan 等，2003)，以及北海盆地中部的盐动力层序。还曾经看到过很多这两个盆地未发表的实例，也有巴西海上含盐盆地、非洲西部的刚果盆地和加拿大东部的斯科舍边缘。

图 1-8 展示了墨西哥湾北部深水区地震剖面的几何特征。可以看出，它与 La Popa 盆地的地震剖面几何特征是相同的。生长于异地盐篷之上的次级底辟大致呈垂直形态，底辟边缘

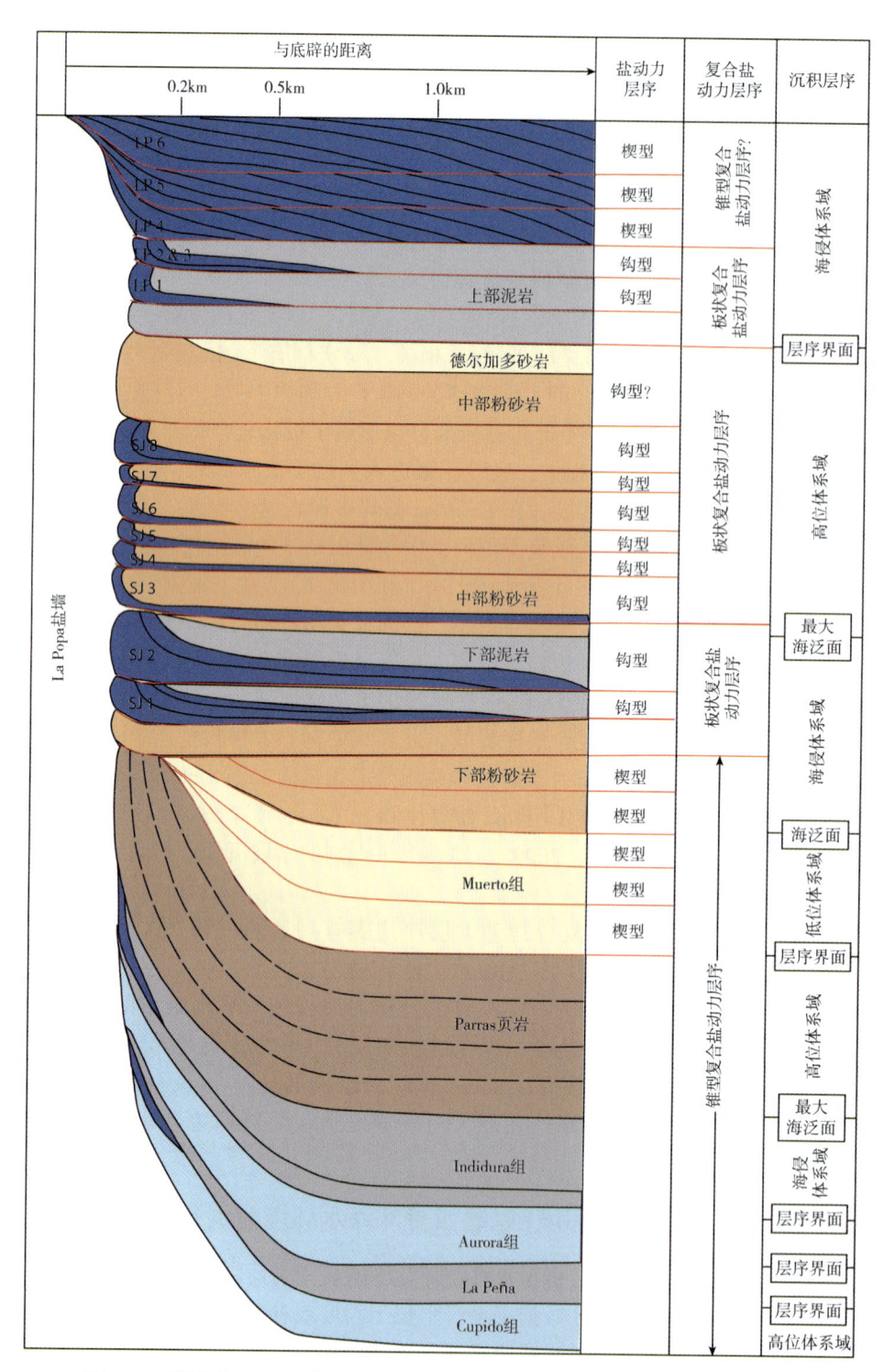

图 1-6　墨西哥 La Popa 盆地出露在 La Popa 盐焊接北边的下白垩统—古新统
盐动力层序(HS)、复合盐动力层序(CHS)和沉积层序地层特征图

颜色代表各层主要的岩性组成：深蓝色表示碳酸盐岩小透镜体；浅蓝色代表区域性碳酸盐岩单元；灰色代表外大陆架泥岩；棕色代表前三角洲页岩；橙色代表从底部临滨到中大陆架的粉砂岩；黄色代表三角洲砂岩；LST—低位体系域；TST—海侵体系域；HST—高位体系域；SB—层序边界；TS—海泛面；MFS—最大海泛面

图 1-7 墨西哥 La Popa 盆地出露在 La Popa 盐焊接东边的上白垩统—古新统盐动力层序(HS)、
复合盐动力层序(CHS)和沉积层序特征图
颜色和简称与图 1-6 相同

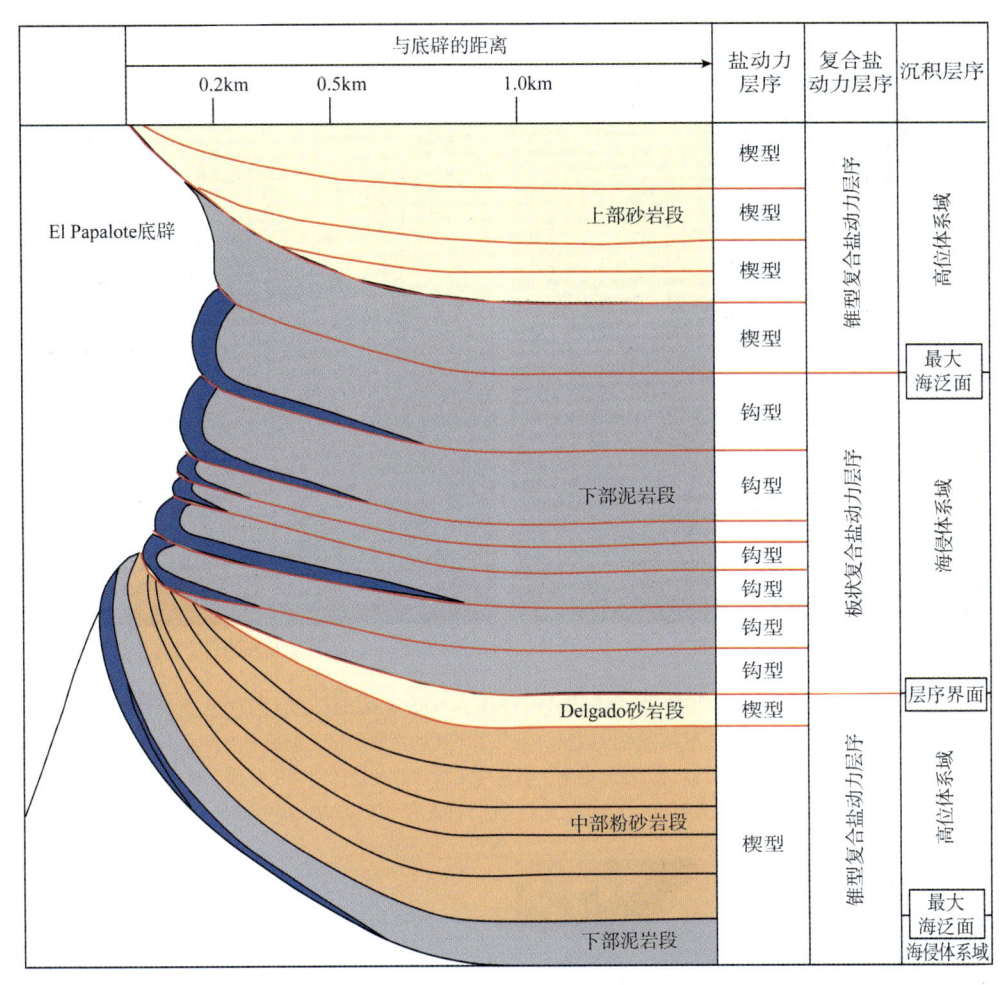

有不整合面横切出的尖端,有些比较明显,有些不怎么明显。这些不整合面相当于给一系列的上新统—更新统复合盐动力层序划出界线。形成于该底辟中的大部分是锥型复合盐动力层序,它们发生在深部层序的 1000m 和浅部层序的 500m 范围内。披覆褶皱单斜层轴迹向底辟倾斜,并且突然"跳跃"到复合盐动力层序边界内(图 1-8b)。在锥型复合盐动力层序内部,超覆和减薄的几何特征不断变化。在锥型复合盐动力层序之间是两个(也可能是三个)板状复合盐动力层序,大部分的地层没有减薄迹象。叠置的板状盐动力复合层序挨着接近垂直的底辟构造,表明底辟的隆升速率高于沉积物的沉积速率(Jackson 等,1994)。

图 1-8 中的底辟表现为垂直的对称凸起,但是,很多陆坡上的底辟向盆倾斜并不对称,上倾的近翼端覆盖了沉积物,下倾的远翼端发育陡坡(图 1-9);使得在两个侧翼上的盐动力变形有明显区别,这能通过图 1-10 中倾斜底辟看出。近源(向陆)一侧的地层的盐沉积界面向远离底辟的方向倾斜并伴随轻微褶皱,在地震剖面中可以分析出一些小的削蚀作用(在图 1-10 中未显示);而在向外凸出的盐层之下,远源(向盆)一侧地层垂向弯曲,并在不整合下被削蚀。推断这些地层实际上角度大于 90°,并且削蚀角度也比图中所示要大。

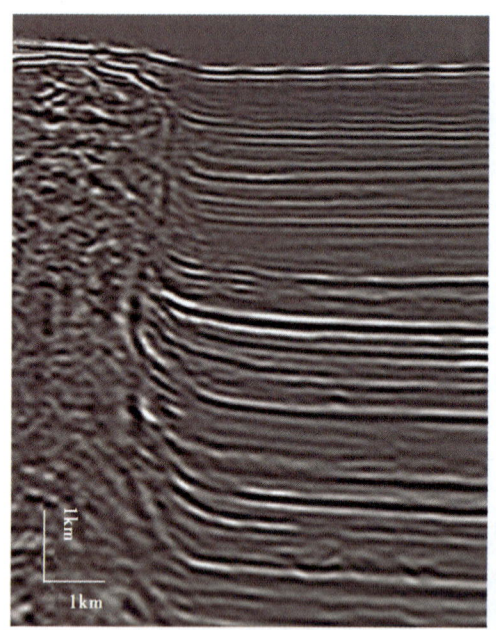

(a) 未解释的地震剖面 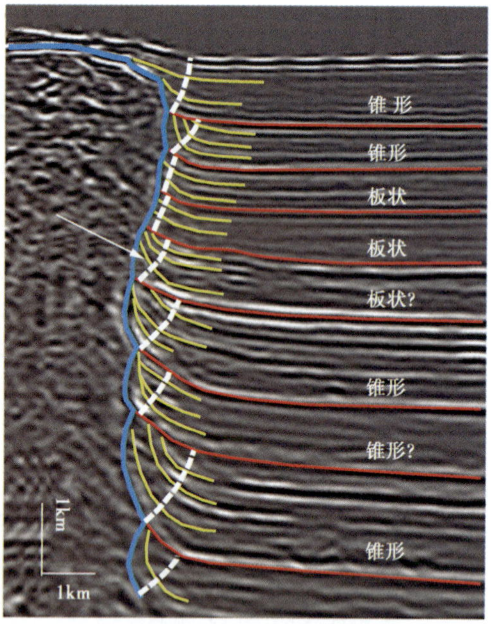　　　　　　　　　　(b) 经过解释的地震剖面

图 1-8　墨西哥湾北部次级底辟和侧翼地层的叠前深度偏移地震剖面（逆时偏移地震剖面上的沉积物流）
底辟边缘是尖状的，而且叠置的不整合面（红色线）定义了不同的褶皱层序，包括锥型复合盐动力层序和板状
复合盐动力层序；白色虚线是盐动力褶皱轴迹，白色箭头指向的是块体坡移沉积体，呈楔形；垂向放大
比例为 1.5∶1，地震剖面由 C. Fiduk 和 CGGVeritas 提供

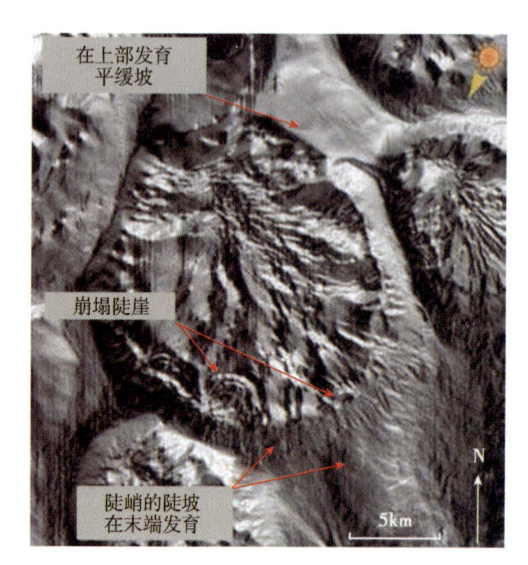

图 1-9　墨西哥湾北部密西西比峡谷 Mica
盐体之上海底的地层倾角方位图

光源在右上角，图中东北面斜坡颜色较浅，西南
面斜坡颜色较深；地震数据所有权归 TGS，图片
由 E. Mozer 和 Samson Offshore 提供

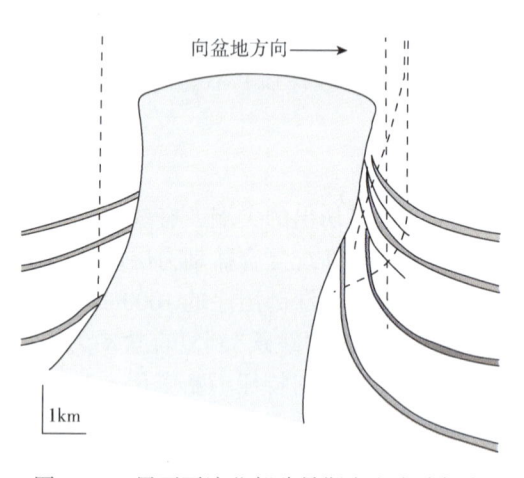

图 1-10　墨西哥湾北部路易斯安那大陆架底
辟过井横截面示意图

底辟不对称，向盆内倾斜，并且盐动力层序几何
形态也不对称；在上倾侧翼部分地层减薄和褶皱
现象比较轻微，而向盆内侧翼有叠置不整合现象，
并且有明显的地层翻转和减薄现象；垂向无放大；
剖面由 Apache 公司提供

La Popa 盆地的露头观察表明，陆架上的复合盐动力层序边界在长时间的缓慢沉积和地层起伏不断产生之时或者之后形成。这些沉积和地层起伏位于底辟之上，这导致了陡崖坍塌和冲蚀的产生。在深水沉积环境中得到了相似的结论，图 1-8b 中深水不整合通常与其他墨西哥湾北部微盆里的连续双轨强反射同相轴相关，代表着致密半远洋泥质沉积，泥质沉积于三级低位体系域之间（Prather 等，1998；Weimer 等，1998）。图 1-9 中在地层断崖上有一系列滑塌断崖，笔者认为其成因为断崖底部块体坡移沉积而成，这表明凸起过高，引起了断崖塌陷。如今，此过程在深海斜坡和盆地环境中仍然在进行，相比之下，现在的沉积环境有相对高位的海平面和相对低的沉积速率。在地震剖面上，一个楔型单元被解释为由于块体坡移沉积（图 1-8b，白色箭头指示的部分）发生在复合盐动力层序边界之上而形成，其他的单元可能存在，但是低于地震分辨率而没有被识别出来。

在深水环境中，削蚀作用和盐动力不整合的产生方式有多种。方式一：悬崖断裂切入下伏在底辟边缘发生褶皱的地层，（图 1-9）；方式二：流过底辟的浊流在向盆地方向一侧的陡峭斜坡加速，从而就可能变得更有侵蚀能力（Kneller 和 McCaffrey，1995）；方式三：在深海（300~2000m 水深）斜坡环境中发育海洋强底流，有较大的侵蚀力，被记录到的此类深海斜坡环境包括墨西哥湾等（Howe 等，2001；Stowe 等，2002）。一些研究表明，崎岖不平的海底地形可以使水流加速，扰乱平积层流速，使其具有强侵蚀性（Marani 等，1993；Boldreel 等，1998；Stowe 等，2002）。以上这三种比较有可能的发育机制中，第一种和第三种被认为是形成最大地层起伏（例如，更缓慢的沉积速率）时期最为重要的发育机制。因而不整合区域会与半远洋凝缩段相一致，图 1-8 所解释的就是此现象。由此推断，倾斜底辟和复合盐动力层序边界上的深水侵蚀不整合是被悬崖断裂和区域性底流切断冲蚀而形成的。

1.2.3 地表环境（以 Paradox 和 La Popa 盆地为例）

人们通过研究大量的地表沉积环境认识到了盐动力生长地层。这类地层有很多实例，包括哈萨克斯坦的滨里海盆地（Rowan 等，2003）、法尔斯省的扎格罗斯山脉（Jahani 等，2007）、Paradox 盆地（Trudgill，2011）、La Popa 盆地（Andrie 等，2012）、新斯科舍的布雷顿角岛（Alsop 等，2000）和西班牙巴斯克比利牛斯山脉（J. A. Muñoz，2009）。深海环境和地表环境的关键区别在于，在地表环境中，底辟顶部没有半远洋沉积；层顶包含所有的上覆和超覆微盆充填沉积物，以及以前因底辟上升导致的海底相残余岩层。

以犹他州 Paradox 盆地的 Onion Creek 底辟为例，它的侧翼岩层主要是二叠系 Cutler 组冲积河流的长石砂岩和泥岩，这个底辟在 Cutler 组沉积时期高 3000m，而且当时没有挤压变形（Trudgill，2011）。该底辟主要含有的颗粒物较大，层间泥岩相对较少（Condon，1997），这表明该地沉积速率相对较高。地层变薄且褶皱超过垂直角度的区域有 1000m 宽，一些低角度不整合（<20°）存在于底辟内 100m 处，并且在紧邻底辟的区域发现有蒸发岩碎屑，这些特征均能表明，Cutler 组形成了锥型复合盐动力层序。

在 La Popa 盆地，年代最新的岩层间隔层（古近系 Carroza 组）形成河流红层，其中的细粒砂岩和泥岩—粉砂岩的含量基本相同（Buck 等，2010）。在 Hidalgoan 造山运动时发生挤压作用使底辟高达 6000m（Rowan 等，2012）。Carroza 组从大于 1000m 宽逐渐缩小到小于 100m，向上减薄且形成褶皱，不整合很少，其切削角度小于 20°，并且该层有些区域形成块体坡移沉积，沉积物是源于底辟的碎屑以及下部的 Viento 组碎屑。据推断，Viento 组超覆于底辟边缘之上（Andrie 等，2012）。Carroza 组和 Viento 组共同形成一个大的锥型复合盐动力层序。但是，从某些角度看，位于 Carroza 组上部的盐动力地层几何形态，可以认为是介于锥型复合盐动力层序和板状复合盐动力层序之间的过渡形态，因为该层形成楔型盐动力层序，但是所有的褶皱却处在一个狭窄区域。这个形态在钩型盐动力层序中比较常见，在后面的部分将会提供一个关于此过渡几何形态起源的可能性解释。

层序边界的盐动力不整合在 Paradox 盆地的 Carroza 组和 Cutler 组相对少见。通过对处于非海洋环境中可能的侵蚀过程进行研究后认为，层序边界的盐动力不整合在非海洋环境中比较普遍。侵蚀可能是由于河道切割底辟、重力引起块体坡移和潜在风蚀作用而引起的，这些都属于局部范围作用。更普遍的情况是，非海相盐动力生长岩层逐层沉积、翻转、侵蚀，因而产生渐进的角度翻转和超覆作用，而产生的角度不整合削去了一些小层，外观上看起来其轮廓不能明确辨析。

1.3 复合盐动力层序模型

盐动力层序的外部几何形态、内部特征和各岩相分布是沉积速率和底辟上升速率相互作用的结果（Giles 和 Lawton，2002；Roman 等，2003）。基于上述所观察和研究的不同沉积环境得出的认识，对复合盐动力层序也是适用的。沉积速率主要取决于所在外界环境的沉积流量、侵蚀作用强弱以及可容纳空间；它们反过来受外部因素和局部因素影响，外部因素包括海平面升降变化、构造地质以及气候因素，局部因素包括沉积物搬运通道内的盐体几何特征以及沉积中心（Rowan 和 Weimer，1998）。底辟上升形成局部可容空间，其速度受下伏岩层净差异负载（Vendeville 等，1993）、挤压变形（可提升底辟隆升速度；Vendeville 和 Nilsen，1995）和伸展变形（可降低底辟隆升速度，甚至使底辟运动方向倒转；Vendeville 和 Jackson，1992）的影响。沉积速率和底辟隆升速率的相互作用最后形成底辟之上的地层起伏，而且地层起伏会随着时间变化在高度和宽度上有所波动，而板状复合盐动力层序和锥型复合盐动力层序则是这个过程不同的表现形式。

本文所提的底辟隆升速率是一个相对概念，它并非指盐体隆升成为一个被动底辟的真实速度，而是指相对于微盆沉降（加上上升底辟的差异压实作用）的底辟隆升速率，它表示局部可容空间的净增长。例如，假设底辟构造中的一个侧翼是没有下伏盐层的盆地（因此没有局部沉降），另一侧翼是很活跃的沉降到盐层深部的微盆。底辟盐体的上升速率是相同的，但是当微盆沉降的时候，其相对上升速率则会更高。为评价复合盐动力层序类型对沉积速率和底辟隆升速率比值的影响，将区域可容空间从公式的沉积速率一边去掉，并把它放在底辟隆升速率这一参量中。其目的不在于单独研究沉积速率或是底辟隆升速率，而是为了研究二者的关系如何影响邻近底辟区的变形和沉积过程。

在三级沉积层序的地质年代跨度中，当邻近底辟的沉积速率低于底辟隆升速率，会形成板状复合盐动力层序。在此大型模式中，沉积速率以准层序组的规模波动，这形成了单个的钩型盐动力层序。由于底辟隆升速率在长时间内超过沉积速率，底辟上的地层起伏增加，致使底辟上只有很少量的沉积以及相对较薄的层顶。底辟膨胀一直持续，地层覆盖在底辟上形成褶皱（图 1-11a），陡峭且不稳定的底辟上的顶板岩层倾向于产生坍塌和块体坡移，尤其是在形成褶皱的过程中，顶板岩层经过拉伸和断裂，则更容易产生坍塌和块体坡移。形成的断崖和顶板岩层遭受侵蚀产生不整合面，该不整合面与相邻底辟有明显的角度不整合，上覆块体坡移沉积消失，可能下伏到微盆盆底（图 1-11b）。短期的高速沉积导致块体坡移沉积以及底辟的超覆和明显叠覆(图1-11b)。相对缓慢的沉积会加剧地形起伏、下伏层序的连续褶皱作用,并导致不整合之下地层的后退,而形成更大角度不整合和尖锐的突出点(图1-11c)。超覆和叠覆地层作为披覆褶皱的下一个顶盖岩层,并且这个过程不断重复,从而形成了板状复合盐动力层序(图1-11d、e)。由于底辟顶部周期性的高于微盆底部,盐体向自由面(图1-11 中盐体内箭头所指的位置)的推动力可能加速披覆褶皱的(Schultz-Ela, 2003)形成。此外,由于沉积地势起伏较大,变形区域较狭窄,近底辟地带的沉积相突变情况比较常见。

在超过三级沉积层序的地质年代跨度中,当近底辟区域沉积速率高于底辟隆升速率时,可形成锥型复合盐动力层序。沉积速率以准层序组规模的波动形成了单个楔型盐动力层序。相对较快的沉积会造成底辟的沉积超覆,并形成相对较厚的顶板岩层和相应广阔区域的披覆褶皱(图1-12a)。由于沉积量与底辟上升造成的可容空间相当,因而地层起伏很小甚至不存在。当沉积速率相对较小,底辟持续上升,会形成一个地层起伏区,并有可能产生沉积旁流或者侵蚀,从而形成低角度削截面(图1-12a)。由于地层起伏形成较慢,因而源于底辟的块体坡移沉积很少。净沉积速率恢复高速会导致低角度不整合叠覆和明显的超覆,也会形成底辟层顶部岩层(图1-12b)。同时,因底辟抬升形成的下伏楔形体会发生翻转。叠覆和超覆地层形成下一个楔形体(图1-12c),这个过程不断重复,就形成了锥型复合盐动力层序(图1-12d、e)。研究图1-12e发现,最深的楔形体是直立的,另一个楔形体的加入会持续这个过程,以使锥型复合盐动力层序中最深的楔形体翻转到盐体附近,从而冲入盐体并且置换掉原有盐体。由于底辟上部一般会高于微盆底部,因而少量的盐体外冲作用能促进披覆褶皱形成(Schultz-Ela, 2003)。由于沉积起伏较浅,变形区域较大,过渡期的沉积相单一而且缓慢地覆盖于广阔的区域。

在模型中,所有褶皱都是近地表的,披覆褶皱在深部会被封闭住(Rowan 等,2003)。披覆褶皱断崖的趾部是单斜褶皱的下部枢纽(图1-13)。这个褶皱的轴迹横切底辟,形成下倾的锥三角变形区,在这个三角区之外,没有褶皱发育。变形停止的深度受两个变量影响,第一个是盐-沉积物界面的倾斜程度,当底辟向上变窄,变形就无法延伸到同样的深度;第二个是披覆褶皱的宽度和顶盖岩层厚度。因此,钩型盐动力层序和板状复合盐动力层序对于上覆层序影响较小,而楔型盐动力层序和锥型复合盐动力层则会引起深处岩层的明显褶皱。这个过程中会伴随盐动力不整合造成削蚀岩层后撤,在盐体沉积界面产生尖锐的突出点(Rowan 等,2003)。

复合盐动力层序可以叠置形成四种不同的类型。当高级别复合层序是板状复合盐动力层序时,披覆褶皱对低级别层序影响极小。当两个板状复合盐动力层序叠置形成几何边界,叠置的披覆褶皱轴迹区域的趋势上可能只有很小的跳跃(图1-14a)。当一个板状复合盐动力层序覆盖在一个锥型复合盐动力层序上,几何形态也是非常简单的,即在边界折叠相交区域有一个明显的跳跃(图1-14b)。与之相反,当一个锥型复合盐动力层序覆盖在另一个锥型盐动力层序上,尖锐的突出点更为明显,角度不整合更为广阔,而且由于更深位置的褶皱程度,可能会造成低级别层序形成翻转(图1-14c)。由于下伏锥型盐动力层序轴迹的最新部分在距离底辟超过 500m 处停止,而上覆锥型复合盐动力层序轴迹的最老部分跳回到距离底辟更近的部分(图1-8),因而两个锥型复合盐动力层序的跳跃褶皱接合区域容易辨认。当一个锥型复合盐动力层序上覆于一个板状复合盐动力层序时,则会使更深的层序发生变形,也会形成明显的尖锐突出点、更为广阔的角度不整合和翻转岩层(图1-14d)。从表面上看,由于变形区域很广,深处层序也是锥型盐动力层序,但是更为宽广的褶皱覆盖在板状复合盐动力层序上,板状复合盐动力层序岩层直到非常接近底辟时都是平行状态。

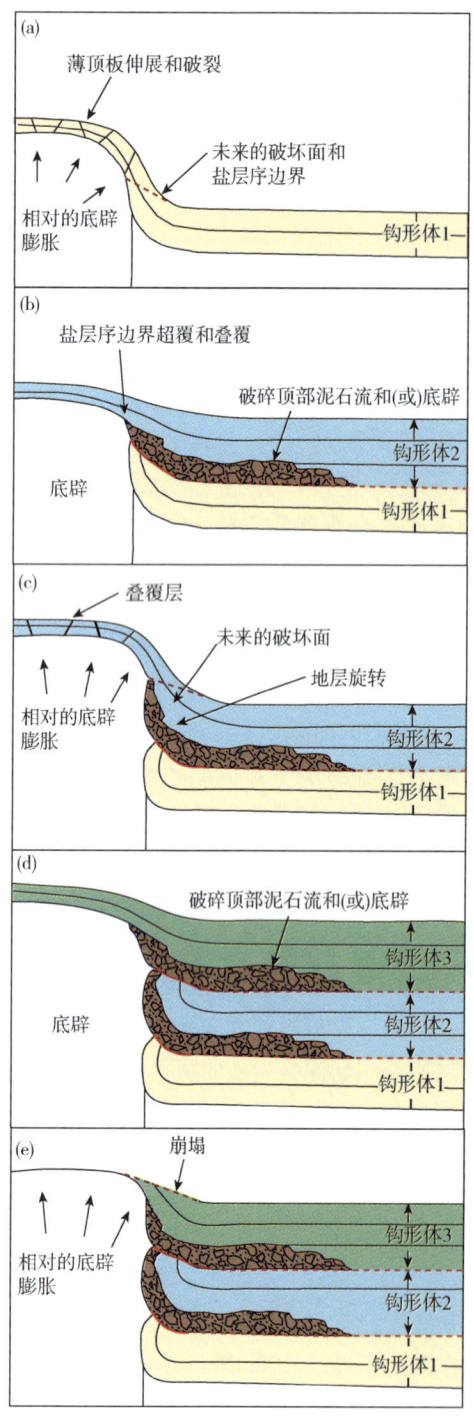

图 1-11 板状复合盐动力层序成因模式图
(a)有褶皱薄顶的膨胀底辟(钩形体1);(b)顶部破裂形成不整合,上覆泥石流(棕色)和底辟之上的超覆/叠覆(钩形体2,蓝色);(c)相对底辟膨胀与钩形体1和钩形体2披覆褶皱;(d)钩形体3顶盖断裂坍塌形成超覆/叠覆;(e)钩形体3顶盖坍塌断裂

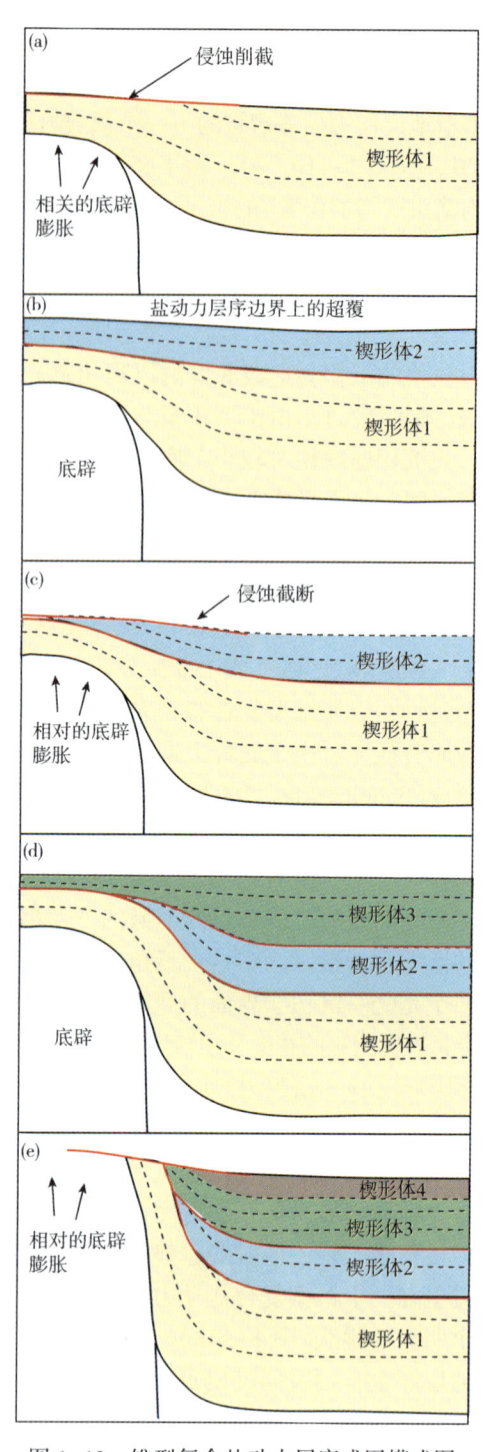

图 1-12 锥型复合盐动力层序成因模式图
(a)底辟上部厚的顶盖岩层膨胀,导致顶盖岩层和楔形体1被削蚀;(b)被楔形体2超覆;(c)膨胀底辟上部楔形体2被削蚀;(d)楔形体3超覆和叠覆;(e)楔形体3被削蚀以及楔形体4超覆

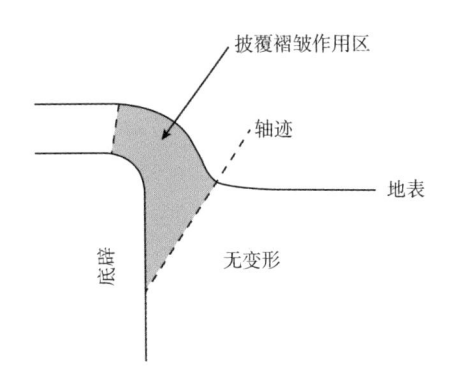

图 1-13 特定地质时间内的披覆褶皱变形面积取决于地形和底辟形态

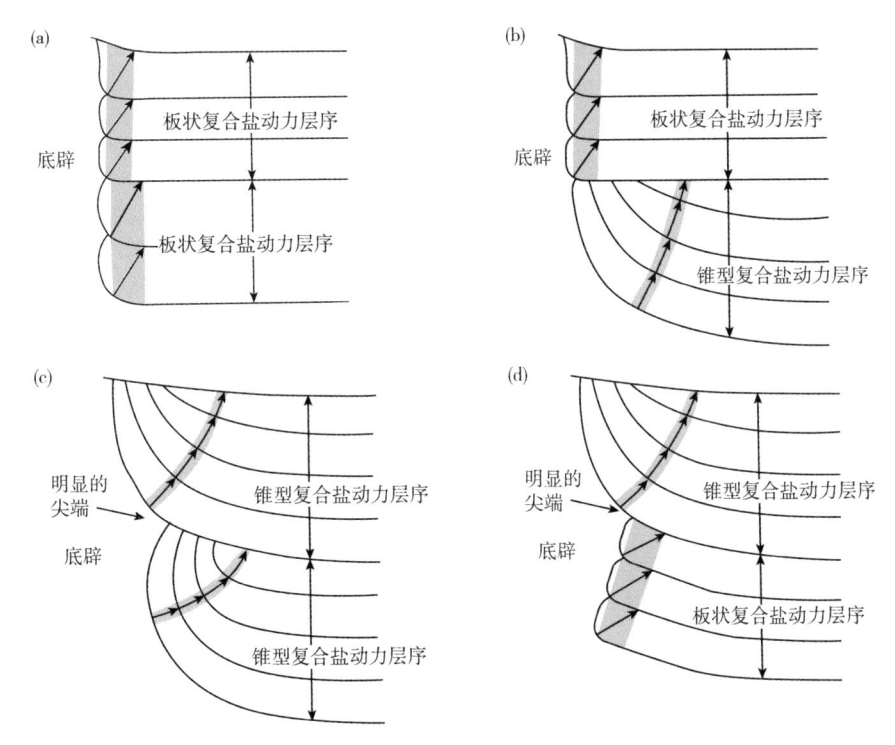

图 1-14 叠置复合盐动力层序几何类型
(a)板状复合盐动力层序上覆板状复合盐动力层序；(b)锥型复合盐动力层序上覆板状复合盐动力层序；
(c)锥型复合盐动力层序上覆锥型复合盐动力层序；(d)板状复合盐动力层序上覆锥型复合盐动力层序

我们的预测模型认为底辟驱动的块体坡移沉积会在相对于底辟膨胀速率来说比较缓慢的沉积期间或者之后形成。它们位于钩型盐动力层序底部和板状复合盐动力层序以及锥型复合盐动力层序底部，但一般不会存在于锥型复合盐动力层序中。研究表明，块体坡移沉积恰好处于盐动力层序边界之上或之下。

1.4 讨论

前面列举了不同含盐盆地和沉积环境里的盐动力生长地层的实例，并根据这些实例提出了临近陡峭底辟的盐动力褶皱成因模式。在下一部分，将讨论含盐地层变形和沉积的几个方面内容：(1)影响复合盐动力层序形成的沉积速率和底辟隆升速率的相互作用；(2)微盆内地层发生褶皱和减薄的广阔区域；(3)在异地盐体之下的盐动力层序的存在和缺失；(4)我们的模型对底辟侧翼圈闭进行油气勘探和开发的意义。

1.4.1 复合盐动力层序

之前所定义的和在本文中定义的盐动力层序和复合盐动力层序只对近底辟岩层适用。在钩型盐动力层序和板状复合盐动力层序里，褶皱和减薄作用可以在底辟周缘200m的范围内发生，而在楔型盐动力层序和锥型复合盐动力层序可达到1000m。地层变形和对沉积的影响与被动底辟让地形起伏的高度和程度有关，而地形起伏程度取决于沉积速率和底辟隆升速率的相互关系。

La Popa 盆地非常适合对复合盐动力层序形成进行研究。将 El Papalote 底辟和 La Popa 盐焊接里每一个地层单元的复合盐动力层序类型列于表1-1，同时列出推断出的沉积速率和盐体的隆升速率。沉积速率仅受岩性和沉积环境影响，如三角洲或临滨砂岩被认为有较快沉积速率；而外大陆架页岩被认为代表较慢沉积速率。由于生长的微盆加大了深部盐层的差异负载，推断盐体隆升速率随着时间推移而缓慢加速。此外，压缩作用导致底辟的挤压在Potrerillos组的中部粉砂岩层沉积时开始发生，这也会提高盐体隆升速率。然而，两个底辟的不同之处在于：压缩作用在 La Popa 盐焊接(Rowan 等，2012)中表现明显，而在 El Papalote 底辟中作用很小(Rowan 等，2003)。

表1-1 墨西哥 La Popa 盆地中 La Popa 盐焊接和 El Papalote 底辟的复合盐动力层序类型以及两个底辟中不同地层单元中盐体隆升和沉积之间相对速率分析

地层单元	沉积速率	盐体隆升速率		复合盐动力层序类型	
		盐焊接	El Pap	盐焊接	El Pap
Carroza 组	中等	快速		锥型	
Viento 组	快速	快速		锥型	
砂岩段上部	快速		中等		锥型
泥岩段上部	慢速	快速	中等	板状	板状
粉砂岩段中部	中等	快速	中等	板状	锥型
粉砂岩段下部—泥岩段下部	慢速	中等		板状	
Parras-Muerto 组	偏快速	中等		锥型	
Cupido-Indidura 组	慢速	慢速		锥型	

正如前面所讨论的，Parras-Muerto 组和 Potrerillos 组的上部砂岩层沉积速率较快，形成锥型复合盐动力层序(图1-6和图1-7，表1-1)。沉积速率大于底辟隆升速率，会形成相对较厚的顶板岩层、较广阔区域的披覆褶皱和较小的地形起伏。相反，较慢的沉积速率(如 Potrerillos 组的泥岩层)形成板状复合盐动力层序(图1-6和图1-7，表1-1)，在这种层序中，底辟隆升速率高于沉积速率，从而形成较薄的顶板岩层、较狭窄区域的披覆褶皱、明显的地形起伏以及普遍的块体坡移。然而，从 Indidura 组到 Cupido 组主要含有碳酸盐泥岩、钙质页岩和石英质页岩(Lawton 等，2001)，推断 Cupido 组的沉积较慢，它却形成锥型复合盐动力层序(图1-6，表1-1)。本文认为，底辟隆升速度也很低，因为微盆中的地层在那个时代更薄，从而作用在深部盐体上的差异压力更低，也因为底辟并未压缩变形。即使沉积速率低，沉积速率仍能和底辟隆升速率相当，这会产生更厚的顶板岩层和更广阔的盐动力变形

的区域。由以上分析可以看出底辟上升和沉积的相对速率对形成复合盐动力层序类型的重要性。相对于下伏底部泥岩部分，Potrerillos 组中部粉砂岩代表了当碎屑流增加时高位体系域的沉积物，而且被认为可能会形成锥型复合盐动力层序，这个过程在 El Papalote 底辟被观察到(图 1-7，表 1-1)。然而，在 La Popa 盐焊接的中部粉砂岩部分有发育良好的钩型盐动力层序，形成一些板状复合盐动力层序(图 1-6，表 1-1)。假设在大陆架上的沉积速率大体相同(在这两个地方的地层单元厚度大致相似)，则底辟之间隆升速率不同可能是导致形成不同盐动力层序类型的原因。在这个时期，Hidalgoan 挤压作用刚开始，这引起 La Popa 盐墙被挤压(Rowan 等，2012)，促使底辟隆升速率超过沉积速率，形成板状复合盐动力层序。El Papalote 底辟只经历过不显著的压缩作用(Rowan 等，2003)，因而底辟隆升速度低，形成的是锥型复合盐动力层序。要形成复合盐动力层序，它们的相对速度才是关键。

在海底沉积环境中，从深到浅，近底辟区变形的变化遵循以下规律：深层形成锥型复合盐动力层序，向上过渡到板状复合盐动力层序。本文认为，这个过程是由于变化的差异沉积负载驱动下伏盐体流动造成的，在这个过程中，假定三级层序的平均沉积速率随时间的变化基本恒定。在早期阶段，差异沉积负载较小，驱动盐体流动，即使相对较低的沉积速率也会超过底辟隆升速率而形成锥型复合盐动力层序。由于微盆内地层增厚，随着下伏盐体上差异压力增加，底辟隆升速度更快，板状复合盐动力层序倾向于成为更为主要的类型。如果是沉积速率中有明显的三级层序变化则会改变此种类型。而且，任何时候的底辟压缩作用都会提高底辟隆升速率，会更容易形成板状复合盐动力层序，而任何的拉伸作用会产生相反的作用。

之前讨论过，La Popa 盐焊接内河流冲击形成的 Carroza 组有一个锥型复合盐动力层序，它越往上越窄，直到浅层的所有褶皱局限在 100m 的狭窄范围以内。本文推断，沉积速率应该比较大，从而形成楔型盐动力层序，而不是形成钩型盐动力层序，但是总体较大的底辟隆升速率会导致蚀顶以及底辟在地表出露。由于顶板岩层变薄，地形起伏区域变窄，造成越往上宽度越小的盐动力变形，而且随着底辟向上会聚的轴迹逐渐增长(图 1-15)。即使由于流体冲刷或者峡谷切割使得沉积速率与盐体隆升速率之比很高，在深海环境也会有底辟顶板岩层变薄的相似情景(Lee 等，1996)。在这些实例中，一个宽的锥型复合盐动力层序会向上变窄，过渡为楔型盐动力层序。

本文建立的模型都是端元型的，中间形态或者说过渡形态是存在的，例如 La Popa 盆地(图 1-15)和图 1-8 中的几个层序。但是，本文建立的复合盐动力层序模型可以充分解释大部分含盐盆地的几何形态特征。在准层序组尺度下的沉积速率与盐体隆升速率的相互关系的变化会形成复合盐动力层序内的地层聚合、叠覆、超覆和退覆。

1.4.2 微盆规模的褶皱作用和减薄作用

相对于复合盐动力层序，地层褶皱作用和减薄作用可以在更为宽阔的区域内更好地被观察到。Rowan 等(2003)证实，La Popa 盆地和墨西哥北部湾被挤压的底辟与很小或者没有被压缩过的底辟的几何形态特征不同。褶皱和变薄区域最多能达到 3000m 宽，而地层倾角并不陡峭，而且由于更广阔的地形隆起，盐动力地区的不整合角度相对不大。一些发生变形的部分是由于地形起伏引起的，而地形起伏是由横切底辟的生长褶皱，而非底辟引起的，因而不能确定严格意义上盐动力所起的作用。在任何情况下，平缓褶皱和角度不整合切削只作用于底辟上部，伴有小到中度的压缩作用。更剧烈的压缩和上冲会导致更倾斜的角度，尤其对于年代更老的、深度更深的地层单元更为明显。

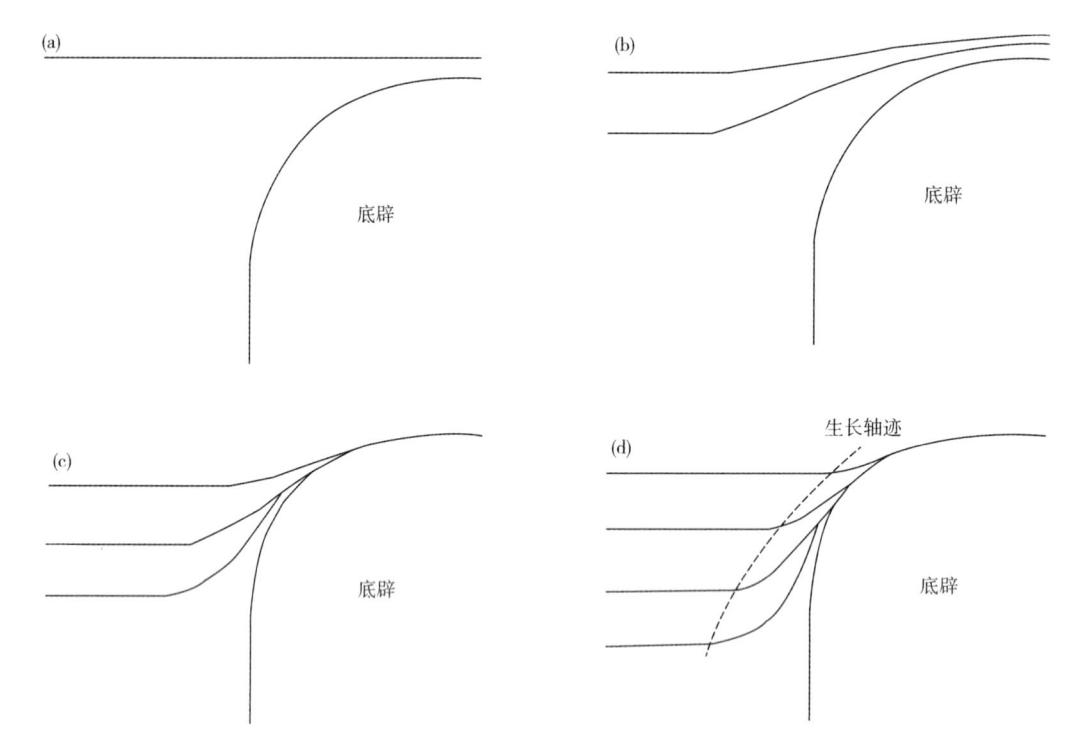

图 1-15 地表环境中向上变窄的盐动力变形演化模型
(a)底辟存在地表以下，没有地层起伏；(b)随着盐体隆升加速，地层起伏增加；
(c)披覆褶皱过载，削蚀和/或滑塌，造成底辟去顶，上覆楔形层变薄；(d)底辟出露地表，极少上覆物

由于微盆进入下伏盐层引起了差异沉降，因而在广泛区域内的差异褶皱和减薄作用更为常见。盐体撤回和(或)膨胀形成不同的几何形态，例如简单向斜微盆、龟背构造、半龟背和滚动构造。沉积中心位于微盆中部，朝向底辟的岩层在广阔范围内减薄。简单的岩层会聚、叠覆和削蚀的组合都能削薄地层。沉积中心位于边缘(也称为边缘向斜)，最厚的岩层和底辟相邻，则只能发生局部的盐动力褶皱。

随着时间的迁移，底辟从范围广阔、起伏较小的形态变成更窄更高的底辟。因此，微盆规模的褶皱作用和减薄作用可以用来表征微盆内年代更老、深度更深的部分。在 La Popa 盐焊接内，Cupido-Indidura 组的逐渐楔入可以反映此类深部的微盆规模的变形；而局部盐动力变形主要在更浅层临近底辟凸缘部分产生，然而，在浅层的褶皱区域也可能是由于底辟和微盆侧翼发生压缩而产生。

底辟的一边(极少数情况下是两边)是更老的地层，它和底辟侧翼被厚度相当大的陡坡(最大能达到垂直，甚至翻转)覆盖。位于这些褶翼中的岩层，可能有不变的厚度，或者它们相对于底辟都比较薄，并上覆有地质年代更为年轻的微盆内的生长楔状体。图 1-16 为浅水环境下的例子，在盐层沉积之后，地层沉积在盐层之上，而在微盆中，盐层翻转至高于初始高度的 4000m 处。经过地层会聚和底辟边缘上的小型超覆，褶翼向上变窄。图 1-17 显示的是墨西哥湾北部的水下例子，具有相似几何形态，图中地层在异地盐床之上，形成褶翼，其顶端高于微盆 5000m；褶翼与盐体顶部/边缘共存，超覆年轻的微盆地层，并且在其峰脊处产生切削。在墨西哥湾北部盐下区域，通过钻探分析认为，具有相同的几何形态，明显陡倾的老地层在临近底辟基部到上覆盐篷的较浅位置被钻遇。

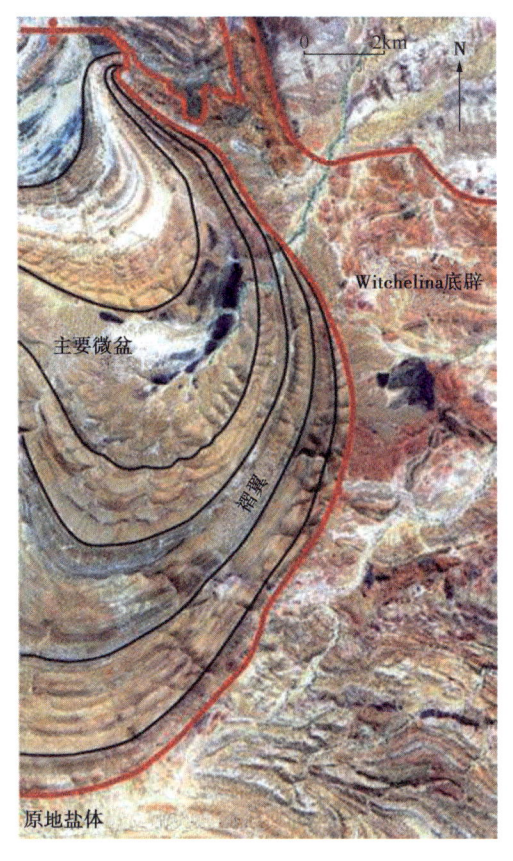

图 1-16 澳大利亚南部 Willouran 山脉 Witchelina 底辟高光谱图

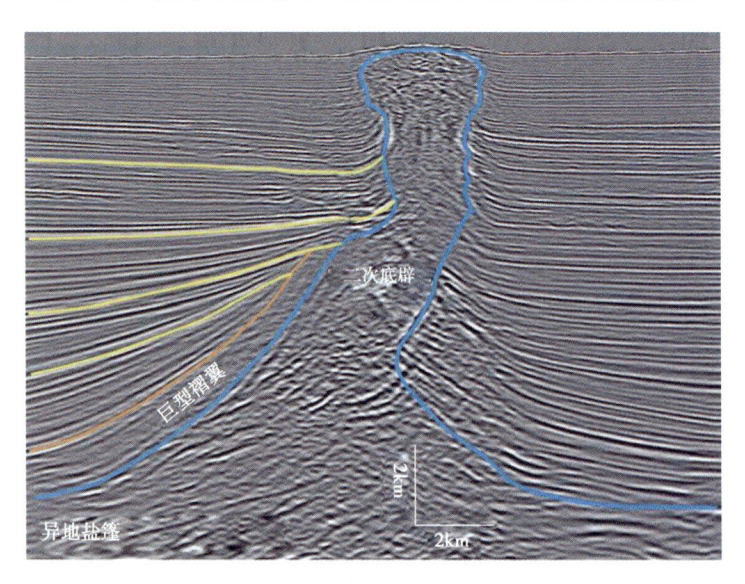

图 1-17 图 1-8 展示的墨西哥湾北部相同底辟构造的叠前深度偏移地震剖面
（逆时偏移沉积物流）（据 C. Fiduk 和 CGGVeritas 提供）
左侧的微盆中发育一个基底巨型褶翼，这个褶翼沿底辟的侧翼发育，其上被后来形成的
微盆生长地层楔所超覆；注意，在底辟构造的高部位发育局部盐动力学褶皱作用；垂直比例未放大

本文预测有两种褶翼的成因。第一种是，经挤压作用产生的，随着底辟变窄和盐焊接，一个微盆逆冲到另一个之上（Rowan 和 Vendeville，2006）。第二种是如果没有证实的挤压作用（如图 1-16 和图 1-17 的示例），褶翼代表顶部近于水平的横向延展盐体（原地和异地）。当盐体冲破盖层，发生初次或二次底辟作用，伴随微盆生长，褶翼则从平行或较薄地层到更薄层和叠覆层（图 1-17 橙色区域）的由下往上过渡会更明显。在图 1-16 中，地层几何形态表明，由于微盆沉降、盐体膨胀，随着时间推移，盐体—沉积物之间的界面斜度逐渐增大。由于底辟边缘产生微盆岩层侵蚀，盐体看起来是挤入的，但微盆浅水层深度的充填物表明，盐体出露于地表，而且逐渐被超覆。

在存在异地盐体的情况中，褶翼表现为一种典型的甲壳形态。甲壳被定义为沉积于盐篷和盐席上的海底高地之上的致密近平行地层（Hart 等，2004）。甲壳可能会被保存为次级微盆边缘的陡倾地层，也就是说，图 1-17 里的褶翼就是甲壳。同样的，主要含有泥质物的褶翼可以称为页岩壳。页岩壳含有致密泥质物，沉积于盐体之上，一直到覆盖在底辟侧翼停止（Johnson 和 Bredeson，1971）。页岩壳可能有褶翼那么大的规模，表示了微盆的最深部地层，或者只有与复合盐动力层序中一部分相当的小规模。采用褶翼这个术语，因为它只描述了几何形态，而非岩性或者它是否在初始底辟或者二次底辟侧面。

1.4.3 异地盐体

异地盐席有可能与盐动力褶皱作用共生，这与陡倾底辟比较相似。Kernen 等（2012）研究一个大约 900m 厚的锥型复合盐动力层序，其位于澳大利亚南部弗林德斯山脉 Patawarta 盐席下方，地层倾斜程度逐渐变大，最后翻转距离大于 1000m。根据 Rowan 等（2010）研究，墨西哥湾深水区的叠前深度偏移地震剖面显示有相似的地层形态，但，Patawarta 盐席在更高的地层界面上仍有未变形的盐下地层，该界面削蚀没有任何盐动力褶皱作用的盐层底部；墨西哥湾北部也具有相似特征（Rowan 等，2010）。异地盐体促进了连接盐体趾部到海底的逆冲断层的发育（Rowan 等，2003，2010；Hudec 和 Jackson，2006，2009）。逆冲断层位于盐席的底部，当逆冲断层出现在断崖趾部（披覆褶皱的边界；图 1-13），未变形地层只在断层下盘保留，即存在于盐体之下（Rowan 等，2003）。

Rowan 等（2010）研究表明，控制盐下地层变形的主要因素是沉积速率与对盐体趾部横向供盐速率之比。当比值高时，逆冲断层停止前进，盐体膨胀（Hudec 和 Jackson，2009），在突破断层和逆冲断层进一步前进之前形成了锥型复合盐动力层序；当比值低时，盐体推动逆冲断层向断崖趾部移动，因此就会发生盐动力褶皱作用。既然沉积速率和底辟隆升速率比值较低时在大斜度底辟中形成板状复合盐动力层序，因此，在异地盐体之下，板状复合盐动力层序一般会存在。褶皱地层存在于逆冲断层上盘，而且容易运移和滑塌。

异地盐体局部挤出作用会周期性发生，在邻近陡倾底辟处形成盐侧翼（Diegel 等，1995），这种现象更可能在与底辟隆升速率相比具有较低的沉积速率下发生，此时地形起伏达到最大；也就是说，在钩型盐动力层序底部、复合盐动力层序边界处，确切说是块体坡移沉积常见的位置，会出现盐侧翼。这二者都是由不稳定隆起断裂坍塌引起的，但它们的速度有所不同：块体坡移发生速度很快，而盐体挤出是盐体和其顶板岩层的缓慢重力垮塌引起的。在地震剖面上区分它们可能会比较困难，盐侧翼相对于块体坡移沉积，顶部振幅较强，而且整体速度较高。

1.4.4 对勘探开发的启示

本文的模型对于底辟侧翼的油气勘探和开发有重要作用，在锥型复合盐动力和板状复合盐动力层序中的圈闭几何形态是不同的，因为它们有各自不同的褶皱层宽度、褶皱程度以及不整合发育程度。

盐动力变形也会影响储层发育。例如，在深水板状复合盐动力层序中，低水位期浊积岩在底辟100~200m处才会有构造控制相变；而锥型复合盐动力层序中的砂岩和底辟密切相关。在深水环境的三级层序低水位期初期，较厚的顶板岩层在底辟之上，地形起伏区域很宽阔，在低水位期沉积早期的砂岩可能超覆于断崖，并在距离底辟超过500m的范围之外尖灭。如果在高水位期由于侵蚀和滑塌导致顶板岩层变薄、地形起伏减弱，砂岩沉积的位置会距离底辟更近。在以上任何一种情况下，由于沉积速率与盐体隆升速率息息相关，砂岩会逐渐叠覆，并且超覆于底辟顶板岩层，而随着底辟进一步抬升，有些砂岩甚至能够和盐体发生接触。随着沉积速率下降，底辟形成更强的地形起伏，砂岩可能在顶板岩层之上形成退覆，它们之间的关系取决于准层序组规模的沉积速率变化。一旦由于海平面上升，浊积岩沉积速率迅速降低，地形起伏的加大会导致断崖垮塌，则锥型复合盐动力层序可能被削蚀（图1-10）。而且，早期沉积在上覆层序的浊积岩会与海底不规则地形产生沉积响应，海底地形是由底辟侧翼坍塌和与之伴随的块体坡移沉积共同形成的；对这种地层上的响应可能是不规则地形引起的沉积转移或分流、超覆或填充。

砂岩和锥型复合盐动力层序倾向于共生，因为二者都是在沉积速率相对于底辟隆升速率比较高时产生的。实际上由于没有已知的挤压或伸展作用影响该底辟，图1-8中的两个或三个板状复合盐动力层序可能代表较慢的泥岩沉积期。然而，底辟隆升速率也可能改变，进而使盐动力几何形态产生改变。随着底辟和微盆的发育，隆升速率和沉降速率也会提高。即使平均沉积速率（和含砂比例）保持恒定，在向上方向上，仍然会从锥型复合盐动力层序向板状复合盐动力层序进行过渡，这在深水底辟中能经常观察到。而且，压缩作用脉冲会提高盐体隆升速率，从而更可能形成板状复合盐动力层序，即使砂岩的数量很多。拉伸作用则会产生相反效果，在锥型复合盐动力层序中更为明显。

既然有些砂岩会与盐体/盐焊接接触，而其他的会封闭在一定距离以外的页岩中。储层的不同分布也会影响盐或者陡倾盐焊接的封盖性。而且，在锥型盐动力复合层序的低部位砂岩会比较陡倾，因而压力可能更高，只能含有更小的储层段；而锥型复合盐动力层序的高部位砂体可能有更低的压力，则可能发育更大的储层段，分布范围也更广。最后，几何形态可能会影响砂岩内是否含有油气：如果运移只是沿盐沉积物界面发生，距离底辟一定范围的储层可能是含水的；相反，如果油气从一个更低的部位向底辟运移，则独立砂岩体可能是最好的油气圈闭。

1.5 结论

由于微盆相对于下伏盐层具有差异性沉降，或底辟和微盆具有区域性压缩作用，被动底辟侧翼地层通常在朝向底辟方向的很大范围内减薄，此现象在更深的地层尤为明显。由于底辟上的地形起伏，会产生更多受限制的披覆褶皱作用和地层减薄作用，从而会形成以不整合面为边界的盐动力层序。在钩型盐动力层序中，褶皱发生在距离底辟50~200m范围内，不整合角度不超过90°，块体坡移沉积常见，近底辟处界面发生突变。在楔型盐动力层序中，变形区域达到300~1000m宽，削蚀角度一般小于20°，块体坡移沉积不常见，分界面在广阔区域内渐变。这两种盐动力层序同准层序组沉积在厚度和时间跨度上相匹配。

盐动力层序叠置形成复合盐动力层序。多个钩型盐动力层序形成板状复合盐动力层序，其顶底面边界近似平行，褶皱和减薄作用范围狭窄，且褶皱轴迹和盐—沉积物界面平行。多个楔型盐动力层序形成锥型复合盐动力层序，其顶底边界呈会聚状，褶皱和减薄作用范围广阔，单斜层轴迹向底辟倾斜。复合盐动力层序与三级沉积层序在厚度和时间跨度上相匹配。它们也可以叠置，板状复合盐动力层序对下伏层序影响很小，而锥型复合盐动力层序可以使下伏层序发生褶皱，产生一个以盐层为边缘的尖端，此处是复合盐动力层序边界与盐体相交处。

影响复合盐动力层序形成类型的主要因素是沉积速率和底辟隆升速率的相互关系。当沉积速率相对于底辟隆升速率来说较快时，形成锥型复合盐动力层序，此时，顶板岩层相对较厚，且随着底辟上升，会不断发生褶皱作用；当沉积速率相对较低时，形成板状复合盐动力层序，此时，顶板岩层较薄，褶皱范围较窄而且重复性衰退。对于许多底辟，一个典型的样式即为，由于随着微盆变厚，盐流动速度加快，下伏盐层上的差异负载增加，从而使处在深层的锥型复合盐动力层序向上过渡到板状复合盐动力层序。然而，沉积供给在三级层序的明显变化会改变这种形式。而且，底辟的压缩和拉伸作用会影响底辟隆升速度，进而影响盐动力层序的形成。

在从深水到河流沉积环境中，有相似的盐动力样式，但它们之间有关键区别。在深水环境中，由于在海侵和高位体系域中，沉积速率慢，形成复合盐动力层序边界；相反，陆架上最缓慢的沉积在低水位到海侵期间发生，因而复合盐动力层序边界通常下降到从海侵体系域到最早的高位体系域之间的一个位置。在地表沉积环境中，底辟蚀顶会使顶板岩层减薄（即使是在沉积速率相对较高时），导致锥型复合盐动力层序的褶皱区域向上变窄。

本文所提出的模型可以影响到油气成藏系统的很多方面，而该系统与对盐底辟和陡倾盐焊接进行的三个方向的削蚀有关。不同的盐动力变形会形成不同形态的圈闭，控制储层的分布及相变化，影响盐和盐焊接的封闭性能，而且，它们也可以解释为什么一些储层内含有油气而其他储层则含有水。

参考文献

Alsop, G. I., Brown, J. P., Davison, I. & Gibling, M. R. 2000. The geometry of drag zones adjacent to saltdiapirs. Journal of the Geological Society, London, 157, 1019-1029.

Andrie, J. R., Giles, K. A., Lawton, T. F. & Rowan, M. G. 2012. Halokinetic - sequence stratigraphy, fluvial sedimentology and structural geometry of the Eocene, fluvial Carroza Formation along the La Popasalt weld, La Popa Basin, Mexico. In: Alsop, G. I., Archer, S. G., Hartley, A. J., Grant, N. T. & Hodgkinson, R. (eds) Salt Tectonics, Sediments and Prospectivity. Geological Society, London, Special Publications, 363, 59-80.

Aschoff, J. L. & Giles, K. A. 2005. Salt diapir - influenced, shallow - marine sediment dispersal patterns: insights from outcrop analogs. AAPG Bulletin, 89, 447-469.

Boldreel, L. O., Anderson, M. S. & Kuupers, A. 1998. Neogene seismic facies and deep - water gateway in the Faeroe Bank area, NE Atlantic. Marine Geology, 152, 129-140.

Bornhauser, M. 1969. Geology of Day dome (Madison County, Texas)—a study of salt emplacement. AAPG Bulletin, 53, 1411–1420.

Buck, B. J., Lawton, T. F. & Brock, A. L. 2010. Evaporitic paleosols in continental strata of the Carroza Formation, La Popa Basin, Mexico: record of Paleogeneclimate and salt tectonics. Geological Society of America Bulletin, 122, 1011–1026.

Condon, S. M. 1997. Geology of the Pennsylvanian and Permian Cutler Group and Permian Kaibab Limestonein the Paradox Basin, southeastern Utah and southwestern Colorado. US Department of the Interior, US Geological Survey Bulletin 2000-P.

Davison, I., Alsop, I., Evans, N. G. & Safaricz, M. 2000. Overburden deformation patterns and mechanisms of salt diapir penetration in the Central Graben, North Sea. Marine and Petroleum Geology, 17, 601–618.

Dickinson, W. R. & Lawton, T. F. 2001. Carboniferousto Cretaceous assembly and fragmentation of Mexico. Geological Society of America Bulletin, 113, 1142–1160.

Diegel, F. A., Karlo, J. F., Schuster, D. C., Shoup, R. C. & Tauvers, P. R. 1995. Cenozoic structural evolution and tectono-stratigraphic framework of the northern Gulf Coast continental margin. In: Jackson, M. P. A., Roberts, D. G. & Snelson, S. (eds) Salt Tectonics: A Global Perspective. AAPG, Tulsa, Memoir, 65, 109–151.

Druke, D. C. 2005. Sedimentology and stratigraphy of the San Jose Lentil, La Popa Basin, Mexico, and its implications for carbonate development in a tectonically influenced salt basin. M. S. thesis, New Mexico State University.

Druke, J. & Giles, K. A. 2008. Depositional setting and distribution of sands within Type A halokinetic sequences: an example from the Paleocene Upper Mudstone Member, Potrerillos Formation, La Popa Basin, Mexico (abs). AAPG Annual Convention and Exhibition Abstracts Volume, 17, 47–48.

Dyson, I. A. 1998. The 'Christmas tree diapir' and salt glacier at Pinda Springs, central Flinders Ranges. MESA Journal, 10, 40–43.

Garrison, J. M. & McMillan, N. J. 1999. Evidence for Jurassic continental rift magmatism in northeast Mexico: allogenic metaigneous blocks in El Papalote diapir, La Popa Basin, Nuevo Leo'n, Mexico. In: Bartolini, C., Wilson, J. L. & Lawton, T. F. (eds) Mesozoic Sedimentary and Tectonic History of North–Central Mexico. Geological Society of America, Boulder, Special Papers, 340, 319–332.

Giles, K. A. & Goldhammer, R. K. 2000. Patterns of reefaccretion associated with salt diapirism, La Popa basin, Mexico (abs). AAPG Annual Convention Official Program, 9, A55.

Giles, K. A. & Lawton, T. F. 2002. Halokinetic sequence stratigraphy adjacent to the El Papalote diapir, northeastern Mexico. AAPG Bulletin, 86, 823–840.

Giles, K. A., Druke, D. C., Mercer, D. W. & Hunnicutt Mack, L. 2008. Controls on Upper Cretaceous (Maastrichtian) heterozoan carbonate platforms developed onsalt diapirs, La Popa Basin, NE Mexico. In: Lukasik, J. & Simo, J. A. (eds) Controls on Carbonate Platform Development. Society for Sedimentary Geology (SEPM), Tulsa, Special Publication, 89, 107–124.

Hannah, P. T. 2009. Outcrop analysis of an allochthonous salt canopy and salt system, eastern Willouran Ranges, South Australia. M. S. thesis, New Mexico State University.

Hart, W., Jaminski, J. & Albertin, M. 2004. Recognition and exploration significance of supra-saltstratal carapace. In: Post, P. J., Olson, D. L., Lyons, K. T., Palmes, S. L., Harrison, P. F. & Rosen, N. C. (eds) Salt–Sediment Interactions and Hydrocarbon Prospectivity: Concepts, Applications, and Case Studies for the 21st Century. Society of Economicand Paleontologists and Mineralogists, Gulf Coast Section, 24th Annual Research Foundation Conference, CD-ROM, 166–199.

Hon, K. D. 2001. Salt-influenced growth-stratal geometries and structure of the Muerto Formation adjacentto an ancient secondary salt weld, La Popa Basin, Nuevo Leon, Mexico. M. S. thesis, New Mexico State University.

Howe, J. A., Stoker, M. S. & Woolfe, K. J. 2001. Deepmarine seabed erosion and gravel lags in the northwestern Rockall Trough, North Atlantic Ocean. Journal of the Geological Society, London, 158, 427-438.

Hudec, M. R. & Jackson, M. P. A. 2006. Advance of allochthonous salt sheets in passive margins and orogens. AAPG Bulletin, 90, 1535-1564.

Hudec, M. R. & Jackson, M. P. A. 2009. Interaction between spreading salt canopies and their peripheral thrust systems. Journal of Structural Geology, 31, 1114-1129.

Hunnicutt, L. A. 1998. Tectonostratigraphic interpretation of Upper Cretaceous to Lower Tertiary limestonelentils within the Potrerillos Formation surrounding ElPapalote diapir, La Popa basin, Nuevo Leon, Mexico. M. S. thesis, New Mexico State University.

Jackson, M. P. A., Vendeville, B. C. & Schultz - Ela, D. 1994. Structural dynamics of salt systems. Annual Reviews of Earth and Planetary Sciences, 22, 93-117.

Jahani, S., Callot, J. -P., Frizon de Lamotte, D., Letouzey, J. & Leturmy, P. 2007. The salt diapirs of the eastern Fars province (Zagros, Iran): a brief outline of their past and present. In: Lacombe, O., Lave', J., Roure, F. & Verge's, J. (eds) Thrust Belts and Foreland Basins. Springer, Berlin, 287-306.

Johnson, H. A. & Bredeson, D. H. 1971. Structural development of some shallow salt domes in Louisiana Miocene productive belt. AAPG Bulletin, 55, 204-226.

Kernen, R. A., Giles, K. A., Lawton, T. F., Rowan, M. G. & Hearon, T. E. IV. 2012. Depositional and halokinetic-sequence stratigraphy of the Neoproterozoic Wonoka Formation adjacent to Patawarta allochthonous salt sheet, Central Flinders Ranges, South Australia. In: Alsop, G. I., Archer, S. G., Hartley, A. J., Grant, N. T. & Hodgkinson, R. (eds) Salt Tectonics, Sediments and Prospectivity. Geological Society, London, Special Publications, 363, 81-105.

Kneller, B. & McCaffrey, B. 1995. Modeling the effects of salt-induced topography on deposition from turbidity currents. In: Travis, C. J, Harrison, H., Hudec, M. R., Vendeville, B. C., Peel, F. J. & Perkins, B. F. (eds) Salt, Sediment, and Hydrocarbons. Society of Economic and Paleontologists and Mineralogists, Gulf Coast Section, 16th Annual Research Foundation Conference, 137-145.

Laudon, R. C. 1975. Stratigraphy and petrology of the Difunta Group, La Popa and eastern Parras Basins, northeastern Mexico. Ph. D. Dissertation, Universityof Texas, Austin.

Lawton, T. F., Vega, F. J., Giles, K. A. & Rosales Dominguez, C. 2001. Stratigraphy and origin of the La Popa Basin, Nuevo Leo'n and Coahuila, Mexico. In: Bartolini, C., Buffler, R. T. & Cantu' -Chapa, A. (eds) The Western Gulf of Mexico Basin: Tectonics, Sedimentary Basins, and Petroleum Systems. AAPG, Tulsa, Memoir, 75, 219-240.

Lawton, T. F., Giles, K. A., Rowan, M. G., Couch, R. D. & Druke, D. 2005. Foreland-basin development in a salt-influenced province: Sierra Madre foreland, northeastern Mexico (abs). Geological Society of America Abstracts with Programs, 37, 441.

Lee, G. H., Watkins, J. S. & Bryant, W. R. 1996. Bryant Canyon fan system; an unconfined, large river-sourced system in the northwestern Gulf of Mexico. AAPG Bulletin, 80, 340-358.

Lemon, N. M. 1985. Physical modeling of sedimentation adjacent to diapirs and comparison with Late Precambrian Oratunga breccia body in central Flinders Ranges, South Australia. AAPG Bulletin, 69, 1327-1338.

Marani, M., Argnani, A., Roveri, M. & Trincardi, F. 1993. Sediment drifts and erosion surfaces in the central Mediterranean: seismic evidence of bottom-current activity. Sedimentary Geology, 82, 207-221.

Mercer, D. A. 2002. Analysis of growth strata of the Upper Cretaceous to Lower Paleogene Potrerillos Formation adjacent to El Gordo salt diapir, La Popa basin, Nuevo Leon, Mexico. M. S. thesis, New Mexico State University.

Prather, B. E., Booth, J. R., Steffens, G. S. & Craig, P. A. 1998. Classification, lithologic calibration, and stratigraphic succession of seismic facies of intraslope basins, deep-water Gulf of Mexico. AAPG Bulletin, 82,

701-728.

Rowan, M. G. & Weimer, P. 1998. Salt-sediment interaction, northern Green Canyon and Ewing Bank (offshore Louisiana), northern Gulf of Mexico. AAPG Bulletin, 82, 1055-1082.

Rowan, M. G. & Vendeville, B. C. 2006. Foldbelts withearly salt withdrawal and diapirism: physical modeland examples from the northern Gulf of Mexico and the Flinders Ranges, Australia. Marine and Petroleum Geology, 23, 871-891.

Rowan, M. G., Lawton, T. F., Giles, K. A. & Ratliff, R. A. 2003. Near-diapir deformation in La Popa basin, Mexico, and the northern Gulf of Mexico: a general model for passive diapirism. AAPG Bulletin, 87, 733-756.

Rowan, M. G., Giles, K. A., Lawton, T. F., Hearon, T. E., IV & Hannah, P. T. 2010. Salt-sediment interaction during advance of allochthonous salt (abs). AAPG Annual Convention and Exhibition Abstracts Volume, 19, 220.

Rowan, M. G., Lawton, T. F. & Giles, K. A. 2012. Anatomy of an exposed vertical salt weld and flankingstrata, La Popa Basin, Mexico. In: Alsop, G. I., Archer, S. G., Hartley, A. J., Grant, N. T. & Hodgkinson, R. (eds) Salt Tectonics, Sediments and Prospectivity. Geological Society, London, Special Publications, 363, 33-57.

Schultz-Ela, D. D. 2003. Origin of drag folds bordering salt diapirs. AAPG Bulletin, 87, 757-780.

Steiner, R. J. 1976. Grand Isle Block 16 Field, offshore Louisiana. In: Brunstein, J. (ed.) North American Oil and Gas Fields. AAPG, Tulsa, Memoir, 65, 229-238.

Stowe, D. A., Faugeres, J., Howe, J. A., Pudsey, C. J. & Viana, A. R. 2002. Bottom currents, contourites and deep-sea sediment drifts: current state-of-the-art. In: Stow, D. A. V., Pudsey, C. J., Howe, J. A., Faugères, J.-C. & Viana, A. R. (eds). Deep-Water Contourite Systems: Modern Drifts and Ancient Series, Seismic and Sedimentary Characteristics. Geological Society, London, Memoirs, 22, 7-20.

Trudgill, B. D. 2011. Evolution of salt structures in the northern Paradox Basin: controls on evaporite deposition, salt wall growth and supra-salt stratigraphic architecture. Basin Research, 23, 208-238.

Vendeville, B. C. & Jackson, M. P. A. 1992. The fall of diapirs during thin-skinned extension. Marine and Petroleum Geology, 9, 354-371.

Vendeville, B. C. & Nilsen, K. T. 1995. Episodic growth of salt diapirs driven by horizontal shortening. In: Travis, C. J., Harrison, H., Hudec, M. R., Vendeville, B. C., Peel, F. J. & Perkins, B. F. (eds) Salt, Sediment, and Hydrocarbons. Society of Economic and Paleontologists and Mineralogists, Gulf Coast Section, 16th Annual Research Foundation Conference, 285-295.

Vendeville, B. C., Jackson, M. P. A. & Weijermars, R. 1993. Rates of salt flow in passive diapirs and their source layers. In: Armentrout, J. M., Block, R., Olson, H. C. & Perkins, B. F. (eds) Rates of Geologic Processes. Society of Economic and Paleontologists and Mineralogists, Gulf Coast Section, 14th Annual Research Foundation Conference, 269-276.

Wall, J. R., Murray, G. E. & Di'az, T. 1961. Geologic occurrence of intrusive gypsum and its effect on structural forms in Coahuila marginal folded province of northeastern Mexico. AAPG Bulletin, 45, 1504-1522.

Weimer, P. & Varnai, P. et al. 1998. Sequence stratigraphy of Pliocene and Pleistocene turbidite systems, northern Green Canyon and Ewing Bank (offshore Louisiana), northern Gulf of Mexico. AAPG Bulletin, 82, 918-960.

Weislogel, A. 2001. The depositional system, stratigraphy, and petrology of the Maastrichtian Muerto Formation, La Popa Basin, Mexico: implications for diapirism and foreland evolution. M. S. thesis, New Mexico State University.

（王怡 译，祁鹏 校）

第2章 墨西哥 La Popa 盆地直立盐焊接与侧翼地层露头剖析

MARK G. ROWAN[1], TIMOTHY F. LAWTON[2], KATHERINE A. GILES[2]

(1. Rowan Consulting, Inc., 850 8th St, Boulder, CO 80302, USA; 2. Institute of Tectonic Studies, New Mexico State University, P.O. Box 30001, Las Cruces, NM 88003, USA)

摘 要 La Popa 盐焊接位于墨西哥 La Popa 盆地内,长 24km,是一个近于直立的盐构造,在沿着长度方向大概一半的位置有一处很明显的弯曲。侧翼地层在盐动力褶皱、局部不整合以及底辟派生碎屑的综合作用下,形成了初始盐墙。而后,在白垩纪末至始新世的 Hidalgoan 造山运动的不断挤压作用下,盐墙变成了盐焊接。变形特征沿盐焊接发生明显变化。在西北部古近系—新近系中还存在残余的膏岩(包括西北角末端的一个底辟构造),但几乎没有大规模的侧翼地层褶皱作用发生,只发育区域性的裂缝。在弯曲部位正西北方向距盐焊接 5~10m 的范围内分布着完全由盐焊接连接的扁透镜状石膏矿体、大规模的尖棱背斜以及大量裂缝。盐焊接的东南段则是由一个突出的尖棱背斜以及一条 50m 宽的破碎带构成,在这一段中并不存在残余石膏。这种变形特征的差异主要取决于盐墙的原始宽度,同时还与挤压的方向和程度有关。在垂直于盐墙方向上,挤压作用使得在局部地区底辟发生闭合,从而不会再产生变形。而在与盐墙斜交的方向上,挤压作用则会引起焊接后的右旋走滑,同时对盐墙产生挤压及剪切作用而产生明显的裂缝。变形作用的多样性很大程度上可能会对盐焊接的封堵性产生影响。

当原先被盐层或者底辟分隔开的地层发生完全或者近乎完全脱盐后,就形成了盐焊接面或者盐焊接带(Jackson 和 Talbot,1991)。Jackson 和 Talbot(1989)将盐焊接分为三大类,分别是初次盐焊接、二次盐焊接以及三次盐焊接。初次盐焊接形成于原地地层中(一般为沉积地层),因此,盐底由于盐的流动、充填而具有较明显的构造起伏,否则初次盐焊接通常都是近于水平的。二次盐焊接一般是由于陡倾底辟构造收缩而形成,因此,通常情况下都会陡倾。三次盐焊接在异地岩层中形成,因此,其几何形状可反映出盐篷和盐席底面的倾向变化。Rowan 等(1999)对上述分类方法进行了修正,他们针对墨西哥湾北部盐焊接的几何形态及成因对罗霍(Roho)盐焊接、反区域盐焊接、碗状盐焊接、逆冲盐焊接和扭动盐焊接等进行了界定与阐述。

盐焊接在石油勘探过程中往往能起到关键作用,主要体现在以下几个方面。首先,通过对三次焊接的研究,可以得到盐篷或盐席对地貌的影响情况,从而可以分析原盐体对沉积物运移及沉积的影响(Prather 等,1998;Rowan 和 Weimer,1998;Badalini 等,2000;Booth 等,2000)。其次,由于盐是良好的热导体,因此盐焊接对地层中油气的生成和排出时间都会产生影响(Waples,1994;Mello 等,1994;McBride 等,1998)。第三,盐焊接会对油气运移产生影响。尽管很多油气田都位于盐焊接之上,但是烃源岩仍处在盐焊接之下(如巴西坎波斯盆地巨型盐上油气田,Mello 等,1994b;墨西哥湾北部盐篷之上的油气田,McBride 等,1998),此外,仍有大量未公开报道的油气田是由盐焊接封盖的(如墨西哥湾北部的 Conger 油气田及 Kaskida 大发现),盐焊接封闭是墨西哥湾盆地盐下勘探区的重要因素。当然,很多情况下,单纯依靠盐焊接本身并不能阻止油气逸散,而是需要盐焊接周围的地层对接及砂体尖灭共同起作用(Rowan,2004)。

地下的盐焊接主要根据几何形态，并通过地震数据来获取相关信息。要做到完全断定一个盐焊接是不存在蒸发岩（完全盐焊接）还是存在分散的蒸发岩（不完全盐焊接）是很难做到的。理论计算表明，由于盐体变薄而产生的黏滞阻力会阻碍盐体流动，因此除非存在溶解作用，否则真正意义上的完全盐焊接是很难形成的（Hudec 和 Jackson，2007；Davison 等，2009；Wagner，2010）。然而，未公开的一些工业钻井数据显示，有一些完全盐焊接已经被钻遇，尽管有些完全盐焊接实际上是含有一定厚度盐层的。遗憾的是，几乎没有公布的数据能记录钻井的残留蒸发岩、变形组构及压力边界情况。只有墨西哥湾北部的一个盐焊接算是一个例外，它至少是半封闭的（Allwardt 等，2009）。

公开出版的有关盐焊接露头的已知实例也非常稀少。墨西哥的 La Popa 盆地确实存在一处二次盐焊接（Giles 和 Lawton，1999；Rowan 等，2001），伊朗法尔斯省则存在一处与之有相似地质特征的盐焊接（Jahani 等，2009），另外还有中非加丹加（Katangan）铜矿带的逆冲盐焊接（Jackson 等，2003），澳大利亚南部弗林德斯山脉奥拉迪（Oladdie）底辟的反区域盐焊接（Dyson 和 Rowan，2004），美国犹他州东南部 Paradox 盆地的一些小型盐焊接（Trudgill 等，2004；Lawton 和 Buck，2006），澳大利亚南部威尔罗兰山脉的焊接盐篷（Hearon，2008；Hannah，2009），还有意大利南部 Crotone 盆地的一处初次盐焊接（Costa 等，2009）。另外，在弗林德斯山脉（Dyson，2009），加拿大北极圈地区的 Sverdrup 盆地（与 Jockson 的个人通信，2010），西班牙东南部的 Prebetics（Roca，2009），伊朗大卡维尔（Kavir）沙漠和卡鲁特（Kalut）盆地（与 Jackson 的个人通信，2003，2010）等地区发现了更多的盐焊接露头。然而在这些实例中，尚无针对盐焊接及其相关变形和翼部地层较为透彻的研究与分析。

在本文中，我们基于 Giles 和 Lawton（1999）的研究成果以及 7 篇硕士论文（Hon，2001；Graff，2003；Waidmann，2004；Shipley，2004；Druke，2005；Loera，2007；Hennessy，2009），提出了对于墨西哥 La Popa 盆地中 La Popa 盐焊接的详细研究结果。La Popa 盐焊接近于垂直，沿走向延伸可达 24km。本文主要从以下四点来描述 La Popa 盐焊接以及侧翼地层在走向上的变化：（1）相邻地层单元的大尺度（微盆尺度）形态；（2）盐焊接 500m 范围内的盐动力披覆褶皱的形态；（3）盐焊接任意一侧的围岩的小尺度变形（如断层、裂缝等）；（4）盐焊接的完全程度。在地层模拟过程中，第一点特性通常可通过地震数据显示出来；第二点特性无法确定能否通过地震数据获得；而后两个特性几乎无法通过地震数据获得，尽管它们在很大程度上可能会对盐焊接的封闭性产生影响。我们建了一个模型，该模型考虑了初始盐墙在 Hidalgoan 造山运动过程中的闭合而产生不同形态和强度的变形。

本文对于盐焊接等线性构造的定义在一定程度上是基于对盐动力层序的认识，因此，为避免赘述，本文在此处对其特性及成因做统一描述。所谓盐动力层序就是邻近被动底辟并被不整合边界限定的薄褶皱地层（Giles 和 Lawton，2002）。盐动力层序与准层序组规模相当，通常包含强烈褶皱地层狭长带的钩型层序，或者是厚度逐渐减小宽阔带的楔型层序（Giles 和 Rowan，2012）。这两种层序叠加的话，就会形成复合盐动力层序（CHS），其规模跟三级沉积旋回相当（Giles 和 Rowan，2012）。钩型层序叠加形成板状复合盐动力层序，该层序具有近平行边界，同时底辟周围 50~200m 范围内形成褶皱，还有削蚀角度能达到 90°的内部不整合面以及包含底辟派生碎屑的块体坡移沉积。楔型层序堆积则会形成锥型复合盐动力层序，该层序具有挤压边界，同时底辟周围 1000m 范围内形成褶皱，形成的内部不整合角度较小，而且块体坡移沉积也较少。盐动力层序并不是在底辟上升过程中由侧翼地层的剪切或者收缩形成的，而是上升底辟过程中由顶部沉积层的披覆褶皱以及（或者）相邻的微盆沉降形成的（Rowan 等，2003）。想要了解更为详细的复合盐动力层序的相关内容（包括 La Popa

盐焊接），请参阅本书之中由 Giles 和 Rowan(2012)所著的文章。

2.1 地质背景

La Popa 盆地位于大 Sabinas 盆地南部，而大 Sabinas 盆地是位于墨西哥东北部 Sierra Madre Orienta(褶皱冲断带的前陆区图 2-1)(McBride 等，1974；Lawton，1975；Eguiluz de Antuñano，2001；Lawton 等，2001)。La Popa 盆地中存在一系列被深入研究过的底辟构造(Lawton，1984；Giles 和 Lawton，1999，2002；Rowan 等，2003；Millán-Garrido，2004)这些底辟构造经历了较弱的与北美板块北部聚敛边缘构造有关的挤压作用。通过研究 La Popa 盆地的地层厚度，可以发现挤压作用开始于中马斯特里赫特期(Druke，2005；Lawton 和 Rowan，2008；Gray 和 Lawton，2010)。原本出露的岩层被厚度超过 5km 的地层所覆盖，但在渐新世末期到中新世早期，这套上覆层由于造山期后的抬升作用而被剥蚀(Gray 等，2001)。

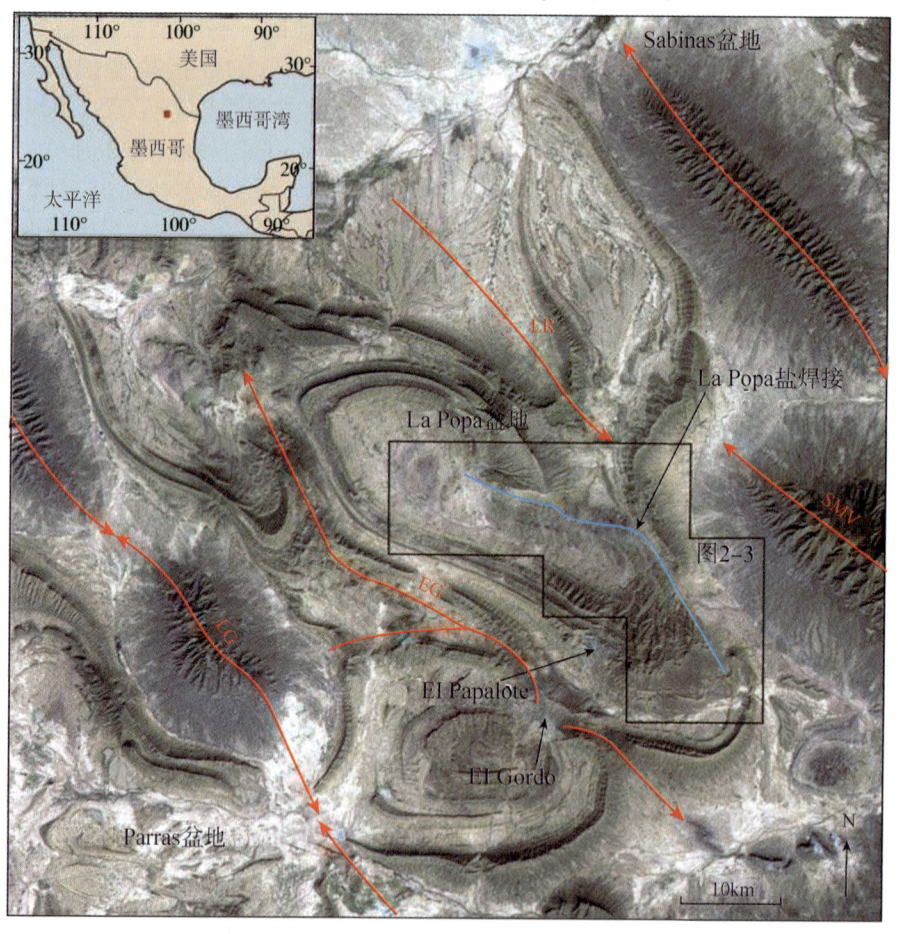

图 2-1 La Popa 盆地地理位置图

从卫星图片可以看出，La Popa 盆地位于 Parras 盆地与 Sabinas 盆地之间，其中红线表示盐核背斜及地势变化，包括盆地外下白垩统的碳酸盐岩及盆地内部的上白垩统以及古新统的硅质碎屑岩；LG—La Gavia 背斜，EG—El Gordo 背斜，LR—La Rosita 背斜，SMV—Sierra Minas Viejas 背斜；La Popa 盆地以及附近的 El Papalote 和 El Gordo 底辟在图中用黑色边框及箭头指示，其中 La Popa 盆地放大图如图 2-3 所示

La Popa 盆地中微盆内出露从阿普特期到始新世早期的地层(图 2-2),但底辟则是从下伏的中侏罗统上部一直降升到上侏罗统下部的 Minas Viejas 蒸发岩层(Lawton 等,2001)。尽管盐焊接附近的岩相与盆地外部的岩相有差别,但是出露地层(阿普特阶到桑托阶)的下部仍然主要由碳酸盐岩构成。坎潘阶的 Parras 页岩构成了第一期前陆盆地硅质碎屑岩充填,将正在发育的褶皱冲断带与西部分隔开。上覆的 Difunta 群包含一系列砂岩、粉砂岩、泥页岩,分布区域由外大陆架穿越临滨和滩海一直延伸到冲积河流区域(McBride 等,1974;Lawton 等,2001)。在一些地层单元尤其是 Potrerillos 组的黑色页岩中,存在被称为"透镜体"的局部碳酸盐岩,这些透镜体通常发育在底辟形成的地形高点附近(McBride 等,1974;Giles 和 Lawton 等,1999、2002;Druke 等,2004)。

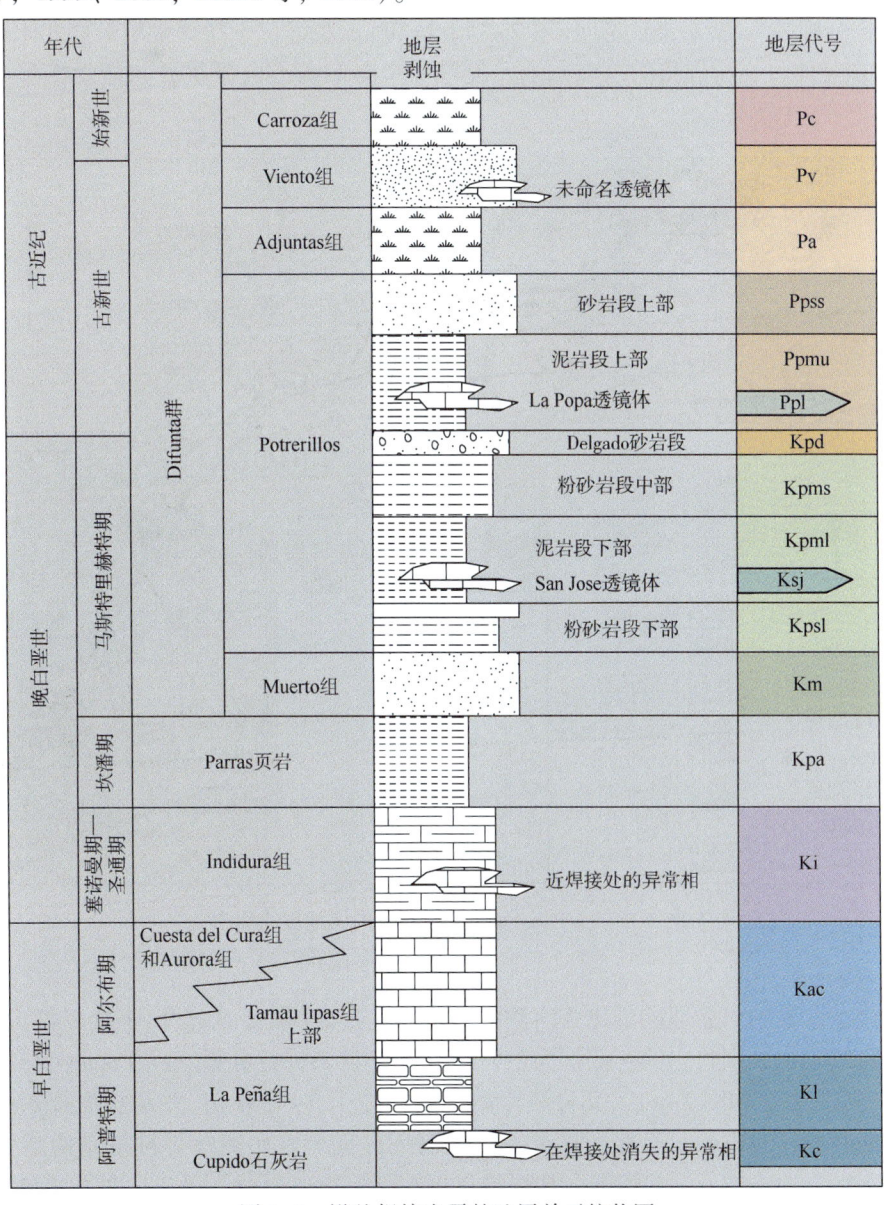

年代			地层剥蚀		地层代号
古近纪	始新世		Carroza组		Pc
			Viento组	未命名透镜体	Pv
			Adjuntas组		Pa
	古新世	Difunta群	Potrerillos	砂岩段上部	Ppss
				泥岩段上部	Ppmu
				La Popa透镜体	Ppl
晚白垩世	马斯特里赫特期			Delgado砂岩段	Kpd
				粉砂岩段中部	Kpms
				泥岩段下部	Kpml
				San Jose透镜体	Ksj
				粉砂岩段下部	Kpsl
			Muerto组		Km
	坎潘期		Parras页岩		Kpa
	塞诺曼期—至图通期		Indidura组	近焊接处的异常相	Ki
早白垩世	阿尔布期		Cuesta del Cura组和Aurora组 / Tamaulipas组上部		Kac
	阿普特期		La Peña组		Kl
			Cupido石灰岩	在焊接处消失的异常相	Kc

图 2-2 沿盐焊接出露的地层单元柱状图

上侏罗统 Minas Viejas 组未在图中标示出,还包括 La Papo 盆地盐焊接及底辟中残留的蒸发盐岩;地层单元的颜色与平面图和横剖面图一致

2.2 几何形态与变形

本节将对不同尺度的地层形态及构造进行描述。在对盐焊接平面几何特征研究之后，通过五条横剖面对盐焊接及其侧翼地层的特性以及几何形态在走向上的变化进行了解释说明。

2.2.1 平面几何形态

La Popa 盐焊接位于 La Popa 盆地东北边缘（图 2-1）。盐焊接长 24km，沿着其走向大约一半的位置，有一处明显的弯曲将共分为西北和东南两段，其中西北段是 NWW—SEE 走向，东南部分则是 NNW—SSE 走向（图 2-3）。La Popa 底辟位于盐焊接的最西北末端，并沿着 ESE 方向延伸。在盐焊接的东南末端，发育一个向东南方向倾伏并与盐焊接呈小角度相交的背斜。

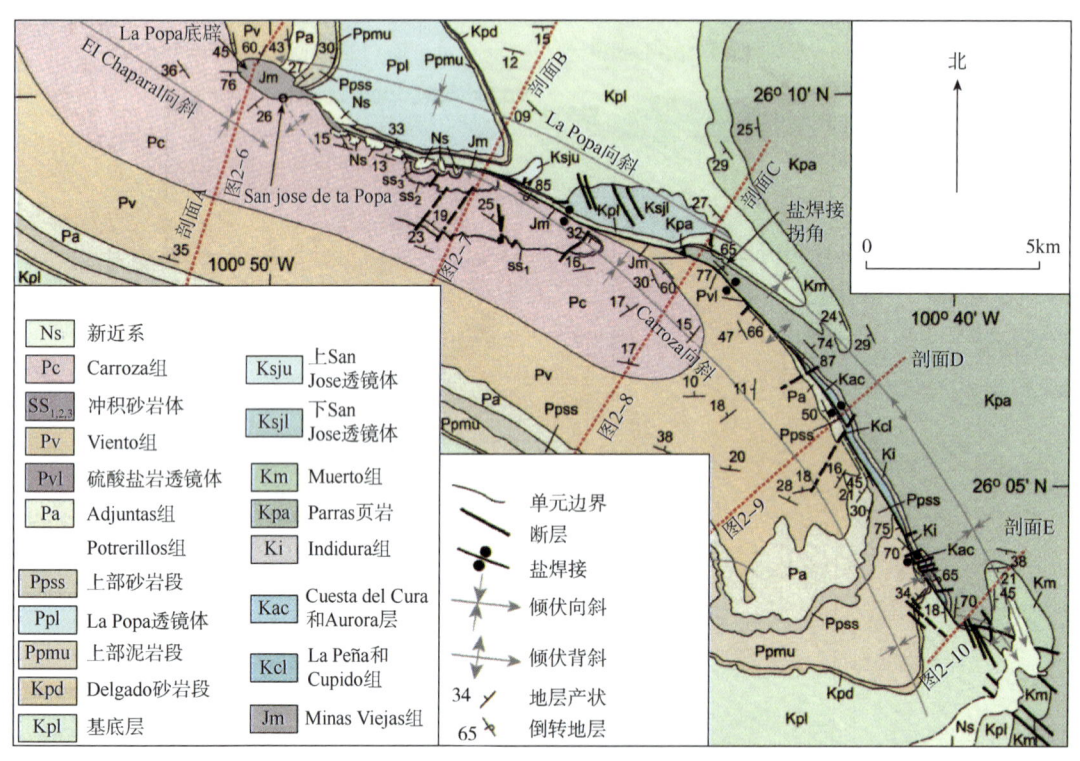

图 2-3 La Papo 盆地盐焊接及周围地层地质图
图中显示了剖面 A—剖面 E 的位置（但不是全部）；图中所示范围参见图 2-1

盐焊接东北侧的出露地层要比西南侧的地层年代古老（图 2-3）。由于盐焊接近于直立，本文在研究过程中分别将它的两侧作为上升盘和下降盘来进行分析。La Popa 向斜沿着上升盘一侧延伸（图 2-3 和图 2-4），其脊线距离盐焊接约 1.0~1.5km，并从盐焊接东南段中部的高点处向两侧同时下倾。而在下降盘一侧，Carroza 向斜在距离盐焊接最东南端处开始向西北方向下倾，约 1.5km，并逐渐向盐焊接靠近，直至距离最西北端 7km 处之上 100~200m 时，与盐焊接处于平行状态（图 2-3 和图 2-4）。Carroza 向斜和 El Chaparral 向斜之间存在一处小的背斜过渡区，该背斜向东南方向下倾，直抵 La Popa 底辟南部的末端。

图 2-4 盐焊接的航拍照片

图中可见盐焊接东南段西北走向的一部分，盐焊接弯曲以及西北段的大部分，同时还有位于下降盘（左侧）和上升盘（右侧）的向斜；主要的褶皱弯部地层产状在图中用白线标识出；出露的地层单元主要是由上白垩统到下始新统的硅质碎屑岩构成，图中的石灰岩透镜体属于例外，透镜体的存在说明了古海相高地的存在（照片由 B. Goldhammer 拍摄）

盐焊接西侧的倾伏向斜形成了与走向平行的位移梯度，其中盐焊接中部的地层位移最大，在接近两端 4km 的地方位移减小为零。图 2-5 是断层面图，图中详细解释了通过盐焊接发生的地层对接特征。从整体来看，断距是向西北方向倾斜的。

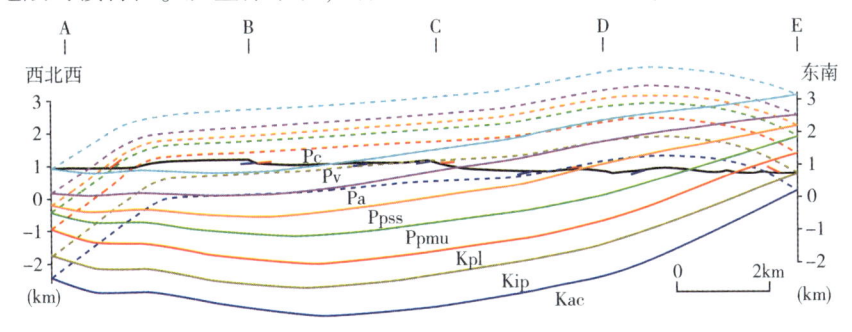

图 2-5 盐焊接断面图中可见沿盐焊接方向的地层断距

实线表示下降盘一侧与盐焊接相交地层的几何形状，虚线则表示上升盘一侧；地表开窗附近的曲线（蓝色：下降盘侧，红色：上升盘侧）为地层产状立体网格分析法测定描绘的褶皱轴（地表用短线标记）；下降盘侧的区域地层在图 2-3 中已经标记，Kip 组（白垩系 Indidura 组和 Parras 页岩）除外，图 2-5 顶部的标注 A—E 代表了图 2-6 至图 2-10 的地质剖面，具体位置参见图 2-3

2.2.2 盐焊接剖面特征

2.2.2.1 剖面 A

该剖面穿过了盐焊接最西北端 San Jose de la Popa 镇附近的 La Papo 底辟(图2-3)。La Papo 底辟位于 El Chaparral 向斜向西南倾的褶翼处(图2-6),其中,东北侧的古新统 Adjuntas(Pa)组和 Viento(Pv)组向底辟方向倾斜,而西南侧的始新统下部的 Carroza(Pc)组则底辟的反方向倾斜。该底辟宽为800m,至今未发现其西北末端有褶皱或者断层的存在(图2-3)。底辟周缘50m范围内的地层掀斜了几乎90°,砂岩中很少发育裂缝。

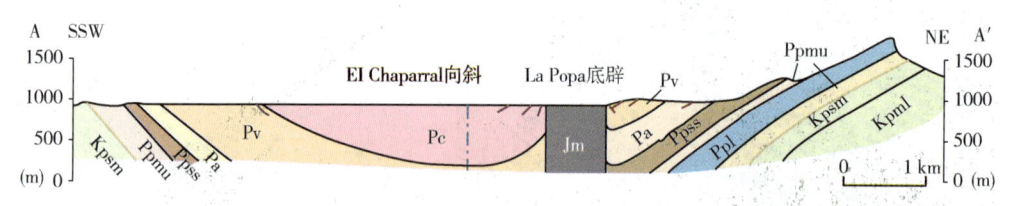

图2-6 图2-3中所示的剖面A展示的除Kpml和Kpsm(即Potrerillos组的下部泥岩和中部粉砂岩小层)以外的地质剖面图

红色短线表示地层倾向,蓝色虚线表示向斜轴迹;剖面未经过垂向放大处理

2.2.2.2 剖面 B

剖面 B 切过盐焊接东北部的中间部位(图2-3),并靠近 La Popa 透镜体的东部(图2-4) La Popa 透镜体是一套原350m的古新统碳酸盐岩,在盐焊接附近为海锦藻礁相,向东北方向则为前积钙质浊积岩(Goldhammer 和 Giles,2003)。位于上升盘的 La Popa 向斜的翼部地层比较平缓,下降盘的 Carroza 向斜的枢纽线距离盐焊接不到300m(图2-7a)。位于上升盘一侧的 Potrerillos 组中的中马斯特里赫特阶粉砂岩(Kpsm)段和古新统上部泥页岩(Ppmu)段构成了向东北方向倾斜15°的板状复合盐动力层序。钩型盐动力层序中的地层一般具有以下特点:近于直立的褶皱、超出距离盐焊接中心距离100m范围以及被接近90°的削蚀不整合面分隔(图2-7b)。板状复合盐动力层序中的上半部分地层向向斜方向略微变厚,而下半部分则没有此变化(Druke,2005)。在下降盘一侧,始新统下部的 Carroza 组(Pc)在小型楔状复合盐动力层序的盐焊接附近200m内逐渐变薄并发生掀斜,这些单个的楔型盐动力层序主要被小角度(5°~20°)的不整合面分隔开(图2-7d、f)。很少有碎屑流含有准火成岩碎屑(图2-7f,52m 处;Waidmann,2004)。包括绿片岩本身的变玄武岩及辉绿岩的准火成岩碎屑构成 La Popa 盆地底辟内的角砾,(Garrison 和 McMillan,1999),或以碎屑形式存在于毗邻的坡移沉积,但在盆地内的其他地区未见(Lawton 等,2001;Giles 和 Lawton,2002)。Carroza 组内的共轭断层沿25号观察点处的锐角平分线有两个走向(图2-3)。

上文中提到的两种复合盐动力层序具有相反倾向,并被至少80m厚的石膏层分隔开,石膏层也夹有部分上侏罗统的石灰岩和准火成岩角砾(图2-7f),这部分岩层最初也是蒸发岩层序的一部分(Kroeger 和 Stinnes-beck,2003;Vega 和 Lawton,2011)。这层薄石膏层沿走向一直延伸到 La Popa 底辟的剖面 A 处(图2-3),严格意义上来说,此处并非真正的盐焊接。当垂向底辟的宽度小于100m时,即使采用最先进的地震采集技术也无法使之成像。我们使用"视盐焊接"一词来指那些由于受地震分辨率的限制而易被误认为盐焊接的窄盐体。

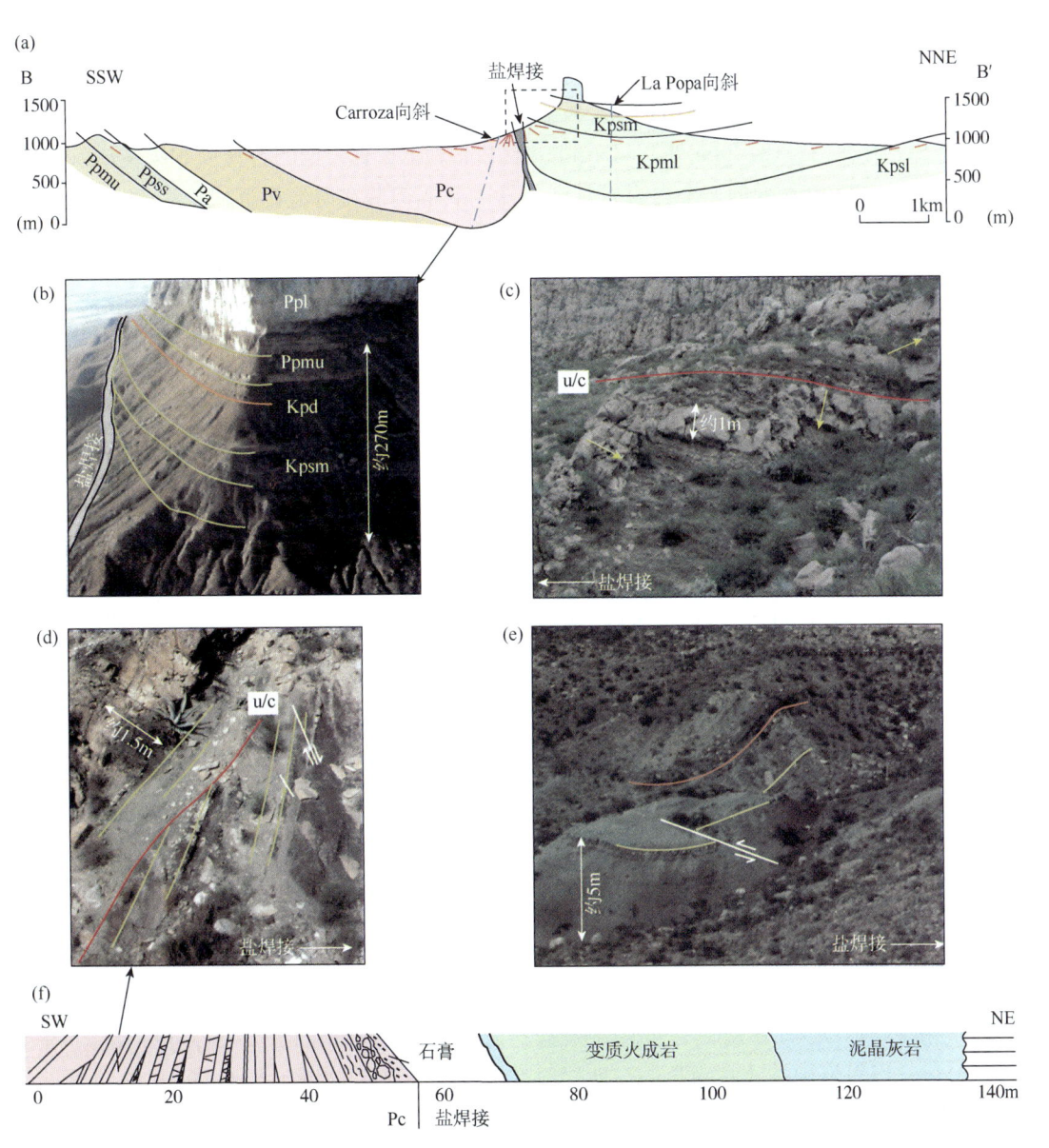

图 2-7 图 2-3 中所示的剖面 B 展示的除 Kpsl、Kpml 和 Kpsm（即 Potrerillos 组的下部粉砂岩、下部粉泥岩和中部粉砂岩小层）以外的地质剖面图

(a) 剖面未进行垂向放大处理，红色短线表示地层倾向，蓝色虚线表示向斜轴迹；(b) 航拍照片显示板状复合盐动力层序是由一系列盐焊接上升盘一侧的钩型盐动力层序叠置而成，照片由 B. Goldhammer 拍摄；(c) 盐焊接上升盘中石灰岩透镜体中的短波长褶皱，照片由 D. Goldhammer 拍摄，褶皱发生翻转（黄色箭头表示地层顶面向）并被不整合面(u/c)削蚀，不整合面之上的地层是直立的并且其倾向是远离观察者，因此照片中的角度削减(90°)是变形的；(d) 盐焊接下降盘上的 Carroza 组(Pc) 中的生长层序（黄色）在不整合面(u/c)处存在 23°的角度削减，存在正位移的小断层可能是旋转逆冲断层；(e) 下降盘 Carroza 组中的逆冲断层和伴生褶皱都倾离盐焊接方向，逆冲位移约为 1.5m；(f) 从下降盘 Carroza 组(Pc)到视焊接的实测剖面图，视焊接主要由残余石膏和夹杂角砾构成，地层中倾斜的细线表示裂缝，平行于地层的细线则表示土壤层，闭合线表示碎屑流中的岩屑

中等规模到小规模的构造都比较少。在上升盘中，有一个直立到翻转的碳酸盐岩透镜体发育较小的（米级规模）并被上覆盐动力不整合所削截的开阔对称褶皱（图 2-7c）。在下降盘

中,有一条低角度逆冲断层及伴生褶皱倾向上远离盐焊接(图2-7e),但至少有两个褶皱是倾向盐焊接。切割Carroza组的小规模断层有明显的正断距,但实际上可能是旋转逆冲断层(图2-7d、f,12m处)。砂岩中的裂缝都很小而且方向固定,它们与披覆褶皱作用的弯滑方向一致(图2-7f,18~28m处)。Carroza组(Pc)中还含有大量的石膏质和碳钠质/硅铝质古土壤层,这意味着附近的一个含有石膏和石盐的底辟构造在河流相沉积过程中处于暴露的状态中(Buck等,2010)。

2.2.2.3 剖面C

中间剖面C处于盐焊接弯曲部位的正西方(图2-3和图2-4)。该弯曲是一个位于La Popa向斜和Carroza向斜之间的尖棱背斜构造(图2-4和图2-8a)。下降盘为呈变薄趋势的大楔形结构,并逐渐向上翻转,古新统上部Viento组(Pv,图2-8d),在盐焊接附近会有轻微的翻转,并含有来自底辟的准火成岩碎屑。上升盘中构造更加复杂,发育两个叠置在一起的复合盐动力层序(图2-8c)。其中上部层序与Potrerillos组中剖面B的板状复合盐动力层序一样,向东北方向倾斜约20°,并发育直立褶皱,但由于盐焊接附近的剥蚀作用使该褶皱不存在了。在Potrerillos组(Kpsl)下部的主要盐动力层序边界处是一个锥型复合盐动力层序,该层序由坎潘阶到马斯特里赫特阶下部Parras(Kpa)页岩和Muerto(Km)组构成,同时地层存在变薄和翻转,其中翻转现象较为突出,由区域上20°倾角到距离盐焊接500m处的轻微翻转。靠近锥型复合盐动力层序的顶部的Muerto砂岩(Km)由于风化、超覆以及盐动力楔的削蚀作用,尖灭位置距离盐焊接超过200m,因此它们被完全封闭在页岩层中(图2-8c)。锥型复合盐动力层序顶端附近是一个近似水平的断层,上盘Parras组(Kpa)中的较新的与下盘较老的Parras组对接砂岩,表明上盘存在向底辟移动的情况(图2-8b、c;Hennessy,2009)。在上盘的上部发育一条小的生长断层,该断层消亡或者被Potrerillos组(Kpsl)最下部的不整合面削截。

盐焊接本身由宽度达30m的狭长石膏体构成,焊接面上没有残留的蒸发岩,我们把由完全焊接和不完全焊接组成的盐焊接特为"不连续焊接"。石膏层可能代表了位于Potrerillos组(Kpsl)和Parras页岩层(Kpa)之间的主要盐动力层序的突出部位(图2-8f,49m处)。在上升盘,Parras组页岩中有非常明显的与地层斜交的劈理存在,该劈理与La Popa向斜翼部的变滑方向一致,小断层处的薄砂岩层则发生轻微的剪切与偏移(图2-8e)。下降盘中,Viento组砂岩层(Pv)中发育向各个方向延伸的裂缝。无论是在上升盘还是下降盘中,裂缝密度都在盐焊接周围5~10m范围内下降到平均水平(图2-8f)。在完全盐焊接中,裂缝的动力学分析和轻微的剪切结构都表明下降盘向上运动,而在不完全焊接中,残余石膏层边界上的雁列式节理脉表明了同样的相对运动(图2-8f,19~20m处)。

2.2.2.4 剖面D

该剖面位于盐焊接东南段的中部(图2-3)。发育的大型构造也是位于两个向斜之间的尖棱背斜(图2-9a、b)。上升盘是由阿普特阶到坎潘阶的碳酸盐岩和细粒硅质碎屑岩(Kac)构成的锥型复合盐动力层序。邻近盐焊接的Cupido(Kc)组和Aurora(Ka)组石灰岩与在东马德雷山脉以及其山前地带所发现的石灰岩有不同的沉积相,尤其是Cupido组中含有直径达0.5m的来自底辟的准火成岩碎屑。与上升盘类似,下降盘是由古新统上部砂岩段(Ppss)到Vineto(Pv)组的砂岩和泥页岩构成的锥型复合盐动力层序。Adjuntas组(Pa)

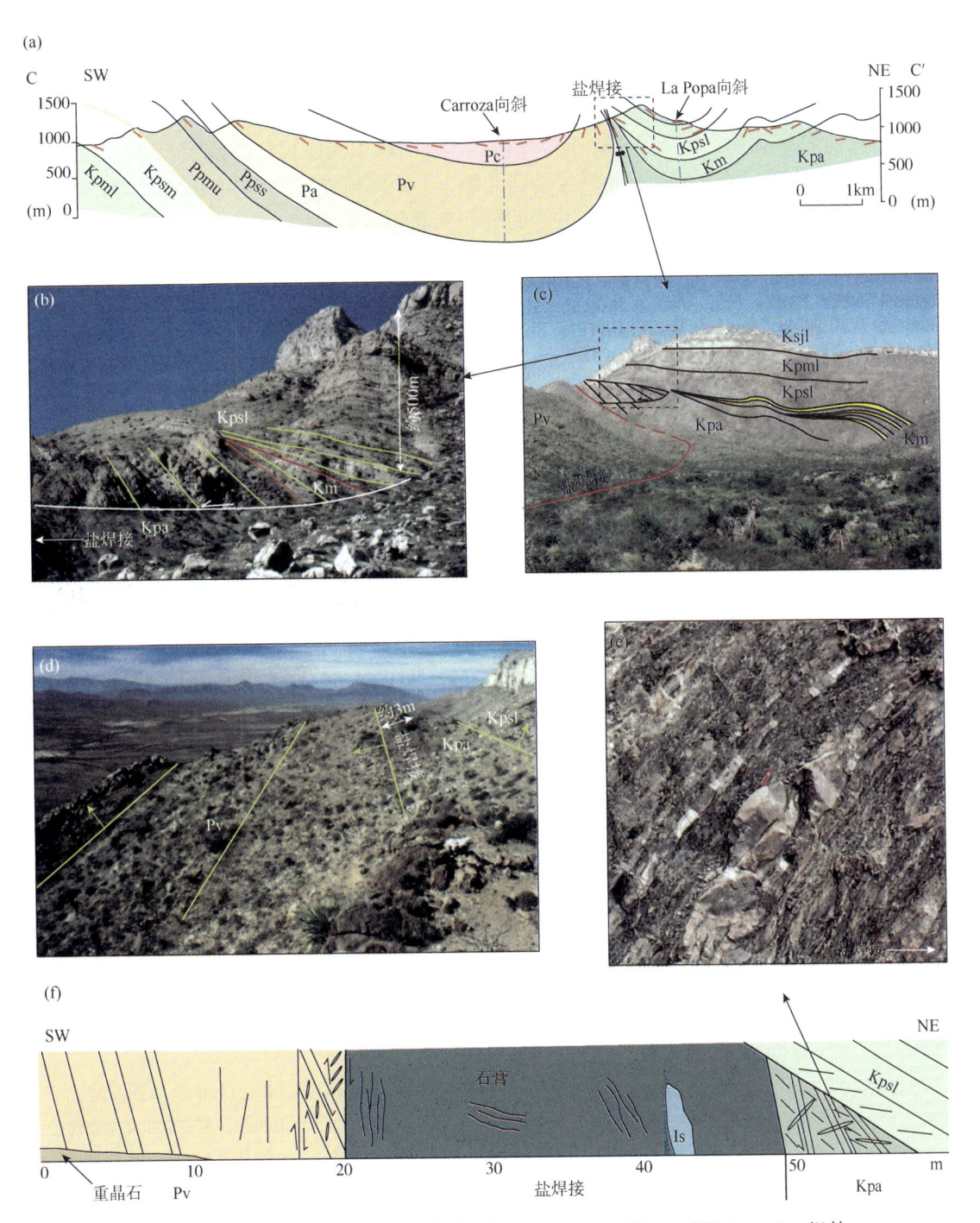

图 2-8 图 2-3 中所示的剖面 C 展示的除 Kpsl、Kpml 和 Kpsm(即 Potrerillos 组的
下部粉砂岩、下部粉泥岩和中部粉砂岩段)以外的地质剖面图

(a)剖面未进行垂向放大处理,红色短线表示地层倾向,蓝色虚线表示向斜轴迹;(b)盐焊接上升盘存在上盘生长的旋转正断层,红线表示局部不整合;(c)从整体来看,上升盘中板状复合盐动力层序(Ksjl、Kpml 和 Kpsl)覆盖于锥型复合盐动力层序(Km 和 Kpa)之上,Muerto 组的砂岩并没有延伸到盐焊接处,而是被封闭在泥页岩中;(d)盐焊接下降盘 Viento 组(Pv)中的生长楔形层在靠近盐焊接的过程中陡倾程度逐渐增加直至倾覆,黄色箭头表示地层面向上;(e)上升盘距离盐焊接 5m 处的 Parras 页岩层(Kpa)中的砂岩和泥页岩都发育劈理;(f)穿过含有不连续石膏透镜体的不完全盐焊接的实测地层剖面与地层斜交的细线表示劈理,椭圆表示节头脉,箭头表示雁列组的剪切方向

底部的砾岩含有来自底辟的准火成岩碎屑以及上部砂岩段(Ppss)的团状碎屑(图2-9f,27m处)。一处位于25号观察点的陡断层将下降盘分割开来,有明显的向东南侧向下位移,同时盐焊接也被分割且存在明显的右旋位移(图2-3)。

Lo Popa 盐焊接的东南段属于完全盐焊接,在这一段中未发现任何残余石膏。位于上升盘中的碳酸盐岩除了在切割盐焊接断层的西北侧,并距离盐焊接约50~60m的区域内有一定变形以外,其余的变形都相当微弱。共轭的雁列S型节理脉(图2-9e、f)表明了主压应力 σ_1 的连续方径(55°和200°)。盐焊接的下降盘一侧是一条50m宽的破碎带,其变形朝远离盐焊接的方向逐渐变弱(图2-9f)。紧邻盐焊接的是一条50cm宽的带有砂岩块的断层泥带,其旁侧的20m厚的砂岩层由于强烈的剪切作用,已经很难辨认,大量节理脉被石膏以及热液交代物所填充(图2-9c、d、f)。在距离盐焊接40m处,地层发育大量裂缝并且破碎成剪切菱形。小规模断层存在模糊的近水平滑动擦痕。

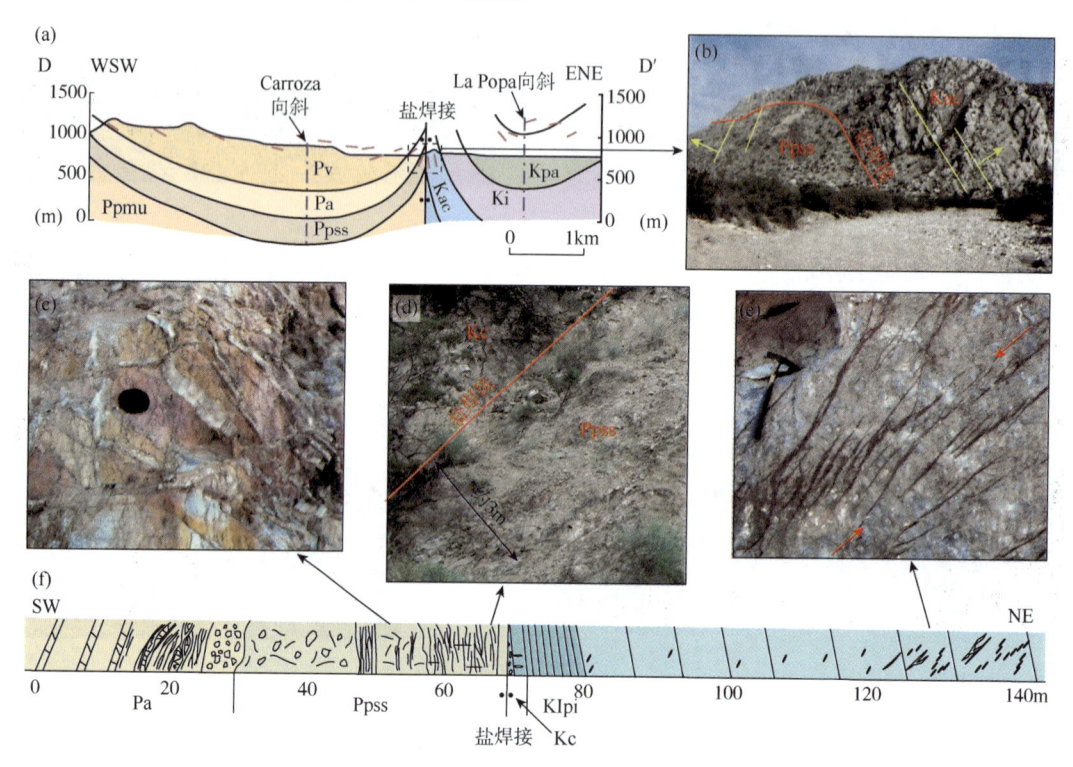

图2-9 图2-3中所示的剖面D展示的除Kc(Cupido组)、Klp(La Piña组)以外的地质剖面图
(a)剖面未进行垂向放大处理,红色短线表示地层倾向,蓝色虚线表示向斜轴迹,成对出现的黑点表示完全盐焊接;(b)盐焊接两侧的远离焊接方向的地层呈倒"V"形倾斜(黄色箭头表示地层面向上);(c)盐焊接下降盘中的上部砂岩层(Ppss)发生强烈变形并产生裂缝,大部分节理脉被石膏所充填;(d)盐焊接下降盘上的上部砂岩层(Ppss)中的厚砂层发生剪切,因此其岩性以及地层几乎难以辨认,盐焊接由0.5m宽的断层泥所标记;(e)共轭雁列节理脉组在上升盘的Aurora组(Ka)中,红色箭头表示主压应力 σ_1 的方向;(f)穿过盐焊接的实测剖面示意图,与地层斜交的细线表示裂缝,平行地层的细线表示剪切构造,椭圆表示节理脉,大量的不规则多边形则表示岩屑

2.2.2.5 剖面 E

该剖面位于盐焊接的东南末端,并没有穿过盐焊接露头(图2-3),而是穿过了一个东南方向倾伏的背斜。该背斜向远离盐焊接末端的方向延伸,最终被盐焊接西南侧的陡断层所切割(图2-10)。在剖面线处,断层的累计断距大约可达到500m(由构造演化剖面所确定),

然后在距离盐焊接末端 1.5km 处的断层末端减小为零。几处小型断层上的擦痕都表现出右旋走滑特征。尽管没有石膏层出露，但是几条比较明显的证据仍然证明盐焊接的东南末端存在被埋藏的底辟(图 2-10)。首先，倾伏背斜(倾伏背斜的方位可以大概反映出下伏盐层的几何形态)的走向与盐焊接的走向斜交，并有轻微的错动。其次，背斜区的断层(包括图 2-3 中并未标识出的一些小断层)都表现为发散状，也有一些表现为辐射状。

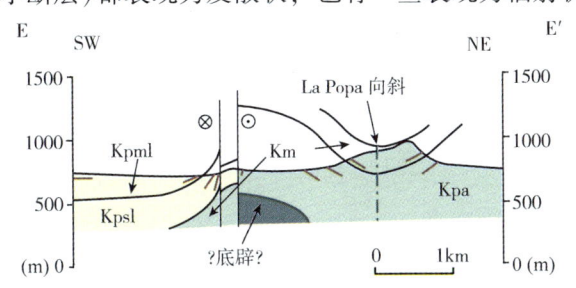

图 2-10　图 2-3 中所示的剖面 E 展示的除 Kpsl 和 Kpml 组(Potrerillos 组中下部粉砂岩和中部泥页岩小层)以外的地质剖面图

红色短线表示地层倾向，蓝色虚线表示向斜轴迹，圆形符号里的箭头和箭尾分别表示运动方向朝向和背离观察者，表示少量的走滑运动；剖面未进行垂向放大处理

2.2.3　小结

假设可以沿着盐焊接走向对大规模的盐焊接侧翼地层几何形态进行重建，一个向下倾伏的综合地质剖面(图 2-11)就可以构建出来。例如，盐焊接弯曲东南部的上升盘里的下白垩统的形态被假定沿着其走向并不发生变化，而且与弯曲西北部的地下形态相似。目前没有直接证据能够证明或者推翻该假设，而柱形约束在下部地层中会减小。作图的目的就是为了解释所有已观测的在单个剖面上的不同地层(图 2-6—图 2-10)的大尺度几何形态。

尽管沿着走向存在一定变化，该盐焊接仍然被看作是完全焊接。上升盘中的 La Popa 向斜的轴迹是直立的(图 2-11)。翼部地层倾角在浅层发生减小，这也部分表明了在褶皱作用过程中的沉积特征。通过观察可知，Delgado 砂岩层(Kpd)以下的所有地层单元，向上逐渐加厚并进入向斜，而 San Jose 透镜体 1、San Jose 透镜体 2(Ksjl)以及 Muerto 组(Km)则没有这种变化。San Jose 透镜体 1(Ksjl)和 Muerto 组(Km)之间的地层变厚是由于包括 Muerto 组在内的锥型复合盐动力层序顶部的盐动力地层发育所致。

与上升盘相反，下降盘中的 Carroza 向斜的轴迹是倾斜和弯曲的(图 2-11)，其枢纽距离 Potrerillos 组(Ppmu)上部泥页岩段底部的盐焊接仅 3km，而距离 Carroza 组(Pc)顶部的出露部分仅 200m。原本逐渐变化的向斜枢纽在 Carroza 层底部突然发生急剧变化，导致该地层单元内的褶皱形态也发生明显变化。

沿着盐焊接走向的构造几何形态及变形主要有以下几个方面：(1)盐焊接的西北段在最西北方向开始的 8km 范围内是一段至少 80m 残余石膏的视盐焊接，然后在靠近焊接弯曲部位是不连续性焊接(包括完全焊接和不完全焊接)，而弯曲的东南部则是没有残余石膏的完全盐焊接；(2)沿盐焊接东南段的翼部地层以及弯曲西侧的区域有明显的尖棱背斜形态，而西北段的大型褶皱则不明显；(3)西北段的小型变形(变形相当小并且限定在临近盐焊接弯曲西侧 5~10m 范围内)可以忽略不计，而弯曲东北部的变形破碎要强烈得多，该段由于下降盘不坚固的硅质碎屑岩，形成了一条较宽的破碎带。

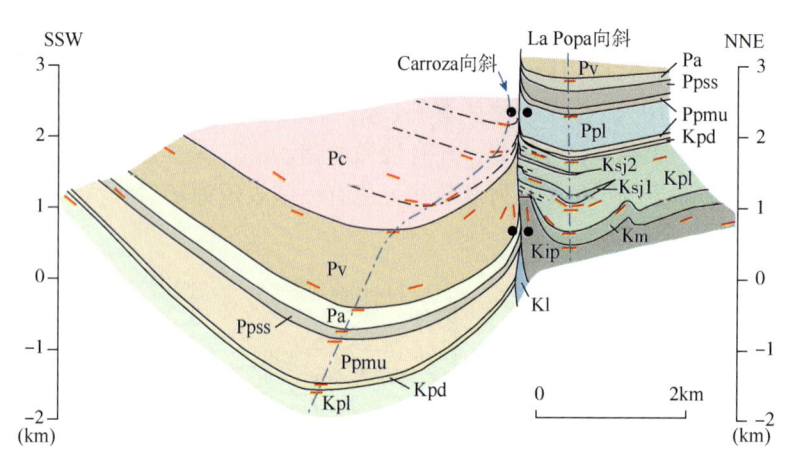

图 2-11　通过盐焊接弯曲 25 号观察点的区域综合地质剖面(无垂向放大)

对向斜褶皱轴采用了柱形下倾投影成图,其中褶皱轴线沿地层走向有变化(参见图 2-5);红色短线表示构建的地层产状,虚线表示不整合面,黑色虚点线表示 Carroza 组中的地层,蓝色虚线表示向斜轴迹,成对出现的黑点表示盐焊接;除 Kl(下白垩统)和 Kip(Indidura 和 Parras 混合层)以外的地层均与图 2-3 一致

2.3　解释与建模

上文中已经对盐焊接的几何形态和特征、翼部地层以及它们盐沿焊接走向的变化进行了描述。在这一节中,将对观察到的数据进行解释,并建立盐焊接的形成和演化模型。该模型的一部分由地表数据得出,其余部分则要由地下控制数据进行分析得出。

2.3.1　盐墙母体

我们将这条 24km 长的构造称为盐焊接(Giles 和 Lawton,1999),而在一些研究中,它也被认为是高角度倾向西南的逆断层(McBride 等,1974;Lawton,1975,1996;Millán-Garrido,2004)。尽管 La Popa 盆地中存在 Hidalgoan 挤压作用是可以肯定的,但证实先存盐墙演化为盐焊接的证据又是什么呢?首先,盐焊接两侧的所有地层单元在距离盐焊接 50~500m 的范围内都存在褶皱和局部不整合的盐动力层序,并且有些还随着与盐焊接距离的变化而变化(Buck 等,2010)。其次,所有的出露地层单元都有包含来自底辟的准火成岩碎屑的碎屑流(紧邻盐焊接附近)。这对最古老的出露地层单元阿普特阶的 Cupido 灰岩确实是如此。这也表明在坎潘期前陆盆地或是中马斯特里赫特期盆内挤压作用开始发生前,有一个被动底辟是位于海上或是位于海底的。

盐焊接能够表示复合层序吗?或是表示由高角度逆断层连接的两个或者两个以上的焊接底辟构造组合吗?对于这个问题,需要再次强调在盐焊接的两侧都发现了盐动力层序及来自底辟的碎屑,而且地层的位移特征(图 2-5)并没有显示出这种情况下预期的变化。很明显,不同的地层都是沿着盐焊接分布并且在两侧都出露。另外一种可能性就是随着时间的推移,盐岩沿着盐焊接的东南段(此处有最古老的地层)出露从早期底辟向西北方向运移并最终到达 La Popa 底辟。

但上白垩统中的证据并不支持上述推测。上白垩统在距离 La Popa 底辟约 3km 的位置开始出露，并向弯曲东南约 4km 的方向延伸，一直到盐焊接的最东南末端。因此，总长度为 24km 的盐焊接中有 14km 是由上白垩统构成侧翼，该侧翼包含有同沉积底辟作用的证据。如果将阿尔布阶也计算在内，则侧翼长度将达到 21km。支持盐焊接是演化自早期盐墙的证据具有压倒性的优势。这也解释了简单的逆断层模式为什么不能与数据相吻合。

尽管缺少盐岩，我们仍然将原生构造看作是盐墙，而地表出露的只有石膏。虽然如此，但侏罗纪的蒸发岩层最初是含有盐岩的，这一点可由在盐焊接东南末端（图 2-12）南东东方位 25km 的 Sierra Minas Viejas 的 Minas Viejas 1 号井资料得到证明。该井钻遇 600m 厚的石膏/硬石膏，900m 厚的盐岩和硬石膏互层，2100m 厚的盐岩层以及 370m 厚的盐岩和石灰岩互层（Lopez-Ramos，1982）。另外，Carroza 组中的碱性土壤表明在始新世早期，底辟盐岩是出露的（Buck 等，2010）。

由于缺少地下地震资料，无法准确得知地下的几何形态。然而，电磁资料表明 La Popa 盆地具有以正断层为边界的基底低部位和相对的高部位（Eguiluz de Antuñano，1994；Lawton 等，2001；Gray 等，2008）。最著名的基底卷入断层是沿着 Coahuila 台地（属于侏罗纪高地）东北边缘并向 NE 方向倾斜的 San Marcos 断层，它在地表也有出露（图 2-12）。该断层向东南方向延伸，并形成了 La Popa 盆地的南部边界（Chávez-Cabello 等，2005；Gray 等，2008）。很少有井揭示了沿着盆地东北边缘可能存在的断层，它们将 La Popa 盆地与 Sabinas 盆地东南部的滑脱褶皱分隔开（图 2-12）。基于以下三点证据，我们推断 La Popa 盐焊接的下方存在一条向西南方向倾斜的断层。（1）电磁数据显示盐焊接附近 1.5~2km 内存在台阶（与 G. Gray 个人通信，2000）；（2）盐焊接西南方向可见底辟构造，而东北方向未见；（3）向斜枢纽在盐焊接西南段位于区域之下，但在东北段与区域线齐平（Lawton 等，2001）。两段盐焊接的不同方位很有可能反映了下伏基底断层的不同方位，这是因为基底断层走向与 San Marcos 断层的两个已知走向平行（图 2-12）。

另外，我们也并不知道盐发生流动的准确时间与方式。最古老阿普特晚期的出露地层含有同生沉积底辟作用的证据。对于盐流动及底辟作用的形成，有三种可能的设想。第一种，La Popa 盆地内与墨西哥湾的打开有关的厚皮伸展作用（Eguiluz，2001；Lawton 等，2001），这种作用在晚侏罗世早期的盐沉积过程中或者沉积后一直继续。因此，基底断层之上的拖曳褶皱和复活底辟作用触发了盐运移。第二种，下伏断陷盆地的差异热负载和沉积负载都可能引起盐层的倾斜，反过来引起由盆地边缘向盆地中心方向的早期重力滑动，并最终引发底辟作用。目前，并没有证据能够支持或者反对这两种假设。

第三种假设是前积沉积楔状体引起的早期差异负载造成盐的运移。Coahuila 台地在盐岩沉积后不久，在侏罗纪末期和白垩纪初期（提塘期到尼欧克姆期）向东北方向的 Sabinas 盆地输送了粗硅质碎屑沉积物（McKee 等，1990）。相对于那些前积碎屑物而言，La Popa 盐焊接及其北部长 50km 的 Bustamante 盐焊接，都是位于 La Popa 盆地的远端（东北）边缘处（图 2-12）。另外，这些盐焊接可能都位于向西南倾斜的基底正断层之上。因此，可以推测最有可能触发盐运移的原因是前积沉积作用导致的早期负载以及基底台阶之上随后发生的盐体膨胀，就像 Ge 等（1997）建立的模型以及 Trudgill（2010）对犹他州东南部的

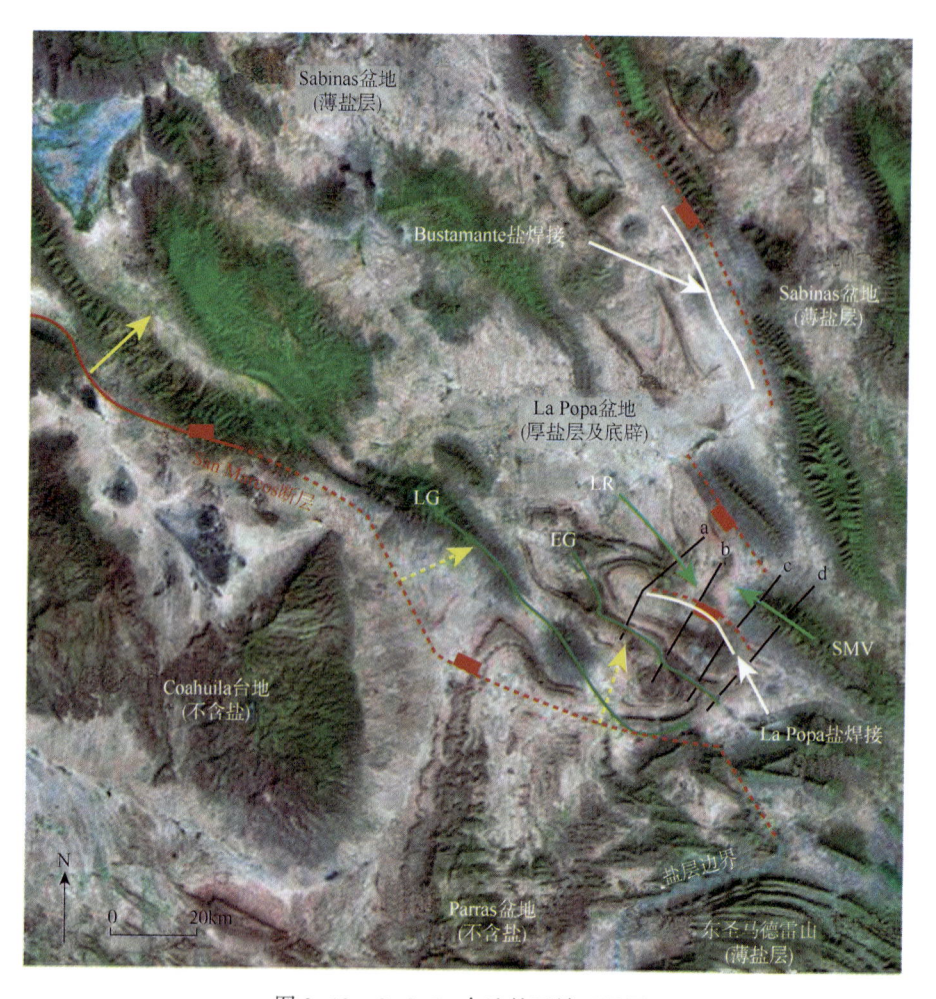

图 2-12 Coahuila 台地的区域卫星图

Coahuila 台地与 La Popa 盆地被 San Marco 断层分开（红色实线表示断层露头，虚线表示通过电磁资料分析的结果（Gray 等，2008，此处做了一定修正）；黄色箭头表示上侏罗统和下白垩统硅质碎屑岩前积沉积到盐盆内（实线表示已知部分，虚线表示推测部分）；相对于碎屑流入方向，La Popa 和 Bustamante，都属于线性构造，并位于盐盆远端边缘，并可能位于基底断层之上（红色虚线），绿线表示盐核背斜，LG—La Gavia，EG—El Gordo，LR—La Rosita，SMV—Sierra Minas Viejas；黑线表示图 2-14 中剖面位置；小圆圈表示 Minas Viejas 1 井的位置，"M"表示 Monterrey 市所处的位置

Paradox 盆地做出的解释。

2.3.2 盐焊接的形成

有三个过程可能导致盐墙变成盐焊接：持续的盐排出、翼部地层坍塌和挤压作用。它们之间的差别在于地下盐焊接的几何形态，而地表以下的几何形态是未知的。露头形态表明盐焊接在地表是近于直立的，但是在深层可能会发生倾斜。如果盐焊接在地下向西南方向倾斜，那就说明盐墙最初是向东北方向倾斜。在这种情况下，沉积中心可能会逐渐由西南方向向盐焊接处迁移，产生由倾斜的反区域盐焊接限制的滚动构造（Ge 等，1997）。

如果盐焊接随着深度的增加仍然保持直立，随着翼部地层由泪珠底辟向浅层上升而形成的空间内发生坍塌，底辟就可能会发生焊接。在这种情况下，翼部地层的坍塌会形成与底辟走向平行并向底辟倾斜的正断层(Jackson 等，1998)。沿着 La Popa 盐焊接发育的该类断层就是盐焊接弯曲附近的旋转正断层。该断层在底辟抬升期内是活动的，而在后来的焊接期内就不活动了。由于符合要求的正断层并不存在，而且翼部地层的坍塌也没有发生，因此这种可能性就可以被排除掉了。

第三种可能导致盐焊接形成的过程是挤压作用。盐底辟的挤压通过对不同构造环境的研究而被认知(Nilsen 等，1995；Rowan 等，2004；Rowan 和 Vendeville，2006；Jackson 等，2008)，并且在实验室中已进行了相关的模拟(Vendeville 和 Nilsen，1995；Rowan 和 Vendeville，2006；Dooley 等，2009a，b)。如果挤压量足够大，底辟构造可能会挤压到关闭状态，这样就会形成二次盐焊接或者倾斜的逆冲焊接。在 La Popa 盆地中，这是一种比较理想的盐焊接形成模型，因为有大量发生区域性和局部挤压作用的证据。(1) Hidalgoan 挤压构造存在于 Parras 盆地的南部、Sabinas 盆地的北部和东北部以及 La Popa 盆地中(El Gordo 背斜，图2-12)；(2)盐焊接处的地层要高于盆地外部向斜的平均海拔；(3)背斜向远离盐焊接东南末端的方向倾伏；(4)逆冲断层在靠近剖面 B 处切到了临近盐焊接的地层(图2-7e)；(5)盐焊接附近的垂直及掀斜地层内有小波长褶皱(图2-7e 及其他位置)，它们受盐动力拖曳褶皱作用之前的由挤压作用导致的盐墙顶部的弯曲作用影响而形成。(6)全盆范围的页岩发育一条大劈理，其整体方向为115°~88°，这与 El Gordo 背斜的轴面以及盐焊接西北段的走向近似平行(Rowan 等，2003 的剖面)；(7)地层中水平擦痕分布由缓倾到直立，这表明主压应力 σ_1 至少在盆地形成过程中的某些阶段内是水平的。

挤压开始的时间可由盐焊接上升盘的 La Popa 向斜的几何形态推导出。枢纽处出露的地层实际上与南部 Parras 盆地的同期地层是处于相同海拔上，但 Parras 盆地的地层中没有盐层(Lawton 等，2001)。与之相反，盐焊接下降盘 Carroza 向斜枢纽处的地层明显低于周围地层，这可能与下伏盐层的排出有关。与 Carroza 向斜不同，La Popa 向斜没有盐排出，它属于纯粹的挤压向斜，至少比 Parras 页岩年轻的地层是这样的，而 Parras 页岩并不能排除其早期也存在盐排出。详细的实测剖面表明，马斯特里赫特阶下部 Muerto 砂岩层在向斜中无变厚现象(Hon，2001；Graff，2003)，马斯特里赫特阶上部 San Jose3# 透镜体及更新的地层单元中则存在增厚现象(Shipley，2004；Druke，2005)。因此，挤压作用应该是开始发生在马斯特里赫特阶沉积中期。由于最新的出露地层(Carroza 组)在 El Gordo 背斜发生褶皱。因此，在始新世早期仍然有挤压作用发生。根据 Chávez 等(2008)的研究，包括基底反转在内的 Laramide(Hidalgoan)造山活动的最后阶段是在46Ma 和41Ma 之间(始新世中期)。

相对于周围的微盆，以及在挤压作用达到一定程度后在周围地层中形成的褶皱和逆冲断层，圆形及椭圆形的盐底辟强度较低，因此，这些地方容易发生明显的局部应变(Rowan 等，2004；Rowan 和 Vendeville，2006)。底辟是典型的构造高点区，通常有两个及以上的背斜向远离底辟的方向倾伏。与此相反，Rowan 和 Vendeville(2006)认为盐墙的挤压会导致横向应变梯度，在盐墙末端不存在撕裂断层的情况下，应变梯度会从盐墙末端的零挤压向中间位置增大，为最大挤压(图2-13a)。这就造成了盐墙在其中间部分形成盐焊接，同时在两侧保存有残余底辟，也就是所谓的"Q 头"构造(图2-13b)。Dooley 等(2009b)在实验室对垂直于挤压方向的盐墙进行压缩，也获得了"Q 头"构造，但没有得到横向应变梯度。然而，已经证实 La Popa 底辟的西北部没有地层挤压情况，盐焊接的东南末端也几乎没有，同时也没有撕裂断层将盐焊接的末端与盆地中其他的挤压构造连接起来(图2-3)。因此，通过挤压作用形成 La Popa 盐焊接需要横向应变梯度的存在。

图 2-13　末端无撕裂断层的线性盐墙收缩"Q 头"模型(据 Rowan 和 Vendeville，2006)

如果盐焊接是由先存盐墙遭受挤压而形成这一说法是正确的，那为何沿着盐焊接走向会有如此明显的形态和变形的变化？我们认为主要因素是盐墙走向与挤压方向(σ_1)的关系，沿着盐墙方向的挤压梯度以及盐墙的原始宽度。为了说明这一问题，首先构建四个剖面来检查区域挤压量：其中两个剖面与盐焊接相交(图 2-12，b 线和 c 线)，另外两个不与盐焊接相交(图 2-12，a 线和 d 线)。每个剖面都在西南方向与 El Gordo 背斜相交，在东北方向则与 La Rosita 或 Sierra Minas Viejas 背斜相交。由于测线之间没有走滑构造，因此，测线之间应该有相似的或者渐变的挤压量。换句话说，即使像倾伏盐核背斜以及盐焊接这样的单个构造存在横向形变梯度，也几乎不会存在区域上的横向形变梯度，这是因为一个构造减少的挤压量会传递到另一个构造增加的挤压量上。实际上与盐焊接相交的两条测线(b 和 c)与不相交的两条测线相比，地层缩短量要少 1~1.5km(图 2-14)。我们认为这种收缩量的亏缺是为了调节盐墙的挤压。在临近 La Rosita 和 Sierra Minas Viejas 背斜中间的部位，地层收缩消失，但两个构造并无叠置，这是一种不常见的转换(图 2-12)。实际上，叠置和转换现象主要存在于 La Rosita 背斜的东南末端和盐焊接的西北末端之间，以及 Sierra Minas Viejas 背斜的西北末端和盐焊接东南末端之间(图 2-12)。Bustamante 盐焊接与位于盐焊接北部和东部两个邻近的背斜之间有着与上述类似的关系(图 2-12)。

通过研究墨西哥东北部的 Sierra Madre Oriental 的整体走向、Sabinas 盆地大部分褶皱的走向以及动力学资料，可判断出区域挤压方向大致是北东方向(Marrett 和 Aranda-García，2001)。东西走向的褶皱以及南北向的地层挤压都很常见，尤其是在 Parras 盆地和 Sierra Madre Oriental 的 Monterrey 凸起处(Weidie 和 Murray，1967；Padillay Sánchez，1985；Marrett 和 Aranda-García，2001)。在 La Popa 盆地中，轴面劈理的方位表明了 25 号观察点的局部主压应力 σ_1 方向。该主压应力实际上与在剖面 D 附近切割盐焊接的断层走向(图 2-3)以及区域由雁列节理脉推断出的主压应力 σ_1 的方向(图 2-9e、f)和剖面 B 附近 Carroza 层共轭断层的锐角平分线(图 2-3)平行。因此，可以推断出 25 号观测点的挤压方向与盐焊接的西北部正交，并与盐焊接东南部大约成 35°相交。

盐焊接变形的平面演化模型如图 2-15 所示。在挤压作用发生之前，该模型包括一个长 24km，中心部位宽 1.5km 的盐墙(图 2-15a)。盐体最初可能要更宽一些，后来随着沉积中心由北向东迁移时的盐排出而变窄。在 La Popa 底辟末端挤压量为零的位置(此处没有逆冲断层，没有褶皱，也没有撕裂断层)以及盐焊接东南末端倾伏背斜的终点处设置钉线。然后

图 2-14 区域剖面图

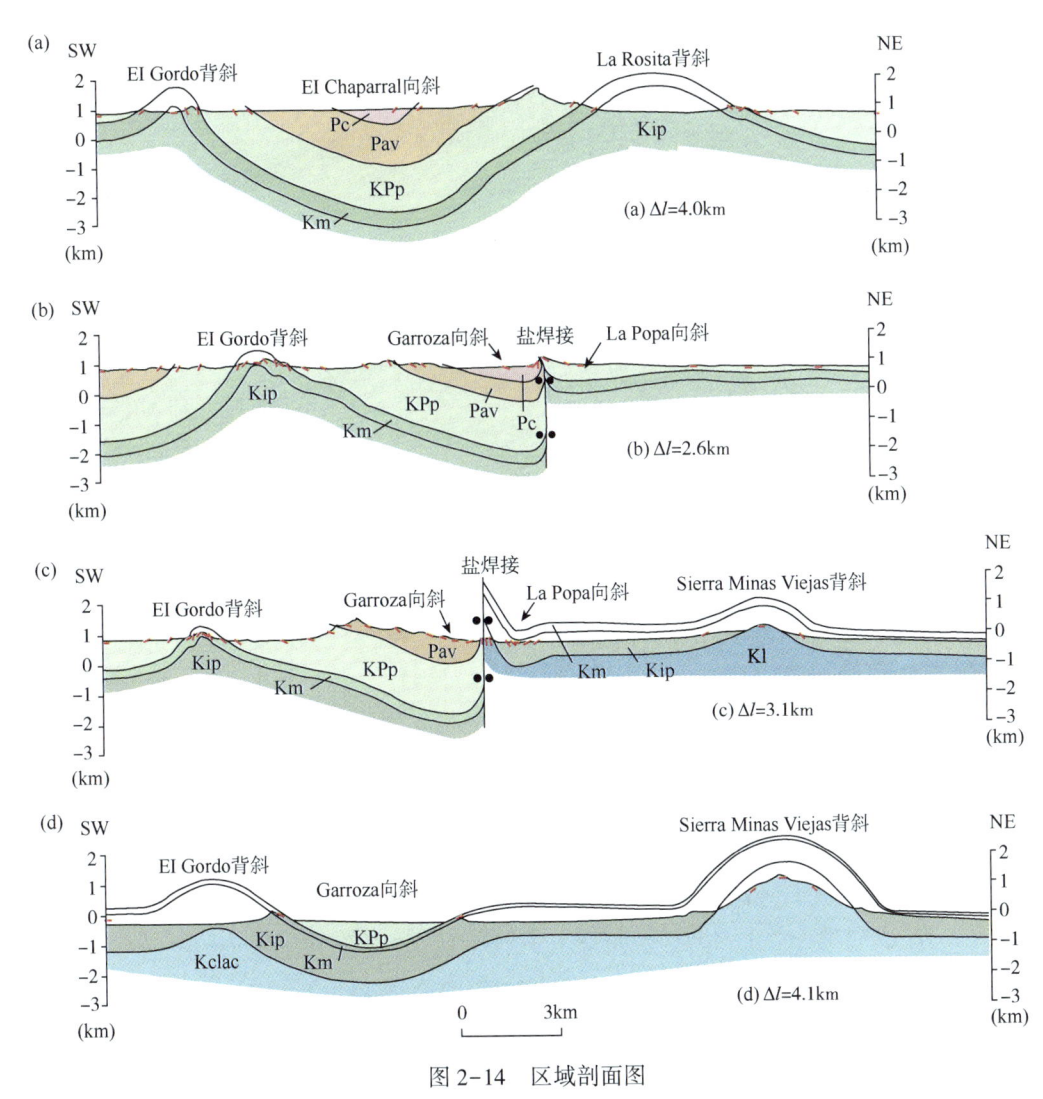

线 a 和线 d 不与盐焊接相交，线 b 和线 c 与盐焊接相交（参见图 2-12）；每条剖面都从 El Gordo 背斜西南部的向斜延伸到下一个背斜东部的向斜，并一直延伸到盐焊接的东北部（La Rosita 或 Sierra Minas Viejas 背斜）；Δl 表示通过比较 Muerto 层顶面长度与剖面长度后得到的收缩量；图中地层参见图 2-3，除了 Kl—下白垩统单元；Kip—Indidura 和 Parras 组，KPp—完整的 Potrerillos 组，Pav—Adjuntas 和 Viento 组；红色短线表示地层倾向，成对出现的黑点表示盐焊接；剖面未进行垂向放大处理

用特定的横向应变梯度来表示，从钉线位置的零收缩到弯曲附近达到最大值的收缩量（图 2-15b）。分析结果表明，早期盐焊接活动发生在盐焊接东南末端附近（不考虑可能被掩埋的底辟），而不是沿大部分盐焊接分布的残余盐墙。然后用相似的横向应变梯度来表示第二次挤压（图 2-15c）。两个靠近弯曲部位的微盆以及弯曲的西北部形成了盐焊接，同时由于主压应力 σ_1 与盐焊接正交，因此没有发生进一步的变形。西北部较小的收缩量造成细窄的残留蒸发盐岩条带（至少出露水平正是如此），但该条带在 La Popa 底辟处变宽。盐墙的东南支斜交也形成了盐焊接，但是盐焊接后发生了右行走滑，这是因为盐焊接与主压应力 σ_1 斜交，而在焊接面上产生了剪切应力。

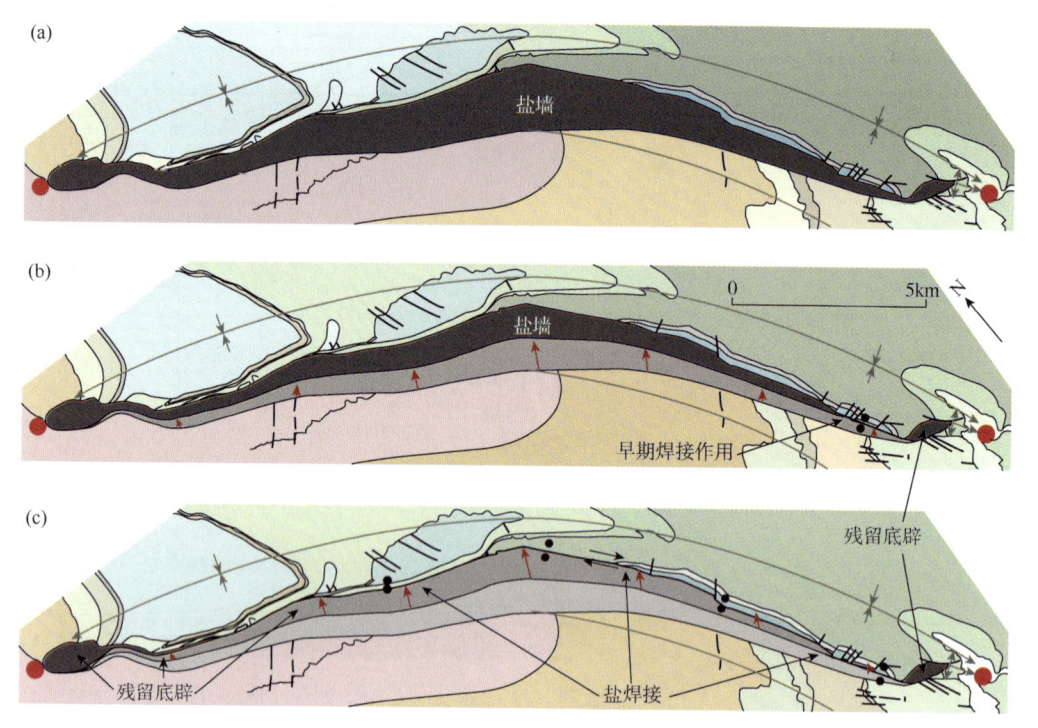

图 2-15 盐焊接发育模平面模式图

(a)中马斯特里赫特阶沉积中期，挤压开始阶段盐墙的几何形态，根据图 2-14b、c 中损失的收缩量估算，其中心部位的宽度约为 1.5km；(b)收缩量增加之后的几何形态(红色箭头表示增加量，收缩量为零的钉线位置用红点进行了标识)，盐焊接东南末端附近出现了早期盐焊接作用；(c)收缩量再次增加之后的几何形态，仅剩盐焊接西北的第三层尚存残余盐体，靠近弯曲部位及其西部沿着盐焊接的东南部分产生右行走滑运动，深灰色表示每一时期盐体的几何形态，浅灰色表示更早的时期；焊接用成对的黑点表示

盐焊接东南支的右行走滑运动与已观察到的近水平的擦痕以及较少的右旋动力学特征是相吻合的。下降盘的任何右旋运动都会在一定程度上在西北部被调节。其中一种可能性就是弯曲附近位移量减为零，就像在远离东南末端的走向断层一样，发生了类似于横向挤压那样的小规模应变。另外一种可能就是下降盘整体绕直立的纵轴发生逆时针旋转。但在弯曲部位的两段，目前尚无证据证明存在走滑运动。

在剖面 D 附近切开盐焊接(图 2-3)的断层与挤压方向平行。尽管断层本身缺乏动力学指示特征，但从断层附近呈雁列式排列的节理(图 2-9e、f)计算出的局部主压应力 σ_1 仍然能够反映其运动向量。断层的西北盘将会形成相对于断层东南盘向东北方向的逆冲，这与地层和盐焊接的位移强度也是吻合的。断层可能在晚期沿盐焊接方向切割离剪切带，并能够反映沿水平轴的旋转以及在始新世挤压作用衰退期向下降盘微盆东北方向的逆冲。

Carroza 向斜与盐焊接在剖面 B 附近(不考虑局部盐动力向斜)的交会情况比较复杂，因此以下几种解释都有可能成立。第一种，Carroza 背斜和 El Chaparral 背斜之间的较小的背斜构造(图 2-3)可能是盐焊接下降盘逆时针旋转以及沿着盐焊接方向右行走滑的结果。然而，构造走向与右旋走滑的方向并不吻合，而且也没有确切的证据能够表明沿着焊接的西北段存在走滑运动。第二种，褶皱能够反映基底断层的组合形式，以及比地表更为复杂的地下盐体几何形态。第三种，向斜与盐焊接的交会可能标志着 Hidalgoan 挤压作用的终止。但由于盆地中最年轻的地层(Carroza 组)在 El Gordo 背斜的翼部发生褶皱，因此该种可能性可以被排除。第四种，向斜的终止可能表示向下伏盐层沉降作用的结束，但由于最年轻的 Carroza 组还明显处于区域面以下，因此这种可能性也基本不会发生。最终，最合理的解释可能就是 Carroza 组向盐焊接的靠近实际上就是沉积横向迁移中心的下倾在平面上的表现(图 2-11)，而且该沉积中心是位于邻近盐焊接的排出滚动构造内。在这种情况下，那些小的背斜构造其实就是 Carroza 向斜和 El Chaparral 向斜之间的转换构造，其中 Carroza 向斜是与盐焊接相关的挤压撤退向斜，而 El Chaparral 向斜可能是位于 El Gordo 背斜和 La Rosita 背斜之间的挤压撤退向斜。向斜轴迹在 Carroza 组底部发生急剧弯曲(图 2-11)，这可能是对地层沉降及沉积变化情况的响应，也可能是下倾作图方法造成的假象。

图 2-11 所示的下倾综合剖面在图 2-16a 中进行了一定的改进，改进过程主要是放宽柱形面的限定以及采用下降盘的地层单元向西北方向进入 La Popa 盆地中心逐渐加厚的假设条件。这样就可以发现由于深部地层的倾斜程度增加了 Carroza 向斜的轴迹的弯曲程度，从而使其变得平缓，改进后的这种作图方法在图 2-16 中的深度剖面和复原剖面中都得到了应用，而且在改进过程中考虑了上文中的一些假设，如关于地下构造、盐墙起源和演化，以及盐焊接形成的多种观点。在早白垩世末期，来自西南部的沉积负载作用形成了一个微盆，同时发育有一道 10km 宽的盐墙位于微盆侧面，该盐墙位于在 La Popa 盆地东北边缘的基底断阶处的上盘(图 2-16d)。晚白垩世，盐墙西南部的坍塌过程形成了挤出滚动构造以及逐渐变窄的底辟构造(图 2-16c)。开始于中马斯特里赫特期的地层挤压作用，在古新世对底辟有微弱的挤压作用，并导致 El Gordo 背斜的褶皱作用和向斜沉降(图 2-16b)。在早始新世，地层挤压作用、褶皱作用和盐撤作用都得到了增强，最终导致盐墙向盐焊接演化(图 2-16a)。

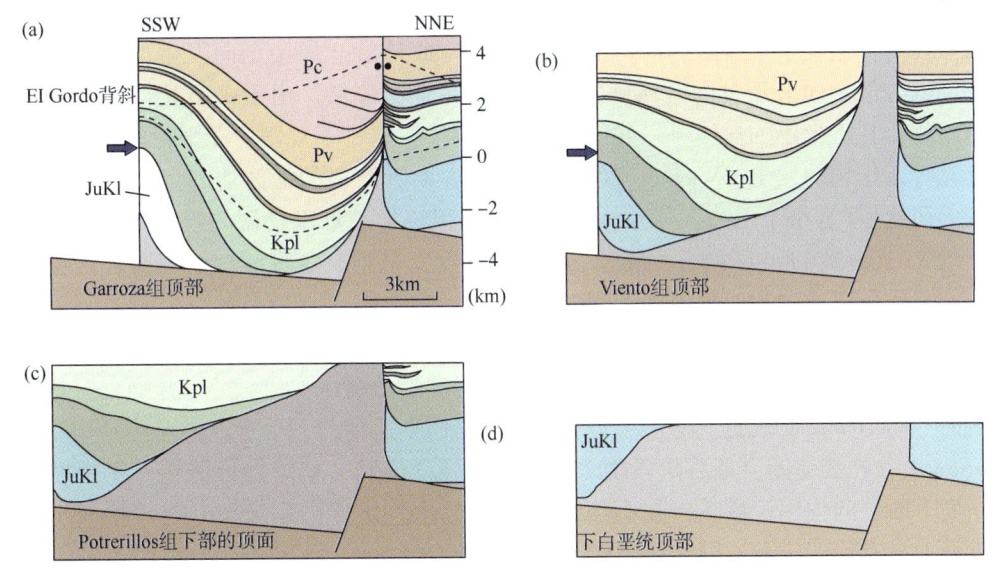

图 2-16 改进后的区域综合地质剖面

(a)图 2-11 经过改进后的综合剖面，考虑了沿走向的非柱状加厚(作图仅考虑了局部派生褶皱轴面而不是沿盐焊接方向变化的褶皱轴面)以及文中相关地层深处延伸的认识(除 JuKl 以外，在图 2-3 和图 2-11 中均标注了从 Cuesta del Cura 组到上侏罗统的地层)；剖面未进行垂向放大处理；虚线表示野外出露的剖面部分；(b)至(d)图是用 LithoTect™ 软件制作的复原剖面，最初两个阶段采用弯滑机理复原，最后一个阶段采用垂直简单剪切，复原过程没有考虑基底的反转

2.4 讨论

上文中的论述以及模型对已观察到的大尺度的构造几何形态、小规模的变形以及沿着盐焊接方向的残余蒸发盐岩的存在和缺失都做出了解释。当然，文中没有解释盐动力变形沿走向发生的变化，这其实也用不着过多解释，因为它们其实就是盐体隆升速率与沉积速率之间相互作用的结果。说到这，盐体隆升速率在地层挤压期间会有所增加，因此盐焊接的挤压也会对盐动力变形产生影响，相关内容可参见本书的另外一篇文章(Giles 和 Rowan，2012)。

盐焊接的西北段与主压应力 σ_1 的方向是正交的。盐焊接西北末端附近的收缩量是最小的，这就会造成初始盐墙被保存在 La Popa 底辟之中。盐焊接的东南段收缩量增加，会残留下来又薄又窄的蒸发盐岩，当然，即使这样，在地震剖面上仍然会是视盐焊接构造。有石膏层存在的地方(剖面 A 和剖面 B)，挤压导致的褶皱作用比较微弱，这是因为挤压作用会在邻近盆地进入盐墙的水平运动而被调节掉。同样地，侧翼地层的变形也很微弱(裂缝和断层)，这是因为弱的盐体调节了大部分的应变(Davies 等，2010)。

残余石膏带在距离盐焊接西北末端大约 8km 的位置消失，也就是在剖面 B 的东南侧。从这个位置到盐焊接弯曲处(剖面 C 的东南部)，相对于西北方向更远端增加的收缩量足够使盐墙发生闭合。但是由于盐墙两侧不同盐—沉积相互作用、不同地层的对接、小断层位移、盐动力突出点等因素，会造成盐焊接两侧有着不同的形态，因此并没有形成完全焊接。两侧地层的不严密对接会形成含有残余石膏透镜体的不连续焊接，在平面图和剖面图上都得到了反映。

虽然没有任何关于显著溶解(如坍塌形成溶洞)或是沿盐焊接走向发生滑移的几何形态方面的证据，但剖面 C 所处的区域确实存在一些完全盐焊接。由于平行盐体边界存在的黏滞阻力作用，几十米厚的盐体可以残留在盐焊接当中；这种不规则、非平行的形态可能有利于局部盐焊接作用的发生。Wagner(2010)指出缩进或者倾斜的盐体边界可能会形成几乎难以发现的薄盐层(远小于 1m)，像这样厚度的盐层很容易被难以发现的溶解作用毁掉。靠近盐焊接的 5~10m 宽的裂缝区域表明，一旦盐墙宽度变窄到一定程度，盐和围岩就会发生变形，这一点也可以通过数值模拟观测到(Davies 等，2010)。

随着从西北方向接近弯曲，一些大规模的几何形态更为显著，并逐渐变为尖棱背斜。在下降盘，倾离盐焊接方向的生长地层的几何形态可能是由挤压作用、差异盐撤以及盐动力变形造成的。动力学特征表明下降盘相对于上升盘是向上运动的，尽管地层对接是相反的。由于 Carroza 微盆在盐墙闭合最后阶段绕水平轴发生轻微旋转，盐焊接可能在一定程度上起到了高角度逆断层的作用。最终，在不连续焊接形成后，由于主压应力 σ_1 与焊接面正交，造成焊接面上没有剪切应力，因此挤压作用也停止了。

与西北段相反，盐墙的东南段与主压应力方向 σ_1 是斜交的。只要有盐体存在，周围岩层在盐墙变薄的过程中可能就会发生轻微的变形。但只要盐焊接在任何位置形成，剪切应力就会在盐焊接中形成，从而造成后续变形表现为右旋走滑运动。盐焊接可能在剖面 C 附近保留了它最初的形状，该地区由于底辟边缘形状的不规则，因此有蒸发盐岩透镜体残存其中。随着盐焊接形成后滑移量的增加，这些不规则边缘就会像断层糙面一样，发生破碎和剪切，最终形成剖面 D 处可观察到的异常宽的破碎带(图 2-9)。完全盐焊接作用的发生可能是由于剪切变形期间透镜体中盐岩和石膏的溶解，至少在伴生节理脉中一些蒸发盐岩的再沉淀过程中是这样的。另一种情况就是与地层平行的盐墙和岩石的转换促进了盐体排出以及完全盐焊接的形成(Wagner,2010)。

盐焊接的东南支有最为明显的尖棱背斜形态,其两侧的发育程度相当。同时,两侧都有盐动力褶皱作用发生,差异盐撤在下降盘中发挥了重要作用。挤压作用也是一个重要因素,因为平行走向的变形与背斜向偏离盐焊接东南末端的延伸是一致的。此处背斜核部穿过盐焊接,其两侧的地层都发生褶皱,并位于区域面之上(但是没有形成该部倾斜域)。但盐墙变窄过程中发生的褶皱作用,与盐焊接形成后的斜向运动是相反的,而且有关褶皱作用的相对影响程度也未有明显认识。

地层挤压作用和盐动力变形的多样性对直立或者十分陡峭的盐焊接的封堵性有显著影响。首先,西北方向8km处的视盐焊接构成了底辟(而不是狭义上焊接)的潜在盖层。有盐焊接存在的地方,无论是不连续盐焊接还是完全盐焊接(东南方向17km处),不同地层通过盐焊接进行的对接是一个很关键的变量,就像断层的封堵性一样(Knipe等,1998)。其次,在挤压方向与盐焊接走向垂直的区域,附近的地层几乎不存在破碎带。在盐焊接形成之后发生与盐焊接走向平行滑动的区域,盐焊接的封堵性就和断层封堵性一样。一方面,裂缝可以促进流体流动。另一方面,沿着盐焊接分布的断层泥可能会阻止流体穿过盐焊接(Knipe等,1998)。经过观察,发现剖面D处的断层泥和裂缝都特别发育,流体的流动与时间有关,当变形发生时,流动性增强,而当裂缝被矿物填充时,流体的流动速度会有明显下降;流体向上的流动可能有利于流体穿过盐焊接。第三,一些砂岩储层实际上并没有与盐焊接接触。例如,尽管下降盘的Viento砂岩与盐焊接有接触,而上升盘的Muerto砂岩由于盐动力拖曳褶皱作用,在距离盐焊接200~400m的位置发生了尖灭或被其他地层削截(剖面C)。在后面一种情况中,无论是盐焊接本身还是盐焊接两侧的容性对接都不是关键因素,反而是Muerto组中形成了一个构造地层复合圈闭,砂岩完全被密封在泥岩中。有趣的是,降解烃类就存在于该部位的Muerto组中节理脉的流体包裹体中(与Smith的个人通信,2010)。

Hudson和Hanson(2010)观察了位于下降盘上距离盐焊接3m内的Carroza组掀斜砂岩的烃类调整过程。他们把这一过程部分归因于烃源岩的分布,还有部分原因是盐体或者盐焊接对于流体流动在水平方向上的阻挡作用以及在垂向上的通道作用。然而,根据推测,油气运移在盆地早期阶段盐体还存在的时候就已发生(Hudson和Hanson,2010),盐焊接对于流体运移的具体影响目前还是未知的。基于流体包裹体的盐度及温度以及锶同位素比值,Smith等(2012)也认为,深层流体沿盐墙或盐焊接发生了由下向上的运移,但由于运移发生的时间无法确定,因此盐焊接在运移中的作用也无法确定。他们同时还注意到Potrerillos组中的上部泥岩段是阻止流体从深部向上运移的一道纵向屏障。这段地层同时也是Carroza组中油气的来源(Hudson和Hanson,2010),这也表明存在两个油气沿着盐墙向上运移的不同区域,它们是被同一套不渗透层分隔开的。

尽管影响盐焊接封堵作用的不同因素可以通过分析野外案例得到,如La Popa盐焊接,但还有一些地下因素无法获知。很难通过地震资料对100~200m宽的直立或陡倾盐体进行识别(图2-17),尤其是当侧翼地层也存在陡倾,或者地层发生弯曲,或是有异地盐层覆盖盐焊接时。因此应该承认,当分析近于直立的盐焊接(可能是视焊接或狭窄的底辟)的封闭性时,这是可能存在一定风险的。同样地,也很难知道储层单元是否与盐焊接相接触,或是被密封在远离盐焊接的封闭性泥岩中。通过识别复合盐动力层序的类型以及其中储层的位置,有助于评估这种可能性(Giles和Rowan,2012)。可由地下资料确定的变量是挤压作用发生的方向以及时期。当这些变量与油气从烃源岩中排出并进行运移的时间结合起来，就可以得到一种新的评估方法。这种新的评估方法将考虑在运移发生时（或者发生后）是否存在平行盐焊接走向的滑动，因此，将断层封堵性的风险评价也应该被考虑其中。

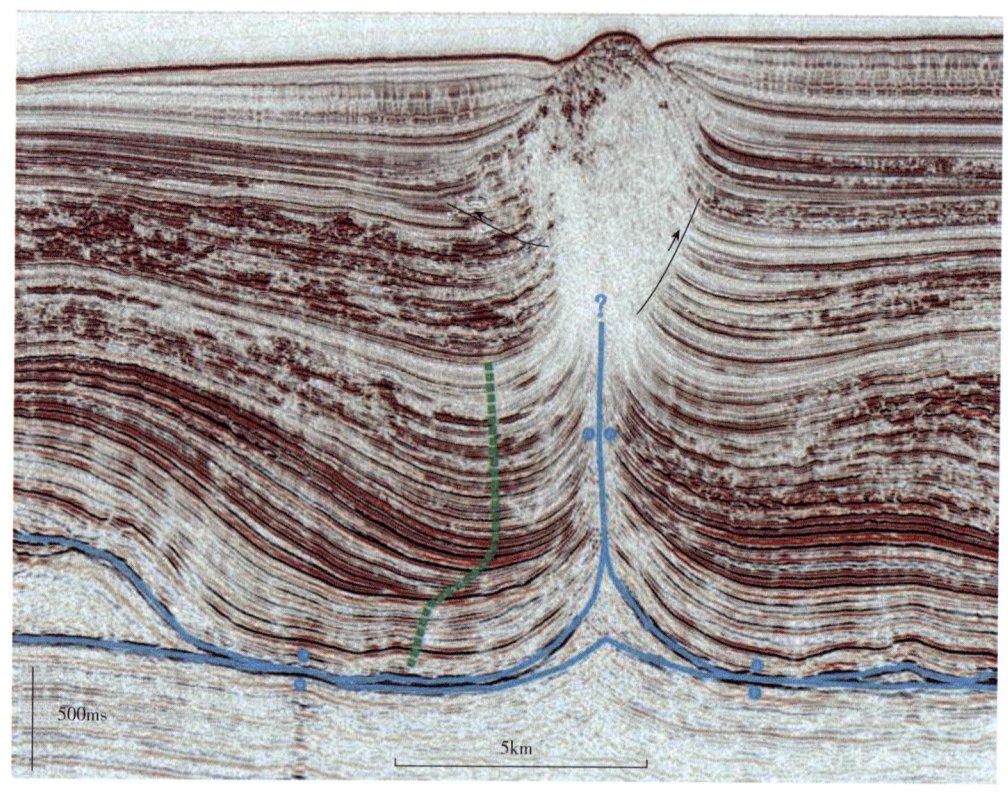

图 2-17 安哥拉海域下刚果盆地通过垂直盐焊接的三维时间偏移地震剖面
该构造是盐焊接还是视焊接，邻近地层中存在多少小规模变形，储层砂体是否与焊接有接触？这些问题都可能会影响盐焊接的封闭性，但它们都无法从地震资料中获得；可以发现该位于下降盘的 La Popa 盐焊接和侧翼地层有很多相似之处（图 2-16a）：左侧的盐核挤压背斜，沉积中心向盐焊接迁移，弯曲的向斜轴迹（绿色虚线），垂直盐焊接以及小型逆冲断层倾离盐焊接发生的变形的不同尺度几何形态和程度（黑色细线）；
剖面由 C. Fiduk 和 CGG Veritas 提供

2.5 结论

La Popa 盐焊接为研究沿一个近于直立的盐焊接提供了一个独一无二的机会，而且这种研究不可能通过分析地震资料而实现的。我们从四个方面说明了沿走向上发生的变化。首先，大规模构造从显著的尖棱背斜变为区域褶皱翼部的简单单斜。第二，一些较小规模的局部盐动力褶皱作用从超过 500m 宽的锥状楔形体变为板状堆积体，这些堆积体在距离盐焊接 50m 范围内的陡峭进积掀斜地层处才结束。第三，邻近盐焊接的地层中的小规模变形包括从微小裂缝到存在有剪切和地层破坏的 50m 宽的破碎带都有发育。最后，盐焊接本身从具有超过 80m 厚连续蒸发岩的视焊接，变化为包含残余石膏透镜体的不连续焊接，以及不含蒸发岩的完全盐焊接。

盐焊接不是将上盘石膏运移到浅层的高角度逆冲断层。实际上，邻近地层中的共有褶皱、局部不整合以及来自底辟的碎屑等特征的盐动力层序表明，在盐焊接发育之前存在一个长期的盐墙。盐焊接是由于盐墙遭受挤压以及 Sierra Madre Oriental 褶皱冲断带前陆的 Hidalgoan 区域挤压作用造成蒸发岩排出形成，同时形成了"Q 头"构造，其一端（也有可能两端）有残余的底辟蒸发岩。我们认为沿走向发生的盐构造的几何形态以及变形特征的变化主要是受盐墙方位挤压方向的相互关系、沿盐墙走向的收缩量的变化，以及盐墙的初始宽度和形态等影响。邻近地层中在有石膏存在的地方，裂缝密度可以忽略。而由于垂直挤压所形成的不连续盐焊接部位，裂缝密度较小。在斜向挤压造成焊接形成之后的与焊接走向平行的滑动面地层中，裂缝的密度比较大。在后一种情况，破碎带由于盐墙边界的不规则引起的剪切作用面通常较宽。

本列举的观察与分析结果将有助于勘探人员了解陡倾盐焊接的本质，并且帮助他们更好地对盐焊接封堵性的风险进行评价。如果盐焊接是存在未发现的残余蒸发岩的视焊接或者不完全焊接，那么盐焊接的封堵作用将更加明显。如果是不连续盐焊接或者完全盐焊接，则无论储层是否与盐焊接接触，通过盐焊接的地层对接关系是关键因素。最后，如果是尖灭，或是在邻近盐焊接的盐动力褶皱中被削减，沿盐焊接方向发生任何滑动，就应该在评价过程中加入对断层封堵性的分析。

参 考 文 献

Allwardt, J. R., Michael, G. E., Shearer, C. R., Heppard, P. H. & Ge, H. 2009. 2D Modeling of overpressure in a salt withdrawal basin, Gulf of Mexico, USA. Marine and Petroleum Geology, 26, 464–473.

Badalini, G., Kneller, B. & Winker, C. D. 2000. Architecture and processes in the Late Pleistocene Brazos–Trinity turbidite system, Gulf of Mexico continental slope. In: Weimer, P., Slatt, R. M., Coleman, J., Rosen, N. C., Nelson, H., Bouma, A. H., Styzen, M. J. & Lawrence, D. T. (eds) Deep-Water Reservoirs of the World. Society of Economic and Paleontologists and Mineralogists, Gulf Coast Section, 20th Annual Bob F. Perkins Research Conference, CD-ROM.

Booth, J. R., DuVernay, A. E. III, Pfeiffer, D. S. & Styzen, M. J. 2000. Sequence stratigraphic framework, depositional models, and stacking patterns of ponded and slope fan systems in the Auger basin: central Gulf of Mexico slope. In: Weimer, P., Slatt, R. M., Coleman, J., Rosen, N. C., Nelson, H., Bouma, A. H., Styzen, M. J. & Lawrence, D. T. (eds) Deep-Water Reservoirs of the World. Society of Economic and Paleontologists and Mineralogists, Gulf Coast Section, 20th Annual Bob F. Perkins Research Conference, CD-ROM.

Buck, B. J., Lawton, T. F. & Brock, A. L. 2010. Evaporitic paleosols in continental strata of the Carroza Formation, La Popa Basin, Mexico: record of Paleogene climate and salt tectonics. Geological Society of America Bulletin, 122, 1011–1026.

Chávez, G., Aranda, J., Iriondo, A., Aranda, M., Peterson, R. & Eguiluz, S. 2008. Evidence of basement inversion during the Laramide Orogeny in the Sabinas Basin area, Coahuila, Mexico [abs]. Geological Society of America Abstracts with Programs, 40(6), 546.

Chávez-Cabello, G., Aranda-Gómez, J. J., Molina-Garza, R. S., Cossio-Torres, T., Arvizu-Gutiérrez, I. R. & González-Naranjo, G. A. 2005. La falla San Marcos: una estructura jurásica de basamento multireactivada del noreste de México. Boletín de la Sociedad Geológica Mexicana, Volumen Commemorativo del Centenario Grandes Fronteras Tectónicas de Mexico, 57, 27–52.

Costa, E., Dominici, R. & Lugli, S. 2009. Tectonics evolution of the salt-bearing Crotone Basin (southern Italy) [abs]. AAPG International Conference & Exhibition Abstracts Volume, CD-ROM.

Davies, R. K., Bradbury, W., Fletcher, R., Lewis, G., Welch, M. & Knipe, R. 2010. Outcrop observations and analytical models of deformation styles and controls at salt-sediment margins [abs]. AAPG Annual Convention and Exhibition Abstracts Volume, 19, 55.

Davison, I., Anderson, L. & Nutall, P. 2009. Geometry and facies distribution of the greater Brazilian salt basin [abs]. AAPG International Conference & Exhibition Abstracts Volume, CD-ROM.

Dooley, T., Jackson, M. P. A. & Hudec, M. R. 2009a. Inflation and deflation of deeply buried salt stocks during lateral shortening. Journal of Structural Geology, 31, 582–600.

Dooley, T., Jackson, M. P. A. & Hudec, M. R. 2009b. Deformation styles and linkage of salt walls during oblique shortening [abs]. AAPG Annual Convention and Exhibition Abstract Volume, 18, 57.

Druke, D. C. 2005. Sedimentology and stratigraphy of the San Jose Lentil, La Popa Basin, Mexico, and its implications for carbonate development in a tectonically influenced salt basin. M. S. thesis, New Mexico State University.

Druke, D., Giles, K. A. & Rowan, M. G. 2004. Comparison of three isolated carbonate platforms in La Popa basin, Mexico: implications for depositional bathymetry and halokinetic sequence development [abs]. AAPG Annual Convention Abstracts Volume, 13, A37.

Dyson, I. A. & Rowan, M. G. 2004. Geology of a welded diapir and flanking minibasins in the Flinders Ranges of South Australia. In: Post, P. P., Olson, D. L., Lyons, K. T., Palmes, S. L., Harrison, P. F. & Rosen, N. C. (eds) Salt–Sediment Interactions and Hydrocarbon Prospectivity: Concepts, Applications, and Case Studies for the 21st Century. Society of Economic and Paleontologists and Mineralogists, Gulf Coast Section, 24th Annual Bob F. Perkins Research Conference, CD-ROM.

Eguiluz de Antuñano, S. 1994. La formación Carbonera y sus implicaciónes tectónicas, estados de Coahuila y Nuevo León. Boletín de la Sociedad Geológica Mexicana, 50, 3–40.

Eguiluz de Antuñano, S. 2001. Geologic evolution and gas resources of the Sabinas Basin in northeastern Mexico. In: Bartolini, C., Buffler, R. T. & Cantú –Chapa, A. (eds) The Western Gulf of Mexico Basin: Tectonics, Sedimentary Basins, and Petroleum Systems. AAPG, Tulsa, Memoir, 75, 241–270.

Garrison, J. M. & McMillan, N. J. 1999. Evidence for Jurassic continental rift magmatism in northeast Mexico: allogenic metaigneous blocks in El Papalote diapir, La Popa Basin, Nuevo León, Mexico. In: Bartolini, C., Wilson, J. L. & Lawton, T. F. (eds) Mesozoic Sedimentary and Tectonic History of North-Central Mexico. Geological Society of America, Boulder, Special Papers, 340, 319–332.

Ge, H., Jackson, M. P. A. & Vendeville, B. C. 1997. Kinematics and dynamics of salt tectonics driven by progradation. AAPG Bulletin, 81, 398–423.

Giles, K. A. & Lawton, T. F. 1999. Attributes and evolution of an exhumed salt weld, La Popa basin, northeastern Mexico. Geology, 27, 323–326.

Giles, K. A. & Lawton, T. F. 2002. Halokinetic sequence stratigraphy adjacent to the El Papalote diapir, northeastern Mexico. AAPG Bulletin, 86, 823–840.

Giles, K. A. & Rowan, M. G. 2012. Concepts in halokinetic-sequence deformation and stratigraphy. In: Alsop, G. I., Archer, S. G., Hartley, A. J., Grant, N. T. & Hodgkinson, R. (eds) Salt Tectonics, Sediments and Prospectivity. Geological Society, London, Special Publications, 363, 7–31.

Goldhammer, R. K. & Giles, K. A. 2003. Paleocene La Popa platform – complex sequence architecture and facies tracts of an isolated platform driven by syndepositional salt tectonics, La Popa basin, Northeast Mexico [abs]. AAPG Annual Convention Official Program, 12, A63.

Graff, K. S. 2003. Development of a vertical salt weld, La Popa Basin, Nuevo Leon, Mexico. M. S. thesis, New Mexico State University.

Gray, G. G. & Lawton, T. F. 2011. New constraints on timing of Hidalgoan (Laramide) deformation in the Parras and La Popa basins, NE Mexico. In: Montalvo-Arrieta, J. C., Chávez-Cabello, G., Velasco-Tapia, F. & Navarro De León, I. (eds) Volumen especial: Avances y paradigmas sobre la evolución geológica del noreste de México. Boletín de la Sociedad Geológica Mexicana, 63, 333-343.

Gray, G. G., Pottorf, R. J., Yurewicz, D. A., Mahon, K. I., Pevear, D. R. & Chuchla, R. J. 2001. Thermal and chronological record of syn- to post-Laramide burial and exhumation, Sierra Madre Oriental, Mexico. In: Bartolini, C., Buffler, R. T. &Cantú -Chapa, A. (eds) The Western Gulf of Mexico Basin: Tectonics, Sedimentary Basins, and Petroleum Systems. AAPG Memoir, 75, 159-181.

Gray, G. G., Lawton, T. F. & Murphy, J. J. 2008. Looking for the Mojave-Sonora megashear in northeastern Mexico. In: Moore, G. (ed.) Geological Society of America Field Guide, 14, 1-26, http://dx.doi.org/10.1130/2008.fld014(01).

Hannah, P. T. 2009. Outcrop analysis of an allochthonous salt canopy and salt system, eastern Willouran Ranges, South Australia. M. S. thesis, New Mexico State University.

Hearon, T. E. IV. 2008. Geology and tectonics of Neoproterozoic salt diapirs and salt sheets in the eastern Willouran Ranges, South Australia. M. S. thesis, New Mexico State University.

Hennessy, B. E. 2009. Characterization of syndepositional faulting of a composite wedge halokinetic sequence along the La Popa salt weld, La Popa Basin, Nuevo Leon, Mexico. M. S. thesis, New Mexico State University.

Hon, K. D. 2001. Salt-influenced growth-stratal geometries and structure of the Muerto Formation adjacent to an ancient secondary salt weld, La Popa Basin, Nuevo Leon, Mexico. M. S. thesis, New Mexico State University.

Hudec, M. R. & Jackson, M. P. A. 2007. Terra infirma: understanding salt tectonics. Earth Science Reviews, 82, 1-28.

Hudson, S. M. & Hanson, A. D. 2010. Hydrocarbon migration within La Popa basin, NE Mexico and implications for hydrocarbon migration adjacent to other salt structures. AAPG Bulletin, 94, 273-291.

Jackson, M. P. A. & Cramez, C. 1989. Seismic recognition of salt welds in salt tectonic regimes. Gulf of Mexico Salt Tectonics: Associated Processes and Exploration Potential. Society of Economic and Paleontologists and Mineralogists, Gulf Coast Section, 10th Annual Research Conference Program and Extended Abstracts, 66-71.

Jackson, M. P. A. &Talbot, C. J. 1991. A Glossary of Salt Tectonics. The University of Texas at Austin, Bureau of Economic Geology Geological Circular No. 91-94.

Jackson, M. P. A., Schultz-Ela, D. D., Hudec, M. R., Watson, I. A. & Porter, M. L. 1998. Structure and evolution of Upheaval Dome: a pinched-off salt diapir. Geological Society of America Bulletin, 110, 1547-1573.

Jackson, M. P. A., Warin, O. N., Woad, G. M. &Hudec, M. R. 2003. Neoproterozoic allochthonous salt tectonics during the Lufilian orogeny in the Katangan Copperbelt, central Africa. Geological Society of America Bulletin, 115, 314-330.

Jackson, M. P. A., Hudec, M. R., Jennette, D. C. & Kilby, R. E. 2008. Evolution of the Cretaceous Astrid thrust belt in the ultradeep-water Lower Congo Basin, Gabon. AAPG Bulletin, 92, 487-511.

Jahani, S., Callot, J. -P., Letouzey, J. & Frizon de Lamotte, D. 2009. The eastern termination of the Zagros Fold-and-Thrust Belt, Iran: structures, evolution, and relationships between salt plugs, folding, and faulting. Tectonics, 28, TC6004, http://dx.doi.org/10.1029/2008TC002418.

Knipe, R. J., Jones, G. & Fisher, Q. F. 1998. Faulting, fault sealing and fluid flow in hydrocarbon reservoirs: an introduction. In: Jones, G., Fisher, Q. F. &Knipe, R. J. (eds) Faulting, Fault Sealing and Fluid Flow in Hydrocarbon Reservoirs. Geological Society, London, Special Publications, 147, vii-xxi.

Kroeger, K. F. & Stinnesbeck, W. 2003. The Minas Viejas Formation (Oxfordian) in the area of Galeana, northeastern Mexico: significance of syndepositional volcanism and related barite genesis in the Sierra Madre Oriental. In: Bartolini, C., Buffler, R. T. & Blickwede, J. (eds) The Circum-Gulf of Mexico and the Caribbean: Hydrocarbon Habitats, Basin Formation, and Plate Tectonics. AAPG, Tulsa, Memoir, 79, 515-528.

Laudon, R. C. 1975. Stratigraphy and petrology of the Difunta Group, La Popa and eastern Parras Basins, northeastern Mexico. PhD thesis, University of Texas, Austin.

Laudon, R. C. 1984. Evaporite diapirs in the La Popa Basin, Nuevo León, Mexico. Geological Society of America Bulletin, 95, 1219-1225.

Laudon, R. C. 1996. Salt dome growth, thrust fault growth, and syndeformational stratigraphy, La Popa basin, northern Mexico. Gulf Coast Association of Geological Societies Transactions, 46, 219-228.

Lawton, T. F. & Buck, B. J. 2006. Implications of diapir-derived detritus and gypsic paleosols in Lower Triassic strata near the Castle Valley salt wall, Paradox basin, Utah. Geology, 34, 885-888.

Lawton, T. F. & Rowan, M. G. 2008. Style and timing of Laramide deformation in northeastern Mexico [abs]. Geological Society of America Abstracts with Programs, 40(6), 546.

Lawton, T. F., Vega, F. J., Giles, K. A. & Rosales-Dominguez, C. 2001. Stratigraphy and origin of the La Popa Basin, Nuevo León and Coahuila, Mexico. In: Bartolini, C., Buffler, R. T. & Cantú - Chapa, A. (eds) The Western Gulf of Mexico Basin: Tectonics, Sedimentary Basins, and Petroleum Systems. AAPG, Tulsa, Memoir, 75, 219-240.

Lawton, T. F., Giles, K. A., Rowan, M. G., Couch, R. D. & Druke, D. 2005. Foreland - basin development in a salt-influenced province: Sierra Madre foreland, northeastern Mexico [abs]. Geological Society of America Abstracts with Programs, 37, 441.

Loera, D. M., Jr. 2007. Stratigraphy, structural style, and halokinetic sequences associated with La Popa salt weld, La Popa Basin, Nuevo Leon, Mexico. M. S. thesis, New Mexico State University.

Lopez-Ramos, E. 1982. Geología deMéxico, v. 2. Consejo Nacional de Ciencia y Technologia, México, D. F.

Marrett, R. & Aranda-García, M. 2001. Regional structure of the Sierra Madre Oriental fold-thrust belt, Mexico. In: Marrett, R. (ed.) Genesis and Controls of Reservoir-Scale Carbonate Deformation, Monterrey Salient, Mexico. Bureau of Economic Geology (University of Texas, Austin) Guidebook, 28, 31-55.

McBride, B. D., Weimer, P. & Rowan, M. G. 1998. The effect of allochthonous salt on the petroleum systems of northern Green Canyon and Ewing Bank (offshore Louisiana), northern Gulf of Mexico. AAPG Bulletin, 82, 1083-1112.

McBride, E. F., Weidie, A. E., Wolleben, J. A. &Laudon, R. C. 1974. Stratigraphy and structure of the Parras and La Popa basins, northeastern Mexico. Geological Society of America Bulletin, 84, 1603-1622.

McKee, J. W., Jones, N. W. & Long, L. E. 1990. Stratigraphy and provenance of strata along the San Marcos fault, central Coahuila, Mexico. Geological Society of America Bulletin, 102, 593-614.

Mello, U. T., Anderson, R. N. & Karner, G. D. 1994a. Salt restrains maturation in subsalt plays. Oil and Gas Journal, 92, 101-108.

Mello, M. R., Kotsoukos, E. A. A., Mohriak, W. U. &Bacoccoli, G. 1994b. Selected petroleum systems in Brazil. In: Magoon, L. B. & Dow, W. G. (eds) The Petroleum System - from Source to Trap. AAPG, Tulsa, Memoir, 60, 499-512.

Millán-Garrido, H. 2004. Geometry and kinematics of compressional growth structures and diapirs in the La Popa basin of northeast Mexico: insights from sequential restoration of a regional cross section and three-dimensional analysis.Tectonics, 23, TC5011, http: //dx. doi. org/10. 1029/2003TC001540.

Nilsen, K. T., Vendeville, B. C. & Johansen, J. -T. 1995. Influence of regional tectonics on halokinesis in the Nordkapp Basin, Barents Sea. In: Jackson, M. P. A., Roberts, D. G. & Snelson, S. (eds) Salt Tectonics: A Global Perspective. AAPG, Tulsa, Memoir, 65, 413-436.

Padilla y Sánchez, R. 1985. Las estructuras de la curvature de Monterrey, Estados de Coahuila, Nuevo León, Zacatecas y San Luis Potosí. Revista del Instituto de Geología de la Universidad Autónoma de México, 6, 1-20.

Prather, B. E., Booth, J. R., Steffens, G. S. & Craig, P. A. 1998. Classification, lithologic calibration, and stratigraphic succession of seismic facies of intraslope basins, deep-water Gulf of Mexico. AAPG Bulletin, 82, 701-728.

Rowan, M. G. 2004. Do salt welds seal? In: Post, P. P., Olson, D. L., Lyons, K. T., Palmes, S. L., Harrison, P. F. & Rosen, N. C. (eds) Salt-Sediment Interactions and Hydrocarbon Prospectivity: Concepts, Applications, and Case Studies for the 21st Century. Society of Economic and Paleontologists and Mineralogists, Gulf Coast Section, 24th Annual Bob F. Perkins Research Conference, CD-ROM.

Rowan, M. G. & Weimer, P. 1998. Salt-sediment interaction, northern Green Canyon and Ewing Bank (offshore Louisiana), northern Gulf of Mexico. AAPG Bulletin, 82, 1055-1082.

Rowan, M. G. & Vendeville, B. C. 2006. Foldbelts with early salt withdrawal and diapirism: physical model and examples from the northern Gulf of Mexico and the Flinders Ranges, Australia. Marine and Petroleum Geology, 23, 871-891.

Rowan, M. G., Jackson, M. P. A. & Trudgill, B. D. 1999. Salt-related fault families and fault welds in the northern Gulf of Mexico. AAPG Bulletin, 83, 1454-1484.

Rowan, M. G., Lawton, T. F., Giles, K. A., Hon, K. D. & Graff, K. S. 2001. Anatomy of an exposed vertical salt weld, La Popa basin, Mexico [abs]. AAPG Annual Convention Official Program, 10, A173.

Rowan, M. G., Lawton, T. F., Giles, K. A. & Ratliff, R. A. 2003. Near-diapir deformation in La Popa basin, Mexico, and the northern Gulf of Mexico: a general model for passive diapirism. AAPG Bulletin, 87, 733-756.

Rowan, M. G., Peel, F. J. & Vendeville, B. C. 2004. Gravity-driven foldbelts on passive margins. In: McClay, K. R. (ed.) Thrust Tectonics and Hydrocarbon Systems. AAPG, Tulsa, Memoir, 82, 157-182.

Shipley, K. W. 2004. Ejecta-bearing deposits at the Cretaceous-Tertiary boundary and their implications for timing of Hidalgoan (Laramide) folding, La Popa Basin, Nuevo Leon, Mexico. M. S. thesis, New Mexico State University.

Smith, A., Fischer, M. & Evans, M. 2012. Fracture-controlled palaeohydrology of a secondary salt weld, La Popa Basin, NE Mexico. In: Alsop, G. I., Archer, S. G., Hartley, A. J., Grant, N. T. & odgkinson, R. (eds) Salt Tectonics, Sediments and Prospectivity. Geological Society, London, Special Publications, 363, 107-129.

Soegaard, K., Ye, H., Halik, N., Daniels, A. T., Arney, J. & Garrick, S. 2003. Stratigraphic evolution of latest Cretaceous to early Tertiary Difunta foreland basin in northeast Mexico: influence of salt withdrawal on tectonically induced subsidence by the Sierra Madre Oriental fold and thrust belt. In: Bartolini, C., Buffler, R. T. & Blickwede, J. (eds) The Circum-Gulf of Mexico and the Caribbean: Hydrocarbon Habitats, Basin Formation, and Plate Tectonics. AAPG, Tulsa, Memoir, 79, 364-394.

Trudgill, B. 2011. Evolution of salt structures in the northern Paradox Basin: controls on evaporite deposition, salt wall growth and supra-salt stratigraphic architecture. Basin Research, 23, 208-238.

Trudgill, B., Banbury, N. & Underhill, J. 2004. Salt evolution as a control on structural and stratigraphic systems, northern Paradox foreland basins, southeast Utah, USA. In: Post, P. J., Olson, D. L., Lyons, K. T., Palmes, S. L., Harrison, P. F. & Rosen, N. C. (eds) Salt-Sediment Interactions and Hydrocarbon Prospectivity: Concepts, Applications, and Case Studies for the 21st Century. 24th Annual GCSSEPM Foundationn-Bob F. Perkins Research Conference, CD-ROM.

Vega, F. J. & Lawton, T. L. 2011. Upper Jurassic (lower Kimmeridgian-Olvido) carbonate strata from the La Popa Basin diapirs, NE Mexico. In: Montalvo-Arrieta, J. C., Chávez-Cabello, G., Velasco-Tapia, F. & Navarro De León, I. (eds) Volumen especial: Avances y paradigmas sobre la evolución geológica del noreste de México. Boletín de la Sociedad Geológica Mexicana, 63, 313-321.

Vendeville, B. C. & Nilsen, K. T. 1995. Episodic growth of salt diapirs driven by horizontal shortening. In: Travis, C. J., Harrison, H., Hudec, M. R., Vendeville, B. C., Peel, F. J. & Perkins, B. F. (eds) Salt, Sediment, and Hydrocarbons. Society of Economic and Paleontologists and Mineralogists, Gulf Coast Section, 16th Annual Research Foundation Conference, 285–295.

Wagner, B. II. III. 2010. An analysis of salt welding. PhD dissertation, University of Texas at Austin.

Waidmann, B. R. 2004. Geometries of strata in a salt-withdrawal basin as predictors of shortening-driven diapir tectonics: Carroza Formation, La Popa Basin, Nuevo Leon, Mexico. M. S. thesis, New Mexico State University.

Waples, D. W. 1994. Maturity modeling: thermal indicators, hydrocarbon migration, and oil cracking. In: Magoon, L. B. & Dow, W. G. (eds) The Petroleum System - from Source to Trap. AAPG, Tulsa, Memoir, 60, 285–306.

Weidie, A. E. & Murray, G. E. 1967. Geology of Parras Basin and adjacent areas of northeastern Mexico. AAPG Bulletin, 51, 678–695.

（苏群　译，祁鹏　校）

第3章 墨西哥 La Popa 盆地 La Popa 盐焊接的始新统 Carroza 组盐动力层序地层学、河流沉积学和构造几何学

JOSEPH R. ANDRIE[1], KATHERINE A. GILES[1],
TIMOTHY F. LAWTON[1], MARK G. ROWAN[2]

(1. Department of Geological Sciences, New Mexico State University, P. O. Box 30001, Las Cruces, NM 88003, USA; 2. Rowan Consulting, Inc., 850 8th St, Boulder, CO 80302, USA)

摘 要 墨西哥 La Popa 盆地始新统 Carroza 组是受挤压作用形成的盐撤微盆内的河流相沉积，该微盆被称为 Carroza 向斜。Carroza 向斜毗邻早期是一个被动上升的盐墙，而后在晚白垩世和古近纪 Hidalgoan 造山运动时期被挤压而开成的 La Popa 盐焊接。Carroza 组表示了河流相分布和盐动力拖曳褶皱几何特征的变化。河道分布特征在 Carroza 组下部表现为广布的宽阔薄河道，且流向多变，向上逐渐变化为局限在 Carroza 向斜枢纽处的厚层叠置河道，且流向与盐焊接保持一致。Carroza 组的中上部包括来自底辟顶部地层和底辟本身的泥石流相。盐动力拖曳褶皱发生翻转并朝盐焊接方向发生减薄，从一个较宽区(800~1500m)向上变化为一个较窄区(50~200m)，而且 Carroza 组上部地层发生翻转，并且与沿盐焊接分布的残余石膏直接接触。这种河流相分布与几何学特征的变化体现了与受 Hidalgoan 造山运动和被动底辟作用控制盐体隆升速率相比，区域沉积速率发生了整体降低。

邻近被动上升盐底辟的沉积作用会导致盐动力生长地层在地层厚度、盐动力拖曳褶皱样式和沉积相上均有不同(Giles 和 Rowan，2012；Rowan 等，2012)。生长地层被不整合面限定的叠置体，这些叠置体被称为盐动力层序，它们由盐体隆升速率与沉积速率的相对变化而形成(Giles 和 Lawton，2002；Rowan 等，2003；Giles 和 Rowan，2012)。目前大部分对盐动力层序地层的研究都聚焦于海洋沉积系统(Hon，2001；Giles 和 Lawton，2002；Giles 等，2004；Aschoff 和 Giles，2005；Shelley 和 Lawton，2005)。

有很少研究关注了河流沉积系统中盐—沉积物相互作用或是盐动力层序的形成(Waidmann，2004；Matthews 等，2007)。Matthews 等(2007)研究了犹他州东南部 Paradox 盐盆的三叠系 Chinle 组，发现相结构的主要控制因素是区域沉降、局部可容纳空间和古地貌。他们认为 Chinle 组中发育的辫状河道代表了相对较低的局部可容空间时期，在该时期河流可以自由流过微盆和盐构造。相反地，他们认为单一独立水道代表了相对较高的局部可容纳空间时期，曲流河只能发育在微盆内。Waidmann(2004)研究了墨西哥 La Popa 盆地始新统 Carroza 组，发现生长地层的存在，与 La Popa 盐墙平等和斜高的古水流。来说明盐墙在地质历史期间对河流沉积模式的控制作用。但 Matthews 等(2007)和 Waidmann(2004)均没有证明或解释盐动力层序在各自河流系统中的起源。通过露头识别河流相盐动力层序可应用于预测在相似沉积深度条件下，含油气系统中沉积物运移通道的分布与储层潜力。本文对 Carroza 组河流相沉积中的盐动力层序结构进行了描述，识别了复合盐动力层序(Giles 和 Rowan，

2012),并讨论了 Carroza 组沉积过程中沉积速率和底辟盐体隆升速率相对变化的控制因素。

3.1 地质背景

La Popa 盆地位于墨西哥蒙特雷西北 50km 处(图 3-1),一个 NW—SE 走向的背斜山脉将其与本地区的其他盆地分隔开来。La Popa 盆地发育两个椭圆形的盐底辟构造以及一个长 25km,近于直立的二次盐焊接,该盐焊接原先是一个盐墙(图 3-2)(Giles 和 Lawton,1999;Rowan 等,2012)。La Popa 三级底辟与盐焊接的西北末端相连。La Popa 盆地为伸展型盆地,与 Mescalera 板块的回退(Dickinson 和 Lawton,2001)和侏罗纪墨西哥湾的打开有关,该时期也是 Minas Viejas 组蒸发岩沉积时期。被动底辟作用很可能开始于上侏罗统硅质碎屑沉积的持续进积(Rowan 等,2012)。热沉降发生在白垩纪早期,此时沉积了一套厚的海相碳酸盐岩(Lawton 等,2001)。晚白垩世到古近纪的 Hidalgoan(Laramide)造山运动期间,区域性的挤压作用形成 Sierra Madre Oriental 褶皱冲断带,并在 La Popa 盆地及邻区形成大型的 NW—SE 向褶皱(图 3-1)(Lawton 等,2001)。从晚白垩世至古近纪早期,随着 Hidalgoan 造山运动的加剧和隆升,挤压作用持续进行,来自新形成的褶皱带和西部火山弧的硅质碎屑输入增

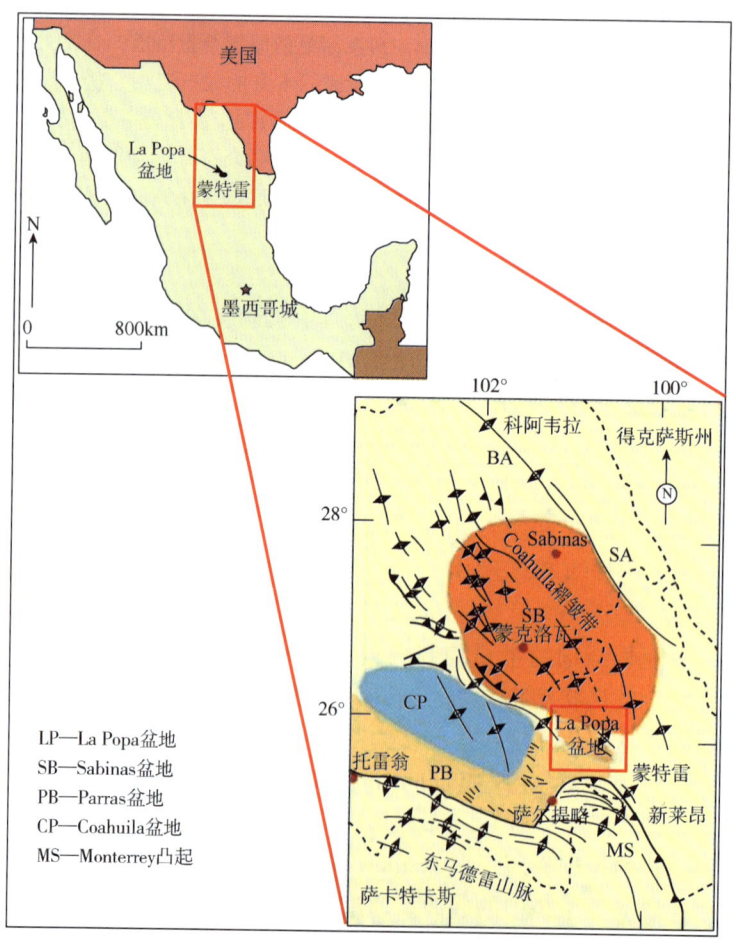

图 3-1 墨西哥东北部主要构造特征和沉积盆地构造位置图(据 Lawton 等,2001,修改)

加(Lawton 等，2009)。这种沉积物向 La Popa 盆地输入的增加导致沉积环境由开阔海转变为非海相，并记录了整体的退积过程(Soegaard 等，1996；Ye，1997)。

始新统 Carroza 组是 La Popa 盆地出露的最年轻的地层单元(图 3-2 至图 3-4)(McBride 等，1974)。但 Carroza 组的年龄并不是完全确定，之前的研究表明它是在始新世的某一时期发生沉积的(McBride 等，1974；Laudon，1984)。Carroza 组代表一个河流沉积体系(McBride 等，1974；Waidmann，2004；Buck 等，2010)。露头区的北部边界是 La Popa 盐焊接和底辟，南部边界位于 El Gordo 背斜的北翼，大多数出露在与 La Popa 盐焊接相邻的 Carroza 向斜北翼(图 3-2 至图 3-4)。Carroza 向斜的形成是微盆盐撤和 Hidalgoan 挤压共同作用的结果(Rowan 等，2012)。向斜的枢纽部位大大低于区域高程，指示下伏盐层的撤空。古水流测量(Waidmann，2004)和碎屑锆石年代学(Lawton 等，2009)表明，河流系统从西部进入盆地，并主要沿着 Carroza 向斜走向延伸。

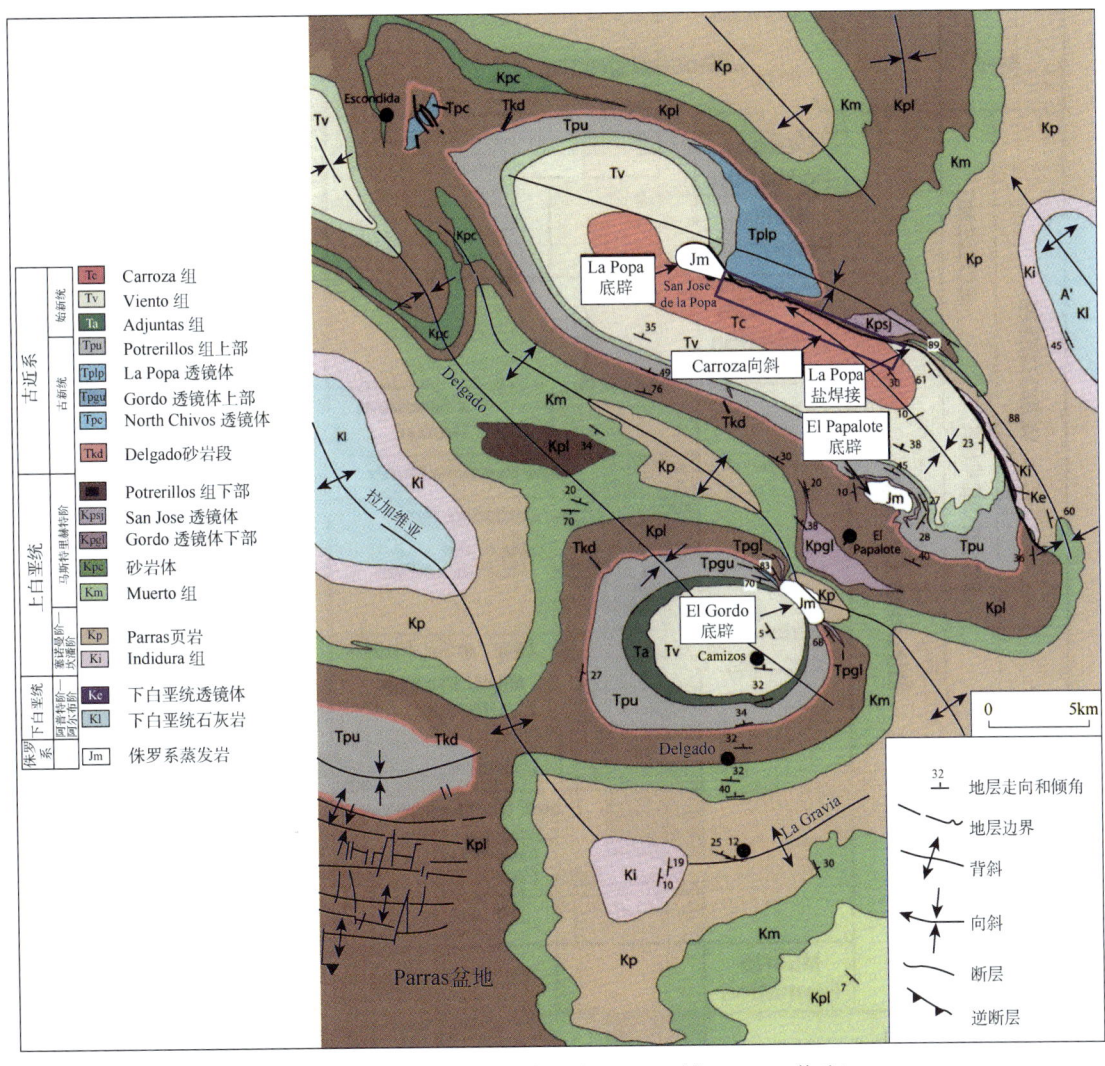

图 3-2　La Popa 盆地地质图(据 Lawton 等，2001，修改)
研究区(图 3-4)用蓝色标注，指明 La Popa 盐焊接和 Carroza 向斜

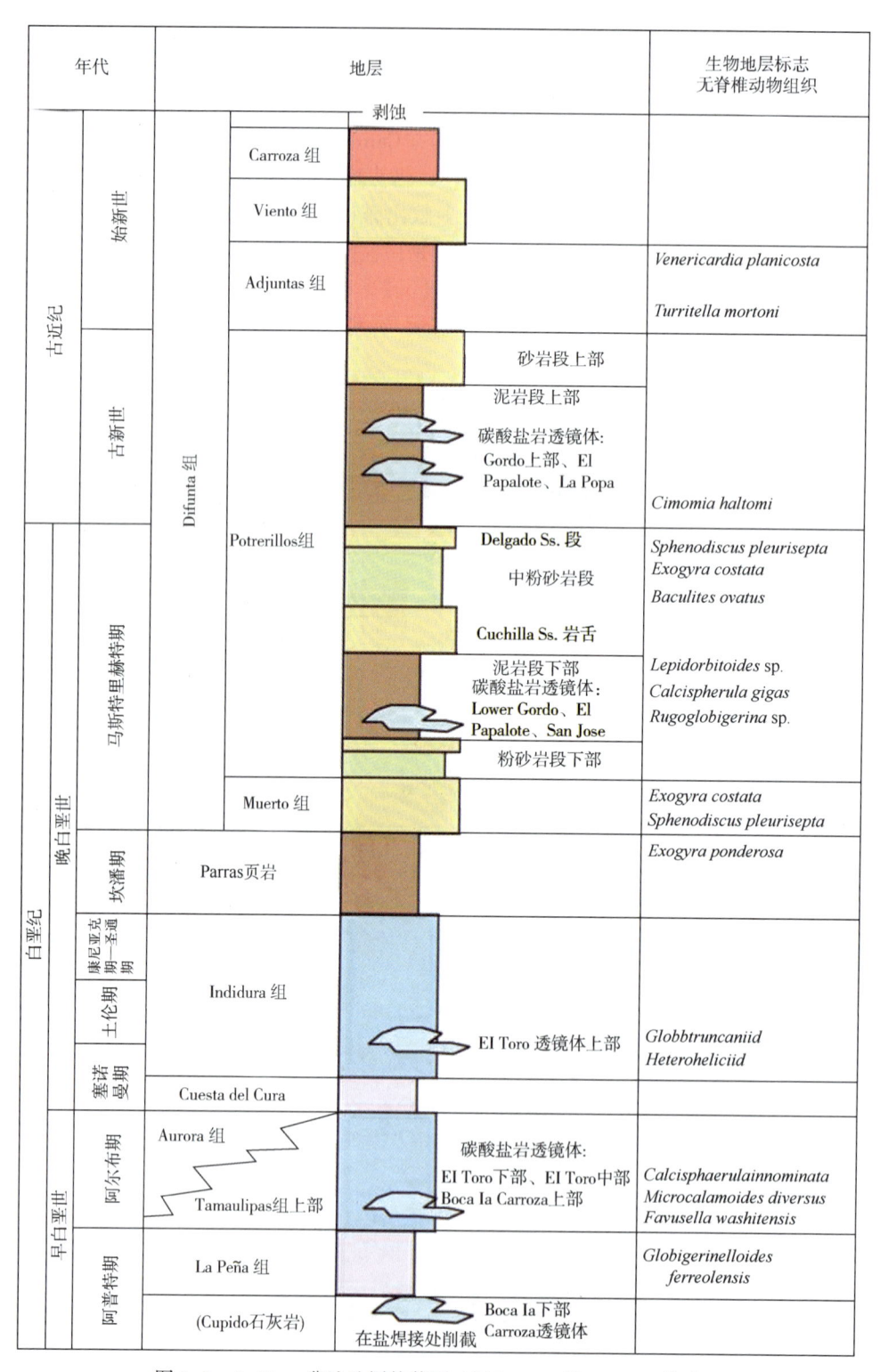

图 3-3 La Popa 盆地地层柱状图（据 Lawton 等，2001，修改）

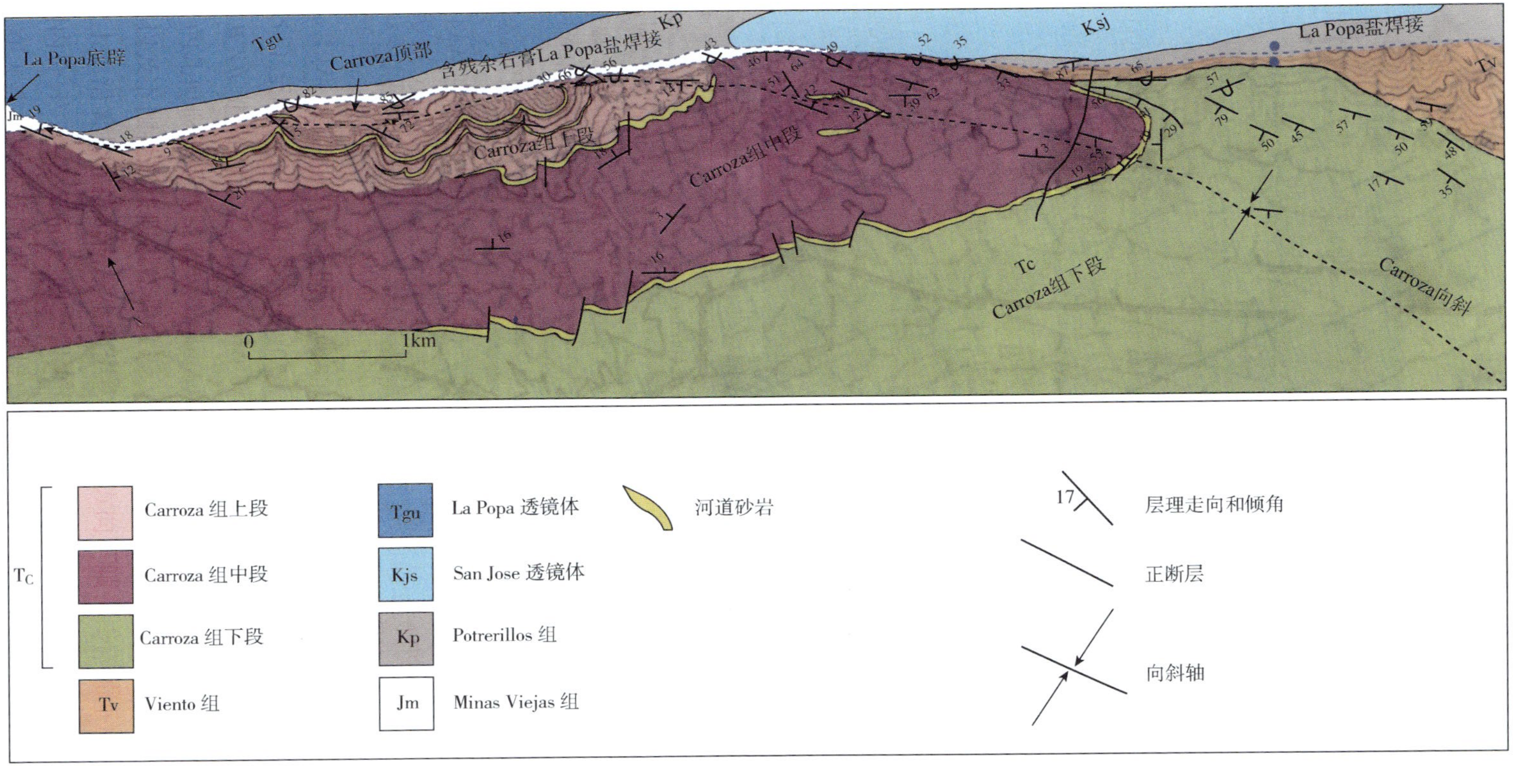

图3-4 Carroza凹盆地质图（据Waidmann，2004；Buck等，2010）
黄色表示水道砂岩露头

3.2 研究方法

通过构建地质图以确定河流相的范围和 Carroza 组的整体构造几何形态(图 3-4)。古水流数据取自地质图上 4 条河道中 12 个不同的地点(图 3-5)。古水流数据来源于地层表面的裂线理,以及几个不同地点的河道砂岩,并编制成玫瑰花图(图 3-5)。极个别点用交错层理来分析判定水流方向。Buck 等(2010)关于平均向量古水流方向的研究方法也被用于此次研究。河道砂体的宽深比由地质图和航拍数据取得,并用古水流的斜度进行修正。详细测量了五个地层剖面:Quarry 峡谷(QC)、Channel 峡谷(ChC)、Conglomerate 峡谷(CG)、West Conglomerate 峡谷(WCG)和弗雷德(Fred's)山(图 3-5),用以确定河流相组合。这些实测剖面的测量位置,包括了最佳出露点和 Carroza 组的下段、中段、上段最具代表性的地区。同时建立了三个构造横剖面以揭示 Carroza 组的下段、中段、上段的几何形态变化。

3.3 Carroza 组地层概况

根据可辨别的河流结构、沉积相和同沉积变形样式的变化,将 Carroza 组分为三个内部单元(下段、中段、上段)(图 3-4)。由于 Carroza 向斜向西倾伏,这些数逐步暴露在沿向斜和 La Popa 盐焊接走向的西北部,因此图 3-4 提供了一个 Carroza 组的斜交剖面。

Carroza 组表现为三种主要的沉积相:(1)河道;(2)细粒泛滥平原沉积(包括决口扇、古土壤和漫滩沉积);(3)泥石流。砾岩表 3-1 总结了各种沉积相的特征。

表 3-1 Carroza 组沉积相组合表

解释	岩相	岩性	层厚度(m)	粒度/碎屑大小	碎屑类型	成岩特征/沉积物结构	化石/结核	颜色	在 Carroza 组下段分布	在 Carroza 组上段分布
河道	中粒厚层砂岩	长石砂岩	2.5~20	细—中粒砂	N/A	横向叠层、低角度交错岩层、裂线理	+/-CO$_3$ 结核 +/-木质 +/-叶化石	W: 黄褐色 F: 绿色/灰色	分散,单层(厚 2~5m)	多层(厚 10~20m)
细粒泛滥平原沉积	细粒薄层砂岩	长石砂岩	0.05~3.0	泥岩—细粒砂	N/A	横向叠层、纹层交错层理、虫穴/侵斑	+/-植物碎屑	W: 暗色/棕色 F: 浅—中灰	遍布	遍布
泥石流砾岩	砾岩	杂基支撑卵石质砾岩	0.2~2.0	碎屑:颗粒卵石 杂基:泥岩—粗粒砂	石灰岩、黑色硅岩、变质玄武岩、花岗岩、牡蛎壳	+/-反序至无定形	N/A	W: 暗红/棕色 F: 暗红/棕色	缺失	局部常见

3.3.1 相组合1:河道

描述:这类相组合由细到中等粒度的长石岩屑组成(Waidmann, 2004),具平行纹层、裂线理和很少的槽状交错层理(图 3-6a、b)。有些地层包含叶化石和木质碎屑,含有石英和燧石的底部滞留沉积物、碳酸盐岩或铁质结核以及通常由红色泥岩组成的内碎屑。有关侧向

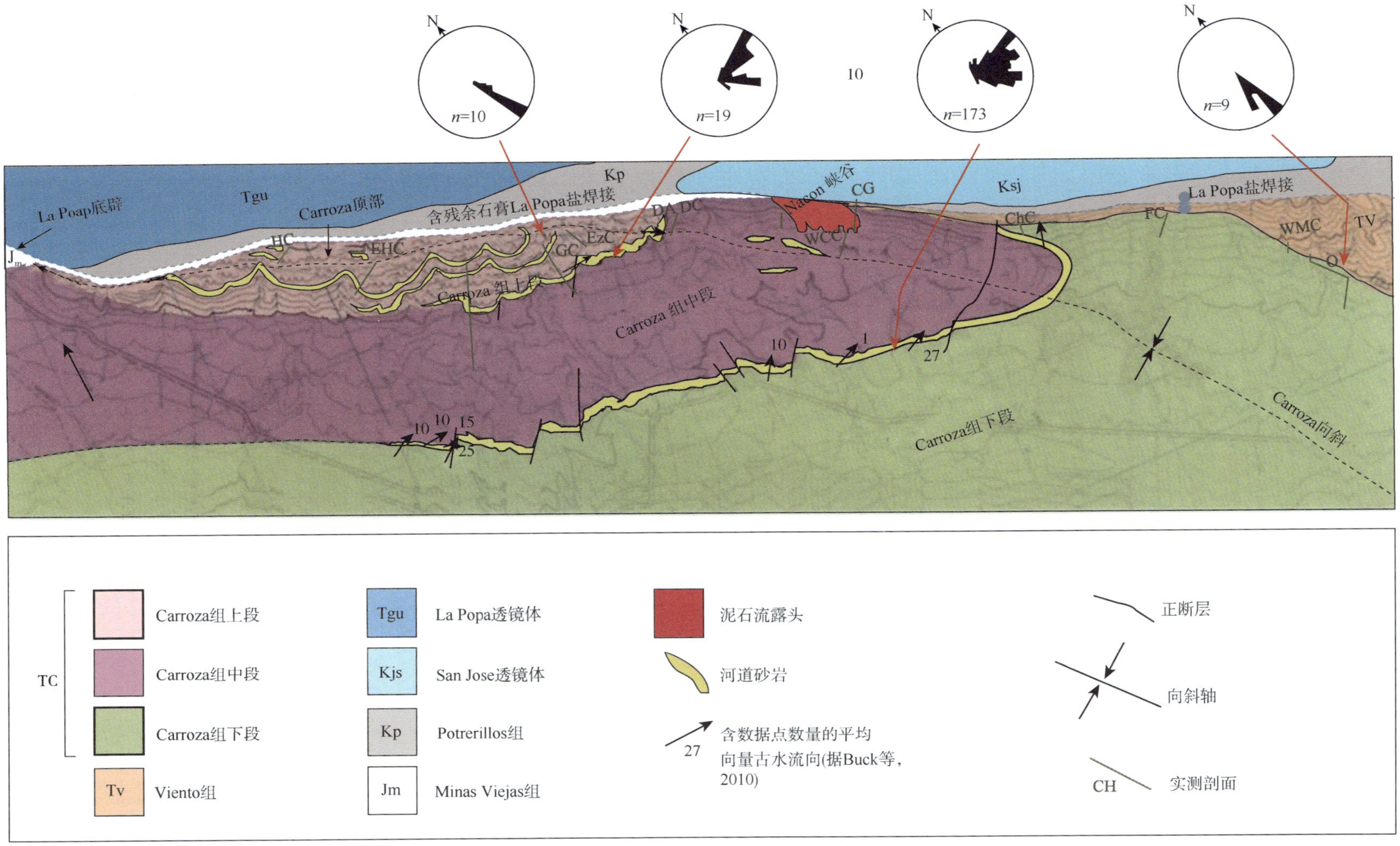

图 3-5 Carroza微盆地质图

显示了与古水流方向相对应的水道露头、泥石流露头和图3-7相对应的剖面位置;由Buck等(2010)的研究和玫瑰花图获得的平均向量古水流向量箭头指示古水流

— 71 —

加积的证据较为少见。出露地层的宽度范围从300m(新数据)到4400m(Buck 等,2010)。Carroza组下段的砂岩较薄(2~4m厚,平均2.5m),且为单层,具有相对较高的宽深比(400:1),同时包括垂直于盐焊接的古水流方向和平行于盐焊接的向东的古水流方向。这些砂岩沉积在Carroza组的中—上段厚度较大(10~20m厚,平均10.6m)且具有多层,宽深比(50:1)较低,具有平行于盐焊接的东南向古水流方向。这些砂岩主要是钙质胶结,但有些胶结较差,特别是那些在La Popa盐焊接附近出露的砂岩。

解释:这个相组合被解释为河道沉积。缺乏侧向加积特征和丰富的水平纹层表明该沉积很可能代表了在相对浅水区,沉积的广泛的下游加积作用。单层水道砂体被解释为流过盆地且偶尔通过盐构造的非限制性席状水道。这个解释是基于相对变化的垂直于盐焊接的古水流方向和高的宽深比。多层叠置砂体被解释为局限于盐撒微盆的限制性水道,这是基于平行盐焊接古水流方向和低的宽深比。更多关于河道和河床类型的测井信息可以在Buck等(2010)的研究中找到。

3.3.2 相组合2:细粒泛滥平原沉积

描述:该相组合的地层包括了极细至细粒砂岩、红色和绿色泥岩、灰色和绿色的粉砂岩与泥岩以及页岩的互层(图3-6c、d)。砂岩地层呈板状,其组分上与河道砂岩类似。它们都含锯齿状底部、波状交错层理、前积层和大规模的生物扰动层理。这些地层中的大部分逐渐向上粒度变粗,而粒度变细只发生在顶部的几厘米。生物扰动作用包括底层和可能由昆虫活动形成的倒充填洞穴(Hasiotis等,2003)。单个地层厚0.05~1.0m,有时厚0.1~3.0m,但被薄泥岩层隔开。柱状风化作用在砂岩地层的顶部相对常见(Buck等,2010)。在0.05m至20m厚的相组合范围内,泥岩通常夹在粉砂岩和细粒砂岩之间。大部分的泥岩是红色的厚层状,并且包含块状、柱状和针状的成土结构(图3-6e、f)。一些红色泥岩包含石膏或碳酸盐岩结核和底部痕迹。其他的泥岩为淡绿色且局部包含菱铁矿结核。粉砂岩地层较少见,通常为绿色或灰色。它们大部分是水平叠瓦状,有时含有波纹交错层理和树叶化石。

解释:这个相组合代表了细粒的泛滥平原沉积。粉砂—细砂地层由沉积构造、板状性质和锯齿状底部被解释为决口扇(表3-1)(Bridge,1993;Smith和Perez-Arlucea,1994;Miall,1996;Perez-Arlucea等,2000;Mack等,2006)。向上变粗是由于侧向进积的生长(Miall,1996),顶部向上变细则代表了通过决口扇的沉积物充足。根迹和虫穴显示植物和昆虫随着沉积进入。薄层到厚层的泥岩和粉砂岩层被解释为越岸沉积,席状地层或短期悬浮沉积代表了浅水沉积(Miall,1996)。基于Buck等(2010)的研究,古土壤叠加在决口扇和越岸沉积上,代表了不同的钙质、重晶石、石膏或硅铝质/氧化古土壤。古土壤形成于泥岩或决口扇和河道沉积顶部。

3.3.3 相组合3:泥石流砾岩

描述:这个相组合由0.2~2.0m厚的由细到粗的砾岩组成,夹杂着0.2~4m厚的红色泥岩。砾岩层表现为分选差和无定形状,很少见到分级和反序粒层理。罕有水道冲刷存在,单个地层发育锯齿状底部,在平面上成板状和席状展布。大部分地层被现代剥蚀面削截,造成在La Popa盐焊接200m以外缺失,横向上沿走向分布范围仅500~1000m。砾岩碎屑包括石灰岩、变质玄武岩、花岗岩、黑色燧石和牡蛎壳(图3-6g、h)。杂基组成从块状红色泥岩变化到含有的混合粗粒砂岩和重赤铁矿泥岩。红色泥岩夹层具有块状和无定形结构。

图 3-6 Carroza 组沉积相露头照片

(a)河道露头展示了叠置水道,出露厚度为 14m;(b)河道砂岩的水平纹层,铅笔长度为 6cm;(c)细粒河漫滩露头,薄的决口扇砂岩夹漫滩泥岩及土壤,并被侧积的薄层河道覆盖,露头约 15m 厚;(d)决口扇砂岩波痕前积层,标记长 14cm;(e)含有玫瑰花状重晶石结核的古土壤,小刀长 8cm;(f)含有柱状风化石膏的古土壤,小刀长 8cm;(g)Conglomerate 峡谷中掀斜的泥石流砾岩层,露头约 30m 厚;(h)无定形、分选差的泥石流砾岩,人手长 15cm

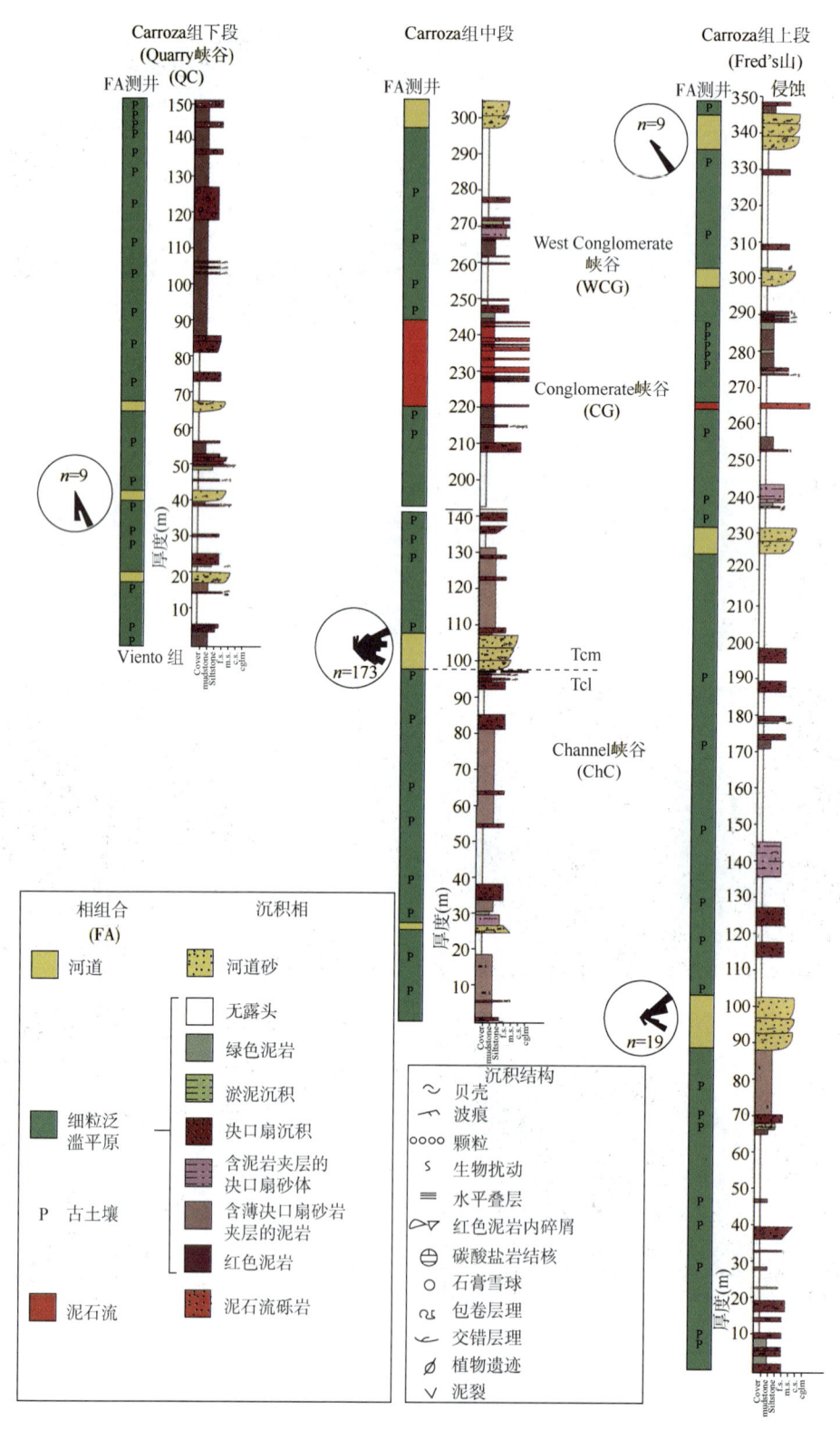

图 3-7 Carroza 组详细的实测地层剖面和简化的相组合

描述了下段、中段、上段地层的不同；指示古水流方向的玫瑰花图显示在与重点河流相砂岩层相邻的位置；剖面位置参见图 3-5

解释：该沉积相与其他盆地的冲积扇泥石流相非常相似（Bull，1972；Stanistreet 和 McCarthy，1993；Mack 等，2002），但本文将其解释为来自盐墙的局部泥石流或滑塌相，而不是盆地尺度的冲积扇沉积，这是因为它们的位置靠 La Popa 盐辉煌的翼部，而且其他的 Carroza 组河流沉积均由细—中粒砂岩组成。这些沉积是来自底辟的进一步证据是其碎屑的组分。变质玄武岩碎屑存在盆地中沿着盐焊接分布的石膏（Rowan 等，2012）和其他底辟（Garrison 和 McMillan，1999；Lawton 等，2001；Giles 和 Lawton，2002）中。它们的时代为侏罗纪（Garrison 和 McMillan，1999），并且被解释为含蒸发岩夹层的玄武岩岩流，这些蒸发岩流并形成底辟构造。近于垂直上侏罗统石灰岩块体的石灰岩碎屑在其他底辟中也有发现（Garrison 和 McMillan，1999）。花岗岩碎屑在盆地内的发育位置独特，可能代表了二叠系、三叠系基底。黑色硅岩卵石和牡蛎壳与那些在 Viento 组底部的发现类似（Platon 和 Weislogel，2010），粗粒砂岩杂基也很可能来源于 Viento 组，因为 Carroza 组很少含有粒径大于中粒的颗粒。泥岩夹层被解释为在泥石流上发育的富泥泥石流相或细粒河漫滩沉积。

3.3.4 相组合分布

河道细粒泛滥平原（河漫滩）和泥石流砾岩相组合在 Carroza 组的下段、中段、上段有不同分布特征（图 3-5 和图 3-7）。在 Carroza 组下段，河道宽阔、单层且包含相对多变的古水流方向。相对于 Carroza 向斜的枢纽部位，它们广泛分布在沿着盐焊接的陡倾向斜北翼和靠近微盆中部的缓倾南翼。细粒河漫滩沉积显示整个 Carroza 组的性质和分布没有明显变化；但 Buck 等（2010）在 Carroza 组下段的最底部发现了钙质土壤层。泥石流相在 Carroza 组下段缺失。

在 Carroza 组中段，河道为较厚的多层结构，局限分布在 Carroza 向斜枢纽附近的区域，包含了平行于盐焊接的古水流方向。Buck 等（2010）发现在这个地层中只有蒸发性古土壤，且泥石流在区域内常见。

Carroza 组上段包含了多层河道，古水流方向平行于盐焊接，也是局限分布在 Carroza 向斜枢纽区。比起 Carroza 组的中段、下段，上段的水道要丰富得多。古土壤完全是蒸发性的（Buck 等，2010），泥石流相全区少见，仅在局部发育。

3.4 构造几何特征

在构造几何形态方面上，Carroza 组的下段、中段、上段存在明显的差异（图 3-8 至图 3-11）。在 Carroza 组下段，Carroza 向斜的枢纽距离 La Popa 盐焊接 800~1500m（图 3-8 至图 3-11），角度不整合普遍小于 10°，邻近 La Popa 盐焊接的地层掀斜和减薄带要比 Carroza

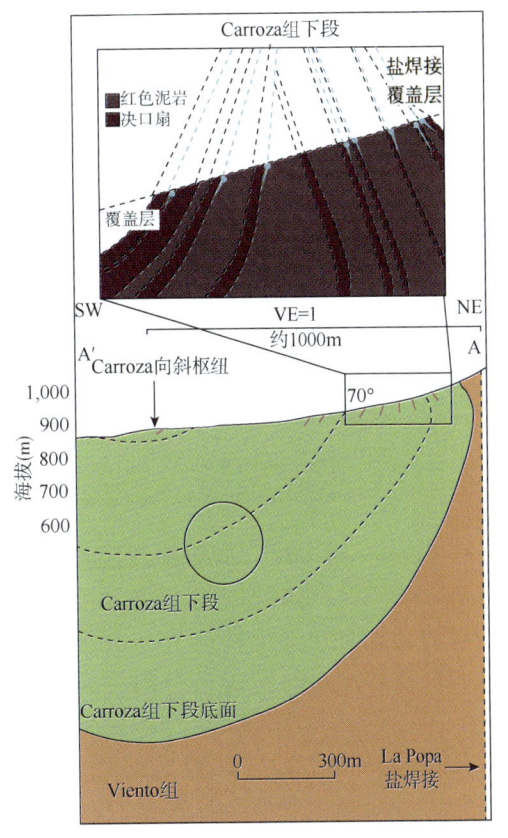

图 3-8 Foggy 峡谷（FC）附近靠近 Carroza 组下段的构造剖面（参见图 3-5）

Carroza 向斜枢纽距 La Popa 盐焊接 1000m；颜色与图 3-7 沉积相一致；红线表示倾向

组中段、上段的更宽阔(图3-11)。Carroza组下段倾角在接近La Popa盐焊接处变陡(70°),局部反转了50°。Carroza组下段被下伏原100~300m的Viento组与盐墙分隔开来(图3-8)。

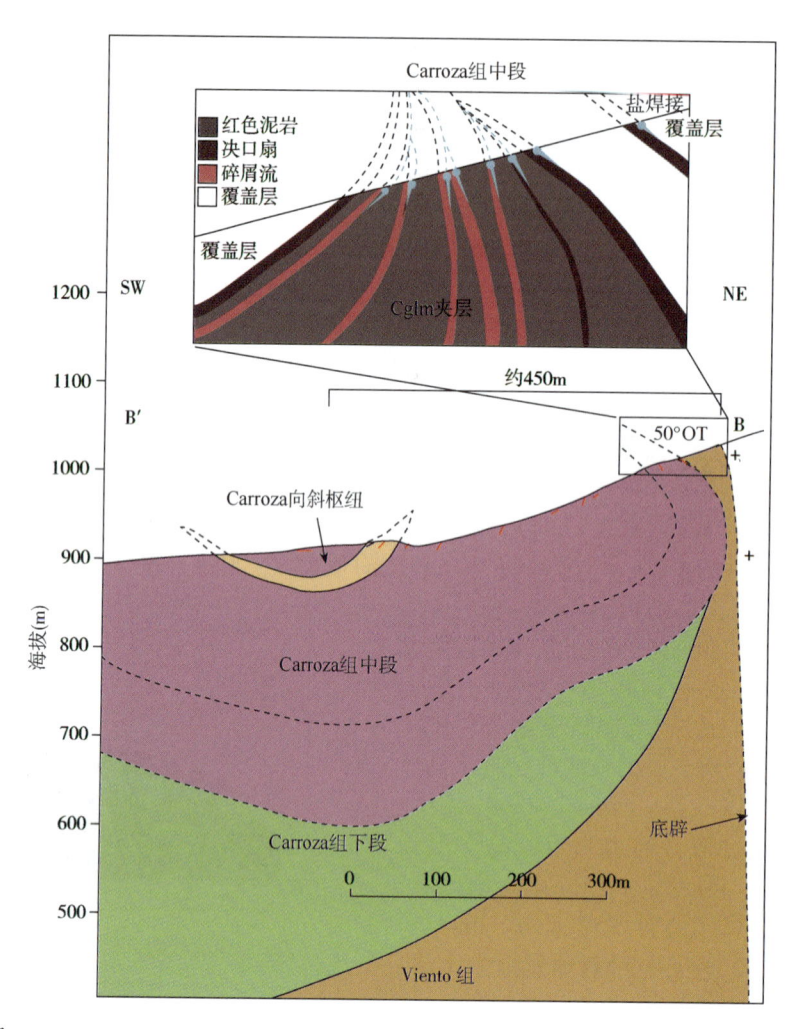

图3-9 Conglomerate峡谷(CG)附近穿过Carroza组中段的构造剖面(参见图3-5)
Carroza向斜枢纽距La Popa盐焊接450m;颜色与图3-7沉积相一致;红线表示倾向

在Carroza组中段,向斜枢纽距La Popa盐焊接200~500m,掀斜和减薄带相应地要比Carroza组下段更狭窄,层间不整合角度小于10°。Carroza组中段在接近La Popa盐焊接处较为陡峭且局部反转达55°(图3-9)。Carroza组中段下部被Viento组10~100m厚的掀斜和反转地层与盐焊接分隔开来,而Viento组在靠近泥石流露头的西北缘处发生尖灭。

在Carroza组上段,向斜枢纽距La Popa盐焊接50~200m,角度不整合增至20°,掀斜和中层减薄带变得非常狭窄(小于200m)(图3-10和图3-11)。Carroza组上段倾向也局部反转达到50°,但是从缓倾直立岩层过渡到陡倾反转岩层(图3-10)要比Carroza组中段更为突然。Carroza上段反转地层直接终止于盐焊接的残余石膏层,且未出现Viento组。

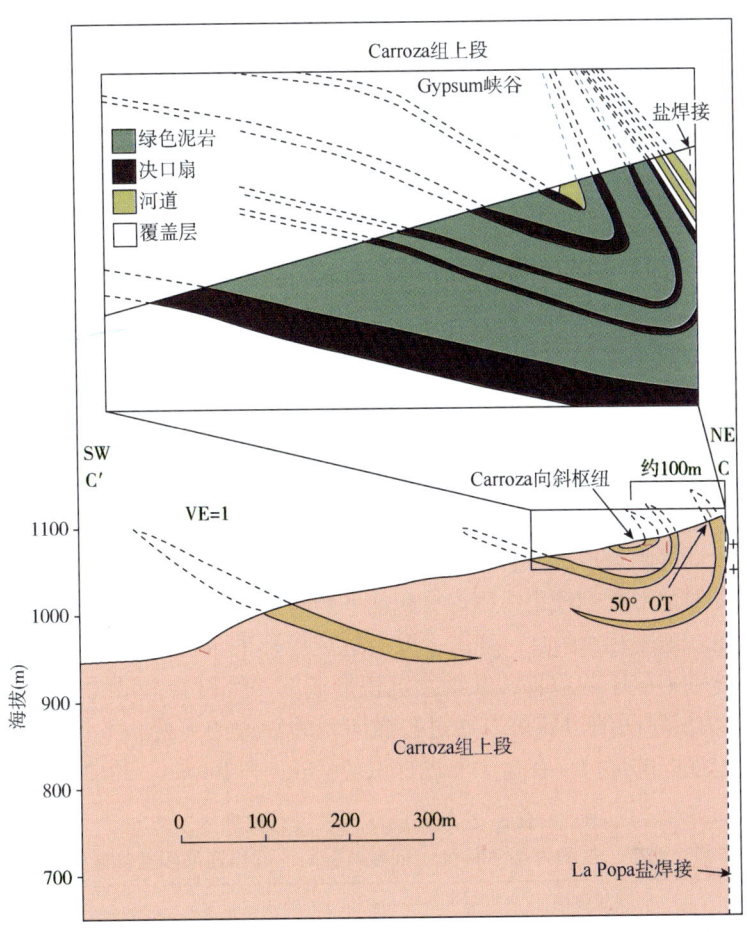

图 3-10 Gypsum 峡谷（GC）附近穿过 Carroza 组上段的构造剖面（参见图 3-5）

Carroza 向斜枢纽距 La Popa 盐焊接 100m，河道倒转并与残余石膏直接接触；颜色与图 3-7 沉积相一致；红线表示倾向

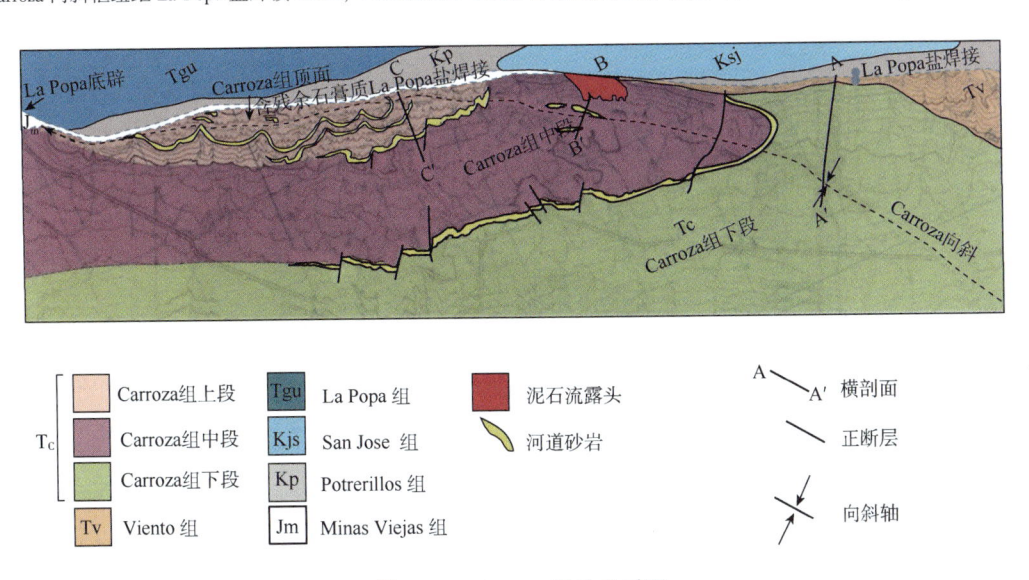

图 3-11 Carroza 微盆地质图

展示了河道和泥石流露头及与图 3-8 至图 3-10 相对应的剖面位置

3.5 解释和讨论

Carroza 组下段、中段、上段之间的沉积和构造差异以及基于这些差异的解释已总结在表 3-2 中。盐动力层序被 Giles 和 Lawton(2002)定义为："受近地表或出盐构造运动影响的、相对一致的生长地层序列，局部以角度不整合为顶、底边界，随着与底辟距离的增加由不整合过渡到整合。"Giles 和 Rowan(2012)描述了盐动力层序的 2 个端元类型(钩型和楔型)，它们堆积形成复合盐动力层序(CHS)，分别被称为板状 CHS 和锥型 CHS。板状复合盐动力层序由多个钩型盐动力层序组成，在平均三级层序(1~10Ma)(Read 和 Goldhammer, 1988)的沉积速率相对于盐体隆升速率较低(Giles 和 Rowan, 2012)的情况下形成。板状复合盐动力层序包含一个底辟附近的地层掀斜和减薄的狭窄区域(50~200m)。锥型复合盐动力层序由多个楔型盐动力层序组成，在平均三级层序(1~10Ma)(Read 和 Goldhammer, 1988)的沉积速率相对于盐体隆升速率较高的情况下形成，导致在底辟之上沉积较厚的地层(Giles 和 Rowan, 2012)。锥型复合盐动力层序包含一个底辟附近地层掀斜和减薄的宽阔区域(300~1000m)。在锥型复合盐动力层序形成过程中，底辟对地形影响较小，因为沉积速率趋向于同底辟上拱创造可容纳空间的速率相一致。然而，当沉积速率相对降低，底辟上升会造成地形的细微改变，从而导致剥蚀或过路。这就会形成复合盐动力层序的边界，并继续沉积形成下一个复合盐动力层序(Giles 和 Rowan, 2012)。复合盐动力层序间的边界可以通过盐撤向斜的轴迹的突变，大规模的剥蚀不整合面，以及在不整合切过底辟的部位存在盐尖等进行识别(Giles 和 Rowan, 2012)。

表 3-2 Carroza 组各段总结表
(构造、地层、盐动力层序特征、可容纳空间、沉积速率和盐体隆升速率)

地层	观测数据					解释			
	褶皱几何形态	河道类型	河流古流向	古土壤类型	泥石流	可容纳空间	沉积速率/盐体隆升速率	盐动力层序类型	复合盐动力层序类型
Carroza 组上段	更紧、倒转、逐渐变薄	限制型	平行	蒸发岩	局部常见	受限	低	狭窄楔型	锥型
Carroza 组中段	紧、倒转、逐渐变薄	限制型	平行	蒸发岩	常见	受限	中	楔型	锥型
Carroza 组下段	松敞、倾斜、逐渐变薄	非限制型	平行+横向	蒸发岩+钙质	缺失	非受限	高	楔型	锥型

Carroza 组沉积在三角洲相 Viento 组之上，包含一个宽阔的(1000m)地层减薄和掀斜带，不整合角度小，因此形成了一个厚的锥型复合盐动力层序，表现为底辟之上有厚层沉积，但底辟几乎对地形没有影响(Platon 和 Weislogel, 2010)。这种特征在 Carroza 组沉积。过程中一直持续 Viento 组和 Carroza 组形成了一个单一的厚层锥型复合盐动力层序。Carroza 向斜轴迹在 Carroza 组沉积过程中逐步朝盐焊接方向迁移，并发育一个盐动力地层减薄和掀斜的狭窄带，但仍然位于锥型复合盐动力层序的几何形态内。

在 Carroza 组下段沉积过程中，局部可容纳空间较低，而且 La Popa 盐墙很可能埋在相对较小的地形起伏之下。这种解释基于独立的宽水道的出现，该水道同时具有垂直和平行于盐焊接的古水流方向，而且缺少来自底辟泥石流砾岩和一个宽阔地层减薄和掀斜带，不整合角度较小(图 3-12)。尽管主水流方向是东南向(平行于底辟和 Carroza 向斜枢纽)，河流沉积系统相对不受限制。这就使得河流可以自由流经 Carroza 向斜，并偶尔向东北方向穿过 La

Popa 盐墙。在 Carroza 组下段沉积过程中，沉积速率被认为比盐体隆升速率高，且宽阔的（800~1500m）地层减薄和掀斜带表明底辟上覆厚层沉积物（Rowan 等，2003），并受挤压作用影响而发生褶皱。图 3-11 也显示了一条在 Carroza 组下段和盐焊接之间 Viento 组的剖面。

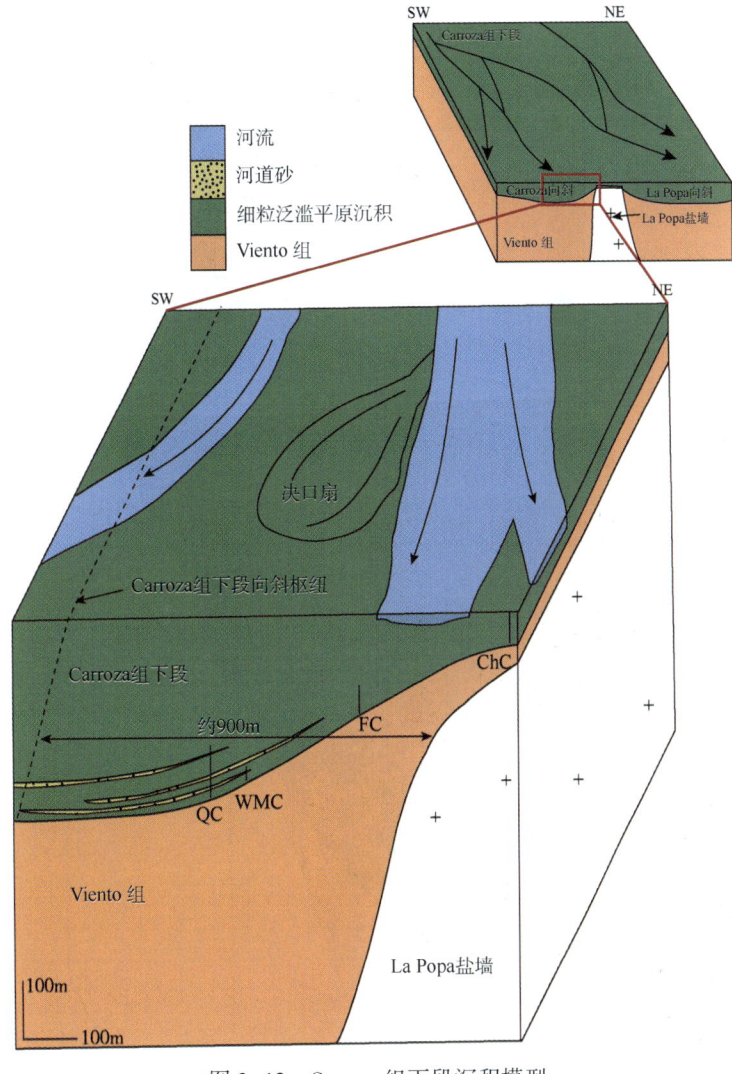

图 3-12 Carroza 组下段沉积模型

Carroza 组中段的锥型复合盐动力层序下部 300~1000m 范围内有一个地层减薄和掀斜带（200~500m），这是 Giles 和 Rowan（2012）对锥型复合盐动力层序的描述。这里的 Carroza 组包括局限在 Carroza 组堆积河道，其古水流方向平行于盐焊接，局部也包括了大量来自底辟的泥石流相。这说明了局部可容纳空间比 Carroza 组下段沉积时期更高，La Popa 盐墙形成了一个高地，限制了沿着 Carroza 向斜枢纽的河流沉积区。盐墙和掀斜 Viento 组偶尔以泥石流的形式散布在相邻的微盆中（图 3-13）。由于 Carroza 组泥石流包含来自底辟和底辟附近更古老地层单元的碎屑物质，底辟必定会定期局部出露并遭受剥蚀。向斜沉降产生的可容纳空间和底辟之上的地形起伏将河流系统限制在了向斜的轴部。因此在 Carroza 组中段沉积时期，沉积速率和底辟盐体隆升速率之间的相对比值是下降的。狭窄的地层减薄和掀斜带表明由于沉积物的缺失底辟没有发生上超，半深海沉积物散落在陆地环境的底辟之上（Giles 和

Rowan,2012)。这种底辟的逐渐去顶作用会导致一个更薄的地层覆盖在底辟之上,从而形成更狭窄的地层减薄和掀斜带和盐动力变形(Giles 和 Rowan,2012)。盐墙的出露是由底辟的膨胀引起,而底辟膨胀又是由 Hidalgoan 造山运动期 La Popa 盐墙的挤压作用导致盐体隆升速率加大所致(Rowan 等,2012)。

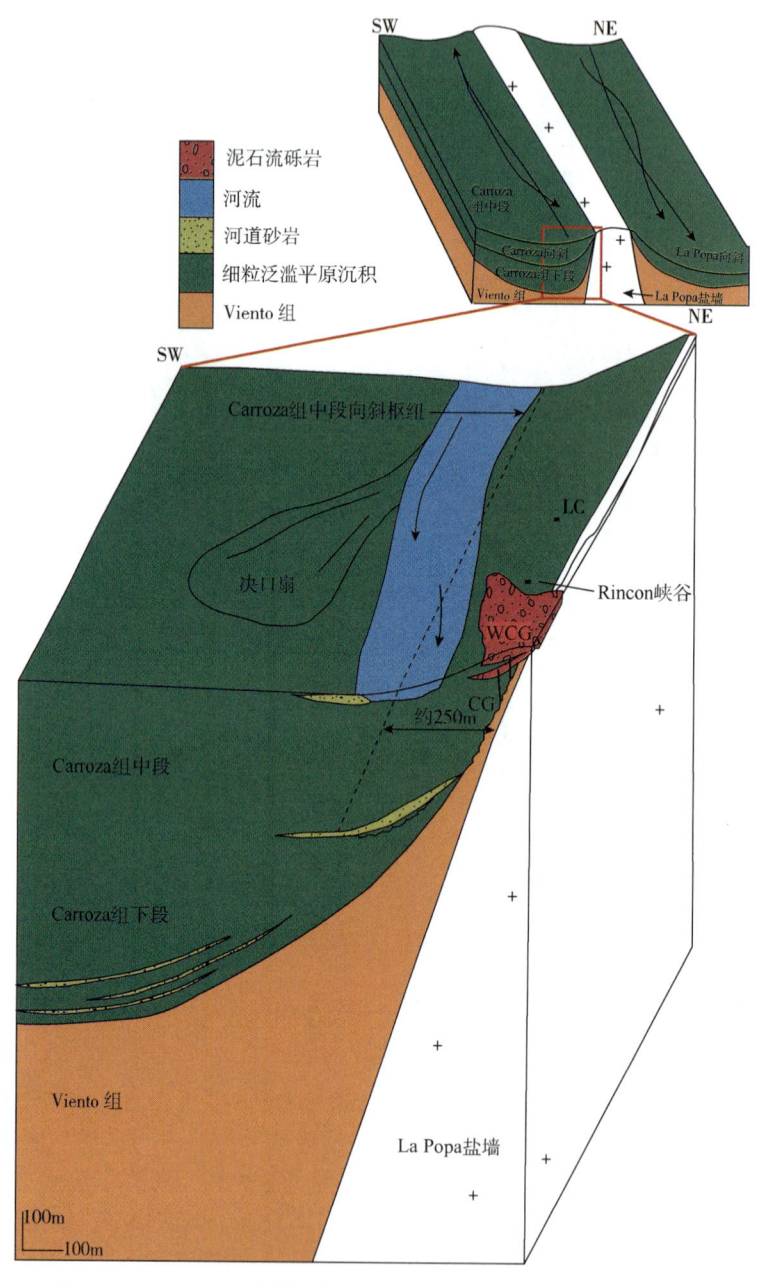

图 3-13 Carroza 组中段沉积模型和 Carroza 组中—下段构造恢复

在 Carroza 组上段(图 3-14),盐墙附近的岩层褶皱紧闭,地层产状变化剧烈(发生在 50~200m 的距离内),但这些地层间的不整合角度一般小于 20°。这形成了一个非常窄的地层减薄和掀斜带(50~200m),但没有高角度不整合。与 Carroza 组中、下段相比,Carroza 组上段的厚层堆积河道表明了一个邻近底辟侧翼相对受限制的沉积区。一些倒转的河道砂岩与残余盐体直接接触，表明它们是直接沉积在底辟的侧翼，并在底辟上拱期间发生褶皱的。局部的泥石流沉积表明了底辟膨胀和出露盐墙的同期性破坏。这种关系表明，随着去顶作用的持续，底辟盐体上拱速率相对于沉积速率逐步增大但未超过沉积速率，从而导致底辟侧翼是有薄顶的地层逐渐发生减薄(Giles和Rowan，2012)。盐墙附近的岩层发生反转是因为埋藏作用的持续进行以及盐动力褶皱作用。在Carroza组上段，锥型复合盐动力层序比Giles和Rowan(2012)定义的锥型复合盐动力层序几何模型更为紧闭和狭窄，但其原因仍不明确。一个可能的解释是，这个模型是基于海相沉积条件下建立的，其沉积和剥蚀过程与Carroza组的河流相沉积背景有差异。

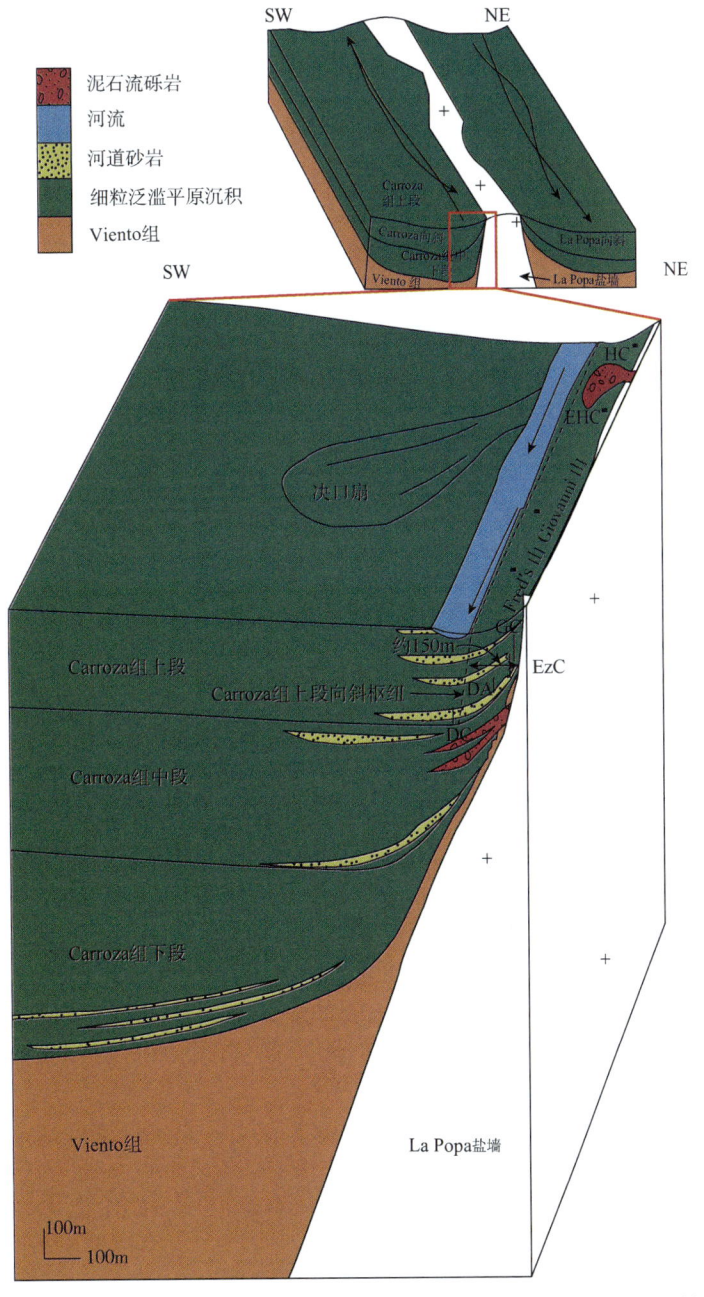

图3-14 Carroza组上段沉积模型和Carroza组上段—中段—下段构造恢复

相对于 La Popa 盐墙隆升速率，Carroza 组的平均沉积速率整体下降可能受气候和构造影响。Buck 等(2010)基于碱化土壤层的存在认为 Carroza 组沉积于干旱环境。从低部位薄的、广泛的水道到高部位厚的、堆积的水道，这一河道结构的性质表明了沉积物可容纳空间的增加(Matthews 等，2007)，同时在 Carroza 组的沉积过程中，盐体隆升速率相对于沉积速率是上升的。随着逐渐干旱化，保持沉积物处于原位的植被越来越少，从而引起更强的剥蚀作用，并导致更厚的河道沉积。构造挤压作用可以增加盐底辟和盐墙内的盐体自上运动(Vendeville 和 Nilsen，1995)。Hidalgoan 造山运动，使 La Popa 盐墙挤压程度增加，但逐渐的干旱化使沉积速率降低，这就可能会降低在 Carroza 组沉积过程中的沉积速率和盐体隆升速率的比值。

3.6 结论

墨西哥 La Popa 盆地始新统 Carroza 组代表了邻近 La Popa 盐墙的河流沉积系统，而 La Popa 盐墙现今是一个二次盐焊接。Carroza 组河流沉积和构造几何学形态，记录了 Carroza 组三级层序沉积集速率相对于 La Popa 盐墙底辟上拱速率的整体降低。这一降低可能与挤压作用造成的盐墙膨胀和逐渐地去顶作用有关。在 Carroza 组下段沉积过程中，La Popa 盐墙几乎没有形成地形起伏，被一个相对厚的沉积层覆盖，并使得河流相对无限制地流经盆地。这导致薄的(5m)、广泛的、具有相对发散古水流方向的河流砂岩水道和大量的细粒河漫滩沉积共同形成一个宽阔的锥型复合盐动力层序。在 Carroza 组中段沉积时期，La Popa 盐墙的日益膨胀导致了底辟及其上覆地层的崩塌而形成局部泥石流。盐墙上部相对窄的(200~500m)地层减薄和掀斜带以及堆积在盐动力和挤压作用形成的向斜枢纽的厚层河道，形成了一个相对更狭窄的锥型复合盐动力层序。Carroza 组上段包含更窄的楔型盐动力层序，表现为以低角度不整合面为其边界的局部(50~200m)拖曳褶皱形态。这反映了随着沉积速率降低，底辟翼部地层逐步减薄，Hidalgoan 造山运动使得底辟出露。

参 考 文 献

Aschoff, J. L. & Giles, K. A. 2005. Salt diapir-influenced shallow-marine sediment dispersal patterns. Insights from outcrop analogs. AAPG Bulletin, 89, 447-469.

Bridge, J. S. 1993. Description and interpretation of fluvial deposits: a critical perspective. Sedimentology, 36, 1-23.

Buck, B. J., Lawton, T. F. & Brock, A. L. 2010. Evaporitic paleosols in continental strata of the Carroza Formation, La Popa Basin Mexico: record of Paleogene climate and salt tectonics. Geological Society of America Bulletin, 122, 1011-1026.

Bull, W. B. 1972. Recognition of alluvial-fan deposits in the stratigraphic record. SEPM Special Publication, 16, 63-82.

Dickinson, W. R. & Lawton, T. F. 2001. Carboniferous to Cretaceous assembly and fragmentation of Mexico. Geological Society of America Bulletin, 113, 1142-1160.

Garrison, J. M. & McMillan, N. J. 1999. Evidence for Jurassic continental rift magmatism in northeast Mexico: Allogenic meta-igneous blocks in El Papalote diapir, La Popa Basin, Nuevo Leon, Mexico. In: Bartolini, C.,

Wilson, J. L. & Lawton, T. F. (eds) Mesozoic Sedimentary and Tectonic History of North-Central Mexico. Boulder, Colorado, GSA Special Paper, 340, 319–332.

Giles, K. A. & Lawton, T. F. 1999. Attributes and evolution of an exhumed salt weld, La Popa basin, northeastern Mexico. Geology, 27, 323–326.

Giles, K. A. & Lawton, T. F. 2002. Halokinetic sequence stratigraphy adjacent to El Papalote Diapir, northeastern Mexico. AAPG Bulletin, 86, 823–840.

Giles, K. A. & Rowan, M. G. 2012. Concepts in halokinetic-sequence deformation and stratigraphy. In: Alsop, G. I., Archer, S. G., Hartley, A. J., Grant, N. T. & Hodgkinson, R. (eds) Salt Tectonics, Sediments and Prospectivity. Geological Society, London, Special Publications, 363, 7–32.

Giles, K. A., Lawton, T. F. & Rowan, M. G 2004. Summary of halokinetic sequence stratigraphy from outcrop studies of La Popa salt basin, northeastern Mexico. In: Post, P., Olson, D., Lyons, K., Palmes, S., Harrison, P. & Rosen, N. (eds) Salt-Sediment Interaction and Hydrocarbon Prospectivity: Concepts, Applications and Case Studies for the 21st Century. 24th Annual GCS-SEPM Foundation Bob F. Perkins Research Conference Proceedings, 625–634.

Hasiotis, S. T., Van Wagoner, J. C. et al. 2003. Continental Trace Fossils. Tulsa, Oklahoma, Society of Sedimentary Geology Short Course Notes 51, 132.

Hon, K. D. 2001. Salt-influenced growth-stratal geometries and structure of the Muerto Formation adjacent to an ancient secondary salt weld, La Popa Basin Nuevo Leon, Mexico. M. S. thesis, New Mexico State University.

Laudon, R. C. 1984. Evaporite diapirs in the La Popa basin, Nuevo León, Mexico. GSA Bulletin, 95, 1219–1225.

Lawton, T. F., Bradford, I. A., Vega, F. J., Gehrel, G. & Amato, J. 2009. Provenance of Upper Cretaceous-Paleogene sandstones in the foreland basin system of the Sierra Madre Oriental, northeastern Mexico, and its bearing on fluvial dispersal systems of the Mexican Laramide Province. Geological Society of America Bulletin, 121, 820–836.

Lawton, T. F., Vega, F. J., Giles, K. A. & Rosales-Dominguez, C. 2001. Stratigraphy and origin of the La Popa basin, Nuevo Leon and Coahuila, Mexico. In: Bartolini, C., Buffler, R. T. & Cant-Chapa, A. (eds) Mesozoic and Cenozoic Evolution of the Western Gulf of Mexico Basin: Tectonics, Sedimentary Basins, and Petroleum Systems. AAPG, Tulsa, Memoir, 75, 219–240.

Mack, G. H., Leeder, M. & Salyards, S. L. 2002. Temporal and spatial variability of alluvial-fan and axial-fluvial sedimentation in the Plio-Pleistocene Palomas half graben, southern Rio Grande rift, New Mexico, USA. SEPM Special Publication, 73, 165–177.

Mack, G. H., Seager, W. R., Leeder, M. R., Perez-Arlucea, M. & Salyards, S. L. 2006. Pliocene and Quaternary history of the Rio Grande, the axial river of the southern Rio Grande rift, New Mexico, USA. Earth-Science Reviews, 79, 141–162.

Matthews, W. J., Hampson, G. J., Trudgill, B. D. & Underhill, J. R. 2007. Controls on fluviolacustrine reservoir distribution and architecture in passive saltdiapir provinces: insights from outcrop analogs. AAPG Bulletin 91, 1367–1403.

McBride, E. F., Wiedie, A. E., Wolleben, J. A. & Laudon, R. C. 1974. Stratigraphy and structure of the Parras and La Popa Basins, northeastern Mexico. GSA Bulletin, 84, 1603–1622.

Miall, A. D. 1996. The Geology of Fluvial Deposits. Springer, Berlin, 582.

Perez-Arlucea, M., Mack, G. & Leeder, M. 2000. Reconstructing the ancestral (Plio-Pleistocene) Rio Grande in its active tectonic setting, southern Rio Grande rift, New Mexico, USA. Sedimentology, 47, 701–720.

Platon, C. P. & Weislogel, A. 2010. Influence of La Popa salt wall on the depositional patterns and strata architecture of the shallow-marine siliciclastic deposits of the Viento Formation, La Popa Basin, Mexico. AAPG Abstracts with programs. 2010 Annual Convention, New Orleans, LA, USA.

Read, J. F. & Goldhammer, R. K. 1988. Use of Fischer plots to define third-order sea-level curves in Ordovician peritidal cyclic carbonates, Appalachians. Geology 16, 895–899.

Rowan, M. G., Lawton, T. F. & Giles, K. A. 2012. Anatomy of an exposed vertical salt weld and flanking strata, La Popa Basin, Mexico. In: Alsop, G. I., Archer, S. G., Hartley, A. J., Grant, N. T. & Hodgkinson, R. (eds) Salt Tectonics, Sediments and Prospectivity. Geological Society, London, Special Publications, 363, 33–58.

Rowan, M. G., Lawton, T. F., Giles, K. A. & Ratliff, R. A. 2003. Near-salt deformation in La Popa basin, Mexico, and the northern Gulf of Mexico: a general model for passive diapirism. AAPG Bulletin 87, 733–756.

Shelley, D. C. & Lawton, T. F. 2005. Sequence stratigraphy of tidally influenced deposits in a salt withdrawal minibasin: upper sandstone member of the Potrerillos Formation (Paleocene), La Popa basin, Mexico. AAPG Bulletin 89, 1157–1179.

Smith, N. D. & Perez-Arlucea, M. 1994. Fine-grained splay deposition in the avulsion belt of the lower Saskatchewan River, Canada. Journal of Sedimentary Research, B64, 159–168.

Soegaard, K., Daniels, A., Ye, H. & Halik, N. 1996. Late Cretaceous-Early Tertiary evolution of foreland to Sevier-Laramide fold-thrust belt, northeast Mexico. Geological Society of America Abstracts with Programs, 28, A115.

Stanistreet, I. G. & McCarthy, T. S. 1993. The Okavango fan and the classification of subaerial fan systems. Sedimentary Geology, 85, 115–133.

Vendeville, B. C. & Nilsen, K. T. 1995. Episodic growth of salt diapirs driven by horizontal shortening. In: Travis, C. J., Harrison, H., Hudec, M. R., Vendeville, B. C., Peel, F. J. & Perkins, B. F. (eds) Salt, Sediment, and Hydrocarbons. Society of Economic and Paleontologists and Mineralogists, Gulf Coast Section, 16th Annual Research Foundation Conference, 285–295.

Waidmann, B. R. 2004. Geometries of strata in a saltwithdrawal basin as predictors of shortening-driven tectonics: Carroza Formation, La Popa Basin, Nuevo León, Mexico. M. S. thesis. New Mexico State University.

Ye, H. 1997. Sequence stratigraphy of the Difunta Group in the Parras-La Popa foreland basin, and tectonic evolution of the Sierra Madre Oriental, NE Mexico. PhD thesis. University of Texas Dallas.

(赵钊 译，祁鹏 校)

第4章 澳大利亚南部弗林德斯山脉中部毗邻 Patawarta 异地盐席的新元古代 Wonoka 组沉积和盐动力层序地层

RACHELLE A. KERNEN[1], KATHERINE A. GILES[1],
MARK G. ROWAN[2], TIMOTHY F. LAWTON[1], THOMAS E. HEARON[3]

(1. Department of Geological Sciences, New Mexico State University, P. O. Box 30001, Las Cruces, NM 88003, USA; 2. Rowan Consulting, Inc., 850 8th St, Boulder, CO 80302, USA; 3. Department of Geology and Geological Engineering, Colorado School of Mines, 1516 Illinois St, Golden, CO 80401, USA)

摘 要 Patawarta 底辟位于澳大利亚南部弗林德斯(Flinders)山脉中部，在 Wilpena 群(Wonoka 组和 Bonney 砂岩组)中记录了两套新元古代(Marinoan)三级沉积层序。这些层序大致代表了一个海退层序，从下往上是外—中陆架浪控沉积到潮控障壁沙坝—海岸平原的过渡。Wonoka 组下、中、上石灰岩和绿色泥岩段组成了下部层序的高位体系域，层序边界面在 Wonoka 组绿色泥岩段的顶部，上覆上部层序的低位体系域，包括 Bonney 砂岩组的 Patsy Hill 段下部白云岩层、砂岩层和上部白云岩层。上部层序海侵体系域由 Bonney 砂岩组成。这些地层单元组成一个完整的锥型复合盐动力层序(CHS)。下部盐动力层序边界与下部沉积层序最大海泛面相关，上部盐动力层序边界解释为上覆沉积层序的海泛面，角度不整合高达 90°。

对于盐构造过程的大部分认识来自对海上含油盐盆的地下数据的分析，这些含盐盆地位于墨西哥湾、巴西、西非和北海等地区(Diegel 等，1995；Mohriak 等，1995；Stewart 和 Clark，1999；Marton 等，2000)。由于盐下地层的地震成像分辨率较低，需要进行详细的露头研究，以便来对从地震数据中获得的盐构造模型进行检验和完善，尤其对含有异地盐体的构造模型更为重要。异地盐席的露头极少，主要位于伊朗南部的扎格罗斯山脉、加拿大北部的 Sverdrup 盆地、赞比亚 Katangan 铜矿带以及澳大利亚南部弗林德斯山脉(Dyson，1996；Jackson 等，2003；Sherkati 等，2005；Jackson 和 Harrison，2006)。

异地盐体被 Jackson 和 Talbot(1991)正式定义为：位于原地源盐层之上侵入地层的席状盐体，在运移过程中，异地盐体在横向上以近于直立的形态向上侵入到相对较新的地层之上。在异地盐席的底部，盐沉积层的接触面在地震剖面上表现为坡、坪的几何形态(McGuinness 和 Hossack，1993；Fletcher 等，1995；Harrison 和 Patton，1995；Yeilding 和 Travis，1997；Rowan 等，2001；Harrison 等，2004；Jackson 和 Hude，2004)。当接触面水平时称之为坪；接触面倾斜时则称之为坡(Hossack 和 McGuinness，1990)。盐与沉积地层接触面的坡、坪形态，被认为是受沉积速率与盐体隆升速率的相对快慢影响(Yeilding 和 Travis，1997；Rowan 等，2001，2010)，或者是由于构造变形所致(Harrison 等，2004；Jackson 和 Hudes，2004)。

与被动隆起盐底辟有关的并以不整合为界的生长地层称为盐动力层序(Giles 和 Lawton，2002)，它们也是由于沉积速率与盐体隆升速率比值变化而形成的(Giles 和 Lawton，2002；

Giles 和 Rowan，2012）。Giles 和 Rowan（2012）主要基于露头和垂直上升底辟的地下资料，建立了不同类型的盐动力层序模式。Rowan 等（2003）认为，盐动力层序是紧靠异地盐坡的底部而非在盐坪底部发育。

澳大利亚南部弗林德斯山脉（图 4-1）为研究与异地盐体有关的盐下层和盐上层及构造关系提供了良好的实例。Lemon（1988）和 Dyson（1996，1998，1999，2002，2004，2005）最先认识到澳大利亚南部异地盐体并做了相应说明。Dyson（1996，1998，1999，2004）重新解释了 Dalgarno 等（1964）、Dalgarno 和 Johnson（1966）以及 Coats（1973）的成果图之间的关系，阐述了异地盐体的运动特征。更多近期研究（Hearon，2008；Hannah，2009；Hearon 等，2010）发现了从 Willouran 山脉东部到弗林德斯山脉北部存在的异地盐体。

本文描述了沉积在 Patawarta 异地盐席坡附近的新元古代岩层露头的构造和地层特征，其中，Patawarta 异地盐席出露于澳大利亚南部弗林德斯山脉。本文记录和解释了地层的沉积环境，并提出了沉积模型和盐动力层序模型。这些数据对异地盐席的可能模型做了限制，并为盐下地层的几何形态和储层沉积相分布提供了一些可预测的模型。

4.1 地质背景

弗林德斯山脉位于新元古代阿德莱德（Adelaide）向斜北中部（Spring，1952；Preiss，1987），是一条宽约 200km 的南北走向褶皱带，向北延伸到 Kangaroo 岛约 700km（图 4-1）。阿德莱德向斜包含一个很厚的地层层序（>20000m），提供了澳大利亚南部下寒武统—新元古界最完整的沉积记录（Preiss，1987）。这些地层最初沉积在深部沉降盆地内（图 4-1；Sprigg，1952；Preiss，1973；Scheibner，1973；von der Borch，1980），这些盆地形成于 Gawler 和 Curnamona 克拉通陆块之间的早裂谷期。在晚寒武世—早奥陶世的 Delamerian 造山运动期间，夭折裂谷盆地随后会产生热沉降，形成被动边缘，继而发生反转和褶皱作用。

Press（2000）认为弗林德斯山脉内的，其有丘—盆几何形态的地层单元经历了三期变形：（1）北西—南东向挤压；（2）南北向挤压；（3）北北西—南南东向挤压。Rutland 等（1981）依据构造和地层特征将 Delamerian 褶皱带大体划分为三个区域。北弗林德斯山脉（图 4-1）含有紧闭的褶皱地层单元，其方向为东西向。而中弗林德斯山脉含有开阔的褶皱地层单元，其方向为南北向（Rutland 等，1981）。Mt Lofty-Olary 地区分为南弗林德斯山脉、Houghton 背斜带、Nackara 内弧和 Flaurieu 外弧，每个部分有各自独特的构造体系。

阿德莱德向斜的沉积充填受新元古代（阿德莱德）到早寒武世（Preiss，1987；Dyson，1996）的被动底辟作用影响。根据 Dyson（2004）的研究，底辟是在蒸发岩沉积之后或者是沉积期间的盆地演化早期形成的。这些底辟是在早于 Delamerian 造山运动的新元古代形成。Rowan 和 Vendeville（2006）指出，弗林德斯山脉的丘—盆构造是 Delamerian 挤压对被微盆分隔的先存弱底辟结构作用的结果。

底辟角砾来自新元古代（Willouran）Callanna 群岩层，该约 1000—800Ma 的岩层非海相蒸发岩、红层、陆缘海相碳酸盐岩和硅质碎屑岩组成（Rowlands 等，1980；Preiss，1987）。由于时间和造山运动影响，蒸发岩不再出露地表，而是被泥晶白云岩所取代。Callanna 群代表阿德莱德向斜层序的底部岩层，不整合位于太古宙和中元古代变质岩及火成岩基底之上（图 4-2；Thomson 等，1964）。Callanna 群上覆阿德莱德 Burra 群、Umberatana 群和 Wilpena 群（图 4-2；Preiss，1987）。Wilpena 群包含 Sandison、Depot Springs 和 Pound 亚群（图 4-2），

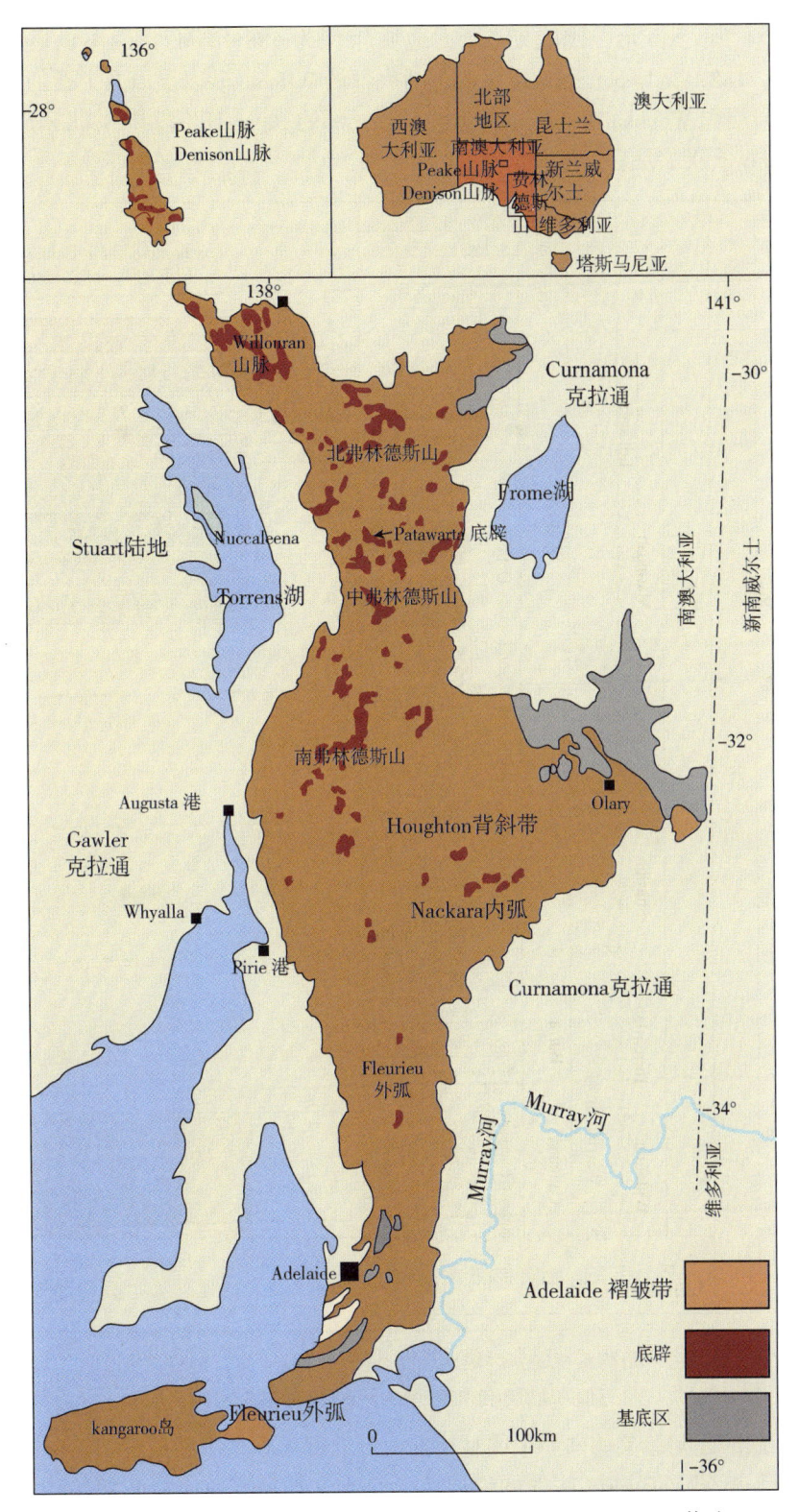

图 4-1 澳大利亚南部弗林德斯山脉地质图（据 Preiss，1987，修改）
展示了位于中弗林德斯山脉北部的 Patawarta 底辟以及阿德莱德(Adelaide)向斜构造区；插图标明了弗林德斯山脉在澳大利亚南部位置

它们的地质年代属于新元古代晚期(最大地质年代为 588±35Ma,最小地质年代为 556±24Ma;Preiss,1887)。Depot Springs 亚群包括底部的 Wilcolo 砂岩层以及上覆的 Bunyeroo 组、Wearing 白云岩层和 Wonoka 组。Pound 亚群包括底部的 Patsy Hill 段和 Bonney 砂岩层,以及上覆的 Rawnsley 石英岩层。

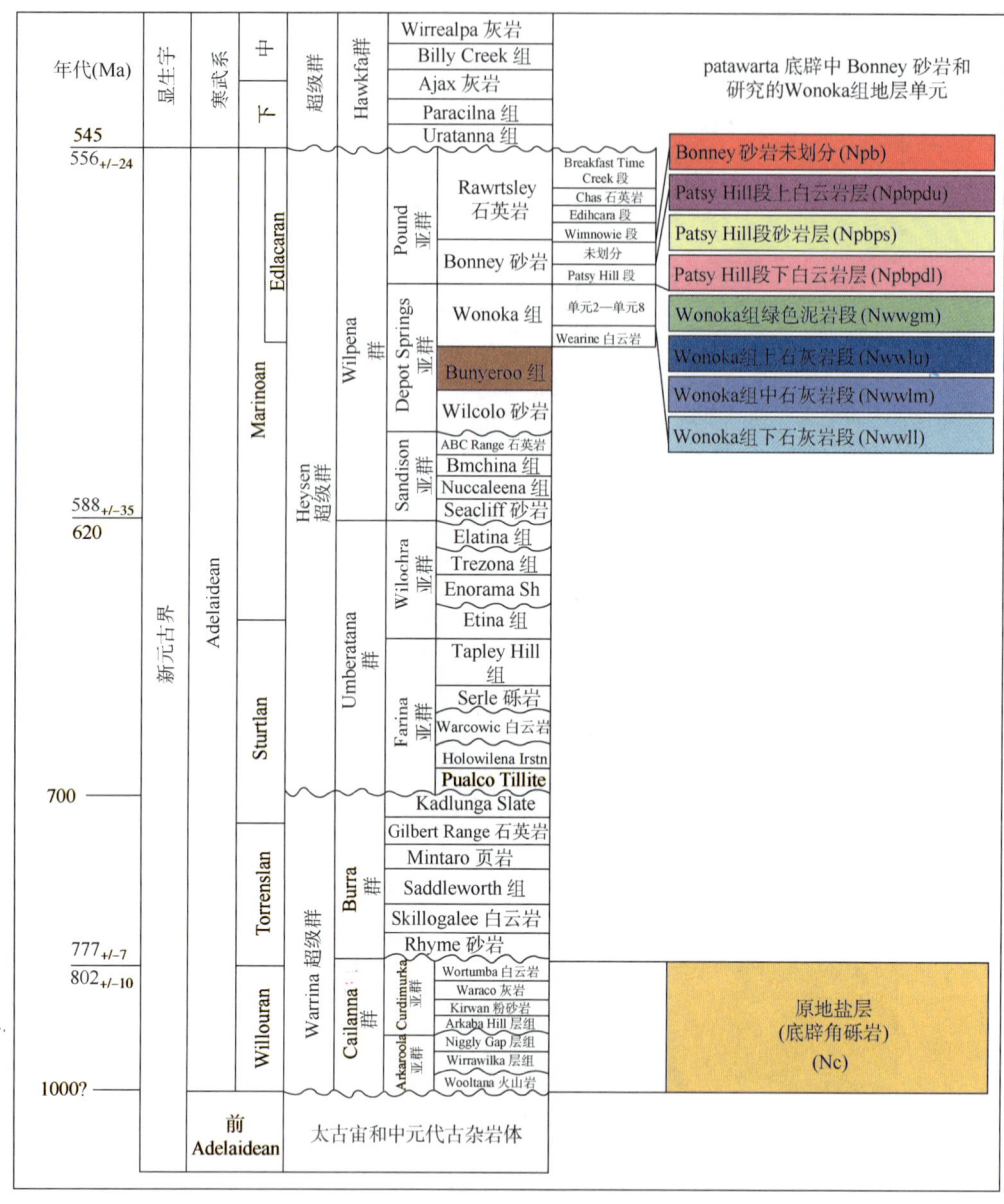

图 4-2 阿德莱德向斜区域地层图及图例(据 Preiss,1987,修改)
近似的地质年代来源于澳大利亚政府地层数据库

Patawarta 底辟是阿德莱德向斜中弗林德斯山脉北部 180 个出露底辟(Lemon,2000)中的一个(图 4-1)。毗邻 Patawarta 底辟的地层单元是本文的研究重点,它们包括 Wonoka 组上部,以及上覆 Bonney 砂岩层的 Patsy Hill 段。由于该区域在 Delamerian 褶皱期间产生向东北方向的中等区域倾斜,因此图 4-3 中的平面图提供了一个通过 Patawarta 底辟和邻近岩层的斜截横剖面。

图 4-3　Patawarta 底辟、邻近的 Bunyeroo 组和 Wonoka 组、Bonney 砂岩层的高光谱成像图
由于区域倾向是东北方向，平面图表现了盐上层和盐下层的倾斜横剖面

4.2　前人研究成果

Wilpena 群地层单元的命名和划分经历了一段漫长而多变的历史（关于命名方案的演变可参照 Selwyn，1860；Mawson，1938，1939，1941；Dalgarno 和 Johnson，1966；Gostin 和 Jenkins，1983；Haines，1987；Reid 和 Preiss，1999）。Dalgarno 和 Johnson(1966)将 Mawson 的第 7~18 单元定义为 Bunyeroo 组和 Wonoka 组（图 4-4）。Haines(1990)将 Dalgarno 和 Johnson(1966)以及 Gostin 和 Jenkins(1983)定义的 Bunyeroo 组上部（上白云岩层）定义为 Wonoka 组的 1~3 单元（图 4-4）。Reid 和 Preiss(1999)重新命名 Haines(1990)定义的第 1 单元为 Wearing 白云岩层，Wonoka 组上部 9~11 单元为 Bonney 砂岩层 Patsy Hill 段。Preiss(2000)将 Dalgarno 和 Johnson(1966)、Gostin 和 Jenkins(1983)、Haines(1990)、Reid 和 Preiss(1999)定义的 Bunyeroo 组、Wonoka 组和 Bonney 砂岩层汇合成一个沉积格架，在接下来的地层描述总结中将使用 Reid 和 Preiss(1999)的命名方案。

4.2.1　Wonoka 组

Wonoka 组位于 Depot Springs 亚群上部（图 4-2 和图 4-4），在中弗林德斯山脉 Bunyeroo 峡谷处大约 620m 厚（Haines，1990）。Wonoka 组的沉积环境是浅海、潮下带碳酸盐岩陆架，可能还有北倾的从大陆架到大陆坡的过渡，大致位于中弗林德斯山脉北部的 Patawarta 底辟附近。向上水体变浅，相带从下临滨向前滨变化，并且砂层数增加。

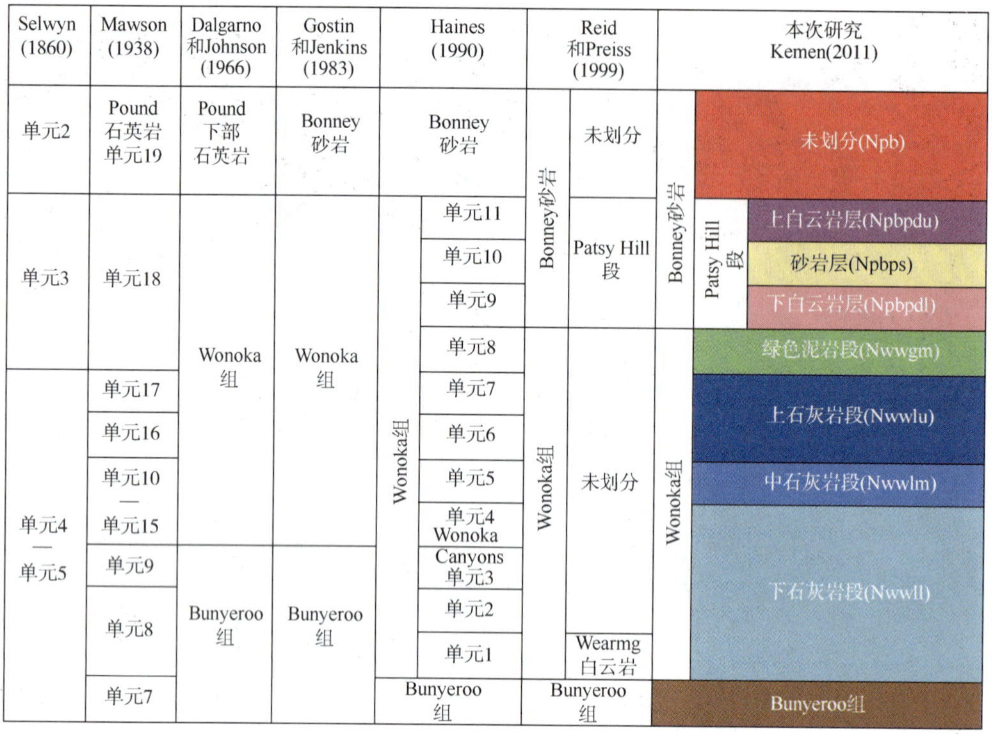

Selwyn (1860)	Mawson (1938)	Dalgarno 和Johnson (1966)	Gostin 和Jenkins (1983)	Haines (1990)	Reid 和Preiss (1999)	本次研究 Kemen(2011)		
单元2	Pound 石英岩 单元19	Pound 下部 石英岩	Bonney 砂岩	Bonney 砂岩	未划分	Bonney砂岩	未划分(Npb)	
单元3	单元18	Wonoka 组	Wonoka 组	单元11	Patsy Hill 段	Patsy Hill 段	上白云岩层(Npbpdu)
^	^	^	^	单元10	^	^	砂岩层(Npbps)
^	^	^	^	单元9	^	^	下白云岩层(Npbpdl)
单元4 — 单元5	单元17	^	^	单元8	未划分	Wonoka组	绿色泥岩段(Nwwgm)
^	单元16	^	^	单元7	^	^	上石灰岩段(Nwwlu)
^	单元10 — 单元15	^	^	单元6	^	^	中石灰岩段(Nwwlm)
^	^	^	^	单元5	^	^	下石灰岩段(Nwwll)
^	单元9	Bunyeroo 组	Bunyeroo 组	单元4 Wonoka Canyons 单元3	^	^	^
^	单元8	^	^	单元2	^	^	^
^	单元7	^	^	单元1	Wearing 白云岩	^	^
^	^	^	^	Bunyeroo 组	Bunyeroo 组	Bunyeroo组	

图 4-4 Wilpena 群地层单元的命名法则和 Bunyeroo 组、Wonoka 组及
Bonney 砂岩层亚类(从 Selwyn(1860)到 Kernel(2011)的演变)

4.2.2 Bonney 砂岩层

Bonney 砂岩层发育在 Pound 亚群下部(图 4-2 和图 4-4),在中弗林德斯山脉的 Bunyeroo 峡谷处大约 300m 厚。Preiss(1987)指出,Patsy Hill 段的碳酸盐岩和砂岩代表受潮汐影响的交替沉积产生的碳酸盐岩和碎屑沉积相,在此期间,浅水碎屑沉积前积到较深水的陆架碳酸盐岩之上。Forbes(1971)提出,未分异的 Bonney 砂岩的沉积环境是受潮汐影响的陆缘海相沉积,局部包含了河口沉积。

4.2.3 沉积层序地层特征

之前对 Wilpena 群区域沉积层序地层的研究(Coats,1964;von der Borch 等,1982;von der Borch 和 Grady,1984;Christie-Blick 等,1988,1990;Eickhoff 等,1988)并不包含 Patawarta 地区的资料,而只是聚焦于距离 Patsy Springs 北部 65km、距离 Beltana 西部 35km、距离 Bra China 和 Bunyeroo 峡谷南部 45km 的有标准剖面的露头的研究。由于阿德莱德向斜各单元厚度差异大,并且缺乏足够多的生物地层数据来约束各种关系,因而 Preiss(1987)对 Wilpena 群的三级沉积层序地层进行了不是很严格的划分。Bunyeroo 组代表了一套区域性的,位于 Wilcolo 砂岩层和 ABC 石英岩层之上的海侵层序,上覆为最大海泛面——Wearing 白云岩层(Preiss,1987)。Wonoka 组中的 2—8 单元(Haines,1990)代表着海退层序,其上为 Wonoka 组和上覆 Bonney 砂岩层的 Patsy Hill 段之间的层序边界。这个体系在 Patsy Hill 段(地层单元 9—11;Haines,1990)沉积过程中再次发生海侵,上覆未分异的 Bonney 砂岩层接触的海侵面。

Eickhoff 等(1988)、von der Borch 等(1989)以及 Christie-Blick 等(1990)不认同 Coats

(1964)、von der Borche 等(1982，1985)、von der Borch 和 Grady(1984)以及 Preiss(1987)总结出来的沉积层序，并认为沉积层序边界位于靠近 Haines(1990)提出的 Wonoka 组第 3 单元底部附近。在此地层中，一系列 1km 深的古峡谷(Fortress Hill、Patsy Springs、Beltana、PamattaPass、Pichi Richi Pass、Yunta 峡谷)切过 Bunyeroo 组和 ABC 石英岩层，往下直到 Brachina 组(Christie-Blick 等，1988)。Christie-Blick 等对于这些峡谷的解释是强制海退切割形成的深切谷(Posamentier 等，1992)。这个古峡谷最初充填的是由 Haines(1987)提出的 Wonoka 组的第 4 地层单元。

Giddings 等(2010)根据详细野外填图，并结合沉积、岩相、地球化学资料，认为古峡谷是形成于水下的。Giddings 等(2010)对峡谷充填物的沉积过程和沉积环境解释支持 von der Borch 等(1982)对 Wonoka 组的观察研究结果，即是 Wonoka 组具有深水陆坡沉积特征。Giddings 等(2010)和 von der Borch 等(1982)在峡谷充填物的下半部分观察到块体流沉积、具有爬升波纹和流痕的浊积岩、河道化的砂岩以及滑塌的沉积物。沉积学证据表明，峡谷充填物大体上是一个具有向上变浅的层序，并伴随有 Wonoka 地层陆架充填物的峡谷中的逐渐沉积。而且，Giddings 等(2010)引用峡谷充填物底部碳酸盐岩碎屑的地球化学分析结果，记录了极大负值的碳氧稳定同位素向上变为正值的过程。这是由于外大陆架(负值区)位于透光带下的无机碳酸盐岩沉积，向上变浅到包含前滨和滨岸环境沉积的透光带(Carver，2000)。

4.2.4 Patawarta 底辟及相邻地层特征

相比前人的解释，Coats(1973)、Hall(1984)、Haines(1987)和 Lemon(1988)对毗邻 Patawarta 底辟的 Wonoka 组和 Bonney 砂岩层的几何形态及沉积特征的解释有了很大进步。Coats(1973)首先对 Wonoka 组向 Patawarta 底辟的减薄做了描述。而且，Coats(1973)记录到了毗邻 Patawarta 底辟中 Patsy Hill 段内的底辟碎屑，对此，Coats 解释这是在 Patsy Hill 段沉积过程中，底辟出露形成了碎屑。Hall(1984)最早对来自 Patawarta 底辟的底辟角砾岩的岩性成图，并对底辟和相邻地层及其相关的含铜矿化带的分界面做了描述。Hall 认为，Patawarta 底辟经历了两期活动，这也表明底辟不只是简单地刺穿上覆地层(Hall，1984)。第一个阶段的活动与"白云岩边"的形成有关，它是 Haines(1987)提出的 Wonoka 组第 3 单元的局部白云岩相。Lemon(1988)提出，岩层发生掀斜，随后形成局部不整合，并被 Wonoka 组和 Bonney 砂岩层 Patsy Hill 段的更新地层单元超覆，这些都是记录了 Patawarta 底辟运动。Lemon(1988)也观察到，在邻近 Patawarta 底辟的未分异 Bonney 砂岩层中并无地层掀斜或者不整合，这说明底辟运动在该地层单元沉积之前就已经结束。

4.3 Patawarta 底辟中 Wonoka 组和 Bonney 砂岩层地层特征

通过分析 Wonoka 组上部地层到 Bonney 砂岩层最下部地层的 11 条实测地层剖面来定义沉积相，并用来解释沉积和盐动力层序特征。这些地层剖面包括从底辟近端(A 剖面)到远端(L 剖面)(图 4-5 和图 4-6)。根据区域内的地层接触关系成图结果，在这些实测剖面中识别了 9 个主要的岩性地层单元并进行了对比。这 9 个非正式地层单元按升序依次为：(1) Bunyeroo 组；(2)Wonoka 组下石灰岩段；(3)Wonoka 组中石灰岩段；(4)Wonoka 组上石灰岩段；(5)Wonoka 组绿色泥岩段；(6)Patsy Hill 段下白云岩层；(7)Patsy Hill 段砂岩层；(8)Patsy Hill 段上白云岩层；(9)未分异的 Bonney 砂岩层(图 4-4 和图 4-5)。

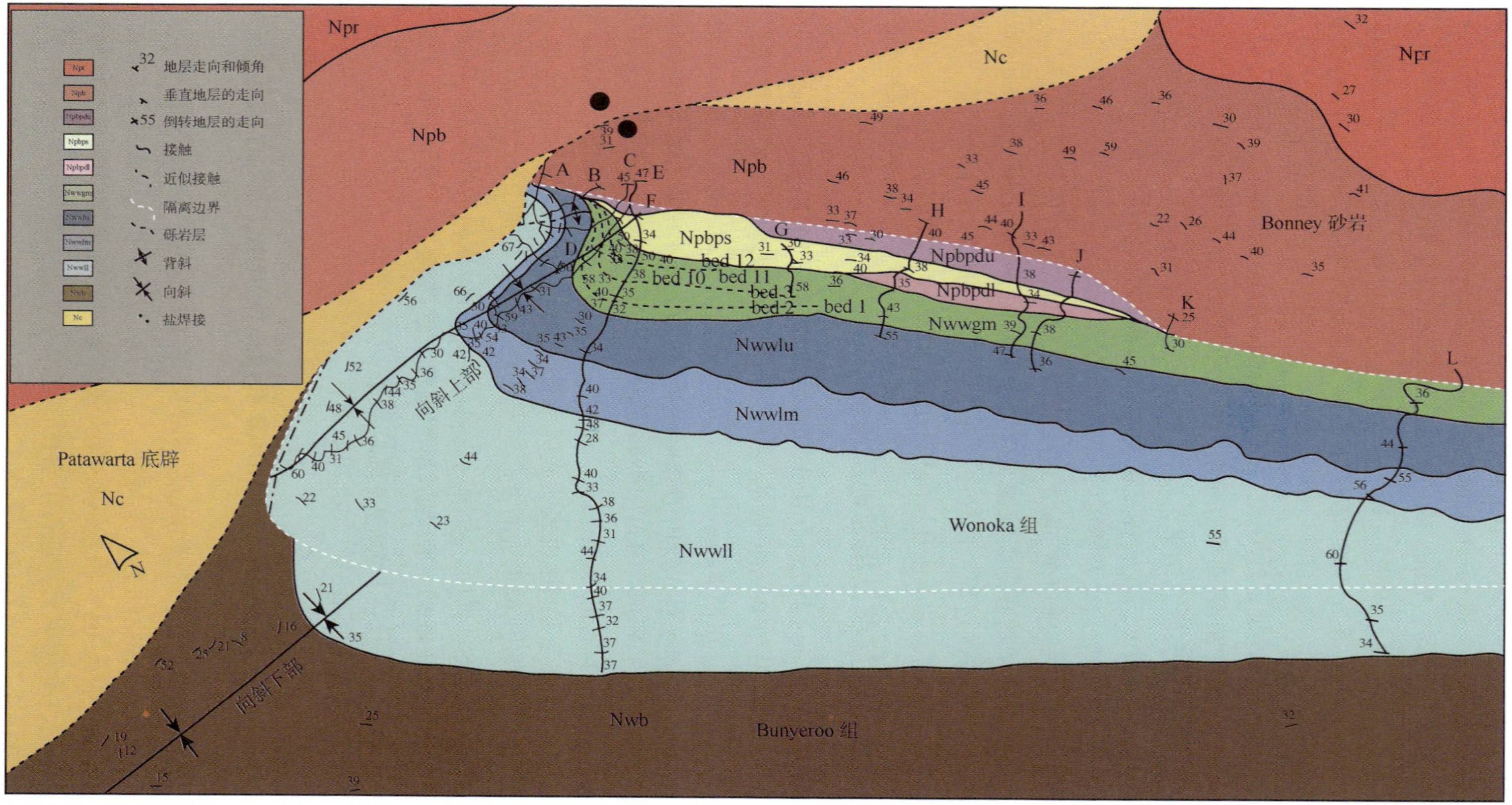

图4-5 毗邻Patawarta底辟的Bunyeroo组和Wonoka组以及Bonney砂岩地层地质图

上述岩性地层单元和 Haines(1990)提出的 Bunyeroo 组及其单元(1—11)的对应关系如下(图 4-4):(1)Wonoka 组下石灰岩段(Nwwll)对应第 1—4 单元;(2)Wonoka 组中石灰岩段(Nwwlm)对应第 5 单元;(3)Wonoka 段上石灰岩段(Nwwlu)对应第 6 和第 7 单元;(4)Wonoka 组绿色泥岩段(Nwwgm)对应第 8 单元;(5)Bonney 砂岩层内 Patsy Hill 段下白云岩层(Npbpdl)对应第 9 单元;(6)Bonney 砂岩层内 Patsy Hill 段砂岩层(Npbps)对应第 10 单元;(7)Bonney 砂岩层内上 Patsy Hill 段(Npbpdu)对应第 11 单元。Haines(1990)对于 Bonney 砂岩层的定义同本研究对未分异 Bonney 砂岩层的定义是相同的。

4.3.1　Wonoka 组下石灰岩段(Nwwll)

在底辟东南侧的剖面 A 到 F、L 上,对 Wonoka 组下石灰岩段进行了实测(图 4-5 和图 4-6)。Wonoka 组下石灰岩段和下伏 Bunyeroo 组接触面起伏不平。下石灰岩段在 E 剖面上最厚(550m),向着底辟减薄,在 A 剖面仅 70m,二者横向距离 457m(图 4-6 和图 4-7)。与 Patawarta 底辟相比,在 Bunyeroo 峡谷的典型剖面上厚度更薄(大约 150m)。

下石灰岩段由红、紫、浅绿色灰质泥岩,粉砂灰质泥岩(图 4-8a)及靠近底部的含云母质粉砂岩和少量出露的长石岩屑砂岩层组成。灰质泥岩呈纹层状(厚度从 1~3mm 增至 1~20cm 厚)。粉砂质灰质泥岩和含云母砂岩层厚 1~5cm,从底部到下石灰岩层的顶部 0.3m处,这类粉砂质灰质泥岩和含云母砂岩层每隔 5m 会出现一次。这种沉积构造在水平纹层(图 4-8a)、泥披覆层、斑点状和槽模构造的灰质泥岩层中都会出现。粉砂质灰质泥岩和含云母粉砂岩沉积结构包含丘状起伏交错层理、含有冲刷底的白云石化砂纹层序、低角度交错层、非对称和对称波痕、流痕、爬升波痕和泥质灰岩冲裂碎屑。

剖面 E 底部为一单独的岩屑长石砂岩层,包含小—中等粒径、分选差、有棱角少量半磨圆的石英、正长石及岩屑颗粒(图 4-9a)。岩屑中包含质灰质泥岩、燧石、粉砂岩碎屑(图 4-9b)。该砂岩层在 B 剖面最厚(30cm),并在远离盐席的 F 剖面尖灭。

下石灰岩段(Nwwll)沉积环境为在风暴浪基面之下的外大陆架环境(图 4-10),向上变浅一直到下临滨环境(Preiss,1987;Haines,1988;Walker 和 Plint,1992)。这是基于粉砂质灰质泥岩和含云母粉砂岩里的水平层理和丘状起伏交错层理得到的。对第 4 单元观察的结果和 Haines(1990)描述相一致,Haines 解释第 4 单元沉积于外大陆架环境内风暴浪底部,并充填了北弗林德斯山脉的 Wonoka 峡谷。

4.3.2　Wonoka 组中石灰岩段(Nwwlm)

在 Patawarta 盐席东南侧的剖面 A 到 F、L 上,对 Wonoka 组中石灰岩段进行了实测(图 4-5 和图 4-6)。Wonoka 组中石灰岩段和下伏下石灰岩段呈渐变接触。中石灰岩段在 E 剖面最厚(215m),往剖面 A 的盐席方向减薄为只有 20m,剖面 A 和 E 水平相距 457m(图 4-6 和图 4-7)。在 Bunyeroo 峡谷标准剖面的厚度为 105m。

中石灰岩段由蓝—灰色到红色灰泥岩、含钙粉砂岩(图 4-8b)和石英岩屑砂岩组成(图 4-9 和图 4-11a)。灰泥岩层厚从薄到中厚层(1~30cm 厚),变薄到细层理状(1~2mm)。含钙粉砂岩层厚 1mm 至 5m,在底部每隔 0.3m 会出现,到顶部每隔 5~10cm 会出现。石英岩屑砂岩位于顶部,厚 0.3~1m,含有中粒,分选良好的次棱角状到次圆状的石英颗粒,不到 10%的岩屑砂岩包含含钙粉砂岩。灰泥岩内的沉积构造是位于含钙粉砂岩层之上的水平层理和泥披覆层。含钙粉砂岩沉积构造包含丘状起伏交错层理(图 4-8b)、平面

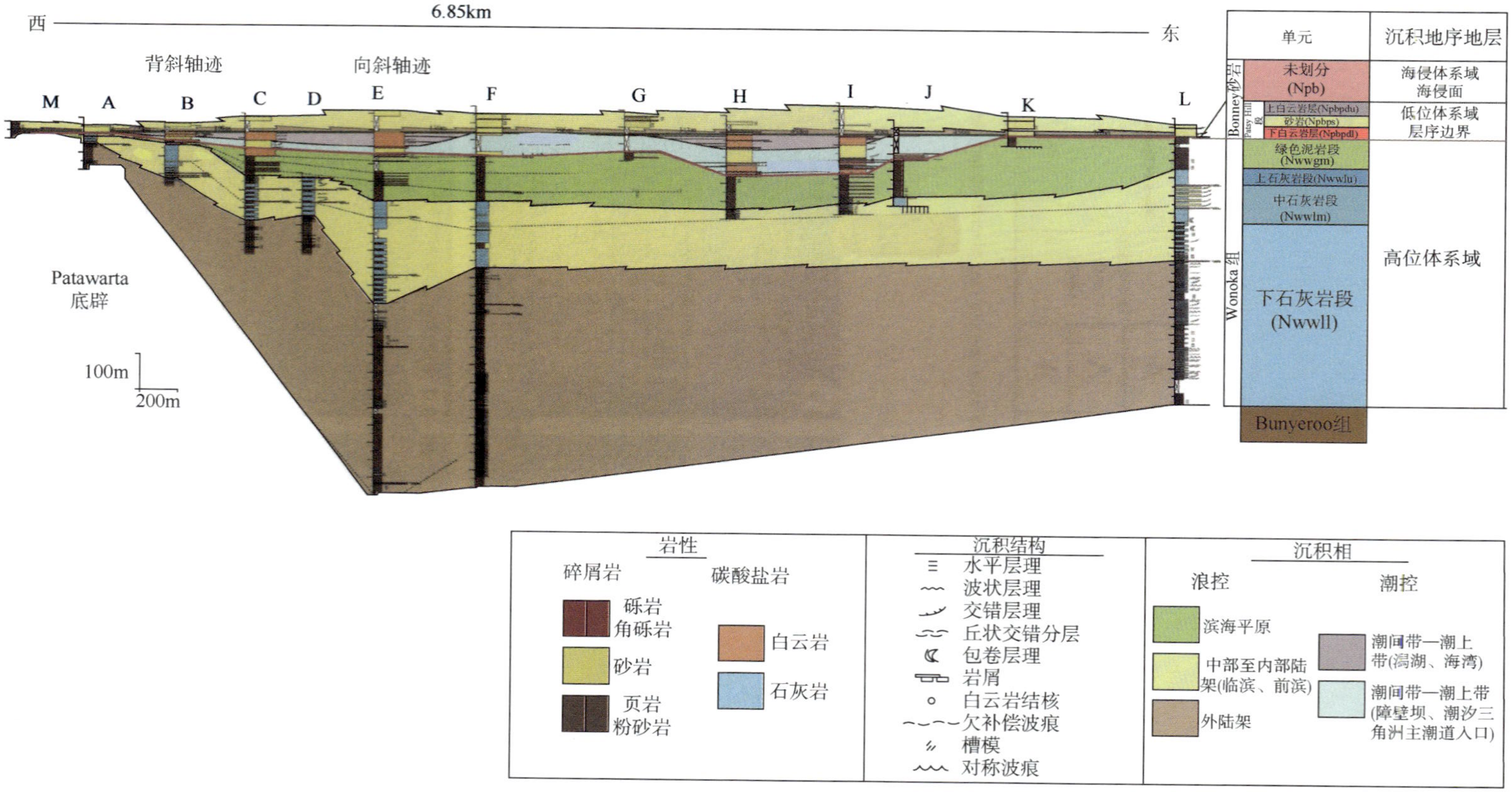

图4-6 毗邻倾斜Patawarta底辟盐坡的各相栅状图

表明Wonoka组由浪控沉积环境过渡到潮汐控制Bonney砂岩Patsy Hill段的障壁沙坝的地层沉积层序

地层	单元	最厚剖面(m)	最厚剖面的位置	朝盐底辟侧向减薄的距离(m)	最薄的剖面(m)	最薄剖面的位置	到底辟的距离(m)	沉积层序地层	盐动力层序地层
Bonney砂岩	Npb	40	保持相对稳定	覆盖了整个研究区	25	保持相对稳定	覆盖了整个研究区	海侵体系域海侵面	层序边界
Patsy Hill 段	Npbpdu	55	H	2个孤立的透镜体	15	B	134	低位体系域	锥型 CHS
	Npbps	40	I	590	9	B	134		
	Npbpdl	40	I	孤立的透镜体	18	J	1186	层序边界	
Wonoka组	Nwwgm	130	E	323	7	B	134	高位体系域	
	Nwwlu	80	E	457	20	A	与盐底辟接触		
	Nwwlm	215	E	457	20	A			
	Nwwll	550	E	457	70	A			

图4-7 岩性地层单元厚度及位置的综合示意图
表示了解释的沉积地层和盐动力层序地层的位置

(a)下石灰岩段粉砂质灰质泥岩

(b)中石灰岩段含钙粉砂岩

(c)上石灰岩段灰质泥岩

(d)含钙质粉砂岩绿色泥岩层

图4-8 毗邻Patawarta底辟的Wonoka组露头照片

薄层(图4-8b)、非对称和对称波痕、流痕、灰泥岩冲裂碎屑。石英岩屑砂岩沉积构造包括水平层理、低角度交错层理、非对称和对称波痕以及灰泥岩冲裂碎屑。

中石灰岩段(Nwwlm)的沉积环境主要是下临滨—上临滨环境(图4-10),其中,砂岩沉积在前滨位置(Haines,1990;Walker和Plint,1992)。这是基于含钙粉砂岩中的丘状起伏交错层理、石英砂屑岩中含有低角度交错层理以及非对称和对称波痕得出的。这个观察结果

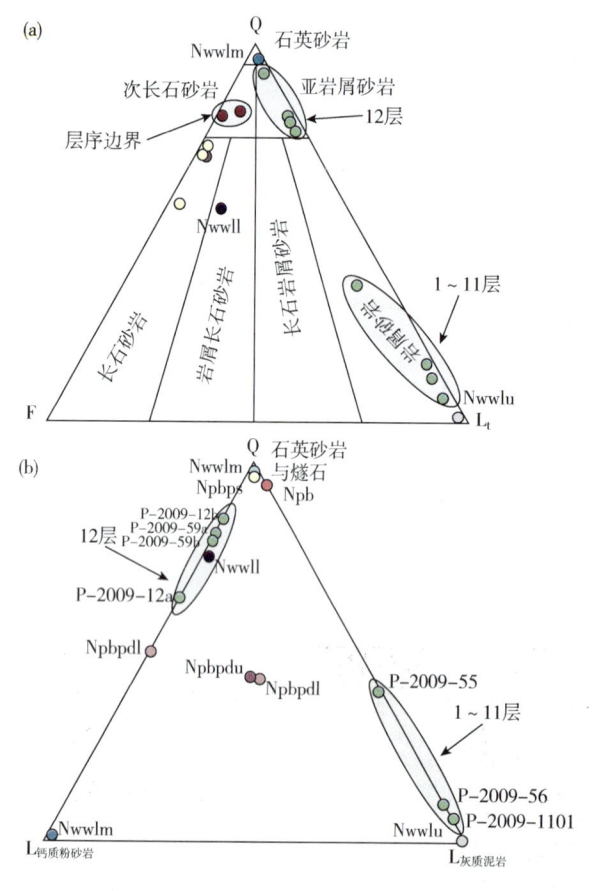

图 4-9 三元相图

（a）石英—长石—岩屑（总）三元相图（据 Folk，1974，修改），相图展示研究区 Wonoka 组和 Bonney 砂岩的不同砂岩岩性；（b）研究区 Wonoka 组和 Bonney 砂岩层岩屑三元相图

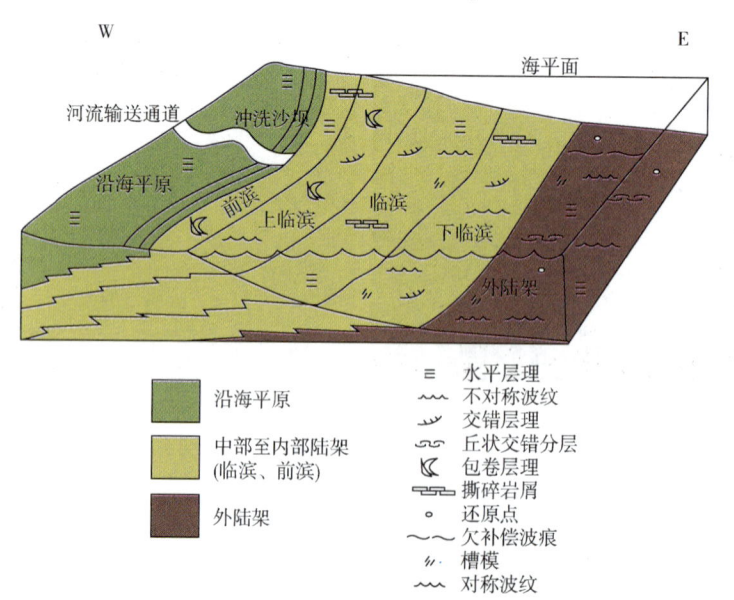

图 4-10 海侵及高位体系域浪控 Wonoka 组和未划分 Bonney 砂岩层沉积环境剖面图（据 Coe，2002，修改）

— 96 —

和 Haines(1990)对第 5 单元的描述相一致(图 4-4),Haines 认为中灰岩层沉积在风暴浪底之上。

4.3.3 Wonoka 组上石灰岩段(Nwwlu)

在 Patawarta 盐席东南侧的剖面 A 到 F、H 再到 J 以及 L 上,对 Wonoka 组上石灰岩段进行了实测(图 4-5 和图 4-6)。Wonoka 组上石灰岩段和下伏中石灰岩段呈渐变接触。上石灰岩段在剖面 E 最厚(80m),到剖面 A 的盐席方向减薄为只有 20m,剖面 A 和 E 水平相距 457m(图 4-6 和图 4-7)。在 Bunyeroo 峡谷标准剖面的区域厚度为 165m,要比 Patawarta 盐席处的厚度大。

上石灰岩段包括蓝—灰色和紫色灰泥岩(图 4-8c)以及岩屑砂岩(图 4-9 和图 4-11b)。泥灰岩层 0.3~2m 厚。岩屑砂岩中等粒径、分选和磨圆良好,含有灰质泥岩屑颗粒。灰质泥岩层与上覆岩屑砂岩发生了软沉积变形(图 4-8c)。岩屑砂岩形成球状结构(图 4-8c;随着软沉积变形形成的裂缝进行成岩作用,而形成缝合线构造;Haines,1988)和低角度交错层理。

(a)中石灰岩段石英碎屑粗砂岩

(b)上石灰岩段岩屑砂岩

(c)绿色泥岩段第1—第11层岩屑砂岩

(d)绿色泥岩层第12层亚岩屑砂岩

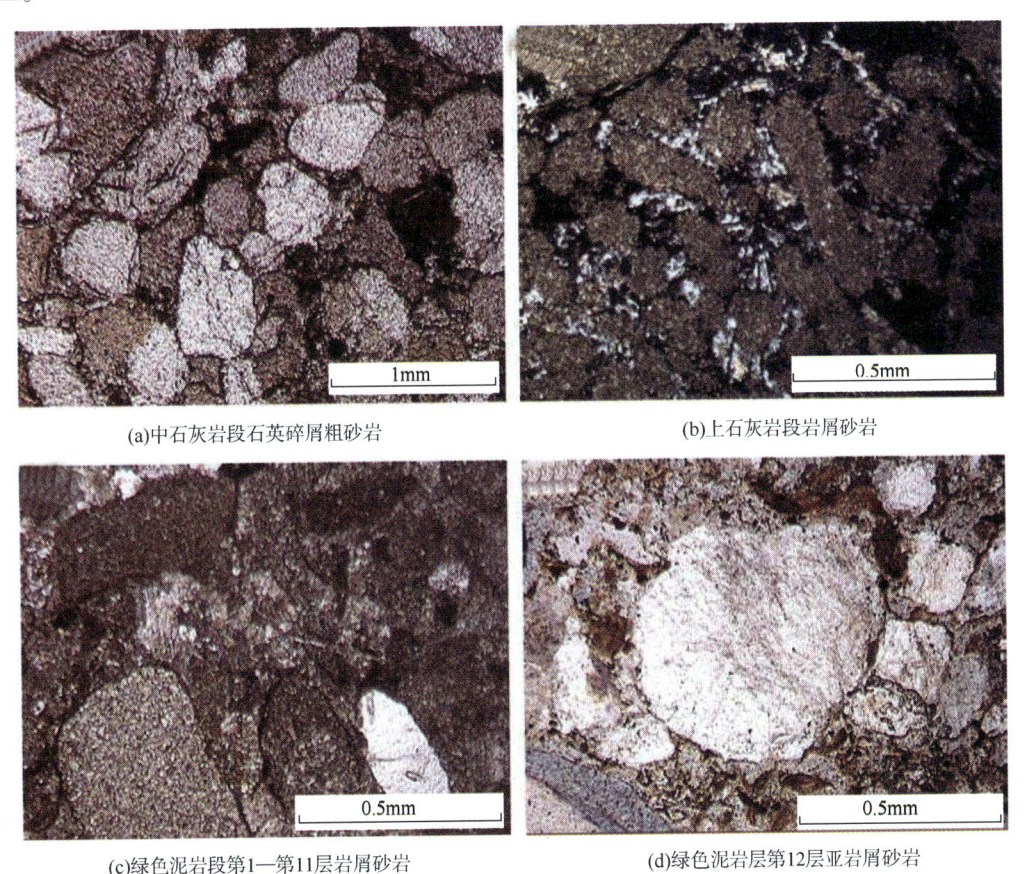

图 4-11 镜下照片

根据岩屑砂岩里含有低角度交错层理,认为上石灰岩段(Nwwlu)沉积环境为前滨环境(Haines,1988;Walker 和 Plint,1992)。这个观察结果和 Haines(1990)对第 6、第 7 单元的描述一致(图 4-4),Haines 认为第 6 单元沉积在中陆架沉积环境的风暴浪基面之上,而第 7

单元沉积在中陆架到内陆架环境中的静水底部。

4.3.4 Wonoka 组绿色泥岩段(Nwwgm)

在 Patawarta 盐席东南侧的剖面 B、C、E 到 L，对 Wonoka 组绿色泥岩段进行了实测(图 4-5 和图 4-6)。Wonoka 组绿色泥岩段和下伏上石灰岩段呈渐变接触。绿色泥岩段在剖面 E 最厚(130m)，往盐席方向变薄，到剖面 B 厚度只有 7m，剖面 B 和剖面 E 水平相距 323m(图 4-6 和图 4-7)。标准剖面上的区域厚度为 54m。

绿色泥岩段包括绿色到黄色含钙粉砂岩(图 4-8d)、伴随局部岩屑砂岩的灰质泥岩(图 4-11c)和亚岩屑砂岩的含砾砂岩层(图 4-11d)。底部是薄纹层(1mm 至 1cm；图 4-8d)钙质粉砂岩与灰质泥岩互层。上部的灰质泥岩同从岩屑砂岩到亚岩屑砂岩的含砾砂岩互层。

绿色泥岩段含有 12 个由粗粒砂岩和卵石砾岩组成的岩屑砂岩和显岩屑砂岩互层(图 4-5 和图 4-6)。下部 11 个岩屑砂岩层(其中 4 个进行了计点；图 4-9 和图 4-11c)包含圆球状、分选差的粗砂岩，以及直径最大可达 3cm 的细粒、卵石砾岩碎屑。岩屑砂岩层内的碎屑为灰质泥岩和白云质泥岩(图 4-11c)。最上部(12 层)的亚岩屑砂岩层(其中 4 个样品进行计点)大约 2m 厚，含有次圆状—棱角状、分选差的中—粗粒砂岩，以及直径最大可达 5cm 的细粒、卵石砾岩碎屑。亚岩屑砂岩层内的岩屑颗粒为石英砂屑岩和钙质粉砂岩(图 4-11d)。

岩屑砂岩层的下部 11 小层的岩屑颗粒的岩性(灰质泥岩)和下伏 Wonoka 组的上石灰岩段相同(图 4-11b)。岩屑砂岩层的 1—3 层向远离剖面 G 的底辟外侧方向发生尖灭，分布广泛；而 4—11 层在剖面 G 之前发生尖灭，分布有限(图 4-5 和图 4-6)。亚岩屑砂岩层 12 小层的岩屑颗粒(图 4-11d)的岩性(钙质粉砂岩和石英粗碎屑砂岩)和下伏 Wonoka 组中石灰岩段(Nwwlm；图 4-11a)相同。Wonoka 组绿色泥岩段和上覆 Patsy Hill 段的下白云岩和砂岩层的接触带直接上覆在 12 层的上方(图 4-5 和图 4-6)。

绿色泥岩段(Nwwgm)缺少水流和波浪沉积构造，其沉积环境被解释为地表海岸平原(Haines，1988，1990)。绿色泥岩段的成分以及近底辟端的含砾砂岩层(图 4-5 和图 4-6)表明它们来源于下伏岩层，该岩层是通过毗邻 Patawarta 盐席之上的局部高地的剥触作用提供物源。这证实了 Haines(1987)对 Wonoka 组沉积环境的解释，即 Wonoka 组沉积环境包含盐席之上的局部地形起伏。这个观察结果和 Haines(1990)对第 8 单元(图 4-4)的描述是一致的，即第 8 单元含有层内砾岩、内碎屑和底部残留粗屑沉积。

4.3.5 Patsy Hill 段下白云岩层(Npbpdl)

在 Patawarta 盐席东南侧的剖面 H、I、J，对 Patsy Hill 段的下白云岩层进行了实测(图 4-5 和图 4-6)。Patsy Hill 下白云岩层和下伏绿色泥岩段的接触面比较陡峭，并蒸发剥蚀。下白云岩层在剖面 I 最厚(40m)，在剖面 J 最薄(18m；图 4-6 和图 4-7)。地层向两个方向(剖面 G 的东部和剖面 K 的西部)发生尖灭，从而形成透镜状，这也表明了下伏绿色泥岩段的侵蚀面(图 4-5 和图 4-6)的充填和超覆过程。典型剖面的区域厚度为 40m。

下白云岩层由深灰色白云岩(图 4-12a)、白云隐藻纹层岩、黑臭页岩(图 4-12a)、岩屑砂岩、亚长石砂岩和石英卵石砾岩(图 4-12a)组成。深灰色白云岩层含有从圆球形到不规则形的结核，并且与黑臭页岩(图 4-12a)形成韵律夹层。叠瓦状粉色石英细粒—卵石砾岩层(图 4-12a)上覆在冲蚀面上。

隐藻纹层岩形成 4~6cm 厚的小层，并与岩屑砂岩、亚长石砂岩和石英砾石泥岩互层。

岩屑砂岩层在隐藻纹层呈脉状砂岩，包含从棱角至球形的、分选差的粉砂—中砾大小的燧石、花岗岩、粉砂岩和灰泥岩碎屑（图4-9b）。亚长石砂岩层也在隐藻纹层呈脉状分布（图4-12a），包含有棱角到球形的、分选差的粉砂—中砾大小的长石和少于10%岩屑颗粒的燧石和灰质岩屑泥岩（双峰分布）。

  Patsy Hill 段下白云岩层（Npbpdl）沉积环境为潮控（图4-13）的主要潮汐水道入口环境（Colquhoun，1995），这是基于冲蚀进入下伏隐藻纹层岩的深灰白云岩、黑臭页岩、石英中砾岩和脉状砂岩韵律夹层而得出的。石英中砾岩屑来源于出露的盐席。据 Allen（1967）研究，沉积物的透镜体形状（最大宽度40m）也是主要潮汐水道入口的证据。观察结果和 Haines（1990）对第9单元（图4-4）的描述相一致，即第9单元为潟湖沉积。

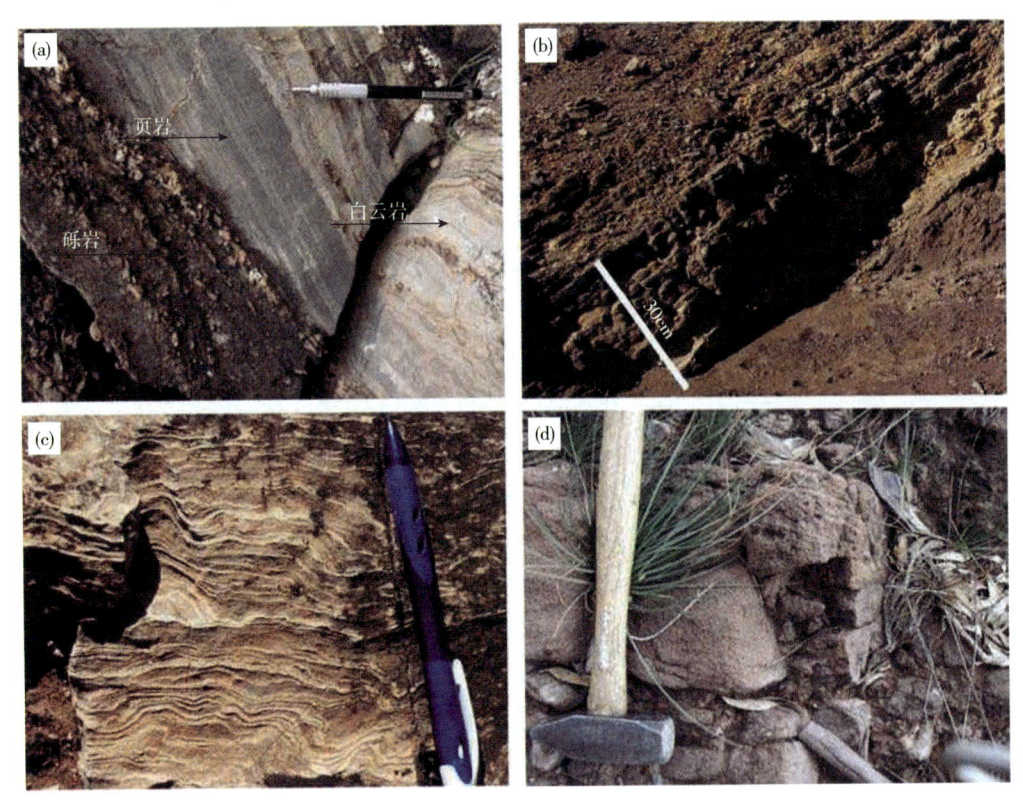

图4-12 毗邻 Patawarta 底辟 Bonney 砂岩 Patsy Hill 段的露头照片
（a）Patsy Hill 段下白云岩层黑臭页岩、白云化隐藻纹层岩、石英中砾岩（照片由 T. Hearon 拍摄）；（b）Patsy Hill 段砂岩层的长石砂岩（照片由 T. Hearon 拍摄）；（c）Patsy Hill 段上白云岩层横向连结叠层白云质粘结岩；（d）未划分 Bonney 砂岩层的长石砂岩

4.3.6 Patsy Hill 段砂岩层（Npbps）

  在 Patawarta 盐席东南侧的剖面 B、C、E 到 I，对 Patsy Hill 段的砂岩层进行了实测（图4-5和图4-6）。Patsy Hill 段砂岩层和邻近盐席的下伏绿色泥岩段接触面比较陡峭，并遭受剥蚀。Patsy Hill 段砂岩层和远离盐席的下伏下白云岩层的接触面是渐变的，但比较陡峭。砂岩层在剖面 I 最厚（40m），往剖面 B 的盐席方向减薄为只有9m，剖面 B 和剖面 E 水平相距590m（图4-6和图4-7）。在 Bunyeroo 峡谷典型剖面中，区域厚度为30m。

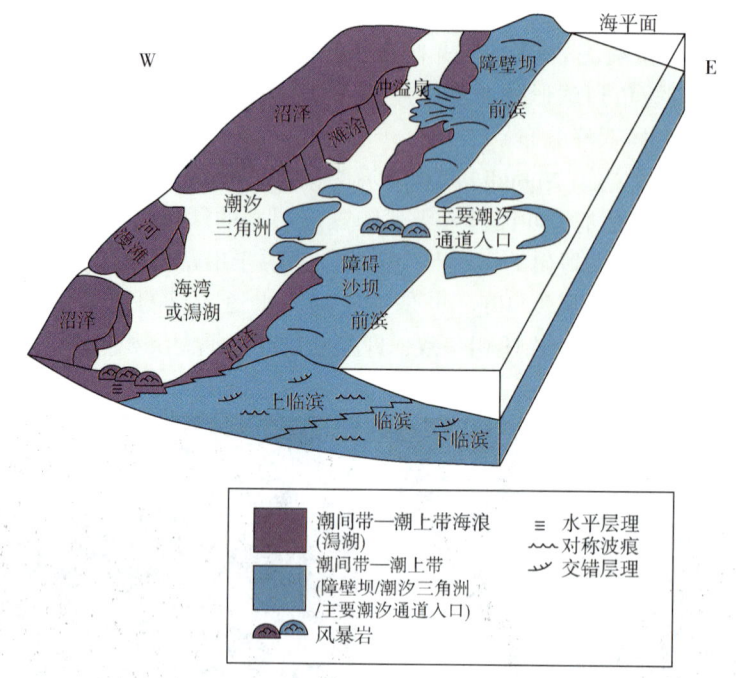

图 4-13 低位体系域时期的潮控 Bonney 砂岩 Patsy Hill 段沉积剖面图

砂岩层由红色亚长石和长石砂砾岩组成（图 4-12b）。亚长石砂砾岩含有从次圆状到次棱角状、分选差的细粒状砂岩，以及细粒和卵石碎屑（双峰分布），其直径最大达 8cm，形成的岩层厚 1~30mm。长石砂砾岩（图 4-9 和图 4-12b）包含次棱角状—次圆状、分选良好的细粒—中粒岩层，厚 2~3cm（图 4-12b）。亚长石砂砾岩层的沉积构造通常为粒级递变层理，向上由颗粒状变化到细粒状砂岩，长石砂砾岩层的沉积构造包括低角度交错层理和对称波纹。

Patsy Hill 段砂岩层（Npbps）沉积环境被认为是潮控（图 4-13）障壁沙坝或者潮汐三角洲环境（Colquhoun，1995），这是基于亚长石层的双峰分布形态以及长石砂岩层的低角度交错层理和对称波纹得出的。这个观察结果和 Haines（1990）对第 10 单元（图 4-4）的描述一致，即第 10 单元为潟湖沉积。

4.3.7 Patsy Hill 段上白云岩层（Npbpdu）

在 Patawarta 盐席东南侧的剖面 B、C、E 到 J，对 Patsy Hill 段的上白云岩层进行了实测（图 4-5 和图 4-6）。Patsy Hill 段上白云岩层和下伏砂岩层接触面是渐变的，但比较陡峭。上白云岩层在剖面 H 最厚（55m），往剖面 B 的盐席方向厚度减为只有 15m，剖面 B 和剖面 H 水平相距 135m（图 4-6 和图 4-7）。这些地层有两个孤立的露头，并上超在相邻 Patsy Hill 段的砂岩障壁砂坝复合体上，该复合体在剖面 F、G 中可见。在典型剖面中的区域厚度为 80m。

上白云岩层含有深灰、浅灰、粉红色和黄棕（向上颜色渐变）白云质叠层石粘结灰岩（图 4-12c）。波状层理 1~5mm 厚（图 4-12c），形成起伏达 3cm 的水平联结叠层石。局部地区的地层单元含有从磨圆好、分选好的粉状石英颗粒到中砾碎屑层，但其形态并不像下白云岩层的石英砾岩层那样呈叠瓦状（图 4-9b），而且，另外还含有很少的棱角状—圆状、分选差的、粉砂—粗砾含钙岩屑脉状砂岩层。

Patsy Hill 段上白云岩层(Npbpdu)沉积环境被认为是潮控(图 4-13)潟湖或者海湾环境(Colquhoun,1995),这是基于横向联结叠层石粘结灰岩以及粉状石英中砾岩缺少叠瓦状得出的。这个观察结果和 Haines(1990)对第 11 单元(图 4-4)的描述相一致,即第 11 单元为潟湖环境的潮间带沉积。

4.3.8 Bonney 砂岩层(Npb)

在 Patawarta 盐席东南侧的剖面 A 到 E、H 再到 L,对未分异的 Bonney 砂岩层进行实测(图 4-5 和图 4-6)。Bonney 砂岩层底部和下伏 Patsy Hill 段上白云岩层和砂岩层的接触面比较陡峭,并遭受剥蚀,而且岩性差别明显。Bonney 砂岩层分布在整个区域内,而且在盐席附近厚度变化也不明显。在 Bunyeroo 峡谷典型剖面上区域厚度为 80m。

Bonney 砂岩层下部的 25m 由紫、粉、黄、灰和白色长石砂岩(图 4-12d)、岩屑砂岩、岩屑长石砂岩和石英粗砂碎屑岩组成,形成 5~10cm 厚的地层。砂岩包含有棱角状—圆状、分选差的粉砂—细粒岩石,泥质含量 15%~20%。沉积构造为水平层理。

在下部的 25m 以上,Bonney 砂岩含有紫色到红色的亚长石砂岩和长石砂岩(图 4-9 和图 4-12d)。亚长石砂岩为棱角状—圆状、中等分选、粉砂—极细粒砂岩;并包含石英、方解石和氧化铁胶结,呈薄层状。长石砂岩为棱角状—次圆状、分选良好、粉砂—极细粒砂岩,发育槽形交错层和明显的无构造层。

高泥质含量和水平薄层特征表明 Bonney 砂岩层底部的 25m 沉积地层,是沉积在波基面下的中陆架(图 4-10)环境(Walker 和 Plint,1992)。槽形交错层表明 Bonney 砂岩层上部的沉积环境为下临滨—上临滨环境(Walker 和 Plint,1992)。这个观察结果和 Forbes(1971)对未分异 Bonney 砂岩层(图 4-4)的描述相一致,即 Bonney 砂岩层由薄—中等厚度的粉砂和长石砂岩,大部分细颗粒—中砾,偶尔能观察到粗粒,与粉砂岩和石灰岩呈夹层组成。

4.3.9 绿色泥岩段底辟去顶层序的保存

在 Patawarta 底辟 Wonoka 组的绿色泥岩段中,保存有一套去顶层序(Colombo,1994),它是原先盐席的顶部地层(下、中、上灰兴段)(图 4-5 和图 4-6)。用四条虚线标注出砾岩层:层 1、层 3、层 11、层 12(图 4-6)。层 1 到层 11 代表的是含有灰质泥岩颗粒碎屑的含砾砂层(图 4-11c),层 12 代表的是含有含钙质粉砂岩和石英粗砂碎屑岩的砾岩层(图 4-11d)。层 1—12 层的颗粒主要是灰质泥岩,它们在运移途中易发生破碎。基于它们在底辟近源端的分布和易风化的岩性特点,碎屑可能直接来源于下伏地层单元。上石灰岩段是下伏灰质泥岩颗粒的唯一来源(图 4-11b)。上砾岩层(层 12;图 4-5 和图 4-6)含有钙质粉砂岩碎屑和石英岩屑砂岩碎屑(图 4-11d)。这些碎屑与来源于下伏中石灰岩段(Nwwlm;图 4-11a)的颗粒一致。长石质砂岩/砾岩层沉积于 Wonoka 组绿色泥岩段和 Patsy Hill 段的上覆白云岩层及砂岩层(图 4-6 和图 4-9a)之间的接触带,它们并非来源于下伏岩层(也不是去顶层序的一部分)。含有长石砂岩说明其源于陆相基底物源区(Folk,1974)。

4.4 沉积层序地层特征

Wonoka 组和 Bonney 砂岩层中的 Patsy Hill 段形成两个独立的三级沉积层序（Coats, 1964; von der Borch 等, 1982, 1985; von der Borch 和 Grady, 1984; Preiss, 1987）。下部沉积层序包含之前解释的位于 Wearing 白云岩的最大海侵面（图 4-14），Wonoka 组沉积相由 Wearing 白云岩向上变浅。Haines（1990）改为 Wonoka 组的区域作用是从西到东进行的。Wonoka 组的下、中、上石灰岩段和绿色泥岩层组成一个正常的海退层序（sensu Posamentier 等, 1992），但沉积相组合向上从外大陆架（Nww）通过临滨、前滨和海岸平原产生明显变化，其中，临滨、前滨和海岸平原形成下部沉积层序的高位体系域（HST；图 4-5 至图 4-7 和图 4-14）。

地层	岩性单元	沉积环境	沉积层序地层	盐动力层序地层
Bonney 砂岩	未划分	中部陆架下临滨	海侵体系域 海侵面	层序边界
Bonney 砂岩 / Patsy Hill 段	上白云岩层	潟湖/海湾	低位体系域	
Patsy Hill 段	砂岩层	障壁沙坝 潮汐三角洲	低位体系域	
Patsy Hill 段	下白云岩层	主要潮汐通道入口	层序边界	锥形 CHS
Wonoka 组	绿色泥岩段	河漫滩	高水位体系域	
Wonoka 组	上石灰岩段	上临滨海滩	高水位体系域	
Wonoka 组	中石灰岩段	下——上临滨海滩	高水位体系域	
Wonoka 组	下石灰岩段	外部大陆架下临滨	约为最大洪泛面	层序边界

图 4-14 岩性地层单元、沉积环境、沉积层序地层和盐动力层序地层

层序边界（SB；图 4-13）位于 Wonoka 组和 Bonney 砂岩层（图 4-5 至图 4-7）的接触面上。该接触带陡峭，且有剥蚀达 40m 的削蚀下切谷（图 4-5 和图 4-6），直切入 Wonoka 组下伏绿色泥岩段。层序边界上覆中等颗粒砂岩到砾岩（1～30cm 厚），代表了一个从 Wonoka 组（图 4-10）浪控体系到 Bonney 砂岩层 Patsy Hill 段潮控体系的非瓦尔特相律的相突变（图 4-13）。Patsy Hill 段表现为强制性海退，特征（sensu Posamentier 等, 1992）海岸线突然向盆地迁移，降低到沉积面以下。Patsy Hill 段的下白云岩层、砂岩层和上白云岩层沉积充填深切谷，形成上部沉积层序的低位体系域（LST；图 4-5 至图 4-7 和图 4-14）。

Patsy Hill 段的上部白云岩层和上覆未分异的 Bonney 砂岩层的接触带表示一个突然变深的沉积相变化，从潮控潟湖/海湾（图 4-5 和图 4-12）变化为风暴浪底之下的外陆架环境（图 4-5 和图 4-10）。这个接触带被认为是一个主要的海泛面，是一个分隔上覆海侵体系域（图 4-5 至图 4-7 和图 4-14）和低位体系域的界面。海侵面上发育一套长石砂砾岩，被解释为海侵滞留沉积物。

4.5 盐动力层序

Giles 和 Lawton(2002)定义的盐动力层序，是一套受近地表或排驱盐体活动影响的，相对整合的生长地层形成的层序，其上、下边界为角度不整合，但随着与底辟距离的增加，逐渐变为整合接触。Giles 和 Rowan(2012)定义了单个盐动力层序的两种端元类型：钩型盐动力层序和楔型盐动力层序。在钩型盐动力层序里，拖曳褶皱从底辟向外延伸 50~200m，不整合角度小于或等于 90°，底辟附近发生相变。而在楔型盐动力层序中，拖曳褶皱从底辟向外延伸 300~1000m，不整合角度小于 30°，沉积相在宽阔区域中发生渐变。Giles 和 Rowan(2012)也提到，钩型和楔型层序叠置形成复合盐动力层序(CHS)的两种端元类型，钩型叠置的盐动力层序形成板状复合盐动力层序，楔型叠置的盐动力层序形成锥型复合盐动力层序。板状复合盐动力层序的上、下边界面近平行，内部为高角度不整合，朝底辟方向地层翻转和变薄的范围狭窄，一系列拖曳褶皱轴迹和底辟边缘大致平行。锥型复合盐动力层序上、下边界面会聚，内部不整合角度小，朝底辟方向的地层翻转和变薄范围广阔，一系列叠置的单斜层拖曳褶皱轴迹朝偏离底辟边缘方向倾斜。

Giles 和 Rowan(2012)解释板状复合盐动力层序成因时认为，当沉积速率相对于底辟隆升速率较低时，底辟上部地层产生薄顶。这使得邻近底辟的拖曳褶皱变形区域狭窄(50~200m)。当沉积速率高于底辟隆升速率形成锥型复合盐动力层序时，底辟上部会产生相对厚的顶层，这使得邻近底辟的拖曳褶皱变形宽(300~1000m)。

下面详述 Patawarta 盐席盐动力层序地层特征。

Wonoka 组在区域上的倾角为(远离底辟方向)45°~55°，浅部 Bonney 砂岩层 Patsy Hill 段和未分异 Bonney 砂岩层(图 4-5)倾角为 30°~35°。毗邻盐席的 Wonoka 组未分异地层在地质图上显示为一向斜构造(图 4-5)，本文称之为下向斜构造。下向斜构造的轴迹方向为东—西方向，底辟远源方向的褶皱翼部倾角为 15°~25°，底辟近源方向的褶皱翼倾角为 50°。下向斜的末端在 Wonoka 组下石灰岩段下部强烈上倾。第二个向斜(上向斜)位于 Wonoka 组下、中、上石灰岩段和绿色泥岩段内，走向为东西向，底辟远源方向的褶皱翼部在浅层的倾角为 20°~30°，底辟近源方向的褶皱翼部的倾角为 50°至倒转。靠近盐席的 Wonoka 组各层(Nwwll—Nwwgm)和 Pstsy Hill 段各层(Npbpdl—Npbpdu)是一个南东—北西走向的背斜构造。底辟远源方向的背斜翼部的倾角为 50°~90°，而底辟近源方向的背斜翼部的倾角在 90°至倒转 80°之间。

该背斜和上向斜形成一个向斜—背斜褶皱对，在地质图上，它们组成一个斜切拖曳褶皱的单斜层(图 4-15)。Wonoka 组和 Patsy Hill 段的变薄作用都是发生在两个枢纽之间的地区，这与同沉积单斜拖曳褶皱的特征是相似的(图 4-15)。相反，生长背斜和向斜在枢纽的两侧会出现变薄和变厚的情况。

Wonoka 组的下、中、上石灰岩段和绿色泥岩段形成楔型盐动力层序。在从剖面 E 到剖面 A 的 457-323m 的不等范围内(图 4-5 至图 4-7)，受地层会聚、上超到下伏地层以及低角度(最大 30°)削蚀等因素影响，每一个地层单元向盐席方向发生减薄。

Patsy Hill 段的三套地层具有一定的独特性，这是因为它们呈透镜体状，或是独立存在，并充填了下切谷地形(图 4-5 和图 4-6)。Patsy Hill 段的下石灰岩层从两个方向上超在

Wonoka 组的绿色泥岩层上(图 4-5 和图 4-6)。Patsy Hill 段的砂岩层在远离盐席方向上,下超在 Wonoka 组的绿色泥岩层之上,并在朝向盐席方向上超到下伏岩层之上(图 4-5 和图 4-6)。Patsy Hill 段上白云岩层上超在障壁沙坝隆起之上,该隆起是因 Patsy Hill 段下伏砂岩层产生的。这些超覆关系以及在上覆层之下的低角度削蚀作用表明,Patsy Hill 段的砂岩层和上白云岩层也形成了楔型盐动力层序(Giles 和 Rowan,2012)。

Wonoka 组上部和 Bonney 砂岩层的 Patsy Hill 段的楔型盐动力层序发生褶皱一个单斜盐动力拖曳褶皱(图 4-15),并毗邻 Patawarta 盐席的坡盐区(图 4-5),最终形成一个单个的锥型复合盐动力层序。下部盐动力层序边界(SB)(图 4-14)大致位于 Wonoka 组下石灰岩段的最大海泛面(MFS),此处的拖曳褶皱单斜层轴迹"跳跃"(Giles 和 Rowan,2012)到盐席内(图 4-5;白虚线分隔上、下向斜)。上部盐动力层序边界(SB)(图 4-14)和 Bonney 砂岩层底部 TS 共存,此处的削蚀面角度高达 50°(图 4-5)。而且,单斜在 TS 被削蚀终止,并没有使上覆 Bonney 砂岩层发生变形。复合层序包含会聚的上、下边界,并在朝盐席方向大约 560m 的范围内发生减薄,这也符合 Giles 和 Rowan(2012)提出的锥型复合盐动力层序的标准。

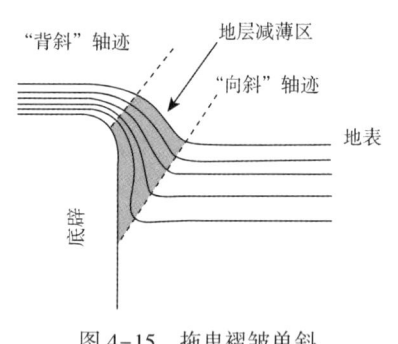

图 4-15 拖曳褶皱单斜
(据 Giles 和 Rowan,2012,修改)
显然成对的向斜/背斜形成了单斜拖曳褶皱,变薄区位于上、下单斜层轴迹之间

4.6 讨论

Patawarta 盐席之下褶皱层的构造形态是典型的锥型复合盐动力层序(CHS)。锥型复合盐动力层序顶、底面会聚,下边界面距离盐席 560m 处发生褶皱(图 4-5)。单个楔型盐动力层序受地层会聚、超覆和低角度削蚀影响而变薄。上、下边界的识别主要基于构造证据,而且当利用层序地层学进行地层单元解释时,要在一个锥型复合盐动力学层序里包含整个 HST 和 LST。HST 和 LST 之间的沉积物是陆架上沉积最快的地层。这种解释也证实以下观点,即当长期沉积速率高于长期底辟隆升速率时,会形成锥型复合盐动力层序(Giles 和 Rowan,2012)。

复合盐动力层序边界很有可能与低沉积速率期有关,而盐席会形成起伏地貌,从而形成更大范围的局部角度不整合。在陆架沉积体系中,这些特征在 MFS 和 TS 中都非常典型,这是因为它们沉积速率相对于 HST 和 LST 时期要低一些(图 4-14)。高角度不整合以及单斜拖曳褶皱轴的跳跃主要发生在陆架沉积环境的 MFS 和 TS 上或者附近(图 4-14)。

根据 Wonoka 组的下、中、上石灰岩段超覆在盐席之上的现象(图 4-16),以及伴随的微小地形起伏,可以推测沉积速率要高于盐体隆升速度。绿色泥岩层朝盐席方向尖灭,并含有从盐席顶部地层削蚀下来的岩屑,这表明与盐席膨胀相比,沉积速度总体较慢。在此阶段,根据局部砾岩层含有来源于盐顶和盐体的碎屑,推测地形起伏应该会强烈些。

绿色泥岩去顶层序对于研究盐体膨胀时间以及来自底辟顶部的物源在相邻微盆内的沉积旋回有重要作用。要使中、上石灰岩段碎屑沉积在 Wonoka 组绿色泥岩段中,由这些地层构成的底辟顶部需要形成一个局部隆起(图 4-16)。在 HST 晚期,随着相对海平面下降,局部隆起的临滨剥蚀作用会产生岩屑颗粒碎屑，并进入到相邻微盆中。

拖曳褶皱单斜的生长几何形态(图4-16和图4-17)表明，褶皱作用发生在Patsy Hill段的下石灰岩段到砂岩层沉积中过程中。而且由于砂岩和上部白云岩层是在背斜枢纽处，而非向斜枢纽处发生了褶皱(图4-17)，因而只有微弱的褶皱作用在Patsy Hill段的沉积过程中发生。在Patsy Hill段的砂岩层和上白云岩层沉积过程中，沉积速率的增加会导致盐席附近的地形起伏被填充，从而造成上白云岩层超覆在部分盐席之上(图4-17)。

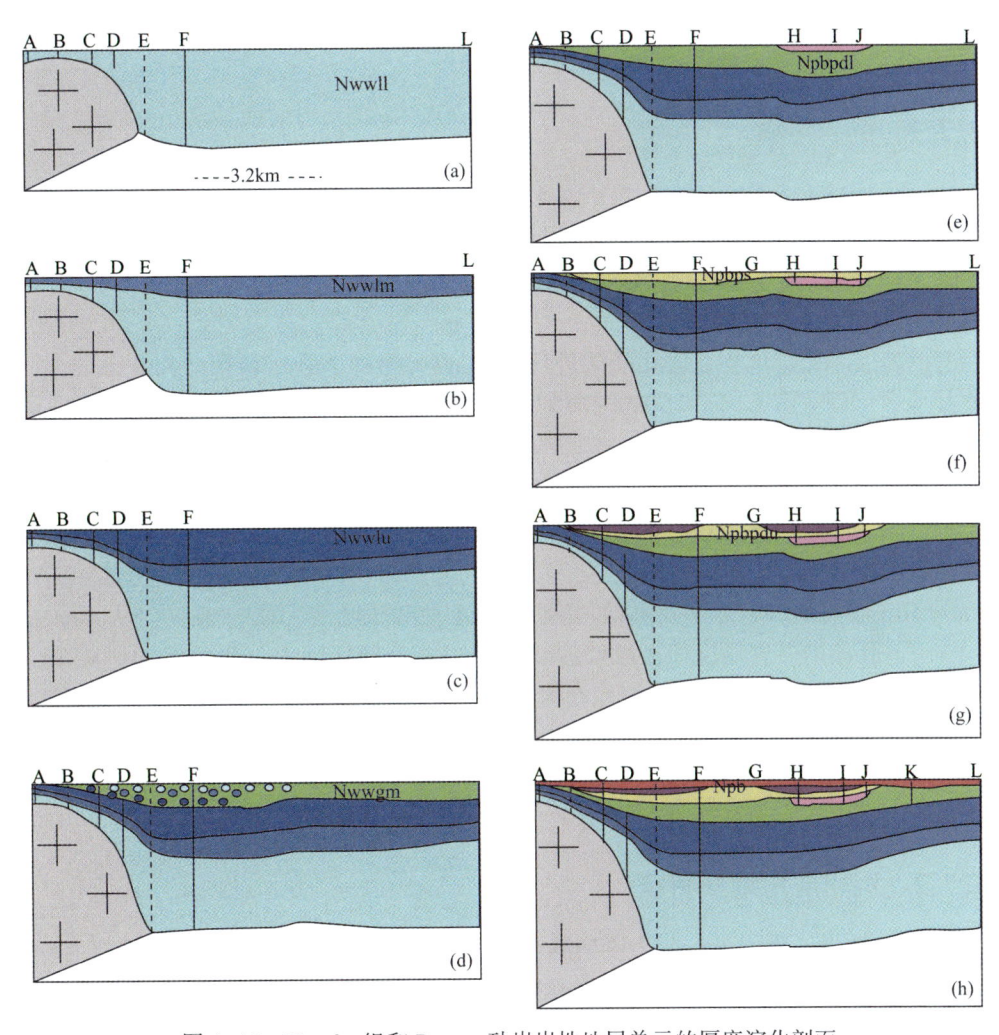

图4-16 Wonoka组和Bonney砂岩岩性地层单元的厚度演化剖面

每一个剖面中的地层单元被拉平，并且顶部地层单元呈悬吊的形态，显示了从近底辟端到远底辟端的厚度变化，但没有表示沉积过程的地形起伏；垂直黑线代表地层剖面的位置(参见图4-5和图4-6)，剖面B和剖面E的虚线表示背斜/向斜的枢纽，它们也是披覆褶皱单斜的翼部；Wonoka组：(a)下石灰岩段，(b)中石灰岩段，(c)上石灰岩段，(d)绿色泥岩层；Patsy Hill段：(e)下白云岩层，(f)砂岩层，(g)上白云岩层；Bonney砂岩层：(h)未划分层

Wonoka组的盐下地层以及形成拖曳褶皱单斜的Bonney砂岩层Patsy Hill段代表了方向上超和覆盖于盐席之上(图4-16和图4-17)的地层。位于研究区褶皱对之下的盐—沉积物界面实际上是沿着上超地层发生旋转进入盐底和盐下的盐体的顶面。这种几何形态的关系与

— 105 —

Hudec 和 Jackson(2006，2009)、Rowan 等(2010)提出的"倒转翼""压制性膨胀"模型相似。在这些模型中，异地盐体前端的逆冲断层被快速沉积阻碍和压制(图 4-17)。随着盐体膨胀，它使底辟侧翼岩层发生褶皱，并破坏了更高一级的逆断层(图 4-17)。由于破坏作用只发生在 Patawarta 拖曳褶皱单斜的上部，两个褶皱的翼部在盐下被保存了下来。从褶皱的 Wonokaz 组和 Patsy Hill 段锥型复合盐动力层序，到被盐体削蚀而未褶皱的上覆 Bonney 砂岩层，代表的是 Patawarta 盐席的逆冲破裂期。

4.7 结论

4.7.1 沉积环境

Patawarta 底辟的 Wonoka 组上部分为 4 个地层单元(按照升序排列)：(1) 下石灰岩段；(2) 中石灰岩段；(3) 上石灰岩段；(4) 绿色泥岩段。Patawarta 盐席 Bonney 砂岩层的 Patsy Hill 段被分为 3 个作图单元。它们包括(按照升序排列)：(1) 下白云岩层；(2) 砂岩层；(3) 上白云岩层。

所有的地层单元都沉积在海相陆架环境。Wonoka 组的下石灰岩段分布在外陆架到下临滨沉积环境中，朝盐席方向从 550m 减薄到 70m。Wonoka 组中石灰岩段分布在下临滨到前滨的沉积环境中，朝盐席方向从 215m 减薄到 20m。Wonoka 组上石灰岩段分布在上临滨到前滨沉积环境中，朝盐席方向从 80m 减薄到 20m。Wonoka 组的绿色泥岩段分布在海岸平原的沉积环境中，朝盐席方向从 130m 减薄到 7m。因此，Wonoka 组整体分布在浪控外陆架至泛洪平原沉积环境中。

Patsy Hill 段的下白云岩层沉积在主潮汐水道入口环境中，朝盐席方向从 40m 减薄到 18m。Patsy Hill 段的砂岩层沉积在障壁沙坝或潮汐三角洲环境中，朝盐席方向从 40m 减薄到 9m。Patsy Hill 段的上白云岩层沉积在潟湖/海湾环境中，朝盐席方向从 55m 减薄到 15m。因此，Bonney 砂岩层的 Patsy Hill 段整体沉积在潮控障壁沙坝环境中。

未分异 Bonney 砂岩层分布在中陆架下临滨到上临滨沉积环境中，且在研究区中保持相对稳定的厚度。因此，未分异 Bonney 砂岩层沉积在浪控环境中。

4.7.2 沉积层序地层特征

Wonoka 组从下、中、上石灰岩段到绿色泥岩段都显示了从下往上不断变浅的沉积环境中的高位体系域的进积作用。通过总结归纳，认为层序界面位于 Wonoka 组绿色泥岩段以及 Patsy Hill 段的白云岩层和砂岩层的接触带上。层序边界之上为 Patsy Hill 段(下白云岩层、砂岩层、上白云岩层)低位体系域，它们填充了一个深切谷。未分异 Bonney 砂岩层基底是海泛面，上覆未分异 Bonney 砂岩层海侵体系域。

4.7.3 盐动力层序地层特征

基于会聚型上、下边界面，内部低角度(小于 30°)不整合，朝盐席方向的地层掀斜和变薄的广阔范围(300~1000m)，以及单斜披覆褶皱轴迹倾向盐体边缘方向，判断 Wonoka 组和 Bonney 砂岩层 Patsy Hill 段的地层形成由 Giles 和 Rowan(2012)提出的锥型复合盐动力层序。这可能是由于沉积速率与底辟隆升速率之比较高造成的。盐动力层序边界大致位于最大海泛

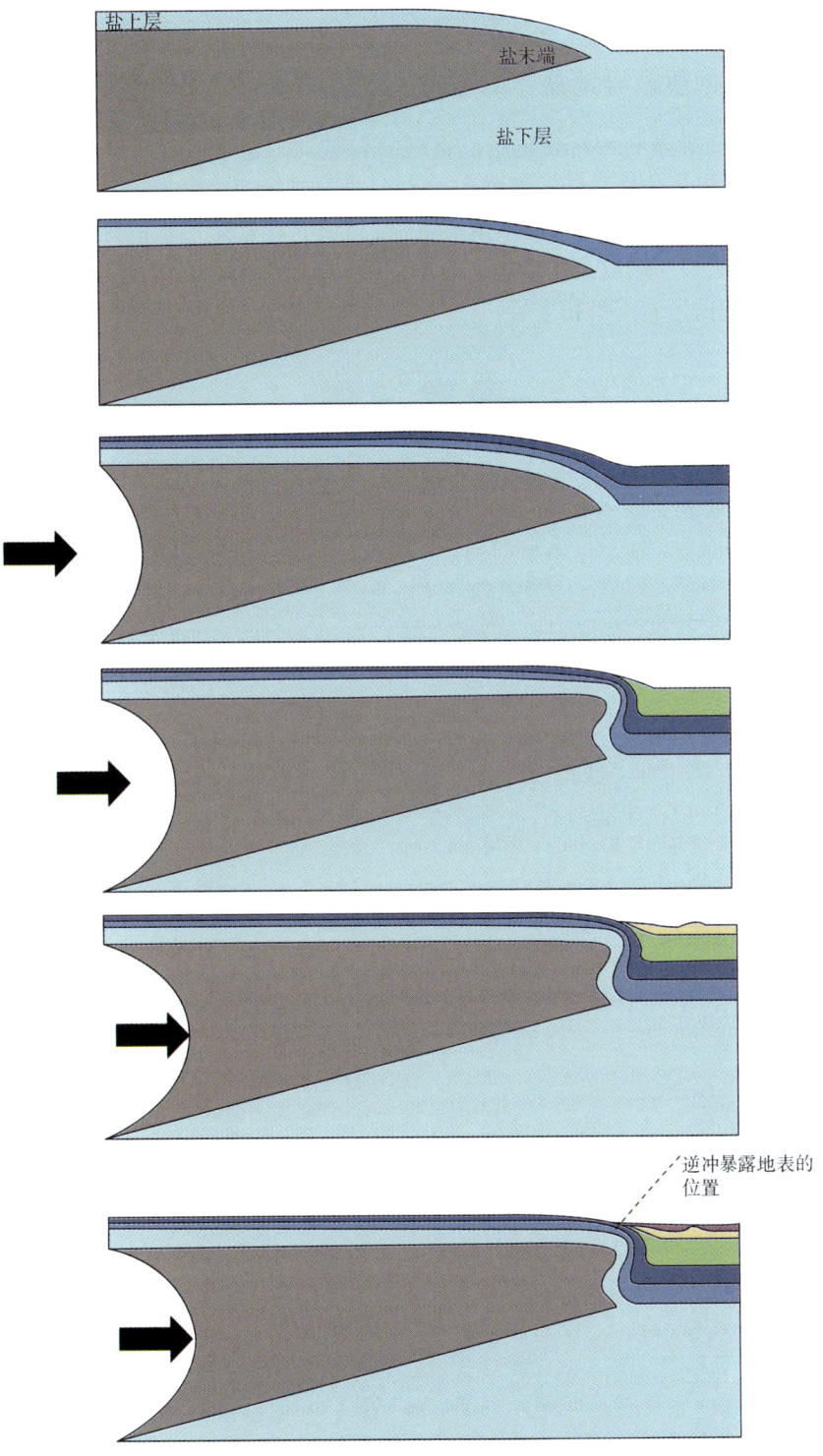

图 4-17 "压制性膨胀"模型示意图(据 Rowan 等，2010，修改；与 Hudec 和 Jackson，2006，2009 提出的类似)

图中显示沉积速率相对高时，地形起伏的幅度下降

面。在此处，向斜向盐席跃迁，直到沉积海侵面，这也是未分异 Bonney 砂岩层的底面。在未分异 Bonney 砂岩层中没有关于盐动力变形作用的记录。

4.7.4 构造地质及异地盐席的发育

拖曳褶皱单斜在毗邻 Patawarta 底辟的锥型复合盐动力层序（Giles 和 Rowan，2012）中被保留下来。Wonoka 组高位体系域的高沉积速率有效阻挡异地盐席推进，造成盐体膨胀和盐动力拖曳褶皱形成。Patsy Hill 段（低位体系域）沉积填充在盐席形成的地形结构内。在逆断层走向上，逆断层破裂作用以及异地盐席的发育都形成于上部盐动力复合层序界面之上（发生于 Patsy Hill 段上白云岩层沉积之后）。

参 考 文 献

Allen, J. R. L. 1967. Depth indicators of clastic sequences. Marine Geology, 5, 429-446.

Carver, C. R. 2000. Isotope stratigraphy of the Ediacarian (Neoproterozoic III) of the Adelaide Rift Complex, Australia, and the overprint of water column stratification. Precambrian Research, 100, 121-150.

Christie-Blick, N., Grotzinger John, P. & von der Borch, C. C. 1988. Sequence stratigraphy in Proterozoic successions. Geology, 16, 100-104.

Christie-Blick, N., von der Borch, C. C. & DiBona, P. A. 1990. Working hypothesis for the origin of the Wonoka Canyons (Neoproterozoic), South Australia. American Journal of Science, 290, 295-332.

Coats, R. P. 1964. Large scale Precambrian slump structures, Flinders ranges, quarterly geological notes. Geological Survey of South Australia, 11, 1-2.

Coats, R. P. 1973. COPLEY map sheet and explanatory notes, Geological Atlas of South Australia 1 : 250000 series. Geological Survey of South Australia, Australia.

Coe, A. L. (ed.) 2002. The Sedimentary Record of SeaLevel Change. Cambridge University Press.

Colombo, F. 1994. Normal and reverse unroofing sequences in syntectonic conglomerates as evidence of progressive basinward deformation. Geology, 22, 235-238.

Colquhoun, G. P. 1995. Siliciclastic sedimentation on a storm-and tide-influenced shelf and shoreline, Early Devonain Roxburgh Formation, northeastern Lachlan Fold Belt, southeastern Australia. Sedimentary Geology, 97, 63-93.

Dalgarno, C. R. & Johnson, J. E. 1966. PARACHILNA map sheet, Geological Atlas of South Australia, 1 : 250000 series, Sheet SH/54-13. Geological Survey of Southern Australia, Australia.

Dalgarno, C. R., Johnson, J. E. & Coats, R. P. 1964. BLINMAN map sheet, Geological Atlas South Australia, 1 : 63360 series. Geological Survey South Australia, Australia.

Diegel, F. A., Karlo, J. F., Schuster, D. C., Shoup, R. C. & Tauvers, P. R. 1995. Cenozoic structural evolution and tectono-stratigraphic framework of the northern Gulf Coast continental margin. In: Jackson, M. P. A., Roberts, D. G. & Snelson, S. (eds) Salt Tectonics: A Global Perspective. AAPG, Tulsa, Memoir, 65, 109-151.

Dyson, I. A. 1996. A new model for diapirism in the Adelaide Geosyncline. Divison of Mines and Energy South Australia (MESA) Journal, 3, 40-47.

Dyson, I. A. 1998. The 'Christmas tree diapir' and salt glacier at Pinda Springs, central Flinders Ranges. Division of Minerals and Energy Resources of South Australia (MESA) Journal, 10, 40-43.

Dyson, I. A. 1999. The Beltana Diapir – a salt withdrawal minibasin in the northern Flinders Ranges. Division of Minerals and Energy Resources of South Australia (MESA) Journal, 15, 40-46.

Dyson, I. A. 2002. Adelaidean sedimentation and the timing of salt tectonics in the East Willouran Ranges. In: Geoscience 2002, 16th Australian Geological Convention Abstracts. Geological Society of Australia, 67, 380.

Dyson, I. A. 2004. Geology of the Eastern Willouran Ranges—evidence for the earliest onset of salt tectonics in the Adelaide Geosyncline. Division of Mines and Energy South Australia (MESA) Journal, 35, 48-56.

Dyson, I. A. 2005. Evolution of allochthonous salt systems during development of a divergent margin: the Adelaide Geosyncline of South Australia. In: Post, P. P., Rosen, N. C., Olson, D. L., Palmes, S. L., Lyons, K. T. & Newton, G. B. (eds) Petroleum Systems of Divergent Continental Margin Basins. 25th Annual Gulf Coast Section SEPM Foundation Bob F. Perkins Research Conference, CD ROM.

Eickhoff, K. H., von der Borch, C. C. & Grady, A. E. 1988. Proterozoic canyons of the Flinders Ranges (South Australia): submarine canyons or drowned river valleys? Sedimentary Geology, 58, 217-235.

Fletcher, R. C., Hudec, M. R. & Watson, I. A. 1995. Salt glacier and composite sediment-salt glacier models for the emplacement and early burial of allochthonous salt sheets. In: Jackson, M. P. A., Roberts, D. G. & Snelson, S. (eds) Salt Tectonics: A Global Perspective. AAPG, Tulsa, Memoir, 65, 77-108.

Folk, R. L. 1974. Petrology of Sedimentary Rocks. Hemphill Publishing Company, Austin, TX.

Forbes, B. G. 1971. Stratigraphic subdivision of the Pound Quartzite (late Precambrian, South Australia). Transactions of the Royal Society, Southern Australia, 95, 219-225.

Giddings, J. A., Wallace, M. W., Haines, P. W. & Mornane, K. 2010. Submarine origin for the Neoproterozoic Wonoka canyons, South Australia. Sedimentary Geology, 223, 35-50.

Giles, K. A. & Lawton, T. F. 2002. Halokinetic sequence stratigraphy adjacent to the El Papalote Diapir, northeastern Mexico. AAPG Bulletin, 86, 823-840.

Giles, K. A. & Rowan, M. G. 2012. Concepts in halokinetic-sequence deformation and stratigraphy. In: Alsop, G. I., Archer, S. G., Hartley, A. J., Grant, N. T. & Hodgkinson, R. (eds) Salt Tectonics, Sediments and Prospectivity. Geological Society, London, Special Publications, 363, 7-32.

Gostin, V. A. & Jenkins, R. J. F. 1983. Sedimentation of the early Ediacaran, Flinders Ranges, South Australia. 6th Australian Geological Convention, Canberra. Abstract Geological Society Australia, 9, 196-197.

Haines, P. W. 1987. Carbonate shelf and basin sedimentation, late Proterozoic Wonoka Formation, South Australia. PhD thesis, University of Adelaide.

Haines, P. W. 1988. Storm-dominated mixed carbonate/siliciclastic shelf sequence stratigraphy displaying cycles of hummocky cross-stratification, late Proterozoic Wonoka Formation, South Australia. Sedimentary Geology, 58, 237-254.

Haines, P. W. 1990. A late Proterozoic storm-dominated carbonate shelf sequence: the Wonoka Formation in the central and southern Flinders Ranges, South Australia. In: Jago, J. B. & Moore, P. S. (eds) The Evolution of a Late Precambrian - Early Paleozoic Rift Complex: Adelaide Geosyncline. Geological Society of Australia, Sydney, Special Publication, 16, 117-198.

Hall, D. 1984. The mineralization and geology of Patawarta Diapir, northern Flinders Ranges, South Australia. Honours thesis, University of Adelaide.

Hall, D., Both, R. A. & Daily, B. 1986. Copper Mineralization in the Patawarta Diapir, northern Flinders Ranges, South Australia. Bulletin of Australasian Institute of Mining and Metallurgy, 291-7, 55-60.

Hannah, P. T. 2009. Salt-sediment interaction and structural analysis of the Witchelina Diapir, Willouran Range, South Australia-An integrated field and modeling approach. MS thesis, New Mexico State University.

Harrison, H. & Patton, B. 1995. Translation of salt sheets by basal sheer. Gulf Coast Section Society of Economic Paleontologists and Mineralogists Foundation 16th Annual Research Conference. Salt, Sediment and Hydrocarbons, 99-107.

Harrison, H., Kuhmichel, L., Heppard, P., Milkov, A. V., Turner, J. C. & Greeley, D. 2004. Base of

Salt Structure and Stratigraphy-Data and Models from Pompano Field, VK 989/990, Gulf of Mexico, Salt-Sediment Interactions and Hydrocarbon Prospectivity. Concepts, Applications, and Case Studies for the 21st Century, 243-270.

Hearon IV, T. E. 2008. Geology and salt tectonics of the Willouran Ranges, northern Flinders Ranges, South Australia. M. S. thesis, New Mexico State University.

Hearon IV, T. E., Lawton, T. F. & Hannah, P. T. 2010. Subdivision of the upper Burra Group in the eastern Willouran Ranges, South Australia. Division of Minerals and Energy Resources of South Australia (MESA) Journal, 59, 36-39.

Hossack, J. R. & McGuinness, D. B. 1990. Balanced sections and the development of fault and salt structures in the Gulf of Mexico(GOM). Geological Society of America Abstracts with Programs, 22-7, A48.

Hudec, M. R. & Jackson, M. P. A. 2006. Advance of allochthonous salt sheets in passive margins and orogens. AAPG Bulletin, 90, 1535-1564.

Hudec, M. R. & Jackson, M. P. A. 2009. Interaction between spreading salt canopies and their peripheral thrust systems. Journal of Structural Geology, 31, 1114-1129.

Jackson, M. P. A. & Talbot, C. J. 1991. A glossary of salt tectonics: the University of Texas at Austin. Bureau of Economic Geology Geological Circular, 91-4, 44.

Jackson, M. P. A. & Hudec, M. R. 2004. A new mechanism for advance of allochthonous salt sheets. In: Post, P. J., Olson, D. L., Lyons, K. T., Palmes, S. L., Harrison, P. F. & Rosen, N. C. (eds) Salt - Sediment Interactions and Hydrocarbon Prospectivity: concepts, Applications, and Case Studies for the 21st century. 24th Annual GCSSEPM Foundation Bob F. Perkins Research Conference, 220-242.

Jackson, M. P. A. & Harrison, J. C. 2006. An allochthonous salt canopy on Axel Heiberg Island, Sverdrup Basin, Arctic Canada. Geological Society of America, 34, 1045-1048.

Jackson, M. P. A., Warrin, O. N., Woad, G. M. & Hudec, M. R. 2003. Neoproterozoic allochthonous salt tectonics during the Lufilian orogeny in the Katangan copper belt, Central Africa. Geological Society of America Bulletin, 115, 314-330.

Kernen, R. A. 2011. Halokinetic sequence stratigraphy of the Neoproterozoic Wonoka Formation at Patawarta Diapir, Central Flinders Ranges, South Australia. MS thesis, New Mexico State University.

Lemon, N. M. 1988. Diapir recognition and modelling with examples from the late Proterozoic Adelaide Geosyncline, Central Flinders Ranges, South Australia. PhD thesis, University of Adelaide, Department of Geology and Geophysics(unpublished).

Lemon, N. M. 2000. A Neoproterozoic fringing stromatolite reef complex, Flinders Ranges, South Australia. Precambrian Research, 100, 109-120.

Marton, L. G., Tari, G. C. & Lehmann, C. T. 2000. Evolution of the Angolan passive margin, West Africa, with emphasis on post-salt structural styles. In: Mohriak, W. & Talwani, M. (eds) Atlantic Rifts and Continental Margins. American Geophysical Union, Boulder, Geophysical Monograph 115, 129-149.

Mawson, D. 1938. Cambrian and sub-Cambrian formations at Parachilna Gorge. Transactions of the Royal Society, Southern Australia, 62, 255-262.

Mawson, D. 1939. The late Proterozoic sediments of South Australia. Report of the Australian and New Zealand Association for the Advancement of Science, 24, 79-88.

Mawson, D. 1941. The Wilpena pound formation and underlying Proterozoic sediments. Transactions of the Royal Society, Southern Australia, 65, 295-303.

McGuinness, D. B. & Hossack, J. R. 1993. The Development of Allochthonous Salt Sheets as Controlled by the Rates of Extension. Sedimentation and Salt Supply, Gulf Coast Section Society of Economic Paleontology and Mineralogy Foundation 14th Annual Research Conference Rates of Geologic Processes, 127-139.

Mohriak, W. U., Macedo, J. M. et al. 1995. Salt tectonics and structural styles in the deep-water province of the Cabo Frio region, Rio de Janeiro, Brazil. In: Jackson, M. P. A., Roberts, D. G. & Snelson, S. (eds) Salt Tectonics: a Global Perspective. American Association of Petroleum Geologists, Tulsa, Memoir, 65, 273-304.

Posamentier, H. W., Allen, G. P., James, D. P. &Tesson, M. 1992. Forced regressions in a sequence stratigraphic framework: concepts, examples, and exploration significance. AAPG Bulletin, 76, 1687-1709.

Preiss, W. V. 1973. Early Willouran stromatolites from the Peake and Denison Ranges and their stratigraphic significance. South Australia Department of Mines Report 73/208(unpublished).

Preiss, W. V. 1987. The Adelaide Geosyncline—late Proterozoic stratigraphy, sedimentation, paleontology and tectonics. Bulletin Geological Survey of Southern Australia, 53, 29-34, 229-243.

Preiss, W. V. 2000. The Adelaide Geosyncline of South Australia and its significance in Neoproterozoic continental reconstruction. Precambrian Research, 100, 21-63.

Reid, P. W. & Preiss, W. V. 1999. PARACHILNA map sheet (second ed.): Geological Atlas 1 : 250000 Series, Sheet SH54-13. South Australia Geological Survey, Australia.

Rowan, M. G. & Vendeville, B. C. 2006. Foldbelts with early salt withdrawal and diapirism: physical model and examples from the Northern Gulf of Mexico and the Flinders Ranges, Australia. Marine and Petroleum Geology, 23, 871-891.

Rowan, M. G., Ratliff, R. A., Trudgill, B. D. & Barcelo, D. J. 2001. Emplacement and evolution of the Mahogany salt body, central Louisiana outer shelf, northern Gulf of Mexico. AAPG Bulletin, 85-86, 947-969.

Rowan, M. G., Lawton, T. F., Giles, K. A. & Ratliff, R. A. 2003. Near-salt deformation in La Popa Basin, Mexico, and the northern Gulf of Mexico; a general model for passive diapirism. AAPG Bulletin, 87, 733-756.

Rowan, M. G., Giles, K. A., Lawton, T. F., Hearon IV, T. E. & Hannah, P. T. 2010. Salt-sediment interaction during advance of allochthonous salt. AAPG Annual Convention Official Program, 220.

Rowlands, N. J., Blight, P. G., Jarvis, D. M. & von der Borch, C. C. 1980. Sabkha and playa environments in late Proterozoic grabens, Willouran Ranges, South Australia. Journal of the Geological Society of Australia, 27, 55-68.

Rutland, R. W. R, Parker, A. J., Pitt, G. M., Preiss, W. V. & Murrell, B. 1981. The Precambrian of South Australia. In: Hunter, D. R. (ed.) Precambrian of the Southern Hemisphere. Developments in Precambrian Geology Series, Elsevier, Amsterdam, 2, 309-360.

Scheibner, E. 1973. A plate tectonic model of the Palaeozoic tectonic history of New South Wales. Journal of the Geological Society of Australia, 20, 405-426.

Selwyn, A. R. C. 1860. Geological notes of a journey in South Australia from Cape Jervis to Mount Serle. Parliamentary Paper South Australia, 1860, no. 20.

Sherkati, S., Molinaro, M., de Lamotte, D. F. & Letouzey, J. 2005. Detachment folding in the central and Eastern Zagros fold-belt (Iran): salt mobility, multiple detachments, and late basement control. Journal of Structural Geology, 27, 1680-1696.

Sprigg, R. C. 1952. Sedimentation in the Adelaide Geosyncline and the formation of the continental terrace. In: Glaessner, M. F. & Rudd, E. A. (eds) Sir Douglas Mawsone Anniversary Volume. University of Adelaide, Adelaide, 153-159.

Stewart, S. A. & Clark, J. A. 1999. Impact of salt on the structure of the Central North Sea hydrocarbon fairways. In: Fleet, A. J. & Boldy, S. A. R. (eds) Petroleum Geology of Northwest Europe. Proceedings of the 5th Conference. Geological Society, London, 179-200.

Thomson, B. P., Daily, B., Coats, R. P., Forbes, B. G., Dalgarno, C. R. & Johnson, J. E. 1964. Precambrian rock groups in the Adelaide Geosyncline: a new subdivision. Quarterly Notes, Geological Survey of

Australia, 9, 1-19.

Von der Borch, C. C. 1980. Evolution of late Proterozoic to early Palaeozoic Adelaide Foldbelt, Australia: comparisons with post-Permian rifts and passive margins. Tectonophysics, 70, 115-134.

Von der Borch, C. C. & Grady, A. E. 1984. Mechanisms of sandstone deposition in a late Proterozoic submarine canyon, Adelaide Geosyncline, South Australia. AAPG Bulletin, 68, 684-689.

Von der Borch, C. C., Smit, R. & Grady, A. E. 1982. Late Proterozoic submarine canyons of Adelaide Geosyncline, South Australia. Petroleum Exploration Society of Australia Journal, 19, 332-347.

Von der Borch, C. C., Grady, A. E., Aldam, R., Miller, D., Neumann, R., Rovira, A. & Eickhoff, K. H. 1985. A large-scale meandering submarine canyon: outcrop example from the late Proterozoic Patsy Springs Canyon, Adelaide Geosyncline-submarine or subaerial origin. Sedimentology, 36, 507-518.

Von der Borch, C. C., Eickhoff, K. H., DiBona, P., Grady, A. E. & Christie-Blick, N. 1989. Late Proterozoic Patsy Springs Canyon, Adelaide Geosyncline - submarine or subaerial origin. Sedimentology, 36 - 35, 777-792.

Walker, R. G. & Plint, A. G. 1992. Wave- and Storm Dominated Shallow Marine Systems. In: Facies Models Response to Sea Level Change. Memorial University of Newfoundland St. John's, Newfoundland and Labrador. Geological Association of Canada, 219-238.

Yeilding, C. A. & Travis, C. J. 1997. Nature and significance of irregular geometries at the salt-sediment interface: examples from the deepwater Gulf of Mexico(abs.). AAPG Annual Convention Official Program, 6, A128.

（王怡 译，骆宗强 崔敏 校）

第5章 墨西哥东北部 La Popa 盆地二次盐焊接裂缝控制的古水文学研究

ADAM P. SMITH[1], MARK P. FISCHER[1], MARK A. EVANS[2]

(1. Department of Geology and Environmental Geosciences, Northern Illinois University, DeKalb, IL 60115-2854, USA; 2. Department of Physics and Earth Science, Central Connecticut State University, New Britain, CT 06050-4010, USA)

摘 要 节理脉和母岩的同位素及流体包裹体分析结果限定了沿 La Popa 盐焊接的古流体组分、温度以及流体来源。在盐从早期盐墙排出之后,大部分节理脉开始形成。一般情况下,盐焊接下降盘上靠近盐焊接弯曲部位的节理脉更多一些。地层流体类型和温度的空间分布表明,盐焊接在垂向上可作为流体运移通道,而在水平方向上则阻碍流体的流动。稳定同位素测试表明流体与岩石之间存在明显的相互作用,而在远离盐焊接的区域中,不同的岩石单元之间几乎没有垂向上的流体相互作用。沿着盐焊接走向的流体温度变化范围为 84℃~207℃,含盐度范围是 4%~25% (wt, NaCl),同时盐焊接区域以及盐焊接下降盘中的甲烷含量要丰富些。锶同位素分析表明一些脉生流体是来自曾经占据盐焊接的蒸发岩。结果表明,盐焊接的潜在封堵能力可能与盐焊接几何形状的突变有关,如尖锐的突出部位或者弯曲,还与通过焊接地层收缩量及垂向位移量有关。

所有类型的盐体和盐焊接(Jackson 和 Cramez,1989;Rowan 等,1999)都对沉积盆地的水文情况有显著的控制作用(Hanor,1987;Sarkar 等,1995;Bruno 和 Hanor,2003;Magri 等,2009)。流体在邻近盐体的地方发生聚集(Halbouty 和 Hardin,1955),但也可以沿着这些构造的边界和盐焊接部位发生运移(Esch 和 Hanor;1995;Rowan,2004)。受这些变化的水文特征影响,含盐盆地内的油气勘探很大程度上依赖于对影响盐体及盐焊接的封堵及渗透能力等因素的研究,还有就是对这些构造附近地层的水文特征研究。盐体本身虽然不具备渗透能力,但其塑性很强,在小于 10MPa 的偏应力作用下会发生流动(Jeremic,1994)。随着盐体排出后形成盐焊接,或者盐体会在围岩中发生变形以及侧向和垂向的流动,这也表明这些围岩也可能会发生变形。在这种情况下,产生的褶皱、断层和裂缝就会在盐体或者盐焊接附近的岩层中形成变形带,并会对地下流体的运移产生极大的影响(Neglia,1979;Esch 和 Hanor,1995)。

受曲面形态、邻近地层的位移以及局部变形等影响,大多数研究人员将盐焊接当成断层一样对待,并用评估断层封堵性的技术来评估盐焊接的封堵性和渗透性。通常用两种方法来评估断层的封堵性:地层对接法以及断层泥涂抹系数法(Bouvier 等,1989)。地层对接法利用断层面的滑移分布来确定砂岩和泥页岩在断层的确切位置(Smith,1980;Allan,1989)。断层截断图用来描绘断层两侧,另一盘封堵和渗透岩层的对接模式则用来分析是否存在油气运移的可能通道。这一技术的简单应用是基于一个假设的,那就是断层相关变形不是以形成流体运移通道,流体运移完全是发生在对接的岩石单元之中。相比之下,断层泥涂抹系数法认为硅质碎屑地层中的断层形成对称的断层泥,其砂泥比由断层滑移及周围地层的砂泥比所决定(Gibson,1994)。在这种情况下,渗透性岩石地层中的流体运抵达断层后,则是继续沿着断面运移还是在断层周围发生聚集，主要取决于储层与断层相交位置处的断层泥中的砂泥比。现在从这两种基本方法衍生出各种组合方法以及改进的方法，断层封闭性评价方法的改进主要源于我们对于断层及其周围变形区的岩石物理及水文特性更加深入的理解（Knipe，1992；Knott，1993；Antonellini 和 Aydin，1994；Caine 和 Forster，1999）。

尽管盐焊接和断层在大尺度的几何形态方面有许多共同点，但实际上它们的形成过程大不相同，对它们的研究程度也有明显区别。比如，有大量研究断层几何形态、内部构造以及水文特性的出版物，但是关于盐焊接的研究文章却少之又少（Giles 和 Lawton，1999；Jackson 等，2003；Rowan 等，2012）。本文是对 Rowan 等（2012）的非正式补充，主要结合中等构造尺度分析与地球化学分析方法，对露天二次盐焊接附近的大规模古水文系统进行研究，裂缝控制的水文系统，另外也利用野外资料对盐焊接附近发育裂缝的数量、形成时间以及方位重点关注进行了研究。盐焊接附近古流体的组分、来源以及温度是通过对裂缝中节理脉矿物的同位素以及流体包裹体进行分析得到。除了首次对盐焊接附近的古水文系统做了详细描述外，本次研究还从整体上对控制盐焊接渗透性和封堵性的关键因素的相对重要程度进行了确定和排序。

5.1 地质背景

La Popa 盆地是晚白垩世到古近纪 Laramide 前陆盆地系统的一部分，该系统包括西南部的 Parras 盆地，北部的 Sabinas 盆地以及南部的 Sierra Madre Oriental 褶皱带（图 5-1；McBride 等，1974，1975；Soegaard 等，2003）。Rowan 等（2003）认为蒸发岩是在侏罗纪后裂谷沉降期在 La Popa 盆地内沉积下来，该时期 La Popa 盆地可能为拉分盆地。他们还进一步指出底辟作用就发生在蒸发岩沉积后不久，并至少一直持续到马斯特里赫特期，此时，底辟作用被 Laramide 造山运动引起的北东向挤压作用和隆升作用所限制。Gray 等（2001）以及 Hudson 和 Hanson（2010）建立的埋藏史模型表明，盆地的隆升运动发生在 40Ma 至 36Ma 之间，并约有 5~7km 厚的上覆层被剥蚀掉。

图 5-2 中概括了 La Popa 盆地的地层及构造演化历史。整套地层厚度估计约为 5~7km，其中下部的 3km 厚地层主要由 Cupido 组、La Peña 组、Aurora 组/Tamaulipas 组上部和 Indidura 组的碳酸盐岩构成的（Wilson 和 Ward，1993；Goldhammer，1999；Wilson，1999），而上部的 4km 地层则是由 Parras 页岩和 Difunta 群的碎屑岩构成（McBride 等，1974；Lawton 等，2001；Soegaard 等，2003）。由碳酸盐岩向碎屑岩沉积的过渡期与西部 Laramide 变形期开始的时间相一致，并记录了盆地的进积充填过程（Lawton 等，2001）。Carroza 组中的非海相岩石标志着盆地充填的结束，它们同时也是盆地内最年轻的出露地层单元，主要由河流相砂岩、泥岩以及局部分布的大量古土壤层组成（图 5-2；Buck 等，2010）。

La Popa 盆地的野外露头构造主要以两个 NW 走向的长条形向斜微盆以及轻微不对称的向西南倾斜的 El Gordo 背斜为特征（图 5-1）。El Gordo 和 El Papalote 底辟出露于背斜核部以及北翼。La Popa 盐焊接被认为是早期盐墙的残留部分（Giles 和 Lawton，1999；Rowanet 等，2012），它斜向切过 Carroza 向斜的东北翼，而 Carroza 向斜构成了 El Gordo 背斜的东北边界。尽管 La Popa 盐焊接最初被认为是逆冲断层（Laudon，1996），但是根据其东北侧和西南侧的

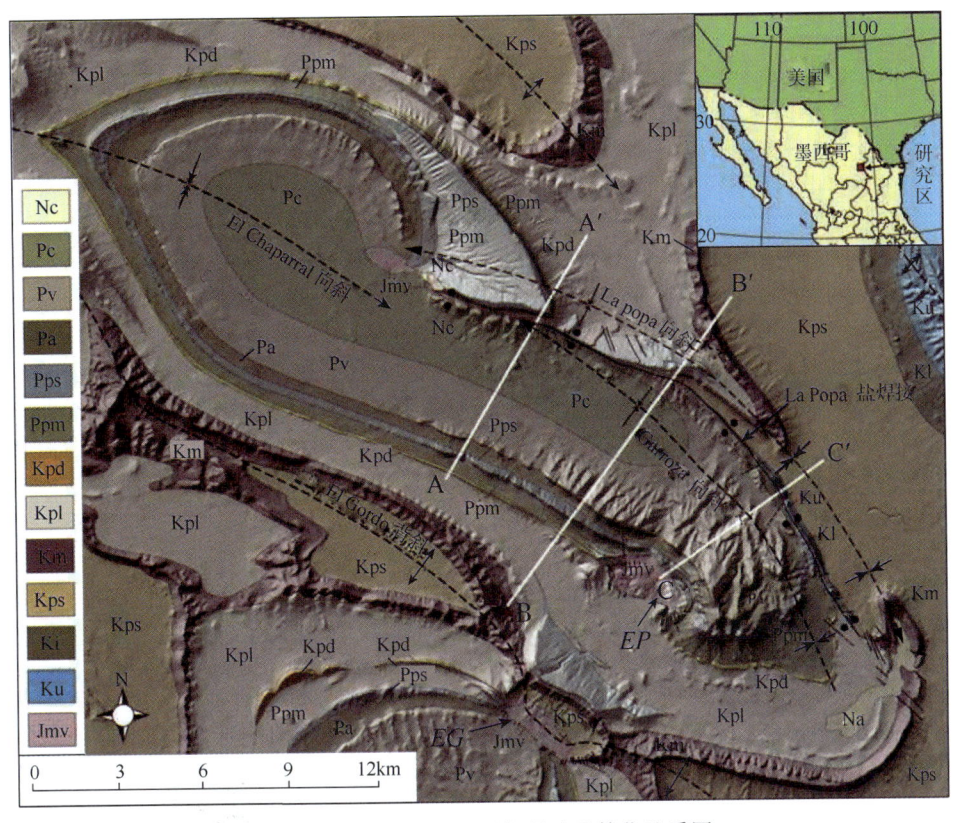

图 5-1　La Popa 盆地局部晕渲及简化地质图

相关符号及地层解释如图 5-2 所示；EG—El Gordo 底辟，EP—El Papalote 底辟；投影是基于 NAD27 基准面的 UTM14 带投影；尽管沿着 La Popa 盐焊接的一些区域仍有残余蒸发岩存在（Rowan 等，2012），本文仍用表示完整盐焊接特征的标准符号来表示盐焊接（即图中黑线附近的黑点），同时用颜色以及 Jmv 来表示盐焊接走向上存在的蒸发岩位置；该图参考了 Giles 和 Lawton（2002）以及 Tim Lawton 最近未出版的图片

平行向斜，以及从侏罗纪到马斯特里赫特期发育的生长地层和邻近其地表线迹的盐动力层序，La Popa 盐焊接还是得到了确认（图 5-2 和图 5-3；Giles 和 Lawton，1999；Giles 和 Lawton，2002；Rowan 等，2012）。厚达 300m 的呈不规则、板状、侧向不连续的碳酸盐岩体（透镜体；McBride 等，1974）是盐动力层序的一部分。沿着盐焊接的东北侧分布有三个这样的碳酸盐岩露头（图 5-1 至图 5-3）。如图 5-1 所示，La Popa 盐焊接可以被分成三段，即 NNW 走向的东南段，WNW 走向的西北段以及存在明显弯曲的中段（Giles 和 Lawton，1999）。盐焊接在横剖面上的几何形态受约束程度较弱，但 Giles 和 Lawton（1999）以及 Rowan 等（2012）利用地表资料以及下倾投影法假设盐焊接近于直立，并位于呈 NW 走向，向 SW 方向下倾的基底正断层之上。沿着盐焊接走向发生的位移向 SW 方向下倾，出露的垂向地层断距在盐焊接大部分范围内介于 2~2.5km 之间，但在距离盐焊接两端 3~5km 范围内都迅速减为零（图 5-4）。在大部分出露范围内，盐焊接向上切割其西北方向的地层，这在一定程度上也反映了盐焊接翼部存在向 NW 倾伏的向斜。

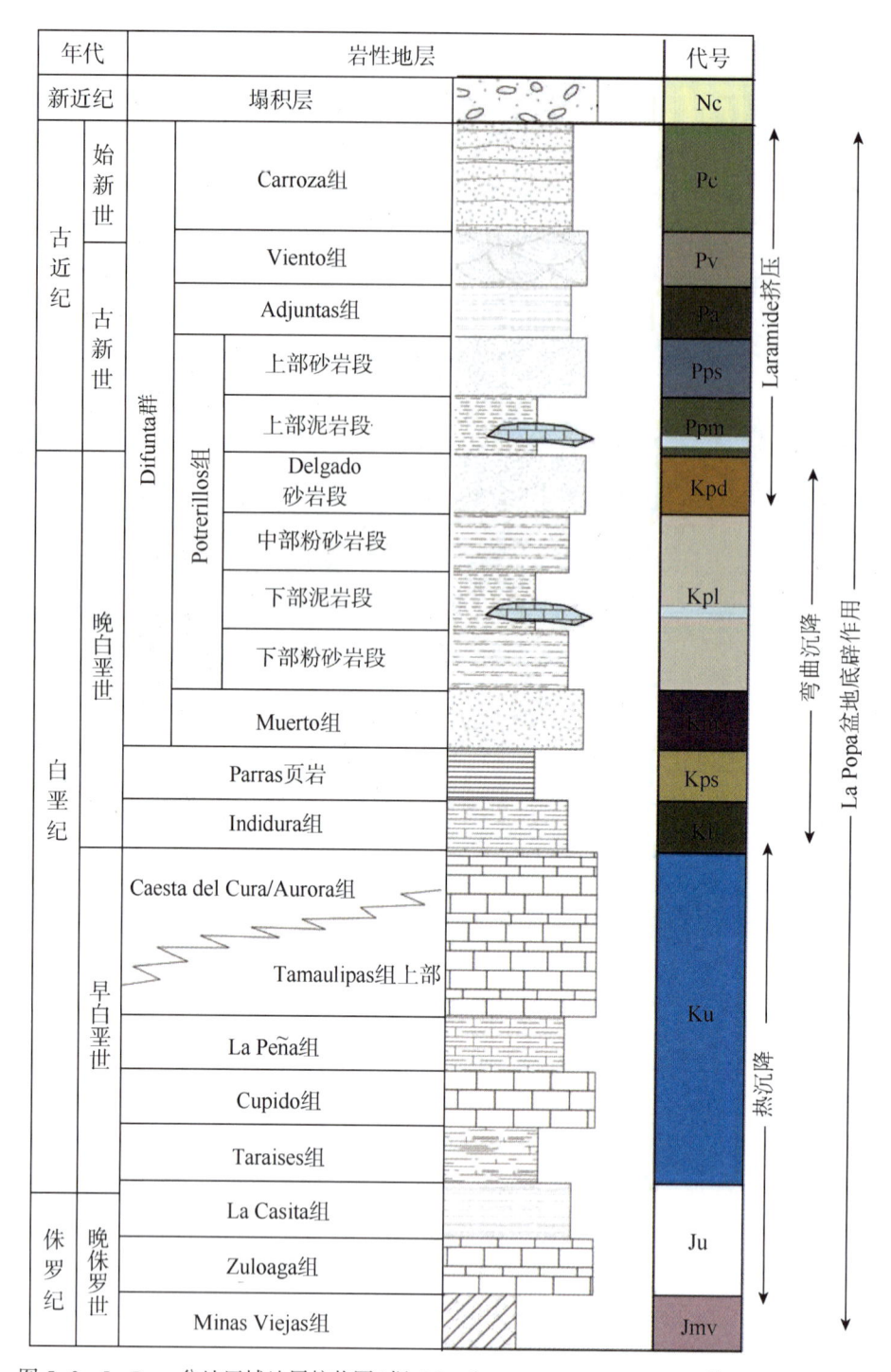

年代			岩性地层			代号	
新近纪			塌积层			Nc	
古近纪	始新世	Difunta群	Carroza组			Pc	Laramide挤压
	古新世		Viento组			Pv	
			Adjuntas组			Pa	
			Potrerillos组	上部砂岩段		Pps	
				上部泥岩段		Ppm	
白垩纪	晚白垩世			Delgado 砂岩段		Kpd	弯曲沉降 La Popa盆地底辟作用
				中部粉砂岩段		Kpl	
				下部泥岩段			
				下部粉砂岩段			
			Muerto组			Kpm	
			Parras页岩			Kps	
			Indidura组			Ki	
	早白垩世		Caesta del Cura/Aurora组			Ku	热沉降
			Tamaulipas组上部				
			La Peña组				
			Cupido组				
			Taraises组				
侏罗纪	晚侏罗世		La Casita组			Ju	
			Zuloaga组				
			Minas Viejas组			Jmv	

图 5-2 La Popa 盆地区域地层柱状图(据 Giles 和 Lawton,2002;Rowan 等,2012;修改) 一些地层单元中的浅蓝色细条表示在底辟和盐焊接附近发现的不规则碳酸盐岩相;盐焊接东南末端上升盘上的碳酸盐岩体之前被 Giles 和 Lawton(2002)称为 El Toro 透镜体,现在可与 Aurora 组/Tamaulipas 组上部或者 Cupido 组的下白垩统岩石进行对比(与 K. A. Giles 的个人通信,2010)

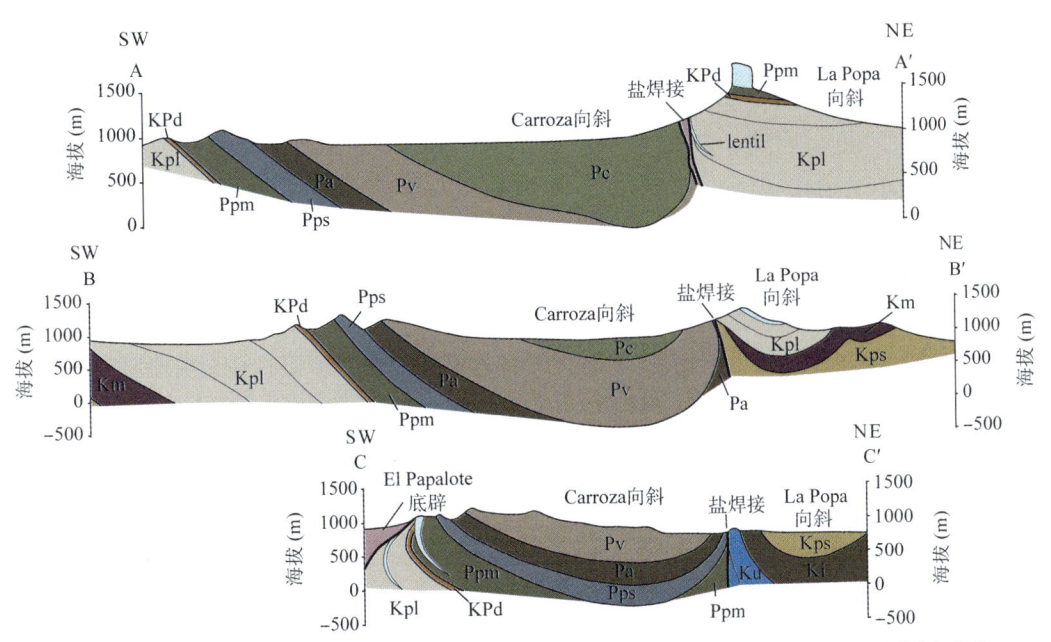

图 5-3 通过 La Popa 盐焊接西北段（A—A'）、中段（B—B'）和东南段（C—C'）示意剖面图
（据 Rowan 等，2003，修改）
剖面位置参见图 5-1

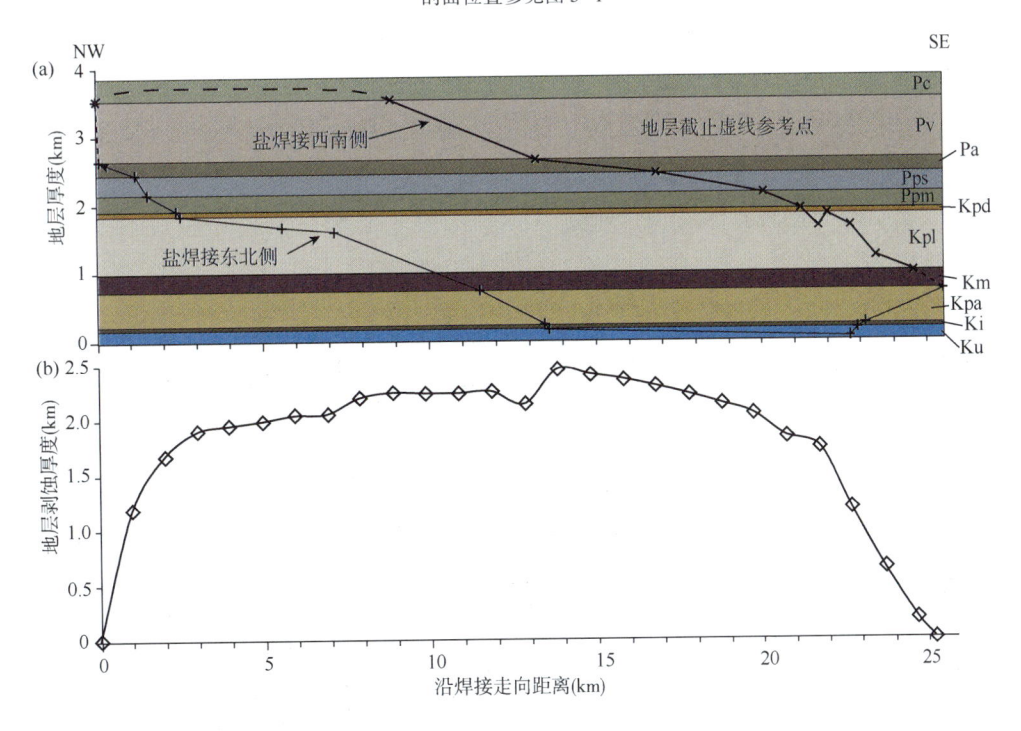

图 5-4 沿 La Popa 盐焊接的地层断距及位移变化
位移是根据出露在盐焊接处的地层厚度得出，并且由于盐焊接附近生长地层的存在，
该位移被认为是最小的估计值

— 117 —

5.2 沿 La Popa 盐焊接分布的节理脉

我们对长约 24km 的 La Popa 盐焊接进行了全面勘察，以寻找含有节理脉的露头，这些露头都分布在距盐焊接地表迹线 750m 的范围内。由于对节理脉中流体地球化学特征的关注，我们仅从含有未矿化裂缝的节理脉中获得了有限的数据。尽管本文没有列出任何上述数据，但野外观察数据表明，沿着盐焊接分布的未矿化裂缝网络的结构与之前研究的节理脉是相似的。通过建立的 60 个节理脉数据观察点，根据节理脉与地层产状之间的关系，可将节理脉粗略地分为三组，它们分别平行于地层走向，正交于地层走向和斜交于地层走向。由于地层走向与盐焊接是近于平行的，因此，正交节理脉与盐焊接大致上是垂直的，而斜交岩脉则是近于平行或者斜交于盐焊接。如图 5-5 所示，节理脉的方向随着在平行和焊接中位置的变化而变化，而且盐焊接两侧的这种变化程度是不一致的。裂缝的数量同样也随着在盐焊接中所处构造位置的变化而改变，同时还与节理脉组和地层的位置有关。从表 5-1 可见，平行和斜交节理脉在数量上是其他节理脉组的两倍，而且在 Viento 组和 Potrerillos 组中基本上是最多的。野外观察同时还表明盐焊接下降盘上以及弯曲处的节理脉数量要相对多一些。正交和斜交节理脉在成层性较好的薄层到中等厚度的砂岩中发育较好，而平行地层走向的节理脉则在泥岩层段中发育最好。

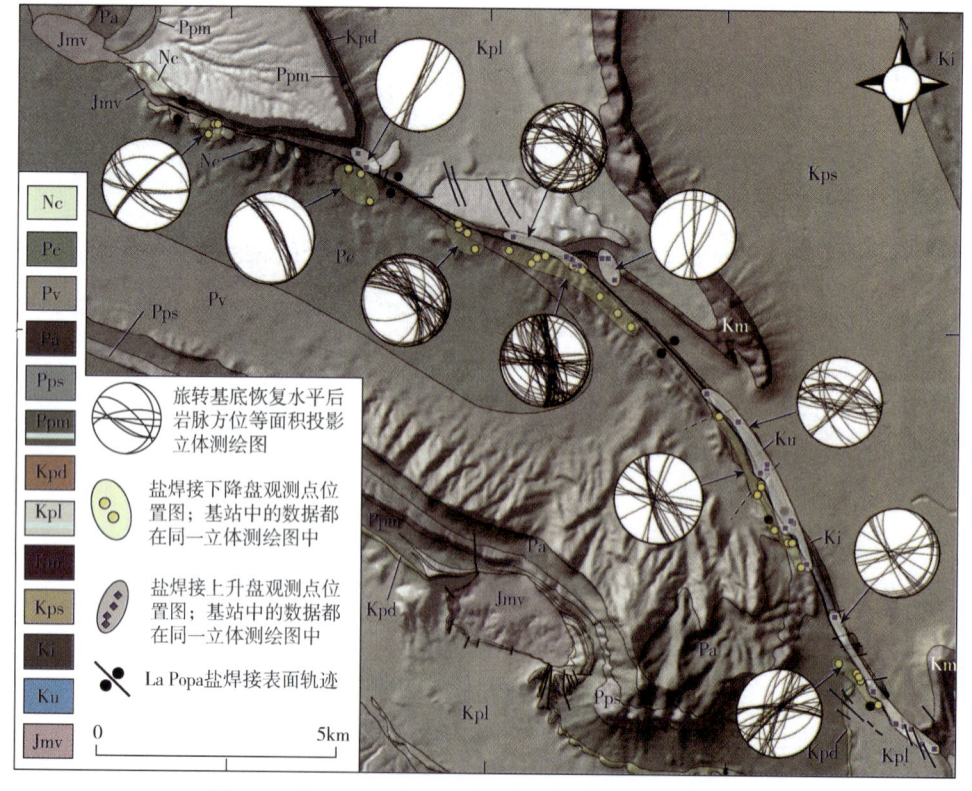

图 5-5 沿 La Popa 盐焊接分布的节理脉组方向示意图

等面积投影表示了地层恢复水平后的节理脉的方位；图 5-2 中可见图例注解以及对应的区域地层柱状剖面图；本图在区域内的位置可参见图 5-2；投影是基于 NAD 27 基准面的 UTM 14 区

表 5-1 本文研究的 6 个层位中的相对裂缝密度

层位	斜交于地层走向 (0.63)	正交于地层走向 (0.09)	平行于地层走向 (0.28)
Carroza 组	0.26	0	0.14
Viento 组	0.57	0.06	0.32
Adjuntas 组	0	0	0
Potrerillos 组	0.07	0.32	0.46
Muerto 组	0.03	0	0.13
Parras 组	0.05	0.63	0.05

注：每一列中的数据都是某一特定类型的节理脉在每层中的数量占节理脉总数的百分比；每一列最上面的数据则是该类型节理脉占节理脉总数的百分比，而不考虑层位问题；例如，在所有的节理脉中，有63%是斜交类型的节理脉，其中 Vineto 组中的斜交节理脉占57%；可以看到由于取整处理，数据相加后并不总是等于100%；表中的地层从上到下按照实际地层的顺序进行排列；区域地层柱状图参见图 5-2。

尽管 La Popa 盆地内裂缝网络的形成可能是底辟作用、隆升作用以及区域挤压作用的结果，很难判断某一特定节理脉组的形成是哪个或是多个构造事件作用的结果。整体来看，整个区域内的节理脉还是比较少的，而且很少有露头发育其有清晰和一致切割关系的多个节理脉组。尽管情况复杂，但野外观察仍表明，正交节理脉是研究区中形成时间最早的，随后平行节理脉和斜交节理脉才开始形成。正交节理脉在盐焊接附近位置的数量要多于其他位置，原因可能是由于它们是在底辟作用的最后阶段形成的，但主要是在后续的挤压期，或许是对地层披覆时产生的 NW 向伸展作用，以及沿早期盐墙走向的地层厚度局部不规则地带附近的弯曲的响应。远离盐墙方向，正交节理脉的形成主要与 NE 向的挤压作用以及沿走向的伸展作用有关。擦痕阶步和线理等剪切方向指示信息表明，平行节理脉调节了整个地区的弯滑褶皱作用，尤其是在靠近盐焊接附近向斜倾角超过80°的地方。斜交节理脉有时呈羽状或马尾状分布，并与平行节理脉相连接，它们之间动力学联系特征的野外证据表明，这两种节理脉组的形成时间可能相差不大甚至是重叠的。在靠近盐焊接的区域，斜交节理脉的形成可能是由于盐焊接附近向斜翼部陡倾和局部反转地层内的下倾伸展作用有关，发生时间可能是在底辟作用及挤压作用后。其他位置的斜交节理脉的形成则与区域背斜的外弧伸展作用有关。

5.2.1 岩石学特征观察

图 5-6 中的显微照片显示了沿 La Popa 盐焊接分布的系统性节理脉的典型显微构造特征。正交节理脉通常含有由一期或者两期、具有自形、中粗晶体纹理的方解石。由岩脉壁向中心方向，晶体尺寸增加，并且孪晶作用开始变得常见（图 5-6a）。在硅质碎屑地层中，在细晶不连续处的石英含量一般较低（<5%），而且在方解石中呈不规则分布；还有部分以半自形或者全自形晶体的形式集中分布在脉壁或者平行脉壁带中（图 5-6b）。平行节理脉主要也由方解石构成，但主要是含次生石英，含量约为15%，其主要存在形式为 0.3~0.5mm 长的孤立晶体（图 5-6c），或者是 0.05~0.1mm 厚的与方解石溶解密切相关的细晶层（图 5-6d）。

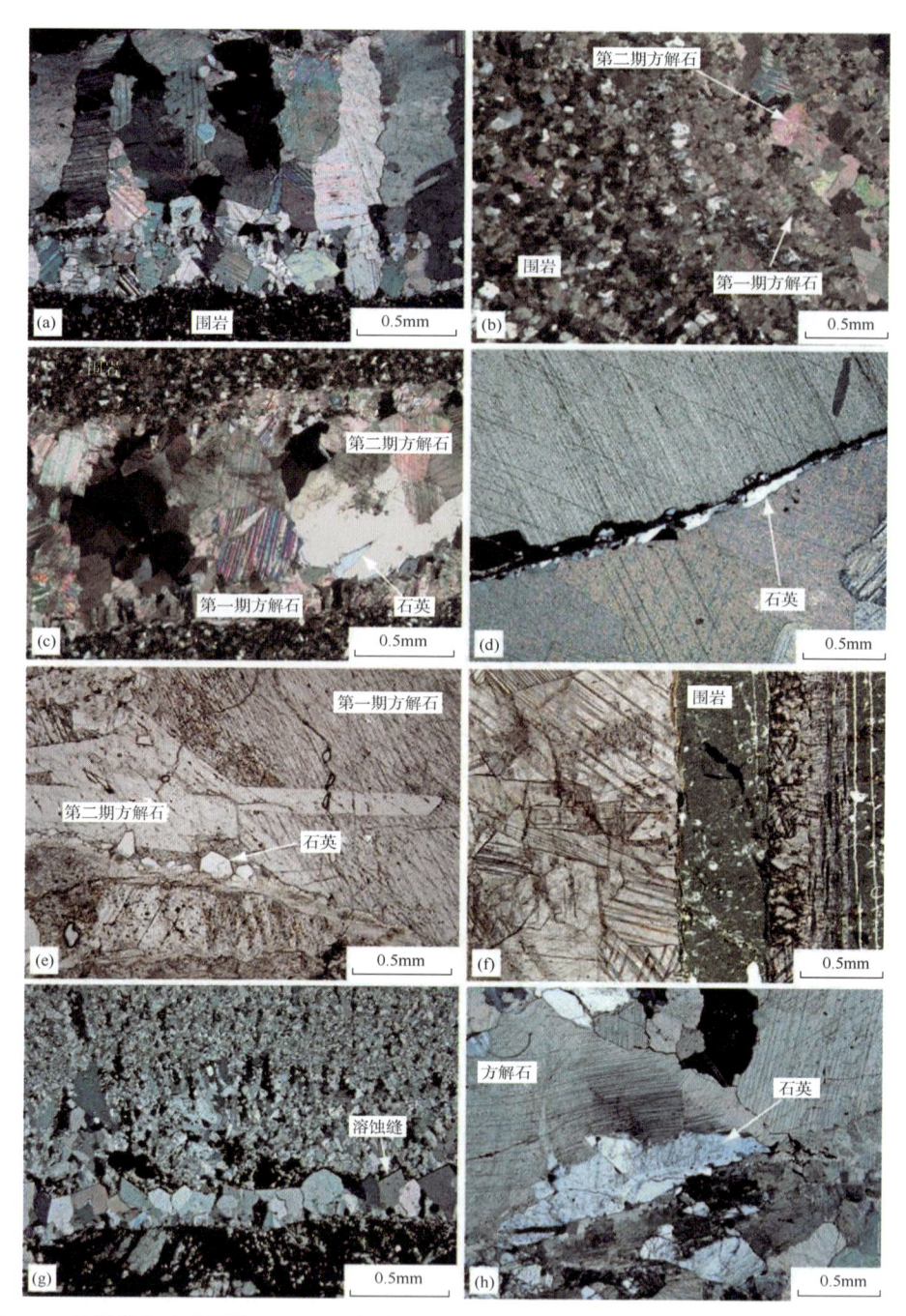

图 5-6 显微照片显示了沿 La Popa 盐焊接分布的野外露头节理脉具有代表性的常见岩石学特征

(a) 对正交节理脉样品 MPF037A 通过正交偏光观察可发现其具有正交节理脉的典型纹理，包括节理脉中心位置晶粒尺寸变大等；(b) 对正交节理脉样品 MPF037B 通过正交偏光观察可发现两期方解石以及次生石英的存在，它们共同形成了平行脉壁层带；(c) 对平行节理脉样品 APS006A 通过正交偏光观察可发现两期方解石以及次生石英的存在；(d) 对平行节理脉样品 MPF001B 通过正交偏光观察可发现粗晶粒方解石被溶解性夹层以及细晶粒石英伴生带切割；(e) 对斜交节理脉样品 APS007A 通过斜顺光观察可发现早期(模糊)孪晶方解石以及晚期(清晰)非孪晶方解石；(f) 对斜交节理脉样品 MPF033A 通过斜顺光观察可发现中等程度双晶的半自形晶体；(g) 对斜交节理脉样品 APS001A 通过正交偏光观察可发现脉壁处的大方解石晶体以及向脉壁中心方向尺寸逐渐变小的方解石晶体；(h) 对斜交节理脉样品 MPF032B 通过正交偏光观察可发现孪晶方解石和次生石英

大多数平行节理脉主要包含两期方解石，第一期方解石成像模糊，部分存在双晶现象，并且呈现出粗亮晶纹理；而第二期的方解石成像清晰，几乎没有李晶现象存在，并且一般含有较小的、块状加长或者板条状的晶体(图 5-6e)。斜交节理脉主要含具有晶石纹理的中等双晶方解石(图 5-6f)。很多样品中可见两期方解石，在一些情况之下，两期方解石存在于平行于脉壁的岩层或者被富集不溶解带分隔开的层带中，它们可说明多期开启和充填作用的存在，但它们也可能因溶解作用而中断(图 5-6g)。在一些斜交节理脉中也可见到明显的方解石生长带。在少量样品中可见次生石英，通常都是大晶粒、形状不规则的孤立晶体(图 5-6h)。

5.2.2 稳定同位素分析

我们在北伊利诺州立大学用 Finnigan MAT253 质谱仪对从沿着盐焊接分布的 60 个野外点收集到的 130 个节理脉和母岩中的方解石内的 $\delta^{18}O$ 和 $\delta^{13}C$ 进行测量。在一至四观测点之间，每个手工样品中都提取出大约 150mg 的粉末状样品，共计 390mg。在不同时间使用标准的 NBS-18、NBS-19 和 NBS-20 进行研究。NBS-18 的测量结果为 $-4.92‰±0.06\%$ 的 $\delta^{13}C$(PDB)以及 $7.22‰±0.08\%$ 的 $\delta^{18}O$(SMOW)；NBS-19 的测量结果为 $1.93‰±0.06\%$ 的 $\delta^{13}C$(PDB)以及 $28.63\%±0.15\%$ 的 $\delta^{18}O$(SMOW)；NBS-20 的测量结果为 $-1.01\%±0.10\%$ 的 $\delta^{13}C$(PDB)以及 $26.64\%±0.20\%$ 的 $\delta^{18}O$(SMOW)。本文所提到的误差是在几个月的时间中采用标准方法对样品进行了超过 200 次综合试验分析后得到的 1σ 的平均值。所有分析数据的完整表格可以在 Smith(2010)的文献中找到。

为了分析地层对节理脉中流体的同位素特征的影响，本文对母岩和节理脉方解石中的 $\delta^{18}O$ 和 $\delta^{13}C$ 进行了比较。盐焊接附近露头的 8 个地层单元中的节理脉和母岩中的 $\delta^{18}O$ 和 $\delta^{13}C$ 分布如图 5-7 所示。几乎所有地层中的节理脉和母岩中稳定同位素值都有一个清晰稳定的协方差。母岩和节理脉中 $\delta^{18}O$ 的平均值相差不超过 2‰，并且不存在向更高或者更低值的系统变化(图 5-7a)。$\delta^{18}O$ 的平均值有一个下降的趋势，从地层柱状图中最下部地层的大约 23‰ 下降到 Viento 组中的大约 17‰，但在 Potrerillos 组和 Carroza 组中下降趋势有一定中断。母岩和节理脉中 $\delta^{13}C$ 的变化情况与 $\delta^{18}O$ 相类似，具体可见图 5-7b。$\delta^{13}C$ 并没有随着地层向上发生系统变化，但 Indidura 组及更古老地层单元中的主要碳酸盐岩地层中 $\delta^{13}C<0$，而 Parras 页岩层和更年轻(硅质碎屑岩)地层中 $\delta^{13}C>0$。Adjuntas 组属于例外情况，该层中母岩和节理脉中 $\delta^{13}C$ 的平均值相差大概有 5‰，而一般情况下这一差值只有不到 2‰。尽管这些差别很细微，但值得注意的是，在 75% 所检测的地层单元中，节理脉中 $\delta^{13}C$ 的平均值比围岩中 $\delta^{13}C$ 的平均值要低。

为了分析节理脉形成过程中的流体与岩石的相互作用程度以及节理母岩的缓冲作用，对所检测的每一层的节理脉和母岩中的同位素图像进行了对比。正如 Gray 等(1991)研究结果所示，在岩石缓冲平衡条件下，母岩和节理脉中 $\delta^{13}C(\delta^{13}C_{母岩}-\delta^{13}C_{节理脉}=\Delta^{13}C_{母岩-节理脉})$ 或者 $\delta^{18}O(\delta^{18}O_{母岩}-\delta^{18}O_{节理脉}=\Delta^{18}O_{母岩-节理脉})$ 的差别既包括节理脉方解石和节理脉内流体之间的与温度有关的分馏组分($\Delta^{18}O_{旋转-流体}$ 或者 $\Delta^{13}C_{旋转-流体}$)，也包括母岩和流体之间的与平均块体分馏相关的组分($\Delta^{18}O_{母岩-流体}$ 或者 $\Delta^{13}C_{母岩-流体}$)。在节理脉母岩投点图上，沿 $\Delta_{母岩-节理脉}=0$ 趋势线分布的数据表示的是母岩和节理脉内流体之间平衡的岩石缓冲系统。由于受流体流动速率，系统内流体的摩尔分数，流体和母岩之间同位素交换速率，或者在大范围温度内的充填等因素影响，有些数据点会偏离这条趋势线(通常是位于趋势线之下)(Gray 等, 1991;

Richards 等，2002）。在岩石缓冲作用较强的情况下，交换速率比较快，流体总量比较小，但流体流速较高，节理脉的同位素特征对充填作用期间的温度变化会十分敏感（Gray 等，1991）。相比较而言，垂直趋势线中的数据显示流体与岩石之间的相互作用程度较低，也因此说明了流体控制系统的同位素交换速率相比较于流体流速比较小，还有流体的摩尔分数比较大，以及节理脉矿物的同位素特征对充填作用期间温度的变化更加敏感。如图 5-8 和图 5-9 所示，沿 $\Delta_{母岩-节理脉}=0$ 平衡线分布的大量数据表明了在几乎所有地层中的大多数节理脉中的流体与岩石相互作用的真实程度。从结果分析来看，样品中的同位素变化好像与温度无关。

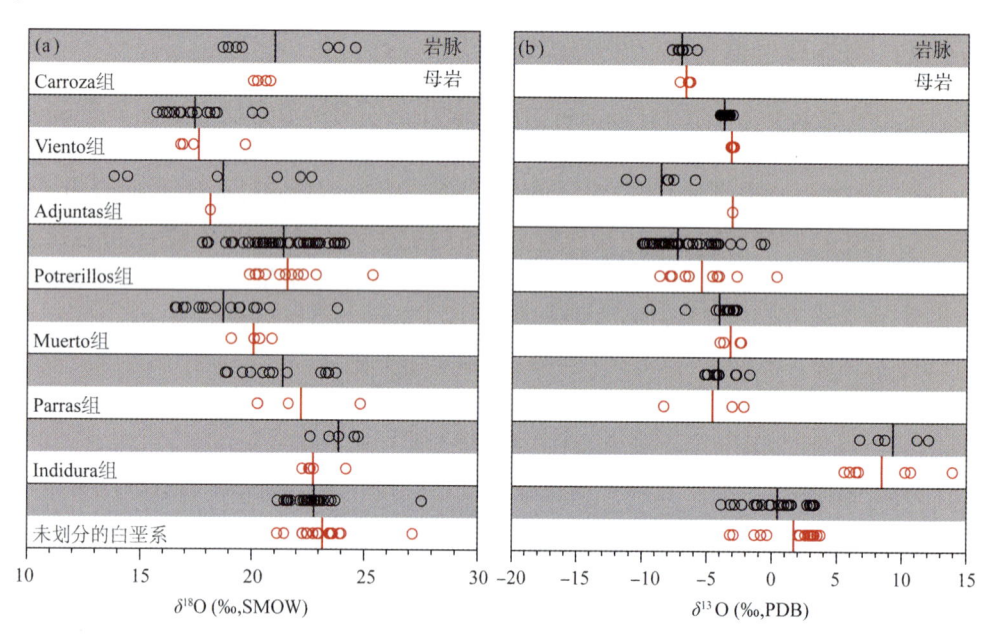

图 5-7 沿 La Popa 盐焊接分布的节理脉和母岩中的 $\delta^{18}O$ 和 $\delta^{13}C$ 分布
每行数据中的实线表示投点值的平均值；地层参见图 5-2 的柱状图

5.2.3 锶同位素分析

我们在 Texas 大学（奥斯汀）利用 Finnigan MAT261 热电离质谱仪对节理脉方解石中的 $^{87}Sr/^{86}Sr$ 比值进行了测量，分析技术是使用校正后的 Montanez 等（1996）方法。所有的样本品都是经过动态多路采集系统模式来进行分析的。标准 NBS-987 测量法在分析样品期间产生的 $^{87}Sr/^{86}Sr$ 的比值为 $0.710248\pm0.000020(1\sigma)$。表 5-2 综合了测量数据，图 5-10 则对每个节理脉样品的 $^{87}Sr/^{86}Sr$ 比值，及与包含围岩年代的相对关系进行了投点，并加上了 MacArthur 等（2001）提出的 LOWESS $^{87}Sr/^{86}Sr$ 同位素曲线。该曲线表示的是对全球显生宙未经扰动的海相岩石和化石中的 $^{87}Sr/^{86}Sr$ 比值数据的最佳拟合，并被广泛应用于海相沉积岩的定年与对比中（Gale 等，1995；Dingle 和 Lavelle，1998；Crame 等，1999；MacArthur 等，2001）。

La Popa 盆地侏罗系蒸发岩中的节理特别适合进行 $^{87}Sr/^{86}Sr$ 分析，特别是当试图弄清楚节理脉内的流体是否起源于蒸发岩还是与蒸发岩发生相互作用时。如 MacArthur 等（2001）提出的，海相岩石和化石中的 $^{87}Sr/^{86}Sr$ 比值在侏罗纪达到一个显生宙的低值（图 5-10a）。因此，蒸发岩衍生的节理脉内的流体与来自其他地层的流体之间的相互作用总是会降低节理脉的 $^{87}Sr/^{86}Sr$ 比值。该结论同样也适用于像 Carroza 组这样的陆相地层，虽然陆相地层中的

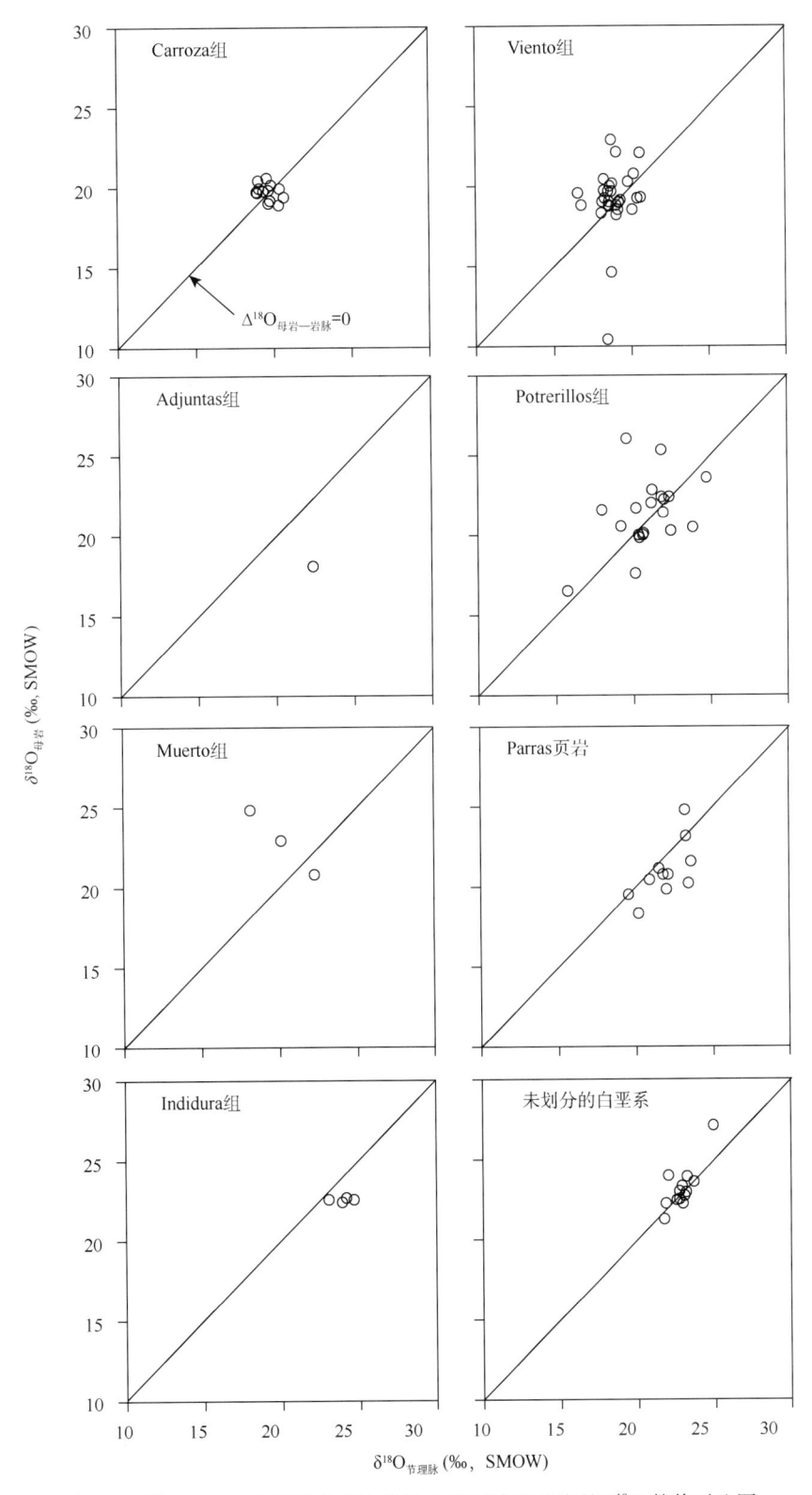

图 5-8 沿 La Popa 盐焊接分布的样品中节理脉和母岩的 $\delta^{18}O$ 数值对比图

地层参见图 5-2 的柱状图

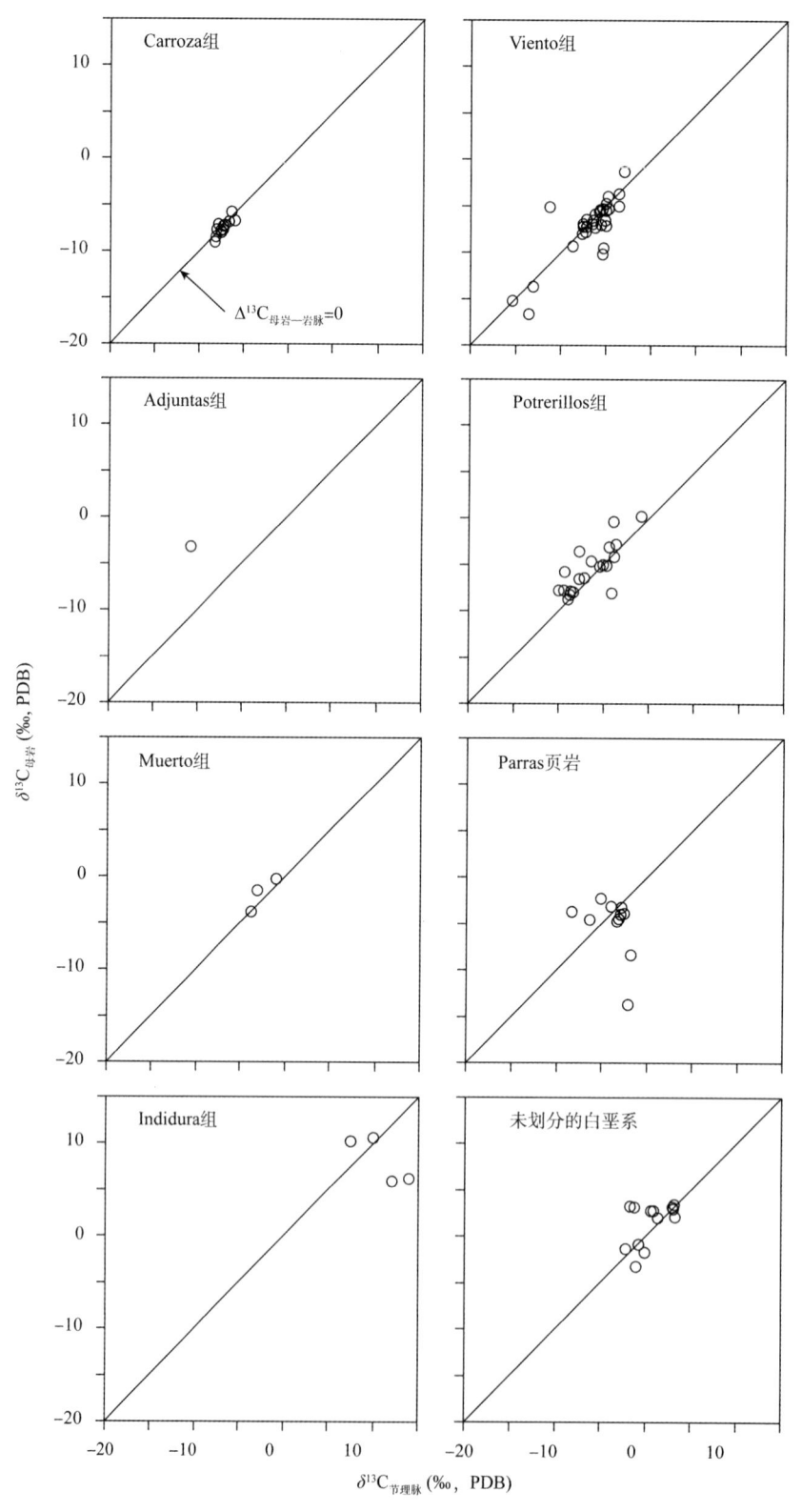

图 5-9 沿 La Popa 盐焊接分布的样品中节理脉和母岩的 δ^{13}C 数值对比图

地层参见图 5-2 的柱状图

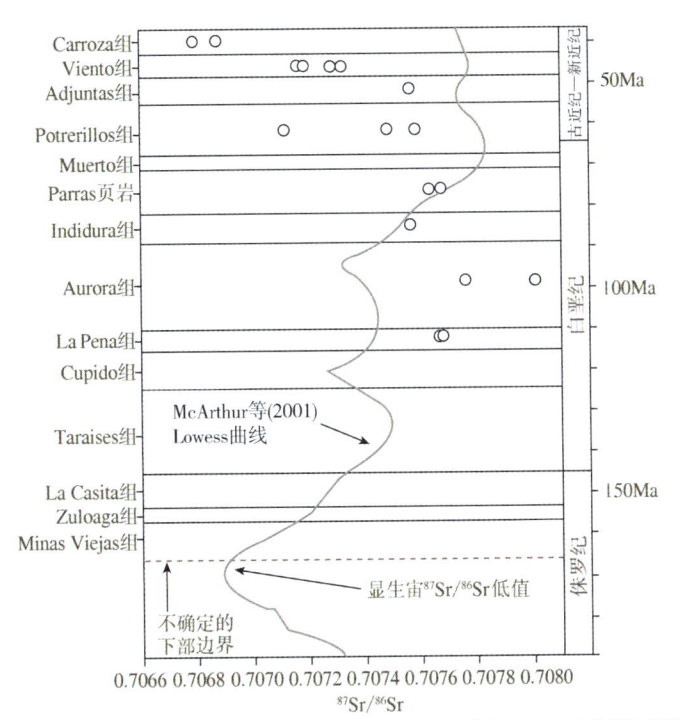

(a) 沿La Popa盐焊接分布的节理脉以及世界范围内海相岩石和化石中的$^{87}Sr/^{86}Sr$比值随地层和时间的变化

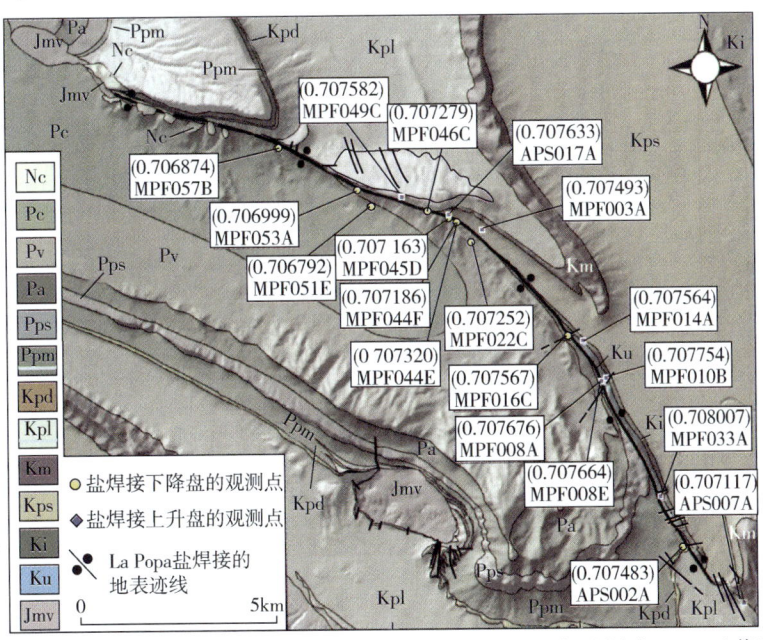

(b) 沿La Popa盐焊接分布的$^{87}Sr/^{86}Sr$比值，代表每个观测点位置的方框内表示的是该观测点的$^{87}Sr/^{86}Sr$比值以及所检测的样本编号；有些观测点有不止一次检测，通常是对不同的节理脉组进行的检测；表5-2中列出了详细数据以及每个样品所在位置的构造和地层描述

图 5-10　沿 La Popa 盐焊接的 $^{87}Sr/^{86}Sr$ 比值变化

$^{87}Sr/^{86}Sr$比值一般不会落在 MacArthur(2001)提出的曲线上。这些陆相岩石中方解石节理脉中较低的$^{87}Sr/^{86}Sr$比值可能是由于节理脉内流体与局部母岩相互作用时^{86}Sr的高输入量引起

的，也有可能是由于与外部具有$^{87}Sr/^{86}Sr$较低值的流体之间发生相互作用引起的，但可以确定不是由于^{87}Rb输入造成的污染而引起的，这是因为^{87}Rb并不会被方解石晶体的晶格所吸收（Elburg 等，2002）。因此由^{87}Rb衰变成^{87}Sr只会增加母岩中$^{87}Sr/^{86}Sr$的比值，而不会降低这些岩石中方解石节理脉中$^{87}Sr/^{86}Sr$的比值。

如图 5-10a 所示，沿着 La Popa 盐焊接分布的节理脉中的$^{87}Sr/^{86}Sr$比值在地层中由下往上会发生系统性的减小，并且只有 Parras 页岩层以及 Indidura 组中节理脉内$^{87}Sr/^{86}Sr$的比值与母岩内的预期值相接近。比 Parras 页岩层更古老的地层中的节理脉中的$^{87}Sr/^{86}Sr$的比值都要比母岩中的预期值低，而比 Indidura 组更古老的地层中的节理脉中的$^{87}Sr/^{86}Sr$的比值要比母岩中的预期值高。尽管沿着盐焊接从东南向西北方向，$^{87}Sr/^{86}Sr$的比值整体上是呈下降趋势（图 5-10b），从盐焊接的上升盘到下降盘也是有相似变化特征，沿着盐焊接分布的地层突出部位内的这种系统性变化还是很难断定是由构造效应还是地层效应引起的。表 5-2 显示$^{87}Sr/^{86}Sr$比值并没有随着节理脉类型的变化而发生明显的系统性变化，同样地，距离盐焊接距离的远近与$^{87}Sr/^{86}Sr$比值之间也没有明显的联系。观测点 MPF008 处的节理脉就在紧邻盐焊接的位置，形成一条厚度不足 5m 的岩片，称之为 La Peña 组（Lawton 等，2001），此处$^{87}Sr/^{86}Sr$比值要高于预期值，这说明节理脉内的流体并未与 Minas Viejas 组发生明显的相互作用。这些节理脉中的$^{87}Sr/^{86}Sr$比值特征表明它们由向下渗透的流体形成，并与有较高$^{87}Sr/^{86}Sr$比值的更年轻上覆地层发生了相互作用。

表 5-2 沿 La Popa 盐焊接出露的方解石节理脉中的锶同位素比值

样品	地层	盐焊接两侧	盐焊接部位	节理脉类型	$^{87}Sr/^{86}Sr$
MPF003A	Parras 页岩	上升盘	弯曲	平行地层	0.707493
MPF008A	未划分的白垩系	上升盘	东南段	正交	0.707676
MPF008E	未划分的白垩系	上升盘	东南段	断层	0.707664
MPF010B	未划分的白垩系	上升盘	东南段	非系统性	0.707754
MPF014A	Indidura 组	上升盘	东南段	非系统性	0.707564
MPF016C	Adjuntas 组	下降盘	东南段	断层网络	0.707567
MPF022C	Viento 组	下降盘	弯曲	平行地层	0.707252
MPF033A	Aurora 组	上升盘	东南段	斜交	0.708007
MPF044E	Viento 组	下降盘	弯曲	平行	0.707320
MPF044F	Viento 组	下降盘	弯曲	走向	0.707186
MPF045D	Viento 组	下降盘	弯曲	走向	0.707163
MPF046C	Viento 组	下降盘	弯曲	雁列式	0.707279
MPF049C	Potrerillos 组	上升盘	弯曲	平行地层	0.707582
MPF051E	Carroza 组	下降盘	西北段	平行地层	0.706792
MPF053A	Viento 组	下降盘	西北段	斜交	0.706999
MPF057B	Carroza 组	下降盘	西北段	走向	0.706874
APS002A	Delgado 组	下降盘	东南段	斜交	0.707483
APS007B	Potrerillos 组	上升盘	东南段	平行地层	0.707117
APS017A	Parras 页岩	上升盘	弯曲	断层	0.707633

注：样品位置参见图 5-10b。

5.2.4 流体包裹体分析

选择了 19 个具有代表性的节理脉样品进行流体包裹体分析，但其中只有 9 个样品得到了可信的可重复实验结果。每个样品都被双面打磨成 50~150μm 厚的薄片，原生流体包裹体和假次生流体包裹体聚集带(Goldstein 和 Reynolds，1994)都使用传统的加热和冷冻技术进行识别和分析，该技术由 FLUID 公司发明并由美国地质调查局进行了改进，并在 0℃(冰浴)、374.1℃(水的临界点)和-56.6℃(CO_2三相点)(后两项标准由 SYNFLINC 公司提供)条件下进行了校正。对两相包裹体进行加热，直至气泡与液体发生均一化(T_h是均一化温度)。在均一化之后，样品被缓慢冷却到-170℃，然后再缓慢加热，以观察共熔温度(T_e)，最终观察冰融化温度(T_{mice})。两相盐水包裹体的流体组分由 NaCl - H_2O 系统的标准相图得到(Crawford，1981；Shepherd 等，1985)。

图 5-11 所示即为测得的沿 La Popa 盐焊接分布的节理脉中的流体包裹体的 T_h 和 T_{mice}。尽管在所检测的样品中流体包裹体并不多见，但两相盐水包裹体的原生和假次生聚集带却是最为常见的。在所研究的样品中，其中有四个样品观察到了单相假次生甲烷包裹体聚集带。破碎实验表明盐水包裹体是甲烷饱和体，因此不需要进行压力校正。数据显示原生和假次生包裹体聚集带中的 T_h 和 T_{mice} 之间并不存在显著的系统性差异，无论它们是处在不同类型的节理脉中还是石英或是方解石中的包裹体。真正会产生持续显著影响的因素是样品在盐焊接中所处的位置(图 5-11)。

往西北方向，盐焊接下降盘上的节理脉是由含盐度相对较低的流体(<12%(wt，Nacl))形成，这些流体的均一化温度大部分都处于 80℃~100℃。都含有甲烷成分。往东南方向，节理脉至少是由三种流体形成的：第一种流体的均一化温度接近 100℃，含盐度接近 24%(wt，Nacl)；第二种流体的均一化温度接近 165℃，含盐度接近 4%(wt，Nacl)；第三种流体的均一化温度接近 180℃，含盐度接近 20%(wt，Nacl)。在盐焊接弯曲部位附近存在多种节理脉流体，它们的温度都要明显高于盐焊接其他位置的流体。盐焊接弯曲附近包裹体的均一化温度位于 150℃~206℃，含盐度则分为 3%(wt，Nacl)、17%(wt，Nacl)和 24%(wt，Nacl)三组。除了位于邻近盐焊接上升盘地层中的观测点 MPF008 处的节理脉之外，沿着盐焊接东南段分布的节理脉中一般都不会含油气包裹体。整体来看，流体包裹体数据显示盐焊接西北段下降盘以及盐焊接弯曲附近部位的含油气包裹体数量较多。该结果与 Hudson 和 Hanson(2010)的研究成果是相吻合的。他们认为油气染色、原油气味以及其他一些生物化学证据都能证实油气沿着 La Popa 盐焊接的西北段及下降盘发生了运移。

根据 Mullis(1987)的研究，本文利用四个样品中具有成因联系的盐水包裹体和甲烷包裹体对捕获时的流体压力进行约束。如图 5-12a、b 所示，邻近盐焊接弯曲部位上升盘 Parras 页岩中的平行地层节理脉的捕获压力接近 80MPa，而盐焊接弯曲部位下降盘在出露 Viento 组中的斜交节理脉的捕获压力接近 50MPa。在 Viento 组的走向节理脉和与白垩系碳酸盐岩同时期 Cupido 组的斜交节理脉中，存在多个具有不同均一化温度(T_{hH})的油气包裹体，这也表明这些节理脉可能在不同的压力—温度条件下重新发生开启及闭合。Viento 组走向节理脉中的原生包裹体的捕获压力为 100~130 MPa，而假次生包裹体的捕获压力为 50~85MPa(图 5-12c)，白垩纪岩层中斜交节理脉内的原生包裹体则在 40~85MPa 的压力之间被捕获(图 5-12d)。

如果形成这些节理脉的流体在包裹体捕获时的地热梯度与周围母岩能达到热平衡，那就有可能预测出节理脉形成时的埋藏深度。Gray 等(2001)对 La Popa 盆地古地热梯度进行了端元预测，得出地热梯度为 30℃/km，Hudson 和 Hanson(2010)则发现地热为 15℃/km 梯度，这为从 Muerto 组到 Carroza 组中收集到的镜质体数据提供了最佳拟合。通过对比本文测定的

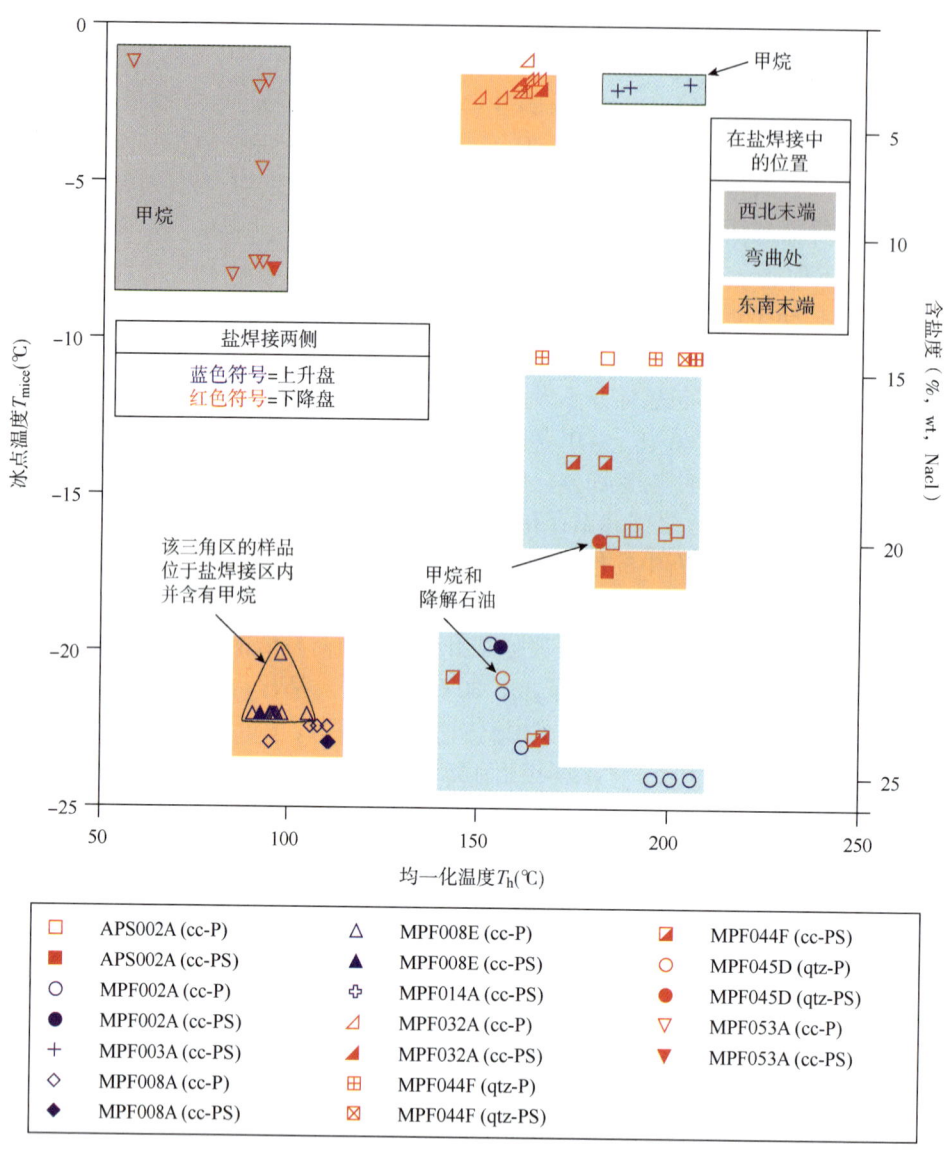

图 5-11 沿 La Popa 盐焊接分布的节理脉中的流体包裹体的均一化温度及含盐度

符号的颜色表示样品在盐焊接两侧中的位置，而彩色边框围绕起来的部分表示样品沿盐焊接的分布位置；样品数据还含有单相甲烷包裹体或降解油包裹体，它们由图中的箭头或者闭合方框/三角形表示；符号图例缩写表示母矿物和包裹体聚集带来源；cc—方解石，qtz—石英，P—原生聚集体，PS—假次生聚集体，样品点的具体位置参见图 5-10

包裹体被捕获时的温度压条件与图 5-12 所示的静水和静岩条件，可以清楚地看到大多数数据在中间地热梯度接近 20℃/km，流体压力是静水压力或弱超压的条件下可以得到很好的解释。如果地热梯度更高，形成这些节理脉就需要中等程度的超压。如果地热梯度达到 30℃/km 形成大部分节理脉就需要静岩压力之上一个不实际的压力。对于一个特定的地热梯度，可以在假设的静水压力条件下得到节理脉形成时的最大埋藏深度，而较浅的埋藏深度可以随着假设超压的增加而获得。如果沿 La Popa 盐焊接分布的节理脉是在静水压力或弱超压以及接近 20℃/km 的地热梯度的条件下形成，则本文的大部分节理脉形成时的埋藏深度在 5~8km 之间。Viento 组走向节理脉中的原生包裹体的较高的捕获压力最有可能表示更大的

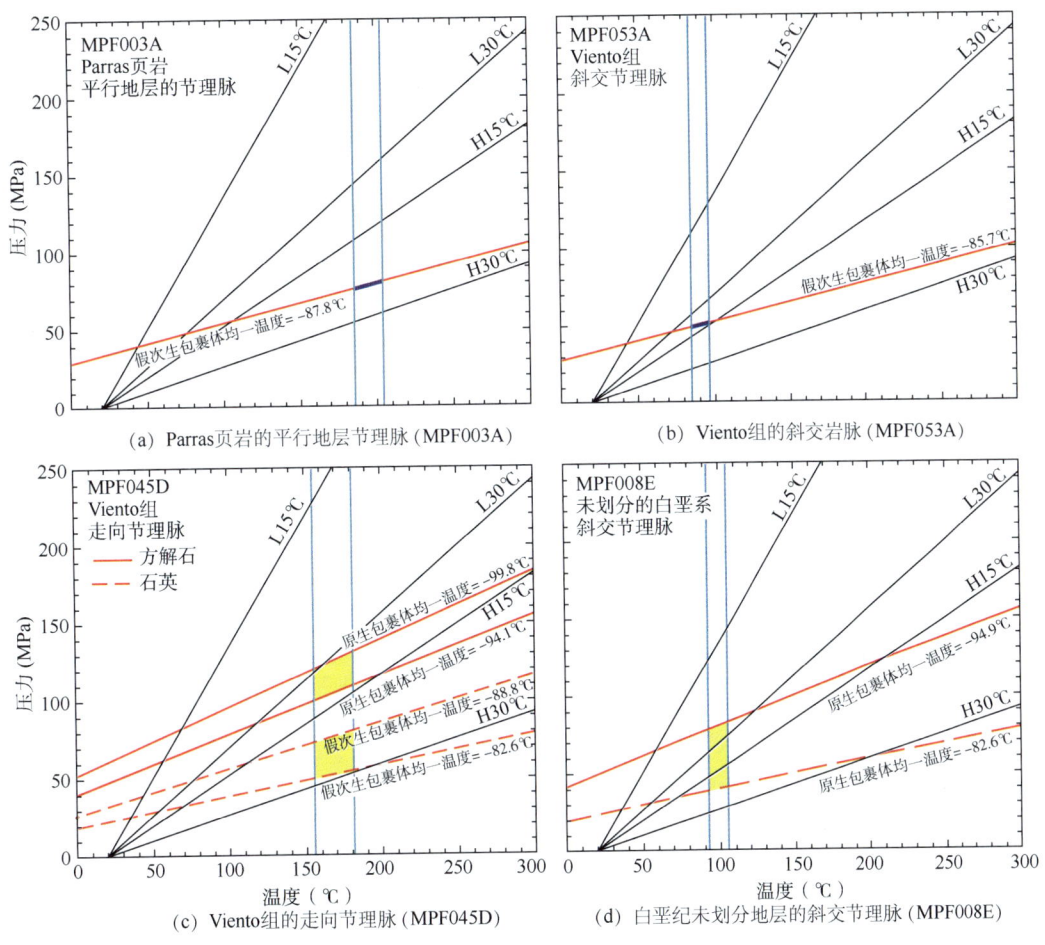

图 5-12　沿 La Popa 盐焊接分布的四个节理脉样品中同期盐水包裹体和油气包裹体的捕获温度及压力

每幅图中的浅蓝色竖线界定了盐水包裹体的均一化温度范围，而红线则表示由同期捕获的原生或者假次生油气包裹体的均一化温度衍生出的等容线（T_{hH}）；深蓝色线以及黄色区域则表示每个样品的捕获温度和压力；H_2O-CO_2-CH_4 系统的等容线是由 Duan 等（1992）提出的状态平衡方程演化来的；共有 4 组不同的温度压力关系作为参考；H15℃ 和 H30℃ 表示静水压力下的地温梯度分别为 15℃/km 和 30℃/km，而 L15℃ 和 L30℃ 表示相同的静岩压力和地温梯度；假设静岩压力条件下压力梯度为 26MPa/km，而静水压力条件下压力梯度为 10MPa/km；同时假设古地表温度为 20℃；地层请参考图 5-2 中的柱状图，样品位置图参见图 5-10b

超压程度，而不是表示埋藏深度达到 10~13km，因为在这深度条件下需要静水压力。

5.3　讨论

　　本文的数据对于盐焊接水文学方面的研究意义主要取决于节理脉相对于盐焊接的形成时间。如果在节理脉形成的时候，La Popa 盐焊接仍然是具有一定盐体厚度的盐墙，那么本文的资料就是针对盐墙附近而不是盐焊接的古水文学特征。如果节理脉的形成是在盐体从 La Popa 盐墙排出之后，那么本文的数据就反映了垂直二次盐焊接附近的古水文学特征。尽管区域裂缝系统的形成时间很可能跨越了这两种情况，但还是有证据可以表明本文所检测的节理脉的填充主要还是发生在 La Popa 盐焊接没有或是几乎没有盐体存在的时候。节理脉中甲烷包裹体的存在表明，节理脉是在区域烃源岩达到最早期的生气门限的埋藏深度之后开始形成。根据 Hudson 和 Hanson（2010）的埋藏史模型，该时期接近于古新世末期。根据包裹体的埋藏深度可得知温度和捕获压力，并可进一步得知大部分节理脉的形成温度介于 80~200℃ 之间，而埋藏深度则为 5~8km。

如图 5-13 所示，这三个约束条件表明沿 La Popa 盐焊接分布的节理脉最有可能形成于大规模 Laramide 挤压作用之后的盆地抬升阶段，并造成现今出露的沿盐焊接分布的大部分盐体从早期盐墙中排出。该解释也得到了如下几条野外观察证据的支持：（1）Potrerillos 组下部发育同构造期生长地层，它表示 La Popa 盆地内 Laramide 挤压作用在马斯特里赫特阶晚期的开始（Rowan 等，2003）。（2）Rowan 等（2012）的剖面复原结果表明盐体从盐焊接出露部分的完全排出是在 Carroza 组沉积末期，也就是接近始新世中期。

5.3.1 流体来源及类型

本文数据表明沿 La Popa 盐焊接分布的节理中的脉流体有很多来源。含盐流体类型包括大气降水，富含 $CaCl_2$、$MgCl_2$、$NaCl$ 的盐水，甲烷和 CO_2。根据流体包裹体的度为 17%~

图 5-13 La Popa 盆地埋藏史图

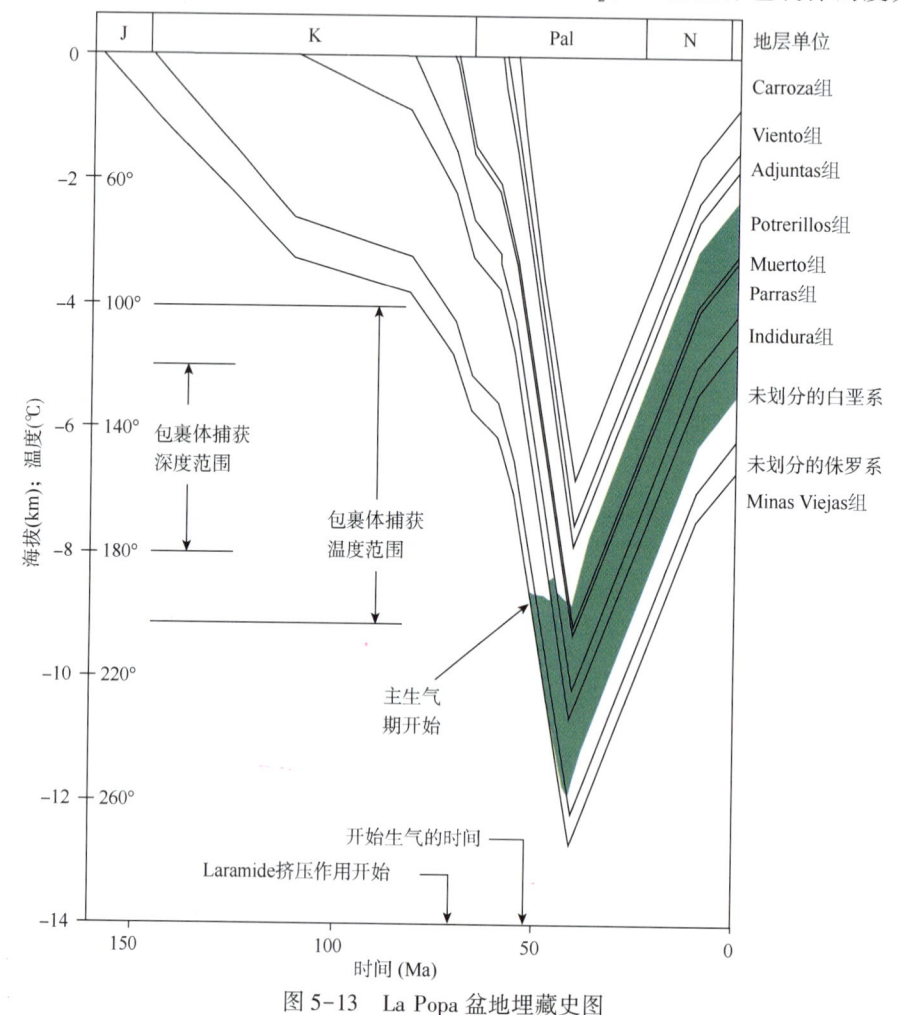

图中展示了节理脉形成时间及 Laramide 挤压作用的时间；假设地表温度为 20℃，地温梯度为 20℃/km；绿色区域表示根据 Hudson 和 Hanson（2010）镜质组数据得到的主生气时间；可以发现，Hudson 和 Hanson（2010）提出的原图的深度坐标轴存在误差（A. D. Hanson，2010），此处已做出修正

24%wt%NaCl，共晶温度（T_e）为-50℃~-28℃，可知盐水的存在及其组分。100℃~200℃的均一化温度表明大部分盐水都是来自深度超过5km的地方。相比之下，一些节理脉中的高温（T_h>150℃），低盐度流体说明了深部降水循环系统的存在。一些节理脉中含有盐度跨度很大的包裹体聚集体，这也表明多种类型流体在相同裂缝网络中发生了运移，并且还有个别节理脉可能还多次发生了水文活化作用。与之相比，在La Popa盆地内远离盐焊接的区域，个别节理脉中的所有包裹体内的含盐度都是一致的（Smith，2010）。这说明在远离盐焊接的变形程度较弱的岩石中，古水文系统主要受一种流体的影响，或是，裂缝只起到一次水文传导的作用。

除了被保存在流体包裹体中之外，甲烷和CO_2在古水文系统中的存在可以由许多节理脉中较低的$δ^{13}C$值得到间接证明。Hudson和Hanson（2010）完成的总有机碳和岩石评价表明，油气最有可能来自盐焊接下降盘上的Potrerillos组中的上部泥页岩段。除了有一个样品的位置是在盐焊接弯曲附近的上升盘上的Parras页岩层（MPF003A样品），我们所有的甲烷包裹体都来自盐焊接带本身或者是在盐焊接下降盘中Potrerillos组之上的岩层中（图5-11）。这一分布与Hudson和Hanson（2010）提出的Potrerillos组烃源岩的说法相吻合，同时证实了油气运移可能集中在盐焊接下降盘以及盐焊接弯曲附近的说法。

节理脉和母岩中$δ^{18}O$和$δ^{13}C$数值的高度一致表明La Popa盆地古水文系统中存在大量的岩石缓冲区，这些区域的节理脉中的流体与母岩处于同位素平衡状态。尽管这通常会被作为节理脉中流体属于局部来源的证据，但大多数样品和预测母岩之间的$^{87}Sr/^{86}Sr$比值的不一致说明部分节理脉中流体是在别处生成的，但它们通过快速交换、高流量和低总量等方式与母岩达成了碳氧同位素平衡。特别重要的是来自古近系—新近系节理脉中的$^{87}Sr/^{86}Sr$比值低于预测值，这表明在这一部分地层中，向上运移的节理脉中流体是在Minas Viejas组的侏罗纪蒸发岩中产生的（图5-10）。反过来，它们也表明了向下运移的节理脉中的流体与河流相Carroza组发生了实质性的相互作用。由于大量碎屑长石、火山岩碎片（Lawton等，2009）以及侏罗纪蒸发岩粉尘的存在，Carroza组通常具有较低的$^{87}Sr/^{86}Sr$比值。Buck等（2010）使用后一种说法作为该地层单元大量存在钙质、钠质、重晶石和石膏质古土壤的解释。如果要确认哪一种说法是最可能正确的，那就需要对母岩中的$^{87}Sr/^{86}Sr$比值做系统性的分析。

5.3.2 La Popa盐焊接是封闭层还是导流层？

分析可知，La Popa盐焊接对于La Popa盆地内的区域古水文系统有着十分重要的影响作用。盐焊接两侧的古水文系统有着十分显著的差异，而且有证据表明，有多种类型的流体流入盐焊接附近的岩层内或是盐焊接中。盐焊接两侧的差异表明盐焊接在水平方向是封闭隔板，而不同流体类型的存在则表明盐焊接在垂向上是输导通道。如图5-14所示，尽管每个位置的$δ^{18}O$的范围都相类似，但盐焊接下降盘节理脉的$δ^{13}C$值一般都低于上升盘。盐焊接上升盘与下降盘中$δ^{13}C$的差值约为5‰~10‰，这表明很少或几乎没有流体通过盐焊接发生混合。与$δ^{18}O$值做投点发现，节理脉中$^{87}Sr/^{86}Sr$比值有类似特征；与上升盘相比，下降盘的节理脉中$δ^{18}O$值略低，而$^{87}Sr/^{86}Sr$比值则要低很多。对于$δ^{13}C$值，假设与母岩发生了充足的交换，而通过盐焊接的交换就会使$δ^{18}O$值和$^{87}Sr/^{86}Sr$比值均一化，尤其是对于那些距离在1km范围以内的样品而言更应如此。

我们假设盐焊接作为运移通道主要基于以下几方面原因。大量泥岩和页岩的存在使La Popa盆地成为纵向上分层叠置的区域古水文系统（Fischer等，2009）。母岩中稳定同位素特

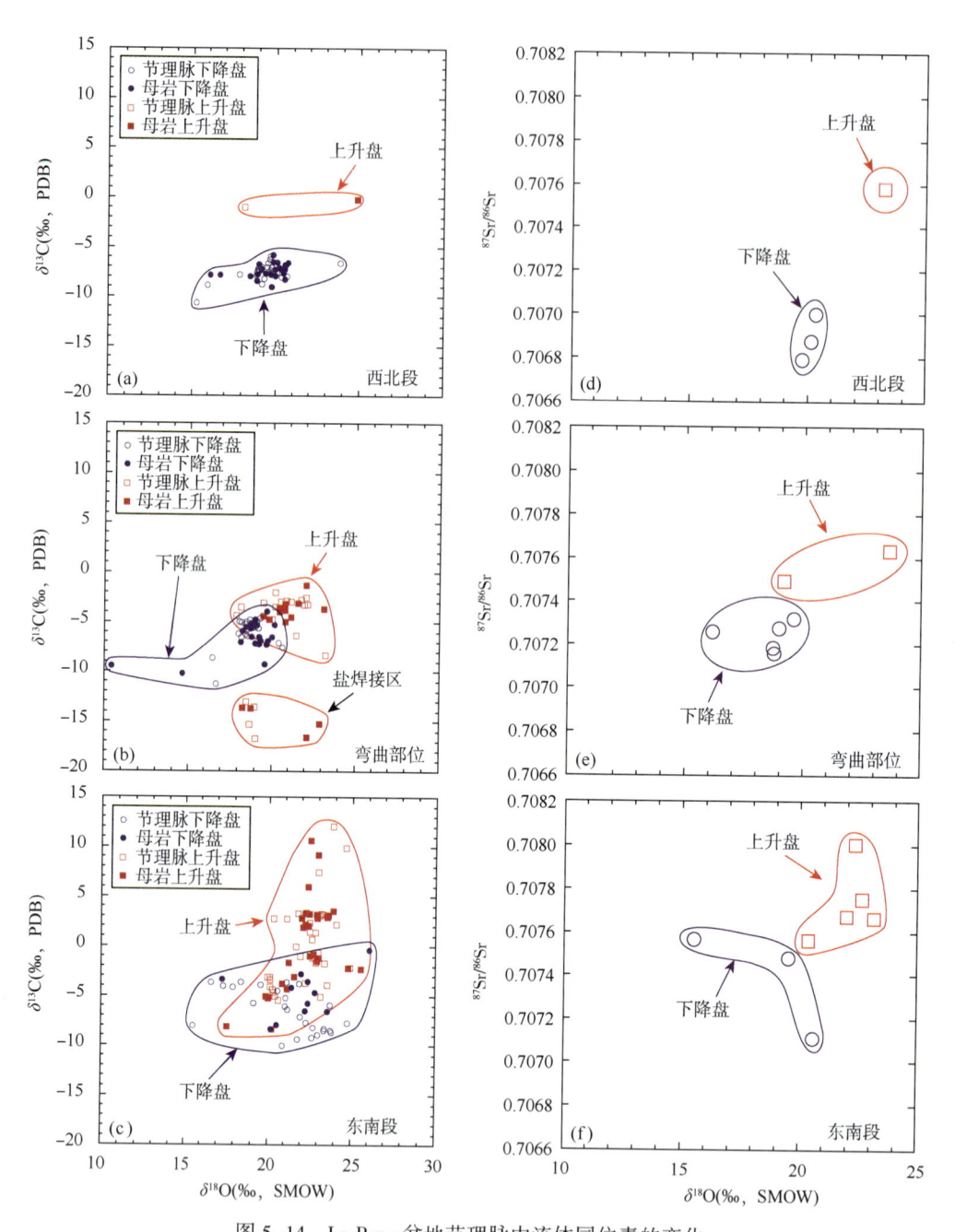

图 5-14 La Popa 盆地节理脉中流体同位素的变化

(a)至(c)为碳和氧的同位素变化图；(d)至(f)为氧和锶的同位素变化图；所有的数据均来自节理脉方解石

征随地层的变化以及节理脉和母岩的高度一致性都对上述说法提供了支持，同时也表明在 La Popa 盆地(尤其是在远离盐焊接的区域)几乎没有流体通过盖层发生垂向运移。盐焊接附近相似地层部位内的节理脉所含油气最有可能是来自于下伏的 Potrerillos 组，以及含有不同盐度和温度的流体(其中部分可能来自 Minas Viejas 组)，都表明沿盐焊接发生的流体垂向沟通的不断增加。盆地内裂缝的发育不足表明深部流体最可能的运移通道就是沿着盐焊接向上发生运移，或者是通过盐焊接附近裂缝发育程度较高的岩层进行运移。对于这一假设的论证需要对 La Popa 盆地内的节理脉和母岩进行更多的区域性研究，从而明确远离盐焊接部位的

5.3.3 古水文结构与特征

图 5-15 系统性地表示 La Popa 盐焊接附近古水文系统的剖面特征。盐焊接上升盘中的流体主要是位于 Parras 页岩之上的循环降水。这些低含盐度的流体会优先沿着盐焊接向下运移，或者会一直穿过上覆地层。另一个含盐度更高的水文系统很可能存在 Parras 页岩之下。盐焊接上升盘中地层的整体方位造成更深层的高温高盐度流体向北运移出该系统之外，但也有少量流体会沿着盐焊接向上运移(尤其是在盐焊接弯曲附近)。盐焊接下降盘含有深层的多种组分的高温盐水，其中大多数都被限制在盖层之间。大气降水穿过出露于西南侧 El Gordo 背斜地表的地层向下循环，并与向上运移的盐水混合。这些盐水最可能与来自下伏蒸发岩或者滑塌盐墙的蒸发岩的流体相混合，并与来自盐焊接下降盘中 Potrerillos 组或 Parras 页岩产的油气一起沿着盐焊接向上运移(Hudson 和 Hanson，2010)。

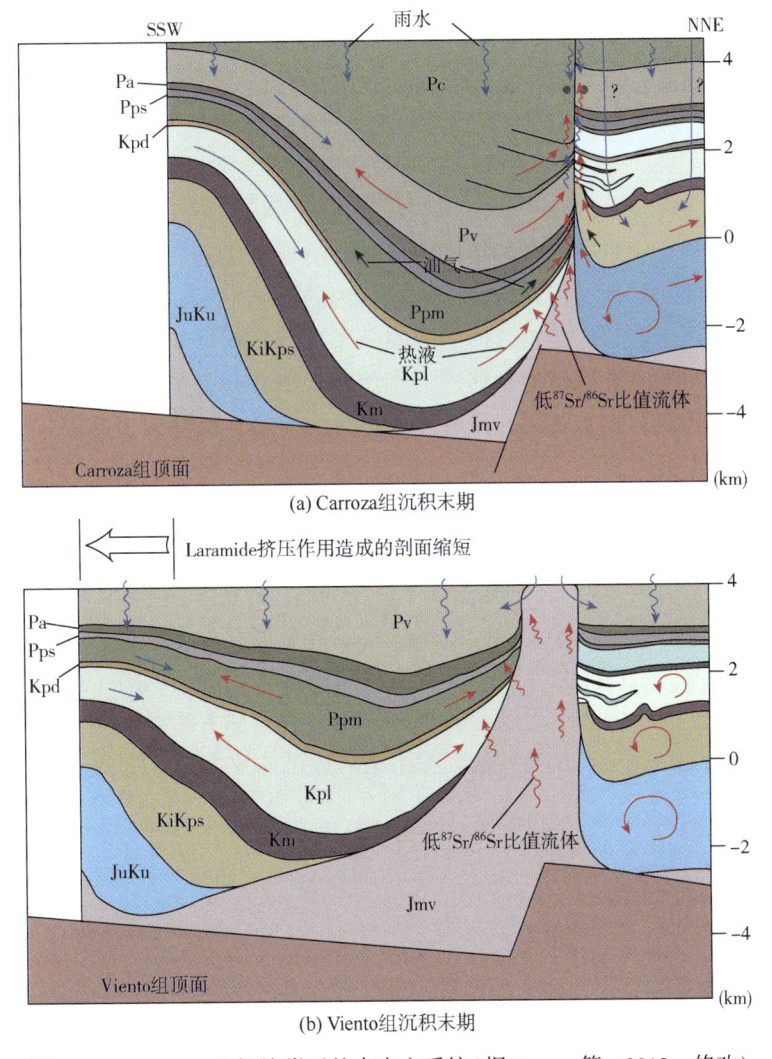

图 5-15　La Popa 盐焊接附近的古水文系统(据 Rowan 等，2012，修改)

不同颜色的箭头表示降水、热液以及油气在系统中运移方向

La Popa 盐焊接整体古水文结构与特征对于研究二次盐焊接的封闭潜力具有重要意义。La Popa 盐焊接弯曲附近流体的数量和种类以及裂缝数量的增加都表明，盐焊接几何形态的突变可能会对封闭作用产生重要的影响。盐焊接中的膝折弯曲和尖端都是流体垂向运移的有效通道。La Popa 盐焊接下降盘上更多数量的裂缝以及流体种类表明，流体的垂向运移更多地发生在位移量较大以及盐焊接附近倒转地层更广阔的一侧。La Popa 盐焊接遭受的挤压作用可能会加剧这种趋势，因为挤压引起的裂缝集中分布在盐墙最初形成盐焊接的部位，以及沿盐焊接呈三维不规则形态的区域（如尖端和弯曲）。因此，在分析二次盐焊接的封闭潜力时，不应该只分析盐焊接的几何形态，烃源岩位置和运移方向，垂向位移量以及对盐焊接有影响的区域挤压的时间和程序等都应该考虑在内。这些特征看起来都好像与 La Popa 盐焊接附近的脆性变形的强度有关，而变形强度很有可能控制着盐焊接的古水文特征。

5.4 结论

La Popa 盐焊接两侧节理脉的数量及方位都不相同，而且在盐焊接的不同部位也有所不同。节理脉基本上是平行或垂直于盐焊接的走向，而在盐焊接弯曲部位的下降盘，节理脉数量达到峰值。通过对流体包裹体的显微测温可知，节理脉中流体的温度为 80℃~200℃，含盐度为 4~24%（wt，Nacl），并且通常都含有甲烷。对节理脉和母岩的方解石进行碳和氧的稳定同位素测量后，可知节理脉中流体与母岩处于平衡状态，并且由于系统中甲烷或 CO_2 的存在，导致较轻的碳元素集中在盐焊接的下降盘。节理脉中的 $^{87}Sr/^{86}Sr$ 比值在地层剖面中往上发生系统性的减少，并且与相对应时期的母岩内的 $^{87}Sr/^{86}Sr$ 比值几乎没有关联。

通过对盐焊接周围及盐焊接内流体的空间分布进行分析，我们认为 La Popa 盆地中近于垂直的二次盐焊接在垂向上可作为运移通道，而在水平方向上是作为封闭遮挡层。盐焊接两侧的古流体是有区别的，它们之间并没有发生充分的交换，因此并没有发生均一化。邻近盐焊接的节理脉中多种类型流体与温度的存在，以及盐焊接下降盘中甲烷的聚集，都表明盐水是沿盐焊接向上运移的，而降水则是向下运移。其中部分流体可能是来自构成盐墙的侏罗系蒸发岩，也有可能是与侏罗系蒸发岩发生了相互作用。

看起来有多个参数控制了 La Popa 盐焊接的古水文系统，并且当对相似的近直立二次盐焊接的封堵能力进行评价的时候，也应该将这些参数考虑在内。盐焊接弯曲或其他的盐焊接三维形状中的不规则变化可能会导致脆性变形，从而加大渗漏的风险。地层在盐焊接形成后遭受的强烈挤压会增强盐焊接附近区域的裂缝作用，也会加大渗漏风险。明显的垂向位移则会造成盐焊接下降盘的变形，并导致盐焊接附近岩层的水文特征的明显不对称性。

参考文献

Allan, U. S. 1989. Model for hydrocarbon migration and entrapment within faulted structures. AAPG Bulletin, 73, 803-811.

Antonellini, M. & Aydin, A. 1994. Effect of faulting on fluid flow in porous sandstones: petrophysical properties. AAPG Bulletin, 78, 355-377.

Bouvier, J. D., Kaars-Sijpesteijn, C. H., Kluesner, D. F., Onyejekwe, C. C. & van der Pal, R. C. 1989. Three-dimensional seismic interpretation and fault sealing investigations, Nun River field, Nigeria. AAPG

Bulletin, 73, 1397-1414.

Bruno, R. S. & Hanor, J. S. 2003. Large-scale fluid migration driven by salt dissolution, Bay Marchand Dome, offshore Louisiana. GCAGS/GCSSEPM Transactions, 53, 97-107.

Buck, B. J., Lawton, T. F. &Brock, A. L. 2010. Evaporitic paleosols in continental strata of the Carroza Formation, La Popa Basin, Mexico: record of Paleogene climate and salt tectonics. Geological Society of America Bulletin, 122, 1011-1026.

Caine, J. S. & Forster, C. B. 1999. Fault zone architecture and fluid flow: insights from field data and numerical modeling. In: Haneberg, W. C., Mozley, P. S., Moore, J. C.&Goodwin, L. B. (eds) Faults and Subsurface Fluid Flow in the Shallow Crust. Geophysical Monograph Series, American Geophysical Union, Washington, 101-128.

Crame, A. J., McArthur, J. M., Pirrie, D. & Riding, J. B. 1999. Strontium isotopic correlation of the basal Maastrichtian stage in Antarctica to the European and U. S. standard biostratigraphic schemes. Journal of the Geological Society, London, 156, 957-964.

Crawford, M. L. 1981. Phase equilibria in aqueous fluid inclusions. In: Hollister, L. S. & Crawford, M. L. (eds) Short Course in Fluid Inclusions: Applications to Petrology. Short Course Handbook. Mineralogical Association of Canada, Que'bec, 6, 75-100.

Dingle, R. V. & Lavelle, M. 1998. Late Cretaceous-Cenozoic climatic variations of the northern Antarctic Peninsula: new geochemical evidence and review. Palaeogeography, Palaeoclimatology and Palaeoecology, 141, 215-232.

Duan, Z., Møller, N.&Weare, J. H. 1992a. An equation of state for the $CH_4-CO_2-H_2O$ system I. Pure systems from 0 to 1000 8C and 0 to 8000 bar. Geochimica et Cosmochimica Acta, 56, 2605-2617.

Duan, Z., Møller, N.&Weare, J. H. 1992b. An equation of state for the $CH_4-CO_2-H_2O$ system II. Mixtures from 50 to 1000 8C and 0 to 1000 bar. Geochimica et Cosmochimica Acta, 56, 2619-2631.

Elburg, M. A., Bons, P. D., Foden, J. & Passchier, C. W. 2002. The origin of fibrous veins: constraints from geochemistry. In: DeMeer, S., Drury, M. R., DeBresser, J. H. P. & Pennock, G. M. (eds) Deformation Mechanisms, Rheology and Tectonics: Current Status and Future Perspectives. Geological Society, London, Special Publications, 200, 103-118.

Esch, W. L. & Hanor, J. S. 1995. Fault and fracture control of fluid and diagenesis around the Iberia salt dome, Iberia Parish, Louisiana. Gulf Coast Association of Geological Societies Transactions, 45, 181-187.

Fischer, M. P., Higuera-Díaz, I. C., Evans, M. A., Perry, E. C. & Lefticariu, L. 2009. Fracture-controlled paleohydrology in a map-scale detachment fold: insights from the analysis of fluid inclusions in calcite and quartz veins. Journal of Structural Geology, 31, 1490-1510.

Gale, A. S., Montgomery, P., Kennedy, W. J., Hancock, W. M., Burnett, J. A. & MacArthur, J. M. 1995. Definition and global correlation of the Santonian-Campanian boundary. Terra Nova, 7, 611-622.

Gibson, R. G. 1994. Fault-zone seals in siliciclastic strata of the Columbus Basin, offshore trinidad. AAPG Bulletin, 78, 1372-1385.

Giles, K. A. & Lawton, T. F. 1999. Attributes and evolution of an exhumed Salt Weld, La Popa Basin, NE Mexico. Geology, 27, 323-326.

Giles, K. A. &Lawton, T. F. 2002. Halokinetic sequence stratigraphy adjacent to the El Papalote Diapir, NE Mexico. AAPG Bulletin, 86, 823-840.

Goldhammer, R. K. 1999. Mesozoic sequence stratigraphy and paleogeographic evolution of NE Mexico. In: Bartolini, C., Wilson, J. L. & Lawton, T. F. (eds) Mesozoic Sedimentary and Tectonic History of North-Central Mexico. Geological Society of America, Boulder, Special Paper, 340, 1-58.

Goldstein, R. H. & Reynolds, T. J. 1994. Systematics of fluid inclusions in diagenetic minerals. SEPM Short Course, 31.

Gray, D. R., Gregory, R. T. & Durney, D. W. 1991. Rock-buffered fluid-rock interaction in deformed quartz-rich turbidite sequences, eastern Australia. Journal of Geophysical Research, 96, 19681-19704.

Gray, G. G., Pottorf, R. J., Yurewicz, D. A., Mahon, K. I., Pevear, D. R. & Chuchla, R. J. 2001 Thermal and chronological record of syn- to post-Laramide burial and exhumation, Sierra Madre Oriental, Mexico. In: Bartolini, C., Buffler, R. T. &Cantu'-Chapa, A. (eds) The Western Gulf of Mexico Basin: Tectonics, Sedimentary Basins, and Petroleum Systems. AAPG, Tulsa, Memoir, 75, 159-181.

Halbouty, M. T. & Hardin, G. C., Jr. 1955. Factors affecting quantity of oil accumulation around some Texas Gulf Coast Piercement-Type salt domes. AAPG Bulletin, 39, 697-711.

Hanor, J. S. 1987. Kilometre-scale thermohaline overturn of pore waters in the Louisiana Gulf Coast. Nature, 327, 501-503.

Hudson, S. M. & Hanson, A. D. 2010. Thermal maturation and hydrocarbon migration within La Popa Basin, NE Mexico, with implications for other salt structures. AAPG Bulletin, 94, 273-291.

Jackson, M. P. A. & Cramez, C. 1989. Seismic recognition of salt welds in salt tectonic regimes. Gulf of Mexico Salt Tectonics: Associated Processes and Exploration Potential. Society of Economic and Paleontologists and Mineralogists, Gulf Coast Section, 10th Annual Research Conference Program and Extended Abstracts, 66-71.

Jackson, M. P. A., Warin, O. N., Woad, G. M. &Hudec, M. R. 2003. Neoproterozoic allochthonous salt tectonics during the Lufilian orogeny in the Katangan Copperbelt, central Africa. Geological Society of America Bulletin, 115, 314-330.

Jeremic, M. L. 1994. Rock Mechanics in Salt Mining. A. A. Balkema, Rotterdam.

Knipe, R. J. 1992. Faulting processes and fault seal. In: Larsen, R. M., Brekke, H., Larsen, B. T. &Talleraas, E. (eds) Structural and Tectonic Modelling and its Application to Petroleum Geology. Norwegian Petroleum Society, Oslo, Special Publication, 1, 325-342.

Knott, S. D. 1993. Fault seal analysis in the North Sea. AAPG Bulletin, 77, 778-792.

Laudon, R. C. 1996. Salt dome growth, thrust fault growth, and syndeformational stratigraphy, La Popa Basin, northern Mexico. Transactions of the Gulf Coast Association of Geological Societies, 46, 219-228.

Lawton, T. F., Vega, F. J., Giles, K. A. & Rosales-Dominguez, C. 2001. Stratigraphy and origin of the La Popa basin, Nuevo León and Coahuila, Mexico. In: Bartolini, C., Buffler, R. T. & Cantú -Chapa, A. (eds) The Western Gulf of Mexico Basin: tectonics, Sedimentary Basins, and Petroleum Systems. AAPG, Tulsa, Memoir, 75, 219-240.

Lawton, T. F., Bradford, I. A., Vega, F. J., Gehrels, G. E. & Amato, J. M. 2009. Provenance of Upper Cretaceous-Paleogene sandstones in the foreland basin system of the Sierra Madre Oriental, NE Mexico, and its bearing on fluvial dispersal systems of the Mexican Laramide province. Geological Society of America Bulletin, 121, 820-836, http://dx.doi.org/10.1130/826450.1.

Magri, F., Bayer, U., Maiwald, U., Otto, R. &Thomsen, C. 2009. Impact of transition zones, variable fluid viscosity and anthropogenic activities on coupled fluid-transport processes in a shallow salt-dome environment. Geofluids, 9, 182-194.

McArthur, J. M., Howarth, R. J. & Bailey, T. R. 2001. Strontium isotope stratigraphy: LOWESS version 3: best fit to the marine Sr-isotope curve for 0-509 MA and accompanying look-up table for deriving numerical age. Journal of Geology, 109, 155-170.

McBride, E. F., Weidie, A. E., Wolleben, J. A. &Laudon, R. C. 1974. Stratigraphy and structure of the Parras and La Popa basins, NE Mexico. Geological Society of America Bulletin, 84, 1603-1622.

McBride, E. F., Weidie, A. E. & Wolleben, J. A. 1975. Deltaic and associated deposits of Difunta Group (late Cretaceous to Paleocene), Parras and La Popa basins, NE Mexico. In: Broussard, M. L. (ed.) Deltas, Models for Exploration. Houston Geological Society, Houston, 485-522.

Montanez, I. P. , Banner, J. L. , Osleger, D. A. , Borg, L. E. & Bosserman, P. J. 1996. Integrated Sr isotope stratigraphy and relative sea-level history in Middle Cambrian platform carbonates. Geology, 24, 917–920.

Mullis, J. 1987. Fluid inclusion studies during very low-grade metamorphism. In: Frey, M. (ed.) Low Temperature Metamorphism. Blackie, London, 162–199.

Neglia, S. 1979. Migration of fluids in sedimentary basins. American Association of Petroleum Geologists Bulletin, 63, 573–597.

Richards, I. , Connelly, J. B. , Gregory, R. T. & Gray, D. R. 2002. The importance of diffusion, advection, and host-rock lithology on vein formation: a stable isotope study from the Paleozoic Ouachita orogenic belt, Arkansas and Oklahoma. Geological Society of America Bulletin, 114, 1343–1355.

Rowan, M. G. 2004. Do salt welds seal? In: Post, P. P. , Olson, D. L. , Lyons, K. T. , Palmes, S. L. , Harrison, P. F. & Rosen, N. C. (eds) Salt-Sediment Interactions and Hydrocarbon Prospectivity: Concepts, Applications, and Case Studies for the 21st Century. Society of Economic and aleontologists and Mineralogists, Gulf Coast Section, 24th Annual Bob F. Perkins Research Conference, CD-ROM.

Rowan, M. G. , Jackson, M. P. A. &Trudgill, B. D. 1999. Salt-related fault families and fault welds in the northern Gulf of Mexico. AAPG Bulletin, 83, 1454–1484.

Rowan, M. G. , Lawton, T. F. , Giles, K. A. & Ratliff, R. A. 2003. Near-salt deformation in La Popa basin, Mexico, and the northern gulf of Mexico: a general model for passive diapirism. AAPG Bulletin, 87, 733–756.

Rowan, M. G. , Lawton, T. F. & Giles, K. A. 2012. Anatomy of an exposed vertical salt weld and flanking strata, La Popa Basin, Mexico. In: Alsop, G. I. , Archer, S. G. , Hartley, A. J. , Grant, N. T. & Hodgkinson, R. (eds) Salt Tectonics, Sediments and Prospectivity. Geological Society, London, Special Publications, 363, 33–58.

Sarkar, A. , Nunn, J. A. & Hanor, J. S. 1995. Free thermohaline convection beneath allochthonous salt sheets: an agent for salt dissolution and fluid flow in gulf coast sediments. Journal of Geophysical Research, 100, 18085–18092.

Shepherd, T. J. , Rankin, A. H. & Alderton, D. H. M. 1985. A Practical Guide to Fluid Inclusion Studies. Blackie, Glasgow.

Smith, A. P. 2010. Fracture related paleohydrology of the La Popa Basin, NE Mexico. M. S. thesis, Northern Illinois University, DeKalb, Illinois, USA.

Smith, D. A. 1980. Sealing and nonsealing faults in Louisiana gulf coast salt basin. AAPG Bulletin, 64, 145–172.

Soegaard, K. , Ye, H. , Halik, N. , Daniels, A. T. , Arney, J. &Garrick, S. 2003. Stratigraphic evolution of latest Cretaceous to early Tertiary Difunta foreland basin in NE Mexico: influence of salt withdrawal on tectonically induced subsidence by the Sierra Madre Oriental fold and thrust belt. In: Bartolini, C. , Buffler, R. T. &Blickwede, J. (eds) The Circum-Gulf of Mexico and the Caribbean: Hydrocarbon Habitats, Basin Formation, and Plate Tectonics. AAPG, Tulsa, Memoir, 79, 364–394.

Wilson, J. L. 1999. Controls on the wandering path of the Cupido reef trend in NE Mexico. In: Bartolini, C. , Wilson, J. L. & Lawton, T. F. (eds) Mesozoic Sedimentary and Tectonic History of North-Central Mexico. Geological Society of America, Boulder, Special Paper, 340, 135–143.

Wilson, J. L. & Ward, W. C. 1993. Early Cretaceous carbonate-platforms of NE and east-central Mexico. In: Simo, J. A. T. , Scott, R. W. & Masse, J. -P. (eds) Cretaceous Carbonate Platforms. AAPG, Tulsa, Memoir, 56, 35–49.

（苏群 译，骆宗强 崔敏 校）

第二部分
被动大陆边缘盐构造

第6章 从全球视野角度分析部分巴西盆地盐构造地质特征

WEBSTER U. MOHRIAK[1], PETER SZATMARI[2], SYLVIA ANJOS[1]

(1. E&P, Petrobras, Rio de Janeiro, Rio de Janeiro, Brazil;
2. Cenpes, Petrobras, Rio de Janeiro, Rio de Janeiro, Brazil)

摘 要 本文对部分巴西沉积盆地的盐构造从地质学和地球物理学的角度进行了解释，这些沉积盆地包括含内克拉通古生代蒸发岩的亚马孙盆地和Solimões盆地以及在中生代Gondwana裂解过程中形成的离散大陆边缘蒸发岩盆地。这些盆地中的蒸发岩和油气聚集之间存在紧密联系。Solimões盆地和亚马孙盆地在中石炭世板块会聚的海洋闭合时期，形成了蒸发岩沉积。巴西东部和非洲西部大陆边缘含盐盆地沿南大西洋中生代裂谷发育。巴西东部和西非陆缘的区域地震重磁资料表明，巨厚的原地盐岩层沉积在裂谷陆壳之上，尤其是在伸展减薄陆壳上的厚坳陷盆地沉积之上，这种地壳标志着从陆壳到洋壳的过渡。巴西东部和西非陆缘大部分油气发现是在盐上浊积岩和碳酸盐岩储层中，但近期在巴西东南陆缘深海含盐盆地的勘探表明，盐下成藏组合在不久的将来会对油气生产做出巨大贡献。

本文为含盐盆地及其对过去几十年的主要油气发现的影响提供了一个全球视野。蒸发岩可成为主要盖层，或者从构造角度控制圈闭形成和油气运移以及储层分布(Warren，2006，2010)。位于波斯湾、Zechstein盐盆、墨西哥湾以及南大西洋盐盆的几个大型油气田，尤其是巴西东部大陆边缘的油气田，都表明了石油勘探潜力和盐构造的直接关系。它们可能与构造和地层圈闭的大量存在，或者盐下油气聚集形成有效封盖有关。

过去10年(1999—2008年)里储量大于30×10^8 bbl油当量的大油气田发现，全都位于中东/中亚或者巴西大陆边缘沿线一带(图6-1和表6-1)。哈萨克斯坦的Kashagan油田是十年内发现的最大油气聚集区，原油储量可能超过380×10^8 bbl(Urbaniak等，2007)，而一些比较保守的估计认为其储量约为130×10^8 bbl(Thom，2010)。该油田是一个盐下大型背斜构造，其储层为古生代台地碳酸盐岩(晚泥盆世到中石炭世浅水灰岩)，盖层为二叠纪页岩和蒸发岩。

相对而言，世界上最大的油田——位于沙特阿拉伯的Ghawar油田(图6-1)于1948年发现，地质储量约为$700 \sim 800 \times 10^8$ bbl(Afifi，2005)。该油田于1951年开始开采，在1981年达到产量顶峰，为570×10^4 bbl(Al-Anazi，2007)。Ghawar构造是一个南北挤压的背斜构造，长约280km，宽约20km。其中有多个产层段，分布在古生代和中生代碳酸盐岩以及硅质碎屑岩层序中。主要的含气储层是上二叠统Khuff组石灰岩，蒸发岩(硬石膏)作为盖层。主要的含油储层(Arab-D碳酸盐岩)是Riyadh群中的上侏罗统石灰岩，盖层为区域分布的提塘阶Hith蒸发岩。Khuff组和Riyadh群由碳酸盐岩和蒸发岩构成，它们形成几个沉积旋回，其中碳酸盐岩沉积于特提斯洋开启过程中的低盐度海侵环境。碳酸盐岩被海退期萨布哈环境下沉积的硬石膏层覆盖，不断增加的海水盐度导致水下蒸发岩和薄碳酸盐岩夹层沉积下来而碳酸盐岩夹层的分布可达几百千米宽。Arab-D的上部硬石膏层是Ghawar构造中400m高油柱的区域盖层，这也是该含油气成藏系统中一个重要的圈闭因素。Ghawar 油田的烃源岩可能为上侏罗统泥灰岩和页岩，其最大厚度约 100m，这表明此薄层沉积是世界上最高效的烃源岩（Al-Anazi，2007）。

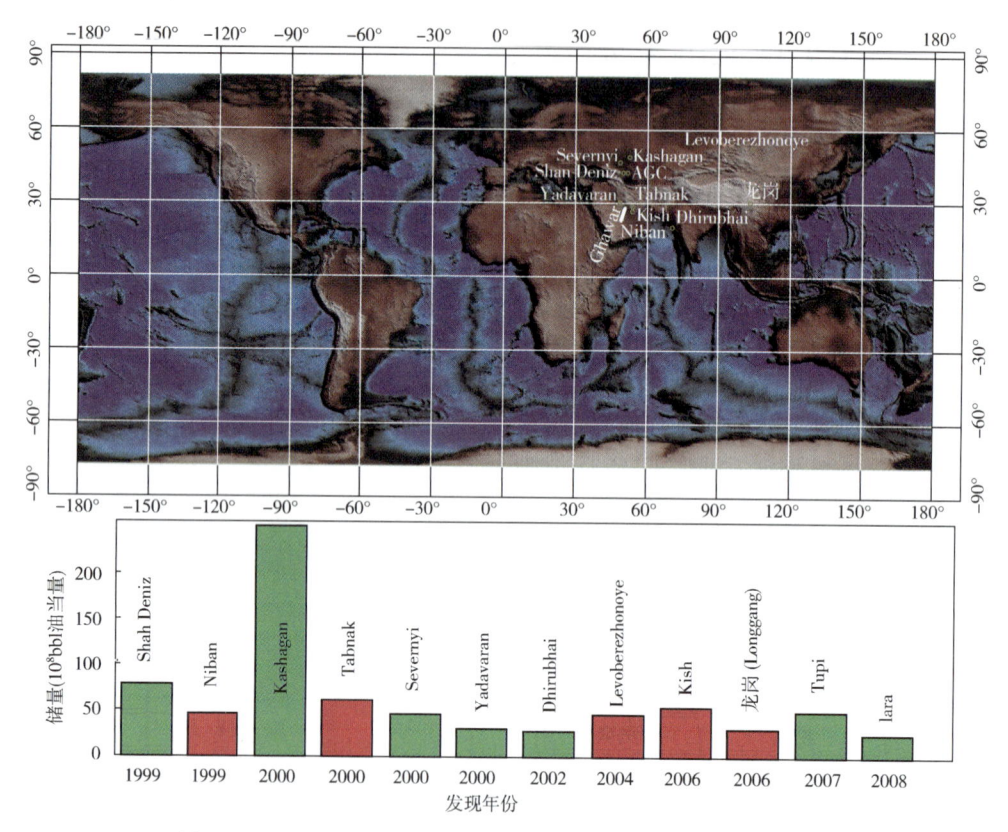

图 6-1 1999—2008 年世界上最大的油气发现（储量>30×10⁸bbl）

绿色表示油田，红色表示气田；里海北部 Kashagan 油田是迄今为止的最大发现，储量约为 200×10⁸bbl（也有推测说高达 380×10⁸bbl）；阿塞拜疆陆上 AGC 油田表示的是 Azeri、Chirag 和 Guneshli 三个油田的总产量；巴西海上 Tupi 和 Iara（盐下油气田）属于过去 10 年最大的油气发现，而且是西方世界的唯一发现；世界上最大的油田 Ghawar 位于沙特阿拉伯（地图上的白色椭圆形，Niban 气田以西），它在 1948 年被发现，储量约 800×10⁸bbl 油当量

表 6-1 1998—2008 年的最大油气发现

国家	油气田名称	发现年份	储量（10⁸bbl 油当量）	流体性质
阿塞拜疆	Shah Deniz	1999	81	油
沙特阿拉伯	Niban	1999	47	气
哈萨克斯坦	Kashagan	2000	203	油
伊朗	Tabnak	2000	62	气
俄罗斯（北高加索）	Severnyi	2000	48	油
伊朗	Yadavaran	2000	33	油
印度	Dhirubhai	2002	30	油
俄罗斯（东西伯利亚）	Levoberezhnoye	2004	46	气
伊朗	Kish	2006	53	气
中国	龙岗	2006	31	气
巴西	Tupi/Iara	2006/2008	50~80	油

注：数据源于 Thom（2010），WoodMackenzie 网及 Petrobras。

南大西洋内 Tupi 和 Iara 油田（图 6-1）是巴西海上近 10 年来的最大油气发现，它们的储量分别超过 50×10⁸bbl 和 30×10⁸bbl（Berman，2008；Carminatti 等，2008；Gomes 等，2008）。储层与阿普特阶碳酸盐岩（微生物成岩）有关，盖层为晚阿普特期蒸发岩，该蒸发岩位于同裂谷期构造之上的厚层坳陷盆地上（Formigli，2007）。

南美、北美、欧洲以及非洲（图 6-2）最富集的沉积盆地都有含蒸发岩的地层层序。蒸发岩的发育与地质年代中的几个干旱期有关。巴西中部 Parecis 盆地（图 6-3）以碳酸盐岩为特征，其中夹杂有新元古代到古生代的硬石膏夹层（Teixeira，2005）。巴西北部亚马孙盆地和 Solimões 盆地以石炭纪厚蒸发岩层为标志（Costa 和 Wanderley Filho，2008）。晚二叠世蒸发岩在欧洲（主要是德国和波兰）和北海（Taylor，1998）形成广阔的 Zechstein 盐构造区。侏罗纪蒸发岩层在墨西哥湾形成广阔深厚的 Louann 盐构造区（Salvador，1991）。早白垩世（阿普特阶沉积晚期）蒸发岩形成南大西洋、巴西和西非陆缘的主要盐构造区（Brognon 和 Verrier，1996；Guardado 等，1989；Mohriak 等，2004；Mohriak，2005）。

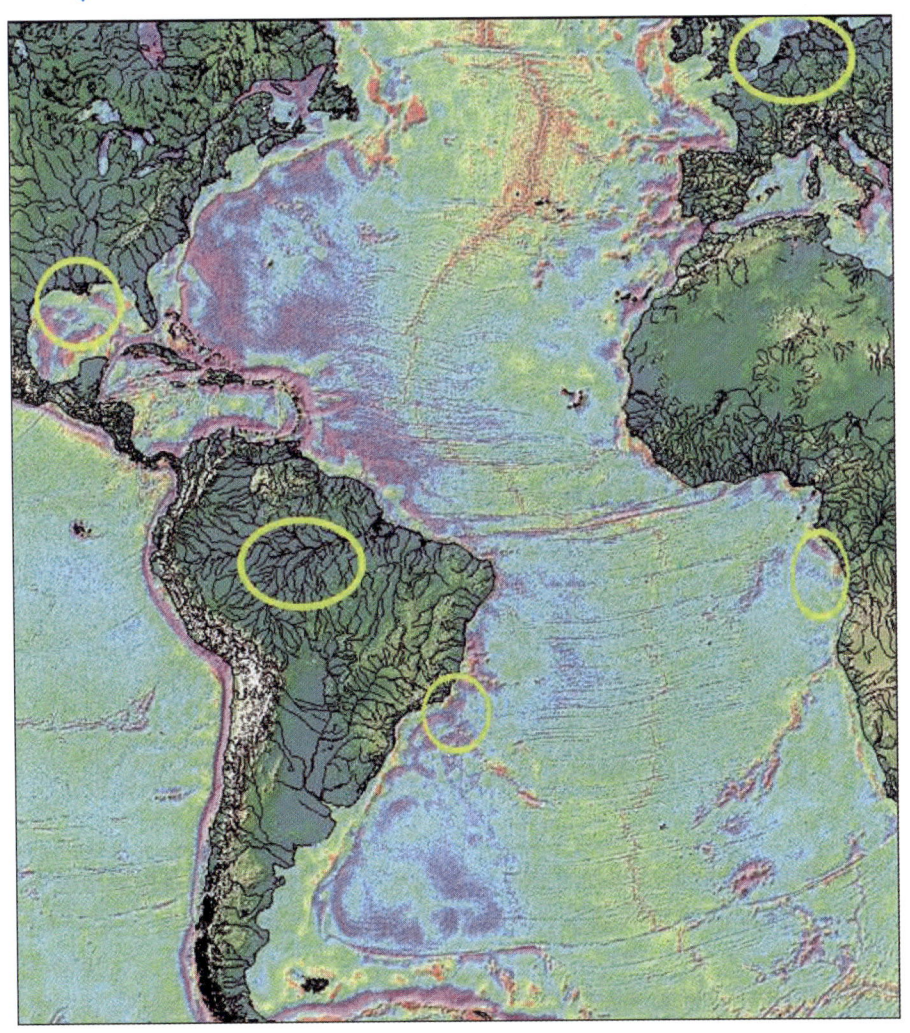

图 6-2 南美洲、北美洲、欧洲和非洲的 GeoSat 地形图以及大西洋的自由空气重力异常图
圆形、椭圆形标明主要发育盐构造的含油气盆地位置：欧洲德国北部盆地和北海、北美墨西哥湾、巴西北部亚马孙盆地、巴西东南部桑托斯—坎波斯—埃斯皮里图·桑托盆地以及西非安哥拉—加蓬盆地

这些含盐盆地的形成与地质时期大洋的打开与闭合有关（Mohriak 和 Szatmari，2008；Szatmari 和 Mohriak，2009）。而且，在世界上大多数的沉积盆地中，蒸发岩和油气田有密切的关系，所以沉积盆地中盐体的存在一般预示着该盆地有良好的油气前景。但是盐体的存在与否并不是判断油气前景的直接因素，有很多并不含有盐体的盆地仍然是富集油气的（如尼日尔三角洲盆地），有些盆地虽然有广泛分布的厚层盐层，但在勘探中并未发现油气，如地中海西部的 Lion 湾。

图 6-3 标注巴西陆上和海上沉积盆地的南美洲大陆卫星图片

亚马孙盆地和 Parecis 盆地分别位于巴西北部和中部区域，只有亚马孙盆地古生代油藏有油产量；埃斯皮里图·桑托（Espírito Santo）和桑托斯盆地位于巴西陆缘东南部，它们的地震测线是本文讨论和研究的内容

6.1 含盐盆地研究对石油勘探的启示

根据全球一些最重要盆地中的勘探活动，我们将盐构造概念的发展过程分为三个主要阶段。德国北部盆地和北海在 20 世纪 60 年代至 70 年代间，利用地震和其他地球物理工具来

对地下进行探测,并为盐构造进行系统解释提供了方法。对南大西洋,尤其是巴西和西非含盐盆地的研究,对离散构造背景中的盐构造进行了解释,这对盐构造伸展模式的建立起到了重要作用,并推动了 20 世纪 70 年代和 80 年代期间大型油气田的发现。最后,由于 20 世纪 90 年代以及 21 世纪提出的异地盐构造的重要概念,墨西哥湾为全世界提供了一个从勘探不断下降到重新恢复的过程,通过克服技术困难和创新以及坚持不懈的努力,进入了油气发现的新阶段。

给全球盐构造提供最重要启发的实例莫过于德国北部盆地,它延伸到北海,此处的二叠纪 Zechstein 盐盆也广泛分布于英国和丹麦(Taylor,1998)。像 Trusheim(1960)等学者的原创性工作定义了盐动力学重要概念,促进了对盐动力学的理解,而且为其他沉积盆地的石油勘探提供了启发性思考。Vendeville(2002)指出,北海的盐动力模型不需要伸展或挤压作用来形成;但最近一些基于南大西洋而提出的模型表明,这些因素可能对盐构造和底辟的形成和演化有重要影响(Burollet,1975;Duval 等,1992;Nalpas 和 Brun,1993;Brun 和 Fort,2004)。

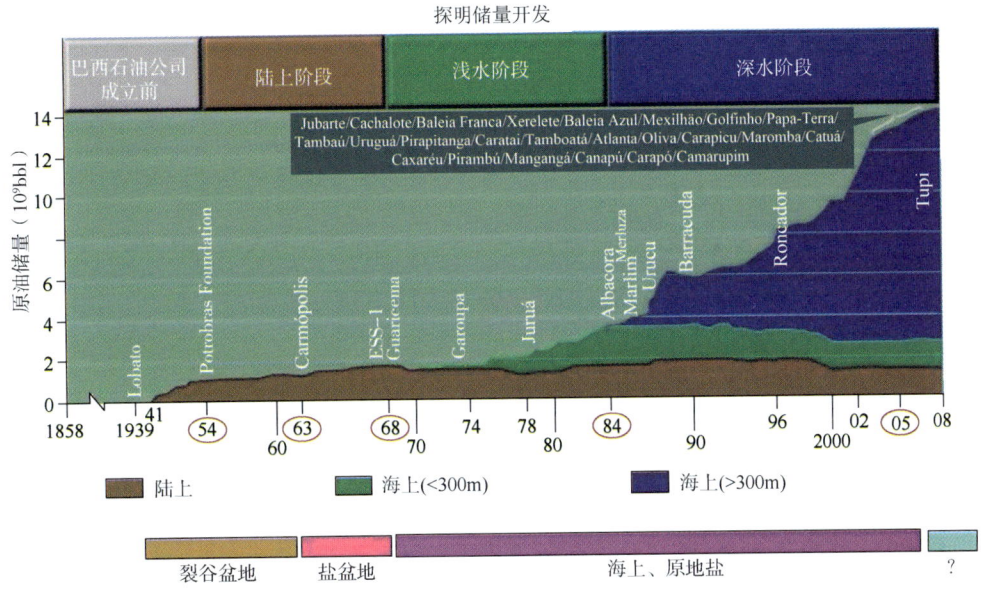

图 6-4 随巴西历史储量上升、勘探钻井以及重要发现油田绘制的原油储量曲线(据 Petrobras,2007)
3 个主要原油勘探阶段包括:陆上、浅水和深水;它们与古生代坳陷盆地、陆上裂谷盆地和陆缘含盐盆地有关;最初勘探含盐盆地是为了寻找盐上油气藏,随后,对于海上勘探则是为了寻找深水区的盐上和盐下油气藏;下一个勘探阶段的目标可能是一个新领域——外来盐下油气藏

德国陆上的小型油田大多数都与 Zechstein 统盐岩相关。欧洲最大的油田(原苏联除外)是 1959 年发现的 Groningen 油田(Stauble 和 Milius,1970;Jager 和 Geluk,2007)。该油田位于一个地垒构造之上,沉积了沙漠环境的风成砂岩,之后为晚二叠世盐岩沉积。这些盐下硅质碎屑层是其他气田中重要的储集层,而且,在许多欧洲其他油气田 Zechstein 统盐层之下的碳酸盐岩礁体也被认为是小规模的储层(Sorensen,1996)。

巴西盆地的石油勘探(图 6-3)始于 20 世纪 50 年代,首先钻探了不含蒸发岩的陆上裂谷盆地(如 Recôncavo 盆地),但并不是很成功,这使巴西国家石油公司转向其他陆上沉积盆地(如亚马孙—Solimões 内克拉通盆地)和部分陆上的离散大陆边缘裂谷盆地(如埃斯皮里图·桑托和塞尔希培(Sergipe)盆地)进行勘探。塞尔希培盆地陆上 Carmópolis 油田于 1963 年被发

— 145 —

现，它是巴西最大的油气藏，而且也是巴西境内发现的第一个巨型油气田（图6-4）。油田储层是盐下硅质碎屑岩，蒸发岩在该含油气系统中起到主要封盖作用（Mello等，1994）。

靠近海岸陆缘盆地的油气勘探成功使油气勘探活动向大陆台地转移。巴西海上第一个探井结果（1968）有两种不同解释：火成岩侵入体或者盐底辟（图6-5）。1-ESS-1井是口干井，但为海上区域的勘探指明了方向，那就是靠近陆盆，沿大陆边缘延伸，并从台地一直延伸到深水区的大盐盆。

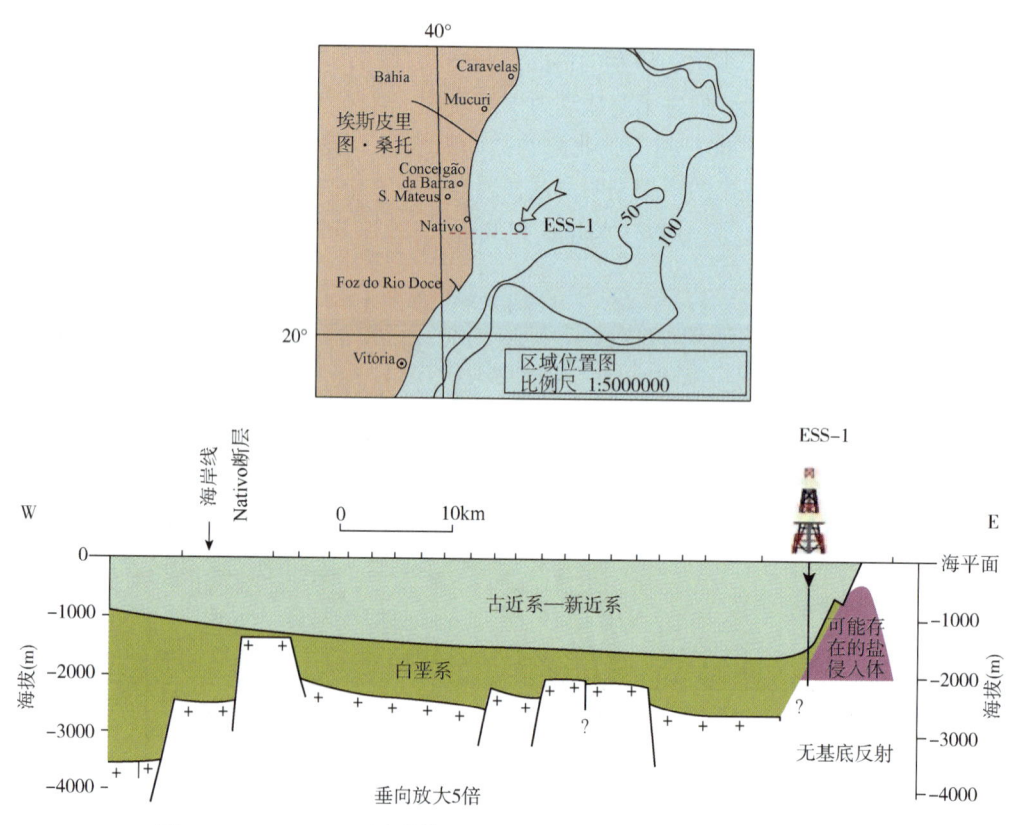

图6-5 ESS-1：巴西陆缘第一口勘探井（据L. E. Neves，1968，修改）

该井于1968年在埃斯皮里图·桑托盆地陆架钻探，水深小于50m；对于其刺穿构造有两种解释：盐底辟和火成侵入体

在20世纪70年代中期，在坎波斯盆地发现第一个油田，钻井穿过盐层，并发现它明显是与伸展作用有关的龟背斜。铲式盐动力断层也利于油气从烃源岩运移到滚动构造内的盐上储层中（Guardado等，1989；Mohriak等，1990；Brun和Manduit，2008）。这些伸展型和挤压型盐构造在20世纪80年代晚期和90年代早期被绘制在坎波斯和桑托斯盆地的构造图上（Demercian等，1993；Cobbold等，1995）。

20世纪80年代中期和90年代早期发现的特大型油田符合坎波斯盆地盐上浊积岩的概念模型，巴西的原油储量也得到迅速增加，到2000年时已达到$100×10^8$bbl以上（Mendonça等，2004）。在此时间前后，区域盆地分析主要集中在绘制超深水区的裂谷和含盐盆地，分析分布在桑托斯盆地的主要构造，比如桑托斯盆地东南部最外侧的区域隆起（Mohriak，2001，2003；Gomes等，2002；Modica和Brush，2004；Mohriak和Paula，2005）。这些区域隆起在阿普特阶沉积晚期被一套厚沉积层覆盖，该厚沉积层在地震剖面上解释为伸展和挤压变形的蒸发岩层（Cobbold等，1995；Karner和Gambôa，2007；Gambôa等，2008）。

从20世纪60年代到80年代，在墨西哥湾大陆台地和深海区的钻探取得了巨大成功。大部分钻井钻遇浅层异地盐层后就会停止钻进（中侏罗统Louann盐层覆盖在古近系—新近系之上）。在20世纪，曾经有这么一个悲观论调，即由于地震成像技术不完备以及钻井事故影响，在盐层之下寻找硅质碎屑岩或者碳酸盐岩油藏是一个不能被克服的挑战。但一些有远见的研究人员和勘探人员认为，盐下成藏组合可以通过钻探特定目标来实现（Montgomery和Moore，1997）。于是在20世纪90年代早期，人们通过钻探一系列勘探目标来检验这个观点，终于在1993年获得了第一个商业发现（Mahogany油田，图6-6）（Harrison等，1995）。从概念上讲，这个区带与其他盆地做了类比分析，而且从20世纪60年代末到70年代初，一些学者讨论了墨西哥湾存在异地盐体的可能性（如Amery，1969）。在20世纪80年代，就有几口探井在墨西哥湾陆架上，钻遇了Louann盐体，但大部分勘探人员都认为钻过盐层的风险极大，不能将其作为实际的勘探目标。

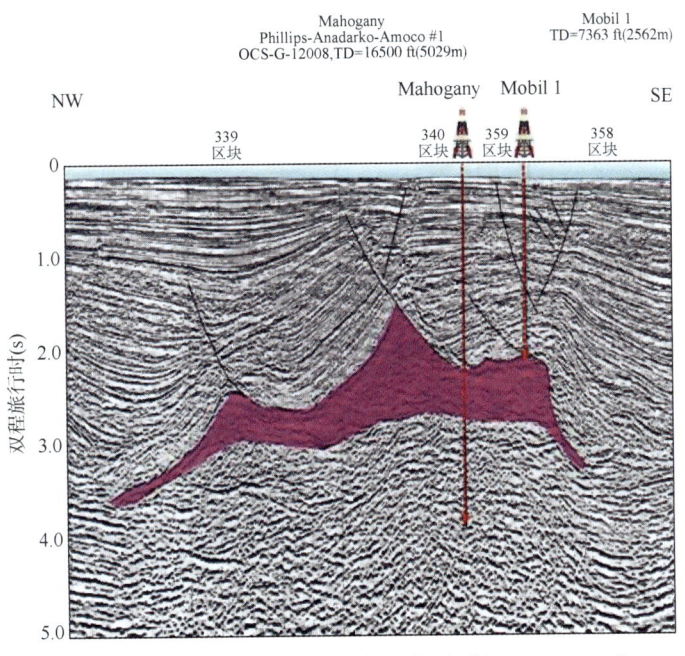

图6-6 Mahogany油田：墨西哥湾盐下区带第一个商业发现（据Montgomery和Moore，1997，修改）
该钻井位置与之前未钻穿异地盐层的钻井相邻；盐下储层是中新世浊积砂岩

引用Albert Szent Gyorgyi的一句名言："发现之义在于见人之所见，而思人之所未思。"上文提及的墨西哥湾异地盐体之下区带的勘探前景是基于同其他盆地进行类比，以及偶然钻穿盐下而发现得到的。实际上，Louann盐层之下可能存在储层的线索是通过部分偶然钻穿异地盐体钻井而得到的，但这些钻井的显示为含水砂层（Camp和McGuire，1997）。下一步需要做的工作是绘制这些砂岩水道，并准确识别有利圈闭。在石油地质学中，新观点的产生往往基于持续的盆地分析，并综合运用地质和地球物理方法工具才能得到。利用这种方法，一些在过去没有钻探成功的地区利用所有可利用的工具重新进行分析，这种探索最终以20世纪90年代早期墨西哥湾的新区带发现作为丰厚回报（Harrison 2005）。

Mahogany区块（图6-6）优质含油砂岩的发现说明要重视盐下区带，而其在近几年一直被勘探人员所忽略。这也再一次告诉我们，石油工业的成功投资要建立在观点和概念的正确使用基础之上。勘探异地盐体的成功是与地质学家和勘探家孜孜不倦的努力分不开的，他们利用现有的和新的技术，对位于成熟甚至趋于减少的油气区之下的新领域进行研究。墨西哥湾减少勘探活动的状况（从20世纪80年代至90年代）从20世纪90年代的异地盐体之下区带的发现之后被成功扭转，且在21世纪得以发展。目前，墨西哥湾大多数油气发现都和下伏于异地盐舌的储层有关，而且，地震采集和处理技术的进步相较于旧式三维地震技术，为成像质量的提高提供了新的可能。在西格斯比（Sigsbee）陡崖附近区域的石油勘探活动现在正在向洋陆壳边界扩展，并且利用现有钻井技术可能达到最深的目的层（Mohriak等，2004；Fainstein和Krueger，2005）。

当面对其他地区一个成功的案例时，任何一个勘探者脑中都会浮现这么一个问题：如何将这个模式推广到其他盆地，以寻找新的有利区带？在南大西洋寻找油气田的研究和20世纪90年代早期的墨西哥湾一样处在茫然阶段，那个时候，包含盐上储层等区带概念都是已知的，而对盐下区带的探索则面临着是技术和商业上的双重挑战。对巴西和西非陆缘与原地盐体有关的区带勘探是非常成功的，大部分油田都与盐上储层（如巴西坎波斯盆地和安哥拉Cabinda盆地）或盐下储层（如加蓬和桑托斯盆地）相关。但毫无疑问的是，南大西洋和北大西洋离散大陆边缘具有广阔的异地盐构造（Mohriak，1995，2005；Tari等，2002；Fiduk等，2004）。在过去的十几年中，有部分勘探学家深入考虑过与南大西洋异地盐层有关的商业油田是否存在的可能性。全球其他几个盆地开展的勘探工作已经发现了一些重要油气田，而且在西非大陆边缘也得到了迅速发展，尤其是在安哥拉31区块和32区块（两个区块的勘探工作通过扩大至下伏异地盐推覆体的深水前缘区，已从概念阶段快速进展至生产阶段；与Al Danforth的个人通信，2009）。

未来对南大西洋和北大西洋离散大陆边缘深水区异地盐席区带的勘探，最终会揭示盐下储层是否成藏，以及是否具有商业发现。另一方面，概念区带也已成墨西哥湾勘探的一个范例（Montgomery和Moore，1997；Monriak等，2008b）。本文根据墨西哥湾和南大西洋同样的历史趋势，讨论从原地盐体到异地盐体勘探的过渡转变。对于像沿巴西、加拿大、伊比利亚、摩洛哥陆缘等深水区的大西洋型陆缘盆地，其勘探潜力是非常现实的。尽管这些地区中的大部分区域由于技术和经济风险没有开始钻探，但有几个地区已经显示出了可以钻探成功的一些必备要素（Mohriak等，2004；Brown等，2008）。

6.2 巴西部分含盐盆地地层和构造演化

巴西最富集油气的沉积盆地的典型特征就是地层中存在蒸发岩（Palagi，2008；图6-7），如新元古界（Parecis盆地）以及巴西东部陆缘的古生界（亚马孙盆地和Solimões盆地）和下白垩统（阿普特阶）中的盐层（图6-3）。本文主要详细讨论了关于富集油气的亚马孙、桑托斯、坎波斯和埃斯皮里图·桑托盆地的地层和构造特征。

在巴西中部的Parecis盆地（新元古代/古生代）（图6-3），盆地边缘露头和钻井中都发现了碳酸盐岩和硫酸盐岩（硬石膏层；Teixeira，2005；Palagi，2008；图6-7c）。

目前巴西产油气的古生代盆地只有Solimões盆地和亚马孙盆地（图6-3）。亚马孙盆地位于巴西北部Guianas和巴西地盾之间（图6-8），它与从新元古代到新近纪发育的克拉通内坳陷盆地相一致，即在中生代有隆升和岩浆作用时期。Parus隆起是盆地的西面边界，它将古生代沉积中心和Solimões盆地分隔开。Gurupá隆起是东部边界，将亚马孙盆地和Marajò裂谷盆地分隔开。地层层序包括新元古代变质沉积物，以及奥陶纪/志留纪、泥盆纪和石炭纪—二叠纪地层，上石炭统以厚层蒸发岩沉积为特征（Cunha 等，2007）。浅水碳酸盐岩和蒸发岩沉积由于晚二叠世盆地的完全干燥作用而终止。一个重要不整合将白垩系—新近系与石炭系—二叠系分隔开（Costa 和 Wanderley Filho，2008）。在三叠纪和侏罗纪过渡时期发生的一个重要岩浆活动时期的放射性年龄约为 20Ma，它可能与广泛分布于大西洋中部沉积盆地中的大西洋岩浆省有关（Marzoli 等，1999），并导致厚层辉绿岩床大规模侵入上石炭统蒸发岩层。

亚马孙盆地和 Solimões 盆地的沉积以碳酸盐岩到硫酸盐岩和氯化物的蒸发旋回为特征（Szatmari 等，2008）。亚马孙盆地石炭系—二叠系含有几百米厚的蒸发岩包括石盐和易溶的矿物（图 6-7b 和图 6-8），它们经常作为盐上硅质碎屑储层的盖层（Gonzaga 等，2000）。石

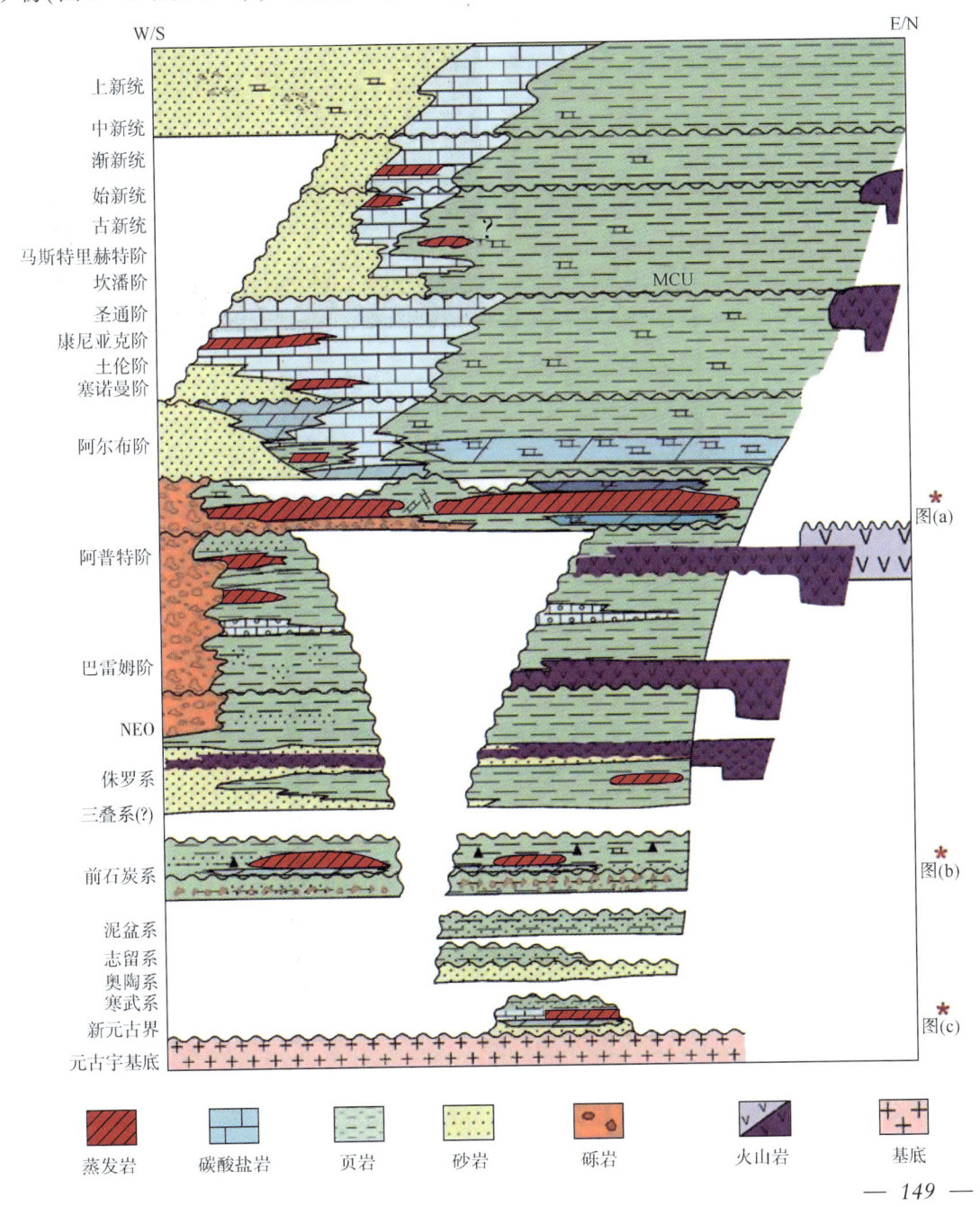

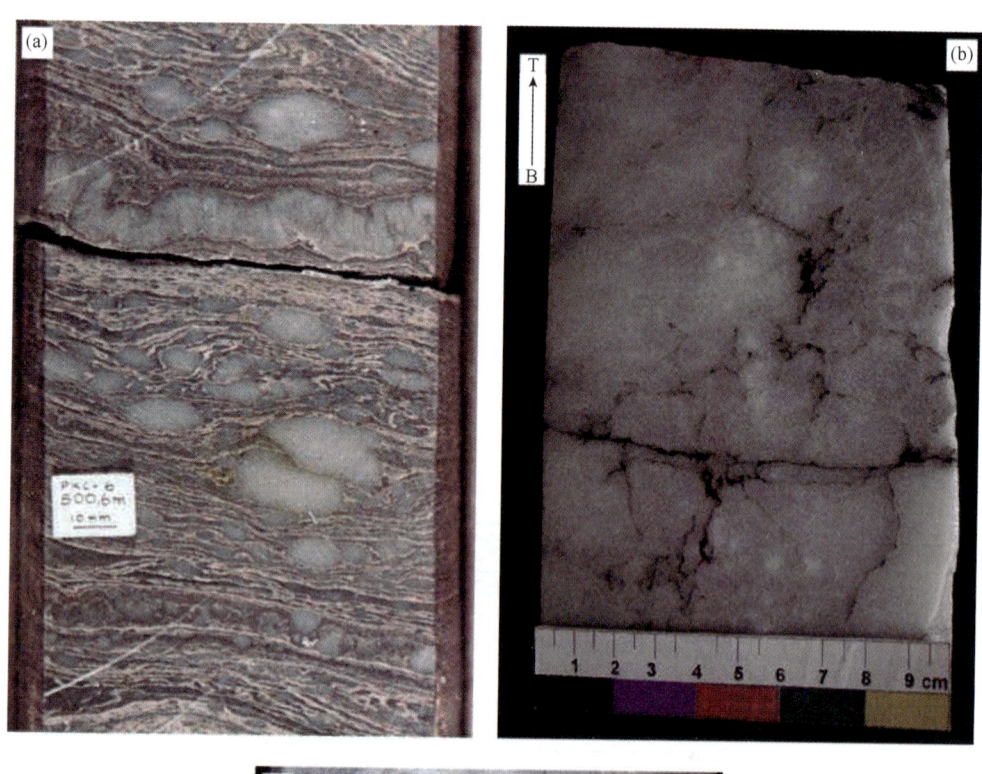

图 6-7 巴西盆地地层柱状图(引自 Mohriak，2009；据 Palagi，2008，修改)
蒸发岩年代从(a)阿普特晚期(塞尔希培盆地)到(b)石炭纪(亚马孙盆地)再到(c)新元古代/古生代(Parecis 盆地)

炭系—二叠系经常受褶皱和挤压断层作用影响，也受到了位于蒸发岩间的辉绿岩床的影响（图6-9）。岩浆侵入活动明显影响了上石炭统盐体的流动性和泥盆系烃源岩的成熟度（Cunha等，2007；Costa和Wanderley Filho，2008）。

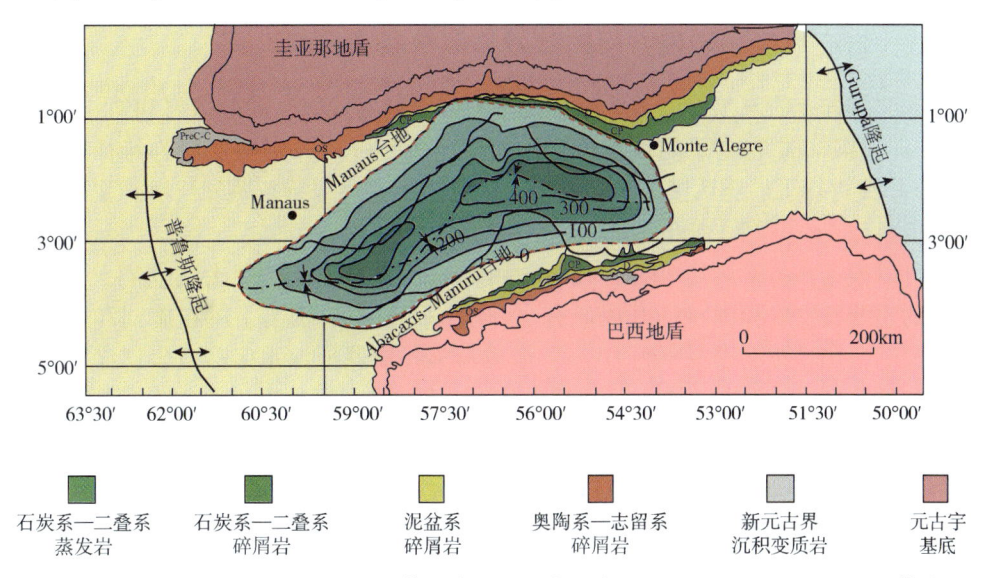

图6-8 亚马孙盆地主要构造及盐岩等厚线（m）地质图（据Costa和Wandferle，2008，修改）
表示了西部以Purus隆起、东部以Gurupá隆起为边界的石炭纪—二叠纪地槽；
新元古代和早古生代露头位于北部和南部盆地边界（圭亚那地盾和巴西地盾）

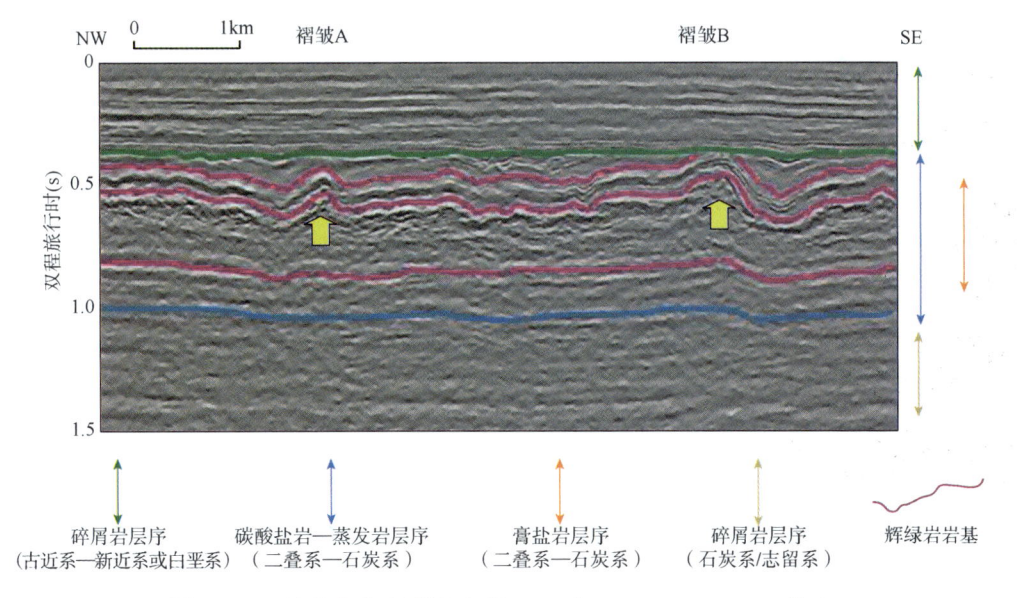

图6-9 亚马孙盆地地震剖面（据Cosla和Wanderley，2007，修改）
显示了地层层序石炭系—二叠系内部的辉绿岩岩基和褶皱特征

巴西最大的油气聚集区全部位于从埃斯皮里图·桑托盆地到桑托斯盆地区段内的海域（图6-3），在此区域内，阿普特阶盐层厚度可能达2000m以上（Kumar和Gambôa，1979；Asmus，1984；Demercian等，1993；Cobbold等，2001；Meisling等，2001；Mohriak，2003；Mohriak等，2008a）。

— 151 —

巴西东部陆缘沉积盆地以碳酸盐岩、硫酸盐岩和氯化物的复合层序为特征（Dias，2005；Palagi，2008），组成了陆上（如塞尔希培盆地）、大陆架（如桑托斯盆地近端钻井；Mohriak等，2008c）和桑托斯盆地超深水区的蒸发沉积旋回（Gambôa 等，2008）。

6.2.1 岩心尺度和岩相方面的蒸发岩高分辨率分析

巴西东北部陆上的塞尔希培盆地（Lima，2008）以碳酸盐岩、硫酸盐岩和氯化物（包括存在于 Taquari-Vassouras 盐矿里的含钾可溶性盐岩；图 6-7a）的完整层序为特征。该地区在 20 世纪 70 年代进行了广泛钻探以获得钾盐，这也为研究阿普特阶蒸发岩沉积提供了独有的岩相岩心资料（Szatmari 等，2008）。

现在可以根据塞尔希培盆地陆上 Taquari-Vassouras 盐矿的全取心钻井资料，对巴西南大西洋陆缘的主要蒸发岩相的特征开展研究。其中一个岩心显示出了沉积旋回和盐构造的特征。照片显示，层状蒸发岩板厚约 10cm，形成与桑托斯盆地深水区蒸发岩层序相似的层状层序，只是该蒸发岩存在塞尔希培盆地陆上位于大约 500m 深处。岩心主要部分由白色和接近黑色（深灰色）的石盐和碳酸盐岩交替组成，它们可能沉积在与包括含盐度变化等气候变化相关的循环背景中（Szatmari 等，2008）。不同的岩层也有不同的流变学特征（偏韧性层和偏脆性层），在图 6-10 中表现为倾向左侧的平行岩层的挤压和剪切作用。

白色层厚度小于 1mm，由沉积于潮湿阶段的细粒无水石膏晶体（$CaSO_4$）组成，此时，蒸发岩密度要小一些。深灰色岩层（0.5~1.5cm 厚）是细—中粒石盐晶体，大小为 1~5mm 并含有流体包裹体和有机质。这些地层是在盐饱和的干旱阶段形成的。二者之间的明显分界表明在硬石膏沉积期间，有部分盐岩发生了溶解。

图 6-10 底部的红色晶体包含形成于干旱阶段地表盐池的光卤石（$KMgCl_3 \cdot 6H_2O$），此时含盐度更高。图 6-10 的局部显示，在大型光卤石晶体之间，存在类似半地堑的特征。并被薄层硬石膏—盐岩旋回（每一个大约厚 1~2mm）充填在硬石膏薄层之间，并往上呈变细楔形的薄石盐。这表明在不平坦地形上，形成了低浓度盐岩饱和的盐水沉积。

我们对图 6-10 的特别兴趣在于它发育了盐流动构造。发生在中部的主要变形是一个剪切带，倾角大约向右 30°。如果处在刚性材料中，它可能是一个典型的逆冲断层。在盐体中，它表示一对具有强烈掀斜轴面的向斜和背斜的轴面。盐岩—硬石膏层的沉积构造在图片中占主要部分，而且沿剪切带也发生了严重变形。盐岩层厚度在一些背斜和向斜中经常会增加 2~5in，这也说明盐的流动是非常不均匀的。

图 6-10 潟湖环境中的细晶盐岩沉积
早期的盐流动产生了层间扰动现象；大块光卤石的发现反映了干旱的沉积环境（岩心来自塞尔希培盆地陆上 PKC-9 井，640m）

褶皱的石膏和碳酸盐岩细线
细粒层状的结晶盐岩
含有锥形晶体的钾盐层

剪切带内部和外部都发育一些波长主要为 3~5mm 的小规模褶皱，在白色硬石膏薄层中尤为密集。由于褶皱在剪切带内幅度更高，因而褶皱在剪切带内会更明显，单个褶皱的轴面发生陡倾，有时褶皱会伴随有不连续的早期逆冲作用。从左侧剪切带斜向上，褶皱作用逐渐减弱直至消失。向右倾斜的剪切带，层内逆冲断层和褶皱都是受水平挤压和盐体的垂向增厚影响而形成，它们主要沿潜在的软弱面发育。

6.2.2 巴西陆缘盐盆石油勘探历程

ESS-1 井是巴西海域的第一口钻井，其钻探目的是确定大陆边缘的一些重要地质参数，如地层厚度、年代和沉积物类型，以及前寒武纪基底埋深和台地出现低重力异常的原因。该钻井的目标也包括确定一个可能向西部尖灭的古近—新近纪储层的含油气性。根据资料分析，也有人将这个构造解释为岩浆侵入所致(Mohriak，2008)。ESS-1 井钻进深度 3133m，而且证实蒸发岩层中有盐岩的存在，但由于该构造实际上是一个共有几千米高度的大型盐底辟，因而盐下地层或基底并不能被钻透(图 6-5)。

大多数位于巴西东南部大陆边缘盆地的盐动力构造都与晚白垩世和古近纪沉积中心有关，这些沉积中心局部通常受阿普特阶盐体活动的控制。在深水区，盐墙沿着北—南方向排列出现，局部走向会受到西北—东南向区域构造线的强烈影响，特别是在埃斯皮里图·桑托盆地内(Meisling 等，2010)。

桑托斯盆地是南大西洋最大的含盐盆地，早期的发现都与盐上储层有关，如 Merlaza 油田(图 6-11)。Merluza 油田位于大陆架上，发现于 1984 年(Tisi，1992；图 4)，也是桑托斯盆地内的第一个油气发现。Merluza 构造是一个位于盐枕上的背斜构造，上白垩统储层(浊积砂岩)披覆在此构造上，而且，此构造的高点与储层尖灭都受盐动力作用控制(图 6-11)。

在 20 世纪 90 年代和 21 世纪，深水区的蒸发岩对盐下构造的地震成像是个挑战。一些

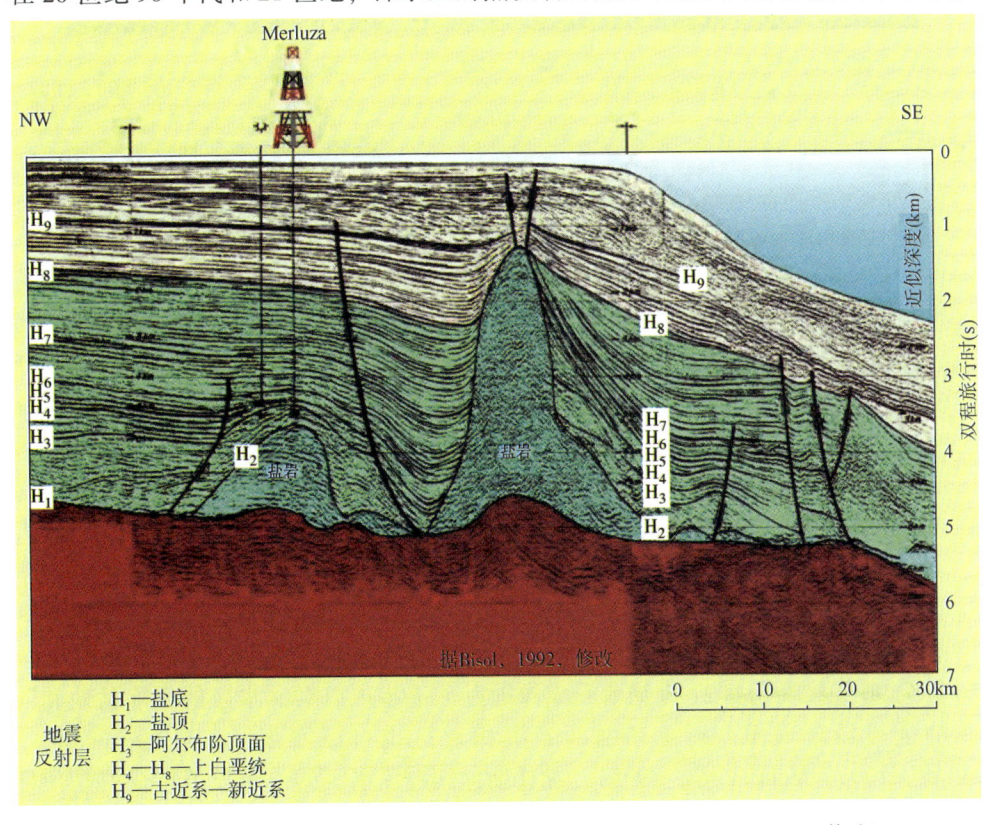

图 6-11　盐下勘探区带：Merluza 油田(据 Cainelli 和 Mohriak，1998，修改)

这是桑托斯盆地内覆盖在盐枕上的浊积岩的第一次油气发现，1984 年由 Pecten 公司钻井发现

超深水区的模型表明，二维地震剖面上的盐墙与最深处同裂谷凹槽内的大量盐体沉积有关（图6-12）。这些同裂谷凹槽被富烃源岩充填，油气通过伸展构造和盐流作用形成的盐窗而发生运移（Guardado等，1989；Rangel和Martins，1998）。地球物理图件表明，在盐盆中间部位存在一个大型构造隆起外高地，并被盐枕和底辟覆盖。伸展断层为油气运移到像Marlim油田这样的盐上储层提供了通道（Guardado等，1989；Mohriak等，1990；Waisman，2008）。对外陆缘高地东侧的盐下盆地有几种不同解释，一些勘探学家认为是在超深水区下伏有巨厚盐层的厚同裂谷凹槽（Rangel和Martins，1998；图6-12），还有一些模型认为是下伏坳陷盆地和挤压盐墙的火山地壳（Mohriak等，2008a），或剥露地幔（Gomes等，2008）内的岩浆侵入体。

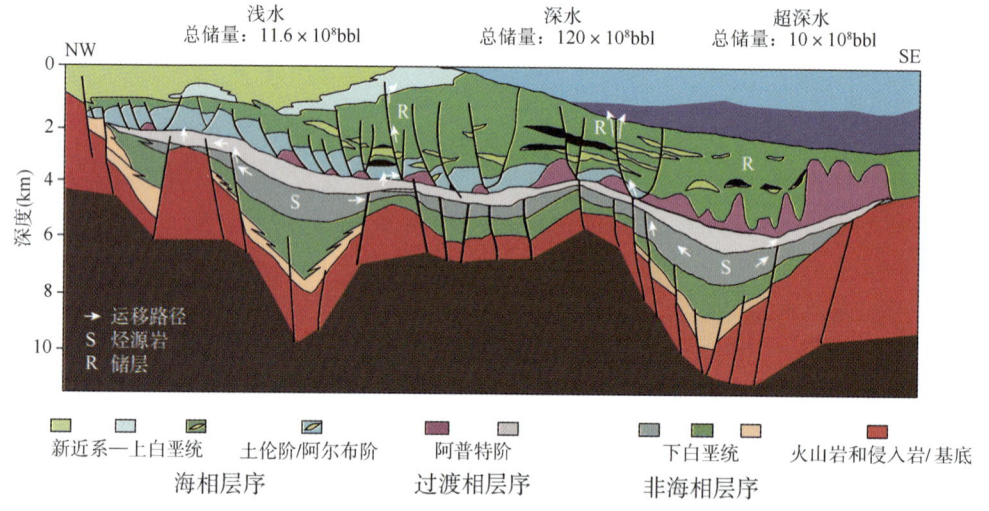

图6-12 坎波斯盆地地质剖面图（据Rangel和Martins，1998，修改）
图中显示主要盐构造区（伸展区的筏状构造和龟背构造；过渡区的盐枕和底辟；远源挤压区的块状盐体）；
油气储量也符合勘探历史，早期主要勘探浅水区的盐上储层，后期主要勘探深水区的盐下储层，
在超深水区可能含有盐下烃源岩和异地盐体

巴西东南部离散大陆边缘盆地的盐构造类型可以清晰地划分为三类：大陆架上的伸展构造（筏状构造和龟背构造）；陆架坡折处的伸展—挤压构造（盐枕、盐底辟，盐上沉积中心的局部反转和其他挤压构造）；巨厚盐体区的强挤压构造，包括逆断层、褶皱和盐推覆体（Demercian等，1993；Cobbold等，1995；Mohriak等，1995；Davison，2005；Mohriak和Szatmari，2008）。

在桑托斯、坎波斯和埃斯皮里图·桑托盆地的成功钻探可以分成三个勘探阶段（图6-12）：(a)盐上碳酸盐岩和浊积岩储层（如Garoupa、Merluza和Marlim油田）；(b)盐下烃源岩，盐下储层（如盐下贝壳灰岩）；(c)深水勘探：陆架边缘远端的新区带（盐上烃源岩，外陆缘高地的龟背构造，盐下和盐上储层）。

20世纪90年代晚期和21世纪地震成像的巨大进步可以对深水区的坳陷盆地和同裂谷期沉积物进行清晰成像，甚至在强褶皱沉积地区也可以实现了（Demercian等，1993；Cobbold等，1995；Mohriak等，1995）。桑托斯盆地超深水区的一个显著特征就是顶部具有强反射层的褶皱层段，Cobbold等（1995）解释为层状的蒸发岩。21世纪初期对该层做出了另外一种解释，认为可能是被盐底辟侵入的碳酸盐岩和硅质碎屑岩嵌入层。

通过二维地震测线对比表明，阿普特阶蒸发岩发生强烈褶皱，其中更均匀和透明的

地震相可能与盐流动或者蒸发岩层内反射层的难以成像有关（图 6-13）。勘探理念和地震质量提升后证实，这些褶皱地层是蒸发岩，盐下区带可能是新的勘探目标（Demercian 等，1993；Cobbold 等，1995；Fainstein 等，2001；Fainstein 和 Gorky，2002；Mohriak，2003；Modica 和 Brush，2004；Davison，2005）。2002 年，Fluorite 区块的钻井（1-RJS-598D）在海拔 3709m 处钻遇了这些层状地层的顶部，在钻进这些"难以解释"反射层之下的盐体大约 800m 后发现，这些强反射层可能是更远端的层状蒸发岩的顶部（与 Vasconcelos 的个人通信，2009）。

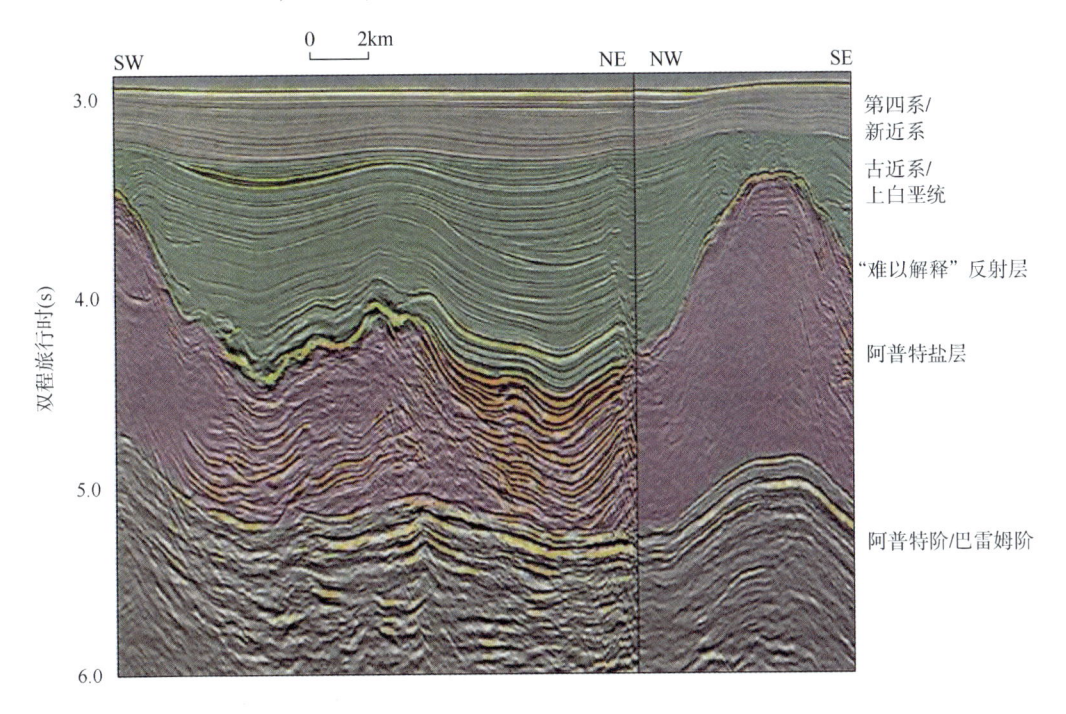

图 6-13 桑托斯盆地二维地震剖面（据 Mobriak，2006）
显示被强地震反射覆盖的层状地层层序与透明蒸发岩之间的关系

21 世纪以来，随着对更深层地震采集和处理技术的进步，以及利用可视化地震显示技术，盐下构造已经能更好地成像和成图（Fainstein 和 Gorky，2002），也实现了对桑托斯盆地超深水区主要区域隆起的解释（Gomes 等，2002；Mohriak 和 Paula，2005）。该隆起可能会控制油气从同裂谷期低地向盆地侧翼隆起上运移（图 6-14）。地震属性的地球物理模型和岩石物理模型以及与其他盆地的类比也被用来解释层状蒸发岩及其对油气勘探的影响（Karner 和 Gambôa，2007；Gambôa 等，2008；Mohriak 和 Szatmari，2008）。

1-RJS-628 井（Tupi 区块）钻探于 2007 年，并穿过了 2000m 的盐体。该井证实了最初对层状蒸发岩的解释，并钻遇了盐下碳酸盐岩，证实在桑托斯最外侧隆起东南部的厚盐层下存在一个活跃的含油气系统（图 6-15）。这也导致了巴西目前最大海上油田的发现（Formigli，2007；Berman，2008；Carminatti 等，2008）。在之后的勘探中按照相似的勘探思路，又发现了一系列油气田。

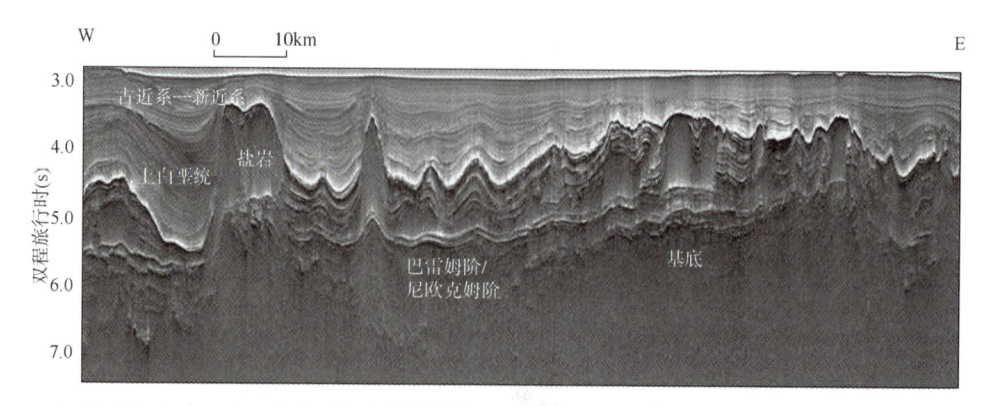

图 6-14　桑托斯盆地区域地震剖面（引自 Mohriak，2006；据 Bulhões e Amorim，2005）

该剖面经过了特殊处理，显示上覆层状蒸发岩层的盐下层序；桑托斯盆地最大油田的成藏模式包含盐下烃源岩和远源外陆缘高地被块状蒸发岩层封盖的微生物岩储层

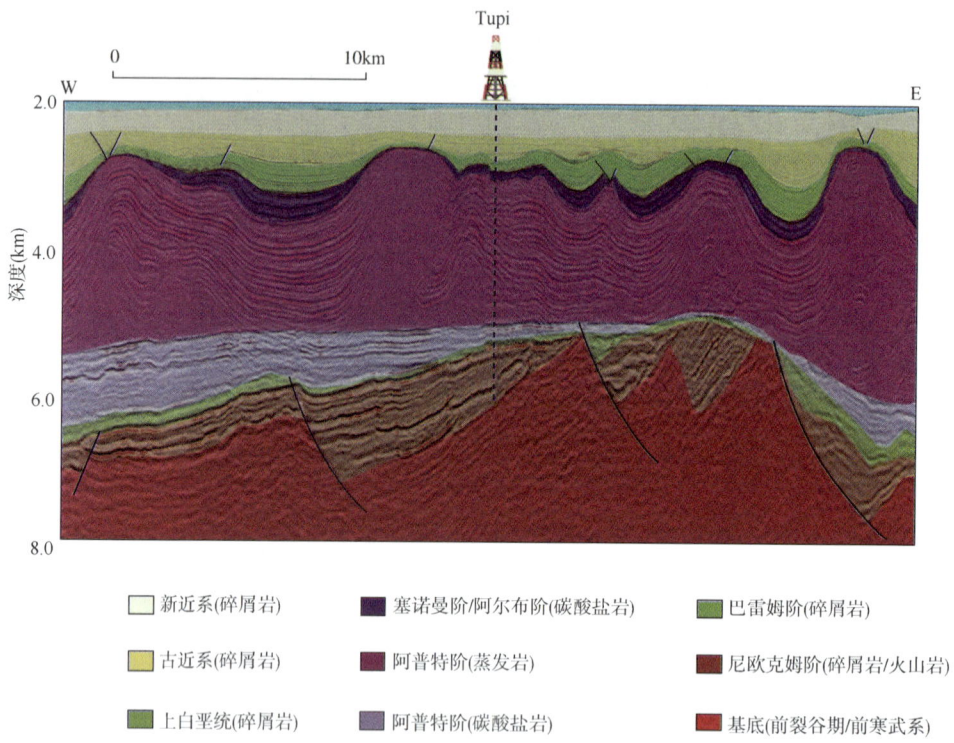

图 6-15　过盐下储层的地震剖面显示微生物结核位于大片层状蒸发岩之下

（引自 Mohriak，2008；据 Formigli，2007）

这是西方国家近 10 年发现的最大油田

6.3　石油勘探中的盐构造概念模型

20 世纪中叶，对巴西东南陆缘地震测线的重新解释表明，该地区可能存在异地盐构造，并覆盖在偏砂岩型的更新地层上，这与墨西哥湾传统勘探区带比较相似（Mohriak，1995；Fiduk 等，2004；Mohriak 等，2004）。起先由于钻探结果不乐观，巴西国家石油公司和其他公司放弃了几个区块的继续勘探。但通过盐构造概念的应用以及北海和墨西哥湾等其他类似勘探区内已经获得证实和勘探成功的区带对比，人们重新对深水区开展勘探（Mohriak，2008）。

到20世纪中叶,在埃斯皮里图·桑托盆地的主要勘探区带只涉及原地盐体(图6-16),包括陆上部分的盐下硅质碎屑岩,龟背构造的阿尔布阶碳酸盐岩,底辟侧翼附近浊积岩尖灭体以及深水区毗邻盐底辟和盐墙的微盆中的浊积岩(França和Mohriak,2008)。

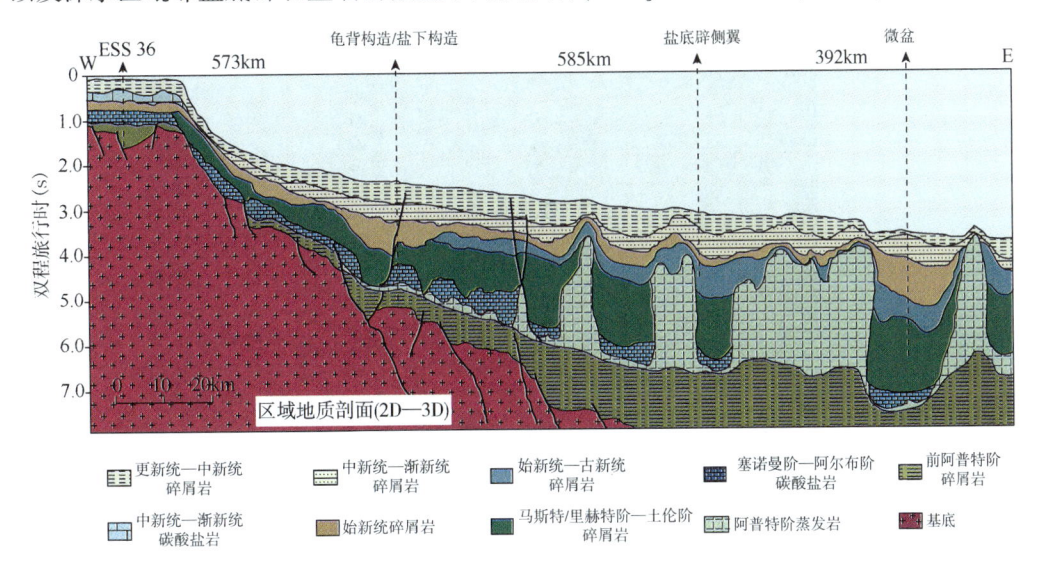

图6-16 埃斯皮里图·桑托盆地示意性地质剖面(引自Mohriak,2005;据巴西石油/KM-TCM,2004)表示了直至21世纪初已经得到证实的勘探区带

根据蒸发岩地层区域厚度图和此前对埃斯皮里图·桑托盆地深水地震剖面的解释,认为大规模盐墙朝向陆—洋边界,在远端盐墙处,盐体等厚线超过5km(图6-17)。盐体远端边界是陆壳之上的原地盐墙(图6-12),或是朝洋壳伸展出的外来盐舌(Demercian等,1993;Mohriak,2003,2004)。

对于陆—洋边界附近厚盐体的解释主要基于二维地震剖面,其对蒸发岩层顶、底面的分辨率受到侵入Abrolhos火山岩南部地层内的火成岩干扰(图6-17)。该地区的区域图件显示近端为次圆形盐枕和底辟,远端区域为南北走向的盐墙,大型盐墙在近陆—洋区形成大规模盐体(图6-18)。有几位学者对坎波斯盆地也提出了和Roberts等(2004)对于区域盐体等厚图相似的解释。盆地外带区域在现今和沉积期都有很厚的盐层发育,并受强烈挤压构造影响。盆地内带区域受向盆地方向的盐流动的影响,形成薄盐层和广泛分布的盐焊接,其中盐焊接的形成时间被认为是影响石油从盐下烃源岩运移到盐上储层的影响的重要因素。

根据区域二维地震剖面,埃斯皮里图·桑托盆地外部为盐底辟和微盆,局部发育古近纪—新近纪峡谷(图6-19)。厚层上白垩统储层可能发育于这些微盆中,盐上烃源岩若成熟,就会生成油气。在盐墙区,尤其是在Abrolhos火山杂岩南部(图6-17),由于盐层极厚,圈闭和盖层成像困难(并没有考虑盐上层序中发育储层和烃源岩的风险),因而最初并未对其抱有希望。但由于深水油田的发现而使得附近区域三维地震数据采集增加(如Golfinho油田区域;Mendonça等,2004;Fiduk等,2004),对异地盐舌的解释及与之相关的概念性勘探区带也因此成为现实。对埃斯皮里图·桑托盆地深水区盐构造的解释表明(图6-20),存在异地盐体及其下伏储层,它们同其他沉积盆地的传统含油气区带相似(Mohriak,2008)。值得注意的是,陆缘区的盐构造类型中存在局部向陆地倾斜的异地盐舌(图6-21)。

自从几家油公司放弃几个区块后,对埃斯皮里图·桑托盆地异地盐构造的识别和成图对决定是否重返该地区进行勘探至关重要。根据概念性区带以及对墨西哥湾相似地区成功钻探

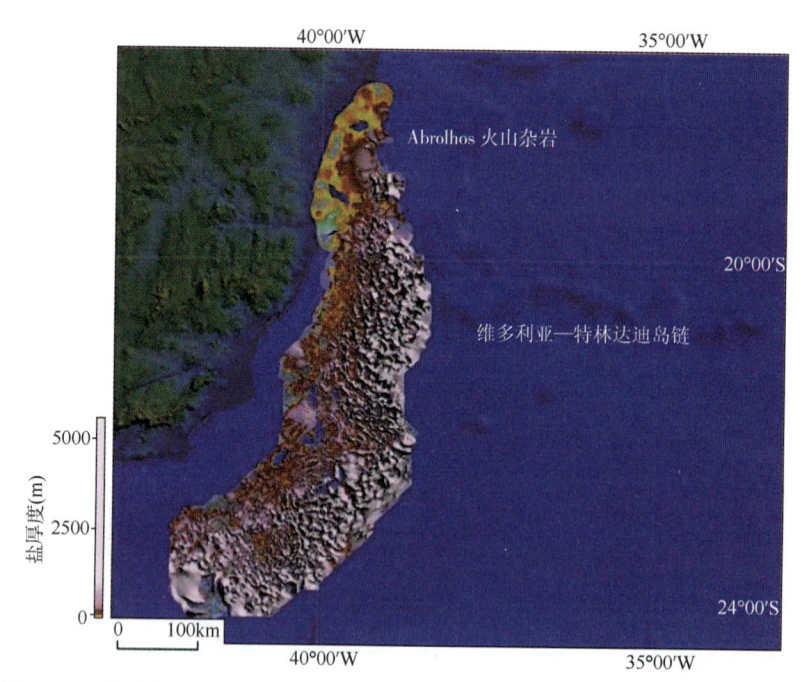

图 6-17 坎波斯—埃斯皮里图·桑托盆地陆上地形及陆上—海上盐底辟三维图
Abrolhos 火山杂岩位于埃斯皮里图·桑托盆地北部，图中深水区的粉色表明
南北走向盐墙的最大厚度，局部已超过 5000m

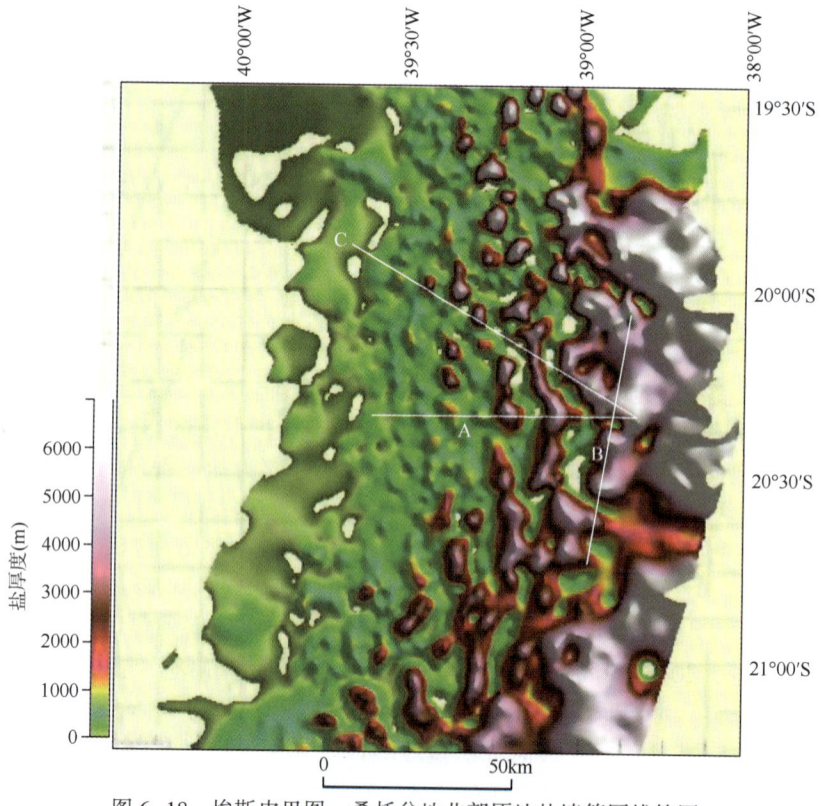

图 6-18 埃斯皮里图·桑托盆地北部原地盐墙等厚线简图
图中标明了文中讨论的地震剖面 A、B、C 的大致位置

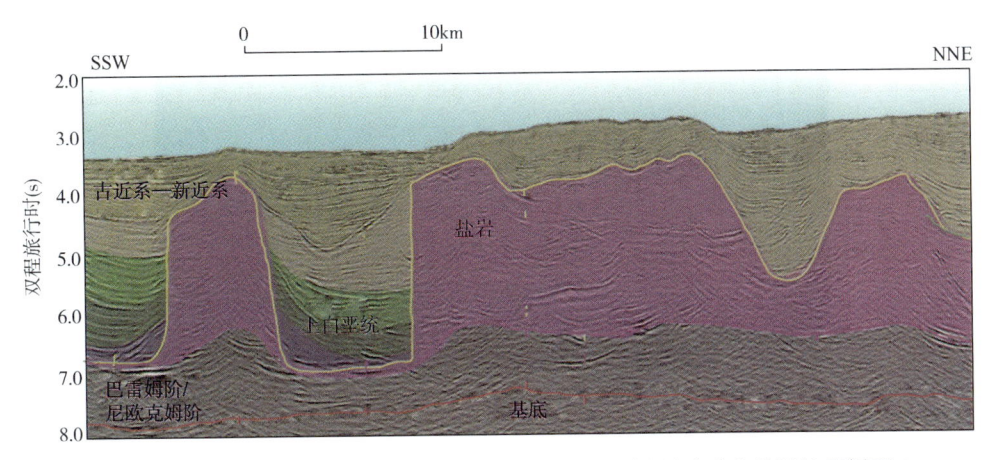

图 6-19　埃斯皮里图·桑托盆地深水区早期解释的原地盐底辟和盐墙地震剖面 B

图 6-20　白垩系和古近系—新近系中包含原地盐体和异地盐体的复杂盐构造解释（据 Webster Mohriak，2005）

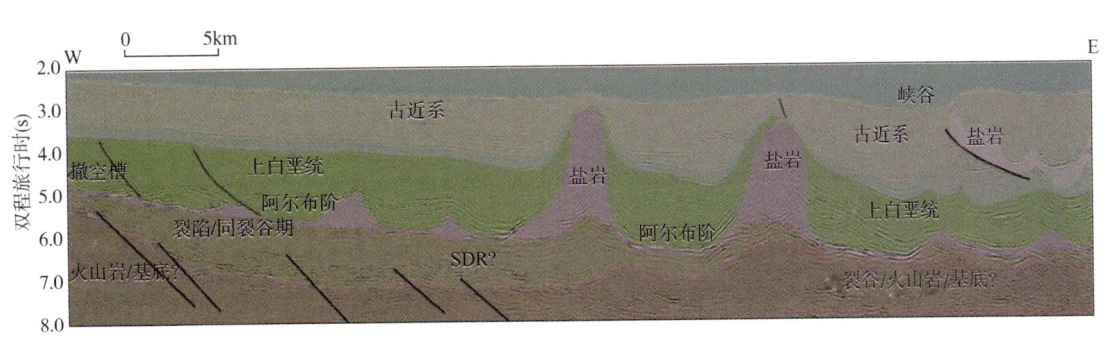

图 6-21　显示从原地到异地盐体主要构造域的埃斯皮里图·桑托盆地地震剖面 A（据 Webster Mohriak，2006）
向陆地倾斜的盐推覆体位于剖面图中是远端；新近纪峡谷目前仍处于活跃阶段

的类比，对这些勘探前沿地区进行潜力分析。而且，通过在区域范围内进行构造和地层分析，表明异地盐体与位于原地盐底辟和向陆倾斜的逆冲断层之间的古近纪—新近纪峡谷有关（图 6-22），这也预示着有利水道的发育。

对三维地震数据的解释表明，在剖面远端的峡谷附近（影响了现今的地形），异地盐舌

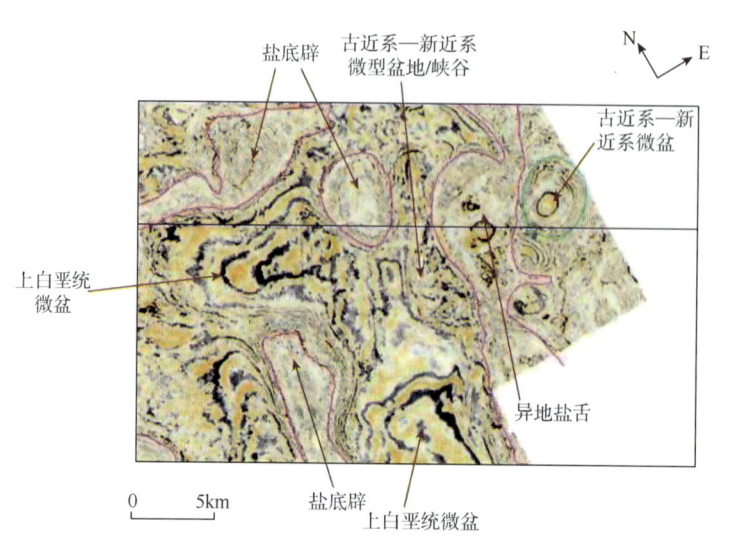

图 6-22 时间切片(3500ms)显示了埃斯皮里图·桑托盆地原地盐底辟和异地盐舌(据 Mohriak，2006)
上白垩统微盆形成于盐底辟之间的区域，与圆形古近—新近系微盆和西北—东南走向的峡谷有关的异
地盐舌，形成于逆冲断层前缘和盐底辟之间；峡谷沉积被异地盐舌(西南倾向)上冲；区域三维地震
剖面(L10342，等厚线图中剖面 C)在图中沿经线方向(西北—东南)延伸

上覆在上白垩统和古近系沉积层序上。异地盐舌仰冲(SW 倾向)在可能充填了粗粒硅质碎屑岩的古近纪峡谷上。最新地震剖面显示峡谷具有粗粒硅质碎屑岩的高输入，而且一些火山碎屑可能来自 Abrolhos 火山杂岩(Fiduk 等，2004)。挤压构造由几条向陆地倾斜的逆冲断层组成，它们影响了从上白垩统到古近系—新近系中部的地层特征，一些剖面显示向盆地方向构造活动呈现年轻化特征(图 6-23)。一些地震剖面中存在碟状岩浆构造，表明浅层出现了岩浆入侵，这与北大西洋地区比较相似(Mohriak 等，2008b)。

针对西非陆缘与异地盐体相关的(图 6-24)勘探区带也已经进行过分析，并在过去几年中发现了几个油气田(如安哥拉海上区块 31 和区块 18；Fainstein 等，2009)。但由于盐流动速度比其他沉积物高，因而钻穿几百至几千米厚的盐体具有很大风险，对盐下储层的钻探需要特殊的钻井技术。另外，与这些区带中含油气系统有关的其他影响因素包括是否存在储层、处于生油气窗内的烃源岩，以及在上覆薄层下盐流动造成的圈闭和盖层的有效性。

延伸至南大西洋盐区海洋边界(图 6-25)的区域二维深地震测线表明，盐推覆体可能超覆在火山隆起之上，并仰冲在白垩系和古近系—新近系之上(Demercian 等，1993；Mohriak，2003；Fainstein 和 Krueger，2005；Hudec 和 Jackson，2006)。

巴西大陆边缘的深地震测线(图 6-25)是一条反映地壳结构的剖面，显示近水平沉积物上覆于洋壳基底之上。根据地震测线可分出不同的构造层：枕状熔岩、垂直席状岩墙、辉长岩层及下地壳以及一个标志着过渡到上地幔的强反射面(莫霍不连续面；Mohriak，2003)。共轭边缘(安哥拉地震剖面)的盐层以异地盐舌的内部反射层为特征，它们可能与受影响蒸发岩的逆冲断层一致。它越过了可能是火山构造的安哥拉陡崖内的外陆缘高地，尽管近期有些解释认为异地盐推覆体可能仰冲在出露的地幔上。出露地幔模型(或位于同裂谷陆块和洋壳之间的蛇纹岩体)是隐伏在盐体和坳陷盆地沉积物之下，并遵从曾用于解释岩浆匮乏的伊比利亚边缘，并得到大洋钻探项目(ODP)证实的破裂机制(Manatschal，2004；Karner 等，2007；Zalán 等，2009)。而针对盐沉积、盐构造和石油勘探有重要作用的这些模型的讨论超出了本文的研究范围。

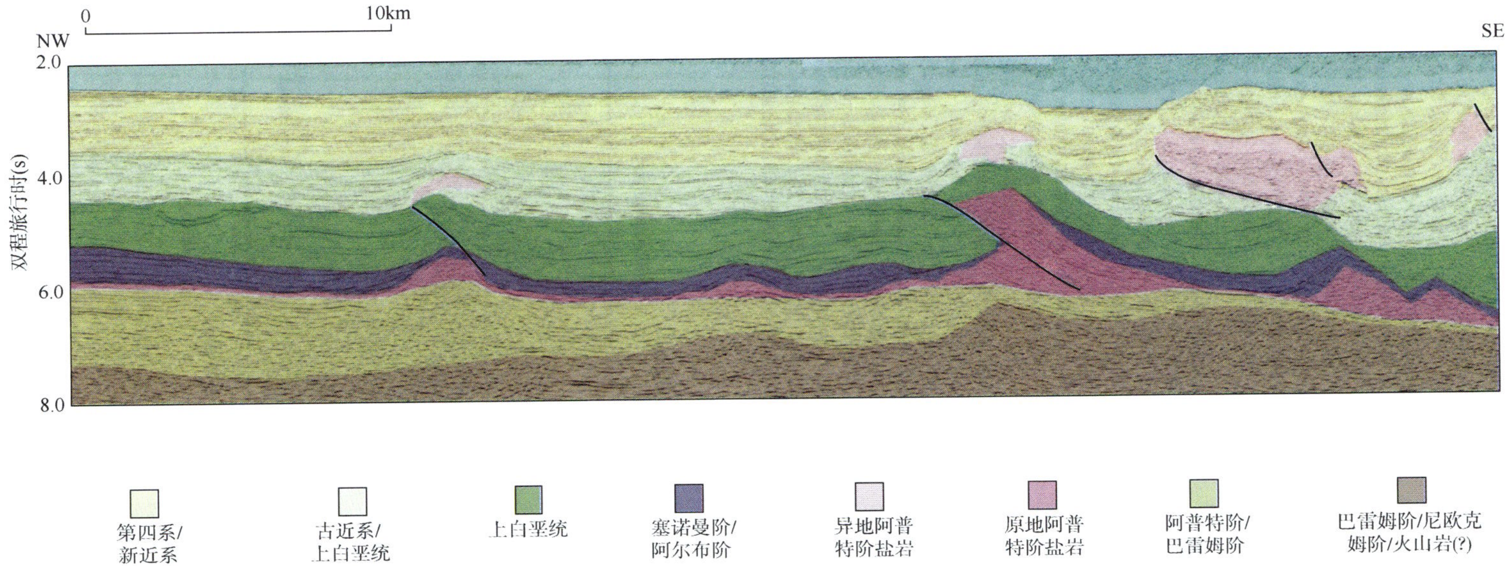

图6-23 埃斯皮里图·桑托盆地区域三维地震剖面C（据Mohriak，2006）
盐体在阿尔布阶碳酸盐岩之下）和异地盐盐底辟（峡谷西部，剖面西北段显示上白垩统层序中有碟状岩浆侵入，显示受向陆倾斜逆冲断层影响的原地盐盐底辟

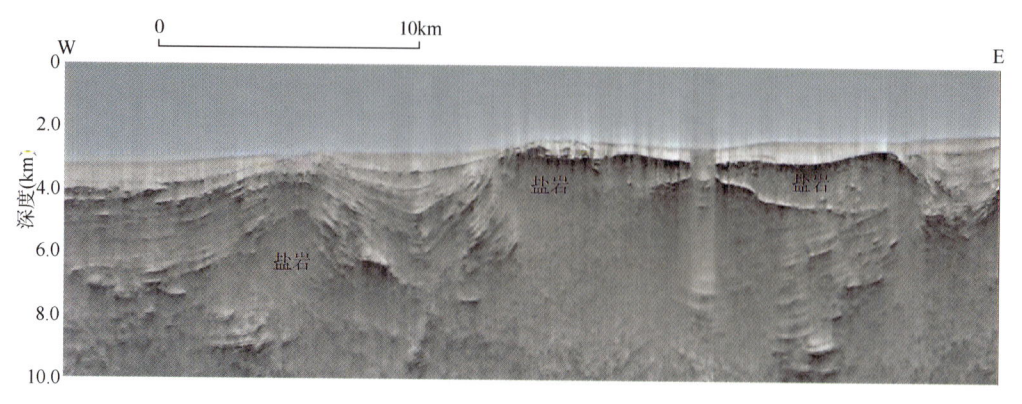

图 6-24　安哥拉陆缘地震剖面（据 Mohriak 和 Szatmari，2008，修改）

原地盐体和异地盐体位于白垩系和古近系—新近系中

(a)巴西东部埃斯皮里图·桑托盆地（据Mohriak，2004，修改）

(b)安哥拉宽扎盆地（据Fainstein和Krueger，2005，修改）

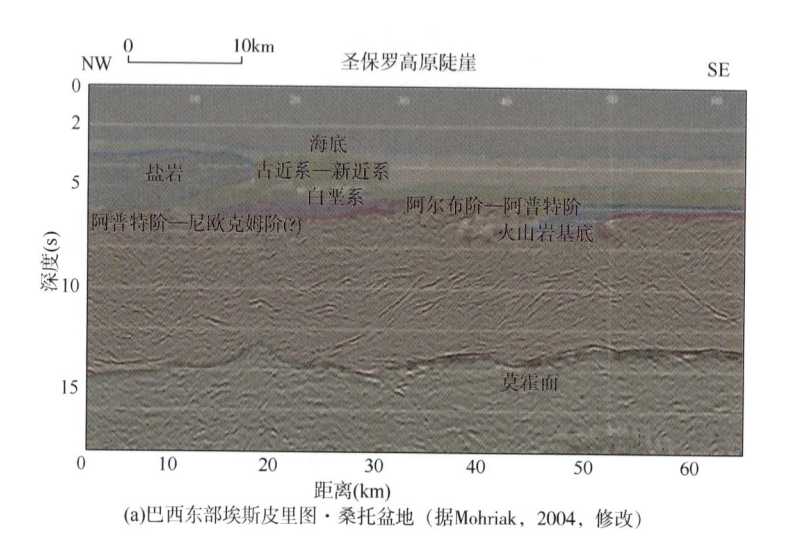

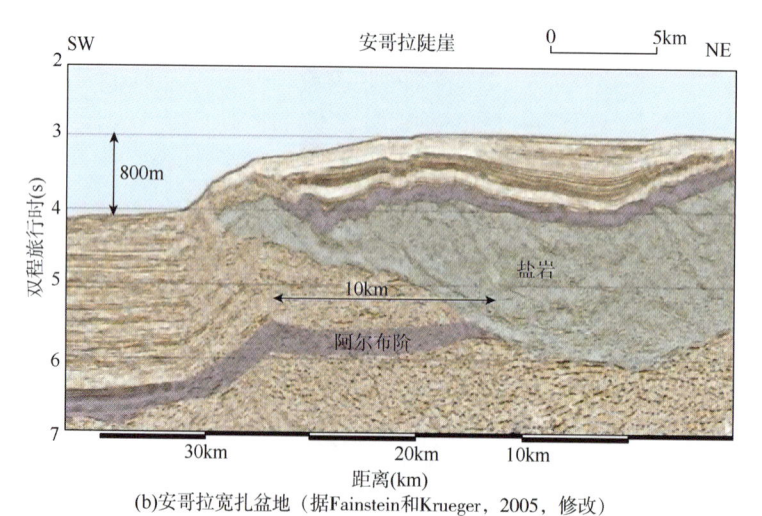

图 6-25　通过共轭边缘的区域横切面

显示异地盐推覆体朝洋壳前进

6.4 结论

从全球与盐构造概念相关的勘探阶段来看，可以得到以下几个主要结论。

在北海、墨西哥湾和南大西洋的勘探初期，就对异地盐体区带进行了研究。20世纪90年代，异地盐体区带在墨西哥湾的新发现中占重要地位，现在已成为经典勘探区带，也为其他盆地，尤其是南、北大西洋边缘的勘探提供了范例。

在巴西的沉积盆地内，寻找石油的工作开始于不含盐体的陆上裂谷，并逐渐转到古生代克拉通内陆盆地，当在盐上储层以及最近在盐下储层发现大型油田后，勘探又转向大陆边缘。

前中生代蒸发岩是控制亚马孙和Solimões富含油盆地的重要因素。石炭纪—二叠纪蒸发岩层序受200Ma主要岩浆作用事件影响，导致大规模厚层辉绿岩床侵入蒸发岩层。岩浆作用影响了盐体流动和烃源岩的成熟。

南大西洋边缘盆地内的盐层形成于由陆相湖泊沉积转变为同裂谷河流沉积之后的干旱环境。在晚阿普特期的盆地坳陷期，这些沉积从硅质碎屑过渡到碳酸盐岩沉积。盐构造分区性明显，大陆架发育强伸展构造，而陆壳边缘发育强烈挤压构造，如平卧褶皱、逆冲断层和异地盐舌等。

朝洋壳推进的异地盐舌，在墨西哥湾发育良好，并延伸数十到数百千米，大西洋离散大陆边缘也具有相似特征，但规模、地质意义以及对油气勘探的重要性都要逊色一些。

在过去的十年间，在巴西东南部陆缘超深水区发现了特大型油气田。深水区盐下碳酸盐岩储层被大规模层状蒸发岩封盖，并可以为世界上具有盐体封盖盐下地层特征的其他盆地作为类比(如非洲陆缘、地中海、红海等)，这些地区将来可能也会成为油气勘探新领域。

在南北大西洋盆地(加拿大/伊比利亚—摩洛哥以及巴西/安哥拉)确定了异地盐体区带，在安哥拉地区进行钻探的结果是积极的。

陆—洋边界附近的超深水区是离散大陆边缘含盐盆地的特殊地区。受已经发生的钻井事故，以及成像问题、储层问题，烃源岩成熟度、油气运移、盖层有效性、保存和经济因素影响，需要对原地和异地盐构造进行仔细的地质风险分析。

参 考 文 献

Afifi, A. M. 2005. Ghawar: The Anatomy of the World's Largest Oil Field. AAPG Search and Discovery, Article 20026.

Al-Anazi, B. D. 2007. What do you know about the Ghawar oil field, Saudi Arabia? CSEG Recorder, April 2007, 40-43.

Amery, G. B. 1969. Structure of the Sibsbee Scarp, Gulf of Mexico. AAPG Bulletin, 53, 1176-1191.

Asmus, H. E. 1984. Geologia da margem continental brasileira. In: Schobbenhaus, C., Campos, D. A., Derze, G. R. &Asmus, H. E. (eds) Geologia do Brasil. MME/ DPNPM, Brasília, 443-472.

Berman, A. 2008. Three super-giant fields discovered in Brazil's Santos Basin. World Oil, February 2008, 23-24.

Brognon, G. P. &Verrier, G. R. 1966. Oil and geology in Cuanza Basin of Angola. AAPG Bulletin, 50, 108-158.

Brown, D. E., Mohriak, W. U., Jabour, H. &Tari, G. 2008. Central and South Atlantic conjugate margins pre- and post-salt successions — recognition, definition and implications to rift models and petroleum systems. AAPG

International Conference & Exhibition; October 26-29, Cape Town, South Africa, Extended Abstracts CD.

Brun, J. P. &Fort, X. 2004. Compressional salt tectonics (Angolan margin). Tectonophysics, 382, 129- 150.

Brun, J. P. &Manduit, T. P. O. 2008. Rollovers in salt tectonics: the inadequacy of the listric fault model. Tectonophysics, 457, 1 -11.

Burollet, P. F. 1975. Tectonique en radeaux en Angola. Societe Geologique de France Bulletin, 17, 503- 504.

Camp, W. K. &McGuire, D. 1997. Mahogany Field, a Subsalt Legend: A Tale of Technology, Timing and Tenacity, Offshore Gulf of Mexico. http://www.searchanddiscovery.com/ab stracts/ht ml/1997/ annual/ abstracts/0017a. htm

Carminatti, M., Wolff, B. & Gambôa, L. A. P. 2008. New exploratory frontiers in Brazil. 19th World Petroleum Congress, Expanded Abstracts CD.

Cobbold, P. R., Szatmari, P., Demercian, L. S., Coelho, D. & Rossello, E. A. 1995. Seismic experimental evidence for thin-skinned horizontal shortening by convergent radial gliding on evaporites, deep-water Santos Basin. In: Jackson, M. P. A., Roberts, R. G. &Snelson, S. (eds) Salt Tectonics: A Global Perspective. AAPG, Tulsa, Memoir, 65, 305- 321.

Cobbold, P. R., Meisling, K. E. & Mount, V. S. 2001. Reactivation of an obliquely rifted margin, Campos and Santos basins, southeastern Brazil. AAPG Bulletin, 11, 1925- 1944.

Costa, A. R. A. &Wanderley Filho, J. R. 2008. Os evaporitos e halocinese na Amazônia. In: Mohriak, W., Szatmari, P. &Anjos, S. M. C. (eds) Sal: Geologia e Tectonica. Editora Beca, Sao Paulo, 8, 208-219.

Cunha, P. R. C., Melo, J. H. G. & Silva, O. B. 2007. Bacia do Amazonas. Boletim de Geociências da Petrobras, 15, 227-251.

Davison, I. 2005. Tectonics of the South Atlantic Brazilian Salt Basin. In: Post, P. J., Rosen, N. C., Olson, D. L., Palmes, S. L., Lyons, K. T. &Newton, G. B. (eds) GCSSEPM 25th Annual Bob F. Perkins Research Conference: Petroleum Systems of Divergent Continental Margin Basins, Abstracts CD, 468- 480.

Demercian, L. S., Szatmari, P. & Cobbold, P. R. 1993. Style and pattern of salt diapirs due to thin-skinned gravitational gliding, Campos and Santos basins, offshore Brazil. Tectonophysics, 228, 393-433.

Dias, J. L. 2005. Tectonica, estratigrafia e sedimentac, aono Andar Aptiano da margem leste brasileira. Boletim de Geociencias da Petrobras, 13, 7 -25.

Duval, B., Cramez, C. & Jackson, M. P. A. 1992. Raft tectonics in the Kwanza Basin, Angola. Marine and Petroleum Geology, 9, 389-404.

Fainstein, R. & Gorky, J. 2002. Sub-salt could be sweet. Petroleum Economist, October issue, 23- 24.

Fainstein, R. & Krueger, A. 2005. Salt tectonics comparisons near there continent-ocean boundary escarpments. In: Post, P. J., Rosen, N. C., Olson, D. L., Palmes, S. L., Lyons, K. T. & Newton, G. B. (eds) GCSSEPM 25th Annual Bob F. Perkins Research Conference: Petroleum Systems of Divergent Continental Margin Basins, Abstracts CD, 510-540.

Fainstein, R., Jamieson, G., Hannan, A., Eiles, N., Krueger, A. & Schelander, D. 2001. Offshore Brazil Santos Basin exploration potential from recently acquired seismic data. 7th International Congress of the Brazilian Geophysical Society, 52- 55.

Fainstein, R., Mohriak, W. U. & Rasmussen, B. A. 2009. Salt Provinces Offshore Brazil and West Africa - Regional Seismic Lines. AAPG International Conference & Exhibition, 15- 18 November, 2009, Abstracts Volume.

Fiduk, J. C., Brush, E. R., Anderson, L. E., Gibbs, P. B. & Rowan, M. G. 2004. Salt deformation, magmatism, and hydrocarbon prospectivity in the Espırıto Santo Basin, offshore Brazil. In: Post, P. J., Olson, D. L., Lyons, K. T., Palmes, S. L., Harrison, P. F. & Rosen, N. C. (eds) Salt-Sediment Interactions and Hydrocarbon Prospectivity: Concepts, Applications, and Case Studies for the 21st Century. 24th Annual Gulf Coast Section SEPM Foundation, Bob F. Perkins Research Conference, CD-ROM, 640-668.

Formigli, J. 2007. Pre-salt reservoirs offshore Brazil: perspectives and challenges. Bank of America Energy Conference, http://www2.petrobras.com.br/ri/pdf/2007_ Formigli _ Miami_ pre-sal.pdf

França, R. & Mohriak, W. U. 2008. Tectonica de sal das bacias do Espírito Santo e Mucuri. In: Mohriak, W., Szatmari, P. & Anjos, S. M. C. (eds) Sal: Geologia e Tectônica. Editora Beca, São Paulo, 284-299.

Gamboa, L. A. P., Machado, M. A. P., Silveira, D. P., Freitas, J. T. R. & Silva, S. R. P. 2008. Evaporitos estratificados no Atlântico Sul: interpretaçaosismicae controle tectono-estratigra'fico na Bacia de Santos. In: Mohriak, W., Szatmari, P. & Anjos, S. M. C. (eds) Sal: Geologia e Tectônica. Editora Beca, Sao Paulo, 340-359.

Gomes, P. O., Parry, J. & Martins, W. 2002. The outer high of the Santos Basin, Southern Sao Paulo Plateau, Brazil: Tectonic setting, relation to volcanic events and some comments on hydrocarbon potential. AAPG Hedberg Conference, 'Hydrocarbon Habitat of Volcanic Rifted Passive Margins', September 8-11, Stavanger, Norway.

Gomes, P. O., Kilsdonk, B., Minken, J., Grow, T. & Barragan, R. 2008. The outer high of the Santos Basin, Southern Sao Paulo Plateau, Brazil: pre-salt exploration outbreak, paleogeographic setting, and evolution of the syn-rift structures. AAPG CD Abstracts, Cape Town.

Gonzaga, F. G., Gonçalves, F. T. T. & Coutinho, L. F. C. 2000. Petroleum Geology of the Amazonas Basin, Brazil: modeling of hydrocarbon generation and migration. In: Mello, M. R. & Katz, B. J. (eds) Petroleum Systems of South Atlantic margins. American Association of Petroleum Geologists, Tulsa, Okla, Memoir, 73, 159-178.

Guardado, L. R., Gamboa, L. A. P. & Luchesi, C. F. 1989. Petroleum geology of the Campos Basin, a model for a producing Atlantic-type basin. In: Edwards, J. D. & Santogrossi, P. A. (eds) Divergent/Passive Margin Basins. AAPG, Tusla, Memoir 48, 3-79.

Harrison, H., Moore, D. C. & Hodgkins, P. 1995. The Mahogany subsalt discovery: a unique hydrocarbon play, offshore Louisiana. In: Travis, C. J., Harrison, H., Hudec, M. R., Vendeville, B. C., Peel, F. J. & Perkins, R. E. (eds) Salt, Sediment and Hydrocarbons, 95-97. GCSSEPM Foundation 16th Annual Research Conference, December 3-6, 1995.

Hudec, M. R. & Jackson, M. P. A. 2006. Advance of allochthonous salt sheets in passive margins and orogens. AAPG Bulletin, 90, 1535-1564.

Jager, J. & Geluk, M. C. 2007. Petroleum geology. In: Wong, Th. E., Batjes, D. A. J. & De Jager, J. (eds) Geology of the Netherlands. Royal Netherlands Academy of Arts and Sciences, Amsterdam, 241-264.

Karner, G. D. & Gambôa, L. A. P. 2007. Timing and origin of the South Atlantic pre-salt sag basins and their capping evaporites. In: Schreiber, B. C., Lugli, S. & Babel, M. (eds) Evaporites Through Space and Time. Geological Society, London, Special Publications, 285, 15-35.

Karner, G. D., Gardiner, W., Tudoran, A. & Elliott, J. 2007. Timing and origin of the Campos and Santos pre-salt sag basins and their capping evaporites. XI SNET – Simpósio Nacional de Estudos Tectonicos – V International Symposium on Tectonics of the SBG, Sociedade Brasileira de Geologia, Natal – RN, 6-9 de Maio de, Anais.

Kumar, N. & Gambôa, L. A. P. 1979. Evolution of the Sao Paulo Plateau (southeastern Brazilian margin) and implications for the early history of the South Atlantic. Geological Society of American Bulletin, 90, 281-293.

Lima, W. S. 2008. Sequencias evaporíticas da Bacia de Sergipe-Alagoas. In: Mohriak, W., Szatmari, P. & Anjos, S. M. C. (eds) Sal: Geologia e Tectonica. Editora Beca, Sao Paulo, 230-249.

Manatschal, G. 2004. New models for evolution of magma-poor rifted margins based on a review of data and concepts from West Iberia and the Alps. International Journal of Earth Sciences, 93, 432-466.

Marzoli, A., Renne, P. R., Piccirillo, E. M., Ernesto, M., Bellieni, G. & De Min, A. 1999. Extensive 200 Ma-year-old continental flood basalts of the Central Atlantic Magmatic Province. Science, 284, 616-618.

Meisling, K. E., Cobbold, P. R. & Mount, V. S. 2001. Segmentation of an obliquely rifted margin, Campos and Santos basins, southeastern Brazil. AAPG Bulletin, 11, 1903-1924.

Mello, M. R., Mohriak, W. U., Koutsoukos, E. A. M. & Bacoccoli, G. 1994. Selected Petroleum Systems in Brazil. In: Magoon, L. B. & Dow, W. G. (eds) The Petroleum System: From Source to Trap. AAPG, Tulsa, Memoir, 60, 499- 512.

Mendonça, P. M. M., Spadini, A. R. & Milani, E. J. 2004. Exploraçaona Petrobras: 50 anos de sucesso. Boletim de Geociencias da Petrobras, Rio de Janeiro, 12, 9 -59.

Modica, C. J. & Brush, E. R. 2004. Postrift sequence stratigraphy, paleogeography, and fill history of the deepwater Santos Basin, offshore southeast Brazil. AAPG Bulletin, 88, 923-946.

Mohriak, W. U. 1995. Salt tectonics structural styles: contrasts and similarities between the South Atlantic and the Gulf of Mexico. In: Travis, C. J., Harrison, H., Hudec, M. R., Vendeville, B. C., Peel, F. J. & Perkins, B. E. (eds) Salt, Sediment and Hydrocarbons, Gulf Coast Section of the Society of Economic Paleontologists and Mineralogists (GCSSEPM Foundation), 16th AnnualResearch Conference, Houston, Texas, 177-191.

Mohriak, W. U. 2001. Salt tectonics, volcanic centers, fracture zones and their relationship with the origin and evolution of the South Atlantic Ocean: geophysical evidence in the Brazilian and West African margins. 7th International Congress of the Brazilian Geophysical Society, Salvador, Expanded Abstracts, 1594.

Mohriak, W. U. 2003. Bacias Sedimentares da Margem Continental Brasileira. In: Bizzi, L. A., Schobbenhaus, C., Vidotti, R. M. & Gonçalves, J. H. (eds) Geologia, Tectônica e Recursos Minerais do Brasil. CPRM, Sao Paulo, Capítulo III, 87-165.

Mohriak, W. U. 2004. Recursos energéticos associados a ativaca o tectonica mesozoica-cenozoica da America do Sul. In: Mantesso-Neto, V., Bartorelli, A., Carneiro, C. D. R. & Brito-Neves, B. B. (eds) Geologia do continente sul-americano: Evolucao da obra de Fernando Flavio Marques de Almeida. Beca Produçoes Culturais Ltda, Sao Paulo, Capítulo XII, 293-318.

Mohriak, W. U. 2005. Salt tectonics in Atlantic-type sedimentary basins: Brazilian and West African perspectives applied to the North Atlantic Margin. In: Post, P. J., Rosen, N. C., Olson, D. L., Palmes, S. L., Lyons, K. T. & Newton, G. B. (eds) GCSSEPM 25th Annual Bob F. Perkins Reseach Conference, Petroleum Systems of Divergent Continental Margin Basins, 375-413.

Mohriak, W. U. 2008. Tectônica de sal autóctone e alóctone na margem sudeste brasileira. In: Mohriak, W., Szatmari, P. & Anjos, S. M. C. (eds) Sal: Geologia e Tectonica. Editora Beca, Sao Paulo, 300- 313.

Mohriak, W. U. & Paula, O. B. 2005. Major tectonic features in the southeastern Brazilian margin. 9th International Congress of the Brazilian Geophysical Society, Salvador, Expanded Abstracts, SBGf174.

Mohriak, W. U. & Szatmari, P. 2008. Tectonica de sal. In: Mohriak, W., Szatmari, P. & Anjos, S. M. C. (eds) Sal: Geologia e Tectônica. Editora Beca, Sao Paulo, 90- 163.

Mohriak, W., Mello, M. R., Dewey, J. F. & Maxwell, J. R. 1990. Petroleum Geology of the Campos Basin, offshore Brazil. In: Brooks, J. (ed.) Classic Petroleum Provinces. Geological Society, London, 119- 141.

Mohriak, W. U., Macedo, J. M. et al. 1995. Salt tectonics and structural styles in the deep-water province of the Cabo Frio region, Rio de Janeiro, Brazil. In: Jackson, M. P. A., Roberts, D. G. & Snelson, S. (eds) Salt Tectonics: A Global Perspective. AAPG, Tulsa, Memoir, 65, 273-304.

Mohriak, W. U., Fernandez, B. & Biassussi, A. S. 2004. Salt tectonics domains and structural provinces: analogies between the South Atlantic and the Gulf of Mexico. In: Post, P. J., Olson, D. L., Lyons, K. T., Palmes, S. L., Harrison, P. F. & Rosen, N. C. (eds) Salt-Sediment Interactions and Hydrocarbon Prospectivity: Concepts, Applications, and Case Studies for the 21st Century. 24th Annual GCSSEPM Foundation, Bob F. Perkins Research Conference, December 5 -8, 2004, Houston, Texas, USA, CD ROM, 551- 587.

Mohriak, W. U., Nemcok, M. & Enciso, G. 2008a. South Atlantic divergent margin evolution: rift-border uplift and salt tectonics in the basins of SE Brazil. In: Pankhurst, R. J., Trouw, R. A. J., Brito Neves, B. B. & de Wit, M. J. (eds) West Gondwana PreCenozoic Correlations Across the South Atlantic Region. Geological Society,

London, Special Publications, 294, 365 -398.

Mohriak, W. U., Brown, D. E. & Tari, G. 2008b. Sedimentary basins in the Central and South Atlantic conjugate margins: deep structures and salt tectonics. In: Brown, D. E. & Watson, N. (eds) Central Atlantic Conjugate Margins Conference - Halifax 2008, Expanded Abstracts CD, 89- 102.

Mohriak, W. U., Szatmari, P. & Anjos, S. M. C. 2008c. Sedimentaçaodos evaporitos. In: Mohriak, W., Szatmari, P. & Anjos, S. M. C. (eds)Sal: Geologia e Tectonica. Editora Beca, Sao Paulo, 64-89.

Montgomery, S. L. & Moore, D. W. 1997. Subsalt play, Gulf of Mexico: a review. AAPG Bulletin, 81, 871-896.

Nalpas, T. & Brun, J. P. 1993. Salt flow and diapirism related to extension at crustal scale. Tectonophysics, 228, 349-362.

Palagi, P. R. 2008. Evaporitos no Brasil e na America do Sul. In: Mohriak, W., Szatmari, P. & Anjos, S. M. C. (eds) Sal: Geologia e Tectônica. Editora Beca, Sao Paulo, 188-207.

PETROBRAS. 2007. Exploraçaoe Producao no Brasil: Resultados e Perspectivas. Petrobras - Comunicacao Institucional, Agosto de, 79p.

Rangel, H. D. & Martins, C. C. 1998. Principais compartimentos exploratórios, Bacia de Campos. Schlumberger, Search November 1998, Searching For Oil and Gas in the Land of Giants, Cenário geoló-gico nas bacias sedimentares no Brasil, Capıtulo, 2, 16-40.

Roberts, M. J., Metzgar, C. R., Liu, J. & Lim, S. J. 2004. Regional assessment of salt weld timing, Campos Basin, Brazil. In: Post, P. J., Olson, D. L., Lyons, K. T., Palmes, S. L., Harrison, P. F. & Rosen, N. C. (eds)Salt-Sediment Interactions and Hydrocarbon Prospectivity: Concepts, Applications, and Case Studies for the 21st Century. 24th Annual Gulf Coast Section SEPM Foundation, Bob F. Perkins Research Conference, CD-ROM, 371-388.

Salvador, A. 1991. Origin and development of the Gulf of Mexico basin. In: Salvador, A. (ed.) The Gulf of Mexico Basin. Geological Society of America, The Geology of North America, Boulder, CO, vol. J, 389- 444.

Sorensen, K. 1996. Oil and gas exploration in the North Sea: our unquenchable thirst for energy. GeologyNews from GEUS, 2& 3, 1-15.

Stauble, A. J. & Milius, G. 1970. Geology of Groningen Gas Field, Netherlands. In: Halbouty, M. T. (ed.) Geology of Giant Petroleum Fields. AAPG, Tulsa, Memoir 14, 359- 369.

Szatmari, P. & Mohriak, W. U. 2009. Tectonic control during earth history of World's largest petroleum-bearing salt Basins. AAPG International Conference & Exhibition, 15- 15 November, 2009, Abstracts Volume, 650435.

Szatmari, P., Carvalho, R. S., Simões, I. A., Tibana, P. & Leite, D. C. P. 2008. Atlas petrográfico dos evaporitos. In: Mohriak, W., Szatmari, P. & Anjos, S. M. C. (eds) Sal: Geologia e Tectônica. Editora Beca, Sao Paulo, 42-63.

Tari, G., Ashton, P. et al. 2002. Are West Africa deepwater salt tectonics analogous to the Gulf of Mexico? Oil & Gas Journal, 100, 73-82.

Taylor, J. C. M. 1998. Upper Permian-Zechstein. In: Glennie, K. W. (ed.) Petroleum Geology of the North Sea. 4th edn. Blackwell Science, Oxford, 174-212.

Teixeira, L. B. 2005. Bacia dos Parecis. Phoenix, 84, 1-4.

Thom, I. 2010. Caspian Sea set for offshore resurgence. Offshore, March 2010, 28-30.

Tisi, A. L. 1992. Campo de Merluza: historico exploratório. Congresso Brasileiro de Geologia, 37, Sao Paulo, Brazil. Sociedade Brasileira de Geologia, Conference Annals, 2, 541- 543.

Trusheim, F. 1960. Mechanism of salt migration in northern Germany. American Association of Petroleum Geologists Bulletin, 44, 1519- 1540.

Urbaniak, D., Gerebizza, E., Wasse, G. & Kochladze, M. 2007. Kashagan oil field development, Kazakhstan. Friends of the Earth Europe, Brussels. http://www.foeeurope.org/publications/2007/KashaganReport.pdf

Vendeville, B. C. 2002. A new interpretation of Trusheim's classic model of salt-diapir growth. Gulf Coast Association of Geological Societies Transactions, 62, 943-952.

Waisman, G. 2008. Tectônica de sal da Bacia de Campos. In: Mohriak, W., Szatmari, P. & Anjos, S. M. C. (eds) Sal: Geologia e Tectônica. Editora Beca, Sao Paulo, 314-339.

Warren, J. K. 2006. Evaporites: Sediments, Resources and Hydrocarbons. Springer-Verlag, Berlin.

Warren, J. K. 2010. Evaporites through time: tectonic, climatic and eustatic controls in marine and nonmarine deposits. Earth and Science Review, 98, 217-268.

Zalan, P. V., Severino, M. C. G. et al. 2009. Stretching and thinning of the Upper Lithosphere and continental-oceanic crustal transition. AAPG International Conference & Exhibition, 15-18 November, 2009, Abstracts Volume, 653274.

(王怡 译，骆宗强 崔敏 校)

第7章 坎波斯盐盆和桑托斯盐盆中的盐沉积、负载及重力活动

IAN DAVISON[1], LEE ANDERSON[2], PETER NUTTALL[3]

(1. Earthmoves Ltd. 38-42 Upper Park Road, Camberley, Surrey GU15 2EF, UK;
2. GEO International Ltd. 38-42 Upper Park Road, Camberley, Surrey GU15 2EF, UK;
3. ION GXT City West Boulevard 2105, Houston, Texas, 77, USA)

摘 要 巴西南部含盐盆地包括桑托斯、坎波斯和埃斯皮里图·桑托三个次级盆地,它们沉积在共有1~2km地层差的先存裂谷盆地上,并以盆地外周缘高地为界,也正是这些高地将其与共轭的非洲大陆之边缘分隔开。蒸发岩被认为是在拉张作用逐渐减弱期间迅速沉积的(<1Ma)。盐岩的沉积造成了盆地的快速负载,导致盆地发生进一步沉降,盐体也由构造较高区域向沉降盆地内活动。地震资料表明斜坡区的盐体在上覆层沉积之前就发生向下的活动。在底辟附近盐层内部发育盐撒向斜,而底辟已经刺穿了蒸发岩地层,并且可以观察到被后期盐体覆盖的盐体挤压作用,盐体的早期流动可能有利了断层的复活以及盐体负载的重新分配,最终在半地堑中盐岩沉积厚度可达4.5km,而最初沉积的盐岩厚度仅为1~2km。

许多学者都对桑托斯、坎波斯和埃斯皮里图·桑托盆地的长期变形以及壮观的盐构造(如Cabo Frio滑脱构造)进行过研究评述(Cobbold和Szatmari,1991;Demercian等,1993;Cobbold等,1995;Mohriak等,1995,2008;Fiduk等,2004;Davison,2007;França和Mohriak,2008;Gamboa等,2008;Quirk等,2008,2012;Waisman,2008)。本文则主要是针对盐沉积期和早期盐变形期间的盆地形态进行重点研究。地震资料采集已经覆盖向海域延伸达550km的整个盐盆,这也使得开展此类研究成为可能。本次研究采用最新逆时偏移技术获得的叠前深度偏移(PSDM)地震资料,对包括桑托斯、坎波斯和埃斯皮里图·桑托盆地的巴西南部含盐盆地(SBSB)进行了研究。高品质的地震资料使得复杂盐构造可获得清晰的成像,从而可以对盐体形态及区域特征做出合理的预测。

7.1 地震资料

本次研究主要基于BrasilSPAN二维地震资料的解释成果,这些地震资料是Ion-GX科技公司(GXT)在2008年采集的,并运用逆时偏移法(RTM)进行了深度域处理(图7-1)。地震资料采集使用10.2km的缆长以及7400psi❶的气枪组合。数据处理过程中采用双程时(TWT)18s记录获得了完整的地壳厚度。采用逆时偏移法能够获得更清晰准确的复杂盐体以及盐下地层的图像。盐下地层发育碳酸盐岩储层,并且最近也发现了大型油气田。

逆时偏移法是波动方程的数值双程解,该方法可以采用所有可能的到达矢量进行成

---

❶ 1psi=6.89476×10³Pa。

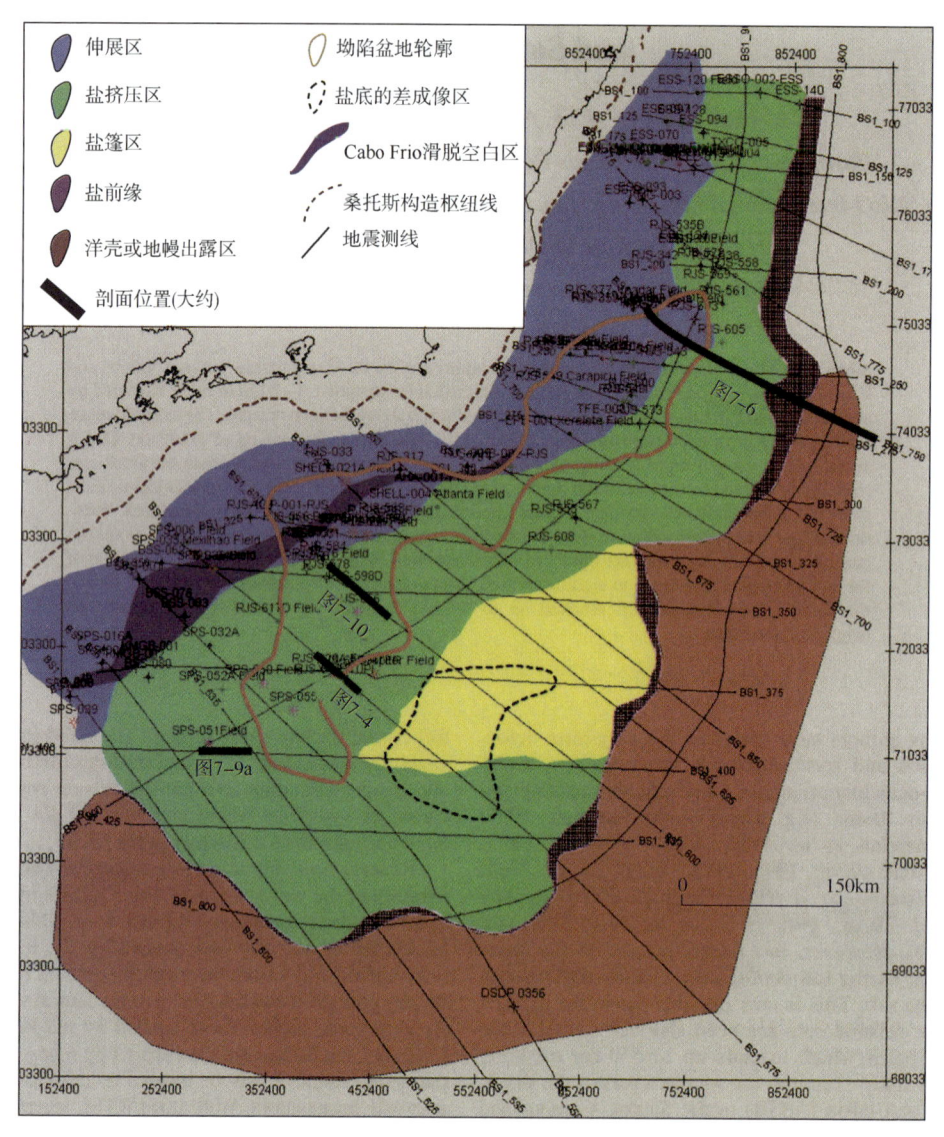

图 7-1 巴西含盐盆地位置图

图,比如双回波和棱镜波(图 7-2a;Farmer 等,2006)。它没有任何理论反射面倾斜限制,并且能处理盐体等引起的横向速度变化特别大的情况。复杂盐体采用多波路径照明,因为采用传统的单程传播函数无法获得复杂盐体的成像。采用合理的逆时偏移法,则可以有效得到陡坡、悬挂盐墙以及倒转侧翼的成像。当然,逆时偏移法也有一定缺陷,如较差的垂向分辨率和振幅保幅,以及计算用时和高性能计算机的需求等。尽管这些地震资料只是二维而非三维资料,这些高清成像仍然为我们提供了刻画高精度盐体的条件与信心(图 7-2b)。

7.2 巴西南部盐盆地质背景

巴西南部含盐盆地(SBSB)形成于南大西洋打开期间。南大西洋裂谷作用主要发生在巴

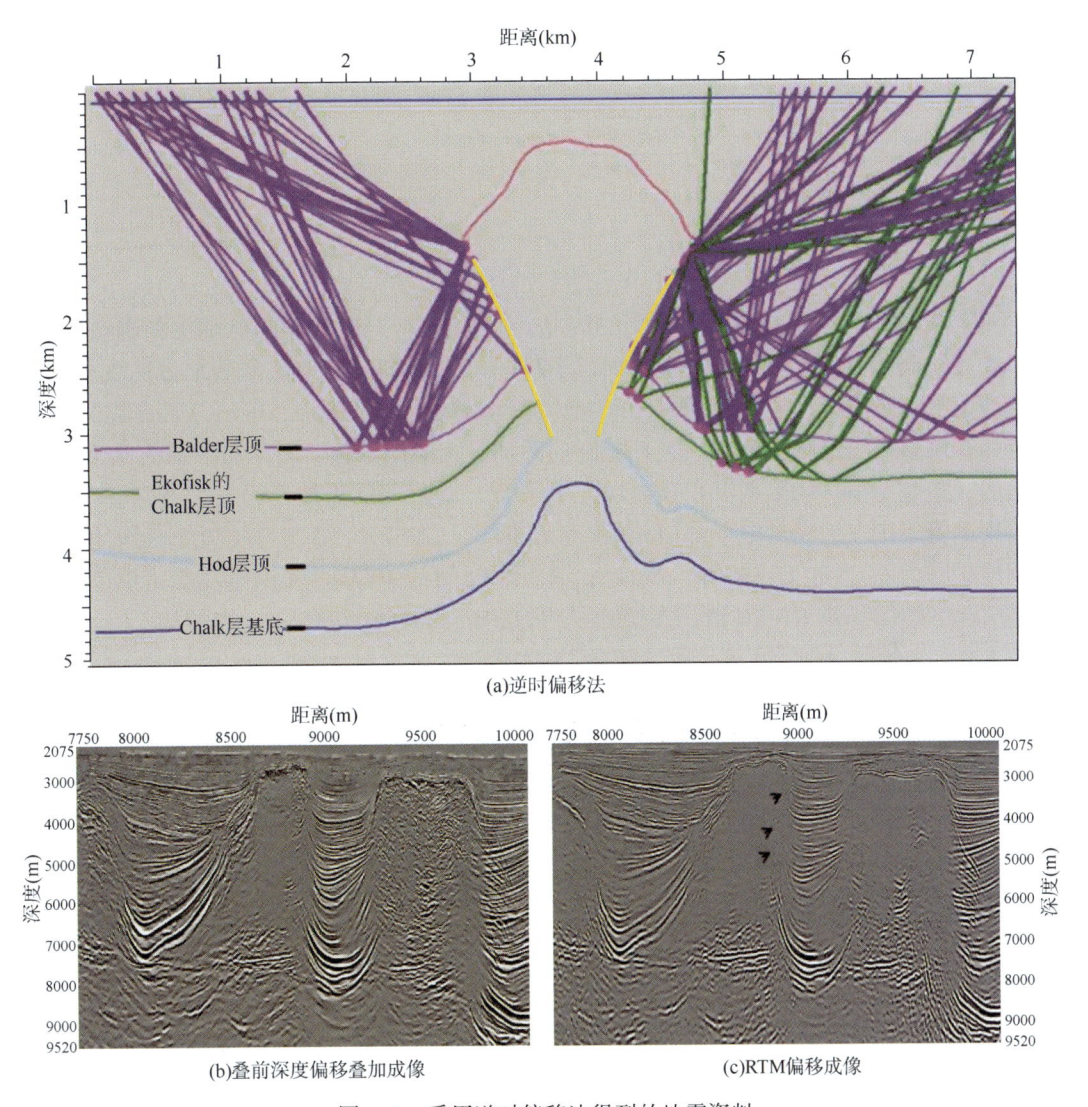

图 7-2 采用逆时偏移法得到的地震资料

(a)逆时偏移法采用可以对悬挂盐墙成像的棱镜波(或双回波),紫色的射线路径被 Balder 层顶反射回去,而绿色的路径则被 Chalk 层顶反射;(b)kirchhoff 叠前深度算法和(c)逆时偏移法的对比图中展示了陡倾盐体的改进图(反射终点用箭头表示);数据来源于 ION/GXT 的盆地 SPAN 项目

雷姆期(约130—125Ma),也就是在 Valanginian—Hauterivian 期的 Parana 玄武岩主喷发期之后(139—130Ma;Turner 等,1994;图 7-3)。形成于 Parana 时期的玄武岩在 SBSB 南部 Pelotas 盆地的裂谷底部表现为一组近平行反射(Fontana,1990)。在坎波斯和桑托斯盆地,浅水区的几口钻井都钻遇此套玄武岩,它们也是位于同裂谷期沉积的底部,其时代与陆上 Parana 玄武岩相同(Mizusaki 等,1992)。

这表明同裂谷期充填发生在巴雷姆期,即 Hauterivian 期溢流玄武岩形成之后。同裂谷期碎屑充填包含 Lagoa Feia/Picarras/Itapema 组中的好烃源岩(Mello 等,1988,2000)。采用新式 Rhenium/Osmium 年龄测定法可以测得坎波斯盆地 Lagoa Feia 组湖相烃源岩的年龄为125Ma 内(Creaser 等,2008)。同裂谷期充填的顶部地层发育于123.1Ma(早阿普特期),但

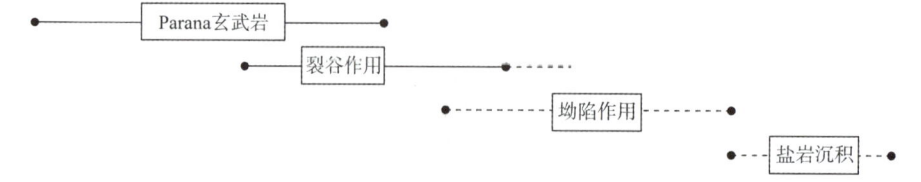

图 7-3 南大西洋早白垩世事件总结

该年龄测定法的判定标准尚未得到证实(Moreira 等,2007)。早期坳陷盆地沉积覆盖于裂谷之上,并且在断块核部存在局部不整合面(图 7-4)。盐下坳陷期地层向陆地方向发生超覆,并在盆地边缘附近尖灭("桑托斯脊线")。地震资料对于坳陷期地层(Barra Velha 组)向海方向的延伸并没有做出清晰的解释。大部分断层活动在坳陷期停止,因此坳陷期的地层基本是平板状的,盐底与下伏坳陷期沉积反射层几乎平行。坳陷期沉积被认为发生在活动伸展期,而该作用主要集中在地壳的中下部(Karner 和 Gamboa,2007)。沿安哥拉边缘,同期的盐下坳陷期地层厚为 6~7km(Henry 等,2004),其沉积时间约 10Ma。沉积速度要比预测的由传导冷却引起的热沉降快 10~20 倍,并持续了约 100Ma 的时间(McKenzie,1978)。

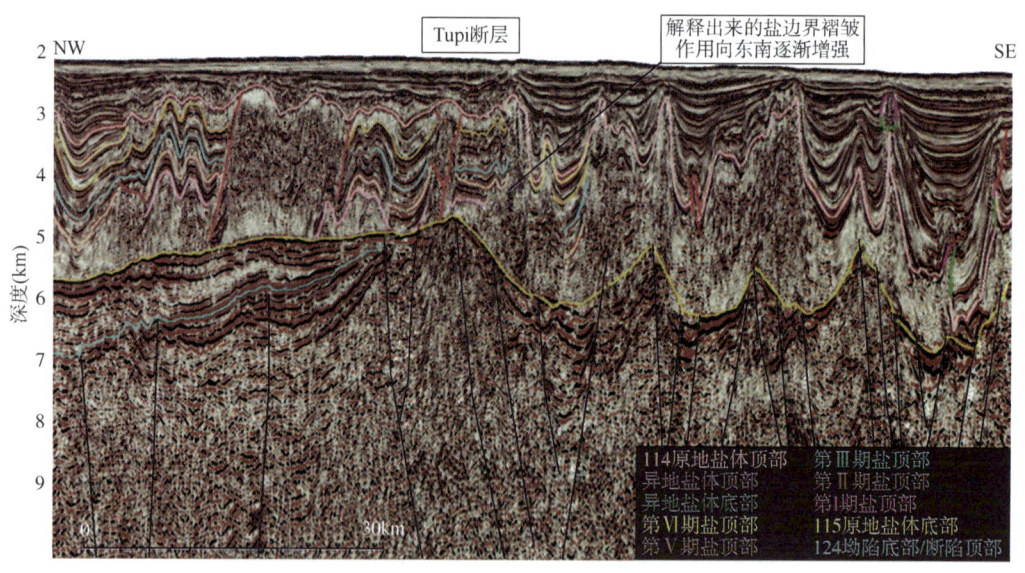

图 7-4 Tupi 油田的地震资料显示坳陷期地层在巴雷姆期裂合形成期间,在抬升下盘断块上的超覆和尖灭特征;数据来源于 ION/GXT 的盆地 SPAN 项目;盐下地层在 Tupi 断块构造核部被削截

巴西的坳陷盆地在近源地区由粗粒碎屑冲积扇所充填,随着向浅水区域逐渐发育碳酸盐岩(主要是叠层石和凝灰石;Bosence,出版中)。由于未发现海相化石,碳酸盐岩可能在碱湖环境中沉积(与 Bosence 的个人通信,2011)。在 1000m 水深线的盆地内侧并未发现碳酸盐岩。在坎波斯盆地中,坳陷期沉积的碳酸盐岩厚度达到 450m(Dias,2005),是该地区新近发现的大型油田中的主要盐下储层。桑托斯盆地的 1-RJS-625 井揭示了坳陷期碳酸盐岩底部附近的玄武岩熔岩,通过 $Ar^{39/40}$ 法测得熔岩年龄在 117~118Ma(Moreira 等,2007)。盐下坳陷期沉积持续时间约为 123—116Ma(约 7Ma)(Karner 和 Gamboa,2007;Moreira 等,2007)。

7.3 蒸发岩沉积

7.3.1 沉积时间及沉积速率

Ariri 组蒸发岩发育于 116—111Ma，其形成晚于坳陷期火山岩，但要早于阿尔布期碳酸盐岩（Moreira 等，2007；Gamboa 等，2008）。上覆在盐层之上的最早的阿尔布期碳酸盐岩的确切形成时间无法确定（W. 与 Wright 的个人通信，2009）。Dias（1998）预计约为 110Ma。桑托斯盆地南部边缘超覆于火山岩层之上的硬石膏的形成时间约为 113.2±0.1Ma，这是根据桑托斯盆地南部边缘 Florianopolis 高地的 1-SCS-3 井得到的（Dias 等，1994）。

Freitas（1996）曾尝试利用硬石膏—盐岩—溢晶石复盐的主旋回与 2.2 万年到 3.9 万年的米兰科维奇旋回进行对比而确定蒸发岩沉积的持续时间，其结果为 40 万～60 万年。但这些旋回也可能是由未知持续期的其他类型的气候变化引起的，因此，盐体的沉积时间还是无法严格界定。

估计盐体沉积持续时间约为 50 万年，这与已知的埃塞俄比亚 Assal 湖的蒸发岩（10mm/a；Imbert 和 Yann，2005）、地中海墨西拿期蒸发岩（66mm/a；Clauzon 等，1996）、澳大利亚西部 McCleod 盆地蒸发岩（最小 4mm/a；Logan，1987；表 7-1）的沉积速率是相近的。在蒸发岩沉积速率的数值模型中也可以得出相似的结论（Montaron 和 Tapponier，2010）。

表 7-1 已测量的蒸发岩沉积速率汇总表

盆地	沉积厚度及时间	参考文献	测量方法
吉布提 Assal 湖	厚 40m；1cm/年	Imbert 和 Yann（2005）	物理测量
地中海盐盆	30 万年形成 2km 厚；0.66cm/年	Clauzon 等（1996）	Sr 和 O 同位素层序
犹他州 Paradox 盆地	约 4cm/年	B. Trudgill（2010）	计算每年的旋回及厚度
摩洛哥 Essaouira 盆地	厚 2km；0.2cm/年	Hafid（1999）	测量盐层以上及以下层位玄武岩的形成时间
Santos 盆地	40 万～60 万年；1cm/年	Freitas（2006）	米兰科维奇旋回
最近的盐池	厚度<10m；1cm/年	Rouchy 和 Blanc-Valleron（2009）	物理测量
澳大利亚西部 MacLeod 盆地	超过 1500 年；4mm/年至 1m/年	Logan（1987）	物理测量

蒸发岩中碳酸盐岩或碎屑岩夹层的缺失（Freitas，2006；Gamboa 等，2008）也说明了盐体的沉积速率非常快，以至于没有时间沉积任何碎屑岩，尽管盆地边缘毗邻隆升裂谷肩部存在。如果桑托斯盆地中部的蒸发岩初始平均厚度达到 2.5km 左右（采用面积平衡计算；图 7-5b），那沉积速率就约为 5mm/a，而沉积周期为 50 万年（也有可能达到 500 万年，如图 7-3 所示）。经过对 GXT 地震资料中的同裂谷期地层最大厚度的计算，以及巴雷姆期裂谷作用年龄的测定，可知南大西洋裂谷期间的最大垂向沉积速率大约是 1mm/a（500 万年沉积 5km）（Davison，2007；Moreira 等，2007）。这一速率要慢

于估计的盐体沉积速率，这也意味着早期已有的沉积中心使得盐迅速沉积。这也不妨碍盆地在盐沉积期间的构造沉降，及断层继续活动。盆地在50万年（预计的盐沉积持续时间；Freitas，2006）中形成的构造沉降只有约250m厚，但如果盐沉积持续时间延长到500万年，则沉积厚度可以达到1250m。这种构造沉降可以在盐层顶部形成缓坡，有助于形成重力流动作用。热沉降也开始于裂谷作用之后，500万年（盐沉积的最长时间）中因垂向传导冷却而产生的热沉降厚度约为300m，但如果盐沉积时间只有50万年，则厚度会降低至不足100m（McKenzie，1978）。

尽管盐底整体比较平滑，但实际上有6条比较大的断层，在盐底形成了达4km的断距（图7-4和图7-5）。盐沉积过程中断崖的实际起伏程度可能要比现今的盐底断距小一些，这是因为在盐体沉积之后，断层和盐的活动仍在进行。

7.3.2　蒸发岩的沉积模式

坳陷期沉积地层比较薄，并且在穿过Tupi断层后在盐底发生终止（图7-4），这说

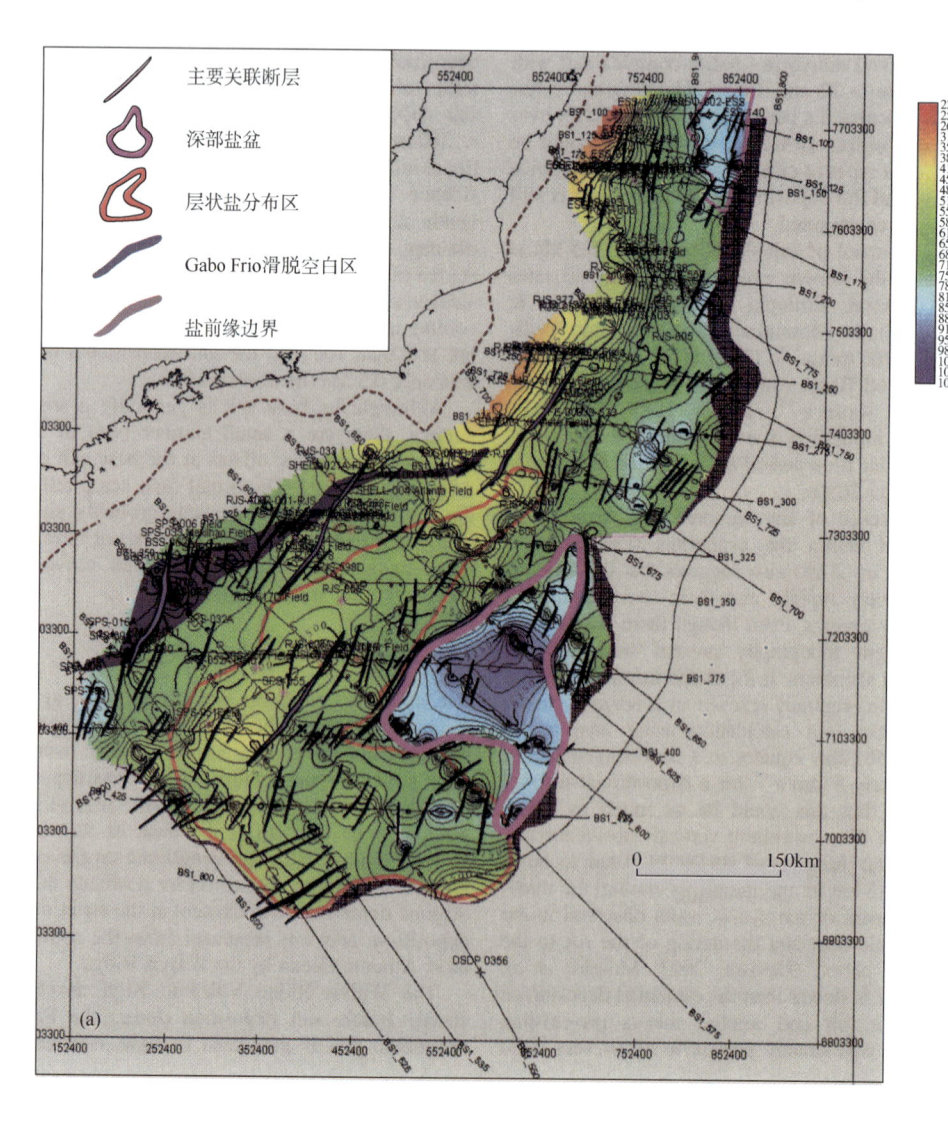

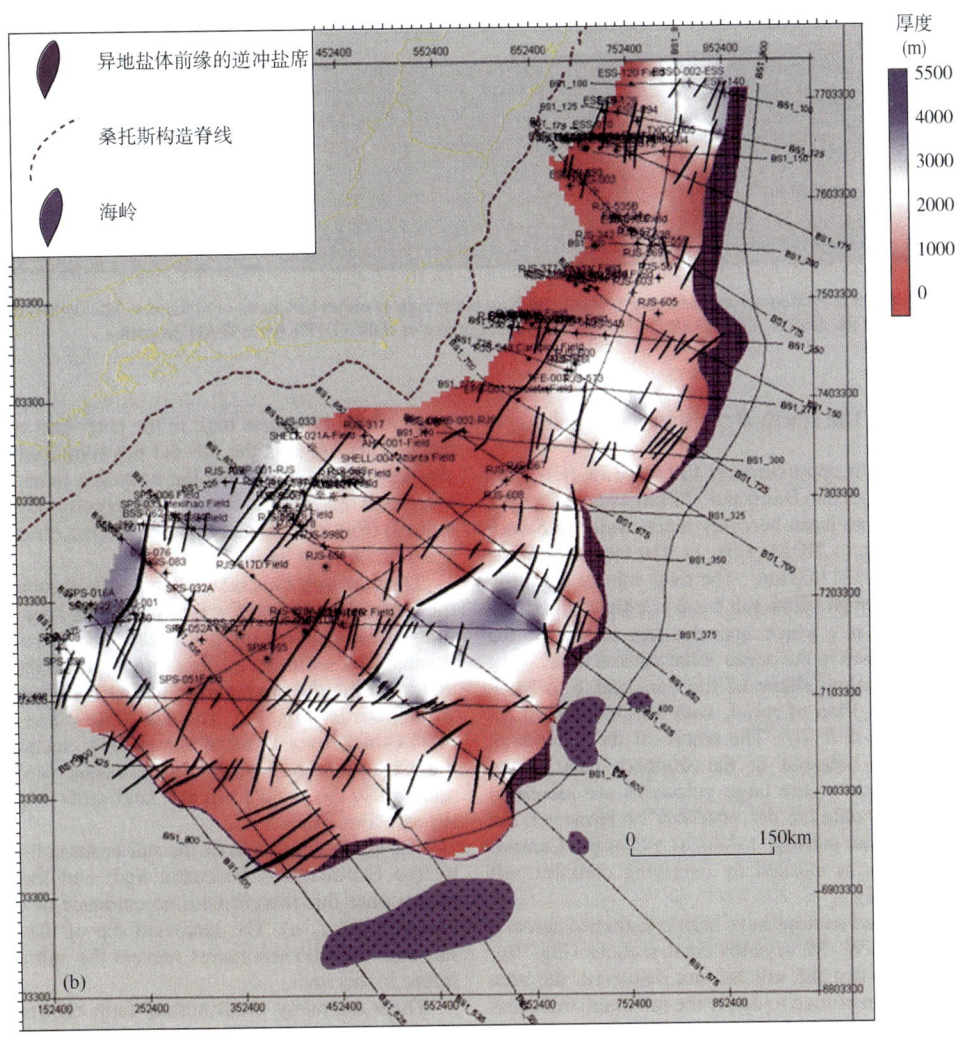

图 7-5 盐层底界构造图

(a) 断开盐体超过 1km 的主要断层用黑色表示，断层向东南方向抬升，形成了盐盆中最深的区域（蓝色），而这些位置的盐体也是最厚的，也是盆地中异地盐体发育最多的地方，颜色标示单位为米；
(b) 初始由复原盐顶构造图和盐底构造图计算得到的原始盐体等厚图

明在盐沉积之前，主要构造高部位之上存在局部的地貌起伏(Waisman，2008)。几条大型正断层也使盐底部产生断距，图 7-6 中的横剖面显示了盐底的盆地构造轮廓。因此，我们假设在盐开始沉积时，就已存在一个初始坳陷，并被 Walvis 海岭将其与大西洋的最南端分隔开来。

Walvis 海岭发育于 Parana 火山期盐开始沉积前不久，并将南大西洋盆地与世界其他的海洋盆地分隔开。海水可能通过 Walvis 海岭的裂缝带发生渗透，而非经其顶部进入(Montaron 和 Tapponier，2010)。盐下坳陷或者蒸发岩地层中未发现明显的太平洋区域海洋生物群迹象。蒸发岩地层中较厚的溢晶石层不会从正常海水中析出沉淀，因此，它们最可能是来自玄武岩的水热蚀变作用(Jackson 等，2000)。热玄武岩中的渗透作用产生富矿物质的海水，这也是溢晶石沉淀所必须的条件。

盆地内原始的海水深度可能超过 1km。当水体蒸发至几百米深时，盐开始从过饱和溶液中析出，因此在高水头作用下，更多的海水流入盆地。为了维持蒸发速率、通过玄武岩坝的水头高度、水面及盐度之间的平衡，盆地中的水平面位置将会维持在相对稳定的状态（Montaron 和 Tapponnier，2010）。

桑托斯盆地中蒸发岩沉积的矿物旋回为硬石膏、盐岩、复合盐岩、盐岩和最终的硬石膏（Freitas，2006）。Freitas 利用两口钻井资料和地震资料，已经确认出 22 个含有不同盐度的上述旋回，这些旋回初步认为与 3.7 万年到 2.2 万年的米兰科维奇旋回有关。这些盐沉积旋回在桑托斯盆地中部和南部地区成像质量最好（图 7-5a）。在盆地边缘部位，这些盐沉积旋回会变薄并逐渐变为白云岩硬石膏层（França 和 Mohriak，2008；Waisman，2008）。

桑托斯盆地北部存在一个较隐蔽的横断高地，与盐体外边缘的凹角相对应（图 7-5a 中的紫色多边形）。从坎波斯盆地 NNE—SSW 方向到桑托斯盆地 WNW-ESE 方向的桑托斯脊线中也存在一个变形强烈的弯折（图 7-5a 中的红色虚线）。坎波斯盆地该弯折北部的盐体分层并不明显，并且存在硬石膏和复合盐岩夹层（França 和 Mohriak，2008；Waisman，2008）。

7.4 巴西南部含盐盆地的形态

巴西南部盐盆在埃斯皮里图·桑托盆地的宽度大约是 130km（东—西向），在坎波斯盆地的宽度为 170km（图 7-1）。而在桑托斯盆地中，宽度更是达到了 510km（图 7-1）。整个盆地区域的面积大约是 $38.1 \times 10^4 km^2$。巴西南部含盐盆地内的盐含量总体积大约为 $460 \times 10^{12} m^3$，约占现今海洋中盐总量的 2%。

盐底的整体形状有 2~3km 的高低起伏，并具有一个盆地外侧基底高部位（图 7-6 和图 7-7b）。桑托斯盆地南部的外侧高地由火山岩组成，在该处地震资料中也可确定大型火山的存在（图 7-5b）。而坎波斯盆地的外侧高地由于复合盐体的覆盖，导致其岩石特征难以确认（图 7-6）。

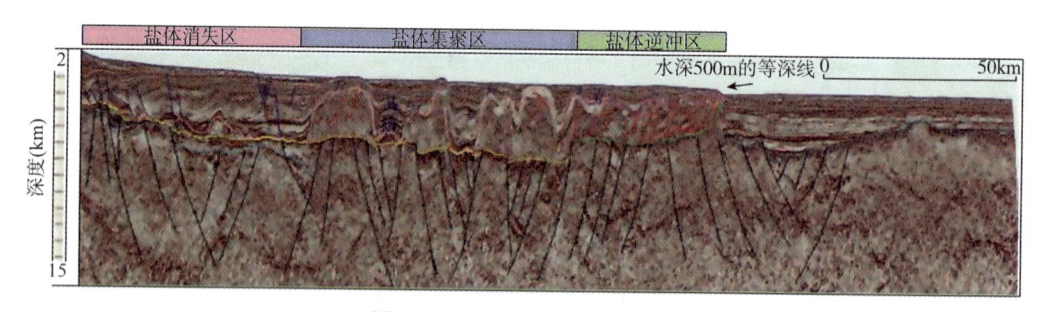

图 7-6 坎波斯盆地地震剖面
该部分有基底或者火山作用形成的外部高地；盐体前沿边界处的水深线高地在图中用亮色标出；
数据来源于 ION/GXT 的盆地 SPAN 项目

平衡剖面由一系列 NW—SE 走向的横剖面构成（图 7-7b）。假设盐体没有溶解，就可以用面积平衡来推导出最终沉积形成的盐体的最小厚度（图 7-5b）。图 7-7b 中的直线表示如果盐体沉积期间无运移发生的话，盐体在盆地内充填的可能高度。在图中该面与现在的海底平行。恢复的盐顶面总是在盆地内部，也不会溢出盆地外部的基底高地。这就表明盐体不会完全充填先存盆地，而外部高地有足够大的容量能够容纳所有的盐体（图 7-6 和图 7-7），并将巴西盐盆与西非盐盆分隔开。

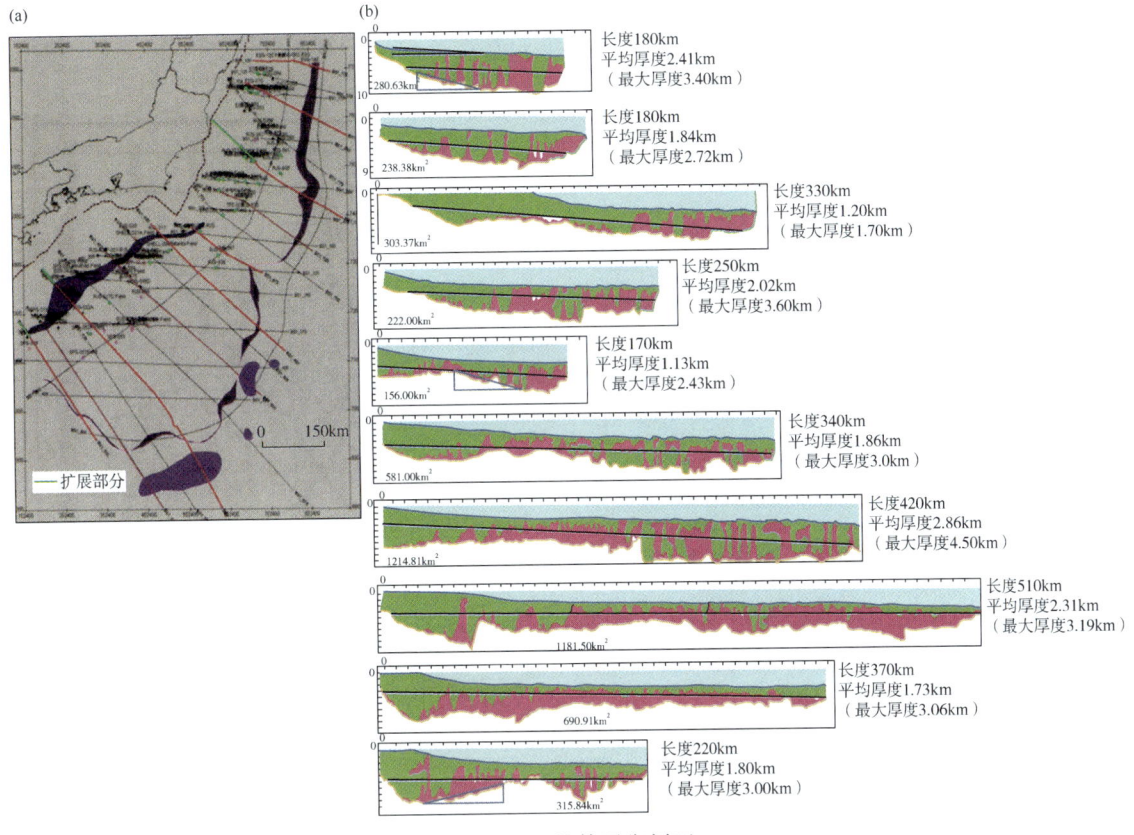

图 7-7 盐体平衡剖面

(a)剖面位置为红色,火山岩海山为亮紫色,沿盐体边缘分布的蓝色多边形表示异地盐席逆冲在初始盐体前缘的距离;(b)假设不存在溶解的情况下用来计算原始盐体厚度的剖面,其余沉积地层用绿色表示,盐岩用粉色表示,沉积和盐流动末期的盐层顶部用黑色直线表示,此表面最初是水平的,但是在后期热沉降和沉积负载的作用下,发生了向海洋方向的倾斜;盐体的上部尖灭发生在朝向陆地并影响上覆层的铲式断层处;下部的尖灭则超覆于外部基底高地,没有任何剖面表明原始盐体超出了这一区域;原始盐层顶部是通过综合钻井与盆地形态,并利用剖面平衡法而得到的;外部高地为盐体充填盆地提供了一个支架,这说明在桑托斯盆地中,盆地充填是在外部高地达到溢出点

埃斯皮里图·桑托盆地和坎波斯盆地中的盐底向海倾斜角度达到3°,但是桑托斯盆地大量剖面显示盐底向陆地方向倾斜,这是由于沉积负载作用导致的盐底下沉,并使其倾斜极性发生反转,最终盐底向陆地倾斜3°(图7-7b)。在从盐体到陆地边缘大约80km宽的区域中,埃斯皮里图·桑托盆地和坎波斯盆地中的大部分浅层盐体厚度不足300m。

含盐盆地的南部以Florianopolis基底高地为界,盐上超在其边缘上,而且没有发生逆冲作用(图7-7a)。盐底向陆地方向的倾斜以及火山岩海山阻止了盐体在该区域的扩展。

盐底中可以观察到很多小的正断距,但只有6条主要的正断层有超过1km的断距(图7-4和图7-5a)。尚未发现明显的贯穿断层能够断到盐层顶面。盐底面最大的断距能够达到4.5km(图7-5)。外侧的基底高地(火山或基底)含有盐体,但盐体覆盖了高地,并向海方向流动到达洋壳,尤其是在坎波斯盆地中(图7-7a)。图7-5和图7-7a中紫色多边形的宽度代表盐体前缘的逆冲幅度,并且也表明盐体可以超出原始沉积边缘达37km。埃斯皮里图·桑托盆地和坎波斯盆地中的盐底一致朝向海洋方向倾斜,这也是盐体前缘能够出现最大逆冲距离的原因。由前端异地盐席的盐体膨胀引起的现今海底突地(957m)也出现在该区域中(图7-8)。

盐体尖灭逐渐出现在盆地西部和南部边缘的弯曲地带，硬石膏上超于 Florianopolis 高地的 113.2Ma 的火山岩之上(Dias 等，1994)。因此，在该区域的前缘盐体边缘处没有盐体的逆冲或者海底突地的形成(图 7-8)。

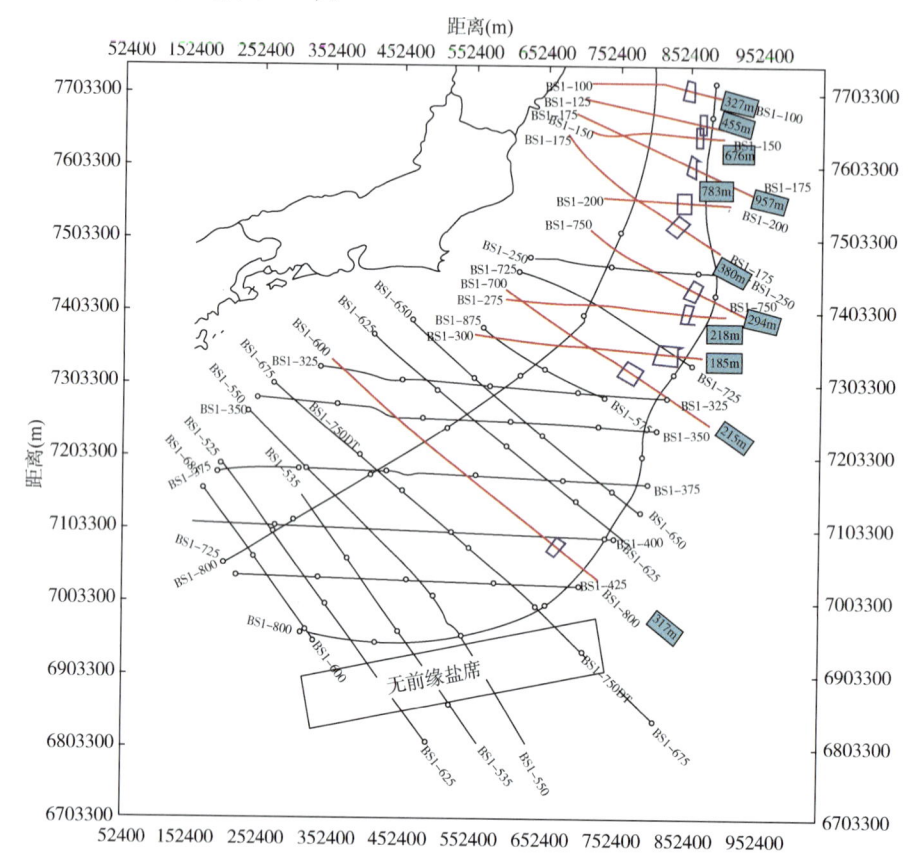

图 7-8 对异地盐席趾部挤压作用形成的海底突地的测量结果

海底突地高度在坎波斯盆地达到最大值，此处的盐底向海洋方向平滑下倾，盐体可以容易地向边缘运移；海底突地被认为是前缘盐席与深海平原盐席外侧海底区域海拔之间的最大高度差；坎波斯盆地北部的海底突地最大可达 957m，此处可以沿向海倾斜达 3°的盐底向下滑动

7.5 盐体流动的证据

图 7-7 中所示的剖面及盐顶层恢复结果表明，在盆地的陆上部分存在盐体的净流失，但盆地外侧会出现盐体过量。这表明盐体流动到了盆地外侧更深的区域。这可能主要归因于以下几点：

(1) 在上覆沉积发生之前，盐体沿斜坡发生向下的流动；
(2) 盐体在沉积进积作用下被挤出(Poiseuille 流)；
(3) 阿尔布期碳酸盐岩筏状构造沿斜坡的滑动将盐体向海洋方向拖曳(Couette 流)；
(4) 盐体发生溶解。

坎波斯盆地中碳酸盐岩筏状构造沿斜坡向下的滑动量特别小(20~40km)，这也说明该作用机制不是唯一的原因。阿尔布期沉积物没有发生大规模的进积，而且盐体可能被阿尔布期碳酸盐岩所覆盖，因此不会出现大量盐体流动的情况。平衡剖面表明盐的恢复量可以充填到外侧基底或者火山高地附近的溢出点，这也说明保留下来的盐体与盐底面定义的现今的盆地幅度相一致。这一现象说明也不存在大量的盐体溶解作用。因此，我们更倾向于大部分沿斜坡发生的盐体流动是由于盐体排驱作用引起的。

部分盐体沿斜坡的流动发生在阿尔布期碳酸盐岩沉积之后，主要表现为碳酸盐岩筏状构造的下移（Quirk 等，2008）。但有证据表明盐体的排驱（下移运动）发生在上覆层沉积之前（参考之前我们关于这一问题的讨论；以及 Gamboa 等，2008）。

底辟在盐体沉积期间发育，它们穿过上覆盐层，并在毗邻底辟的盐层中形成盐撒向斜（withdrawal synclines）（图 7-9a）。盐体中也有盐篷存在，可用来代表后来被盐体覆盖的盐冰川（图 7-10）。这些特征都能够表明盐体在任何上覆地层沉积之前就发生了流动，这也意味着盐体的下移排驱的发生。盐层顶面斜坡的存在是下移排驱发生的必要条件，但是只需要很小角度的斜坡（约 0.1°）就可以引起盐体的流动（Sellier 和 Vendeville，2008；Quirk 等，2012）。这个盐体下移排驱模型与现今红海中正在发生的盐体排驱相似，都是盐体向下运移到中间轴线区域（Mitchell 等，2010）。

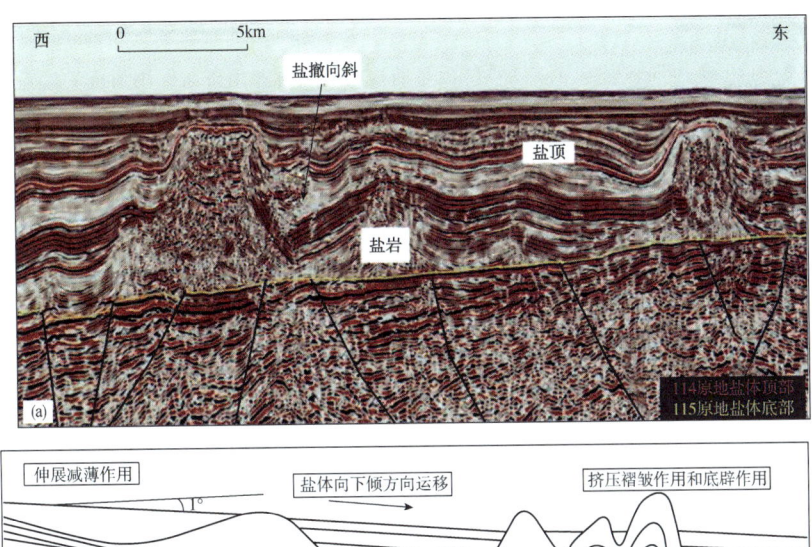

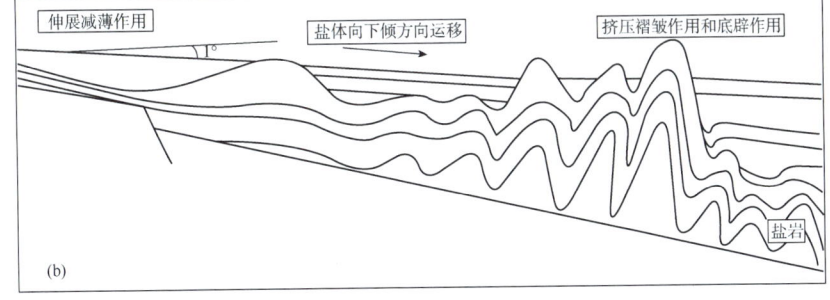

图 7-9 （a）地震剖面显示底辟穿过层状蒸发岩，还有被盐体充填的盐撒向斜，数据来源于 ION/GXT 的盆地 SPAN 项目；（b）盐体排驱作用的剖面模式图

7.6 盐负荷

在局部的均衡调整作用下盐体的快速沉积会导致对地壳的负荷以及沉降作用，这是因为盐的密度为 2200kg/m³，而空气密度为 1.2kg/m³，海水密度为 1030kg/m³。盐负荷的影响效果就是在盐体沉降中心处形成负向的盐层顶面，从而引起更多的盐体更快地向正在沉降的深

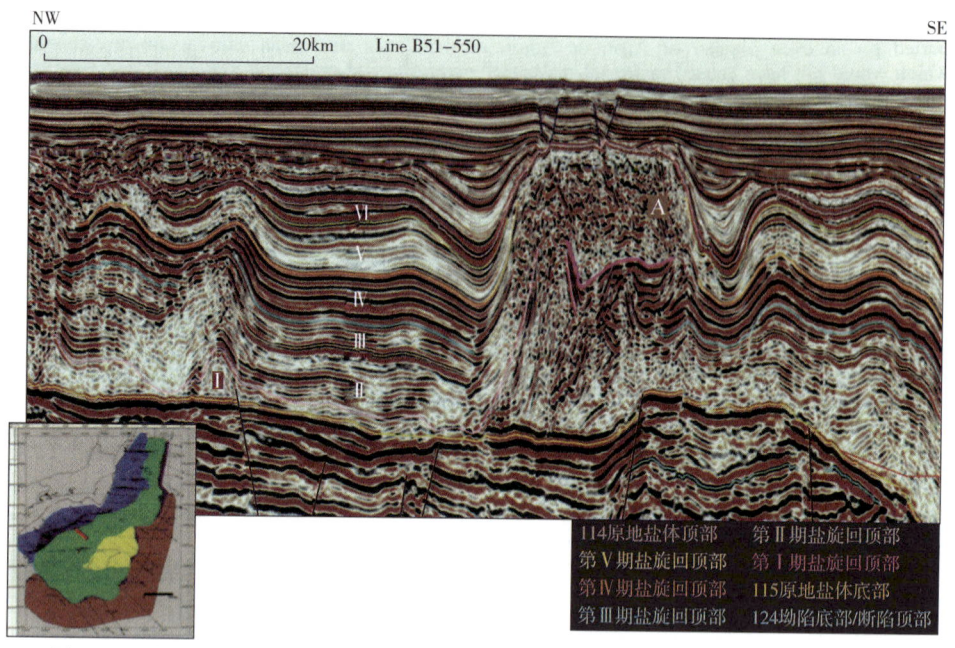

图7-10 被上部蒸发岩层(层序Ⅵ)覆盖的盐底辟及可能由挤压作用形成的盐盖(A)

数据来源于ION/GXT的盆地SPAN项目

部地堑流动。在盐体从相对较高的区域流出并在较低区域沉积,直到盐层顶面最终被充填成为水平面才会停止,这也是一种有效的正反馈机制(图7-11)。局部盐负荷能够使在盐底面中观察到的6条主要断层发生活化(图7-4),从而出现局部沉降,而只有当不存在断层活动或者盐底层的原始沉积面是水平的时候,才会出现更加均匀地沉降。

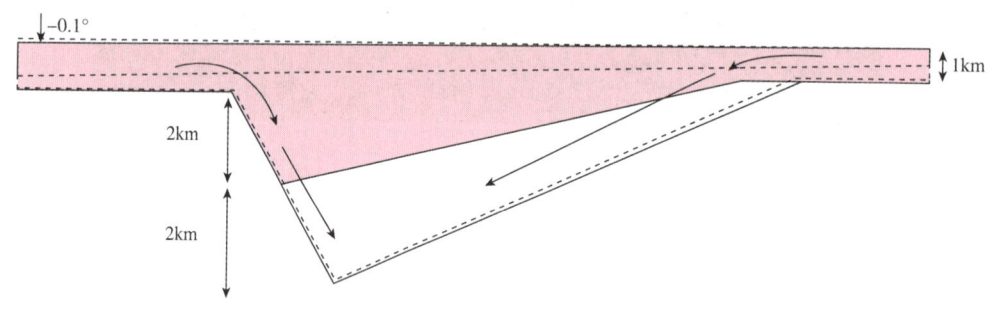

图7-11 盐体在重力排驱作用下向盆地流动的正反馈

会引起更多的负荷及沉降,直至盐层顶部变为水平面

针对图7-12中不同的有效弹性厚度(T_e),可以用挠曲弹性梁模型对沉降进行简单的计算。$T_e=0$代表地壳强度为零时的艾里地壳均衡。在原始含盐盆地模型中,半地堑中的盐体最大厚度为3km,在盐负荷和艾里地壳均衡作用下,盐体厚度增加到5km。当T_e增加到5km时,盐体最大厚度增加4.5km。具有薄和弱地壳的桑托斯盆地就符合这种情况。由于盐体引起的地壳负荷导致的沉降增加量在图中用深灰色进行了标注(图7-12)。

7.7 讨论

研究认为巴西含盐盆地在116Ma坳陷期结束和110Ma阿尔布期碳酸盐岩沉积开始之间

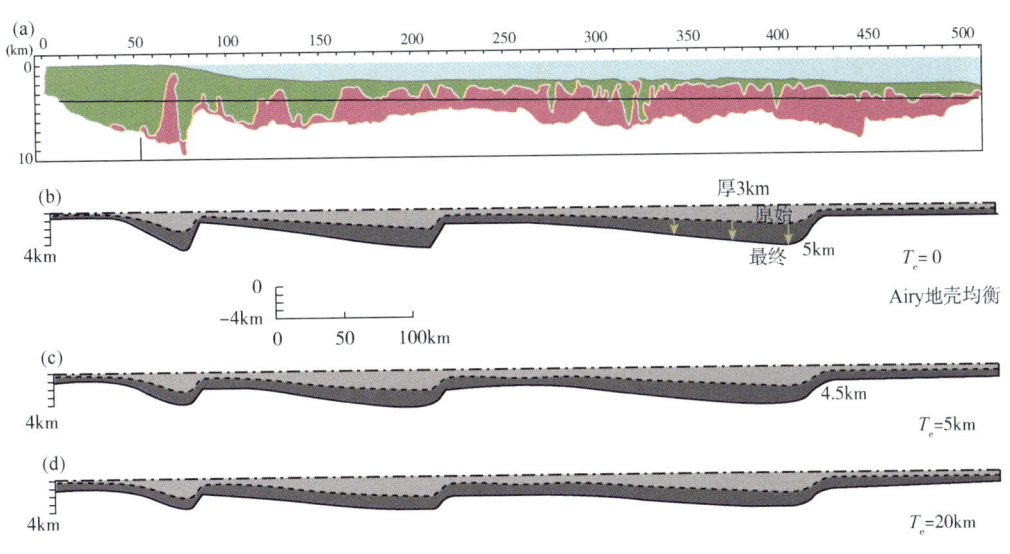

图 7-12　不同 T_e 值条件下使用薄板模型的挠曲均衡

模型中用到的密度有：地壳 2700kg/m³、地幔 3300kg/m³、盐体 2200kg/m³、海水 1030kg/m³，对与桑托斯盆地类似的盐盆中由盐负荷引起的简单挠曲沉降是使用三个不同的弹性厚度（T_e 分别对应 0、5km 和 20km）进行了计算；(a) 根据地震资料绘制地穿过桑托斯盆地的典型剖面；(b) 至 (d) 所示为两阶段的盐体负荷过程，初始盐沉积用浅灰色表示，盐体负荷引起沉降，并充填了更多盐体（深灰色区域），盐体从较高区域向较低区域的流动将会进一步增强这种效果，但本文并没有在简单数值模型中考虑这个因素

不到 100 万年的时间内迅速完成了盐体沉积过程。然而支持这一说法的唯一证据是根据 2.2 到 3.7 万年的米兰科维奇旋回的干涸和洪水旋回之间的相关关系推测出来的。裂谷活动期的沉降速率并没有大过沉积速率，并结合现在盐底层的盆地形态，可以认为有 1~2km 幅度并具有原始平滑地貌的坳陷存在。现今盐底层的断距最大可达到 4km，盐体厚度在局部可达到 3~4km。本文认为这可能是由向下运移的盐体的早期流动引起的，此处的盐体顶面在沉积时产生一个低洼地貌。这可能是受以下一点或几点因素影响：

（1）盆地中数量有限的大型断层的持续活动；
（2）下地壳伸展引起的持续构造沉降（Karner 和 Gamboa，2007）；
（3）由传导和对流冷却引起的热沉降；
（4）快速盐负荷引起局部的沉降；
（5）盆地西部存在差异沉积负荷，并且盐盆坡底端无约束。

由于在盐盆沉积过程期间或者在沉积之后形成的盆地，外侧相邻的洋壳是发生了伸展断裂作用，因此断层持续活动的可能性不能被忽视。在 100 万年期间，与断层相关的沉降量可达到约 250m。下地壳拉伸作用也能造成类似的沉降量。据估计，在 100 万年时间内由传导冷却引起的热沉降量会小于 100m，而且热沉降在盐盆沉积期间是否处于活跃状态还是未知的。前积楔的前缘将会发生差异沉积负载作用，但并没有确切证据能表明有阿尔布期楔体恰好就在盐层之上的沉积物中。因此，盐负荷和重力作用下的流动被认为是在不到 100 万年的较短时间内引起盐底面 1~2km 的大规模沉降的最为有效的作用机制。

7.8 结论

巴西南部含盐盆地在盐体沉积期间被外部基底或火山岩高地包围，这些基底和火山岩高地将巴西盐盆与非洲盐盆分隔开。一般认为盐体在约113Ma时开始快速沉积，而且持续时间只有短短的50万年，这与大多数经过沉积速率测量的盐盆也相类似。尽管部分断层控制的坳陷内的盐层厚度面达5km，但盐体的初始厚度仅约为1~3km。较快的盐体沉积速率引起了沉降以及盐层顶部的倾斜，并会造成盐体沿斜坡向下流入深部地堑中，这一过程又会加剧盐负荷引起的沉降。盐体的流动也会增加盆地额外的起伏，同时会导致半地堑中盐体最终厚度可以达到在任何上覆沉积物沉积之前的盐体初始厚度的两倍。

桑托斯盆地中发生了早期盐的流动。该盆地中层状蒸发岩反射层的存在表明底辟在盐沉积期间开始发育，盐体沉积在周缘向斜中。盐冰川也开始发育，但随后被后期盐层覆盖，这也说明在盐体沉积期间发生了盐体变形(沿斜坡向下的盐体流动)。

参考文献

Bosence, D. in press. Carbonate-dominated rifts. In: Roberts, D. G. & Bally, A. W. (eds) Principles of Phanerozoic Regional Geology. Elsevier. Clauzon, G., Suc, J.-P., Gautier, F., Berger, A. &Loutre, M.-F. 1996. Alternate interpretation of the Messinian salinity crisis: controversy resolved? Geology, 24, 364-366.

Cobbold, P. R. & Szatmari, P. 1991. Radial gravitational gliding on passive margins. Tectonophysics, 188, 249-289.

Cobbold, P. R., Szatmari, P., Demercian, L. S., Coelho, D. & Rossello, E. A. 1995. Seismic and experimental evidence for thin-skinned horizontal shortening by convergent radial gliding on evaporites, Deep water Santos Basin, Brazil. In: Jackson, M. P. A., Roberts, D. G. & Snelson, S. (eds) Salt Tectonics a Global Perspective. American Association of Petroleum Geologists, Tulsa, Memoirs, 65, 305-322.

Creaser, R., Szatmari, P. & Milani, E. J. 2008. Extending Re-Os shale geochronology to lacustrine depositional systems: a case study from the major hydrocarbon source rocks of the Brazilian Mesozoic marginal basins. 33rd International Geological Congress, abstracts, CD Rom.

Davison, I. 2007. Geology and tectonics of the South Atlantic Brazilian salt basins. In: Reis, A. C., Butler, R. W. H. & Graham, R. H. (eds) Deformation of the Continental Crust: the Legacy of Mike Coward. Geological Society, London, Special Publications, 272, 345-359.

Demercian, S., Szatmari, P., Cobbold, P. & Coelho, D. F. 1993. Style and pattern of salt diapirs due to thin-skinned gravitational gliding, Campos and Santos basins, offshore Brazil. Tectonophysics, 228, 393-344.

Dias, J. L. 1998. Analise sedimentologica e estratigrafica do Andar Aptiano em parte de margem Leste do Brasil e no plato das alvinas: consideraceos sobre as primeiras incursoes e ingressoes marinhas do Oceano Atlatnico Sul Meridional. PhD thesis, Universidade Federal do Rio Grande do Sul, Porto Alegre Brazil.

Dias, J. L. 2005. A Tectônica, estratigrafia e sedimentac, ão no Andar Aptiano da margem leste brasileira. Boletim de Geociências da Petrobrás, 13, 7-25.

Dias, J. L., Sad, A. R. E., Fontana, R. L. & Feijó, F. J. 1994. Bacia de Pelotas. Boletim Geociências Petrobrás, 8, 235-246.

Farmer, P. A., Jones, I. F., Zhou, H., Bloor, R. I. &Goodwin, M. C. 2006. Application of reverse time migration to complex imaging problems. First Break, 24, 65-74.

Fiduk, J. C., Anderson, L. E., Gibbs, P. B. &Rowan, M. G. 2004. Salt deformation, magmatism and hydrocarbon prospectivity in the Espirito Santo Basin, Offshore Brasil. GCSSEPM 24th Annual Bob Perkins Research Conference, Dec 4-8 2004, Houston, Texas, 640-668.

Fontana, R. L. 1990. Desenvolvimento termo-mecánico da Bacia de Pelotas e parte sul da plataforma de Florianopolis. In: Raja Gabaglia De, G. P. & Milani, E. J. (eds) Origem e evoluc, ão de bacias sedimentares. Petrobrás, Rio de Janeiro, 377-400.

França, R. & Mohriak, W. 2008. Tectônica de Sal das Bacias do Espírito Santo e de Mucuri. In: Mohriak, W., Szatmari, P. &Couto Anois, S. M. (eds.) Sal: Geologia e Tectônica – Exemplos nas Bacias Brasileiras, 284-299.

Freitas, R. T. J. 2006. Ciclos deposicionais evaporiticos da bacia de Santos: una analise cicloestratigrafica a partir de dados de 2 pocos e de tracos de sismica. Unpublished Masters thesis, Instituto de Geociencias, Universidade Federal do Rio Grande do Sul, Brazil.

Gamboa, L. A. P., Machado, M. A. P., Silviera, D. P., Freitas, J. T. R. & Silva, S. R. P. 2008. Evaporitos estratificados no Atlantico Sul: interpretacao sismica e contrôle tecton-estratigrafico na Bacia de Santos. In: Mohriak, W., Szatmari, P. & Anjos, S. M. C. (eds) Sal: Geologia e Tectonica. Editora Beca, São Paulo, Brazil, 340-359.

Hafid, M. 1999. Incidences de l' évolution du Haut Atlas Occidental et de son avant pays septentrional sur la dynamique meso-cénozoique de la Marge Atlantique(entre Safi et Agadir); Apport de la sismique reflexion et des données de forages. PhD thesis, Université Faculté des sciences, Ibn Tofail University, Kenitra Morocco.

Henry, S., Danforth, A., Ventrakaman, S. &Willacy, C. 2004. PSDM – sub – salt imaging reveals new insights into petroleum systems and plays in Angola – Congo – Gabon. PESGB – HGS Africa Symposium, September 7-8, 2004, London. Abstract.

Imbert, P. &Yann, P. 2005. The Mesozoic opening of the Gulf Coast of Mexico: Part 2: Integrating seismic and magnetic data into a general opening model. 25th Annual Bob F. Perkins Conference. Petroleum Systems of Divergent Continetal Margins. CDRom volume, 1151-1189.

Jackson, M. P. A., Cramez, C. & Fonck, J. -M. 2000. Role of sub aerial volcanic rocks and mantle plumes in creation of South Atlantic Margins: implications for salt tectonics and source rocks. Marine and Petroleum Geology, 17, 477-498.

Karner, G. D. & Gamboa, L. A. P. 2007. Timing and origin of the South Atlantic pre-salt sag basins and their capping evaporates. In: Schreiber, B. C., Lugli, S. & Babel, M. (eds) Evaporites through Space and Time. Geological Society, London, Special Publications, 285, 15-35.

Logan, B. W. 1987. The Macleod evaporite Basin, Western Australia, Holocene environments, sediments and geological evolution. American Association of Petroleum Geologists, Special Volume, 44, 132-133.

McKenzie, D. 1978. Some remarks on the development of sedimentary basins. Earth and Planetary Science Letters, 40, 25-32.

Mello, M. R., Gaglianone, P. C., Brassell, S. C. &Maxwell, J. R. 1988. Geochemical and biological marker assessment of depositional environments using Brazilian offshore oils. Marine and Petroleum Geology, 5, 205-223.

Mello, M. R., Moldowan, J. M., Dahl, J. & Requejo, A. G. 2000. Petroleum geochemistry applied to Petroleum System Investigation. In: Mello, M. R. &Katz, B. J. (eds) Petroleum Systems of the South Atlantic. American Association of Petroleum Geologists, Tulsa, Memoirs, 73, 41-52.

Mitchell, N. C., Ligi, M., Ferrante, V., Bonatti, E. &Rutter, E. 2010. Submarine salt flows in the central Red Sea. Bulletin Geological Society of America, 122, 701-713.

Mizusaki, A. M. P., Petrini, R., Bellieni, G., Comin-Chiramonti, P., Dias, J., De Min, A. &Piccirillo, E. M. 1992. Basalt magmatism along passive continental margin of SE Brazil(Campos Basin). Contributions to Mineralogy and Petrology, 111, 143-160.

Mohriak, W. 2008. Tectônica de sal das bacias do Espírito Santo e de Mucuri. In: Mohriak, W., Szatmari, P. &Anjos, S. M. C. (eds)Sal: Geologia e Tectônica. Editora Beca, São Paulo, 284-299.

Mohriak, W. U., Macedo, J. M. et al. 1995. Salt tectonics and structural styles in the deep water province of the Cabo Frio region, Rio de Janeiro, Brazil. In: Jackson, M. P. A., Roberts, D. G. & Snelson, S. (eds)Salt Tectonics: a Global Perspective. American Association of Petroleum Geologists, Tulsa, Memoirs, 65, 273-304.

Mohriak, W., Szatmari, P. & Anjos, S. M. C. (eds)2008. Sal: Geologia e Tectonica. Beca Edic, ões Ltda, Sao Paulo, Brazil.

Montaron, B. & Tapponier, P. 2010. A quantitative model for salt deposition in actively spreading basins. American Association of Petroleum Geologists, Search and Discovery, Article 30117.

Moreira, J. L. P., Madeira, C. V., Gil, J. A. &Machado, M. A. P. 2007. Bacia de Santos. Boletim da Geociencias da Petrobras, Rio de Janeiro, 15, 531-549.

Quirk, D. G., Nielsen, M., Raven, M. & Menezes, P. 2008. Salt tectonics in Santos Basin, Brazil. Proceedings of the Rio Oil and Gas Expo and Conference 2008, Rio de Janeiro, 15-18 September, CD-ROM, 6.

Quirk, D. G., Hirsch, K. K., Hsu, D., Von Nicolai, C., Ings, S. J., Lassen, B. & Schoedt, N. H. 2012. Salt tectonics on passive margins: examples from Santos, Campos and Kwanza basins. In: Alsop, G. I., Archer, S. G., Hartley, A. J., Grant, N. T. &Hodgkinson, R. (eds) Salt Tectonics, Sediments and Prospectivity. Geological Society, London, Special Publications, 363, 207-244.

Rouchy, J. -M. & Blanc-Valleron, M. -M. 2009. Les Evaporites Materiaux Singuliers, Milieux Extrêmes. Société Géologique de France, Vuibert, Paris, France.

Sellier, N. & Vendeville, B. C. 2008. Experimental modelling of salt-related instabilities induced by deposition of turbiditic basin slope fans. Third International Geomodelling Conference, 22-24 September 2008, Extended Abstracts, 423-427.

Turner, S., Regelous, M., Hawkesworth, C. &Mantovani, M. 1994. Magmatism and continental break up in the South Atlantic: high precision 40Ar-39Ar geochronology. Earth Planetary Science Letters, 121, 333-348.

Waisman, G. 2008. Tectônica de sal da Bacia de Campos. In: Mohriak, W., Szatmari, P. & Anjos, S. M. C. (eds)Sal: Geologia e Tectônica. Editora Beca, São Paulo, 314-339.

（苏群 译，骆宗强 崔敏 校）

第 8 章 巴西海域桑托斯盆地盐动力作用对构造样式和沉积物展布的影响

MARTA C. M. GUERRA[1], JOHN R. UNDERHILL[2]

(1. PETROBRAS/E&P-EXP, Avenida República do Chile, 330/138 andar, Rio de Janeiro, 20031-170, Brazil; 2. Grant Institute of Earth Science, School of Geosciences, The University of Edinburgh, The King's Buildings, West Mains Road, Edinburgh EH9 3JW, Scotland, UK)

摘 要 本文采用地震解释、构造运动学复原和模拟技术研究了桑托斯盆地盐和沉积物的相互作用。盐上地层的变形主要受薄皮重力滑动和扩展作用的影响,而这些作用主要受盐动力驱动,并主要受大规模沉积物注入的影响。向陆倾斜的 Cabo Frio 铲式断层控制了主要沉积中心的上倾,而盐核褶皱主要控制下倾挤压作用。来自会聚方向的沉积物供给形成了叠加褶皱和多边形微盆的复杂干涉样式。本文识别出一个新的构造(称之为"Ilha Grande 重力单元")。该构造由 Cabo Frio 断层和微盆组成,并将盐层之上发生滑脱的上倾伸展区和下倾挤压区连接在一起。由于东部和西部边界存在侧向滑动梯度,它向东南方向移动,该薄皮特征是由塑性盐层上的厚层进积楔状体所形成的差异负荷形成,而且不受盐下构造的影响。盐动力作用促使盐上地层向盆地方向运动,从而改变了与盐下地层的相对位置,这表明现今所表现的盐下构造和盐上构造的对应关系不一定与之前相同。利用运动学恢复技术,可以获得不同时期关键要素的真实位置以及几何形态,从而提高对含油气系统评估的准确性。

世界上没有任何事物是一成不变的(赫拉克利特)。

桑托斯盆地是南大西洋最宽的含盐盆地,它是在南大西洋形成期间,由于南美板块和非洲板块分离而形成,这个过程始于中生代,并一直持续到现在(Larson 和 Ladd, 1973; Eagles, 2007)。桑托斯盆地位于巴西陆缘 Cabo Frio 高地(23°30′S)和 Florianópolis 高地(28°S)之间,并延伸到海上圣保罗(São Paulo)高原外边界,包含从海岸线到 3000m 等深线,面积约为 $35×10^4 km^2$ 的区域(图 8-1)。

桑托斯盆地含有巴西大陆边缘最多的阿普特阶盐岩,而且发育丰富的盐相关构造。由于近期重要的油气发现都与盐上和盐下构造有关,因此,盐构造获得了广泛关注。对盐层的运动学特征的分析是石油勘探的重要因素,因为盐体活动会影响主要构造圈闭、储层分布和裂谷期烃源岩中油气的运移通道。由于盐体具有低渗透率、低密度、低强度和高导热的特征,盐构造对沉积盆地内的油气前景具有重要影响。盐体不仅能形成油气藏的有效盖层,而且也会形成油气运移通道和圈闭构造。因而盆地中的厚盐层会影响其含油气系统的评价。对盐体运动学和活动时期的研究,以及弄清盐体活动对变形和沉积的影响,可以有效降低勘探风险。

通过新三维地震数据的精确解释和剖面恢复,本文研究了桑托斯盆地盐体和沉积物的相互作用。主要目的在于弄清盐相关构造的演化,建立盐动力作用对构造样式发育、水深变化以及沉积物分布的影响模型。该模型可以在石油行业中得到实际应用,并对被动陆缘的含盐沉积盆地深水区的勘探战略起指导作用。

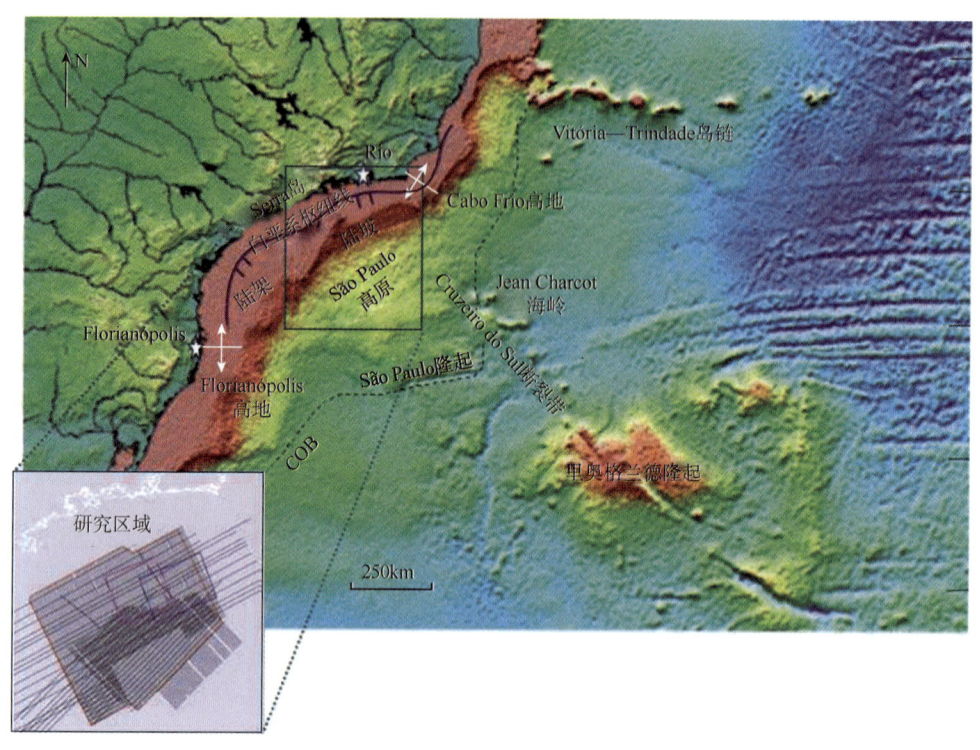

图 8-1 桑托斯盆地主要地貌特征及相邻区域的地形等深图

通用横向墨卡托坐标系中心为西经45°；研究区域放大图（左下角）显示二维（橙色轮廓）和三维（紫色和蓝色轮廓）地震资料；http://topex.ucsd.edu/marine_topo/gif_topo_track/topo12.gif

8.1 桑托斯盆地主要地貌特征

Cabo Frio 高地是桑托斯盆地的北部边界，与高产的坎波斯盆地相邻（图 8-1）。该区域发育一系列在晚白垩世和古近纪侵入和挤出的碱性岩。盆地南部边界为 Florianópolis 隆起，该隆起是一个从巴雷姆期到阿普特期早期的基底隆起。

在深水区，从陆架边缘到洋壳过渡区，圣保罗高原上发育厚层的沉积地层。这个庞大的地貌是一个海底高地，其中，裂谷期地壳要比巴西东南部陆缘其他部分宽得多，达到了500km。在 2000~3000m 水深之间，发育多种盐构造（厚度通常都很大），并形成了巴西陆缘含盐盆地的南部边界。在这些区域内，强烈的盐动力作用形成了盐底辟和盐脊，这影响了海底假陨石坑的形成。圣保罗高原下面是岩浆岩侵入的强烈拉伸陆壳（Kowsmann 等，1982；Macedo，1990；Chang 等，1992）。

白垩系枢纽线是白垩系沉积物西部边界线。在该界线的西部，新生界直接沉积在浅层基底之上。在古新世和始新世的沉降区内充填有从冲积平原到深海区的所有沉积（Moreira 和 Carminatti，2004）。

陆上山脉体系包括沿海的 Serra do Mar 山和基本平行于海岸线的内陆 Serra da Mantiqueira 山。在新生代早期，局部地貌的演化很大程度上会影响同时期碎屑物的沉积（Almeida 和 Carneiro，1998）。Jean Charcot 海山由火山颈组成，它们从盐底辟区域的外边界向盆地方向延伸。由海底山系形成的圣保罗山脉是圣保罗高原的南部界线，人们认为它的形成与里奥格兰德(Rio Grande)隆起有关。里奥格兰德隆起是一直延伸到中大西洋脊(Kumar 和 Gambôa,1979)的大洋不连续线,并与向 Cabo Frio 区域延伸的 Cruzeiro do Sul 线相交。

陆壳的界线目前尚未完全明确,暂时认为是位于蒸发岩外边界附近(Chang 等,1992)。Karner(2000)基于裂缝带走向的终止和重力异常方向的变化提出了新的陆—洋界线。Meisling 等(2001)发展了 Kumar 和 Gambôa(1979)以及 Demercian(1996)早先提出的概念,认为位于圣保罗高原远源区 Avedis 山(Demercian,1996)的北东向重力异常对应于薄陆壳中的夭折扩展中心。Gomes 等(2002)认为,该重力异常带一直延伸到存在原始洋壳的 Avedis 山的西南部。

8.2 桑托斯盆地的构造—沉积演化

在过去的二十多年里,针对桑托斯盆地的地层、构造和岩浆作用等都进行了大量研究。目前,对该盆地的构造—地层的形成和演化都有了比较明确认识(Williams 和 Hubbard,1984;Macedo,1989;Pereira 和 Macedo,1990;Demercian 等,1993;Pereira,1994;Cobbold 等,1995;Mohriak 等,1995;Demercian,1996;Moreira,2000;Cobbold 等,2001;Meisling 等,2001;Modica 和 Brush,2004;Moreira 和 Carminatti,2004;Milani 等,2005;Zalán 和 Oliveira,2005;Moreira 等,2006;Oreiro,2006;Gambôa 等,2008;Guerra,2008;Caldas 和 Zalán,2009)。

巴西东部盆地的构造—沉积演化与南大西洋的演化密切相关。桑托斯盆地发育四个由不整合围限的构造—沉积巨型层序(Ponte 和 Asmus,1978;Chang 等,1992):(1)陆相(晚侏罗世/早白垩世裂各阶段,河流和湖泊沉积发育);(2)过渡相(阿普特期蒸发岩);(3)局限海相(阿尔布期碳酸盐岩);(4)开阔海相(塞诺曼期至今)(图 8-2)。早白垩世为岩浆活动期,主要与晚白垩世(90—80Ma)和始新世(50Ma)裂谷期的开始有关。在桑托斯盆地北部,圣通期—坎潘期岩浆活动剧烈,形成火山锥以及喷发岩和侵入岩(Moreira 等,2006)。Cabo Frio 高地附近也有阿尔布期、马斯特里赫特期和古新世形成的火山堆积存在的地震反射证据(Oreiro,2006)。

桑托斯盆地开始发育于白垩纪欧特里夫期/巴雷姆期的裂谷阶段,此时强烈的岩石圈伸展作用在半地堑中形成了 NW—SE 走向的正断层,而这些半地堑被调节不同伸展速率的 NW—SE 向构造转换带所分割(Meisling 等,2001)。在陆相环境下沉积了河流和湖相沉积物以及砾岩。裂谷作用发生在地壳减薄和拉斑玄武岩大规模挤压之后(Chang 等,1992)。在裂谷阶段末期,剥蚀作用夷平地表,形成区域不整合,将陆相环境从过渡环境到海相环境中区分开(Cainelli 和 Mohriak,1999)。裂谷阶段之后是阿普特期的过渡阶段,Florianópolis 隆起和圣保罗山脉对海洋水体循环起到南部边界作用,形成了一个超咸海区域,有利于在坳陷盆地和同裂谷期构造之上沉积厚层蒸发岩(Demercian,1996;Karner 和 Gambôa,2007)。

随着阿尔布期大西洋的打开,逐渐形成了浅海环境,形成了一个大的碳酸盐岩系统。随着南大西洋的不断形成,以及洋壳的产生,浅海阿尔布期台地在塞诺曼期迅速被水淹没(Dias-Brito,1982,1987)。从晚白垩世到早新生代,盆地充填了陆架和陆坡砂岩以及海域被动陆缘页岩。巴西东部陆缘大部分盆地的上白垩统总体以海进和加深的沉积环境为主,其中桑托斯盆地,由厚层的浅水沉积组成。海退与大规模的碎屑进积作用有关。新生界以向盆地方向进积的硅质碎屑岩为特征(Cainelli 和 Mohriak,1999)。随着盆地进入以热沉降为主的演化阶段,形成了向海方向的倾斜,并导致了蒸发岩滑脱面之上的重力滑动作用,而差异负载作用和向盆地方向的倾斜进一步引起了盐动力作用。

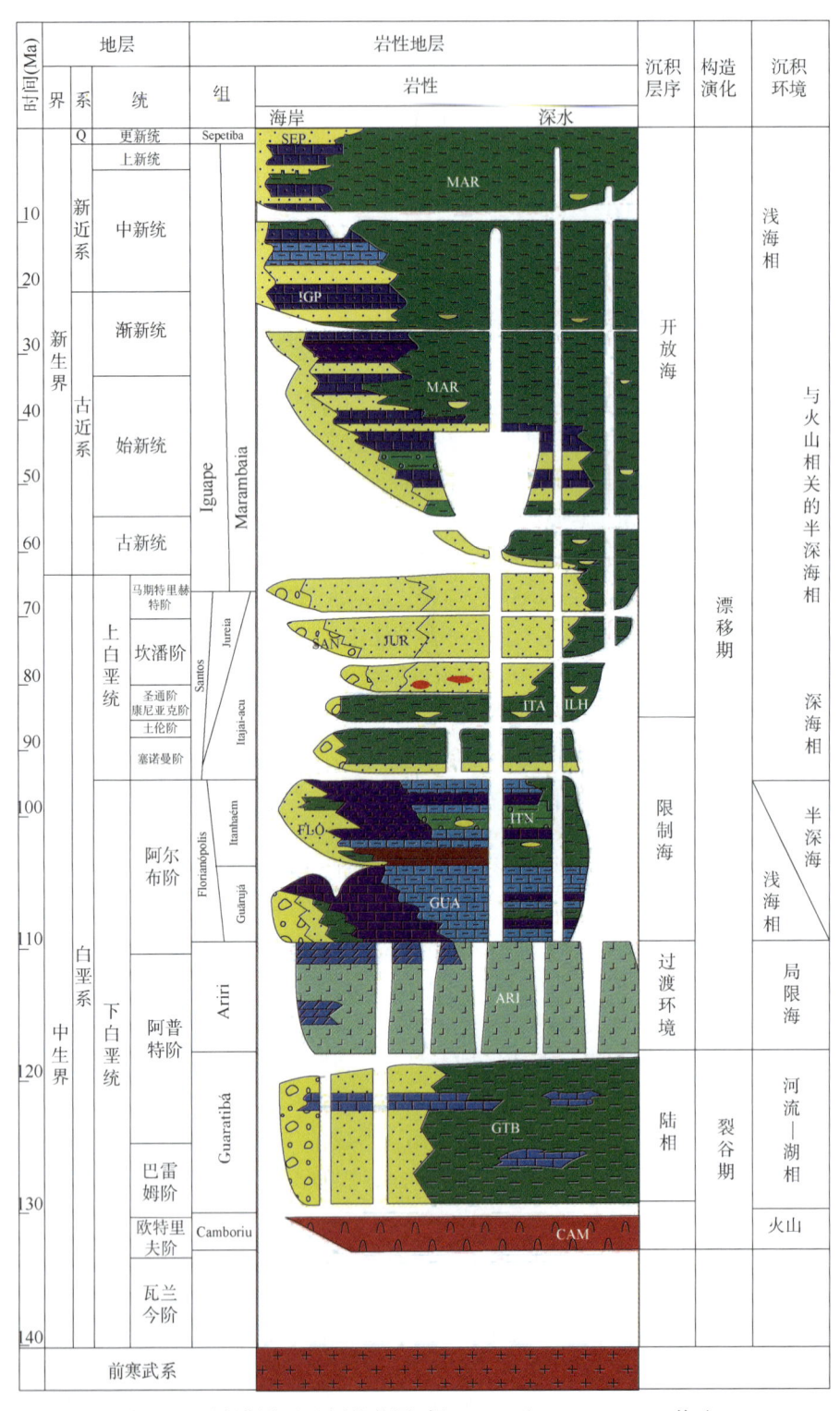

图 8-2 桑托斯盆地地层柱状图（据 Pereira 和 Feijó，1994，修改）

在晚白垩世(Almeida 和 Carneiro，1998；Modica 和 Brush，2004)或早古新世(Cobbold 等，2001；Zalán 和 Oliveira，2005)陆上 NE—SW 方向的 Serra do Mar 和 Serra da Mantiqueira 山隆升期间，相对不成熟无定向的水系发育成为东北方向展布的水系。这使得 Paraíba do Sul 河开始形成，并向东北方向一直流入坎波斯盆地(Zalán 和 Oliveira，2005)。晚白垩世，桑托斯盆地主要的陆相沉积来源于西北方向，而新生代物源供给主要来自北部和东北部。

盐动力作用对盐上地层的变形起到了重要作用，形成了上倾伸展区和下倾挤压区。这些变形受到了沉积物进积作用、上覆层伸展作用、重力滑动和重力扩展作用的影响。厚层盐底辟和盐脊发育于深水区，陆架地区也有个别达几千米高的盐枕和盐底辟发育。盐动力作用产生的筏移构造会形成许多碳酸盐岩龟背构造，形成盆地南部的一个重要勘探目标(Cainelli 和 Mohriak，1999)。在盐层之上发生滑脱的向海和向陆倾斜的犁式正断层的活动，在阿尔布阶碳酸盐岩和上白垩统硅质碎屑岩中形成了许多背斜构造，它们也是很好的含油气区带。

研究人是通过地震解释和物理与数值模拟对桑托斯盆地中的盐动力作用进行了研究，提出了解释盐相关构造成因的不同模式，以及基于盐动力作用进行盆地分区的观点(Cobbold 和 Szatmari，1991；Demercian 等，1993；Cobbold 等，1995；Mohriak，1995；Demercian，1996；Szatmari，1996；Ge，1997；Gemmer，2004；Ings，2004；Guerra，2005a，b；Davison，2007；Guerra 和 Szatmari，2008)。

Cabo Frio 断层是以前的重要研究目标，那时的研究完全依靠区域二维地震数据(Mohriak，1995；Szatmari，1996；Ge，1997；Guerra，2005b；Davison，2007)。本文的部分目的在于使用之前不可获得的高分辨率三维地震数据，以提高对主要区域构造特征的认识，并将其复原到合适的区域地质背景中去。

8.3 地震解释

对桑托斯盆地中部和北部(Guerra，2008)覆盖面积达 64526km^2(二维工区)的地震数据进行了解释，并基于两个三维工区对其中的 10551km^2 的地震资料进行了详细解释(图 8-1)。

8.3.1 方法和假设

地震解释的重点层位是盐体和盐上地层，并通过 34 口井的测井数据进行标定，但这也有两个限制条件。首先，钻井数据并没有完全覆盖整个研究区，其次，盐上地层也未被大多数钻井完全揭示。利用地震地层分析方法(Mithum 等，1977)，以不整合和/或地震沉积相的突然向下变化为边界，划分了沉积层序，并以此建立了地层格架以及区域对比的标准。基于伽马和声波测井曲线进行了地层对比，并参照钻井的岩石学和生物地层学资料对盐体和盐上地层进行了解释。

基于 34 口钻井的地层对比为盐上地层的解释提供了基础。整个资料研究区内的盐上地层都有比较好的地震反射，同时也成为能反映盆地构造沉积历史的沉积层序的边界。在地震解释过程中，确定了 10 个已经进行过校正的层位，包括基底、盐底、盐顶、阿尔布阶、圣通阶、坎潘阶、马斯特里赫特阶、中始新统、中新统和海底。由于其中一些层位的地震反射特征并不是很清晰，因此，在一定地区也进行了推测。对研究区内的火成岩特征也进行了解释。尽管有关键标志层可用来研究盐上构造的演化，但土伦阶顶部只是在部分用于复原的地震剖面上进行了解释,这是因为在大部分研究区域内辨认该反射层是不现实的。由于地震成像质量不高,而且钻井数据缺乏,所以对盐下地层的解释相对较少,而且基底顶部在区域二维地震测线中不能精确地识别出来。

为了预测沉积中心的沉积厚度和盐构造的高度,将时间域的图转换成了深度域的图件。在对深转换过程中,假定盐层速度为4500m/s,盐上不同地层的速度从2500m/s到5340m/s不等,基底之上的盐下地层的速度为4600m/s。更精确的时深转换则需要更为精细的速度分析(盆地范围大,钻井数据少,使得精细速度分析较难)。在本文中,这些假设都是可以接受的。相应地,利用声波在水中的速度将海底的时间域图件转换为了深度域图件。断层在图中用空白区来表示,这些空白区的宽度反映了断层的断距。

通过对三维(精细)和二维(区域)地震数据的解释,编制了解释层位的构造图以及地层等厚图。

8.3.2 地震剖面和平面上盐构造和上覆层构造的识别

地震解释为分析盐层和盐上层的构造演化以及盐和沉积物的相互作用提供了重要的新信息。构造图和等厚图表明了研究区的构造和沉积演化。盐核微盆和断层上盘的地层增厚表明盐动力作用相关构造对沉积物分布的影响。

研究区的水深范围从大陆架的100m变化到远岸区的2634m。在桑托斯盆地中,该地区的近岸水深线是很有规律的。海底向东南方向倾斜,斜坡上部倾角大约1.3°,中部倾角变小,而且规律性不强。在远岸区,海底被NE35°~40°、NE60°~70°求SN走向的海槽影响,这也反映了盐体的活动(图8-3)。三维地震工区的水深表明,海底形态受到了位于深水区盐脊之上的陆架坡折和塌陷地堑内小型断层的强烈影响。

盐下地层受板状正断层的伸展影响而形成了地堑和半地堑。裂谷期沉积物的沉积中心受构造高地限制(图8-4)。盐层从陆架到盆地逐渐增厚,并主要表现为盐墙形态。地层等厚图表明,盐构造可能厚达8500m,上覆地层可累计达到9600m。盐上地层的主要沉积中心位于盐层很薄的研究区北部,该地区以及主干铲式断层的上盘和以盐底辟和盐脊为界的背斜中。

在近岸区,盐脊发育于走向为NE60°~65°和NE30°~40°的向陆倾斜的铲式正断层的下盘。孤立的盐底辟或非常狭窄的盐脊主要沿NW25°~30°方向排列(图8-5和图8-6)。这些构造以大型海槽为界。随着时间的推移,海槽内堆积了大量的沉积物。在远岸区,沉积中心完全被盐墙环绕,形成了完整的微盆。该区域发育一系列由于拖曳作用形成的盐脊,这也证明了由于盐体从上倾负载区向下倾方向的聚集和减速引起的挤压作用的存在。

桑托斯盆地中的最显著的构造是Cabo Frio断层(CFF)。该断层是一个向陆倾斜(西北倾斜)的大型铲式生长正断层,并在盐层顶部发生滑脱,形成了厚层上白垩统进积楔向海方向的边界,而进积楔的形成通常与断层下盘的盐脊有关(图8-4和图8-5)。Cabo Frio断层控制了研究区内盐上沉积物的主要沉积中心。上盘地层沿断面逐渐发生旋转,随着深度增加断距增大。在上盘,由于盐层被厚的上覆层挤出而被压缩到最薄,挤出的部分向下倾和上倾方向流动。Cabo Frio断层下盘的盐脊在很大程度上是由于盐体向上流动而形成的,而这些盐体是来自于进积楔之下。尽管断层活动强度在中始新世后有所下降,但该构造之上受干扰的海底证实断层至今仍在活动。

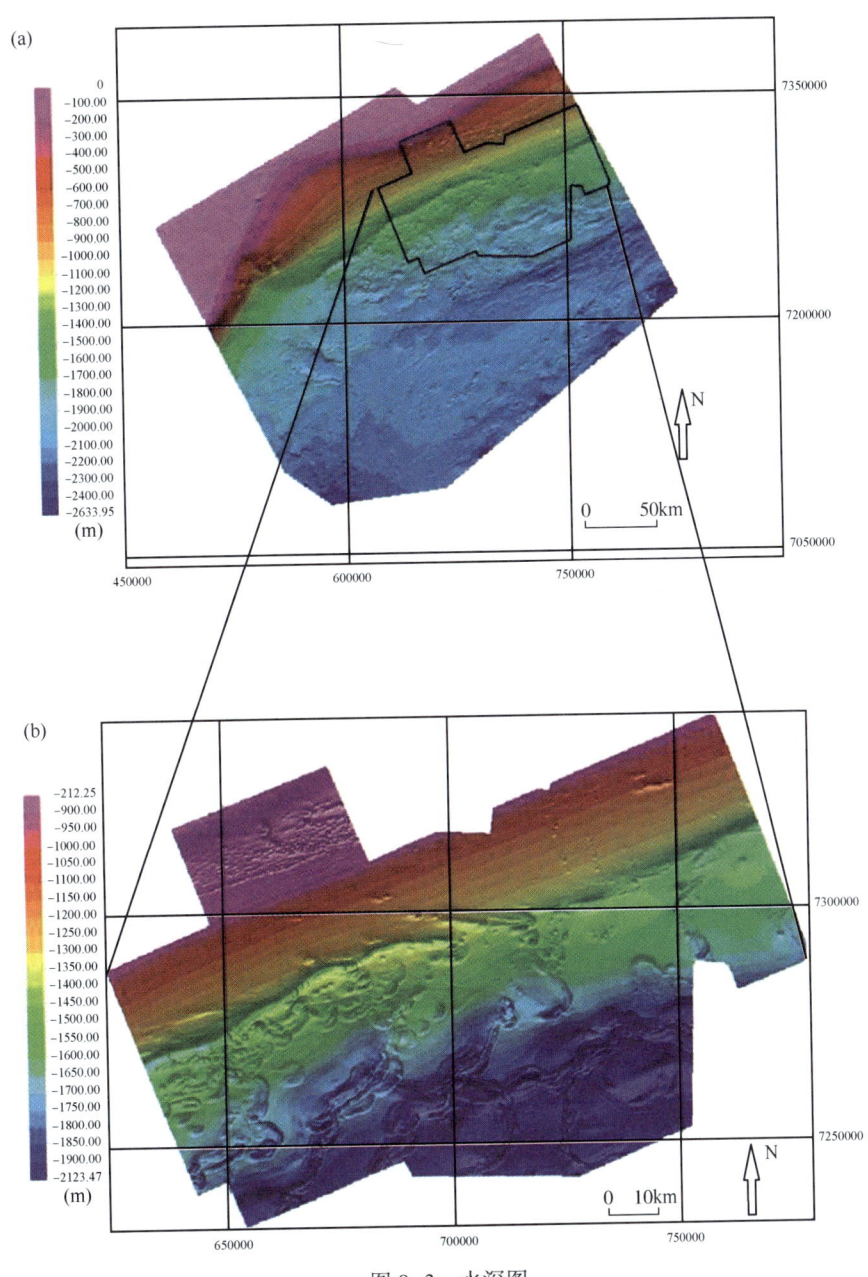

图 8-3 水深图

(a)区域二维工区；(b)图(a)中黑色轮廓线显示的三维工区；研究区水深范围从100m到2634m；大陆架和斜坡沉积活动相对较弱；在斜坡底部，被干扰的海底表明存在盐构造活动；除了北部存在轻微倾斜的斜坡，海底由于受到以断层为边界的环形构造以及坡折处的分段断层和位于远端深水区域脊之上的核部塌陷影响而发生强烈变形

三维地震资料显示，工区内存在两个区域，一是 Cabo Frio 断层起关键作用的西部，另一个是 Cabo Frio 断层不起作用的东部（图 8-5 和图 8-6）。西部区域发育 NE30°~40°和 NE60°走向的盐脊，而东部区域主要发育 NW25°~30°走向的盐脊或底辟以及 NE65°走向的盐脊。在远端盐撤盆地区（图 8-5a 和图 8-6a），盐脊表现出一种复杂的混合模式。在远端的东南区，盐脊呈弧形展布。

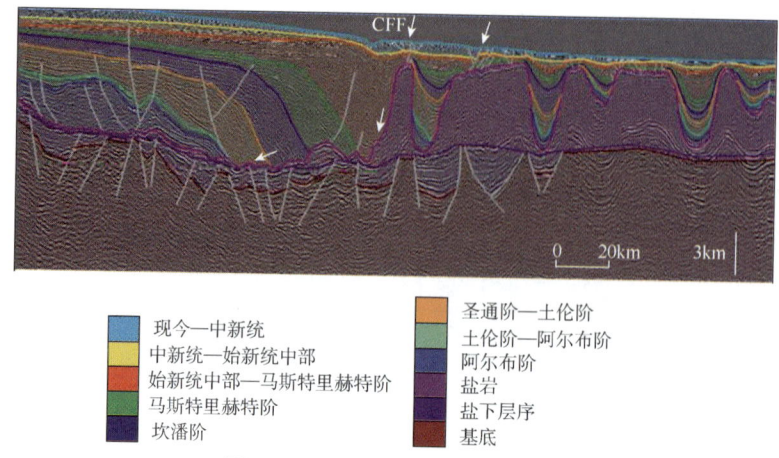

图 8-4 区域地震剖面(深度域)

表现出被 Cabo Frio 断层和相邻的同为向陆倾斜的铲式断层(箭头指示位置)分隔的伸展和挤压盐动力区;沉积中心受盐体导致的地形控制;剖面位置见图 8-14a 的剖面Ⅲ

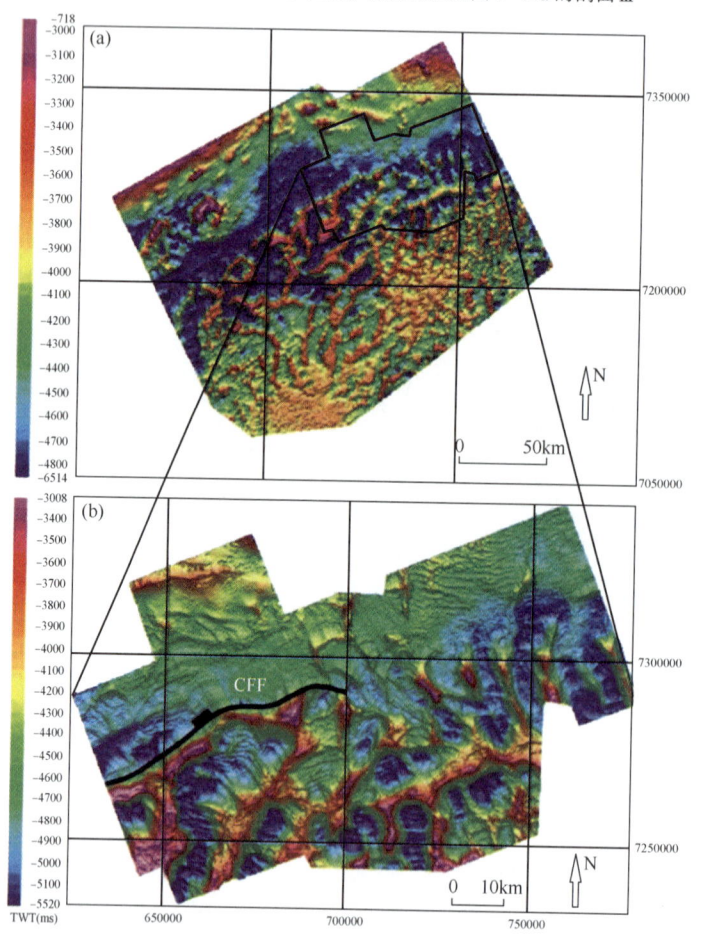

图例:现今—中新统、中新统—始新统中部、始新统中部—马斯特里赫特阶、马斯特里赫特阶、坎潘阶、圣通阶—土伦阶、土伦阶—阿尔布阶、阿尔布阶、盐岩、盐下层序、基底

图 8-5 盐层顶部构造图(双程旅行时)

(a)二维工区,盐脊显示了在微盆内的复杂形态,在远端区的东南部,盐脊呈弯曲形状;(b)图(a)中黑色轮廓线显示的三维工区,CFF 在西部构造区起重要作用,该构造区主要发育 N30°~40°E 和 N60°E 走向的盐脊;东部构造区不受 CFF 影响,主要发育 N25°~30°W 走向的盐脊或盐底辟以及 N65°E 走向的盐脊,研究区内波长短、振幅低的盐丘以盐墙为边界

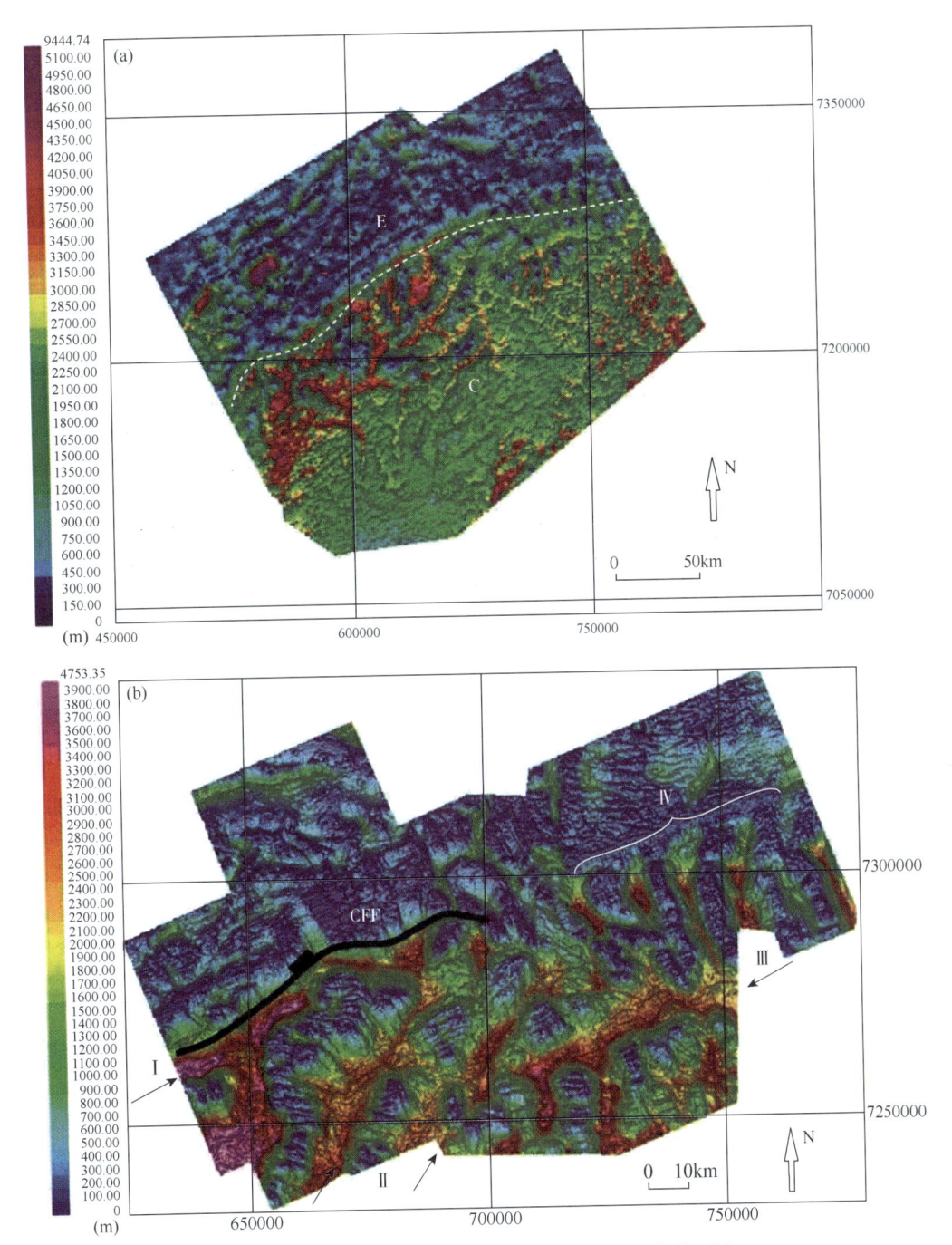

图 8-6 (a)二维工区和(b)三维工区内的盐体等厚线

(a)显示伸展(E)和挤压(C)盐动力作用区,除了一些残余底辟和盐丘,盐层在近岸区达到最薄,厚盐墙和底辟集中在中部和远端区;(b)西部区的CFF下盘存在一条N60°E走向的盐脊(Ⅰ),而且CFF充当了北部盐焊接域的边界;以及一条N30°~40E°走向的盐脊(Ⅱ),在铲式正断层下盘向深部下倾;在东部区,向陆倾斜的铲式断层下盘有一条N65°E走向的盐墙(Ⅲ),它代表向深水挤压微盆区的过渡;上倾方向发育一系列N25°~30°W走向的盐底辟或薄盐脊(Ⅳ),这可能与马斯特里赫特期到始新世的海底峡谷有关

研究区可以分为以近岸伸展和远岸挤压为特征的两个主要盐动力区(图8-4)。Cabo Frio断层和与之相邻的向陆倾斜的断层是这两个构造区的边界。从Cabo Frio断层向海的方向,

盐层变厚，并在深水区形成高幅度的盐枕、底辟和盐脊以及侧翼的盐撒盆地。这些微盆是研究区的第二个主要特征，也是发生沉积的重要位置。上覆层的形态表明，至少从圣通期开始，盐撒盆地就控制了沉积中心的发育(图8-7)。

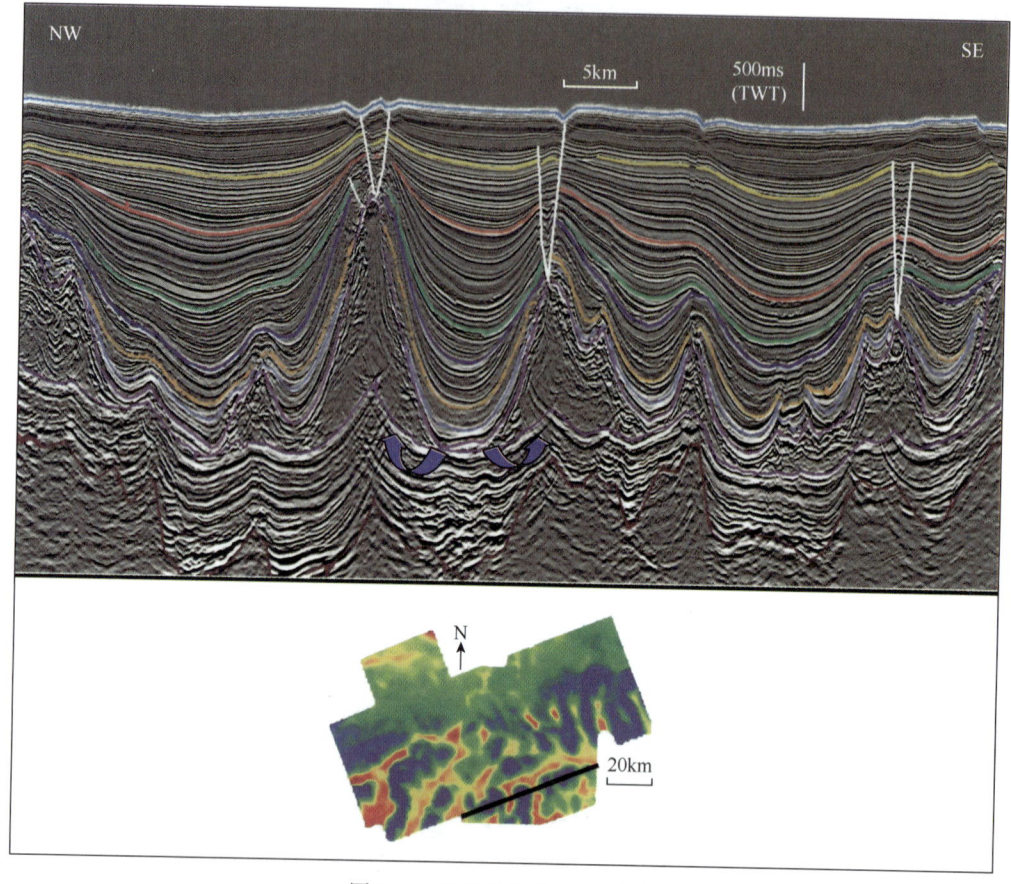

图8-7 盐撒盆地的走向剖面

上覆层的形态表明，盐撒盆地至少从圣通期开始就控制了沉积中心的发育；到达海底的顶部断层表明盐动力作用现今仍在发生；箭头指示的是盐体从厚沉积物的下方朝相邻盐脊的流动方向；剖面位置见盐顶面构造图中的位置
(冷色代表深部，暖色代表浅部)

在盐撒盆地或者以盐脊为边界的受限区域内，经常可见短波长、低幅度的盐核褶皱。其形态特征的差异可能反映了局部应力场的差异。形成这些褶皱的挤压作用可能是来自在边界盐墙隆升期间，受限盆地内空间的减少(图8-8)。还有一种可能是随着上覆地层的增厚，早期短波长的褶皱被长波长的褶皱所代替。

桑托斯盆地内的盐层并不是均质的。实际上，在一个盐脊内都存在不均质的盐体。层状地层可能是含有硬石膏等不同成分的蒸发岩；而基底"盲"区反映了更为均质的岩体，如纯的石盐(Demercian等，1993；Freitas，2006；Gambôa等，2008)。许多盆地深部的盐脊发生强烈变形，主要表现为逆冲断层和平卧褶皱的内部特征(图8-9)，这可能是由于下倾和侧向盐流进入原始盐层所致。

对地震数据的详细分析表明，盐动力构造位置并未显示出与盐下构造有任何严格的相互关系。盐底辟和盐脊存在于盐下隆起和洼地之上(图8-10)，这表明盐下变形和盐上变形的滑脱和脱耦一直在发生。

(a) 地震剖面

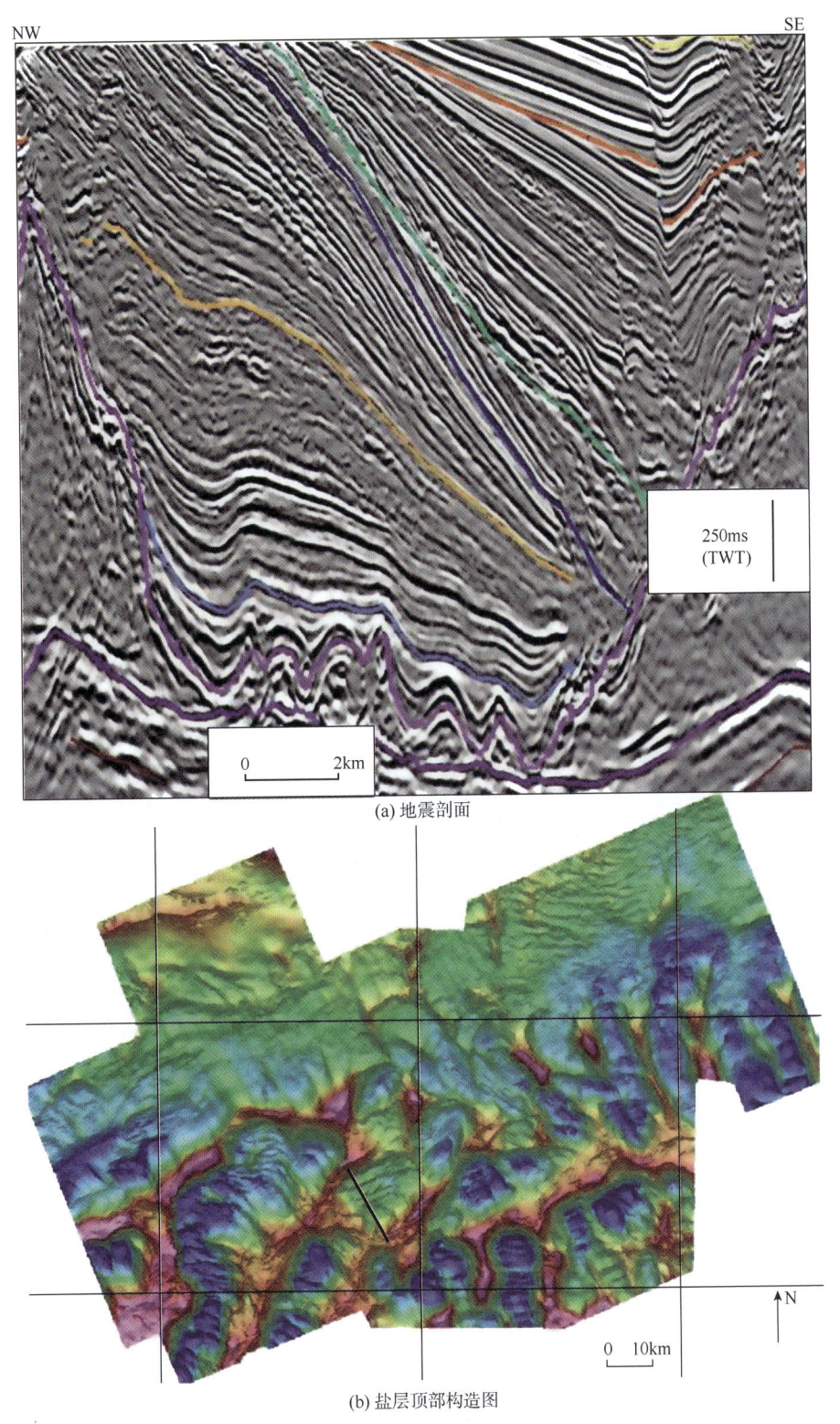

(b) 盐层顶部构造图

图 8-8 短波长、低幅度的盐丘和盐底辟特征

盐上地层发育有不同形态的沉积体，从生长滚动背斜到进积、加积地层以及海底扇都有。新近系中地层的同构造期生长并没有上白垩统一中始新统中的明显。从中新世晚期开

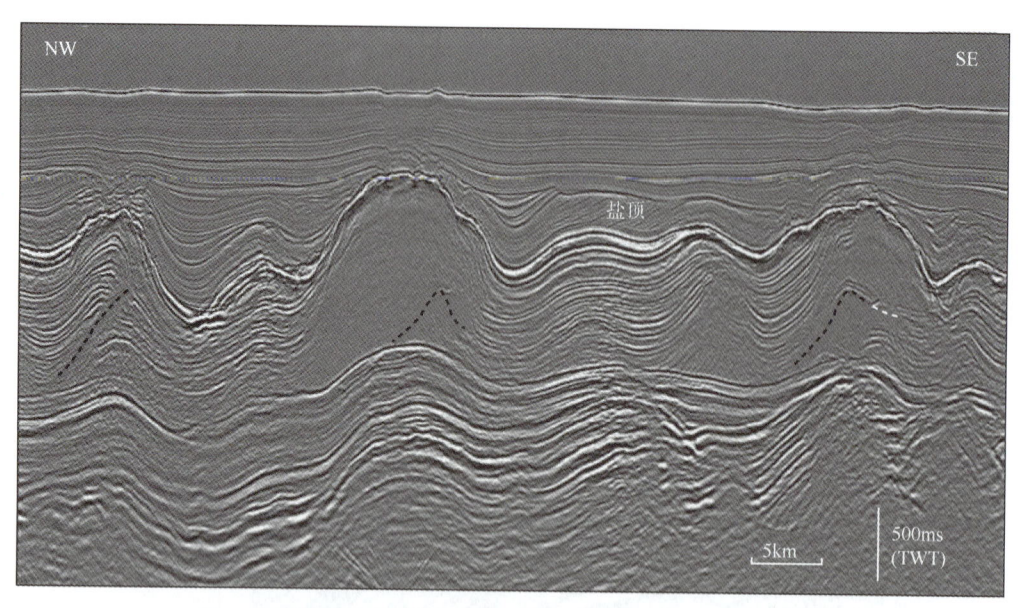

图 8-9　远端挤压区盐脊内的层状蒸发岩显示了内部变形特征

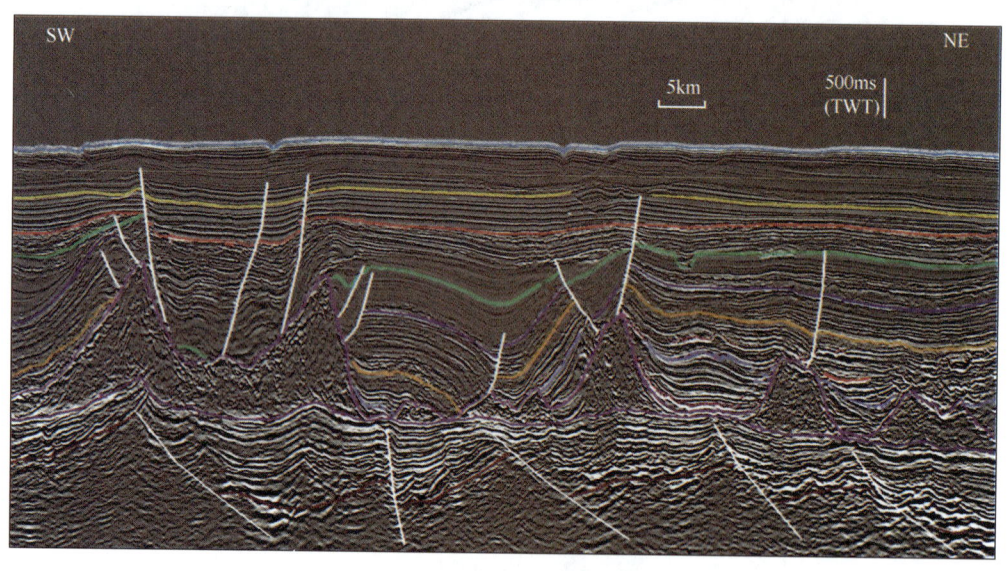

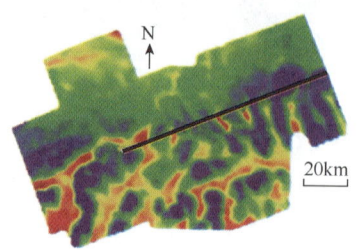

图 8-10　在盐下凹陷或盐上隆起之上形成的盐底辟
在盐上隆起的背景上形成盐底辟构造的可能性更大；需注意与高阻抗差异有关的上拉效应，
它会使盐下构造在图上呈现更高位置的假象，剖面位置见小图

始，除了受位于盐脊之上的核部塌陷地堑区的浅层断层以及控制了上部沉积地层（包括海底）变形的浅层铲式断层影响的区域外，沉积活动变得相对平静，而且未受到盐动力作用的

— 196 —

太多影响。盐底辟和盐脊之上的海槽是由上升盐体的核部发生塌陷所致。塌陷断层在盐构造侧翼边形成了塌陷断层(图 8-11),而且沿这些断层可能发生了盐溶解。不论是侵入岩还是喷出岩,在研究区的东北部都能见到。它们大多数在圣通阶以火山锥和碟状岩体的形式存在(在一些区域和供给岩墙一同发育)。这些岩石可能通过局部加载和加热来加速盐体的流动。小规模的浅层铲式正断层产生于 CFF 和其他相邻的重要铲式断层附近。它们看起来是非常年轻的向海和向陆倾斜的生长断层,仅影响了浅层固结差的地层,并影响了海底地形(图 8-12)。尽管这些断层仅分布在浅部,但它们是发育在较老的向陆倾斜,并在盐层发生滑脱的深部铲式断层附近。这也表明盐动力作用在盆地中仍然活跃,并影响现今的海底地形,产生了新的可容纳空间。

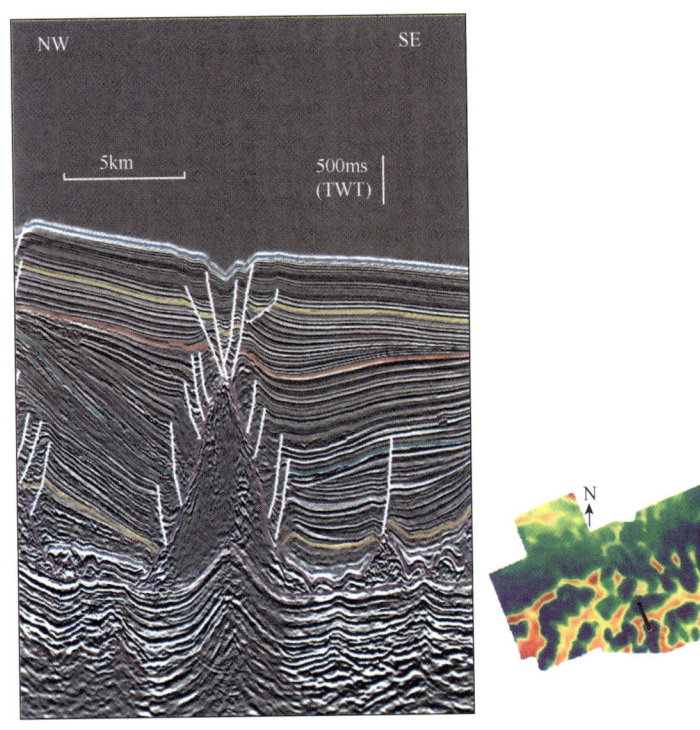

图 8-11 盐脊顶部及侧翼的塌陷是盆地中常见的构造
盐体的隆升控制了上覆层的变形,剖面位置见小图

　　盐上地层的变形主要受深部可塑性盐层控制的薄皮重力滑动和扩展作用影响。作为对热沉降以及由进积楔导致的差异负载的响应,盐体向盆地方向流动在上坡区形成伸展构造域,其典型特征是发育在盐层发生滑脱的向海向陆倾斜的铲式正断层。沿下坡方向的挤压作用主要表现为盐核拖曳滑脱褶皱,这种褶皱作用容易形成盐撒微盆。这些微盆可能源于叠加褶皱,而叠加褶皱的形成是由于沉积物供给的汇聚方向与盐流体流动方向所致。

　　盐动力作用为沉积物的卸载和负载提供了空间,反过来又会加速盐体的流动。沉积中心受因盐导致的地形的影响很大。进入盆地的沉积物主要被捕获在位于近岸区大型向陆倾斜铲式正断层形成的海槽中。盐脊限定了沉积物去往远海的通道(或者是一个侧向路径),它们通常发育在以盐体为边界的微盆中。盐体从较厚的上覆层的下方流出,并在铲式正断层的下盘上升,从而形成盐脊,并成为盐撒盆地的边界。邻近盐隆起的低地是沉积物卸载的有利场所。沉积物沉积在这些地方,形成了多余的负载,从而促使塑性下伏层向负载低的区域运

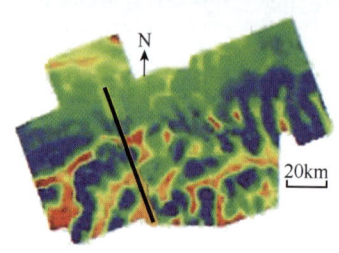

图 8-12　形成于浅层的断层出露至海底（箭头）
CFF 为白色；剖面位置见小图

动，同时也会使它们刺穿上覆脆性地层。在近端伸展区，盐层强烈减薄，以致形成连接盐下和盐上地层的盐焊接。这些盐窗在非渗透性盐层中是石油从盐下烃源岩向上运移到盐上储层的有利通道。而在远端挤压区，厚层盐脊则对聚集在盐下储层的油气具有很好的封盖能力。

由盐体流动引起的海底地形变化是控制形成微盆的沉积物展布的主要驱动力，微盆接受沉积物充填，并外溢到下一个沉积中心中（Mayall 等，2010）。

8.3.3　关于 Cabo Frio 断层的讨论

由大范围进积作用形成的差异沉积导致了盐动力作用，并形成了 Cabo Frio 断层。Cabo Frio 断层是一条在盐层上部发生滑脱的向陆倾斜的铲式正断层，控制了上白垩统至新生界下部的主要沉积中心。阿尔布阶沿该断层滑动了数十千米，从而形成了"阿尔布期空隙"（Demercian 等，1993）。对于 Cabo Frio 断层的准确成因还一直有争论，目前已有几种模型来解释此典型构造：(1) 反向基底卷入正断层的复活化引起向盆地方向的盐体流动和大范围的碎屑岩进积作用，进而引起反向基底剪切作用，从而形成一个巨型滑脱面（Mohriak 等，1995）。(2) 与底部基本平坦的塑性地层之上的进积作用和伸展作用相关的差异负载形成的铲式断层（Szatmari 等，1996；Guerra 等，2005b）；(3) 与上覆层微弱伸展有关的进积作用引起的盐撤和挤出滚动相连（Ge 等，1997）；(4) 由于盐底向陆倾斜，从而形成受盐体逆向流动控制的断层（Ings 等，2004；Davison，2007）。

在这些模型中，只有一个是认为 Cabo Frio 构造不是断层。Ge 等（1997）认为，Cabo Frio

构造形成时并没有明显的伸展作用，并将其解释为挤出滚动构造，即为一个半龟背构造。根据他们的观点，底辟和近源滚动构造的界面是"底辟而非断层"（Ge 等，1997）。但将这个模型用于桑托斯盆地不太合适，因为薄皮变形已经明确显示了上倾伸展和下倾挤压构造的发育证据。在盐体之上滑脱的张性断层从阿尔布早期开始就存在。受 CFF 影响的沉积地层所形成的巨大位移被远岸区的强烈褶皱作用进行了调节。倾向西北和东南的次生断层形成于与 Cabo Frio 断层相关的滚动背斜之上，并调节了厚层上覆地层对控制该地区主要沉积中心的主断层的倾斜和拖曳作用。而且，在 Ge 等（1997）提出的模型中，沉积于膨胀盐体之外的开始时间为马斯特里赫特期，而实际上在桑托斯盆地，盐层之上从阿尔布期早期就已经开始接受上覆层沉积了。

最近，Davison（2007）将 Cabo Frio 断层的形成归因于盐体底部几何形态的变化。根据 Davison 的观点，并基于 Ings 等（2004）的数值模拟模型，盐体底部在厚层的沉积负载作用之下发生沉降，从而形成有利盐动力作用发生的向陆倾斜的界面。塑性层向海方向的流动就会转变为向陆方向的流动。

以前的 CFF 模型主要依赖于二维地震数据，而现在可以利用三维地震数据获取更高精度的模型。根据三维地震数据的解释成果，可能会发现 CFF 并不总是位于基底隆起或盐下断层之上，盐体底部在 CFF 区域也不是总是向陆倾斜的。

8.3.4 后阿普特期的构造和沉积演化

根据地震资料解释成果，后阿普特期的地层演化共有如下特征。

（1）在阿尔布期，盐上地层被小型的，主要向海倾斜并在盐层之上滑脱的铲式生长正断层分割。盐滚在铲式断层下盘隆升形成，并主要发育在远离 CFF 区域的东北部。在该地区，向海倾斜的铲式断层非常明显，控制了盐上地层的重要沉积中心。可以识别出一系列小规模、密集发育并主要向海倾斜的铲式生长断层，它们使筏状构造中的阿尔布阶下部发生了变形（图 8-13）。这种变形在巴西东部陆缘和共轭的非洲西部陆缘的其他含盐盆地也是很常见的。尽管在 CFF 的上盘并没有发现该类构造，但它们可能存在于圣通期之前，但后期被剧烈盐撤相关的超厚上覆地层所破坏。

（2）土伦期之后，厚层陆相沉积物从西北陆源区进积到盆地中，形成了碎屑沉积楔，并将下伏盐体挤出到负载较少的深水区。大型向陆倾斜的铲式生长正断层（包括 CFF）出现在伸展区和挤压区之间的过渡区域。伸展区的铲式正断层下盘发育盐滚、底辟和盐墙，上盘的上覆地层发生旋转，形成滚动背斜和直接连接了盐下地层和盐上地层的盐焊接。在远端挤压区，盐核褶皱调节了下倾的挤压作用。上倾铲式正断层强烈控制了从圣通期到始新世中期的主沉积中心，而下倾以盐为边界的微盆影响了次级沉积中心。

（3）在新生代早期，陆相沉积物供给转移到位于 NNE 部的另一个物源区，从而形成了一个新的进积楔形体，并影响到之前的沉积体系，导致盐脊形态复杂，同时充当了相互影响的多边形盐撤盆地边界。在研究区的中部和远端区识别出两期褶皱。第一期的 NE 向褶皱由水平挤压作用形成，并补偿了上倾方向的伸展作用；第二期褶皱作用形成了 ESE 方向的褶皱，与早期褶皱发生了叠加，从而形成了复杂的干涉样式，并可用于可以解释盐撤盆地的几何形态。重力驱动薄皮构造形成的以上两类褶皱都受到了盐动力作用的强烈影响。越过铲式生长正断层域的沉积物，或沿侧向运移的沉积物都在盐核褶皱的向斜内沉积下来。这些沉积物反过来又作为局部负载，迫使下伏盐体向相邻背斜区流动。盐体的挤出为该区的进一步

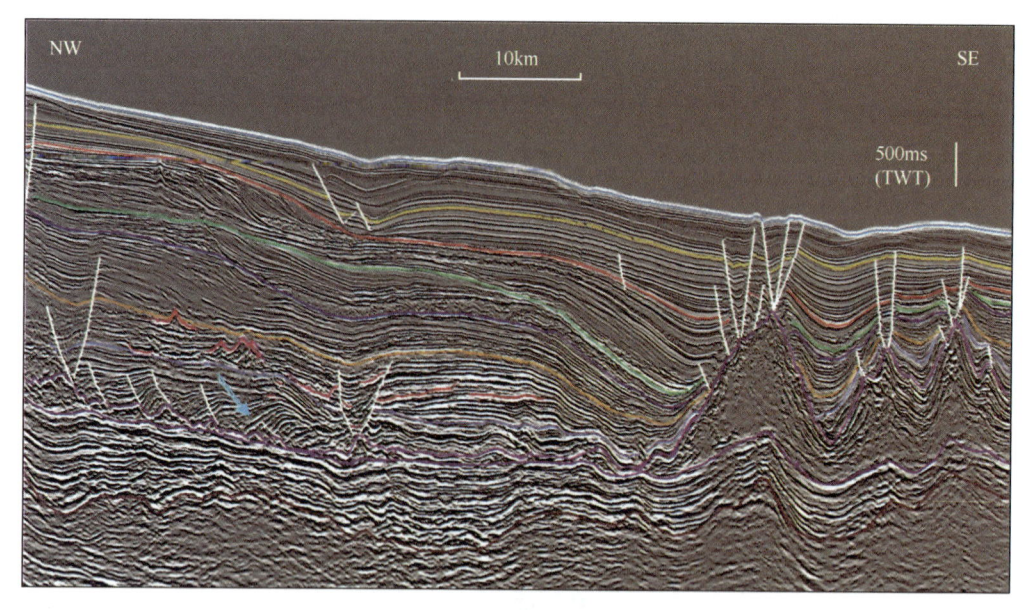

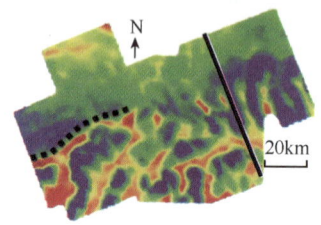

图 8-13　表示地层变形特征的地震剖面

在 CFF 外部的东北部（小图中虚线），阿尔布阶下部（剖面中的蓝色箭头）随着一系列小规模向海倾斜的铲式正断层发生变形；这些构造在 CFF 上盘并没有被识别出，它们可能在圣通期之前就已经存在，但由于极厚的上覆层和强烈的盐撤作用而被破坏；火山锥、岩席和岩脉发育在圣通阶内；剖面位置见小图

沉积提供了空间。盐撤盆地内地层的生长表明它们目前依然在活动，断定海底的核部断层表明盐动力作用依然对变形和沉积起控制作用。

采用三维地震和区域二维测线对构造和地层进行了重新解释，这为研究桑托斯盆地大部分区域内的盐—沉积物相互作用提供了有利信息。但需要指出的是，解释的剖面以及构造图和等厚图仅是显示了每一个解释层位以及各地层的几何形态。如果对盐上地层的演化历史进行更精确的分析，就需要进行剖面复原。该技术有利于确定构造的真实位置、几何形态和地质演化过程。

8.4　剖面复原

剖面复原对研究地层形态和构造随时间的变化是一个重要技术，并可以采用多种解释模式对地质模型进行验证。该方法通过不断地去除之前的变形、压实、均衡作用，从而使研究对象返回到未变形状态，并利用变形机制重现变形的动力过程。复原剖面为研究区的构造和地层演化提供了参考，也会表明每个阶段活动的构造以及控制沉积中心的构造。

剖面复原技术最初是用于预测和定量分析褶皱冲断带的挤压作用，研究造山演化，以及确定滑脱面的深度（Bally 等，1966；Dahlstrom，1969），在 20 世纪 80 年代期间也被应于伸展构造(Elliot,1883;Gibbs,1983),并在石油勘探领域也得到了广泛应用。

在平衡剖面上,变形前后的地层长度和面积不会发生变化。面积守恒的准则要求在地质剖面上没有物质的进入或损失。在复原过程中,假定存在平面应变,因此应选择构造运移方向上的剖面。有以下几种不同的复原方法:(1)弯滑(Gibbs,1983;Davis,1986;Moretti等,1988;Rowan 和 Kligfield,1989);(2)垂向简单剪切(Verrall,1981);(3)反向简单剪切(White 等,1986;Crespi,1988;Dula,1991);(4)同向和反向剪切(Rowan,1987;Schultz-Ela,1992);(5)断弯褶皱(Suppe,1983;Groshong,1989)。

Worral 和 Snelson(1989)将复原技术应用于盐动力作用区,这是为了分析和平衡上倾伸展和下倾挤压作用。

由于盐层具有易流动性,因而随着时间的变化,剖面中的含盐量会变化很大。盐体流向深部盆地,侧向(流入或流出剖面)或隆升穿过上覆沉积物,而形成盐丘和盐底辟。因此,盐并不遵循基本的平衡原理。这也就是说,塑性岩层的流动不总是遵循脆性地层的运输方向,因此面积就不能够保持守恒。而且,Hossack 和 McGuinness(1990)提出,由于伸展作用与盐撤作用不容易区分,从而使得在盐动力作用区利用复原技术会存在一些问题。因此,盐构造区的剖面复原还有一定争议,在分析复原结果时需要考虑该问题。尽管如此,该方法已被广泛地应用于含盐盆地。Rowan(1993)提出了一种分析盐构造的系统复原方法,包括计算和去除诸如沉积、压实、均衡调整(Airy 模型)、热沉降、断层作用、盐撤和盐底辟等作用造成的影响。该方法未对盐体动力学做分析,得到了盐体面积随时间的变化情况。该方法部分适用于变形集中于盐体和上部地层的剖面复原中(Rowan,1993),其基本原理在本文中也得到了应用。但我们做了一些小的改动,如复原剖面也包括了挤压区域,并采用了挠曲均衡,而不是 Airy 模型。

利用 ReconMS 计算机程序可以实现多条地质剖面的同时复原,并可以验证构造解释的一致性。复原过程包括地层的逐层回剥,以及将剖面恢复至未变形时应进行的挠曲回剥和去压实。输入数据是经过解释的深度转换剖面、岩性、密度、孔隙度曲线以及每个地层的古测深。ReconMS 软件最近也在考虑横向的沉积相变化,这将能对剖面进行更接近实际的去压实分析。通过去压实作用、恢复断层位移和去褶皱作用,剖面就可以复原到未变形状态。

8.4.1 桑托斯盆地的剖面复原

为了验证解释的合理性,阐明研究区的构造演化过程、盐—沉积物的相互作用、断层活动时代、盐窗的打开以及沉积中心的控制因素等,笔者选择了7条剖面进行复原。剖面方向为北西—南东向,并覆盖了研究区(图 8-14)。尽管盆地中可能存在转换断层,但是选择最可能方向上的区域剖面为研究对象。复原工作根据以下几步进行。

(1)盐上地层复原到以下几个解释的层位:中新统、中始新统、马斯特里赫特阶、坎潘阶、圣通阶、土伦阶、阿尔布阶。

(2)深度剖面文件通过程序输入,并以 UTM 坐标作为地理参照。

(3)关键层位和关键断层数字化。确定每一个地层的孔隙度及其随埋深的衰减系数,以及密度和岩性等。根据在压实作用中产生的与岩性有关的重要变化,进而确定每种岩性孔隙度—深度关系。复原过程中使用的古水深是基于白垩纪古水深图。

(4)在复原每个阶段之前,考虑孔隙度随深度的降低(根据 Athy 定律),以及挠曲回剥(是上覆层厚度、岩石圈弹性厚度以及地幔、上覆层和水体密度的函数)的影响,去除上部

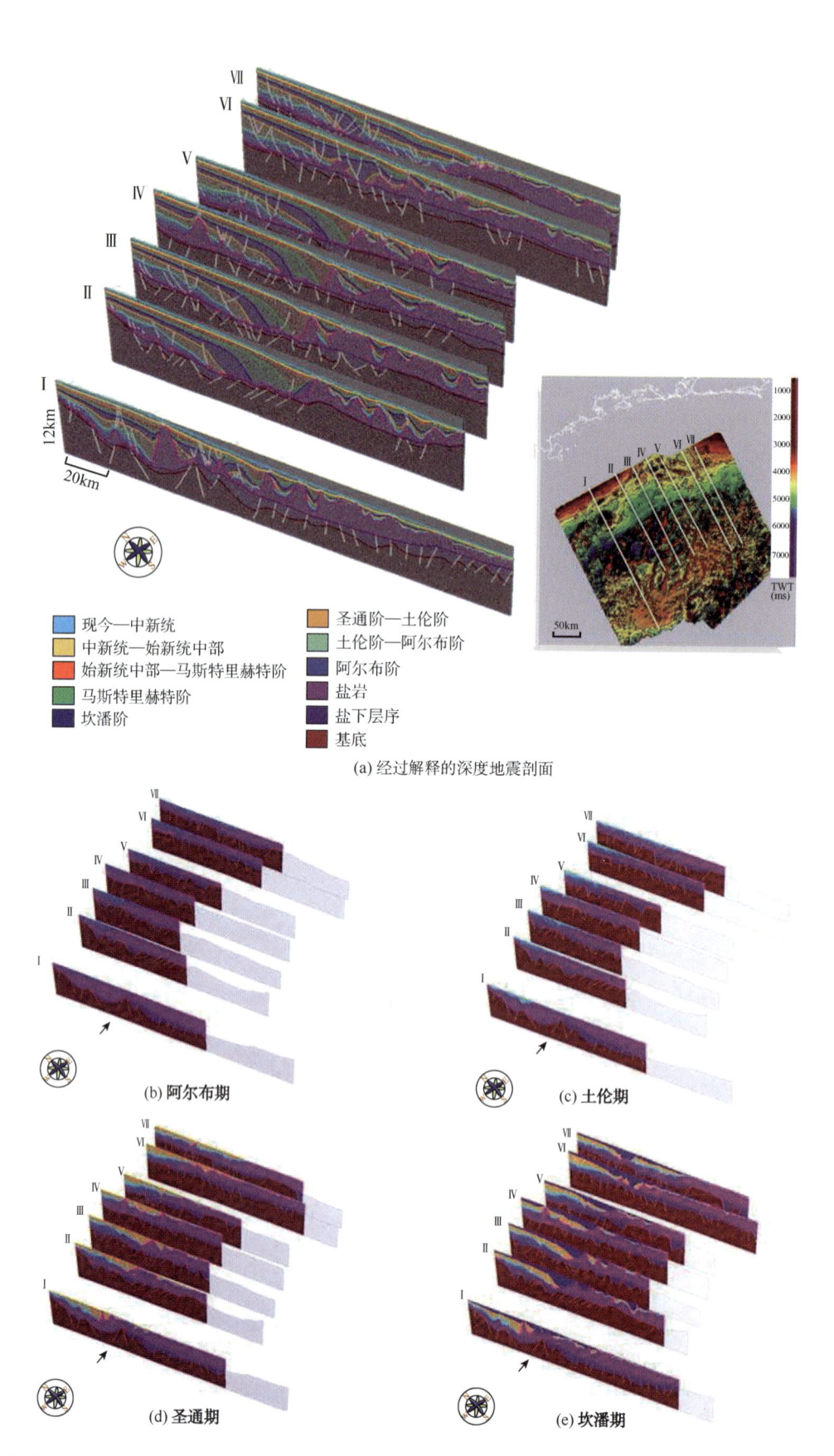

(a) 经过解释的深度地震剖面

图例	
现今—中新统	圣通阶—土伦阶
中新统—始新统中部	土伦阶—阿尔布阶
始新统中部—马斯特里赫特阶	阿尔布阶
马斯特里赫特阶	盐岩
坎潘阶	盐下层序
	基底

(b) 阿尔布期

(c) 土伦期

(d) 圣通期

(e) 坎潘期

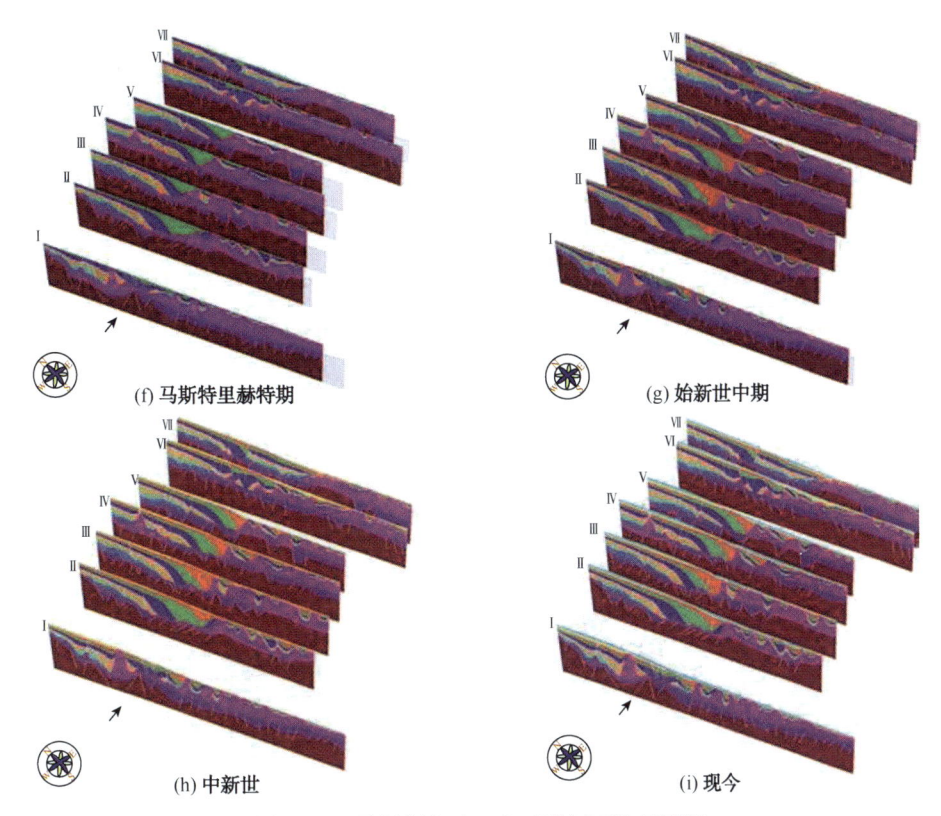

图 8-14 桑托斯盆地 7 条区域剖面的复原图

(a)经过解释的深度地震剖面,其位置参见盐顶部构造图剖面;复原为阿尔布期(b)、土伦期(c)、圣通期(d)、坎潘期(e)、马斯特里赫特期(f)、始新世中期(g)和中新世(h);图(b)至图(h)的灰色区域表明盐下地层现今的几何形态,盐体在其上发生扩展,盐上地层从阿尔布期开始发生重力滑动作用

(年轻)地层进行剖面的去压实分析。

（5）根据不同类型的变形样式,剖面被分为几个模块,从而针对同一个模块采用相同的变形机制进行复原。

（6）通过旋转、移动和去变形(利用简单剪切和弯滑等变形机制)等对每个模块进行复原,并使之与相邻模块达到最好的匹配。但盐层在复原过程中是一直保持不变的。

（7）在复原上覆地层之前,盐层是被排除掉的。而后通过充填盐下地层和盐上地层之间的空间而实现对盐层的复原。

（8）对每一种复原方式进行不同情况的验证。

（9）此过程对更老的阶段进行了反复验证。

（10）识别每个阶段的主要活动构造。

（11）计算了每个阶段每条剖面的伸展率(e)。

$$e = (l - l_o)/l_o$$

其中,l 为剖面的最终长度,l_o 为剖面的初始长度。

8.4.2 多条剖面复原揭示的运动学特征

多条剖面的复原显示了盐动力作用对后阿普特期的构造样式及其与沉积物的相互作用的

影响。对不同时期的复原剖面同时进行观察,可以对不同时期的构造和沉积中心的分布做很好的空间分析,并可为以下分析提供重要信息:构造演化、断层活动时间、微盆发育时间、沉积中心的控制和运移、盐焊接形成时间以及与盐下构造相关的盐上构造的位置。

通过剖面复原可以明确在每个阶段控制沉积中心的活动构造。主要构造的位置、断层活动的时间、沉积中心的迁移以及盐窗的打开对于含油气系统的评价极为重要的信息,而这有利于降低勘探中的风险。

图8-15中总结了7条复原剖面之间沿走向的变化。盐体在阿尔布阶占据的面积要远大于它现在占据的面积。这表明盐体在盆地漂移阶段一直向盆地方向流动,从该区域撤出的盐体可能在远端区形成盐脊。超深水区盐脊中的盐体大部分都是来自桑托斯盆地近岸和中部沉积物之下被挤出的盐体,而这种挤出作用从盐体沉积时就开始发生,并主要受沉积引起的差异负载作用控制。

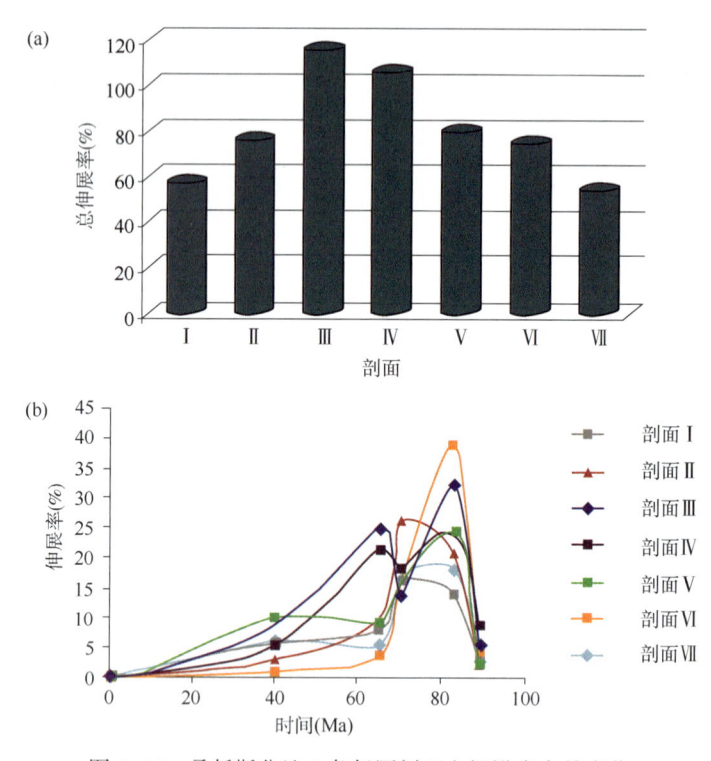

图8-15 桑托斯盆地7条复原剖面之间沿走向的变化
(a)7条复原剖面的总伸展率(从阿尔布阶开始),从剖面Ⅱ到剖面Ⅴ,Cabo Frio断层的断距最大,剖面伸展率要比相邻区大;
(b)伸展率随时间的变化,除了剖面Ⅱ,最大的伸展率是在圣通期,而剖面Ⅱ的最大伸展率发生在坎潘期

Cabo Frio断层活动迁移到深水区,并在断开的层位上形成峡谷。该断层的总体活动性在坎潘期到始新世中期达到高峰,随后急剧变弱,但并未停止。盐动力作用在强度上有所下降,但仍然对沉积作用有影响。年轻地层(中新世至今)的主沉积中心仍然受Cabo Frio断层和盐撤微盆影响,这也反映了盐动力作用的长期性。

在剖面Ⅱ至剖面Ⅴ通过的中部地区具有最大的伸展率,该地区Cabo Frio断层也具有最大的断距(图8-15)。该断层对沉积中心起主要控制作用,尤其是在圣通期到始新世中期。伸展作用超过挤压作用,在中部区域(Ⅲ—Ⅳ区)尤其明显,该处伸展率超过100%(表示剖面长度从阿尔布期与现在相比已经超过了两倍)。中新世有个例外,有微弱的挤压作用(最多1%)发生(剖面Ⅱ、Ⅵ、Ⅶ)。

剖面Ⅰ、Ⅵ、Ⅶ内的向陆倾斜的铲式正断层有不同的演化方式,可能与Cabo Frio 断层也没有关系。CFF在中部地区(剖面Ⅱ—Ⅴ)比较显著,并占据了从WSW到ENE的大部分研究区。

在大部分研究区(剖面Ⅰ—Ⅵ),盐焊接在中始新世统—马斯特里赫特阶沉积时期开始形成。但东北部(剖面Ⅶ)不一样,该地区盐焊接的形成时间要晚一些,主要在中新世—中始新世中期形成。

复原结果表明,Cabo Frio 断层和很多盐上地层构造的初始位置与现在位置完全不同,它们是被迁移到更深的盆地东南部的。另外,盐上构造与盐下构造的相对位置发生了明显变化(图8-16)。这对含油气系统的研究有重要作用,因为现今存在的一些运移通道未必在过去也存在,这就需要与油气的生成和排出时间相匹配。构造圈闭和盖层以及储层位置也可能会发生变化,对这些关键因素的时间和空间研究可以利用复原技术来完成,从而可以为提高含油气系统的研究提供一些必需的信息。

8.5 物理模拟

针对盐构造的物理模拟可以形成新的概念,并可以帮助解释含盐盆地的变形和沉积过程。一般利用塑性聚合物模拟盐层,用摩擦塑料颗粒模拟上覆沉积物。水下模型可以用来研究沉积作用和同时发生的盐动力作用以及它们之间复杂的相互作用和控制因素。该技术由巴西国家石油公司研究中心研发,可用于深入分析含盐盆地盐动力与沉积之间的相互作用(Guerra等,1998,2000,2005a、b;Guerra和Szatmari,2008)。该模型是对传统地表模型的一种改进,它与传统地表模型的不同主要在于它是在水下进行的。

以前针对盐构造过程的模拟实验一般都是使用硅胶模拟盐体,干砂模拟上覆层(Vendeville,1987;Vendeville等,1987;Cobbold等,1989),这对理解盐构造过程也起到了很大作用。由于可以模拟上覆层的断层作用,已经通过模拟实验分析了上覆地层发生正断层作用时盐构造的控制作用,而这在以前使用不混溶流体的模拟实验中是不可能实现的。尽管如此,由于上覆层的强度,地表模型会阻碍塑性层的底辟作用,从而容易形成盐枕等非刺穿构造。这种新方法可以实现同时浸没硅胶和上覆砂层。当总的上覆层压力上升时,孔隙压力也会升高导致饱和水的砂层剪切强度下降。因此,与浮力相关的构造会迅速形成,砂层也更易于形成挤压构造。这种构造与深水环境中的底辟和盐篷构造非常相似。水下模型的另外一个巨大优势是它可以使沉积(包括浊积岩通道和扇体)和盐构造同时发生,从而可以分析它们之间的相互作用。放大密度差可以模拟自然界中的许多构造,但即使这样,在对模拟结果的详细解释过程中也要谨慎处理这种人为的维度改变。(Guerra等,2005b;Guerra和Szatmari,2008)。模拟结果与自然界原型的高度相似性表明,该技术适合使用在对盐相关构造演化及其对沉积物分布的影响的研究中。

完成一系列比例化模拟实验是为了:(1)分析沉积空间对塑性层之上沉积负载导致的应力的响应;(2)形成两个具有短暂延迟的沉积源,分析它们对与盐动力作用相关的微盆形成的影响。模型按盆地中的地层进行了比例缩小,并使用塑性聚合物模拟盐体,石英岩模拟上覆脆性沉积(Guerra等,2005a)。在这些模型中,引起盐动力作用的主要驱动机制是底部平坦的盐层之上的厚进积楔层引起的差异负载。

(a)土伦期

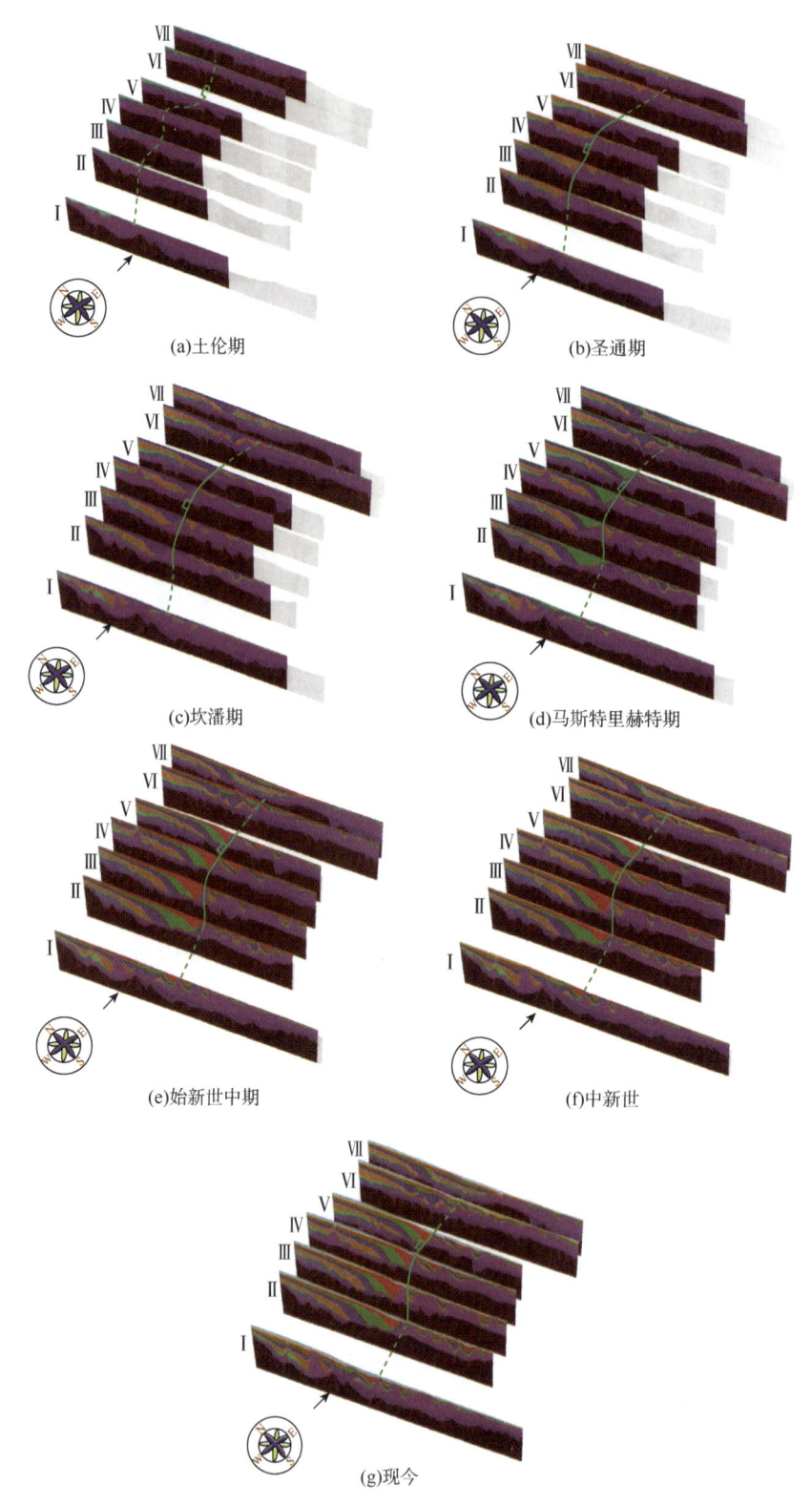

(b)圣通期

(c)坎潘期

(d)马斯特里赫特期

(e)始新世中期

(f)中新世

(g)现今

图 8-16　Cabo Frio 断层(绿线)从土伦末期开始的空间和时间演化特征
时间跨度是从初始一直到现在；虚线表示推断的侧向联系(可能并不存在)；复原剖面表明
盐上构造位置相对盐下构造发生了很大变化(箭头指向盐下层序的参考位置)

大陆架和大陆坡用位于模型近岸区的楔形砂岩模拟。第一个楔状层呈 NE—SW 方向。在近岸伸展构造和远岸褶皱构造形成之后，第二个楔状层呈 NW—SE 方向展布（图 8-17a）。将砂层沉积在模型表面以模拟进积作用和加积作用，并优先填充与盐动力作用运动相关的海底洼地中。在水下模型中，陆架会周期性地遭受局部侵蚀作用，并形成峡谷，从而使沉积物可以以湍流形式进入盆地，并可以选择自然通道。

实验结果表明了与底辟作用有关的构造对盆地中沉积物的分布施加了重要影响。模型显示，盐底辟和盐脊偏离沉积通道，而相邻的经历了盐撤作用的海底洼地会优先成为沉积中心。这些沉积槽中的沉积物是附加载荷，它们会加大相邻盐构造的隆升，形成的地形影响了后来的沉积物分布。模型结果表明，进积沉积物的汇合会使盐流动汇聚。厚楔状沉积之下盐体的挤出作用以及上覆层中的重力伸展和压缩作用形成了复杂的盐脊形态，并叠加了褶皱变形。这种干涉样式导致远端盐撤微盆（图 8-17 和图 8-18）的形成。微盆可作为从陆架侵蚀而来，并由湍流带入深盆的沉积物的沉积中心。类似地，为对含盐盆地中盐体流动方向和沉积物供应方向的汇聚的响应，自然界中也会形成相似的构造，如巴西东部、西非和墨西哥湾的一些地区（Guerra，2008）。

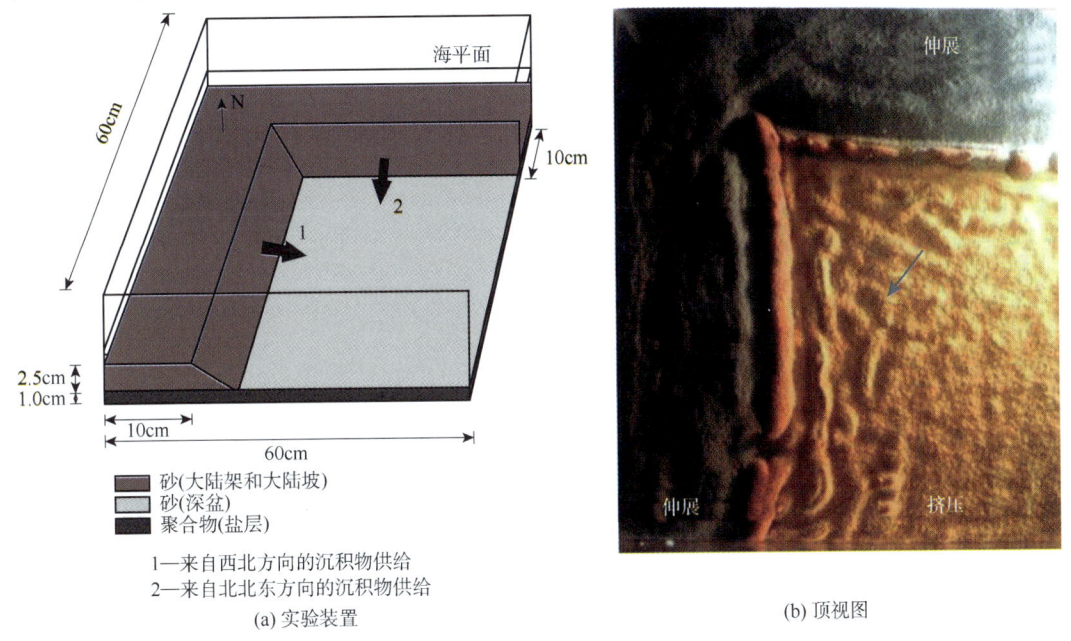

(a) 实验装置　　　　　　　　　　　　(b) 顶视图

图 8-17　水下模拟模型（据 Guerra 等，2005a，修改）

沉积楔的汇合方向促进盐体向盆地中心流动；在挤压区形成的盐脊调节了第一次（西北方向）沉积物输入导致的陆架和陆坡区的伸展作用，并与北北东方向沉积物供应形成的盐脊相互作用，形成了复杂的叠合褶皱形态（蓝色箭头）；这种干涉形态与桑托斯盆地的盐构造顶部以及水深图非常相似，并可能解释了微盆多边形形态的原因

8.6　桑托斯盆地盐动力演化模型

通过对地震解释和复原剖面的分析，提出了研究区盐上地层演化的盐动力学模型。该地区盐体活动的主要驱动力是由位于阿普特阶盐体之上的厚上白垩统到新生界底部的楔状沉积导致的差异负载作用。这可以解释在大部分盐上地层沉积期间形成的各类构造样式和沉积形式。这种变形完全是薄皮变形，并不需要盐下构造的活动或基底地形的参与。盐体从负载的

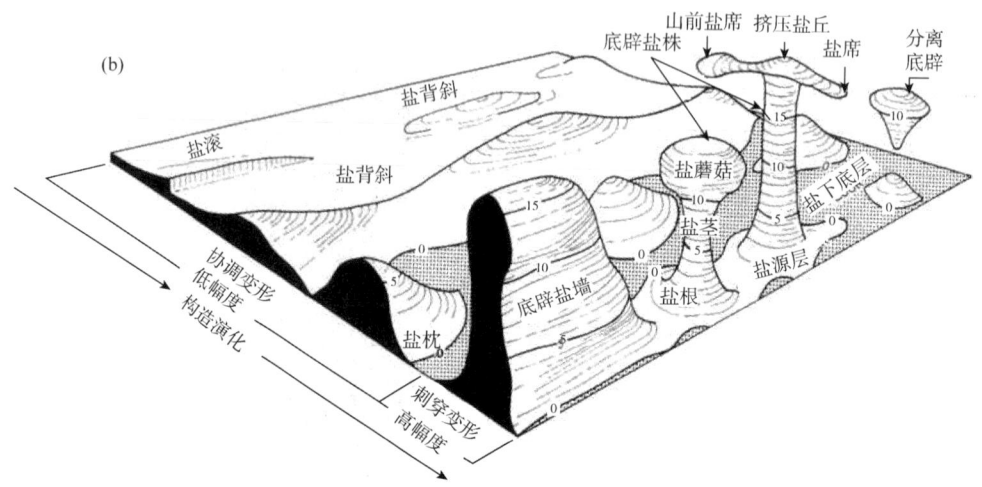

图 8-18 陆架和陆坡区的薄皮伸展作用和深水区的挤压作用

(a)当模型被切片并移走顶部砂层后(Guerra 等,2005a),在塑性层(聚合物)顶部观察到的构造,这和 Jackson 和 Talbot(1986)提出的图(b)是相似的;近岸盐滚和盐背斜在铲式正断层下盘发育,并演变成高幅度的盐底辟和盐脊,盐体的汇聚流动控制了微盆的形成,有时还显示出倒悬状(近地表扩展);在物理模型中,展示了部分盐撒盆地;盐撒盆地是由于沉积物的进积汇聚方向引起盐体的汇聚流动而形成

近岸区挤出,运移到深盆区进行沉积,从而形成挤压区。上倾伸展区发育向海和陆倾斜,但主要是向陆倾斜的铲式生长正断层。断层初始是上倾的,并向盆地运动,控制了研究区的主要沉积中心(图 8-19),尤其是从圣通期到始新世中期。下倾挤压区发育盐核滑脱褶皱和挤压变厚的盐层,上覆薄的褶皱地层。后期的沉积物源区在新生代形成,陆相沉积从 NNE 向进入盆地。沉积物的不断输入在东北部形成了新的负载区,促使盐层向 SSW 方向运动,并再一次形成上倾伸展区和下倾挤压区。

8.6.1 Ilha Grande 重力单元

包括 Cabo Frio 断层在内的上倾伸展和下倾挤压两个关联体系组成,组成了一个重力单元,在此称之为"Ilha Grande 重力单元"(IGGC),这是以研究区北部的美丽岛屿 Ilha Grande 命名的(Guerra,2008)。这个特征在多条剖面的构造复原以及地震解释中都有所表现,其轮

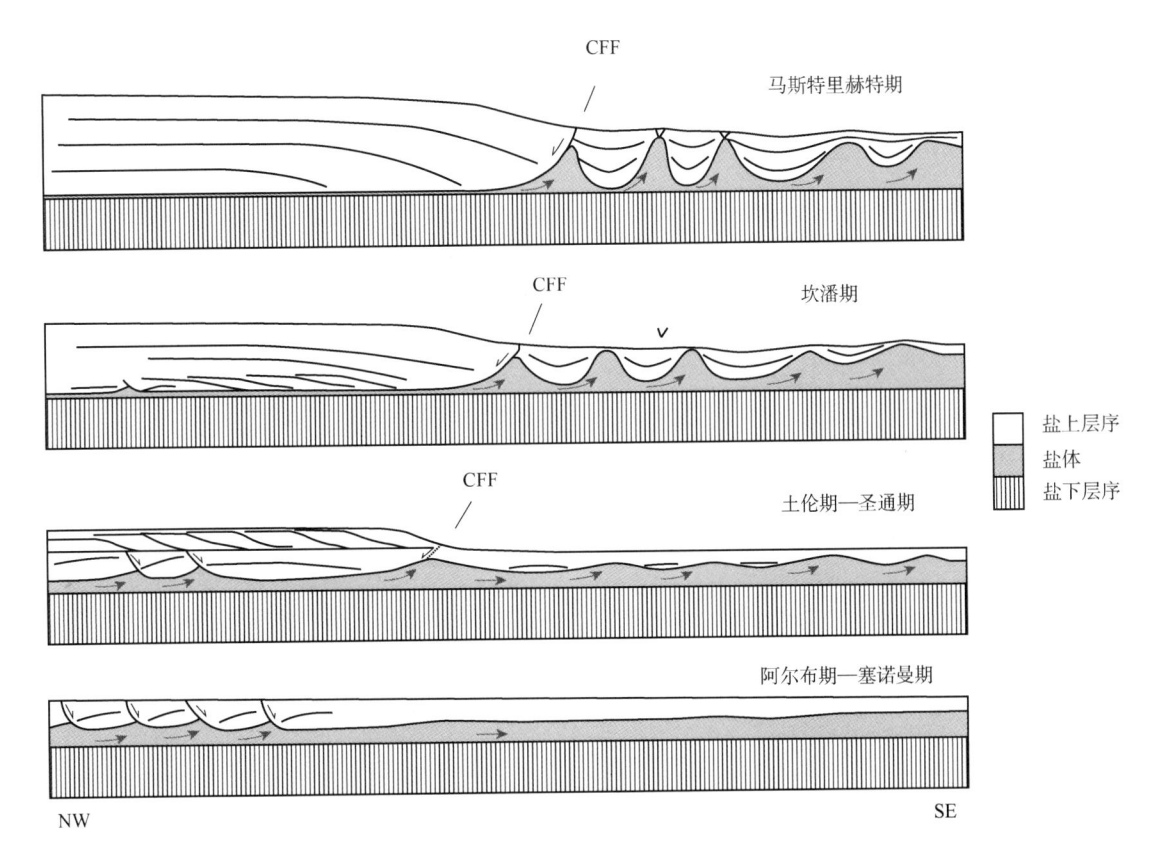

图 8-19 重力驱动 CFF 和微盆演化的示意图(据 Guerra，2008)

盐层作为盐上脆性地层伸展块体的滑脱层存在；由大量陆相沉积供给形成的晚白垩世到新生代厚进积楔促进了盐撤作用，并在坡趾形成向陆倾斜的铲式生长断层；塑性盐层从进积楔下部向陆流动到具有更低负载的区域，从而形成 CFF，并一直保持活动，控制研究区的主要沉积中心，其上盘的沉积物会加大差异负载作用，并保持其活动性；黑色箭头表示盐流动方向

廓在盐体等厚图和盐顶构造图上也都有显示(图 8-20 和图 8-21)。该重力单元向东南部移动，并在盐体之上发生滑脱，对深盆区已变形的盐脊施加了更多的挤压作用。这些盐脊的弯曲形态表明它们经历了改造作用。

IGGC 的东部和西部边界是滑动的倒向梯度线，而且有可能形成了薄皮构造转换带。IGGC 解释了复原剖面的伸展速率沿走向的变化。初步分析表明，陆上(或在盐底/裂谷顶部)并没有发育与该构造趋势带匹配的明显构造，而该构造趋势带可能控制了 IGGC 的侧向边界。

8.6.2 盐撤盆地

在中部区域确定了两期褶皱作用。由于纵弯水平挤压作用，首先形成了北东走向的褶皱。其次形成了东南东走向的褶皱，并与早期褶皱发生叠加，形成一个复杂的干涉形态，这也影响了微盆的几何形态。两期褶皱作用都与盐动力作用控制的重力驱动的薄皮构造有关(图 8-22)。

最初来自 NW 部，而后来来自 NNE 部的大规模碎屑沉积物汇合方向促进了盐体向深盆区的流动，并形成了围限沉积中心的复杂叠加盐脊。远端挤压区叠加褶皱的干涉样式形成了多边形微盆。

物理模拟也支持该结论，它证明了叠加褶皱的干涉样式在盐撤微盆形态中的控制作用(图 8-17 和图 8-18)。

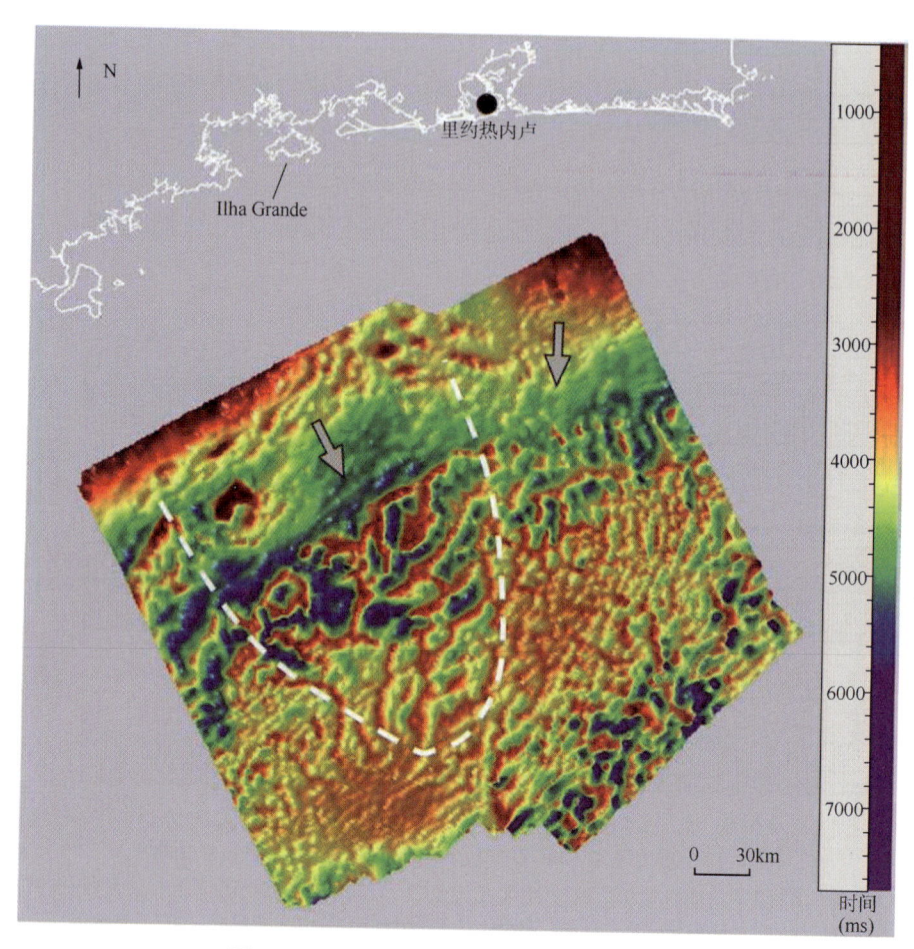

图 8-20 盐层顶部构造图(据 Guerra,2008)
虚线表示了 Ilha Grande 重力单元的轮廓,这是一个上倾伸展和下倾挤压的关联体系;灰色箭头表示沉积物供给方向

剖面复原证实了对构造和地层演化的解释,并表示了在每个阶段控制沉积中心的活动构造。盐层和上覆层的变形形成了可能作为油气圈闭的构造,并控制了沉积中心和油气运移通道。通过剖面复原发现,Cabo Frio 断层在演化过程中向海域移动,因而它现在的位置(在某些地区和盐下断层联在一起)与其最开始的位置并不相同。盐上构造圈闭、储层、运移通道和盖层改变了它们与盐下构造和烃源岩的相对位置,因而现今良好的对应关系并不能保证在排烃时期也是如此。因此,笔者强烈建议采用剖面复原技术,这可以帮助提升含盐沉积盆地含油气系统模型的准确性(Guerra,2008;Guerra 和 Underhill,2009)。

8.7 结论

对三维地震和二维地震数据的解释,并结合复原技术和物理模拟技术,为研究盐—沉积物的相互作用提供了一个新的思路,同时也重点研究了桑托斯盆地中部和北部盐动力作用对构造样式、地形演化和沉积物分布的控制作用。包括阿尔布期、土伦期、圣通期、坎潘期、马斯特里赫特期、始新世中期和中新世在内的 7 条复原剖面解释了盐上地层的演化过程,并明确了每个阶段控制沉积中心的活动构造,以及盐焊接的形成时间和盐上构造转移时间。

图 8-21 盐体等厚图

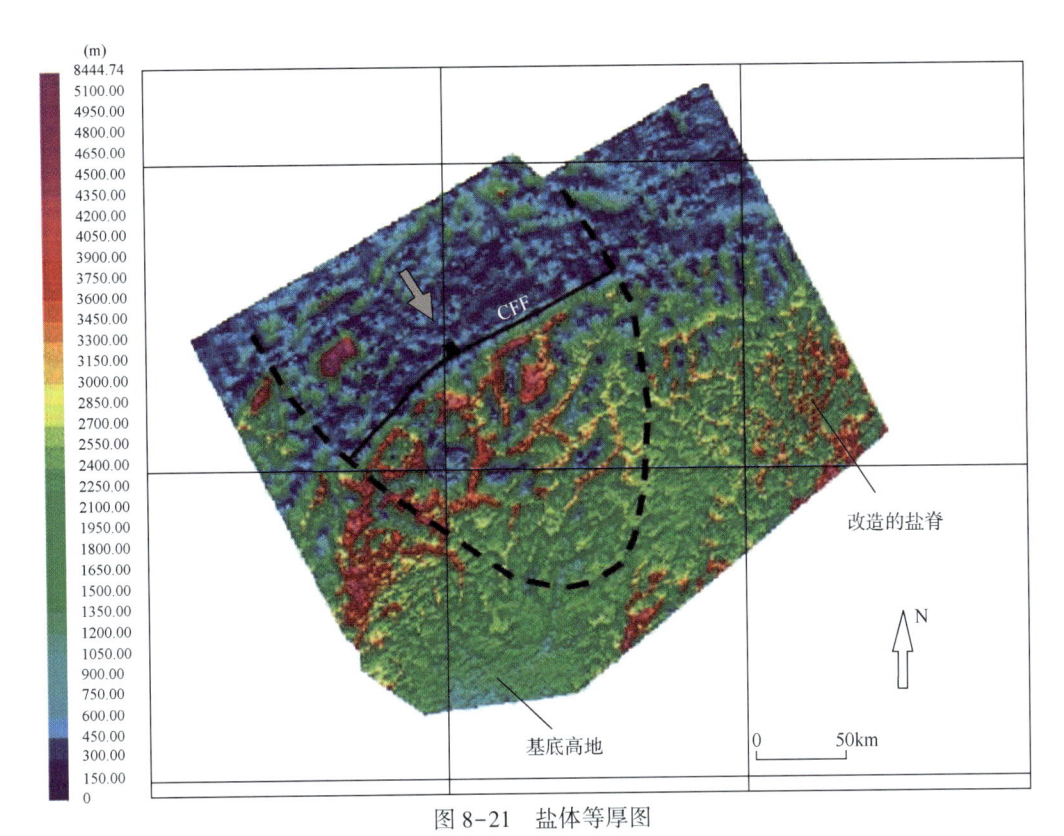

表示了由上倾伸展和下倾挤压关联体系形成的 IGGC 的大致轮廓（虚线），Cabo Frio 断层位于其中；灰色箭头表明 IGGC 和相邻区域盐流动的大体方向；IGGC 向深盆区的持续运动可能会对远端 SE 区域已经变形的盐脊施加更多的挤压作用；这些盐脊的弯曲形状表明它们已经经历了改造作用

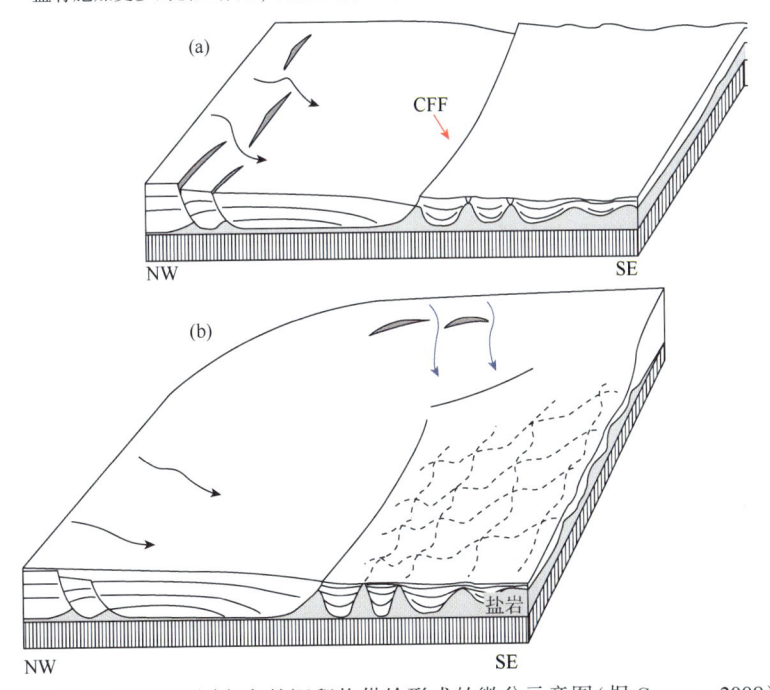

图 8-22 由两个不同方向的沉积物供给形成的微盆示意图（据 Guerra，2008）

早期为北西方向（黑色箭头），后期为北北东方向（蓝色箭头）；红色箭头表示 Cabo Frio 断层

受深部塑性地层控制的薄皮重力滑动和重力扩展作用造成了盐上地层的变形，盐体的流动影响了整个地层的变形。差异负载是形成盐构造的主要驱动机制。从晚白垩世到早新生代，西北部陆地的隆起提供了大量碎屑沉积物，从而形成了厚层的进积楔，并会强烈影响盐体的流动。盐体向弱负载区的流动形成了上倾伸展区和下倾挤压区，同时也形成了受盐体诱导的海底沉积物通道。在研究区内，盐体厚度可达8500m，上覆地层厚度达9600m。主要在上白垩统内发生侵入和喷出的火成岩可能会通过附加负载以及暂时性的加热导致盐体流运动速度加快。

伸展作用主要表现为在盐层之上发生滑脱的铲式正断层。Cabo Frio断层是一条向陆倾斜的大型铲式生长正断层，沿走向延伸185km，阿尔布的断距达到60km。根据剖面复原结果，CFF向上倾方向形成核部，海域迁移，同时控制了研究区的主要沉积中心，尤其是从圣通期到始新世中期。上盘沉积地层加大了负载，并保持了断层的活动性。地层沿断面发生旋转，而且位移随着深度而增加，进而形成了直接连接盐下地层和盐上地层的盐焊接，并提供了可以使石油运移到盐上地层的盐窗。

盐核褶皱和盐撤微盆加大了下倾挤压作用。沉积物源的改变在薄盐层上又形成了一个新的进积楔，并与之前的体系相互影响。沉积物供给汇合方向(从晚白垩世的西北方向变为新生代的北北东方向)给盐体流动施加了动力，从而在远端挤压区形成了叠加褶皱和多边形微盆的复杂干涉形态。这个结论和物理模拟结果相一致，即塑性层上的进积楔汇聚引起了盐核褶皱的相互干涉，并形成了多边形微盆。水下模拟实验解释了底辟和盐脊是如何偏离于沉积通道的，以及经历了盐撤的相邻低地是如何作为优先的沉积中心并促进相邻盐高地抬升的。

一个在盐层之上滑脱的重力单元由NW—SE向的，上倾伸展和下倾挤压的关联体系构成，该单元包括过渡区的CFF以及挤压区的微盆，本文将其命名为"Ilha Grande重力单元"。该单元的东部和西部边界显示为滑动的侧向梯度线，并向盆地的东南部移动，这也解释了盆地伸展速率在横向上不同的原因。

盐层之上重力驱动的脆性地层的运动形成了断层、盐焊接、构造圈闭和沉积中心，它们向盆地运移，从而改变了它们与盐构造以及烃源岩的相对位置。该点认识有重要的勘探应用意义，在对含油气系统进行建模时要仔细考虑这一点。现今看来很好的盐下和盐上要素的对应关系在过去油气运移时并不一定如此。

通过采用复原技术可以得出盆地的构造演化过程，从而可以确定每一阶段关键要素的确切位置和几何形态，从而为提高含油气系统评价的准确性提供必要的信息。

在盆地的后阿普特期演化历史中，盐流动对上覆层施加应力，形成短暂的构造几何形态，并为富砂沉积提供空间，反过来它们也会促进盐体的流动，并改变流动特征。尽管CFF和微盆对年轻沉积中心的控制作用在中始新世已经大大减弱，但它们还是能证实存在盐动力作用。

参 考 文 献

Almeida, F. F. M. & Carneiro, C. D. R. 1998. Origem e evolução da Serra do Mar. Revista Brasileira de Geociências, 28, 135-150.

Bally, A. W., Gordy, P. L. & Stewart, G. A. 1966. Structure, seismic data, and orogenic evolution of southern Canadian Rocky Mountains. Bulletin of Canadian Petroleum Geology, 14, 337-381.

Cainelli, C. & Mohriak, W. U. 1999. Some remarks on the evolution of sedimentary basins along the eastern Brazilian continental margin. Episodes, 22, 206–216.

Caldas, M. F. & Zalán, P. V. 2009. Kinematic reconstitution and tectono-sedimentation associated to salt domes in deepwater of Santos Basin, Brazil. American Association of Petroleum Geologists International Conference, Rio de Janeiro, Abstracts.

Chang, H. K., Kowsmann, R. O., Figueiredo, A. M. F. & Bender, A. A. 1992. Tectonics and stratigraphy of the East Brazil Rift System (EBRIS): an overview. Tectonophysics, 213, 97–138.

Cobbold, P. R. & Szatmari, P. 1991. Radial gravitational gliding on passive margins. Tectonophysics, 188, 249–289.

Cobbold, P. R., Rossello, E. & Vendeville, B. 1989. Some experiments on interacting sedimentation and deformation above salt horizons. Bulletin de la Société Géologique de France, Série 8, 5, 453–460.

Cobbold, P. R., Szatmari, P., Demercian, L. S., Coelho, D. & Rossello, E. A. 1995. Seismic and experimental evidence for thin-skinned horizontal shortening by convergent radial gliding on evaporites, deepwater Santos Basin, Brazil. In: Jackson, M. P. A., Roberts, D. G. & Snelson, S. (eds) Salt Tectonics: A Global Perspective. American Association of Petroleum Geologists, Tulsa, Memoir, 65, 305–321.

Cobbold, P. R., Meisling, K. E. & Mount, V. S. 2001. Reactivation of an obliquely-rifted margin, Campos and Santos Basins, southeastern Brazil. AAPG Bulletin, 85, 1925–1944.

Crespi, J. M. 1988. Using balanced cross sections to understand early Mesozoic extensional faulting. In: Froelich, A. J. & Robinson, G. R. Jr. (eds) Studies of the Early Mesozoic basins of the eastern United States. USGS Bulletin, 1776, 220–229.

Dahlstrom, C. D. A. 1969. Balanced cross-sections. Canadian Journal of Earth Sciences, 6, 743–757.

Davis, T. L. 1986. A structural outline of the San Emigdio Mountains. In: Davis, T. L. & Namson, J. (eds) Gelogic Transect Across the Western Transverse Ranges. Society of Economic Paleontologists and Mineralogists, Pacific Section, Tulsa, Guidebook, 23–32.

Davison, I. 2007. Geology and tectonics of the South Atlantic Brazilian salt basins. In: Ries, A. C., Butler, R. W. H. & Graham, R. H. (eds) Deformation of the Continental Crust: The Legacy of Mike Coward. Geological Society, London, Special Publications, 272, 345–359.

Demercian, L. S. 1996. A halocinese na evolução do sul da Bacia de Santos do Aptiano ao Cretáceo Superior. MSc thesis, Universidade Federal do Rio Grande do Sul, Porto Alegre, Brazil.

Demercian, L. S., Szatmari, P. & Cobbold, P. R. 1993. Style and pattern of salt diapirs due to thin-skinned gravitational gliding, Campos and Santos basins, offshore Brazil. Tectonophysics, 228, 393–433.

Dias-Brito, D. 1982. Evolução paleoecológica da Bacia de Campos durante a deposição dos calcilutitos, margas e folhelhos da Formação Macaé. Boletim Técnico da Petrobras, 25, 84–97.

Dias-Brito, D. 1987. A Bacia de Campos no Mesocretá-ceo: uma contribuição á paleoceanografia do Atlântico Sul primitivo. Revista Brasileira de Geociências, 17, 162–167.

Dula, W. F. 1991. Geometric models of listric normal faults and rollover folds. American Association of Petroleum Geologists Bulletin, 75, 1609–1625.

Eagles, G. 2007. New angles on South Atlantic opening. Geophysical Journal International, 168, 353–361.

Elliot, D. 1983. The construction of balanced cross sections. Journal of Structural Geology, 5, 101.

Freitas, J. T. R. 2006. Ciclos deposicionais evaporíticosda Bacia de Santos: uma análise cicloestratigráfica apartir de dados de 2 poços e de traços de sísmica. MSc thesis, Universidade Federal do Rio Grande do Sul, Porto Alegre, Brazil.

Gambôa, L. A. P., Machado, M. A. P., Silveira, D. P., Freitas, J. T. R. & Silva, S. R. P. 2008. Evaporitos estratificados no Atlântico Sul: interpretação sísmicae controle tectono-estratigráfico na Bacia de Santos. In: Mohriak, W., Szatmari, P. & Anjos, S. M. C. (eds) Sal: Geologia e Tectônica. Beca, São Paulo, 341–359.

Ge, H., Jackson, M. P. A. & Vendeville, B. C. 1997. Kinematics and dynamics of salt tectonics driven by progradation. AAPG Bulletin, 81, 398-423.

Gemmer, L., Ings, S. J., Medwedeff, S. & Beaumont, C. 2004. Salt tectonics driven by differential sediment-loading: stability analysis and finite element experiments. Basin Research, 16, 199-218.

Gibbs, A. D. 1983. Balanced cross - section construction from seismic sections in areas of extensional tectonics. Journal of Structural Geology, 5, 153-160.

Gomes, P. O. 2002. The Outer High of the Santos Basin, southern São Paulo Plateau, Brazil: tectonic setting, relation to volcanic events and some comments on hydrocarbon potential. American Association of Petroleum Geologists Hedberg Conference, Stavanger, 2002, extended abstract.

Gomes, P. O., Parry, J. & Martins, W. 2002. The outer high of the Santos Basin, southern São Paulo Plateau, Brazil: tectonic setting, relation to volcanic events and some comments on hydrocarbon potential. American Association of Petroleum Geologists Hedberg Conference, Stavanger, 2002, extended abstract.

Groshong, R. H. Jr. 1989. Half - graben structures: balanced models of extensional fault - bend folds. Geological Society of America Bulletin, 101, 96-105.

Guerra, M. C. M. 2008. Role of halokinesis in controlling structural styles and sediment dispersal patterns in the Santos Basin - SE Brazil. PhD thesis, University of Edinburgh.

Guerra, M. C. M. & Szatmari, P. 2008. Modelagem física de processos halocinéticos. In: Mohriak, W., Szatmari, P. & Anjos, S. M. C. (eds) Sal: Geologia e Tectônica. Beca, São Paulo, 165-177.

Guerra, M. C. M. & Underhill, J. R. 2009. Role of halokinesis in the evolution of the Cabo Frio Fault and the Ilha Grande Gravitational Cell in the Santos Basin, Brazil: Insights from multi-section balanced restoration. American Association of Petroleum Geologists International Conference, Rio de Janeiro, Abstracts.

Guerra, M. C. M., Szatmari, P., Pequeno, M. A. & Porsche, E. 1998. Physical modelling of salt-related structures in the Brazilian continental margin. American Association of Petroleum Geologists International Conference and Exhibition, 1998, Rio de Janeiro, Extended abstracts, 852-853.

Guerra, M. C. M., Szatmari, P., Pequeno, M. A. & Porsche, E. 2000. Underwater physical modelling: a new tool in interpreting salt tectonics and turbidite deposition. International Geological Congress, 31, 2000, Rio de Janeiro. Abstracts. CD-ROM.

Guerra, M. C. M., Szatmari, P., Pequeno, M. A. & Viana, A. R. 2005a. Modelagem física da estruturação halocinética convergente em bacias de margem passiva. Simpósio Nacional de Estudos Tectônicos, 10 International Symposium on Tectonics, 4, 2005, Curitiba.

Guerra, M. C. M., Szatmari, P. & Pequeno, M. A. 2005b. Analog modeling of salt-related structures in the South Atlantic. GCSSEPM Bob F. Perkins 25th Annual Research Conference, December 2005, Houston, CD-ROM, 446-448.

Hossack, J. R. & McGuinness, D. B. 1990. Balanced sections and the development of fault and salt structures in the Gulf of Mexico. Geological Society of America, Abstracts with Program, 22, A48.

Ings, S., Beaumont, C. & Gemmer, L. 2004. Numerical modeling of salt tectonics on passive continental margins: preliminary assessment of the effects of sediment loading, buoyancy, margin tilt, and isostasy. GCSSEPM Bob F. Perkins 24th Annual Research Conference, 5-8 December 2004, Houston, CD-ROM, 36-68.

Jackson, M. P. A. & Talbot, C. J. 1986. External shapes, strain rates, and dynamics of salt structures. Geological Society of America Bulletin, 97, 305-323.

Karner, G. D. 2000. Rifts of the Campos and Santos basins, southeastern Brazil: distribution and timing. In: Mello, M. R. & Katz, B. J. (eds) Petroleum Systems of South Atlantic Margins. American Association of Petroleum Geologists, Tulsa, Memoir, 73, 301-315.

Karner, G. D. & Gambôa, L. A. P. 2007. Timing and origin of the South Atlantic pre-salt sag basins and their capping evaporites. In: Ries, A. C., Butler, R. W. H. & Graham, R. H. (eds) Deformation of the Continental Crust: The Legacy of Mike Coward. Geological Society, London, Special Publications, 285, 15-35.

Kowsmann, R. O., Costa, M. P. A., Boa Hora, M. P. &Guimarães, P. P. 1982. Geologia estrutural do Platô de São Paulo. Congresso Brasileiro de Geologia, 32, Salvador, 1982, Anais Sociedade Brasileira de Geologia, 4, 1558-1569.

Kumar, N. & Gambôa, L. A. P. 1979. Evolution of the São Paulo Plateau(southeastern Brazilian margin) and implications for the early history of the South Atlantic. Geological Society of America Bulletin, 90, 281-293.

Larson, R. L. & Ladd, J. W. 1973. Evidence for the opening of the South Atlantic in the Early Cretaceous. Nature, 246, 209-212.

Macedo, J. M. 1989. Evolução tectônica da Bacia de Santos e áreas continentais adjacentes. Boletim de Geociências da Petrobras, Rio de Janeiro, 3, 159-173.

Macedo, J. M. 1990. Evolução tectônica da Bacia de Santos e áreas continentais adjacentes. In: Raja Gabaglia, G. P. & Milani, E. J. (eds) Origem e evoluçãodas bacias sedimentares. Petrobras, Rio de Janeiro, 361-376.

Mayall, M., Lonergan, L. et al. 2010. The response of turbidite slope channels to growth-induced seabed topography. AAPG Bulletin, 94, 1011-1031.

Meisling, K. E., Cobbold, P. R. & Mount, V. S. 2001. Segmentation of an obliquely rifted margin, Campos and Santos basins, southeastern Brazil. American Association of Petroleum Geologists Bulletin, 85, 1903-1924.

Milani, E. J., Oliveira, J. A. B., Dias, J. L., Szatmari, P. & Cupertino, J. A. 2005. Basement control on structural styles and sediment pathways of southeast Brazil Atlantic margin basins (Brazil Deep Deds—Deep—Water Sedimentation in the Southeast BrazilianMargin Project). American Association of Petroleum Geologists International Conference, Paris, Abstracts.

Mitchum, R. M. Jr, Vail, P. R. & Thompson, S. III. 1977. Seismic stratigraphy and global changes of sea level, part 2: the depositional sequence as a basic unit for stratigraphic analysis. American Association of Petroleum Geologists, Tulsa, Memoir, 26, 53-62.

Modica, C. J. & Brush, E. R. 2004. Postrift sequence stratigraphy, paleogeography, and fill history of the deepwater Santos Basin, offshore southeast Brazil. AAPG Bulletin, 88, 923-945.

Mohriak, W. U., Macedo, J. M. et al. 1995. Salt tectonics and structural styles in the deep-water province of the Cabo Frio region, Rio de Janeiro, Brazil. In: Jackson, M. P. A., Roberts, D. G. & Snelson, S. (eds) Salt Tectonics: A Global Perspective. American Association of Petroleum, Geologists, Tulsa, Memoir, 65, 273-304.

Moreira, J. L. P. 2000. Stratigraphie sismique et modélisation stratigraphique des dépôts de l'éocène du Bassin de Santos(marge brésilienne). DSc thesis, Université de Rennes, France.

Moreira, J. L. P. & Carminatti, M. 2004. Sistemas deposicionais de talude e de bacia no Eoceno da bacia de Santos. Boletim de Geociências da Petrobras, 12, 73-87.

Moreira, J. L. P., Esteves, C. A., Rodrigues, J. J. G. & Vasconcelos, C. S. 2006. Magmatismo, sedimentação e estratigrafia da porção norte da Bacia de Santos. Boletim de Geociências da Petrobras, 14, 161-170.

Moretti, I., Colletta, B. & Vially, R. 1988. Theoretical model of block rotation along circular faults. Tectonophysics, 153, 313-320.

Oreiro, S. G. 2006. Magmatismo e sedimentação em uma área na plataforma continental de Cabo Frio, Rio de Janeiro, Brasil, no intervalo Cretáceo Superior - Terciário. Boletim de Geociências da Petrobras, 14, 95-112.

Pereira, M. J. 1994. Seqüências deposicionais de 2ª e 3ª ordens(50 a 2, 0 Ma) e tectono-estratigrafia no Cretáceo de cinco bacias marginais do Brasil. Comparações com outras áreas do globo e implicações geodinâmicas. DSc thesis, Universidade Federal do Rio Grande do Sul, Porto Alegre, Brazil.

Pereira, M. J. & Macedo, J. M. 1990. A Bacia de Santos: perspectivas de uma nova província petrolífera na plataforma continental sudeste brasileira. Boletim de Geociências da Petrobras, 4, 3-11.

Pereira, M. J. & Feijó, F. J. 1994. Bacia de Santos. Boletim de Geociências da Petrobras, 8, 219-234.

Ponte, F. C. & Asmus, A. H. 1978. Geological framework of the Brazilian continental margin. Geologische Rundschau, 67, 201-235.

Rowan, M. G. 1987. Rollover shape, fault prediction and deformation mechanics of listric normal faults. Geological Society of America, Abstracts with Program, 19, 825.

Rowan, M. G. 1993. A systematic technique for the sequential restoration of salt structures. Tectonophysics, 228, 331-348.

Rowan, M. G. & Kligfield, R. 1989. Cross section restoration and balancing as aid to seismic interpretation in extensional terranes. AAPG Bulletin, 73, 955-966.

Schultz-Ela, D. D. 1992. Restoration of cross sections to constrain deformation processes of extensional terranes. Marine and Petroleum Geology, 9, 372-388.

Suppe, J. 1983. Geometry and kinematics of fault-bend folding. American Journal of Science, 283, 684-721.

Szatmari, P., Guerra, M. C. M. & Pequeno, M. A. 1996. Genesis of large counter-regional normal fault by flow of Cretaceous salt in the South Atlantic Santos Basin, Brazil. In: Alsop, G. I., Blundell, D. J. & Davison, I. (eds) Salt Tectonics. Geological Society, London, Special Publications, 100, 259-264.

Vendeville, B. 1987. Champs de failles et tectonique en extension: modélisation expérimentale. DSc thesis, Université de Rennes I, Rennes, France.

Vendeville, B., Cobbold, P. R., Davy, P., Brun, J. P. & Choukroune, P. 1987. Physical models of extensional tectonics at various scales. In: Coward, M. P., Dewey, J. F. & Hancock, P. L. (eds) Continental extensional tectonics. Geological Society, London, Special Publications, 28, 95-107.

Verrall, P. 1981. Structural interpretation with applications to North Sea problems. Course Notes 3, Joint Association for Petroleum Exploration Courses, London.

White, N. J., Jackson, J. A. & McKenzie, D. P. 1986. The relationship between the geometry of normal faults and that of the sedimentary layers in their hangingwalls. Journal of Structural Geology, 8, 897-909.

Williams, B. G. & Hubbard, R. J. 1984. Seismic stratigraphic framework and depositional sequences in the Santos Basin, Brazil. Marine and Petroleum Geology, 1, 90-104.

Worrall, D. M. & Snelson, S. 1989. Evolution of the northern Gulf of Mexico, with emphasis on Cenozoic growth faulting and the role of salt. In: Bally, A. W. & Palmer, A. R. (eds) The Geology of North America: An Overview. Geological Society of America, Boulder, Geology of North America, A, 97-138.

Zalán, P. V. & Oliveira, J. A. B. 2005. Origem e evolução estrutural do Sistemat de Riftes Cenozóicos do Sudeste do Brasil. Boletim de Geociências da Petrobras, 13, 269-300.

（王怡 译，崔敏 校）

第9章 被动大陆边缘盐构造
——以桑托斯盆地、坎波斯盆地和宽扎盆地为例

DAVE G. QUIRK[1], NIELS SCHØDT[1], BIRGITTE LASSEN[1],
STEVEN J. INGS[2], DAN HSU[3], KATJA K. HIRSCH[1],
CHRISTINA VON NICOLAI[4]

(1. Maersk Olie og Gas AS, 50 Esplanaden, 1263 Copenhagen K, Denmark;
2. Department of Oceanography, Dalhousie University, Halifax, NS, B3H 3J5, Canada;
3. Maersk Oil America, 2500 City West Boulevard, Suite 1350, Houston, Texas 77042, USA;
4. German Research Centre for Geosciences(GFZ), Section 4.4 Basin Analysis, Telegrafenberg, D-14473 Potsdam, Germany)

摘 要 尽管有上覆层存在，但盐体仍沿斜坡向下流动。在被动陆缘含盐盆地中，由于热沉降作用，盐体在大陆裂谷作用之后会发生掀斜，并向海洋方向流动。根据实例分析，并结合物理模拟和数值模拟，可知掀斜过程相对较快，而外侧高地后方的盐体增厚和膨胀区的均衡弹性上倾和负载下倾也加剧了掀斜过程。在桑托斯、坎波斯及宽扎盆地中，这一外部高地是早期的大西洋中脊。在膨胀盐体的不同重量影响下，大西洋中脊的高度不断增加。受向海及向陆倾斜的正断层影响，上覆地层发生大范围的伸展与运移，这也是盆地内部区域的早期特征。盆地外部区域发生膨胀和挤压作用，其效果在向陆方向上随着时间的推移而增强。盐体的迅速堆积表明盐下沉积物的大量脱水，当盐体埋深达到约3km时，水分就有可能会渗透盐层。热沉降、盐体流动以及均衡放大的过程是被动陆缘上的沉积物在较短时间内向海洋方向移动数千米的主要作用机理，同时也解释了为什么盐体从一开始就能在原地达到如此厚的沉积厚度。

被动陆缘上的盐体流动与重力扩展作用有关，其初始是由于热沉降引起的掀斜造成的，后期，在大陆架上的上覆岩层的进积作用下而加剧(图9-1; Rowan 等，2004)。因此在被动陆缘含盐盆地形成的几千万年时间中，存在由与下倾运动有关的盐动力作用(Duval 等，1992; Cobbold 等，1995)向与由负载引起的盐体排出有关的盐动力作用(Ge 等，1997; Ings 等，2004)的演变(Rowan 等，2000)。在重力扩展作用过程中，盐体通常被当作仅会对上覆层应力做出反应的介质，但作为一种相对密度较高的流体，盐体也会对掀斜作用做出直接反应，这也意味着被动陆缘上的上覆岩层并不需要初始流动(图9-1a)。实际上，在早期阶段，当其他沉积物的密度还相对较小时，盐体本身对于重力的反应会发挥重要作用(Hudec 等，2009)，尤其是将它的均衡效应也考虑在内时(Van den Belt 和 De Boer, 2007; Davison 等，2012)。

随着高质量二维和三维地震资料的出现，南大西洋地区中部的被动陆缘含盐盆地(图9-2)已成为重力驱动盐构造研究的主要对象(Lundin, 1992; Demercian 等，1993; Fort 等，2004; Hudec 和 Jackson, 2004; Davison, 2007)。例如，筏状构造这一术语第一次是在安哥拉的宽扎盆地中提出的(Burollet, 1975)，以及像径向重力流动(Cobbold 和 Szatmari, 1991)和

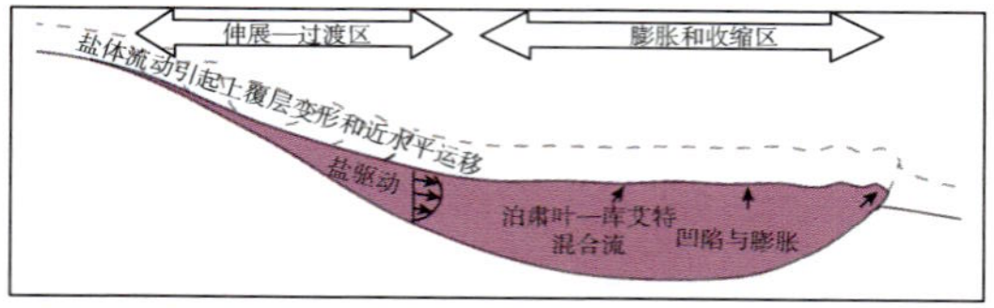

(a) 因掀斜引起的盐体排出

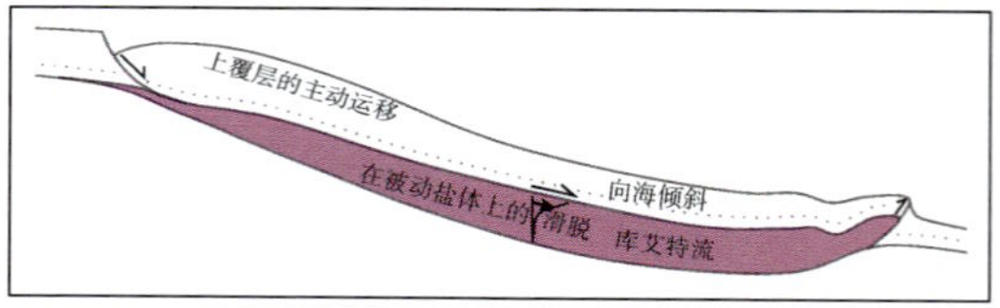

(1) 水头作用引起盐体下倾流动，与上覆层无关；
(2) 主要的伸展和过渡区位于内部区域，包括向陆及向海倾斜，该处的盐层变厚；
(3) 外部膨胀区的盐层顶部为近水平，主要与挤压作用从盐体从高地溢出的地方有关；
(4) 膨胀高地作用沿宽度在向上倾方向上随着时间推移逐渐加大；
(5) 伸展—过渡区与挤压区接触时间逐渐变窄，主要由于：
  ① 一些外部伸展后就呈上倾构造的反转
  ② 盐体排出后上盐层顶部呈不整合区域性接触，这近乎不整合与盐焊接有关；
(6) 上覆层与盐层顶部呈不整合接触，这主要与盐焊接有关；
(7) 不存在前动力系地层

(b) 因掀斜引起的上覆层滑动

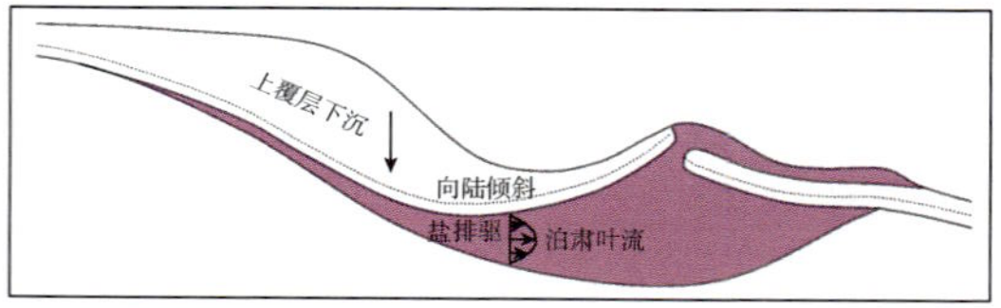

(1) 在被动盐体上滑脱的上覆层发生斜坡破裂（该薄层过程类似于陆地上的滑坡）；
(2) 基于莫尔伦剪切关系（表面相对水平）；
(3) 盐层顶部的盐层作为阻挡，盐蓬仅存在于盐体向上倾斜处；
(4) 无盐焊接；
(5) 基本整合的前动力系地层；
(6) 主要正挤压位于上倾破裂处，在下倾阻挡处发生逆冲；
(7) 几乎不存在盐蓬

(c) 上覆层负载引起的盐体侧向挤出

(1) 远离进积大陆架的径向盐流动（盐相道及厚度与三角洲形态相关）；
(2) 受不同静岩压力及均衡的区域再调整驱动；
(3) 大陆斜坡内侧的盐层向陆倾斜；
(4) 大陆斜坡较厚的盐层外部的外侧挤压；
(5) 上覆层的外部区域发育多个盐蓬；
(6) 有限的伸展（与大陆斜坡的敬裂有关）；
(7) 盐层顶部与前动力系整合接触

图9-1 含盐被动陆缘重力扩展作用端元模型的构造效应剖面示意图

图9-1a所示模型（因掀斜发生排出）很可能发生在热沉降开始之后不久，而且只需要很小的梯度；图9-1b所示模型（由于负载作用的模型）更可能发生在边缘发育过程到的后期，主要与盐体发生凹陷的主要大陆架进积作用有关；图9-1c所示模型（由于掀斜发生的上覆层滑动）则需要角度为几度的梯度，一般出现在沉积物比较有限的边缘

— 218 —

巴西桑地斯盆地的阿尔布裂谷（Mohriak 等，1995）等与盐相关的主要特征也是很多文章的研究主题（Szatmari 等，1996；Ge 等，1997；Mohriak 和 Szatmari，2001；Modica 和 Brush，2004；Mohriak 等，2008a；Quirk 等，2008）。

在被动陆缘盐动力作用研究的新领域包括对盐体和上覆层向盆地方向运动的原因和过程的研究，以及在早期盐构造形成时主动、被动和复活作用的相对重要性的研究等。例如，Jackson 和 Vendeville（1994）证实了上覆层的正断层作用通常对盐滚、盐底辟和盐墙等构造的发育有重要意义。这是因为：(1) 在早期沉积过程中，差异负载并没有起作用（Hudec 等，2009）；(2) 上覆层强度通常太高而浮力又太小，以致于被属于弱牛顿流体的盐体分开（Weijermars 等，1993）。现在也逐渐认识到在很多被动陆缘上都存在盐体的早期流动，而且都是发生在较厚的上覆层沉积出现之前（Cobbold 和 Szatmari，1991；Duval 等，1992；Jackson 和 Vendeville，1994；Marton 等，2000；Hudec 和 Jackson，2004；Gamboa 等，2008；Jackson 等，2008）。但目前的大部分盐构造模型都是针对上覆层的多层沉积（Ge 等，1997；Mauduit 和 Brun，1998；Fort 等，2004；Gemmer 等，2005；Mohriak 等，2008b），或是上覆层在盐层上的滑脱和下倾滑动（Cobbold 和 Szatmari，1991；Cobbold 等，1995）引起的盐体流动。

本文的目的是对巴西桑托斯盆地和坎波斯盆地内的盐构造特征以及安哥拉宽扎盆地内的相似构造特征（图9-2）进行分析，并通过简单的实验，证实盐体向海的整体流动几乎是在盐沉积之后就开始了，而这主要与热沉降作用造成的被动陆缘的掀斜有关。狭义定义，即上覆层在盐层等薄弱底部上的滑脱而造成的沿斜坡向下的移动（图9-1b）。

9.1 术语

重力构造中的一些术语已经变得比较模糊不清，尤其是"扩展"和"滑动"这两个术语的应用。笔者倾向于使用常用的定义来解释"扩展"的含义，即任何由于塑性流动（图9-1a、c）或者斜坡破裂（图9-1b）造成的与重力相关的运移。而对于"滑动"一词的应用则主要是依据其

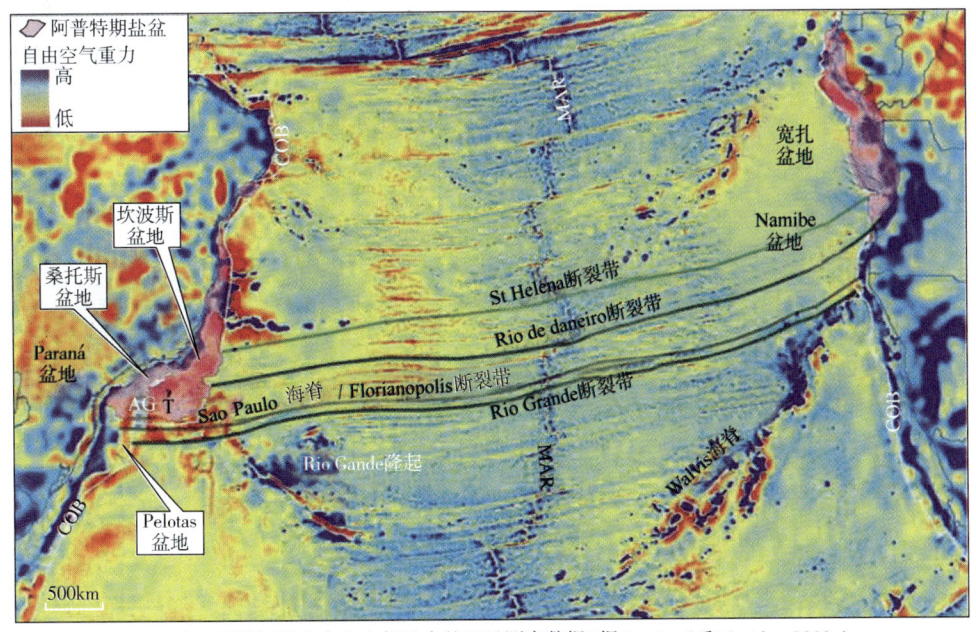

(a) 南大西洋转换为自由空气重力的卫星测高数据（据 Sandwell 和 Smith，2009a）

(b) 桑托斯盆地和坎波斯盆地的盐层厚度图

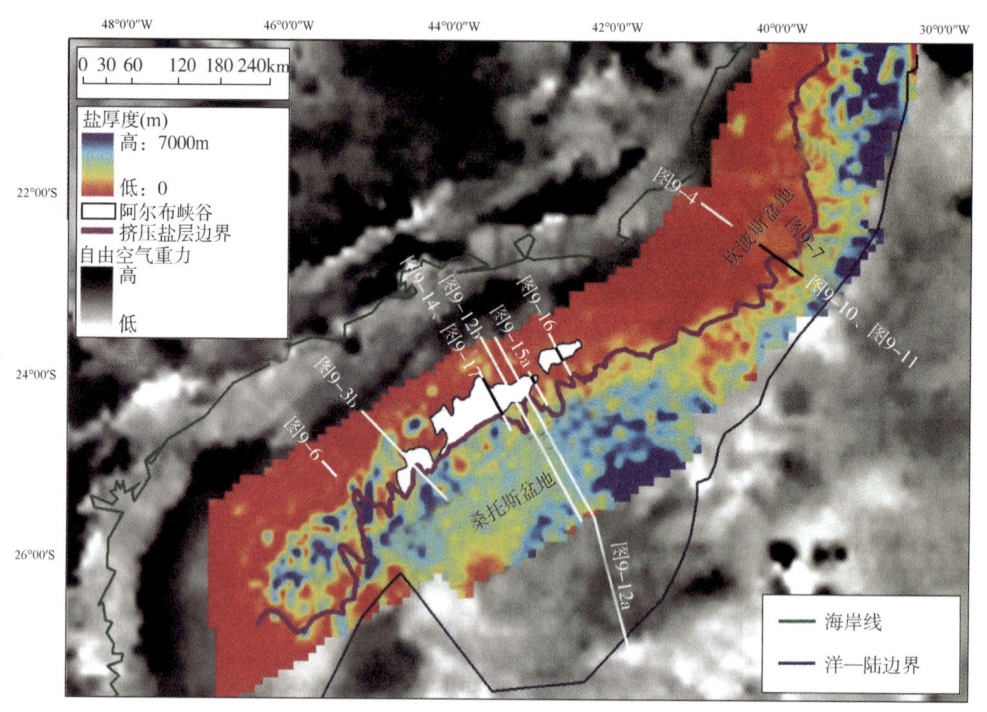

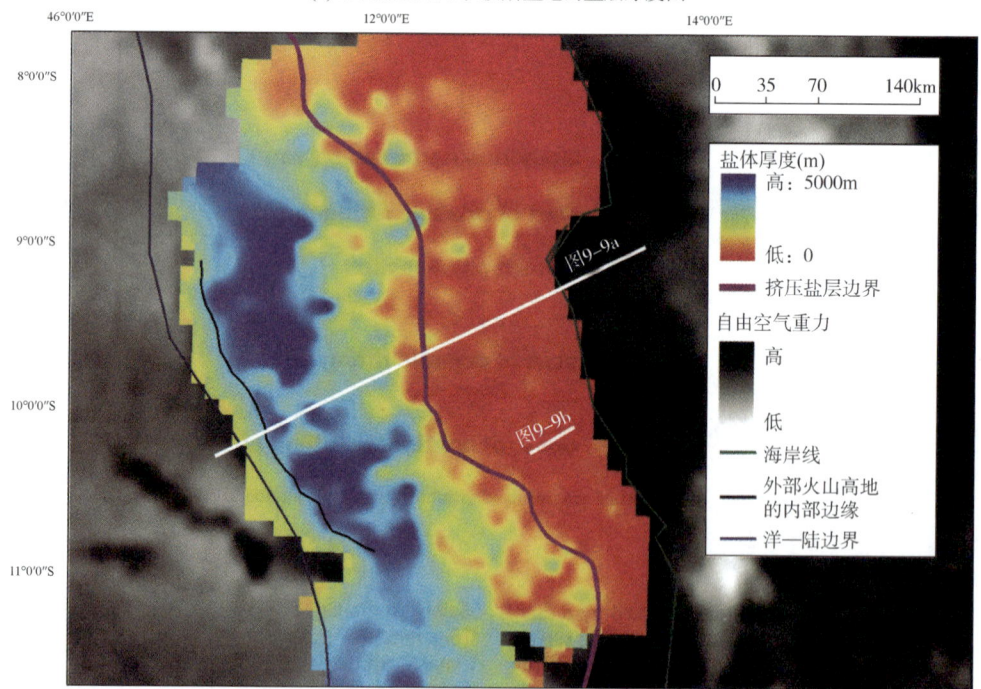

(c) 宽扎盆地的盐层厚度图

图 9-2 桑托斯—坎波斯—宽扎盆地的主要构造特征图

图(a)更多信息可参见 Sandwell 和 Smith(2009b);图(a)可见桑托斯盆地的位置以及文中提到的其他特征;缩写词含义:AG—阿尔布峡谷,T—Tupi 油田,FZ—断裂带,COB—陆壳—洋壳边界,MAR—中大西洋海岭;图(b)展示了主要构造特征以及位置,该图使用较粗的网格间隔强调整体厚度变化趋势,而不是针对小规模的盐构造;图(c)展示了主要构造特征及剖面的位置,该图也使用了较粗的网格间隔来强调整体厚度变化趋势,而不是针对小规模的盐构造

狭义定义，即上覆层在盐层等薄弱底部上的滑脱而造成的沿斜坡向下的移动（图9-1b）。"挤出"是指由于上覆层的负载而引起的侧向流动（图9-1c）。为了与其他过程区分开，本文中的"排出"表示由作用于掀斜盐体的水头引起的流动（图9-1a），该术语最初由 Quirk 等（2008）提出，并得到了其他人的引用（Davison 等，2012）。最后，本文中的盐体包括盐岩及其内部一些少量其他类型的蒸发岩夹层。

9.2 桑托斯—坎波斯—宽扎盆地的大地构造背景

9.2.1 南大西洋的打开历史

南大西洋形成于瓦兰今—欧特里夫期从巴西陆上 Paraná 盆地为中心的热穹隆作用及大量溢流玄武岩喷发之后（Guardado 等，1989；Peate，1997；Mizusaki 等，2002；Mohriak，2003）。从130Ma巴雷姆期开始，整个南大西洋中间区域的裂谷、沉降以及陆相沉积等都处于活动状态（图9-3a）。

在南大西洋南部，海洋扩展在132Ma的欧特里夫期就已经开始了（Bueno，2004）。然而在 Florianópolis 断裂带的北部（图9-2a），与硅质碎屑沉积有关的大陆裂谷作用晚了9Ma，直到阿普特期才开始（图9-3a），此时正断层作用停止，并出现了显著的角度不整合（图9-3b）。在该时期，伸展作用可能转移到了分隔桑托斯—坎波斯盆地与纳米比亚—宽扎盆地的初期中大西洋洋脊部分（Jackson 等，2000；Modica 和 Brush，2004；Davison，2007；Mohriak 等，2008a）。这一洋脊就相当于位于阿普特晚期盐层外侧边缘附近的外部火山高地（图9-2c；Fonck 等，1998；Cramez 和 Jackson，2000；Fox 和 Ashton，2000）。该火山高地在陆壳最初裂开的时候，由于大量的火山作用而不断变厚。玄武岩内的热液循环可能造成了表面卤水中钙含量的增加和镁含量的降低，从而导致盐层中溢晶石和水氯镁石等蒸发岩的减少（Wardlaw，1972；Jackson 等，2000；Davison，2007）。

Mohriak（2001）和 Gomes 等（2002，2009）指出，在巴雷姆期，Abimael 海岭由巴西 Pelotas 盆地（位于 Florianópolis 断裂带南部）向桑托斯盆地推进，但受陆壳不连续的阻挡，而向东迁移，直到阿普特期晚期沿着现今板块边界出现活动扩张带（图2a）。其他研究人员（如 Karner 和 Gamboa，2007；Moulin 等，2009；Torsvik 等，2009）则认为海洋扩展直到阿尔布早期才开始出现。但该认识并不符合 Jackson 等（2000）、Davison（2007）和 Mohriak 等（2008a）的观测结果，与我们对盆地外部地域的地震、钻井和重力资料的解释也不吻合。以上这些情况表明热沉降作用在阿普特初期开始发生在被动陆缘，随后超过23Ma的时期则以碳酸盐岩和蒸发岩沉积为主，直至阿尔布末期（图9-3a）。南部有限的海洋流入的证据可通过南大西洋中部，从阿普特中期开始的介形虫化石获得（Dingle，1999）。

一些研究人员认为，与洋陆边界附近的地幔折返作用有关的 Iberian 模型（Péron-Pinvidic 和 Manatschal，2010）也同样适用于巴西东部边缘（Zalán 等，2009）。但地震资料并没有清晰表明蛇纹岩洋脊的存在，反而可见盐体发育并部分越过过渡地壳或新生洋壳上的火山高地的现象（Fainstein 和 Krueger，2005；Mohriak 等，2009）。

9.2.2 热沉降和阿普特晚期的盐沉积

Florianópolis 断裂带(也称为 São Paulo 海岭;图 9-2a)上升盘的北侧火山边缘在阿普特期形成一个渗透隔层,阻止了大规模海洋循环的发生,同时使南部无盐体的存在的南大西洋中部区域维持了虽然有限但还是不断增长的盐水环境,(Azevedo,2004)。在两侧的大陆边缘,热沉降与"坳陷层"中以碳酸盐岩为主的沉积作用同时开始发生(图 9-3),其中最著名的就是桑托斯—坎波斯盆地深水区的盐下区带,其下部含有壳灰岩,而上部含有微生物岩(Berman,2008;Carminatti 等,2008;Gomes 等,2009;Nakano 等,2009)。这表明了由淡水向超盐水的转变,以及随后形成蒸发岩。在远离盆地边缘的方向,上部在地震剖面上可见轨道状反射特征,这与盐底特征相一致。

尽管目前还无法确定盐体的准确年龄(Davison,2007;Karner 和 Gamboa,2007),但根据地震资料解释,同时结合盐体积(Davison 等,2012)以及 22 个未变形的蒸发岩循环对比

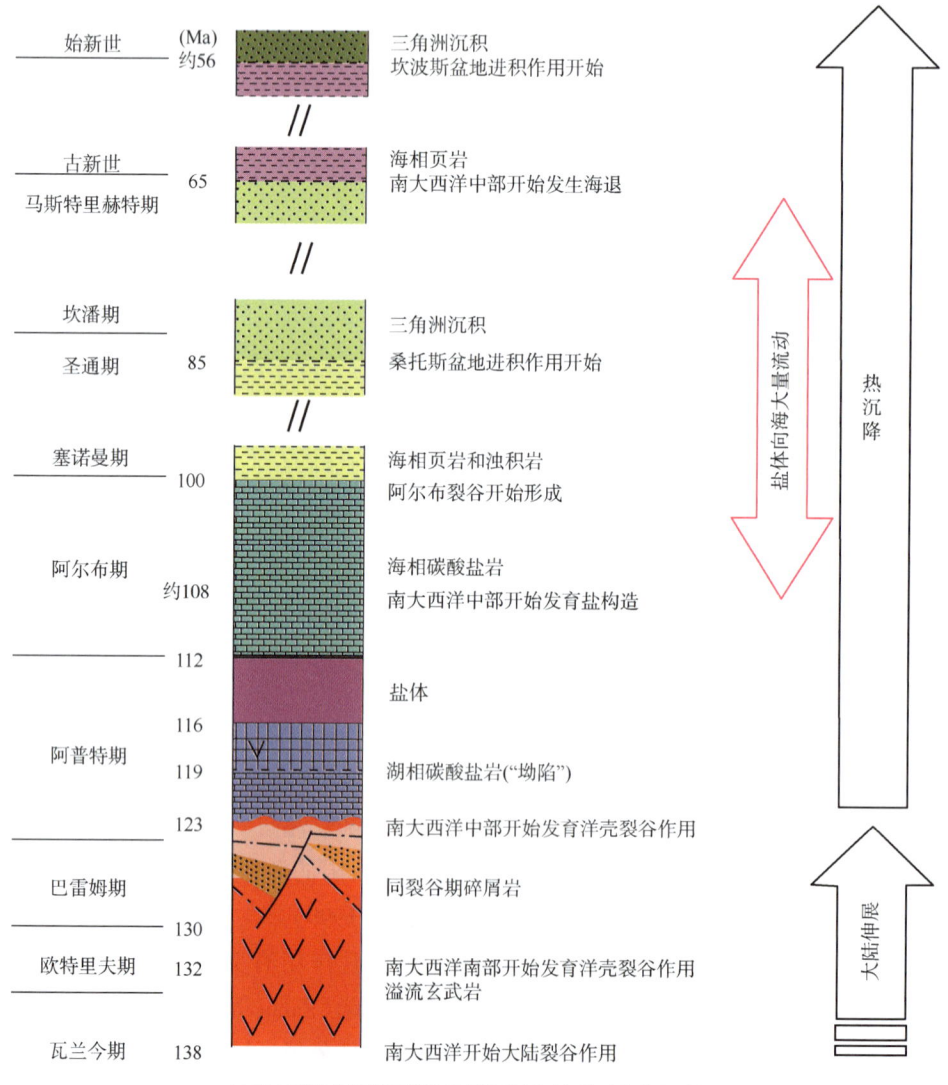

(a)南大西洋中部地区简化地层柱状图及与构造演化相关的关键事件图

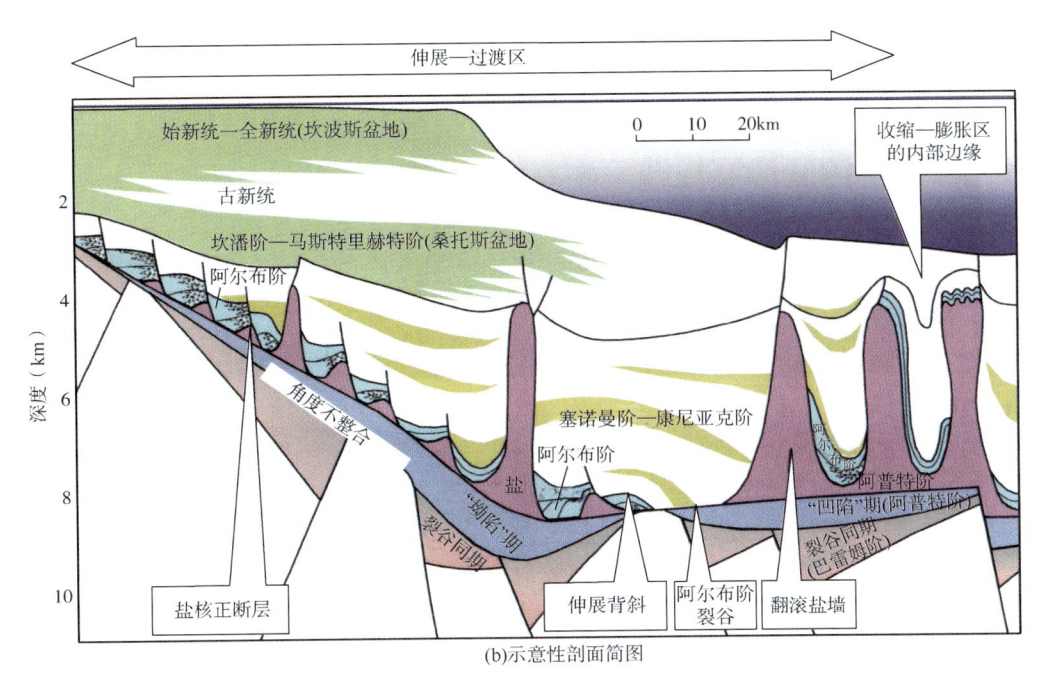

图9-3 南大西洋中部地区地层简化图

图(b)展示了桑托斯—坎波斯被动陆缘内部区域的主要地质特征，阿普特阶盐层用粉红色表示；其他岩层的岩性如下：裂谷同期地层—玄武岩被硅质碎屑岩覆盖，"坳陷"期—湖相碳酸盐岩和页岩，阿尔布阶—海相碳酸盐岩，塞诺曼阶—康尼亚克阶—海相页岩和浊积岩(黄色表示)，古新统—海侵页岩；进积三角洲/大陆架沉积为图中绿色区域(桑托斯盆地中的坎潘阶—马斯特里赫特阶、坎波斯盆地中的始新统—全新统)；剖面的大概位置参见图9-2b

(de Freitas，2006)，可以清楚地知道，桑托斯盆地的大部分区域在阿普特晚期已经被800~2500m厚的盐体所覆盖。我们预测盐体的沉积时间为4~6Ma，也与在阿拉伯陆架已经得到证实的阿普特晚期长达5Ma的全球海平面的下位期(van Buchem 等，2010)有很好的对应关系。对于如此巨大的盐层厚度(尽管比 Davison 等(2012)预计的要薄许多)来说，这是相当短的时间，这可能与薄陆壳及邻近洋壳的热冷却引起的快速沉降有关。

一般来说，有利南大西洋中部盆地沉积厚层蒸发岩的关键因素包括最初为陆上的外部火山高地(作为海底山脊，被解释为充当阻挡的新生大西洋洋中脊)、海洋交换(与断裂带南侧或者北侧的海水交换，尽管化学成分被洋中脊火山作用改变)以及干燥度(Davison，2007)。

盐层沉积的结束以通过有效平面发生的快速海侵运动为标志，阿尔布期碳酸盐岩在盐层顶部发生沉积(Azevedo，2004)，同时由于受同沉积期盐动力作用和断层活动影响，其厚度会存在较大变化(Carozzi 和 Falkenhein，1985；Tillement，1987)。

从阿尔布晚期开始，海相硅质碎屑岩沉积与从桑托斯盆地圣通期晚期到马斯特里赫特期以及坎波斯盆地从始新世到现今的主要进积事件一起变得重要起来(Contreras 等，2010)，而宽扎盆地则主要为细粒沉积占主导地位。

能够表明盐体在早期，甚至是在沉积期间就开始流动的证据就是存在其有伸展和挤压地层生长特征的蒸发岩层(Gamboa 等，2008；Fiduk 和 Rowan，2012)。外部区域的盐层厚度超过了4000m(图9-2b)，其中有一半的厚度可能是由于盐体从内部区域向盆地方向流动所引起的膨胀作用造成的(Hudec 和 Jackson，2004；Davison 等，2012)。尽管如此，大部分盐体仍然是原地的，与更老地层(盐下地层或是最外侧区域与洋中脊有关的火山岩)呈整合接触。

外部火山高地或洋中脊起到了阻挡作用,限制了盐体向前推进,同时也限制了异地盐篷的大小,使其宽度小于10~25km(Davison,2007)。

9.3 盆地内侧伸展构造

南大西洋中部地区的含盐盆地可以划分为内侧的伸展区(宽度一般为75~200km)和外侧的挤压区(宽度一般为100~300km),二者一般是从薄盐层或盐焊接部位向原盐层的转变为界(图9-2b、c)。很多与盐体的流动及上覆层的变形过程有关的证据都可以在内侧的伸展区中找到(图9-3b)。

9.3.1 盐核正断层(盐滚构造)

位于盐滚之上的阿尔布期生长正断层在南大西洋中部地区含盐盆地的内侧边缘的大部分区域都是比较常见的(Duval等,1992)。断层主要向盆地方向倾斜,通常表现为滑脱带,并记录了盐沉积之后发生的大量伸展平移(图9-4a)。在上盘一侧,阿尔布阶厚度向断层方向增加;年轻地层向断层下盘增厚的盐层内发生滚动,而老地层则向断层开始变平缓的盐滚下倾方向的

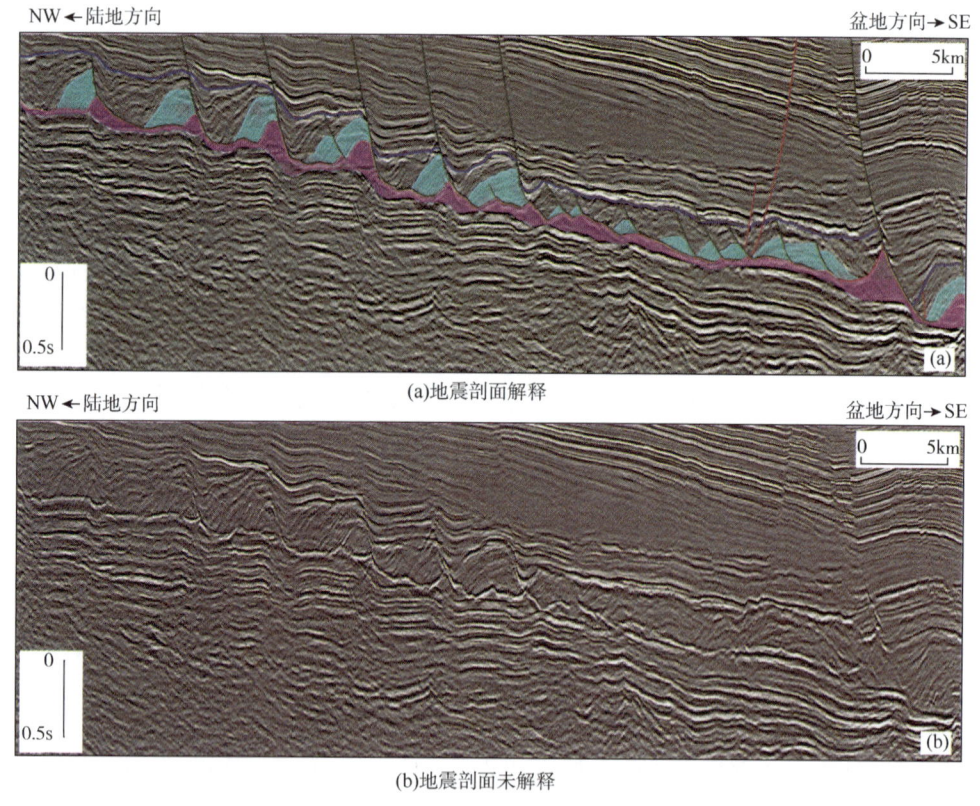

(a)地震剖面解释

(b)地震剖面未解释

图9-4 坎波斯盆地中表示盐核正断层特征的二维时间偏移地震剖面

粉色区域:阿普特阶盐层,蓝色区域:阿尔布阶下段碳酸盐岩,深蓝色线:阿尔布阶上部顶面;阿尔布阶的整体厚度是500~1000m;阿尔布阶下部夹层由于重力扩展作用伸展了约68%,相当于β因子为1.7;大量盐体在阿尔布阶沉积末期之前已向盆地方向流动,大部分伸展在此阶段已经完成;盐层底部及其下方的明显位移是由阿尔布阶碳酸盐岩造成的速度上拉效应引起的(盐层底部实际上无断层);剖面属于TGS和Western-Geco;剖面的大概位置参见图9-2b

薄盐层或者焊接盐层之上滚动(Roberts 等,2004)(图 9-4a 和图 9-5)。阿尔布早期沉积经常发生拉伸和错断,从而形成筏状构造。对其进行三维复原,可见其延伸方向与陆缘倾斜方向几乎平行,而伸展量约为 60%~100%(Eichenseer 等,1999;Sant'Anna 等,2009)。

上覆层的几何形状在剖面上是不对称的,与同沉积期正断层相似(图 9-5)。因此,上盘一侧的地层表现出向断层方向生长的特征,并被充当滑脱层的盐层削截。下盘一侧的地层与盐层顶部整合接触,但存在上翘现象,通常表现出向断层方向的尖灭以及剥蚀削截特征(Quirk 和 Pilcher,2012)。这些构造都可以看作是复活底辟的不对称形式(Vendeville 和 Jackson,1992a)。本文并未使用"复活底辟"这一术语,因为它表明盐体只受上覆层的伸展作用影响,但盐体本身可能也会促进该过程的发生(图 9-5)。

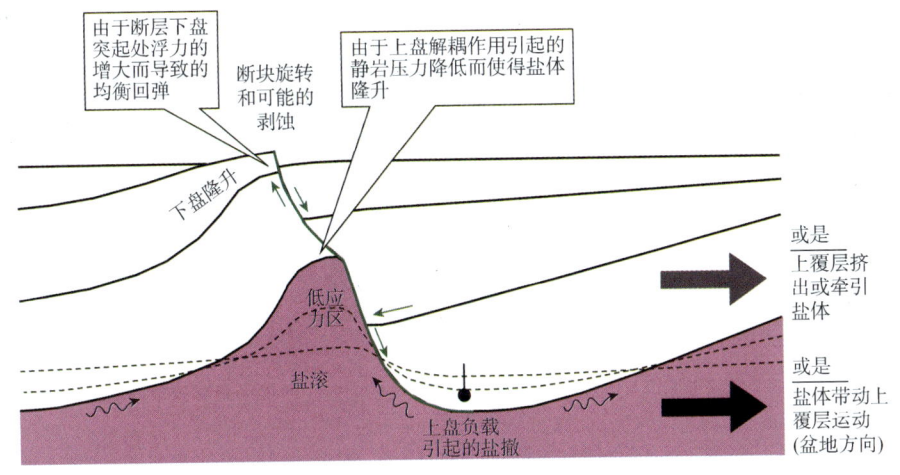

图 9-5 解释盐核正断层或断层下盘去负载之后盐滚和低应力区
形成的剖面示意图(据 Quirk 等,2008)

这是重力扩展系统中最常见的伸展盐构造类型,它们或是由上覆层驱动
(灰色箭头),或是由盐层驱动(黑色箭头)

盐体向正断层掀斜下盘静岩压力下降区域的流动形成了盐滚,该过程被 Quirk 等(1998)称为下盘的伸展生长。

图 9-6 所示为桑托斯盆地浅水区中一系列盐滚在三维地震资料上的几何形态。长条状的盐墙与上覆阿尔布期—圣通早期的海相地层的等厚线平行,并或多或少与重力构造成因的区域倾向垂直。

每个盐滚都位于向盆地方向倾斜的沉积同期铲式断层的下盘,这些铲式断层在盐体的外侧翼都发生了滑脱。上盘的阿尔布阶发生滚动,并向断层方向加厚,同时沿断层发生削截(不仅是沿滚动构造的翼部发生,而且还沿滑脱面变平缓,并有大量伸展发生的下倾方向;图 9-6a)。在下盘一侧,地层向断层方向发生上倾,但与盐层顶部呈整合接触。与简单的掀斜断块相比,由于盐体在断层下盘的低应力区发生了膨胀,同时又促进了上盘铲式断层的滑脱,所以倾斜程度有所变大(图 9-5)。

在三维空间里,正断层是随着盐墙发育的,并且由与大陆裂谷相关的类似半地堑的转换带进行关联(Rosendahl 等,1986;Trudgill 和 Cartwright;1994)。

盐核正断层的活动在阿尔布末期开始减弱,最初是在上倾末端,这是因为盐滚之间的盐体朝此处变薄以至没有充足的盐体供应来维持构造的发育。断层的最新活动局限在下塞诺曼阶的最外侧,此时最早的深水硅质碎屑沉积物开始进入盆地。其中有一部分是沉积在已经连锁成为一组半地堑的断层的上盘低处的浊积岩(图9-6c、d)。浊积岩的顶部由于差异压实作用而存在正地形,但它们最初是沿着与盐滚平行的断层下降盘进行滚动的。

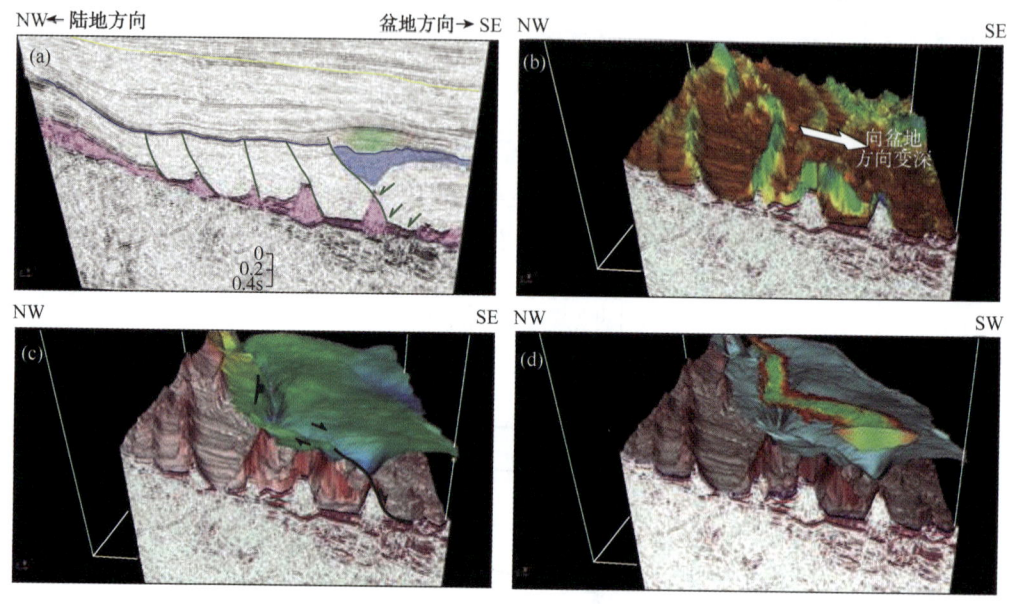

图9-6 桑托斯盆地浅水区中的盐滚几何形状

(a)桑托斯盆地最内侧的三维横切剖面所示阿尔布期向盆地方向倾斜的盐核正断层的规模在向盆地方向变大,绿色箭头表示最大正断层处(图9-6c)的反射终止,该断层沿盐滚侧翼发生滑脱(图9-6b);阿普特阶盐层用粉红色表示,一个阿普特阶沉积晚期半地堑用蓝色标识,阿尔布阶顶部用蓝线标识,透镜状岩体用绿色—红色标识,其中包含塞诺曼阶的偏砂浊积岩(图9-6d),上表面上凸是由差异压实(而不是挤压反转)引起的;盐体的流动在它们沉积之前或是在沉积期间停止,黄色界面代表圣通阶沉积晚期的进积作用,它表示的是在盐体运移终止后超过10Ma的三角洲沉积的平缓底部;剖面的大概位置参见图9-2b。(b)图9-6a所示地震数据的三维立体图,通过对阿普特阶顶部的显示来表现盐滚;蓝绿色表示厚盐体,橘黄色表示薄盐体。(c)与图9-6b中所示相同的地震数据体的三维显示图,但是增加了阿尔布阶顶面,以显示与盐核正断层相关的半地堑特征;该表面上的蓝色部分表示的是较深层的部分,而黄色表示较浅层的部分;下伏的粉色表示阿普特阶盐层顶部,其中暗色表示的是位于正断层侧翼的盐滚。(d)与图9-6c中所示相同的地震数据体的三维显示图,但增加了塞诺曼阶浊积岩的上部表面,该浊积岩形成了图9-6a中的透镜体,在该表面中,绿色表示厚充填物,红色表示薄层充填;注意浊积岩是如何沿着蓝色表面(阿尔布阶顶部)中的凹槽分布的,其中凹槽部分是图9-6c中所示的与盐核正断层相关的半地堑;下伏的粉色表示阿普特阶盐层顶部,其中暗色部分表示位于正断层侧翼的盐滚;图中的数据都是由PGS Investigação Petrolífera Limitada 提供

9.3.2 "翻滚"盐墙

在早期盐体供应比较充足的地区,大型盐墙以及底辟都是比较常见的构造,这在靠近盐上伸展区的外侧边缘的阿尔布阶盐滚的外邻区域是比较典型的(图9-3b)。其中一部分构造表现出翻滚盐构造的特征(Quirk和Pilcher,2005,2012),主要有以下几点:(1)上覆层的形态在倾向和厚度方面是不对称的;(2)与上方和下方地层的不整合及超覆面向反方向分开;(3)上覆层在盐体翼部发生终止;(4)盐体都位于正断层的下盘(图9-7和图9-8)。

图9-7a中所示为翻滚盐墙,为了突出地层形态,采用了层拉平方法(图9-7b、c)。该构造最初是表现为向海倾斜的正断层有关的盐滚(图9-7b)。而在马斯特里赫特期最后阶

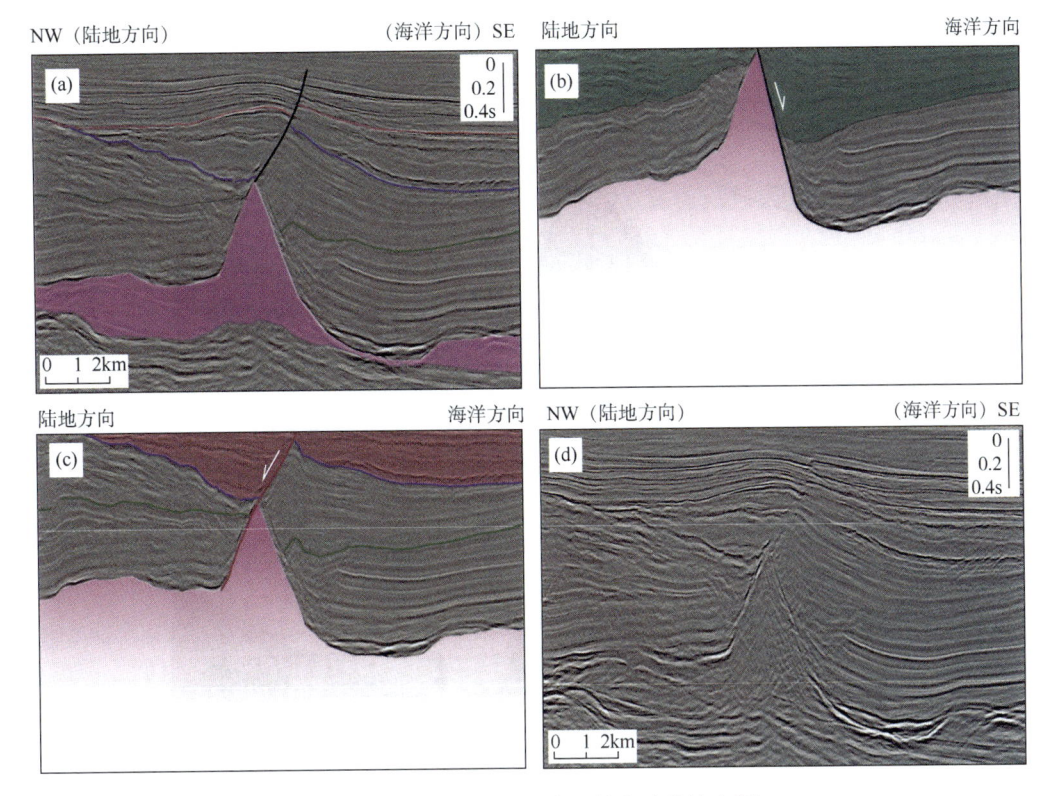

图 9-7 坎波斯盆地深水区的翻滚盐墙实例

(a)中阿普特阶盐层用粉色表示，绿色线表示坎潘阶内部，蓝色线表示马斯特里赫特阶内部，而红色线则表示在古新统底面附近；目前的构造特征表现为向陆倾斜的正断层在向海一侧有上升的下盘，该构造后期经历了挤压，加剧了向陆一侧上盘背斜的滚动；注意盐构造西北侧绿色和蓝色线上下相对掀斜的不同方向，表明了构造极性的转变；剖面由 TGS 和 Western-Geco 提供；剖面的大概位置参见图 9-2b。(b)为了突出地层的几何形状，对图 9-7a 中的蓝线（马斯特里赫特阶内部），即不整合面及超覆面进行层拉平；该构造最初以向海倾斜的盐核正断层出现，这能从掀斜断块的几何形态看出来，即图中的绿色区域（康尼亚克阶—坎潘阶）。(c)对图 9-7a 中红线（古新统底面附近）进行层拉平，该面是标志着伸展活动主要阶段结束的不整合面；在马斯特里赫特阶沉积后期，该构造从向海倾斜的盐核正断层转变为向陆倾斜，并使早期的上盘低部位发生了反转（图 9-7b）。(d)为图(a)的未解释剖面

段，构造极性发生了反转，这与不整合及超覆面的形成有关（图 9-7a 中的蓝色线）。随后，该构造的发育与向陆倾斜的正断层有关，并导致了初期上盘的反转（图 9-7c）。在古新世之后（图 9-7a 中的红色线），构造发育速度明显变缓，但是后期受到由外侧区域向陆地方向转移的挤压作用的轻微影响。

9.3.3 伸展背斜

在坎波斯、桑托斯和宽扎盆地的伸展区外部，发育有大型背斜，下伏有阿尔布早期地层盐枕和（或）筏状构造），同时其内侧和外侧被与滚动构造和盐墙有关的正断层所围限（图 9-9）。这些构造与在分隔的滑脱块体之间发育的双向滚动背斜相类似（Mauduit 和 Brun，1998）。其中下面这些特征说明这些构造既不是龟背构造，也不是挤压成因的构造：

（1）背斜构造呈与正断层平行的长条状延伸，这是受于盆地倾向垂直的重力作用影响；

（2）这些构造通常为盐核构造，并且通常覆盖于阿尔布阶筏状构造之上；

(a) ← 陆地方向　　　　　　　　　　　　　　盆地方向 →

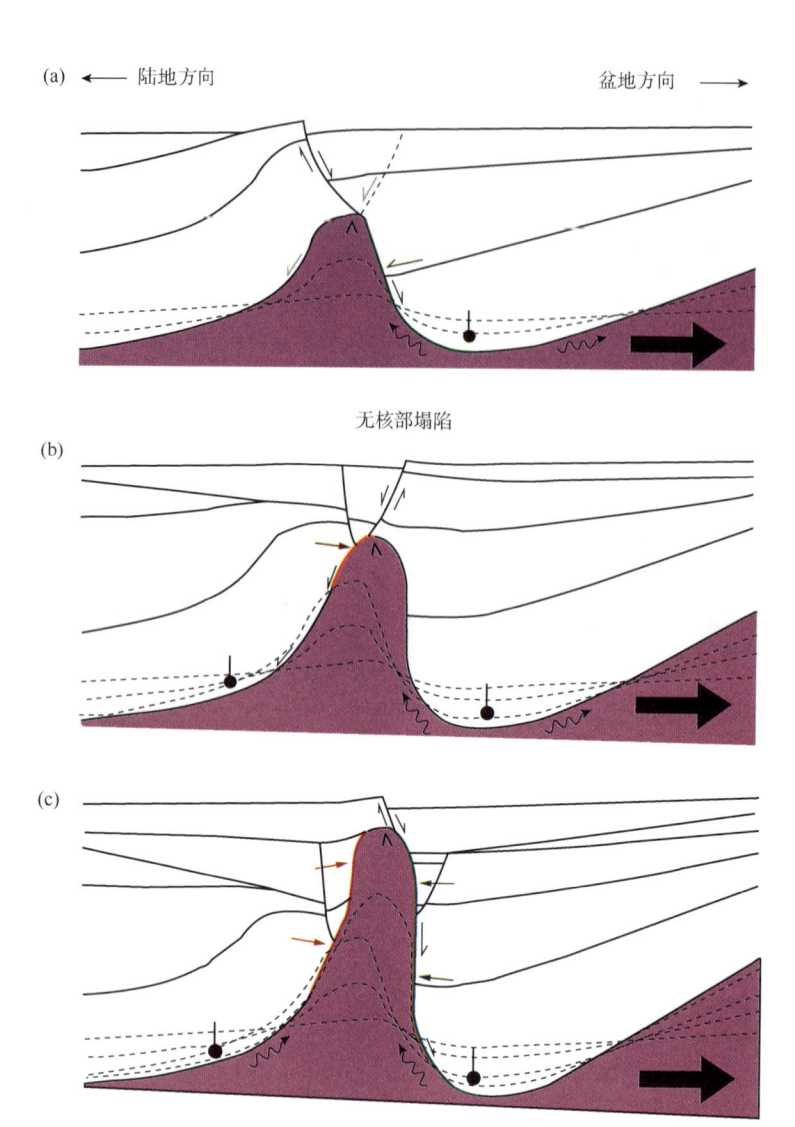

无核部塌陷

图 9-8　解释与图 9-7 相似的"翻滚"盐墙(粉色区域)形成的剖面示意图
(据 Quirk 等，2008)

这些构造都是由连续伸展作用形成的滚动构造(图 9-5)演变而来，盐体的下倾流动是其中一个因素(黑色箭头，也可以参考图 9-1a)；绿色箭头表示在活动地向盆地方向倾斜的生长断层处的地层终止，而红色箭头表示在活动地向陆地方向倾斜的生长断层处的地层终止。(a)与图 9-5 相似，初始构造是盐核正断层，但其极性在另一侧翼形成新的正断层(虚线)后发生了反转，这可能是由于盐体膨胀导致下盘过于陡峭，也有可能是由于下盘出露地表。(b)随着时间的推移，断层下盘中的盐墙持续隆升，并使得之前的上盘发生了反转(图 9-8a)；这是一个复活构造，但是在该构造顶部附近的地垒并不是由于核部坍塌形成，而是由两个独立地在不同时期发生活动的盐核正断层形成。(c)假设有充足的盐体，那么存在极性周期反转的盐墙就能够继续发育；盐墙的高度和宽度取决于盐体供给、伸展作用以及差异应力之间的平衡，但如果浮力大于上覆层的强度(极少发生)，或者盐体出露表面形成被动底辟，那么最终盐墙的隆升就会成为一个自身行为；如果伸展速率超过盐体供给的速率，那么盐墙高度就会下降(Vendeville 和 Jackson，1992b)

(3) 边界正断层中存在与背斜发育同时发生的明显伸展；

(4) 在任何特定的地层中，最厚的地层都出现在一侧或两侧的边界断层处，而不是出现在中间部位；

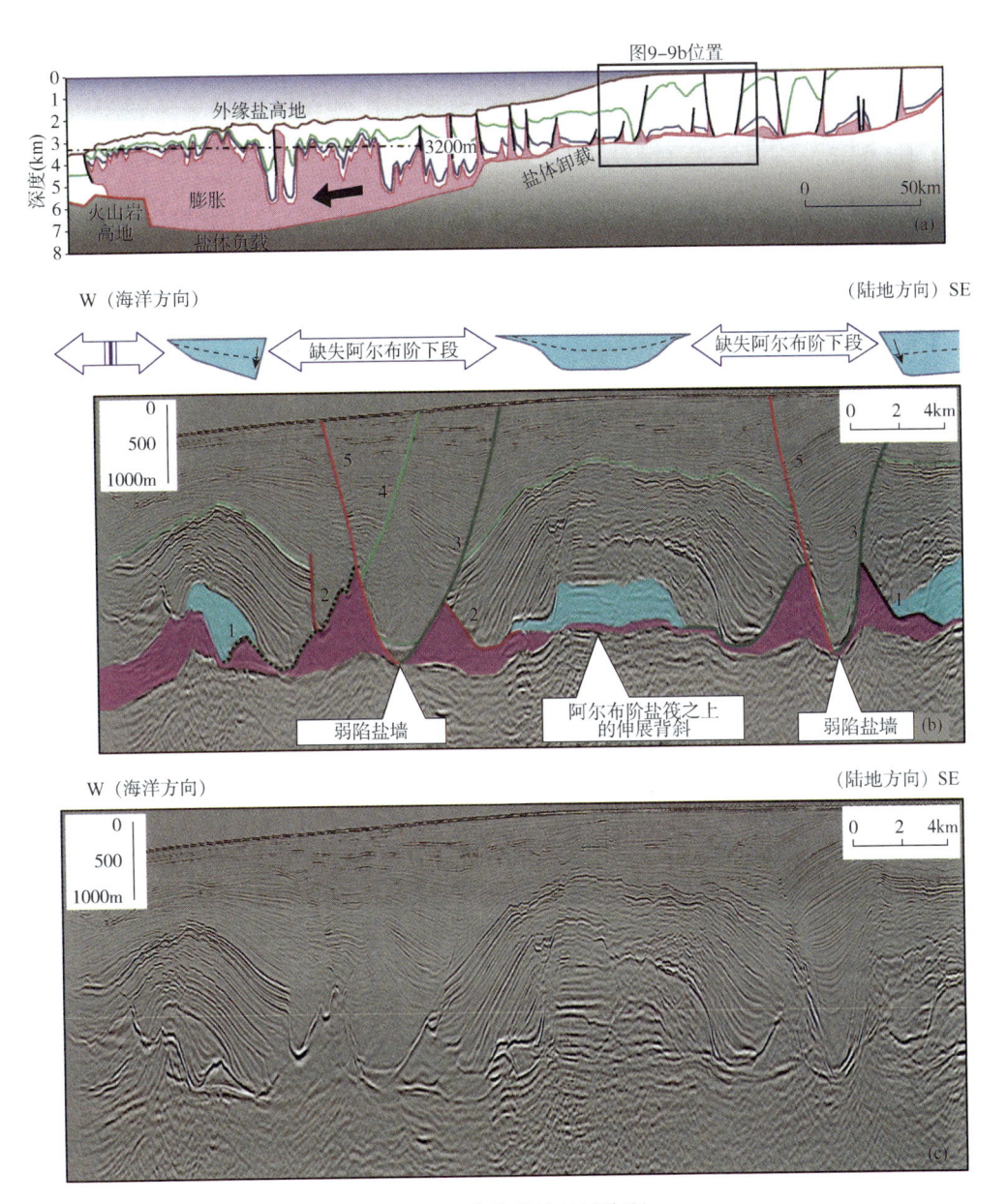

图 9-9 宽扎盆地地震资料

(a)宽扎盆地中的地质剖面，与 Hudec 和 Jackson(2004)的剖面相类似，但这是最新的深度偏移地震资料；黑色箭头表示盐体向盆地方向的流动；图中标记的 3200m 是平均海平面以下的平均深度，在该深度上微盆之间的厚盐体发生膨胀(不包括挤压底辟)；被标记的层位线和地层包括：洋壳顶部(红线)，阿普特阶盐体(粉红色区域)，阿尔布阶下部顶面(蓝线)，始新统顶部(绿线)，海床(棕线)。(b)宽扎盆地三维深度偏移地震剖面(深度显示)；粉色区域表示阿普特阶盐层，蓝色区域表示阿尔布阶沉积早期碳酸盐岩筏状构造，黄色线则表示始新统顶部附近；数字表示盐核正断层的顺序，彩色曲线在向盆地方向倾斜(绿色)与向陆地方向倾斜(红色)之间变换；数字 5 表示的断层为最晚发生活动的断层；在剖面上部，增加了蓝色透镜体以及楔状体，用来描述阿尔布阶下部筏状构造中的未变形的半地堑和地堑形态，这些筏状构造被伸展了约 2 倍的宽地堑分隔开，其中约有一半是在上覆层厚度不足 1000m 的最初 10~20Ma 内形成的；薄上覆层的这种极端分割情况并不是上覆层挤出或盐体拖曳作用的特征(图 9-1b 或图 9-1c)；图中数据归 Maersk Olie og Gas AS 及其合作者所有，本文对数据的使用得到了 Sonangol 的授权；剖面的大概位置参见图 9-2c。(c)为图(a)的未解释剖面

(5) 外侧盐墙与上覆层中几何形态的"翻滚"有关，这也正是原先的盐核正断层的下盘变成上盘的过程，反之亦然；

(6) 它们的宽度向上逐渐增加，但褶皱幅度逐渐减小。

坎波斯盆地的地震剖面表示了张性背斜的演化过程(图 9-10)，并利用层拉平对地层形态进行详细描述(图 9-11)。最老地层的几何形态表现出半地堑特征，这表明初始构造与盐滚及其内侧的向盆地方向倾斜的正断层有关，同时在外侧存在另一个相似的盐滚(图 9-11a)。两个盐滚之间的伸展量是十分明显的，导致盐滚之间的阿尔布阶筏状构造成串发育(图 9-10)。

当外侧盐滚的极性从向盆地方向倾斜转变为向海洋方向倾斜的正断层时，不对称的半地堑变为对称的地堑或者微盆，这种极性的改变可能是由于老的下盘变得过于陡峭以及重力不稳定，或者是由于盐滚出露地表(图 9-11b)造成的(Quirk 和 Pilcher，2012)。微盆的中部发育一个双向盐核滚动背斜，翼部是正断层内侧和外侧下降盘上的沉积中心。正断层继续活动，微盆的宽度在伸展作用下随着时间的推移而变宽(图 9-11c)。与此同时，上盘中的老地层会进一步发生旋转，中隆拱起也会变得更加明显。

图 9-10 及图 9-11 所示的背斜在古新世末期当微盆出露地表的时候停止发育。在新近纪，微盆在向盆地方向一侧的边缘由于挤压区的外侧向陆地方向迁移而受到挤压作用影响(图 9-10a)。

9.3.4 塌陷盐墙

在很多地区，尤其是在宽扎盆地，筏状构造和伸展背斜是由含有古近系—新近系的半地堑和地堑分隔开的(Duval 等，1992；Lundin，1992；Hudec 和 Jackson，2004)。这些年轻构造的两侧都有盐体底座的形成，它们是在长期伸展过程中盐体枯竭后盐墙的残余部分，其形成方式与 Vendeville 和 Jackson(1992b)的塌陷底辟是一样的。

就像初始隆升一样，盐构造的塌陷是由"翻滚"盐构造引起，并形成了交替向陆倾斜和向盆地倾斜的不同期次正断层。正断层最初调节了核部的宽度，随后，当活动断层上盘的上覆层发生沉陷并切割盐墙时，正断层也调节了塌陷作用。断层极性的下一次翻转最终在中央半地堑或地堑的两侧形成两个盐底层(图 9-9b)。

在宽扎盆地中，这类构造的活动在盐体枯竭之后仍然在继续(图 9-9a)，这表明上覆层在远场应力或者滑动作用下发生了伸展(图 9-1b)。由于钻井和地震资料都没有证据能够表明存在能导致明显与负载有关的扩展作用的主要进积作用的存在(图 9-1c)，因此这可能与外侧盐体高地的推进有关(图 9-9a；Hudec 和 Jackson，2004)。实际上，我们是认为以泥岩为主的沉积物被动充填了由正断层产生的可容纳空间。

9.3.5 阿尔布阶裂谷

阿尔布裂谷是桑托斯盆地内的一个大型盐构造(图 9-2b 和图 9-12)，其面积可达 7700km^2(Quirk 等，2008)，人们对于它的起源也进行了大量的讨论(Demercian 等，1993；Mohriak 等，1995；Ge 等，1997；Mauduit 和 Brun，1998；Mohriak 和 Szatmari，2001)。最初认为裂谷是起源于单纯的伸展作用(Demercian 等，1993；Mauduit 和 Brun，1998)，但也有一些学者认为形成原因是进积负载荷(Ge 等，1997；Gemmer 等，2005)，Mohriak 等(1995)

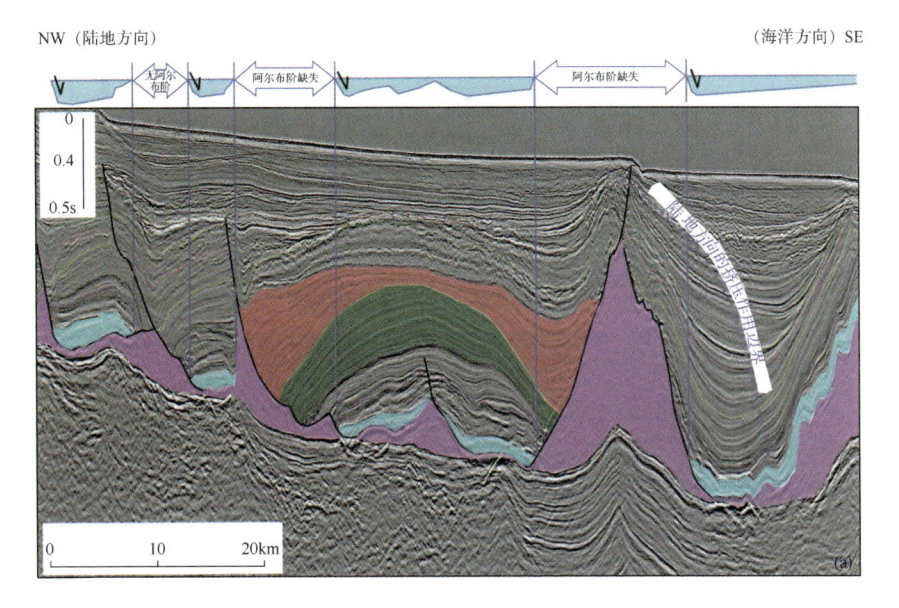

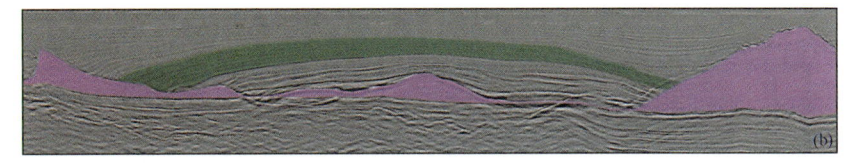

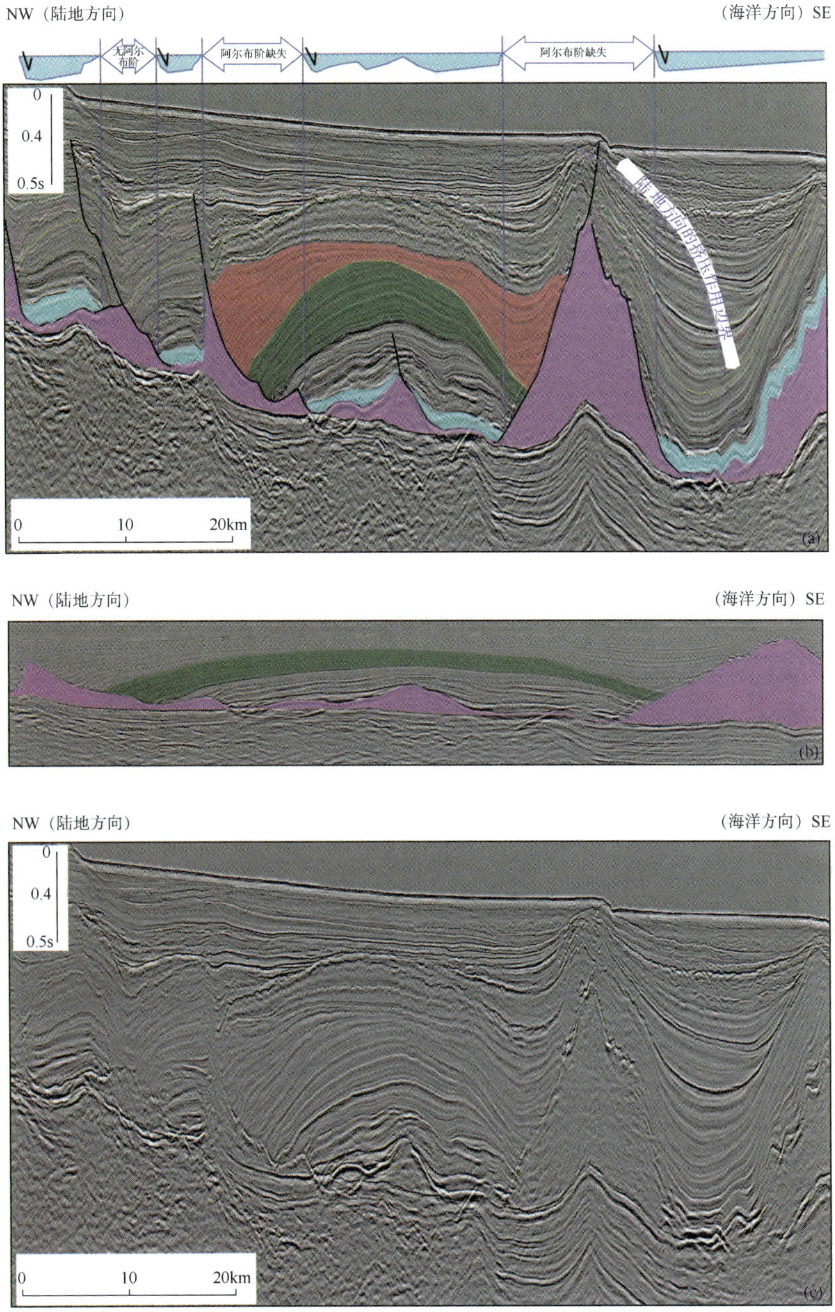

图 9-10 坎波斯盆地地震资料

(a) 坎波斯盆地中盐核伸展背斜的二维时间偏移剖面；注意伸展背斜向上宽度的增加以及垂直起伏幅度的减小，这是生长伸展构造的特征；阿普特阶盐层用粉色表示，阿尔布期碳酸盐岩筏状构造用蓝色表示，绿色是康尼亚克阶—圣通阶，红色是坎潘阶—马斯特里赫特阶；点状紫色线表示的是随着时间推移向陆地方向迁移的伸展—挤压边界，这说明存在限制上覆层和盐体向盆地方向运移的阻挡或者外部岩床；剖面上方的蓝色形态表示的是被宽度随着时间推移而增大的裂谷分隔开的阿尔布阶筏状构造中未变形的半地堑特征；相较于侧向不稳定性及负载作用对于上覆层自身的驱动作用(图 9-1b 或图 9-1c)，流动盐体对于上覆层的伸展和转换特征的影响更为明显(图 9-1a)；大约有 85% 的伸展作用是发生在下倾区域内，要多于坎波斯盆地的内部区域(图 9-4)；剖面由 TGS 和 Western-Geco 提供，其大概位置参见图 9-2b。(b) 与图 9-10a 所示为相同的剖面，但采用的是深度显示，并且比例尺相同，即高度与长度的比值是 1:1，这说明康尼亚克阶—圣通阶(绿色)向陆地方向加厚。(c) 为图(a)的未解释剖面

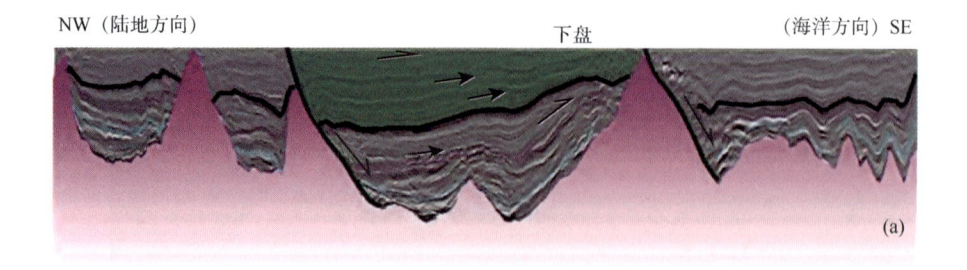

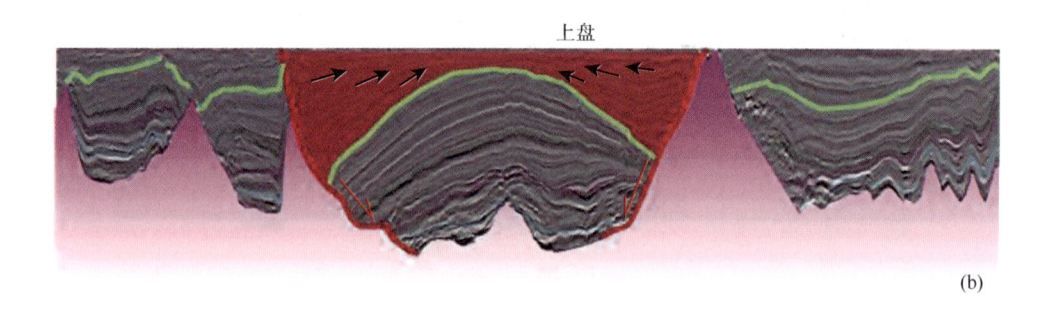

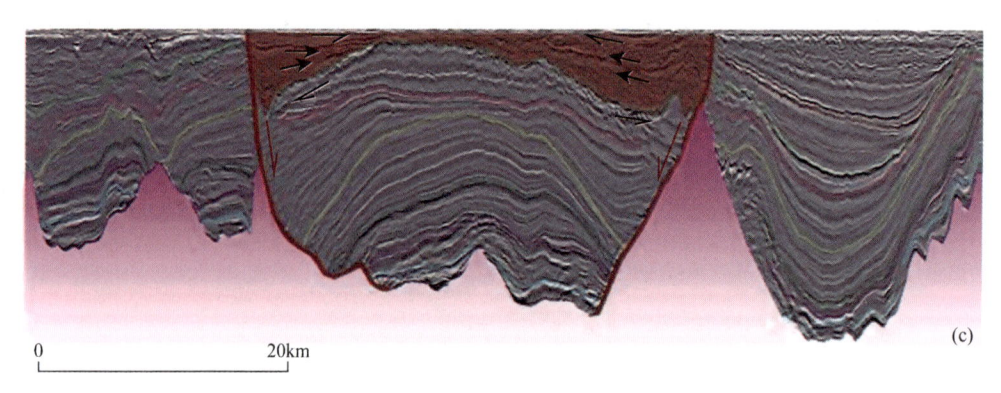

图 9-11 坎波斯盆地地层拉平之后的地震资料

(a) 与图 9-10 相同的剖面，但对坎潘阶底部附近的层面进行了拉平处理，以突出地层的形态，表明微盆最初起源的时候是位于两个向盆地方向倾斜的盐核正断层之间的半地堑；超覆以及剥蚀削截形成的反射终止在图中用黑色箭头标识；注意层拉平也有助于对垂向放大的倾斜效应进行视觉纠正(比较图 9-10a、b)。(b) 与图 9-10 相同的剖面，但对马斯特里赫特阶顶部附近的层面进行拉平处理以突出地层的形态，表明在进入坎潘期之后(图 9-11a)，外侧盐滚的构造极性发生了变化，形成了对称的微盆，该微盆发育在两个倾向相反的正断层之间；位于微盆中央的背斜表示由双向滚动作用形成的穹隆；外侧盐滚中生长断层由向盆地方向倾斜转变为向陆地方向倾斜可能是由于老下盘过于陡造成的(图 9-8a 和图 9-11a)。(c) 与图 9-10 相同的剖面，但对始新统底部附近的层面进行了拉平处理，以表示微盆和背斜最终阶段的伸展生长特征

认为还有其他的可能成因，如基底卷入的伸展作用等。

阿尔布阶裂谷是反区域方向的滚动构造，其中上白垩系在较薄和相对平坦的盐层之上发生掀斜、增厚和终止。该裂谷长 170km，宽 40km，由三段组成，每段走向均为 NEE—SWW(图 9-13)，并缺失阿尔布阶(图 9-14a)。裂谷的内侧边缘在阿尔布阶发生尖灭的位置处用箭头线标记，其外侧边缘是一条显著的向陆倾斜的正断层，也就是人们所熟知的 Cabo Frio 断层(图 9-13)。该断层属于大型的盐核正断层(图 9-14 和图 9-15)，并且也是由三段构

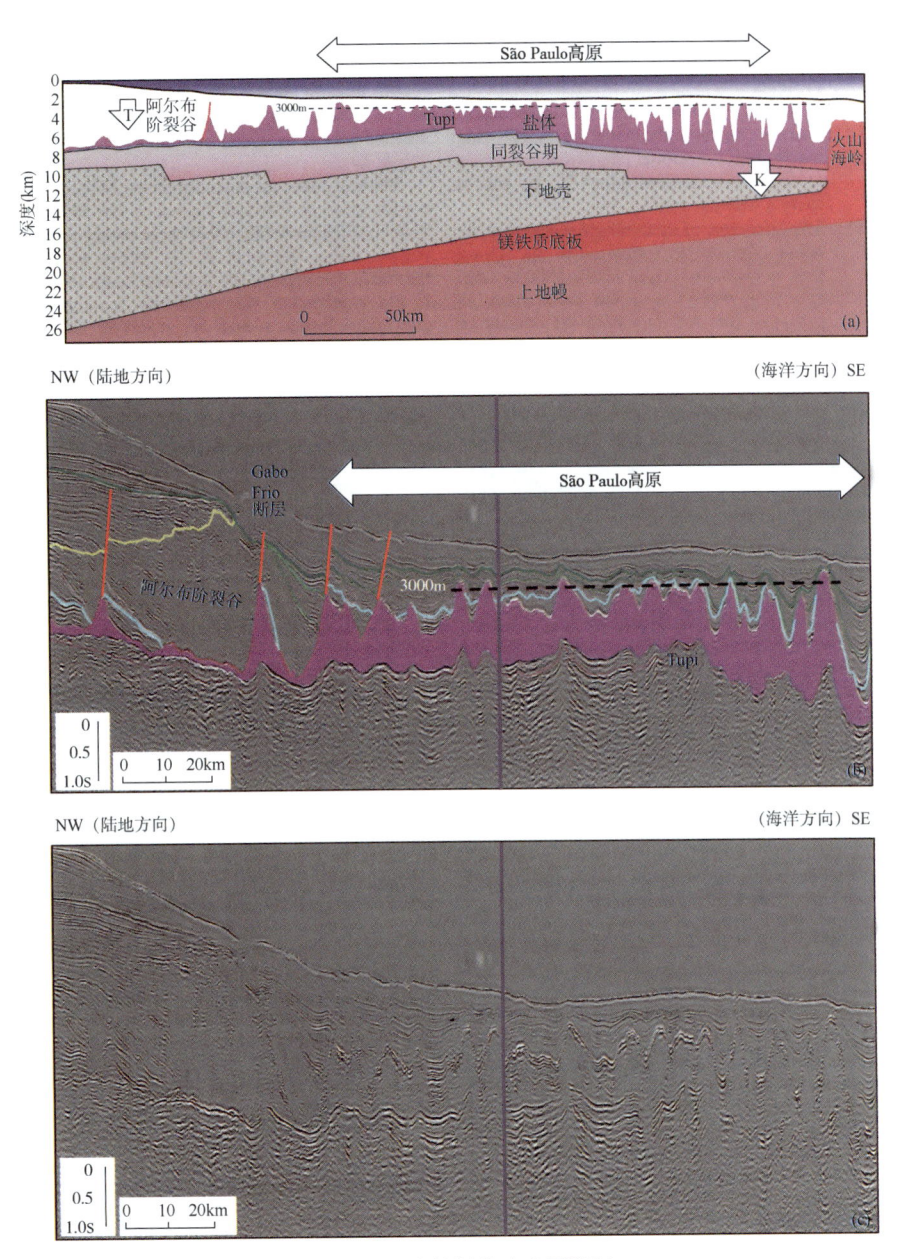

图 9-12 桑托斯盆地地震资料

(a)基于地壳尺度的重力模型以及深度地震资料获得的区域地质剖面;盐上沉积(阿尔布阶—全新统)为图中的白色区域;盐下(阿普特阶)的凹陷沉积为图中的淡蓝色区域(碳酸盐岩),并在向边缘靠近的过程中逐渐变为红色(火山岩);图中标注的3000m是平均海平面之下的厚盐层(微盆之间)发生膨胀的平均深度;K—阿尔布期由于地幔柱坍塌而造成的快速沉积;T—坎潘期—马斯特里赫特期大陆架进积引起的后期与负载作用相关的沉降。(b)通过阿尔布阶裂谷(位于一片广阔的盐撒区域之上)和圣保罗(São Paulo)高原(周围被宽阔的膨胀盐体所限制)的二维时间偏移地震剖面(时间显示);阿普特阶盐层为图中的粉色区域,阿尔布阶碳酸盐岩顶面用淡蓝色线表示,坎潘阶—马斯特里赫特阶陆架进积单元的底面用黄色表示,马斯特里赫特阶顶面用绿色表示;反区域(向陆地方向倾斜)生长正断层用红色表示,其中包括Cabo Frio断层,它代表阿尔布阶裂谷的线性外部边缘;阿尔布阶裂谷本身代表了塞诺曼阶—马斯特里赫特阶远离大陆架的地层发生的单斜滚动,而且这些地层在Cabo Frio断层的平缘滑脱面上发生终止;圣保罗高原上的盐体下伏厚的巴雷姆阶—阿普特阶盐下沉积;从阿普特晚期到坎潘期,盐层底部岩体向海洋方向倾斜,但是大约在阿尔布阶裂谷停止发育的时候(马斯特里赫特晚期),由于进积大陆架沉积的负载效应,倾斜方向发生了改变;

数据来自TGS和Western-Geco,剖面大概位置参见图9-2b。(c)为图(b)的未解释剖面

— 233 —

成。最早的三角洲沉积是在圣通晚期形成的,并与沿岸山脊的隆升有关(Mohriak 等,1995,2008a;Cobbold 等,2001)。与远离陆架的地层不同,这些地层平坦展布,且出现在阿尔布阶裂谷一侧(Modica 和 Brush,2004),向东进入盐体期盆地方向(SE)的流动而形成的可容纳空间(图 9-13;Quirk 等,2008)。

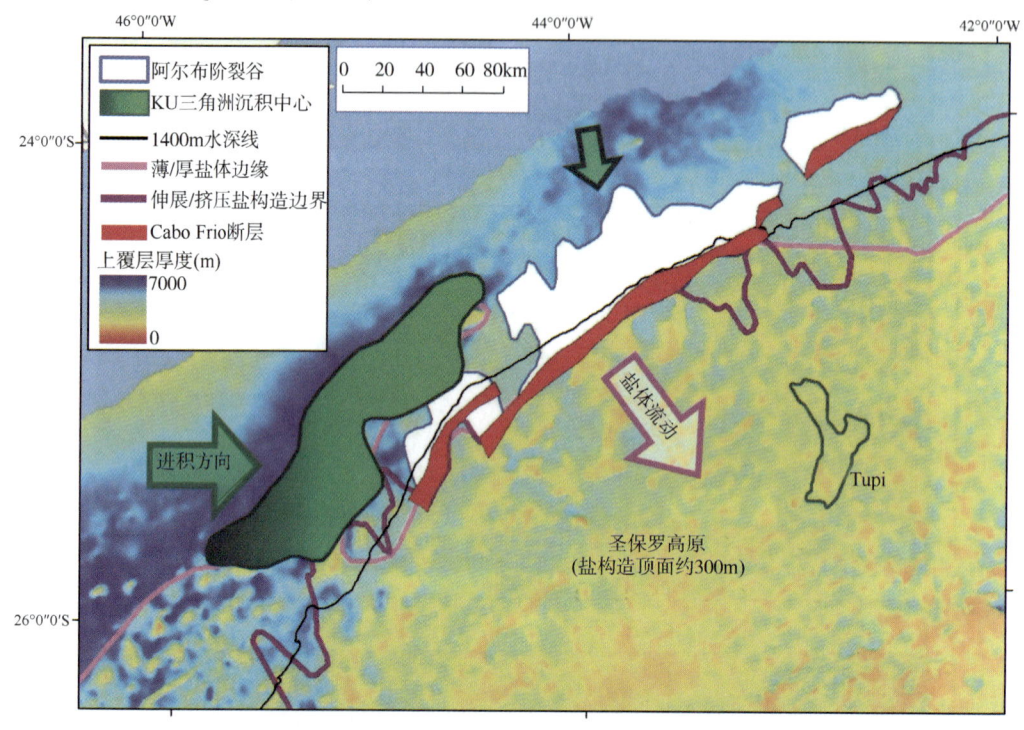

图 9-13　桑托斯盆地阿尔布阶裂谷和圣保罗高原附近的上覆层厚度及主要构造特征
图中绿色区域表示上白垩统(KU)三角洲沉积中心的范围,这是根据圣通晚期—
马斯特里赫特期陆架沉积物的 2.5km 厚度等值线划定的

此处并未对阿尔布阶裂谷的特征进行详细描述,只是将它的主要特征总结如下:

(1)该裂谷位于一处较宽的盐体膨胀和挤压区(圣保罗高原)的内侧,其边界为 Cabo Frio 断层,并与 1400m 等深线平行(图 9-13)。

(2)Cabo Frio 断层属于反区域构造(向陆地倾斜),并由三个平直的区段组成,这些组成部分都呈铲状形态并进入覆盖整个阿尔布阶裂谷的长条状起伏的滑脱面(图 9-14)。

(3)阿尔布阶裂谷是一个 Cabo Frio 断层上盘的滚动构造,其下方存在位于平坦的盐下沉积顶部的薄盐层(图 9-15a)。

(4)阿尔布阶裂谷外侧边缘是下伏于 Cabo Frio 断层下盘的高盐墙,但不存在挤出的特征(图 9-14a)。

(5)三角洲沉积中心的年代、位置及形态似乎与阿尔布阶裂谷或 Cabo Frio 断层无关(图 9-13)。

(6)阿尔布阶裂谷在阿尔布晚期开始形成,当 15Ma 之后最早的三角洲地层开始沉积的时候,裂谷宽度已经超过了 10km(图 9-15b)。

(7)阿尔布阶裂谷中的塞诺曼阶—马斯特里赫特阶远离陆陆的地层中发育浊积岩,并向盆地方向掀斜和增厚,在 Cabo Frio 断层处发生终止,表现出同沉积生长特征(图 9-14)。

(8)沿阿尔布阶裂谷内侧边缘分布的上阿尔布阶及下塞诺曼阶可见"翻滚"生长的形态,这说

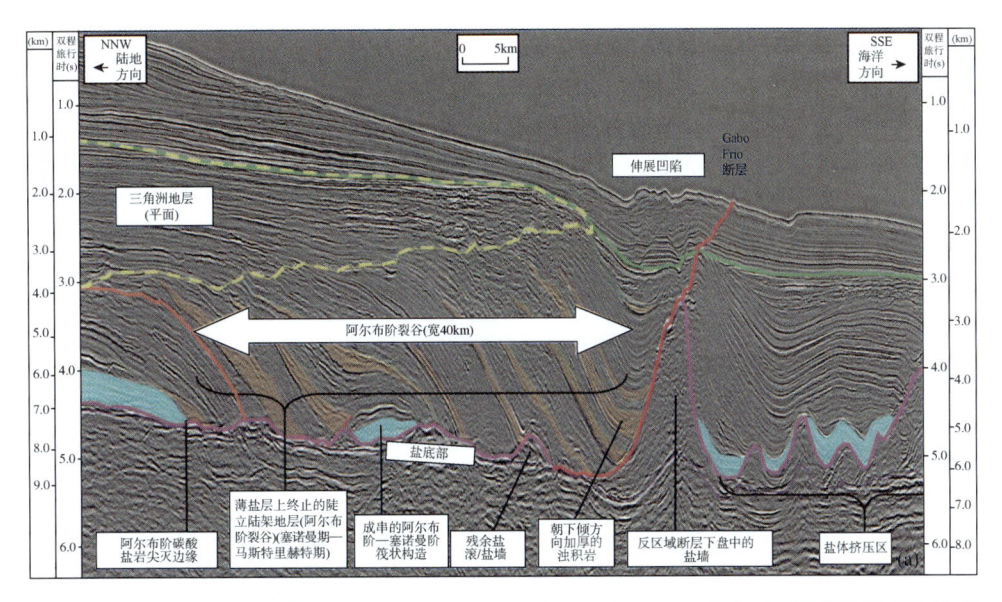

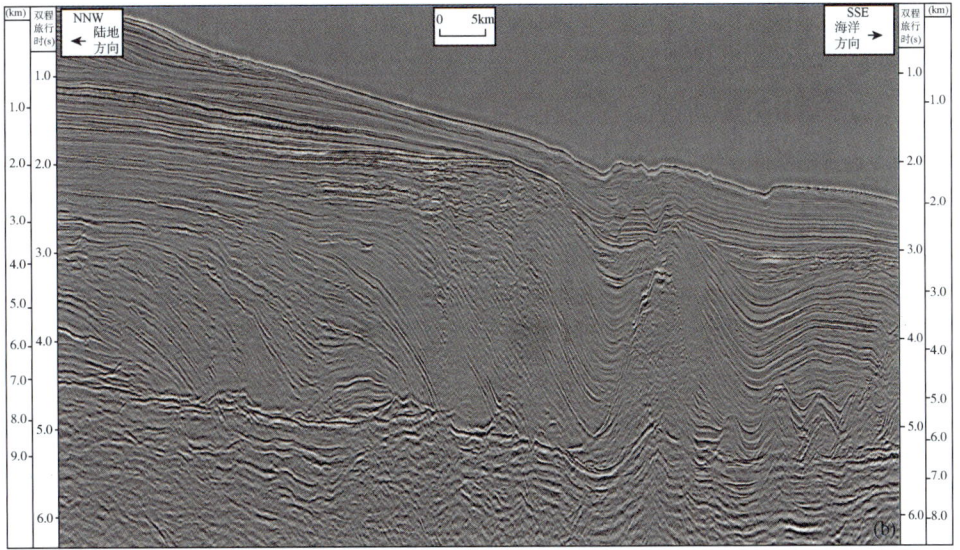

图 9-14 通过桑托斯盆地阿尔布阶裂谷的二维时间偏移地震剖面(时间显示)
(a)显示了主要的构造和沉积特征：阿尔布阶碳酸盐岩为图中的蓝色区域，塞诺阶—马斯特里赫特阶浊积岩则为图中的橙色区域；粉色曲线表示阿普特阶盐层的顶部，橙色曲线表示圣通阶顶部附近，黄色虚线表示陆架坎潘阶—马斯特里赫特阶的底面和顶面，绿色曲线则表示马斯特里赫特阶顶部；向陆地倾斜的正断层用红线标注；数据来自 TGS 和 Western-Geco；剖面的大概位置参见图 9-2b。
(b)图(a)的未解释剖面

明 Cabo Frio 断层早期是向盆地倾斜的盐核正断层，与现今的 Cabo Frio 断层相反(图 9-15b)。

(9) 与 Cabo Frio 断层附近沉积的远离陆架地层不同，圣通阶上部—马斯特里赫特阶三角洲地层是平坦展布，表明盐层在它们沉积之前就已经枯竭，而由此产生的可容纳空间被沉积物所充填(图 9-14a 和图 9-15a)。

(10) 残余的盐滚以及可能成串的阿尔布阶筏状构造发育在裂谷内部(图 9-14)，并且与 Cabo Frio 断层有相同的极性，这表明 Cabo Frio 断层由更古老的构造串组成，但随着阿尔布阶裂谷的演化而被废弃。

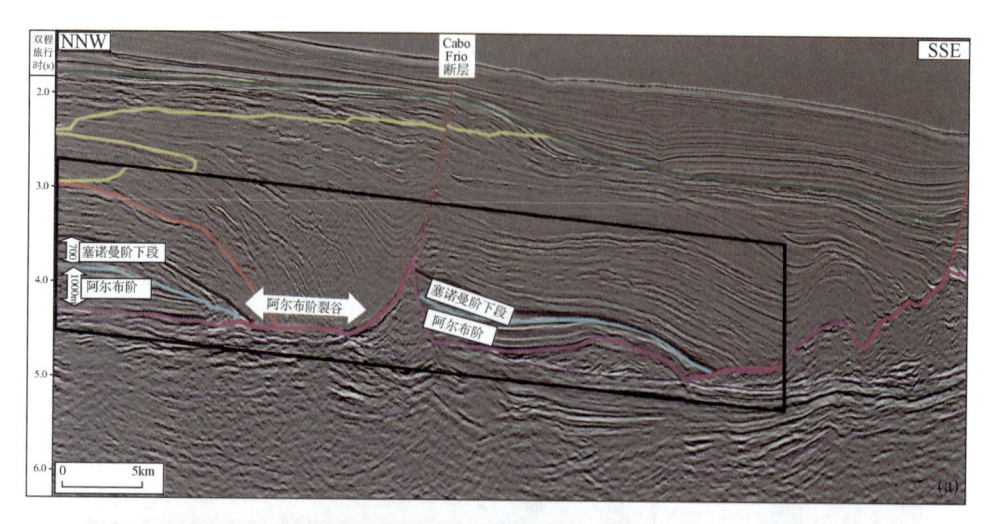

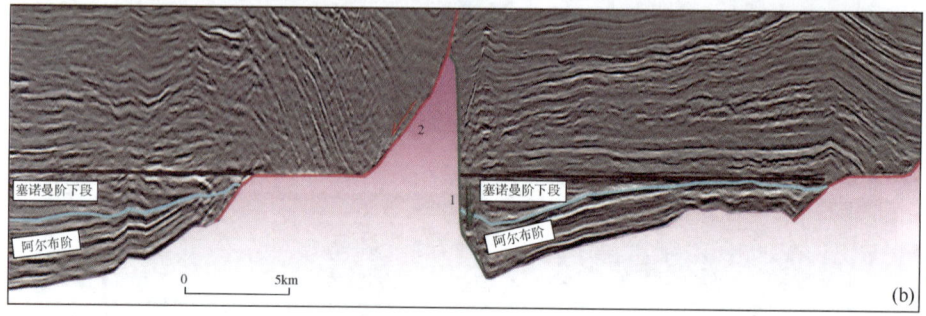

图9-15 通过桑托斯盆地部分阿尔布阶裂谷的二维时间偏移剖面(时间显示)

(a)构造极性在塞诺曼早期末向陆地倾斜的Cabo Frio断层发生反转,之后阿尔布阶裂谷出现了明显扩展;粉色曲线表示阿普特阶盐层,蓝色曲线表示阿尔布阶碳酸盐岩顶部,棕色曲线表示森诺曼阶的内部地层,橙色曲线表示桑托阶顶部附近,黄色曲线表示坎潘阶—马斯特里赫特阶陆架地层的范围,绿色曲线表示马斯特里赫特阶顶部。(b)对图(a)中黑框区域内塞诺曼阶内部反射层进行层拉平处理,以突出阿尔布期—塞诺曼早期的地层形态,反映出阿尔布阶裂谷最初是作为向陆地倾斜的盐核正断层存在的(绿色曲线1);数据来自TGS 和Western-Geco;剖面的大概位置参见图9-2b。(c)图(a)的未解释剖面

(11) 向盆地下滑的宽滑脱带沿着阿尔布阶裂谷的走向分布，并记录了从阿尔布期到塞诺曼早期长到达 40km 的伸展(图 9-16)。

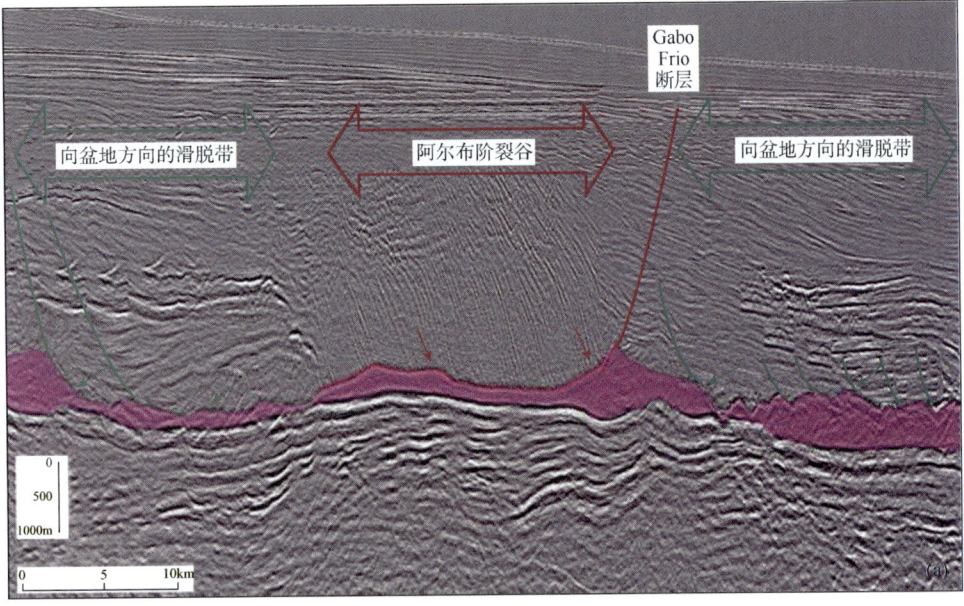

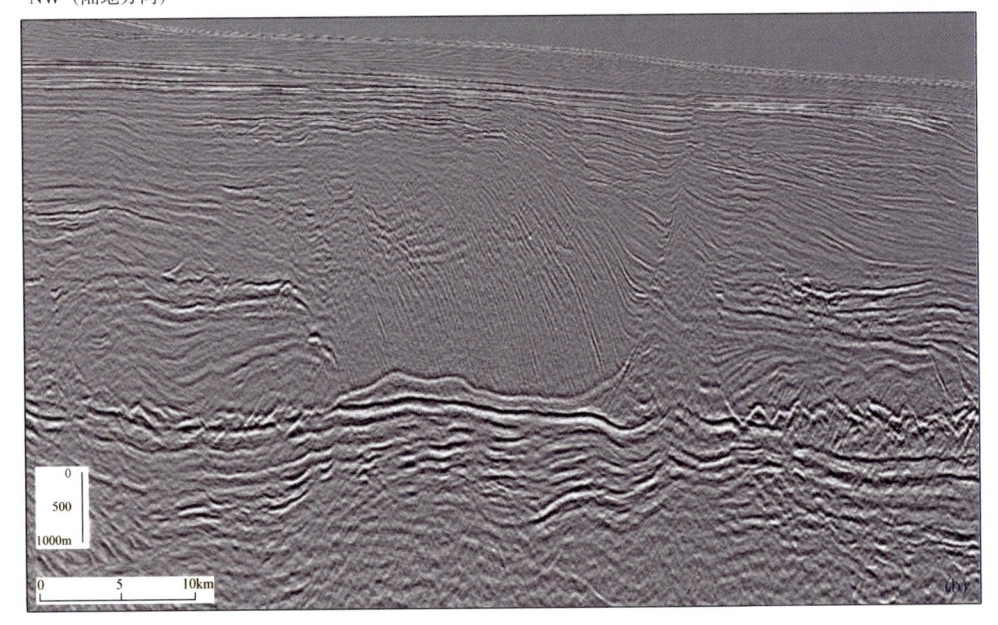

图 9-16 通过桑托斯盆地阿尔布阶裂谷东北部的二维时间偏移地震剖面(深度显示)
(a)绿线表示向盆地倾斜的盐核生长断层和滑脱；绿色箭头表示阿尔布阶的反射终止，红色箭头表示在后期向陆地倾斜的 Cabo Frio 断层(红线)处的反射终止；数据来自 TGS 和 Western-Geco，剖面的大概位置参见图 9-2b。(b)为图(a)的未解释剖面

(12) 阿尔布阶裂谷形成期间在活动边缘的上覆层厚度估计可达 1000~1800m(图 9-17)，这说明沉积物的平均密度要小于盐体的平均密度(Hudec 等, 2009)。

(13) 尽管裂谷在马斯特里赫特期停止了发育，但即使今天 Cabo Frio 断层主要段的上盘

马斯特里赫特晚期

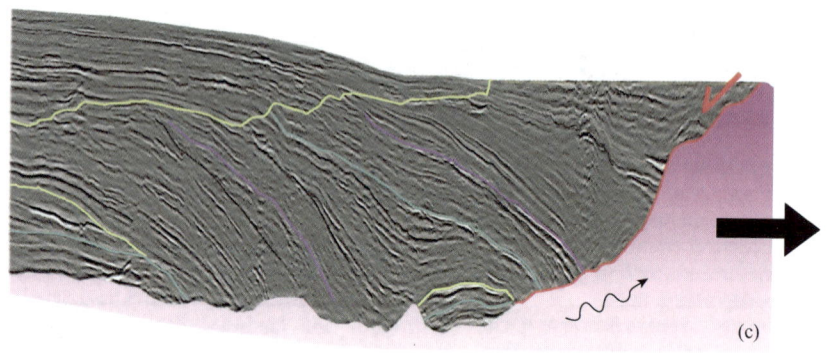

坎潘晚期

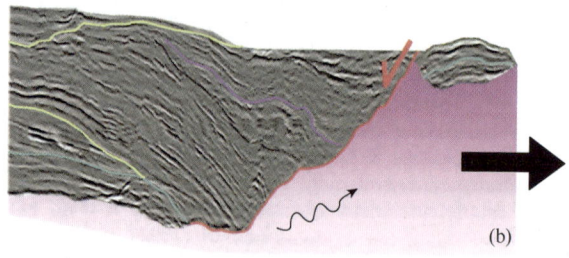

坎潘早期

塞诺曼早期

图 9-17　图 9-14a 所示的地震剖面（按顺序进行层拉平，以突出与阿尔布阶裂谷演化有关的地层形态）图中剖面是二维时间偏移地震剖面（时间）显示，数据来自 TGS 和 Western-Geco（位置参见图 9-2b）；(a) 阿尔布阶—塞诺曼阶下部与相对小的向盆地倾斜的盐核生长断层（绿色）有关；(b) 塞诺曼阶上部—坎潘阶下部在盐滚极性发生反转之后沉积，这有可能是在上盘出露地表后发生的；(c) 和 (d) 主要的向陆倾斜的生长断层（Cabo Frio 断层，红色）在坎潘期—马斯特里赫特期盐体向下排出的时候持续发育并向盆地方向延伸，断层下盘也随之移动，远离陆架的地层在上盘卷入断层中，随后在盐体排出之后，平缓展布的陆架地层开始沉积

(向陆地方向)一侧仍然存在海底的低地,其下方发育大量反向和正向正断层,这也是伸展应力存在的证据(图9-12b和图9-14a)。

Ge等(1997)和Gemmer等(2005)提出的模型表明阿尔布阶裂谷是由进积负载作用形成的(图9-1c)。主要特征包括:盐层顶部之上不存在整合的前动力学地层,存在宽阔的外侧膨胀和挤压带,阿尔布阶裂谷与三角洲及三角洲沉积的平缓展布相比在时间、形态及位置等方面存在差异。而且,由于长期的反区域性(图9-17),看起来也不像是由上覆层的下倾滑动形成(图9-1b)。另外,上覆层的下倾滑动本身并不会导致外侧膨胀区域的形成,这是因为盐体受到了滑脱的被动剪切作用影响(Waltham,1997),而不是被大量携带或流动。换句话说,如果阿尔布阶裂谷是由于纯滑动作用形成(图9-1b),那就需要额外的机制来对圣保罗高原的形成进行解释。

Mauduit和Brun(1998)以及Brun和Mauduit(2008)的研究表明,与阿尔布阶裂谷相似的盐层起伏顶面可与由下盘及下伏塑性层向盆地方向的转换导致的向陆地倾斜的生长断层和滑脱有关。该过程用盐体的下倾流动("排出")理论最容易解释(图9-1a)。这个构造最初是以连锁的盐滚组合(图9-15b)的形式出现的,反转后形成反区域的Cabo Frio断层。Cabo Frio断层向盆地方向(下倾方向)运移,并成为在下盘低应力区之下发生膨胀的流动盐体的内侧边缘(图9-17)。盐层顶部的上覆层发生向盆地方向的运移,造成上盘的可容纳空间被远离陆架的地层充填。这些地层随盐体和下盘继续向盆地方向运移而发生掀斜,直至大部分盐体被运移殆尽,从而导致阿尔布阶裂谷上盘的滚动构造在Cabo Frio断层的平坦和静止部分出露地表(图9-14a、图9-15a、图9-16a和图9-17)。

盐体在阿尔布阶裂谷下坡方向的膨胀区,也就是圣保罗高原处发生聚集(图9-2b和图9-12),并受与宽扎盆地内的外侧盐高地相似的新生洋中脊所阻挡(Mohriak等,2008a;图9-9a)。如果上覆层相对均质,那么当膨胀盐体的顶面大致水平的时候,就能够达到准平衡。由于目前并没有证据能够表明盐体到达桑托斯盆地的外部区域而形成外侧盐篷(图9-12),该理论中涉及的基准面仍然位于海底之下。在微盆之间,圣保罗高原上盐构造顶部的埋深大概是在海平面以下3000m,其上覆有类似厚度的上覆层(图9-12和图9-13),这表明已经达到了平衡。相比之下,宽扎盆地外部区域的盐构造顶部的平均埋深为3200m左右,但是变化较大(图9-9a),这说明盐体可能还没有达到稳定状态。

尽管我们把阿尔布阶裂谷和Cabo Frio断层看作是含盐被动陆缘上重力扩展作用所形成的伸展构造的一部分(图9-1a),但它们的规模、形态及存在时间在南大西洋中都是独一无二的,并且可能反映了桑托斯盆地中两种特定的环境:长期存在的地幔热柱坍塌,引起阿尔布期的快速沉降(图9-12a),以及非常平坦的盐底有利于盐体和上覆层向盆地方向的无阻运移(图9-14a和图9-15a)。

还有一点值得思考的就是为什么Cabo Frio断层会沿现今1400m的等深线分布,而上覆层的厚度似乎与阿尔布阶裂谷的位置无关(图9-13)。当然,这有可能是一种巧合,但我们的观点是盐体流动和海底深度都与向海洋方向增长的热沉降作用有关。

9.4 盆地外侧挤压构造

在南大西洋中段的内侧伸展构造区之外,盐体较厚,上覆层中发育许多挤压构造,这些特征一直出现到桑托斯盆地、坎波斯盆地和宽扎盆地外侧边缘盐体发生尖灭的火山高地

(Mohriak 等，2008a；图 9-2c、图 9-9a 和图 9-12a)。这些外部区域被认为代表的是盐体膨胀区，因为该区域接受了由伸展区向海洋方向的盐体输入(图 9-1a)。

盐体膨胀区的挤压构造主要由纵弯褶皱组成，另外还有少量的逆冲断层，尤其是在紧邻大型盐下断层台地外侧(如 Tupi 构造；Fiduk 和 Rowan，2012)以及桑托斯盆地、坎波斯盆地和宽扎盆地外侧边缘的外部火山高地之上的区域中(图 9-9a；Demercian 等，1993；Hudec 和 Jackson，2004；Mohriak 等，2008a)。仅对阿尔布阶产生影响的最早期褶皱的波长(1~3km)和振幅(100~300m)均相对较小，但是最年轻的褶皱的规模却很大(波长通常为 5~15km，幅度为 1~2km)。

与挤压构造一样，被正断层分隔开的阿普特阶筏状构造同样存在于盐体膨胀区中(尤其是内侧区域)，这说明在盐体流动的早期，伸展区域的宽度要比现在大。围限盐体膨胀区的伸展构造在后期挤压活动的影响下部分发生反转(图 9-7a 和图 9-10a)，这也表明随着时间的推移，膨胀区域向陆地方向发生了扩张。在进行详细成图的桑托斯盆地，伸展—挤压区的边界有相互交叉的特征(图 9-2b 和图 9-13)，这可能代表了伸展构造下倾运移与挤压构造向陆扩张的相互作用。

尽管在桑托斯盆地、坎波斯盆地和宽扎盆地外部火山高地之上的外侧边缘的不同地点有 5~25km 前缘推进发生，但仅有少量异地盐篷发育(图 9-9a；Cobbold 和 Szatmari，1991；Cobbold 等，1995；Hudec 和 Jackson，2004；Davison，2007)。目前尚未发现有关开放趾部推进的证据，反而是在大部分的外侧膨胀区中可见阿尔布阶。

值得注意的是，我们发现以盐核正断层和阿尔布阶筏状构造和裂谷为主的盆地内侧的伸展量与以褶皱、逆冲断层和前缘推进为主的盆地外侧的挤压量并不平衡。例如，Quirk 等(2008)已测得过桑托斯盆地内侧区域的伸展量为 40km，但我们测得外侧区域的挤压量只有 20km，只有伸展量的 50%。坎波斯盆地和宽扎盆地中这二者之间的差异会小些(0~25%)。造成这种差异的原因可能有以下几点：部分挤压构造不易识别(亚地震构造或成像不好的构造)；盐体推进在一定程度上在趾部是开放的(目前尚无证据)；测量不准确(如 Mohriak 等(2008a)认为在桑托斯盆地和坎波斯盆地的洋—陆边界之外存在 56~162 km 的盐体外流)。

9.5 南大西洋中部盐体流动的一般模型

9.5.1 为什么不是由上覆层驱动

如果考虑到南大西洋中部在盐体仅仅沉积了几百万年之后的阿尔布期就发生了大量厚皮变形，那一些被动大陆边缘盐体运动模型(图 1)能否适用就值得考虑了。

由进积楔引起的盐体挤出(Ge 等，1997；Gemmer 等，2005)要求楔状体有充足的体量或者坡度来引发负载荷作用，同时也不会出现之前实例中一些特征，如前动力地层的区域伸展性(或相对整合的凝缩段)以及三角洲前缘的同心关系。与南大西洋中部含盐盆地不同，挤出模型并不会形成大量的伸展作用，同时也不会形成上覆层发生强烈褶皱的外侧挤压区(图 9-1c)。而且，在桑托斯和坎波斯盆地中，盐构造的主要活动期要早于陆架进积作用(图 9-3)，而在宽扎盆地的中部和南部，并没有相关证据表明三角洲或粗粒推进的存在。

在局部地区，重力滑动对于盐核正断层的发育有重要作用(图 9-9b)。而在区域规模上，桑托斯盆地、坎波斯盆地和宽扎盆地中的盐动力作用与宽阔的伸展区相关（图9-4a），而且其规模及持续时间在远离陆架的方向上是增加的（对比图9-10a），并且与向海倾斜和向陆倾斜的正断层活动都有关系（图9-7、图9-9、图9-10、图9-16a）。这类构造作用与润滑盐层之上上覆层的大陆边缘规模的重力滑动模型并不相符（Duval等，1992；Lundin，1992；Demercian等，1993；Cobbold等，1995；Mauduit和Brun，1998），而且，重力滑动作用本身并不会形成内侧的薄岩层和外侧的厚盐层（图9-1b）。另外，在阿尔布期（此时盐动力作用开始；图9-3a），南大西洋中部地区仅仅是经历了几百万年的热沉降作用。这也说明当时的区域坡度还不足以克服盐层顶部拖曳阻力（Waltham，1997），因为克服阻力通常需要斜坡倾斜达几度以上（Kehle，1970；Cobbold和Szatmari，1991；Cobbold等，1995）。

因此，桑托斯盆地、坎波斯盆地和宽扎盆地在阿普特阶盐层之上的地层中强烈伸展的盐核生长断层很难由被动陆缘盐构造中的上覆层驱动模型来解释。地震反射形态清楚地显示出多个半堑及筏状构造在阿尔布期同时发生了区域上的加宽和分隔，而不仅仅是在远离上覆层增厚和更陡峭斜坡的地区，这些都与在盐层顶部发生滑脱的伸展生长断层有关。

9.5.2 盐体排出模型

由盐沉积末端开始，桑托斯盆地、坎波斯盆地和宽扎盆地的内侧区域主要都是与向盆地和向陆地倾斜的正断层有关的盐动力构造，这也反映了接续的伸展作用、上覆层的分度性以及向盆地方向的运移等特征。桑托斯盆地上白垩统的伸展量约为40km（Quirk等，2008），而宽扎盆地可能更大一些（Duval等，1992；Hudec和Jackson，2004）。我们认为其原因可能是盐体本身的倾斜而引起的重力势能或水头作用（也可称为"高程头梯度"；Hudec和Jackson，2007），也就是黏性流体沿下坡方向的流动或者排出的简单过程，流动过程中同时也携带了相对较薄的上覆层（图9-1a）。实际上，Cobbold和Szatmari（1991）、Gamboa等（2008）以及Fiduk和Rowan（2012）等的研究结果表明，盐体在阿普特期就已经开始流动。造成掀倾的原因是整个被动陆缘朝海洋方向增大的热沉降作用（Rowan等，2000；Fort等，2004）。我们使用"盐体排出"一词将其与主要对上覆层产生影响的其他形式的重力扩展作用区分开（图9-1）。

9.5.2.1 盆地倾斜程度

阿尔布期的伸展和转换作用是最为活跃的（图9-4a），这表明肯定有足够的梯度引起盆地内侧边缘与盐被阻挡的新生大西洋中脊之间大规模的重力流动（图9-2c、图9-9a和图9-12a；Davison，2007）。该梯度是由热沉降作用形成的，在内侧边缘约为零，而在未加厚的洋壳处达到最大。由于阿尔布期盆地外侧边缘处的水深变化情况还不太清楚，因此无法直接对梯度进行定量分析，但可以通过分析阿普特期的差异沉降来进行推测。

阿普特阶的底面是相对平坦的角度不整合面，是下伏陆相同裂谷期沉积物，与上覆区域伸展的盐下凹陷地层中的浅水碳酸盐岩之间的分界面（图9-3a）。碳酸盐岩具有矿化度影响向上更大的特征，我们认为这是因为碳酸盐岩是在海平面附近发生沉积。盐层直接被海相碳酸盐岩所覆盖，而盐层顶部代表了盐湖表面，因此可以近似看作是海平面。此外再加上硅质碎屑岩的缺失，都说明盐体是在与海洋分隔开的盆地中发生沉积，或者是盆地基底已经被向下拉拽至海平面以下(Karner 和 Gamboa，2007)。

盐下凹陷的底界年龄约为 123Ma，盐层顶部的年龄约为 111Ma，二者有 12Ma 的间隔(图 9-3a)。在桑托斯盆地、坎波斯盆地和宽扎盆地中，盆地外侧部分成盐下凹陷的平均厚度是 600m，而靠近盆地边缘处为零，该边缘与盐体的初始边缘大概一致。单独考虑桑托斯盆地(有更好的约束条件)，在陆—海边界附近的盐层厚度超过 4000m。根据未变形的蒸发盐岩旋回(图 9-18；de Freitas，2006)，在膨胀之前的初始沉积厚度大概是 2400~2600m，其中上部的 200m 可能与阿普特晚期的全球海平面上升有关(图 9-19；van Buchem 等，2010)。在桑托斯盆地中，阿普特阶在从尖灭处到洋壳处(宽 400~500km 的范围内的厚度别约为 3000m，这说明在 12Ma 的时间内盐底发生了 0.3°的掀斜。如果将沉积负载考虑在内(McKenzie，1978)，就与大洋中脊的沉降速率有相对较好的对应关系了(Parsons 和 Sclater，1977)，可以占到桑托斯盆地总沉降的 50%~60%。

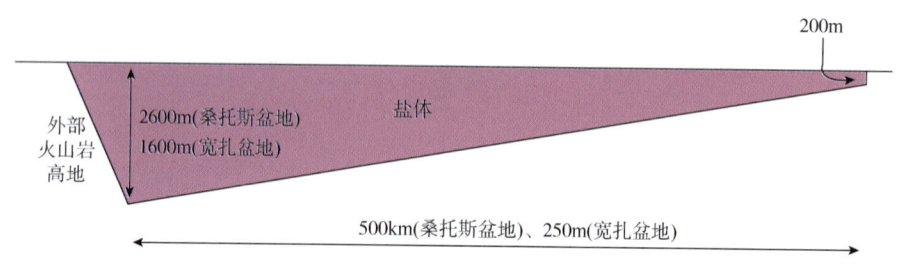

图 9-18　南大西洋中部含盐盆地在阿尔布阶碳酸盐岩沉积之前的阿普特阶沉积末期简化成因模式图

假设此处计算的阿普特阶沉降速率在阿尔布阶沉积早期仍然保持相同，那么在 4 Ma 的时间内可以形成 0.1°的倾斜，这就相当于 1000 m 的差异沉降量，这也就是外侧区域额外的可容纳空间，理论上可以被由内侧区域运移过来的盐体所充填。但其主要意义正是盐体在阿尔布阶沉积早期是在较低的倾斜角度下开始流动的。

在图 9-19 所示的简单模型中，对于在阿尔布期(8Ma 埋深为 1200m)所发生的热力学沉降的数量采取更为保守的估计，来对盐排驱的过程进行更为一般化的说明，这同样适用于坎波斯盆地和宽扎盆地，因为这两个盆地的宽度更窄，盐层厚度更薄。图 9-19a 中所示为与图 9-18 类似的阿普特阶沉积末期的盆地几何形态。随后，为了说明在阿尔布阶沉积晚期热沉降之后的情况(忽略盐上沉积物的存在)，发生了 0.14°的倾斜(图 9-19b)。图 9-19c 所描述的是盐体重新分布后的情况，这是假设盐体全部向下运移至被盐体发生堆积的膨胀地区的上表面所限制的水平基准面上(比外部岩床上的初始盐层顶部深度高 570m)。一处约 59km 宽的盐焊接处于向左上倾的状态，但如果将重新分布盐体的均衡效应考虑在内的话盐焊接的宽度将得到明显增加(下文进行解释)。

9.5.2.2　盐体排出均衡效应

关于盐体排出模型的一个有意思的应用就是它能使膨胀区的上履层和海底发生抬升(图 9-1a)，其本质上是由于密度仅为盐体一半的海水发生了置换。这可能会导致均衡沉降，该部位的盐体附加重量由莫霍面处发生的海水置换地幔所补偿，其密度比约为 3:1。

用来表述由于部分海水被置换而导致的与盐有关的均衡沉降的公式如下：

$$\frac{盐体密度 - 海水密度}{地幔密度 - 海水密度} \text{ 或 } \frac{2.17 - 1.03}{3.30 - 1.03} = 50\%$$

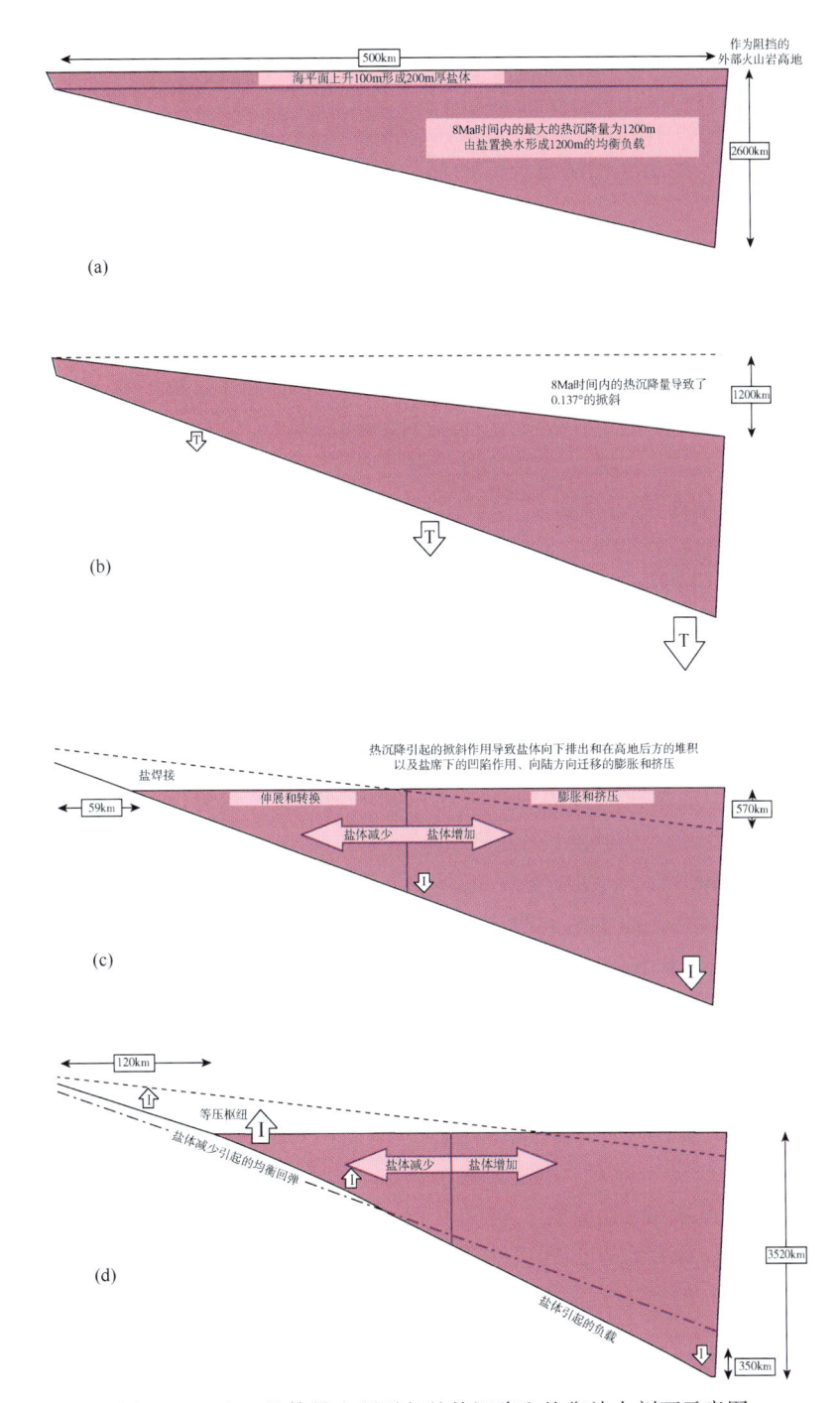

图 9-19 由于盐体排出所引起的热沉降和均衡放大剖面示意图

T—热沉降，I—均衡沉降，虚线—盐体流动之前的盐层顶面，点虚线—均衡补偿前盐底的位置；(a)掀斜之前(阿普特阶沉积末期)的初始模型；(b)阿尔布阶沉积末期考虑热沉降但不考虑盐体流动的模型；(c)阿尔布阶沉积末期无均衡补偿的热沉降及盐排出后的模型，59km 宽的上倾区域的盐体完全耗尽；(d)阿尔布阶沉积末期盐体流动和负载效应引起的热沉降、盐排出及均衡补偿后的模型，盐体从 120km 宽的上倾区域中完全耗尽，附加到盆地下倾末端的盐层厚度是 920m，其中最大的回弹约为 380m，由盐体置换海水所造成的附加沉降量的计算公式是：$(2.17-1.03)/(3.30-1.03)$，由于部分海水深度被置换，假设海水的密度为 $1.03g/cm^3$，盐体密度为 $2.17g/cm^3$，地幔密度为 $3.30g/cm^3$

— 243 —

因此，盐体膨胀 100m 就有可能会导致 50m 由均衡补偿造成的附加沉降。如果该沉降量被盐体充填，那么就会另外出现 25m 的沉降量。依次类推，每 100m 海水被置换，最终会有 100m 的由额外负载导致的可容纳空间（Van den Belt 和 De Boer，2007）。该效果在近期受拉伸的抗弯强度最小的陆壳中尤为明显，在阿普特期开始发生海洋分离的南大西洋中央部位也是如此（图 9-12a）。

采用相同的密度计算，那么从上倾区域每排出 100m 盐体，如果空间都是由水充填就可能会产生 50m 的均衡回弹。这表明由于热沉降而导致盐体排出的位置存在积极反馈（图 9-19b、c），从而加大了被动陆缘的倾斜程度，这反过来又会引发更多的盐体下倾流动（图 9-19d）。换句话说，被动陆缘早期的沉积盐体，由于流动诱发的均衡负载和回弹，会具有很大的沉降速率。在图 9-19 中所示的模型中，在模拟的 8Ma 时间内，由于上述效应，上倾端盐焊接宽度由 59km 增加到 120km，在下倾末端还有 350m 厚的附加盐层。由于膨胀及均衡扩大作用，盐层在原始厚度 2600m 的基础上，增加了 920m，总厚度累计达 3520m（图 9-19d）。这与桑托斯盆地、坎波斯盆地和宽扎盆地中内侧伸展区中薄盐层的宽度（75~200km）吻合较好（图 9-2b、c 和图 9-9a），与盆地外侧膨胀区中的平均盐层厚度（4km）也有较好的吻合度（图 9-9a 和图 9-12a）。

另外，根据模型预测约在盐体发生尖灭的位置大概会有 380m 的均衡回弹，同时盆地该位置内侧区域趋于平缓，而向盐体负载的外侧区域则变得更加陡峭（图 9-19d）。这就形成了一条可能与宽扎盆地厚盐层上倾边缘相似的枢纽线，但早期被认为区域构造成因（Hudec 和 Jackson，2004）。但在桑托斯盆地中并未观察到均衡枢纽，这可能是由于巨厚陆架沉积物的负载作用使地壳发生了后期坳陷（图 9-12a）。

盐体（密度高于被动陆缘早期发育期的其他沉积）显著的负载效应以及外侧火山高地的出现，可能在一定程度上导致了南大西洋中部阿普特阶沉积晚期的厚盐体以及明显较高的沉积速率（Van den Belt 和 De Boer，2007）。还有一个值得注意的就是均衡放大效应，它使盆地变宽，更多的盐体流入膨胀区。这可能也为诸如墨西哥湾这类地区中大规模的盐动力作用提供了解释（Worrall 和 Snelson，1989）。

9.5.2.3 盐体黏度和盆地脱水作用

从力学角度来看，盐体是屈服强度可以忽略的流体，这意味着盐体可以在自身重量作用下发生扩展（Weijermars 等，1993）。应变速率由压力（或者压头差异）及黏度控制，它们主要受颗粒大小及含水量影响（Urai 等，1986）。如果盐体相对干燥，那么其黏滞力会很大，这意味着在盐体相对较薄的地方，其流动速率会很低，甚至难以觉察（Waltham，1997）。但南大西洋中部低至 0.1°的坡度就足以引发明显的区域性盐体流动，这说明盐体的黏度相对较低，并且湿度较大。

阿普特阶盐体之下是较厚的巴雷姆阶—阿普特阶沉积，也是主要的勘探目标，其下方是不渗透的玄武岩。这些沉积物在阿普特晚期和阿尔布期相对较短的时间内被埋藏在盐体之下数千米（图 9-19）。但现今这些沉积物，即使是在大型盆内高地上，也是位于接近正常静水压力的地方（Nakano 等，2009），这表明大量的水由于压实而被释放，并在一定程度上发生外溢。

考虑到这一点，Lewis 和 Holness（1996）就认为在 3km 左右的深度。随着二面角减小到 60°以下，就会形成大量互通晶体边缘的孔隙度网络，此时盐体就会具有相对较高的渗透率。随着局部温度、压力梯度、粒径及含水量的变化，盐体的渗透率可达 0.1D（要比页岩大两个数量级；Lewis 和 Holness1996）。桑托斯盆地外侧区域的盐层在阿尔布晚期膨胀后超过 3km（图 9-19）。这就可以解释为什么与盆地边缘不连接的盐下构造没有形成超压，这是因为部分水可能沿晶体边界通过盐体，向上发生逸散。该过程的一个重要结果就是在盐体较厚的区域，其黏度显著下降。考虑到沉积盆地中的正常黏度，下降后的黏度值可能在 $10^{17} \sim 10^{19} Pa \cdot s$ 之间（Urai 等；1986；Van Keken 等，1993；Weijermars 等，1993；Jackson 等，2000），有时甚至可低至 $5 \times 10^{13} Pa \cdot s$（Jackson 等，1990）。

9.5.3 盐体重力扩展引起的盐动力构造演化综述

在含盐盆地上倾方向的最末端，盐滚、正生长断层及碳酸盐岩筏状构造非常发育。但这些构造的活动在阿尔布末期就已经停止了，这是因为此时大部分盐体都向下排出，仅留下受正断层下盘核部保护的成串的滚动构造（图 9-4a 和图 9-6）。而在更远的下倾方向，由于有充足的盐体来保证大型盐墙的发育，翻滚构造也比较常见（图 9-7 和图 9-9b）。由于这些区域上覆层的支解，与翻滚构造有关的伸展背斜也有发育（图 9-10）。最终，由盐体挤出所形成的最大构造是反区域的 Cabo Frio 断层，其上盘发生滚动形成阿尔布阶裂谷（图 9-12 至图 9-17）。

盐体向下运移至一个膨胀区域，而该区域上覆层的上倾伸展作用与主要为褶皱作用的挤压作用达到平衡（图 9-9a 和图 9-12b）。当膨胀区达到水平基准面（图 9-19）时，则会出现平衡状态，而该水平基准面由盐体含量以及外部岩床的位置和高度所决定的。

仅在宽扎盆地发现了在古近纪—新近纪塌陷盐墙（图 9-9b）形成时，上覆层发生区域重力滑动的证据。当然，造成滑动的原因可能与外侧盐高地中盐体向下倾方向的推进作用的不稳定性有关（图 9-9a）。

在其他存在掀斜的含盐盆地中可能也会发生盐体排出情况，比如前陆盆地，可能的例子包括 Paradox 盆地（石炭纪盐层；Trudgill 和 Paz，2008）以及北阿巴拉契亚盆地（志留纪盐层；Patchen 等，2006）。在这些非海洋盆地中，岩床并不是阻止盐体向外排驱所必需的构造，但均衡放大仍然可能导致盆地的地势起伏的加剧。

9.6 粘性流体重力扩展实验

南大西洋中部两侧的巨大盐体都在阿尔布期发生向海洋方向的移动，并导致薄的上覆层不断被拉开。由沙箱实验可知盐体等黏性流体的重力扩展特征，在沙箱实验中，可见砂层下面的硅胶流入地堑（Nalpas 和 Brun，1993；Vendeville 等，1995）、沿掀斜表面向下（Fort 等，2004）以及进入人造裂谷（Szatmari 等，1996），在南二叠含盐盆地（Burliga，1996）以及 Paradox 盆地（Schultz-Ela 和 Walsh，2002；Trudgill，2002；Trudgill 和 Paz，2008）中均见到了上述情况。在不同尺度下，盐体到达地表以后形成盐冰川，并在潮湿条件下会以较快速度向下坡方向流动（Talbot 和 Jarvis，1984；Jackson 等，1990）。如果盐体出露海底，那当盐体被薄层沉积或者不溶蒸发岩覆盖时，就会向下坡方向移动数千米（Talbot，1993；Hudec 和 Jackson，2006）。

但是盐体在自身重力作用下沿轻微倾斜边缘向下的流动（图 9-1a）并未引起足够的重视。因此我们基于数值模拟和物理模拟实验，设计出两个不同类型的简化概念模型，来说明流体是如何独立于上覆层沿下坡方向发生流动的。下文将对上述情况进行讨论。

9.6.1 数值模拟(剖面模型)

图 9-20 所示为基于速度的二维平面应变有限元模型的模拟结果，该模型是为与桑托斯盆地中部在阿尔布末期相似形态的剖面中的大规模蠕动而设计的。Fullsack(1995)、Ings 等(2004)以及 Gemmer 等(2005)都对数学方程进行了详尽描述。总之，该模型采用随机的拉格朗日—欧拉方法(Fullsack, 1995)解决了二维不可压缩 Stokes 流的本构方程，其计算过程在欧拉坐标网中进行，因为该坐标网适用于发展模型域，并且可以采用一系列的拉格朗日节点对材料特性进行跟踪和更新。模型特征以及关键假说都在图 9-20 的说明中给出了。该模型中包含水的负载，因为水对于重力扩展存在一定阻尼效应(Ings 等，2004)，而这一点是物理模拟无法考虑到的。

由于不存在上覆层中来自外部的差异负载和不稳定性，因此模型中的重力扩展作用仅是由盐层倾斜所形成的压力梯度驱动。为了避免模型过于复杂，除 0.3°的初始倾斜角度和 200mg 的上覆层外，沉积和沉降效应并没有考虑在内。

当模型开始运行的时候，黏性层(代表盐体)在库埃特流中的重力作用下开始向下流动。由盐体的内侧边缘向盆地中心方向，流动速度逐渐增加，这就导致形成一块伸展区域。在该区域中，上覆层发生分裂(图 9-20a)，这种情况与阿尔布期的桑托斯盆地、坎波斯盆地及宽扎盆地中的内侧区域一样(图 9-4a、图 9-6、图 9-9b 和图 9-11)。而在该区域之外，上覆层主要向下运移至盐体膨胀区，这类似于宽扎盆地中的外侧盐体高地和桑托斯盆地中的圣保罗高原(图 9-9 和图 9-12a)。这模型中盐体在岩床处发生聚集(图 9-20)，这一点与南大西洋中央的外侧火山高地相类似(图 9-18 和图 9-19)。与此同时，上覆层在水平方向上发生挤压。但在模型尺度上，所发生的变形(褶皱)是不可见的。膨胀区的盐顶近于水平，并随着盐体持续排出，该水平面会向陆地方向发生延伸(图 9-20d)。这就意味着上覆层的挤压也会随着时间的推移而向陆地方向发生移动，这与坎波斯盆地伸展—转换区的下倾末端特征是一致的(图 9-7 和图 9-10a)。

由于盐体从伸展区不断排出，该区域的盐体就会变得亏空，盐体顶面向下倾方向就会变得平整，这也表明流动速率和伸展转换量都减少了。假设重力扩展作用是在阿尔布末期开始的(图 9-20d)，那么，在经过 42.5Ma(相当于在古新世早期)后，该作用就会停止。当然，这个时间与模型的几何形态也有一定关系。根据盐体数量、盆地倾斜程度和宽度以及外部岩床高度的不同，完成时间也会发生变化。例如，在晚古近纪—早新近纪宽扎盆地的下倾末端，盐体几乎溢过外部岩床和相关的沉积堆垛(图 9-9a)，新一阶段的重力扩展因此继续向上倾方向发生(Hudec 和 Jackson, 2004)。相比较之下，在桑托斯盆地中，盐体向盆地方向的流动在坎潘晚期—马斯特里赫特早期就停止了，这是因为盐层顶部的平均倾斜程度在与陆架进积有关的负载作用下发生了反转(图 9-12a)。

值得注意的一点是，本文的模型所假设的盐体黏度是 $5×10^{17}Pa·s$，而湿盐的黏度可以低至 $5×10^{13}Pa·s$(Jackson 等, 1990)。考虑到下伏盐下沉积物中的欠压实水在盐体负载作用下被排出，二者之间的关系更密切(参见之前"盐体黏度与盆地脱水作用")的内容。当模型采用较低的黏度(如 $10^{17}Pa·s$)时，流动速率非常快模型的数值不稳定性。这也就是说湿盐在较低角度的倾斜下就会发生流动。

9.6.2 塑性流体沙箱实验(平面模型)

即使是一些较为简单的实验也可以用来解释塑性流体的重力扩展机理。沙箱模型一般采

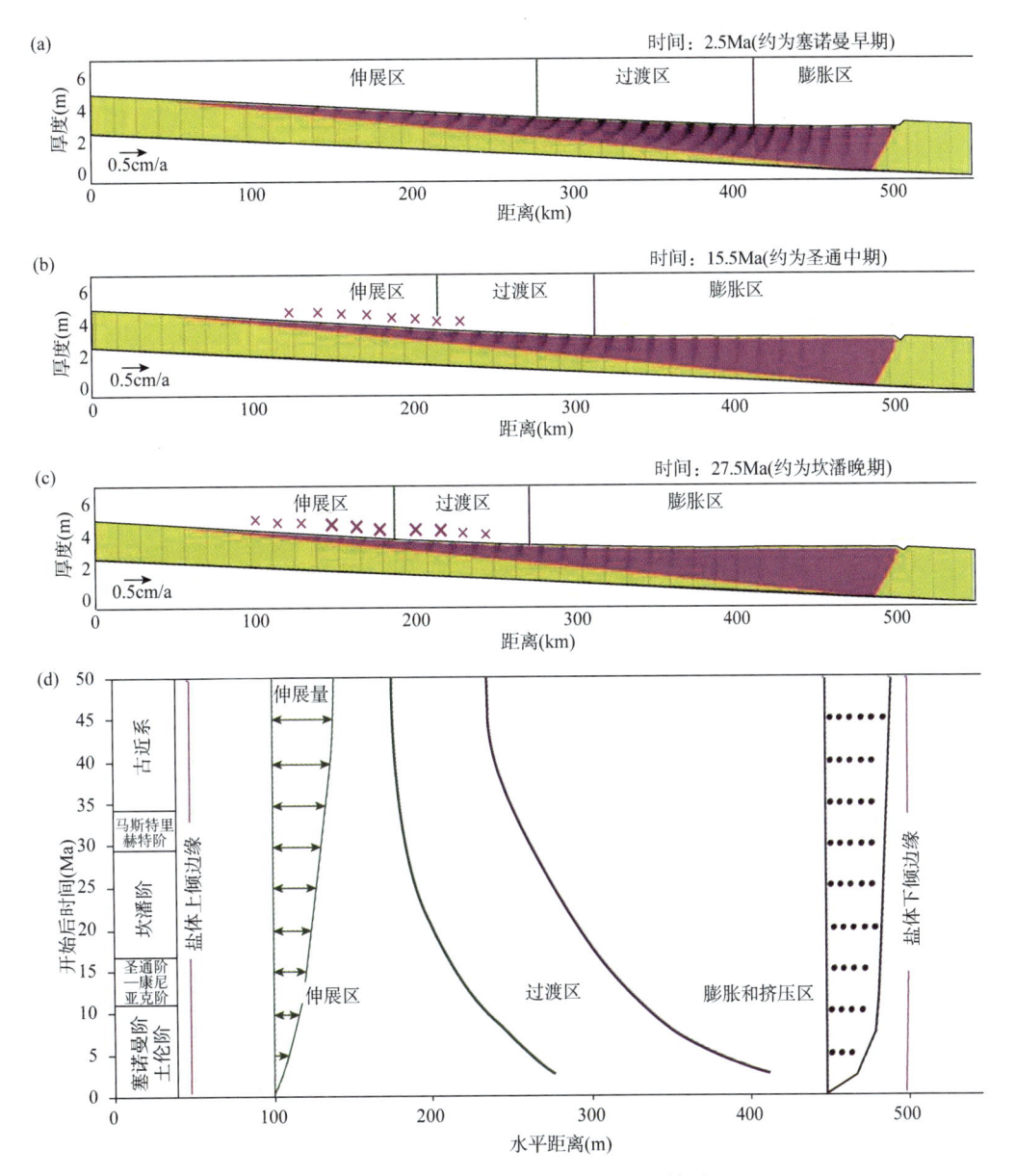

图 9-20 二维平面应变有限元模拟结果

图(a)至图(c)为经过垂向放大处理(约 10∶1)的数值模型的时间推移照片,表明了 12.5Ma 时间间隔内的盐体排出(倾斜盐层上的重力扩展效应)过程;图中粉红色代表盐体,在经过 12Ma 的热沉降后(阿普特末期—阿尔布末期),盐体顶面及海床的初始倾斜角度为 0.3°;流体的流动速度用黑色水平箭头表示,而这一流动完全是由于掀斜引起的水力压头造成的;上覆层中由于伸展引起的裂谷在图中用粉红色的"×"进行了标注,而且被盐体所充填;小写"×"表示裂谷宽度小于 2.5km,而大写"×"则表示裂谷宽度大于 2.5km;可以注意到在膨胀区内盐体发生聚集的地方,其上表面都是水平状并且相对平坦,而像褶皱这样的挤压效应几乎不可见;模型中用到的关键性参数包括:上覆层厚度 200m(比较均一),盐体和上覆层密度 2200kg/m³,盐盆宽度 450km,水深 0~2500m(海岸线位于盐体边缘内侧 20km 处),盐体初始厚度 0~2400m,盐盆外侧边缘岩床初始高度 3400m,盐体黏度 5×10¹⁷Pa·s;脆性沉积物存在 30°的内摩擦角度及静水孔隙流体压力;模型不考虑区域构造学沉降,也不涉及盐体由上向下运移造成的均衡效应(图 9-19)。(d)为图(a)数值模型中伸展区、过渡区和膨胀区随着时间推移所发生的位置变化情况;图中左侧的每一阶段都是基于模型中的盐动力作用是开始于阿尔布末期这一假设;水平绿色箭头表示在特定时期基于盐体充填裂谷的宽度得到的伸展总量(图 9-20a);黑色小圆点表示在盐体下倾边缘的盐层顶部平坦表面测得的隆升量,图中隆升量与水平轴相比进行了 50 倍的放大

用硅胶材料,这样就可以实现硬化树脂饱和后对剖面进行切割和观察,这也是一种对数值模拟实验结果的替代(图9-20a至c)。但采用硅胶模拟盐体流动也存在缺点,那就是必须采用较大角度的倾斜(一般为5°甚至更大角度)。这样一来,在空间范围内很难准确进行尺度化模拟,而且也会拉长实验所需时间(至少为几天)。相比较而言,如果仅对表面效应进行研究的话,采用黏度更小一些的流体则不会出现上述问题。本文选用黄金糖浆(蔗糖糖浆,室温下黏度为3Pa·s)和蜜糖浆(糖蜜,室温下黏度为9Pa·s)两种黏性流体在塑料盒子中制成浅层,将盒子倾斜使糖浆在上倾末端能和数值模型中一样(图9-20a至c)发生尖灭(图9-21)。将模型放置几小时,等待其达到稳定状态,然后在糖浆表面撒一薄层(约0.5mm厚)玉米粉作为标记层。该玉米粉层很轻、很弱,不会影响到糖浆层的流动。

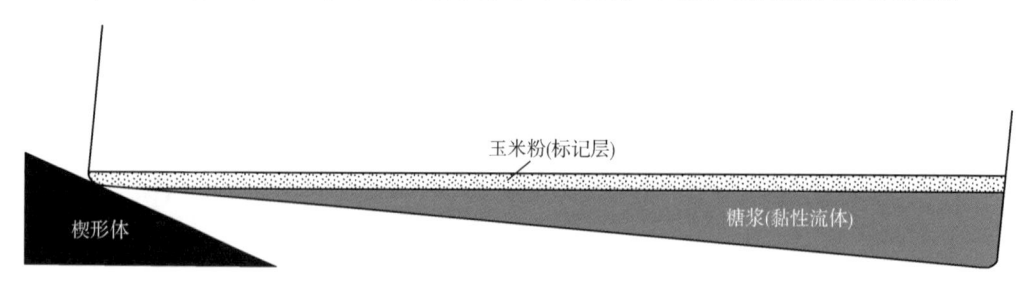

图 9-21 模拟黏性流体重力扩展作用的沙箱实验的初始设置

箱子的尺寸为长400mm、宽200mm;实验期间,箱子上倾端下部用楔状物垫起1mm(约0.1°),然后每2h增加1mm(图9-22);设计该模型是为了用来简单展示向下排驱的黏性流体的上表面特征;为了更好观察流动状态,在糖浆表面撒一层约0.5mm厚的薄层白色玉米粉,这层粉很轻、很弱,不至于影响到其下糖浆的流动;由摩擦力引起的边界效应发生在距离箱子边缘50mm的范围内,因为照片的裁剪,在图9-22和

图 9-23 中并未表示出来

如果实验中流体盒子的倾斜角度增加速度较慢(如每2小时增加1mm,相当于增加0.1°的倾斜角度),盒子中的糖浆就会开始向下倾方向缓慢流动,而糖浆表面上的玉米粉就能够记录下糖浆的运动状态。该实验的持续时间一般会根据黏度及实验结果的不同而还在1~24h之间。该实验的比例与桑托斯盆地中阿尔布期的几何学、运动学、动力学等(Koyi, 1997)方面非常相似。当然,实验中并没有考虑负载以及其他一些作用力的效果(相当于上覆层很薄,并且强度可忽略)。

无论是湿盐还是糖浆,在低应力条件下都会表现出牛顿流体特性(Weijermars 和 Schmeling, 1986; Connelly 和 Kokini, 2006)。从比例来看(Cobbold 和 Szatmari, 1991; Vendeville 等, 1995),加速力(惯性力)在此可以忽略不计(也就是雷诺数非常低),这表示适用的公式为 $\tau = \Psi \lambda^2 \mu^{-1}$,式中,$\tau$ 表示自然和模型的时间比,Ψ 表示自然和模型的黏度比,λ 表示自然和模型的长度比,而 μ 表示自然和模型的质量比(Hubbert, 1937)。上式中的 $\mu = \rho \lambda^3$,其中 ρ 表示模型的密度,因此前一个等式可以被改写为 $\tau = \Psi \lambda^{-1} \rho^{-1}$(或 $\Psi = \lambda \rho \tau$),即自然和模型相似性的必要条件可表述为黏度比等于应力比 $\lambda \rho$ 乘以时间比。

与蜜糖浆(9Pa·s)的黏度比 Ψ 为 5.6×10^{16} Pa·s,而与黄金糖浆(3Pa·s)的黏度比为 1.7×10^{17} Pa·s。假设湿盐黏度保守估计为 5×10^{17} Pa·s(Urai 等, 1986; Van Keken 等, 1993; Weijermars 等, 1993),根据桑托斯盆地宽度为450km,而箱子宽度为400mm,因此长度比 λ 值为 1.1×10^6。盐体密度为 2.17kg/m³,而蜜糖浆的密度为 1.42kg/m³,枫叶糖浆的密度为 1.40kg/m³,因此密度比 ρ 的值为 1.5。基于公式 $\tau = \Psi \lambda^{-1} \rho^{-1}$,可以得出模型的时间比,那就是蜜糖浆模型的 16 分钟相当于桑托斯盆地

中盐体的 1Ma，而黄金糖浆的 5 分 30 秒即相当于 1Ma。流体的流动是由于倾斜造成的，应力主要受斜坡影响，而斜坡的比例与模型的黏度比是一样的，这也就是说桑托斯盆地中每 1000m 的差异沉降相当于模型的一端抬升 1mm，即二者都产生 0.1° 的斜坡。但在实验中，通过加大倾斜程度以在较短的时间内模拟出下述相似结果，而这一过程也包含了不相等的长度比，这也使得黏度—应力关系变得更为复杂。

9.6.3 短期盐排驱实验

在第一个实验中(图 9-22)，下部的黏性流体为黄金糖浆。糖浆的排驱过程由其表面的玉米粉所标记。在几分钟内，在黏性流体的上倾末端即可见出现张性裂缝(图 9-22a)，其出现的位置邻近于糖浆层的尖灭边缘。箱子的下倾末端则由于糖浆的排驱而膨胀，但是标记层中以褶皱形式表现出来的挤压现象并不可见。

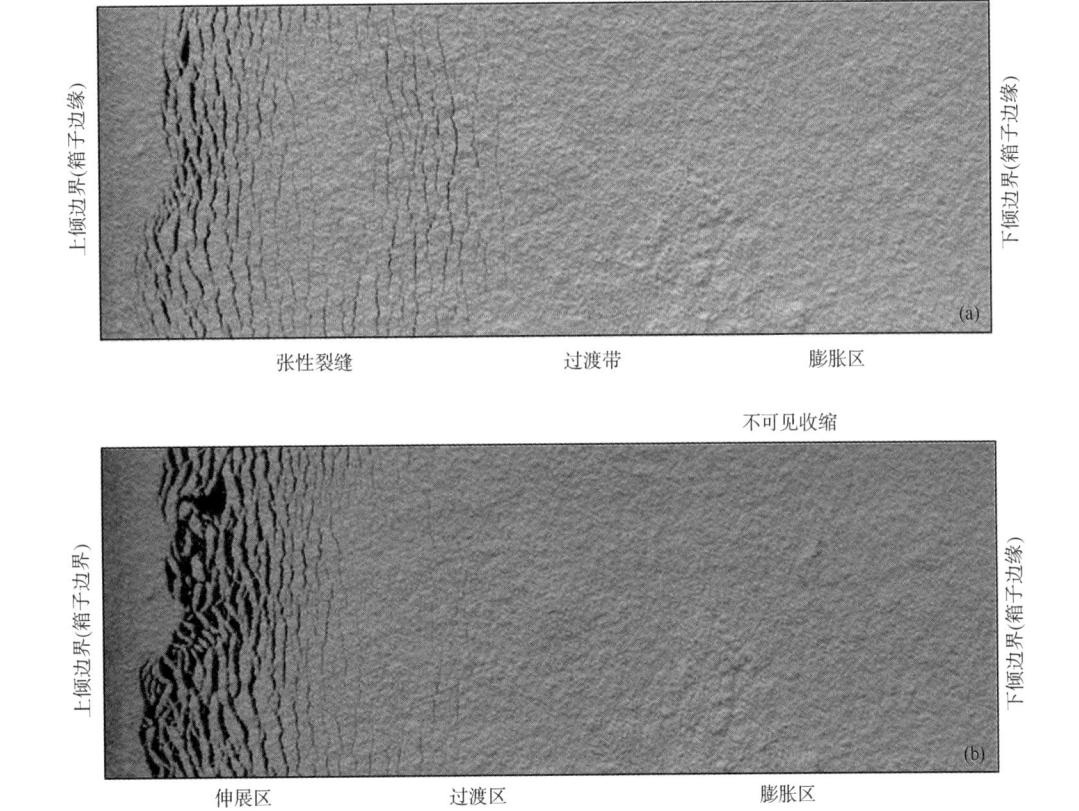

图 9-22 黄金糖浆模拟实验

该模型的初始装置参见图 9-21；可见区域范围为 400mm。(a)将箱子上倾末端抬高 1mm 之后 2 分 30 秒，随着玉米粉之下的糖浆层开始流动，玉米粉层(白色)出现裂缝；将这一过程对应到桑托斯盆地中，这一时间相当于 0.5Ma，初始倾斜角度相当于 0.1° 或在 450km 的范围内增加 1000m 厚的差异沉降，这相当于大约 33% 的降积发生在阿普特期的边缘外部区域。(b)与(a)中相同的实验，时间为 17 分 30 秒后，相当于初始倾斜出现后 4Ma；伸展区的张性裂缝已变宽，但已停止运移；在其下部，可见很薄的一层深色糖浆(焊接)，这部分糖浆由于阻力作用而无法流动；再往下的位置，图(a)中出现的一些早期裂缝由于接近膨胀区域而发生闭合；这一模拟过程与南大西洋中部的盐核生长断层以及碳酸盐岩筏状构造相似，它们的形成主要是与阿尔布期黏性流体向盆地方向的排驱而引起的伸展作用有关

图 9-22 中所反映出来的黄金糖浆上表面向下倾方向的流动特征与阿尔布期南大西洋中部含盐盆地的情况非常类似。模型中的张性裂缝对应于盆地中的伸展区，随着黏性流体向下倾方向运移，继而发生收缩，并停止活动。这与被动陆缘内侧区域的盐核正断层和阿尔布阶筏状构造（图 9-4a 和图 9-6）以及数值模拟实验结果（图 9-20）都非常相似。由于底部的拖曳力效应，在排驱过程结束后，最终会剩余一层很薄的黏性流体无法流动（Waltham，1997）。

9.6.4 长期盐排驱实验

在第二个实验中（图 9-23），选用了黏度更大的蜜糖浆。该模型中的糖浆流动速度更慢，从而使玉米粉层需要更长时间才能记录到糖浆移动。2 小时 30 分钟后（相当于 10Ma），长条形的伸展裂缝开始出现（图 9-23a），它们都基本平行于糖浆的尖灭边缘，并略微向下方倾斜。在尖灭边缘位发生的流动最大，在玉米粉层中也就是最大伸展区。该区域之所以流动最大是因为有相当一部分流体通过这一厚度适中的薄层，向上倾方向的流体由于拖曳力的作用，太薄而无法流动（Waltham，1997），而向下倾方向需要通过更厚的地层厚度（图 9-23a）。

大部分张性裂缝都向下发生运移，并在接近糖浆堆积和膨胀的区域时发生闭合。而在上倾方向，由于活动边缘随糖浆流动而发生移动，裂缝宽度也进一步加大（图 9-23b）。标记层在裂缝内薄糖浆处的分散碎块未观察到移动情况，而且上倾边缘的裂缝也保持静止状态，这表明剩下的糖浆由于太薄而无法发生流动。

在模型下倾末端的膨胀区域，在靠近箱子边缘的位置，玉米粉层中形成了褶皱，但能够观察到的挤压构造的数量远少于由张性裂缝所表现出来的伸展构造的数量；挤压构造约为伸展构造的 25%；换句话说，与之前的模型相似（图 9-22），其中的一些挤压变形是不可见的。

在该模型中，伸展区域、过渡区域和膨胀区域的边界可以精准地确定（图 9-23），并且与数值模型相类似（图 9-20）。从这些研究中可以看出，随着黏性流体在下倾边缘处汇聚并稳定后，伸展区域范围会逐渐变小，而膨胀区域的范围会增加。

尽管该模型只是用来说明黏性流体向下发生排驱时，其上表面的流动效应，但是可以发现张性裂缝的形态与阿尔布阶裂谷非常相似（图 9-13 和图 9-23）。模型中的玉米粉层作为对阿尔布阶碳酸盐岩的模拟，在裂缝的上倾方向出露地表，而在裂缝的下倾侧作为筏状层发生运移（图 9-23）。与 Cabo Frio 断层相仿，裂缝的下倾边缘比较长，而且相对比较平直。

9.6.5 下倾侧障碍物的重要性

值得注意的是，在这些模型中（图 9-20 至图 9-23），如果没有下倾末端的障碍物或岩床，将不会存在膨胀区域。在没有外部高地或火山脊的被动陆缘中，盐体排驱将会毫无约束，这就意味着大部分盐体将会向下发生流动，并且会快速推进，从而在洋壳上形成大范围的异地盐篷。桑托斯盆地、坎波斯盆地和宽扎盆地外部边缘相对不明显的盐篷表明洋—陆边界处（加上上覆沉积物）的阿普特阶火山高地和火山脊在被动陆缘早期演化过程中起到了有效阻挡盐体流动的作用（Cramez 和 Jackson，2000）。但宽扎盆地在中新世出现了第二个阶段的重力扩展作用（Hudec 和 Jackson，2004），这说明盐体也可能溢过了障碍物（图 9-9a）。

还有一个意义就是，如果没有外部火山高地或其他形式的障碍物，被动陆缘上就很难形

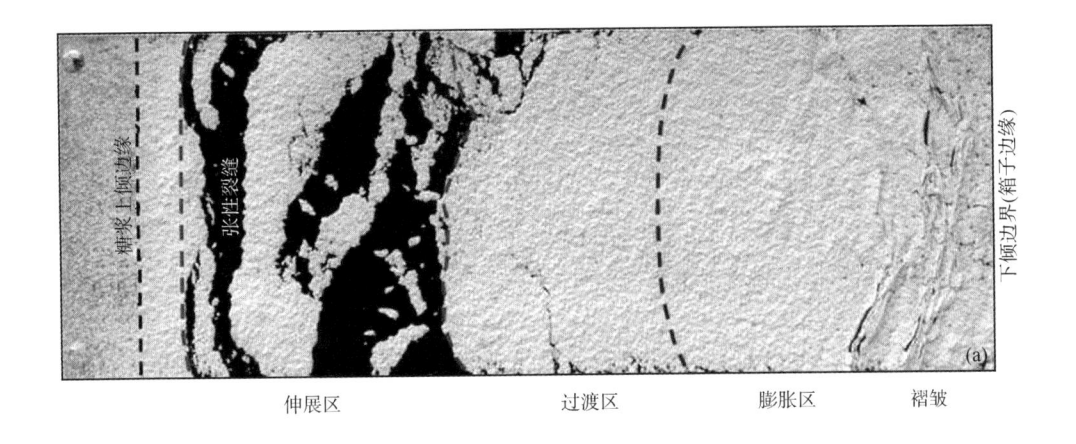

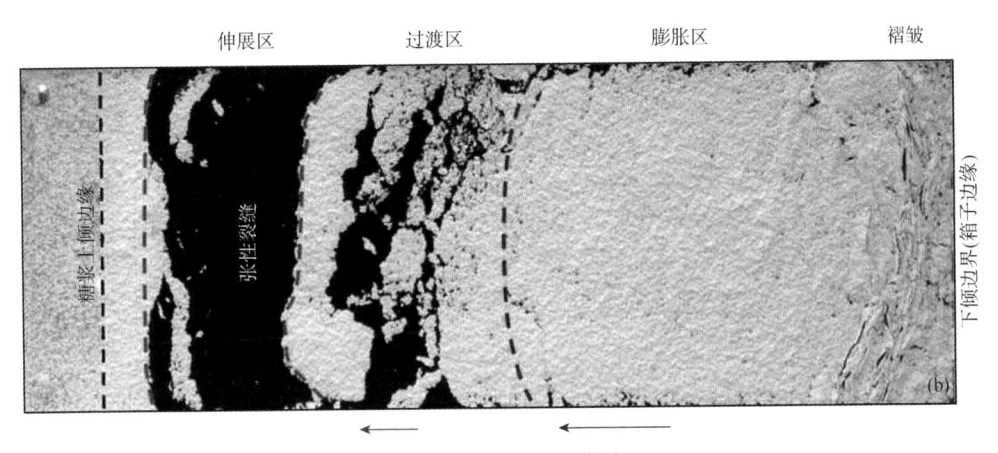

图 9-23 蜜糖浆模拟实验

该模型的初始装置参见图 9-21，可见区域范围为 400mm。(a)将箱子上倾末端抬高 1mm 之后 2 小时 30 分钟，随着玉米粉之下的黑色糖浆层开始向下流动，玉米粉层(白色)出现较宽的张性裂缝；虚线表示不同的应变区域之间的边界；将这一过程对应到桑托斯盆地中，这一时间相当于 10Ma，倾斜程度与图 9-22 一致。(b)与(a)中相同的实验，时间为 5 小时 30 分钟后，相当于初始倾斜出现后 30Ma；箱子的上倾末端在该期间被抬高 4mm(每 2h 抬高 1mm)；箭头表示在该时产段内应变区域边界的移动方向；伸展区和过渡区的张性裂缝与桑托斯盆地的阿尔布阶以及宽扎盆地中大量分布的独立筏状构造都非常相似；它们的形成都与上白垩统裂谷被动陆缘发生倾斜时黏性流体向盆地方向的排出有关；另外，桑托斯盆地中的圣保罗高原以及宽扎盆地中的外部盐体高地均与实验中的膨胀区具有一定的相似性

成含厚盐层的盆地。因为当盐体在任何沉降区开始聚集的时候，在掀斜作用下它们很快就会向宽阔的洋盆方向运移。

9.7 结论

在类似于南大西洋中部地区的被动陆缘中，盐体在洋壳裂谷作用后不久就开始沉积，热沉降造成的掀斜会使盐体向新生洋脊方向流动，并在其后侧发生聚集和膨胀。这就造成了外侧区域中薄化陆壳的快速负载，加剧了洋脊的阻挡作用。当内侧区域的盐体排出干净的时候，就会发生均衡回弹，从而加剧被动陆缘的倾斜程度，并促进盐体进一步向盆地方向流动。外部区域 1000m 的热沉降量会造成盐体厚度超过 2000m。被动陆缘的宽度越大，能够

流入到膨胀区的盐体就越多。这可能就会形成规模的盐构造(桑托斯盆地)。如果盐体溢过外侧的障碍物,盐构造特征就将会更加复杂(如墨西哥湾和宽扎盆地)。作为对盐体流动、上倾均衡回弹以及下倾负载作用的响应,被动陆缘上的含盐盆地会发生部分的自我放大。在膨胀盐体的上倾边缘附近出现均衡枢纽,该部位上的均衡回弹最大,在其内侧,盆地变得平缓。

在南大西洋中部,盐体排出及均衡放大过程开始时的倾斜角度仅约为 0.1°,发生时间也仅是在阿普特阶盐体沉积之后数百万年,这为阿普特晚期和阿尔布期的高沉降速率和变形提供了一种解释。在被动陆缘的内部区域,盐体排出的速度很快。往下倾方向,盐体的排出在接下来的数百万年间仍会继续,并在数十千米宽的伸展和转换区的上覆层中有所反映。向外侧方向,较宽的膨胀挤压区会随着时间的推移向陆地方向延伸,并导致一些外侧的伸展构造发生反转。当膨胀盐体的厚度超过 3000m 时,大量的压实水就会从膨胀盐体下方排出。

参 考 文 献

Azevedo, R. L. M. 2004. Paleoceanografia e a evolução do Atlântico Sul no Albiano. Boletim de Geociências da Petrobrás(Rio de Janeiro), 12, 231-249.

Berman, A. 2008. Three super-giant fields discovered in Brazil's Santos Basin. World Oil, February 2008, 23-24.

Brun, J. - P. & Mauduit, T. P. O. 2008. Rollovers in salt tectonics: the inadequacy of the listric fault model. Tectonophysics, 457, 1-11.

Bueno, G. V. 2004. Diacronismo de eventos no rifte Sul-Atlântico. Boletim de Geociências da Petrobrás(Rio de Janeiro), 12, 203-229.

Burliga, S. 1996. Implications for early basin dynamics of the Mid-Polish Trough from deformational structures within salt deposits in Poland. Geological Quarterly, 40, 185-202.

Burollet, P. F. 1975. Tectonique en radeaux en Angola. Bulletin de la Société Géologique de France, XVII, 503-504.

Carminatti, M., Wolff, B. & Gamboa, L. A. P. 2008. New exploration frontiers in Brazil. In: Extended Abstracts CD, 19th World Petroleum Congress, Spain.

Carozzi, A. V. & Falkenhein, F. U. H. 1985. Depositional and diagenetic evolution of Cretaceous oncolytic packstone reservoirs, Macaé Formation, Campos basin, offshore Brazil. In: Roehl, P. O. & Choquette, P. W. (eds) Carbonate Petroleum Reservoirs. Springer-Verlag, New York, 471-484.

Cobbold, P. R. & Szatmari, P. 1991. Radial gravitational gliding on passive margins. Tectonophysics, 188, 249-289.

Cobbold, P. R., Szatmari, P., Coelho, D. & Rossello, E. A. 1995. Seismic and experimental evidence for thin-skinned horizontal shortening by convergent radial gliding on evaporites, deep-water Santos Basin, Brazil. In: Jackson, M. P. A. et al. (eds) Salt Tectonics: A Global Perspective. AAPG, Tulsa, Memoir 65, 305-321.

Cobbold, P. R., Meisling, K. & Mount, V. S. 2001. Reactivation of an obliquely rifted margin, Campos and Santos basins, southeastern Brazil. AAPG Bulletin, 85, 1925-1944.

Connelly, R. K. & Kokini, J. L. 2006. Mixing simulation of a viscous Newtonian liquid in a twin sigma blade mixer. American Institute of Chemical Engineers Journal, 52, 3383-3393.

Contreras, J., Zühlke, R., Bowman, S. & Bechstädt, T. 2010. Seismic stratigraphy and subsidence analysis of the southern Brazilian margin (Campos, Santos and Pelotas basins). Marine and Petroleum Geology, 27, 1952-1980.

Cramez, C. & Jackson, M. P. A. 2000. Superposed deformation straddling the continental – oceanic transition in deep-water Angola. Marine and Petroleum Geology, 17, 1095–1109.

Davison, I. 2007. Geology and tectonics of the South Atlantic Brazilian salt basins. In: Ries, A. C. et al. (eds) Deformation of the Continental Crust: The Legacy of Mike Coward. Geological Society, London, Special Publication, 272, 345–359.

Davison, I., Anderson, L. & Nuttall, P. 2012. Salt deposition, loading and gravity drainage in the Campos and Santos salt basins, Brazil. In: Alsop, G. I., Archer, S. G., Hartley, A. J., Grant, N. T. & Hodgkinson, R. (eds) Salt Tectonics, Sediments and Prospectivity. Geological Society, London, Special Publications, 363, 159–173.

De Freitas, J. T. R. 2006. Ciclos deposicionais evaporíticos da bacia de Santos: uma análise cicloestratigráfica a partir de dados de 2 poços e de traços de sísmica. Unpublished MSc thesis, Universidade Federal do Rio Grande do Sul.

Demercian, S., Szatmari, P. & Cobbold, P. R. 1993. Style and pattern of salt diapirs due to thin-skinned gravitational gliding, Campos and Santos basins, offshore Brazil. Tectonophysics, 228, 393–433.

Dingle, R. V. 1999. Walvis Ridge barrier: its influence on palaeoenvironments and source rock generation deduced from ostracod distributions in the early South Atlantic Ocean. In: Cameron, N. R., Bate, R. H. & Clure, V. S. (eds) The Oil and Gas Habitats of the South Atlantic. Geological Society, London, Special Publications, 153, 293–302.

Duval, B., Cramez, C. & Jackson, M. P. A. 1992. Raft tectonics in the Kwanza Basin, Angola. Marine and Petroleum Geology, 9, 389–404.

Eichenseer, H. T., Walgenwitz, F. R. & Biondi, P. J. 1999. Stratigraphic control on facies and diagenesis of dolomitized oolitic siliciclastic ramp sequences (Pinda Group, Albian, offshore Angola). AAPG Bulletin, 83, 1729–1758.

Fainstein, R. & Krueger, A. 2005. Salt tectonics comparisons near their continent-ocean boundary escarpments. In: Post, P. J., Rosen, N. C., Olson, D. L., Palmes, S. L., Lyons, K. T. & Newton, G. B. (eds) GCSSEPM 25th Annual Bob F. Perkins Research Conference: Petroleum Systems of Divergent Continental Margin Basins. Abstracts CD, 510–540.

Fiduk, J. C. & Rowan, M. G. 2012. Analysis of folding and deformation within layered evaporites in Blocks BM–S–8 & –9, Santos Basin, Brazil. In: Alsop, G. I., Archer, S. G., Hartley, A. J., Grant, N. T. & Hodgkinson, R. (eds) Salt Tectonics, Sediments and Prospectivity. Geological Society, London, Special Publications, 363, 471–487.

Fonck, J.-M., Cramez, C. & Jackson, M. P. A. 1998. Role of subaerial volcanic rocks and major unconformities in the creation of South Atlantic margins. AAPG International Conference, Rio de Janeiro, 8 – 11 November. Extended Abstracts Volume, 38–39.

Fort, X., Brun, J.-P. & Chauvel, F. 2004. Salt tectonics on the Angolan margin, synsedimentary deformation processes. AAPG Bulletin, 88, 1523–1544.

Fox, J. F. & Ashton, P. R. 2000. Deepwater Gabon – Is it an analog for the deepwater Gulf of Mexico? In: Shoup, R., Watkins, J., Karlo, J. & Hall, D. (eds) Integration of Geologic Models for Understanding Risk in the Gulf of Mexico. AAPG, Tulsa, Datapages Discovery Series CD-ROM 1.

Fullsack, P. 1995. An arbitary Lagrangian–Eulerian formulation for creeping flows and its application in tectonic models. Geophysical Journal International, 120, 1–23.

Gamboa, L. A. P., Machado, M. A. P., Silva, D. P., De Freitas, J. T. R. & Silva, S. R. P. 2008. Evaporitos estratificados no Atlântico Sul: interpretação sísmica e controle tectono-estratigráfico na Bacia de Santos. In: Mohriak, W. et al. (eds) Sal: Geologia e Tectô- nica. São Paulo, Beca Edições, 340–359.

Ge, H., Jackson, M. P. A. & Vendeville, B. C. 1997. Kinematics and dynamics of salt tectonics driven by progradation. AAPG Bulletin, 81, 398-423.

Gemmer, L., Beaumont, C. & Ings, S. J. 2005. Dynamic modelling of passive margin salt tectonics: effects of water loading, sediment properties and sedimentation patterns. Basin Research, 17, 383-402.

Gomes, P. O., Parry, J. & Martins, W. 2002. The Outer High of the Santos Basin, southern São Paulo Plateau, Brazil: tectonic setting, relation to volcanic events and some comments on hydrocarbon potential. AAPG Hedberg Conference - Hydrocarbon Habitat of Volcanic Rifted Passive Margins, 8-11 September 2002, Stavanger, Norway. Extended abstracts CD.

Gomes, P. O., Kilsdonk, B., Minken, J., Grow, T. & Barragan, R. 2009. The Outer High of the Santos Basin, southern São Paulo Plateau, Brazil: pre-salt exploration outbreak, paleogeographic setting and evolution of the syn - rift structures. AAPG, Search and Discovery, Article 10193, 1 - 13 (http://www.searchanddiscovery.com/documents/2009/ 10193gomes/images/gomes.pdf).

Guardado, L. R., Gamboa, L. A. P. & Luchesi, C. F. 1989. Petroleum geology of the Campos Basin, a model for a producing Atlantic - type basin. In: Edwards, J. D. & Santogrossi, P. A. (eds), Divergent/Passive Margin Basins. AAPG, Tulsa, Memoir, 48, 3-79.

Holness, M. B. & Lewis, S. 1997. The structure of the halite-brine interface inferred from pressure and temperature variations of equilibrium dihedral angles in the halite-H_2O-CO_2 system. Geochimica et Cosmochimica Acta, 61, 795-804.

Hubbert, M. K. 1937. Theory of scaled models as applied to the study of geologic structures. Geological Society of America Bulletin, 48, 1459-1520.

Hudec, M. R. & Jackson, M. P. A. 2004. Regional restoration across the Kwanza Basin, Angola: salt tectonics triggered by repeated uplift of a metastable passive margin. AAPG Bulletin, 88, 971-990.

Hudec, M. R. & Jackson, M. P. A. 2006. Advance of allochthonous salt sheets in passive margins and orogens. AAPG Bulletin, 90, 1535-1564.

Hudec, M. R. & Jackson, M. P. A. 2007. Terra infirma: understanding salt tectonics. Earth-Science Reviews, 82, 1-28.

Hudec, M. R., Jackson, M. P. A. & Schultz-Ela, D. D. 2009. The paradox of mini-basin subsidence into salt: clues to the evolution of crustal basins. Geological Society of America Bulletin, 121, 201-221.

Ings, S., Beaumont, C. & Gemmer, L. 2004. Numerical modeling of salt tectonics on passive continental margins: preliminary assessment of the effects of sediment loading, buoyancy, margin tilt, and isostasy. Salt-Sediment Interactions and Hydrocarbon Prospectivity: Concepts, Applications and Case Studies for the 21st Century, 24th Annual GCSSEPM Foundation Bob F. Perkins Research Conference, Houston, 5-8 December. Proceedings (CD ROM), 36-68.

Jackson, M. P. A. & Vendeville, B. C. 1994. Regional extension as a geological trigger for diapirism. Geological Society of America Bulletin, 106, 57-73.

Jackson, M. P. A., Cornelius, R. R., Craig, C. H., Gansser, A., Stocklin, J. & Talbot, C. J. (eds) 1990. Salt Diapirs of the Great Kavir, Central Iran. Geological Society of America, Boulder, Memoir, 177.

Jackson, M. P. A., Cramez, C. & Fonck, J.-M. 2000. Role of subaerial volcanic rocks and mantle plumes in creation of South Atlantic margins: implications for salt tectonics and source rocks. Marine and Petroleum Geology, 17, 477-498.

Jackson, M. P. A., Hudec, M. R., Jennette, D. C. & Kilby, R. E. 2008. Evolution of the Cretaceous Astrid thrust belt in the ultradeep-water Lower Congo Basin, Gabon. AAPG Bulletin, 92, 487-511.

Karner, G. D. & Gamboa, L. A. P. 2007. Timing and origin of the South Atlantic pre-salt sag basins and their capping evaporites. In: Schreiber, B. C. et al. (eds) Evaporites Through Space and Time. Geological Society, London, Special Publications, 285, 15-35.

Kehle, R. O. 1970. Analysis of gravity sliding and orogenic translation. Geological Society of America Bulletin, 81, 1641-1664.

Koyi, H. A. 1997. Analogue modelling: from a qualitative to quantitative technique – a historical outline. Journal of Petroleum Geology, 20, 223-238.

Lewis, S. & Holness, M. 1996. Equilibrium halite-H20 dihedral angles: high rock-salt permeability in the shallow crust? Geology, 24, 431-434.

Lundin, E. R. 1992. Thin skinned extensional tectonics on a salt detachment, northern Kwanza Basin, Angola. Marine and Petroleum Geology, 9, 405-411.

McKenzie, D. 1978. Some remarks on the development of sedimentary basins. Earth and Planetary Science Letters, 40, 25-32.

Marton, L. G., Tari, G. C. & Lehmann, C. T. 2000. Evolution of the Angolan passive margin, West Africa, with emphasis on post-salt structural styles. In: Webster, M. & Talwani, M. (eds) Atlantic Rifts and Continental Margins. American Geophysical Union, Washington, Geophysical Monograph, 115, 129-149.

Mauduit, T. & Brun, J. P. 1998. Growth fault/rollover systems: birth, growth, and decay. Journal of Geophysical Research, 103, 18119-18136.

Mizusaki, A. M. P., Thomaz-Filho, A., Milani, E. J. & Césero, P. 2002. Mesozoic and Cenozoic igneous activity and its tectonic control in northeastern Brazil. Journal of South American Earth Sciences, 15, 183-198.

Modica, C. J. & Brush, E. R. 2004. Postrift sequence stratigraphy, paleogeography, and fill history of the deepwater Santos Basin, offshore SE Brazil. AAPG Bulletin, 88, 923-945.

Mohriak, W. U. 2001. Salt tectonics, volcanic centres, fracture zones and their relationship with the origin and evolution of the South Atlantic Ocean: geophysical evidence in the Brazilian and West African margins. 7th International Congress of the Brazilian Geophysical Society, Salvador, Brazil. Extended absracts volume, 1594.

Mohriak, W. U. 2003. Bacias Sedimentares da Margem Continental Brasileira. In: Bizzi, L. A., Schobbenhaus, C., Vidottie, R. M. & Gonçalves, J. H. (eds) Geologia, Tectônica e Recursos Minerais do Brasil, Capítulo III, CPRM, Brasília, 87-165.

Mohriak, W. U. & Szatmari, P. 2001. Salt tectonics and sedimentation along Atlantic margins: insights from seismic interpretation and physical models. In: Koyi, H. A. & Mancktelow, N. S. (eds) Tectonic Modeling. Geological Society of America, Washington, Memoir, 193, 131-151.

Mohriak, W. U., Macedo, J. M. et al. 1995. Salt tectonics and structural styles in the deep-water province of the Cabo Frio region, Rio de Janeiro, Brazil. In: Jackson, M. P. A. et al. (eds) Salt Tectonics: A Global Perspective. AAPG, Tulsa, Memoir, 65, 273-304.

Mohriak, W. U., Nemcok, M. & Enciso, G. 2008a. South Atlantic divergent margin evolution: rift border uplift and salt tectonics in the basins of SE Brazil. In: Pankhurst, R. J., Trouw, R. A., Brito Neves, B. B. & de Wit, M. J. (eds) West Gondwana: Pre-Cenozoic Correlations Across the South Atlantic Region. Geological Society, London, Special Publications, 294, 365-398.

Mohriak, W., Szatmari, P. & Anjos, S. M. C. 2008b. Sal: Geologia e Tectônica. Beca Edições, São Paulo. Mohriak, W., Szatmari, P. & Anjos, S. 2009. Geological and geophysical interpretation of salt Deposition and Tectonic Styles in the South Atlantic and North Atlantic Evaporite Basins. AAPG Conference, Denver, United States, Abstract CD.

Moulin, M., Aslanian, D. & Unternehr, P. 2009. A new starting point for the South and Equatorial Atlantic Ocean. Earth Science Reviews, 97, 59-95.

Nakano, C. M. F., Pinto, A. C. C., Marcusso, J. L. & Minami, K. 2009. Pre-salt Santos Basin – extended well test and production pilot in the Tupi area – the planning phase. Offshore Technology Conference, 4-7 May 2009,

Houston, OTC paper 19886, 1-8.

Nalpas, T. & Brun, J.-P. 1993. Salt flow and diapirism related to extension at crustal scale. Tectonophysics, 228, 349-362.

Parsons, B. & Sclater, J. G. 1977. An analysis of the variation of ocean floor bathymetry and heat flow with age. Geophysical Research, 82, 803-827.

Patchen, D. G., Hickman, J. B. et al. 2006. A Geologic Play Book for Trenton-Black River Appalachian Basin Exploration. West Virginia Geological and Economic Survey, Morgantown, U. S. Department of Energy Award Number DE-FC26-03NT41856, 601.

Peate, D. W. 1997. The Parana-Etendeka Province. In: Mahoney, J. J. & Coffin, M. F. (eds) Large Igneous Provinces: Continental, Oceanic, and Planetary Flood Volcanism. American Geophysical Union, Washington, DC, Geophysical Monograph, 100, 247-272.

Péron-Pinvidic, G. & Manatschal, G. 2010. From microcontinents to extensional allochthons: witnesses of how continents rift and break apart? Petroleum Geoscience, 16, 189-197.

Quirk, D. G. & Pilcher, R. 2005. 'Flip-flop' salt tectonics. AAPG International Conference and Exhibition, Paris, 11-14 September. Abstracts Volume, A58.

Quirk, D. G. & Pilcher, R. 2012. Flip-flop salt tectonics. In: Alsop, G. I., Archer, S. G., Hartley, A. J., Grant, N. T. & Hodgkinson, R. (eds) Salt Tectonics, Sediments and Prospectivity. Geological Society, London, Special Publications, 363, 245-264.

Quirk, D. G., D'Lemos, R. S., Mulligan, S. & Rabti, B. M. R. 1998. Insights into the collection and emplacement of granitic magma based on 3D seismic images of normal fault-related salt structures. Terra Nova, 10, 268-273.

Quirk, D. G., Nielsen, M., Raven, M. & Menezes, P. 2008. Salt tectonics in Santos Basin, Brazil. Rio Oil and Gas Expo and Conference 2008, Rio de Janeiro, 15-18 September. Proceedings, CD ROM, paper IBP1632_08.

Roberts, M. J., Metzgar, C. R., Liu, J. & Lim, S. J. 2004. Regional assessment of salt weld timing, Campos Basin, Brazil. In: Post, P. J., Olson, D. L., Lyons, K. T., Palmes, S. L., Harrison, P. F. & Rosen, N. C. (eds) Salt-Sediment Interactions and Hydrocarbon Prospectivity: Concepts, Applications, and Case Studies for the 21st Century. 24th Annual Gulf Coast Section SEPM Foundation, Bob F. Perkins Research Conference, Abstracts CD-ROM, 371-388.

Rosendahl, B. R., Reynolds, D. J. et al. 1986. Structural expressions of rifting: lessons from Lake Tanganyika, Africa. In: Frostrick, L. E. (ed.) Sedimentation in the African Rifts. Geological Society, London, Special Publication, 25, 29-43.

Rowan, M., Trudgill, B. D. & Fiduk, J. C. 2000. Deepwater, salt-cored foldbelts: Lessons from the Mississippi Fan and Perdido foldbelts, northern Gulf of Mexico. In: Webster, M. & Talwani, M. (eds) Atlantic Rifts and Continental Margins. American Geophysical Union, Washington, Geophysical Monograph, 115, 173-191.

Rowan, M. G., Peel, F. J. & Vendeville, B. C. 2004. Gravity-driven foldbelts on passive margins. In: McClay, K. R. (ed.) Thrust Tectonics and Hydrocarbon Systems. AAPG, Tulsa, Memoir, 82, 157-182.

Sandwell, D. T. & Smith, W. H. F. 2009a. Marine gravity anomaly from satellite altimetry, version 18.1. http://topex.ucsd.edu/marine_grav/mar_grav.html, Scripps Institution of Oceanography, University of California, San Diego.

Sandwell, D. T. & Smith, W. H. F. 2009b. Global marine gravity from retracked Geosat and ERS-1 altimetry: ridge segmentation v. spreading rate. Journal of Geophysical Research, 114, B01411, 1-18.

Sant'Anna, M. V., Machado, JR. D. L. et al. 2009. A Geologic Model of the Carbonate Platform in Deepwater of Campos Basin, Brazil, Constrained by the Jabuti Oilfield. 2009 AAPG International Conference and Exhibition,

15-18 November 2009, Rio de Janeiro, Brazil. AAPG Search and Discover Article 90100.

Schultz-Ela, D. D. & Walsh, P. 2002. Modeling of grabens extending above evaporites in Canyonlands National Park, Utah. Journal of Structural Geology, 24, 247-275.

Szatmari, P., Guerra, M. C. M. & Pequeno, M. A. 1996. Genesis of a large counter-regional normal fault by flow of Cretaceous salt in the South Atlantic Santos Basin, Brazil. In: Alsop, G. I., Blundell, D. J. & Davison, I. (eds) Salt Tectonics. Geological Society, London, Special Publications, 100, 259-264.

Talbot, C. J. 1993. Spreading of salt structures in the Gulf of Mexico. Tectonophysics, 228, 151-166.

Talbot, C. J. & Jarvis, R. J. 1984. Age, budget and dynamics of an active salt extrusion in Iran. Journal of Structural Geology, 6, 521-533.

Tillement, B. 1987. Insight into Albian carbonate geology in Angola. Bulletin of Canadian Petroleum Geology, 35, 65-74.

Torsvik, T. H., Rousse, S., Labails, C. &Smethurst, M. A. 2009. A new scheme for the opening of the South Atlantic Ocean and the dissection of an Aptian salt basin. Geophysical Journal International, 177, 1315-1333.

Trudgill, B. D. 2002. Structural controls on drainage development in the Canyonlands grabens of SE Utah. AAPG Bulletin 86, 1095-1112.

Trudgill, B. D. & Cartwright, J. A. 1994. Relay ramp forms and normal fault linkages, Canyonlands National Park, Utah. Bulletin of the Geological Society of America, 106, 1143-1157.

Trudgill, B. D. & Paz, M. 2009. Restoration of mountain front and salt structures in the northern Paradox Basin, SE Utah. In: Houston, W. S., Wray, L. L. & Moreland, P. G. (eds) The Paradox Basin Revisited - New Developments in Petroleum Systems and Basin Analysis. Rocky Mountain Association of Geologists, Denver, Special Publication, 132-177.

Urai, J. L., Spiers, C. J., Zwart, H. J. & Lister, G. S. 1986. Weakening of rock salt by water during long-term creep. Nature 324, 554-557.

Van Buchem, F. S. P., Al-Husseini, M. I., Maurer, F. & Droste, H. J. 2010. Barremian-Aptian Stratigraphy and Hydrocarbon Habitat of the Eastern Arabian Plate. GeoArabia, Special Publication No. 4, Gulf Petrolink, Bahrain.

Van den Belt, F. J. G. & De Boer, P. L. 2007. A shallow basin model for 'saline giants' based on isostasy-driven subsidence. In: Nichols, G., Williams, E. & Paola, C. (eds) Sedimentary Process, Environments and Basins. International Association of Sedimentologists, Special Publication, Wiley-Blackwell, Chichester, 38, 241-252.

Van Keken, P. E., Spiers, C. J., Van den Berg, A. P. & Muyzert, E. J. 1993. The effective viscosity of rocksalt: implementation of steady state creep laws in numerical models of salt diapirism. Tectonophysics, 225, 457-476.

Vendeville, B. C. & Jackson, M. P. A. 1992a. The rise of diapirs during thin-skinned extension. Marine and Petroleum Geology, 9, 331-353.

Vendeville, B. C. & Jackson, M. P. A. 1992b. The fall of diapirs during thin-skinned extension. Marine and Petroleum Geology 9, 354-371.

Vendeville, B. C., Ge, H. & Jackson, M. P. A. 1995. Scale models of salt tectonics during basement-involved extension. Petroleum Geoscience, 1, 179-183.

Waltham, D. 1997. Why does salt move? Tectonophysics, 282, 117-128.

Wardlaw, N. C. 1972. Unusual marine evaporites with salts of calcium and magnesium chloride in Cretaceous basins of Sergipe, Brazil. Economic Geology, 67, 156-168.

Weijermars, R. & Schmeling, H. 1986. Scaling of Newtonian and non-Newtonian fluid dynamics without inertia for quantitative modelling of rock flow due to gravity (including the concept of rheological similarity). Physics of the Earth and Planetary Interiors, 43, 316-330.

Weijermars, R., Jackson, M. P. A. & Vendeville, B. 1993. Rheological and tectonic modeling of salt provinces. Tectonophysics, 228, 143-174.

Worrall, D. M. & Snelson, S. 1989. Evolution of the northern Gulf of Mexico, with emphasis on Cenozoic growth faulting and the role of salt. In: Bally, A. W. & Palmer, A. R. (eds) The Geology of North America - An Overview. Geological Society of America, Boulder, Colorado, A, 97-138.

Zalán, P. V., Severino, M. C. G. et al. 2009. Stretching and Thinning of the Upper Lithosphere and Continental-Oceanic Crustal Transition. AAPG Search and Discovery Article 90100, AAPG International Conference and Exhibition, 15-18 November 2009, Rio de Janeiro, Brazil, 1. (http://www.searchanddiscovery.net/abstracts/html/2009/intl/abstracts/zalan.htm).

(苏群 译，崔敏 校)

第10章　翻滚盐构造

DAVID G. QUIRK[1]，ROBIN S. PILCHER[2]

（1. Maersk Olie og Gas AS，50 Esplanaden，1263 Copenhagen K，Denmark；
2. Hess Corporation，1501 McKinney Street，Houston，Texas，77010，USA）

摘　要　本文主要描述了一类伸展构造区常见的盐墙构造，其具有以下特点：上覆地层在两翼被削截；受生长正断层影响，在剖面上表现为不对称形态；至少存在一个不整合面和超覆面将两套倾向相反的地层分开。这种盐墙构造的演化经历了翻滚盐构造的过程，而翻滚盐构造是由盐滚构造演变而来，而且盐滚构造的部位有一条正断层在初始盐体的一侧发生向下滑脱。随着盐岩向下盘核部下方低压区的流动，盐墙开始逐渐隆起并发生掀斜，直到重力失稳，或是一侧或两侧的上覆地层焊接在一起，或是盐岩出露地表。在盐体另一侧发生滑脱的新反倾断层促使该构造进一步生长发育，并导致上盘/下盘的极性发生翻转，这主要表现为不整合和上超面的发育。盐体在新的下盘继续生长，使得老的上盘部分发生反转。还有可能发生了其他转换，从而形成了大型翻滚盐构造，一直到盐源层消耗殆尽。

目前已经针对各种不同构造背景下的盐构造进行了详细的描述，但许多典型的盐墙和盐底辟是发育在被动大陆边缘。南大西洋两岸的巴西和西非以及墨西哥湾被动大陆边缘，都受到重力驱动过程的控制（Cobbold 和 Szatmari，1991；Lundin，1992；Demercian 等，1993；Peel 等，1995；Cramez 和 Jackson，2000；Marton 等，2000；Rowan 等，2000；Hudec 和 Jackson，2004；Quirk 等，2012），而且普遍认为这些地区的区域伸展作用在盐墙和盐底辟的形成过程中起到了重要作用（Duval 等，1992；Jackson 和 Vendeville，1994）。有些研究人员认为正断层是控制盐岩向上穿过上覆层运动的唯一重要机制（Vendeville 和 Jackson，1992a；Nalpas 和 Brun，1993），这是通过盐体处于在断层下盘低压区而实现的（Quirk 等，1998）。当然，除了伸展作用外，负载和挤压作用以及浮力都会对盐构造产生影响，但它们形成的压力也不足以使上覆层发生破裂（Weijermars 等，1993；Jackson 和 Vendeville，1994）。尽管如此，盐岩较高的黏度使得上升盐体因拖曳作用而加宽（Waltham，1996），这就要求空间明显受到上覆层的重量和强度限制（Quirk 等，1998）。这也就是说，盐岩常常局限在盐源层，除非受到如剪切作用等，其他地质作用的影响，才会穿过上覆地层向上运动。

在一组正向和反向正断层共同作用下，上覆地层发生减薄，其下方形成的盐构造称"复活底辟"（Vendeville 和 Jackson，1992a）。该类构造在物理模拟中通常呈相互对称的形态。本文描述的"翻滚"盐体（图10-1）与"复活底辟"具有一定的相似性。不同的是，"翻滚"盐体是不对称的，而且随着盐体的生长，它可以促进正断层发育，而不仅仅是由于上覆层发生减薄和细颈化导致负载降低而发生复活。

在对盐底辟构造进行简单讨论之后，我们对"翻滚"盐构造的几何特征、初始及演化过程进行了描述。本文以南大西洋中部和墨西哥湾为例（图10-2），表明该过程是调节伸展以及盐岩通过上覆层垂向上升的重要机制。

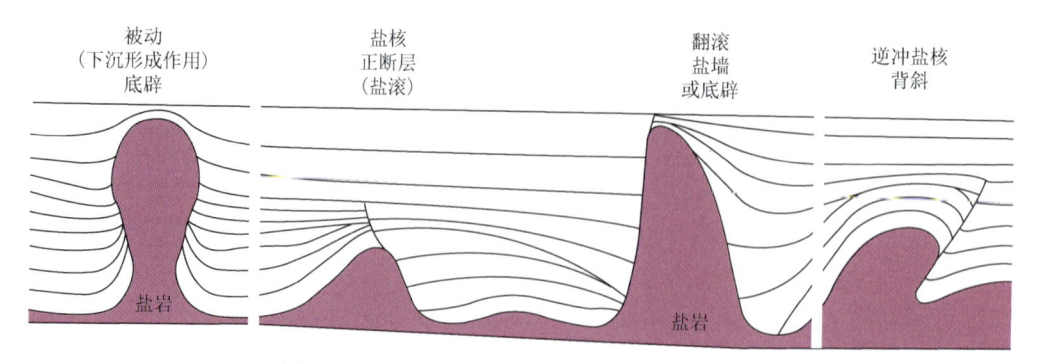

图 10-1 不同类型盐底辟和盐墙的剖面示意图

翻滚盐构造是本文的研究对象,与被动底辟的区别在于翻滚盐构造的上覆层不对称,与递冲盐核背斜的区别在于其正断层向外倾斜,且两侧的上覆层被截断;翻滚盐构造在发生极性转变之前表现为盐滚,极性转变事件形成一个明显的不整合面和上超面

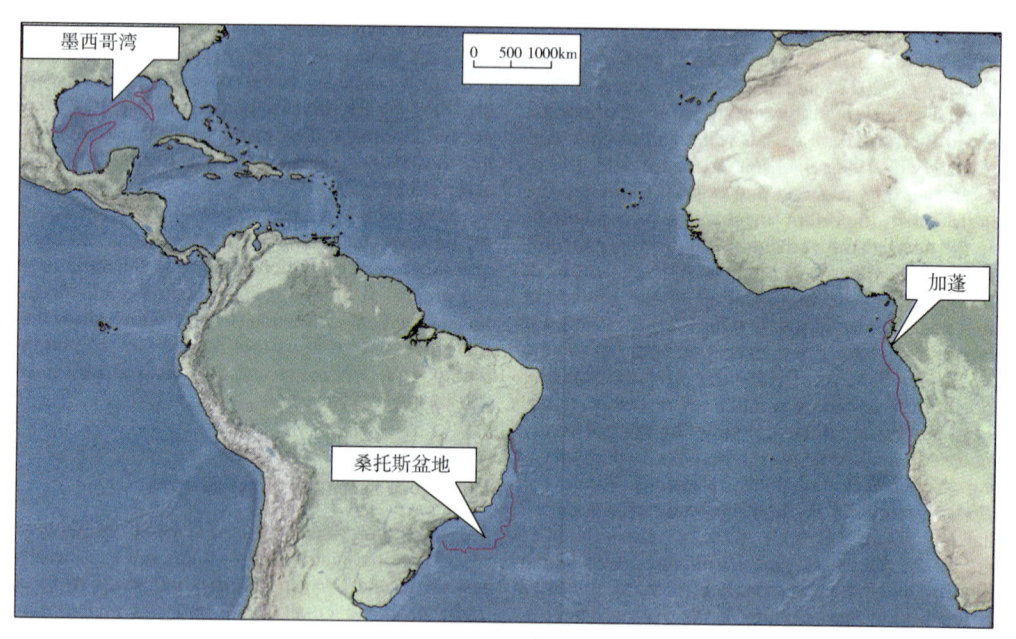

图 10-2 研究的几个盐盆位置图

10.1 盐墙和盐底辟的成因

沉积盆地中埋藏深度在几百米到 5~8km 范围内的盐岩都较为软弱,且由于浮力太小不能使上覆层裂开,因此在没有其他动力机制的条件下,盐岩本身不能形成盐墙或盐底辟构造(Jackson 和 Talbot,1986;Vendeville 和 Jackson,1992a;Weijermars 等,1993)。关于底辟构造的形成机制,主要有以下三种(图 10-1):被动下沉形成作用、挤压作用以及伸展作用(Jackson 等,1994)。

仅由被动下沉形成作用形成的盐底辟构造,盐岩从最初沉积到盐底辟的最终形成,其距离地表都较近,围区在这一过程中逐渐下陷并被年轻的沉积物充填(Barton,1933;Talbot,1995;Rowan 等,2003)。上覆层几何形态互相对称,仅在靠近盐底辟两翼的部位可能发生局部的倒转减薄和尖灭。尽管它们常源于盐脊或盐墙，但下沉形成作用形成的底辟在平面上常呈圆形，垂直向上可能高达几千米，且它的生长只受源盐供应的影响。

挤压作用形成的盐核背斜由一系列纵弯褶皱形成，包括尖顶褶皱、箱状褶皱和同心褶皱等，其中最老的上覆层与盐岩顶部呈整合接触(Cobbold 等，1995；Rowan 等，2000)。盐核背斜通常在平面呈长条形展布，在剖面上常倾斜或呈球状或悬挂体，上覆层常互相对称，高度很少超过几千米。如果上覆层仍保持相互整合关系，则它们不是严格意义上的底辟。然而，真正的大型盐底辟，要么是因核部常在被动下沉形成作用之后暴露于地表遭受侵蚀而发育(Rowan 等，2003)，或是因构造逆冲作用而发育(Letouzey 等，1995)。一般情况下，逆冲推覆作用的时间相对较短(尽管前期经历了长时间的褶皱发育)。在逆冲推覆盐构造中，上盘地层常发生倾斜，并与盐层顶部保持整合接触，但下盘地层常在盐体的倒悬翼部发生削截(图10-1)。

含盐盆地在重力作用(Duval 等，1992；Lundin，1992；Peel 等，1995；Stewart，1999；Cramez 和 Jackson，2000；Quirk 等，2012)或厚皮(基底卷入)作用(Nalpas 和 Brun，1993；Vendeville 等，1995；Ge 和 Vendeville，1997；Quirk 等，1998；Hudec 和 Jackson，2004)中都会普遍发育因伸展作用而形成的盐墙和盐底辟(Jackson 和 Vendeville，1994)。最简单且发育最早的常常是盐滚(Worrall 和 Snelson，1989)，盐滚中的盐岩在正断层的下盘向上隆起(图10-1)。该断层常为铲状正断层，滑脱于盐岩顶部，且盐体显长条形平行于断层(Jackson 和 Talbot，1986)。盐岩向断层下盘下部形成的内部低压区流动(Quirk 等，1998)。盐滚的生长和规模受以下几个因素的控制，即盐体周围盐岩的容量、上覆层厚度、断层的机械效率以及断层下盘的陡倾程度。盐体生长穿过上覆层的大型盐构造的两翼围岩呈翻滚状，本文接下来将会对该类型构造的性质进行讨论。

10.2 翻滚盐构造

通过对北海及南大西洋地震数据的分析，Quirk 和 Pilcher(2005)提出了"翻滚"盐构造这一概念(Quirk 等，2003)。同样的机制在早期常被用来解释黏性流体盐岩和花岗岩等是如何穿过上覆层向上运移几千米的(Quirk 等，1998)。类似的盐构造有时被称为"跟趾构造"(如墨西哥湾的 Corsair 系统；Worrall 和 Snelson，1989)，以前曾引起过关于直立盐焊接周围"Y_o-Y_o 断裂"成因的讨论(与 Thies 的个人通信，2010)。

10.2.1 描述

观察倾向方向的地震剖面，可以发现翻滚盐构造周围的上覆层呈不对称状，并发生倒转，与被动底辟相互对称的几何形态有明显不同。在任意一个特定的上覆地层单元中，下盘一侧发生向后的旋转并减薄，上盘一侧向下倾斜并变厚，依靠盐体或顶部滑脱于盐体陡翼的正断层而彼此分离(图10-3)。在盐滚(或盐核正断层；Quirk 等，2012)周围也可以见到类似的地层形态，其区别在于翻滚盐墙和盐底辟的构造极性至少发生一次改变。这点一般可以从不整合面和上超面看出，它们将一侧翼部之下减薄的下盘地层与之上的增厚地层分隔开，而在另一侧则是将翼部之下增厚的上盘地层与之上减薄地层分开(图10-4)。换句话说，之前是下盘的一侧变成了上盘，反之亦然。这种极性的反转是由于拉伸剪切方向由原断层转换到盐体另一侧的新断层。不同于盐滚和逆冲推覆盐体，翻滚盐构造存在陡倾的滑脱面，表现为上覆层在翻滚盐构造的两翼均被削截(图10-3)。

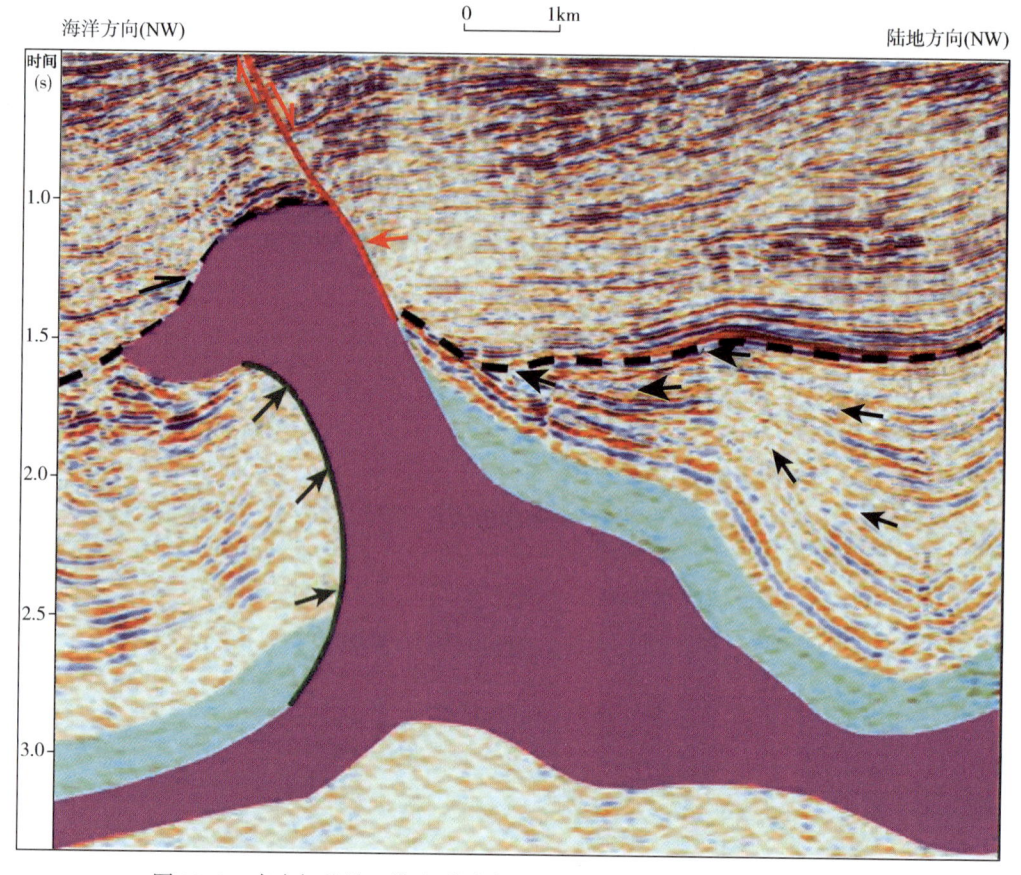

图10-3 来自加蓬的三维地震测线显示的翻滚盐墙(粉色)(时间显示)
主要表现为上覆层不对称、不协调或者构造两翼的地层削截(红色和绿色箭头),这些特征都发生在正断层(红线)的下盘,上覆层被不整合面和上超面(黑色虚线)分隔,其上部、下部的地层在不同的方向上发生分离和尖灭;前动力学地层表示为蓝色;不整合面和上超面发育的同时,盐岩流向绿色断层的下降盘形成盐墙 NW 侧的盐翼

用于识别和解释翻滚盐墙和盐底辟的主要特征有(图10-4):(1)盐体两侧上覆层总体上不对称,表现为地层倾向相反、分离、尖灭、超覆及削截;(2)至少存在一个不整合面,标志着相对倾向、分离等的转变(构造极性的反转与地层厚—薄关系的倒转有关);(3)盐体核部之上发育的外倾正断层代表了最近一期的断层活动;(4)构造另一侧的深部地层中至少存在一期早期发育的正断层;(5)上覆层与盐岩两翼均呈不整合接触;(6)不整合的方向与区域伸展方向一致,并平行于同时期发育的正断层。

10.2.2 成因

翻滚盐构造发育于盐岩沉积较厚且较均匀(图10-5a)的区域,这些盐岩由于构造作用(Nalpas 和 Brun,1993)或自身的下倾流动(Quirk 等,2012)的影响,已发生适度或大规模的伸展。典型的翻滚盐构造发育于盐滚形成以后(图10-5b),此时在早期断层下盘隆起盐体,之上发育新的滑脱正断层,并导致构造极性发生转变或"翻转"(图10-5c、d)。因此,随着盐墙的不断发育,盐构造一翼原本是下降盘,现在变为上升盘,这一过程被 Quirk(1998)等

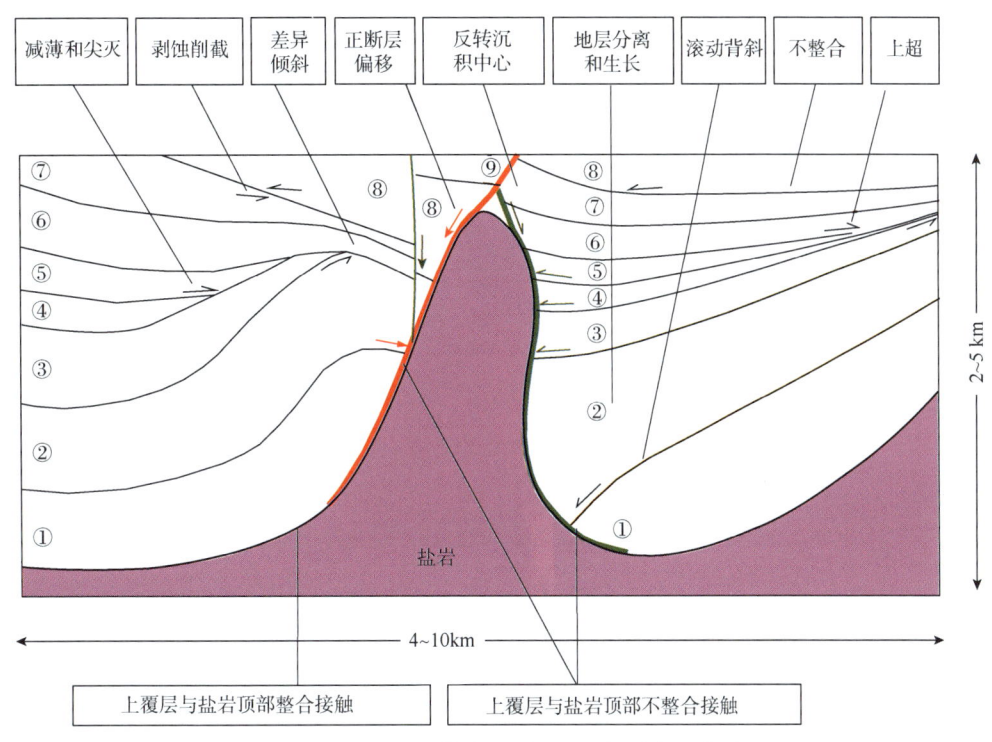

图 10-4 翻滚盐构造上覆地层几何形态示意图
数字表示上覆层的地层层序

称为伸展断层下盘的生长。一个或多个极性反转的发生导致大型盐构造形成(图 10-5e、f)，其周围上覆层形态不对称，在相反的侧翼及垂直方向上地层的增厚—减薄关系都发生了改变(Quirk 等，2003)。

10.2.2.1 正断层的重要性

盐岩在地下表现为液态的牛顿流体特征，不断向低压区流动，在低压区由于上覆层的阻挡而隆起。导致差异压力的主要原因是静岩压力(上覆层)。然而，在埋深 2~3km 时，与下伏盐岩相比，上覆层的密度较小(Hudec 等，2009)，这也就是说在盐岩厚度足够大的情况下，上覆层会漂浮在盐岩层之上。在上覆层薄的区域，沉积物的顶面要较上覆层厚的区域低，故会被沉积物充填，以补偿盐岩层的顶面，并使其水平以调整厚度变化(图 10-6)。对这个明显的悖论的一种解释就是挤压作用可以缩短盐体，并使其相对于年轻的沉积物隆升，维持活动的沉降中心，直到积累的沉积物能够使上覆层下陷(Ings 和 Beaumont，2010)。然而，另一个可能的解释就是，正断层能导致上覆层产生长期的不均一性，从而在盐岩内产生压力势(Vendeville 和 Jackson，1992a)，使得盐岩向上升盘的低压区流动(图 10-5b)。越来越多的证据与该模式相吻合，表明盐岩在被动大陆边缘背景下受倾斜和伸展作用影响而流动较早(Cobbold 和 Szatmari，1991；Duval 等，1992；Jackson 和 Vendeville，1994；Marton 等，2000；Hudec 和 Jackson，2004)，并使得沿断层上盘低处形成沉积物输入通道(Quirk 等，2012)。

10.2.2.2 盐滚

上覆层中的断层很难穿过盐岩，而是在盐岩—沉积物接触面附近形成一个滑脱带。当断层滑动时，在下盘核部的下部会形成一个低压区(图 10-5b)，这是因为一部分上覆负载会发生解耦并转移到上盘(该效应的一个实例就是下盘回弹)。断块旋转也会在远离下盘核部

— 263 —

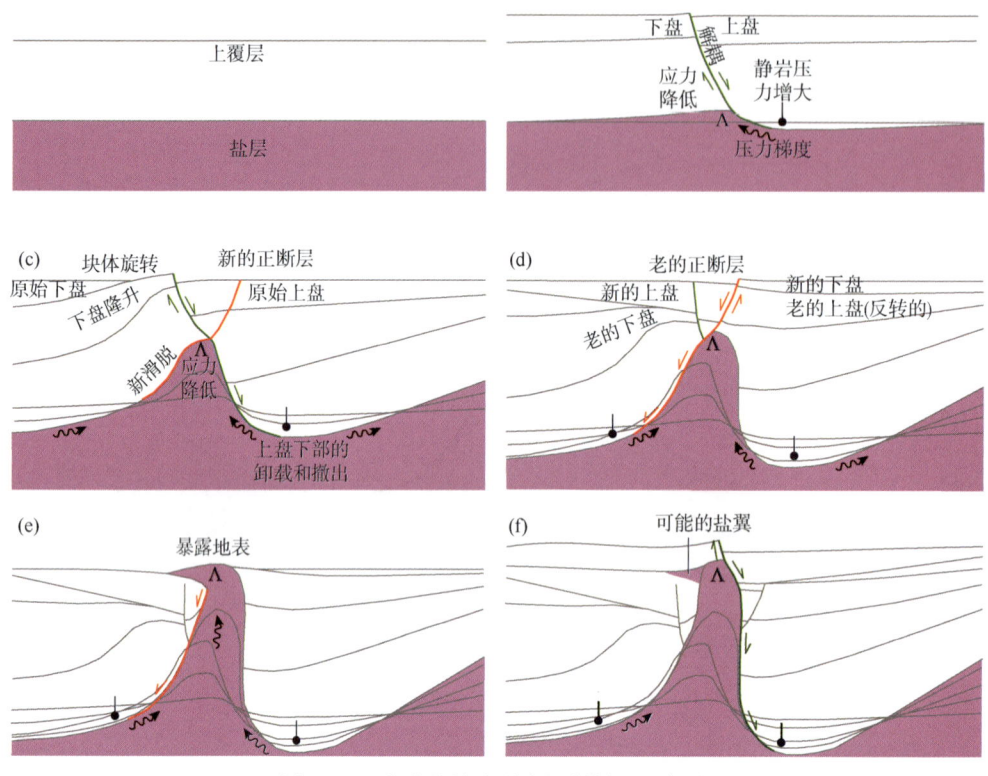

图 10-5　翻滚盐构造形成机制剖面示意图

(a)发育之前情况：没有其他启动机制的情况下，盐岩不能穿过(厚的)上覆层；(b)在伸展下盘生长作用下，盐核正断层或盐滚开始形成；(c)盐滚的持续膨胀，以及上覆层的倾斜和生长，形成与同裂谷期地层相似的几何形态；下盘回弹和下伏盐岩的上涌导致下盘翻转，这一过程一直持续到新的正断层形成，该断层向盐墙的另一侧发生滑脱，并造成极性的反转；(d)随着老断层的上盘变成新的活动断层的下盘，翻滚盐构造不断生长发育；(e)如果盐岩出露于表面，它将流向上盘一侧的凹陷处并形成一个盐翼，从而阻挡活动断层；(f)在第二次极性反转之后，盐墙继续生长

的下倾方向产生一些偏应力。此外，差异负载会随着下盘的剥蚀和/或上盘的充填而增大，且在深埋的盐岩中，差异压力会在浮力的作用下得到补充(Quirk 等，1998)。与其他黏性流体一样，压力的变化会引起盐岩的流动，从上盘之下以及下盘下倾末端向下盘上倾末端流动，并汇聚到断层下面的低压区。随着断层下盘的持续隆起，上覆层进一步掀斜，而上盘的根部进一步下陷，使得压差不断增大，导致该过程能够不断循环，最终导致微盆的形成。但是，陡倾的盐滚非常少见，因为随着盐滚的生长，另一翼发育的次生断层常会取代原生断层而形成翻滚盐构造(图 10-5c、d)。

10.2.2.3　翻滚的原因

关于极性反转和新断层的成因，可能有以下几种解释：(1)下盘下部盐岩的隆起导致下盘地层向后倾斜并使其重力失稳；(2)随着盐岩从下倾方向流出，断层的下盘或上盘相互接触(焊接)，在拖拽作用的影响下，原生断层的机械效率逐渐降低；(3)盐岩出露于地表，顺着初始断层流向上盘，并将其完全覆盖(图 10-5e)。其中，第一种解释(重力失稳)可能是导致极性改变的主要原因。然而，在巴西桑托斯盆地的浅水区却发现下盘焊接的现象(第二种解释)。在加蓬盆地的浅水区，则常见盐岩呈席状出露于地表(第三种解释)(Quirk 等，2003)。

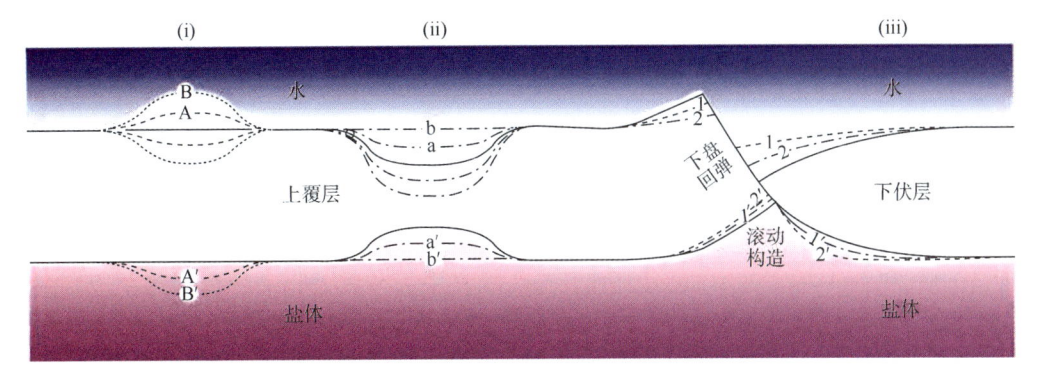

图 10-6 上覆层厚度变化引起均衡效应的剖面示意图

上覆层的平均密度小于盐岩，尤其是当盐岩埋深为2~3km的时候(Hudec等，2009)；假定上覆层的挠曲强度为0，且横向均匀，平均密度为 1.6g/cm³，盐岩平均密度为 2.2g/cm³。(i)表示沉积物沉积在最初平坦的海底，例如盆底扇的沉积；沉积厚度的逐渐增加与沉积物表面(A、B)的逐渐升高和水深的减小有关，表现为浮在盐岩之上的上覆层逐渐凹陷(A'、B')；这种情况不会一直持续下去，丘状体任一侧的侵蚀和/或更年轻的沉积往往会引起沉积补偿，直至海底与盐岩顶部再一次相对平坦。(ii)由于上覆层的厚度较相邻地区薄，从而导致海底发生凹陷，表明其下方是一个盐枕；随着凹陷被沉积物充填(a)，盐枕逐渐下降(a')，直到盐岩顶面呈水平(b')，且地形沉积中心消失(b)；这也就是说，与(i)相似，由于上覆层是浮在盐岩顶部的，往往趋于等厚状，这就意味着在没有其他力的作用下，微盆很难保持。(iii)表示微盆是如何在生长正断层的上盘形成和继续发育的；(1，2)其本质是个被掀斜下盘围限的同沉积半地堑，核部是盐滚；随着伸展作用的继续，下盘与上盘发生分离，上覆载荷逐渐减少，受上倾、海底剥蚀和盐岩从下倾端流向盐滚顶部低压区的影响，差异压力增大，有助于它进一步的生长

10.2.2.4　可能解释为核部塌陷

翻滚盐构造可以解决有关塑性地层之上核部地堑和反向断层相关模型在视空间上遇到的问题，否则就会要求上盘的脊线下降至盐岩的顶部(Vendeville 和 Jackson，1992a)。如果该构造是由翻滚机制形成的，那么断层在不同的时代都在活动，使得最近一次活动的正断层上盘与早期的断层一起向盐体一侧向下移动(图10-5d)。在极性翻转的早期，因为较老的不活动反向正断层的出现，该构造可能被误认为是核部塌陷地堑。但随着构造的演化，不对称性表现得越来越明显，包括活动断层对面的新下盘的向后旋转，以及盐体之上老上盘的部分倒转(图10-4)。

10.2.2.5　活动周期

当断层下盘抬升并遭受剥蚀时，此时如果盐岩出露于海底或者地表，那么将会发生被动下沉形成作用，使得上覆层上部的地层呈现出对称的几何形态。这种情况常见于北海的南部和中部(Davison 等，2000)。但在一般情况下这种被动下沉形成阶段的情况并不多见(图10-3)。这可能是因为在早期形成的盐滚中，沉积物的平均密度低于盐岩(Hudec 等，2009)，这就意味着沉积物将会浮在高于盐岩自由面处(图10-6)。换句话说，在不漂浮的情况下，很难使盐体保持长时间的暴露，因为它将趋向于形成一个低地，其四周都是静压支撑的围岩，并最终被新的沉积物充填，盐体也不会向上流动至地表。在晚期形成的翻滚盐构造中(此时上覆层的平均密度大于盐岩)，如果盐岩到达表面，则底辟可以通过被动下沉形成作用继续生长，并呈翼状(图10-5e)或(如果盐源供应充足)呈异地盐席流出。如果盐源供应不足或者沉积物沉积速率显著增加，那么盐构造很可能被掩埋。后来的挤压作用可能使该构造重新活动，最终形成一个泪滴形的盐体，该盐体具有整合型的褶皱顶面(图10-1)。另外，通过构造两侧盐岩的消除，盐墙和正断层可能会继续缓慢生长(见下文"加蓬海域"的实例)。

10.3 翻滚盐构造实例

10.3.1 南大西洋中部

Quirk等（2012）和其他学者（Cobbold和Szatmari，1991；Duval等，1992；Marton等，2000；Hudec和Jackson，2004）已经证实，南大西洋中部与重力相关的盐构造在盐岩沉积了仅仅是几百万年之后就开始发育了，主要是与被动陆缘的掀斜作用有关。Quirk等（2012）对构造—地层进行了描述，并总结了以下几点特征：(1)热沉降作用开始于阿普特期早期，此时大陆裂谷正在向大洋裂谷发生转变；(2)阿普特期晚期沉积了一套厚层盐岩，之后在阿尔布期海相碳酸盐岩沉积的同时，盐岩就向下倾方向流动；(3)从塞诺曼期开始，沉积作用变为以海相碎屑岩为主。内侧地区以伸展盐构造为主，而且由于盐岩供应充足，使得翻滚盐构造较为发育。

10.3.1.1 加蓬陆上

来自加蓬南部陆上（图10-2）的图10-7a显示出三个盐墙以及相互影响的上覆层，这些上覆层多是由阿尔布阶碳酸盐岩组成。阿尔布阶呈不对称掀斜，并显示出翻滚盐构造典型的地层分离和削截反射特征。阿尔布阶中存在两个重要的不整合面（阿尔布阶内部和阿尔布阶顶部），对不整合面进行层拉平可以使地层的几何形态更加突出，并能够说明盐构造的演化过程。

图10-7b是对阿尔布阶层内部不整合进行层拉平的结果。在不整合面以下，碳酸盐岩地层向盐墙的西南翼明显减薄，而向北东翼（类似于同裂谷期掀斜断块）则明显增厚，表明初始构造为与向NE倾斜的生长断层相关的盐滚。盐岩顶部厚度相对稳定的层段被认为是前动力学地层。

对阿尔布阶顶部不整合面进行层拉平（图10-7c），表明在阿尔布阶上部碳酸盐岩沉积期间，构造极性发生了反转，地层也向盐墙的西南翼增厚。向西南倾斜的新的正断层处于活动状态，这主要与盐墙的持续同沉积生长有关。

这种情况下发生翻转的原因是下盘的过度陡倾。在重力失稳之前，前动力学地层与阿尔布阶层内部不整合的夹角已经达到SW15°（图10-7d）。

10.3.1.2 桑托斯盆地

图10-8显示了桑托斯盆地（图10-2）"翻滚"构造在约108Ma的阿尔布早期（仅在盐岩沉积之后4Ma）从盐滚开始的发育过程，并且主要与向盆地倾斜并在外侧翼部滑脱的正断层有关，但是，15Ma之后（晚森诺曼期），随着盐体内侧翼的生长断层转为向陆倾斜，构造极性发生了反转（图10-8c）。这种变化可通过角度不整合的形成反映出来。在该不整合形成时，原来是上盘的一侧变为下盘，反之亦然（图10-5d）。此时，反转似乎与内侧盐岩减少并与盐下沉积接触（图10-8b）（焊接或拼贴；Vendeville和Jackson，1992b）的时期一致，但是盐下基底断裂的存在也可能起了一定作用（图10-8a）。

极性发生反转后，图10-8中的盐墙在伸展作用下继续生长了20Ma左右（至少到坎潘期中期）。盐墙在白垩纪末期停止生长（图10-8a），原因可能是盐源供应不足或者是伸展作用停止了。

10.3.1.3 加蓬海域

图10-9和图10-10是过加蓬北部浅水区盐墙的三维地震剖面。这些盐墙位于断至海底的正断层的下盘，形态上不对称，与两侧的上覆层均呈不整合接触。在这个区域，大部分的盐构造都是翻滚盐墙，一翼朝向海洋，在剖面上表现为"鸭头"形态（图10-3和图10-9）。

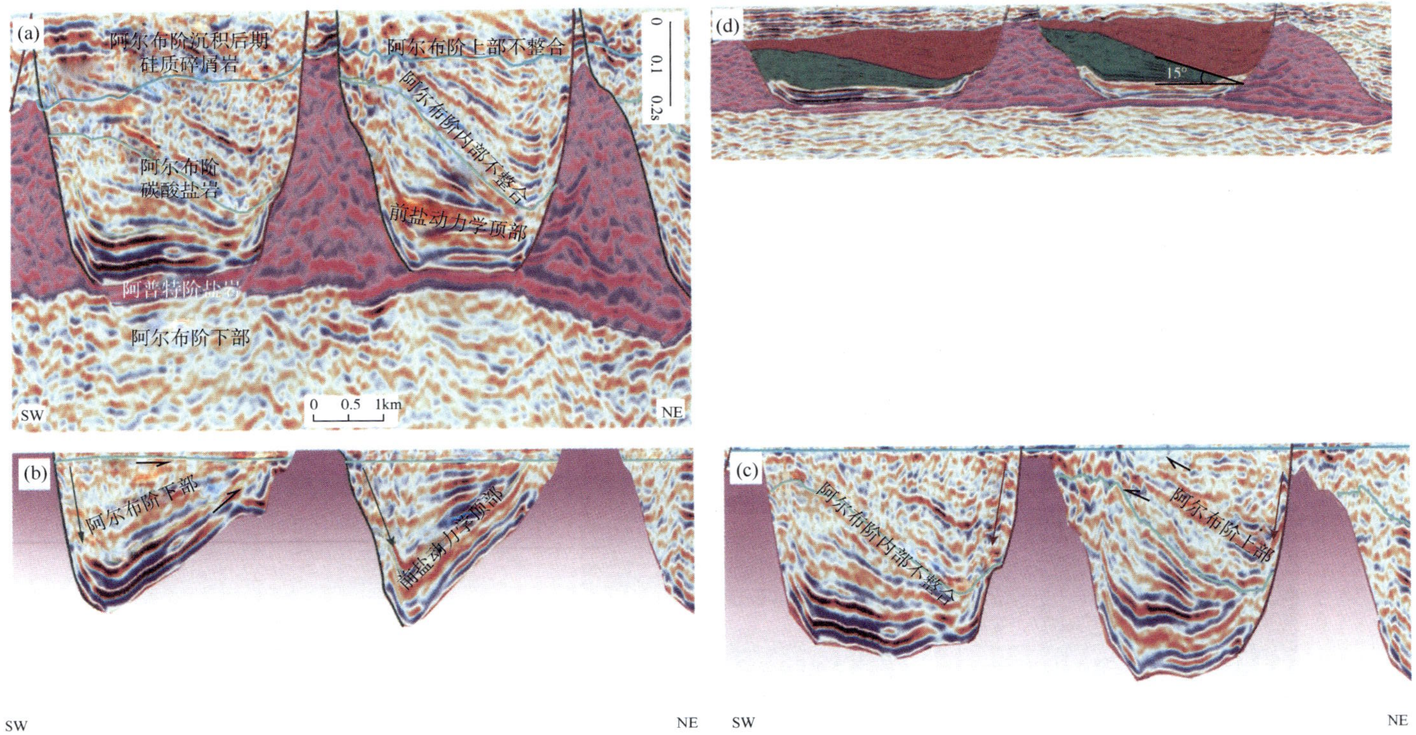

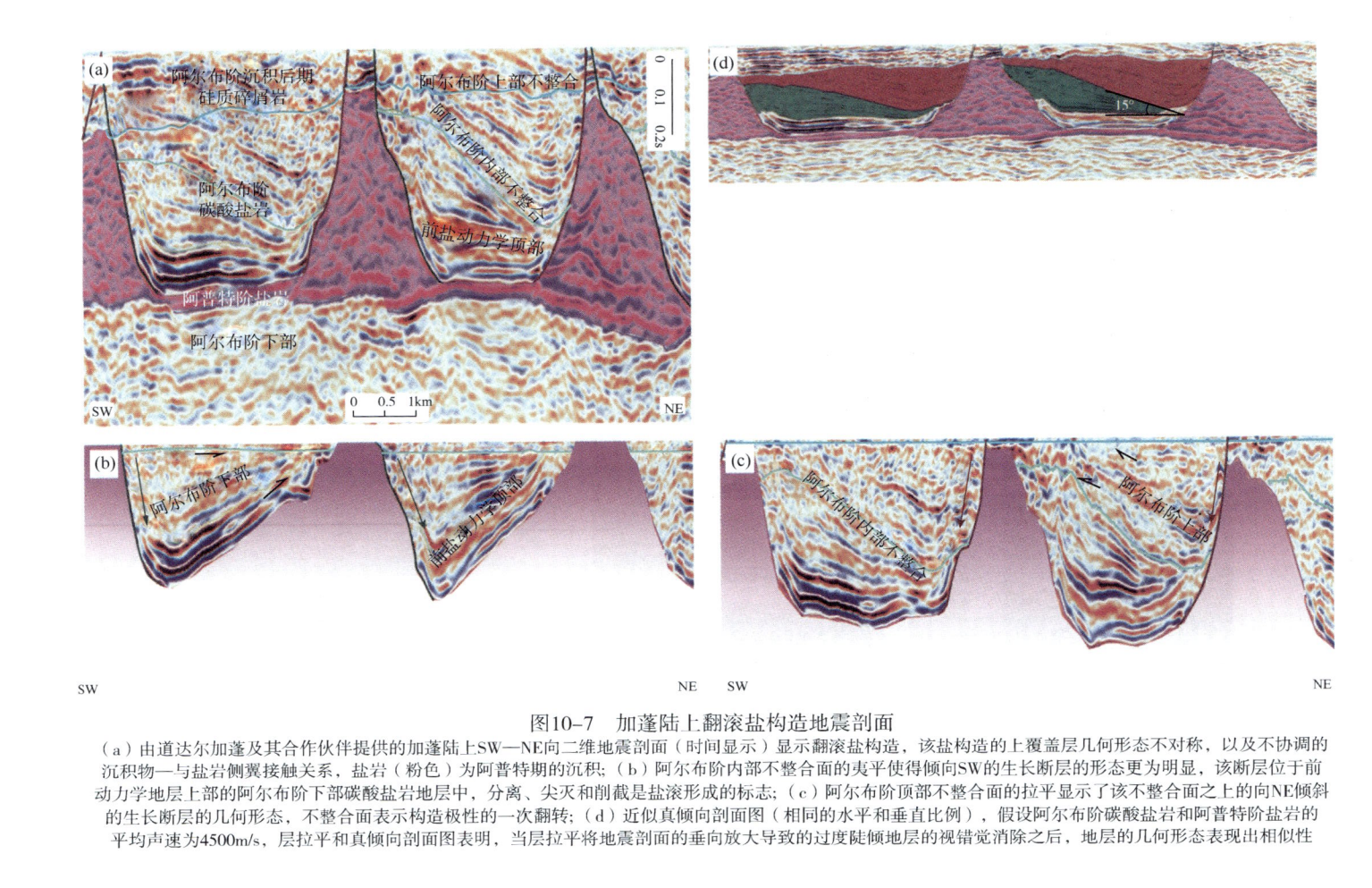

图10-7 加蓬陆上翻滚盐构造地震剖面

（a）由道达尔加蓬及其合作伙伴提供的加蓬陆上SW—NE向二维地震剖面（时间显示）显示翻滚盐构造，该盐构造的上覆盖层几何形态不对称，以及不协调的沉积物—盐岩侧翼接触关系。盐岩（粉色）为阿普特期的沉积；（b）阿尔布阶内部盐滚形成的标志；（c）阿尔布阶顶部不整合面的拉平显示了该不整合面之上的生长断层倾向SW使得倾向SW的生长断层的形态更为明显，该断层位于前动力学地层上部的阿尔布阶下部碳酸盐岩地层中，分离、尖灭和刺破极性的一次翻转。（d）近似真倾向剖面图（相同的水平和垂直比例），假设阿尔布阶碳酸盐岩和阿普特阶盐岩的不整合面表示构造极性的一次翻转。不整合面的垂向剖面图表明，当层拉平将地震剖面的垂向放大导致地层视倾角错觉消除之后，地层的几何形态随倾地层视错觉消除之后，地层的几何形态表现出相似性的平均声速为4500m/s，层拉平和真倾向剖面图表明，

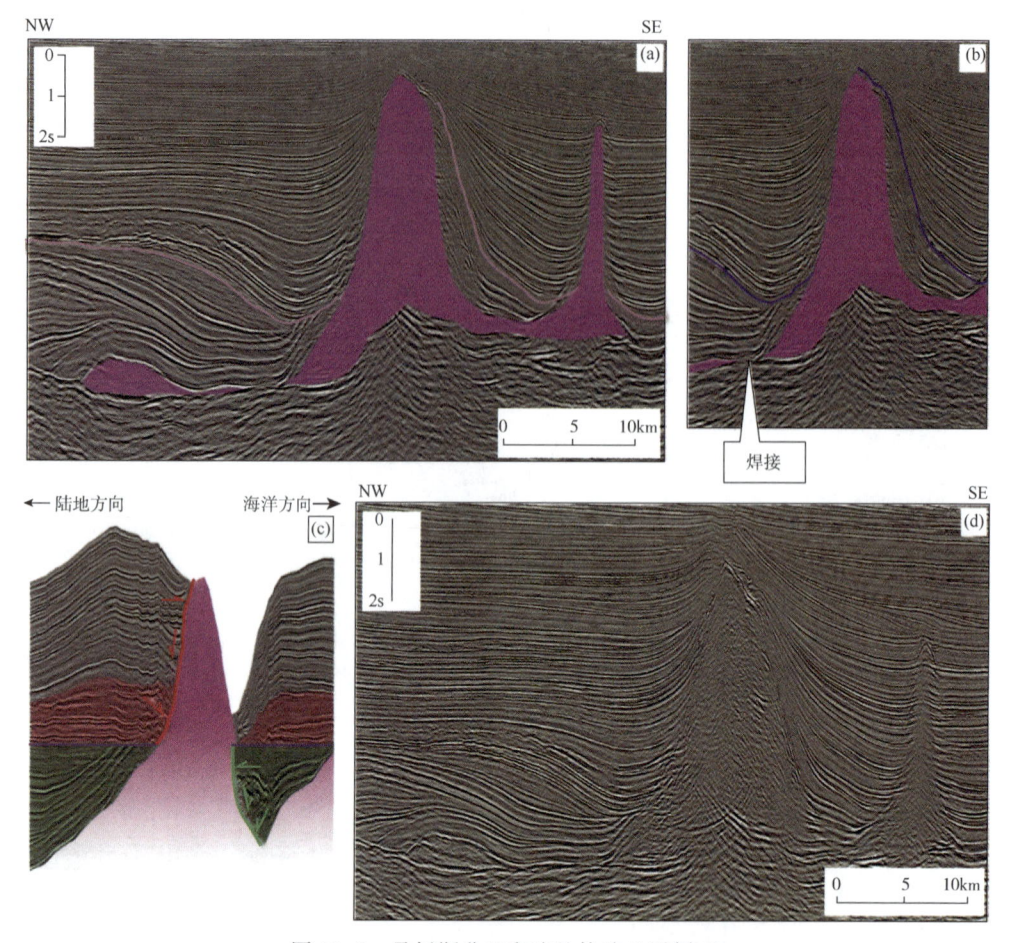

图 10-8 桑托斯盆地翻滚盐构造地震剖面

(a)桑托斯盆地内侧显示盐墙(粉色)的二维时间偏移地震测线(深度显示),注意盐墙两侧上覆地层的不对称反射,这是翻滚盐构造的特征,数据由 TGS 和 Western-Geco 提供。(b)显示的是图(a)剖面的中间部分,突出了塞诺曼阶中部的不整合(蓝线)。(c)与图(b)类似,但对塞诺曼阶中部的不整合进行了层拉平,以显示出"翻滚"地层的几何形态;阿尔布阶—塞诺曼阶用绿色表示,同构造期的地层减薄—加厚关系表明地层沉积时,向盆地倾斜的盐核正断层(绿线)是活动的,并沿盐墙的东南翼发生滑脱;土伦阶—康尼亚克阶用红色表示,它们是在盐构造极性反转之后沉积的,这与新的向陆倾斜的正断层(红线)有关,该断层沿盐墙的 NW 翼发生滑脱;盐墙 NW 侧的盐体减少而发生了上、下地层的接触,可能会导致极性的反转。(d)图(a)的未解释剖面

盐翼下方的土伦阶—古新统海相碎屑岩(从层位 2 的底部到层位 3 的顶部;图 10-9a)向盐岩翼部逐渐变厚,并在盐岩—沉积物界面处被削截,其原因是这些海相碎屑岩沉积在盐墙(图 10-9a 中绿色部分)靠海一翼(NW)的正断层上盘滑脱。而在盐墙的另外一侧,同期沉积的地层厚度则向着盐墙方向逐渐减薄(图 10-9b),具有显著的盐滚之上的几何形态,但它们由于后期断层活动也在盐墙侧翼被削截。

层位 2 的底部是个不整合面,下伏地层 1(塞诺曼阶)在阿尔布期前动力学地层顶部(用蓝色显示;图 10-9a)表现出反倾斜生长的特征(图 10-9a)(也就是上盘向陆方向逐渐增厚,而下盘向海方向逐渐减薄)。原因就是该构造在塞诺曼期开始发育的时候是一个向陆倾斜的盐核正断层(图 10-5f 中的红色断层),直到极性发生反转,此时,在向海倾斜的断层滑脱作用(图 10-9c 中的绿色断层)下,该构造开始像翻滚盐墙一样开始增大(图 10-9a 中的层位 2-3)。

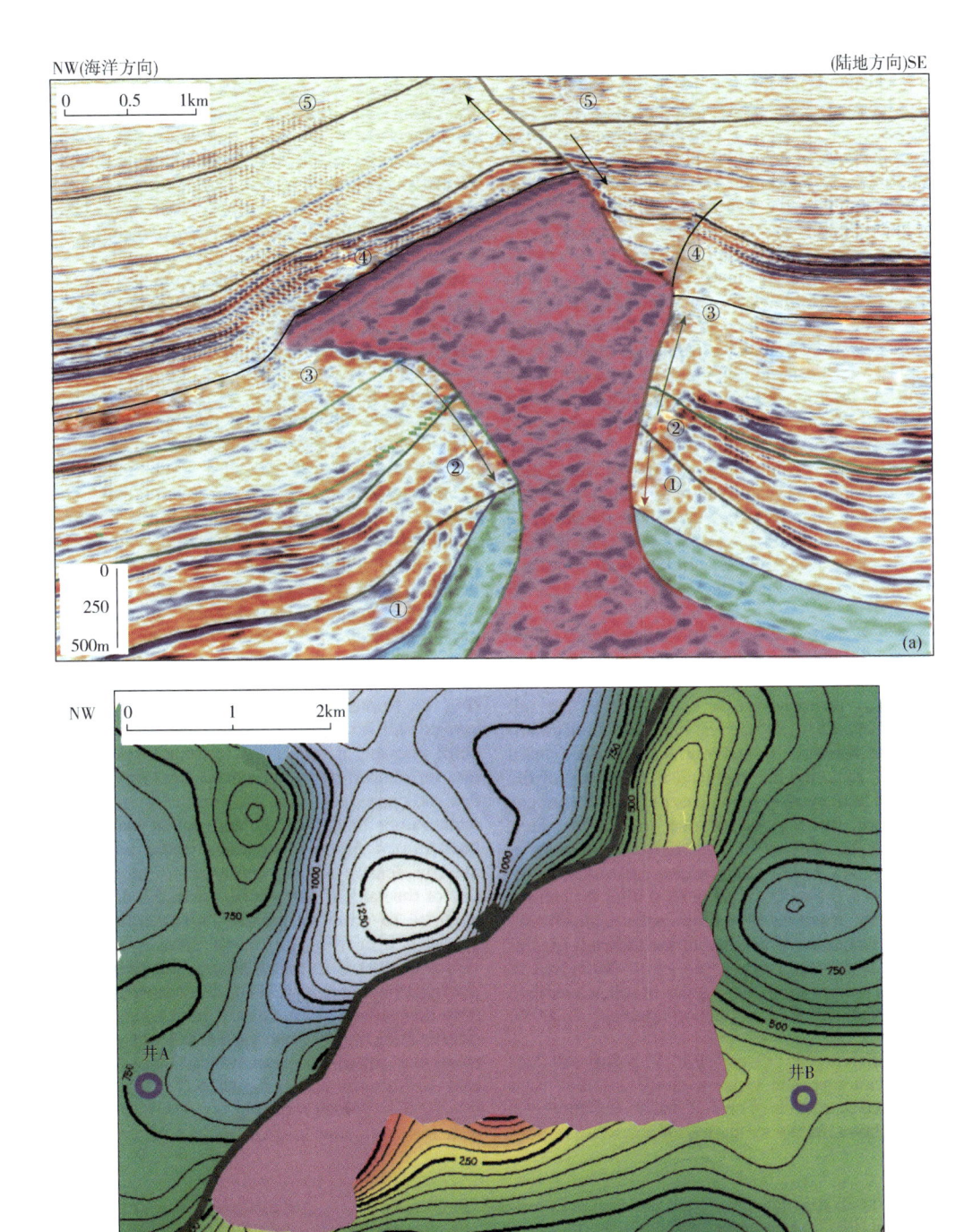

图 10-9 加蓬海域翻滚盐构造地震剖面

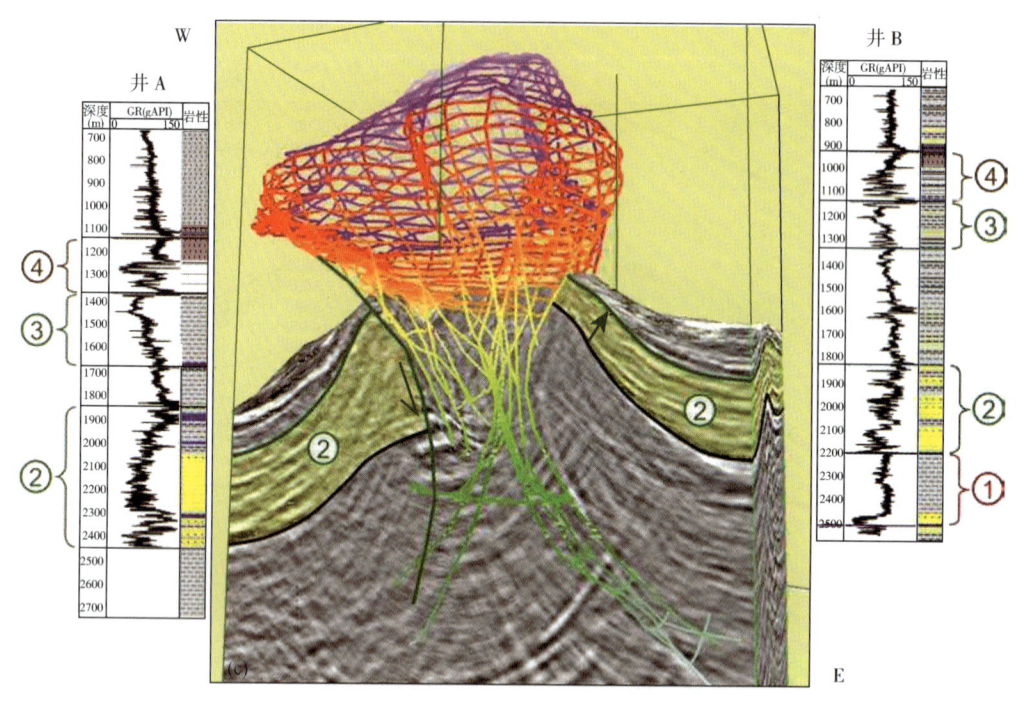

图 10-9 加蓬海域翻滚盐构造地震剖面(续)

(a)Perenco 提供的加蓬海域北西—南东向三维地震测线(深度显示),显示出翻滚盐墙和翼部(或称"鸭头"构造);与不整合面/上超面有关的两次构造极性反转用黑色表示,分别位于地层 1 和地层 2 之间(塞诺曼期)以及地层 3 和地层 4 之间(始新世);前动力学地层用蓝色(阿尔布期)表示,盐岩(粉色)为阿普特阶;在用红色表示的由地层 1 代表的时间段内,该构造最初表现为倾向陆地的盐核正断层(盐滚);该构造随后反转成为向海倾斜的正断层(用绿色表示),在地层 2 和地层 3 表示的时间段内是活动的断层;盐岩上侵至靠近地层 3 的底面,并流向下降的上盘,形成盐翼;盐岩的平坦顶面对应于地层 4 底部的不整合面和上超面;当地层 4 和地层 5 沉积时,新的向陆倾斜的正断层也正在活动,断层用棕色表示,下盘也发生向海的倾斜;由于盐构造下倾部位盐岩的流失(图 10-10a),使得构造重新活动。这些地层都被编号(虚线表示顶面和底面),代表盐构造暂停或被动运动的时期。(b)在图(c)中黄色代表的地层厚度,对应于图(a)中的地层 2,表示同沉积盐墙西北侧为沉积中心,而在盐墙东南侧,地层沉积较薄;沉积中心位于正断层下降的上盘,一侧该正断层用绿色表示,而盐墙(粉色)则在上升的下盘隆起,此处沉积的地层较薄;等高线间隔为 50m(蓝—白表示厚层,黄—红表示薄层),同时也显示了井 A 和井 B(图 10-9c)的大概位置。(c)北西—南东向三维地震剖面(深度显示)表示出与图 10-9a 相同的"鸭头"构造,盐岩—沉积物界面呈丝网状(紫色—橙色—黄色—绿色表示从浅到深);图中也标出构造两侧两口钻井(图 10-9b)的大概位置,用来说明地层 2 的厚度变化,该地层在地震剖面中表示为黄色;还显示出每口井的伽马测井曲线,不同的颜色表示代表不同的岩性:黄色代表砂岩、棕色代表粉砂岩、灰色代表泥岩、蓝色代表富含有机质的页岩、白色代表硅化页岩和细粒碳酸盐岩

盐翼的存在使得盐构造易于识别。盐构造的上表面较为平坦,且对应于始新世不整合面和上超面,但是这个面是掀斜的,且被向陆倾斜并在盐墙向陆一侧(SE)向下滑脱的正断层(图 10-9a 中的棕色断层)错开。该盐翼被认为是在地层 3 沉积时(马斯特里赫特期—古新世)形成的,期间盐岩到达海底并溢流到断层上盘(图 10-9a)。盐翼的范围局限(没能形成一个宽的盐席)可能受到以下两个因素的影响:(1)盐岩优先充填于生长断层下降一侧的凹陷;(2)盐岩的供应有限。然而,盐翼与不整合面一致可以用一个简单的概念来解释,即当下盘未被沉积物掩埋时,盐岩更容易出露地表。这也就是说,盐翼与沉积间断之间可能存在一定的相关性。

图 10-10 是一组深度切片,表示了该构造的三维几何形态,尤其是断层的性质及其古新世后的演化(图 10-9a;地层 4-5)。主断层为向陆地倾斜的正断层(图 10-9 和图 10-10 中

的棕色断层），断层下盘的隆起导致盐岩的顶面和上覆层均向海倾斜。然而，这个隆升受到其他两条均向海倾斜并沿盐体两翼向下滑脱的正断层（图 10-10a 中的紫色和黑色断层）的影响，使得构造边缘处的盐流向脊部。此时，盐构造两侧的上覆层相接触（焊接），因此，盐岩的供应与来自盐墙本身的供应相比是比较有限的。

10.3.2　墨西哥湾

在墨西哥湾北部深水区的许多地方，盐墙和盐底辟都逐渐演化成为复杂的异地盐篷，这也使得原始构造的成像变得困难。然而，密西西比峡谷区的盐岩较少，盐墙的发育史相对准确。

不对称的生长模式、差异倾斜和不协调的盐翼等基本特征都可以当作翻滚盐构造活动的证据。图 10-11 表示一系列层拉平后的三维地震剖面，以说明地层的分离和尖灭关系，这种关系是支持密西西比峡谷区的两个微盆是由翻滚作用引起的。至于来自加蓬的盐构造（图 10-3、图 10-7 和图 10-9a），它们都有一个前动力学地层（图 10-11a），紧接着是一段不对称的同构造生长期（图 10-11b、c）。近陆地一侧（NE）的盐构造起源于正断层（图 10-11b 中的绿色断层）下盘的盐滚构造，而近海一侧（SW）的盐构造更像是盐枕，但仍被解释为是随着正断层而向上运动。两个盐构造之间的微盆代表了一个向北东倾斜的半地堑，它在该时期处于活动状态。随着构造的不断演化，构造的极性发生了反转，并在两构造的另一侧形成了新的断层（图 10-11c 中的红色断层）。

随后，盐岩开始在海底发生流动。与此同时，构造的极性又一次发生反转，导致盐岩从盐构造北东侧的上升盘流向西南侧的下降盘。但是，还不能确定这次极性反转是否与正断层作用、逆断层作用或盐体隆升引起北东翼的拱起而导致的西南翼的负载有关。我们认为盐篷形成的时期与挤压作用有关，该作用一直持续到盐岩供应被盐墙垂向焊接所阻断以及盐体被掩埋（图 10-11d、e）。

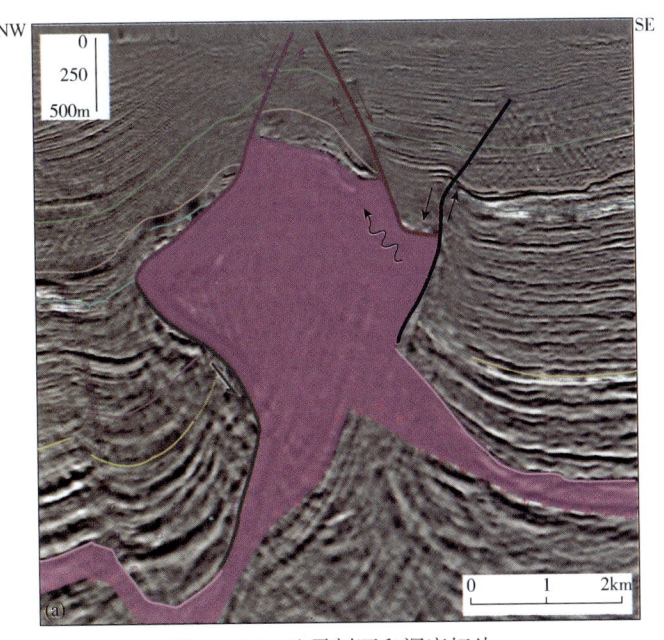

图 10-10　地震剖面和深度切片

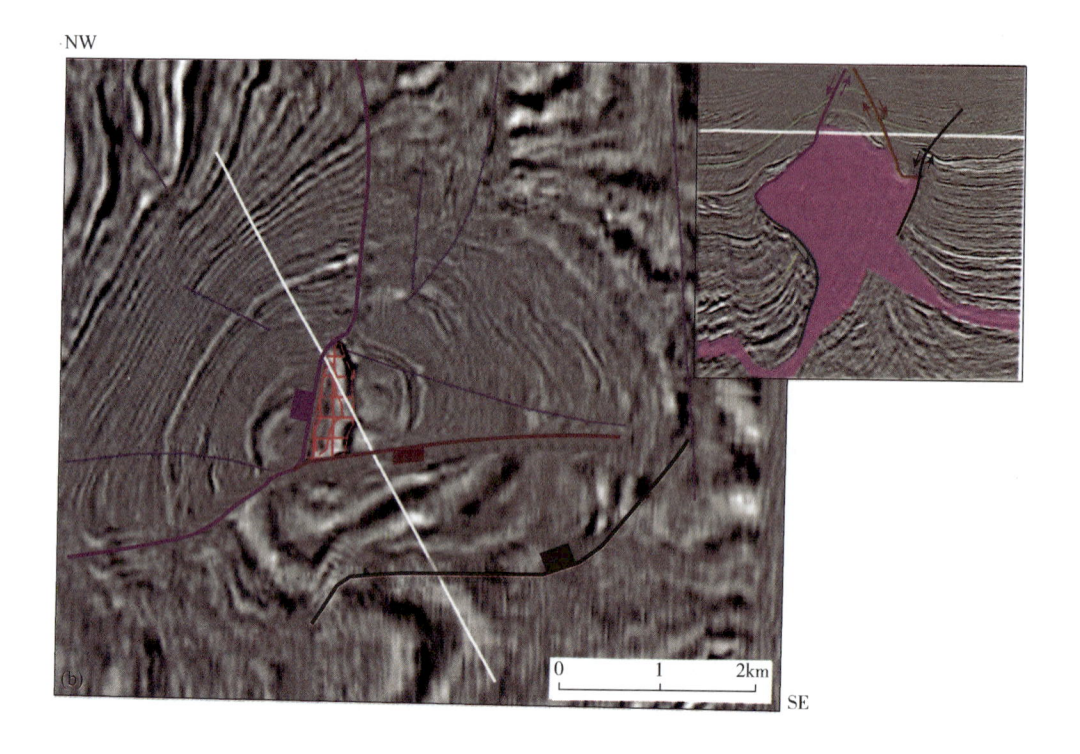

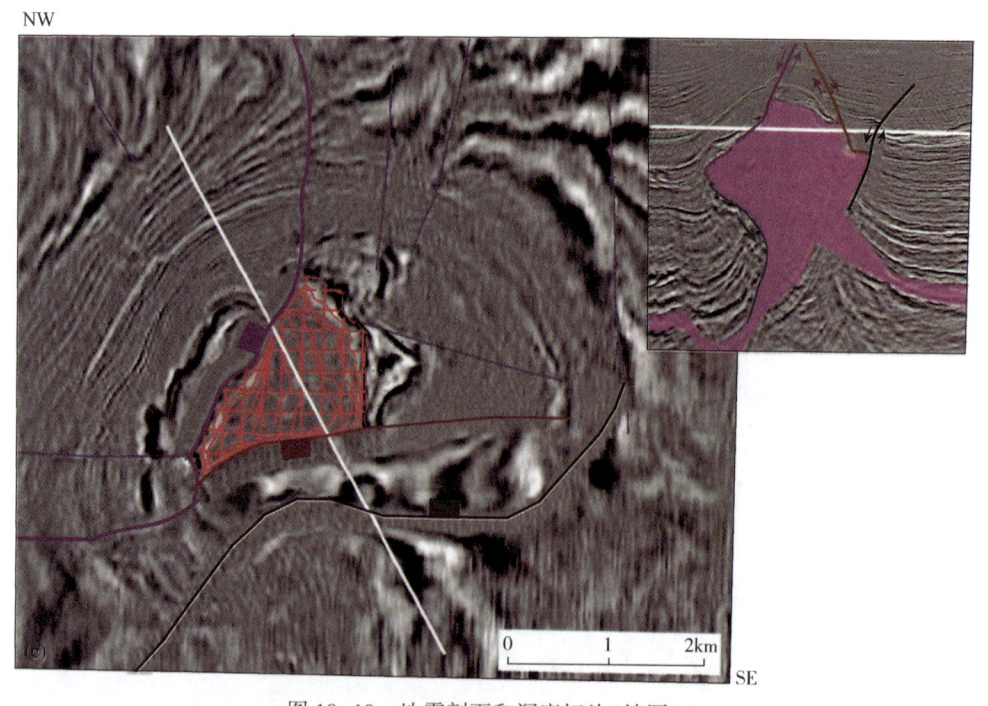

图 10-10 地震剖面和深度切片(续图 1)

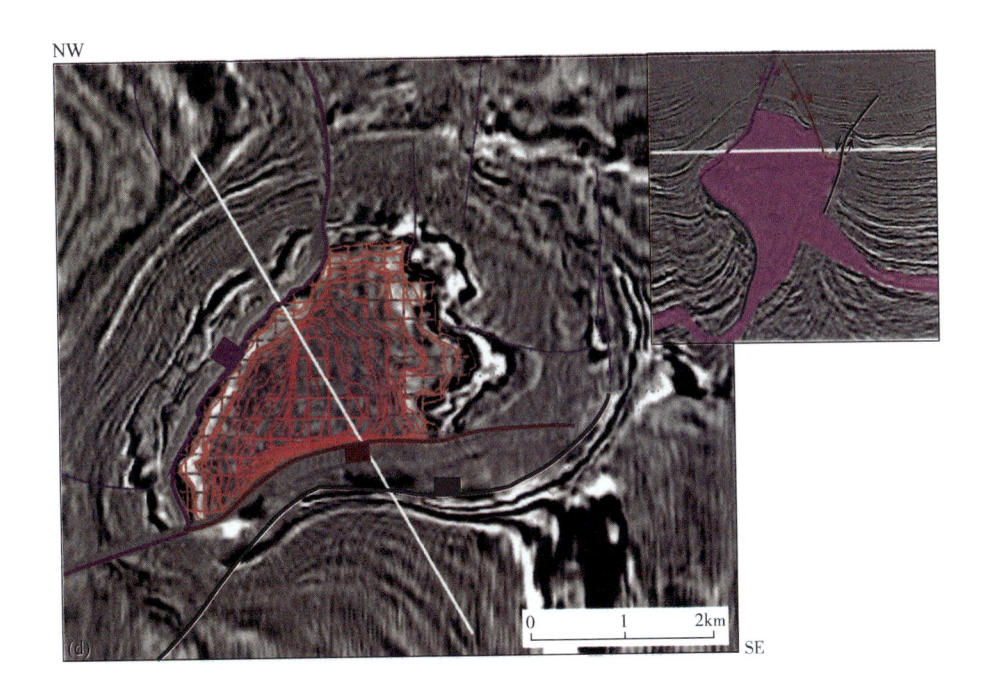

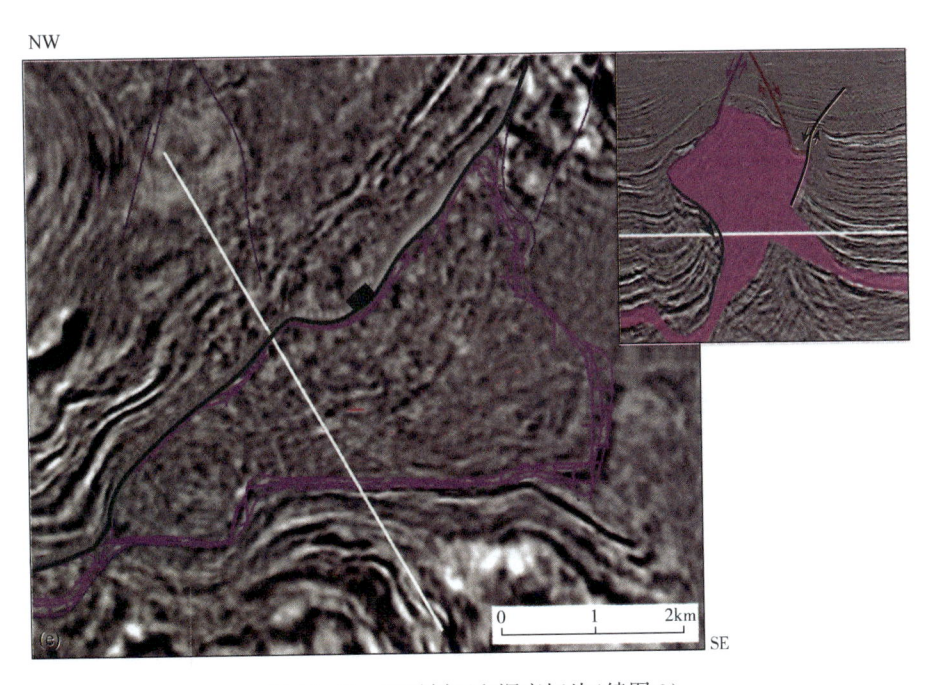

图 10-10 地震剖面和深度切片(续图 2)

(a)NW—SE 方向的三维地震剖面(深度显示),表示的是图 10-9a 中翻滚盐构造边缘的一部分,数据由 Perenco 提供;正断层形成的时间次序为绿色(最老的)、棕色以及紫色(最年轻);当构造的低处边缘部位的盐岩(粉色)向上补给时,紫色断层发生活动,同时黑色断层也有轻微的活动。(b)通过翻滚盐构造顶部的 800m 深度的切片,表示的是图(a)中最年轻的断层的平面特征;盐岩—沉积物的接触界面用丝网状的图案表示(红色:浅);该深度切片在剖面中的大概位置用白线表示,反之亦然。(c)通过翻滚盐构造上部的 1100m 深度的切片,比图(b)的切片深 300m;(d)通过翻滚盐构造的 1400m 深度的切片,比图(c)的切片深 300m。(e)通过翻滚盐构造下部的 2500m 深度的切片,表示的是图(a)中最老断层的平面特征;盐岩—沉积物的接触界面用丝网状的图案表示(紫色:深)

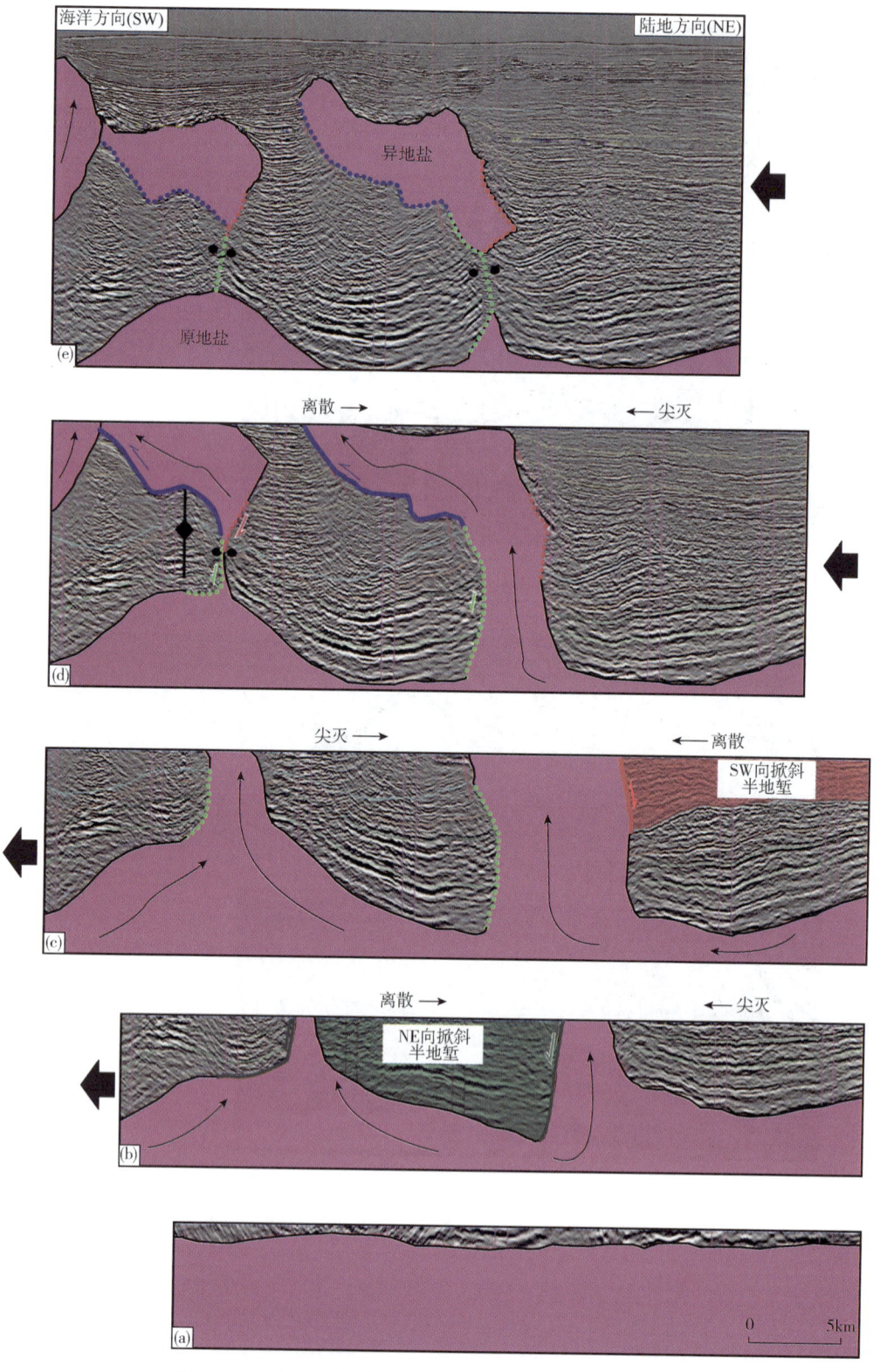

图 10-11 由 TGS 提供的密西西比峡谷区的三维地震剖面

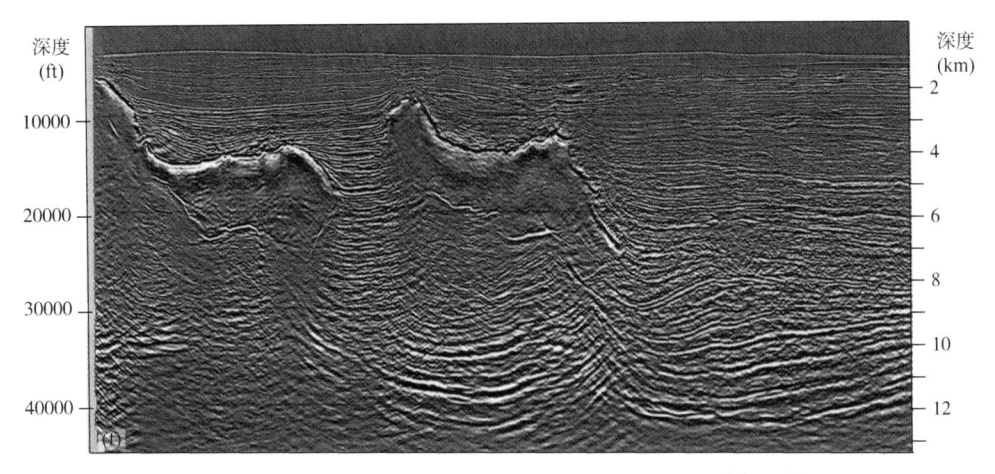

图 10-11 由 TGS 提供的密西西比峡谷区的三维地震剖面(续)

其中的层位拉平是用来说明两个主要盐构造的演化;(a)拉平前动力学地层顶面;(b)早期同动力学地层被拉平,表明两个盐构造之间存在一个向 NE 倾斜的半地堑;(c)第一次极性反转之后沉积的同动力学地层被拉平,这种极性反转可由不整合面和上超面(浅蓝色)反映出来,这种改变在剖面右侧向 SW 倾斜的半地堑中可见;(d)同动力学地层的顶面被拉平,显示出在盐篷形成期间构造的几何形态,此时盐岩正在从构造 NE 侧的上升流向盐构造 SW 侧的下降盘,图(b)和图(c)显示的形成较早的半地堑分别用绿色和红色表示;(e)现今的几何形态(没有层拉平),挤压作用使初始盐墙发生焊接,而初始盐墙为盐篷的形成提供滚盐;(f)未解释地震剖面

10.3.3 其他已发表的实例

翻滚盐构造在文献中有多次提及,只是很少这样称呼它们。Kockel(1998,2002)及文中的参考文献描述了德国西北部的许多构造实例,如 Sieverstedt 底辟(图 10-12a;重新清绘),Wittingen 底辟(图 10-12b;重新清绘),Zwischenahn 底辟(Kockel,1998,图 24),横跨 Braunschweig-Gifhorn 断裂带的盐构造(Kockel,1998,图 25)以及 Gorleben 盐丘(Bornemann,1991;Zirngast,1996;Bäuerle 等,2000)。其他翻滚盐构造的实例还包括波兰北部 Kłodawa 盐底辟(图 10-12c;根据 Burliga(1996)重新绘制,或见于 Krzywiec,2004),Utah 的 Paradox 盆地盐谷的盐墙(Trudgill 和 Paz,2009;未出版地震剖面,与 Trudgill 的个人通信,2008),北海中部和南部的许多盐墙(Kern,1992,图 2;Quirk 等,1998)以及桑托斯—坎波斯盆地(Demercian 等,1993,图 2 和图 3;Quirk 等,2012)和加蓬盆地(Liro 和 Coen,1995,图 9;Teisserenc 和 Villemin,1989/1990,图 32、图 37 和图 40)中的盐墙。此外,Quirk 等(2012)认为安哥拉的翻滚盐墙由于强然伸展作用的影响,最终消耗殆尽并下降(Vendeville 和 Jackson,1992b)。

10.4 讨论

对于在伸展作用期间,由下盘上升和后倾形成的规模较大的盐墙来说,翻滚盐构造是一个有效的模型。当然,关于盐墙和盐底辟的形成还有许多其他的解释,如被动下沉形成作用等。但是通过观察上覆层中倾斜地层的几何形态(如不对称以及翻滚盐构造侧翼的增厚—减薄的转换特征,图 10-4)与被动成因的盐构造两翼对称尖灭的几何形态(图 10-1),可以很好地区别出盐构造的不同。层拉平以及厚度图有助于构造的分析,但是,由于图像失真以及

— 275 —

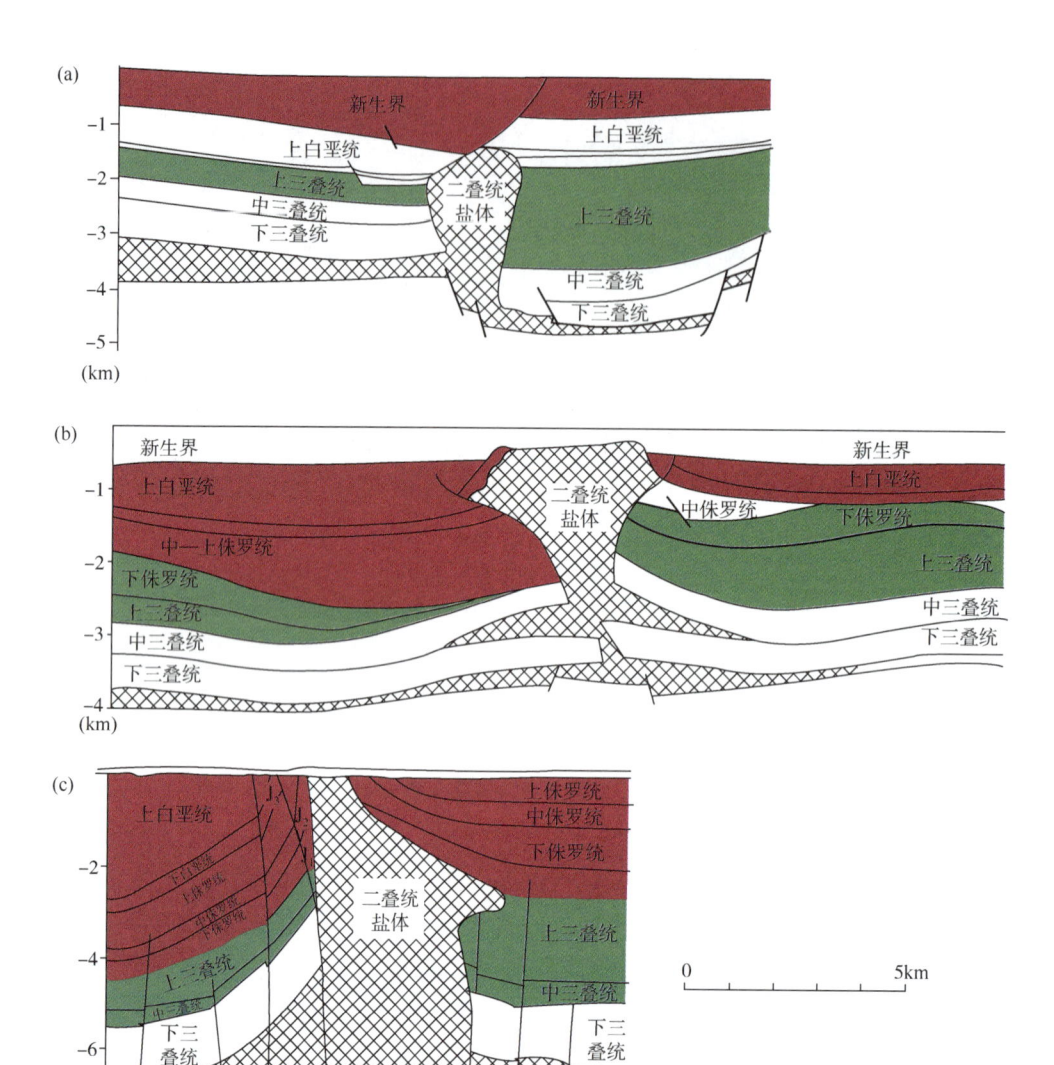

图 10-12 来自北欧 Permian 盆地南部的一些翻滚盐构造实例

最主要的特征就是上覆层几何形态不对称；(a) Sieverstedt 盐底辟 (据 Kockel, 1998)；(b) Wittingen 盐底辟 (据 Kockel, 1998)；(c) Kłodawa 底辟 (据 Burliga, 1996)；构造极性的翻转被认为是厚度变化引起的, 图中用绿色和红色的阴影来表示

陡倾地层倾斜效应，视厚度是无法确定的，需要对地震反射的真实削减以及终止进行观察和综合分析(如图 10-3)。

此外，当盐岩到达地表时，很多盐墙的翼部被盐翼和盐篷覆盖，这也导致情况变得很复杂。这使得很难区分两侧翼之间的差异，盐构造两翼在伸展作用(正断层)或者挤压作用(逆冲)下发生了降升和下降(图 10-5、图 10-6 和图 10-11d)。因为盐岩比近地表的沉积物密度大，而且在深处对静岩压力和构造压力表现出自流液体的特征，所以区分仅对盐体均衡和压力效应有反应的翼部也较难。然而，如果一个盐构造具有宽广的盐墙，与之相关的上覆层中发育正断层以及不协调的两翼，且两翼地层具有相似的倾向，发育不整合面和上超面，并垂直分隔开向相反方向倾斜的同动力学地层(图 10-7d)，那么就可以认为该构造为翻滚盐构造。

10.5 结论

翻滚盐墙和盐底辟在地震剖面上的特点不同，如上覆层的不对称、反转和削截的几何形态以及伸展作用。翻滚盐构造通常所具备的一些基本特征如下：

（1）一个向外侧倾斜的正断层，它将位于下盘下部的盐体陡倾的一侧断开；

（2）盐体两侧的上覆层—盐岩均呈不整合接触；

（3）基于相对倾斜和增厚—减薄关系，构造两侧的上覆层具有相似的掀斜史；

（4）上覆层中地层的生长模式与同沉积断层有相似性，表现为断层的上盘在构造的一侧生长，与此同时，下盘在构造的另一侧发生隆升；

（5）上覆层中至少存在一个不整合面，代表了构造极性发生转变，尤其是同构造期上盘和下盘地层形态的反转，它们从盐体一侧转到另外一侧。

翻滚盐构造与盐核正断层或盐滚开始发育的方式一致，都是通过盐岩向正断层核部下方的下盘低压区流动而形成。由于下盘的过度倾斜，一翼或两翼发生了焊接或盐岩出露于地表，导致伸展剪切运动的极性发生反转。如果盐源层供应不竭，底辟或盐墙的宽度部分与伸展程度有关。

翻滚盐构造似乎是调节被动陆缘内侧伸展、盐墙和底辟向上隆升以及某些微盆的形成和生长的重要机制。

参 考 文 献

Barton, D. C. 1933. Mechanics of formation of salt domes with special reference to Gulf Coast salt domes of Texas and Louisiana. AAPG Bulletin, 17, 1025-1083.

Bäuerle, G., Bornemann, O., Mauthe, F. 和 Michalzik, D. 2000. Origin of stylolites in Upper Permian Zechstein anhydrite(Gorleben salt dome, Germany). Journal of Sedimentary Research, 70, 726-737.

Bornemann, O. 1991. Zur Geologie des Salzstocks Gorleben nach den Bohrergebnissen. Bundesamt für Strahlenschutz Schriften, 4, 1-67.

Burliga, S. 1996. Implications for early basin dynamics of the Mid-Polish Trough from deformational structures within salt deposits in Poland. Geological Quarterly, 40, 185-202.

Cobbold, P. R. & Szatmari, P. 1991. Radial gravitational gliding on passive margins. Tectonophysics, 188, 249-289.

Cobbold, P. R., Szatmari, P., Coelho, D. & Rossello, E. A. 1995. Seismic and experimental evidence for thin-skinned horizontal shortening by convergent radial gliding on evaporites, deep-water Santos Basin, Brazil. In: Jackson, M. P. A., Roberts, D. G. & Snelson, S. (eds) Salt Tectonics: a Global Perspective. AAPG, Tulsa, Memoir, 65, 305-321.

Cramez, C. & Jackson, M. P. A. 2000. Superposed deformation straddling the continental-oceanic transition in deep-water Angola. Marine and Petroleum Geology, 17, 1095-1109.

Davison, I., Alsop, I. et al. 2000. Geometry and late stage structural evolution of Central Graben salt diapirs, North Sea. Marine and Petroleum Geology, 17, 499-522.

Demercian, S., Szatmari, P. & Cobbold, P. R. 1993. Style and pattern of salt diapirs due to thin-skinned gravitational gliding, Campos and Santos basins, offshore Brazil. Tectonophysics, 228, 393-433.

Duval, B., Cramez, C. & Jackson, M. P. A. 1992. Raft tectonics in the Kwanza Basin, Angola. Marine and Petroleum Geology, 9, 389–404.

Ge, H. & Vendeville, B. C. 1997. Influence of active subsalt normal faults on the growth and location of suprasalt structures. Gulf Coast Association of Geological Societies Transactions, XLVII, 169–176.

Hudec, M. R. & Jackson, M. P. A. 2004. Regional restoration across the Kwanza Basin, Angola: salt tectonics triggered by repeated uplift of a metastable passive margin. AAPG Bulletin, 88, 971–990.

Hudec, M. R., Jackson, M. P. A. & Schultz-Ela, D. D. 2009. The paradox of mini-basin subsidence into salt: clues to the evolution of crustal basins. Geological Society of America Bulletin, 121, 201–221.

Ings, S. J. & Beaumont, C. 2010. Shortening viscous pressure ridges, a solution to the enigma of initiating salt withdrawal mini-basins. Geology, 38, 339–342.

Jackson, M. P. A. & Talbot, C. J. 1986. External shapes, strain rates, and dynamics of salt structures. Geological Society of America Bulletin, 97, 305–323.

Jackson, M. P. A. & Vendeville, B. C. 1994. Regional extension as a geological trigger for diapirism. Geological Society of America Bulletin, 106, 57–73.

Jackson, M. P. A., Vendeville, B. C. & Schultz-Ela, D. D. 1994. Structural dynamics of salt systems. Annual Review of Earth and Planetary Sciences, 22, 93–117.

Kern, G. 1992. Interprètation des structures salifères; difficultés et progrès(Cas pétroliers des Pays-Bas). Mémoires Société Géologique de France, 161, 103–117.

Kockel, F. 1998. Salt problems in Northwest Germany and the German North Sea Sector. Journal of Seismic Exploration, 7, 219–235.

Kockel, F. 2002. Rifting processes in NW Germany and the German North Sea Sector. Netherlands Journal of Geosciences/Geologie en Mijnbouw, 81, 149–158.

Krzywiec, P. 2004. Triassic evolution of the Kłodawa salt structure: basement-controlled salt tectonics within the Mid-Polish Trough(Central Poland). Geological Quarterly, 48, 123–134.

Letouzey, J., Colletta, B., Vially, R. & Chermette, J. C. 1995. Evolution of salt-related structures in compressional settings. In: Jackson, M. P. A, Roberts, D. G. & Snelson, S. (eds) Salt Tectonics: A Global Perspective. AAPG, Tulsa, Memoir, 65, 41–60.

Liro, L. M. & Coen, R. 1995. Salt deformation history and postsalt structural trends, offshore southern Gabon, West Africa. In: Jackson, M. P. A., Roberts, D. G. & Snelson, S. (eds) Salt Tectonics: a Global Perspective. AAPG, Tulsa, Memoir, 65, 323–331.

Lundin, E. R. 1992. Thin skinned extensional tectonics on a salt detachment, northern Kwanza Basin, Angola. Marine and Petroleum Geology, 9, 405–411.

Marton, L. G., Tari, G. C. & Lehmann, C. T. 2000. Evolution of the Angolan passive margin, West Africa, with emphasis on post-salt structural styles. In: Webster, M. & Talwani, M. (eds) Atlantic Rifts and Continental Margins. American Geophysical Union, Washington, Geophysical Monograph, 115, 129–149.

Nalpas, T. & Brun, J.-P. 1993. Salt flow and diapirism related to extension at crustal scale. Tectonophysics, 228, 349–362.

Peel, F. J., Travis, C. J. & Hossack, J. R. 1995. Genetic structural provinces and salt tectonics of the Cenozoic offshore U. S. Gulf of Mexico: a preliminary analysis. In: Jackson, M. P. A, Roberts, D. G. & Snelson, S. (eds) Salt Tectonics: a Global Perspective. AAPG, Tulsa, Memoir, 65, 153–175.

Quirk, D. G. & Pilcher, R. 2005. 'Flip-flop' salt tectonics. AAPG International Conference and Exhibition, Paris, 11–14 September, Abstracts Volume, A58.

Quirk, D. G., D'Lemos, R. S., Mulligan, S. & Rabti, B. M. R. 1998. Insights into the collection and emplacement of granitic magma based on 3D seismic images of normal fault-related salt structures. Terra Nova, 10, 268–273.

Quirk, D. G., Barragan, R. et al. 2003. Salt tectonics in Gabon: generic model for pre-salt and post-salt structures in West Africa. Africa - New Plays, New Perspectives, PESGB/HGS Conference, Houston, 3-4 Sep., Extended Abstracts(CD).

Quirk, D. G., Raven, M., Hsu, D., Nielsen, M., Ings, S. J., Lassen, B. & Schødt, N. H. 2012. Salt tectonics on passive margins: examples from Santos, Campos and Kwanza basins. In: Alsop, G. I., Archer, S. G., Hartley, A. J., Grant, N. T. & Hodgkinson, R. (eds) Salt Tectonics, Sediments and Prospectivity. Geological Society, London, Special Publications, 363, 207-244.

Rowan, M., Trudgill, B. D. & Fiduk, J. C. 2000. Deep-water, salt-cored foldbelts: lessons from the Mississippi Fan and Perdido foldbelts, northern Gulf of Mexico. In: Webster, M. & Talwani, M. (eds) Atlantic Rifts and Continental Margins. American Geophysical Union, Washington, Geophysical Monograph, 115, 173-191.

Rowan, M. G., Lawton, T. F., Giles, K. A. & Ratliff, R. A. 2003. Near-salt deformation in La Popa basin, Mexico, and the northern Gulf of Mexico: a general model for passive diapirism. AAPG Bulletin, 87, 733-756.

Stewart, S. A. 1999. Geometry of thin-skinned tectonic systems in relation to detachment layer thickness in sedimentary basins. Tectonics, 18, 719-732.

Talbot, C. J. 1995. Molding of salt diapirs by stiff overburden. In: Jackson, M. P. A., Roberts, D. G. & Snelson, S. (eds) Salt Tectonics: a Global Perspective. AAPG, Tulsa, Memoir, 65, 61-75.

Teisserenc, P. & Villemin, J. 1989/1990. Sedimentary basins of Gabon: geology and oil systems. In: Edwards, J. D. & Santogrossi, P. A. (eds) Divergent/ Passive Margin Basins. AAPG, Tulsa, Memoir, 48, 117-199.

Trudgill, B. D. & Paz, M. 2009. Restoration of mountain front and salt structures in the Northern Paradox Basin, SE Utah. In: Houston, W. S., Wray, L. L. & Moreland, P. G. (eds) The Paradox Basin Revisited - New Developments in Petroleum Systems and Basin Analysis. Rocky Mountain Association of Geologists, Denver, Special Publication, 132-177.

Vendeville, B. C. & Jackson, M. P. A. 1992a. The rise of diapirs during thin-skinned extension. Marine and Petroleum Geology, 9, 331-353.

Vendeville, B. C. & Jackson, M. P. A. 1992b. The fall of diapirs during thin-skinned extension. Marine and Petroleum Geology, 9, 354-371.

Vendeville, B. C., Ge, H. & Jackson, M. P. A. 1995. Scale models of salt tectonics during basement-involved extension. Petroleum Geoscience, 1, 179-183.

Waltham, D. 1996. Why does salt move? Tectonophysics, 282, 117-128.

Weijermars, R., Jackson, M. P. A. & Vendeville, B. 1993. Rheological and tectonic modeling of salt provinces. Tectonophysics, 228, 143-174.

Worrall, D. M. & Snelson, S. 1989. Evolution of the northern Gulf of Mexico, with emphasis on Cenozoic growth faulting and the role of salt. In: Bally, A. W. & Palmer, A. R. (eds) The Geology of North America: an Overview. Geological Society of America, Boulder, Colorado, Vol. A, 97-138.

Zirngast, M. 1996. The development of the Gorleben salt dome(northwest Germany) based onquantitative analysis of peripheral sinks. In: Alsop, I., Blundell, D. J. & Davison, I. (eds) Salt Tectonics. Geological Society, London, Special Publications, 100, 203-226.

(张凤廉 译，祁鹏 杜美迎 校)

第 11 章　墨西哥湾北部区域盐流运动学研究

XAVIER FORT[1], JEAN-PIERRE BRUN[2]

(1. Geological consulting, 54 rue de la garenne, 35510 Cesson-Sévigné, France；
2. Université Rennes 1, Géosciences Rennes UMR 6118, CNRS, 35042 Rennes, France)

摘　要　本文综合利用(1)连续沉积终止时期的陆架坡折带等值线图；(2)地震资料所反映的斜坡区大规模构造的位置及形态和(3)斜坡测深图对墨西哥湾北部区域的盐流运动学特征进行了分析。自白垩纪开始，墨西哥湾北缘的盐岩共经历了中新世早期大规模盐挤出之前、期间和之后三个主要发展阶段。通过用实验模型分析构造发展的对应顺序，发现与之前所有以沉积负载为主要驱动力的解释恰恰相反，区域性盐流分析表明墨西哥湾北部盐构造主要受倾斜边缘之上重力滑动作用的控制。SW 向的盐流表明北墨西哥北缘的走向为 NW—SE，与板块运动模型中尤卡坦(Yucatan)陆块较现今方位发生 40°~60°右旋相一致。

　　大西洋被动陆缘的盐构造，如巴西(Demercian 等，1993；Cobbold 等，1995；Mohriak 等，1995)，西非(Duval 等，1992；Spathopoulos，1996；Cramez 和 Jackson，2000；Marton 等，2000；Fort 等，2004a)，还有加拿大东部(Keen 和 Potter，1995；Hogg 等，2001；Kidston 等，2002)都是由盐—沉积体向海滑动以及连续沉积负载综合作用引起的重力不稳定所致。这种不稳定是由裂谷后热沉降导致的边缘倾斜引起的(Fort 等，2004a)。由于盐岩塑性强，盐层是基底与上覆沉积盖层之间有效的滑脱层。在边缘的上倾部位，滑脱层也经历了同期的沿层剪切和拉伸，上覆沉积层也遭受伸展，从而形成地堑、掀斜断块、滚动背斜、底辟等各类生长构造(Duval 等，1992；Vendeville 和 Jackson，1992；Mauduit 等，1997；Mauduit 和 Brun，1998；Fort 等，2004a)。随着拉伸程度不断增大，盐层逐渐变薄，失去滑脱能力，从而导致上倾侧的伸展域向海迁移(Fort 等，2004a)。在边缘的下倾部位，滑脱层经历沿层剪切和挤压作用，从而导致盐层逐渐加厚。上覆沉积层也遭受挤压，从而形成波长不等的褶皱、逆断层以及包括大规模前缘盐推覆体等在内的盐体挤出等各类挤压生长构造(Tari 等，2001；Brun 和 Fort，2004；Rowan 等，2004；Hudec 和 Jackson，2006)。这些过程及所引发的各种构造广泛分布在大西洋边缘的不同区带里(Brun 和 Fort，2008)。尽管大陆裂谷作用、边缘沉降及沉积动力学等地质历史会有不同，从而导致一定的差异性，但大部分边缘基本上都会表现出上倾伸展和下倾挤压的变形模式。

　　墨西哥湾(GoM)北部(图 11-1)的盐岩沉积于侏罗纪，并表现出不同的特征(Worrall 和 Snelson，1989)。西北缘以长而直的正断层及下倾挤压和上倾伸展为特点，北缘特征更为复杂，发育许多短而弯曲且倾向不同的正断层，并且在新生代发生大量异地盐体的挤出(一些地方厚达 8km)，其上为或浅或深的上新世—第四纪微盆(图 11-1b)。对此，Diegel 等(1995，第 145 页)在总结地层构造格架特征时提出了这样的疑问：究竟是墨西哥湾式异地盐构造更为常见但难以识别，还是墨西哥湾海岸区规模大且结构复杂的盐相关构造是独一无二的？

近 20 年来，墨西哥湾和大西洋边缘盐构造样式的主要差异深受关注。就形成过程而言，大西洋型边缘的盐构造主要是边缘倾斜及沉积物负载共同导致的滑动作用的结果，几乎所有学者都认为沉积负载是墨西哥湾盐构造的主要驱动力，这些观点几乎在同一时间出现在了区域综述（Worrall 和 Snelson，1989；Diegel 等，1995；Peel 等，1995；Hall，2002），概念模型（Rowan，1995；Schuster，1995）以及物理实验与数值动力学模型（Talbot，1992，1993；Gaullier 和 Vendeville2005；Vendeville，2005；Gradmann 等，2009）中。这样来看，有关区域输运方向，也就是区域盐流，将会存在分歧。

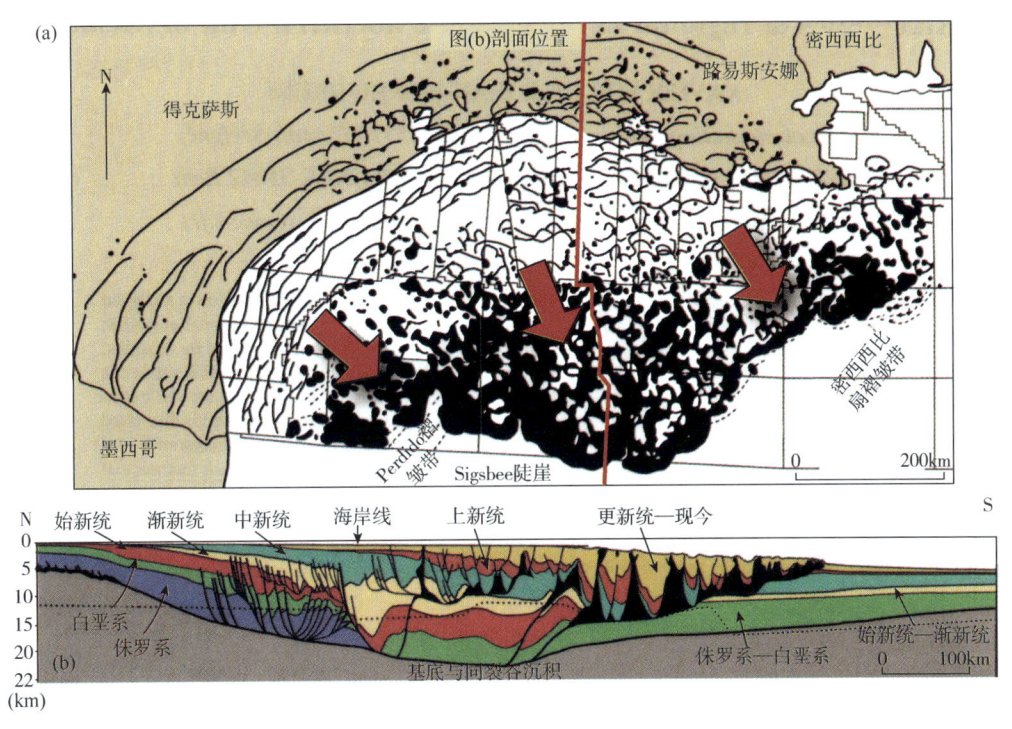

图 11-1 北墨西哥湾盐岩沉积图

(a)墨西哥湾北部地质图（据 Diegel 等，1995，修改），箭头所示为三个伸展系统的平均输运方向（Peel 等，1995）；(b)南北向区域剖面（据 Diegel 等，1995，修改），剖面位置如图(a)所示

Hossack（1995）曾有趣地写道："M. Rowan（个人通信，1994）认为要像墨西哥湾这样复杂的地区找到区域输运方向是不可能的，然而 Peel 等（1995）指出墨西哥湾北部的盐构造是三个非同期、二维重力扩散系统的融合。这些系统走向平行于大陆斜坡，上倾末端伸展，前端挤压，边缘为走滑转换带"。只有直接分析区域盐流才能解决这个争议，这对勘探结果的影响也是重大的。盐流控制着沉积盖层的变形，进而控制沉积通道及沉积中心的位置。同样，当局部构造像墨西哥湾一样复杂时，盐流也是地震解释中需要考虑的重要因素。利用二维面积守恒制作平衡剖面时也必须考虑这一点（Dahlstrom，1969；也可见于盐构造剖面平衡的具体规则，Hossack，1995）。

本文对收集到的整个墨西哥湾北缘盐流方向的可用数据进行了描述和分析，包括：（1）适用于斜坡区的数字测深数据（NOAA 的多波束测深调查）；（2）适用于陆架区的连续沉积终止期的陆架坡折等值线图（Galloway 等，2000）。盐岩减薄至一定程度时就会停止流动，此时陆架能够保持稳定，这就使得陆架坡折逐渐向海迁移。陆架坡折等值线的不规则又应于转换带，并为盐流方向提供了信息。斜坡区的深度数据显示出微盆之间存在狭窄的走滑位移。由于大多数微盆都浮于异地盐体之上(图11-1),因此它们的相对位移直接取决于下伏盐层的流动。地震数据表明,相同的动力学模式还可应用于解释在更深处观察到的变形。与以前所有的研究相反,这些不同的数据显示了相当一致的模式,即北缘的区域盐流方向为 NE 至 SW 向。综上所述,提出了一种盐构造的三阶段模型,并讨论了它在墨西哥湾拉开过程中的构造意义。

11.1 陆架坡折迁移的运动学特征

墨西哥湾北缘陆架区的横截面(图 11-1b)显示了断至 Louann 盐层底部的正断层系统,在下倾方向并已经逐渐被新生沉积物所封盖。说明陆架自白垩纪开始向海一侧迁移了大约250km,这在墨西哥湾北部不同时期的陆架坡折带等值线图中也有所显示(Galloway,2000)。这种大型的陆架迁移直接依赖于盐构造作用。

11.1.1 盐盆中的陆架稳定性

在盐盆中,只有当沉积物之下的盐层不流动,或者只以很低的速率流动时,陆架才能够形成并保持稳定。只要盐层足够厚以致能够轻易流动时,上覆沉积层将发生伸展断层作用,且断块向海迁移(图 11-2a)。陆架最先形成于向陆方向的盐尖灭处,随着沉积断块持续向海迁移,盐层逐渐变薄,使得大陆架逐步稳定并向海迁移(图 11-2b)。盐层在陆架之下仍可以继续变形,但速率很低,沉积物的持续输入能够补充盐层变形所产生的空间。这很好地说明了现今墨西哥湾北部大陆架北缘下部的盐层很薄的状况(图 11-1b)。陆架区没有形成明显的与变形有关的地形起伏,但在近岸处监测到了活跃的地表变形,这表明陆架在向海迁移(Dokka 等,2006)。综上所述,一个盐盆中的陆架坡折对应于盐岩层变形中的低—高应变速率之间的力学边界。

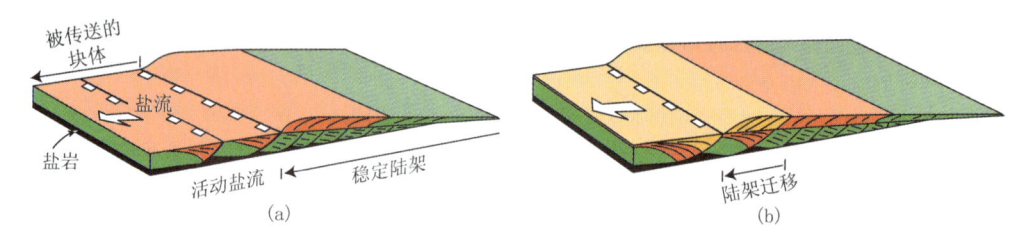

图 11-2 沉积物输入方向平行于盐流方向时,陆架迁移两个阶段(a)和(b)的三维示意图

11.1.2 转换带

在大部分的陆架边缘,沉积物的输入几乎都平行于大陆坡,陆架坡折因此几乎都垂直于边缘倾斜所控制的盐流方向,如图 11-2 所示。实验已经证实(Mauduit,1997;Fort 等,2004),滑动速率随着盐层之上沉积物厚度的增加而增加。当沉积物斜向到达倾斜边缘时,沉积层厚度变化方向垂直于盐流方向。因此,滑动速率沿走向发生变化,并导致伸展区被平行于盐流方向的转换带分隔开来(图 11-3)。沉积物越厚的地区,滑动速率以及盐层变薄的

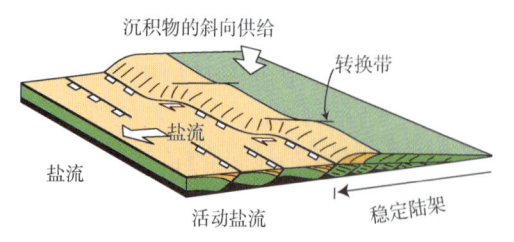

图 11-3 转换带发育背景下沉积物供给方向与盐流方向斜交的三维示意图

速率越快,陆架迁移速率也随之变快,通过几个具有不同滑动速率的相邻伸展区域,陆架坡折的等值线就会变得不圆滑(图11-3)。

11.1.3 陆架坡折的迁移

通过对墨西哥湾北部新生代沉积历史的综合分析,Galloway等(2000)编制了一张包含25个主要沉积体系的图件,其中每一个沉积体系都用地理和地层特征来定义。本文对该图进行了简化,每种沉积体系以任意一种颜色标注(图11-4)。沉积幕的终止代表着连续变化的陆架坡折位置,根据年代表(Berggren等,1995)确定它们的地层年代(Ma)。在整个新生代,墨西哥湾北部边缘沉积的大量沉积物有五个主要的物源供给区:古里奥格兰德、休斯敦、Red、密西西比中部和密西西比东部(图11-4)。对于更多细节,读者可参考Galloway等(2000)的文献。

在白垩纪(65Ma)和早渐新世(33Ma)之间,从陆架坡折比较稳定得克萨斯(西北缘)平均走向SW—NE向变为路易斯安那(北缘)平均走向W—E向(图11-4)。在该时期内,陆架平均向南或东南方向迁移了约150km。自渐新世起,陆架表现出双重演变特征。在西北缘,陆架几乎以相同的SW—NE走向继续向东南方向迁移,但在北缘,其演变非常复杂。首先,北缘陆架坡折带的方向和位置在中中新世(图11-4中自16—12Ma)发生重大改变,西部陆架坡折带走向自N—W向旋转为SWW—NEE向,而东部陆架坡折带保持SW—NE走向迅速靠近现今的位置。其次,陆架坡折带等值线在局部地区发生强烈弯曲,形成了多个NE—SW向的转换带(图11-3)。这表明自渐新世起,陆架北缘已向西南方向迁移(几乎平行于陆架西北缘)。另外,自中中新世(12Ma)起,陆架北缘的西端已迁移至与陆架坡折西缘相对的位置(图11-4)。

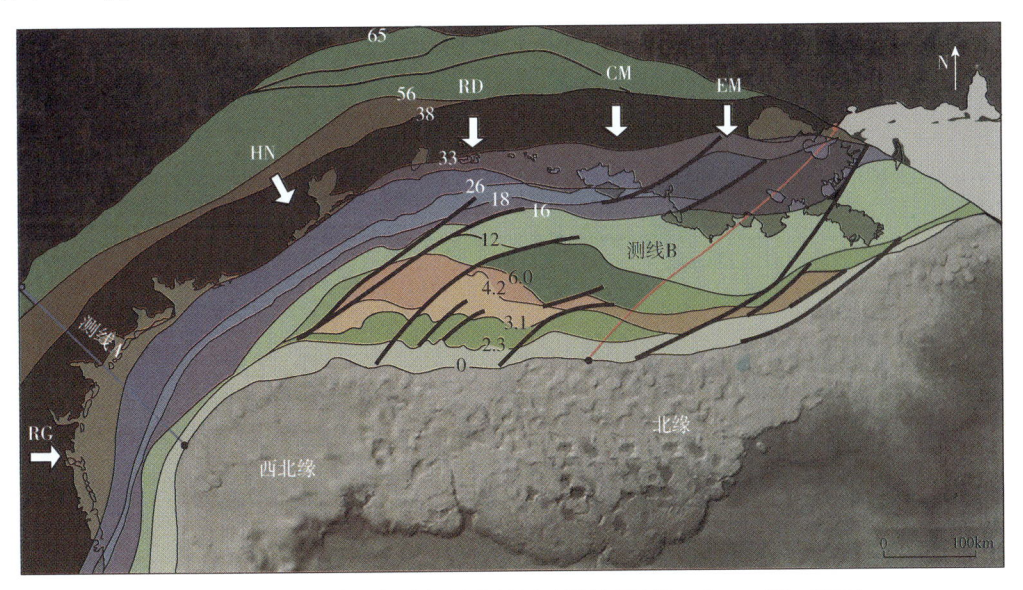

图11-4 墨西哥湾北部陆架迁移的运动学特征(据Galloway等,2000)
粗线代表自中新世至今发育的转换带(参见图11-3);RG—古里奥格兰德;HN—休斯敦;RD—Red;CM—密西西比中部;EM—密西西比东部

西北缘和北缘陆架坡折带位置的时间—空间投点图(图11-5)表示了不同的陆架迁移量及迁移速率。在西北缘,总位移达到了约230km,并且迁移过程在加速和减速之间交替,平均速率为 0.35cm/a。陆架的低速迁移发生在始新世早—中期、渐新世晚期至中新世早期以及中新世中期。陆架迁移速率最大阶段是在始新世晚期到渐新世早期。在北缘，陆架总迁移位移达到约 440km，并且陆架的迁移速率自始新世晚期到现今是逐步增加。自中中新世起，平均迁移速率一直稳定保持在 1.8cm/a。

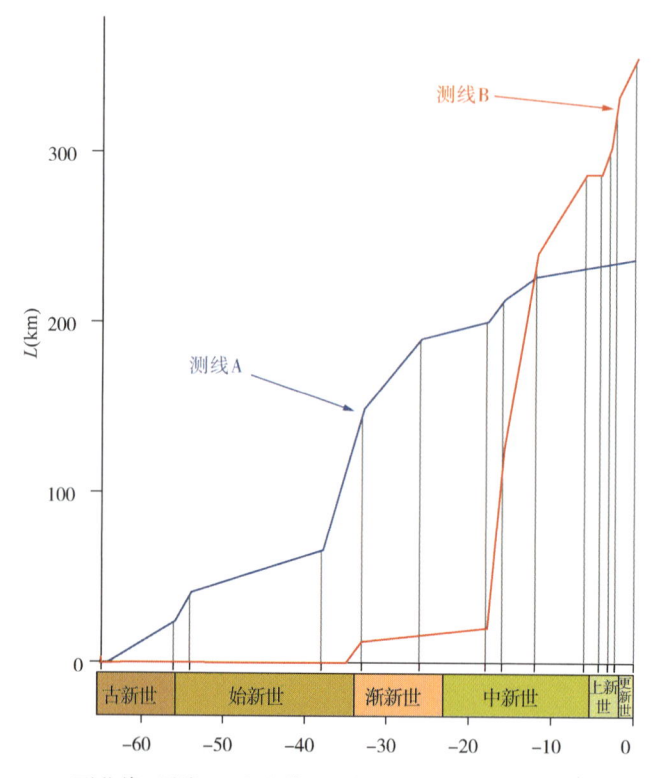

图 11-5　西北缘（测线 A）和北缘（测线 B）陆架迁移的时间—空间分布
测线位置参见图 11-4 所示

综上所述，陆架坡折迁移的位置、几何学和运动学表明北缘和西北缘有着显著不同的发展历史。晚始新世—早渐新世的西北边缘及中新世的北缘发生了两次历史性的重大变化（图 11-5）。其意义将在后面讨论。自中新世起，北缘陆架开始向 SW 方向迁移，说明在墨西哥湾北部有相似方向的盐流发生。

11.2　斜坡区的大型构造

11.2.1　四层盆地结构

图 11-6 是通过 Walker 脊和 Keathley 峡谷的地震测线，表示了斜坡区盐盆的四个构造层。为了更好地显示构造及其力学意义并没有对剖面进行重向放大。整体构造非常平缓，并包含以下各层（从底部到顶部）：(1) 中侏罗统 Louann 组原地盐岩朝 Keathley 峡谷西南部发生尖灭（图 11-6a）；(2) 侏罗系—白垩系到中新统下部的下段沉积物发生复杂叠置，并在沉积过程中已发生局部褶皱（图 11-6a、b）和后期伸展（图 11-6b）；(3) 由切穿白垩系—中新统下部沉积物的盐底辟或从断坡挤出的盐推覆所供应的异地盐层（图 11-6a）；(4) 微盆中上

中新统—第四系的沉积层(图11-6a、b)。

在Keathley峡谷(图11-6a),异地盐推覆体主要由盐推覆后方断坡上的盐挤出带所供应。盐底以很小的角度静止于中新统下部—上新统沉积物之上,表明沉积过程中的盐流速度非常快。

在Walker脊地区(图11-6b),异地盐层由一系列位于白垩系—中新统大型筏状构造之间的盐墙供应。正断层的广泛发育证实筏状构造以及相关的盐底辟是受区域伸展作用影响而形成的。这些筏状构造有很多已经下沉至Louann组盐体的底部。盐体从一系列盐墙中挤出在筏状构造形成拼贴在一起的盐席一般称为盐篷。同时期的沉积作用形成了三角形的地质体,其顶点对应着生长盐席之间的缝合线(图11-6中的S)。异地盐体在平面上的展布可达100km,表明挤出的盐体能够近于水平地流动很远的距离(图11-6b)。而这只有在流速很快或者沉积速率很慢的情况下发生。早—中中新世,墨西哥湾沉积物的供给速率属于中等范围(Galloway,2001)。因此,盐更可能以相当快的速度流动,如观察到的Keathley峡谷盐推覆体。

自晚中新世起,这些异地盐体顶部已有了以上新统—更新统为主的沉积物,它们形成具有不同最大深度的微盆(Worrall和Snelson(1989)引入的术语),或是厚盐层之上大而薄的水平层(图11-6)。

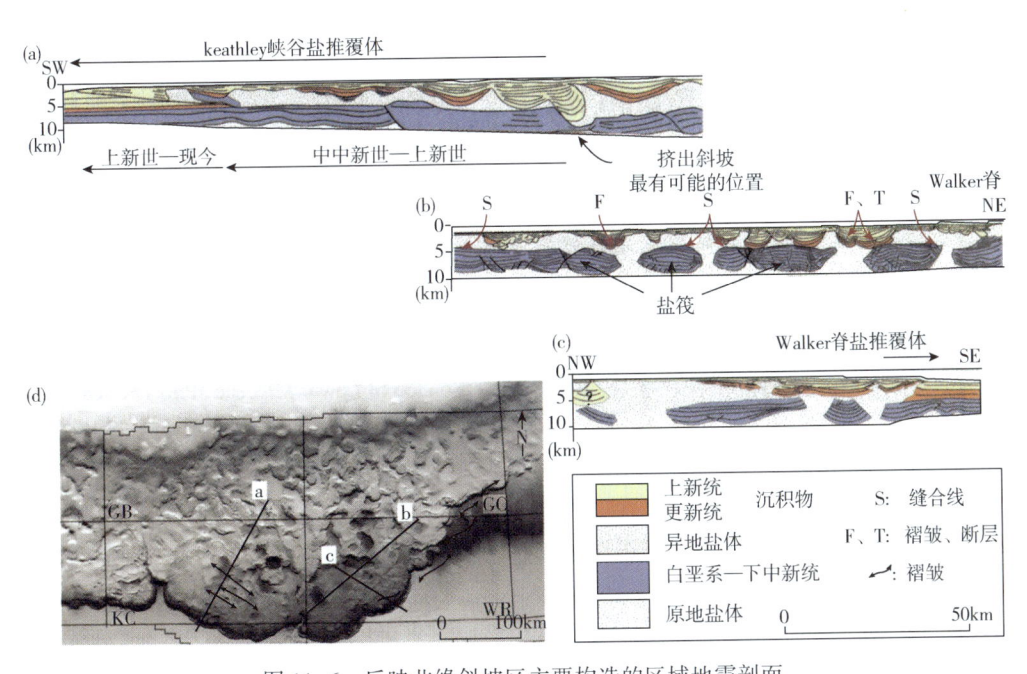

图11-6 反映北缘斜坡区主要构造的区域地震剖面
(a)Keathley峡谷盐推覆体;(b)Walker脊四层构造剖面(S—盐席之间的缝合线、T—逆冲断层、F—褶皱);
(c)Walker脊盐推覆体;(d)a、b、c剖面线位置图

11.2.2 微盆

微盆是下沉到异地盐体中的生长向斜,它们具有不同的形态和内部构造特征,最大深度可超过6000m。除了随深度增加的光滑向斜弯曲程度,一些微盆不会表现出任何其他内部变形,但有些微盆也表现出伸展或挤压的内部变形特征。这些变形大多发生在盆地底部,表明

在盆地发育的早期阶段有褶皱或断层的出现(图 11-6b 中的褶皱和逆断层)。另外还有一些内部的不整合发育,如河道沉积物充填剥蚀峡谷,或是超覆在下伏褶皱层早期断层和褶皱地层之上未变形地层的顶部。

被盐岩完全包围的微盆比底部接触到异地盐体下部沉积层的微盆更加对称。在一些不对称微盆中,地层倾斜程度随深度有规律地增大,表明在沉降过程中逐步发生倾斜。相反,其他微盆中的不整合表明地层的倾斜是一个相继发生的分割事件。在近地表处,微盆常被盐脊或盐席(浅层盐体)分开,盐脊之上为能从等深线图上观察到的狭窄变形带,而盐席常被厚约几百米,并与地形高地平坦顶部对应的沉积物所覆盖。等深线图上可见的狭窄变形带说明盐脊在微盆之间发生了水平位移。这些特征表明微盆有复杂多变的构造和演化历史,这也可能反映了影响其发展的各因素的多变性。

11.2.3 盆地边缘的逆冲褶皱带

在西北边缘,Perdido 褶皱带(图 11-1)是一个前缘的挤压区,褶皱轴向为 NW—SE 向。褶皱为同心状、对称和不对称都有,核部被原地 Louann 组盐层所充填(Worrall 和 Snelson,1989;Peel 等,1995;Trudgill 等,1999;Camerlo 和 Benson,2006)。上侏罗统—始新统于渐新世早期发生褶皱,并可能一直持续到了早中新世(Peel 等,1995;Trudgill 等,1999)。

在北部边缘,经典的密西西比扇褶皱带沿在西南部西格斯比(Sigsbee)悬崖和东北部密西西比扇之间发生尖灭的 Louann 盐层分布(图 11-1a)。大多数学者依然认为该褶皱带是原地 Louann 组盐层顶部沉积地层发生径向挤出而形成的前缘褶皱——冲断带。(Wu 等,1990;Weimer 和 Buffler,1992;Diegel 等,1995;Peel 等,1995;Rowan,1997;Rowan 等,2000,2004;Wu 和 Bally,2000;Moore 等,2001;Grando 和 McClay,2004)。

在 Walker 脊和 Green 峡谷,这些褶皱具有以下特点:(1)褶皱轴向总体为 SE—NW 向;(2)越向上褶皱幅度越小;(3)可以是对称的或不对称的,具有一个与显示出逆冲位移的断层相关或者不相关的倒转翼;(4)具有盐核。其中一些褶皱受伸展作用影响,一些相关逆冲断层也发生局部的伸展复活。褶皱枢纽的拉伸通常形成伸展底辟。褶皱作用开始于晚侏罗世—白垩纪,到中—晚中新世进一步加强(Rowan 等,2000;Grando 和 McClay,2004)。在上新世—更新世,这些褶皱部分被异地盐推覆体所覆盖,或部分被深海平原沉积物所覆盖(图 11-6d)。Walker 脊和 Green 峡谷的三维地震剖面显示褶皱轴为典型的左行雁列式,表明在盐体尖灭方向存在左旋走滑剪切。这与先前的解释是相悖的,表明此褶皱带是从西南侧到 Walker 脊东北侧 Atwater 河谷的左旋走滑剪切带,而非前缘褶皱——冲断带。

在 Keathley 峡谷,白垩系—下中新统(被异地盐体完全覆盖)受向上幅度减小的盐核褶皱影响(图 11-6)。这个褶皱带直到最近才被发现,其褶皱轴向为 NW—SE,向平行于该区的西格斯比悬崖,几乎与 Walker 脊—Atwater 河谷褶皱带的平均走向(WE-SW)垂直。

11.2.4 盐推覆体

Keathley 峡谷盐推覆体(图 11-6a)是由早中新世末期开始侵位的一个单独的前缘盐推覆构造组成,其前缘走向几乎为线性的 NW—SE 向。盐体是沿着一个具有复杂挤压构造的,平均走向为 NW—SE 向的断坡挤出。大多盐推覆体上的微盆形成于上新世—更新世,然而一些微盆底部发育白垩系凝缩层断。在断坡后方,微盆可以很深,其底部几乎能够达到 Louann 组盐层的底部(图 11-6a)。推覆体的整体位移为 120km,其中中—晚中新世约 80km,

上新世以来约 40km。

Walker 脊和 Green 峡谷的盐推覆体位于上新统内，异地盐体的边缘形成了一些叶状轮廓，其中一些与西格斯比悬崖相对应。推覆体整体位移可达 30~40km。推覆体顶部微盆内的沉积物是上新统—第四系。

所有盐推覆体都是位于一个已经发生了褶皱的下盘之上（前文可见）。Keathley 峡谷推覆体的位移约比 Walker 脊和 Green 峡谷推覆体大三倍。

11.3 斜坡区异地盐流的运动学特征

运用 NOAA 卫星多波束测深对海底变形进行了分析。图像的平均像素约为 60m，为了更易于对海底构造进行可视化、解释和成图，而且在不考虑其方向的情况下，我们使用了一套人工照明测深成像技术对不同的方位角和倾向进行成像。

在东西面超过 450km 的距离内，海底地东部形图（图 11-6d）显示了北部陆架坡折与南部西格斯比悬崖之间的边缘斜坡形态。斜坡宽度从 Green 峡谷不到 100km 增加到西部 Garden 礁和 Keathley 峡谷的 250km。局部的地形起伏可达 100m，证实近期仍在发生的变形。

一级形态划分为三种主要类型：（1）微盆表现为地形低洼，其轮廓一般为纵横比变化多样的多边形至圆形；（2）分隔微盆的狭窄变形带对应于盐脊，常被陡峭正断层限制，或本身就是二级正断层，有时呈雁列褶皱和小型底辟；（3）大且蜿蜒的平顶带表现为与浅层盐体对应的地形高点。大部分变形带反映了对应于走滑区的下伏盐脊，调节了微盆之间的相对水平位移。

11.3.1 微盆形状及方位

浅层盐区图像（图 11-7）显示了一系列走向特征。在北部，陆架斜坡过渡带的特点是盐底辟刺穿海底，并存在平行大陆斜坡的流动。Green 峡谷东部地区的浅层盐体要比其他区域少得多，这在很大程度上是由于有更厚的沉积物存在。在 Garden 礁、Keathley 峡谷和 Walker 脊的南部，以被狭窄变形带分隔的微盆为主。Green 峡谷西南部至 Keathley 峡谷东南部和 Walker 脊西南部之间宽为 50~70km 的斜面走廊内，浅层盐体非常多。

将近一半的微盆有很圆的外形，其长短轴比 L/S<2.3，其中 L 和 S 分别代表微盆的长、短轴。长轴方向呈现为主要峰值约为 N135°的双峰分布（图 11-8b），对应大多数长条形的盆地（长短轴比 L/S>2.3；图 11-8c）。第二峰值的盆地走向为 N50°，几乎与主峰值垂直（图 11-8b），对应盆地长短轴比 L/S<2.3（图 11-8c）。在斜坡图（图 11-8a）上对主峰值为 N135°的盆地进行标记（图 11-8b、c），发现它们主要位于西部的 Garden 礁和 Keathley 峡谷。在这些区域，它们形成一个 NW—SE 向的构造带。

11.3.2 狭窄变形带的运动学特征

这部分的运动学分析是基于对狭窄变形带的精细成图（图 11-7）。对变形带内部构造进行成图的平均变量空间分辨率约为 60m。对整个研究区进行两次成图，并对其结果进行对比。最终版本图件中保留的构造为两次成图中都有的构造，以此最大限度地消除不确定性因素。

根据内部变形的对称性即应变增量的共轴性将变形带初次分为两类。在共轴拉伸区域，二级正断层有相当直的平行或近平行于变形带边界的断层线（图 11-9a）。在这些区域，拉伸

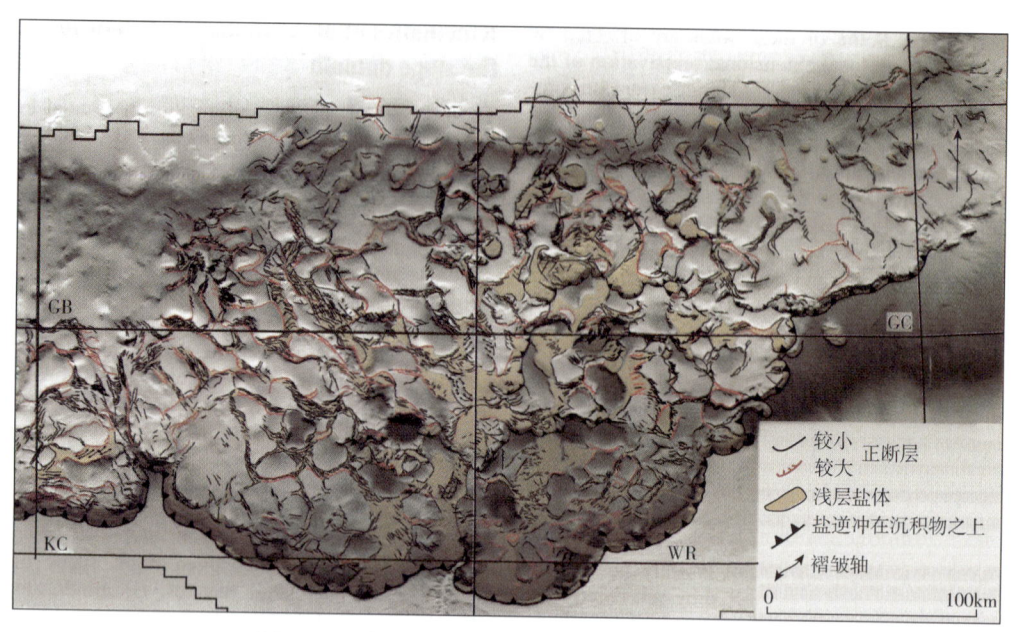

图 11-7 浅层盐体以及使海底变形的断层和褶皱

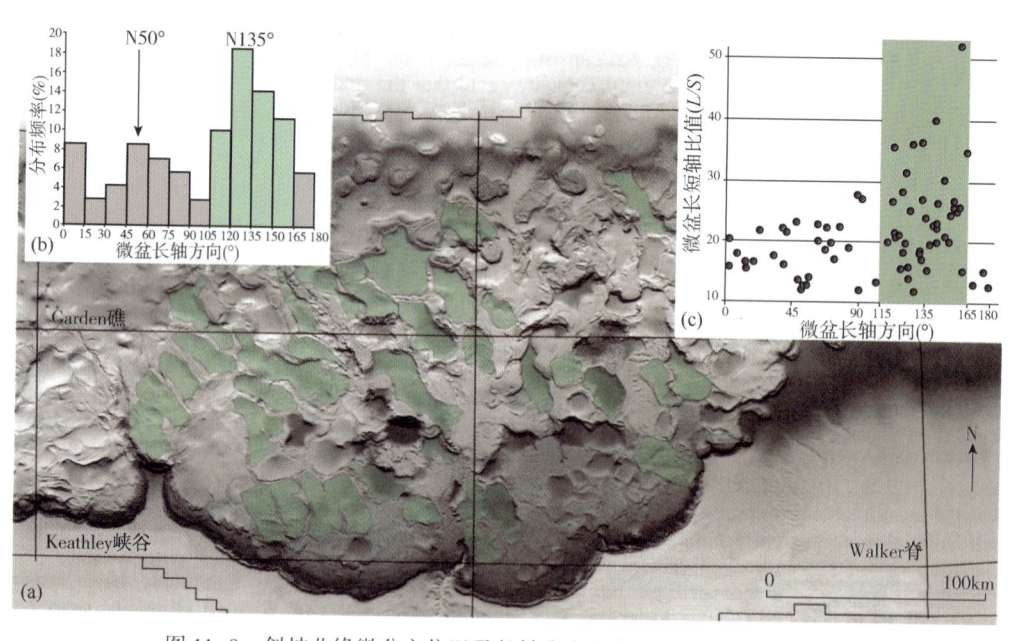

图 11-8 斜坡北缘微盆方位以及长轴走向约为 N135°的微盆(绿色)
图(b)为微盆长轴方向的双峰分布频率图,绿色为占据大多数走向约 N135°的主峰;图(c)为微盆椭圆度
比值 L/S 的分布,L 和 S 分别代表长轴和短轴

的主要方向垂直于变形带边界。非共轴变形区域并不符合以前的定义。一般来说,非共轴变形区域具有平行变形带边界的走滑剪切分量和垂直于变形带边界的拉张或挤压分量,从而分别形成扭张带(图 11-10a)或扭压带(图 11-10b)。截至目前,发现共轴拉伸区域较少,大多位于 Keathley 峡谷地区。该区主要拉伸方向平均为 N50°(图 11-11)。

非共轴变形区域最为常见的是扭张区,经常形成雁列正断层或拉分构造。只有非常少数的区域发生轻微扭压,并形成雁列褶皱(图 11-10b)。与双层脆—韧性模型的实验结果(Tron

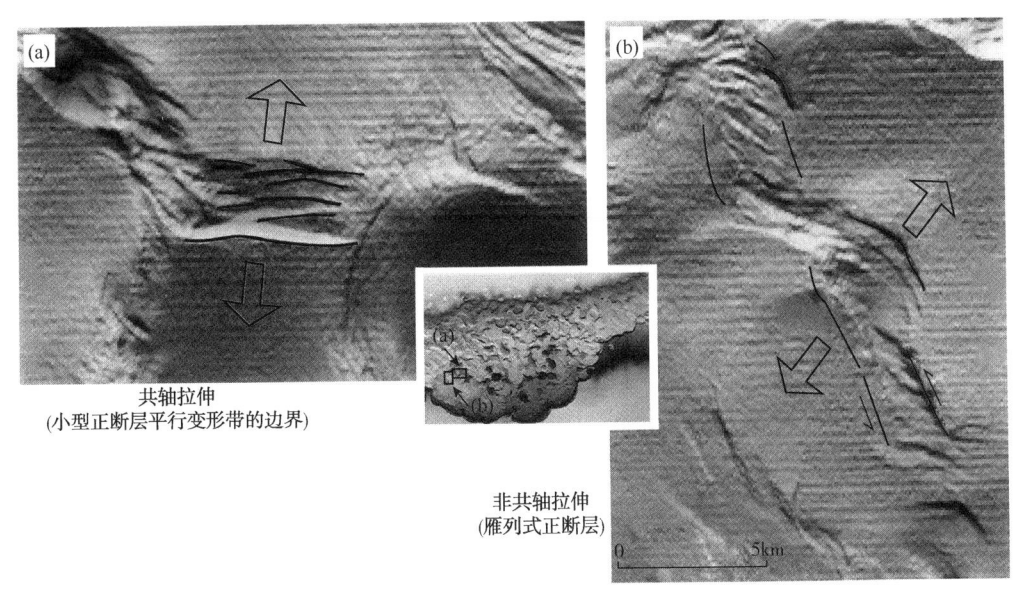

图 11-9 共轴(a)和非共轴(b)拉伸区域的海底图像

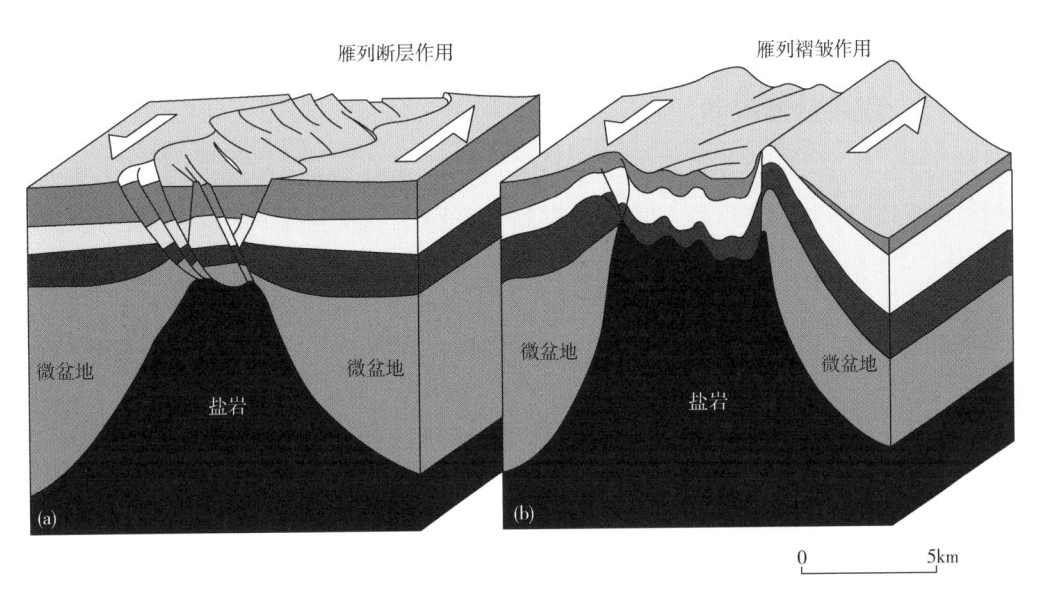

图 11-10 盐脊顶部扭张(a)和扭压(b)区域的三维示意图

和 Brun,1991)一样,扭张带的拉伸方向不能直接由正断层方位推导出来,但正断层与变形带边界的斜交关系证实有走滑剪切的存在(图 11-9b)。

用前文列出的剪切方向指标剪切方向进行了成图(图 11-11;其中:右旋/蓝色,左旋/红色)。在大多数地区,右旋剪切和左旋剪切呈现出共轭模式,但也有一些例外,特别是在研究区北部边界接近陆架坡折带的地区尤为明显。在这些地区,部分盐底辟刺穿地表,并以盐冰川的形式向斜坡下方流动,部分被近期沉积物所覆盖。盐冰川的两侧边缘形成了平行的具有不同剪切方各的剪切带。由于这些过程都是发生在地表,因此这些剪切带与微盆的相对位移没有直接关联。在我们的研究框架之内,它们具有一定随机性,因此可以被忽略。然而它们在图 11-11 及后面的数据统计处理中都保留了下来,结果也证明它们在整个数据集中的权重很低。

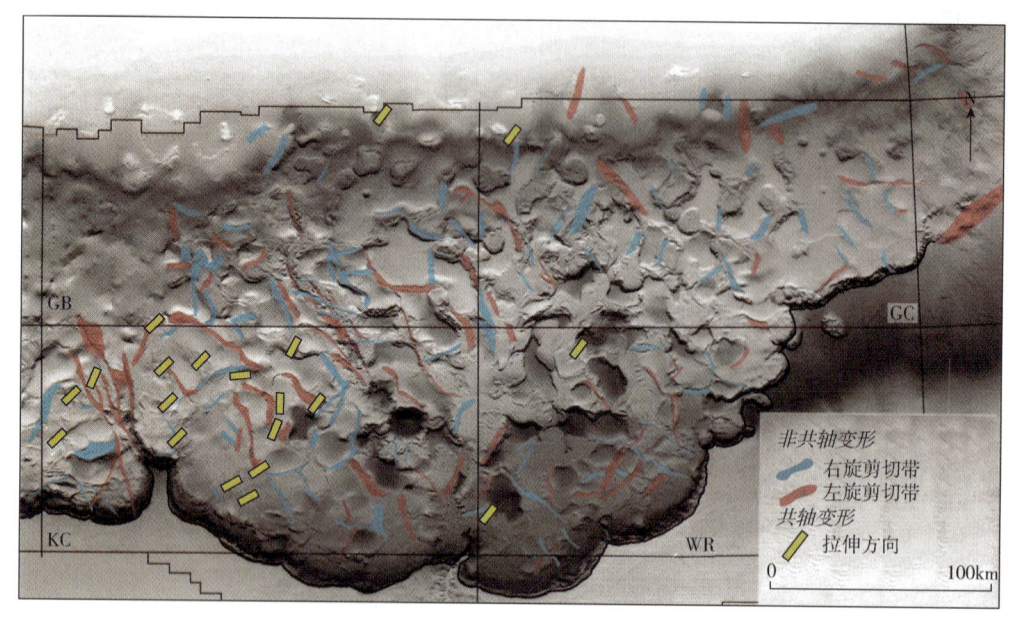

图 11-11 共轴变形区拉伸方向(黄色条带)及非共轴变形区剪切方向(右旋/蓝色、左旋/红色)

11.3.3 浅层盐体流动

浅层盐体(图 11-12)分布在海底的高部位，它们仅被几百米厚的沉积物覆盖，并具有不规则的等值线形态，平均宽度约 10km，局部超过 30km。在斜坡区中部，浅层盐体主要分布在一个 NE—SW 向的宽阔条带内，这个条带在 Keathley 峡谷和 Walker 脊之间与西格斯比悬崖相连。浅盐层区的平坦海底的变形表现为小的、窄间距的正断层(图 11-12b)，这与盐冰川表面观察到的情况类似(Lliboutry, 1965; Paterson, 1994; 冰川和盐构造的详细比较可见 Talbot 和 Pohjola, 2009)，这为直接确定盐流的方向提供了条件(图 11-12a)。另外，伊朗浅层盐流形成的脊和裂缝方向与盐流方向夹角较大(Aftabi 等，2010)。在上述条带的东部，微盆上部的少量浅层盐体向 S 或者 SW 方向流动，形成具有东西向的似花状轮廓(如图 11-12a 中的递冲特征)。这部分盐流的幅度较小，但影响了从 Green 峡谷西南侧(北部)到西格斯比悬崖(在 Keathley 峡谷和 Walker 脊之间)之间的大片区域。

图 11-12 所描述的浅层盐流的流动模式对应于斜坡变形的晚期分量，叠加在主要的盐流方向(SW)之上。它也与更新世 Walker 脊盐推覆体的形成有关。

11.3.4 剪切方向统计分析

通过对与变形区带方位有关的左旋和右旋剪切方向的统计分析，确定了均匀变形的范围。将变形区带分成 5km 长的不同段，并根据特定方位内两类剪切方向的总长度，得出它们各自的权重，并用这些数据来绘制玫瑰花图。将整个研究区任意划分为多个小区域，做出它们各自的玫瑰花图。然后将具有类似数据统计分布的相邻区域合并，得到最终划分的五个区域，如图 11-13 所示：Green 峡谷Ⅰ、Green 峡谷Ⅱ、Walker 脊Ⅲ、CentralⅣ、Keathley 峡谷Ⅴ。表 11-1 为五个区域的统计数据。

东部 Green 峡谷区域另一个以北侧陆架破折带和南侧西格斯比悬崖为边界的走廊形变

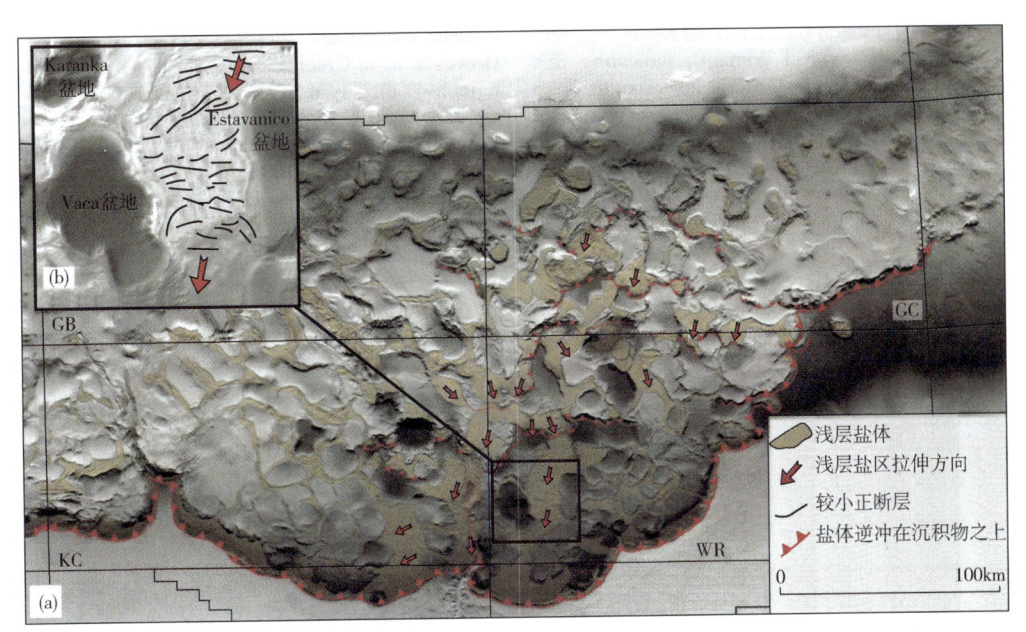

图 11-12 （a）浅层盐区的拉伸方向以及微盆顶部浅盐流的花状轮廓（逆冲形式）与
（b）显示与窄小正断层控制的海底高点相对应的浅层盐区的海底照片

区，表现了剪切方向的横向反转。玫瑰花图显示其右旋剪切平行于陆架坡折（Green 峡谷Ⅱ区域），左旋平行于西格斯比悬崖（Green 峡谷Ⅰ区域），表明总位移与 SW 向河流相对应。Green 峡谷Ⅰ区内发生 N0°左旋，Green 峡谷Ⅱ内发生 N150°右旋，二者形成共轭剪切，并可能引起微盆北侧右旋，南侧左旋的旋转。但由于这些地区沉积物较厚，它们在海底测深图中无法直接反映出来。

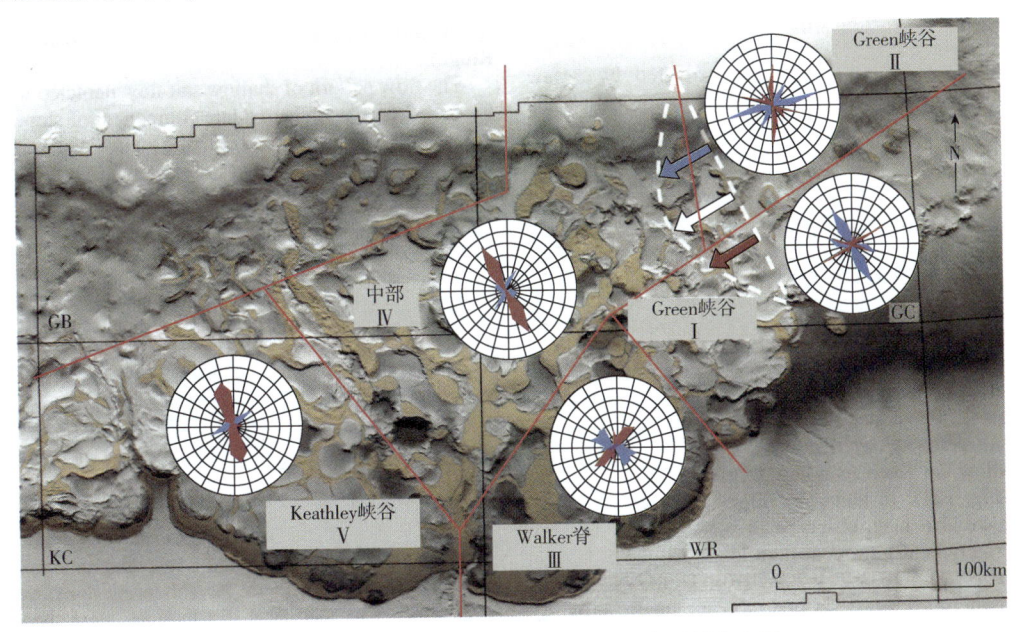

图 11-13 北缘具有相同剪切方向的五个区域分布图
玫瑰花图显示右旋/蓝色和左旋/红色剪切方向的频率；玫瑰花图外部的圆表示数据的 30%；见表 11-1 的统计数据

向西，在陆架坡折带和西格斯比悬崖之间的变形区带急剧扩大，形态极像叶状。然而剪切方向与 Green 峡谷区一样,从中部Ⅳ区和 Keathley 峡谷Ⅴ区到 Walker 脊Ⅲ区,剪切方向发生了反转。Keathly 峡谷和 Walker 脊区域左旋和右旋的峰值与 Green 峡谷Ⅱ区和Ⅰ区分别对应,但左旋为约为 15°,表明 Green 峡谷区平均 N65°的河流转变为向西南方向的平均 N50°。

表 11-1　5 个变形区域的数据统计表(位置参见图 11-13)

区域	剪切性质	变形带总长(km)	峰值方向	峰值占比(%)
Green 峡谷Ⅰ	右旋	220	N330°	59
	左旋	150	N60°	40
Green 峡谷Ⅱ	右旋	70	N75°	64
	左旋	70	N180°	50
Walker 脊Ⅲ	右旋	200	N130°	70
	左旋	175	N45°	57
中部Ⅳ	右旋	215	N30°	52
	左旋	395	N150°	64
Keathley 峡谷Ⅴ	右旋	275	N60°	55
	左旋	530	N165°	69

注:最后一列中的百分比是分别计算的右旋和左旋的百分比。

在中部Ⅳ区域,剪切模式与 Green 峡谷Ⅱ区以及 Keathley Ⅴ区相类似,但是峰值有着比 Keathley Ⅴ区更强的左行旋转。这个中心区域的扰动是小部分 S—SSW 向盐流的结果,在浅层盐区也有反映(见前文),主要与更新世 Walker 脊盐推覆体向南侵位有关。

以上由五个区域的剪切模式分析推导出的盐流的平均方向与共轴变形带所推导出的拉伸方向一致(图 11-14),表明整体盐流方向为 SW 向。

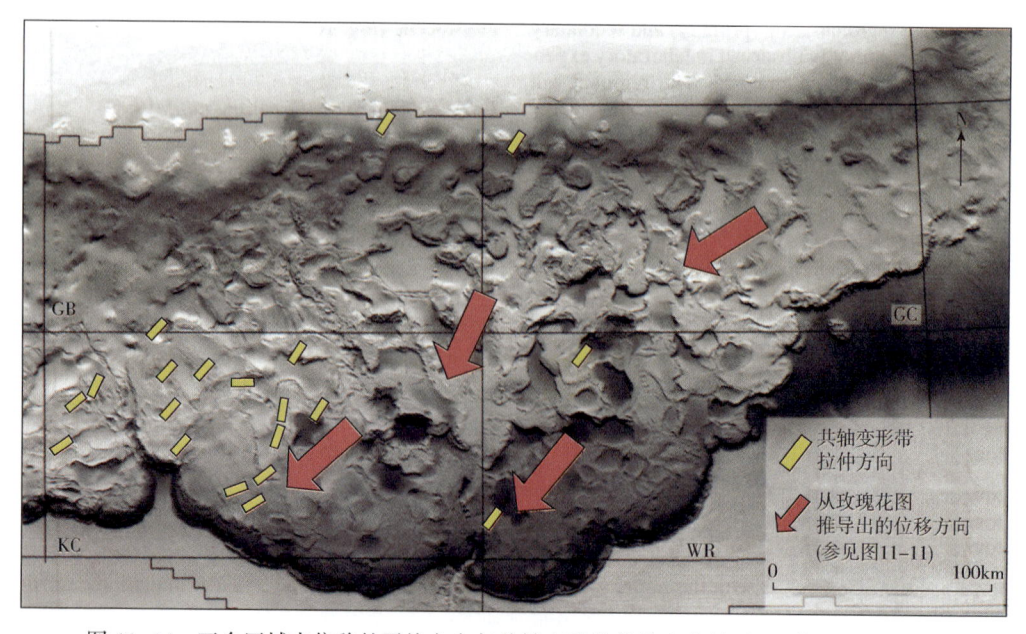

图 11-14　五个区域内位移的平均方向与共轴变形带拉伸方向的对比(参见图 11-13)

11.4 墨西哥湾北部盐构造动力学

11.4.1 盐流动和盐挤出

北缘的两个褶皱带有一个在 Keathley 峡谷发生垂直挤压，另一个在 Walker 脊和 Atwater 峡谷之产发生左旋走滑剪切，二者均发育于接近 Louann 组盐层尖灭的地方（即沿盆地边缘），表明盐盆初始具有矩形形状。沿两个几乎垂直方向同时发生的垂向挤压和走滑剪切。表明自中生代以来就存在原地 Louann 组盐层向 SW 方向的区域性流动。至早中新世，盐流（仅限于盆地内部）导致 Louann 组盐层逐步增厚，这种情况有时也被称为"盐膨胀"（如 Hall，2002）。在增厚盐层的顶部，上覆沉积物被压实。早中新世末期，沿 Keathley 峡谷前缘断坡形成破裂导致盐体深海平原沉积物顶部发生水平流动，从而形成了大规模的盐推覆体。盆地前缘自由边界的打开使大范围的伸展向后发展，沉积盖层因此被拉伸和分割成筏状，这为盐岩的向上流动和大型水平盐席的供给提供了条件。在中中新世与晚中新世早期之间相当短的时间内，增厚的 Louann 组盐层向上垂直运移，在筏状构造顶部形成了厚的异地盐层。

在沉积盖层细颈化期间以及筏状体破裂之前，盐体能够在一些局部点发生合并。被挤压的盐体首先向筏状构造之间的地堑凹陷流动。同沉积地层记录着二次盐流的方向，其流向垂直于区域性的盐流方向。在实验室中能够观察到这种区域性盐流（主盐流）和次级盐流之间的关系（图 11-15）。区域盐流控制着沉积盖层中与盐流方向呈高角度相关的地堑的发育。开放地堑内的盐体隆升形成盐脊。在局部发生刺穿的地区，盐流受表面地形，特别是地堑所引起的地表凹陷控制，因此与区域盐流呈高角度相交。几乎所有前人在墨西哥湾的研究都解释了次级盐流的方向，与区域盐流方向相同，都是朝向 S 或 SW 方向。当挤出的盐体足够多以致能完全覆盖筏状构造时，异地盐体就能作为一个整体向 SW 方向流动。

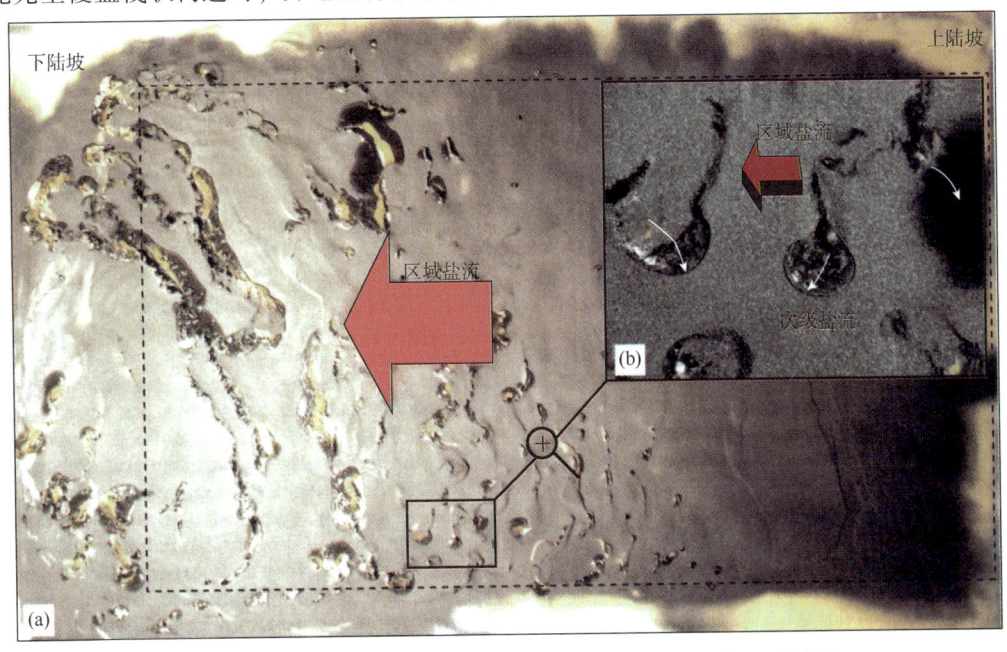

图 11-15 有关区域盐流和次级盐流之间关系的实验模型顶视图

(a) 向左的区域盐流受基底斜坡控制，盐从走向与区域盐流呈高角度相交的地堑中形成的盐脊处挤出；(b) 挤出的盐体沿表面斜坡或在表面凹陷中流动，这些表面斜坡及表面凹陷与地堑有关，盐体正是通过地堑上涌，如果仅是考虑次级盐流方向的话，可能就会导致约 90° 的误解作为盐挤出的结果，变薄的 Louann 组盐层(有时称为"盐收缩"；Hall，2002，或是更普遍的称为"盐撤")逐渐导致白垩系—下中新统的筏状地层与早期的盐底接触(图 11-6)。筏状地层的下沉以及异地盐体的同时挤出为中新世—更新世沿 Walker 脊和 Green 峡谷的侧断坡发育的盐推覆体的形成提供了条件(图 11-16)。

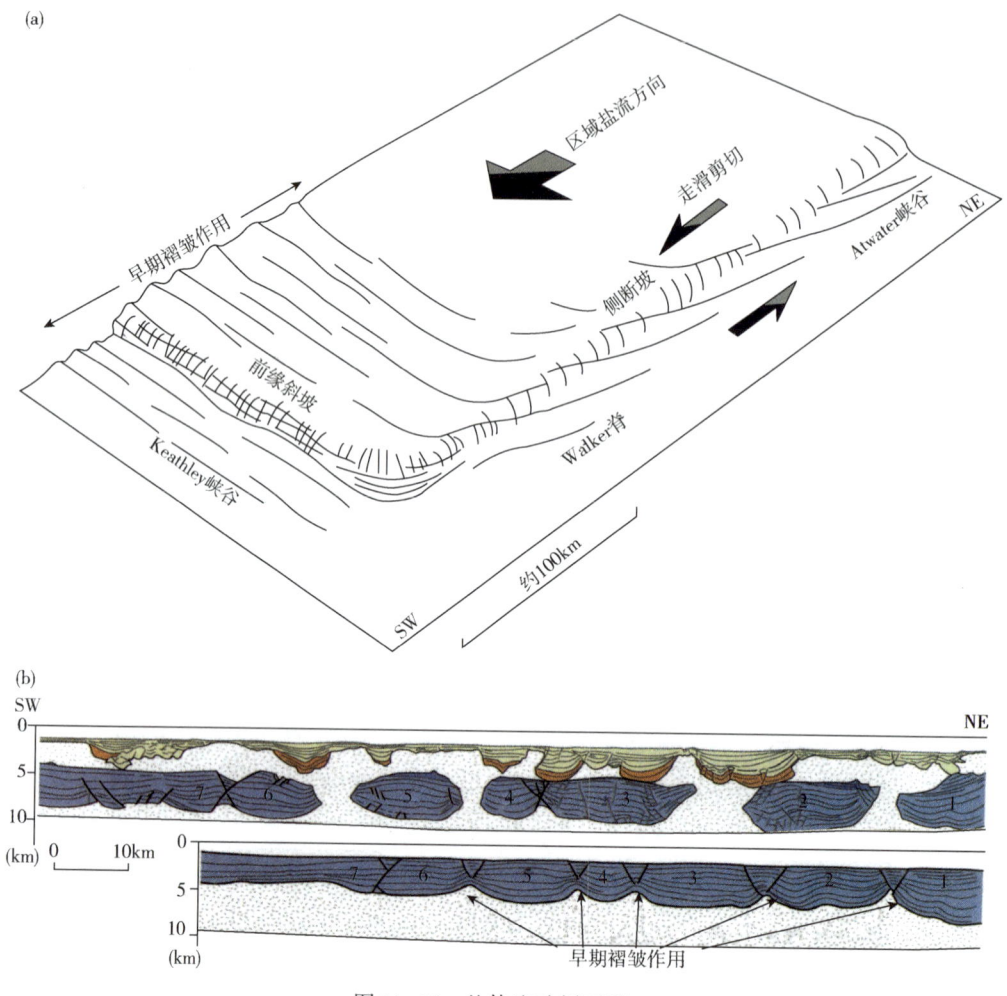

图 11-16 盐体流动剖面图

(a)表示中中新世之前，与 Keathley 峡谷前缘断坡相关的挤压构造和沿 Walker 脊—Atwater 峡谷侧断坡发育的雁列褶皱及断层之间的关系；(b)过 Walker 脊剖面的复原(参见图 11-6b)，表明发育在早期褶皱之上的中中新世的拉伸作用是发生在前缘断坡破裂之后

11.4.2 模拟实验意义

三张模拟实验的顶视图(图 11-17)表明了盆地边缘挤压、前端盐推覆的形成和触发向后伸展之间的时空关系。

已有多篇论文描述了此类实验的常规相似原则和实验环境(Brun 和 Fort，2004；Fort 等，2004a，b)。本次实验的详细情况如下：以双楔形硅树脂层代表盐，其中部厚 2cm，沉积在刚性板块(200cm×100cm)之上，被模拟沉积物的 0.6cm 厚的砂层覆盖。图 11-17 中硅树脂层的尖灭界线用白色虚线表示。由于本次实验并不是为某个特定的边缘而设计，在实验过程的前三分之一，将沉降逐渐施加到底部的钢板上，而该钢板的倾角是逐渐增大的。因此，硅树脂主要表现为向下流动，但也有两支向模型中轴聚集的横向流动。每天进行一次沉积，共持续三周。图 11-17 所示三张图片中浅色和深灰色分别对应于模拟生长地层中的两种不同颜色的砂层。

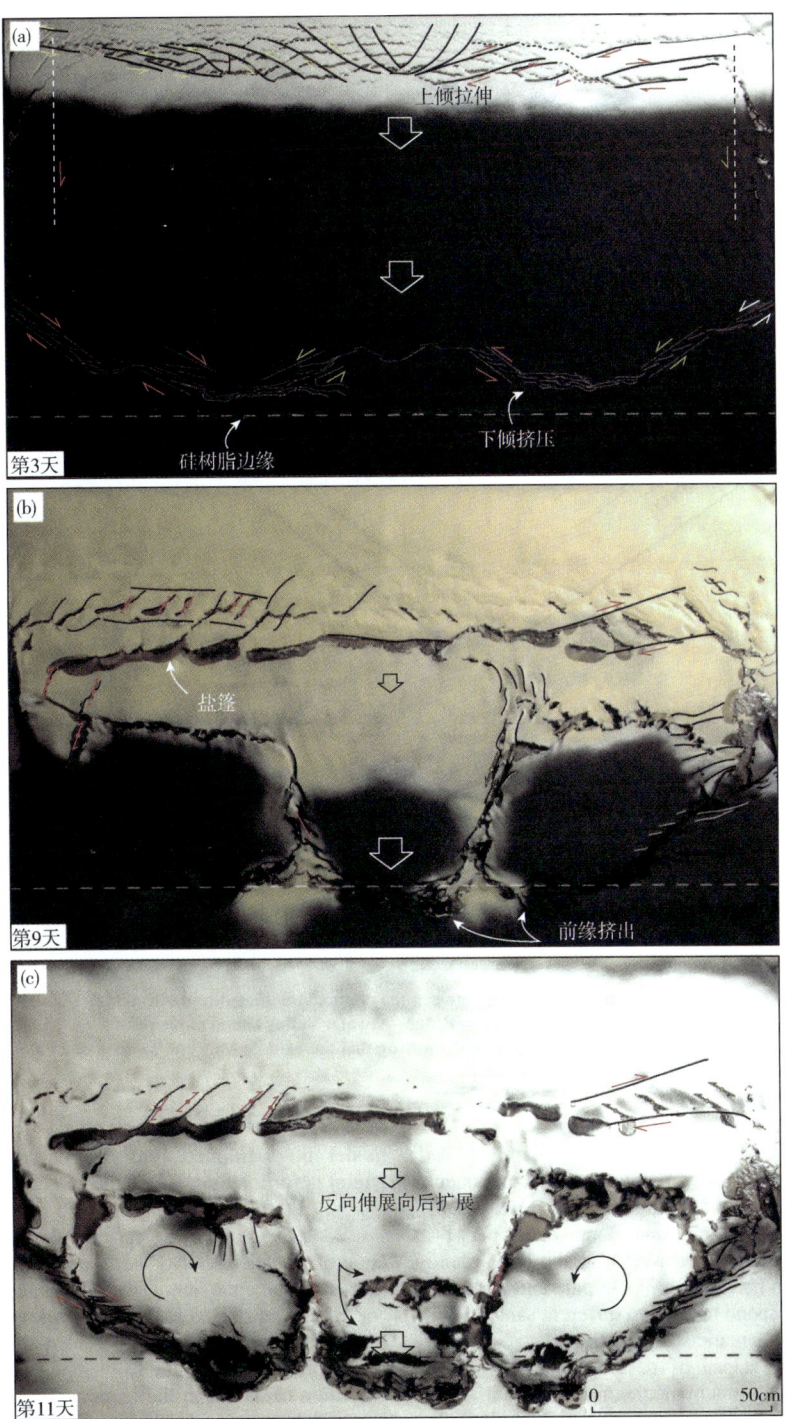

图 11-17 实验模型顶视图

(a)早期滑动阶段的上倾拉伸和下倾挤压；(b)前缘断坡处硅树脂(盐)推覆开始挤出；(c)推覆体进一步发育，伸展作用同时向后扩展，导致在盐盆内形成了盐挤出构造；注意图(b)和图(c)中上倾部位沿陆架坡折带发育的底辟挤出构造

在早期阶段(图 11-17a),上倾方向上的拉伸形成被转换带分割的小掀斜块体,下倾褶皱带发育有平行褶皱的共轴挤压区和雁列褶皱区。随着硅树脂继续向下流动,上倾方向的伸展构造被沉积物覆盖,而下倾方向被分为一个中部及两个侧向变形区,褶皱带内的挤压作用也逐渐增强。图 11-17b 显示了某些早期褶皱带及硅树脂开始挤出时破裂的形成。在接下来的阶段(图 11-17c),硅推覆体开始下沉,伸展作用开始向后扩展。

实验模型中看到的导致前缘盐推覆体形成以及向后伸展的下倾变形层序与北缘地区的特征相类似(图 11-6)。在这两种情况下,盆地边缘的持续挤压发生在断坡破裂之前,这为前缘推覆体的挤出以及随后的向后伸展的产生提供了条件。

11.4.3 陆坡变形、陆架迁移及沉积速率之间的关系

墨西哥湾北部区域新生代的沉积速率相当高,介于 $(1～7)\times10^4 km^3/Ma$ (Galloway, 2001)。其中,古新世较高$(5\times10^4 km^3/Ma)$,始新世降到较低值(约$(1～2)\times10^4 km^3/Ma$)。渐新世出现沉积速率高峰值$(7\times10^4 km^3/Ma)$,中新世沉积速率中等(约 $4\times10^4 km^3/Ma$),而上新世—第四纪稍有减小(约 $3\times10^4 km^3/Ma$)(图 11-18a)。

在北缘自中中新世开始的陆架迁移及自白垩纪开始陆坡变形证实存在向 SW 方向的区域规模盐流。换言之,盐流动距离约 400km 以上,持续时间达 100Ma 以上,并且向与该地区沉积物供给的主要方向呈高角度相交的 SW 向流动(密西西比中部及大部分密西西比东部地区;图 11-4)。中中新世突然发生的陆架上倾迁移更可能与 Keathley 峡谷前缘断坡的破裂有关,与沉积事件没有明显的时间关系(图 11-18)。断坡破裂使盆地前方下倾方向的盐流得到释放,并加快了上倾盐层的拉伸和减薄速率(图 11-2)。沉积负载也参与其中,如陆架坡折带轮廓所记录的转换带的发育所示(图 11-3 和图 11-4)。然而,与特定沉积事件缺乏明显的时间关系这一事实,排除了沉积负载可能是陆架迁移的主要驱动力。不同于大多数学者的观点,这些重要的事实证明墨西哥湾的盐构造并不是主要受控于沉积负载。因此,与沉积速率无关的 SW 向长期盐流肯定主要受控于北缘的 SW 向倾斜。

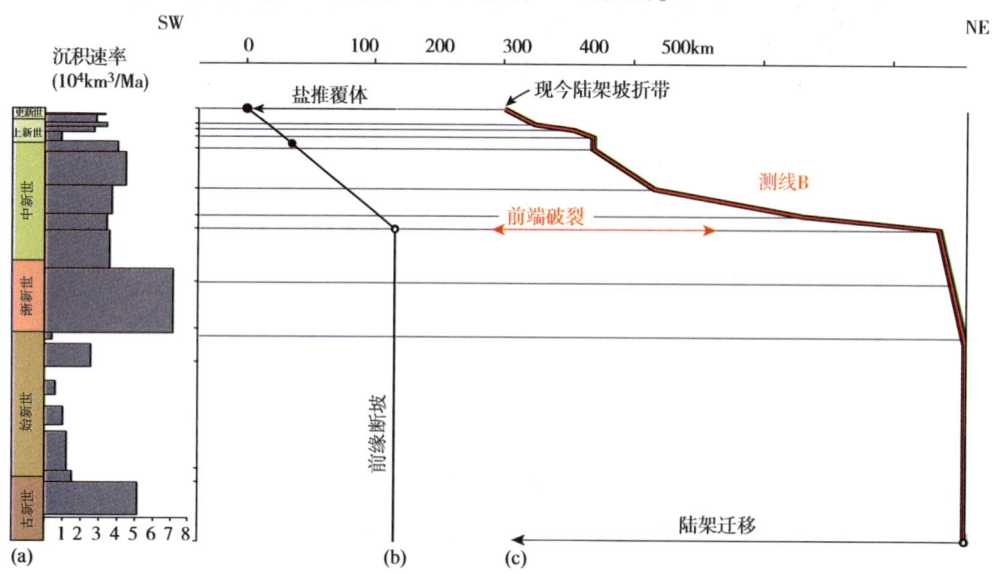

图 11-18 沉积物输入量(a),前缘断坡的形成和破坏以及盐推覆体的推进(b),以及陆架迁移(c)之间的时空关系图(据 Galloway, 2001)

11.4.4 盐运动学与墨西哥湾的打开

墨西哥湾北部存在两个相反性质的盐构造域,其西北缘为上倾伸展,下倾挤压的典型柱状构造。区域规模盐流向 SE 向流动,并与沉积物主输入方向平行。北缘也有常见的上倾伸展、下倾挤压构造,但部分被大量挤出的异地盐体所遮蔽。区域规模盐流向 SW 向流动,与沉积物主输入方向明显斜交。北缘最终形成的构造主要受盐挤出及盆地沉积物斜向供给的影响,而近几十年来人们忽略了 SW 向盐流对北缘构造的作用。总的来说,墨西哥湾北部以具有两个相互垂直的区域规模盐流为特征,其中西北缘为 SE 向,北缘为 SW 向。由于沿边缘倾斜滑动为盐流的主要驱动力,因此,这两个方向盐流的存在证实西北缘存在 SE 向倾斜(很久之前已被认可),北缘存在 SW 向倾斜(据我们所知还未被提出过)。根据 Pindell 和 Dewey(1982)提出的第一个板块运动学模型,对北缘方位的这种认识为分析墨西哥湾的张开提供了新的信息。本文并不想参与这种持续了四十多年的争论(见 Bird 等(2005)的模型综述与争论),只是提出尤卡坦陆块发生了相对于现今位置 45°—60° 的右旋旋转,这与北缘 NW—SE 走向和 SW 倾向对应较好,也是发生 SW 向的区域规模盐流所需的条件。

如图 11-19a 中实验结果所示,尤卡坦陆块左旋模型为西北缘与北缘的巨大宽度差异提供了简明解释。实验中建立了岩石圈模型,用沙子代表脆性上地壳和莫霍面之下的地幔,用硅树脂代表韧性中—下地壳和深部岩石圈地幔(更多有关四层脆—韧性岩石圈裂谷作用模拟的细节,可参见 Brun(1999,2002))。对应于尤卡坦微板块的模型部分位于围绕垂直轴恒速拉动的刚性薄板之下。顶视图(图 11-19)显示了左旋 30° 后的模型表面的变形特征。在模拟中,岩石圈的伸展几乎向西呈线性增加,因此,大陆破裂和地幔剥露(Brun 和 Beslier,1996)均向西迁移。进一步的旋转只是使两个已经形成的被动陆缘分离,这可能与海底扩张相对应。模型(图 11-19a)显示了一个大范围内的伸展域,其走向为 NW—SE,倾向为 SW,该区域向西延展至一个近南北走向的狭窄边缘。这与墨西哥湾北部大尺度的地质特征非常相似(图 11-19b)。西北缘和北缘都是由拉伸及左旋走滑剪切共同作用所致,但北缘为拉伸占主导,西北缘为走滑剪切占主导,最终导致北缘形成低倾角的大型边缘,而西北缘陡峭而且狭窄。这种边缘构造的不同很可能导致两种不同类型的盐构造形成。

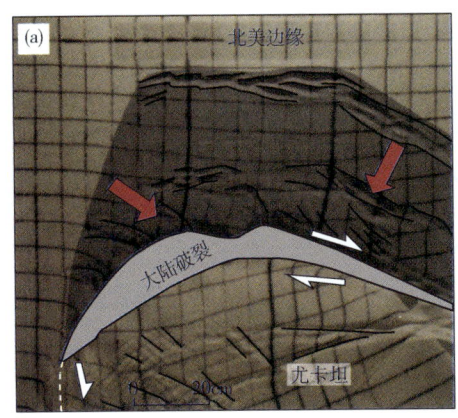

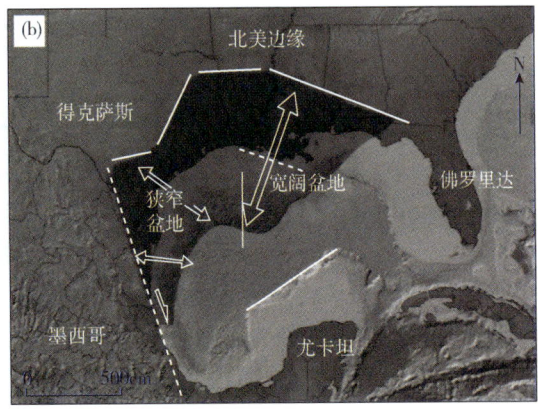

图 11-19 墨西哥湾的张开

(a)岩石圈尺度的实验顶视图(用砂和硅树脂所做的四层脆—韧性模型),模拟沿模型右侧旋转过程中的裂谷作用,当左旋转 30° 出现大陆破裂时停止实验,箭头表示边缘的平均倾向;(b)墨西哥湾简化地质图显示北部地区西北缘和北部边缘之间的宽度差异

11.5 结论

墨西哥湾北部的盐构造以两个方向的区域规模盐流为特点，分别为西北缘的 SE 向盐流和北缘的 SW 向盐流。在西北缘，自白垩纪早期变形阶段起，上倾伸展和下倾挤压作用就同时发生了。而在北缘，必须考虑三个主要阶段，以便总结其演化及其与西北缘的关系。

(1) 到早中新世(图 11-20a)，Louann 组盐体向 SW 向流动，上倾减薄，下倾朝位于 Keathley 峡谷东北部的 NW—SE 向前缘断坡以及沿着从 Walker 脊到 Atwater 峡谷的 NE—SW 向侧断坡增厚(图 11-20a)。在第一阶段，斜坡区的同沉积变形主要由前缘挤压区的轴向为 NW 向的褶皱和沿侧断坡的左旋走滑剪切形成的雁列褶皱组成。18Ma 时的陆架位置切穿了现今的路易斯安那海域，表明第一阶段末期有效盐流的上倾端边界。

(2) 中中新世(图 11-20b)，前缘断坡开始发生破裂，导致：向前至①Keathley 峡谷，盐推覆体位于深海平原沉积物的顶部；②向后至增厚的 Louann 组盐体之上的白垩系—下中新统盖层的大范围伸展区(筏状构造区)。筏状地层的分离为盐体的挤出以及水平流动提供了条件，从而形成局部可达 8km 厚的异地盐层，其上沉积了晚中新世—上新世沉积物，并形成了局部很深的微盆。向东北部，陆架向 SW 方向发生了第一次快速移动，表明有效盐流区发生了下倾位移。在 Green 峡谷—Atwater 峡谷区，盐流沿沟渠进入一个狭窄的走廊，其东北侧受陆架控制，西南侧受盐盆边缘控制，朝 Walker 脊方向明显变大了许多。

(3) 自上新世至今(图 11-20c)，在北缘和西北缘的结合部位，陆架向西发生了强烈快速地移动，这很有可能是两个正交方向盐流相互影响的结果。在斜坡区，足够厚的异地盐层已经能在深海平原沉积物上发生流动，从而形成 Walker 脊和格林峡谷盐推覆体。在 Keathley 峡谷，前缘盐推覆体继续向 SW 方向流动，总位移约为 120km。位于两个边缘结合部位的三角形 Alamino 峡谷盐推覆体向南移动，这也可能是两个正交盐流之间互相干涉的结果至在 Atwater 河谷，盐流急剧减小，但在 Green 峡谷区仍然持续流动，这也得到了现今仍活跃的海底变形的证实。

自中中新世以来的陆架迁移所反映出来的 SW 向盐流以及斜坡区的海底变形(从路易斯安那到 Keathley 峡谷超过 550 km)是墨西哥湾北部盐构造的一级动力学特征。

区域盐流方向在西北缘为 SE 向，在北缘为 SW 向，这也表明墨西哥湾北部的盐构造主要受控于边缘倾斜之上的滑动。该结论与先前所有认为沉积负载为盐构造主要驱动力的解释都不相同。这样看来，墨西哥湾的盐构造并不同于在世界其他边缘区的盐构造(如巴西：Demercian 等，1993；Quirk 等，2012；西非：Duval 等，1992；Fort 等，2004a；北海：Stewart 和 Coward，1995)：边缘倾斜在盐构造中起主导作用(更加深入的讨论。可参见 Brun 和 Fort(2011))，沉积负载荷也参与这个过程，但不是驱动力。强烈建议，在未来的研究中，必须参考 SW—NE 向区域平衡剖面。以上所述也强调了墨西哥湾与其他边缘盐构造的主要不同之处并不是沉积负载作用的结果，而是大量的盐挤出形成了厚的异地盐层，这个问题已经被 Diegel 等(1995)的证实。

最后，SW 向的盐流表明墨西哥湾北部的北缘走向为 NW—SE 向，这为 Pindell 和 Dewey (1982)提出的关于尤卡坦半岛初始位置的争论提供了新的证据。

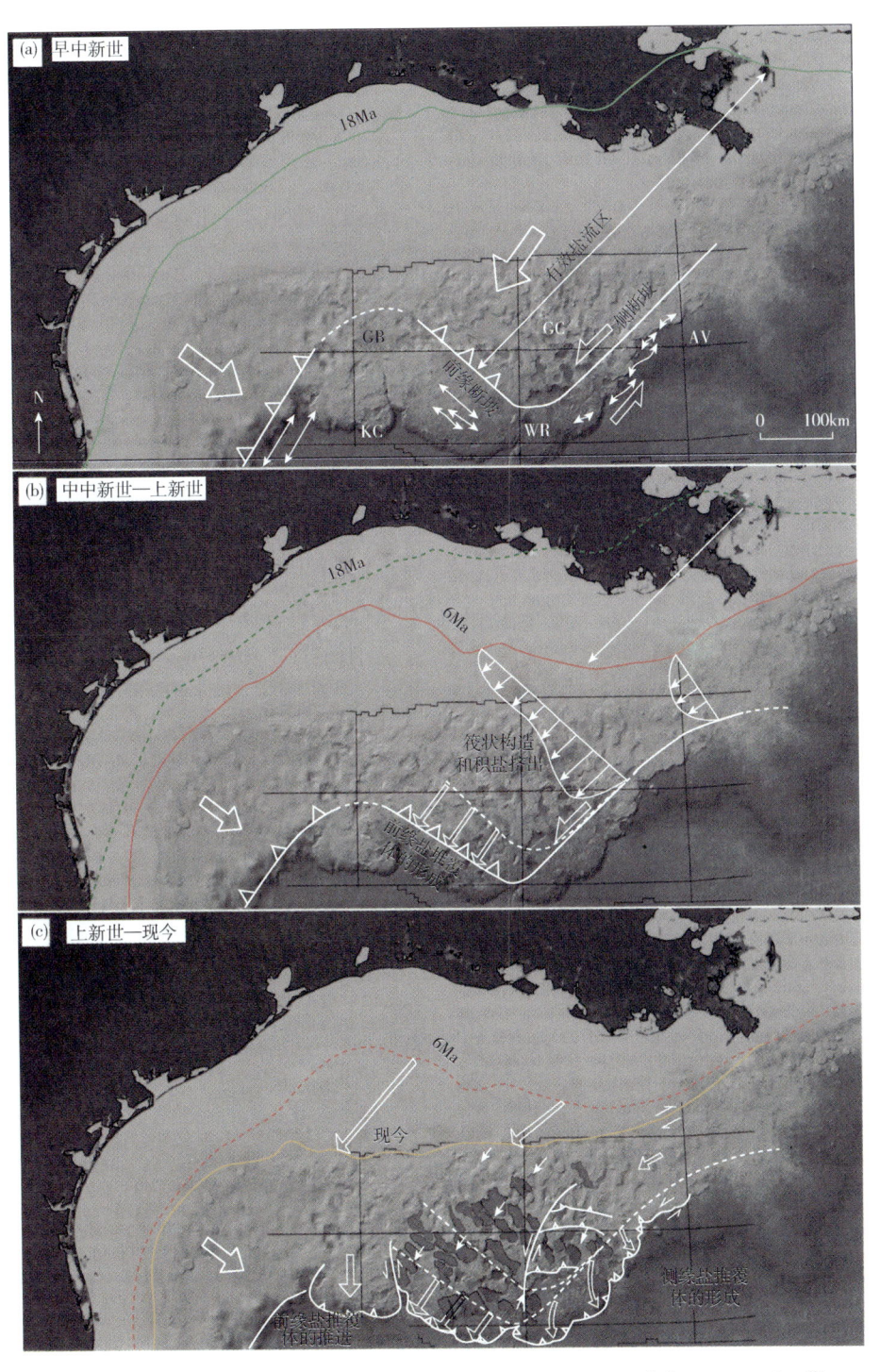

AV—Atwater 山谷；GB—Garden 礁；GC—Green 峡谷；KC—Keathley 峡谷；WR—Walker 脊

图 11-20 墨西哥湾北部三期演化模型

参 考 文 献

Aftabi, P., Roustaie, M., Alsop, G. I. & Talbot, C. J. 2010. InSAR mapping and modelling of an active Iranian salt extrusion. Journal of the Geological Society, 167, 155-170.

Berggren, W. A., Kent, D. V., Swisher, C. C. & Aubry, M. P. 1995. A revised Cenozoic geochronology and chronostratigraphy. In: Berggren, W. A., Kent, D. V., Aubry, M. P. & Hardenbol, J. (eds) Geochronology, Time Scales and Global Stratigraphic Correlation. Society for Sedimentary Geology, Tulsa, Special Publications, 54, 129-212.

Bird, D. E., Burke, K., Hall, S. A. & Casey, J. F. 2005. Gulf of Mexico tectonic history: hot spot tracks, crustal boundaries, and early salt distribution. AAPG Bulletin, 89, 311-328.

Brun, J. -P. 1999. Narrow rifts versus wide rifts: inferences for the mechanics of rifting from laboratory experiments. Philosophical Transaction of the Royal Society, London, A, 357, 695-710.

Brun, J. -P. 2002. Deformation of the continental lithosphere: insights from brittle-ductile models. In: Meer, S., Drury, M. R., de Bresser, J. H. P. & Pennock, G. M. (eds) Deformation Mechanisms, Rheology and Tectonics: Current Status and Future Perspectives. Geological Society, London, Special Publications, 200, 355-370.

Brun, J. -P. & Beslier, M. O. 1996. Mantle exhumation at passive margins. Earth and Planetary Science Letters, 142, 161-173.

Brun, J. -P. & Fort, X. 2004. Compressional salt tectonics (Angolan Margin). Tectonophysics, 382, 129-150.

Brun, J. -P. & Fort, X. 2008. Entre sel et terre. Structures et mécanismes de la tectonique salifère. Collection Interactions, Vuibert, Paris.

Brun, J. -P. & Fort, X. 2011. Salt tectonics at passive margins: geology versus models. Marine and Petroleum Geology, 28, 1123-1145.

Camerlo, R. H. & Benson, E. F. 2006. Geometric and seismic interpretation of the Perdido fold belt: Northwestern deep-water Gulf of Mexico. AAPG Bulletin, 90, 363-386.

Cobbold, P. R., Szatmari, P., Demercian, S., Coelho, D. & Rossello, E. A. 1995. Seismic and experimental evidence for thin-skinned horizontal shortening by convergent radial gliding on evaporites, deep-water Santos Basin, Brazil. In: Jackson, M. P. A., Roberts, D. G. & Snelson, S. (eds) Salt Tectonics: A Global Perspective. American Association of Petroleum Geologists, Tulsa, Memoir, 65, 305-321.

Cramez, C. & Jackson, M. P. A. 2000. Superposed deformation straddling the continental – oceanic transition in deep-water Angola. Marine and Petroleum Geology, 17, 1095-1109.

Dahlstrom, C. D. A. 1969. Geometric constraints derived from the law of conservation of volume and applied to evolutionary models for detachment folding. AAPG Bulletin, 74, 336-344.

Demercian, S., Szatmari, P. & Cobbold, P. R. 1993. Style and pattern of salt diapirs due to thin-skinned gravitational gliding, Campos and Santos basins, offshore Brazil. Tectonophysics, 228, 393-433.

Diegel, F. A., Karlo, J. F., Schuster, D. C., Shoup, R. C. & Tauvers, P. R. 1995. Cenozoic structural evolution and tectonostratigraphic framework of the northern Gulf Coast continental margin. In: Jackson, M. P. A., Roberts, D. G. & Snelson, S. (eds) Salt Tectonics: A Global Perspective. American Association of Petroleum Geologists, Tulsa, Memoir, 65, 109-151.

Dokka, R. K., Sella, G. F. & Dixon, T. H. 2006. Tectonic control of subsidence and southward displacement of southeast Louisiana with respect to stable North America. Geophysical Research Letters, 33, L23308, http://dx.doi.org/10.1029/2006GL027250.

Duval, B., Cramez, C. & Jackson, M. P. A. 1992. Raft tectonics in the Kwanza Basin, Angola. Marine and Petroleum Geology, 9, 389-404.

Fort, X., Brun, J.-P. & Chauvel, F. 2004a. Salt tectonicson the Angolan margin, synsedimentary deformation processes. American Association of Petroleum Geologists Bulletin, 88, 1523-1544.

Fort, X., Brun, J.-P. & Chauvel, F. 2004b. Contraction induced by block rotation above salt. Marine and Petroleum Geology, 21, 1281-1294.

Galloway, W. E. 2001. Cenozoic evolution of sediments accumulation in deltaic and shore-zone depositional systems, Northern Gulf of Mexico Basin. Marine and Petroleum Geology, 18, 1031-1040.

Galloway, W. E., Ganey-Curry, P. E., Li, X. & Buffler, R. T. 2000. Cenozoic depositional history of the Gulf of Mexico basin. American Association of Petroleum Geologists Bulletin, 84, 1743-1774.

Gaullier, V. & Vendeville, B. C. 2005. Salt tectonics driven by sediment progradation. Part II: radial spreading of sedimentary lobes prograding above salt. AAPG Bulletin, 89, 1081-1089.

Gradmann, S., Beaumont, C. & Albertz, M. 2009. Factors controlling the evolution of the Perdido Fold Belt, northwestern Gulf of Mexico, determined from numerical models. Tectonics, 28, TC2002, http//dx.doi.org/10.1029/2008TC002326.

Grando, G. & McClay, K. 2004. Structural evolution of the Frampton growth fold system, Atwater Valley- southern Green Canyon area, deep water Gulf of Mexico. Marine and Petroleum Geology, 21, 889-910.

Hall, S. H. 2002. The role of autochthonous salt inflation and deflation in the northern Gulf of Mexico. Marine and Petroleum Geology, 19, 649-682.

Hogg, J. R., Dolph, D. A., Mackidd, D. & Michel, K. 2001. Petroleum systems of the deep water Scotian Salt Province, offshore Nova Scotia, Canada. GCSSEPM Foundation 21th Annual Research Conference, 23-34.

Hossack, J. 1995. Geometric rules of section balancing for salt structures. In: Jackson, M. P. A., Roberts, D. G. & Snelson, S. (eds) Salt Tectonics: A Global Perspective. American Association of Petroleum Geologists, Tulsa, Memoir, 65, 29-40.

Hudec, M. R. & Jackson, M. P. A. 2006. Advance of allochthonous salt sheets in passive margins and orogens. AAPG Bulletin, 90, 1535-1564.

Keen, C. E. & Potter, D. P. 1995. Formation and evolution of the Nova Scotian rifted margin: evidence from deep seismic reflection data. Tectonics, 14, 918-932, http://dx.doi.org/10.1029/95TC00838.

Kidston, A. G., Brown, D. E., Altheim, B. & Smith, B. M. 2002. Hydrocarbon potential of the deep-water Scotian slope. Canada-Nova Scotia Offshore Petroleum Board. Annual Report. http://www.cnsopb.ns.ca/pdfs/Hydrocarbon_Potential_Scotian_Slope.pdf

Llibourty, L. 1965. Traité de Glaciologie. Tome 2: Glaciers, Variations du Climat, Sols Gelés. Masson, Paris.

Marton, L. G., Tari, G. C. & Lehmann, C. T. 2000. Evolution of the Angolan passive margin, West Africa, with emphasis on post-salt structural styles. In: Mohriak, W. & Talwani, M. (eds) Atlantic Rifts and Continental Margins. American Geophysical Union, Washington, Geophysical Monograph, 115, 129-149.

Mauduit, T. & Brun, J.-P. 1998. Growth fault/rollover systems: birth, growth, and decay. Journal of Geophysical Research, 103, 119-136.

Mauduit, T., Guerin, G., Brun, J.-P. & Lecanu, H. 1997. Raft tectonics: the effects of basal slope value and sedimentation rate on progressive extension. Journal of Structural Geology, 19, 1219-1230.

Mohriak, W. U., Macedo, J. M. et al. 1995. Salt tectonics and structural styles in the deep-water province of the Cabo Frio region, Rio de Janeiro, Brazil. In: Jackson, M. P. A., Roberts, D. G. & Snelson, S. (eds) Salt Tectonics: A Global Perspective. American Association of Petroleum Geologists, Tulsa, Memoir, 65, 273-304.

Moore, M. G., Apps, G. M. & Peel, F. J. 2001. The petroleum system of the Western Atwater Foldbelt in the Ultra Deep Water Gulf of Mexico. GCSSEPM Foundation 21th Annual Research Conference, 369-380.

Paterson, W. S. B. 1994. The Physics of Glaciers. Pergamon, New York.

Peel, F. J., Travis, C. J. & Hossack, J. R. 1995. Genetic structural provinces and salt tectonics of the Cenozoic offshore U. S. Gulf of Mexico: a preliminary analysis. In: Jackson, M. P. A., Roberts, D. G & Snelson, S. (eds) Salt Tectonics: A Global Perspective. American Association of Petroleum Geologists, Tulsa, Memoir, 65, 153-175.

Pindell, J. L. & Dewey, J. F. 1982. Permo-Triassic reconstruction of western Pangea and the evolution of the Gulf of Mexico/Caribbean region. Tectonics, 1, 179-211.

Quirk, D., Schødt, N., Lassen, B., Ings, S. J., Hsu, D., Hirsch, K. H. & von Nicolai, C. 2012. Salt tectonics on passive margins: examples from Santos, Campos and Kwanza basins. In: Alsop, G. I., Archer, S. G., Hartley, A. J., Grant, N. T. & Hodgkinson, R. (eds) Salt Tectonics, Sediments and Prospectivity. Geological Society, London, Special Publications, 363, 207-244.

Rowan, M. G. 1995. Structural styles and evolution of allochthonous salt, central Louisiana outer shelf and upper slope. In: Jackson, M. P. A., Roberts, D. G & Snelson, S. (eds) Salt Tectonics: A Global Perspective. American Association of Petroleum Geologists, Tulsa, Memoir, 65, 199-228.

Rowan, M. G. 1997. Three-dimensional geometry and evolution of a segmented detachment fold, Mississippi Fan foldbelt, Gulf of Mexico. Journal of Structural Geology, 19, 463-480.

Rowan, M. G., Trudgill, B. D. & Fiduk, J. C. 2000. Deep-water, salt-cored foldbelts: lessons from the Mississippi Fan and Perdido foldbelts, northern Gulf of Mexico. In: Mohriak, W. & Talwani, M. (eds) Atlantic Rifts and Continental Margins. American Geophysical Union, Washington, Geophysical Monograph, 115, 173-191.

Rowan, M. G., Peel, F. J. & Vendeville, B. C. 2004. Gravity driven fold belts on passive margins. In: McClay, K. R. (ed.) Thrust Tectonics and Hydrocarbon Systems. American Association of Petroleum Geologists, Tulsa, Memoir, 82, 157-182.

Schuster, D. C. 1995. Deformation of allochthonous salt and evolution of related salt-structural systems, eastern Louisiana Gulf Coast. In: Jackson, M. P. A., Roberts, D. G. & Snelson, S. (eds) Salt Tectonics: A Global Perspective. American Association of Petroleum Geologists, Tulsa, Memoir, 65, 177-198.

Spathopoulos, F. 1996. An insight on salt tectonics in the Angola Basin, South Atlantic. In: Alsop, G. I., Blundell, D. J&Davison, I. (eds) Salt Tectonics. Geological Society, London, Special Publications, 100, 153-174.

Stewart, S. A. & Coward, M. P. 1995. Synthesis of salt tectonics in the southern North Sea, UK. Marine and Petroleum Geology, 12, 457-475.

Talbot, C. J. 1992. Centrifuged models of Gulf of Mexico profiles. Marine and Petroleum Geology, 9, 412-432.

Talbot, C. J. 1993. Spreading of salt structures in the Gulf of Mexico. Tectonophysics, 228, 151-166.

Talbot, C. J. & Pohjola, V. 2009. Subaerial salt extrusions in Iran as analogues of ice sheets, streams and glaciers. Earth-Science Reviews, 97, 155-183.

Tari, G. C., Ashton, P. R. et al. 2001. Examples of deepwater salt tectonics from West Africa: are analogs to the deep-water salt-cored foldbelts of the Gulf of Mexico? GCSSEPM Foundation 21th Annual Research Conference, 251-270.

Tron, V. & Brun, J.-P. 1991. Experiments on oblique rifting in brittle-ductile systems. Tectonophysics, 188, 71-84.

Trudgill, B. D., Rowan, M. G. et al. 1999. The Perdido fold belt, northwestern deep Gulf of Mexico, part I: structural geometry, evolution and regional implications. AAPG Bulletin, 83, 88-113.

Vendeville, B. C. 2005. Salt tectonics driven by sediment progradation: Part I -Mechanics and kinematics. AAPG Bulletin, 89, 1071-1079.

Vendeville, B. C. & Jackson, M. P. A. 1992. The rise of diapirs during thin-skinned extension. Marine and

Petroleum Geology, 9, 331-353.

Weimer, P. & Buffler, R. 1992. Structural geology and evolution of the Mississippi Fan Fold Belt, deep Gulf of Mexico. AAPG Bulletin, 76, 225-251.

Worrall, D. M. & Snelson, S. 1989. Evolution of the northern Gulf of Mexico, with emphasis on Cenozoic growth faulting and the role of salt. In: Bally, A. W & Palmer, A. R. (eds) The Geology of North America - An Overview. Geological Society of America, Boulder, 97-138.

Wu, S. & Bally, A. W. 2000. Slope tectonics - Comparisons and contrasts of structural styles of salt and shale tectonics of the Northern Gulf of Mexico with shale tectonics of Offshore Nigeria in Gulf of Guinea. In: Mohriak, W. & Talwani, M. (eds) Atlantic Rifts and Continental Margins. American Geophysical Union, Washington, Geophysical Monograph, 115, 151-172.

Wu, S., Bally, A. W. & Cramez, C. 1990. Allochthonous salt, structure and stratigraphy of the northeastern Gulf of Mexico: part II -structure. Marine and Petroleum Geology, 7, 334-370.

（胡芸冰 译，祁鹏 赵冲 校）

第12章 盐动力对海底水道均衡剖面的影响以及在相结构分析中的应用：以墨西哥湾 Magnolia 油田为例进行概念模型分析

IAN A. KANE[1,2], DAVID T. MCGEE[3], ZANE R. JOBE[4,5]

(1. School of Earth and Environment, University of Leeds, Leeds LS29JT, UK;
2. Statoil ASA, Research Centre, Sandsliveien 90, 5020 Bergen, Norway;
3. Conoco Phillips Subsurface Technology, 600 North Dairy Ashford, Houston, TX 77079-1175, USA;
4. School of Earth Sciences, Stanford University, California, USA;
5. Shell Projects and Technology, 3737 Bellaire Boulevard, Houston, TX 77025, USA)

摘 要 Magnolia 油田的深水沉积物在沉积过程中受到了异地盐体的影响。更新世水道体系发育于盐侧翼之上，最初在盐体附近下切很深，并逐渐沿斜坡向下冲刷，且下切深度不断减小。在冲刷阶段之后，水道充填沉积的顶部发育朵叶体，并形成了一个大型加积体系。根据以上资料，本文提出了活动地形附近海底水道演化的概念模型。当流动频率和强度超过地形生长时，水道在盐体生长过程中可能会下切很深。当流动频率低时，地形生长可能会成为流体连续流动的阻碍，进而产生撕裂作用。地下通常可识别出的盐生长和撤退的大型旋回以及海平面变化可能会形成一种旋回性的演化样式，即水道最初下切并且/或者逐步远离生长的地形，当盐体生长减缓或停止时，水道就会被充填，进而形成沉积体系后退的分布样式。在盐体回撤过程中，水道的均衡剖面可能相对抬高，形成加积型水道。在这种环境下，可能会形成不对称的交叉水道沉积相。

受侵入盐构造影响的沉积盆地已经被证实含有大量油气，尤其是在墨西哥湾和巴西海域。虽然它们在油气生产中是高产，但要想成功地进行勘探和开发，仍面临着巨大的困难(Rowan 等，1999，2003；Brun 和 Fort，2004；Fort 等，2004；Isaksen，2004；Yin 和 Groshong，2007；Alves 等，2009)。

沉积重力流推进到盆地的距离反映了流体的特征(如速度、粒度分布、体积和持续时间)，尤其是流体受限的程度。如果没有受到限制，流体就会快速散布开来，从而失去承载沉积物的冲量和能力。流体一开始通过简单斜坡而不受限制，然后向前推进至斜坡之外，与海底地貌接触(或形成海底地貌)，这在一定程度上会产生潜在的限制。一般来说，随着时间的推移，无论它是通过对斜坡的侵蚀递减还是通过堤岸加积作用，具有足够能量的流体在一定程度上能够形成自旋回限制(Clark 和 Pickering，1996；McCaffrey 等，2002；Deptuck 等，2003，2007；Kneller，2003；Sylvester 等，2011)。尽管均衡斜坡概念严格意义上并不是为深海碎屑体系建立的，但沿着剖面长度方向的流体特征揭示了斜坡动态均衡剖面的演化特征，尽管二者之间不可避免地会产生相互影响(Pirmez 等，2000；Kneller，2003；Ferry 等，2005)。一旦流体进入深海盆地，局部地形就可能成为主要的它旋回控制因素，在一些情况下会限制流体流动，而在另一些情况下会限定水道化流体的过程(Cronin，1995；Rowan

和 Weimer，1998；Nelson 等，1999；Haughton，2000；Mayall 和 Stewart，2000；Pirmez 等，2000；Prather，2000；Hodgson 和 Haughton，2004；Mayall 等，2006，2010）。由重力构造形成的地形在很多地区都非常重要，如墨西哥湾（Rowan 和 Weimer，1998；Gee 和 Gawthorpe，2006）。有些地区滑塌导致的地形非常重要。有些地区突然下降地形可能是有影响的（Grenin 等，1998）而有些地区则是先存的和同沉积活动的褶皱和断层很重要（Soreghan 等，1999；Haughton，2000；Broucke 等，2004；Hodgson 和 Haughton，2004；Huyghe 等，2004；Mayall 等，2006；Clark 和 Cartwright，2009；Cross 等，2009；Kane 等，2010）（图 12-1）。盐运动（盐动力作用）在许多深水储层背景中影响重大（Rowan 等，1999，2003；Brun 和 Fort，2004；Fort 等，2004；Isaksen，2004；Yin 和 Groshong，2007；Alves 等，2009）。盐运动对海底水道地貌的大范围影响，在诸如安哥拉陆坡（Gee 和 Gawthorpe，2006）和地中海东部（Clark 和 Cartwright，2009）等地区都被讨论过。

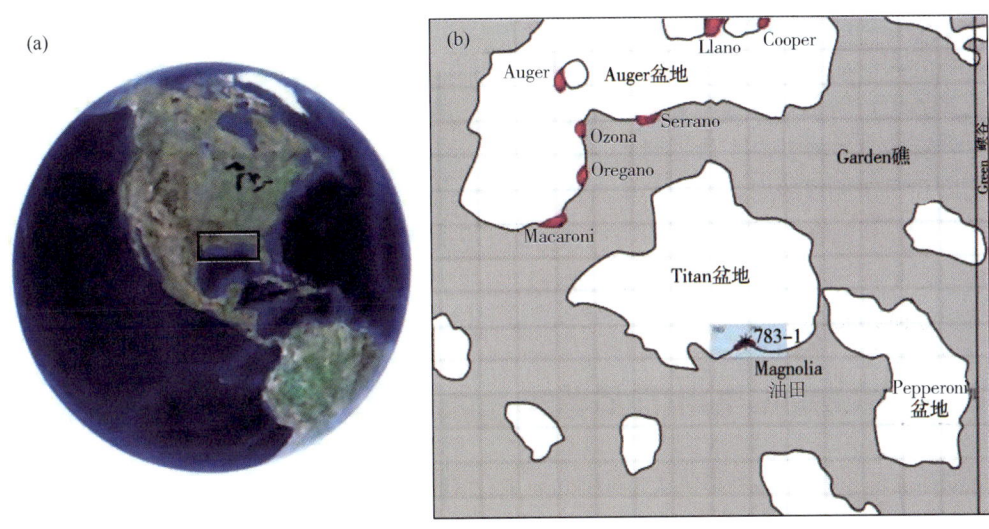

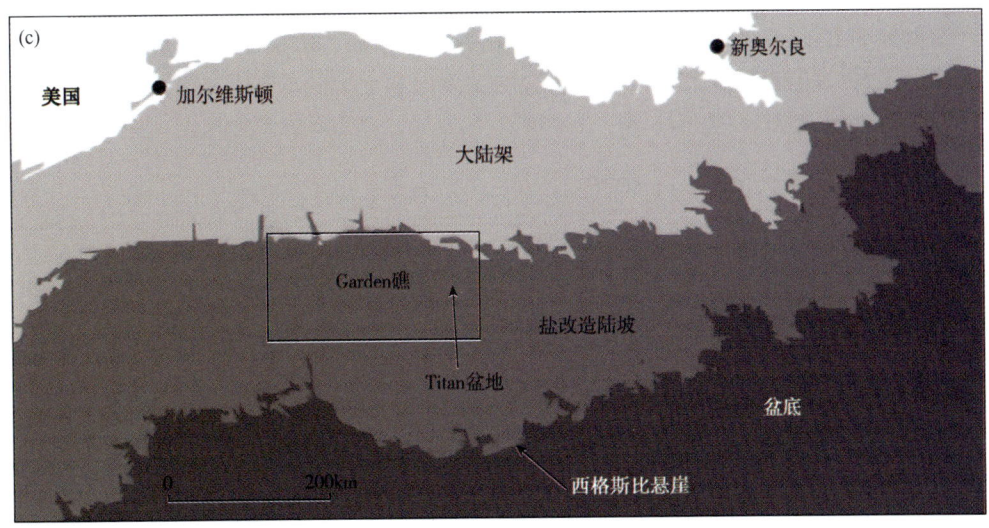

图 12-1 墨西哥湾北部区域示意图

(a)研究区域位置（墨西哥湾北部）；(b)Garden 礁内 Titan 微盆以及 783 区块和 784 区块，Magnolia 油田发现于此；
(c)墨西哥湾北部盐体改造陆坡上的 Garden 礁，大约距离休斯敦东南部 250mile

评价水道体系中的海底变形效应对了解储层的潜力和分布非常重要。然而，覆盖于水道之上的界面的同沉积变形只在一些露头上有记录（Hodgson 和 Haughton，2004；Shultz 和 Hubbard，2005；Kane 等，2010），因而缺乏详细的沉积学和结构模型。相比之下，由于伸展变形形成的地面变形作用于河道的效应已经被详细研究过了，结果表明伸展作用对河道演化和河道沉积体系的结构形态有重要影响（Alexander 和 Leeder，1987；Leeder 和 Alexander，1987；Mackey 和 Bridge，1992，1995；Bridge 和 Mackey，1993；Alexander 等，1994；Peakall，1998；Peakall 等，2000；Schumm 等，2000；Holbrook，2006；Maynard，2006）。

海底峡谷和水道多平行于构造线方向展布（Dykstra 和 Kneller，2007；Crane 和 Lowe，2008；Cross 等，2009；Flood 等，2009；Bernhardt 等，2011），并且在伸展环境（Soreghan 等，1999；Anderson 等，2000；Jobe 等，2010）下可能受到生长断层的强烈影响。Haughton（2000）认为，西班牙 Tabernas-Sorbas 盆地同沉积海底变形导致从限制性水道沉积转变到席状沉积。后来，Hodgson 和 Haughton（2004）提出，Tabernas-Sorbas 盆地海底变形影响了重力流进入盆地的线路，影响了沉积的大尺度结构（如生长地层），并形成相伴生的软沉积变形构造。在智利的白垩系 Tres Pasos 组的部分野外露头中，Schultz 和 Hubbard（2005）解释了生长断层是如何控制水道发育位置的。

尽管有些学者根据海底数据讨论了同沉积变形对海底水道的大尺度影响，然而对沉积充填的响应和水道充填的内部结构极少有文献记录。本文描述了墨西哥湾更新世同沉积盐构造运动的实例，目的在于回答以下问题：(1) 水道体系对盐动力作用的大尺度地貌和结构响应是什么？(2) 盐构造对水道沉积相的分布有什么影响？(3) 均衡斜坡概念可以用来预测盐动力盆地中的沉积相分布吗？

12.1 Magnolia 油田地质背景

Magnolia 油田位于墨西哥湾大陆坡 Titan 微盆 Garden 礁 783 区块和 784 区块内，离海岸大约 160mile，位于休斯敦东南部 250mile 处（图 12-1 和图 12-2）。Magnolia 油田于 1999 年发现，发现井为 Garden 礁（GB）783-1 井，完钻井深 5141m，水深 1423m。Titan 微盆内地层包括下部局限层（主要为上新统），下更新统的过渡层和上部的局部水道化"过路"沉积层（图 12-3）（Haddad 等，2003；McGee 等，2003）。

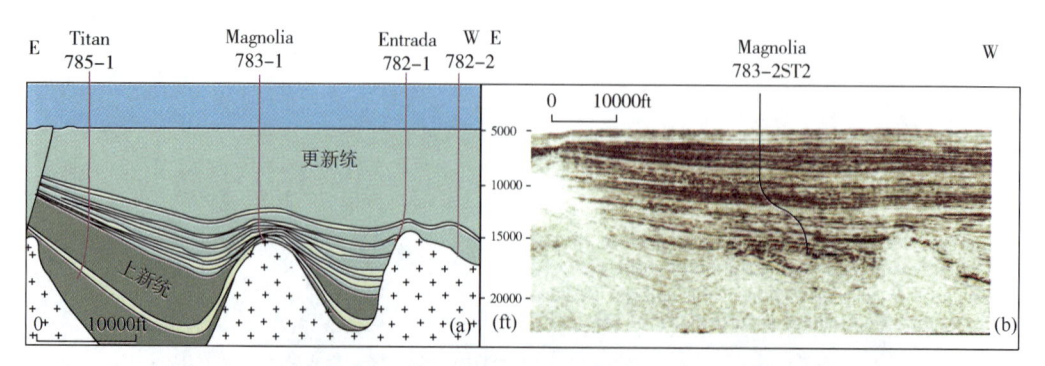

图 12-2 Titan 微盆地层解释与 Magnolia 油田 783-2ST2 井未解释剖面
(a) Titan 微盆地层解释（据 McGee 等，2003，修改），地层被分为下沉积层（主要为上新统），下更新统过渡层（集水渠化/支路）和上部过路沉积层；(b) 展示 Magnolia 油田 783-2ST2 井轨迹的未解释剖面

Magnolia油田上新统和更新统沉积物受到异地盐体的影响，而异地盐体可能是源自深部的侏罗系原地盐体（Weissenburger和Borbas，2004）。上新世深水沉积物发育于盐墙之间的局限盆内，形成一个小型的微盆沉积体系，这些沉积物被更新统底部不整合所削截。Haddad等（2003）和McGee等（2003）总结Magnolia油田下更新统层序演化如下：继盐体运移进入盆地西部之后，微盆受到盐动力诱导向东倾斜，相应地，最早的更新世海底水道体系（"B25"砂岩的CS1）在靠近盐体侧翼的位置下切，并逐步向东移动，形成一系列侧向分支的下切水道复合体（CS1-5）（图12-3）；之后，席状砂岩的沉积标志着水道又向西回迁。最终，在盐体侧翼附近的CS2下切水道之上发育了一套大型水道—堤岸（B20）沉积复合体（图12-3）。

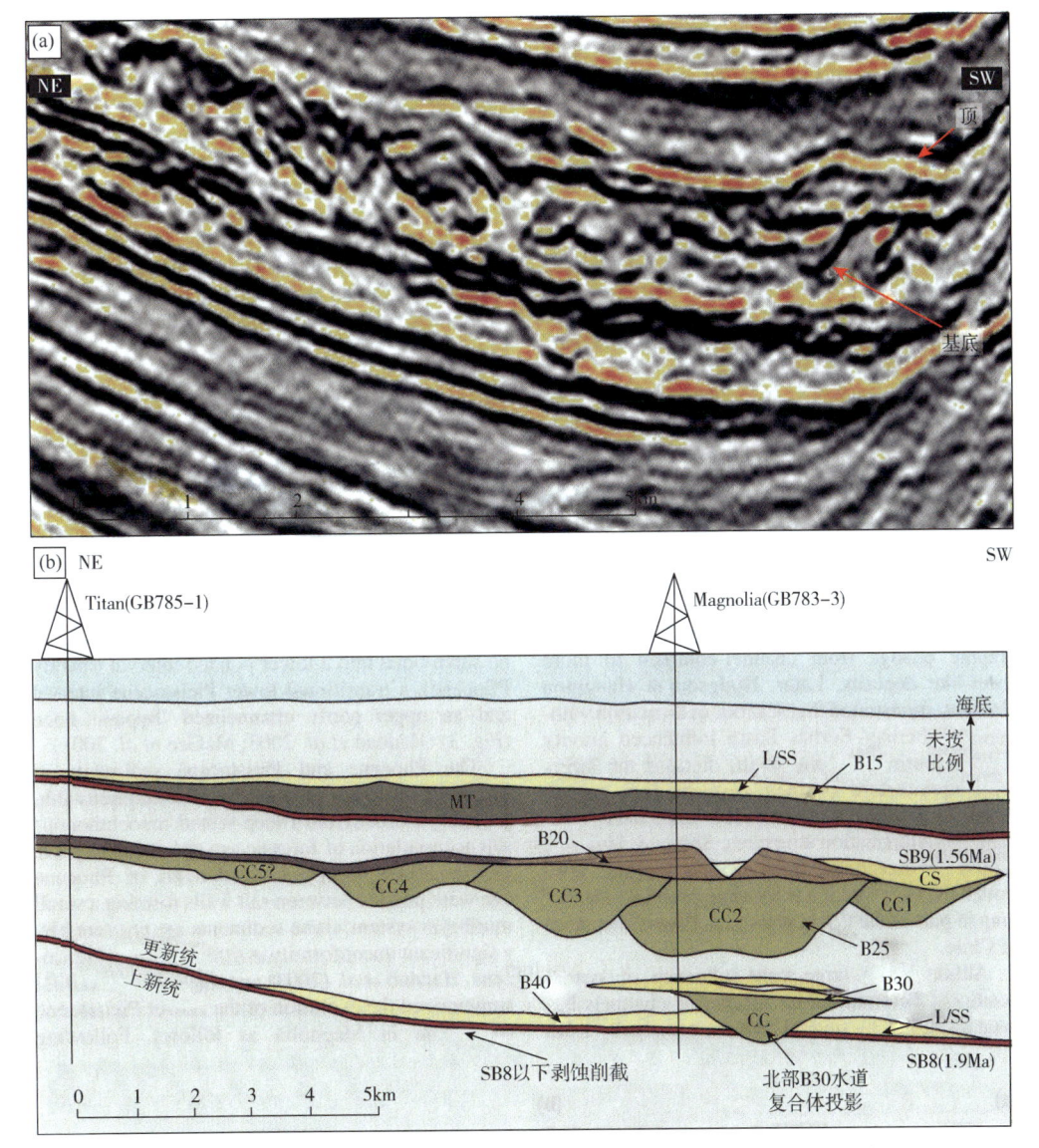

图12-3 Magnolia油田地震剖面及其下更新统层序沉积演化复合水道

（a）Magnolia油田邻近盐体侧翼层序的原始地震剖面图，图中标出了B20顶部和B25底部；（b）根据地震数据（据McGee等，2003，修改）解释获得的Magnolia油田下更新统层序沉积演化（CC—复合水道；MT—块体搬运，L/SS—朵叶状/复合席状砂岩，SB—层序界线，CS—决口扇）

Magnolia 油田的资料基础包括 17 口钻遇 B25/B20 储层的直井和大斜度井，所有井在钻遇储层段都有常规测井组合，3 口井具备油基微成像（OBMI）测井。GB783-2ST2 井 OBMI 测井质量良好，而其他成像测井质量一般。在 GB 783-2ST2 井取到一组总共 84.4m（277ft）的连续岩心，其取心率和岩心保存良好。

Magnolia 油田有几块资料品质有差异的三维地震资料。本文使用的数据来源于 2001 年采集的 360km² 三维地震数据，其面元为 12.5m×20m。2006 年利用各向异性叠前深度偏移对数据进行了重处理。

12.2 Magnolia 油田沉积相

通过对比地震数据、井数据以及岩心数据，Jobe（2010）定义了四个主要的沉积相类型：厚层浊积岩（F_1）、较薄的砂泥岩层序（F_2）、活化层（F_3）以及泥岩为主的地层（F_4）。

F_1 由多个厚层的叠置砂岩构成，其中，砂岩具有箱状测井曲线特征以及不连续的强振幅地震特征（图 12-4）。尽管并未从 Magnolia 油田的 F_1 进行取心，但是其他井具有相似的测井及地震特征，表明 F_1 一般为叠置的块状无结构砂体。在 A7 井处，F_1 由大型冲刷充填或者水道边界侵蚀面形成（图 12-4a）。通过以上观察表明，F_1 由高能沉积重力流沉积形成，可能受剥蚀面或者堤岸的起伏限制。

F_2 具有非均质锯齿状测井曲线特征和不连续弱振幅地震特征（图 12-4a 至 c）。岩心样品表明，F_2 由薄到中等厚度的砂岩层以及泥岩夹层组成（图 12-4c）。2ST2 井岩心揭示了一段 86m 厚的地层具有波状纹理和爬升波痕纹理，说明 F_2 砂岩普遍存在爬升波痕交错层理（图 12-4c 和图 12-5；Jobe，2010）。爬升波痕的存在指示低流态推移质的输送以及高速率的悬浮质的沉降（Sorby，1859；Allen，1971）。F_2 通常发育于水道和朵叶沉积中（B25）离轴部较远的位置以及堤岸沉积中（B20）（Jobe，2010）。在此环境下，由于流体不受限制，流体可能会发生膨胀，从而造成相对高速的悬浮物质沉降，因此沉积了具有爬升波痕交错层理的砂岩。爬升波痕交错层理在近水道一侧的天然堤环境中尤为普遍（Kane 等，2007）。在 Magnolia 油田中，存在冲刷层夹层表明接近水道（Jobe，2010），而通过 OBMI 测井和测斜仪得到的复杂古流体记录则反映了受限地形中流体的反射和偏转（Kane 等，2009）。在这样一个地形复杂的环境中流体反射可能是普遍存在的，而高沉积速率、靠近轴向水道、复杂古水流以及薄夹层等这些特征都表明，这些叠置的爬升波痕是可能沉积在一个内堤岸环境中（Kane 和 Hodgson，2011）。

F_3 由活化的 F_2 砂、泥岩层构成（图 12-4b、d1 和 d2。F_3 中的变形样式与变形之前的成岩作用有关。一些 F_3 单元发生塑性变形，具有卷曲层理和泄水特征（图 12-4d1），表明其沉积之后就发生了运动。其他 F_3 单元内形成微断层和剪切作用（图 12-4d2）。F_3 发育于 Magnolia 油田侧向上倾位置，靠近盐体翼部附近。变形的发生及时间表明活化作用是由于盐体侧翼沉积引起的重力失稳造成的。流体压力和阶段数据表明，靠近盐体底部的储层上倾位置的分段性和分块性明显（Weissenburger 和 Borbas，2004；McCarthy 等，2005）。后期的断裂作用与盐运动或者盐体边缘的差异压实作用有关。

F_4 主要由泥岩构成，夹极少量砂岩夹层，具有相对平直的测井曲线特征以及连续弱振幅地震特征（图 12-4e）。在 2ST2 井取心段厚层 F_4 分隔开 B25 和 B20 储层（图 12-4e）。其中，泥岩无结构特征，而粉砂岩和砂岩层为薄层、正粒序和少量的波形交错层理。该层段为半远洋泥岩夹有少量的稀释重力流沉积。

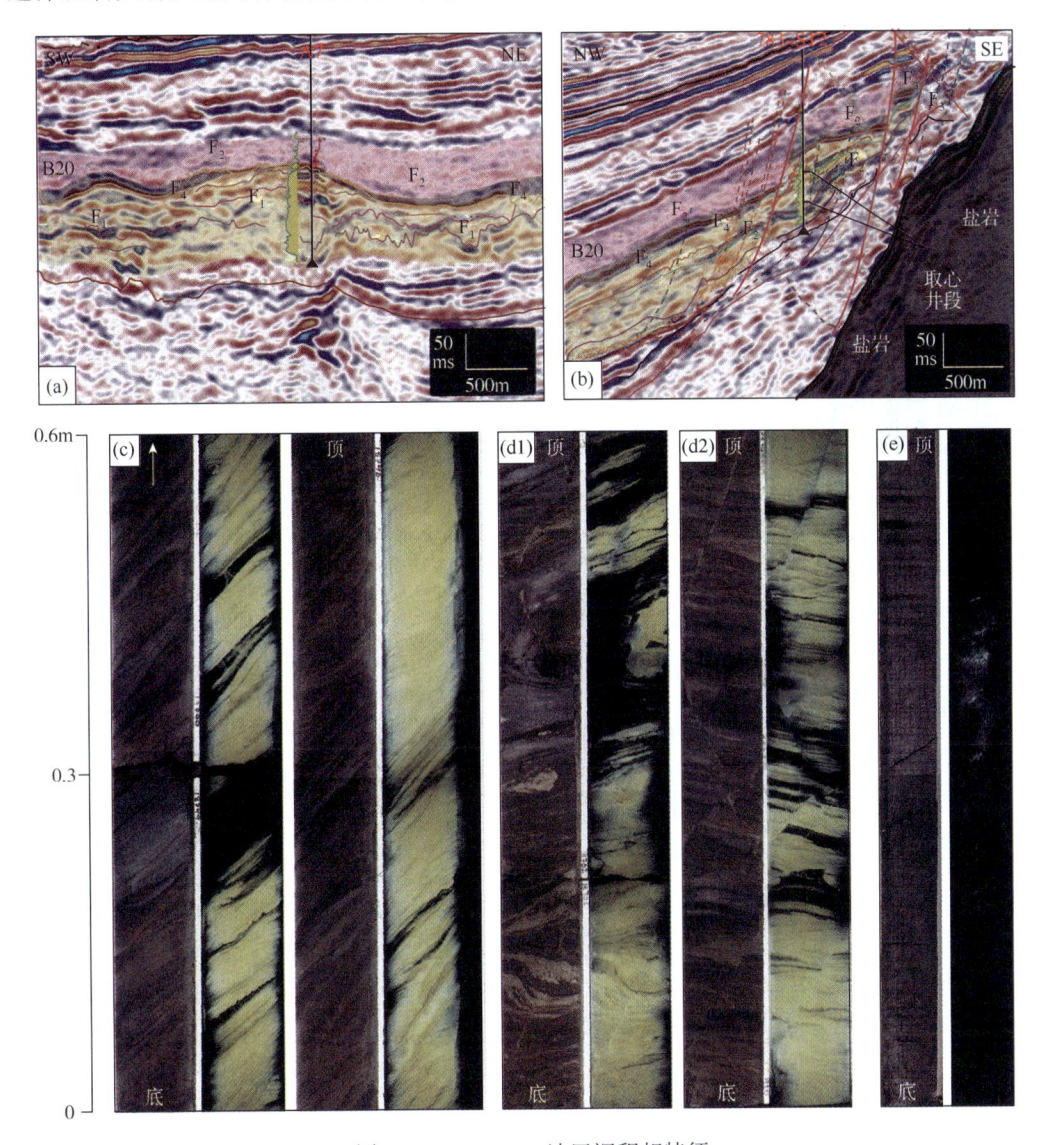

图 12-4 Magnolia 油田沉积相特征

(a)和(b)表示 Magnolia 油田 A7 井和 783-2ST2 井主要地震相,注意 B25 和 B20 砂岩之间的泥岩段,由测井曲线(绿色;黄色表示砂层)标出,地震相分别对应岩心相 F_1—F_4;(c)至(e)岩心照片是在平面光和紫外线下照射的;(c)F_2:爬升波痕层理明显的薄层砂岩/泥岩浊积岩;(d)F_3:活化层,邻近 Magnolia 盐体的"B"区域侧翼;(e)F_4:泥岩相

12.3 水道演化:观察

本文研究集中于下更新统 B25 砂岩,它出现在五个侵蚀水道体系中(在此表示为 CS1-5),中部为泥岩,上覆 B20 朵叶/强振幅反射波组(HARP;Flood 等,1991)以及水道—堤岸体系。B25—B20 砂岩演化可分为三个阶段:下切阶段(阶段Ⅰ)、过渡阶段(阶段Ⅱ)和加积阶段(阶段Ⅲ)(图 12-3、图 12-6 和图 12-7)。

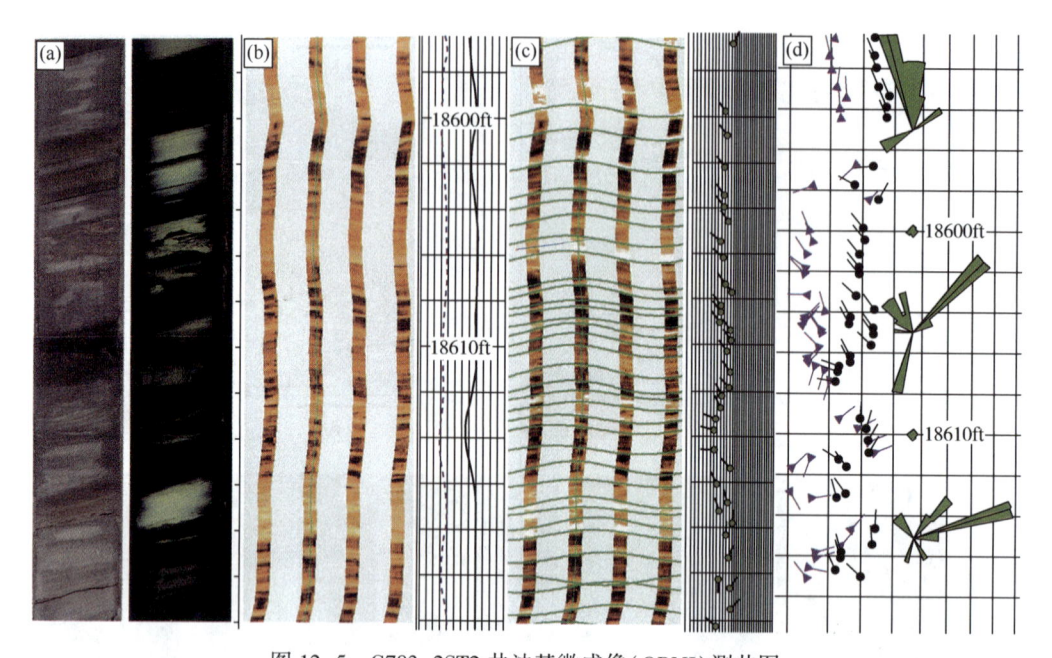

图 12-5　G783-2ST2 井油基微成像(OBMI)测井图

(a) F_2 岩心照片；(b) 静态 OBMI；(c) 动态 OBMI 人工倾角解释；(d) 倾角和解释的古水流方向。该井包含长达 86m 的地层以 F_2 为主，在这种环境背景下根据爬升波痕层理和古水流方向的复杂性，将其解释为内堤岸或者远离水道轴部的沉积相

12.3.1　阶段 I：下切阶段

B25 水道下切到下伏更新统细粒沉积层中，但由于地震分辨率的原因，不能证实单个水道体系发育加积地形(即堤岸沉积)。最早发育的水道 CS1 下切到 Magnolia 盐脊侧翼上(图 12-6a)。该水道相对较浅(18m)，宽深比很高(约为 102，尽管水道边缘被 CS2 下切，但这个数据是基于一个简单的投影关系所得)。东部水道边缘和 CS1 充填的上部被最大的 B25 水道和 CS2 削截。CS2 是 B25 水道(宽深比 74)中被下切最深(约 30m)和最宽(2.27km)的一支，已被 Magnolia 油田 GB783-3 井钻遇。钻井资料表明，主要储层段由 F_2 和 F_3(细粒牵引异类砂岩)以及变形的 F_3 砂岩构成，其中，F_3 变形砂岩为盐构造侧翼沉积滑移或滑塌形成(Jobe，2010)。CS3、CS4 和 CS5 反映了 CS2 逐渐向下倾方向推进，然而，每个水道体系都是逐渐变浅(分别为 17m、13m 和 9m)和变宽的(分别为 0.867km、1.410km 和 2.041km)，因而其宽深比比之前的水道逐渐变大(分别为 48、107 和 233)。阶段 I 的复合岩体呈楔形向东变薄。

12.3.2　阶段 II：过渡阶段

有水道体系逐渐向下倾方向侧向移动之后，以半远洋泥岩和浊积泥岩沉积为主，夹少量薄层浊积砂岩(F_4)，标志着一个大的沉积间断(见图 12-4 的测井曲线响应)的发生。在该沉积间断之后，形成广泛分布的砂岩沉积 HARP，上覆在侵蚀水道(CS1-5)之上。这套砂体最初不受限的分布，部分是因为地震分辨率的原因，也可能是由于上覆的 B20 水道部分剥蚀了 HARP(图 12-7e)。

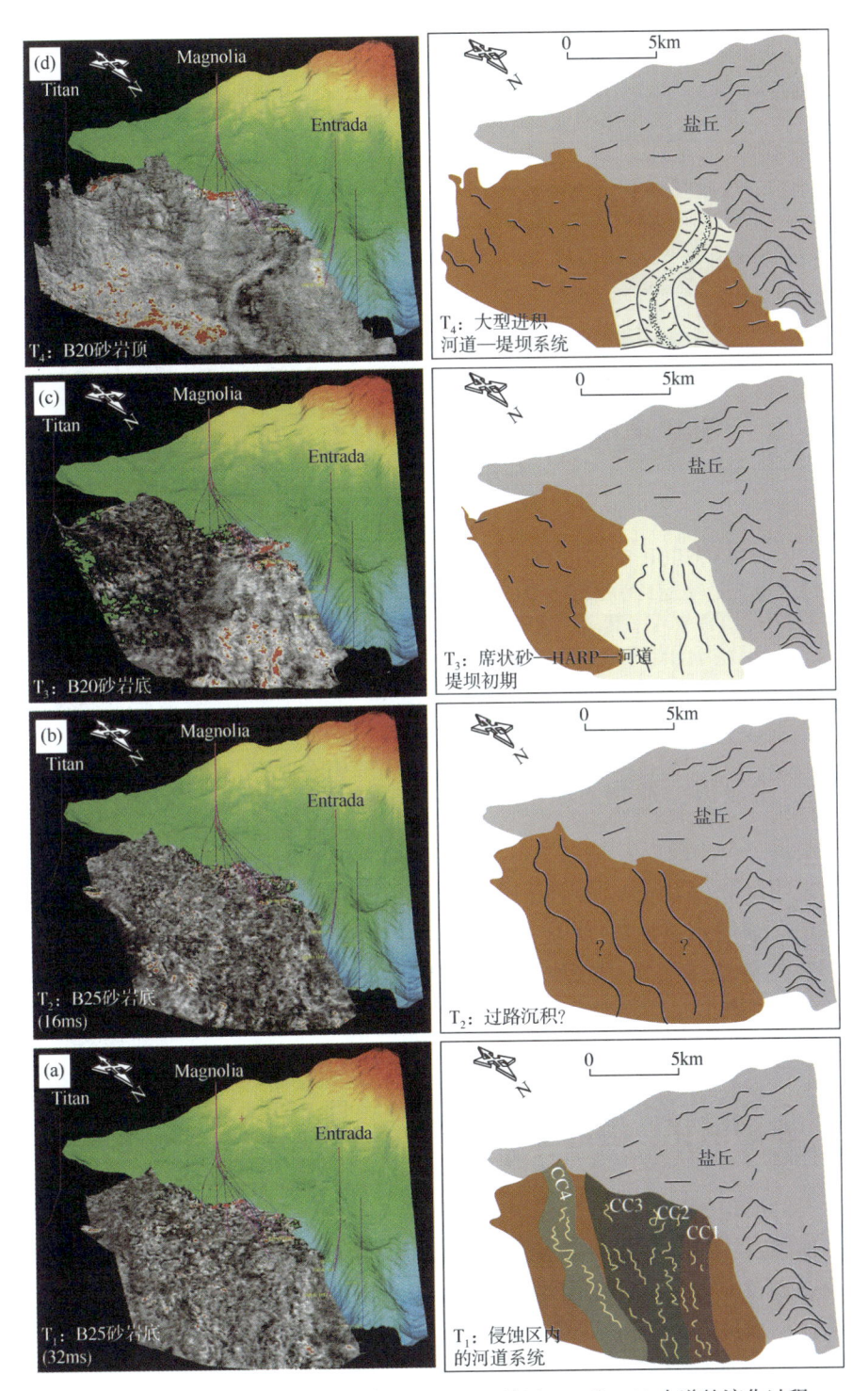

图 12-6 与盐体侵位和撤退响应的 Magnolia 油田 B25 和 B20 水道的演化过程

图片来自三维地震资料；(a)T₁：继抬升后下切水道向下倾方向移动；(b)T₂：过路阶段（成像较差）；(c)T₃：盐体撤退（斜坡萎缩）形成席状沉积 HARP；(d)T₄：盐体撤退阶段的水道—堤岸沉积演化

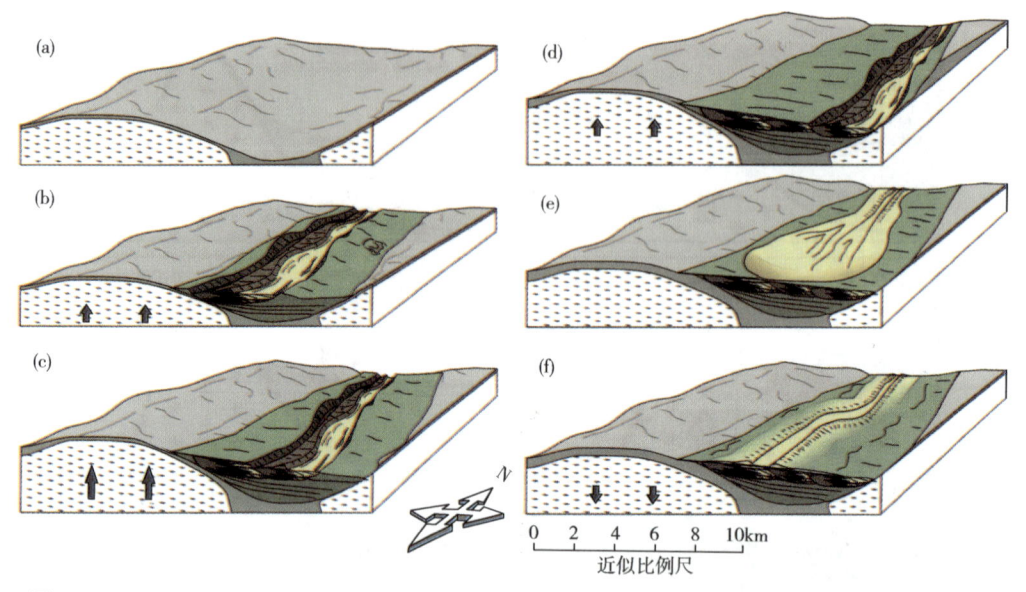

图 12-7 Magnolia 油田由于盐体侵位产生的水道侧向掀斜和均衡剖面调整的水道演化简易模型
(a)水道体系最先发育于其所能达到的最低点位置(取决于局部地形);(b)至(d)水道在盐体侵位期间向远离盐体方向下倾位置冲刷,表明有快速抬升和/或流体间(或是明显的沉积物通量)长期的反复,与均衡剖面相比斜坡剖面不断上升,水道不断退化萎缩;(e)随着盐体活动减慢开始回撤,水道转变成朵叶以响应目前大致均衡的斜坡(据 Kneller,2003),此朵叶体在其后的水道—堤岸体系之下形成一强振幅反射夹层(HARP);(f)斜坡剖面进一步下沉导致向加积样式转变,并在临近最大隆升的初始位置发育水道—堤岸沉积体系

12.3.3 阶段Ⅲ：加积阶段

演化的最后一个阶段以发育大型水道—天然堤岸沉积复合体(B20 砂体)为特征。测井和地震响应表明以 F_2(薄的砂、泥岩互层)为主,在盐体侧翼位置夹有 F_3(活化的 F_2)。B20 水道—堤岸沉积表明水道从东(无盐体的一端)向西临近盐体活动的最初位置发生大规模横向位移。B20 砂层主要沉积在下伏 B25 CS2 之上,横向扩展到整个 B25 沉积上,宽 4.5km,深 25m。水道—堤岸沉积可以代表 B25—B20 沉积体系中粗砾沉积的最后演化阶段。

12.4 水道演化：解释

三个阶段的演化代表了一个从侵蚀到加积的大规模旋回。均衡斜坡剖面概念(Pirmez 等,2000;Kneller,2003)表明,当斜坡面高于均衡坡面时会发生侵蚀。流体总倾向于达到均衡位置,以及发育分级的斜坡剖面(Kneller,2003)。因此,解释认为早期 B25 水道所在的斜坡在均衡面之上,造成侵蚀冲刷。一开始,下切是相对有限的(CS1),以及 CS2 的侧(其后的水道)向转移表明水道轴线向远离盐体生长的位置发生侧向掀斜。CS2 被下切最深,这表明盐体生长时(即盐体生长速度不及流动频率和/或水流量)水道冲刷变深,因而水道会在盐体侧翼侵蚀冲刷。水道冲刷的深度逐渐变浅,而宽深比在逐渐增加,说明盐体生长速率在降低,从而导致局部的斜坡生长也在降低(可能是暂时性的,但基本可以确定的是,距离盐体生长位置越来越远)。本质上来讲,每一个水道体系的斜坡剖面

(CS2-5)都是逐渐接近均衡面或者分级斜坡剖面。

岩心和钻井数据表明,泥岩和牵引成因砂岩的薄互层沉积于盐体侧翼附近地区(2ST2井);远离盐体侧翼的区域(A7井)沉积厚层叠置砂岩(F_1)(Jobe,2010)。据推测,流体水动力最强的(轴向)部分是在地势低洼处,地震解释表明水道向下坡方向发生明显冲刷,会使远离水道轴部的沉积物(F_2—F_3)优先保存在侧向上倾位置。上倾区域(2ST2井;图12-4b、d)的异类沉积的变形表明,不断发展的盐体活动造成超覆边缘浊积体的过度陡倾,或者简单地说,造成了堆积在斜坡上的异类沉积物的不稳定性。

向HARP沉积的转变揭示了从处于均衡面之上的斜坡(在下切水道CS1-5发育期间)向均衡斜坡的演化过程。HARP砂体是其后水道—堤岸沉积系统的前身,可能也代表了一个朵叶体沉积(即侧向叠置的前缘决口扇沉积);其后会形成另一个大规模水道沉积向下坡方向进积。HARP沉积分布广泛表明沉积速度高于盐体隆升速度,并且在沉积过程中没有明显改变斜坡剖面形态。2ST2井和A7井中的泥岩段揭示了一个明显的粗砾沉积间断(图12-4)。

B20水道—堤岸沉积表示从分级均衡斜坡到低于均衡面的斜坡的转化过渡。该转化发生于以泥岩段沉积为标志的沉积平静期之后。在沉积间断期,在CS2(之前是盐体生长期间最大下切处)上发育B20加积沉积,盐体活动减速或者停止。从下切到加积的重大转变表明,该阶段的演化受盐体回撤和斜坡均衡剖面下降到均衡剖面之下影响(图12-8)。

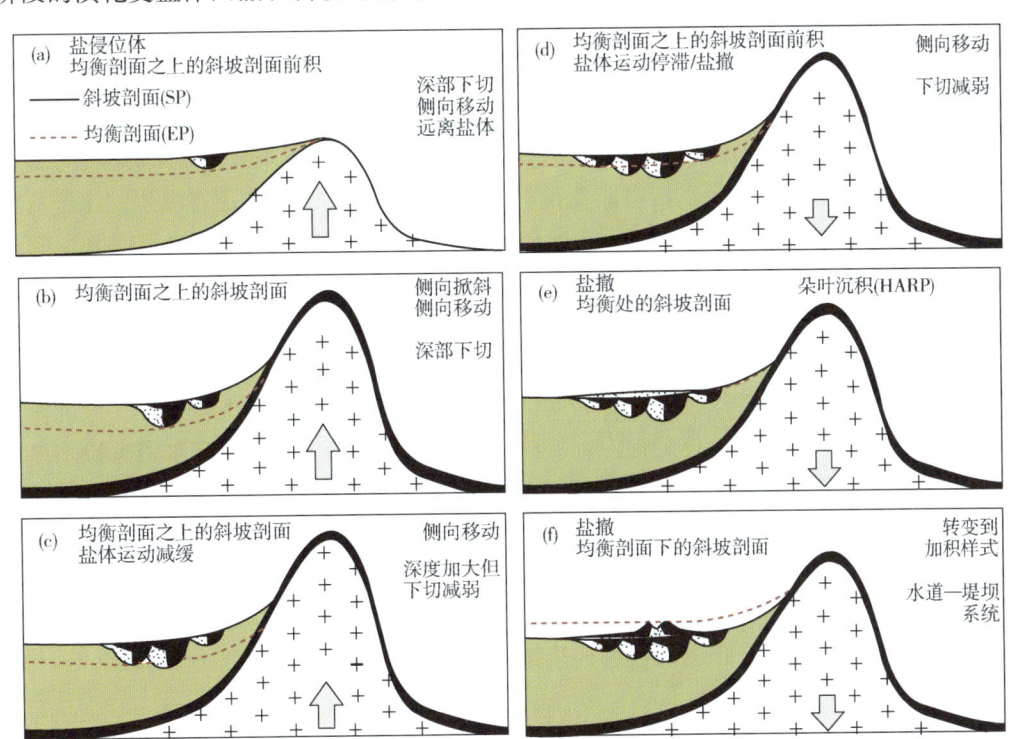

图12-8 根据斜坡剖面(SP,即实际斜坡剖面)和均衡剖面(EP,流体/水道试图要达到的剖面)之间的关系,邻近活动盐体的水道演化示意图

(a)下切深度与流体和水道最终倾向达到的均衡剖面和实际斜坡剖面之间的相对差异有关;(b)大的地形负差异要求深切;(f)大的正差异要求堤岸的加积。要注意由于盆地持续倾斜造成不对称充填;开始,在盐体侵位(a、b、c)期间盆地朝向远离盐体方向的地势低洼处倾斜,而在盐撤(d、e、f)时期,盆地朝向盐体方向倾斜,水道是否深度冲刷取决于隆升速率相对于流量频率和/或量级的大小

— 313 —

12.5 讨论：大规模地貌和相结构

水道沉积体系对盐体活动的大尺度地貌和结构响应取决于盐运动速率以及它与坡度和水道流体(如水流强度变化、水流周期)的关系。例如，穿过抬升地形的水道可能会在盐运动缓慢的部位，或均衡部位以及/或水道活跃的部分冲刷较深。更多突然的地形运动或者流体间更大的回复期可能会造成水道的改造以及水道上倾方向的决口，使流体转向向下倾方向流动或者侧向扩展或者在大范围内广泛沉积。新的水道可能下切之前老水道的侧缘，并残留老水道的部分砂体，也就是侧向阶地残余沉积(LSRs，Kane 等，2010)，如 CS2 时 CS1 的削(图 12-3 和图 12-7)。由于形成的阶地较大，或离决口位置更远，水道沉积体在侧向上可能是孤立的(见 Peakall 等(2000)对生长断层附近水道沉积的流体模型)。在 B25 砂体沉积期间，深切水道向侧向下坡方向决口表明连续的盐动力作用的发生。

在斜坡均于均衡但仍然受盐动力产生的同沉积构造影响的地区，水道可能发生连续侧向迁移，形成侧向加积(LADs；Arnott，2007)，并主要保存于盐构造(抬升期)相对上升盘一侧。当斜坡低于均衡位置，水道则必须通过加积来达到均衡面，从而利于堤岸的生长。然后堤岸可能会进一步限制流动，促进水道的加积。相对快速的盐体活动(或者构造生长时流体之间的漫长时期)可能再次导致水道向斜下方决口。

在一些被动大陆边缘，海平面下降和低水位会伴随沉积物供给的增大以及浊流活动性的增强，因此此时的海底水道最为活跃(van Wagoner 等，1991)。经过漫长时期的演化(如经历了小海平面变化周期)，可能出现以下情况：在低水位期，生长构造附近有活跃的水道生长，而在海进和高水位时期，水道可能变得不活跃或者处于休眠期。随着沉积演化进入下一个旋回(在接下来的低水位期)，盐构造(或任何生长地形)可能将斜坡改变得能够影响再活化的水道沉积，或者使再活化的水道体系改道。每一个重要的侧向阶地可能因此而代表了小型海面升降旋回。

地震、钻井和岩心数据都显示细粒异类岩相主要沉积于盐体附近的上倾区域。以爬升波痕层理为主、古水流复杂性以及冲刷都表明陆架边缘地区具有很高的沉积速率，该沉积可能以内堤岸沉积存在。向远离盐体的地方，块状叠置的砂岩解释为高能轴向水道沉积。由盐体生长引起的连续轴向掀斜会使流体更易侵蚀其侧下方水道边缘(盐侧翼)，而较细粒异粒岩边缘相主要保存于盐体附近的上倾边缘处。薄层异粒堤岸和边缘沉积层更容易被活化(Audet，1998；Kane 等，2007；Kane 和 Hodgson，2011)，而且在与盐体生长相关的过度陡倾期间尤其容易发生活动。由此形成的沉积相可能表现出明显的不对称性，即在盐生长构造附近呈细粒和高度分区化分布，而在远离盐体区域呈粗粒和低分区化分布。

12.6 结论

Magnolia 油田更新统的 B25—B20 砂岩揭示了墨西哥湾 Titan 微盆盐构造翼部的水道体系从侵蚀限制性到加积限制性的转变。B25 砂岩沉积于侵蚀限制性水道复合体中。由于盐体生长，水道复合体产生向下倾斜坡方向的决口。随着盐体生长速率下降以及盐脊开始沉降，斜坡坡度相对降低，斜坡更接近均衡剖面，每个水道复合体的下切深度都在逐渐变浅。

从早期斜坡处于均衡面之上转换过渡到处于均衡面之下的这段时间内，形成一个沉积间断,之后又堆积了 B20 的 HARP 沉积。当斜坡剖面大约位于均衡位置时,流体既不能形成明显侵蚀地形,也不能形成明显的加积地形。在盐体回撤期斜坡剖面下降,造成水道流体加积受限,发育 B20 水道—堤岸沉积复合体,并向下坡方向进积。将受地面变形影响的地表河道和海底水道进行对比表明,这些水道沉积相有强烈的相非对称性。这种沉积非对称性在盐体活动生长时期可造成近盐体一侧上倾位置的内堤岸或者水道边缘沉积的厚层叠置。

动态演化的地形附近发育的海底水道对变化中的斜坡均衡剖面产生响应。在盐体生长期,水道可能被强烈冲刷(只有在流体周期性和水流强度足够超过地形生长速率的地方才会发生这种情况)。当流动频率较低时,地形生长可能会成为进一步流动的障碍而造成决口,形成一个新的地形低洼区。地层中识别出的盐体生长和回撤的旋回会造成一个沉积体系的旋回演化,水道开始被冲刷,也会可能逐渐远离生长变化的地形。随着盐侵位变缓或者停止,该水道可能会被充填。盐体回撤期间均衡剖面可能会相对抬高,水道因此会转变为加积样式,通过以堤岸生长而使水道在斜坡上向新均衡剖面的位置生长。在地形生长变化期间,水道内的沉积相会具有明显的不对称性,主要表现为活动水道在侧向下坡边缘侵蚀,在有利于保存上倾边缘沉积更而细粒的边缘沉积相(内堤岸、阶地)。

该沉积演化的每一阶段都反映了小型的海平面升降旋回,高水位期沉积体系不活跃时,盐运动的沉积响应会被放大,而随着沉积体系继续演化,则会经历一个"新的"建立均衡剖面的过程。

参 考 文 献

Anderson, J. E., Cartwright, J., Drysdall, S. J. & Vivian, N. 2000. Controls on turbidite sand deposition during gravity-driven extension of a passive margin: examples from Miocene sediments in Block 4, Angola. Marine and Petroleum Geology, 17, 1165-1203.

Alexander, J. & Leeder, M. R. 1987. Active tectonic control on alluvial architecture. In: Ethridge, F. G., Flores, R. M. & Harvey, M. D. (eds) Recent Developments in Fluvial Sedimentology. SEPM, Tulsa, Special Publication, 39, 243-252.

Alexander, J., Bridge, J. S., Leeder, M. R., Collier, R. E. L. & Gawthorpe, R. L. 1994. Holocene meander-belt evolution in an active extensional basin, southwest Montana. Journal of Sedimentary Research, B64, 542-559.

Allen, J. R. L. 1971. Instantaneous sediment deposition rates deduced from climbing-ripple crosslamination. Journal of the Geological Society of London, 27, 553-561.

Alves, T. M., Cartwright, J. & Davies, R. J. 2009. Faulting of salt-withdrawal basins during early halokinesis: effects on the Paleogene Rio Doce Canyon system(Espirito Santo Basin, Brazil). AAPG Bulletin, 93, 617-652.

Arnott, R. W. C. 2007. Stratal architecture and origin of lateral accretion deposits(LADs) and conterminuou sinner-bank levee deposits in a base-of-slope sinuous channel, lower Isaac Formation(Neoproterozoic), East-Central British Columbia, Canada. Marine and Petroleum Geology, 24, 515-528.

Audet, D. M. 1998. Mechanical properties of terrigenous muds from levee systems on the Amazon Fan. In: Stoker, M. S., Evans, D. & Cramp, A. (eds) Geological Processes on Continental Margins: Sedimentation, Mass-Wasting and Stability. Geological Society, London, Special Publications, 129, 133-144.

Bernhardt, A., Jobe, Z. R. & Lowe, D. R. 2011. Stratigraphic evolution of a submarine channel-lobe complex system in a narrow fairway within the Magallanes foreland basin, Cerro Toro Formation, southern Chile. Marine and Petroleum Geology, 28, 785-806.

Bridge, J. S. & Mackey, S. D. 1993. A revised alluvial stratigraphy model. In: Marzo, M. & Puigdefabregas, C.

(eds) Alluvial Sedimentation. International Associationof Sedimentologists, Krijgslaan, Belgium, Special Publication, 17, 319-336.

Broucke, O., Temple, F., Roubya, D., Robina, C. Calassouc, S., Nalpasa, T. & Guillocheaua, F. 2004. The role of deformation processes on the geometry of mud-dominated turbiditic systems, Oligoceneand Lower - Middle Miocene of the Lower Congobasin(West African Margin). Marine and Petroleum Geology, 21, 327-348.

Brun, J.-P. & Fort, X. 2004. Compressional salt tectonics(Angolan margin). Tectonophysics, 382, 129-150, http://dx.doi.org/10.1016/j.tecto.2003.11.014.

Clark, I. R. & Cartwright, J. A. 2009. Interactions between submarine channel systems and deformationin deepwater fold belts: examples from the Levant Basin, Eastern Mediterranean sea. Marine and Petroleum Geology, 26, 1465-1482, http://dx.doi.org/10.1016/j.marpetgeo.2009.05.004.

Clark, J. D. & Pickering, K. T. 1996. Architectural elements and growth patterns of submarine channels: applications to hydrocarbon exploration. AAPG Bulletin, 80, 194-221.

Crane, W. H. & Lowe, D. R. 2008. Architecture and evolution of the Paine channel complex, Cerro Toro Formation (Upper Cretaceous), Silla Syncline, Magallanes Basin, Chile. Sedimentology, 55, 979-1009.

Cronin, B. 1995. Structurally-controlled deep sea channel courses: examples from the Miocene of southeast Spain and the Alboran Sea, southwest Mediterranean. In: Hartley, A. J. & Prosser, D. J. (eds) Characterization of Deep Marine Clastic Systems. Geological Society, London, Special Publications, 94, 115-135.

Cronin, B., Owen, D., Hartley, A. & Kneller, B. 1998. Slumps, debris flows and sandy deep-water channel systems: implications for the application of sequence stratigraphy to deep water clastic sediments. Journal of the Geological Society, London, 155, 429-432.

Cross, N. E., Cunningham, A., Cook, R. J., Taha, A., Esmaie, E. & Swidan, N. El. 2009. Three-dimensional seismic geomorphology of a deep-water slope-channel system: the Sequoia field, offshore west Nile Delta, Egypt. AAPG Bulletin, 95, 1063-1086. http://dx.doi.org/10.1306/05040908101.

Deptuck, M. E., Steffens, G. S., Barton, M. & Pirmez, C. 2003. Architecture and evolution of upper fanchannel-belts on the Niger Delta slope and in the Arabian Sea. Marine and Petroleum Geology, 20, 649-676.

Deptuck, M. E., Sylvester, Z., Pirmez, C. & O'Byrne, C. 2007. Migration-aggradation history and 3-Dseismic geomorphology of submarine channels in the Pleistocene Benin-major Canyon, western Niger Delta slope. Marine and Petroleum Geology, 24, 406-433.

Dykstra, M. & Kneller, B. 2007. Canyon San Fernando, Baja California, Mexico: a deep-marine channel-levee complex that evolved from submarine canyon confinement to unconfined deposition. In: Nilsen, T. H., Shew, R. D., Steffens, G. S. & Studlick, J. R. J. (eds) Atlas of Deep-Water Outcrops. American Association of Petroleum Geologists, Tulsa, Studies in Geology, 56, 14.

Ferry, J. N., Mulder, T., Parize, O. & Raillard, S. 2005. Concept of equilibrium profile in deep water turbidite systems: effects of local physiographic changeson the nature of sedimentary processes and the geometries of deposits. In: Hodgson, D. M & Flint, S. S (eds) Submarine Slope Systems: Processes and Products. Geological Society, London, Special Publications, 244, 181-193.

Flood, R. D., Manley, P. L., Kowsmann, R. O., Appi, C. J. & Pirmez, C. 1991. Seismic facies and late Quaternary growth of Amazon submarine fan. In: Weimer, P. & Link, M. H. (eds) Seismic Facies and Sedimentary Processes of Submarine Fans and Turbidite Systems. Springer, New York, 415-433.

Flood, R., Hiscott, R. & Aksu, A. 2009. Morphology and evolution of an anastomosed channel network where saline underflow enters the Black Sea. Sedimentology, 56, 807-839.

Fort, X., Brun, J. P. & Chauvel, F. 2004. Salt tectonics on the Angolan margin, synsedimentary deformation processes. AAPG Bulletin, 88, 1523-1544, http://dx.doi.org/10.1306/06010403012.

Gee, M. J. R. & Gawthorpe, R. L. 2006. Submarine channels controlled by salt tectonics: examples from 3D seismic data offshore Angola. Marine and Petroleum Geology, 23, 443-458. http://dx.doi.org/10.1016/j.marpetgeo. 2006.01.002.

Haddad, G. A., Petersen, M. et al. 2003. Stratigraphic Evolution of the Magnolia Field and Surrounding Area, Garden Banks Blocks 783 and 784, Deepwater Gulf of Mexico. AAPG Annual Convention, Salt Lake City, Utah. Search and Discovery Article, #90013#2003.

Haughton, P. D. W. 2000. Evolving turbidite systems on a deforming basin floor, Tabernas, SE Spain. Sedimentology, 47, 497-518, http://dx.doi.org/10.1046/j.1365-3091.2000.00293.x.

Hodgson, D. M. & Haughton, P. D. W. 2004. Impact of syndepositional faulting on gravity current behavior and deep-water stratigraphy: Tabernas-Sorbas Basin, southeast Spain. In: Lomas, S. A. & Joseph, P. (eds) Confined Turbidite Systems. Geological Society, London, Special Publications, 222, 135-158, http://dx.doi.org/10.1144/GSL.SP.2004.222.01.08.

Holbrook, J., Autin, W., Rittenour, T., Marshak, S. & Goble, R. 2006. Stratigraphic evidence for millennial-scale temporal clustering of earthquakes on a continental-interior fault: Holocene Mississippi River floodplain deposits, New Madrid seismic zone, USA. Tectonophysics, 420, 431-454.

Huyghe, P., Foata, M., Deville, E. & Mascle, G. 2004. Channel profiles through the active thrust front of the southern Barbados prism. Geology, 32, 429-432.

Isaksen, G. H. 2004. Central North Sea hydrocarbonsy stems: generation, migration, entrapment, and thermal degradation of oil and gas. AAPG Bulletin, 88, 1545-1572, http://dx.doi.org/10.1306/06300403048.

Jobe, Z. R. 2010. Multi-scale architectural evolution and flow property characterization of channelised turbidite systems. PhD thesis, Stanford University.

Jobe, Z. R., Bernhardt, A. & Lowe, D. R. 2010. Facies and architectural asymmetry in a conglomerate-rich submarine channel fill, Cerro Toro Formation, Sierradel Toro, Magallanes Basin, Chile. Journal of Sedimentary Research, 80, 1085-1108.

Kane, I. A. & Hodgson, D. M. 2011. Sedimentological criteria to differentiate submarine channel levee subenvironments: exhumed examples from the RosarioFm. (Upper Cretaceous) of Baja California, Mexico, and the Fort Brown Fm. (Permian), Karoo Basin, S. Africa. Marine and Petroleum Geology, 28, 807-823.

Kane, I. A., Kneller, B. C., Dykstra, M., Kassem, A. & McCaffrey, W. D. 2007. Anatomy of a submarine channel-levee: an example from Upper Cretaceous slope sediments, Rosario Formation, Baja California, Mexico. Marine and Petroleum Geology, 24, 540-563, http://dx.doi.org/10.1016/j.marpetgeo.2007.01.003.

Kane, I. A., McCaffrey, W. D. & Peakall, J. 2009. On the origin of paleocurrent complexity in deep marine channel-levees. Journal of Sedimentary Research, 80, http://dx.doi.org/10.2110/jsr.2010.003.

Kane, I. A., Catterall, V., McCaffrey, W. D. & Martinsen, O. J. 2010. Submarine channel response to intra-basinal tectonics. American Association of Petroleum Geologists Bulletin, 94, 189-219.

Kneller, B. C. 2003. The influence of flow parameters on turbidite slope channel architecture. Marine and Petroleum Geology, 20, 901-910.

Leeder, M. R. & Alexander, J. 1987. The origin and tectonic significance of asymmetrical meander belts. Sedimentology, 34, 217-226.

Mackey, S. D. & Bridge, J. S. 1992. A revised FORTRAN program to simulate alluvial stratigraphy. Computers Geoscience, 18, 119-181.

Mayall, M. & Stewart, I. 2000. The architecture of turbidite slope channels. In: Weimer, P., Slatt, R. M., Coleman, J. L., Rosen, N., Nelson, C. H., Bouma, A. H., Styzen, M. & Lawrence, D. T. (eds) Global Deep-Water Reservoirs. Gulf Coast Section SEPM Foundation 20th Annual Bob F. Perkins Research Conference, 578-586.

Mayall, M., Jones, E. & Casey, M. 2006. Turbidite channel reservoirs - Key elements in facies prediction and effective development. Marine and Petroleum Geology, 23, 821-841, http://dx.doi.org/10.1016/j.marpetgeo.2006.08.001.

Mayall, M., Lonergan, L. et al. 2010. The response of turbidite slope channels to growth-induced seabed topography. AAPG Bulletin, 94, 1011-1030.

Maynard, J. R. 2006. Fluvial response to active extension: evidence from 3D seismic data from the Frio Formation (Oligo-Miocene) of the Texas Gulf of Mexico Coast, USA. Sedimentology, 53, 515-536.

McCaffrey, W. D., Gupta, S. & Brunt, R. 2002. Repeated cycles of submarine channel incision, infill and transition to sheet sandstone development in the Alpine Foreland Basin, SE France. Sedimentology, 49, 623-635.

McCarthy, P., Brand, J. et al. 2005. Using geostatistical inversion of seismic and borehole data to generate reservoir models for flow simulations of Magnolia Field, deepwater Gulf of Mexico. Society of Exploration Geophysicists, Expanded abstracts, 24, 1351.

McGee, D. T., Fitzsimmons, R. F. & Haddad, G. A. 2003. From Fill to Spill: Partially Confined Depositional Systems, Magnolia Field, Garden Banks, Gulf of Mexico. AAPG Annual Convention, Salt Lake City, Utah. Search and Discovery Article, #90013#2003.

Nelson, C. H., Karabanov, E. B., Coleman, S. M. & Escutia, C. 1999. Tectonic and sediment supply control of deep rift lake turbidite systems, Lake Baikal, Russia. Geology, 27, 163-166.

Peakall, J. 1998. Axial river evolution in response to half-graben faulting: Carson River, Nevada, U.S.A. Journal of Sedimentary Research, 68, 788-799.

Peakall, J., Leeder, M. R., Best, J. & Ashworth, P. 2000. River response to lateral tilting: a synthesis and some implications for the modelling of alluvial architecture in extensional basins. Basin Research, 12, 413-424.

Pirmez, C., Beaubouef, R. T. & Friedmann, S. J. 2000. Equilibrium profile and base level in submarine channels: examples from late Pleistocene systems and implications for the architecture of deepwater reservoirs. In: Weimer, P., Slatt, R. M., Coleman, J. L., Rosen, N., Nelson, C. H., Bouma, A. H., Styzen, M. & Lawrence, D. T. (eds) Global Deep-Water Reservoirs. Gulf Coast Section SEPM Foundation 20th Annual Bob F. Perkins Research Conference, 782-805.

Prather, B. E. 2000. Calibration and visualisation of depositional process models for above-grade slopes: a case study from the Gulf of Mexico. Marine and Petroleum Geology, 17, 619-638.

Rowan, M. G. & Weimer, P. 1998. Salt-sediment interaction, Northern Green Canyon and Ewing Bank (Offshore Louisiana), Northern Gulf of Mexico. AAPG Bulletin, 78, 792-822.

Rowan, M. G., Jackson, M. P. A. & Trudgill, B. D. 1999. Salt-related fault families and fault welds in the northern Gulf of Mexico. AAPG Bulletin, 83, 1454-1484.

Rowan, M. G., Lawton, T. F., Gilles, K. A. & Ratliff, R. A. 2003. Near-salt deformation in La Popa Basin, Mexico, and the northern Gulf of Mexico: a general model for passive diapirism AAPG Bulletin, 87, 733-756, http://dx.doi.org/10.1306/01150302012.

Schumm, S. A., Dumont, J. F. & Holbrook, J. M. 2000. Active Tectonics and Alluvial Rivers. Cambridge University Press, Cambridge.

Shultz, M. R. & Hubbard, S. M. 2005. Sedimentology, stratigraphic architecture, and ichnology of gravity-flow deposits partially ponded in a growth-fault-controlled slope minibasin, Tres Pasos Formation (Cretaceous), southern Chile. Journal of Sedimentary Research, 75, 440-453.

Sorby, H. C. 1859. On the structure produced by the currents during the deposition of stratified rocks. The Geologist, 2, 37-47.

Soreghan, M. J., Scholz, C. A. & Wells, J. T. 1999. Coarse-grained, deep-water sedimentation along a border fault margin of Lake Malawi, Africa: seismic stratigraphic studies. Journal of Sedimentary Research, 69, 832-846.

Sylvester, Z., Pirmez, C. & Cantelli, A. 2011. A model of submarine channel-levee evolution based on channel trajectories: implications for stratigraphic architecture. Marine and Petroleum Geology, 28, 716-727.

Van Wagoner, J. C., Mitchum, R. M., Campion, K. M. & Rahmanian, V. D. 1991. Siliciclastic Sequence Stratigraphy in Well Logs, Cores, and Outcrops. AAPG, Tulsa, Oklahoma, AAPG Methods in Exploration Series, 7.

Weissenburger, K. T. & Borbas, T. 2004. Fluid properties, phase and compartmentalization: Magnolia Field case study, Deepwater Gulf of Mexico, USA. In: Cubitt, J. M. & Larter, S. R. (eds) Understanding Petroleum Reservoirs: Towards an Integrated Reservoir Engineering and Geochemical Approach. Geological Society, London, Special Publications, 237, 231-255.

Yin, H. & Groshong, Jr. R. H. 2007. A three-dimensional kinematic model for the deformation above an active diaper. AAPG Bulletin, 91, 343-366.

（陈颖 译，张功成 校）

第13章 被动陆缘盆地内盐构造数值模拟中力学分层的分析

MARKUS ALBERTZ[1,2], STEVEN J. INGS[1,3]

(1. Department of Oceanography, Dalhousie University, Halifax, NS, B3H 4J1, Canada;
2. ExxonMobil Upstream Research Company, PO Box 2189, Houston, Texas 77252-2189, USA;
3. Department of Earth Sciences, Memorial University of Newfoundland, St John's, NL, A1B 3X5, Canada)

摘 要 本文采用二维平面应变数值模拟实验研究了蒸发岩的黏度变化,以及加入摩擦—塑性沉积层对盐流和上覆层变形的影响。蒸发岩黏度是决定盐体流速和上覆层变形的主要因素。排驱盆地下的低黏度盐体几乎能全部排出,而当盐体黏度较高时,大量盐体无法排出。加入的摩擦—塑性沉积层具有一定的屈服强度,可以分隔开盐流,在盐体向海方向挤压流动区域内形成了过渡性的挤压构造(褶皱、逆冲断层和褶皱断层)。在沉积物加积作用期间,多个内部沉积层的存在减缓了盐体向海流动的趋势,导致更多的盐体在接下来的进积作用过程中发生活化,从而形成了更多向海方向伸展的异地盐席。如果嵌入层和周围盐体密度不同,那么嵌入层在变形期间会发生分层,可能会漂移到表面或者沉到底部,从而形成纯盐岩的厚层区。"浮力分层"作用可能部分解释了原地盐盆中层状盐体和异地盐席中的纯盐的争论。

最近利用水道流理论对被动陆缘盆地的盐流和上覆层变形进行过分析(Lehner, 2000; Gemmer 等, 2005; Gradmann 等, 2009)。物理模拟(Vendeville 和 Cobbold, 1987; Ge 等, 1997; Dooley 等, 2005; Vendeville, 2005)和数值正演模拟(Gemmer 等, 2005; Ings 和 Shimeld, 2006)研究表明,当盐体在具有厚度差异的上覆层的负载作用下,作为对盐体内向海方向下倾压力梯度的响应,盐体会发生流动。Gemmer 等(2005)认为,在盖层未破裂(即盖层是稳定的)处,盐体流动呈泊肃叶流(挤压背景下,盐体流动速度的变化呈抛物线形态)的特征。当向陆方向沉积物厚度增加,盖层发生破裂(即盖层处于不稳定状态)时,盐体被移动的上覆层所拖曳,盐体流动表现出科特流(线速度呈下降趋势的剪切型盐载流)的特征。针对这类在长时期(长达 200Ma)内和大规模变形进行的数值模拟表明,初始盐盆的几何形态以及沉积物形式在不同时期的变化是影响含盐盆地演化以及盐构造变形的首要因素(Albertz 等, 2010; Albertz 和 Beaumont, 2010)。

尽管盐构造的数值模拟能直观地看到研究对象的变形,但是通常采用的蒸发岩在时间和空间上都是均一的(即均质盐岩),假设可能是过于简单了。此外,大多数盐盆中层状蒸发岩具有复杂的内部运动等特征和几何形态,如一些文献中描述的盐底辟具有强烈变形的内部单元(Muehlberger 和 Clabaugh, 1968; Richter-Bernburg, 1972; Talbot 和 Jackson, 1987),以及巴西含盐盆地中的一些实例(Cobbold 等, 1995; Davision, 2007; Fiduk, 2010; Fiduk 和 Rowan, 2012)。仅有少数学者在数值模拟研究中考虑了蒸发岩地形的影响(Chemia 和 Koyi, 2008; Chemia 等, 2009)。由于数值模型中缺乏内部岩层,因此,这可能会限制此类模型在解释含盐盆地形成机制方面的潜力以及其预测能力(特别是在盆地尺度上)的合理性。

本文的研究工作表明力学因素是影响被动陆缘盐构造中内部变形的首要因素。对盐构造的研究一般会面临三维问题，我们采用了一种简化方法，即二维平面应变有限元方法。这种方法可以克服复杂三维有限元分析技术上的限制，对盐构造的重力扩展以及被动陆缘盆地上的差异沉积负载引起的变形进行模拟。模型在理想化条件下建立，以分析不同盐体的黏度、加入摩擦—塑性沉积物的内摩擦角、加入沉积层数量下的端员含盐盆地。通过利用相同的模型模板，只改变这些参数，独立出流变分层对盐体运动的影响，并解释流体的性质，以及盆地范围内相关构造样式的成因。

结果表明盐体黏度是影响盐流速度和上覆层变形的首要因素。例如，当盐体黏度很大时，更多的盐体聚集在排驱盆地之下。加入摩擦—塑性层对盐体内部和沉积盖层变形影响很大。多嵌入层模型在早期沉积加积期间降低了盐流速度。从而可能导致在接下来的进积期间更多的盐体滞留和活化。这会形成更多向海，朝盆地远末端方向的侧向伸展异地盐席。嵌入层和周围盐体的密度差异会导致变形期间嵌入层的浮力分级：如果密度较小则漂浮到表面，如果密度较大则沉到底部。与初始原地盐层相比，这一过程会在盐体和盐席中产生更厚的盐岩。

本文的研究结果并不能解释盐构造系统所有可能出现的特征，内部层的存在在一些情况下可能会促进盐席的形成，从而改变目前对异地盐体活动的理解。而且，对被盐体包围的沉积层特征的深入理解有很高的实用价值，比如可以降低盐下目的层钻进时发生事故的概率。

13.1 数值模型设计及构型

我们对盆地尺度内的盐、上覆沉积物以及被盐体包围的地层的性质进行了建模。由于沉积控制了流动和变形的动力学，地层中存在压差。模型中单个构造并无规定，也未设置特定边界条件。构造在区域和局部压力条件下形成。在本文研究中，采用 Albertz 等（2010）提出的加积作用和进积作用模型模板，以产生主要为加积作用区域内的伸展—挤压连锁盐构造体系以及随后进积作用期间（它们的构造类型 B）的外来盐席。我们在研究中考虑了含盐盆地中内部力学层的影响。所有其他用来形成初始配置的建模过程、力学性质、沉积模型、数值方法和程序等都与 Albertz 等（2010）一致。下文对主要特征做一简要说明，读者如要获得更多细节，可以参阅原始参考文献。

13.1.1 岩石圈模型构型

最初的模型几何形态（图13-1）表示接近同裂谷末期的状态，下伏地壳发生构造沉降和倾斜，但这是在岩石圈冷却之前发生的。笔者假定：（1）岩石圈伸展在不同深度条件下是相同的；（2）通过陆缘区的伸展是线性变化的；（3）拉伸边缘处于均衡状态，其构型受厚度、密度和拉伸岩石圈的热状态决定。裂谷相关的伸展作用以及相关的含盐盆地中的断层作用没有考虑在内。

13.1.2 补偿浮力代替下部岩石圈

我们对薄洋壳区域的上部2km以及相邻的大陆采用有限元模型。地壳下部区域（图13-1a）的浮力效应以补偿力代替，该补偿力以数值模型中的每一个柱子的压差来表示，并通过在有限元宽度上积分得到垂向波节力。地壳被假设在 X_1—X_2 区域内发生线性减薄。通过这种方式可以使模型上部产生所需的形态和均衡响应,从而使模型中的有限元分辨率达到最大化(图 13-1b)。

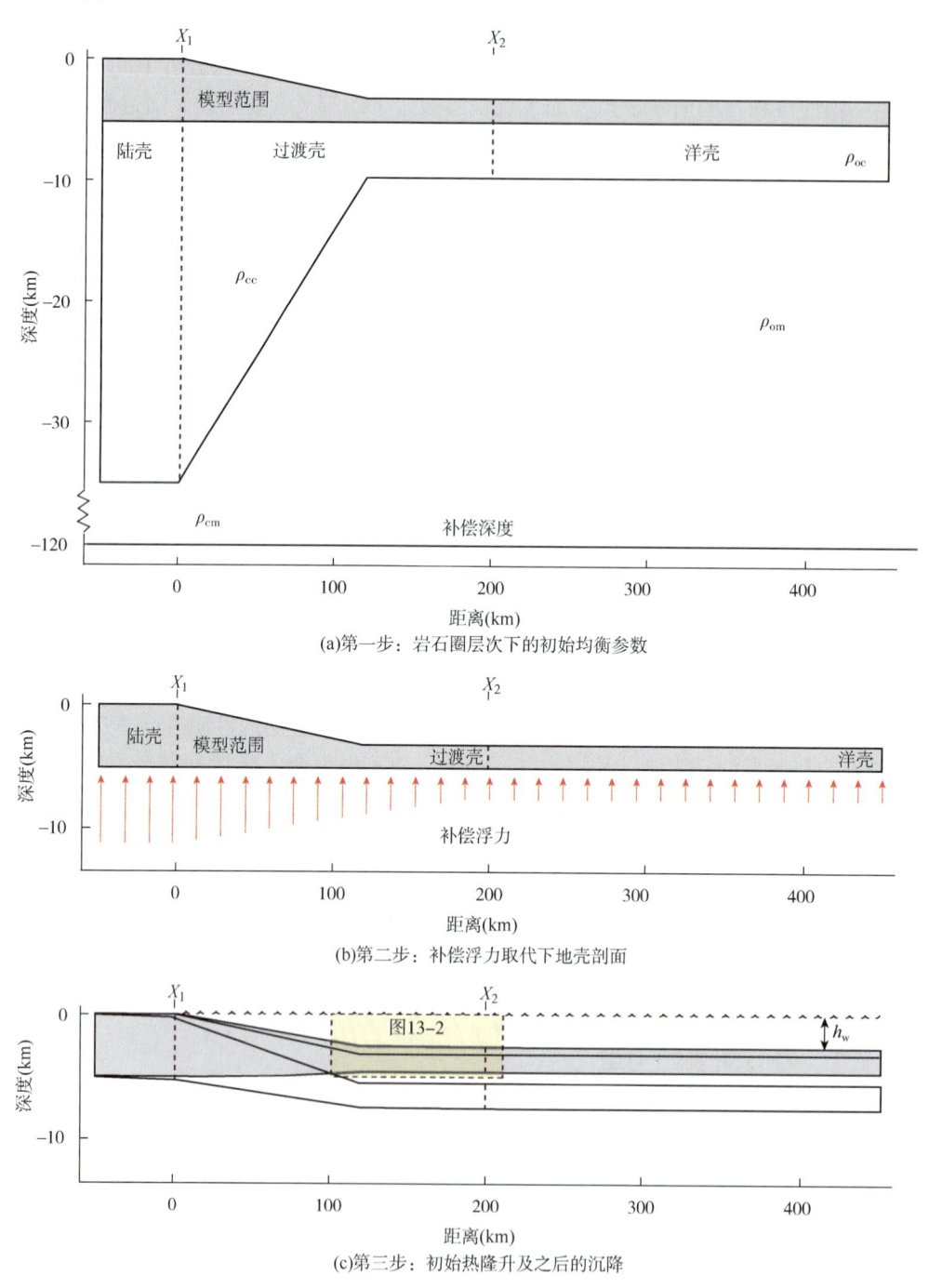

图 13-1 初始模型的几何形态

(a)岩石圈层次下的初始平衡状态,垂直虚线包围过渡壳;(b)补偿浮力(红色箭头)代替下地壳区;(c)初始热隆升及之后的沉降,灰色阴影虚线表示初始热隆后的升地壳位置,白色区表明热沉降之后的地壳位置,黄色矩形表示图 13-2 的模型区域位置。X_1 和 X_2 是沿陆缘向陆和向海的位置;ρ_{cc}、ρ_{cm}、ρ_{oc}、ρ_{om} 分别表示陆壳、陆壳之下地幔、洋壳、洋壳之下地幔的平均密度

13.1.3 初始热隆升和后期的热沉降参数

上文解释的几何形态并不包括热膨胀和压缩对陆缘岩石圈密度及其平衡的影响。此处并不包括将热和力学过程联合考虑,而是采用合理的冷地幔和热地幔岩石圈密度,由热膨胀导致的洋壳位置可以通过参数计算,并作为初始隆起(Albertz 等,2010)。这代表了同裂谷末期的一种背景,即热洋幔岩石圈垂向密度一致。随着陆缘冷却,洋幔岩石圈密度倾向于变大,相应的热沉降被加到每一个时间步长开始时的模型配置中(图 13-1c)。

13.1.4 盐体、沉积物和水体控制下的均衡模型负载

最后,在地壳均衡和热隆升模型上加载盐体、同期裂谷以及(在一些模型中,嵌入)沉积物和水。我们假定含盐盆地为简单的矩形剖面形态,其宽为 80km,厚度为 2km。

13.2 材料性质、沉积模型和挠曲均衡

13.2.1 材料性质

盐体在模型中为线性塑性物质:

$$\sigma' = 2\eta \dot{\varepsilon} \tag{13-1}$$

式中,σ' 为偏应力张量,η 为盐体黏度,$\dot{\varepsilon}$ 为应变率。盐体由于位错蠕变和溶解转移扩散蠕变(Carter 和 Hansen,1983)共同作用而产生变形。对弱应变速率下的中粒湿盐来说,在不考虑温度影响的条件下,其流动表现为线性塑性特征。温度在本文研究中不在计算之列,因而,对盐体采用线性黏度流变学方法。实验和理论研究表明盐体黏度范围大约为 10^{17} ~ 10^{20} Pa·s(Urai 等,1986;van Keken 等,1993;Fletcher 等,1995;TerHeege 等,2005a,b)。根据这个范围以及考虑到控制变量的不确定性,我们早期曾经选择一个中间的线性黏度为 10^{18} Pa·s 来代表的蒸发岩的一般黏度(Gemmer 等,2005;Gradmann 等,2009;Albertz 等,2010)。在本次研究中,不断变化线性盐体黏度范围是 5×10^{17} Pa·s 至 1×10^{19} Pa·s。

模型中假定沉积物为摩擦—塑性物质。采用 Terzaghi(1923,1943)的有效应力准则来解释在摩擦—塑性沉积物中在 Drucker-Prager 屈服准则(Drucker 和 Prager,1952)下的孔隙流体压力 P_f。屈服应力 σ_y 定义为:

$$\sigma_y = J_{2D}^{\frac{1}{2}} = (P-P_f)\sin\phi + C\cos\phi \tag{13-2}$$

式中,$J_{2D}^{\frac{1}{2}}$ 为偏应力恒量的二次平方根,P 为平均应力,P_f 为孔隙流体压力(假定为静水压力,特殊规定除外),ϕ 为沉积物内摩擦角,C 为黏合力(在本文研究中未岩化沉积物为0)。

13.2.2 沉积建模

利用两个简单的几何模型进行沉积建模:进积和加积。为模拟从陆架到深水盆地具有平滑过渡特征的沉积物进积作用,我们采用半高斯函数,因此海床高度 $h(x)$ 可表示为:

$$h(x) = \begin{cases} h_1 & \text{if } x < x_1 \\ h_2 + (h_1 - h_2)\exp\left(-\frac{(x-x_1)^2}{W^2}\right) & \text{if } x \geq x_1 \end{cases} \tag{13-3}$$

式中，h_1 和 h_2 分别为向陆方向和向海方向的高度，W 为高斯宽度，$L=2W$ 是进积剖面的大致宽度。进积剖面以速度 V_{prog} 向海转移。在现有模型表面和进积沉积物剖面之间重复充填额外的沉积物。当沉积物均衡调整表面与理想的进积剖面相吻合时，充填作用就停止。此时，现有模型表面位于进积剖面之上，沉积物不会再增加也不会再减少。

针对沉积物上表面采用侧向一致的海底水平以对沉积物进积作用进行建模。该表面在垂向上以速度 V_{agg} 移动。现今沉积表面与理想位置之间的空间重复充填沉积物。当沉积物高于进积剖面时，沉积物不再迁移。加积可以与进积共同作用在模型的不同区域，在这种情况下，要优先考虑更高的剖面。整体沉积物厚度的变化取决于表面速度、热沉降以及沉积物和水体的均衡负载的共同作用。

上覆沉积物沉积时具有初始孔隙度，随着埋涂，它们会被压实，因而视密度 ρ 随着深度 z 按下式关系而增加（Athy，1930）：

$$\rho = \rho_s - (\rho_s - \rho_f) n_0 e^{-cz} \tag{13-4}$$

式中，ρ_s 为固体颗粒密度，ρ_f 为流体密度，n_0 为表面孔隙度，c 为压实作用因子，z 为埋深。参数 ρ_s、n_0、c（表13-1）表示硅质碎屑沉积物的典型压实趋势（Jackson 和 Talbot，1986；Sclater 和 Christie，1980；来源于加拿大自然资源部的未发表数据）。沉积物沉积时的密度和孔隙度关系如式（13-4）所示。随着埋深增加，视密度根据现今埋深以及由于沉积物的垂向压实作用而减小的体积而增加，通过排出孔隙流体而达到想要的视密度。固体颗粒质量和体积得到保留。盐体在模型中被认为是不可压实的物质。

在自然状态下，高沉积速率可能会导致压实失衡而产生过大的流体压力（Audet 和 McConnell，1992；Morency 等，2007）。为保证数值模型的简单性，过大的孔隙流体压力和渗流压力（Mourgue 和 Cobbold，2003）在此并不考虑在内。

13.2.3 挠曲均衡

模型通过挠曲均衡以反映沉积物和水体的负载作用。模型下伏有弹性梁（图13-2），其挠曲刚度 $D=10^{22}\text{Nm}$，并位于密度 $\rho_m = 3225\text{kg/m}^3$ 的流体地幔底层之上。根据在最后时间步长末期和现在时间步长末期之间施加在横梁上的模型总重量的差异，对每一个时间步长的均衡挠曲进行累加计算。重量被横梁的挠曲强度和下伏底层的浮力抵消。每一个有限元模型柱总重量包含先存物质，添加的物质或者在该时间步长内由于运动（变形）而移出的物质，以及上覆水柱的重量，这些运动包括压实作用、该时间步长中沉积作用导致新物质的加入。本文所用的符号定义见表13-1。

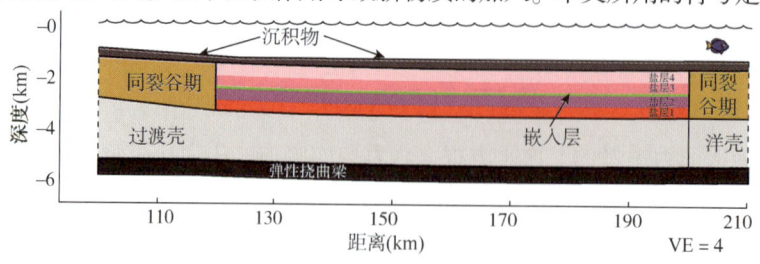

图13-2 加积阶段初始模型示意图

一个厚2km、宽80km的线性黏度盐盆嵌入在摩擦—塑性的同裂谷期沉积物中；盐盆根据不同的性质被分为四层（颜色不同），每一层厚500m；在一些模型中，有厚100m的外来层嵌入盐盆中心；具有相同性质和少量差异高度的沉积物沉积在模型中，从而产生差异负载作用，并在整个加积沉积物范围内，将盐体从初始盆地中排出；沉积物发生压实；盐体和沉积位于刚性地壳之上；水体作为负载存在，作用方向垂直模型的海床；模型由弹性挠曲梁支撑，并调节特定模型柱的垂向负载作用；模型分辨率为水平方向800个元素，垂直方向88个元素（图中网格没有表示）；盐盆之下的地壳被认为是明显不一致的伸展外陆壳（=过渡壳），而不是洋壳；VE—垂向比例尺放大

表 13-1 变量和符号表示

变量	符号	数值	单位
应力、压力和水平力			
正应力	σ	变量	Pa
平均应力	P	变量	Pa
有效平均应力	P_{eff}	变量	Pa
屈服应力	σ_y	变量	Pa
偏应力二次方根	$J_{2D}^{\frac{1}{2}}$	变量	Pa
孔隙流体压力	P_f	静水压力	Pa
物质性质			
黏合力	C	0	Pa
上覆层内摩擦角	ϕ	变量	(°)
嵌入沉积内摩擦角	ϕ_i	变量	(°)
基质盐体黏度	η	变量	Pa·s
内部岩层黏度	η_i	变量	Pa·s
表面孔隙度	n_0	0.52	
压实系数	c	4.7×10^{-4}	m^{-1}
固体密度	ρ_s	2640	kg/m^3
流体(水)密度	ρ_f	1000	kg/m^3
基质盐体密度	ρ	2150	kg/m^3
内部层密度	ρ_i	变量	kg/m^3
陆壳密度	ρ_{cc}	2860	kg/m^3
陆壳之下地幔密度	ρ_{cm}	3225	kg/m^3
洋壳密度	ρ_{oc}	2860	kg/m^3
洋壳之下地幔密度	ρ_{om}	3225	kg/m^3
挠曲刚度	D	10^{22}	N·m
模型几何形态参数			
陆缘过渡区宽度	L	200	km
高斯宽度($W=L/2$)	W	变量	km
盐道厚度	h_c	变量	m
向陆方向上覆层厚度,位置x_1	h_1	变量	m
向海方向上覆层厚度,位置x_2	h_2	变量	m
进积剖面肩部位置	x_1		
进积剖面趾部位置	x_2		
陆缘边缘向陆位置	X_1	变量	m
陆缘边缘向海位置	X_2	变量	m
模型参数			
加积速率	V_{agg}	变量	cm/a
进积速率	V_{prog}	变量	cm/a
其他			
重力加速度	g	9.81	m/s^2
v和u的速度矢量	v	变量	m/s
应变速率	$\dot{\varepsilon}$	变量	s^{-1}

13.2.4 数值方法

我们使用SOPALE（简化后的优化任意拉格朗日—欧拉方法）软件，它是基于速度的有限元模型，设计用来处理大变形的斯托克斯流动或者蠕流（Fullsack，1995；Willett，1999）。该模型解决二维非压缩流（沉积物的压实是单独计算）的均平衡力等式：

$$\nabla \cdot \sigma + \rho g = 0 \qquad (13-5)$$

$$\nabla \cdot v = 0 \qquad (13-6)$$

式中，ρ 为密度，g 为重力加速度，v 为速度矢量，σ 为张应力。计算中没有包括热力分量。

计算在欧拉网格上进行，以在垂向上适应演化模型。物性通过采用拉格朗日粒子追踪和更新。该方法考虑了模型表面的大应变以及物质流动，如沉积和侵蚀作用。欧拉和拉格朗日网格横向有800个元素，垂向有88个元素。在初始配置中，2km厚的盐盆被80个垂向单元离散化（也就是盐层为20个网格单元的厚度，嵌入层为4个网格单元厚度）。垂向调整网格使其与半高斯几何形态匹配(式(13-3))。垂向分辨率从而在向海方向上得到提高，此处也是模型减薄的部位。

水体负载被认为是与模型上部表面垂直的边界负载。水压会提高有限元模型中的固体和流体压力。在垂直模型边界处和基底定义水平速度为零。因此变形仅由模型几何形态和进积沉积物的重力产生。模型底部的垂向速度是运动学热沉降速率和挠曲均衡对模型负载响应的合速度。SOPALE采用超节点稀疏Cholesky求解程序（Ng和Peyton，1993；Gibert等，1994）。更多关于SOPALE信息，可参阅网站 http：//geodynamics，oceanography，dal，ca/sopaledoc，html。

13.3　数值模型中的力学层

长期以来，人们认为盆地中的盐体是分层的（Pošepný，1871；Stille，1925）。目前研究工作的关键是在自然界中能否找到一个可用于数值型中的完全为蒸发岩或者是有代表性的蒸发岩系列。尽管以碳酸钙和硫酸钙开始，进而到氯化钠，然后以Mg蒸发岩和K蒸发岩结束的"典型"蒸发岩地层已经可以用传统的沉淀实验进行复制（van't Hoff，1905），但世界上的含盐盆地经常是发育不完整地层、重复形式（如德国Zechstein盐盆的多重沉淀系列）以及含有广泛分布的页岩夹层（Wade和MacLean，1990；Selley，2000）。例如，在加拿大大西洋海域的Scotian盆地，原地盐体表现出明显的横向变化。Argo F-38井有大约800m厚的连续盐岩，而同样的盐岩在Eurydice P-36井只有大约500m厚，并有约30~200m厚的页岩夹层（Wade和MacLean，1990）。令人惊讶的是，Weymouth A-45井在外地盐体中，钻遇了大约1500m的几乎纯净的盐岩（Kidston等，2007）。

既然蒸发岩地层中的多样性比较常见，我们认为，当不确定性很大时，对复杂地层结构建模只能得到很少的结果。因此，数值模型中的力学层采用简化的方式。我们设计了理想的盐—沉积体系，并改变线性的盐体黏度、内摩擦角及相应嵌入摩擦—塑性层的密度。一次只改变一个参数，并保持其物性相同。盐盆地包含四个盐层，每一个500m厚，用不同颜色表示以便分辨其变形过程。嵌入层厚100m，在整个盐盆中都有分布。这种简化方法提供了各种对比行为的端元，并降低了对结果解释的模糊性。

我们研究了以下三种情形：(1)盐体黏度的变化；(2)单个嵌入层的流变度性质的变化；(3)多嵌入层。对情况1（模型1—模型5），主要蒸发岩为盐岩，基黏度变化通过以下两种方式实行：(1)模型中不论任何深度，黏度均保持一致，而单个模型之间黏度值是一个范围；(2)模型中四层盐层中的每一层黏度都不同(即黏度随深度变化而变化)。模型1—模型4分别表示盐体黏度为 $5×10^{17}$ Pa·s、$1×10^{18}$ Pa·s、$5×10^{18}$ Pa·s 以及 $1×10^{19}$ Pa·s 的含盐盆地。模型5是一个有层状盐体的盆地，其黏度是呈梯度变化的，四个盐层黏度分别为：$1×10^{19}$ Pa·s (顶层)、$5×10^{18}$ Pa·s、$1×10^{18}$ Pa·s 以及 $5×10^{17}$ Pa·s(底层)。

情况2(模型6—模型10)的模型包含力学性质发生变化的单个嵌入层，盐岩的基质黏度为 $1×10^{18}$ Pa·s。嵌入层为盐体或摩擦—塑性沉积物，并位于盐盆的垂向中心部位，其性质发生系统性的变化。为了表现出浮力存在时的力学性质对比的效应，前四个模型中的内部层具有和周围盐体相同的密度，为 $\rho_i=\rho=2150$ kg/m³。为了追踪盐体的变形，第1组中的模型2边包含在内，其中间部分的100m厚的盐体用绿色表示。被追踪的盐层与模型7—模型10中的摩擦—塑性嵌入层是等效的。因此，模型2作为接下来模型的对比参考模型。模型6除了其盐层黏度为 $1×10^{20}$ Pa·s 外，其他与模型2都是一样的。模型7—模型10是来说明摩擦—塑性嵌入层的作用。模型7具有内摩擦角 $\phi=15°$ 的嵌入层，盐层和嵌入沉积密度差 $\Delta\rho=0$。模型8和模型7一致，但嵌入层 $\phi=15°$。模型9包含 $\phi=15°$、$\rho_i=2300$ kg/m³ 的密度更大的内部层。这些性质反映出比之前大约1km的埋深嵌入层模型有更高的压实作用。模型10的内部层更弱，密度更低，其 $\phi=5°$，$\rho_i=2300$ kg/m³。这些性质的组合接近于嵌入不渗透盐体的超压和/或欠压实沉积物。

情况3(模型11—模型14)包含嵌入盐岩的多个岩层(2层和4层)。设计这些模型是来研究更复杂的流变层是如何影响含盐盆地内部和外部的动力学特征。数值模型里涉及的参数列在表13-2中。

表13-2 数值模型参数

模型	嵌入层个数	盐体黏度 η,内部层黏度 η_i(Pa·s)	内部层摩擦角 ϕ_i(°)	基质盐体和内部层密度差 $\nabla\rho=\rho-\rho_i$(kg/m³)	加积/进积阶段上覆层摩擦角(°)
1	0	$5×10^{17}$	n/a	n/a	15/30
2	0	$1×10^{18}$	n/a	n/a	15/30
3	0	$5×10^{18}$	n/a	n/a	15/30
4	0	$1×10^{19}$	n/a	n/a	15/30
5	0	变量	n/a	n/a	15/30
6	1	$1×10^{18}/1×10^{20}$	15	0	15/30
7	1	$1×10^{18}$	15	0	15/30
8	1	$1×10^{18}$	30	0	15/30
9	1	$1×10^{18}$	15	−150	15/30
10	1	$1×10^{18}$	5	150	15/30
11	2	$1×10^{18}$	15	0	15/30
12	4	$1×10^{18}$	15	0	15/30
13	4	$1×10^{18}$	15	−150	15/30
14	4	$1×10^{18}$	15	150	15/30

13.4 数值模拟结果

13.4.1 第1组：盐体黏度变化

本文分别对10Ma、25Ma和55Ma时的特征来描述第1组模型的演化(图13-3)。沉降和差异沉积负载造成的较弱的向海方向的掀斜引起盐体向海方向流动(图13-3a~e)。区域伸展作用(向海倾斜的正断层)以及含盐盆地向陆方向边缘的生长地层促进了沉积和盐体排出。接近理想的抛物线速度剖面(图13-3a)。表明盐体以泊肃叶流形式向海方向流入。对线形黏度的盐体而言，盐体流动速度随着黏度增加而降低(模型1—模型4；图13-3a至d)。更低的盐流速度伴随有向陆方向伸展区域更低效的盐体排出。例如，向陆沉积中心明显出现在模型1和模型2中，而在模型3和模型4中的相同位置，沉积中心发育程度较低。

可以用泊肃叶流动速度来预测活动盐流的流道宽度。随着盐体黏度从模型1到模型4不断上升(从5×10^{17}Pa·s至1×10^{19}Pa·s)，活动盐流的流道宽度从模型1中的大约70km降低到模型2中的50km，模型3中的35km，以至模型4中的25km(图13-3a至d)。随着盐体黏度上升，水道宽度下降，这是由于拖曳力随盐黏度上升而增加造成的(Gemmer等，2005)。活动盐流流道的向海方向终点处是水平速度梯度最大的地方，也是向海方向挤压的位置(参见下文对25Ma时的模型描述)。

模型5表示了速度形式以及盐体排出的不同特征。盐流速度随着深度增加而增加(图13-3e)，反映了盐体黏度向下降低。10Ma时活动盐流的流道宽度约为60km，并下降到模型1和模型2二者之间(比较图13-3a、b、e)。然而，活动盐流流道厚度比之前的模型要降低一些。在下部两个盐层中，盐体黏度最低的流速最高。因此，泊肃叶流动的速度剖面是不对称的，速度峰值大约位于下部两个盐层的接触处。根据水平速度，模型5的沉积盖层可能更不稳定，而模型1—模型4的盖层更稳定，且盐体在上覆层之下向海方向挤压。

在25Ma时，模型1和2中与盐体持续向海方向的挤出有关的伸展作用是被推进盐体背后的反区域(即向陆倾斜)正断层和生长地层调节(图4a、b)。模型1中的盐体几乎全从伸展区域之下排出，而在模型2中，更多盐体在相同位置被圈闭起来。向海方向挤出的盐体的变厚程度几乎一致，这就造成盐体上局部的沉积间断。在模型3和模型4中，与高盐体黏度有关的拖曳力增加导致伸展区域被分解成几个更小的沉积中心。如果模型3和模型4中活动盐流流道宽度降低，也知道相应的最大水平速度梯度所在位置，则含盐盆地向海方向的终止会推动向陆方向的挤压。因此，盐体相对于盐盆向海边缘一侧的向陆方向产生不同程度的增厚。

在模型5中，盐体黏度相对较低的下部两个盐层的增厚程度最高(图13-4e)。而且，黏度较低的盐体在较高黏度的盐体作用下向海方向挤出，在推进盐体向陆边缘之下的区域。发生膨胀和隆升向陆方向的伸展作用通过一个主要的区域正断层继续发生(图13-4e)。

在模型1和模型2的55Ma时，大部分向陆一侧的盐体沿着向海方向被排出，只有极少数盐体残留在盐盆向陆部分的一半区域内(图13-5a、b)。在这两个模型中，顶部和底部的盐层厚度大约是起它们初始厚度的两倍。根据抛物线状泊肃叶流动剖面，两个中部盐层的厚度增加约为4倍。模型1和模型2的主要区别是向陆伸展调节盐体排出的方式的不同。在模型1中，盐盆向陆边缘处的区域正断层在模拟时间内部保持活动。伸展作用以及盐体背部的

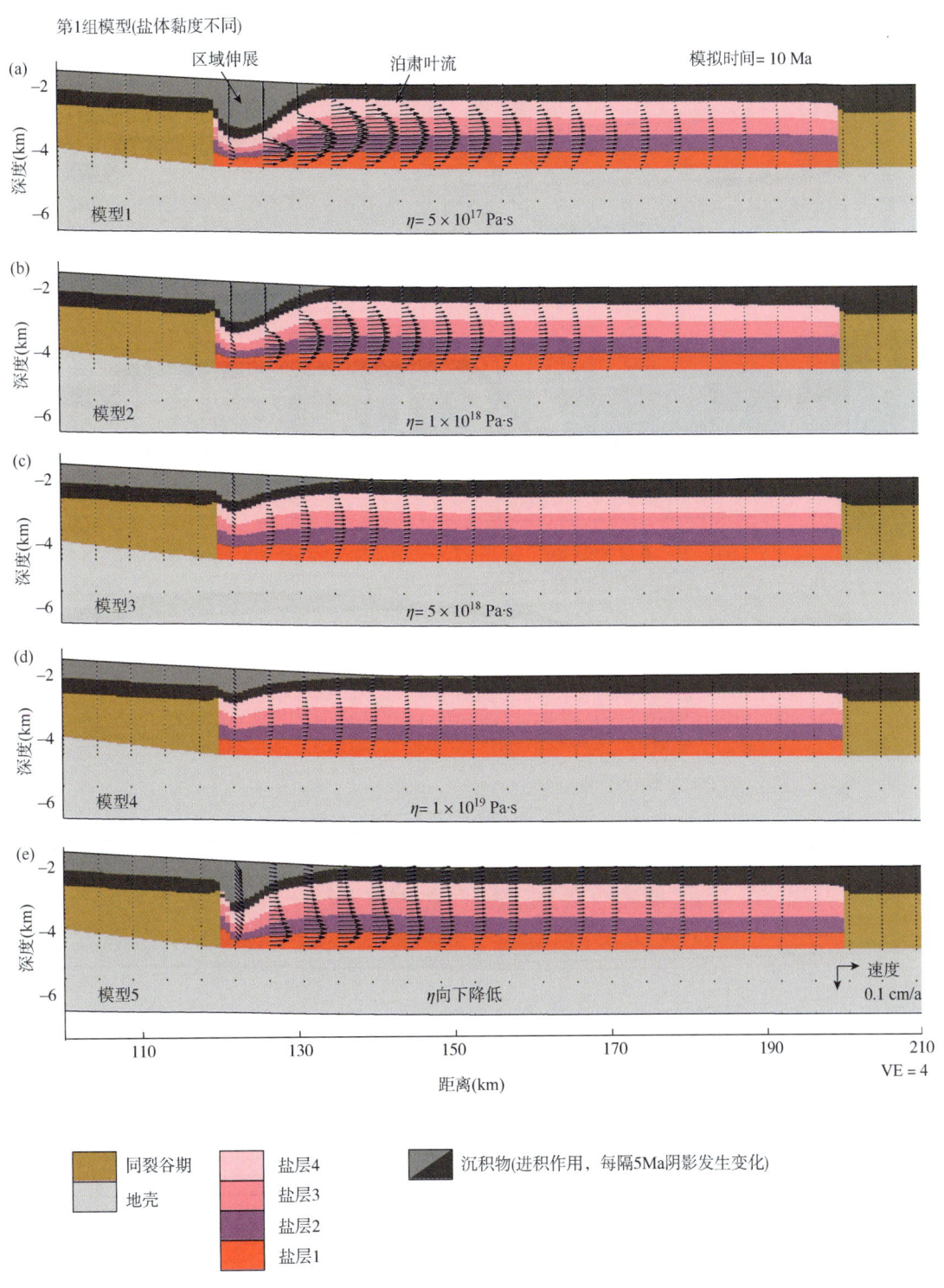

图 13-3　10Ma 时盐体黏度变化的第 1 组模型结果

模拟结果表示了向陆方向区域的盐体排出和伴随的向海方向挤出的泊肃叶流动流体，模型表明了盐体黏度的升高对盐体排出和向海方向盐体挤出流动效率降低的作用；(a)模型 1，盐体黏度 $\eta=5\times10^{17}$ Pa·s；(b)模型 2，盐体黏度 $\eta=1\times10^{18}$ Pa·s；(c)模型 3，盐体黏度 $\eta=5\times10^{18}$ Pa·s；(d)模型 4，盐体黏度 $\eta=1\times10^{19}$ Pa·s；(e)模型 5，盐体黏度往下从 $\eta=1\times10^{19}$ Pa·s(盐层 4)降至 $\eta=5\times10^{17}$ Pa·s(盐层 1)；VE 为垂直比例尺放大

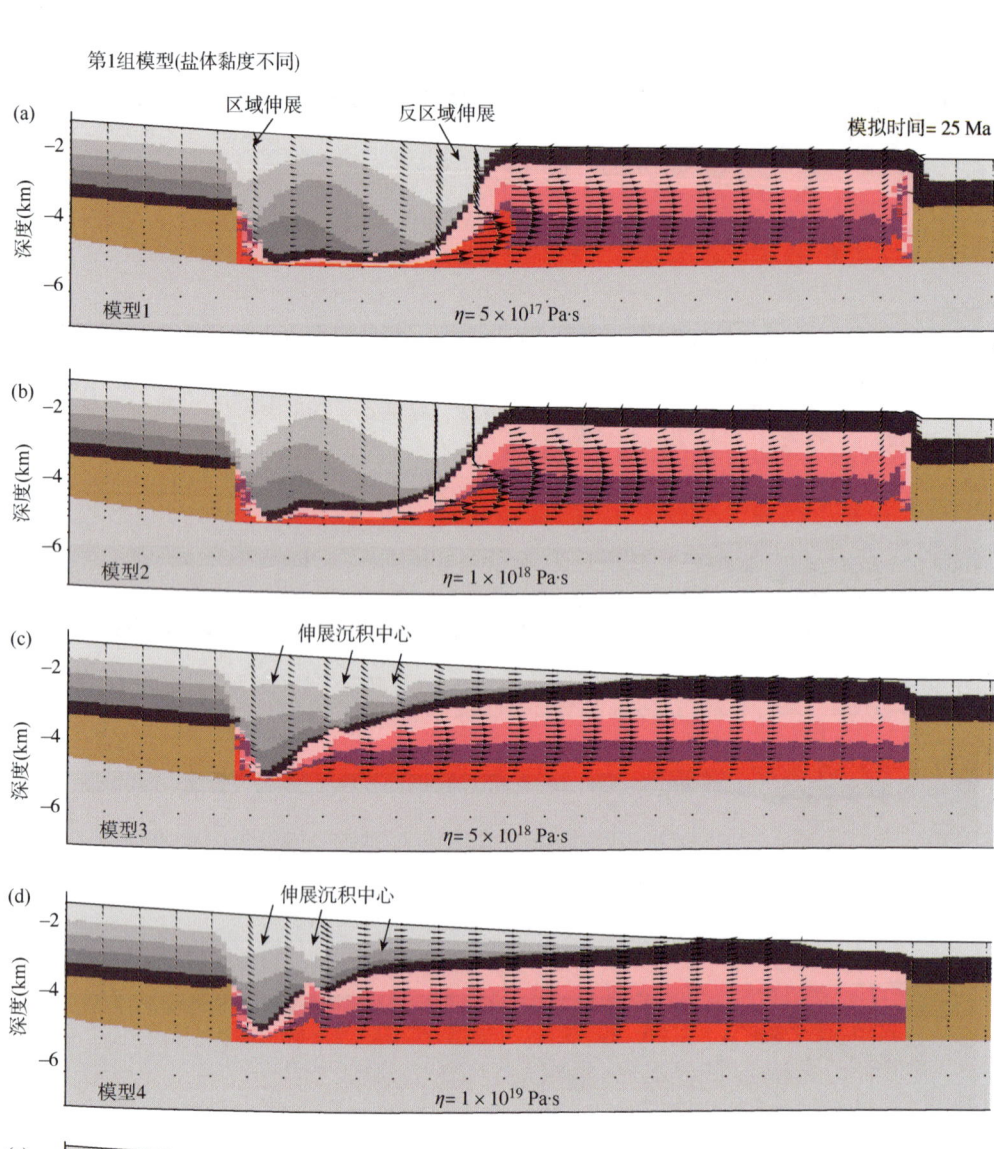

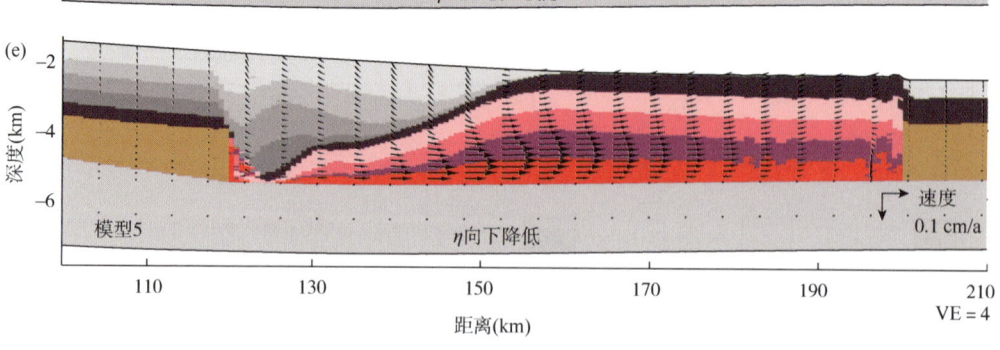

图 13-4 25Ma 时盐体黏度变化的第 1 组模型结果

盐体持续排出和向海方向流动，模型 1、模型 2 和模型 5 是单个盐体排出盆地的演化过程，而模型 3 和模型 4 发育多个盆地；(a)模型 1，盐体黏度 $\eta=5\times10^{17}$ Pa·s；(b)模型 2，盐体黏度 $\eta=1\times10^{18}$ Pa·s；(c)模型 3，盐体黏度 $\eta=5\times10^{18}$ Pa·s；(d)模型 4，盐体黏度 $\eta=1\times10^{19}$ Pa·s；(e)模型 5，盐体黏度向下从 $\eta=1\times10^{19}$ Pa·s(盐层 4)降至 $\eta=5\times10^{17}$ Pa·s(盐层 1)；VE 为垂直比例尺放大(图例参见图 13-3)

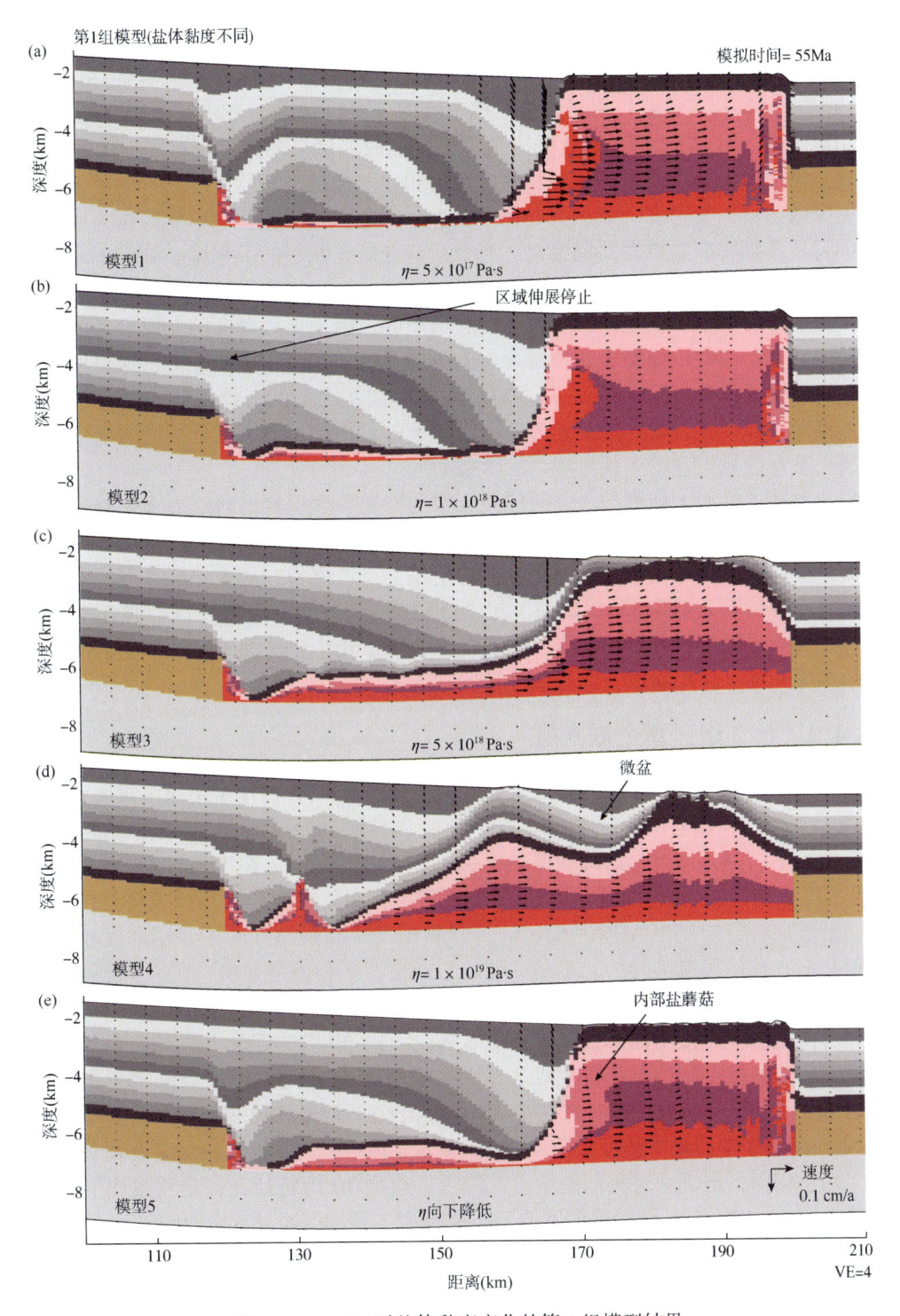

图 13-5　55Ma 时盐体黏度变化的第 1 组模型结果

模型结果表示了模型 1—模型 5 在加积阶段末期的最终形态，盐体向海运动并发生垂向加厚，模型 1 和模型 2 中盐盆向陆一侧区域内的盐体几乎全被排出而发生盐焊接，而模型 3—模型 5 中有大量盐体残留；(a) 模型 1，盐体黏度 $\eta=5\times10^{17}\,Pa\cdot s$；(b) 模型 2，盐体黏度 $\eta=1\times10^{18}\,Pa\cdot s$；(c) 模型 3，盐体黏度 $\eta=5\times10^{18}\,Pa\cdot s$；(d) 模型 4，盐体黏度 $\eta=1\times10^{19}\,Pa\cdot s$；(e) 模型 5，盐体黏度往下从 $\eta=1\times10^{19}\,Pa\cdot s$（盐层 4）降到 $\eta=5\times10^{17}\,Pa\cdot s$（盐层 1）；VE 为垂直比例尺放大（图例参见图 13-3）

反区域断层也调节了盐体排出。与之相对比的是，模型 2 的向陆正断层的伸展作用在大约 25Ma 时就停止了，这导致在推进盐体的背部形成了一个更为明显的反区域伸展。在模型 3 中，有约 1km 厚的盐体仍然残留在含盐盆地向陆的一半区域内。其中，盐层 2 和盐层 3（泊肃叶流动速度最大）向海流动，并近乎完全尖灭，这使地层有效分层。这种向海方向流动反映在与含盐盆地向海一半区域的顶部和底部地层相比，盐层 2 和盐层 3 具有的更大的厚度差异。伸展区域在早期发育多个沉积中心，但最靠近陆地一侧的沉积中心变得更为明显。由于模型 4 中高盐体黏度产生更大的拖曳力，两个共有区域正断层的沉积中心调节了向陆方向的伸展作用。

由于模型 3 和模型 4 中盐体黏度大，盐层增厚弱，因而更大厚度的上覆层是沉积在向海一侧的盐体之上。因此，模型 3 和模型 4 的上覆层显示了褶皱作用的证据，这也可以通过内部盐体的边界得到反映（图 13-5c、d）。模型 4 增厚盐体之上的上覆层非常厚，施加的压力导致盐体排出，即使在含盐盆地的向海部分也不例外。因此，该区域分裂成两个增厚盐体和一个上覆层发育盐掀微盆的干扰区域（图 13-5d）。

模型 5 反映了模型 1 和模型 2 之间伸展区域的特征。含盐盆地向陆边缘处的区域正断层在整个模拟期内部保持活动，而向海方向运动的盐体内部的伸展和反区域断层作用也调节了盐体排出（比较图 13-5a、b、e）。一个有趣的现象是，该模型的盐体外部形态与模型 1 和模型 2 相同。下部黏度分别为 5×10^{17}Pa·s 和 1×10^{18}Pa·s 的两个盐层变得最厚。尽管底部盐层是比相邻高盐层黏度低的影响因素，但其增厚程度也较小。这种效应是由于下伏刚性地壳接触部位的底部拖曳作用造成，而盐层中部则缺乏此类作用。

13.4.2 第 2 组：单个嵌入层

图 13-6 至图 13-8 展示的是盐盆中部具有单个嵌入层的数值模型结果。第 1 组的模型 2（黏度 $\eta=1\times10^{18}$Pa·s）也包括在内，其中部 100m 厚的区域以绿色表示。嵌入盐层的高黏度效应在模型 6 中已得到体现，内部盐层黏度为 $\eta_i=1\times10^{20}$Pa·s。在 10Ma 时，模型 2 和模型 6 并未显示出流动特征的明显区别。在这两个模型中，向陆方向的沉积负载将盐体以典型泊肃叶流动形态向海方向挤出（图 13-6a、b）。尽管模型 2 和模型 6 的中心层黏度相差两个数量级，但它们在此阶段流体行为几乎是一致的。在模型 7 和模型 8 中，在盐盆中部有一个摩擦—塑性嵌入层。由于该层具有摩擦强度，泊肃叶流动流道被分为两个垂直叠置的亚通道，每一条通道由抛物线速度剖面进行标记（图 13-6c、d）。模型 7 反映了 $\phi_i=15°$ 的嵌入层内的低流速，表明，摩擦—塑性层正在生成。然而，模型 8 中 $\phi_i=30°$ 嵌入层的接近为 0 的速度表明该层保持稳定。因此，模型 8 中总体的盐流在下降（对比模型 7 的最大速度约为 0.08cm/a 和模型 8 中的最大速度约为 0.05cm/a；图 13-6c、d）。模型 9 对沉积负载的响应和模型 7 几乎相同，出现一对相似的泊肃叶流道。模型 10 的特征在一定程度上与模型 2 和模型 6 相似。$\phi_i=5°$ 的嵌入层屈服强度低，比起模型 7 和模型 8（ϕ_i 分别为 15°和 30°）中强度更高的内部层更容易破裂。这种相似的特征可以从抛物线速度剖面上反映出来。然而，即使嵌入层的屈服强度远低于之前的模型，随着速度峰值（如在大约 130km 到 140km 距离处；图 13-6f）达到封顶，它仍将阻止理想的泊肃叶流道流动。模型 9 和模型 10 的内部层分别具有比盐体更大和更小的密度，以此来研究浮力对模型演化的影响。在模型 9 中，基质盐体和内部沉积层的密度差 $\Delta\rho=\rho-\rho_i=2150-2300=-150$kg/m³，这会产生内部层的负浮力。与此相反，在模型 10 中，二者的密度差 $\Delta\rho=\rho-\rho_i=2150-2000=150$kg/m³，这会产生内部层的正浮力。在 10Ma 时，还未观察到浮力效应。

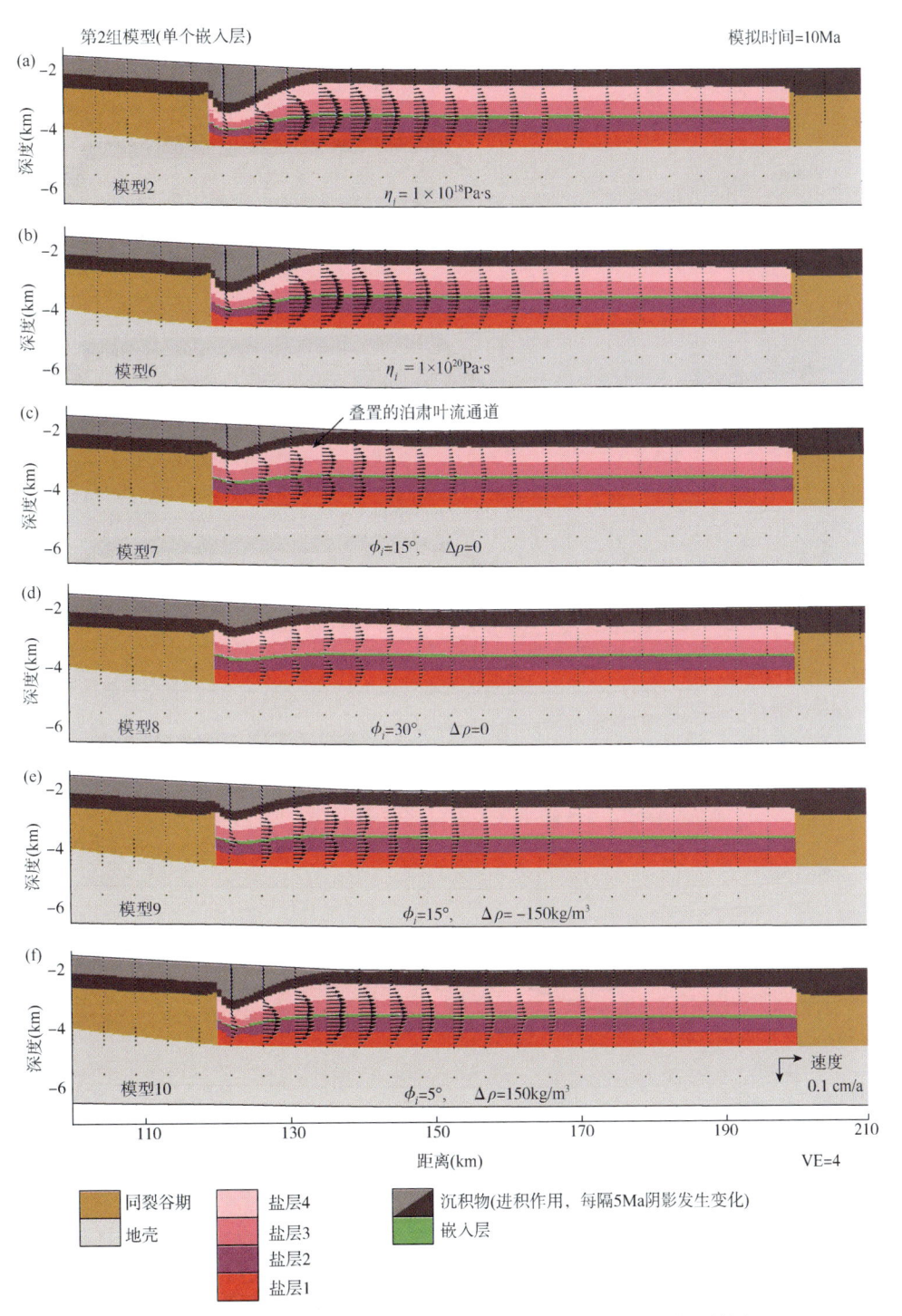

图 13-6 10Ma 时嵌入层流变度性质发生变化的第 2 组模型结果

模型结果表明了内部 100m 厚盐层具有(a)与基质盐体相同的黏度 $\eta_i = \eta = 1 \times 10^{18}$ Pa·s(模型 2 为绿色中心区域)和(b)更高黏度 $\eta_i = 1 \times 10^{20}$ Pa·s;模型 7 和模型 8 具有内部摩擦—塑性层,其内摩擦角为(c) $\phi_i = 15°$(模型 7)和(d) $\phi_i = 30°$(模型 8),二者盐体密度相同 $\rho_i = \rho_{salt} = 2150$ kg/m³;(e)模型 9 中,$\phi_i = 15°$、$\rho_i = 2300$ kg/m³(即负浮力);(f)模型 10 中,$\phi_i = 5°$、$\rho_i = 2000$ kg/m³(即正浮力)。模型 2 和模型 6 显示了向海方向的盐挤出流动以及第 1 组模型的典型泊肃叶速度剖面;模型 7—模型 9 内部层将盐流流道分为两个泊肃叶流道,模型 10 中的速度峰值达封顶;VE 为垂直比例尺放大

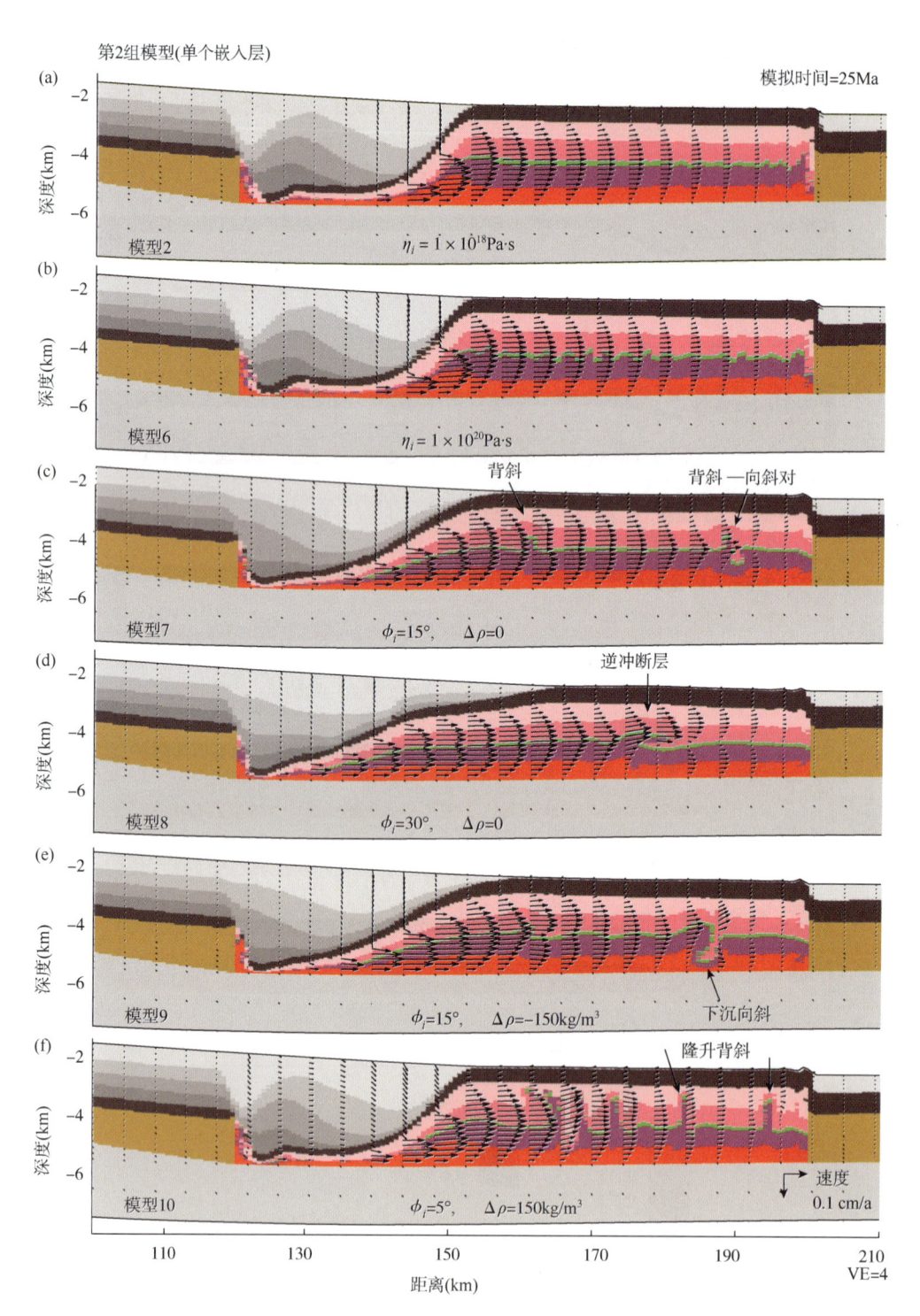

图 13-7 25Ma 时嵌入层流变度性质发生变化的第 2 组模型结果

嵌入层流变特征的变化更为明显；(a)模型 2 和(b)模型 6 在嵌入的盐层中产生褶皱；(c)模型 7 内部层显示局部褶皱，而(d)模型 8 中更为坚固的层产生逆冲断层；(e)模型 9 中向斜在盐体中下沉而(f)模型 10 中背斜向顶部上升；VE 为垂直比例尺放大（图例参见图 13-6）

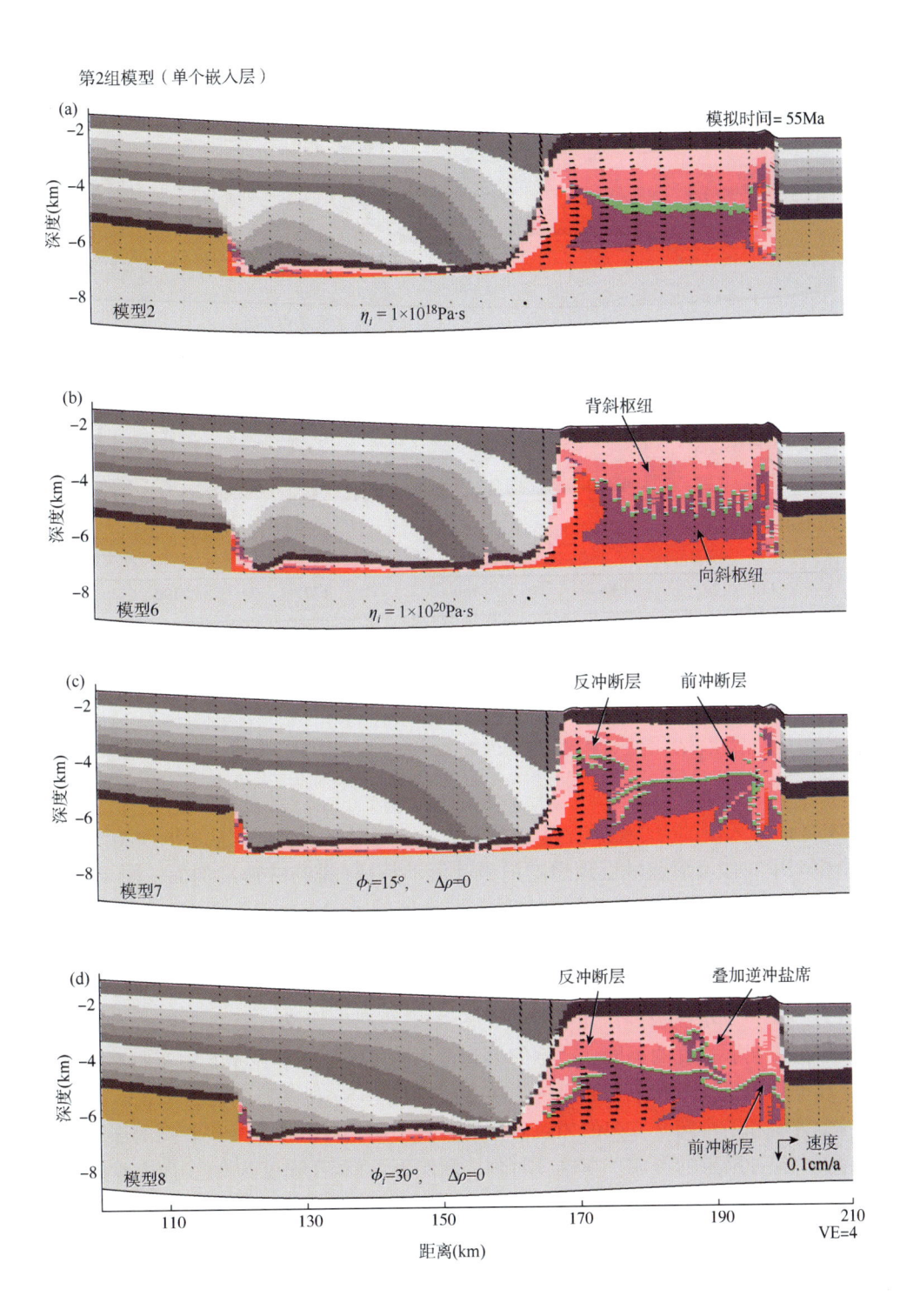

图 13-8 55Ma 时嵌入层流变度性质发生变化的第 2 组模型的结果

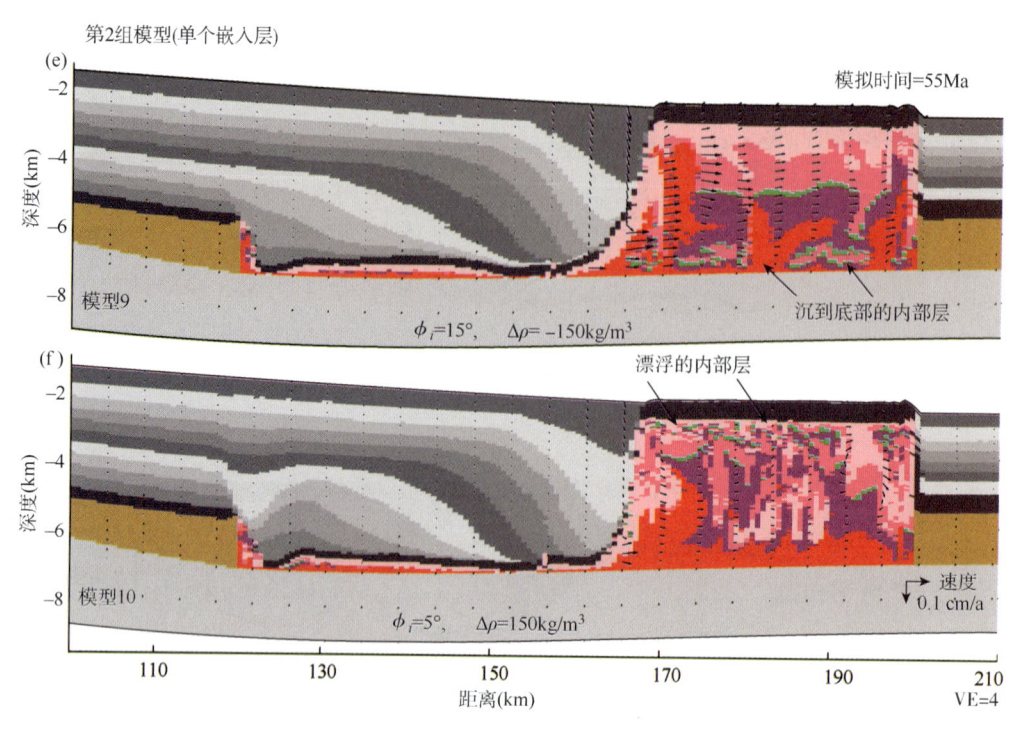

图 13-8 55Ma 时嵌入层流变度性质发生变化的第 2 组模型结果(续)

结果展示了模型 2 和模型 6—模型 10 在加积阶段末期的最终形态；(a)模型 2 的内部层主要发生增厚；(b)模型 6 的高黏度层产生等斜褶皱；(c)模型 7 和(d)模型 8 的内部层产生复杂前冲断层和反冲断层体系；(e)模型 9 的负浮力引起岩层完全分割，形成嵌入层向斜；(f)模型 10 的正浮力使内部层向表层上升；VE 为垂直比例尺放大(图例参见图 13-6)

在 25Ma 时嵌入层的力学效应是非常明显的。首先对比两个嵌入盐层的模型 2 和模型 6。在这两个模型中，盐流形态呈近理想的泊肃叶流动特征(抛物线速度剖面；图 13-7a、b)。$\eta = 1 \times 10^{18}$Pa·s(模型 2)的嵌入盐层在盐体向陆地区的垂向上加厚，并在向海一侧的末端开始产生褶皱。与之相对比的是，$\eta = 1 \times 10^{20}$Pa·s(模型 6)的嵌入盐层增厚减少，且该盐层比模型 2 的低黏度盐层具有更长波长和更大振幅的褶皱(对比图 13-7a、b)。Biot(1961)预测了这种行为，即一个塑性板嵌入更低黏度的介质中会产生褶皱。模型 7 和模型 8 表明，摩擦—塑性层由于屈服强度的不同，产生的形态也不同。模型 2 和模型 6 中弯曲不稳定性的分布相对比较平均，模型 7 和模型 8 显示了应变位置(图 13-7c、d)。模型 7 表示了盐体向陆方向的一个背斜和一个向海方向的相对对称的背斜—向斜对。模型 8 中较高的嵌入层屈服强度会引起单个逆冲断层的形成。在这个时刻，断层下盘稳定(速度为 0)，而上盘向海方向运动(在逆冲断层前缘产生向海方向的速度)。

受摩擦—塑性层屈服强度的影响，模型 7 和模型 8 中的盐体排出和总体向海方向的流动相互折中。这种效应在盐体更加逐渐倾斜的向陆边缘得以体现(图 13-7c、d)。另外，嵌入的摩擦—塑性层可以到达排盐盆地之下(图 13-7c、d)，而模型 2 和模型 6 中的同等嵌入黏性层被向海方向挤压，而且不再位于排盐盆地之下(图 13-7a、b)。由于排盐效率低，模型 7 和模型 8 中的伸展区域在盆地向陆方向边缘形成少量的局部正断层。

与 10Ma 时相比，25Ma 时的浮力效应更为明显。根据前面提到的可知，模型 9 和模型 7 除了嵌入的摩擦—塑性层的密度相差 150kg/m³ 之外，其余都是相同的。由于负浮力作用，在盐体向海方向部分的背斜—向斜对是不对称的,即向斜在重力作用下沉入底部盐层(图13-7e)。与此相反的是,模型10的嵌入层密度更低,从而产生与模型9和模型7相反的正浮力。嵌入层在大约13Ma时开始发生弯曲,并发育隆升背斜(图13-7f)。由于低屈服强度和逐渐降低的上覆层压力的共同作用,背斜核部脱离嵌入层而上升通过盐层。

本文对55Ma时的第2组模型做了最终对比。尽管盆地规模的总体形态是很相似的,但内部构造样式还是有明显不同的(图13-8)。由于盐体黏度相同,模型2的嵌入层通过增厚以对向海方向的挤出流动做出响应。较小的波状形态表明一些褶皱的形成。这些特征集中在盐盆向海方向一侧的边缘,并向陆方向扩展,与围盐和谐共存,这表明整个盐盆是发生弯曲的。模型6中黏度为$\eta_i = 1\times10^{20}Pa \cdot s$的盐层持续发生弯曲和褶皱,其褶皱幅度相似,至少在1km以上(图13-8b)。盐层2的隆起区域和盐层3的下沉区域分别代表背斜和向斜的枢纽。在自然界中,衰减翼会连接背斜和向斜核部。在最后一个模型的55Ma时,薄翼已经超出了模型的分辨率范围。

模型7和模型8中25Ma时初次出现的区域一直保持活动,而且在盐盆中形成复杂的逆冲断层体系(图13-8c)。模型7具有向陆方向的反冲断层和一个向海方向前冲断层。层1的盐体沿着前冲断层上盘受到拖曳。模型8在25Ma时形成最初前冲断层的位置附近,形成了一个前冲断层和反冲断层交替组成的复杂系统。盐体持续的挤压作用使叠置逆冲岩席产生褶皱,并在盐体向陆的边缘处形成一个反冲断层。

在55Ma时,模型9和模型10再次证实了浮力对构造演化的影响。尽管模型9中密度更大的嵌入层的褶皱作用形成的背斜在演化中更早的发生局部隆起,当向斜下沉到盐盆底部时,背斜发生翻转拉平(图13-8e)。拉平的背斜的最终位置在盆地中部的初始位置附近。与此相反的是,模型10中密度较小的嵌入层几乎完全破裂开来,单个碎片漂浮在盐盆顶部(图13-8f)。模型10和模型9的明显区别的原因在于,随着破裂的内部层块体在盐体中上升,上覆盖层压力逐渐下降。即使嵌入层和盐体密度差保持不变,不断减小的围压也会促进碎块以更高的效率上升。

尽管盐体明显增厚,最初的盐层仍大致保存在模型2、模型6、模型7和模型8中。盐层的连续性主要在盐体向陆和向海的边缘处被打破。另一方面,模型9和模型10显示了盐层之间的明显的垂向混合特征。例如,在模型9中,层3的盐体几乎一直下沉到盐盆的底部。而在模型10中,层2的盐体几乎一直上升到盐盆的顶部(图13-8e、f)。

13.4.3 第3组:多嵌入层

模型11和模型12分别包含2个和4个嵌入摩擦—塑性层。内部层的性质和模型7中的相同(即$\phi_i = 15°$,$\Delta\rho = 0$)。除了0~55Ma的加积阶段之外,模型11和模型12在55~150Ma期间还有一个进积阶段,以分析内部层对形成于原地盆地向海边缘之外的异地盐构造的影响。

图13-9显示模型11的结果。在10Ma时,与前面只有一个嵌入层的模型相似,向陆一侧区域内的差异负载作用开始将盐体从原地盆地中排出。对比模型7中的内部层,模型11中的摩擦—塑性沉积分开盐流通道。图13-9a显示了盐盆向陆方向一半范围的3个垂直叠置的泊肃叶速度剖面。由于这两个内部层具有更大的屈服强度,模型11中的盐流速度峰值比模型7中的要小得多。在25Ma时,内部层发生弯曲,形成不同的挤压构造,包括大致位于盆地中部的断层传播褶皱以及向海边缘处的褶皱带(图13-9b)。盐盆向陆部分目前表现出

的是简单泊肃叶速度剖面。55Ma时,内部层形成复杂的逆冲断层形态,包括叠置的前冲断层和反冲断层以及再次褶皱的挤压褶皱和断层(图13-9c)。由于内部层的错开和仰冲,以及深层盐体沿下盘的拖曳,因而逆冲系统是清晰可见的。总体来说,加积阶段末期的盆地几何形态和模型7是非常相似的(对比图13-8c和13-9c)。

在进积阶段以及盐体垂向增厚期间,内部的褶皱和逆冲作用还是一直在发生。约89Ma时,盐体达到向陆排盐盆地以及盐盆向海一侧边缘以上700~800m的高度。因此,盐体破裂并从向陆方向和向海方向溢出,呈现出蘑菇状的几何形态(图13-9d)。早期沉积于盐体顶部的沉积物如同筏块一样向海床运移。层1的盐体几乎垂直地向海床挤出。在123Ma时,进积剖面进一步前进远超过向陆的排盐盆地,并填充了一个次级盆地(图13-9e)。鉴于进积剖面存在向海的斜坡,与向陆方向相比,盐体在海床以上的高度在向海方向上更大,而且盐体以盐席形式向海方向前进。在150Ma时(沉积楔覆盖了盐体向陆方向的部分),模型结构表明如果模型持续进行计算,第三个排盐盆地将会形成(图13-9f)。

大多数内部的摩擦—塑性层在盐体向海方向的流动期间会被割裂开来,但有一个宽约7km的摩擦—塑性层在盐席向海方向的区域保存了下来。对比同时间段没有内部层的等效模型(模型2)表明,二者形成的构造非常相似(对比图13-9f、g)。二者有一个可辨别的差别:模型2的盐席向海方向推进更远,向陆方向区域的第三个排盐盆地在150Ma时就已经形成(模型11中才刚出现)。

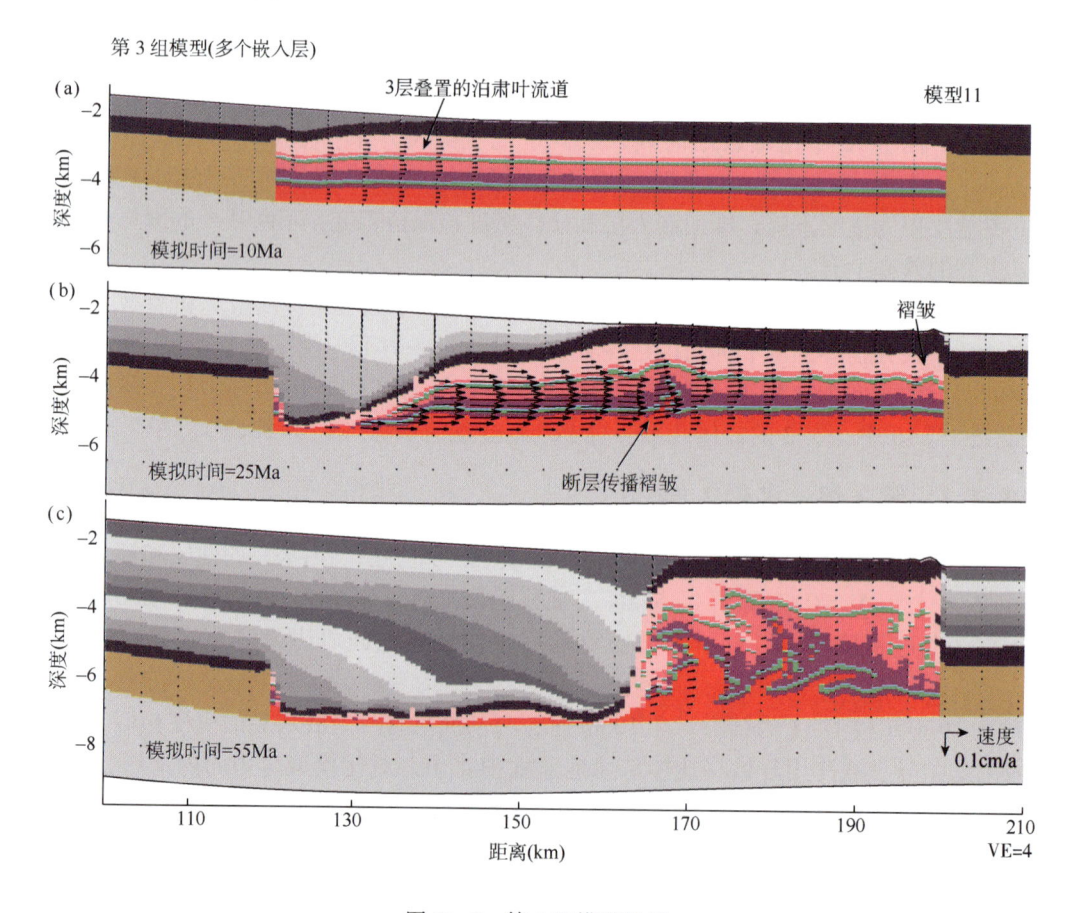

图13-9 第3组模型结果

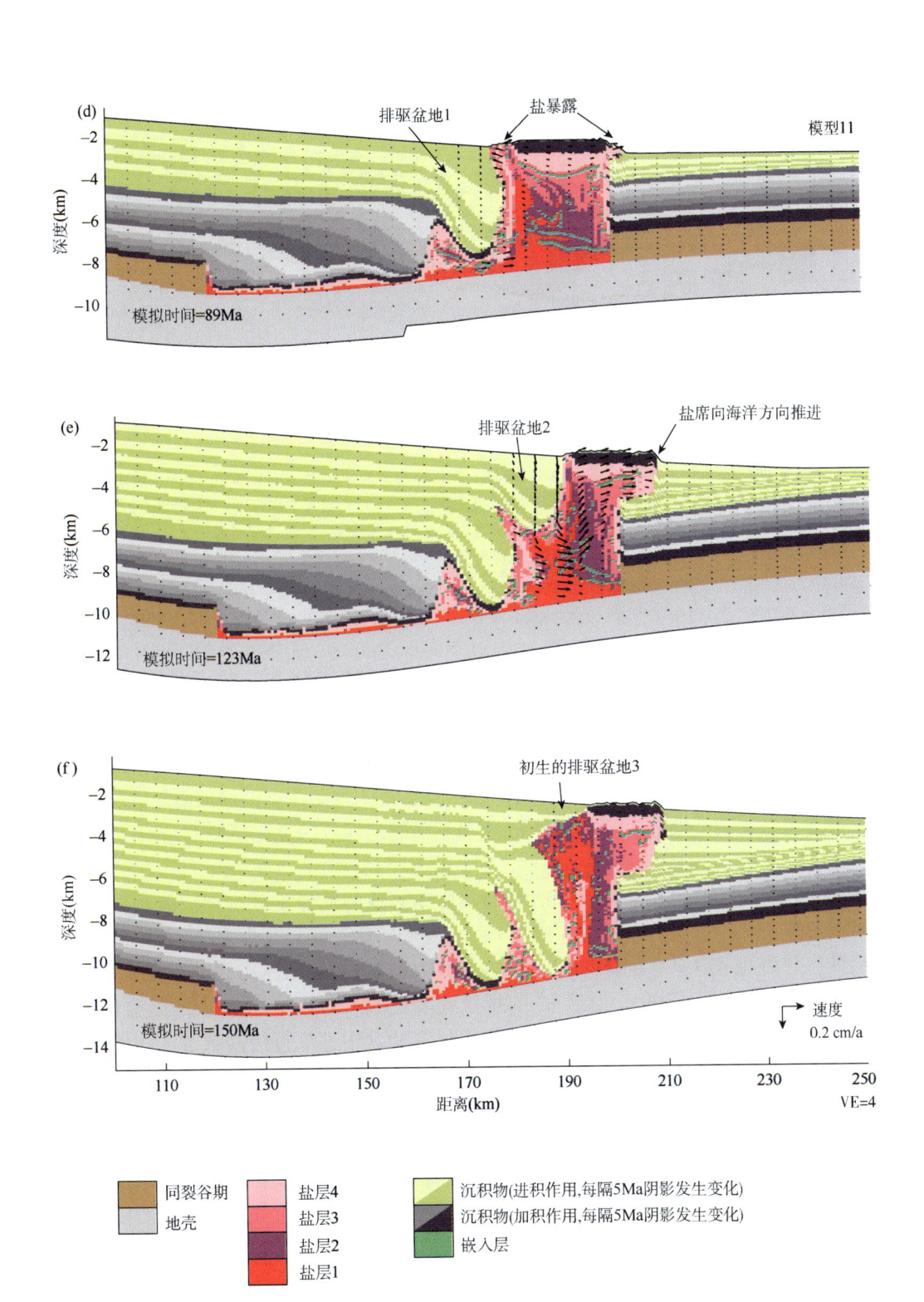

图 13-9 第 3 组模型结果(续)

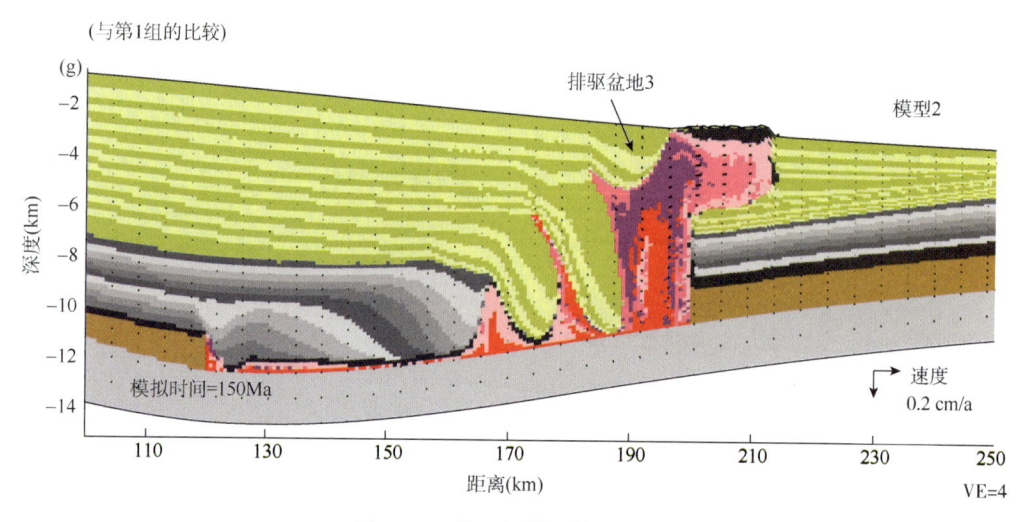

图 13-9 第 3 组模型结果(续)

表示了具有两个嵌入层的模型 11 的结果;(a)10Ma 时,由于嵌入层的屈服强度,形成三个垂直叠置的泊肃叶速度剖面;(b)25Ma 时,随着内部层屈服,泊肃叶流道流体横跨整个盐流的流道宽度方向,褶皱和逆冲断层开始出现;(c)55Ma 时,在加积阶段末期,盐体几乎全部从原地盐盆(目前盐焊接)向陆的那半部分排出,并向海方向流动,内部层发育多个前冲和背冲断层系统;(d)89Ma 时,在三角洲进积作用期间,盐体在盐盆向海边缘处挤出,沿着向海方向和向陆方向溢出,形式蘑菇状底辟,在大约 175km 处的排盐微盆将会形成一个盐焊接;(e)123Ma 时,盐席向海前进,第二个排盐微盆在大约 185km 处形成,上覆层筏状体发生在盐席向海方向的顶部;(f)150Ma 时,第二个排盐盆地形成焊接,盐流速度下降,反映了比较陡峭的盐席爬角;(g)150Ma 时进积段期间的模型 2 结果,与模型 11 的主要不同是形成了第三个排盐微盆,这表明其排盐速率更高;VE 为垂直比例尺放大

作为对向陆方向沉积负载的响应,具有 4 个内部层的模型 12 的向海方向的挤出流动发生了延迟(14Ma;图 13-10a)。而且,盐流首先在盐盆的上半部分产生,其下半部分仍保持相对稳定状态,这种效应主要是由于随着摩擦—塑性沉积埋藏深度的增加而导致屈服强度增加。该效应可分为两个部分:一是模型 12 中最下部层的埋藏深度比模型 11 的大;二是模型 12 最上部层的埋深比模型 11 的浅。因而,对比模型 11,模型 12 的最下部层更强,而最上部层更弱。大约为 25Ma 时(图 13-10b),向陆方向区域的差异负载增加,前面提到的这种效应可以忽略不计,典型泊肃叶盐流速度(尽管其流向朝向顶部有些偏斜)在盐盆中显现出来。另外,弯曲的不稳定性在盐盆向海方向的边缘处也体现出来了。总的来说,模型 12 的盐流速度比模型 11 小。因此,模型 12 的排盐效率更低。55Ma 时,更大的盐盆内部强度,引发的效应也更为明显。在模型 12 中,大量盐体在盐盆中部保持流动状态。在模型 11 中,在 55Ma 时,盐体顶部是一个坡—坪形态,模型 12 有 3 个坪和 2 个坡(对比图 13-9c 和 13-10c)。在模型 11 中,盐盆中几乎全部盐体的排出,产生了向陆方向的盐体排出以及向海方向的盐层变厚,流道随着盐体向海推进而坍塌。与之相对比的是,模型 12 的盐体排出和增厚分别集中在盐盆向陆和向海的边缘处。干涉区保持其初始约 2km 的厚度,并作为主要的流道存在。模型 12 在加积阶段末期的结构表明,中部盐流道相对并无变形,而复杂褶皱—逆冲体系发育在向海一侧的区域。

在模型 12 的进积阶段(图 13-10d 至 f),中部流道之上的三角洲沉积施加了更大的差异压力,此处盐体在加积阶段也被圈闭起来。从 56Ma 至 75Ma,随着盐体进入向海一侧末端的厚层区,盐体挤出流动减慢,并持续在垂向上增厚。该增厚过程一直持续,直到盐流在左下部高压区和右上部低压区建立连通性为止。盐席出现在大约 75Ma 时(图 13-10d)。深部盐流道内的挤出流动通过推进盐体后方的盐体向陆方向排出而得以维持。盐席持续向海方向推进，并以一个相对较小的爬升角越过盐体前缘的地层，这表明盐体的推进是非常高效的。在大约 84Ma 时，盐体以更为连通的方式从盐体底部向陆方向进入位置流动到盐席顶部的向海方向分叉点(图 13-10e)。盐体的排出主要存在于盐体后方的反区域方向。150Ma 时，模型 12 中的大部分原地盐体被排出，形成一个约 45km 宽的盐席(与模型 11 中的大约 10km 相比)，只有一个小盐枕发育在原地盐盆向海一侧的边缘处(图 13-10f)。模型 12 中与盐席向陆一侧边缘之上伸展作用有关的生长地层表明了初期罗霍(Roho)盐构造系统的发育。与模型 11 相似的是，模型 12 的内部层几乎全部都不存在了，盐席只含有一些摩擦—塑性层的碎片。

总之，模型 11 和模型 12 阐明了数值模型中多个内部摩擦—塑性层对原地和异地盐构造系统演化的最重要的几个影响：(1)相比较于加积沉积域中单个或者无内部层来说，两个内部层对总体构造形态影响不大，而四个内部层(相同物性)对盐盆中部位置的排盐有重要作用；(2)加积阶段末期存在大量残余的内部层，而在进积阶段，尤其是当盐席形成的进积阶段，内部层几乎完全被粉碎瓦解；(3)四个内部层(相比较于两个内部层)改变了盐流的动力学，盐席推进了大约 4.5 倍远。

总体强度和对盐流的阻力随内部层数目的增多而增加，而后一点看起来是矛盾的。模型 12 的内部层是如何促进盐席的形成是本文讨论的主题。

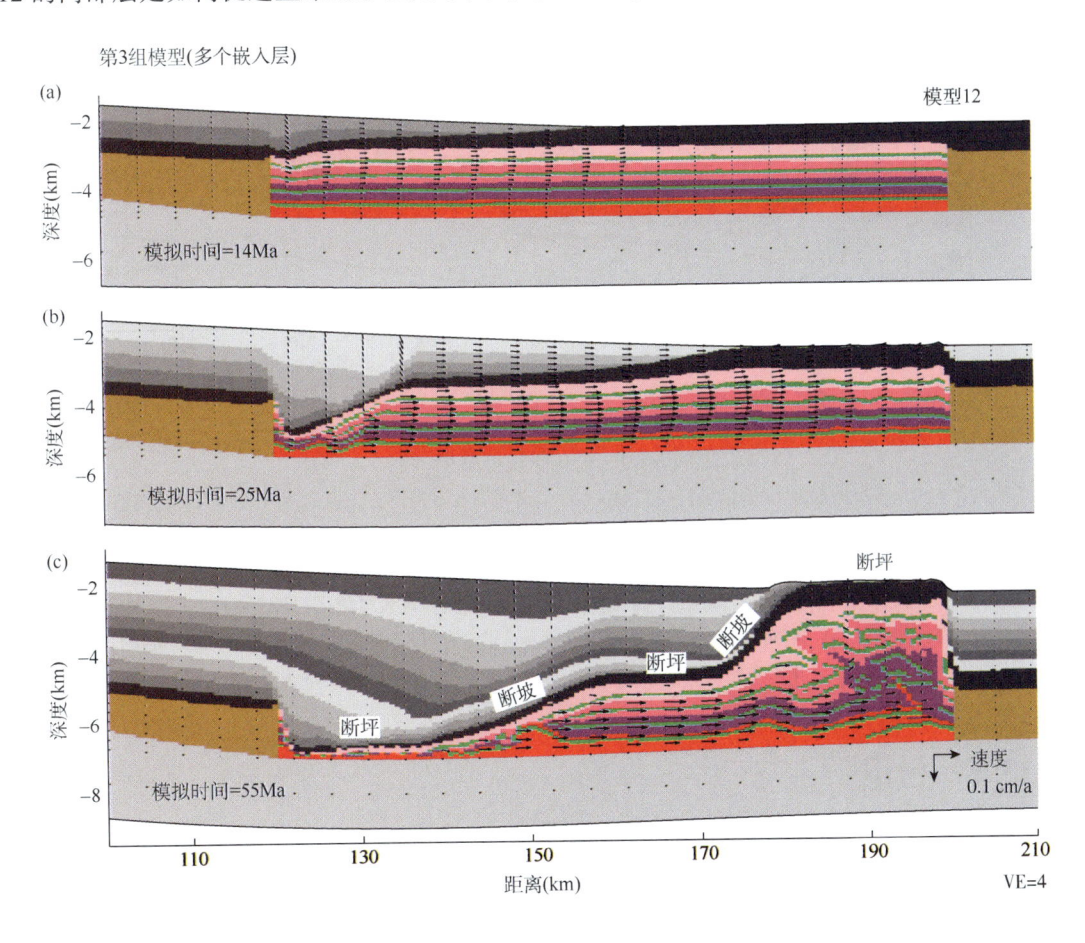

图 13-10 第 3 组模型结果

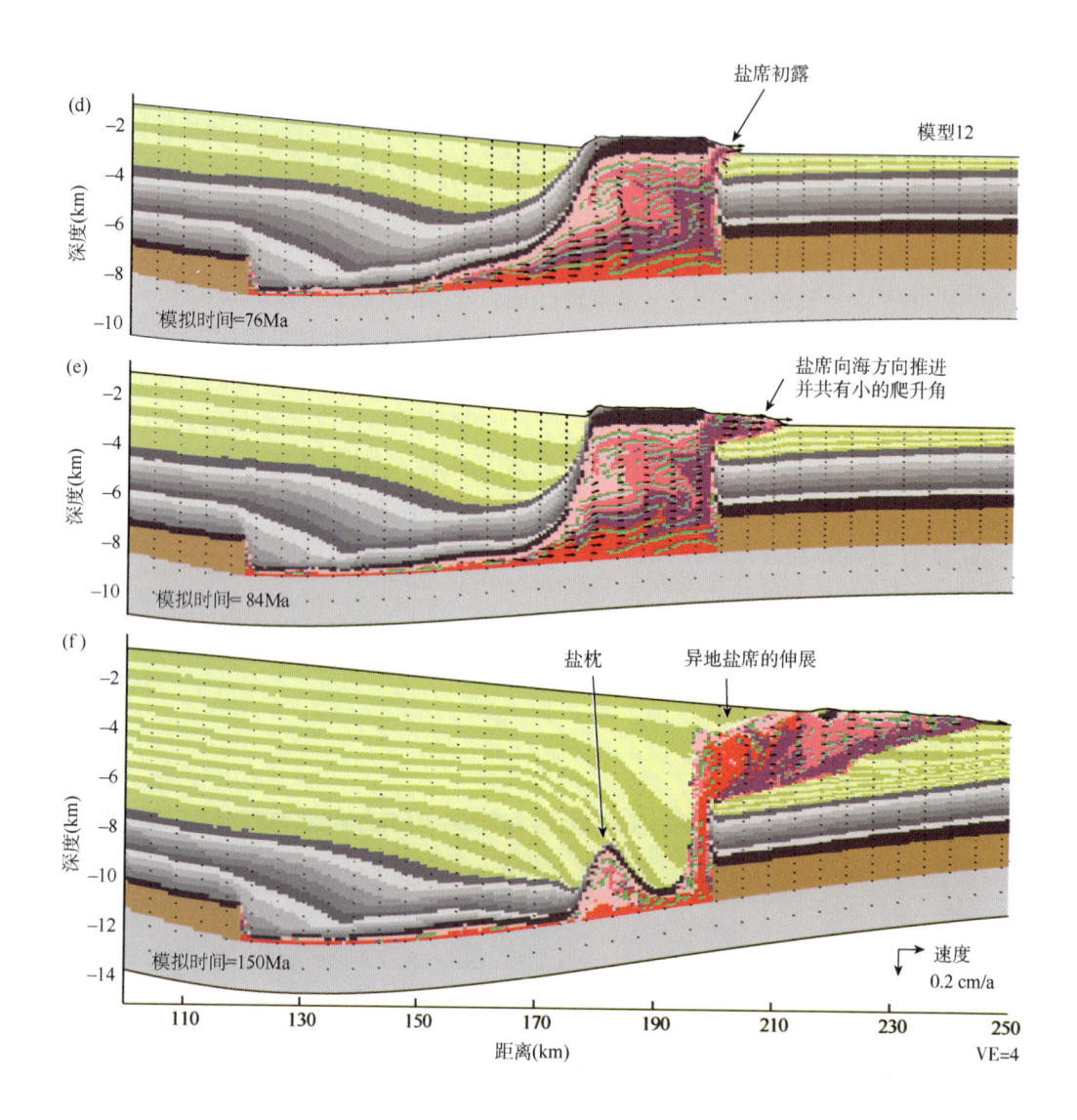

图 13-10 第 3 组模型结果(续)

表示了包含 4 个嵌入层的模型 12 的结果；(a)14Ma 时，盐体的排出和向海方向流动的开始时间要比模型 11 晚了约 4Ma，盐流主要发生于盐盆的上半部分；(b)25Ma 时，泊肃叶流速峰值约为模型 11 的一半；(c)55Ma 时，在加积阶段末期，大量盐体残留在盐盆的中部；(d)76Ma 时，在进积阶段，与模型 11 相比，盐席更早出露，并向海方向流动，盐体持续从原地盐盆中部排出，速度矢量表明，随着盐体进入厚盐区，盐流减慢；(e)84Ma 时，由于持续的流体作用，盐体以具有低爬升角的盐席向海方向高速推进；(f)150Ma 时，盐席大约 45km 宽(对比模型 11 中的大约 10km)；VE 为垂直比例尺放大(图例参见图 13-9)

13.5 讨论

本文比较简单的数值模型表明，蒸发岩盆地的内部层非常重要，对以下方面都有重要影响：(1)蒸发岩地层中的内部变形样式；(2)上覆层变形样式；(3)向海方向的伸展异地盐席的形成。其中，第(3)点比较出乎意料。其中最主要的影响因素会在下文进行讨论。

13.5.1 盐流和沉积物变形

第 1 组模型解释了控制盆地尺度的沉积和盐流之间关系的最主要因素。在该组模型中，盐体变形受泊肃叶流控制，并且上覆层并未经历明显的向海方向的运动。下面的式(13-7)(Gemmer 等，2005)表示了由于差异负载 $\partial p/\partial x$ 而施加在盐层上的差异压力与流道厚度 h_c、速度为 v_p 和盐度黏度为 η 的二维流道中部最大的泊肃叶流动之间的关系：

$$v_p = \frac{1}{8} \cdot \frac{\partial p}{\partial x} \cdot \frac{h_c^2}{\eta} \tag{13-7}$$

式(13-7)表明，当黏度 η 上升，盐流速度 v_p 下降。这一基本关系解释了模型1—模型4中的盐流速度下降现象。上覆层的沉积和变形样式可以用盐流速度 v_p 和沉积进积速度 v_{prog} 的对比来表示，后者在第 1 组模型中是恒定的。当 $v_{prog} < v_p$，盐流前进到进积楔之前，使盐体更有效地排出，形成又宽又厚的盐体，其上沉积盖层极少。模型 1 和模型 2 都有这个特征，而模型 3 中这个特征要不明显一些。当 $v_{prog} \geqslant v_p$，侵入三角洲与盐流同速甚至超过盐流，则更多沉积物沉积在盐层远源部分，降低了向海方向的盐流和排出的总体速率，模型 4 中体现了该特征。广阔盐层上的沉积会导致如模型 4 中盐撒微盆(距离为 160~180km；图 13-5d)等同运动学构造的形成。如果 $v_{prog} \gg v_p$，则盐层会被沉积物过度覆盖，几乎不会产生流动。

在模型 5 中，在盐体向海一侧的边缘处形成了内部褶皱形态(图 13-5e)，这会让我们联想起在德国、美国湾岸、加拿大北极地区以及伊朗的一些蘑菇底辟(Jackson 和 Talbot 1089)。由于这些几何形态在等黏度盐体的模型中并未出现，蒸发岩层内部的褶皱可能是由于蒸发岩地层内部存在黏度梯度造成的，可以通过设计更多的复杂模型来详细研究这个问题。

13.5.2 嵌入层和内部构造引起的盐流分区

第 2 组模型表示了嵌入盐岩基质中单个外来层的作用。该组模型结果表明蒸发岩地层内部的变形受到外来层的强烈影响，而上覆层的变形受外来层影响不明显。在自然界中，由于上覆层构造类型的判别特征缺失以及蒸发岩地层内部构造成像较差，很难对这种情况进行解释。

盐岩基质中高黏度层的存在不会引起明显的流体分区(对比图 13-6a、b；10Ma 时的模型 2 和模型 6)。然而，模型 6 中蒸发岩地层内部褶皱的形成被简化了。由于强硬层和黏度明显较低的基质之间的黏度差(Biot, 1961)，将导致更长波长和更大振幅的褶皱的形成。摩擦—塑性层的存在对流体分区有更强的影响，尤其是在嵌入层破裂之前的模型演化早期。模型 7 至模型 9 形成了两个离散的流层，并被嵌入层分隔开(图 13-6c 至 e)。早期流体分区的程度取决于嵌入层的屈服强度，强度越大，分区更明显(如模型 8；图 13-6d)。

线性黏度/摩擦—塑性层的流变特征从整体上来说类似于黏塑性宾汉流体。从概念上讲，该类材料的流动受摩擦块体、摩擦滑动以及黏滞缓冲器的共同影响(Albertz 等, 2010a)。在多层模型(如模型10)的早期阶段，速度剖面为段塞状，其中部区域接近恒定速度，与线性黏度流体的抛物线形形成明显对比，这种流体类型让人联想到 Albertz 等(2010a)研究的宾汉页岩。而一旦摩擦—塑性层发生破裂，这种类似宾汉流体的行为就会变成线性黏度流体类型。

包含嵌入摩擦—塑性层的模型内部构造的演化极为复杂，这表明单个构造是瞬时的。例如，模型 8 中构造演化在初始沉积负载期间(10Ma 时；图 13-6d)产生早期流体分区；随后内部层通过离散逆冲断层作用(25Ma；图13-7d)来响应盐体向海方向的挤出流动，并最终形成叠置的褶皱逆冲岩席以及反冲断层和前冲断层(55Ma；图13-8d)。

13.5.3 嵌入层通过盐体的隆升和下沉

之前采用黏性材料的工作表明，当盐体隆升速度大于岩层下沉速度时，会发育内部层，并向上输运(Weinberg，1993；Chemia等，2008)。相反地，如果沉降速度大于盐体抬升速度，则内部层会下沉。影响这种关系的主要参数就是内部层和基质物质的密度和黏度差异以及内部层的规模(几何形态)。我们利用塑性盐体内的摩擦—塑性沉积物进行研究，表明嵌入层的密度对内部变形方式有很大影响。如果嵌入层密度更大，则褶皱通过将向斜降低到盐体中而开始形成(模型9)。与此相反，当嵌入层的密度比周围盐岩基质低，褶皱通过将背斜向上推到盐岩基质中而开始形成(模型10)。随着内部变形更加复杂，这种运动一直持续，形成两种端元类型：(1)当嵌入层密度比盐体较大，岩层解体下沉，在变形的蒸发岩地层底部堆积(模型9；图13-8e)；(2)当嵌入层密度较小，其中一部分会漂浮到毗邻盐盆向海一侧末端的厚盐体顶部(模型10；图13-8f)。在这两种情况下，由于这种分级的存在，"纯"盐岩的厚度会随时间而增加，以致强烈变形的盐体比初始原地盐体趋向于含有更厚的盐岩。我们将这种效应称为"浮力分级效应"。

可以通过以下两个假设来检验浮力分级效应是否对三角洲前积期间形成的盐席有影响：(1)负浮力的内部层下沉，并在盐层底部累积；(2)正浮力的内部层抬升，在盐席顶部累积。建立三个相同的数值模型，只是嵌入层和周围盐体的密度差有不同，而其他参数完全相同。图13-11a显示了模型12的最终盐席形态；内部摩擦—塑性层与周围盐体具有相同的密度。内部层碎块分布相对平均。图13-11b显示了模型13中出现的盐席，它和模型12相同，但其内部层比盐体密度更大。内部层碎块倾向集中于盐层底部，这和假设(1)相一致。相反地，模型14(图13-11c)显示了内部层密度小于盐体的模型中盐席的形成。产生的两个主要效果为：一是内部层朝向盐席顶部漂浮(和模型10中的内部沉积漂浮类似)；二是盐席要比模型12和模型13中的更狭窄。相应地，该结果支持假设(2)。

根据推理，自然界中含盐盆地的内部层可能漂浮在盐层顶部，也可能会下沉到盐层底部，这主要取决于精确的密度差以及被包围沉积物的压实作用。本文的模型表明在任一种情况下，浮力分级效应可能会产生存在自然界中盐席主体的纯盐岩。这个过程可以解释Scotian盆地多层原地盐体和纯异地盐岩(Wade和MacLean，1990；Kidston等，2007)以及其他被动陆缘的盐构造。为了预测特定自然环境下盐构造(Chemia等，2009)被圈闭层的未来演化(如隆升或下沉)特征，则需要在下一步进行更为精细的研究。

13.5.4 异地盐席的形成

第3组模型表示了内部层影响内部变形样式(模型2)和上覆层变形样式的端元。在第2组模型中，嵌入层被盐流大量运载，而流动明显呈黏性。模型11(两个嵌入层)也符合这个特征，但模型12(四个嵌入层)的蒸发岩流更多的受摩擦—塑性嵌入层的影响。例如，55Ma时，模型12中盐盆向海一侧的末端发育一系列断开嵌入层的逆冲断层，而模型11中的嵌入层变形更为混乱。模型12中原地盐盆向海一侧末端的构造类型(55Ma时)与前陆褶皱—冲断带相似。在前陆褶皱—冲断带内，层状岩层被推到刚性后障上(Stockmal等，2007)。

异地盐席(模拟时间=150Ma)

(a) 模型12(中等浮力) $\phi_i=15°$, $\Delta\rho=0$

(b) 模型13(负浮力) $\phi_i=15°$, $\Delta\rho=-150kg/m^3$

(c) 模型14(正浮力) $\phi_i=15°$, $\Delta\rho=150kg/m^3$

VE=1

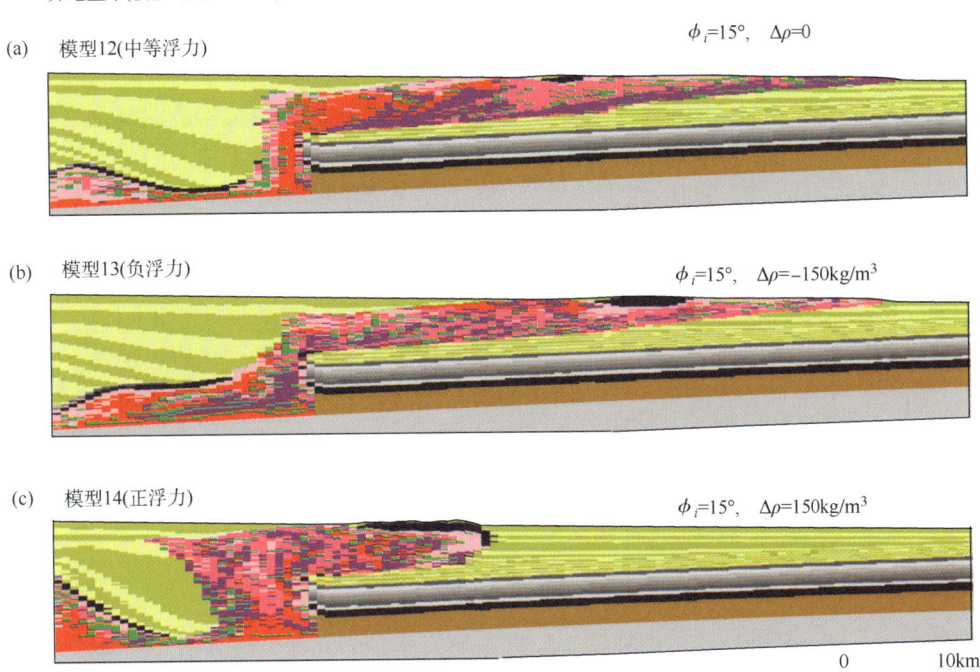

图 13-11 进积阶段末期的盐席

(a)包含 4 个无密度差异的嵌入摩擦—塑性层的模型 12，分解的内部层碎片相对均匀地分布于盐席内；(b)包含 4 个负浮力嵌入层的模型 13($\rho=2150kg/m^3$、$\rho_i=2300kg/m^3$)，内部层碎片倾向于累积在盐席底部；(c)包含 4 个正浮力嵌入层($\rho=2150kg/m^3$、$\rho_i=2300kg/m^3$)的模型 14，与模型 12 和模型 13 相比较，盐席相对不发育；内部层碎片更集中于盐席上部(图例参见图 13-9)；剖面未经过垂直比例尺放大

但矛盾的是，含有更多嵌入层的模型 12，在进积期间形成了大规模的异地盐席(图 13-10)，而只含有两个嵌入层模型 11 只形成了规模小得多的盐席，相比之下产生特别小的盐层(图 13-9)。造成这种"反直觉"结果的原因可以追溯到加积阶段(图 13-10a 至 c)。根据模型 11 和模型 12，早期加积期间泊肃叶盐流速度 v_p 是相似的，然而，到 30Ma 时，模型 11 的 v_p 更大，产生更有效的排盐活动。到 40Ma 时，盐体几乎全部从盐盆向陆方向那半部分排出，而在向海一端积累成广阔盐体；与此相反的是，模型 12 的排盐效率低，造成厚度很大的盐体残留在盐盆向陆那半部分区域内，向海一侧的盐体因而也更狭窄。

模型 12 中盐盆向陆一侧的残留盐体在早期进积阶段时发生复活，这种复活作用开始于 56Ma。60Ma 时，经过复活作用恢复的盐流加速排盐，进一步使远端的盐体发生膨胀。与此相反，在模型 11 中，由于进积楔在盐焊接上沉积，60Ma 时并无盐流发生。到 70Ma 时，模型 11 中的进积楔侵入膨胀的盐体，并在向陆方向的翼部开始形成盐撒微盆。模型 12 中的盐流速度更快，可以使盐体流动到进积三角洲之前，并发生增厚，在盐层顶部形成明显的海底起伏。在大约 75Ma 时，盐体流动开始超过沉积速率，并形成可在海底自由流动的盐席。

当模型 11 中的盐体增厚到可以向海方向流动时(86Ma)，进积楔向海方向明显移动，新生盐席前方的沉积速率急剧上升，这样降低形成向海方向大范围盐席的趋势，这是由于盐体不得不爬升到更厚沉积物之上造成的。模型 11 中阻碍初生盐席生长的另一个因素是存在由远源物质运载的厚且相对强硬的沉积熔岩壳(灰色)。这些模型中的盐席通过坦克履带机制向前推进，一旦又厚又硬的熔岩壳达到履带末端，盐席将其翻转，则履带会被卡住，从而阻止盐席向前推进。通过这种方式，由于熔岩壳彻底卡住履带，使得模型 11 中即使是缓慢增长的盐席也不能充分发育。

我们的研究结果表明，内部蒸发岩层对盆地和局部规模的异地盐构造的演化具有重要影响，局部规模的如盐席前缘的演化。在顶板熔岩壳几乎完全阻碍盐流之前的早期阶段，模型 11 中的盐席通过趾部开放式的形而生长。与此相反，模型 12 中的盐席在整个模型演化过程中通过挤出推进的方式向海方向扩展，而且并无顶板阻碍产生（盐席特征描述来自 Hudec 和 Jackson，2006）。本文的模型表明异地盐构造对蒸发岩层有明显的依赖性。

物理模拟及数值模型研究一般针对蒸发岩地层都采用性质不随深度变化的均一材料。但由于自然界中异地盐体倾向于含有盐岩，而原地盐体多为层状盐岩、其他蒸发岩、碳酸盐岩和页岩。因此，相比原地盐构造系统，均质的盐岩模型可能更适合于异地盐构造系统。原地盐构造可能对地层的角度和性质比较敏感，这也得到了本文研究结果的支持。因此，对比均质性盐体的模型，原地盐体系可能会以不同的速率和不同方式进行演化。

13.6 结论

本文建立了二维平面应变数值模型，以此来研究蒸发岩黏度及嵌入沉积层强度的变化对盐流及上覆层变形的主要影响，并得到了以下关于嵌入层流变特征、内部动力学特征、原地盐构造、整体构造类型以及异地盐构造之间关系的相关结论。

（1）盐流速度 v_p 和沉积物进积速度 v_{prog} 对总体变形样式的影响起主导作用。提高蒸发岩黏度会降低 v_p，而且使进积楔部分取代向前推进的蒸发岩流，从而降低了排盐效率。当黏度较低时，在排盐盆地之下形成盐焊接。当黏度较高时，盐枕和微盆会被限制发育。

（2）嵌入层对盐体内部变形样式以及上移层变形有明显影响。与没有黏度差异的相同模型对比，高黏度嵌入盐层会形成长波长和大振幅的褶皱。具有屈服强度的内部摩擦—塑性层在褶皱和逆冲断层形成过程中产生局部应变，而褶皱和逆冲断层会演化成叠置的褶皱逆冲岩席。

（3）嵌入层和周围盐体的密度差异会导致嵌入层在盐体流动和变形过程中产生分离。如果它们密度较小，则上浮到表面；如果密度较大则沉到底部。这种"浮力分级"会形成比原地盐层更厚的纯盐岩区。

（4）在加积阶段早期，多嵌入层会使总体盐流速度下降，因而残留下更多盐体在后续进积期间发生复活。这使得会有更多嵌入层的模型产生更加向海方向扩展的异地盐席。相比于内部层较少的模型中的盐席，它们以开放趾部挤出的方式而往前推进。而在内部层较少的模型中，盐席的推进会受到沉积熔岩壳的阻碍。

（5）由于蒸发岩地层内部的沉积分层以及异地盐体的分层分级，原地盐构造和异地盐构造特征可能会有本质的不同。因此，含有厚均质盐岩层的模型可能不适合用来研究早期的原地盐系统。

参考文献

Albertz, M. & Beaumont, C. 2010. An investigation of salt tectonic structural styles in the Scotian Basin offshore Atlantic Canada: 2. Comparison of observations with geometrically complex numerical models. Tectonics, 29, TC4018, http://dx.doi.org/10.1029/2009TC002540.

Albertz, M., Beaumont, C. & Ings, S. J. 2010a. Geodynamic modeling of sedimentation-induced overpressure gravitational spreading and deformation of passive margin mobile shale basins. In: Wood, L. (ed.) Shale Tectonics. AAPG, Tulsa, Memoir 93, 29–62.

Albertz, M., Beaumont, C., Shimeld, J. W., Ings, S. J. & Gradmann, S. 2010b. An investigation of salt tectonic structural styles in the Scotian Basin offshore Atlantic Canada: 1. Comparison of observations with geometrically simple numerical models. Tectonics, 29, TC4017, http://dx.doi.org/10.1029/2009TC002539.

Athy, L. F. 1930. Density porosity and compaction of sedimentary rocks. AAPG Bulletin, 14, http://dx.doi.org/10.1306/3D93289E-16B1-11D7-8645000102C1865D.

Audet, D. M. & McConnell, J. D. C. 1992. Forward modeling of porosity and pore pressure evolution in sedimentary basins. Basin Research, 4, 147–162.

Biot, M. A. 1961. Theory of folding of stratified viscoelastic media and its implications in tectonics and orogenesis. Geological Society of America Bulletin, 72, 1595–1620.

Carter, N. L. & Hansen, F. D. 1983. Creep of rock-salt. Tectonophysics, 92, 275–333.

Chemia, Z. & Koyi, H. 2008. The control of salt supply on entrainment of an anhydrite layer within a salt diaper. Journal of Structural Geology, 30, 1192–1200.

Chemia, Z., Koyi, H. & Schmeling, H. 2008. Numerical modelling of rise and fall of a dense layer in salt diapirs. Geophysical Journal International, 172, 798–816.

Chemia, Z., Schmeling, H. & Koyi, H. 2009. The effect of the salt viscosity on future evolution of the Gorleben salt diapir Germany. Tectonophysics, 473, 446–456.

Cobbold, P. R., Szatmari, P., Demercian, L., Ceolho, D. & Rossello, E. A. 1995. Seismic and experimental evidence for thin-skinned horizontal shortening by convergent radial gliding on evaporites deep-water Santos Basin Brazil. In: Jackson, M. P. A., Roberts, D. G. & Snelson, S. (eds) Salt Tectonics: A Global Perspective. AAPG, Tulsa, Memoir 65, 305–321.

Davison, I. 2007. Geology and tectonics of the South Atlantic Brazilian salt basins. In: Ries, A. C., Butler, R. W. H. & Graham, R. H. (eds) Deformation of the Continental Crust: the Legacy of Mike Coward. Geological Society of London, London, Special Publication, 272, 345–359.

Dooley, T. K. R., McClay, M. Hempton & Smit, D. 2005. Salt tectonics above complex basement extensional fault systems: results from analogue modelling. In: Dore', A. G. & Vining, B. A. (eds) Petroleum Geology: North-West Europe and Global Perspectives – Proceedings of the 6th Petroleum Geology Conference. Geological Society, London, 1631–1648.

Drucker, D. C. & Prager, W. 1952. Soil mechanics and plastic analysis of limit design. Quarterly Applied Mathematics, 10, 157–165.

Fiduk, J. C. 2010. Analysis of layered evaporites within the Santos Basin, Brazil (abstract). Offshore Technology Conference, Houston, 3–6 May 2010; http://dx.doi.org/10.4043/20938-MS

Fiduk, J. & Rowan, M. 2012. Analysis of folding and deformation within layered evaporites in Blocks BM-S-8 & -9, Santos Basin, Brazil. In: Alsop, G. I., Archer, S. G., Hartley, A. J., Grant, N. T. & Hodgkinson, R. (eds) Salt Tectonics, Sediments and Prospectivity. Geological Society, London, Special Publications, 363, 471–487.

Fletcher, R. C., Hudec, M. R. & Watson, I. A. 1995. Salt glacier and composite sediment-salt glacier models for the emplacement and early burial of allochthonous salt sheets. In: Jackson, M. P. A., Roberts, D. G. & Snelson, S. (eds) Salt Tectonics: A Global Perspective. AAPG, Tulsa, Memoir 65, 77–108.

Fullsack, P. 1995. An arbitrary Lagrangian-Eulerian formulation for creeping flows and its application in tectonic models. Geophysical Journal International, 120, 1–23.

Ge, H., Jackson, M. P. A. & Vendeville, B. 1997. Kinematics and dynamics of salt tectonics driven by progradation. AAPG Bulletin, 81, 398-423.

Gemmer, L., Beaumont, C. & Ings, S. J. 2005. Dynamic modelling of passive margin salt tectonics: effects of water loading sediment properties and sedimentation patterns. Basin Research, 17, 383-402.

Gibert, J. R., Ng, E. G. & Peyton, B. W. 1994. An efficient algorithm to compute row and column counts for sparse Cholesky factorization. SIAM Journal of Matrix Analysis and Applications, 15, 1075-1091.

Gradmann, S., Beaumont, C. & Albertz, M. 2009. Factors controlling the evolution of the Perdido Fold Belt northwestern Gulf of Mexico determined from numerical models. Tectonics, 28, 1-28, http://dx.doi.org/10.1029/2008TC002326.

Hudec, M. R. & Jackon, M. P. A. 2006. Advance of allochthonous salt sheets in passive margins and orogens. AAPG Bulletin, 90, 1535-1564.

Ings, S. J. & Shimeld, J. W. 2006. A new conceptual model for the structural evolution of a regional salt detachment on the NE Scotian margin offshore Eastern Canada. AAPG Bulletin, 90, 1407-1423.

Jackson, M. P. A. & Talbot, C. J. 1986. External shapes strain rates and dynamics of salt structures. Geological-Society of America Bulletin, 97, 305-323.

Jackson, M. P. A. & Talbot, C. J. 1989. Salt canopies in Gulf of Mexico salt tectonics associated processes and exploration potential. SEPM Foundation Gulf CoastSection 10th Annual Research Conference Programand Extended and Illustrated Abstracts, 72-78.

Kidston, A. G., Smith, B., Brown, D. E., Makrides, C. & Altheim, B. 2007. Nova Scotia Deep Water Offshore Post-Drill Analysis: 1982-2004. Canada-Nova Scotia Offshore Petroleum Board, Halifax, Nova Scotia.

Lehner, F. K. 2000. Approximate theory of substratum creep and associated overburden deformation in salt basins and deltas. In: Lehner, F. K. & Urai, J. L. (eds) Aspects of Tectonic Faulting. Springer-Verlag, Berlin, 21-47.

Morency, C., Huismans, R. S., Beaumont, C. &Fullsack, P. 2007. A numerical model for coupled fluid flow and matrix deformation with applications to disequilibrium compaction and delta stability. Journal of Geophysical Research, 112, B10407, http://dx.doi.org/10.1029/2006JB004701.

Mourgues, R. & Cobbold, P. R. 2003. Some tectonic consequences of fluid overpressures and seepage forces as demonstrated by sandbox modelling. Tectonophysics, 376, 75-97.

Muehlberger, W. H. & Clabaugh, P. S. 1968. Internal structure and petrofabrics of Gulf Coast salt domes in diapirs and diapirism - a symposium. American Association of Petroleum Geologists Memoir, 8, 90-98.

Ng, E. G. & Peyton, B. W. 1993. Block sparse Choleskyalgorithms on advanced uniprocessor computers. SIAM Journal on Scientific and Statistical Computing, 14, 1034-1056.

Pošepný, F. 1871. Studien aus dem Salinargebiete Siebenbürgens. Jahrbuch der Kaiserlich-Königlichen Reichsanstalt, 21, 123-186.

Richter-Bernburg, G. 1972. Saline deposits in Germany; a review and general introduction to the excursions. Proceedings of the Hanover Symposium 1968: Geology of Saline Deposits. UNESCO, Paris, 275-287.

Sclater, J. G. & Christie, P. A. F. 1980. Continental stretching: An explanation of the post-mid-Cretaceous subsidence of the central North Sea Basin. Journal of Geophysical Research, 85, 3711-3739.

Selley, R. C. 2000. Applied Sedimentology, 2nd edn. Academic Press, London.

Stille, H. 1925. The upthrust of the salt masses of Germany. American Association of Petroleum Geologists Bulletin, 9, 417-441.

Stockmal, G. S., Beaumont, C., Nguyen, M. & Lee, B. 2007. Mechanics of thin-skinned fold-and-thrust belts: Insights from numerical models. Geological Society of America Special Papers 2007, 433, 63-98, http://dx.doi.org/10.1130/2007.2433(04).

Talbot, C. J. & Jackson, M. P. A. 1987. Internal kinematics of salt diapirs. AAPG Bulletin, 71, 1068-1093.

Ter Heege, J. H., De Bresser, J. H. P. & Spiers, C. J. 2005a. Dynamic recrystallization of wet synthetic polycrystalline halite: dependence of grain size distribution on flow stress temperature and strain. Tectonophysics, 396, 35–57.

Ter Heege, J. H., De Bresser, J. H. P. & Spiers, C. J. 2005b. Rheological behaviour of synthetic rocksalt: the interplay between water dynamic recrystallization and deformation mechanism. Journal of Structural Geology, 27, 948–963.

Terzaghi, K. 1923. Die Berechnung der Durchlässigkeitsziffer des Tones aus dem Verlauf der hydrodynamischen Spannungserscheinungen Sitzungsberichteder Akademie der Wissenschaften in Wien Mathematisch–Naturwissenschaftliche Klasse. Abteilung IIa, 132, 125–138.

Terzaghi, K. 1943. Theoretical Soil Mechanics. John Wiley and Sons, New York.

Urai, J. L., Spiers, C. J., Zwart, H. J. & Lister, G. S. 1986. Weakening of rock salt by water during long-term creep. Nature, 324, 554–557.

van Keken, P. E., Spiers, C. J., van den Berg, A. P. & Muyzert, E. J. 1993. The effective viscosity of rocksalt: Implementation of steady-state creep laws in numerical models of salt diapirism. Tectonophysics, 225, 457–476.

van't Hoff, J. H. 1905. Zur Bildung der ozeanischen Salzablagerungen Braunschweig, Verlag Vieweg und Sohn.

Vendeville, B. C. 2005. Salt tectonics driven by sediment progradation: Part I – Mechanics and kinematics. AAPG Bulletin, 89, 1071–1079.

Vendeville, B. C. & Cobbold, P. R. 1987. Synsedimentary gravitational sliding and listric normal growth faults: Insights from scaled physical models. Comptes Rendus de l'Académie des Sciences de Paris, 305, 1313–1319.

Wade, J. A. & MacLean, B. C. 1990. The geology of the southeastern margin of Canada. In: Keen, M. J. & Williams, G. L. (eds) Geology of the Continental Margin of Eastern Canada. Geological Survey of Canada, Geology of Canada, 2, 167–238.

Weinberg, R. F. 1993. The upward transport of inclusions in Newtonian and power-law salt diapirs. Tectonophysics, 228, 141–150.

Willett, S. D. 1999. Orogeny and orography the effects of erosion on the structure of mountain belts. Journal of Geophysical Research B Solid Earth and Planets, 104, 28957–28982.

（王怡　译，骆宗强　崔敏　校）

第14章 利用区域二维地震资料和四维物理实验分析加拿大东部劳伦盆地的盐构造演化

J. ADAM[1,2], C. KREZSEK[1,3]

(1. Salt Dynamics Group, Department of Earth Sciences, Dalhousie University, Halifax, Nova Scotia, B3H 4J1, Canada; 2. Department of Earth Sciences, Royal Holloway University of London, Egham, Surrey, TW20 0EX, United Kingdom; 3. OMV Petrom S. A., E&P Headquarters, Eroilor Square 1A, RO-100316, Ploiesti, Romania)

摘 要 本文综合利用地震资料解释和数字图像相关技术监测的三维模拟实验,研究了加拿大大西洋海域劳伦(Laurentian)盆地的盐构造及其相关沉积体系的演化。晚三叠世,斯科舍(Scotian)盐盆北部的一系列相互关联的裂谷半地堑形成了一个宽50~70km的蒸发岩盆地,其盐层厚度超过3km。侏罗纪—早白垩世,大量沉积物的输入使盐岩发生运动,从而形成了复杂的盐构造特征共识别出了4种盐运动区域:(1)盐焊接和盐枕;(2)伸展盐底辟和盐篷;(3)挤压盐底辟和褶皱;(4)异地盐推覆体。向陆一侧的地堑在被动下沉进入局部伸展的盐层时,沉积了大量的早侏罗世沉积物。排出的盐岩向盆地方向被挤出,从而进入了一个大型的挤压盐块中。由于近海沉积物的进积,异地盐推覆体迅速向前推进,同时,膨胀盐体在晚侏罗世发生伸展垮塌。晚白垩世—新近纪,沉积物进积覆盖在盐推覆体之上,形成了以生长断层为主的伸展变形,并在次级盐滑脱面上形成了微盆。

世界上许多富含油气的油气田都是位于在盐岩之上发生滑脱的被动陆缘沉积楔内(如墨西哥湾、巴西和安哥拉)。然而,在这些盆地进行的油气勘探并不是总能成功,如最近在加拿大东部近海的斯科舍盆地就有失利(图14-1)(Enachescu和Wach, 2005)。早期的勘探工作已经证实了斯科舍陆架发育有效的含油气系统(Enachescu和Hogg, 2005)。至于安哥拉或巴西,人们更期望于进一步向远岸区的大陆斜坡和深水盆地进行勘探。由于最近多次的勘探失利,因此明确盆地演化史、油气系统以及盐构造过程是非常必要的。

勘探失利的原因是多样的,但缺乏储层通常是失利的主要原因。但奇怪的是,大陆架上就发育着优质的陆架三角洲砂岩(Mississauga组;图14-2),并向远岸区供应深海浊积砂岩(Cummings和Arnott, 2005)。

众所周知,盐构造强烈控制着盐盆的可容纳空间(Demercian 等, 1993; Diegel 等, 1995; Tari 等, 2003)。实际上,盐的变形与沉积是一种具有复杂反馈机制的耦合过程,其形成了一个强烈动态的沉积环境。在盆地研究中,通常利用厚度图和地震属性分析来推测沉积路径和储层分布。这些研究高度依赖于数据覆盖面和数据质量。而在前期勘探中,很少有这些数据可用于盆地规模的研究。例如,劳伦深水盆地中,仅有稀疏且质量差的区域地震资料也可以利用,钻井资料也仅限于陆架上,因此要进行可信度高的构造解析或地层对比是很困难的(图14-3)。

数值模拟(Ings 等, 2004; Ings 和 Shimeld, 2006; Gradmann 等, 2009; Albertz 和 Beaumont, 2010; Albertz 等, 2010)和比例化物理模拟实验(Fort 等, 2004; Krezsek 等, 2007; Adam 和 Salt Dynamics Group, 2008)是研究盐构造演化的有效手段,并且能提供有助于解析

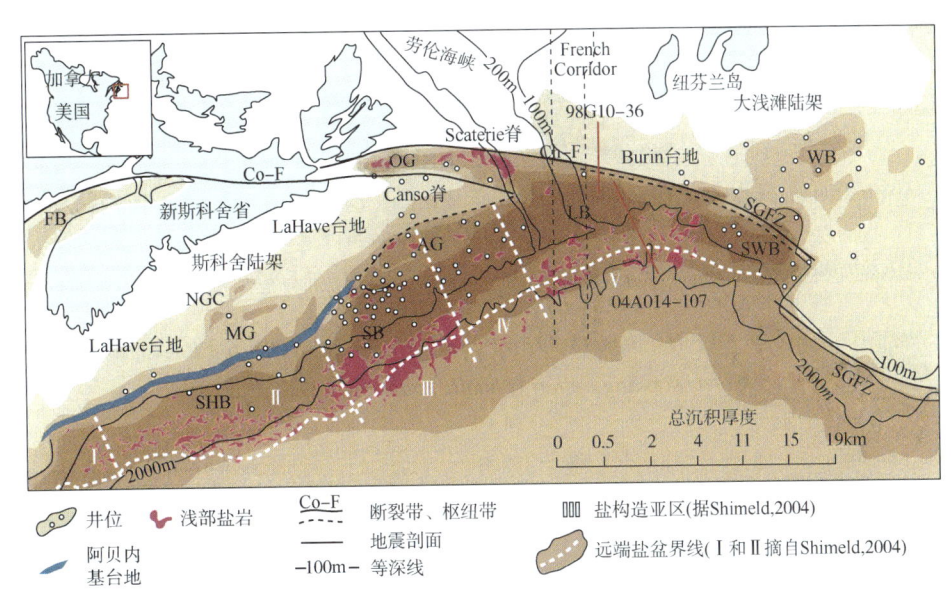

图 14-1 从新斯科舍到纽芬兰岛南部(大浅滩)的加拿大大西洋边缘以及主要的中生代盆地纲要图

FB—Fundy 盆地；SHB—谢尔本盆地；SB—塞布尔盆地；AG—阿贝内基地垒；OG—Orpheus 地垒；LB—劳伦盆地；WB—Whale 盆地；SWB—Whale 盆地南部；Co-F—Cobequid 断裂；Ch-F—Chedabucto 断裂；SGFZ—大浅滩南部断裂带；中生代沉积物厚度(据 Louden，2002)；盐底辟分布和盐构造分区(I-V)根据 Shimeld(2004)简化；I 区和 II 区向海的盐盆边界来自 Ings 和 Shimeld(2006)；Whale 盆地和 Whale 盆地南部由于缺乏详细资料，盐特征未表现；French Corridor 属于法国

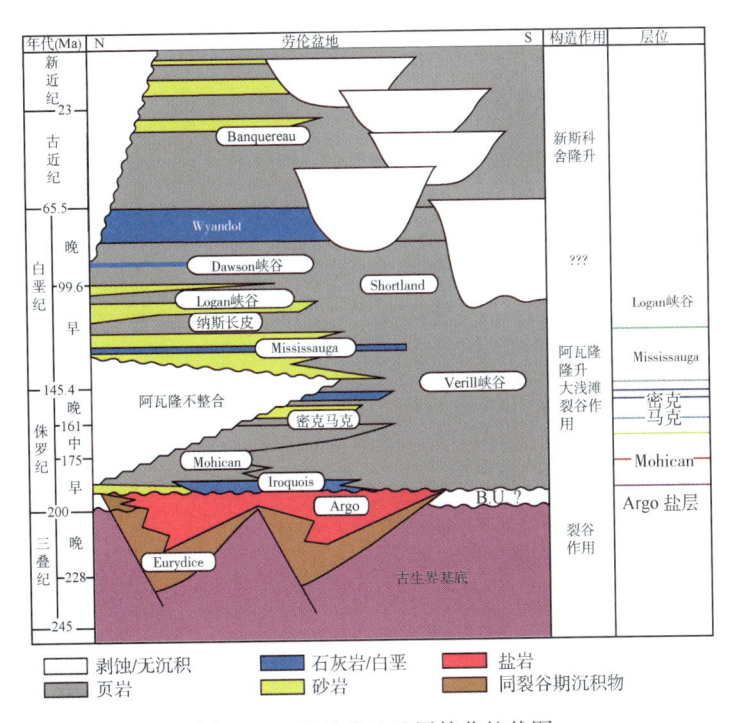

图 14-2 劳伦盆地地层简化柱状图

(据 Wade 和 MacLean，1990；MacLean 和 Wade，1992；Wade 等，1995)

右列为地震剖面解释的标志层及其对应的模拟实验层位，与盐沉积相关的破裂不整合面(BU)的精确位置不确定

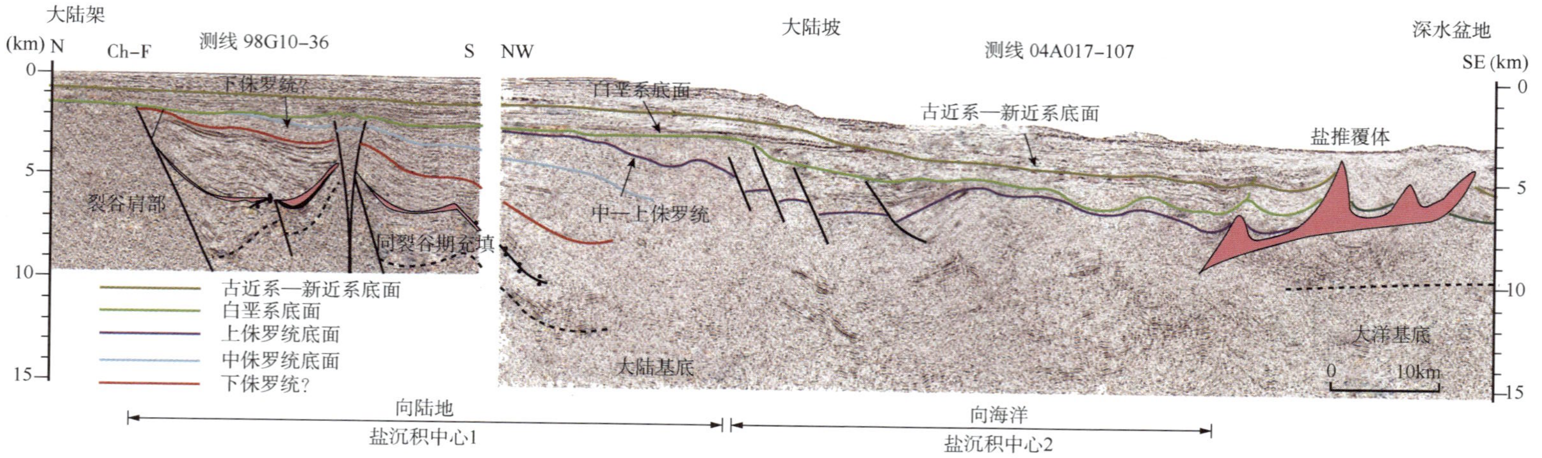

图14-3 通过劳伦盆地中部复合区域地震剖面的初步解释

测线位置参见图14-1；盐层为红色区，剖面中部的盐体位置不确定

盐构造和盆地充填史的力学约束条件。在物理模拟实验中，用沙子代表脆性沉积物，用硅橡胶代表黏性的膏盐岩沉积。这种关注盐岩上覆沉积层构造演化的石油勘探方法，在过去几十年里吸引了人们浓厚的兴趣。在过去 20 年里，物理模拟实验研究已经显著提高了我们对盐构造的理解（Jackson 和 Talbot，1994；Jackson，1995；Koyi，1998；Mauduit 和 Brun，1998；Fort 等，2004；Vendeville，2005a，b；Hudec 和 Jackson，2006；Krezsek 等，2007；Brun 和 Mauduit，2009）。

盐动力学研究小组建立了一个综合了地质资料和地震解释成果在内的，并且具有改进缩放比例以及数字三维变形监测技术（Adam 等，2006；Krezsek 等，2007；Adam 和盐动力学研究小组，2008）的新一代物理实验室。该物理实验室能够逼真地模拟特定盆地的沉积情形，以此来模拟含盐盆地从裂后早期阶段到现今被动陆缘阶段，以及从大陆架到深水斜坡再到盆地的演化过程。

本次研究是包括塞布尔（Sable）、阿贝内基（Abenaki）和劳伦盆地的斯科舍盆地中北部区域盐构造研究的一部分（Adam 等，2010；Campbell 等，2010）。这项研究是通过一系列的系统性实验分析主要的控制因素和参数（如盐盆几何形态、原始盐层厚度、沉积模式和速率），进而研究陆缘上各中生代盆地在不同时代经历的复杂构造—沉积演化过程。

通过三个模拟实验（两个试验性实验和一个盆地尺度的实验）对纽芬兰岛海域的劳伦盆地东部进行研究。从实验得出的盐构造概念被用于区域地震资料的解释和盐变形层序的运动学建模，以及分析它们与研究区古沉积环境之间的关系。

为了分析从大浅滩陆架西南部延伸到深水陆坡的劳伦盆地在侏罗纪—白垩纪的区域演化，我们应用比例化物理模拟实验和高分辨率应变监测技术，来模拟裂谷后的盆地演化以及盆地—构造级别的盐构造过程，并分析盆地结构、初始盐层厚度和沉积物输入量等一些主要因素的特征（Adam 和盐动力学研究小组，2008）。

通过特定的实验装置以及参数设定来研究劳伦盆地，这些参数主要来自对二维地震剖面的解释，以及可用于约束主要地质和古地理参数（如盐盆几何特征、盐下基底地形、盐层厚度和沉积作用）的支撑性地质资料。

力学性质改进后的比例化物理模拟实验提高了我们对初始盐层的运动、后期盐构造过程以及盐构造与沉积的耦合作用之间的关系的理解。实验的约束条件能够提高对复杂的盐岩—沉积物系学的运动学和力学分析。得出的解释模板能够很好地解释地震资料成像不佳的位于现代陆坡之下的劳伦盆地深层区的盐构造特征，以及能更好地利用不同沉积中心的地层标志物进行区域对比。这些模板最终能减少在分析盆地演化时的不确定性，并可能有助于勘探部署。

14.1　地质背景

劳伦盆地位于加拿大北大西洋大陆边缘之上，西临劳伦海峡，北接纽芬兰大浅滩。盆地开始形成于早—中三叠世北美和非洲之间的裂谷，随后一直是斯科舍被动大陆边缘演化的一部分（Jansa 和 Wade，1975a；Wade 和 MacLean，1990；MacLean 和 Wade，1992；Wade 等，1995；Enachescu 和 Hogg，2005）。本文用能代表盆地演化的地层简化柱状图（图 14-2）和二维区域地震横切面（图 14-3）来讨论劳伦盆地的主要特征。

加拿大湾资源有限公司和康菲石油公司分别于 1988 年和 2004 年布置了 98G10-36 和 04A017-107 两条地震测线，它们现在位于公共区域（加拿大湾资源有限公司，1998）。穿过陆缘的数据质量似乎在很大程度上受控于坚硬海底的多次波强度。陆架以下约 10km 范围内的构造图像是清晰的。而在现代陆坡以下，随深度增加，成像质量会明显变差。另外，快速变化的海底地貌（特别是在陆架坡折区域）以及上面提到的问题，会影响深度 4~5km 以下的可靠的地震成像。使用一个区域速度模型进行时间和深度之间的转换。将海底、古近系—新近系底面和白垩系底面作为关键界面，并结合钻井的速度资料进行建模。

劳伦盆地北部的大陆基底深度较浅，陆架沉积物厚度不到 2km（图 14-3）。浅层基底沿三叠纪时期的一个主要基底枢纽带向南尖灭，该枢纽带由总垂直断距超过 7km 的一系列下掉正断层（Cobequid-Chedabucto 断裂系统；图 14-1 和图 14-3 中的 Co-F 和 Ch-F）形成。这个枢纽带是一个再活化的古生代断裂带（Olsen 和 Schlische，1990），即 Minas 断裂带（Keppie，1982）。该断裂带在阿巴拉契亚造山期，沿着 Meguma 和阿瓦隆（Avalon）增生地块边界形成了一个右旋走滑系统，并在三叠纪—早侏罗世裂谷期，形成了一个伸展倾滑断裂系统（Pe-Piper 和 Piper，2004）。在中白垩世北大西洋打开的时候，Chedabucto 断裂带将大浅滩转换带和纽芬兰断裂带连接起来。在此期间，断裂带重新活动，并伴随有少量的右旋走滑。白垩纪中期，劳伦盆地在沿着释放弯曲区的张扭环境下发育了区域伸展断层，同一区域在渐新世也经历了挤压作用（Pe-Piper 和 Piper，2004）。在裂后晚期，Chedabucto 断裂带和次级断层的重新活动引起了基底断层以及裂后层序中相关盐构造和断层的微小活动，但这并不控制侏罗纪和早白垩世的主要盐变形过程。在 98G10-36 测线的中部，在裂谷盆地中邻近 Chedabucto 断裂带的部位发育一条近于垂直的断裂带，该断裂带从基底断至白垩系底面（图 14-3）。这条断裂带并不具有明显的倾滑特征，跟任何盐构造也没有关系，但可能与中白垩世或渐新世的复活有关。如今，Cobequid-Chedabucto 断裂系统是北部裂谷肩部弱伸展的古生代陆壳与中央斯科舍裂谷盆地向南强烈伸展的基底之间的界线（Pascucci 等，2000；Louden，2002）。

劳伦盆地的基底被分割成一系列不对称的半地堑。只有处于现代陆架之下最北部的 2~3 个地堑的地震成像质量相对较好（图 14-3）。假设半地堑的基底宽度一般为 10~20km，而且整个裂谷宽度范围内都具有相似的几何形态，则劳伦盆地的裂谷有可能由 4~6 个独立的裂谷地堑组成。重要的是，在盐层沉积之前，大多数发生强烈断层作用的基底起伏会被厚层的同裂谷期沉积物充填和夷平。这种裂谷基底的轮廓与中北部的斯科舍盆地基底构造有很好的一致性，特别与是利用二维测深地震测线观察到的新斯科舍近海的西劳伦盆地（Adam 等，2010；Campbell 等，2010）。

虽然目前还并不确定海陆边界的准确位置，但最可能是在被广泛分布的蛇纹石化的过渡大陆基底或洋壳覆盖的南部区域（Funck 等，2003；Louden 等，2005；Wu 等，2006）。Tari 和 Molnar（2005）推断在大西洋中段打开时，劳伦盆地形成了下板块边缘，并面向北非摩洛哥边缘的上板块。Maillard 等（2006）从共轭的摩洛哥边缘的深层地震资料解析中也得出了相类似的结论。这就意味着劳伦大陆边缘的陆地部分只发生了中等程度的伸展，而海域部分可能被残留的向海强烈伸展的上部板块覆盖。

McIver（1972）首次提出并命名了斯科舍盆地的地层层序，后来，Jansa 和 Wade（1975a）、Wade 和 MacLean（1990）以及 Wade 等（1995）对其进行了更新和修正。在晚三叠世和白垩纪初期，Eurydice 组沉积了几千米厚的陆相红层和碎屑沉积物，裂谷盆地则沉积了几百米厚的蒸发岩层（Argo 盐层）（图 14-2）（Jansa 和 Wade，1975a；Wade 和 MacLean，1990）。在此期间，北大西洋形成了一个西起斯科舍盆地，向东横跨北海到达挪威海的狭长形蒸发盐盆地（Holster 等，1988；Tankard 和 Balkwill，1988；Ziegler，1988）。劳伦盆地蒸发盐的沉积时间与裂谷作用的关系不是很清晰。巨厚蒸发岩层序的发育可能表明了同沉积构造控制着早侏罗世蒸发岩的沉积中心（Louden，2002；Tari 和 Molnar，2005）。二维地震资料表明，Chedabucto 断裂形成了裂谷边界断层，并将弱变形的北部裂谷肩部从沉积了几千米厚的蒸发盐层序的裂谷中分离了出来，而且这些盐层朝边界断层方向逐渐加厚。然而，地震资料并不能证实在最早期的盐上沉积物沉积时，Chedabucto 断裂或其他基底断层是活跃的。与厚皮伸展作用（如基底断层的活动引发了上覆盐岩的运动）相比，对于这项研究和实验设置，我们认为盐上盆地的演化是裂后阶段的一部分，并处于薄皮重力驱动系统中，基底断层的大量位移并没有引发盐岩运动。陆相碎屑物质（Mohican 组；图 14-2）的沉积引起了早期的盐岩运动。这些陆相碎屑物质覆盖在现代陆架之下的破裂不整合之上，因此也表明了一个完整的裂后盐构造演化过程。然而，盐岩沉积可能在同裂谷期的晚期就已开始。有一个事实支持这一点，即沿着斯科舍中北缘，地震资料表明除了局部几个地堑中有少量沉积外，盐岩沉积并没有延伸越过基底高部位和裂谷肩部（Adam 等，2010；Campbell 等，2010）。

在基底掀斜（重力滑动作用），以及来自西部劳伦峡谷和北部大浅滩陆架的大量沉积物的输入（差异负载下的重力扩展作用）的共同作用下，蒸发岩主要在侏罗纪—早白垩世发生运动（Grant 和 McAlpine，1990；Wade 等，1995；Shimeld，2004）。尤其是在塞布尔盆地、阿贝内基盆地和劳伦盆地，现代地震资料揭示了复杂盐构造通常位于现今陆架坡折带的海域（图 14-1；陆坡底辟区；Wade 和 MacLean，1990）。Shimeld（2004）将陆坡底辟区划分成 5 个盐构造亚区（图 14-1 中 I—V），其中每个都具有与基底形态和沉积作用有关的独特盐变形样式。

谢尔本（Shelbourne）盆地包括 I 区和 II 区，其特征是发育在侏罗纪—白垩纪形成的原地盐墙、垂直和向海倾斜的底辟构造、边缘向斜和异地盐篷系统。在晚白垩世—新近纪，盐底辟的挤压导致深水区发生褶皱挤压，以及可能形成了滑脱盐底辟。

III 区位于塞布尔盆地和阿贝内基盆地，其特征主要是在白垩纪发育广泛的深水舌状盐篷。朵叶状盐篷沿陆缘可以延伸超过 100km，并在原始盐盆外侧延伸超过了几十千米。盐篷上覆的上白垩统形成了微盆和伸展构造，包括龟背构造和挤出滚动构造。

IV 区的特征是缺少盐底辟和 Banquereau 同构造楔（BSW）。BSW 是一套厚达 3.5km，并向海减薄的晚侏罗世同构造期沉积物，它们覆盖在罗霍（Roho）型的区域盐滑脱系统上。BSW 的基底盐滑脱很可能来自一个露趾型的异地盐体，该盐体使上覆同构造期沉积物在重力驱动下发生向海方向的扩展和伸展（Ings 和 Shimeld，2006）。目前，孤立的盐底辟是来自沿 BSW 向海一侧的边缘分布的次级盐层，一个相关的盐推覆体具有弓形走向外，并受到了后期挤压的影响。

劳伦盆地是 V 盐区的一部分。在整个盆地内，伸展构造主要发育在现代陆坡之下的上侏罗统和下白垩统内（图 14-3）。这些伸展断层的深部构造及其与盐构造的关系还没得到很好的解释，Shimeld（2004）认为它们可能与一个次级盐层有着运动学上的联系。

白垩系和古近系—新近系的最上部剖面显示，劳伦盆地的深部主要是发育在白垩系最上部和古近系—新近系内的挤压底辟和盐核褶皱，其中有几个底辟构造的顶端接近现代海底（<100m）。一些底辟构造起源于一个大型的异地盐推覆体（图 14-3）。目前的地震成像只是反映了对该推覆体的浅部，而对立与原始盐层的关系知之甚少。

晚侏罗世，陆架区遭受了一次重要的侵蚀事件，大部分侏罗纪沉积物被剥蚀掉（阿瓦隆不整合；图 14-2 和图 14-3）。该近地表的侵蚀事件与大浅滩地区的裂谷作用以及北部阿瓦隆地体的隆起相关（Grant 和 McAlpine，1990；Tucholke 等，2007）。因此，劳伦盆地向南发生掀斜，富砂沉积物向深水盆地大规模推进（Mississauga 组；图 14-2）。

早白垩世(Naskapi 组和 Logan 峡谷组,图 14-2),区域性海侵形成了新的盆地沉积中心,并一直持续到新近纪。由于现代陆坡下的斜坡加积和进积,局部沉积了超过 2km 厚的沉积物,其主要物源来自劳伦峡谷,它同时也为现代劳伦扇提供了物源供应(Jansa 和 Wade,1975b)。在地震剖面和其他地层资料上能够识别出一个大型的渐新世不整合面以及相关的下切谷(图 14-2)。其中有些似乎与 Cobequid-Chedabucto 断裂带的挤压复活、底辟的挤压复活(Shimeld,2004)以及新斯科舍大陆的快速隆升(Grist 等,1995)是同期的。

14.2 实验依据、方法和材料

针对劳伦盆地的研究由两个试验性实验和一个盆地规模的实验组成。试验性实验是在实验过程中研究特定参数(如厚层硅橡胶、硅橡胶盆地底部形态)的作用,而这些参数对劳伦盆地的研究有重要影响。与盆地规模的实验相比,试验性实验主要研究裂后早期的盐运动作用,并仅仅模拟一个单独的盐沉积中心和一个均匀的沉积速率(见附录)。因为它们的结果主要是为盆地规模的实验的实验设置和实验参数确定提供信息,在这里不做详细讨论(详情见附录)。如果没有额外说明,下文的实验数据和结果都来自专门研究劳伦盆地的盆地规模的实验。

14.2.1 实验材料

模拟实验的材料是石英砂和硅橡胶(聚甲基硅氧烷或者 PDMS)(图 14-4a)。筛选的石英砂(粒度为 0.02~0.45mm;内摩擦角为 34°;密度为 1.6g/cm³)被用于模拟具有非线性摩擦塑性变形行为的脆性沉积岩(Lohrmann 等,2003)。PDMS 硅橡胶(Wacker Elastomer NA US;黏度为 1×10^4Pa·s;密度为 0.99g/cm³)在实验应变速率下表现为线性黏性特征,被用来模拟在重力负载作用下盐岩的黏性流动(Weijermars 和 Schmeling,1986;Weijermars 等,1993;Costa 和 Vendeville,2002)。

14.2.2 实验比例尺

物理模拟实验的几何模型、运动学和应力都应该可以与自然原型进行定量比较(遵从 Hubbert(1937)提出的原则;Ramberg,1981;Weijermars 等,1993;Lallemand 等,1994;Costa 和 Vendeville,2002 的原则)。比例因子是模型量除以自然界原型的等价量。实验的动力学比例因子是根据长度、质量和时间的规模得出,如表 14-1 所示。当直接比较实验和原型的构造和运动演化特征时,几何比例因子(l^*)和时间刻度(t^*)是最主要的因素。

通过凝聚力、物质密度和重力加速度来计算几何比例因子(l^*)(Hubbert,1937;Lallemand 等,1994;Schellart,2002),即

$$l^* = \frac{(C/\rho g)_{原型}}{(C/\rho g)_{模型}}$$

实验是在正常重力下进行的,对以下参数均采用平均值,如海洋沉积物的凝聚力(5~20MPa;Jaeger 和 Cook,1969;Hoshino 等,1972),石英砂(30~130Pa),海洋沉积物密度(2300~2500kg/cm³),模拟材料的密度(1600kg/cm³)。几何比例因子按 $l^*=10^{-5}$ 计算(模型中 1cm 等于自然条件下的 1km;表 14-1)。

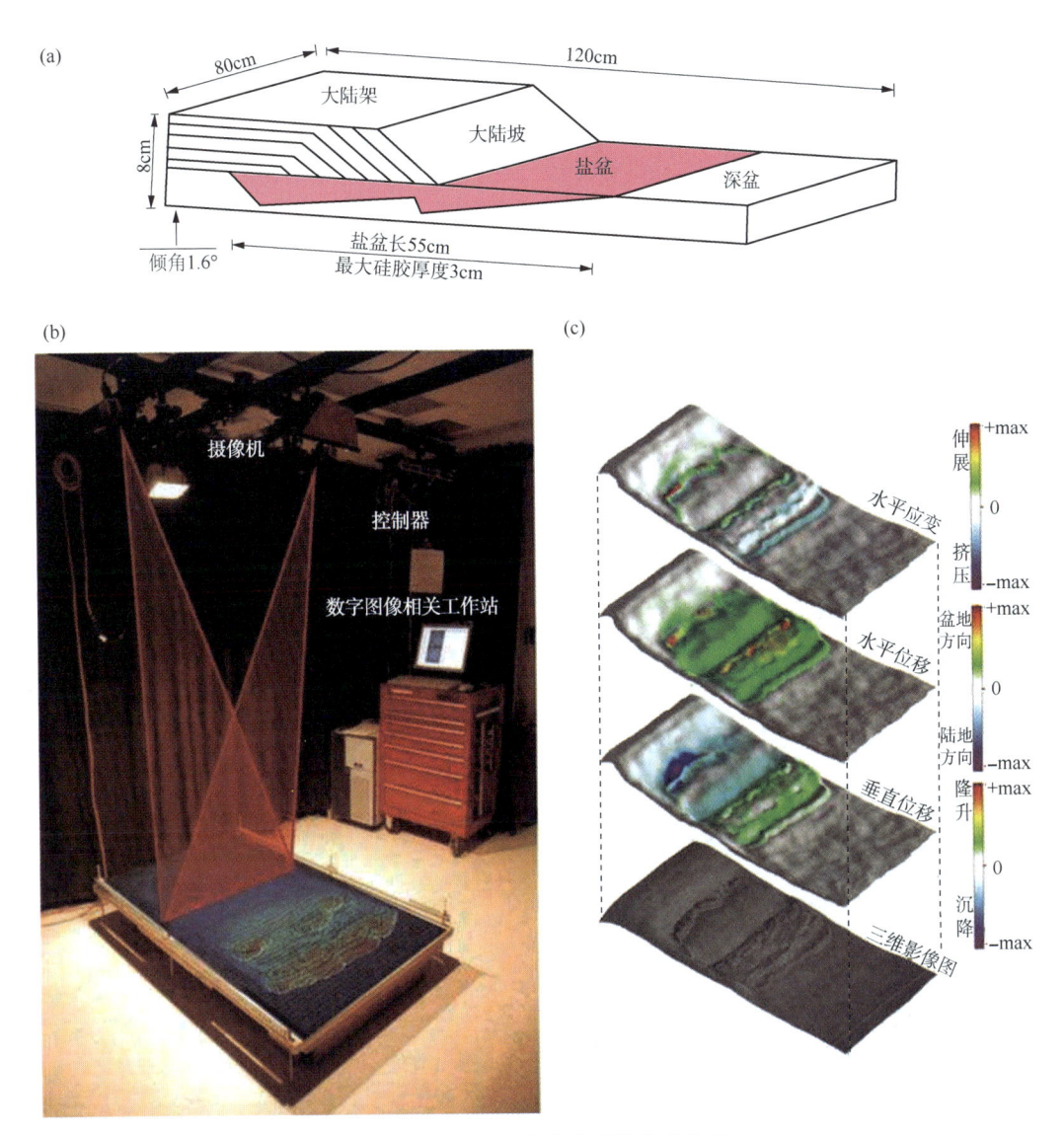

图 14-4 三维光学应变监测实验装置

(a)盐盆构造和沉积模型示意图；(b)采用立体电荷耦合器件(CCD)摄像机和数字图像相关法(DIC)的三维光学应变监测实验装置，实验表面是 DIC 计算的三维矢量网格计算机化覆盖层；(c)实验变形通过人工照明三维表面模型(从底到顶)覆盖的实验图像展示，水平应变(e_{xx})、水平位移(V_x)和垂直位移(V_z)

时间刻度 t^* 对真实模拟被动大陆边缘含盐盆地后裂谷期的演化特别重要。相比较于研究盐构造演化的模拟实验，在盆地规模的模拟研究中(如劳伦盆地)，如果没有一个精确的时间刻度，是不可能计算出模拟盆地历史主要特征的实验沉积速率的。需要注意的是动力学比例遵循 Hubbert(1937)和 Ramberg(1981)提出的原则的模拟实验并不能自主考虑与被动陆缘背景相关的所有重要因素。

因为模拟实验通常是在近地面条件下进行的，得出时间刻度(t^*；表 14-1)仅与近地面(如陆上)的盐盆有关。然而，在一个被淹没的被动陆缘沉积盆地，上覆水体所产生的负荷是垂直海底的压力。在斜地区的上覆岩层表面(如陆坡)，水平分子是稳定斜坡面的一个支撑力，因此，能使重力驱动的变形向下变慢(Gemmer 等，2005)。Gemmer 等(2005)曾采用二维破裂分析和二维有限元模型系统研究了这种水负载的效应。他们分析了一个不稳定沉积楔的上覆过渡带(如斜坡)的初始速度，而且该沉积楔具有不同的上覆层厚度，并在塑性盐层上发生变形。结果表明，由于受水体负载的支撑作用，具有静水孔隙流体压力的一个淹没沉积楔比近地面的沉积楔变形慢40%~50%。

表14-1 实验动力学比例因子

参数	实验(模型)	实际(原型)	比例因子	参考文献
长度	$l_m = 1$cm	$l_p = 1$km	$l^* = \dfrac{(C/\rho g)_{原型}}{(C/\rho g)_{模型}}$ $l^* = 10^{-5}$	Hubbert (1937), Lallemand 等 (1994), Schellart(2002)
内聚力	$C_m = 30 \sim 130$Pa(1)	$C_p = 5 \sim 20$MPa(2)		(1) Lohrmann 等 (2003), Panien 等(2006), Schellart(2002) (2) Jaeger 和 Cook(1969), Hoshino 等(1972)
上覆层密度	$\rho_m = 1600$kg/m³	$\rho_p = 2300$kg/m³	$\rho^* = 0.7$	
重力加速度	$a_m = 9.8$m/s²	$a_p = 9.8$m/s²	$a^* = 1.0$	
应力			$\sigma^* = \rho^* a^* l^*$ $\sigma^* = 7.0 \times 10^{-6}$	Hubbert(1937), Ramberg(1981)
黏度	$\eta_m = 1 \times 10^4$Pa·s PDMS Silicone Wacker Elastomer NA US(1)	$\eta_p = 2 \times 10^{18}$Pa·s 来自死海盐底辟的隆升速率(合成孔径雷达干涉测量; In SAR)(2)	$\eta^* = 5.0 \times 10^{-15}$	(1)Costa 和 Vendevilie(2002) (2)Weinberger 等(2006)
应变			$\varepsilon^* = \sigma^*/\eta^*$ $\varepsilon^* = 1.4 \times 10^9$	Hubbert(1937), Ramberg(1981)
时间(地面)	地面实验 $t_m = 234$h	地面盐盆 $t_p = t_m/t^* = 37$Ma	$t^* = 1/\varepsilon^*$ $t^* = 7.2 \times 10^{-10}$	Hubbert(1937), Ramberg(1981)
时间(水下)	地面实验 $t_m = 234$h	水下盐盆 $t_p = t_m/t_{sm}^* = 74$Ma	$t_{sm}^* = 0.5t^*$ $t_{sm}^* = 3.6 \times 10^{-10}$	Gemmer 等(2005)

为了对比近地面模拟实验与淹没的被动陆缘含盐盆地，根据水体负载作用对变形速率的反馈，调整了时间刻度($t_{sm}^* = 0.5t^*$；表14-1)。这种改进后的时间刻度(t_{sm}^*)能够计算实际的实验沉积速率和沉积预算量，从而模拟劳伦盆地的主要沉积特征。改进后的时间刻度$t_{sm}^* = 3.6 \times 10^{-10}$(模型中的1h等于自然界中的317100年，近似为300000年)。对于主要受重力扩展作用驱动的被动陆缘盐构造实验，这个时间刻度是非常稳定的。经过10天的实验，揭示了从早侏罗世到早白垩世(持续时间为70Ma)所有盐相关构造和沉积中心的特征。

14.2.3 实验设置和分析

盆地规模的模拟实验是在水平刚性基底(长120cm、宽90cm；图14-4a)上进行的，并使用一种高度可调节的导轨系统来模拟特定的沉积模式和沉积速率。4~8h的精确筛砂过程逐步建成了陆架和陆坡楔(图14-5)。筛选过程在砂层中提供了均匀的力学条件,以便允许实验表面的动态地形和构造演化产生特定的沉积模式响应(Adam等,2006;Adam和盐动力学研究小组,2008)。

利用两个高分辨率立体电荷耦合器件(CCDs)摄像机对实验的三维表面演化和变形进行监测(图14-4b),并运用数字图像对比技术(DIC;Adam等,2005)分析时间顺序图像。DIC是一种高分辨率光学二维/三维变形和表面流监测技术,它能使计算的三维位移数据达到亚毫米精度,并将实验中小规模和大规模的变形进行量化。应变分析包括生成平面图和剖面图,这些图件主要是有关水平位移 V_x,沉降量 V_z 以及水平应变 e_{xx} 的增量和有限量,以便对构造和沉积中心的时空演化进行定量化分析(图14-4c)。

		劳伦盆地				实验			解释层位	相当层位
		年龄(Ma)	持续时间	时间(Ma)	沉积速率	沉积速率	小时	天		
早白垩世	阿普特阶	125	23Ma	70	50 m/Ma	2.5mm/16h	234	10		Logan峡谷
	巴雷姆阶	130		65			220	9	绿	
	欧特里夫阶	135		60			200	8		Mississauga
	瓦兰今阶	140		55	1.6km³/Ma		184	8		
	贝利阿斯阶	142		53			176	7	浅绿	
		145		50			168	7		
晚侏罗世	提塘阶	148	18Ma	47	200m/Ma	2.5mm/4h	156	6	蓝灰	
		150		45			150	6		
	钦莫利阶	155		40	5.6km³/Ma		136	6	蓝	MicMac
	牛津阶	160		35			116	5	蓝绿	
中侏罗世	卡洛夫阶/巴通阶	165	30Ma	30	300m/Ma	3.5mm/4h	100	4		
	巴柔阶	170		25			84	4	黄	
		172		22			76	3		
	阿林阶	175		20			68	3		
早侏罗世	托阿尔阶	180		15	5.6km³/Ma		50	2		
	普林斯巴阶	185		10			36	2	红	Mohican
		190		5			16	1		
	辛涅缪尔阶	195		0						

图14-5 劳伦盆地的地质时间和沉积速率与对应的实验时间和沉积速率的关系
盆地边缘沿走向的每千米长度归一化为沉积物输入量(km³/Ma)

实验最后,将模型沿倾斜方向(陆架—陆坡)以5cm为间隔进行切面和拍照。每个切面的图像用图像处理软件进行优化,并缝合一起,生成一套平行的横截面,这个横截面记录了最终的构造及其沿走向的三维变化(图14-6)。模型切面已经对选择的标志层和相关的地震解释的主要地层标志物进行了解释,以便与区域地震横断面的地层和构造进行对比(图14-3)。

实验剖面的手动层序复原能更好地理解和说明构造特征和运动学演化(图14-7)。在平衡过程中,我们假定发生平面应变变形,并应用了面积守恒和垂直剪切法(Rowan和Kligfield,1989;Rowan,1993;Hossack,1995)。实验表面的位移和应变数据支持实验中部剖面发生平面应变的假设。只有靠近硅胶盆地侧壁的剖面受到了一定程度的三维位移模式影响。在实验晚期的向海的硅胶推覆体的次级硅胶面上,这种三维模式会变得更加复杂。相比较于大型断层,硅胶构造以及硅胶盆地自身形成的沉积中心,这种模式对实验的晚期微盆构造的复原只有轻微的影响。

复原的主要参照面是实验剖面的地形表面轮廓,它是从三维数字高程模型中的每一个恢复步骤中推导出来的。水平应变(e_{xx};图14-8)的时间顺序数据用来识别和关联活动断层和底辟的位置。垂直位移的时间顺序(V_z;图14-8)可以对沉积中心和硅胶膨胀区进行对比。复原的构造剖面结合三维位移和应变资料是复杂的盐构造和断层的力学分析基础。

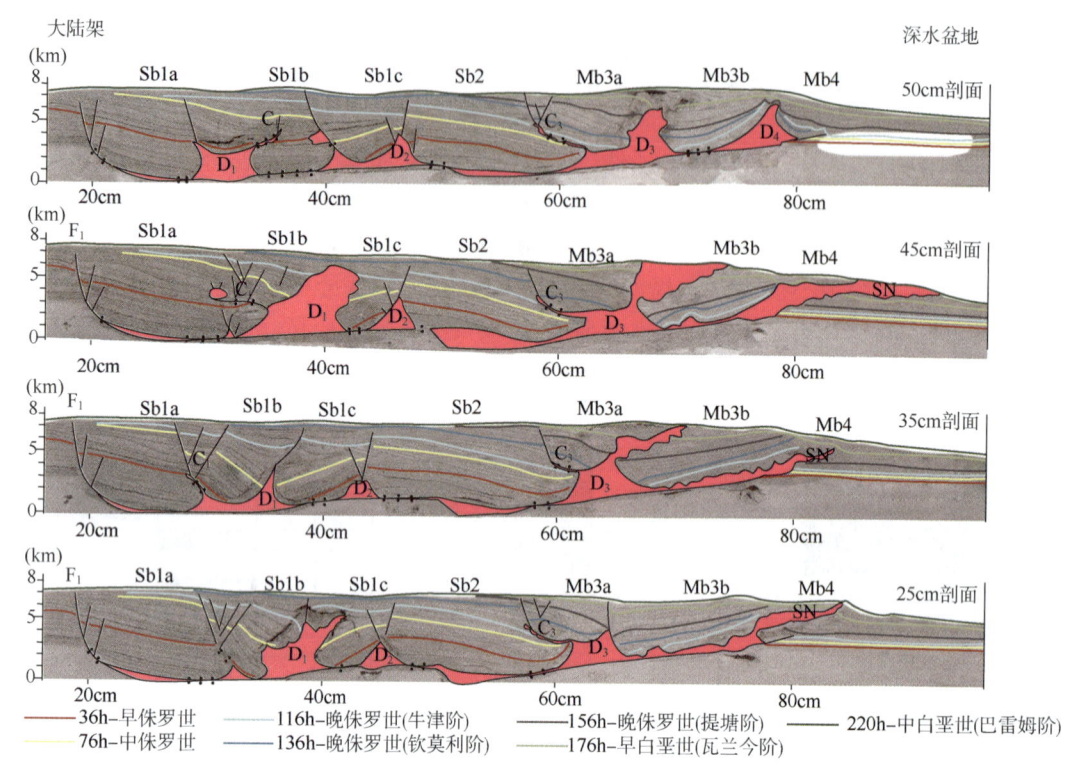

图 14-6 代表性实验剖面（图 14-8 中展示的 25cm、35cm、45cm 和 50cm 剖面位置；220h）实验规模（厘米级）与按照几何比例因子的区域剖面（千米级）进行比较；从陆架到深水盆地按顺序编号（D—底辟，C—盐篷，SN—硅胶推覆体，F—断层，Sb—硅胶撤退盆地，Mb—微盆）；实验剖面中的盐特征和构造域可与区域剖面进行对比（图 14-9）；由于实验剖面显示变形到白垩纪中期，不包括古近纪—新近纪，因此它们存在一些差异

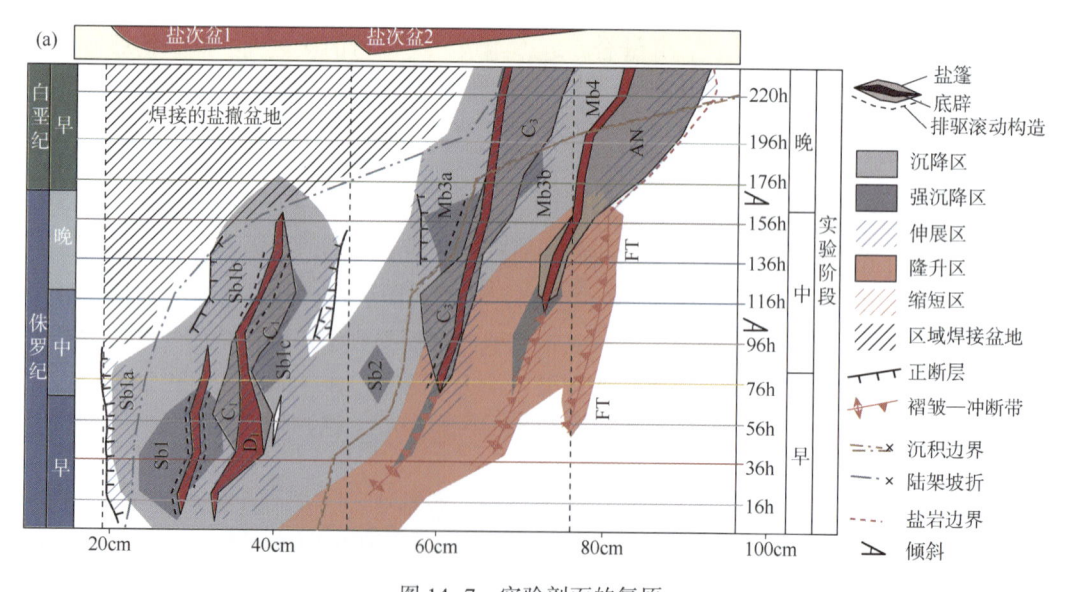

图 14-7 实验剖面的复原

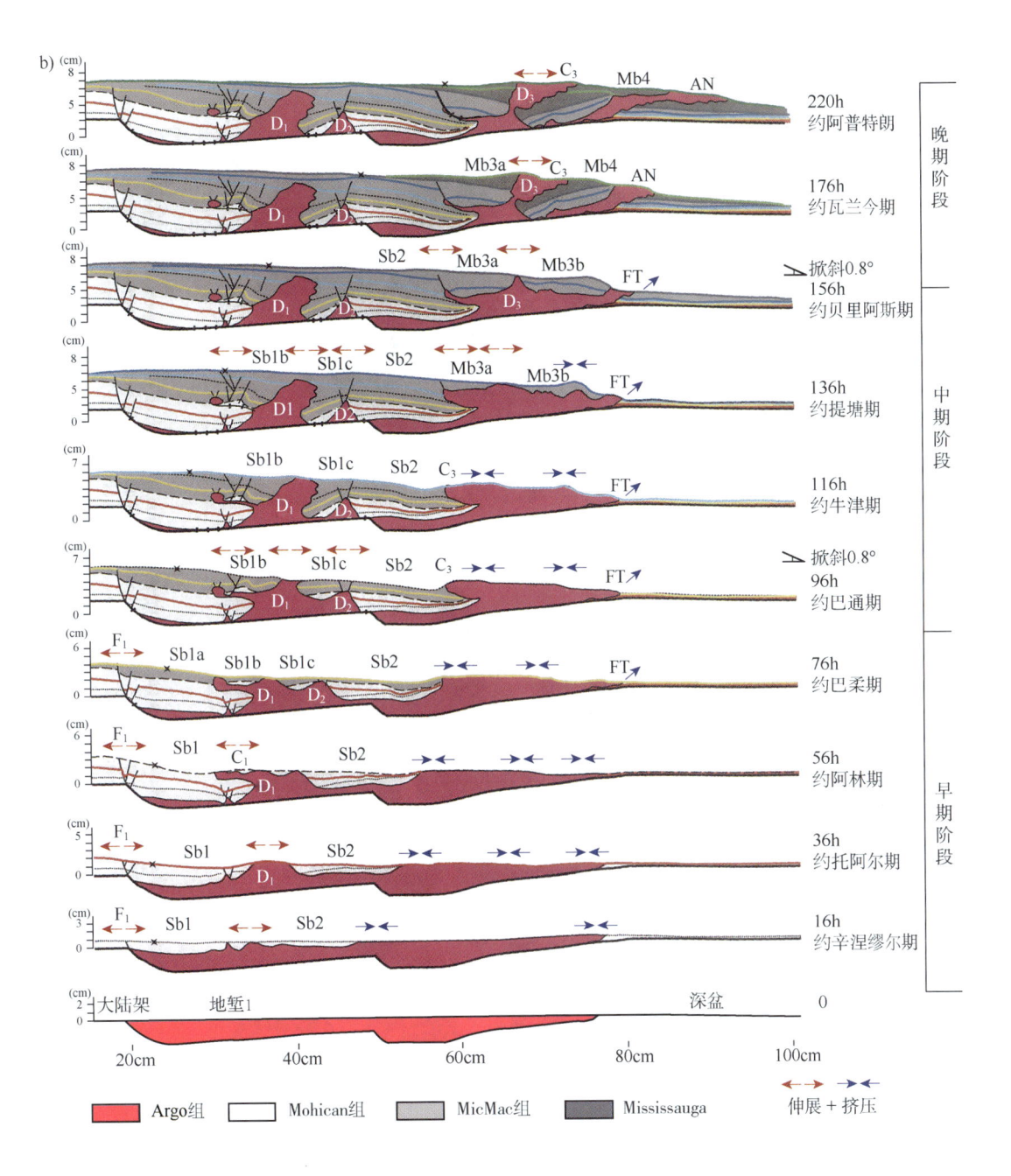

图 14-7 实验剖面的复原（续）

(a) 三维实验的时空图，总结了根据时间顺序图像得出的硅胶相关变形构造和沉积体系以及根据 DIC 应变分析得出的沉降（V_z）和水平应变数据（E_{xx}）的时空演化，X 轴表示 45cm 处实验剖面的构造和沉积要素的位置，示意剖面（顶部）表示了实验设置和硅胶初始分布情况，Y 轴表示实验持续时间（右列），同时表示对应的地质时间（左列）；(b) 利用 DIC 表面位移和应变数据制作的实验剖面（45cm 处）的时间顺序复原图，硅胶表示为红色

图14-8 劳伦盆地三维模拟实验的时空演化

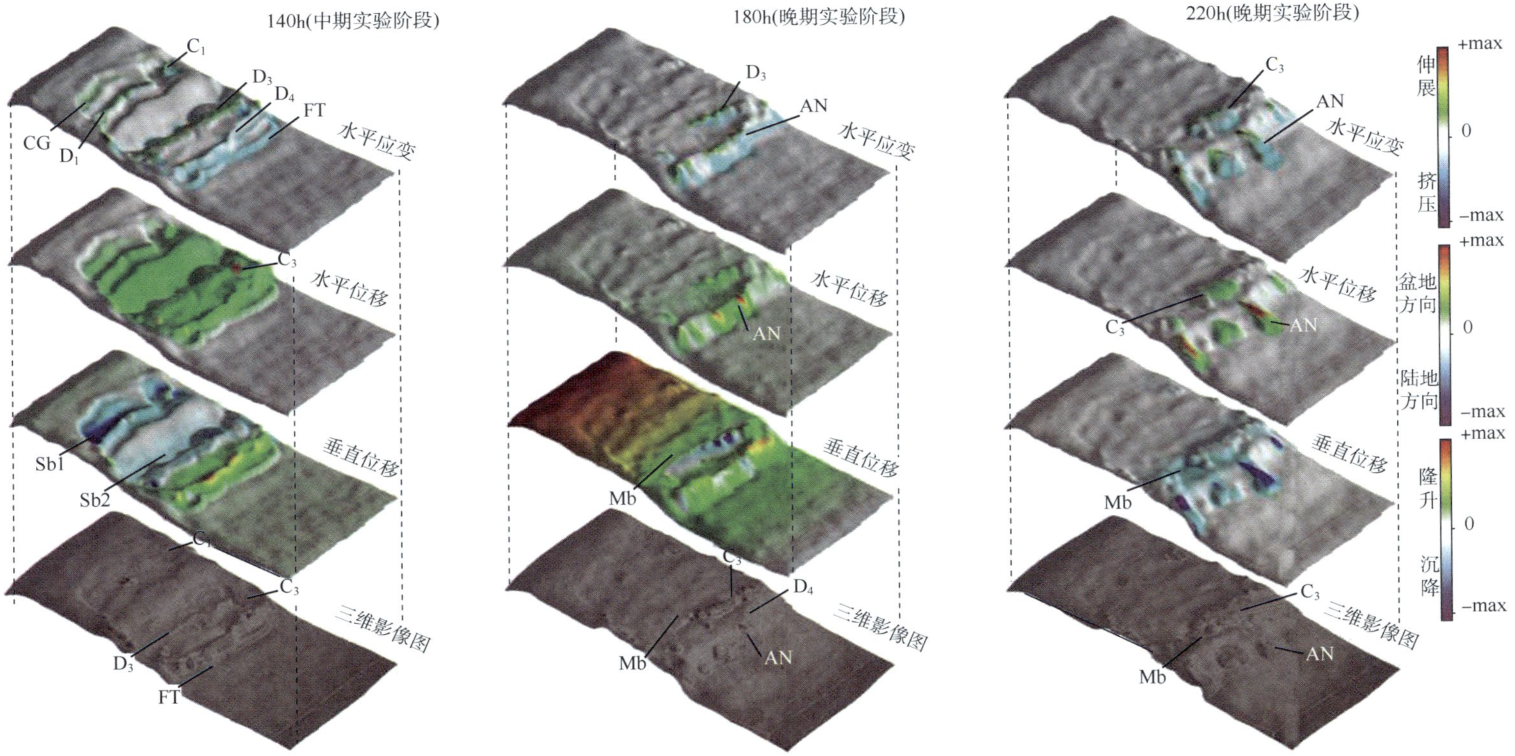

图14-8 劳伦盆地三维模拟实验的时空演化（续）

人工照明三维表面模型展示了40h间隔的实验进程，模型包括水平应变（e_{ex}）、水平位移（V_x）、垂直位移（V_z）以及实验成像（自上而下）；通过三维DIC监测得出的先前20h内的应变增量和位移分量，对各自层位内的变形趋势进行可视化；F—断层，D—底辟，C—盐蓬，F—褶皱，FT—前缘逆冲断层，Sb—硅胶撤退盆地，Mb—微盆

— 363 —

14.3 实验设置的地质约束条件

实验的主要目的是研究劳伦盆地的区域盆地结构，以及主要盐构造和沉积中心的后裂谷期演化特征。由于地震剖面并没有解决后裂谷期盆地构造的许多细节，因此该实验的结论对区域盆地分析是十分重要的(图 14-3)。

实验设置和参数的约束条件来自公开的地质和地球物理资料。这些参数包括盐盆宽度、盆底形态、初始盐层厚度、沉积样式和速率以及边缘坡度等。下面将对这些参数进行简要分析。

14.3.1 盐盆宽度

在地震剖面上，Chedabucto 断裂南部的大部分盐特征清晰可见，而 Chedabucto 断裂是 Chedabucto 线以外劳伦区域裂谷盆地的北部边界(图 14-3)。小型孤立的盐体局限分布在弱变形的裂谷肩部的小型地堑中，这些孤立的地堑具有明显的垂直盐构造特征(如 Orpheus 地堑；图 14-1)。缺乏盐岩可能是由于阿瓦隆不整合代表的盐后剥蚀造成的，或可能表明 Cobequid-Chedabucto 断裂带形成了盐盆的北部边缘(图 14-1 和图 14-3)。一个重要的观点是不认同含盐盆地进一步向北延伸的，这是由于在断裂带北部的基底中缺乏明显的三叠纪伸展特征(如裂谷盆地的形成)。这也限制了后裂谷早期的沉降和厚层盐岩的沉积。因此，我们认为 Chedabucto 断裂本身分隔着裂谷盆地，因此同裂谷晚期的盐盆对应于北部的弱变形的裂谷肩部。

位于枢纽带南部的中央裂谷盆地发育各种原地盐构造，包括盐底辟和初次盐焊接，它们的地震成像显示了原始盐盆的范围。在深水异地盐推覆体的下盘未识别出了原地盐构造或与盐相关的变形构造(图 14-3)。总之，初始的劳伦盐盆宽约 50~70km，从北部的 Chedabucto 断裂延伸到南部异地盐推覆体的断坡底部。由于实验监测区域的技术要求，选择的初始盐盆宽度为 55km(图 14-4a)。

14.3.2 盐盆底部形态

从裂谷晚期到裂后早期，劳伦盐盆占据了纽芬兰和大浅滩南部发育在伸展陆壳区上的早侏罗世裂谷盆地。对地震资料上基底构造和裂谷充填物的解释反映了裂谷盆地的主要特征。裂谷盆地主要是由 4~6 个不对称的半地堑构成，这些半地堑以向盆地倾斜的主正断层为界。基底中的向陆一侧的半地堑在地震测线上可以清晰成像，其深约 5~7km，并以 Chedabucto 断裂为界(图 14-3)，侧向与西北部的 Orpheus 地堑相连(图 14-1)。

几千米厚的裂谷期沉积物填平了大部分裂谷底部和基底构造的低洼区。裂谷晚期盐岩沉积的残留可容纳空间主要由两个不对称的沉积中心构成，并主要受向陆一侧的裂谷肩部、盆地中部的基底高地以及向洋壳的过渡控制(图 14-3)。这些不对称的沉积中心本身类似于一个不对称的半地堑形状，下伏 2~3 个被同裂各期沉积物夷平的基底裂谷地堑。可用于盐岩沉积的剩余可容纳空间仍很重要，在 Chedabucto 断层附近的向陆一侧的盐沉积中心的最深处和盆地中部基底高地向海一侧沉积了 2~3km 厚的原始盐层。向海一侧的盐岩沉积中心的几何形态还不是很清楚，但与沿加拿大东海岸分布的裂谷特征(Olsen 和 Schlische，1990；Withjacket 等，1995，1998)以及劳伦盆地西部和塞布尔盆地东部深部地震资料的观察结果一致(Adam 等，2010；Campbell 等，2010)。

盐盆底部形态对盐构造过程有重要影响。如大范围基底高地让盐层的减薄增加了盐与上覆沉积物的力学耦合作用，从而形成了复杂的多条伸展断层(Brun，1999)。由于在可用的地震资料(还是低质量)中观察不到可比较的断层模式，因此，选择具有两个不对称的沉积中心的实验装置可以最大化减少基底构造高点对盐构造的影响。向陆一侧的不对称沉积中心(沉积中心1，宽度为30cm)和向海一侧的地堑(沉积中心2，宽度25cm)仅仅是被中央基底半地堑的旋转下盘断块中的小型基底高点分隔(图14-4a)。

14.3.3 盐体初始厚度和敏感性测试

虽然地震剖面上并没有显示未受干扰的源层盐，但未变形的厚层盐上沉积层序提供了一些盆地中有关盐层初始厚度的线索。特别是向陆一侧的裂谷地堑充填了几千米厚的下侏罗统弱变形沉积楔，指示了在这期间有着相当高的沉积速率(可高达300m/Ma)。尽管沉积速率很高，但沉积楔中仍缺少伸展底辟和断层构造，这表明了早期的盐岩运动以盐撤盆地的被动下沉为主，而这种被动下沉是由于盐层中的渠道流而非剪切流引起的，因为剪切流会在上覆层中产生明显的伸展和断层作用(Rowan等，2004)。垂向上的被动下沉是脆性层和韧性层之间低力学耦合作用的指示。在具有高沉积速率和低力学耦合的盆地中，需要存在一个厚的初始盐层(Brun，1999；Krezsek等，2007)。

具有高沉积速率和可变的硅胶厚度的比例化敏感性实验(Campbell等，2007；MacDonald等，2007)，表明了在一个约1.5~2cm厚的黏性层中，发生了从高到低的力学耦合转变(从剪切流向渠道流转变)。本次研究开展的试验性实验(见附录)进一步说明了需要一个2.5~3cm厚的黏性层，才能尽量减少变形，并建立可观察到的早侏罗世楔形沉积物的生长样式(图14-3)。试验性实验的结果表明，向陆的劳伦裂后盐盆的最大初始盐层厚度约为3km。因此，在实验中(图14-4a)，在向陆一侧盐盆(次盆1)最深部分的枢纽带附近，设置了一个最大厚度为3cm硅胶，其朝着向海一侧盐盆(次盆2)在过渡基底高地处变为1cm。2号盐沉积中心陆上部分的最大深度为2.5cm，在盐盆向海终止处变为0。裂谷半地堑，包括过渡基底高地在内，都完全充填上硅胶。

14.3.4 沉积速率和模式

除了盐岩初始厚度和盆地几何形态外，沉积模式和沉积速率也是重要的参数。利用平均沉积物厚度和地震剖面上关键层位的地震地层解释，可以估计劳伦盆地侏罗纪和白垩纪的沉积速率(图14-5)。根据地震资料得出的该阶段沉积速率和劳伦盆地相应沉积物的空间分布范围，已经用来推断出侏罗纪—白垩纪期间向劳伦盆地输入的总沉积物量。沉积物输入量用每百万年间每千米陆缘上沉积了多少立方千米的沉积物来表示。劳伦盆地的沉积速率和沉积物输入量按比例对应于实验中每个时间段的沉积速率和总砂量(图14-5)。

对砂层预定义的人工分选程序被用来模拟陆缘裂后沉积的主要原则，包括：

(1) 沉积物每次的预定输入量(河流卸载量)；

(2) 设置正向的地表障碍物(如地垒、被动底辟和盐篷)来控制进入斜坡和深水盆地的沉积物通道；

(3) 在活动地堑和撤退盆地中增加沉积物输入量(达到3.5mm)；

(4) 裂后早期，在相对海平面上升到初始盐层顶部之上4km时，陆架和陆坡开始沉积，并且在陆架上表现为加积特征；

（5）裂后晚期，沉积物发生进积，并在初始盐层顶部之上4km陆架高度处具有一定的底面。

利用一个可调节的轨道系统和水准仪，通过每4h手工筛选分离2.5mm厚的砂层，模拟出了侏罗纪的整体沉积速率为200m/Ma。在活动的沉降实验区，通过将砂层厚度增加到3.5mm，模拟出了早侏罗世沉积中心高达300m/Ma的最大沉积速率。通过每8h筛选1.5mm厚的砂层，模拟出了白垩纪的沉积速率为50m/Ma。需要指出的是，由于实验中的伸展和硅胶的后撤，在单个砂层筛选期间，沉积区域和进积前缘的边界仅受模型地形和可容纳空间的动态演化控制。

图14-5列出了劳伦盆地演化的地质时间与实验计划时间的对比。实验中的10天代表自然条件下大约70Ma，覆盖了从辛涅缪尔期到阿普特期在劳伦盆地盐上层的演化。早、中和晚侏罗世每段的实验时间大约持续50h，而早白垩世的实验时间大约持续100h。根据沉积速率预测中—下侏罗统的累积沉积物模型厚度大于8cm，而上侏罗统的约为3cm，下白垩统的约为1.5cm。这些沉积物厚度与根据地震资料得出的相应沉积物厚度有很好的一致性。

14.3.5 基底掀斜

除了沉积楔的差异负载引起的重力扩展作用外，大陆边缘向盆地方向的掀斜是另一个控制盐构造的重要因素（Brun，1999；Krezsek等，2007），因为它会使陆缘的重力梯度明显增加，从而有利于盐滑脱面的上覆层发生向海方向的快速重力滑动。有两种机制通常造成被动陆缘的掀斜，一种是早期洋壳的裂后不对称热沉降，第二种是后期内陆的构造隆升。

裂后沉降受岩石圈的热力学状态控制（Huismans和Beaumont，2008）。这些热力学变化是难以在物理模型中考虑的，而数值模拟却能最好地分析它们对盐构造的影响（Ings等，2004）。但是，当隆升量是已知时，物理实验很容易可以模拟出内陆的构造隆升。在劳伦盆地，有证据表明大陆边缘的掀斜与晚侏罗世阿瓦隆抬升时内陆的逐渐隆升相关。Wade等（1996）根据芬迪（Fundy）盆地的地震资料推断，由于侏罗纪之后的期隆升作用，原来覆盖在新斯科舍North山玄武岩之上的厚约2km的上侏罗统被剥蚀掉了。

在劳伦盆地，从阿瓦隆不整合面（图14-3）之下地震反射层的向后掀斜得出的抬升幅度，表明阿瓦隆的抬升造成向盆地的掀斜平均达1.6°。由于缺乏有关阿瓦隆抬升历史的详细信息，在实验中通过两个恒定角度的倾斜实验基底模拟了陆缘的逐步抬升过程：第一期为中侏罗世晚期的前阿瓦隆隆升（105小时0.8°），第二期为晚侏罗世阿瓦隆自身的隆升（170小时0.8°；图14-7）。

14.3.6 与劳伦盆地主要特征相关的实验设置

综合初步的地震解释，以及来自通用实验和2个试验性实验（见附录）的盐构造概念，得出了劳伦盆地的一些主要特征，它们也为盆地规模的实验设置提供了一致性条件。

劳伦盆地盐系统的主要特征包括：

（1）裂谷基底的形态可能是一组平行或叠置的裂谷半地堑；

（2）发育薄皮而不是厚皮盐系统；

（3）向陆一侧的裂谷地堑中的下侏罗统沉积楔厚达几千米；

（4）侏罗纪时，向陆一侧的盐盆中缺乏广泛分布的盐底辟；

（5）早—中侏罗世，被动底辟比铲式生长断层更发育；

（6）晚侏罗世—早白垩世，在裂谷盆地外侧发育一个大范围的异地盐推覆体；

（7）中侏罗世之后，广泛发育向盆地的铲式生长断层（这些断层似乎在次级滑脱面上逐渐变平，这些滑脱面可能代表了更早期的盐篷系统）。

（8）白垩纪和古近纪—新近纪，沉积物进积到异地盐岩之上，微盆也开始形成。

14.4 实验结果

三维物理模拟实验的特定参数是来自地质和地球物理资料（沉积模式、基底形态和盐盆几何结构），其结果为在实验室尺度下，研究劳伦盆地的构造—沉积演化提供了定量数据库。时间顺序的实验数据揭示了早侏罗世裂后期初期盐运动到白垩纪被动陆缘异地盐篷发育晚期的构造演化、盐岩运动以及盐岩与沉积物的相互作用。

高分辨率的三维位移数据提供了盆地演化过程中有关断层运动学、硅胶运动以及它们对沉积模式影响的精确信息。比例化物理实验得出的盐构造概念与盐盆运动学模型可被用来进一步分析现代陆坡在区域背景下发生的盐构造过程的力学机理、时间以及耦合作用（见讨论部分）。主要实验进行了10天（共234h），分析了劳伦盆地从早侏罗世（辛涅缪尔期）到早—中白垩世（巴雷姆期）大约70Ma间的裂后期演化过程。

14.4.1 构造总体特征

图14-6为实验最后阶段的四个代表性横剖面，它们整体具有相似的构造特征，这也反映了沉积物输入或实验设置的三维基底构造缺少与走向平行的变化。但有个别构造表现出一些变化，这与硅胶流动时间的局部变化以及沉降与沉积的耦合有关。

硅胶盆地的向陆边缘发育一个连续的沿盆地走向分布的铲式生长断层系统（F_1；图14-6），该断层系统在硅胶向近陆次盆排出的早期阶段是活动的。硅胶盆地发育一个具有巨厚沉积物的硅胶后撤盆地中的一个海进层序（Sb1和Sb2；图14-6）。在大多数地区，沉积物与盆地基底互相接触，形成了区域焊接，表明硅胶向盆地方向发生了有效的排出。少量的初始硅胶残留在了地堑最深处的盐枕里。中央地堑中的主要底辟显示了沿走向从对称底辟到向海倾斜的不对称底辟和挤出盐滚的变化。残余底辟翼部提供了一个次级滑脱面，为后期向盆地倾斜的铲式生长断层和微盆的形成（图14-6；Sb1b和Mb3a），这也表明了在不同的实验阶段都存在着向陆的盐篷（C_1和C_3；图14-6）。

在实验后期，向陆次盆中的底辟构造被封盖（D_1和D_2，图14-6），而向海次盆中的底辟从对称被动底辟演变成向盆地倾斜的非对称底辟，并一直活动到实验结束（图14-6中的D_3、D_4）。在过渡的基底高地处，一个早期的对称被动底辟被捕获，并部分被一个硅撤盆地所覆盖（图14-6中的D_2、Sb2）。硅胶盆地向盆地方向终止的特征是，实验后期快速的挤出作用形成了一个大范围的硅推覆体（SN；图14-6）。在异地硅胶之下，一个深水沉积物内的断坡形成于裂谷盆地向盆地方向的末端。Mb3微盆的一部分（图14-6）沿盐滑脱面逆冲到盆地沉积物之上。晚期的微盆群形成于挤出的盐推覆体顶部（图14-6中的Mb4）。

14.4.2 实验演化

通过时—空图（图14-7a），实验剖面的复原剖面（图14-7b）以及三维实验数据（图14-8）描述了模拟实验的复杂演化过程。时—空图（图14-7a）概要表示了盐构造以及来自时间顺序图像和DIC应变分析的与它们相关的沉积体系的时空演化。中部陆架到盆地的横剖面（模型中45cm位置处的剖面，参见图14-8）的构造和沉积要素的位置沿X轴进行了投点。这些要素在 X 轴位置的变量每隔 20h 测定一次,并投点在 Y 轴上。图左侧为代表性的地质时间,顶部的示意性剖面显示了初始盐沉积中心的位置和模拟之前盐的分布情况。图 14-7b 是利用时间顺序的三维表面高程数据和三维应变数据(如 V_z、e_{xx})按 20h 的间隔对代表性剖面(45cm)进行复原的结果。

图 14-8a、b 说明了 40h 间隔的实验演化过程,主要通过来源于 DIC 应变数据的 4 个人工照明三维数字高程模型(DEM)进行表示。最底部的图件显示了在 DEM 上的实验表面的原始图像,而前三个图件显示的是根据三维光学应变监测(DIC)得出的在前 20h 内发生的总变形。通过水平应变 e_{xx}(最顶部图件)来对活动变形过程进行可视化,伸展用红色到绿色表示(0 到最大,如被动底辟、地堑型正断层),挤压用蓝色表示(0 到最大,如褶皱和逆冲断层)。通过水平位移分量 V_x(第二个图件)来对与陆缘垂直的进积沉积楔的过渡和扩展进行可视化,向盆地一侧的运输用红色到绿色表示(0 到最大,如全部过渡区、盐筏),向陆一侧的运输用蓝色表示(0 到最大,仅限于盐篷向陆地方向的挤出)。通过垂直位移数据 V_z(倒数第二个图件)说明沉积中心的分布、沉降以及迁移,沉降用蓝色到红色表示(0 到最大,如地堑、后撤盆地),隆升用绿色表示(0 到最大,如褶皱、底辟隆升和硅胶膨胀)。

虽然没有观察到构造演化中的突然转变,但实验结果展示了早期、中期和晚期运动阶段的特征(图 14-7 和图 14-8)。

14.4.2.1 早期阶段

早期阶段(0~80h)主要以硅撒盆地的发展为特点,向陆次盆内的硅胶向海的排出导致了硅撒盆地的形成。向陆次盆中沉积楔的伸展和线状构造作用与向海次盆的挤压、褶皱和硅胶膨胀作用相互平衡(图 14-7 和图 14-8)。

在实验早期已经观察到了向陆的伸展和向盆的缩短作用。两个构造域的边界与基底高地处的位置大体一致。伸展区以底辟作用和沉积物下沉形成作用为特征(图 14-8 的 20h)。硅胶盆地向陆的边缘开始发育一条明显的铲式正断层(图 14-7b 中 F_1),与此同时,平行于边缘形成了几个狭窄的地堑。这些地堑被底辟快速刺穿,并演变成山脊,同时将盆地底部分割成不同的硅撒盆地(图 14-7a、b 和图 14-8a 中的 Sb1、Sb2)。被动底辟形成的悬挂体(40h)优先流向了高沉降区(如流向硅撒盆地 Sb1)。其中有些悬挂体从底辟轴部向陆延伸超过 10cm,厚度达 1cm。这些悬挂体后来合并形成了一个大范围的盐篷(图 14-7a、b 中 56h 的 C_1;图 14-8 中 60h)。

挤压区以区域隆升、褶皱和逆冲作用为特征。硅胶向盆地方向的运动造成硅胶膨胀,从而引起隆升。褶皱作用具有两种不同的尺度。短波长(实验中<1cm;自然界中<1km)的小型褶皱大多数为非圆柱形,但随着褶皱作用的进行有演变成为圆柱形褶皱的趋势(图 14-8 中 60h)。大型褶皱开始有大波长(实验中为 5~10cm,相当于自然界中的 5~10km),随后变为紧闭褶皱。在早期阶段末期大约 60h 时,硅胶盆地向海一侧的边缘开始形成硅核逆冲断层(图 14-7 中的 FT)。尽管相对于从变形开始的盆地深海区,硅胶明显的上倾膨胀已经形成了一个明显的自由域。

14.4.2.2 中期阶段

中期阶段(80~160h)以向海次盆中膨胀的硅胶顶部开始出现了大规模向海进积的沉积物为特征(图 14-7 和图 14-8c、d)。这与硅撒盆地下部的盐焊接、滚动背斜或向陆地堑中的筏状构造有关,使得硅胶盆地向陆伸展和剩余可容纳空间填充的停止。向陆的硅撒盆地的沉降速率先降低,而后停止。开始时,沉积物的输入超出了向陆沉积中心可用的可容纳空间,于是沉积物开始向盆地方向进积,沉积达到了盐篷和底辟脊之上(图14-7a、b中76~96h的C_1、D_1)。随后,硅撒盆地Sb2(图14-7和图14-8a)中沉积了大量沉积物(达到每个筛选区间砂沉积量的1/3)。盐篷顶部形成了小型沉积中心,并逐步演变成由底辟脊分隔的微盆网络(图14-7中的Mb3a、Mb3b)。

挤压区以强烈的区域隆升(局部地区超过4mm)为特征。这种隆升与前缘逆冲断层向盆地方向的推进以致缓慢开始向同构造期海相沉积物爬升是同期的。膨胀硅胶块体之上脆性层发生的连续褶皱作用将一些褶皱演变成了逆冲断层(图14-7a中96h)。更常见的是,硅突破了褶皱脊部并挤入附近的向斜。此时,挤压区中被挤出的硅胶有向陆地方向流动并进入由硅撒盆地Sb2形成的坳陷区的趋势。以这种方式,一个次级盐篷开始发育,并从它的源区向陆地方向延伸超过10cm(C_3,图14-7a、b中的96~116h)。

沉积前缘扩展超出了盐篷C3(Mb3a;图14-7的136h)并达到挤压区的向陆部分(Mb3b)。微盆Mb3a的上倾方向以一个向盆地倾斜的铲状正断层为界,下倾方向以一个伸展底辟为界(图14-7a、b中156h)。它很快成为盆地中最重要的沉积中心,在20h内容纳了局部可超过12mm的沉积物(图14-7a中156h)。微盆沉积受断层滚动和被动下沉形成作用的共同影响。微盆Mb3b在一个伸展背景下开始演变,并快速沉降进入厚层膨胀硅胶块体(图14-7b的156h)。

14.4.2.3 晚期阶段

在向海地堑的膨胀硅胶区中,当硅撒盆地Sb2和微盆焊接时,标志着开始进入晚期阶段(160~234h)。在该阶段内,大多数剩余的硅胶被底辟构造所捕获(图14-7中的D_3),或是被排入向海的异地硅胶推覆体中(图14-7和图14-8中的AN,180~220h)。陆架区内的大部分早期构造是不活动的,伸展变形和次级硅胶滑脱面上形成微盆,使沉积物进积在异地硅胶的外侧(图14-7a、b)。

前缘逆冲断层被突破,硅胶快速向盆地方向排出进入一个大范围的硅胶推覆体(图14-7;图14-8中的220h),这刚好是发生在实验模型第二次掀斜后。前缘逆冲断层演变成为一个迅速爬升并扩展到沉积在盆地一侧的同构造期深海相沉积物之上的异地硅胶推覆体(AN)(挤压变形和隆升停止,硅胶自由地向盆地方向扩展)。微盆(Mb3a、Mb3b)呈背驮式随着硅胶推覆体向盆地推进,而且这些微盆的沉降显著下降。同时,沉积前缘进一步向盆地方向移动,并在异地推覆体之上形成其他微盆(图14-7a中的Mb4)。当前缘异地推覆体的推进明显放缓时,实验在234h时停止。

14.5 讨论:对盆地演化的指示

最后实验剖面上的浅层盐岩、断层和主要沉积中心的位置与劳伦盆地区域地震剖面的初步解释都非常相似(图14-3)。实验成功再现了劳伦盆地的一些主要特征(如陆架之下有效的盐撒和厚的侏罗系沉积楔,陆坡之下的伸展断裂构造和深水盆地的盐推覆体)。此外,实验中的沉积结构、运动学分区以及相对于构造演化的时间与地震解释结果也十分相似。因此,实验结果和运动学演化为劳伦盆地的演化以及盐构造机理研究提供了一个参照物。最后,根据模拟实验得出的构造、运动学和力学概念也有助于对更深部只有少量成像好的地震剖面的解释(图14-9)。

从实验得到的构造与运动学的概念和模式明显提高了对深层盐盆构造和沉积中心的理

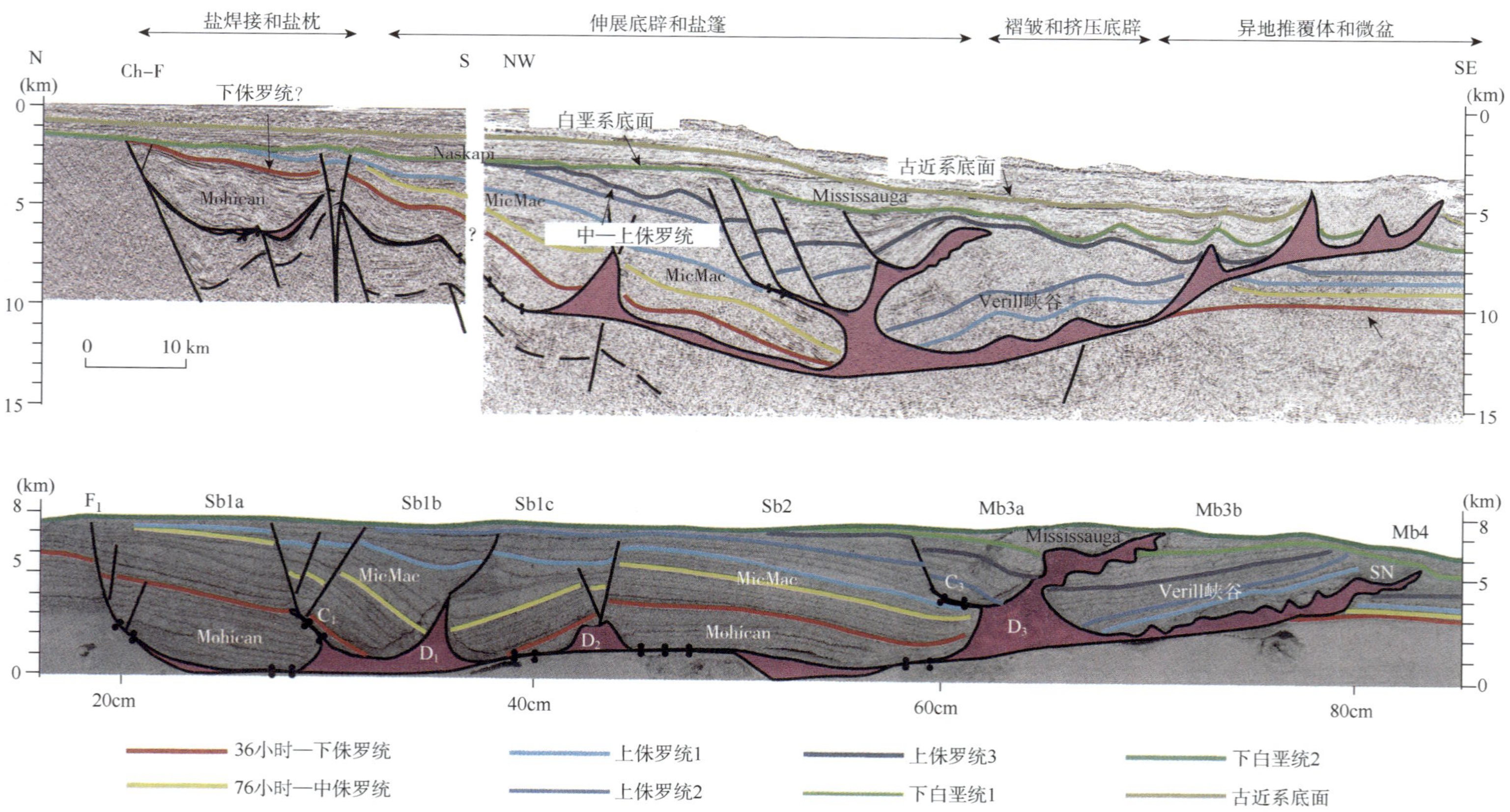

图14-9 区域地震剖面与实验剖面（图14-6中35cm处）对比

从陆架到盆地方向4个盐构造分区：盐焊接、伸展底辟和盐篷、挤压底辟和褶皱以及盐推覆体；盐岩为紫红色；实验中不包括晚白垩世—新近纪的液化情况；注释参见图14-6和图14-7

解，并为盐构造过程与主要沉积体系的耦合提供了可进行力学试验的运动学解释。图14-9中解释后的实验剖面和重新解释的地震剖面在盆地结构和主要盐运动分区方面都具有相似性。从陆架到盆地(从北向南)，这些运动学区域是(1)盐焊接和盐枕区；(2)伸展底辟和盐篷区；(3)挤压底辟和褶皱区；(4)异地盐推覆体区。

(1)盐焊接和盐枕区形成于向陆一侧的盐盆，位于现代陆坡之下。该区域以发育盐焊接、盐枕和少量伸展底辟为特征。

(2)伸展底辟和盐篷区位于现代陆坡—陆架过渡区之下，其翼部发育良好的喷出牵引构造，主要发育直接来源于初始盐层的大型伸展底辟，其中有一些已经发育了侏罗系盐悬挂体。盐悬挂体和盐篷形成的次级盐层充当了上侏罗统—白垩系沉积层内伸展断裂的滑脱面。

(3)挤压底辟和褶皱区位于下陆坡之下，主要发育地震成像差的盐核褶皱和具有折叠壳的挤压底辟。

(4)大部分向海一侧的盐构造区以大型的异地盐推覆体为特征。盐推覆体的底面从10km的深度几乎爬升至现代海底。异地盐体延伸超过大多数盆地一侧裂谷地堑向海方向30km，并可能覆盖了陆壳和洋壳的过渡区(Wu等，2006)。在白垩纪和古近纪—新近纪形成微盆和次级盐构造(如晚期挤压底辟)期间，沉积物进积到了异地盐复合体之上。

劳伦盆地向陆一侧的Mohican组非常厚(达5km)(图14-9)，并形成了一个向盆地方向减薄的沉积楔，该沉积楔向下搭接在了盐枕和初次盐焊接之上。进一步向盆地方向，Mohican组在盐底辟之间发生尖灭。沉积楔中也明显缺少铲式断层。在实验中也可以观察到一个相似的楔形结构(图14-9a)。沉积物发生被动下沉而进入初始盐层和大型盐墙向陆一侧的翼部，从而形成了楔形形态。这种形状也反映了同期向盆地方向的盐撤。这种变形样式反映了在盐沉积物中受渠道流驱动的变形中脆性/韧性层的低耦合作用(Brun，1999；Krezsek等，2007)。早期的被动下沉形成作用与强烈的沉降有关。因此，在Mohican沉积期间，劳伦盆地向陆一侧已经沉积了大量砂岩，而中部沉积中心仍以页岩沉积为主(图14-10)。

大多数向海方向的Mohican组和MicMac组沉积物或缺失了，或是仅作为冷凝段沉积(图14-9)。同样地，在实验剖面的向海部分中，早期的沉积物很薄或是缺失(图14-9)。这是因为早期的挤压褶皱区发育一个高达4km厚的盐块体，其持续表现为高地形，从而不接受沉积(图14-7)。在劳伦盆地，像这样一个高地形区会阻止任何重力流沉积，但却有利于深海沉积物的沉积。因此，我们认为Mohican组和MicMac组可能是富含碳酸盐的深海沉积物。膨胀盐块体的隆升比较明显，以致发生了浅海碳酸盐岩沉积(图14-10b)。在实验中可以观察到两种底辟作用，一种是由于伸展作用导致的硅胶复活上升(实验模型的向陆部分)，另一种是持续褶皱作用引起的伸展应力导致硅核褶皱的突破(实验模型的向盆地部分；图14-7)。在这两种情况下，硅胶都被排出到了海底，从而形成了地形高点，将海底变成了硅撤盆地和微盆。一些底辟形成了大型悬挂体，后来合并成为大范围分布的盐篷。

推测劳伦盆地早期的MicMac组有一个相类似的古地理环境(图14-10b)。不规则的海底被盐篷和底辟控制的复杂沉积通道和不同的沉积中心所分割。因此，单个微盆间会存在大型砂体净毛比的差异。残余盐篷在地震成像上常表现为次级盐焊接，并充当了几个年轻的铲式生长断层系统的滑脱面(图14-9)。铲式断层是脆性/韧性层高耦合作用以及次级盐层为存在剪切流的标志。与下侏罗统沉积楔相反，这种剪切流是受盐层与上覆沉积物的低厚度比驱动的(Brun，1999；Krezsek等，2007)。

地震剖面解释的异地推覆体具有一个以高角度爬升大中—下侏罗统之上的底面断坡，并

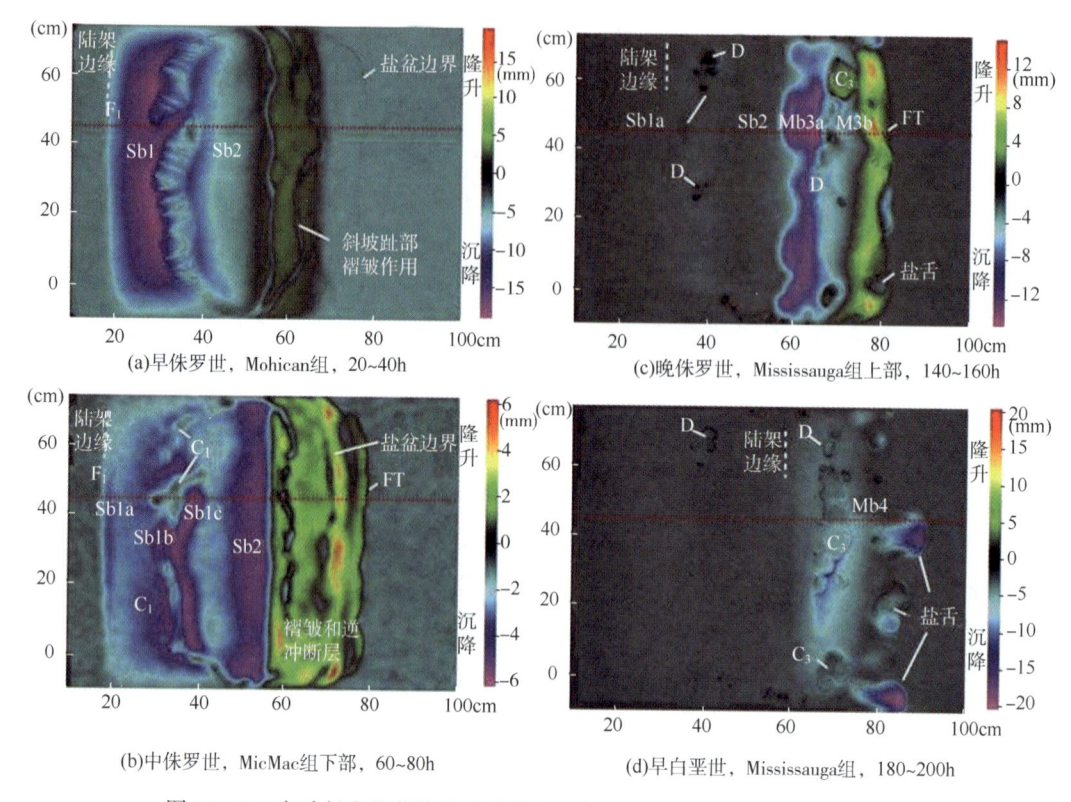

图 14-10 实验得出的劳伦盆地侏罗纪—白垩纪关键时刻的模拟古地理图

图件显示了用颜色表示的总垂直位移的实验表面(20h 的间隔);比例尺为毫米级(实验中 10mm=自然界中 1km);红线表示图 14-7 中复原的横剖面的位置;注释参见图 14-6 和图 14-7。(a)早侏罗世古地理背景(实验中的 20~40h);主要沉积中心位于枢纽带附近(紫色,Sb1;碎屑岩为主);盆地中部只有中等程度的沉降(浅蓝色,Sb2;页岩为主);向海一侧的盆地经历了隆升(绿色),以富含碳酸盐岩的远洋沉积物和浅海沉积物为主。(b)中侏罗世(实验中的 60~80h),劳伦盆地被分割成由被动底辟(浅蓝到绿)围限的复杂盐撤盆地网格(紫色,如 Sb1a—Sb1c,Sb2);这些盆地反映了复杂的沉积物通道和明显多变的沉积物充填模式;深水盆地受抬升的盐块控制(从绿到红;深海沉积)。(c)在阿瓦隆起期间的晚侏罗世(实验中的 140~160h)古地理背景向陆一侧的地区出露(灰色,Sb1a),陆架边缘向海盆推进;主要的沉积中心位于盐块的向陆一侧(紫色,Mb3a);沉积扩展到了盐块(浅蓝,Mb3b)之上,使盐推覆体开始挤出(绿—红)。(d)早白垩世(实验中的 180~200h);有限的沉降使沉积减少,沉积物退积到以前出露的陆架;全盆广泛分布页岩沉积物;最深的沉积中心位于异地推覆体(Mb4)的顶部;由于缺乏一个支撑物,异地推覆体继续向盆地方向推进

在晚侏罗世和早白垩世沉积物之上变平缓(图 14-9)。因此,推覆体最初以一个较低的速率推进,而后速率变大(Hudec 和 Jackson,2006)。通过与实验演化过程的类比,低速率的推覆体推进与挤压褶皱区的盐块体的膨胀相一致。这种比较有限的推覆体推进是由于深海沉积通常与盐膨胀幅度保持一致。因此,向盆地方向的盐流动受到盐盆向海一侧边缘同期沉积物的支撑(图 14-7)。

向盆地方向的掀斜以及沉积物进积到膨胀硅前缘块体上导致前缘逆冲断层被突破,此时,实验中的硅推覆体快速向前推进。同样的,快速推进的异地推覆体与大浅滩的同期隆升是相吻合的,我们认为二者具有成因上的联系。掀斜作用增加了边缘的重力梯度,再加上缺少前缘支撑物,导致劳伦盆地深部底面上的盐层迅速扩展。盐从盐块体的快速逸出必然导致盐块体收缩,并在其顶部形成新的微盆。Mississauga 组富砂沉积记录了内陆的隆升导致了相对海平面的下降。早期的陆架区被侵蚀,MicMac 组上部和更晚的 Mississauga 组三角洲向盆地大规模推进,

并在早期盐块体向陆方向的一侧堆积了大量沉积物(图14-9和图14-10c、d)。

盐撤盆地和微盆的焊接减缓了盐体从盐块体中的排出,另外再由于海平面的上升导致沉积物输入量减少。这两个因素的综合影响使得早白垩世推覆体的推进速率有所变缓(图14-10d)。沉积物以富页岩沉积(Naskapi组)为主,并向西超越了原先出露的陆架。晚白垩世,又开始了一个新的进积旋回,现今仍以劳伦扇的形式保持活动。

14.6 结论

比例化模拟实验为分析劳伦盆地的裂后演化和盐构造区特征提供了新的视角。实验证明,具有半地堑形态的不对称盐沉积中心,同时结合一个厚的初始盐层,是能够模拟盐盆向陆一侧中受下沉形成而非伸展形成的厚上侏罗统沉积楔特征的形成的。该机制与侏罗系沉积层序中缺少主要正断层是一致的。

高分辨率时间顺序图像和三维应变数据使我们能够分析盐构造及其耦合的沉积体系的时空演化特征,即是从裂谷盆地早期的盐运动向深海平原中异地盐篷的裂后晚期演化的过程。

劳伦盆地的盆地演化和盐构造受重力驱动下沉形成作用和上覆在巨厚塑性盐层之上的被动陆缘沉积楔的薄皮伸展作用控制(图14-11a)。与斯科舍边缘裂后早期到现代被动陆缘的演化相比较,劳伦盆地实验的演化是以全盆变形具有运动学分段性的早期、中期和晚期演化阶段为特征的(图14-11b至d)。在这三个阶段中,盆地演化和复杂的盐构造形成是受重力驱动的变形、同构造期沉积和盐运动的相互作用控制的。

早期实验阶段可与早侏罗世劳伦盆地的同裂谷晚期和裂后早期阶段相比较,主要以盐盆向陆一侧的盐体向海方向的排出为特征(图14-11b)。盐盆向陆一侧中沉积楔的伸展作用与盐盆向海一侧中的挤压和盐岩膨胀相互平衡。陆架伸展区的典型构造是对称地堑、被动底辟和排出牵引构造。在向海的挤压盐盆中,主要发育短波长褶皱、紧闭向斜和局部的逆冲断层。

中期实验阶段与中—晚侏罗世劳伦盆地的主裂后阶段相似,主要以一个大型重新组织的沉积中心和盐构造系统为特征(图14-11c)。当盐撤盆地和滚动背斜之下的盐盆向陆一侧中开始形成盐焊接时,标志着中期阶段的开始。随着向陆方向地区的伸展作用停止,剩余可容纳空间先后被填平,标志着沉积物开始向海方向进积,并进入到盐盆向海一侧中。

晚期实验阶段以盐盆外侧形成区域盐焊接为特征。沉积物明显进积到向海一侧的膨胀盐块体之上,标志着深水盆地区开始形成了大范围的异地推覆体(图14-11d)。该阶段可与晚侏罗世—早白垩世劳伦盆地的裂后晚期相比较。晚白垩世和古近纪—新近纪,后期沉积物进积到了异地盐推覆体/盐篷系统的外侧,导致了以生长断层,以及在更高的次级盐层面上形成新微盆为特征的伸展作用。

我们相信,这种区域和实验综合研究的结果是令人鼓舞的。研究结果表明,利用新一代具有光学应变监测功能的比例化三维模拟实验,并结合力学建模的方法来模拟耦合的构造—沉积过程,是分析被动边缘盐体系的一个非常强大的手段。本文的模拟实验已经成功模拟了劳伦盆地盐系统从裂后早期盐运动到裂后晚期异地盐推覆体系统的主要特征。从中得到的力学概念明显提高了对劳伦盆地中盆地规模的盐构造过程和沉积模式的解释,对理解斯科舍边缘东北部的构造—地层格架也有帮助。

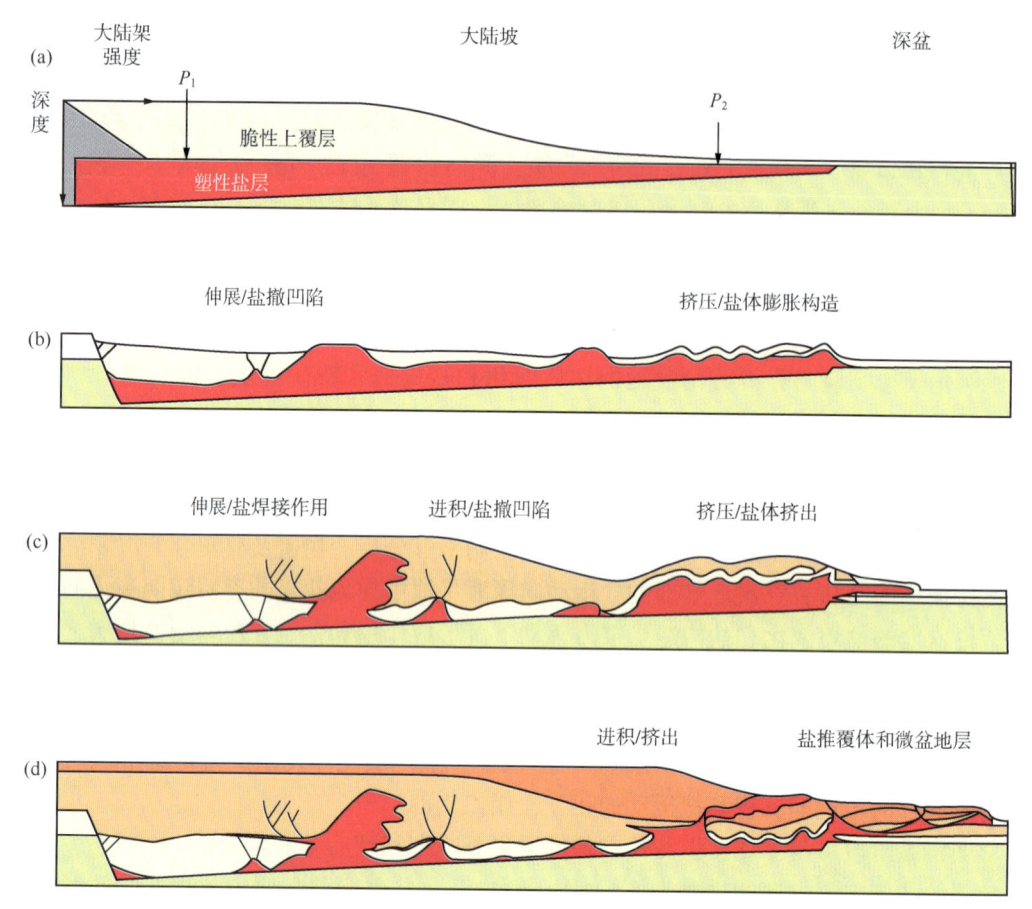

图 14-11　厚层可移动的盐层之上的被动陆缘沉积楔中的薄皮伸展作用

(a)差异负载和裂后层序强度分布引起的盐层内的压力梯度($P_1—P_2$)；(b)、(c)和(d)重力扩展作用引起盐体向盆地方向流动期间的被动陆缘楔的运动学分段特征；(b)早期阶段，初始盐体发生运动盐盆向陆一侧中形成盐撤盆地，而盐盆向海一侧发生盐体膨胀和上覆层挤压；(c)中期阶段，盐盆向陆一侧形成区域盐焊接，沉积物开始进积在盐盆向海一侧的膨胀盐体顶部，引起盐体挤出到深水盆地沉积物上；(d)晚期阶段，发生沉积物进积，并在异地盐推覆体外侧形成微盆

附录：试验性实验设置和结果

1. 实验目的和设置

两个实验的主要目的是试验：

（1）侏罗纪的主要实验参数(如巨厚的初始盐层，不对称的初始盐沉积中心和高沉积速率)；

（2）不同盐盆底面形态对盐运动的影响。

这两个实验的最大硅胶厚度为 3cm(相当于自然界中的 3km)，以及达到了 4h 沉积 2.5mm 的高平均沉积速率(200m/Ma)，但分析的是盐盆底面不同形态的影响。这两个实验设置代表了裂后早期盆地，盐沉积物充填了断裂和同裂谷期沉积物形成的可容纳空间。

初始设置(试验性实验 1；附图 1)由一个被厚硅胶楔(裂谷肩部附近厚 3cm，向盆地方向逐渐楔减为零)充填的共有半地堑形态的不对称可容纳空间组成。

试验性实验 2 还表示了一个具有中部台阶和底部台阶形态的不对称可容纳空间(断坪—断坡—断坪的盆地基底形态)。在盆地向陆一侧的深部,硅胶厚 3cm,在向盆地一侧的基底台阶之上厚 1.5cm(相当于自然界中的 1.5km)。该盆底台阶模拟了地堑系统中的隆升地垒块体。

2. 构造剖面

对实验末期的剖面(陆架—陆坡方向,25mm 间隔)进行了切割和解释。本文展示了每个实验的三个中部剖面。对剖面的解释包括主要断层、盐焊接和一套时间层位。两个实验中用彩色层位描绘了同时的阶段。

总的来看,两个实验的主要构造样式和砂层的进积结构都非常相似。在盐盆向陆一侧的部分,大部分的硅胶已经被有效排出,从而形成了焊接的硅撤盆地。在所有剖面中,小型硅底辟和硅枕仍保留了下来。

焊接区向盆地方向主要是发育一个大型的排驱滚动背斜,以及顶部发育良好的地堑(CG)。向盆地方向发育了一些微盆、小型滚动构造和底辟构造。它们都是开始就发育在膨胀的硅块体(ISM)或异地推覆体(AN)的顶部。

3. 实验演化

两个实验的演化都非常类似,在加积阶段,沉积层开始下沉进入不对称硅胶盆地向陆一侧的硅胶中。沿着硅胶盆地的向陆一侧的边缘发育大型生长正断层(GF)。由于沉积物的下沉形成作用,硅胶向盆地方向排出,并引起盆地方向硅胶层的膨胀,这些膨胀的硅胶块体形成了一个背对深海平原的非常明显的自由区。

在进积阶段,沉积物上超在向陆的硅胶块体上。此时,由于硅胶向盆地方向的撤退,这些上超的沉积层发生向下的旋转,从而形成了一个大型的排驱滚动构造(ER)。向下的旋转、一直持续到沉积物焊接到了盆底。这个旋转引起进积斜坡发生弯曲,并导致了顶部地堑(CG)的形成。在随后的斜坡沉积物发生焊接后,个别顶部地堑的断层最终停止了活动。但伸展作用向盆地方向迁移,从而形成新的顶部地堑,并使更年轻的进积斜坡形成排驱滚动构造。因此,可以观察到几个不同时代并向盆地方向逐渐变年轻的顶部地堑(如 Key Stone 地堑)。

直到进积斜坡叠置在膨胀的硅胶块体上,异地硅推覆体的形成和挤出才开始。这与几个伸展断裂系统和硅胶块体顶部的微盆形成是同期的。当沉积物进积前缘到达异地推覆体时,两个实验均结束。

4. 敏感性测试结论

总体而言,这两个实验证实了以前的实验结果。尽管沉积速率很高,但非常厚的硅胶层有效抑制了向盆地掀斜的铲式生长断层的发育。为了形成韧性层和上覆砂层整体较低的力学耦合作用,厚硅胶层是盆地规模实验为了平衡早期阶段(相当于侏罗纪)相对较高的沉积速率的一个先决条件。这种低的力学耦合作用有利于沉积物下沉形成作用和被动底辟作用,而不利于铲式断层的发育。这种盐构造模式得到了初步地震解释的支持。

在试验性实验 1 中,具在光滑盆底的楔状硅胶楔能够在硅胶块体向陆的侧翼发育一个长期的排驱滚动构造。该构造控制着硅胶持续有效地排入一个大范围的异地硅推覆体中。

与此相反,由于受基底台阶引起韧性层流动状态变化的控制,试验性实验 2 更多以幕式排出为特征。在硅块体向陆侧翼崩塌期间,发育了大型向盆地倾斜的伸展断层(EF)。这些正断层切穿整个上覆层,并在底部的硅胶层发生滑脱。更老的向陆掀斜的正断层的位置与基底台阶的位置相对应。初始硅胶的排出是幕式的,而且效率也没有实验 1 好。大部分膨胀硅

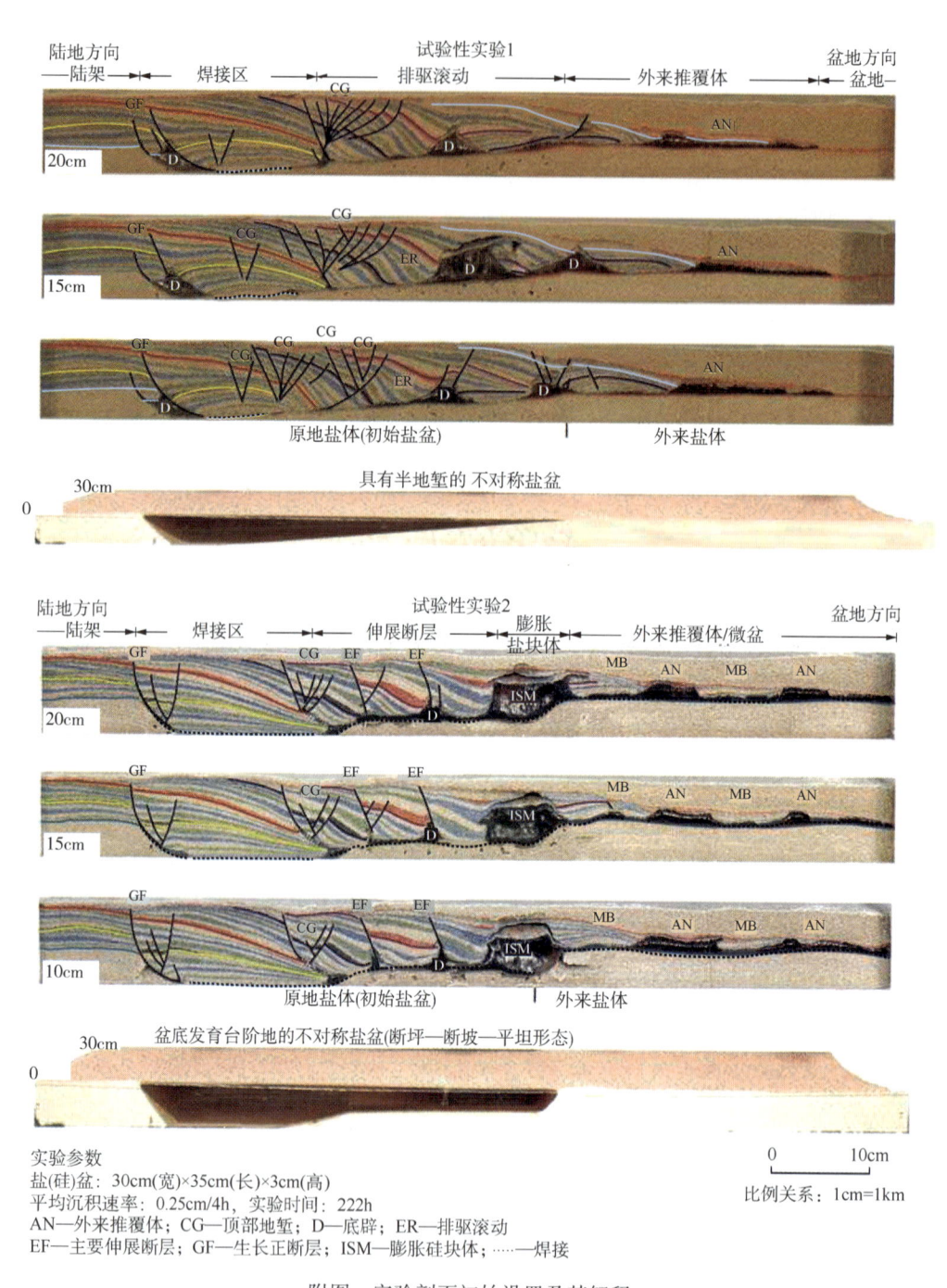

附图 实验剖面初始设置及其解释

分析裂谷地堑形态和初始盐层厚度变化对裂后期盐运动和盆地演化的作用；实验1模拟半地堑充填的裂后早期盐层，其厚度向盆地方向从3cm楔减为0（相当于自然界中从3km减为0）；实验2模拟一个具有盆地基底台阶的半地堑，盆地向陆部分的硅胶厚3cm（相当于自然界中的3km），在基底台阶上减少到1.5cm（相当于自然界中的1.5km）

胶块体（ISM）仍沿硅胶盆地向海一侧的边缘分布。

初步的地震解释表明的一样劳伦盆地向海一侧不存在大规模的正断层和大型残余盐体，这也支持了盆地规模的实验中具有楔形半地堑形态的不对称硅胶盆地的实验设置。

参 考 文 献

Adam, J., Urai, J. L. et al. 2005. Shear localisation and strain distribution during tectonic faulting - new insights from granular-flow experiments and high resolution optical image correlation techniques. Journal of Structural Geology, 27, 283-301.

Adam, J., Krezsek, C. & Grujic, D. 2006. Thin-skinned extension, salt dynamics and deformation in dynamic depositional systems at passive margins. In: 8th SEGJ International Symposium Conference Proceedings, 6, Kyoto, Japan.

Adam, J. & Salt Dynamics Group. 2008. 4D physical simulation of basin-scale salt tectonic processes and coupled depositional systems from the rift basin to modern continental margin. Touch Briefings-Exploration & Production Oil & Gas Review, 6, 94-97.

Adam, J., MacDonald, C., Campbell, C., Cribb, J., Nedimovic, M., Krezsek, C. & Grujic, D. 2010. Basin-scale salt tectonic processes and post-rift basin history of the North-Central Scotian Slope and Deepwater Basin. Prospectivity. The Geological Society, London.

Albertz, M. & Beaumont, C. 2010. An investigation of salt tectonic structural styles in the Scotian Basin, Offshore Atlantic Canada: Paper 2, Comparison of observations with geometrically complex numerical models. Tectonics, 29, http://dx.doi.org/10.1029/2009TC002540.

Albertz, M., Beaumont, C., Shimeld, J. W., Ings, S. J. & Gradmann, S. 2010. An investigation of salt tectonic structural styles in the Scotian Basin, offshore Atlantic Canada: Paper 1, Comparison of Observations with Geometrically Simple Numerical Models. Tectonics, 29, http://dx.doi.org/10.1029/2009TC002539.

Brun, J. P. 1999. Narrow rifts versus wide rifts: inferences for the mechanics of rifting from laboratory experiments. Philosophial Transactions of the Royal Society London, A, 695-712.

Brun, J. -P. & Mauduit, T. P. O. 2009. Salt rollers: Structure and kinematics from analogue modelling. Marineand Petroleum Geology, 26, 249-258.

Campbell, C., MacDonald, C., Adam, J., Krezsek, C. & Grujic, D. 2007. Physical modelling of the formationand salt tectonics of salt-canopy systems at deepwater continental margins with application to the Jurassic to Early Cretaceous, Abenaki and Sable subbasins, Scotian Margin. In: Atlantic Geosciences Society Colloquium, Moncton, New Brunswiek.

Campbell, C., MacDonald, C., Cribb, J., Adam, J., Nedimovic, M., Krezsek, C. & Grujic, D. 2010. The Salt Tectonic Evolution of the North-Central Scotian Margin: Insights from 2D Regional Seismic Data and 4D Physical Experiments. AAPG Annual Conference & Exhibition, New Orleans.

Costa, E. & Vendeville, B. C. 2002. Experimental insights on the geometry and kinematics of fold-and-thrust belts above weak, viscous evaporitic decollement. Journal of Structural Geology, 24, 1729-1739.

Cummings, I. D. & Arnott, R. W. C. 2005. Growth-faulted shef-margin deltas: a new (but old) play type, offshore Nova Scotia. Bulletin of Canadian Petroleum Geology, 53, 211-236.

Demercian, S., Szatmari, P. & Cobbold, P. C. 1993. Style and pattern of salt diapirs due to thin-skinned gravitational gliding, Campos and Santos basins, offshore Brazil. Tectonophysics, 228, 393-433.

Diegel, F. A., Karlo, J. F., Schuster, D. C., Shoup, R. C. & Tauvers, P. R. 1995. Cenozoic structural evolution and tectono-stratigraphic framework of the Northern Gulf Coast continental margin. In: Jackson, M. P. A., Roberts, D. G. & Snelson, S. (eds) Salt Tectonics: A Global Perspective. AAPG, Tulsa, Memoir, 65, 109-151.

Enachescu, M. E. & Hogg, J. R. 2005. Exploring for Atlantic Canada's next giant petroleum discovery. CSEG Recorder, 19-30.

Enachescu, M. & Wach, G. 2005. Exploration Offshore Nova Scotia: Quo Vadis? Ocean-Resources, 23-35.

Fort, X., Brun, J. P. & Chauvel, F. 2004. Salt tectonics on the Angolan margin, synsedimentary deformation processes. AAPG Bulletin, 88, 1523-1544.

Funck, T., Hopper, J. R., Larsen, H. C., Louden, K. E., Tucholke, B. E. & Holbrook, W. S. 2003. Crustal structure of the ocean-continent transition at Flemish Cap: seismic refraction results. Journal of Geophysical Research, Solid Earth and Planets, 108, 2531-2551.

Gemmer, L., Beaumont, C. & Ings, S. J. 2005. Dynamic modelling of passive margin salt tectonics: effects of water loading, sediment properties and sedimentation patterns. Basin Research, 17, 382-402, whttp: // dx. doi. org/10. 1111/j. 1365-2117. 2005. 00274. x.

Gradmann, S., Beaumont, C. & Albertz, M. 2009. Factors controlling the evolution of the Perdido Fold Belt, northwestern Gulf of Mexico, determined from numerical models. Tectonics, 28, http: //dx. doi. org/ 10. 1029/2008TC002326.

Grant, A. C. & McAlpine, K. D. 1990. The continental margin around Newfoundland. In: Keen, M. J. & Williams, G. L. (eds) Geology of the Continental Margin Eastern Canada. Geological Survey of Canada, Ontario, Geology of Canada, 2, 239-292.

Grist, A. M., Ryan, R. J. & Zentilli, M. 1995. The thermal evolution and timing of the hydrocarbon generation in the Maritimes Basin of eastern Canada: evidence from apatite fission track data. Bulletin of Canadian Petroleum Geology, 43, 145-155.

Gulf Canada Resources Limited. 1998. Interpretation, Operations, and Processing reports relating to 19982-D Seismic Survey, South Grand Banks, Newfoundland (44°12'32' -46°03'04' 54°45'57'-57°10'25' 5780). Gulf Canada Resources Limited, St. John's, Newfoundland.

Holster, W. T., Clement, G. P., Jansa, L. F. & Wade, J. A. 1988. Evaporite deposits of the North Atlantic rift. In: Manspeizer, W. (ed.) Triassic and Jurassic Rifting: Continental Breakup and the Origin of the Atlantic Ocean and Passive Margins. Elsevier, New York, 525-556.

Hoshino, K., Koide, H., Inami, K., Iwamura, S. & Mitsui, S. 1972. Mechanical Properties of Tertiary Sedimentary Rocks under High Confining Pressure. Geological Survey of Japan, Kawasaki, Report 244.

Hossack, J. 1995. Geometric rules of section balancing for salt structures. In: Jackson, M. P. A., Roberts, D. G. & Snelson, S. (eds) Retrospective Salt Tectonics. AAPG, Tulsa, Memoir, 65, 29-40.

Hubbert, M. K. 1937. Theory of scale models as applied to the study of geologic structures. Geological Society of America Bulletin, 48, 1459-1519.

Hudec, M. R. & Jackson, M. P. A. 2006. Advance of allochthonous salt sheets in passive margins and orogens. AAPG Bulletin, 90, 1535-1564.

Huismans, R. S. & Beaumont, C. 2008. Complex rifted continental margins explained by dynamical models of depth-dependent lithospheric extension. Geology, 36, 163-166.

Ings, S. J. & Shimeld, J. W. 2006. A new conceptual model for the structural evolution of a regional salt detachment on the northeast Scotian margin, offshore eastern Canada. AAPG Bulletin, 90, 1407-1423.

Ings, S., Beaumont, C. & Gemmer, L. 2004. Numerical modeling of salt tectonics on passive continental margins: preliminary assessment of the effects of sediment loading, Buoyancy, Margin Tilt, and Isostasy. 24th Annual GCSSEPM Foundation Bob F. Perkins Research Conference Proceedings, 38-68.

Jackson, M. P. A. 1995. Retrospective salt tectonics. In: Jackson, M. P. A., Roberts, D. G. & Snelson, S. (eds) Salt Tectonics: A Global Perspective. AAPG, Tulsa, Memoir, 65, 1-28.

Jackson, M. P. A. & Talbot, C. J. 1994. Advances in salt tectonics. In: Hancock, P. (ed.) Continental Deformation. Pergamon Press, London, 159-179.

Jaeger, J. C. & Cook, N. G. W. 1969. Fundamentals of Rock Mechanics. Methuen, London.

Jansa, L. F. & Wade, J. A. 1975a. Geology of the continental margin off Nova Scotia and Newfoundland. In: van der Linden, W. J. M. & Wade, J. A. (eds) Offshore Geology of Eastern Canada. Department of Energy, Mines and Resources, Ottawa, 2, 51-106.

Jansa, L. F. & Wade, J. A. 1975b. Paleogeography and sedimentation in the Mesozoic and Cenozoic, southeastern Canada. In: Yorath, C. J., Parker, E. R. & Glass, D. J. (eds) Canada's Offshore Margins and Petroleum Exploration. Canadian Society of Petroleum Geologists, Calgary, Memoir, 4, 79-102.

Keppie, J. D. 1982. The Minas Geofracture. In: St. Julien, P. & Beland, J. (eds) Major Structural Zones and

Faults of the Northern Appalachians. Geological Association of Canada, St John's, Special Paper, 24, 263-280.

Koyi, H. A. 1998. The shaping of salt diapirs. Journal of Structural Geology, 321-338.

Krezsek, C., Adam, J. & Grujic, D. 2007. Mechanics of fault/rollover systems developed on passive margins detached on salt: Insights from analogue modelling and optical strain monitoring. In: Jolley, S. J., Barr, D., Walsh, J. J. & Kipe, R. J. (eds) Structurally Complex Reservoirs. Geological Society, London, Special Publications, 292, 103-121.

Lallemand, S. E., Schnuerle, P. & Malavieille, J. 1994. Coulomb theory applied to accretionary and nonaccretionary wedges: possible causes for tectonic erosion and/ or frontal accretion. Journal of Geophysical Research, B, Solid Earth and Planets, 99, 12033-12055.

Lohrmann, J., Kukowski, N., Adam, J. & Oncken, O. 2003. The impact of analogue material parameters on the geometry, kinematics, and dynamics of convergent sand wedges. Journal of Structural Geology, 25, 1691-1711.

Louden, K. 2002. Tectonic evolution of the east coast of Canada. CSEG Recorder, 37-46.

Louden, K., Lau, H., Funck, T. & Wu, J. 2005. Large-scale structural variations across the Eastern Canadian Continental Margins: documenting the rift-to-drift transition. 25th Annual Bob Perkins Research Conference, Houston.

MacDonald, C., Campbell, C., Adam, J., Krezsek, C. & Grujic, D. 2007. Physical modelling of the initial salt mobilization and salt tectonics in late syn-rift and postrift basins with application to the Early to Late Jurassic Abenaki and Sable subbasins, Scotian Margin. Atlantic Geosciences Society Colloquium, Moncton, New Brunswiek.

MacLean, B. C. & Wade, J. A. 1992. Petroleum geology of the continental margin south of the islands of St. Pierre and Miquelon, Offshore Eastern Canada. Bulletin of Canadian Petroleum Geology, 40, 222-253.

Maillard, A., Malod, J., Thièbot, E., Klingelhöfer, F. & Réhaut, J. P. 2006. Imaging a lithospheric detachment at the continent-ocean crustal transition off Morocco. Earth Planetary Science Letters, 241, 686-698.

Mauduit, T. & Brun, J. P. 1998. Growth fault/rollover systems: Birth, growth, and decay. Journal of Geophysical Research, 103, 18, 119-18, 136.

McIver, N. L. 1972. Cenozoic and Mesozoic stratigraphy of the Nova Scotia shelf. Canadian Journal of Earth Sciences, 9, 54-70.

Olsen, P. E. & Schlische, R. W. 1990. Transtensional arm of the early Mesozoic Fundy rift basin: penecontemporaneous faulting and sedimentation. Geology, 18, 695-698.

Panien, M., Schreurs, G. & Pfiffner, A. 2006. Mechanical behaviour of granular materials used in analogue modelling: insights from grain characterisation, ringshear test and analogue experiments. Journal of Structural Geology, 28, 1710-1724.

Pascucci, V., Gibling, M. R. & Williamson, M. A. 2000. Late Paleozoic to Cenozoic history of the offshore Sydney Basin, Atlantic Canada. Canadian Journal of Earth Sciences, 37, 1143-1165.

Pe-Piper, G. & Piper, D. J. W. 2004. The effects of strike-slip motion along the Cobequid-Chedabucto-southwest Grand Banks fault system on the Cretaceous-Tertiary evolution of Atlantic Canada. Canadian Journal of Earth Sciences, 41, 799-808.

Ramberg, H. 1981. Gravity, Deformation and the Earth's Crust. Academic Press, New York.

Rowan, M. G. 1993. A systematic technique for the sequential restoration of salt structures. Tectonophysics, 228, 331-348.

Rowan, M. G. & Kligfield, R. 1989. Cross section restoration and balancing as an aid to seismic interpretation in extensional terranes. AAPG Bulletin, 73, 955-966.

Rowan, M. G., Peel, F. J. & Vendeville, B. C. 2004. Gravity-driven fold belts on passive margins. In: McClay, K. R. (ed.) Thrust Tectonics and Hydrocarbon Systems. AAPG, Tulsa, Memoir, 82, 157-182.

Schellart, W. P. 2002. Analogue modeling of large-scale tectonic processes: an introduction. In: Schellart, W. P. & Passchier, C. (eds) Analogue modeling of large-scale tectonic processes. Journal of the Virtual Explorer,

7, 1-6.

Shimeld, J. 2004. A comparison of salt tectonic subprovinces beneath the Scotian Slope and Laurentian Fan. In: Post, P. J., Olson, D. L., Lyons, K. T., Palmes, S. L., P., F. H. & Rosen, N. C. (eds) Salt-Sediment Interactions and Hydrocarbon Prospectivity: Concepts, Applications and Case Studies for the 21st Century. 24th Annual GCSSEPM Foundation Bob F. Perkins Research Conference Proceedings, 291-306.

Tankard, A. & Balkwill, H. 1988. Extensional Tectonics and Stratigraphy of the North Atlantic Margin. AAPG Memoir, 46.

Tari, G. & Molnar, J. 2005. Correlation of syn-rift structures between Morocco and Nova Scotia, Canada. 25th Annual Bob F. Perkins Research Conference, 132-150.

Tari, G., Molnar, J. & Ashton, P. 2003. Examples of salt tectonics from West Africa: a comparative approach. In: Arthur, T. J., MacGregor, D. S. & Cameron, N. (eds) Petroleum Geology of Africa: New Themes and Developing Technologies. Geological Society, London, Special Publications, 207, 85-104.

Tucholke, B. E., Sawyer, D. S. & Sibuet, J.-C. 2007. The Iberia-Newfoundland continental extensional system (geological and geophysical constraints). In: Karner, G. D., Manaschal, G. & Pinheiro, L. M. (eds) Imaging, Mapping, and Modelling Continental Lithosphere Extension and Breakup. Geological Society, London, Special Publications, 282, 9-46.

Vendeville, B. C. 2005a. Salt tectonics driven by sediment progradation: Part I - Mechanics and kinematics. AAPG Bulletin, 89, 1071-1079.

Vendeville, B. C. 2005b. Salt tectonics driven by sediment progradation: Part I - Mechanics and kinematics. AAPG Bulletin, 89, 1071-1079.

Wade, J. A. & MacLean, B. C. 1990. The geology of the southeastern margin of Canada. In: Keen, M. J. & Williams, G. L. (eds) Geology of the Continental Margin of Eastern Canada. Geological Survey of Canada, Ontario, Geology of Canada, 2, 167-238.

Wade, J. A., MacLean, B. C. & Williams, G. L. 1995. Mesozoic and Cenozoic stratigraphy, eastern Scotian Shelf: new interpretations. Canadian Journal of Earth Sciences - Journal Canadien des Sciences de la Terre, 32, 1462-1473.

Wade, J. A., Brown, D. E., Traverse, A. & Fensome, R. A. 1996. The Triassic-Jurassic Fundy Basin, eastern Canada. Atlantic Geology, 32, 189-231.

Weijermars, R. & Schmeling, H. 1986. Scaling of Newtonian and non-Newtonian fluid dynamics without inertia for quantitative modelling of rock flow due to gravity (including the concept of rheological similarity). Physics of the Earth and Planetary Interiors, 43, 316-330.

Weijermars, R., Jackson, M. P. A. & Vendeville, B. 1993. Rheological and tectonic modeling of salt provinces. Tectonophysics, 217, 143-174.

Weinberger, R., Lyakhovsky, V., Baer, G. & Begin, Z. B. 2006. Mechanical modeling and InSAR measurements of Mount Sedom uplift, Dead Sea basin: Implications of effective viscosity of rock salt. Geochemistry, Geophysics, Geosystems, 7, 1-20.

Withjack, M. O., Olsen, P. E. & Schlische, R. W. 1995. Tectonic evolution of the Fundy rift basin, Canada: Evidence of extension and shortening during passive margin development. Tectonics, 14, 390-405.

Withjack, M. O., Schlische, R. W. & Olsen, P. E. 1998. Diachronous rifting, drifting, and inversion on the passive margin of central eastern North America: An analog for other passive margins. AAPG Bulletin, 82, 817-835.

Wu, Y., Louden, K. E., Funck, T., Jackson, H. R. & Dehler, S. A. 2006. Crustal structure of the central Nova Scotia margin off Eastern Canada. Geophysical Journal International, 166, 878-906.

Ziegler, P. A. 1988. Evolution of the Arctic-North Atlantic and the Western Tethys. American Association of Petroleum Geologists, Tulsa, Memoir, 43.

(赵冲 译，祁鹏 胡芸冰 校)

第15章 Parentis 盆地海域(比斯开湾东部)伸展和反转期间的盐构造演化

O. FERRER[1], M. P. A. JACKSON[2], E. ROCA1, M. RUBINAT[1]

(1. GEOMODELS Research Institute, Departament de Geodinàmica i Geofísica, Facultat de Geologia, Universitat de Barcelona, C/ Martí i Franquès s/n, 08028 Barcelona, Spain;
2. Bureau of Economic Geology, Jackson School of Geosciences, University of Texas at Austin, University Station, Box X, Austin, Texas 78713-8324, USA)

摘　要　晚侏罗世—白垩纪，Parentis 盆地(比斯开湾东部)表现出地壳构造和盐构造之间复杂的地质相互作用过程。盐构造主要发育在盆地边缘附近，侏罗系—下白垩统的上覆层厚度小于盆地中部，有利于形成盐背斜和盐底辟。晚侏罗世，随着北大西洋和比斯开(Biscay)湾的打开，盐底辟和盐墙开始复活抬升。上侏罗统—阿尔布阶的基底断层上部形成一些盐核披覆褶皱。阿尔布期—晚白垩世，在链状盐墙群中，被动盐底辟向上抬升。当白垩纪中期源盐耗尽时，大量盐底辟停止生长。在比利牛斯造山作用期间(晚白垩世—新生代)，Parentis 盆地微微缩短。盐构造吸收了几乎所有的缩短量，从而重新活动形成挤压底辟、盐冰川及近垂直的盐焊接，其中一些后期再活化为逆断层。在比利牛斯挤压作用期间，没有新的底辟形成，而且随着中中新世比利牛斯造山作用的停止，盐构造活动也结束了。根据重处理的地震资料，文章阐述了盐构造是如何影响 Parentis 盆地海域的演化过程，而对于这点许多国际学者都不了解。

在过去的10年或20年里，世界上许多盐构造实例都表明，盐岩对沉积盆地压缩起到了重要的促进作用(见 Jackson(1995)的综述；Letouzey 等，1995；Rowan 等，2004；Hudec 和 Jackson，2007)。很多研究都聚焦在盐岩对强烈挤压缩短作用的影响，而很少关注盐构造与轻度挤压缩短之间的关系。一些研究重点分析了三类盐构造：由基底断裂控制的倒转(Stefanescu 等，2000；Stewart，2007)；滑脱面之上的薄皮盐构造(Brun 和 Fort，2004；Rowan 等，2004；Sherkati 等，2006)以及与基底伸展断层有关的盐核披覆褶皱(Withjack 和 Callaway，2000)。Parentis 盆地发育以上三种类型盐构造，而且是受区域挤压作用轻度影响而形成盐构造的典型例子。

Parentis 盆地位于比利牛斯山脉北部的前陆地区。在侏罗纪—白垩纪裂谷期，随着比斯开湾和北大西洋开始张开，盆地内形成盐构造。随后在晚白垩世和古近纪，伊比利亚板块和欧亚板块发生碰撞，比利牛斯挤压作用向北扩散至 Parentis 盆地，使得盐构造发生反转。

Parentis 盆地是陆上 Aquitaine(法国西南部)向西延伸的部分，并向西延伸至比斯开湾(图 15-1a、b)。比斯开湾东部有两个不同水深的区域，它们由一个水下台阶隔开(Sibuet 等，2004a)。分别是：以 Landes 陆架为代表的浅水区，最大深度为200m；以 Landes 高原为代表的深水区，深度为 200~1500m(图 15-2)。

Parentis 盆地的石油勘探历史已超过50年。陆上勘探开始于1953年，并于1954年发现了 Parentis 油田(2.1×10^8 bbl 原油)(Biteau 等，2006)。海上钻探活动开始于1966年(Bourrouilh 等，1995；Le Vot 等，1996)。由于上侏罗统碳酸盐岩—下白垩统砂岩储层中的石油资

— 381 —

源非常丰富，Parentis 盆地已经成为法国一个重要的产油区。大多数油田都位于陆上（Parentis、Cazaux、Les Arbousiers、Les Pins、Lugos、Mothes、Lucats、Courbey、Tamaris 和 Les Mimosas），而在海上并没有重大的油气发现（Mascle 等，1994；Biteau 等，2006）。因此，海上勘探活动逐渐减少，而且自 20 世纪 90 年代以来，浅水区的三维地震调查也停止了。与陆上和浅水区勘探相比，深水区（>200m）勘探则少之又少。虽然深水区已经进行了二维地震勘探，但仍然没有一口探井（图 15-2）。

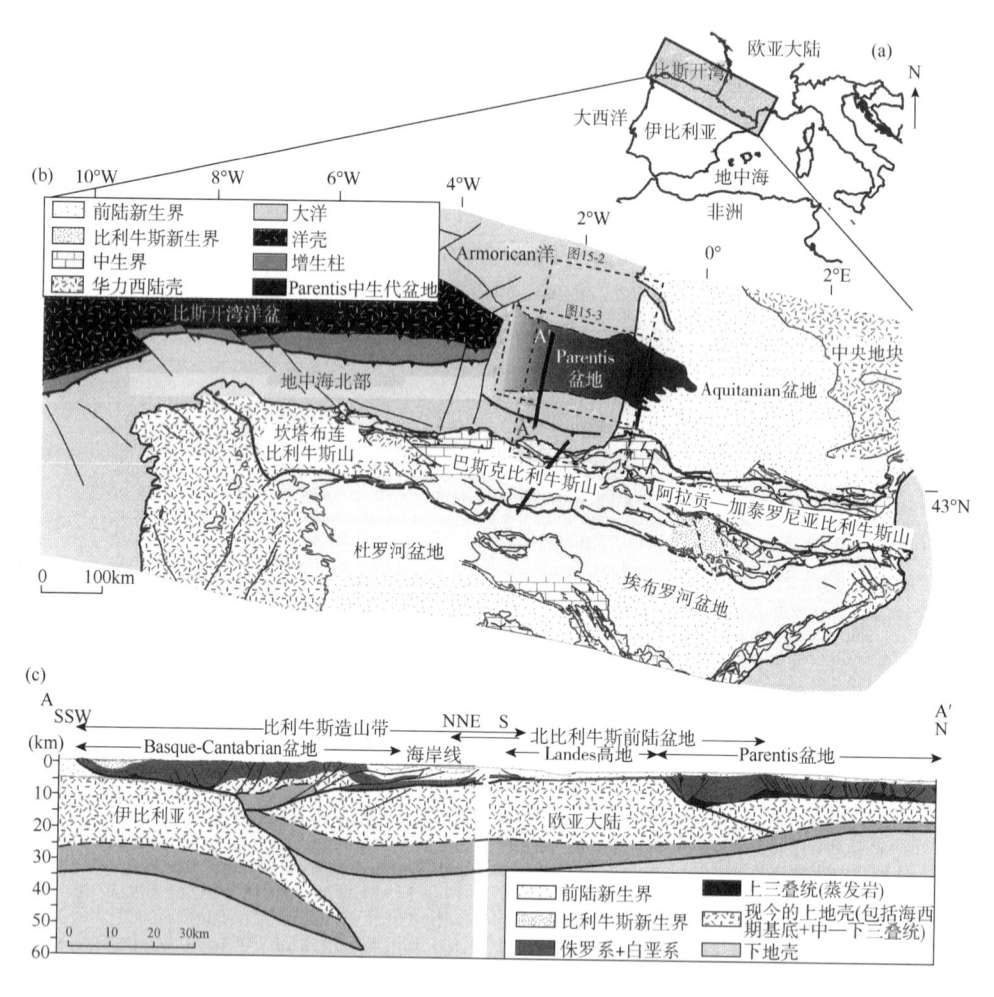

图 15-1 比利牛斯山和比斯开湾地质图

(a)比利牛斯山和比斯开湾的位置图(据 Muñoz，2002，修改)；(b)比利牛斯山和相邻盆地的构造简图(据 Ferrer 等，2008a，修改)；图 15-3 的位置用虚线框表示；(c)跨越比斯开湾东部和相邻的巴斯克比利牛斯山脉北部的上地壳横截面(据 Ferrer 等，2008a，修改)，其位置表示在图(b)中

虽然盐构造在盆地演化中起到了重要作用，但还没有论文分析了它对 Parentis 盆地海域的影响。只有几项研究讨论了盆地的构造演化（Mathieu，1986；Mascle 等，1994；Biteau 等，2006），还有一些其他的研究只是关注盆地东部的一些盐构造（Curnelle 和 Marco，1983；Mariaud，1987；Mediavilla，1987）。此外，这些研究只集中在该盆地在法国的部分，而忽略了与伊比利亚北部边缘相邻的属于西班牙的那部分。

本文利用 Parentis 盆地最近处理的常规二维地震数据和钻井数据，针对主要构造域的形

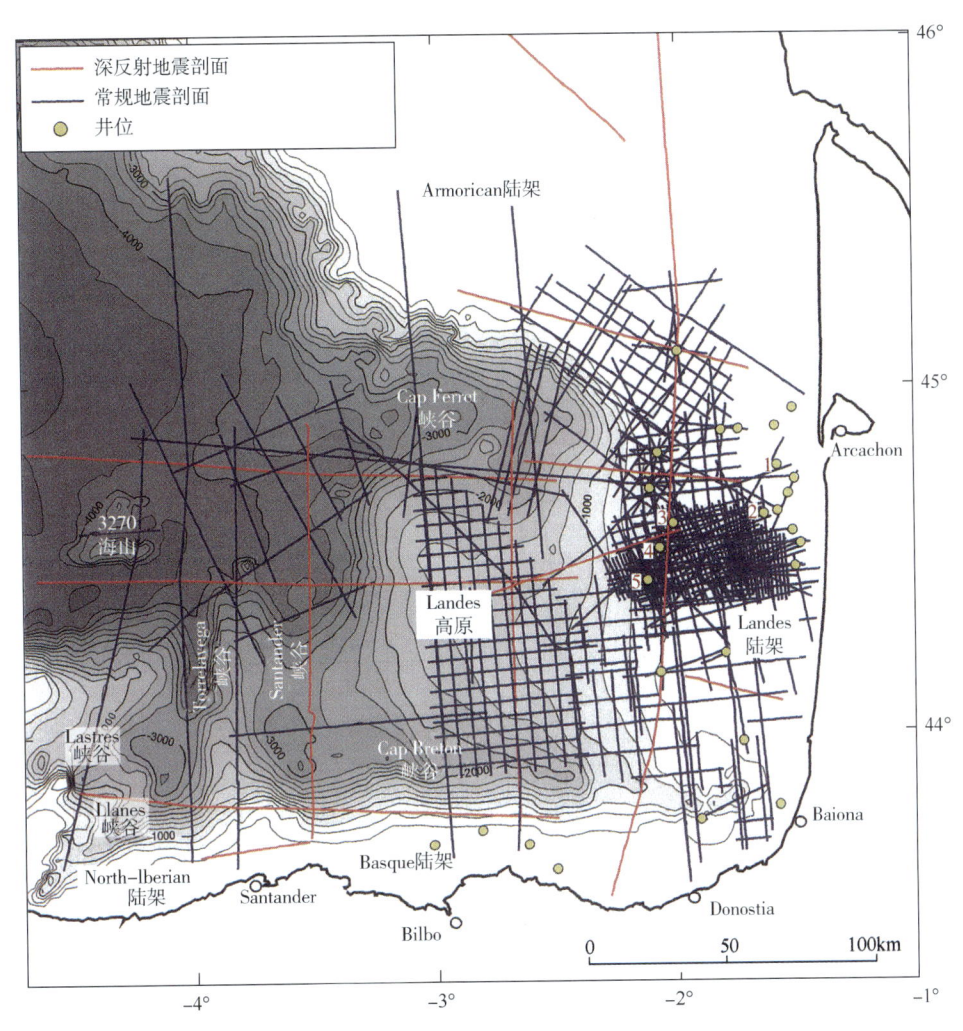

图 15-2 比斯开湾东部的等深图（据 Sibuet 等，2004a，修改）
表示了本次研究所用的地震和钻井数据；为了清楚起见，图中只表示了文章中出现的井名，包括：
(1) Aldebaran、(2) Eridan、(3) Pingouin、(4) Ibis-2b、(5) Pelican

成时间以及盐构造的样式和演化提出了新的认识，重点是分析大陆边缘的伸展作用以及随后的比利牛斯反转作用。

15.1 地质和构造背景

比斯开湾是大西洋中一个东西向的海湾，位于伊比利亚半岛和法国西海岸之间（图 15-1a、b）。该海湾在巴雷姆期晚期—圣通期张开（Montadert 等，1979；Le Pichon 和 Barbier，1987；García-Mondejar，1996；Vergés 和 García-Senz，2001；Sibuet 等，2004b）。比斯开湾有两个不同的水域。其中，西部水域是深海平原，深 4~5km，底部是过渡壳和洋壳（Gallastegui 等，2002；Thinon 等，2003；Sibuet 等，2004a，b；Pedreira，2004；Ruiz，2007）。东部区域则由浅水陆架和中间的高原组成，上覆陆壳厚度可达 15~25km（Pinet 等，1987；Ruiz，2007）。两个区域的东北部边界都是 Armorican 边缘（图 15-1b 和图 15-3）。该边缘是一个中生代的被动边缘，发育许多 SW 倾向的铲式正断层（Montadert 等，1979；

Deregnaucourt 和 Boillot，1982；Le Pichon 和 Barbier，1987；Thinon 等，2003）。比斯开湾的南界是伊比利亚的北缘（图 15-1b 和图 15-3），是一个北倾的晚白垩世—新生代基底卷入逆冲断层系，仰冲到比斯开湾深海平原的古生代—新生代沉积物之上（Sibuet 等，1971；Boillot，1986；Álvarez-Marrón 等，1996；Gallastegui 等，2002；Ayarza 等，2004，Pedreira，2004）（图 15-1c）。这个逆断层系统是比利牛斯造山带的北部前缘，它将伊比利亚板块和欧亚板块分隔开（图 15-1b、c）。与之相邻的是比利牛斯北部前陆盆地，并使得比斯开湾东部的中生代 Parentis 盆地得以保存下来（图 15-1c）。

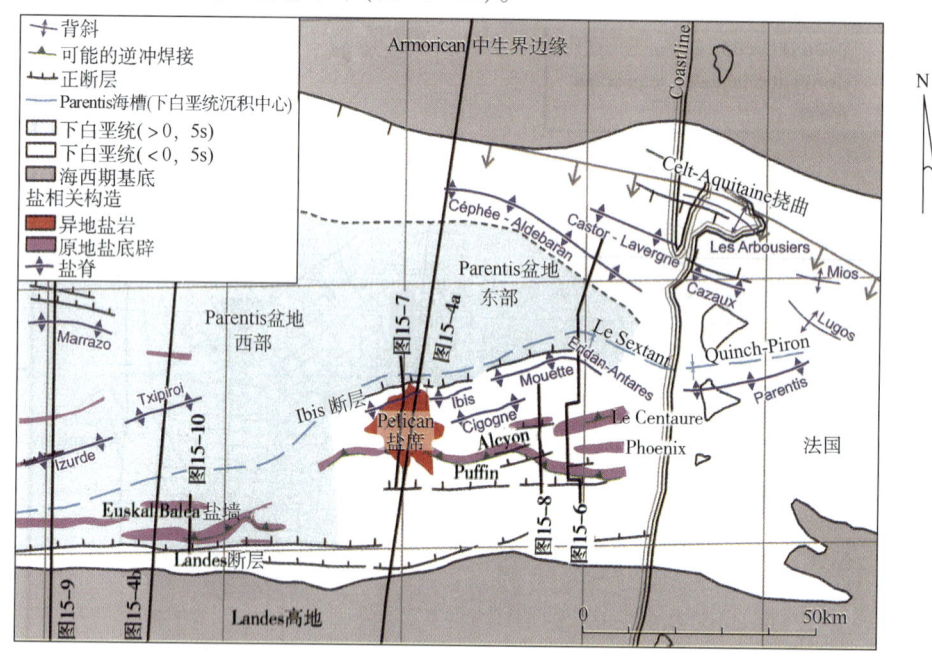

图 15-3 Parentis 盆地海域新生界构造简图

显示了主要的盐构造和断层；黑色粗线和数字表示的是图 15-4a、b 和图 15-6 至图 15-10 中地震剖面的位置

Parentis 盆地包括如下四个水域：Landes 陆架、Armorican 陆架、Basque 陆架和更深的 Landes 高原，其中 Landes 高原被以上三个陆架包围而封闭（图 15-2）。Parentis 盆地的南部以向北倾斜的 Ibis 断层和 Landes 断层为界，在比斯开的 ECORS 湾和 MARCONI-3 剖面中可以看到（图 15-3 和 15-4a、b）。在 Ibis 地区，盆地宽度仅为 40km（图 15-4a），但是伸展断层断距的双程旅行时可达 2s（约 3400m）（Bois 等，1997）。继续向西（图 15-4b），盆地宽度达 70km，但伸展断层的断距却减小了。

在主断层的南部，Landes 高地（图 15-1b）是高原隆升的一部分，白垩统顶部—新生界厚层沉积遭受剥蚀，不整合覆盖于海西期基底或薄层和部分被剥蚀的三叠系—侏罗系之上（Gariel 等，1997）（图 15-1c）。在主断层的北部，盆地被是一条枢纽线的 Celt-Aquitaine 挠曲所限制（图 15-3）。在该枢纽线的南部，前三叠纪的基底最深，而且中生代和新生代的沉积充填最厚。

Parentis 盆地的中生界和新生界厚度可达 15km（Dardel 和 Rosset，1971；Mathieu，1986；Bois 和 Gariel，1994；Bourrouilh 等，1995；Bois 等，1997）（图 15-5）。向东延伸的正断层错断了中生界，而且上三叠统蒸发岩的底辟向上刺穿了盆地充填物（Curnelle 和 Marco，1983；

Mathieu，1986；Mediavilla，1987；Ferrer 等，2008a），包括上白垩统—中生界同造山期的沉积物（Curnelle 和 Marco，1983；Bois 等，1997；Masse，1997；Ferrer 等，2008a）（图 15-4a）。

莫霍面的深度向北逐渐变浅，沿 Landes 高原和 Armorican 陆架之间的东西向边界，从 Basque 陆架之下的 30-35km 减小到 Cap Ferret 峡谷之下的 18-22km（图 15-1c）。在该边界的北部，莫霍面深度突然加深至 Armorican 陆架下部 30~36km（Roberts 和 Montadert，1980；Tomassino 和 Marillier，1997；Thinon 等，2003）。地壳的厚度向西逐渐较小，从比斯开的 ECORS 湾处的 7km（Pinet 等，1987；Tomassino 和 Marillier，1997）（图 15-4a）减小至 MARCONI-3 剖面处的 5~6km（Gallart 等，2004；Ruiz，2007）（图 15-1c 和图 15-4b）。

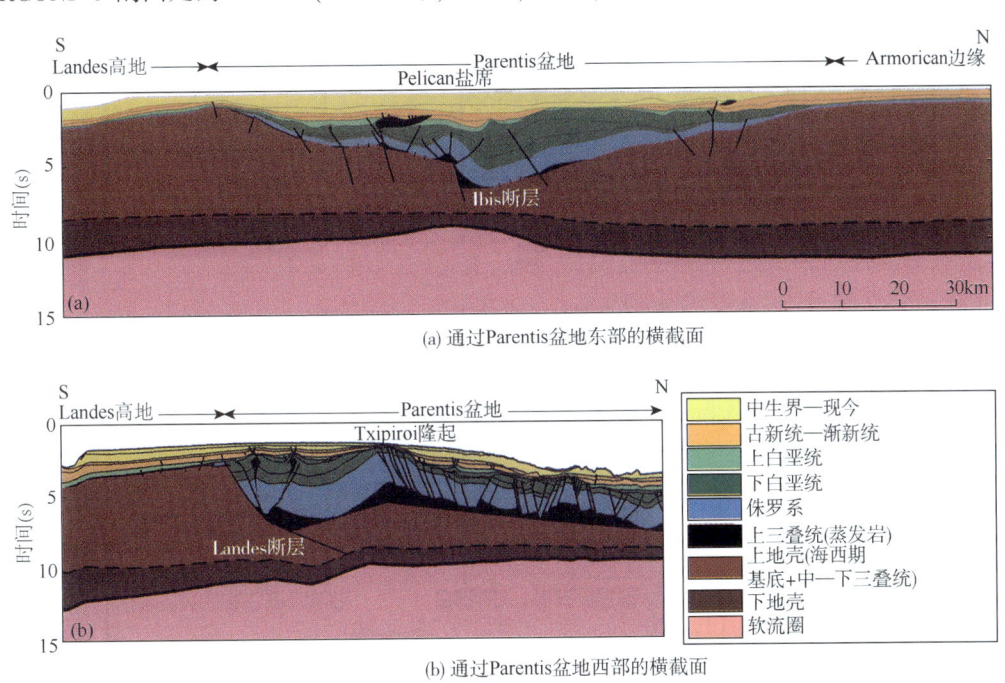

图 15-4 穿过 Parentis 盆地的深地震测线解释图

(a) 比斯开湾的 Ecors 湾地震剖面（据 Pinet 等，1987）；(b) Marconi-3 地震剖面（据 Ferrer 等，2008a，修改）；深部地壳构造没有比例尺；位置参见图 15-2

由于大西洋的张开，Parentis 盆地的形成和演化受伊比利亚板块和欧亚板块之间的相对运动控制。与潘基亚沿大陆裂解相关的两个裂谷期（二叠纪—三叠纪以及侏罗纪末期—早白垩世）在伊比利亚板块和欧亚板块之间形成了一个扭张—伸展性质的板块边界（Srivastava 等，1990）。比利牛斯山的北部的主要中生代次盆形成于，它们之间为 Parentis 盆地（Curnelle 等，1982；Bourrouilh 等，1995；Biteau 等，2006）。Parentis 盆地的主要沉积中心形成于巴雷姆期—阿尔布期中期（图 15-4a）。从圣通期晚期开始，南大西洋的快速张开以及非洲板块不断向北的漂移，导致伊比利亚板块和欧亚板块发生会聚和碰撞（Ziegler，1988；Rosenbaum 等，2002），并导致比斯开湾部分封闭。虽然比利牛斯碰撞使沿着伊比利亚板块和欧亚板块边界分布的大多数重要的中生代比利牛斯伸展盆地发生反转（如 Basque-Cantabrian 盆地、Lacq-Mauleon 盆地或 Organyà 盆地）（Choukroune 和 ECORS Team，1989；Roure，1989；Muñoz，1992；Bourrouilh 等，1995；Álvarez-Marrón 等，1996），但 Parentis 盆地只是发生了轻微的反转（Mathieu，1986；Pinet 等，1987；Bois 和 ECORS Scientific Party，1990；Vergés 和 GarcíaSenz，2001），这可能是因为 Landes 高地阻碍了比利牛斯山挤压缩短作用向北的传递（图 15-1c）（Ferrer 等，2008a）。这种支撑作用很可能是由 Landes 高地下部较坚固或较厚的地壳引起的。

15.2 资料和方法

地震资料包括 12 条重处理的二维常规地震测线，它们采集于 1974—1990 年间，以及两条重处理的深地震测线（ECORS 和 MARCONI）。这些测线几乎覆盖了比斯开湾东部地区（除了 Parentis 盆地北部的部分地区）以及 Armorican 伸展边缘和深水区（图 15-2）。近期重处理的常规地震数据的成像品质得到了显著改善，尤其是对异地盐体的反映。然而，在许多地震剖面上，原地盐体的顶部和底部成像质量仍不高，因此，对它们的解释也都具有一定推测性。

在 Parentis 盆地东部，利用 23 口钻井资料对地震资料的解释进行了约束限制（图 15-2）。由于水深大于 1000m，故在盆地西部没有打井，所以西部的地震解释都是根据东部的钻井对比的。

15.3 盐相关构造

Parentis 盆地海域发育一系列盐相关构造。三叠系 Keuper 盐岩或者盐焊接位于研究区内整个 Parentis 盆地的下部。比斯开湾的 ECORS 湾剖面显示了 Parentis 盆地东部区域主要的构造样式（图 15-4a）。该地区的盆地形态不对称，最深的部分覆盖于最薄的地壳之上。这种减薄受到了 Ibis 断层的控制，该断层的滑移使得上盘向南掀斜。盐墙或盐背斜群沿着 Parentis 盆地上覆层最薄的边缘分布（图 15-3）。塑性盐层在 Ibis 断层之上形成了一个伸展披覆（强制）褶皱。

相反，如再往西 52km 的 MARCONI-3 地震剖面（图 15-4b）所示，西部的盆地几何形态发生了变化。不仅仅是尖灭，而是以一个受北倾主断层（Landes 断层）控制的半地堑的形成突然消失。半地堑被厚层的侏罗系—上白垩统碳酸盐岩充填，并受主断层附近走向为 NEE 向的盐核背斜和挤压盐墙的影响而发生变形（Ferrer 等，2008a）。与再往东部地区不同的是，盐核背斜具有更大的波长（可达 10km）和振幅，以及横向连续性变好（15~20km）。

15.3.1 东部构造域

在东部构造域，盆地最深的部分是 Parentis 海槽（近 12km 深；在图 15-3 中用蓝色虚线表示），是一个向东延伸超过 30km 的向斜。Parentis 海槽的形成受 Ibis 断层在尼欧克姆期—早阿尔布期的伸展作用和 Keuper 蒸发岩及上覆层变形作用的控制。在 Parentis 盆地陆上部分，Parentis 海槽继续向东发育（图 15-3）。下白垩统沉积物的厚度在 Ibis 断层上盘大于 3400m，而在下盘则约为 2500m。

盆地北部和南部边缘附近的盐构造的几何形态明显不同。在北部，宽缓的盐核背斜走向为 NWW 向，并使中生代地层全部发生变形，只是在北缘枢纽（Céphée-Aldebera 脊）发生轻微的弯曲（图 15-3 和图 15-6）。与此相反，在盆地南缘，盐构造变得更加复杂，包括 NEE

走向的盐背斜（Eridan-Antares 脊）、底辟型盐墙、孤立的泪滴状底辟、盐株以及异地盐席（图 15-3 和图 15-6 至图 15-8）。这些盐构造影响了中生代和新生代的地层。

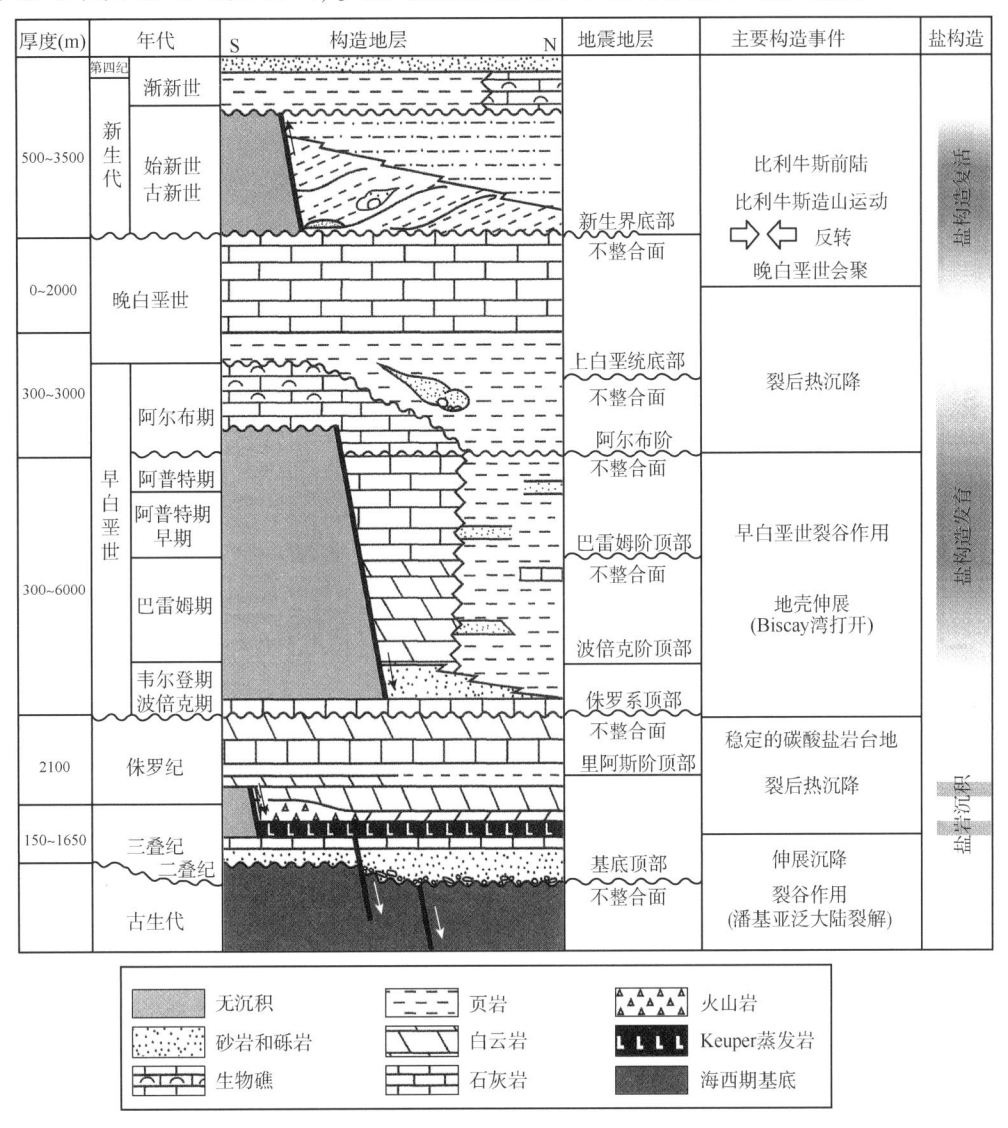

图 15-5　显示了年代、岩性、构造事件以及解释地震层位的 Parentis 盆地构造地层柱状图
（据 Mathieu，1986；Mediavilla，1987；Bourrouilh 等，1995；
Le Vot 等，1996；Biteau 等，2006）

沿着 Parentis 海槽的南缘，Ibis/Eridan-Antares 脊由沿着 Ibis 断层展布并仅使新生界发生变形的盐核背斜组成。这些脊绵延 55km，在靠近法国海岸处走向为 NWW，再往西走向变为 NEE（图 15-3）。褶皱的地层包括厚层的侏罗系、在 Parentis 槽增厚的下白垩统以及在背斜北部厚度显著增加的阿尔布阶—上侏罗统（图 15-6）。同褶皱作用末期的沉积被盐核背斜北翼北倾突破逆冲断层切割。Eridan-Antarés 背斜向东逐渐变得更为复杂，北翼发生了强烈的断裂活动。在背斜南翼，侏罗系和白垩系过渡的特点是下白垩统向南减薄以及上超。继续向南，强烈的区域削蚀不整合反映了这一地层的过渡。

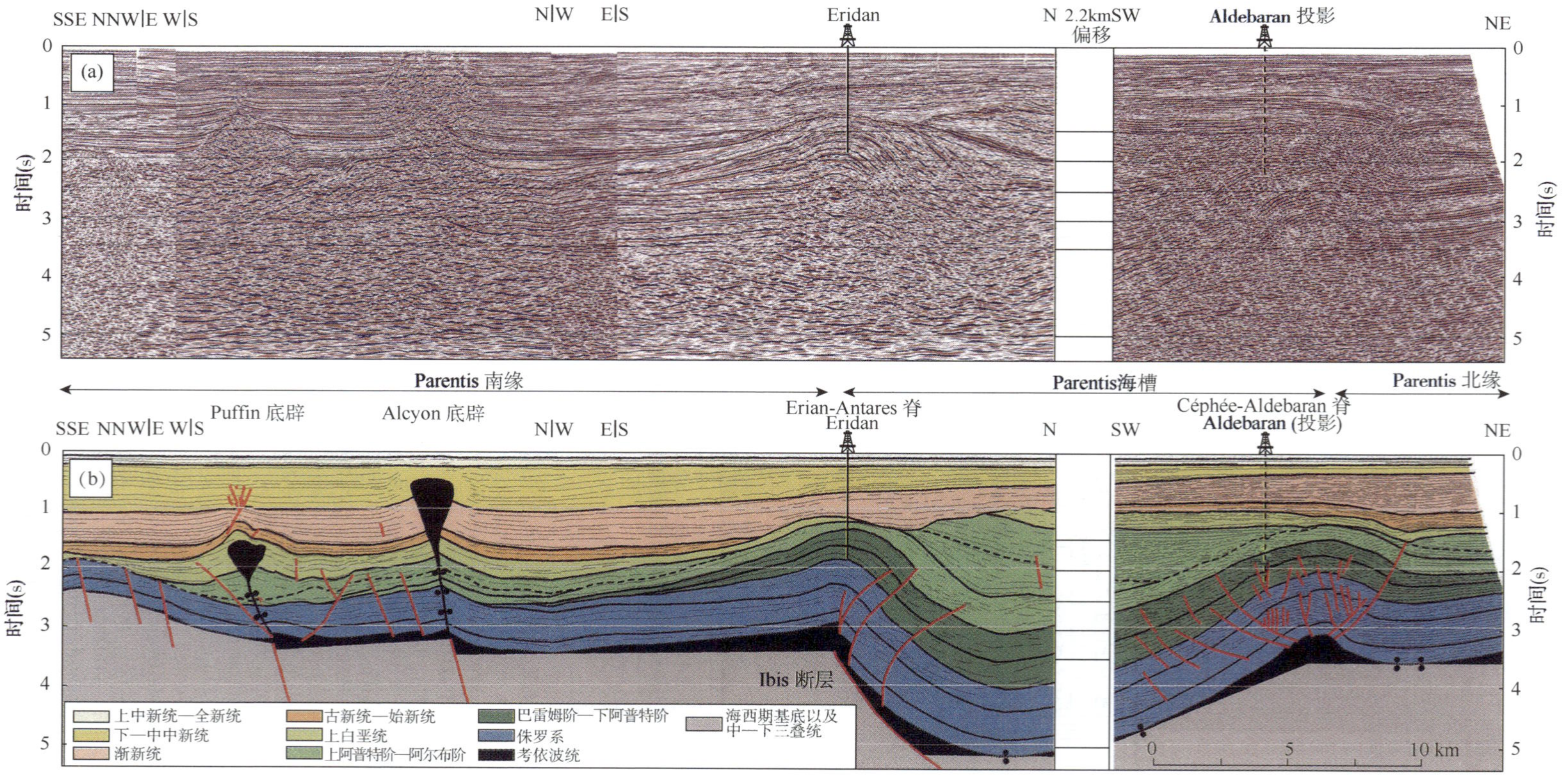

图15-6 通过Parentis盆地东部的复合2D地震测线的（a）未解释地震剖面和（b）解释结果
显示了四个盐构造（Puffin、Alcyon底辟和Eridan-Antares和Céphée-Aldebaran盐脊；在Eridan Antares盐脊处的白垩系顶部
以及透镜状下白垩统中存在一个强烈的剥蚀不整合面。盐焊接的源区是推测的；位置参见图15-3

在 Ibis/Eridan—Antares 盐脊的南部，ENE 向延伸的盐脊明显呈狭窄的倒转泪滴状，如 Alcyon 和 Puffin 底辟，表明底辟构造是被挤出或焊接而形成的（图 15-6）。盐丘顶部球体位于我们这次解释出的近垂直二次生盐焊接之上。该盐焊接是在侧向挤压过程中，由于底辟茎部被挤压断离而形成的。

相邻地层的横向截断表明这些盐墙是在侏罗纪—早中新世以被动底辟的形式而生长的。这些底辟与小型的北倾正断层有关，这些断层错开了侏罗系和下白垩统，并且在上三叠统蒸发岩中发生明显的滑脱。没有底辟能到达现今的海底。

其中有一个盐墙向上挤出，在盆地中部形成规模较大的 Pelican 盐席（图 15-3 和图 15-7）。地层在盐席底面的截断表明盐岩向前推进了大约 20km，这种推进可能是以盐冰川的形式在海底运动（Fletche 等，1995；Hudec 和 Jackson，2006）。这些截断关系表明 Pelican 盐席是在阿尔布阶沉积末期开始扩展，并在古新世—始新世比利牛斯造山运动期间进一步挤出。区域挤压缩短作用将底辟构造中的盐岩挤压并排出，在地表形成大量的盐岩喷出（Jackson 和 Cramez，1989；Letouzey 和 Sherkati，2004；Hudec 和 Jackson，2006；Callot 等，2007）。在位于始新统下部和森诺阶上部之间的盐席中，Ibis-2 井钻遇 250m 厚的三叠系盐岩。森诺阶岩石被认为是盐岩挤出过程中所携带的顶部碎屑（Curnelle 和 Marco，1983）。盐席之上的零星正断层表明了隐伏异地盐席内部盐体重新分布时上覆层的沉积。该构造的薄沉积顶部在下伏盐流的作用下发生伸展。Pelican 构造顶部中的宽缓背斜表明盐席中的盐流是由上覆层的差异负载或比利牛斯挤压作用造成的（图 15-7）。钻井资料表明该盐席在渐新世停止向前推进并被埋藏，这可能是由于源盐在比利牛斯挤压作用期间最终缺失而造成的。

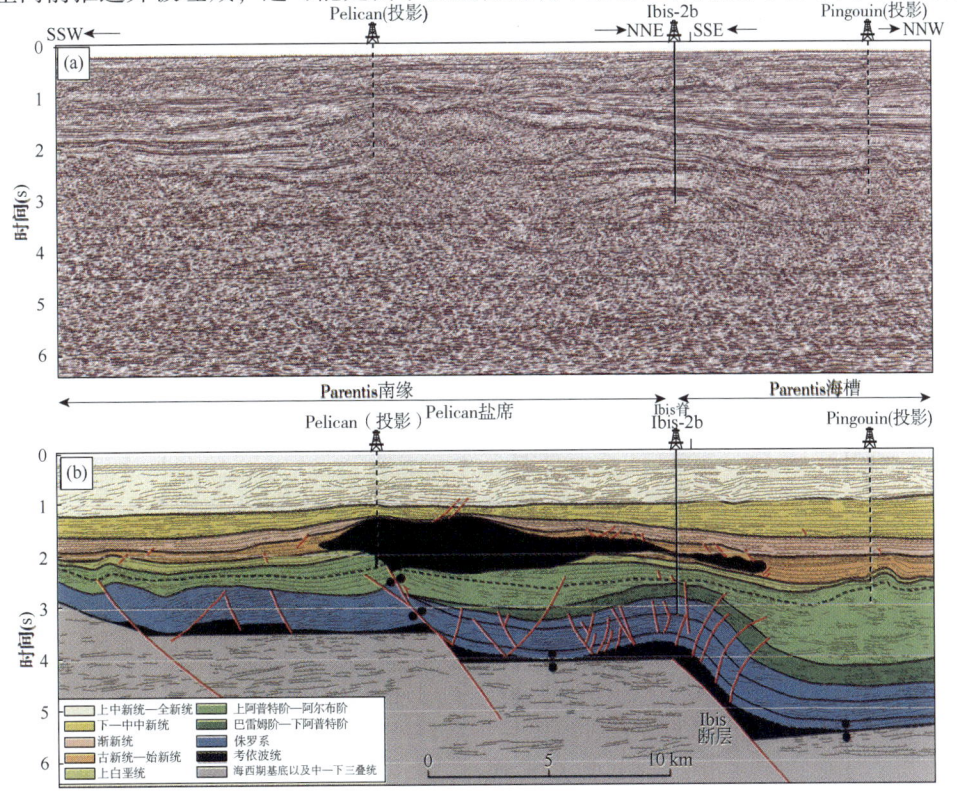

图 15-7　通过 Parentis 盆地东部 Pelican 盐席的（a）未解释地震剖面和（b）解释结果

盐焊接源区是推测的，位置参见图 15-3

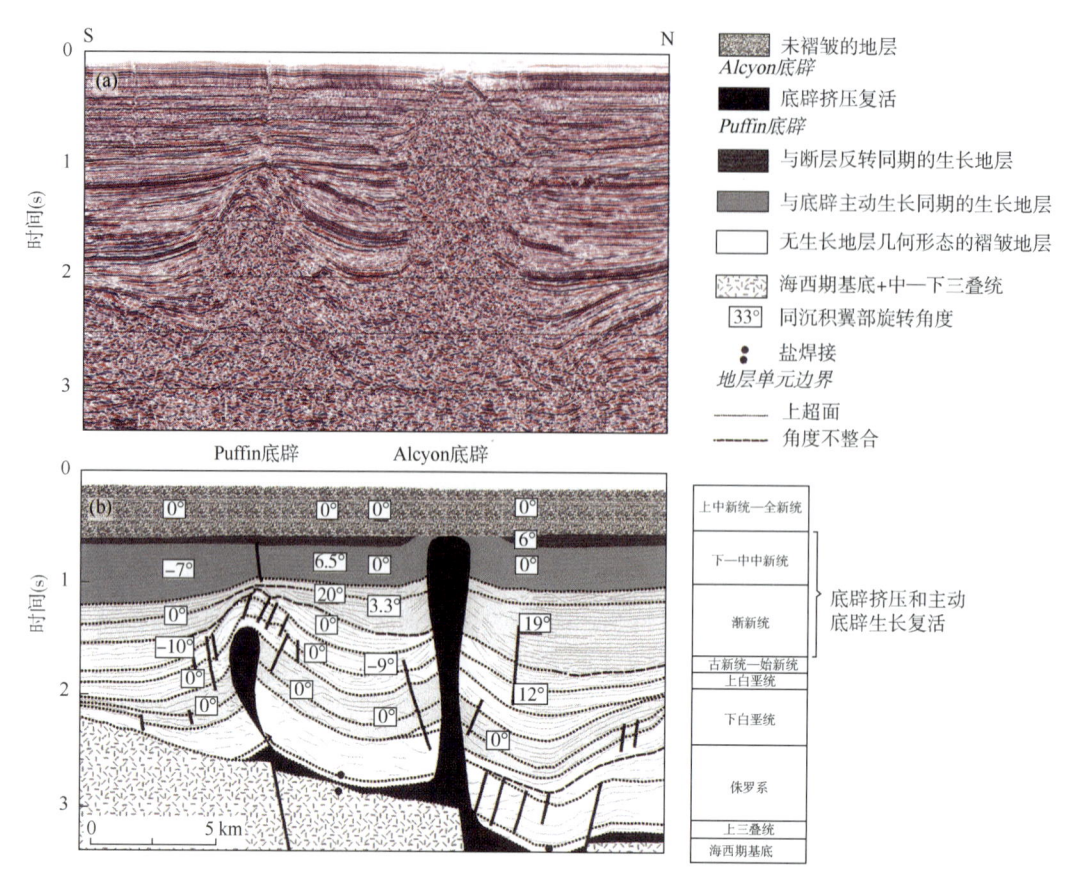

图 15-8 通过 Parentis 盆地东部的(a)未解释地震剖面和(b)解释结果

东部地区两个盐底辟具有不同的生长历史；两个底辟构造都是在侏罗纪和早白垩世被动生长的；Puffin 脊随后停止生长，并被埋藏在上侏罗统—始新统沉积楔之下，这可能是由于较薄的初始盐岩更靠近盆地边缘；Puffin 脊在早渐新世受反转作用影响而再复活；Alcyon 底辟继续被动生长直到中新世中期，并在渐新世—中新世反转期间受到挤压；因为该剖面并没有进行深度转换，同构造地层中的差异旋转角度只能做定性比较；位置参见图 15-3

15.3.2 西部构造域

与东部构造域不同，Parentis 盆地的西部变宽，并充填了更厚的(5000~8500m)侏罗系—下白垩统层序，上覆一套白垩系顶部—新生界沉积(Ferrer 等，2008a)。盆地的南部边界为 Landes 断层(图 15-4b)，该断层位于 Ibis 断层的西南部(Ferrer 等，2008a)(图 15-3)。Landes 断层的下盘向南掀斜，而上盘则为宽缓的背斜或近水平(图 15-4b 和图 15-9)。西部构造域的主要构造均为 ENE 走向，包括 Izurde 背斜、Marratxo 背斜和 Txipiroi 背斜。背斜顶部为侏罗系—下白垩统，核部为上三叠统蒸发岩(图 15-9)。与盆地东部的盐脊相比，这些褶皱的波长较大(达 10km)，幅度较高，而且横向连续性较好(15~20km)。Txipiroi 盐背斜位于宽缓的基底背斜之上(图 15-4b)，但 Marratxo 和 Izurde 盐背斜则是位于近于水平的基底之上(图 15-9)。尽管基底构造不同，但这些构造都具有如下特点：

(1) 受在上三叠统盐岩中发生滑脱的北倾正断层影响，侏罗系—阿普特阶发生伸展。这些断层主要位于背斜的北翼，尤其是在靠近枢纽的区域(图 15-9)。

(2) 在这些背斜的南翼，一个强烈的剥蚀不整合面从下白垩统和上白垩统沉积层序之间穿过，其上为白垩系顶部—古新统。

（3）白垩系最顶部—新生界从背斜两翼向盐背斜顶部逐渐变薄，表明褶皱翼部在比利牛斯挤压期间发生了旋转。

（4）盐背斜被朝焊接点逐渐变薄的原地盐岩分隔，（图15-9）。其中有些盐背斜可能会形成底辟，如Izurde脊顶部的底辟（图15-9）。

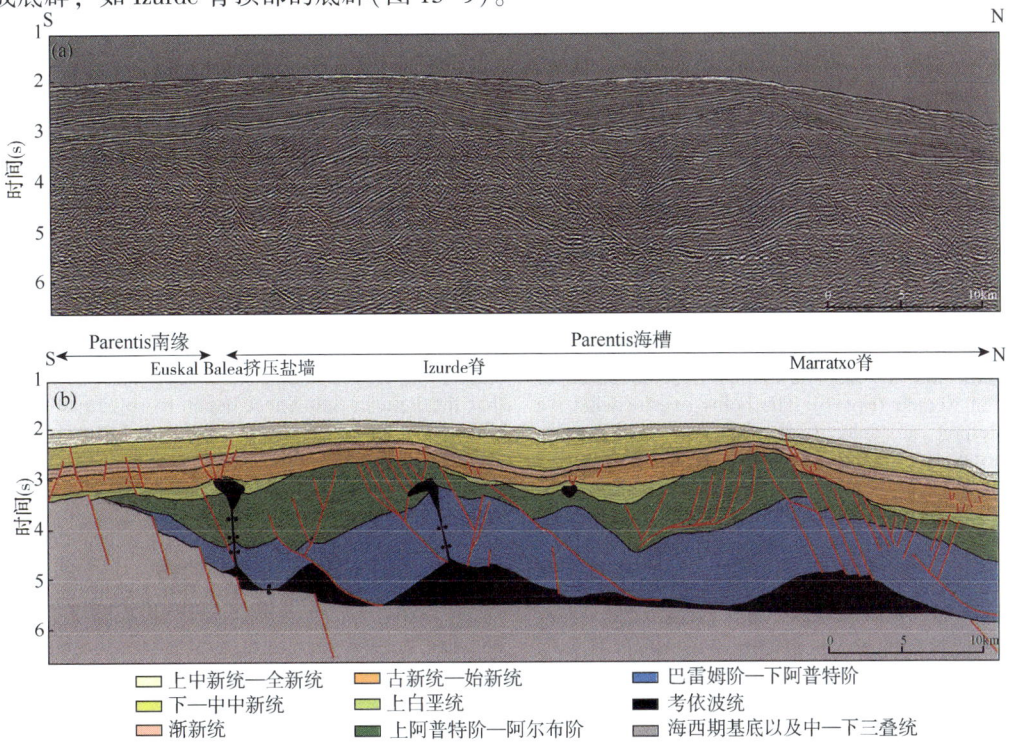

图15-9 通过Parentis盆地西部（深水区）的(a)未解释地震剖面和(b)解释结果
显示出两个盐核背斜以及两个可能的焊接底辟，位置参见图15-3

西部构造域中的底辟都距Landes断层较近（图15-9和图15-10）。构造顶部的球状体呈倒泪滴状，表明近垂直的一次盐焊接形成于近底辟茎部处（图15-10）。尽管在成因机制上是可行的，但是由于地震数据质量较差，对于盐焊接源区的存在也只是推测。这些底辟构造将大部分褶皱的阿尔布阶和下白垩统反射都切断了，但没有切断阿尔布阶顶部和上白垩统的反射。尽管地震分辨率较低，但仍在一次盐焊接的基础上对一些底辟基座进行了解释。

对Ibis断层和Landes断层的研究已经超出了本文的范围，而且这两个构造的地震资料都较差（图15-2）。我们暂且将Ibis断层和Landes断层理解为一种转换构造，在此处的三叠纪盐岩和盐底辟被限制在Landes断层的上盘，但向东延伸转换断坡进入Ibis断层的下盘（图15-3）。

15.4 盐底辟的发育和生长

由于深部的地震资料分辨率较差，关于底辟构造的初始情况还没有很好的解释。然而，在一些情况下，翼部反射层的截断现象表明盐底辟和盐墙在晚侏罗世开始隆升。这些底辟有可能是由于后裂谷期热沉降过程中碳酸盐岩台地的伸展作用而发生复活的（图15-11）。在大多数情况下，那些能引发被动底辟作用的正断层的成像并不清晰，所以我们的解释也是推测

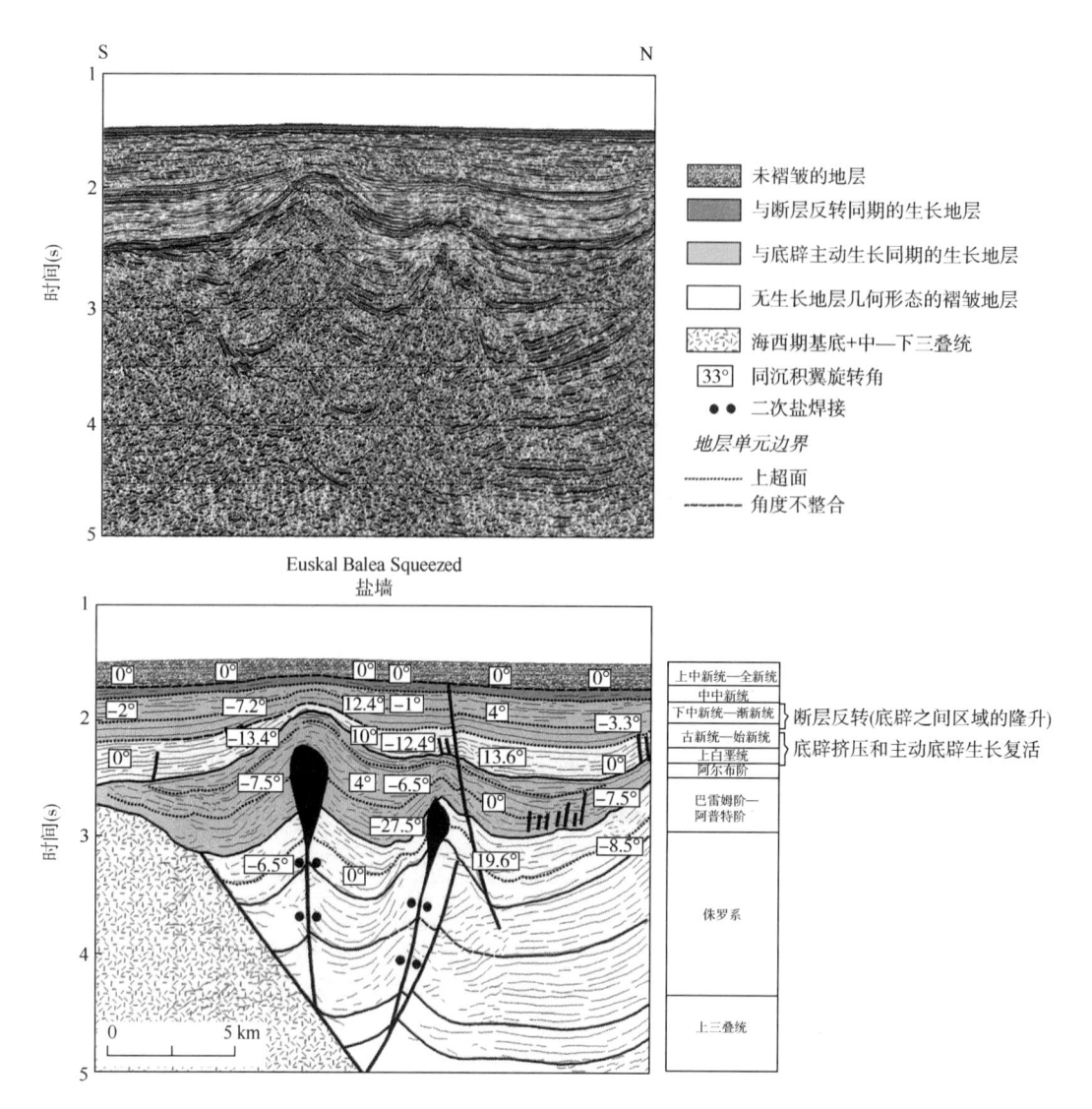

图 15-10　Parentis 盆地南部 Landes 断层上盘中以挤压底辟为核部的两个背斜中的白垩系和新生界的几何形态
侏罗纪—早白垩世，两个底辟均以被动底辟的方式生长；随后，底辟停止生长，并被埋藏在上白垩统之下；由于渐新世早期的反转，底辟再次发育，在中中新世，由于控制底辟早期生长的断层发生挤压复活，底辟再次向上隆起；因为剖面并没有进行深度转换，同构造沉积地层中的差异旋转只能做定性比较；位置参见图 15-3

的。尽管如此，在 Parentis 盆地西部构造域的 Euskal Balea 和 Izurde 脊之间存在一个大型的复活底辟（图 15-9）。底辟两翼地层厚度的差异表明它是在侏罗纪开始隆升的。晚侏罗世—早白垩世，底辟构造之间正断层十分发育，这也表明当时是处于伸展构造背景中（图 15-9）。

由于上侏罗统在厚度上略有变化，使得一些底辟在差异沉积负载的作用下开始活动（图 15-6 至图 15-8）。更强烈的构造不稳定性则体现在侏罗系—白垩系之间的主要不整合上，该不整合沿 Parentis 盆地东部两侧边缘发育（Mathieu，1986；Mediavilla，1987；Masse，1997；Biteau 等，2006）。再往南至 Alcyon 或 Puffin 区域，剥蚀作用使得中侏罗统暴露于地表（图 15-6、图 15-8 和图 15-12b、c）。该剥蚀不整合与盐背斜在三叠纪—里阿斯（Liassic）变形期的生长有关（Curnelle 和 Cabanis，1989），但是也反映了裂谷肩部在白垩纪比斯开湾开始打开时的隆升。该隆升作用可能导致了复活底辟作用。

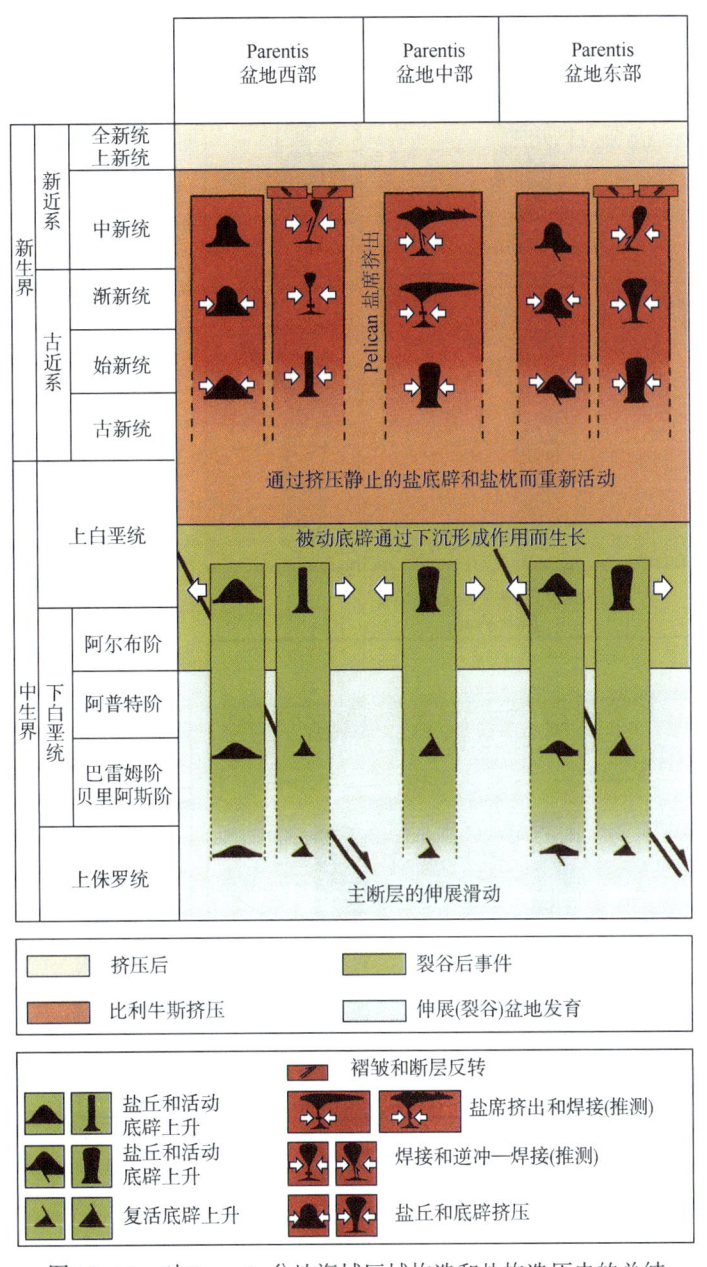

图 15-11 对 Parentis 盆地海域区域构造和盐构造历史的总结

随着沉降达到高峰，Parentis 海槽充填了 5km 厚的巴雷姆期—阿尔布期沉积物（Brunet，1991）（图 15-12b 至 d）。Parentis 海槽中的沉积负载将 Keuper 蒸发岩朝盆地边缘方向挤出，并形成盐核背斜（南部的 Eridan-Antares-Ibis 和北部的 Céphée-Castor）（图 15-11 和图 15-12c、d）。因为侏罗系—下白垩统加积在西部更快，那里的盐底辟常常不能到达地表或被挤出。深部底辟在伸展断层下盘生长，形成宽而低的底辟构造。除此之外，还有一些相对较高的底辟，如 Euskal Balea 和 Izurde。向南，Basque-Cantabrian 陆架在晚白垩世时仍然保持在较高部位（Mathieu，1986；Bois 等，1997）。中—晚阿尔布期，一些生物礁形成于 Parentis 盆地北缘的盐核背斜（如 Antares）之上（Mathieu，1986；Biteau 等，2006）。这些碳酸盐岩建造在陆架边缘区的分布受海平面升降、盐构造和古地理相互作用的控制，这与中生代 La Popa

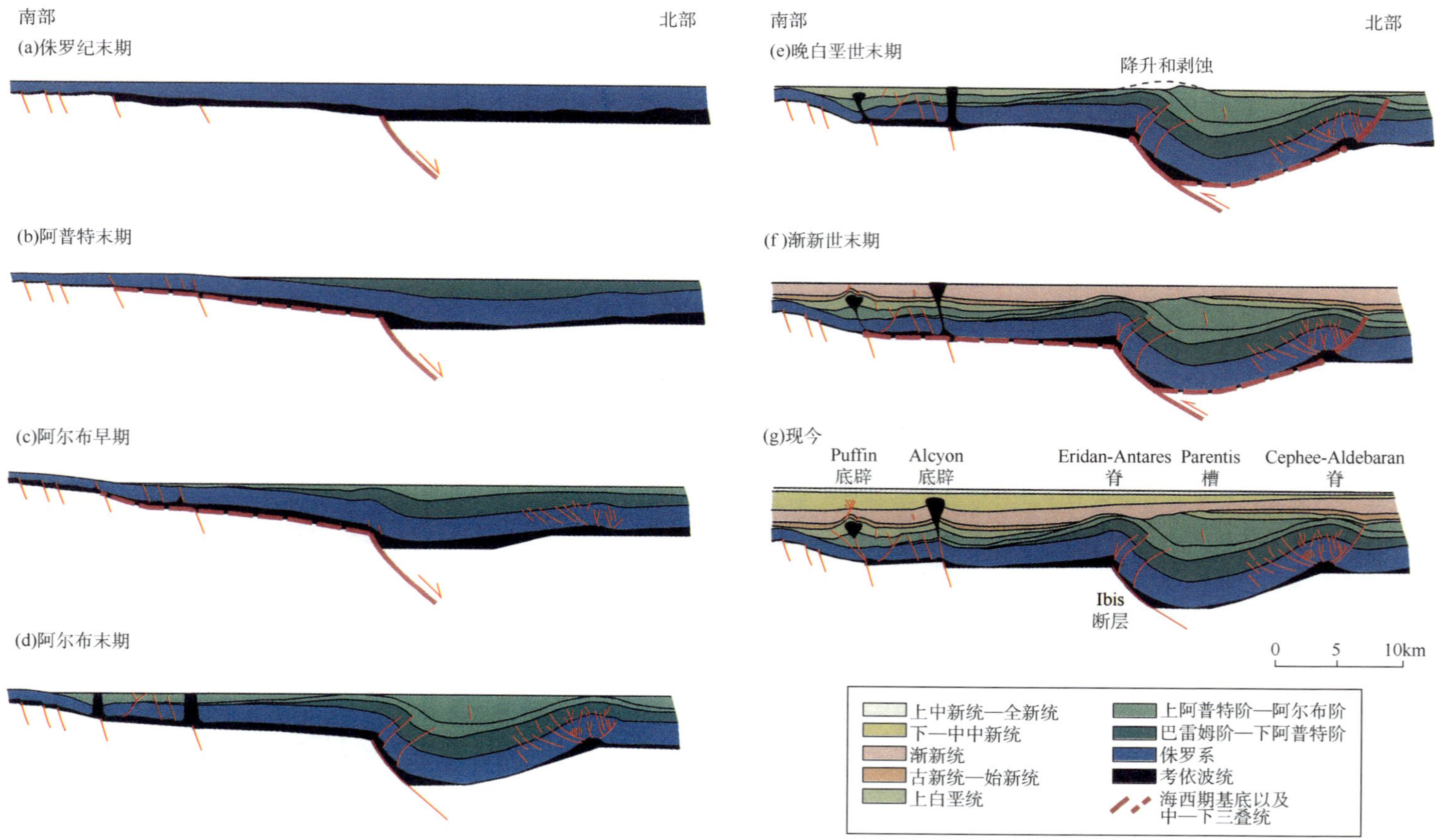

图15-12 用2DMove软件对图15-6所示的Parentis盆地东部区域剖面进行的定性复原（位置参见图15-3）

(a) Parentis盆地中喷发岩沉积的南界为基底高地（Landes隆起），该高地控制着侏罗纪沉积的减薄；(b) 和 (c) 伸展作用在Parentis海槽形成了一个巴雷姆期一阿尔布期重要的沉积中心，已将Keuper蒸发岩向盆地北缘挤出，盐核背斜在Ibis断层之上表现为披覆褶皱；(d) 至 (f) 在比利牛斯挤压期间，Ibis断层之上的披覆褶皱向上隆升，其顶部遭受剥蚀，在南部，无前埋藏的盐层由于挤压而重新活动，并使之前水平抬升了拱起（如Puffin底辟）；后来，埋藏的盐墙可能在区域挤压作用下发生减薄尖灭，从而形成近垂直的二次盐焊接（如Alcyon底辟）；盐构造活动在中新世停止

盆地(墨西哥)和现代波斯湾(Purser，1973；Giles 和 Lawton，2002)是相类似的。

阿尔布期—晚白垩世，大型盐墙链中的盐底辟向上隆升(图 15-12d、e)。一旦当它们刺穿覆盖层到达地表时，盐墙将以被动底辟的方式继续生长(图 15-11)。大多数底辟都会使周围凹陷里的阿尔布阶—上白垩统增厚(如 Puffin 和 Alcyon 底辟；图 15-9 和图 15-12d、e)。通常情况下，这些由底辟上升导致的局部响应常被地壳构造控制的区域厚度上的巨大变化所掩盖。随着源盐层的消耗以及盐岩被部分焊接，许多盐底辟在白垩纪中期停止发育。

15.5 基底构造对早期盐构造的影响

在盆地南缘，已经发现北倾断层(Ibis 断层和 Landes 断层)使基底断开了超过 3km。然而，较小的断层在一定程度上都被盐岩的速度效应所掩盖。此外，比利牛斯反转也可能消除了小型断层的早期伸展位移。尽管地震图像质量不高，但是大规模的断裂表明基底发生了掀斜，并且断层断距明显控制了盐岩和上覆层的初始厚度，从而影响了盐构造样式。本文通过对比 Ibis 断层和 Landes 断层来分析基底构造对盐构造的影响。

15.5.1 Ibis 断层

Parentis 盆地东部最主要的构造就是 Ibis 断层，该断层被 Eridan-Antares 背斜所覆盖。在背斜的南翼，侏罗系—白垩系的界面表现为下白垩统向南减薄及超覆。这些特征表明 Ibis 断层下盘在白垩纪初期就已经抬升并向北掀斜了(图 15-6 显示的是基底在反转期间发生古近纪旋转之后的现今近水平的产状)。再往南接近盆地的边缘，地层的减薄变为强烈的区域剥蚀不整合。在 Eridan-Antares 背斜的北部，尼欧克姆阶—下阿普特阶沉积层序的加厚表明 Parentis 海槽在尼欧克姆期开始发生主沉降。

尽管基底成像质量不高，但通常都认为 Ibis 断层为半地堑，因为该部位的上覆层形成了一个向北倾斜的单斜(图 15-4a 和图 15-6)。一个盐核背斜(Eridan-Antarés 背斜)披覆在半地堑向北倾斜的主断层之上。物理模拟实验(Withjack 和 Callaway，2000；Ferrer 等，2008b)表明，在比利牛斯挤压缩短之前，在下伏 Ibis 断层的滑动作用下，该背斜可能是一个单斜伸展披覆褶皱。塑性盐层使得主要的盐下断裂与披覆层发生部分的解耦。物理模拟(Jackson 等，1994；Vendeville 等，1995；Withjack 和 Callaway，200)表明，在这种系统中，盐下正断层的位移和位移速率，盐岩层的厚度和强度以及上覆层共同控制着上覆层系的构造样式。在基底快速滑动的正断层之上的披覆单斜的物理模型中也形成与褶皱北翼相似的逆冲断层(Withjack 和 Callaway，2000)。

位于 Eridan-Antarés 背斜北翼的上阿普特阶—阿尔布阶的巨大沉积中心明显上超在 Céphée-Aldebaran 背斜的北部(图 15-4a、图 15-6 和图 15-12d)。因此，Parentis 海槽的主要沉积负载是位于这两个盐核背斜之间。Parentis 海槽的差异负载将会使盐岩向南北挤出，也可能会向上覆层较薄的东部挤出。盐岩的排出将使沉积中心发生沉降，并最终与海槽底面之下的原地盐岩焊接在一起，正如图 15-4a 和图 15-6 所示的那样。

15.5.2 Landes 断层

Landes 断层在三叠纪盐盆的南缘形成一个半地堑，它的上覆层厚度为 5000~8500m。在断层上盘，基底向南倾斜，且越往北，基底越接近水平或者微向北倾斜(图 15-4b)。上盘倾斜方向的变化强烈影响了半地堑边缘 Txipiroi 盐核背斜（Ferrer 等，2008a）的位置和演化。白垩系顶部—新生界位于一个角度不整合之上，尤其是在伸展掀斜断块之上。在不整合之下的几个地区，剥蚀作用削蚀了超过一半的下白垩统沉积物（图15-9）。断层的几何形态表明 Txipiroi 背斜的生长开始于 Keuper 盐岩的运移和之后的聚集（Ferrer 等，2008a，b）。

在侏罗纪和早白垩世，伸展作用、基底掀斜和沉积作用增强了 Landes 半地堑的沉积负载作用，将盐岩挤出到早期形成的底辟中，如 Euskal Balea 底辟和 Izurde 底辟，并向北侧向挤出到 Landes 断层的掀斜上盘（图15-9）。盐岩的侧向运移形成盐核背斜，此处的基底呈近水平状，形成 Txipiroi 和 Izurde 脊（Ferrer 等，2008b）。当源盐层发生焊接时，盐岩停止运移。在 Jeanne d'Arc 盆地中也发现了与其相似的构造样式（Withjack 和 Callaway，2000）。

15.6 盐构造的比利牛斯挤压缩短

比利牛斯造山作用开始于晚白垩世，并一直持续到始新世。受此影响 Parentis 盆地中部（Parentis 海槽）发生隆升和反转（图15-12e），白垩系顶部被严重剥蚀，且古新统高于 Ibis 断层南部（图15-6和图15-12f）。与总缩短量最小为165km的比利牛斯内陆相比，Parentis 盆地作为一个整体，在造山作用中只受到了轻微的挤压作用（Beaumont 等，2000；Muñoz，2002）。

Parentis 盆地中的 Landes 高地对比利牛斯挤压作用起到有效的阻挡，保护 Parentis 盆地使其少受反转作用的影响，即使下伏地壳在中生代发生了严重减薄（Ferrer 等，2008a）。Parentis 盆地中缺乏明显的反转构造，表明从晚白垩世到早中新世，Landes 高地保护了 Parentis 盆地使其不受比利牛斯挤压缩短作用的影响。该作用也解释了为什么基底卷入的比利牛斯挤压缩短作用只是发生在 Landes 高地的南部，并集中沿 Basque-Cantabrian 盆地的北缘分布（图15-1c）。Landes 高地起到支撑作用可能是因为此处的地壳强度大于相邻的 Basque-Cantabrian 盆地和 Parentis 盆地。这两个盆地在早白垩世都发生强烈伸展，导致薄而热的地壳下伏于厚层的中生代地层之下。与此相反，在 Landes 高地（那里的中生代伸展作用要弱许多），地壳较厚且较冷，上覆地层也薄。因此，Landes 高地的地壳强度较大，并能够承受沿伊比利亚和欧亚板块碰撞边界的比利牛斯挤压作用。

由三叠纪—早白垩世伸展作用和盐动力作用形成的早期盐构造在 Parentis 盆地的比利牛斯反转过程中发生强烈的变形。大多数盐构造受到缩短作用之后，表现为隆升并变窄，因为它们强度低，而且沿 NEE 方向延伸，极易受比利牛斯向北挤压作用的影响（图15-11和图15-12f）。盐构造有以下几种响应方式：（1）靠近盆地南缘，之前处于埋藏并且静止的盐墙受到挤压而重新活动，其中的盐岩向上运移并使之前水平的上覆层向上拱起（图15-8、图15-10和图15-12f）。（2）挤压盐墙喷出大量的盐岩，并以盐冰川的形式前进，它开始于白垩纪末期，并在始新世—早中新世开始加速（图15-7和图15-11）。（3）在挤压缩短过程中，大型背斜发生区域性隆升，如 Ibis 断层上部的 Ibis 和 Eridan-Antarés 盐核脊以及 Landes 断层附近的 Txipiroi 背斜（图15-4a、b）。（4）在区域挤压缩短最强烈的地区，挤出的盐墙和埋藏的盐墙都发生尖灭，从而形成近垂直的二次盐焊接（图15-10、图15-11和图15-12f、g）。如果底辟焊接停止，那么任何进一步的挤压缩短可能表现为比利牛斯挤压末期的先存正断层的反转、逆断层的焊接或是集中在盐底座内的短距离逆冲（图15-8）。由于源盐层基本消耗殆尽，在反转阶段没有新的底辟形成。在中中新世，盐岩的底辟作用随着比利牛斯造山带的关闭而最终停止（图15-9至图15-11、图15-12g）。

虽然一些底辟的挤压断离是推测的，但都可以根据以下三条证据来说明，尽管每一条都具有一定争议。(1)挤压断离可能与不同区域背景下的挤压缩短的高峰期都有力学关联(Vendeville 和 Nilsen，1995；Cramez 和 Jackson，2000；Brun 和 Fort，2004；Gottschalk 等，2004；Rowan 等，2004；Roca 等，2006；Rowan 和 Vendeville，2006；Sherkati 等，2006；Jackson 等，2008；Dooley 等，2009)。但是，仅是挤压缩短可能并不足以形成挤压断离。(2)Parentis 盆地西部构造域的地震数据质量较高，原地盐岩顶部的强反射在盐墙顶部之下向上弯曲成一个尖锐的突出点，但该几何形状可能是由速度上拉效应导致的。(3)在一些地方，底辟顶部向上拱起而高于区域面，如图15-6所示的 Puffin 底辟。如果底辟的一侧向上抬升而高于另一侧，这就与倾斜茎部的闭合而导致的逆冲焊接是一致的。但非对称的上拱也可能反映了另外一种过程，即倾斜流使底辟的倾斜茎部发生隆升。

15.7　结论

在伸展拉张及随后的地壳挤压变形过程中，Parentis 盆地的演化明显受到盐构造的影响。两个主断层(Ibis 断层和 Landes 断层)分隔出两个构造域，每个构造域都发育一系列盐相关构造。这些断层可能形成一个大型的转换构造。盐株和盐墙发育在盐盆的南缘附近，在西部构造域发育在 Landes 断层的上盘，在东部构造域则发育在 Ibis 断层的下盘。在东部，核部为盐岩的宽缓披覆背斜形成于盆地边缘(Eridan-Antares-Ibis 脊和 Céphée-Castor 脊)。在西部，更大的盐核背斜发育在基底背斜(如 Txipiroi 盐背斜)的顶部或水平基底(如 Marratxo 和 Izurde 盐背斜)之上。

盐墙和盐底辟从潘基亚裂谷期间沉积的三叠系源盐层中向上隆起。这些构造可能以比斯开湾早期打开时伸展背景下的复活底辟的形式开始发育，或是受上侏罗统的差异沉积负载影响。巴雷姆期—阿尔布期，Parentis 海槽的厚层沉积充填将 Keuper 蒸发岩向盆地边缘挤出，并形成了盐核背斜。作为对断层滑动的响应，Eridan-Antares-Ibis 背斜以披覆褶皱的形式发育在 Ibis 断层之上。Céphée-Castor 盐核背斜发育在盆地北缘。

阿尔布期，盐底辟演变成被动底辟模式。在晚白垩世中期，许多盐墙都停止生长，但其中一些盐墙仍然被动上升，直到中新世才停止生长。

由于伊比利亚板块和欧亚板块的碰撞以及晚白垩世的比利牛斯造山运动，Parentis 盆地发生了轻微的挤压缩短。先存的盐核背斜扩大，导致背斜顶部向上抬升并遭受剥蚀。由于盐核背斜较弱及其优势方向，大部分盐构造都容易响应挤压效应，并吸收大部分的比利牛斯缩短作用。在区域挤压作用下，包括一些处于静止或被埋藏的盐底辟发生复活，其茎部也发生挤压断离。挤压盐墙中向上挤出的盐岩使得上覆层向上弯曲而形成浅层背斜。在局部地区，缩短前的盐墙将盐岩排出，并以盐冰川的形式在海底向前推进达20km。该盐席在渐新世停止推进并被埋藏。由于原地源盐层已经被大量消耗殆尽，当 Parentis 盆地发生反转时，并没有新的盐底辟形成。

参 考 文 献

Álvarez-Marrón, J., Pérez-Estaún, A. et al. 1996. Seismic structure of the northern continental margin of Spain from ESCIN deep seismic profiles. Tectonophysics, 264, 153–174.

Ayarza, P., Martínez-Catalán, J. R., Álvarez-Marrón, J., Zeyen, H. & Juhlin, C. 2004. Geophysical constraints on the deep structure of a limited ocean-continent subduction zone at the North Iberian Margin. Tectonics, 23, TC1010, http://dx.doi.org/10.1029/2002TC001487.

Beaumont, C., Muñoz, J. A., Hamilton, J. & Fullsack, P. 2000. Factors controlling the Alpine evolution of the central Pyrenees inferred from a comparison of observations and geodynamical models. Journal of Geophysical Research, 105, 8121-8145.

Biteau, J. J., Le Marrec, A., LeVot, M. & Massot, J. M. 2006. The Aquitaine Basin. Petroleum Geoscience, 12, 247-273.

Boillot, G. 1986. Le Golfe de Gascogne et les Pyrénées. In: Boillot, G. (ed.) Les Marges Continentales Actueles et Fossiles Autour de la France. Mason, Paris, 5-81.

Bois, C. & Gariel, O. 1994. Deep seismic investigation on the Parentis Basin (Southwestern France). In: Mascle, A. (ed.) Hydrocarbon and Petroleum Geology of France. European Association of Petroleum Geologists, Paris, Special Publication, 4, 173-186.

Bois, C. & ECORS Scientific Party. 1990. Major geodynamic processes studied from the ECORS deep seismic profiles in France and adjacent areas. In: Leven, J. H., Finlayson, D. M., Wright, C., Dooley, J. C. & Kennet, B. L. N. (eds) Seismic Probing of Continents and Their Margins. Tectonophysics, 173, 397-410.

Bois, C., Pinet, B. & Gariel, O. 1997. The sedimentary cover along the ECORS Bay of Biscay deep seismic reflection profile. A comparison between the Parentis Basin and other European rifts and basins. Mémoires de la Société Géologique de France, 171, 143-165.

Bourrouilh, R., Richter, J. P. & Zolnaï, G. 1995. The North Pyrenean Aquitaine basin, France: evolution and hydrocarbons. AAPG Bulletin, 79, 831-853.

Brun, J. P. & Fort, X. 2004. Compressional salt tectonics (Angolan Margin). Tectonophysics, 382, 129-150.

Brunet, M. F. 1991. Subsidence in the Parentis Basin (Aquitaine, France): implications of the thermal evolution. In: Mascle, A. (ed.) Hydrocarbon Exploration and Underground Gas Storage in France. Springer Verlag, Paris, 4, 187-198.

Callot, J. P., Jahani, S. & Letouzey, J. 2007. The role of pre-existing diapirs in fold and thrust belt development. In: Lacombe, O., Roure, F., Lavé, J. & Verges, J. (eds) Thrust Belts and Foreland Basins from Fold Kinematics to Hydrocarbon Systems: Frontiers in Earth Sciences. Springer, Berlin, 309-325.

Choukroune, P. ECORS TEAM 1989. The ECORS Pyrenean deep seismic profile: reflection data and the overall structure of an orogenic belt. Tectonics, 8, 23-39.

Cramez, C. & Jackson, M. P. A. 2000. Superposed deformation straddling the continental-oceanic transition in deep-water Angola. Marine and Petroleum Geology, 17, 1095-1109.

Curnelle, R. & Marco, R. 1983. Reflection profiles across the Aquitaine basin. In: Bally, A. W. (ed.) A Picture and Work Atlas. Seismic Expression of Structural Styles. American Association of Petroleum Geologists, Tulsa, Studies in Geology, 2. 3. 2-11- 2. 3. 2. -17.

Curnelle, R. & Cabanis, B. 1989. Relations entre le magmatisme 《triasique》 et le volcanisme infraliasique des Pyrénées et de l'Aquitaine; Apports de la géochimie des éléments en traces. Bulletin Centre de Recherches Exploration-Production Elf-Aquitaine, 13, 347-375.

Curnelle, R., Dubois, P. & Seguin, J. C. 1982. The Mesozoic-Tertiary evolution of the Aquitaine basin. Philosophical Transactions of the Royal Society of London, A305, 63-84.

Dardel, R. A. & Rosset, R. 1971. Histoire géologique et structurale du bassin de Parentis et de son prolongement en mer. In: Debyser, J., Le Pichon, X. & Montadert, L. (eds) Histoire Structurale du Golfe de Gascogne. Publication de l'Institute Français du Pétrole, Technip, Paris, I, IV. 2. 1-IV. 2. 28.

Derégnaucourt, D. & Boillot, G. 1982. Structure geologique du golfe de Gascogne. Bulletin du Bureau de Recherches Géologiques et Minières de France, 1, 149-178.

Dooley, T. P., Jackson, M. P. A. & Hudec, M. R. 2009. Inflation and deflation of deeply buried salt stocks during lateral shortening. Journal of Structural Geology, 31, 582-600.

Ferrer, O., Roca, E., Benjumea, B., Muñoz, J. A., Ellouz, N. MARCONI TEAM. 2008a. The deep seismic reflection MARCONI - 3 profile: role of extensional Mesozoic structure during the Pyrenean contractional deformation at the Eastern part of the Bay of Biscay. Marine and Petroleum Geology, 25, 714-730.

Ferrer, O., Vendeville, B. C. & Roca, E. 2008b. Influence of a syntectonic viscous layer on the structural evolution of extensional kinked-fault systems. Bolletino di Geofisica teorica ed applicata, 49, 371-375.

Fletcher, R. C., Hudec, M. R. & Watson, I. A. 1995. Salt glacier and composite sediment-salt glacier models for the emplacement and early burial of allochthonous salt sheets. In: Jackson, M. P. A., Roberts, D. G. & Snelson, S. (eds) Salt Tectonics: A Global Perspective. American Association of Petroleum Geologists, Tulsa, Memoir, 65, 77-108.

Gallart, J., Pulgar, J. A., Muñoz, J. A. & MARCONI TEAM. 2004. Integrated studies on the lithospheric structure and Geodynamics of the North Iberian Continental Margin: the MARCONI Project. Geophysical Research Abstracts, 6, 04196, SRef-ID: 1607-7962/gra/EGU04-A04196. European Geosciences Union.

Gallastegui, J., Pulgar, J. A. & Gallart, J. 2002. Initiation of an active margin at the North Iberian continent-ocean transition. Tectonics, 21, http://dx.doi.org/10.1029/2001TC901046.

García-Mondejar, J. 1996. Plate reconstruction of the Bay of Biscay. Geology, 24, 635-638.

Gariel, O., Bois, C., Curnelle, R., Lefort, J. P. & Rolet, J. 1997. The ECORS Bay of Biscay deep seismic survey. Geological framework and overall presentation of the work. In: Mémoires de la Societé Geologique de France (ed.) Deep Seismic Study of the Earth's Crust. ECORS Bay of Biscay Survey, Paris, 7-19.

Giles, K. A. & Lawton, T. F. 2002. Halokinetic sequence stratigraphy adjacent to the El Papalote diapir, northeastern Mexico. AAPG Bulletin, 86, 823-840.

Gottschalk, R. R., Anderson, A. V., Walker, J. D. & Da Silva, J. C. 2004. Modes of contractional salt tectonics in Angola Block 33, Lower Congo basin, West Africa. In: Post, P. J., Olson, D. L., Lyons, K. T., Palmes, S. L., Harrison, P. F. & Rosen, N. C. (eds) Salt-Sediment Interactions and Hydrocarbon Prospectivity: Concepts, Applications, and Case Studies for the 21st century, 24th Annual Research Conference. SEPM Foundation, 705-734.

Hudec, M. R. & Jackson, M. P. A. 2006. Advance of allochthonous salt sheets in passive margins and orogens. AAPG Bulletin, 90, 1535-1564.

Hudec, M. R. & Jackson, M. P. A. 2007. Terra infirma: understanding salt tectonics. Earth-Science Reviews, 82, 1-28.

Jackson, M. P. A. 1995. Retrospective salt tectonics. In: Jackson, M. P. A., Roberts, D. G. & Snelson, S. (eds) Salt Tectonics: A Global Perspective. American Association of Petroleum Geologists, Tulsa, Memoir, 65, 1-28.

Jackson, M. P. A. & Cramez, C. 1989. Seismic recognition of salt welds in salt tectonics regimes. GCSSEPM Foundation Tenth Annual Research Conference. Program and Abstracts, 66-71.

Jackson, M. P. A., Vendeville, B. C. & Schultz-Ela, D. D. 1994. Structural dynamics of salt systems. Annual Review of Earth and Planetary Sciences, 22, 93-117.

Jackson, M. P. A., Hudec, M. R., Jennette, D. C. & Kilby, R. E. 2008. Evolution of the Cretaceous Astrid thrust belt in the ultradeep-water Lower Congo Basin, Gabon. AAPG Bulletin, 92, 487-511.

Le Pichon, X. & Barbier, F. 1987. Passive margin formation by low-angle faulting within the upper crust: the northern Bay of Biscay margin. Tectonics, 6, 133-150.

Letouzey, J. & Sherkati, S. 2004. Salt movement, tectonic events, and structural style in the central Zagros fold and thrust belt (Iran). 24th Annual Research Conference SEPM Foundation, 4444-4463.

Letouzey, J., Colletta, B., Vially, R. & Chermette, J. C. 1995. Evolution of salt-related structures in compressional settings. In: Jackson, M. P. A., Roberts, D. G. & Snelson, S. (eds) Salt Tectonics - A Global Perspective. AAPG, Tulsa, Memoir, 65, 41-60.

Le Vot, M., Biteau, J. J. & Masset, J. M. 1996. The Aquitaine Basin: oil and gas production in the foreland of the Pyrenean fold-and-thrust belt. New exploration perspectives. In: Ziegler, P. A. & Horvàth, F. (eds) Peri-Tethys Memoir 2: Structure and Prospects of Alpine Basins and Forelands. Mémoires du Musée Nationale Histoire Naturelle, Paris, 170, 159–171.

Mascle, A., Bertrand, G. & Lamiraux, Ch. 1994. Exploration for and production of oil and gas in France: a review of the habitat, present activity and expected developments. In: Mascle, A. (ed.) Hydrocarbon and Petroleum Geology of France. European Association of Petroleum Geologists, Paris, Special Publications, 4, 3–28.

Masse, P. 1997. The early Cretaceous Parentis Basin (France). A basin associated with a wrench fault. Memoires de la Societé géologique de France, 171, 177–185.

Mathieu, C. 1986. Histoire géologique du sous-bassin de Parentis. Bulletin des Centres Recherche Exploration-Production Elf-Aquitaine, 10, 22–47.

Mauriaud, P. 1987. Le Bassin d'Aquitaine. Pétrole et Techniques, 335, 38–41.

Mediavilla, F. 1987. La tectonique salife`re d'Aquitaine. Le Bassin de Parentis. Pétrole et Techniques, 335, 35–37.

Montadert, L., De Charpal, O., Roberts, D. G., Guennoc, P. &Sibuet, J. C. 1979. Northeast Atlantic passive margins: rifting and subsidence processes. In: Talwani, M., Hay, W. & Ryan, W. B. H. (eds) Deep Drilling Results in the Atlantic Ocean Continental Margin and Paleo environtment. American Geophysical Union, Washington, 154–186.

Muñoz, J. A. 1992. Evolution of a continental collision belt: ECORS-Pyrenees crustal balanced section. In: McClay, K. R. (ed.) Thrust Tectonics. Chapman and Hall, London, 235–246.

Muñoz, J. A. 2002. The Pyrenees. In: Gibbons, W. & Moreno, T. (eds) The Geology of Spain. Geological Society, London, 370–385.

Pedreira, D. 2004. Estructura cortical de la zona de transición entre los Pirineos y la Cordillera Cantábrica. PhD thesis, Universidad de Oviedo.

Pinet, B., Montadert, L. & the ECORS SCIENTIFIC PARTY. 1987. Deep seismic reflection and refraction profiling along the Aquitaine shelf (Bay of Biscay). Geophysical Journal, Royal Astronomical Society, 89, 305–312.

Purser, B. H. 1973. Sedimentation around bathymetric highs in the southern Persian Gulf. In: Purser, B. H. (ed.) The Persian Gulf: Holocene Carbonate Sedimentation and Diagenesis in a Shallow Epicontinental Sea. Springer-Verlag, New York, 157–177.

Roberts, D. G. & Montadert, L. 1980. Contrast in the structure passive margin of the Bay of Biscay and Rockall Plateau. Philosophical Translations of the Royal Astronomy Society of London, 294, 97–103.

Roca, E., Sans, M. &Koyi, H. A. 2006. Polyphase deformation of diapiric areas in models and in the eastern Prebetics (Spain). AAPG Bulletin, 90, 115–136.

Rosenbaum, G., Lister, G. S. & Duboz, C. 2002. Relative motions of Africa, Iberia and Europe during Alpine orogeny. Tectonophysics, 359, 117–129.

Roure, F., Choukroune, P. et al. 1989. ECORS deep seismic data and balanced cross sections, geometric constraints on the evolution of the Pyrenees. Tectonics, 8, 41–50.

Rowan, M. G. & Vendeville, B. C. 2006. Foldbelts with early salt withdrawal and diapirism: Physical model and examples from the northern Gulf of Mexico and the Flinders Ranges, Australia. Marine and Petroleum Geology, 23, 871–891.

Rowan, M. G., Peel, F. J. & Vendeville, B. C. 2004. Gravity-driven foldbelts on passive margins. In: McClay, K. R. (ed.) Thrust Tectonics and Hydrocarbon Systems. AAPG, Tulsa, Memoir, 82, 157–182.

Ruiz, M. 2007. Caracterització estructural i sismotectò-nica de la litosfera en el Domini Pirenaico-Cantàbric a partir de mètodes de sísmica activa i passiva. PhD thesis, Universitat de Barcelona. Sherkati, S., Letouzey, J. & Frizon de Lamotte, D. 2006. Central Zagros fold-thrust belt (Iran): new insights from seismic data, field observations and sandbox modeling. Tectonics, 25, TC4007, http://dx.doi.org/10.1029/2004TC001766.

Sibuet, J. C., Pautot, G. & Le Pichon, X. 1971. Interpretation structurale du golfe de Gascogne àpartir des profiles de sismique. In: Debyser, J., Le Pichon, X. & Montadert, L. (eds) Histoire Structurale du Golfe de

Gascogne. Publication de l'Institute Français du Pétrole, Technip, Paris, II, VI. 10. 1 – VI. 10. 1 – VI. 10. 31.

Sibuet, J. C., Monti, S., Loubrieu, B., Mazé, J. P. & Srivastava, S. 2004a. Carte bathymétrique de l'Atlantique nord-est et du Golfe de Gascogne. Bulletin de la Société Géologique de France, 175, 429-442.

Sibuet, J. C., Srivastava, S. & Spakman, W. 2004b. Pyrenean orogeny and plate kinematics. Journal of Geophysical Research, 109, B08104, http://dx.doi.org/10.1029/2003JB002514.

Srivastava, S. P., Roest, W. R., Kovacs, L. C., Oakey, G., Lévesque, S., Verhoef, J. & Macnab, R. 1990. Motion of Iberia since the Late Jurassic: results from detailed aeromagnetic measurements in the Newfoundland Basin. Tectonophysics, 184, 229-260.

Stefanescu, M., Dicea, O. & Tari, G. 2000. Influence of extension and compression on salt diapirism in its type area, East Carpathians Bend area, Romania. In: Vendeville, B., Mart, Y. & Vigneresse, J. L. (eds) Salt, Shale and Igneous Diapirs in and around Europe. Geological Society, London, Special Publications, 174, 131-147.

Stewart, S. A. 2007. Salt tectonics in the North Sea Basin: a structural style template for seismic interpreters. In: Ries, A. C., Butler, R. W. H. & Graham, R. H. (eds) Deformation of the Continental Crust: The Legacy of Mike Coward. Geological Society, London, Special Publications, 272, 361-396.

Thinon, I., Mathias, L., Réhault, J. P., Hirn, A., Fidalgo-González, L. & Avedik, F. 2003. Deep structure of the Armorican Basin (Bay of biscay): a review of Norgasis seismic reflection and refraction data. Journal of the Geological Society of London, 160, 99-116.

Tomassino, A. & Marillier, F. 1997. Processing and interpretation in the tau-p domain of the ECORS Bay of Biscay expanding spread profiles. Mémoires de la Société Géologique de France, 171, 31-43.

Vendeville, B. C. & Nilsen, K. T. 1995. Episodic growth of salt diapirs driven by horizontal shortening. In: Travis, C. J, Harrison, H., Hudec, M. R., Vendeville, B. C., Peel, F. J. & Perkins, B. F. (eds) Salt, Sediment, and Hydrocarbons. SEPM Gulf Coast Section 16th Annual Research Foundation Conference, 285-295.

Vendeville, B. C., Ge, H. & Jackson, M. P. A. 1995. Scale models of salt tectonics during basement-involved extension. Petroleum Geoscience, 1, 179-183.

Vergés, J. & García-Senz, J. 2001. Mesozoic evolution and Cainozoic inversion of the Pyrenean Rift. In: Ziegler, P. A, Cavazza, W., Robertson, A. H. F. & Crasquin-Soleau, S. (eds) Peri-Tethys Memoir 6: Peri-Tethyan Rift/Wrench Basins and Passive Margins. Mémoires Museum National Histoire Naturelle, Paris, 186, 187-212.

Withjack, M. O. & Callaway, S. 2000. Active normal faulting beneath a salt layer: an experimental study of deformation patterns in the cover sequence. AAPG Bulletin, 84, 627-651.

Ziegler, P. A. 1988. Evolution of the Arctic-North Atlantic and the Western Tethys. AAPG Memoirs, 43, 198.

(张凤廉 译，祁鹏 杜美迎 校)

第三部分

中欧盐盆地

第16章 中生代至新生代波兰盆地内盐构造的演化概况

PIOTR RZYWIEC

(Polish Geological Institute, ul. Rakowiecka 4, 00-975 Warsaw, Poland)

摘 要 波兰盆地在二叠纪—白垩纪属于欧洲西部和中部陆缘沉积盆地的一部分,盆内发育数千米厚的碎屑岩、碳酸盐岩和厚Zechstein统(大约为上二叠统)蒸发岩沉积。发育在Teisseyre—Tornquist断裂带之上的盆地轴向部分(即中波兰海槽)有最厚的二叠纪至中生代的沉积层,其岩石圈级别上的边界分割了东欧克拉通和古生代台地。在晚白垩世—古新世,波兰盆地发生了构造反转。通过对地震反射数据的综合研究对波兰盆地盐构造的基本规律进行了分析。本文描述了成因与Zechstein统蒸发岩相关的两种基本构造类型,即位于波兰盆地东北和西南两翼以及轴部和周缘的构造。第一类构造包括以铲式断层为界的地堑,其中铲式断层在盐体和盐枕之上发生滑脱,而盐枕主要形成于厚度相对较小的Zechstein统蒸发岩和Zechstein统之下断层构造影响较小的区域。第二类构造包括发育更成熟的盐构造,如盐枕和盐底辟,并且与盆地轴向部分关联更加紧密,以发育相对厚的Zechstein统蒸发岩以及强烈的基底构造变形为特征。第一期盐体活动(盐枕作用)发生于早三叠世,随后在晚三叠世发生了盐底辟作用和挤出作用。在侏罗纪—早白垩世,没有明显的盐构造形成。大部分盐底辟在晚白垩世反转构造的背景下最终定型。在新生代,一些盐底辟发生复活,这可能与局部的渐新世或中新世的沉降有关,之后在后期(上新世—第四纪)有时会发生反转和抬升。

存在于陆内沉积盆地内的同伸展作用期沉积层序底部的相对较厚的盐层容易与盐下"基底"发生明显的,且经常是盆地规模的力学耦合作用。因此,这将直接影响盐上地层与伸展和反转变形有关的构造样式。如果伸展沉积盆地沉积厚层的底部韧性盐层,并发育受主要断裂带控制的轴部沉降中心,则盆地翼部会发育一系列在盐层之上发生滑脱的周缘构造。根据原始盐层厚度、基底断层数量和活动速率、盐上地层厚度等参数的不同,这些周缘构造的发育是对薄皮伸展作用和/或盐流的一种响应(Vendeville和Jackson, 1992a, b)。这些周缘构造可能包括在盐体上发生滑脱的铲式断层之上的旋转断块、盐枕甚至盐底辟(Stewart, 1999; Withjack和Callaway, 2000; Dooley等, 2005)。在陆内盆地构造驱动的沉降阶段,盐构造可能在盆地更轴部的位置形成,也可能发育在主要基底断层之上或者很靠近主要基底断层的地区,这是对盆地沉降作用的响应(Koyi和Petersen, 1993; Koyi等, 1993)。

图16-1是一个简化的形成于相对较厚的塑性盐层之上的沉积盆地几何形态示意图。在此模型中,根据模拟实验结果(Withjack和Callaway, 2000),盆地轴部的沉降与厚皮的盐上正断层作用有关。盆地中该部分的同伸展期沉积盖层最厚,而且最大的厚度是集中于断陷盐下基底断块之上。由于盐层在整个盆地范围的解耦作用,主要在盆地翼部内形成了许多周缘盐相关构造(地堑)。

在盆地反转期间,厚层盐岩的存在引起了盐下基底(厚皮反转构造)和盐上沉积地层(薄皮或上覆层反转构造)之间的应力分区。盐相关的周缘伸展构造在盐层之上发生滑脱,或是更多的成熟盐构造(盐枕、盐底辟)倾向于发生与反转相关的变形,这是由于它们在盐上沉积层中形成了局部的弱化带,从而更有利于在区域挤压应力下发生构造变形(Nalpas 等,1995)。

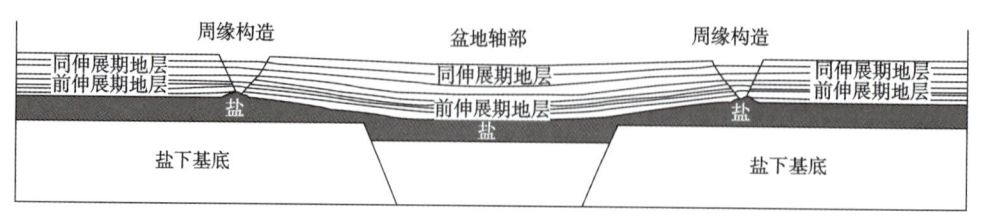

图 16-1　厚皮伸展期发育的底部共有厚盐层的沉积盆地示意图
(据 Withjack 和 Callaway, 2000, 修改和补充;对比 Krzywiec, 2006b)

16.1　地质背景

波兰盆地是欧洲中部和西部二叠纪—中生代陆缘盆地体系(中欧盆地系统)的一部分(图 16-2,;Ziegler, 1990;Scheck-Wenderoth 等, 2008;Pharaoh 等, 2010)。被称为中波兰海槽的盆地轴部沿 NW—SE 走向的 Teisseyre—Tornquist 断裂带分布,该断裂带是欧洲最重要的岩石圈边界之一,它分隔了东欧克拉通和古生代台地(要了解最新研究进展,可查阅 Scheck-Wenderoth 等, 2008;Guterch 等, 2010;Pharaoh 等, 2010 的相关文献)。

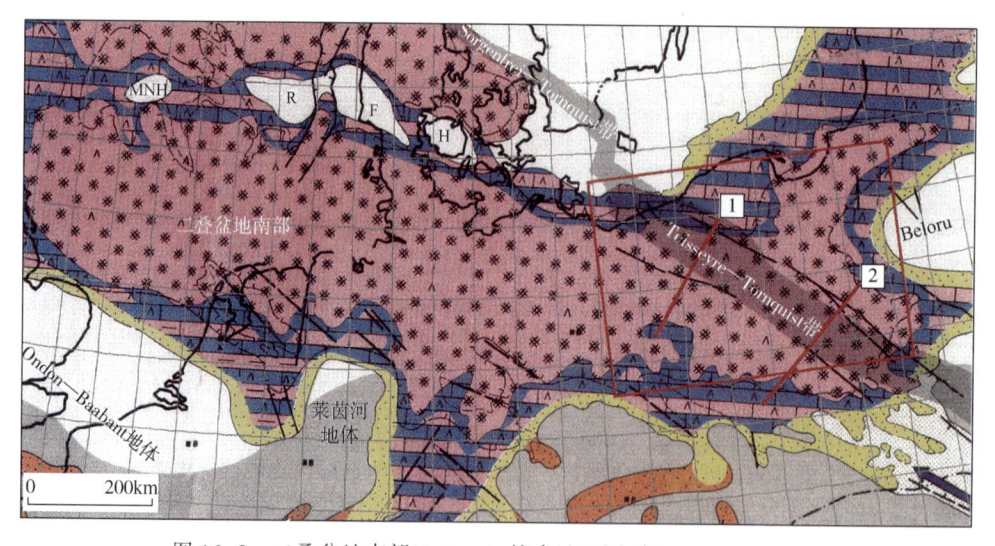

图 16-2　二叠盆地南部 Zechstein 统古地理图(据 Ziegler, 1990)
红色矩形:图 16-4 和图 16-5 所示区域,红线 1 和红线 2:图 16-6 中区域地质地震横断面;粉色:蒸发岩,蓝色:碳酸盐岩,黄色和橙色:硅质碎屑岩,要获取更多信息,请参考 Ziegler(1990)相关解释;波兰二叠盆地轴部区域(中波兰海槽)沿 Teisseyre—Tornquist 断裂带(灰色区域)分布,该带也是分隔东欧克拉通和西欧台地的主要地壳厚度边界

对于波兰盆地的中段和西北段,一般缺乏 Zechstein 统之下相关内部构造的可靠地震信息(除了极个别资料)。这是由于 Zechstein 统蒸发岩有效地屏蔽了地震波能量所造成的。只有通过间接信息来推测引发沉降和反转的基底构造活动。最近,利用区域地球物理数据(重力、磁场、地震)和地质数据(Krzywiec, 2006a, 2006b;Krzywiec 等, 2006),建立了新的 Zechstein 统下部基底构造模型。结果表明,复杂的 NW—SE 和 WNW—ESE 走向的

断裂带(图 16-3 至图 16-5)在波兰盆地轴部区域的中生代沉降和随后的反转和抬升期间起到了重要作用。这些 Zechstein 统之下推测的断裂带也展示在了图 16-6 所示的区域地震剖面上。

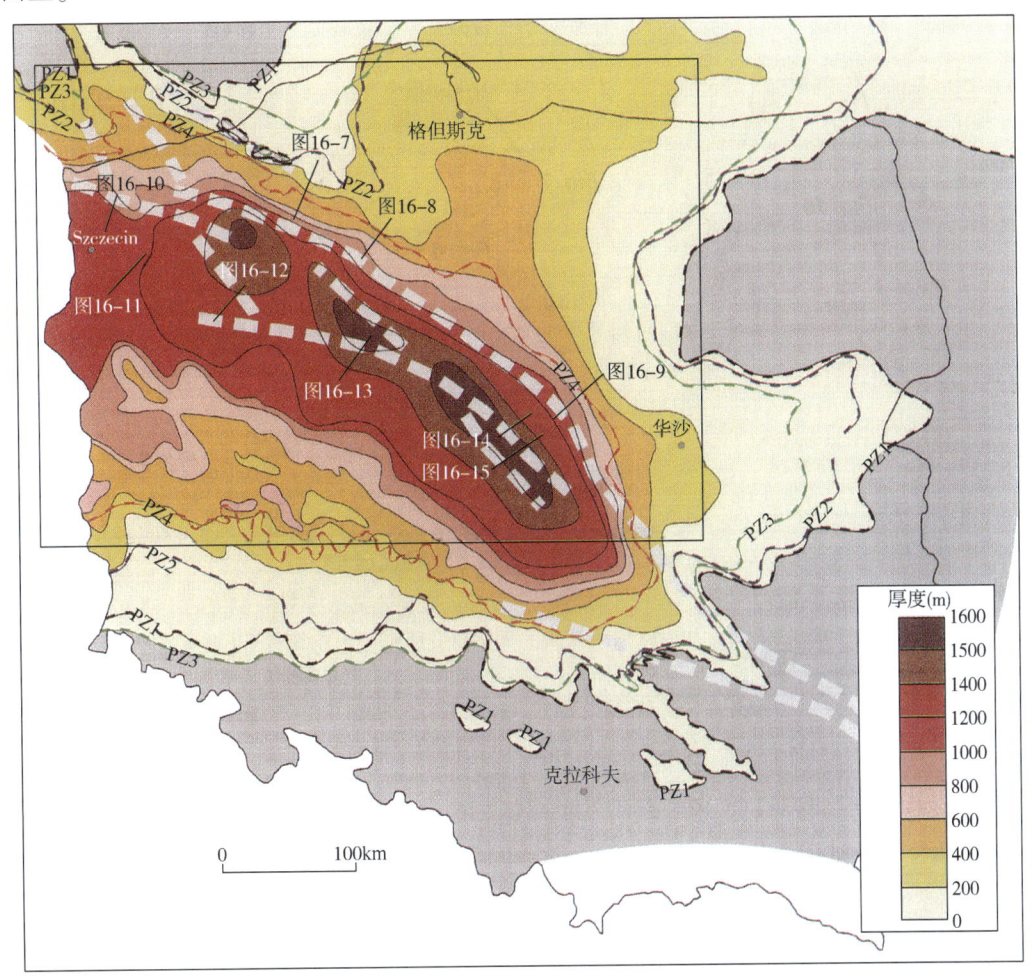

图 16-3　二叠盆地南部东部地区 Zechstein 统蒸发岩古厚度恢复图(据 Wagner，1998)

PZ1、PZ2、PZ3、PZ4 分别代表 Werra、Stassfurt、Leine 和 Allen+Ohre 韵律层的范围(对比 Slowakiewicz 等，2009)；灰色阴影线：引起中波兰海槽发生沉降和反转的推测基底断裂带(对比 Krzwiec 等，2006，Scheck—Wenderoth 等，2008)；灰色区域：缺少 Zechstein 统盖层的区域；黑色矩形：图 16-4 和图 16-5 的位置；黑线：图 16-7 至图 16-15 的地震剖面位置；最厚的 Zechstein 统蒸发岩定了盆地轴部，即中波兰海槽的边界

在二叠纪的演化阶段，波兰盆地成了二叠盆地南部的东部区(Kiersnowski 等，1995；van Wees 等，2000；图 16-2)。该区经历了从二叠纪开始并一直持续到晚白垩世的长期热沉降，该热沉降过程受到了三个主要与伸展有关的加速构造沉降的影响，这三次分别出现在 Zechstein 期到 Scythian 期、牛津期到钦莫利期以及早塞诺曼期(Dadlez 等，1995；Stephenson 等，2003)。中波兰海槽充填有几千米厚的二叠纪—中生代沉积物(Dadlez 等，1998)，其中包括一套厚层(约 1.6km；Wagner，1998)的 Zechstein 统蒸发岩(图 16-3)。Zechstein 统盐岩的存在使得中波兰海槽中部和西北部发育了复杂的盐构造体系(图 16-4)。盐体活动开始于早三叠世并明显改变了局部的沉降特征(Sokolowski，1996；Marek 和 Znosko，1972a，1972b；Krzywiec，2004，2006a)。

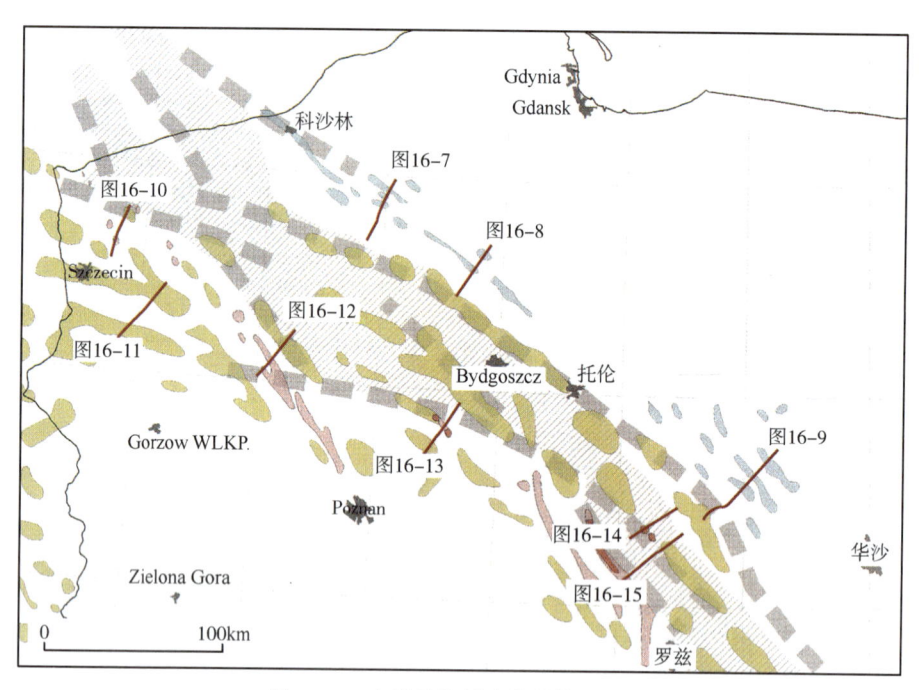

图 16-4　中波兰海槽内的盐构造分布

黄色：盐枕；粉色：部分刺穿盐底辟；橙色：完全刺穿盐底辟；蓝色：无盐的背斜（据 Dadlez 和 Marek，1998；Lokhorst，1998，修改和简化）；灰色阴影线：引起中波兰海槽发生沉降和反转的推测基底断裂带（据 Krzywiec 等，2006；Krzywiec，2006a，b）；红线：图 16-7 至图 16-15 的地震剖面位置；充填部分：反转的盆地轴部区域（即中波兰隆起，对比图 16-6），其边界为下白垩统和更老岩层的新生界隐伏露头（据 Dadlez 等，简化）；周缘盐构造或盐相关构造位于此区域外部，主要在东北部和西南部

波兰盆地在晚白垩世—古近纪期间发生反转。该反转具有多期性，开始于晚土伦期，并持续到马斯特里赫特期至后马斯特里赫特期。在此期间，波兰盆地轴部产生明显的抬升和剥蚀作用，从而形成区域背斜型构造，被称为中波兰隆起（图 16-6），其边界为下白垩统和更老岩层的新生代隐伏露头（图 16-5）。

针对波兰盆地和中波兰海槽不同部位的沉降和反转的详细讨论可参阅（也包括更早的一些文献）Marek 和 Pajchlowa（1997）、Krzywiec（2002，2006b）、Mazur 等（2005）、Krzywiec 等（2006，2009）、Resak 等（2008）、ScheckWenderoth 等（2008）、Narkiewicz 等（2010）以及 Pharaoh 等（2010）的文献。

本文的目的在于总结过去几年采用地震反射数据针对中波兰海槽盐构造的研究成果，并总结了盐相关构造和盐构造（盐枕、盐底辟）在盆地范围内的变化特征以及二者的活动时期。

16.2　盐构造样式在盆地范围内的变化及其活动时间

16.2.1　中波兰海槽东北翼

波兰盆地东北边缘发育相对较薄 Zechstein 统蒸发岩，厚度约为 200~600m（图 16-3）。在此区域内，波兰盆地轴部之外（即中波兰海槽以外）形成了周缘盐相关构造（地堑）。这些构造的发育已经在上文中用图 16-1 的模型讨论过了。这些地堑的边界断层多数在 Zechstein

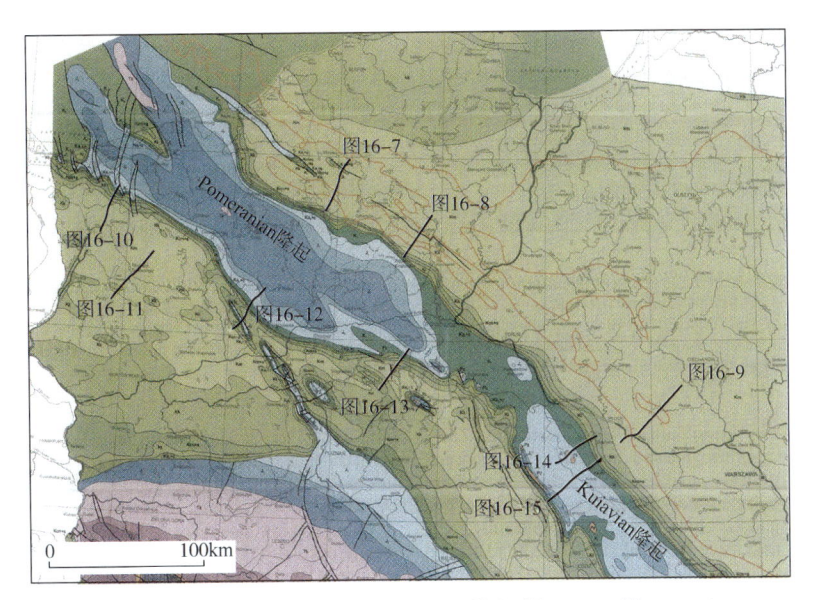

图 16-5 不含新生界盖层的波兰地质图(据 Dadlez 等，2000)

黑色：图 16-7 至图 16-15 的地震剖面位置；绿色(K_1、K_2、Ka_2-t、$Kc+t$、Ka_2+c、Kt、$Kcn+s$、Kk、Km)：白垩系；蓝色(J_1、J_2、J_3)：侏罗系；粉色(T_p、T_m、T_k)：三叠系；橙色(Pz)：Zechstein 统(详细信息请查阅 Dadlez 等，2000)；Pomeranian 隆起和 Kuiavian 隆起是位于 Teisseyre-Tornquist 断裂带之上的中波兰隆起的两个分段

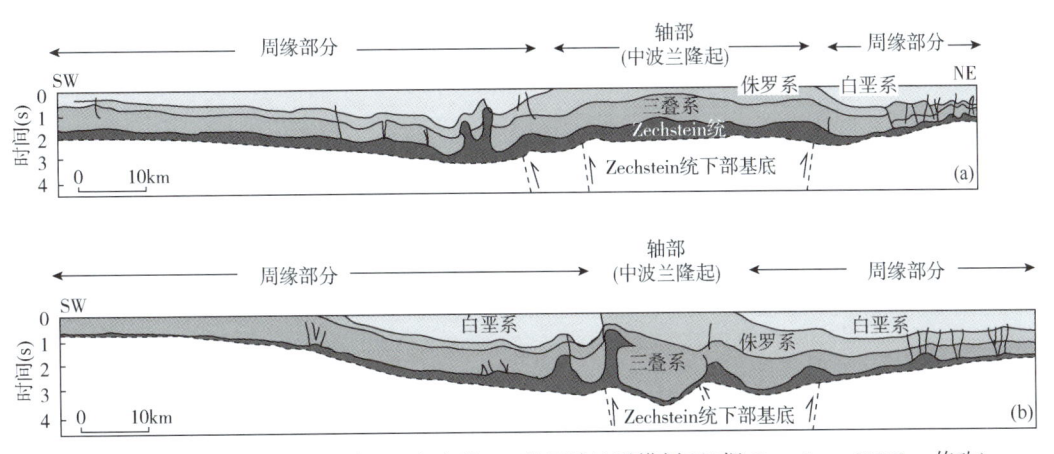

图 16-6 通过波兰盆地西北段(a)和中段(b)的区域地震横剖面(据 Krzywiec，2006b，修改)

这些横剖面表示了沉积盆地主要部分：轴部以具有最厚二叠纪—中生代沉积盖层(即中波兰海槽)和最大限度的形成中波兰隆起的反转隆升为特点，周缘部分以更薄的二叠纪—中生代沉积盖层和更弱的隆升反转为特征；黑色阴影线：引起中波兰海槽发生沉降及后续反转的推测基底断裂带(对比 Krzywiec，2006b；Krzywiec 等，2006；Scheck-Wenderoth 等，2008)；位置参见图 16-1

统盐体之上发生滑脱，只有在中波兰海槽最西北段发育的断层从一定程度上与到达 Zechstein 统下部基底的深部断层发生了硬连接(Krzywiec，2006b)。

此类周缘盐相关构造的一个实例如图 16-7 所示(Krzywiec，2006b)。该构造由几个旋转块体组成，这些块体的边界是在 Zechstein 统蒸发岩上发生滑脱的铲式断层，构造大致位于 Bielica-1 井和 Miastko-3 井之间(图 16-7)。在这些块体中，可以观察到侏罗系明显的局部增厚现象，这反映出局部沉降是受在 Zechstein 统蒸发岩之上的滑脱断层控制。该构造的下一阶段活动与中波兰海槽的晚白垩世反转有关。上白垩统内部明显的角度不整合反映了薄皮逆断层作用和相关的褶皱作用。这都是由于中波兰海槽第一阶段反转（晚土伦期—早康尼亚克期；可参考 Krzywiec（2006b）获取更多信息）的影响而发生的。

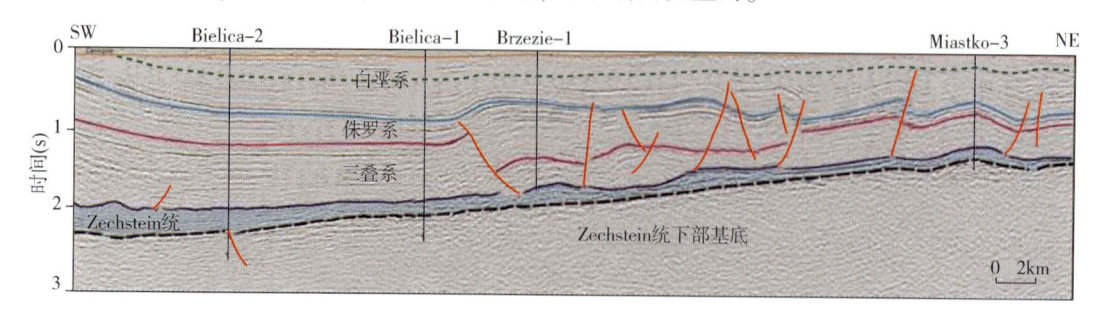

图 16-7　通过沿形成于 Zechstein 统蒸发岩之上中波兰海槽东北部边界发育的
周缘构造的地震剖面（据 Krzywiec，2006b，修改）

地震测线位于图 16-6 中的区域地震横剖面(a)的东北端；绿色点线突出了与盆地反转第一阶段相关的上白垩统内部结构，而且该期反转还伴随有周缘盐相关构造的挤压复活；位置参见图 16-3 至图 16-5

另一个盐相关周缘构造的地震剖面如图 16-8 所示。此剖面清楚地记录了中波兰隆起 Pomeranian 区域东北翼部的多阶段反转历史。该周缘构造位于地震剖面中部，在三叠纪和侏罗纪是一个在 Zechgtein 统蒸发岩之上滑脱的铲式正断层为边界的半地堑，这也可以通过同构造地层的局部增厚现象得到证明。该构造在晚白垩世的演化经历了多阶段复杂的沉积、隆升和剥蚀过程。上白垩统中发育几个明显的局部不整合，这也表明了土伦期(?)—马斯特里赫特期主要铲式断层与反转有关的挤压复活、褶皱、隆升和剥蚀作用（参考 Krzywiec（2006b）查阅更多信息）。反转构造由于塑性蒸发岩作用的存在而表现为薄皮特征。造成 Zechstein 统下部基底局部抬升的原因可能只是 Zechstein 统—中生代盖层（Stolono-1 附近）发生的局部褶皱作用。此地区的反转构造最后一个阶段发生于晚白垩世（马斯特里赫特期）末期或者后马斯特里赫特期，这可以由上白垩统和新生界之间的角度不整合得到证实。

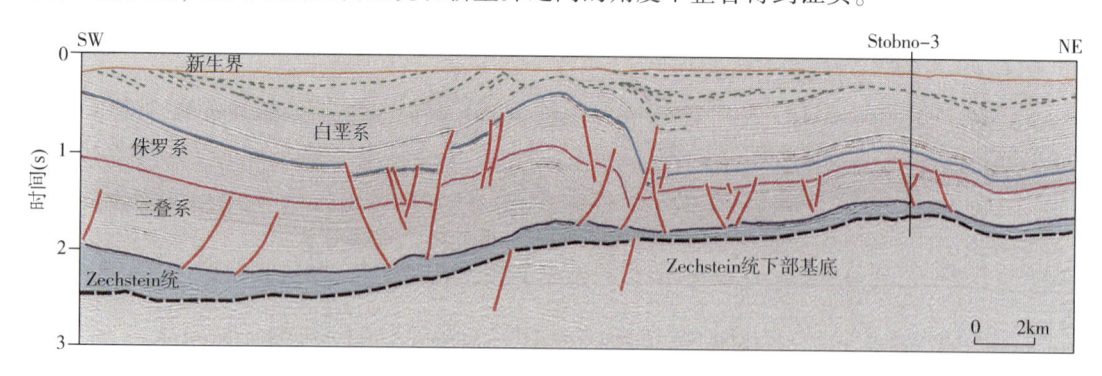

图 16-8　通过沿形成于 Zechstein 统蒸发岩之上中波兰海槽东北部边界发育的
周缘构造的地震剖面（据 Krzywiec，2006b，修改）

绿色点线突出了周缘盐相关构造与反转相关的挤压复活导致的上白垩统内部结构；位置参见图 16-3 至图 16-5

最后一个周缘盐相关构造实例沿反转的中波兰海槽（即中波兰隆起）东北边缘分布，并被图 16-9 中的 Bodzanów GN-2 井钻遇。可以观察到通过，该构造三叠系发生减薄，这表明该构造在三叠纪的初始生长阶段是一个盐枕。侏罗系厚度在该区域保持不变，表明此时缺乏盐体活动。白垩系最顶部发育角度不整合，这与中波兰海槽此部位翼部内的反转构造作用引起该构造的挤压变活和隆升有关。整个上白垩统发生轻微的褶皱作用，导致马斯特里赫特阶顶部发育剥蚀不整合，并受到古近系平坦地层的影响（详细细节请参阅 Krzywiec，2006b）。

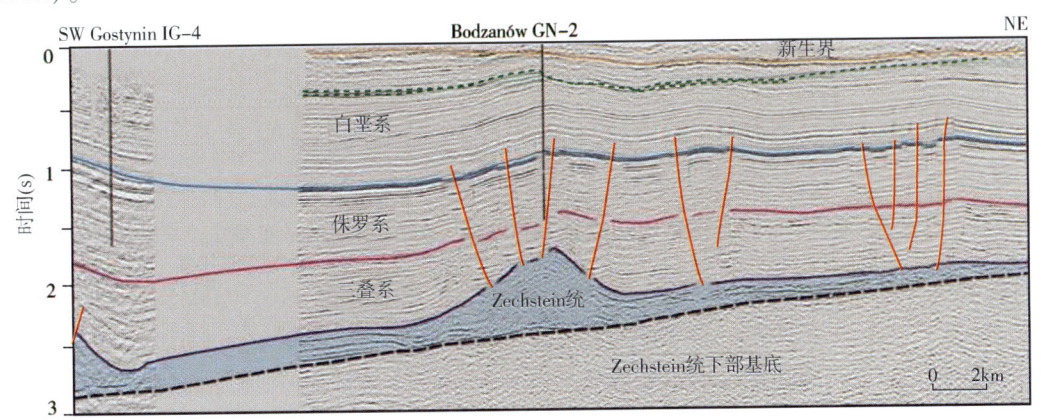

图 16-9 通过沿形成于 Zechstein 统蒸发岩之上中波兰海槽（即中波兰隆起）东北边缘发育的周缘盐相关构造的地震剖面（据 Krzywiec，2006b，修改）

地震测线位于图 16-6 中的区域地震横剖面(b)的东北端；绿色点线突出了周缘盐相关构造与反转相关的挤压复活导致的上白垩统内部结构；位置参见图 16-3 至图 16-5

相似的在 Zechstein 统蒸发岩之上滑脱的周缘盐相关构造也已经在中波兰海槽的西南边缘有发现。它们形成了不对称半地堑的线性带，该带大致位于波兹南市和卡利什市之间（图 16-5），起始形成于三叠纪，在晚白垩世发生反转（Kwolek，2000）。这些地堑至少部分平行于 NW—SE 走向的走滑断层，而这些走滑断层断至了更深（Zechstein 统下部）的基底。

16.2.2 中波兰海槽西南翼

中波兰海槽西南翼以厚 Zechstein 统蒸发岩为特征，厚度约为 1000~15000m（图 16-3）。如此厚的塑性蒸发岩易形成盐底辟和盐枕等成熟盐构造，它们的形成是由于区域构造应力（早期的伸展作用以及反转时期的挤压作用）造成的。

Goleniów 盐底辟（图 16-10）具有明显不对称外形，其西南翼被认为是受陡倾逆断层控制（Krzywiec，2009）。在三叠纪和侏罗纪，该构造上的同构造期地层发生局部减薄，表明此时可能发生了初始盐体活动。这一阶段也可以被认为是轴部最大沉降区外侧的中波兰海槽西南翼部的盐枕发育期。Goleniów 底辟在中波兰海槽晚白垩世—古近纪的反转期间最终定型。它可能与两部分相关的构造过程有关。第一部分是区域挤压作用，可能引起底辟生长，并向地表运动。目前该盐构造的形态（尤其是其非对称性）在一定程度上可能是由 Rokita 盐枕之上的伸展作用以及向西南倾斜的铲式断层作用形成的，而 Rokita 盐枕是受盆地轴部的局部基底抬升而开始形成的（图 16-10）。抬升区域的伸展作用可能被 Goleniów 盐底辟所在的盆地西南翼部的挤压作用部分所抵消，这与陆缘区的上倾伸展与下倾挤压特征是类似的（尽管其规模要小得多）（Rowan 等，2004）。

一些构造仅是在晚白垩世中波兰海槽反转期间形成于盆地西北部。其中一个实例如图 16-11 所示。地震剖面上的两个盐枕上部都被厚度连续的三叠系、侏罗系以及白垩系下部覆

— 411 —

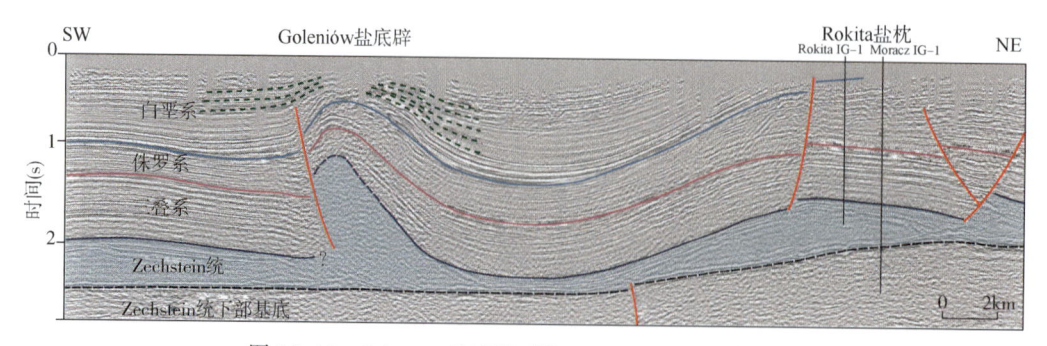

图 16-10　Goleniów 盐底辟（据 Krzywiec，2009，修改）

绿色点线表示与盐构造反转诱导生长相关的上白垩统同构造期沉积；位置参见图 16-3 至图 16-5

盖。只有白垩系最上部（大致为马斯特里赫特阶；对比 Krzywiec，2006b；图 16-5）在 Chabowo 盐枕之上发生减薄。这种沉积结构特征指示了盐枕仅是在晚白垩世，也即是在波兰盆地反转期间形成，而在更早的盆地伸展和沉降阶段，没有发生任何明显的盐体活动。

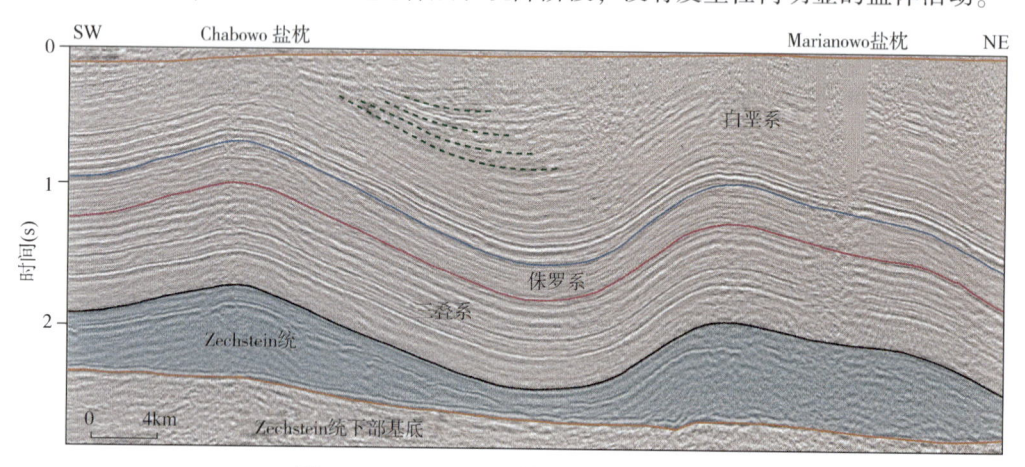

图 16-11　Chabowo 盐枕和 Marianowo 盐枕

绿色点线表示与反转导致的盐构造生长有关的上白垩统同构造期沉积；位置参见图 16-3 至图 16-5 所示

另一条地震剖面（图 16-12）邻近盆地轴部最中心的部位，以厚度达 1400~1500m 的厚层 Zechstein 统蒸发岩为特征（图 16-3）。

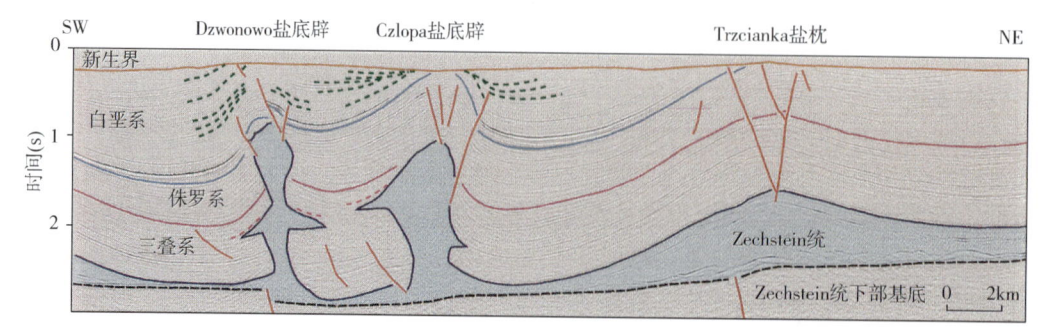

图 16-12　Dzwonowo-Człopa 盐底辟和 Trzcianka 盐枕（据 Krzywiec，2006b，修改）

紫色点线表示不整合覆盖于挤出盐（翼）之上的三叠系反射层；绿色点线突出了与中波兰海槽反转以及与反转有关的盐底辟挤压复活相关的上白垩统内部结构；位置参见图 16-3 至图 16-5

— 412 —

该地区较厚的盐体形成了一个大型的复杂盐构造系统,即 Dzwomowo-Czlopa 盐底辟(对比 Krzywiec,2006b)。在地震剖面中,三叠系盖层厚度朝向北东方向(即朝盆地中心方向)逐渐增大,并在这两个盐底辟之间的局部具有更大的厚度,这可能是该地区早期的局部盐体活动引起的。盐悬挂体(翼)被认为发育在上三叠统里,这种解释也是推测性的,因为地震成像质量变化较大。晚三叠世盐悬挂体的形成将会在下文以 Klodawa 盐底辟为例进行详细讨论。侏罗系厚度看起来在该构造区保持着平缓的变化,这表明缺乏明显的盐体活动。与此相反,Dzwonowo-Człopa 盐底辟之上的上白垩统内部发育角度不整合和局部的地层减薄,这清楚表明了该盐构造在晚白垩世发生了挤压复活(Krzywiec,2006b)。这些盐构造的生长是多期次的,而且由于坎潘阶是这个区域中保存最老的上白垩统沉积,因此,这些盐构造的生长至少持续到坎潘期(图 16-5)。但也不能排除 Dzwonowo-Człopa 盐底辟的生长至少持续到马斯特里赫特期的可能性,这是由于后期的同构造期马斯特里赫特阶已经完全被剥蚀了。坎潘期沉积被运动期之后的水平新生界不整合覆盖。

Damaslawek 盐底辟(图 16-3a、b)位于中波兰海槽中部(Kuiavian)的西南侧翼内,该地区的 Zechstein 统蒸发岩(包括盐岩)保持了较大的厚度,为 1400~1500m。这个盐底辟以陡峭盐墙为特征,几乎出露地表,其顶部上覆有残留的薄层上白垩统和新生界(中新统—上新统—第四系)(Krzywiec 等,2000;Krzywiec,2009;图 16-13b)。该盐构造和邻近区域内的侏罗系厚度具有明显的横向变化(图 16-13a),这表明侏罗纪发生了早期的盐构造生长(盐枕?),它很可能是位于基底断层带之上。由于区域地震剖面品质在更浅层较差,因而紧邻盐底辟区域内的上白垩统厚度变化只能在浅层高分辨率地震剖面(图 16-13b)上被观察到。上白垩统朝位于 Damaslawek 盐底辟西南侧的 Janowiec 盐枕核部发生了局部减薄(图 16-13a),这表明该地区的盐构造在晚白垩世发生了活动。一条浅层的高分辨率地震剖面对沉积在该盐底辟之上的新生界进行了精确成像。中新统硅质碎屑物和几个棕色煤层(得到了该地区几口浅井的确认)在 Damaslaswek 盐底辟之上发生了局部增厚,这是由盐底辟上的正断层作用引起的,而盐底辟引发了局部的中新统沉降(Krzywiec 等,2000;Jarosinski 等,2009;Krzywiec,2009)。中新统被相对较薄的上新统—第四系覆盖。整个新生界盖层在 Damaslawek 盐底辟之上发生隆升,并被几乎到达地表的陡倾逆断层局部切割。沿该断层,上新统—第四底面被抬升。这一形态特征表明了 Damaslawek 盐底辟处于非常年轻(第四纪)的生长状态。

16.2.3 中波兰海槽轴部

Lubień 盐底辟(图 16-14)提供了和中波兰海槽中部(Kuiavian)不同的新生代构造复活盐底辟。和 Damaslawek 盐底辟相似,Lubién 盐底辟也刺穿接近地表,并以非常陡峭的盐墙为特征。在该地区,整个上白垩统和部分侏罗系都被与中波兰海槽反转和中波兰隆起形成相关的强烈剥蚀作用剥蚀掉了(对比图 16-6)。邻近该盐底辟部位的上三叠统内发育了一个明显的局部不整合(图 16-14a)。它记录了盐枕在三叠纪的生长情况,盐核背斜顶部的剥蚀作用以及三叠系最上部和侏罗系的不整合沉积过程。残留下来的侏罗系在该构造部位没有发生厚度变化,这说明此区域当时并无重要的构造活动。在更晚的阶段,可能是在晚白垩世,由于引起中波兰海槽反转的区域挤压应力场影响,该盐底辟刺穿地表(和上文描述的 Damaslawek 底辟相似)。在该时期,虽然和中波兰海槽 Kuiavian 段的整体构造特征相一致(对比 Krzywiec,2004),但由于保存下来并记录了盐底辟最后一个生长阶段情况的上白垩统比较

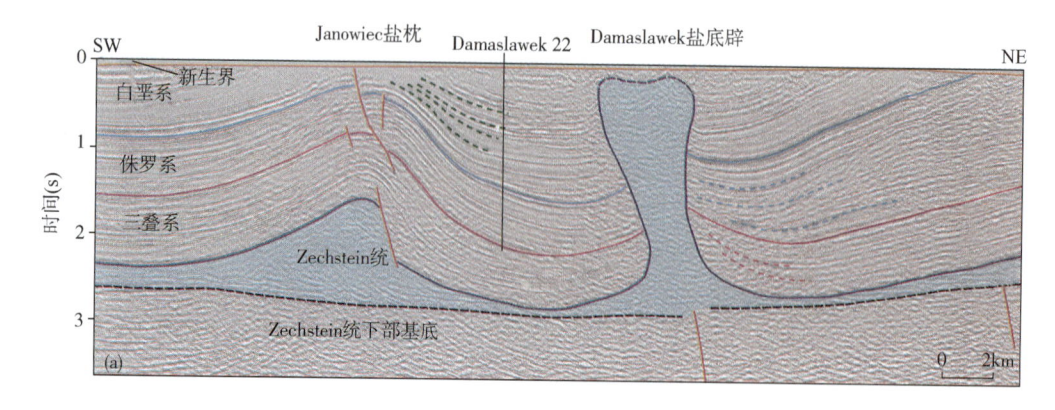

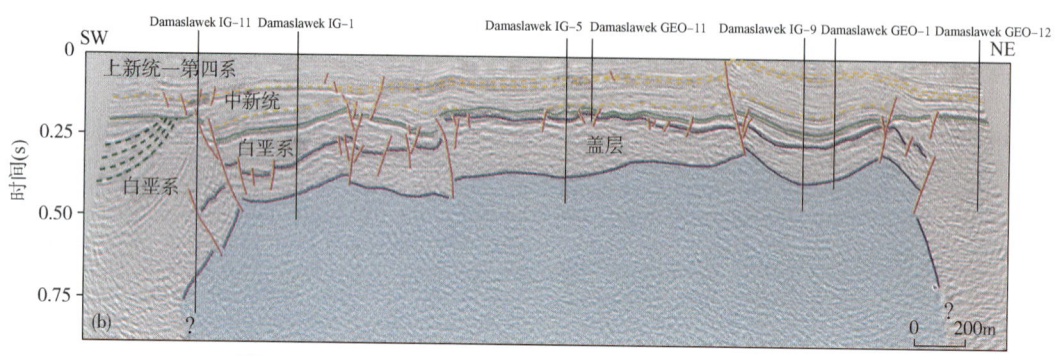

图 16-13 Damaslawek 盐底辟（据 Krzywiec，2009，修改）

（a）区域地震剖面，紫色点线和蓝色点线分别表示三叠系和侏罗系同构造期沉积，绿色点线表示上白垩统与 Janowiec 盐枕反转有关的生长相关的同构造期沉积；（b）浅层高分辨率地震剖面，绿色点线表示上白垩统与 Damaslawek 盐底辟反转有关的生长相关的同构造期沉积；橙色点线表示中新统棕色煤层；位置参见图 16-3 至图 16-5

少，因而该结论也是推测而来的。最近采集的在盐底辟之上的浅层高分辨率地震数据（Kasiński 等，2009）也获得到了新生界盖层的精确成像。在 Lubień 盐底辟之上，渐新统局部发育（也就是翼部发生缺失）。这些沉积受盐底辟之上的断层控制。这种几何形态与 Damaslawek 盐底辟（图 16-13b）上的中新统沉积相似。然而，Lubień 盐底辟上的更年轻（新世纪—第四纪）盖层通常为水平地层，而且不会显示与盐底辟年轻时的生长阶段相关的重要隆升作用。这表明该盐构造最近并无构造活动，而 Damaslawek 盐底辟看起来则比较活跃。

Klodawa 盐底辟（图 16-15）是中波兰海槽中最大的盐构造，位于中波兰海槽的中段（Kuiavian）区域（对比图 16-4 和图 16-5）。该构造的重要特征是三叠系—侏罗系盖层厚度非常不对称（Krzywiec，2004；Scheck-Wenderoth 等，2008；Pharaoh 等，2010；图 15-6 和图 15-15）。Klodawa 盐底辟东北侧具有比西南侧明显更厚的三叠系和侏罗系。盐底辟东北侧也以最明显的由推测的基底断裂带控制的晚白垩世反转和隆升为特征，这些基底断层同时也控制了 Klodawa 盐构造的生长（Krzywiec，2004）。通过几口深井标定的地震数据分析表明，该构造在三叠纪的演化主要有三个阶段（Krzywiec，2004）。

早—中三叠世，盐枕形成于基底伸展断裂带之上，这可以从中—下三叠统朝现今的 Klodawa 底辟发生减薄中看出（图 16-15；Burliga，1996）。晚三叠世强烈的基底断层作用也导致盐枕上覆地层产生断层，从而引起盆地底部的盐岩被排驱，进而形成一个大型的不对称盐悬挂体（即海底盐冰川）。该盐悬挂体被最年轻的三叠系和侏罗系不整合覆盖（超覆）。由于该盐悬挂体具有很大的垂直厚度，获得的地震数据反映出了挤出后发育的三叠系和盐悬挂

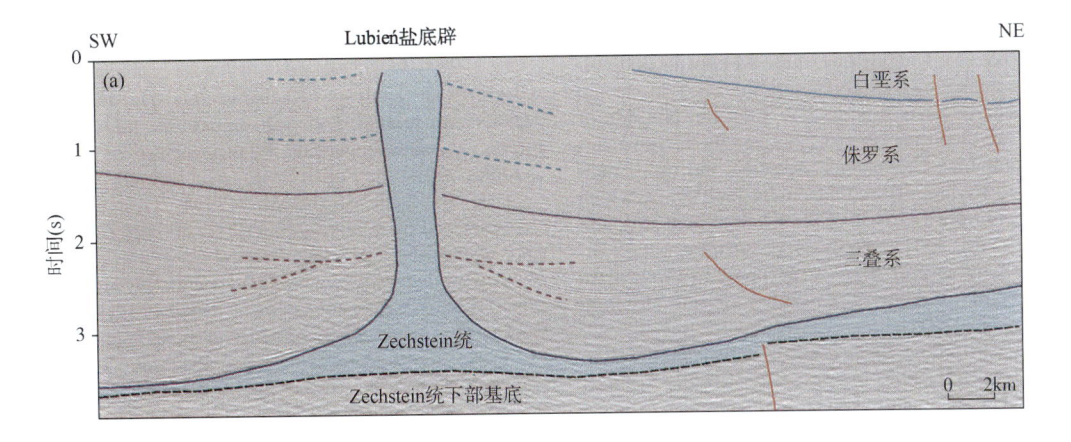

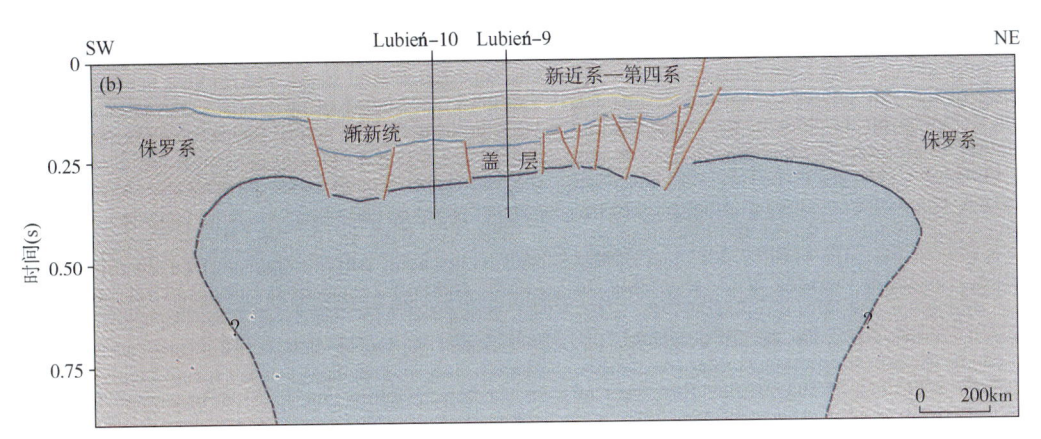

图 16-14 Lubień 盐底辟(据 Krzywiec, 2009, 修改)

(a)区域地震剖面,紫色点线:三叠系内部结构,突出了 Lubień 盐构造活动的顺序阶段(盐枕生长,盐核背斜剥蚀,三叠系最顶部和侏罗系的不整合沉积),蓝色点线:侏罗系内部层位(中—下侏罗统顶部);(b)浅层的高分辨率地震剖面,位置参见图 16-3 至图 16-5

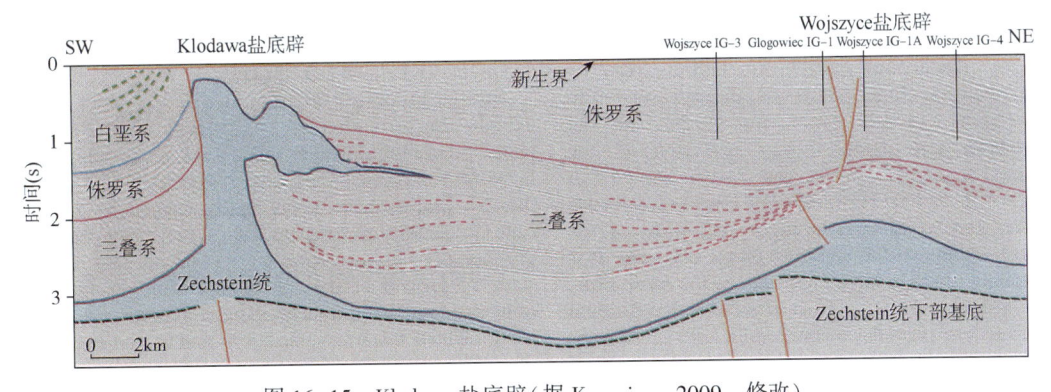

图 16-15 Klodawa 盐底辟(据 Krzywiec, 2009, 修改)

紫色点线:构造同期三叠系和不整合;绿色点线:上白垩统与中波兰海槽中段(Kuiavian)反转有关的同构造期沉积(对比 Krzywiec, 2004, 2009);位置参见图 16-3 至图 16-5

体之间的角度不整合。

根据以上分析,可以认为其他盐构造,如 Dzwonowo-Czlopa 盐底辟(图 16-12)或 Mogilno 盐底辟(Krzywiec, 2009)的悬挂体的形成也具有相似的机制。在这些盐底辟中,盐悬挂体厚度要比 Klodawa 盐底辟小,角度不整合也非常不明显。同样的模型最近也被用来解释德国北部盆地中相似盐悬挂体的形成(Kukla 等,2008)。在中波兰海槽 Kuiavian 段反转期间(对比图 16-5、图 16-6 和图 16-15),由于轴部的明显隆升,Klodawa 盐底辟东北部的整个白垩系盖层(可能包括与反转构造有关的同构造期上白垩统)都被剥蚀了,但上白垩统(最多可到马斯特里赫特阶)在紧邻 Klodawa 底辟(图 16-15)的位置被保存下来,它朝底辟方向减薄,同时也朝盆地反转轴部减薄。该沉积结构提供了晚白垩世反转构造以及 Klodawa 盐底辟另一个生长阶段开始的证据(对比 Leszczyński,2000)。在这个阶段的构造活动中,形成于晚三叠世的盐悬挂体也受到挤压,侏罗系盖层发生褶皱(图 16-15)。

16.3 结论

通过对不同盐相关构造和盐构造盆地规模地震数据的分析,得到了波兰盆地盐构造研究的一些结论。

中波兰海槽东北翼以相对较薄(厚度 200~600m)的 Zechstein 统蒸发岩为特征。该区域的周缘构造发育在盐上地层(三叠系—白垩系)中。由于大多数不对称地堑都以在盐体上滑脱的铲式断层为界,这些构造都非常活跃。它们开始形成于三叠纪,并最终在晚白垩世的中波兰海槽的反转过程中定型。它们的挤压活化是由中波兰海槽的反转引起,并通常包含几个阶段,从而引起轴部发生明显的隆升和褶皱作用,并伴随有顶部的局部剥蚀。中波兰海槽东北翼内的周缘盐相关构造未显示出明显的反转后(新生代)的复活作用特征。

中波兰海槽西南翼以及轴部以更厚(厚度 1200~1600m)的 Zechstein 统蒸发岩为特征。这些区域会形成更成熟的盐构造,如盐枕和盐底辟。盐底辟通常形成于推测的基底断层区之上或是邻近位置,它们可能会控制了盆地的沉降以及随后的反转。一些盐构造显示出早期盐枕(早—中三叠世)和后期底辟作用(晚三叠世)的特征。

中波兰海槽中部以盐体最厚和基底断层最活跃为特征,晚三叠世底辟作用导致盆底的盐体挤出以及大型盐悬挂体的形成,随后上覆了三叠系最顶部以及更年轻的沉积物(Klodawa 盐底辟)。

为了解释在其他盐底辟,如 Dzwonowo-Czlopa 盐底辟内的小规模盐悬挂体的形成,也可以应用相似的分析方法。大多数盐底辟都是在晚白垩世的反转过程中定型的,它们向着地表方向被挤出。盐底辟生长的最后阶段经常受到周围沉积体系的强烈影响,从而在上白垩统盖层内形成局部的厚度变化和不整合。

一些位于中波兰海槽东南翼的盐枕(如 Chabowo 盐枕)看起来仅是在晚白垩世的反转期间形成。它们是由于区域挤压应力引起的侧向盐流造成的,而在盆地沉降期间没有更早的(三叠纪—侏罗纪)明显盐体活动。

浅层的高分辨率地震数据表明,一些盐底辟在新生代发生了明显的复活作用,但它们的活动模式可能有所不同。新生代复活被地震剖面上的渐新世(Lubień 底辟)或中新世(Damaslawek 底辟)的局部沉降所反映。在一些底辟区,之后在底辟内部或底辟之上并未发生任何更新的构造运动。而对其他底辟(如 Damaslawek 底辟)来说,这种局部沉降阶段后发生了更新的(上新世—第四纪)反转和隆升。

参 考 文 献

Burliga, S. 1996. Implications for early basin dynamics of the Mid-Polish Trough from deformational structures within salt deposits in central Poland. Kwartalnik Geologiczny, 40, 185-202.

Dadlez, R. &Marek, S. 1998. Major faults, salt-and non-salt anticlines. In: Dadlez, R., Marek, S. &Pokorski, J. (eds) Paleogeographic atlas of Epicontinental Permian and Mesozoic in Poland(1 : 2500000). Polish Geological Institute, Warszawa.

Dadlez, R., Narkiewicz, M., Stephenson, R. A., Visser, M. T. M. &Van Wees, J. - D. 1995. Tectonic evolution of the Mid-Polish Trough: modelling implications and significance for central European geology. Tectonophysics, 252, 179-195.

Dadlez, R., Marek, S. &Pokorski, J. (eds) 1998. Paleogeographic Atlas of Epicontinental Permian and Mesozoic in Poland(1 : 2 500000). Polish Geological Institute, Warszawa.

Dadlez, R., Marek, S. &Pokorski, J. (eds) 2000. Geological Map of Poland without Cenozoic Deposits (1 : 1000000). Polish Geological Institute, Warszawa.

Dooley, T., McClay, K. R., Hempton, M. &Smit, D. 2005. Salt tectonics above complex basement extensional fault system: results from analogue modelling. In: Dore, A. G. &Vinning, B. A. (eds) Petroleum Geology: North-West Europe and Global Perspectives-Proceedings of the 6th Petroleum Geology Conference. The Geological Society, London, 1, 1631-1648.

Guterch, A., Wybraniec, S. et al. 2010. Crustal structure and structural framework. In: Doornenbal, J. C &Stevenson, A. G. (eds) Petroleum Geological Atlas of the Southern Permian Basin Area. EAGE Publications B. V., Houten, 11-23.

Jarosinski, M., Poprawa, P. &Ziegler, P. 2009. Cenozoic dynamic evolution of the Polish Platform. Geological Quarterly, 53, 3-26.

Kasinski, J., Krzywiec, P. et al. 2009. Perspectives of Brown Coal Occurrences in Vicinity of Salt Diapirs, Polish Lowlands. Central Geological Archives, Warsaw(unpublished report No. 21. 5600. 0601. 00. 0).

Kiersnowski, H., Paul, J., Peryt, T. M. &Smith, D. B. 1995. Facies, Paleogeography and Sedimentary History of the Southern Permian Basin in Europe. In: Scholle, P., Peryt, T. M. &Ulmer - Scholle, D. (eds) The Permian of Northern Pangea. Springer Verlag, New York, 1, 119-136.

Koyi, H. &Petersen, K. 1993. Influence of basement faults on the development of salt structures in the Danish Basin. Marine and Petroleum Geology, 10, 82-94.

Koyi, H., Jenyon, M. K. &Petersen, K. 1993. The effects of basement faulting on diapirism. Journal of Petroleum Geology, 16, 285-312.

Krzywiec, P. 2002. Mid-Polish Trough inversion-seismic examples, main mechanisms and its relationship to the Alpine-Carpathian collision. In: Bertotti, G., Schulmann, K. &Cloetingh, S. (eds) Continental Collision and the Tectonosedimentary Evolution of Forelands. European Geosciences Union, Munich, Stephan Mueller Special Publications Series, 1, 151-165.

Krzywiec, P. 2004. Triassic evolution of the Kłodawa salt structure: basement-controlled salt tectonics within the Mid-Polish Trough(central Poland). Geological Quarterly, 48, 123-134.

Krzywiec, P. 2006a. Triassic - Jurassic evolution of the NW (Pomeranian) segment of the Mid - Polish Trough - basement tectonics v. sedimentary patterns. Geological Quarterly, 51, 139-150.

Krzywiec, P. 2006b. Structural inversion of the Mid-Polish Trough(NW and central segments)-lateral variations in timing and structural style. Geological Quarterly, 51, 151-168.

Krzywiec, P. 2009. Geometry and evolution of selected salt structures from the Polish Lowlands in the light of seismic data. Przeglad Geologiczny, 57, 812-818(in Polish with English summary).

Krzywiec, P., Jarosinski, M. et al. 2000. Geophysical-geological study of the Damasławek salt diapir. Przeglad Geologiczny, 48, 1005-1014(in Polish with English summary).

Krzywiec, P., Wybraniec, S. &Petecki, Z. 2006. Basement tectonics of the Mid-Polish Trough in central and northern Poland-results of analysis of seismic reflection, gravity and magnetic data. Prace Panstwowego Instytutu Geologicznego, 188, 107-130(in Polish with extended English summary).

Krzywiec, P., Gutowski, J., Walaszczyk, I., Wrobel, G. &Wybraniec, S. 2009. Tectonostratigraphic model of the Late Cretaceous inversion along the Nowe Miasto-Zawichost fault zone, SE Mid-Polish Trough. Geological Quarterly, 53, 27-48.

Kukla, P. A., Urai, J. L. &Mohr, M. 2008. Dynamics of salt structures. In: Littke, R., Bayer, U., Gajewski, D. &Nelskamp, S. (eds) Dynamics of Complex Intracontinental Basins: The Central European Basin System. Springer Verlag, Berlin Heidelberg, 291-306.

Kwolek, K. 2000. The age of tectonic movements in the Poznan-Kalisz dislocation zone, Fore-Sudetic Monocline. Przeglad Geologiczny, 48, 804-814(in Polishwith English summary).

Leszczynski, K. 2000. The Late Cretaceous sedimentation and subsidence south-west of the Kłodawa Salt Diapir, central Poland. Geological Quarterly, 44, 167-174.

Lokhorst, A. (ed.) 1998. NW European Gas Atlas. British Geological Survey, Bundesanstalt fur Geowissenschaften und Rohstoffe, Danmarks og Gronlands Geologiske Undersogelse, Nederlands Instituut voor Toegepaste Geowetenschappen, Panstwowy Instytut Geologiczny, European Union.

Marek, S. &Znosko, J. 1972a. Tectonics of the Kujawyregion. Kwartalnik Geologiczny, 16, 1-18 (in Polishwith English summary).

Marek, S. &Znosko, J. 1972b. History of geological development of the Kujawy region. Kwartalnik Geologiczny, 16, 233-248(in Polish with English summary).

Marek, S. &Pajchlowa, M. (eds) 1997. Epicontinental Permian and Mesozoic in Poland. Prace Panstwowego Instytutu Geologicznego, 153, 452(in Polish with English abstract).

Mazur, S., Scheck-Wenderoth, M. &Krzywiec, P. 2005. Different modes of inversion in the German and Polish basins. International Journal of Earth Sciences, 94, 782-798, http://dx.doi.org/10.1007/s00531-005-0016-z.

Nalpas, T., Douaran, S., Brun, J.-P., Unternehr, P. &Richert, J.-P. 1995. Inversion of the Broad Fourteens Basin(Netherlands offshore), a small-scale model investigation. Sedimentary Geology, 95, 237-250.

Narkiewicz, M., Resak, M., Littke, R. &Marynowski, L. 2010. New constraints on the Middle Palaeozoic to Cenozoic burial and thermal history of the Holy Cross Mts. (Central Poland): results from numerical modeling. Geologica Acta, 8, 189-205.

Pharaoh, T. C., Dusar, M. et al. 2010. Tectonic Evolution. In: Doornenbal, J. C. &Stevenson, A. G. (eds) Petroleum Geological Atlas of the Southern Permian Basin Area. EAGE Publications B. V., Houten, 25-57.

Resak, M., Narkiewicz, M. &Littke, R. 2008. New basin modelling results from the Polish part of the Central European Basin system: implications for the Late Cretaceous-Early Paleogene structural inversion. International Journal of Earth Sciences, 97, 955-972.

Rowan, M. G., Peel, F. J. &Vendeville, B. C. 2004. Gravity-driven foldbelts on passive margins. In: McClay, K. R(ed.) Thrust Tectonics and Hydrocarbon Systems. American Association of Petroleum Geologists, Tulsa, Memoirs, 82, 157-182.

Scheck-Wenderoth, M., Krzywiec, P., Zulke, R., Maystrenko, Y. &Frizheim, N. 2008. Permian to Cretaceous tectonics. In: McCann, T. (ed.) The Geology of Central Europe: Mesozoic and Cenozoic. Geological Society, London, 2, 999-1030.

Słowakiewicz, M., Kiersnowski, H. &Wagner, R. 2009. Correlation of the Middle and Upper Permian marine and terrestrial sedimentary sequences in Polish, German, and USA Western Interior Basins with reference to global time markers. Paleoworld, 18, 193-211, http://dx.doi.org/10.1016/j.palwor.2009.04.009.

Sokołowski, J. 1966. The role of halokinesis in the development of Mesozoic and Cainozoic deposits of the Mogilno structure and of the Mogilno-Łodz Synclinorium. Prace Instytutu Geologicznego, 50, 112(inPolish with English summary).

Stephenson, R. A., Narkiewicz, M., Dadlez, R., van-Wees, J.-D. &Andriessen, P. 2003. Tectonicsubsidence modelling of the Polish Basin in the light of new data on crustal structure and magnitude of inversion. Sedimentary Geology, 156, 59-70.

Stewart, S. 1999. Geometry of thin-skinned tectonic systems in relation to detachment layer thickness in sedimentary basins. Tectonics, 18, 719-732.

van Wees, J.-D., Stephenson, R. A. et al. 2000. On the origin of the Southern Permian Basin, Central Europe. Marine & Petroleum Geology, 17, 43-59.

Vendeville, B. C. &Jackson, M. P. A. 1992a. The fall of diapirs during thin-skinned extension. Marine and Petroleum Geology, 9, 354-371.

Vendeville, B. C. &Jackson, M. P. A. 1992b. The rise of diapirs during thin-skinned extension. Marine and Petroleum Geology, 9, 331-353.

Wagner, R. 1998. Zechstein. In: Dadlez, R., Marek, S. &Pokorski, J. (eds) Paleogeographic Atlas of Epicontinental Permian and Mesozoic in Poland(1 : 2500000). Polish Geological Institute, Warszawa.

Withjack, M. O. &Callaway, S. 2000. Active normal faulting beneath a salt layer: an experimental study of deformation patterns in the cover sequences. American Association of Petroleum Geologists Bulletin, 84, 27-651.

Ziegler, P. A. 1990. Geological Atlas of Western and Central Europe, 2nd edn. Shell International Petroleum Maatschappij B. V. and Geological Society Publishing House, Bath.

（王怡 译，骆宗强 崔敏 校）

第17章 活动基底断层之上底辟构造隆升期间盐供给的物理模拟和数值模拟

STANISŁAW BURLIGA[1], HEMIN A. KOYI[2], ZURAB CHEMIA[3]

(1. University of Wrocław, Institute of Geological Sciences, pl. M. Borna 9, 50-204, Wrocław, Poland;
2. Hans Ramberg Tectonic Laboratory, Department of Earth Sciences,
Uppsala University, Villavägen 16, Uppsala, Sweden;
3. Bayerisches Geoinstitut, Universitat Bayreuth, Universitätsstraße 30, D-95440, Bayreuth, Germany)

摘 要 伸展盆地盐底辟多在基底断层之上发生隆升。本文利用一系列物理模拟和数值模拟模型估算下盘和上盘对底辟的盐供给,并研究盆地反转对底辟发育的影响。以 Kłodawa 盐构造(波兰中部)演化为基础进行建模。研究结果表明,由于伸展作用,来自下盘的塑性物质组成了底辟的主体,并且此种物质在底辟的下盘和上盘都有。物理模型中的挤压作用造成底辟减薄,并使底辟茎部位置移到下盘。塑性物质在底辟内部重新分布,但下盘物质依然在整个底辟构造中占多数。数值模拟结果表明,基底断层的规模控制着通过断层对底辟的盐供给数量,而且,随着时间变化,上盘和下盘的盐供给存在差异。

活动基底正断层之上的盐底辟构造隆升在世界范围内的沉积盆地都有发现(Withjack 和 Scheiner,1982;Richardsen 等,1993;Nilsen 等,1995;Scheck 等,2003;Krzywiec,2009)。研究人员已经成功通过实验对其进行了模拟(Koyi,1991;Bobineau,1992;Koyi 等,1993;Koyi 和 Petersen,1993;Vendeville 和 Nilsen,1995;Brun 和 Nalpas,1996;Guglielmo,1997;Withjack 和 Callaway,2000;Dooley 等,2005,2009)。类似地,盆内盐体向底辟的排出也已经得到了地震资料、地质记录和模拟实验的证实(参见上述文献)。关于盐底辟对盆地反转的响应以及基底断层位移反转的响应的研究还较少。前人的实验工作主要集中在对底辟几何形态的改变以及挤压作用对黏性物质在砂岩盖层中运移的影响上(Vendeville 和 Nilsen,1995;Guglielmo 等,1997;Roca 等,2006;Dooley 等,2009),而对反转导致的底辟内部变形的分析很少。另外,在盆地伸展和反转期间,在位于基底断层之上的盐构造在隆起过程中,上盘和下盘都有盐体供给,但对于盐供给的数量信息知之甚少。

本文研究目标主要有三方面:(1)分析底辟对盆地反转的响应;(2)确定源于上、下盘对底辟的盐供给数量;(3)确定盆地伸展和反转期间底辟内上盘和下盘物质的分布。底辟周围的沉积物对伸展和反转的响应则超出了本文的研究范围。底辟演化的模拟原则主要基于自然界中的盐构造——波兰 Kłodawa 盐构造(KSS)的演化过程。

17.1 Kłodawa 盐构造形态及演化

本文选为物理模型参考的自然界中的盐构造位于丹麦—波兰盆地轴部内的波兰中部区域(图17-1),该轴部被称为中波兰海槽(MPT)。MPT 的这一段由于地质和地震勘探资料丰富,使其可以较好地得到识别(Dadlez,1997,1998;Krzywiec,2004,2006a,2006b,

2009）。Klodawa 盐构造内部也以盐矿挖掘而闻名（Burliga，1996a，1996b，2005）。KSS 是一个长为 60km，呈 NW—SE 方向展布的盐脊，主要由 Zechstein 统蒸发岩组成。盐岩底部埋深大于 6km，其顶部在地表之下不同高度，在约 100m 至超过 2000m 范围内。在 KSS 中部和最北端区域，盐构造刺穿中生界盖层直到浅部地表之下，上覆新生代沉积。而在其他区域，盐构造只刺穿中生界盖层中老的地层单元，并使更新的地层发生弯曲。KSS 的形态具有一个有趣的特征，那就是发育一个宽阔的悬挂体，这在地震剖面上也得到了反映，而且钻井资料证类该悬挂体的 NE 翼延伸了约 40km。这个悬挂体被解释为盐挤出构造（Krzywiec，2004）。由于它的存在，KSS 的宽度沿垂向和其走向发生变化。一般来说，悬挂体之下的盐底辟茎部（1~2km）一般比悬挂体之上的（2~5km）要窄一些。悬挂体面上的最大宽度约为 10km（图 17-2）。

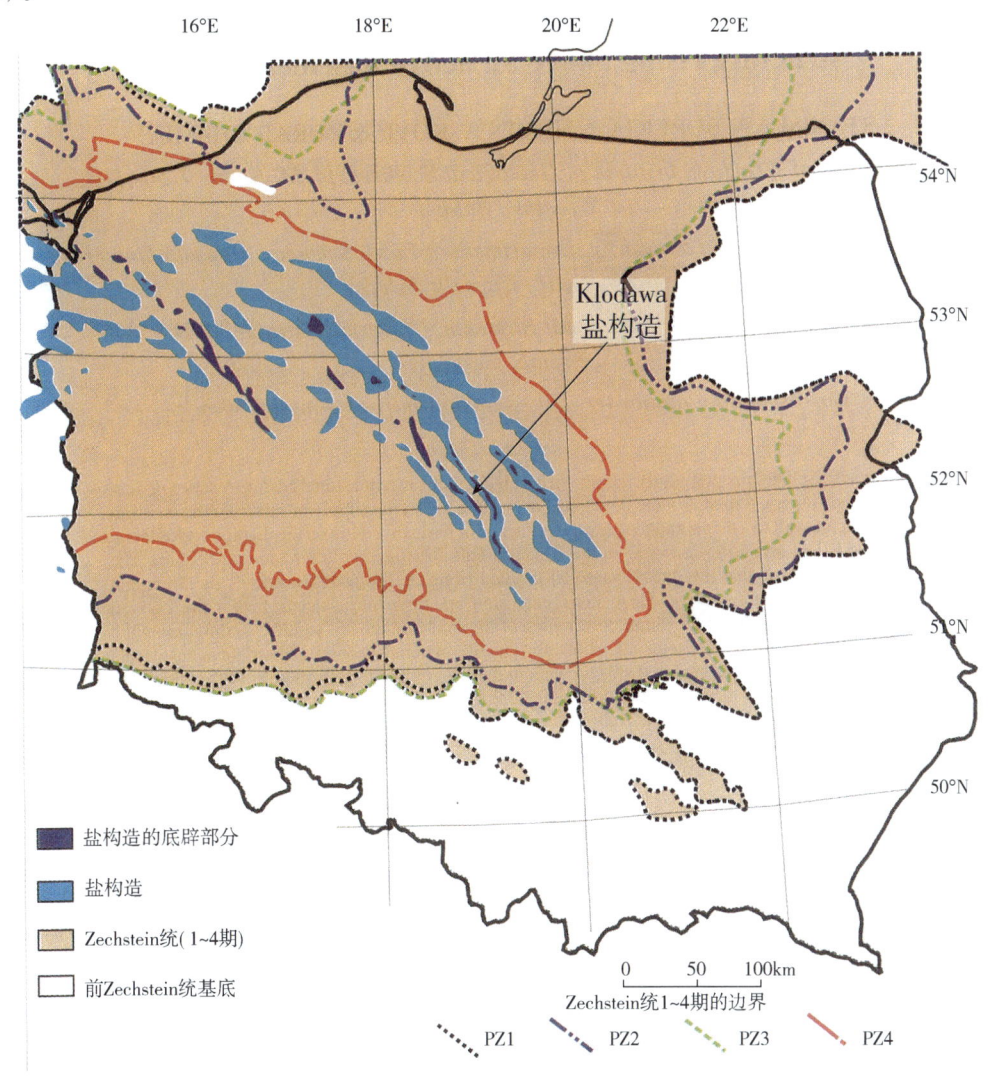

图 17-1　Klodawa 盐构造发育位置以及 Zechstein 统在波兰的分布（据 Wagner，1994，1998；Lochorst，1998）
KSS 构造发育在波兰 Zechstein 统盆地的轴部，作为对岩石圈伸展作用的响应，该地区发育由 4 个 Zechstein 统循环组成的最厚的蒸发岩—陆相层序

KSS 的演化与 MPT 的演化密切相关。最初在 Zechstein 统沉积之前，作为对前寒武纪

东欧地台和古生代西欧地台边界处伸展作用的响应，MPT 表现为一个盆地 (Dadlez，1997；Scheck-Wenderoth 等，2008)。MPT 是 Zechstein 期—中生代盆地沉降最剧烈的地区。它以断层为界，并被基底断层分为几个区段，控制着沉积充填的演化以及盐构造的形成和发育。直到晚白垩世—新近纪之前，伸展作用在该地区都是一直占主导地位，但之后盆地发生了反转。

反转后的地层由古近纪早期—现今的沉积组成，并在研究区域内形成一个厚度相对一致的上覆层 (图 17-2)。KSS 在 MPT 的整个伸展阶段不断抬升，但其生长速率以及活动的持续时间在整个阶段以及整个构造区域内是存在差异的。在早—中三叠世，位于基底断层之上的 KSS 开始隆升 (Burliga，1996a；Krzywiec，2004)。晚三叠世，盐体刺穿上覆沉积盖层，发生了挤出，然后被沉积物所覆盖，并在南部和北部地区停止活动。KSS 的中段在侏罗纪和白垩纪期间持续隆升，直至盆地开始反转。KSS 中部的演化在反转期间并不明显，这是由于其顶部被古近系—新近系所覆盖。剥蚀可能使盐构造在反转期间部分暴露于地表。另一方面，在盆地反转之前，整个构造是否被沉积物所覆盖仍不清楚。

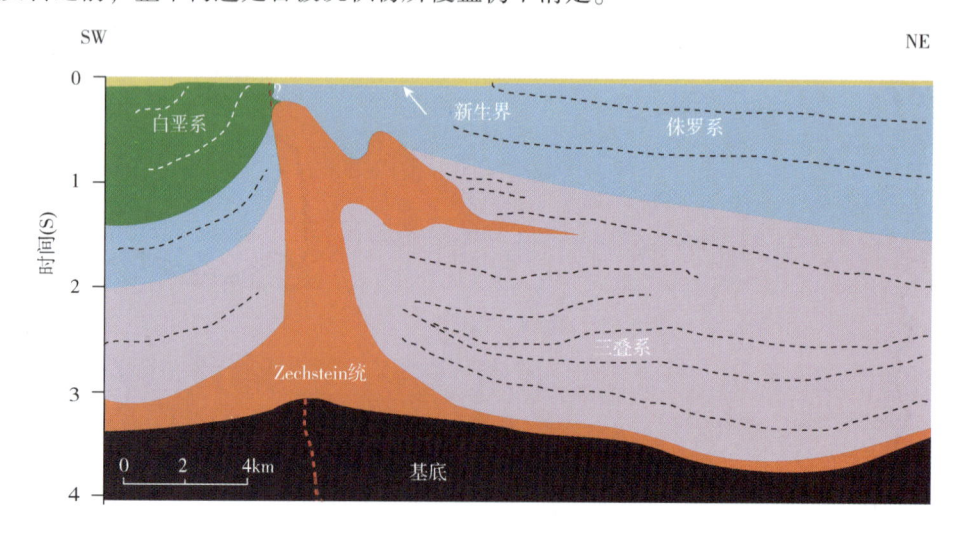

图 17-2 通过波兰中部 Kłodawa 盐构造的简化剖面图

底辟东北侧翼上悬挂体是晚三叠世盐岩挤出的证据；此构造在侏罗纪持续上升；在 MPT 盆地反转期间，东北侧翼隆升和局部剥蚀作用使侏罗系和最上部白垩系沉积缺失；主要基于 Krzywiec (2009) 的地震剖面解释；点线表示一些地震反射层

17.2 物理模拟装置和方案

模型装置包括一个 30cm(宽)×40cm(长) 的沙箱，基底为 PVC 材质，内置正断层，三个墙面是固定的，而一个墙面是活动的，并由电机驱动 (图 17-3)。向外拉动活动墙面，会引起沙箱发生伸展，以及断层发生正位移。如果墙面向内移动，则沙箱发生挤压形成逆断层。

由于这个模型实现了与 KSS 几何形态、运动学和动力学的相似，因而此模型可用来比例化模拟 KSS。几何形态相似性表现为长度比为 10^{-5}，即自然界中的 1km 在模型中为 1cm

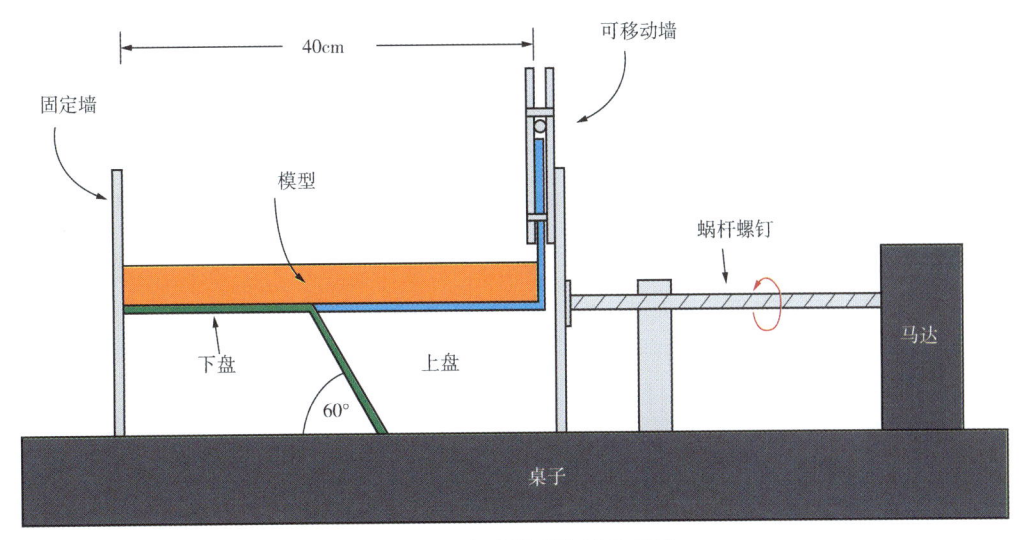

图 17-3 实验模型装置示意图

（表 17-1）。由于模型需要从动力学角度模拟原型，一系列关于模型材质和实际岩石物理性质的无量纲比值需要保持相似。在动力学相似性上，可以通过使用牛顿塑性物质(SGM36 聚二甲基硅氧烷)来模拟塑性盐岩，该牛顿塑性物质在室温下的有效黏度为 $5\times10^4 Pa\cdot s$，比例为 $2.9\times10^{-15}/2.9\times10^{-14}$（表 17-1）。假设上部地壳变形受岩石剪切强度和摩擦库仑准则控制，则沉积岩可以用具有相似流变性质的材料模拟。本模型中采用松散细砂模拟沉积上覆层的脆性变形行为。

为了实现动力学的相似性，模型材料的内部性质，比如黏聚系数(τ_0)和内摩擦系数(μ)，需要和自然界中的岩石一样(Koyi 和 Petersen，1993；Weijermas 等，1993)。上部地壳(<10km)岩石的内摩擦角平均为 40°，内摩擦系数(μ)为 0.8。模型中未压实的松散细砂的内摩擦角为 36°，内摩擦系数(μ)为 0.7。另外，聚合力以模型中和自然界岩石中的无量纲剪切强度相等来进行衡量。

$$(\rho l g/\tau_o)_m = (\rho l g/\tau_0)_n$$

式中，ρ 为密度，l 为长度，g 为重力加速度，下标 m 和 n 分别代表模型材料和自然界岩石。该模型和自然材料的无量纲比值利用沉积岩的剪切强度来计算，沉积岩的剪切强度范围为 1~10MPa(Hoshino 等，1972)。对于碎屑沉积物，剪切强度为 5MPa，密度为 2700kg/m³是可以接受的。模型中的松散细砂在刮削作用中聚合，内聚力为 35~80Pa，密度为 1700kg/m³。将这些参数代入公式，算出剪切强度在模型中为 48.5，自然界中为 50。因此，该模型可以实现与原型的动力学相似。

模型中采用材料的适应性已在一些相似的实验中得到了证实(Weijermars，1986；McClay，1990；Krantz，1991，Vendeville 和 Jackson，1992a，b；Koyi 等，1993；Weijermars 等，1993；Brun 和 Nalpas，1996；Cotton 和 Koyi，2000；Schellart，2000；Withjack 和 Callaway，2000)。

运动学的相似性通过将 KSS 演化的关键过程结合到模拟过程中来实现，包括：(1)塑性层和前运动期盖层的沉积；(2)模型伸展和同构造期盖层的沉积；(3)塑性材料的挤出和埋藏；(4)第二次增加伸展；(5)造成上盘隆升的模型挤压作用。这些过程通过下述步骤来实现。

表 17-1　物理模型中的比例因子

变量	自然条件	模型	比例因子
重力加速度（m/s²）	9.81	9.81	$a_m/a_n = 1$
厚度			
上覆层	1km*	10mm	$l_m/l_n = 10^{-5}$
源盐层	1km*	10mm	$l_m/l_n = 10^{-5}$
密度（kg/m³）			
上覆层	2700	1700	$\rho_m/\rho_n = 0.63$
源盐层	2200	987	$\rho_m/\rho_n = 0.45$
密度差 $\Delta\rho(\rho_0-\rho_s)$	500	713	$\Delta\rho_m/\Delta\rho_n = 1.43$
上覆层摩擦系数	0.8	0.7	0.86
源盐层黏度（Pa·s）	$1.7\times10^{18} \sim 17\times10^{18}$	5×10^4	$2.9\times10^{-15}/2.9\times10^{-14}$
$(\rho l g/\tau_o)$ 比值	50	48.5	0.97

注：下标 m、n、o、s 分别表示模型、自然条件、源盐层和上覆层；* 底辟作用之前的估算厚度。

在沙箱拉伸之前，一个 1cm 厚的塑性层以及相似厚度的上覆砂层被铺在沙箱底部。塑性层在上盘和下盘的部分用不同颜色表示，以便于分辨来自不同侧的塑性物质供应（图 17-4a）。然后，这个初始装置被拉伸。与此同时，同构造期沉积通过加入一些薄层砂岩来模拟，每次都会填平模型表面。拉伸和沉积导致基底断层之上的塑性物质发生隆升，并有盐枕形成，随后形成底辟盐墙（图 17-4b）。为了加速形成盐底辟，上升盐枕的砂岩盖层顶部被部分剥蚀。剥蚀作用不会影响构造的形态，却可以缩短刺穿砂岩盖层所需要的时间。在底辟上升的一些阶段，中断砂岩沉积，将会导致沙箱上盘的塑性物质被挤出。在悬挂体形成后（图 17-4c）恢复沉积，悬挂体将会停止发育，底辟再次发生隆升。在下一阶段，伸展停止，底辟生长由于模型中更厚的砂岩层沉积而终止。一部分模型被金属片和塑料片分开、浸湿，然后被切片和拍照。将拉伸之后的模型分为两部分并不会破坏模型的构造。金属和塑料片完全分隔开这两部分，并没有水渗入干的一侧。使模型剩下的一部分逐渐变短，这将导致基底断层反转以及上盘的隆升。在挤压缩短期间，为了模拟存利于隆升段的盆地反转的沉积，以及防止隆升上盘附近区域的模型损坏，沙子沉积只在下盘保持。挤压缩短过程一直持续到沙箱底部与其初始位置齐平为止，也就是如通过 KSS 地区的地震剖面并显示的基底变平（图 17-2）。随后将模型浸湿，切片并拍照。

以上过程通过三个系列的模型来评估结果的可重复性。每个模型以 0.2mm/min 的平均速率拉伸，以 0.07mm/min 的平均速率进行缩短。拉伸和缩短速率并没有按 KSS 进行比例化调整，这是因为伸展和反转对现今的构造形态都有影响，且上盘和 KSS 之上的中生界盖层并不完整，从而无法建立它们之间可靠的比例关系。采用速率的差异反映 KSS 演化过程中拉伸和反转阶段的不同，这二者持续的时间大约分别为 175Ma 和 25Ma。这个拉伸和缩短速率也在其他针对盆地拉伸和反转进行的模拟实验的速率范围内（Vendeville 和 Jackson，1992a，b；Koyi，1998；Panien 等，2005；Del Ventisette 等，2006；Dooley 等，2009；Pinto 等，

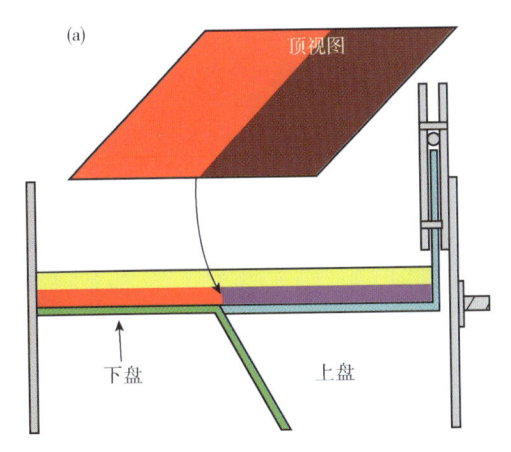

图 17-4 沙箱实验过程

(a)在上盘、下盘放置不同颜色的塑性层,其上覆砂岩盖层(图片中的俯视图);(b)沙箱伸展引起塑性材料在基底断层之上隆升(俯视图);(c)由于拉伸作用不能被砂岩沉积抵消,在此过程中有塑性材料被挤出(顶视图);下盘和上盘硅胶界线的初始位置位于基底断层端点之上

2010)。模型被拉伸了原来长度的3%,并缩短了拉伸后长度的3.5%。沙箱的拉伸量和缩短量符合形成几何形态比例化底辟的要求。在模拟过程中,不论是在模型拉伸还是缩短之后,构造的形态以及内部结构都可以被观察到。本文未研究不同厚度的塑性层和砂岩盖层以及不同速率对塑性物质形态和分布的影响。

17.3 底辟物质供给的计算

在模型演化过程中,底辟物质的供给来源于上盘和下盘。为了量化分析底辟从这两部分获得物质的多少,我们测量了拉伸和缩短阶段的供给量。为了研究拉伸阶段之后上盘和下盘之上底辟高度的区别,需要建立任意参考线来对比来源于断层上、下盘的塑性物质的多少,并分析在不同演化阶段底辟内部塑性物质分布的几何形态。

为了计算断层上、下盘的塑性物质供给,选取了两条不依赖于构造形状的参考线。第一条参考线分别位于上盘和下盘盐撒向斜(盖层沉积中心)的枢纽以及塑性物质和沙子盖层接触面的高度处。计算该参考线之上供给底辟的物质多少,其中包括组成底辟茎部和位于断层附近并被边缘向斜枢纽限制。第二条参考线是用来对比底辟茎部的物质数量多少的,它位于底辟上覆层不整合的底部,与底辟初始刺穿通过前运动期砂岩盖层的水平面相关。为对比伸展和挤压阶段后对底辟的物质供给,在模型伸展之前,划定不同颜色塑性层的边界位置。边界初始是垂直的,并位于下盘基底断层的端点上。三条参考线的位置如图17-5所示。

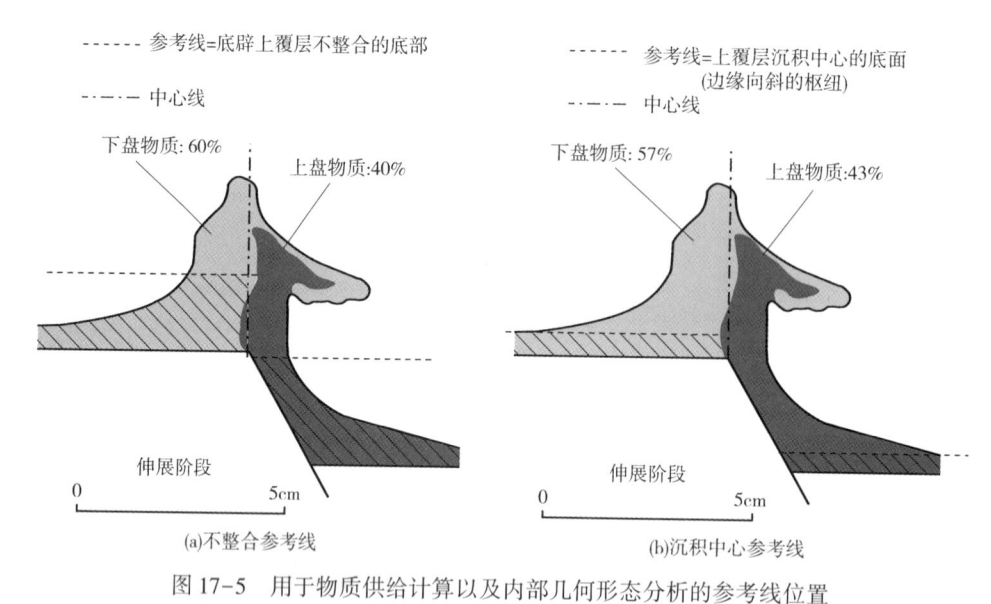

图 17-5　用于物质供给计算以及内部几何形态分析的参考线位置

17.4　底辟的伸展后构造

受伸展作用影响而形成的底辟具有相对一致的线性盐墙的形态，并位于基底断坡的端点处（图 17-4c 和图 17-6a）。然而，沿底辟盐墙走向的生长并不一致，只有中段（大约占总长度的 80%）的顶部邻近地表。底辟盐墙的外侧末端在伸展和沉积期间被部分掩埋。类似这样较早被掩埋的盐脊末端，在自然界中也会被观察到，如 KSS 在中段刺穿了中生界，而在远离中段的部位，在中生代被穿时掩埋。尽管在模型中观察到的这些边缘效应离盐墙末端距离相对较短，但它们仍然提供了关于流向底辟构造的塑性物质的补充信息，包括早期底辟隆升和挤出阶段。然而，这些演化过程并不能被完全研究清楚，因为每个模型中只有 1~2 切片可以被分析。大部分观察集中在底辟盐墙形态相同的部分，而且底辟盐墙在整个模型伸展过程中部保持活动。

基底断层之上底辟内部的下盘物质供给（FWM）和上盘物质供给（HWM）在沿着底辟盐墙的走向上是不同的（图 17-6）。邻近底辟盐墙的末端（沿走向）位置，没有底辟产生（图 17-6a）。尽管基底断层断距大，但由于缺乏塑性物质的充足供给，盐底辟在该位置无法发育。上盘层段沿着基底断层被拖曳，在近基底断层端点处变薄，而在断坡底部变厚。下盘层段的上覆沉积层在断层处变厚，而在盖层沉积中心位置稍微变薄（图 17-6a）。除了下盘一侧在基底断层端点处上的 HWM 的小舌状体外，不同颜色的塑性层部分并没有穿过中部线。

在底辟盐墙挤出后被掩埋的区段，FWM 不只是存在于下盘，它也构成了挤出物质（悬挂体）的大部分，而且形成于底辟的上盘侧（图 17-6b）。HWM 构成了基底断层端点之上 FWM 包括线内的薄层。位于盐撤向斜枢纽而上（盖层沉积中心的基线）的参考线表明 55% 的物质供给来源于下盘，只有 45% 的物质供给来源于上盘。源于断层两侧的物质供给在挤出阶段后生长的底辟中更为平均（图 17-6c）。在这样的底辟中，FWM 占 52%，HWM 占 48%。另外，FWM 构成了挤出层位之上底辟的最顶部部分（图 17-6c）。底辟的复活并没有阻止底辟刺穿部分周围 FWM 包络线的发育或塑性物质在底辟内的总体分布。FWM 明显隆升到下盘以上，而 HWM 位于断坡之上。底辟茎部中的 FWM 和 HWM 边界并不垂直（图 17-6c 中底辟各部中白色和绿色的边界）。关于中部线，在底辟隆升的挤出和挤出后阶段，FWM/HWM 边界沿着大部分中部线向上盘倾斜（图 17-6b、c）。有趣的是，在基底断层端点之上，该界线向下盘倾斜，而沿着发育良好的底辟的最上部层段，该界线是垂直的。底辟茎部底面的 FWM 和 HWM 边界具有相反的倾向，这可能形成于底辟的初始隆升阶段，这也对应于下盘 HWM 舌状的特征（图 17-6a）。

将参考线划定在底辟上覆层的不整合底部（图 17-6），这将导致下盘和上盘对挤出后被掩埋的底辟物质供给更大的差异。FWM 占参考线以上底辟的 81%，而 HWM 只占 19%（图 17-6b）。这个差距对挤出后隆升的底辟有所减小，FWM 占 52%，而 HWM 占 48%。

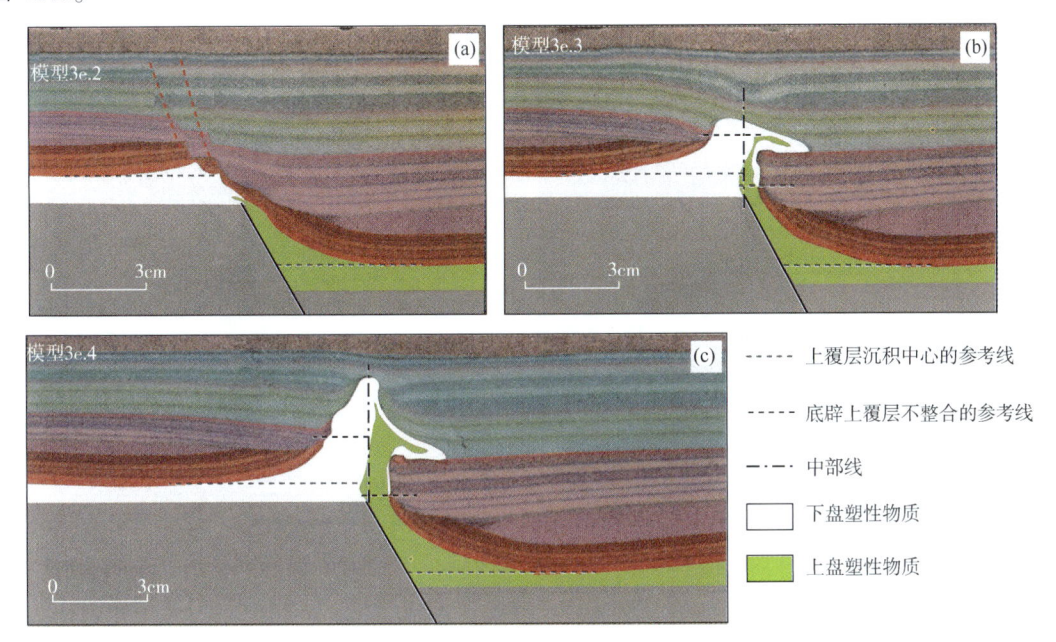

图 17-6 下盘和上盘塑性物质在上升底辟构造的不同掩埋阶段的含量
(a) 在邻近模型边界的底辟墙尖灭处，由于缺乏充足的塑性物质供给，底辟不发育；
(b) 塑性物质挤出后被掩埋的底辟内部构造；(c) 挤出后再复活生长的底辟构造（成熟底辟）

对模型中发育良好的底辟中的 FWM 和 HWM 占比进行系统计算，表明 FWM 在模型拉伸后的底辟中占 52%~58%，这也是考虑了参考线位于盖层沉积中心的情况下的结果。将与上覆层不整合的参考线考虑在内的话，则下盘物质在挤出阶段的底辟中占 80%，而在成熟底辟中约占 55%。

17.5 底辟的反转后构造

基底断层的反转运动导致底辟高度增加，茎部总体减薄，而且与伸展后的底辟相比较，有更多来自底辟上盘一侧的塑性物质供给到下盘底部（图 17-7）。根据位于盖层沉积中心底部的参考线，分析每个断盘对底辟的贡献，结果表明 FWM 占挤出后被掩埋的底辟的 60%，而 HWM 占 40%（图 17-7b）。和伸展后的底辟相似的是，下盘对挤出后持续隆升的底辟的供给变少。如图 17-6c 所示，在反转后，FWM 占这种类型底辟的 55%，而 HWM 只占 45%。

利用不整合参考线计算得到的挤出后被掩埋的底辟中 FWM 和 HWM 的比例与利用沉积中心参考线计算的二者比例是相同的，即 FWM 占 60%，HWM 占 40%（图 17-7b）。挤出后复活底辟的茎部包含更高比例的 FWM，FWM 和 HWM 的比例分别为 67% 和 33%。

对模型缩短后底辟中的 FWM 和 HWM 含量进行系统计算，表明 FWM 在沉积中心参考线之上的构造中占 60%~75%。将不整合参考线考虑在内的话，其结果也没有很大差异，底辟中的 FWM 占 65%~75%。

与伸展阶段相比，挤压作用下底辟茎部中 FWM 和 HWM 的边界更不规则。在茎部的下部和中段，界线接近垂直，而在上部则向下盘倾斜。悬挂体内的物质在挤压作用期间发生褶皱，这可以通过邻近向上盘倾斜的悬挂体底面的褶皱得到证实。HWM 运移到下盘中部线（基底断层端点）以外，而悬挂体的外形并未发生很大改变。值得强调的是，基底断层的位移反转以及模型的挤压作用导致整个底辟茎部偏移出下盘中部线之外（图 17-7b、c）。

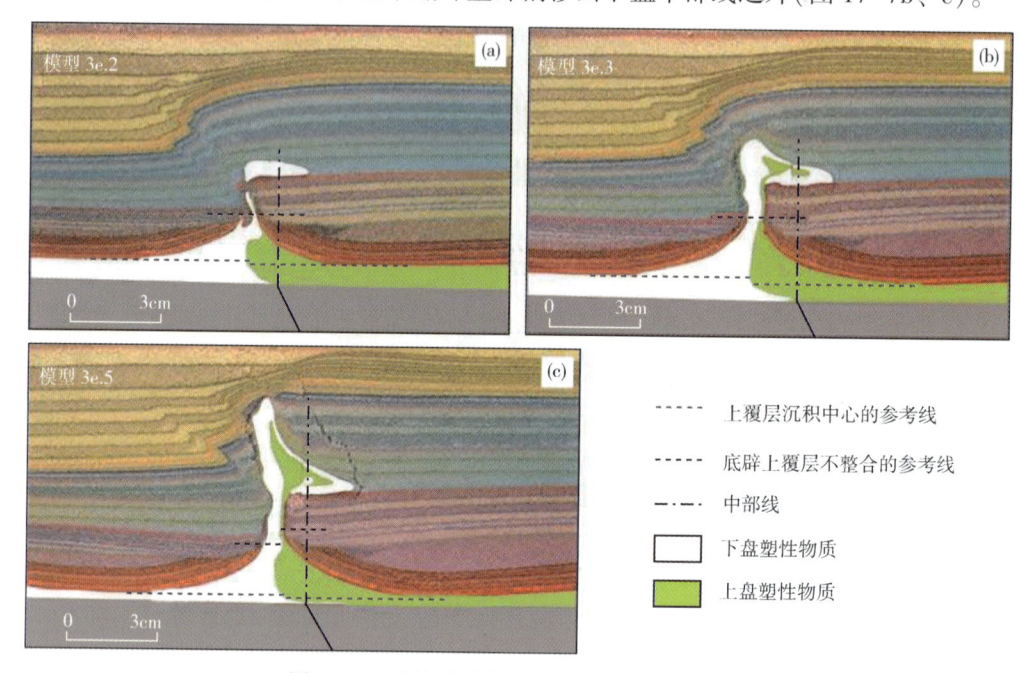

图 17-7 反转后下盘和上盘塑性物质的分布
即挤压作用导致沿着基底断层的位移发生反转之后的分布；(a) 邻近模型边界的盐墙尖灭处构造的发育情况，挤出过程中塑性物质侧向流动形成下盘物质的孤立透镜体；(b) 挤出后被掩埋的构造中物质分布；(c) 整个拉伸阶段中，均处于生长状态的成熟底辟中塑性物质的分布；砂岩盖层中断裂的出现是由于切片失误造成的

17.6 数值模拟模型

为了研究形成于模拟基底断层的基底断阶之上的底辟发育过程，利用二维有限差分编码（FDCON，由 H. Schmeling 提出）建立了一系列数值模拟模型。这些研究是对物理模拟实验的一种补充，因为物理模拟技术并不能分析基底断坡高度对塑性物质注入底辟的影响。该研究也提供了一个对物理模型结果正确性的独立测试。由于断坡只在模型拉伸过程中抬升，数值分析中忽略了挤压阶段。

FDCON 求解了在矩形箱中等距离网格动态演化公式。在模拟多组分流中采用了标记技术,而每一种组分具有不同的流变性质和密度。Weinberg 和 Schmeling(1992)给出了数学表达式以及数值实现方法。

本文的模型包括一个,具有固定步长的刚性基底(图17-8)。使用的计算域包括无滑动底界、自由滑动顶界和反射侧向边界。所有计算使用 401×201 网格分辨率和 2000×1000 标记。盐层放置在基底之上,用于定义初始模型表面,开始的时候被正弦波扰动。在初始模型表面之上,采用低黏度、低密度背景标记物,模拟水/空气界面。在模型演化期间,模型表面和背景之间的界面以一个恒定速率 1.5mm/a 下沉。选择该沉积速率可以在模型演化期间使扰动暴露出来。尽管这样会使数值模型和模拟模型产生不同的结果,但这仍可以对比研究盐流对底辟作用的影响,这是因为在两种类型的实验中,底辟隆升主要是由于下沉形成作用控制的。

测试了五个通过基底台阶不同高度(0、100m、150m、250m、500m)的模型,其物质性质和初始几何形态保持不变(表17-2)。不同盐构造盐体黏度范围为 $10^{16} \sim 10^{21}$Pa·s(参考 Mukherjee 等,2010)。实验中采用的黏度值为 10^{17}Pa·s,以达到数值模型和模拟模型盐底辟几何形态更好的一致性。我们之前完成的数值分析表明,当沉积速率保持恒定时,该黏度值可以使悬挂体在底辟中形成(Chemia,2007;Chemia 和 Koyi,2008;Chemia 等,2009)。

表17-2 数值模型中的物质属性

变量	厚度(m)	密度(kg/m³)	黏度(Pa·s)
盐体	1680/1180	2200	10^{17}
上盘	2500	2900	10^{23}
下盘	3000	2900	10^{23}
沉积物	=0+速度×时间	2600	10^{22}

模拟结果表明,在所有模型中,物质供给初始都来源于上盘,一直到沉降沉积物将底辟与源盐层切断(图17-8)。底辟下盘一侧的供给因此去除(图17-8b、c)。在底辟演化的最后阶段,如果使用不整合参考线,则 FWM 占底辟的 65%,而 HWM 只占 35%。如果利用沉积中心参考线,则下盘的贡献增长到 70%,而上盘的贡献只有 30%。这些数据也支持物理模拟中 FWM 占主导地位的结果。

数值模型表明 FWM 和 HWM 的边界在底辟演化过程中发生了改变。该界线在底辟形成早期向下盘迁移(图17-8b),但在底辟后期演化中,它又向上盘一侧迁移(图17-8c)。图17-9总结了所有数值实验的结果,并指出了基底断阶幅度与断层两盘盐供给的关系。它表明上盘供给与基底断阶高度以及通过基底断阶后塑性层初始厚度的对比有关。实验结果表明 HWM 的供给随着断阶幅度增长而增加。

17.7 物理模拟和数值模拟结果对比

基底伸展引起盐层之下形成的正断层会导致上、下盘厚度不对称的同构造期盖层的沉积。在 KSS 实例中,三叠系—侏罗系沉积于 Zechstein 统蒸发岩之上的厚度在上盘是下盘的两倍多(图17-2)。但恢复两盘总的厚度差异是不太可能的,因为侏罗系顶部和白垩系在盆地反转期间被剥蚀了。这种盖层的厚度差异表明,蒸发岩层的上覆层施加的负载在上盘要远大于下盘。因而我们推断底辟主要由 HWM 供给物质。

物理模拟和数值模拟结果与该推断相矛盾，它们表明底辟的主要塑性物质来源于底辟伸展阶段的下盘一侧。FWM 和 HWM 在底辟中的分布表明，该明显矛盾的结果是由塑性层下断阶的存在和逐步生长造成的。在物理模拟和数值模拟中，底辟中的 FWM 和 HWM 的界线都并不垂直。在底部，该界线向下盘移动，而在上部则向上盘移动。因此，该几何形态表明，在塑性物质流向底辟构造的最早期阶段，上盘和下盘的供给至少是可以平分秋色的。由于模型的不断伸展，FWM 的供给更为明显，并导致断坡的高度不断增加，同时还延长了 HWM 源盐层和底辟之间的运移距离，另外也引起了塑性层沿断坡的减薄和拖曳。如果减薄到一定程度，则上盘物质的流动可能会完全停止。

由于物理模型在成熟底辟构造发育之后被切片，因而它们不能提供早期物质流动的详细信息，但这些可以从数值模拟中得到。因为在数值模拟中，可以观察到塑性物质在任何一个时间范围内的分布情况(图 17-8)。

在底辟底部，HWM 和 FWM 的界线朝下盘迁移(图 17-8b)，表明在底辟发育的初期阶段，上盘的供给速率要比下盘更高。但需要强调的是，与物理模拟不同的是，数值模型中的基底断阶是静止的，在底辟演化期间并没有运动。而且在数值模拟中，沉积物是以一个恒定的速率连续沉积，而且底辟顶部没有被覆盖。这些可能都会导致比物理模拟更多的上盘盐供给。另一方面，在物理模拟中也发生了 HWM/FWM 界线在底辟底部向下盘迁移的现象。因此，该特征看起来是与基底断坡的活动或稳定性是无关的，是基底断阶引起了该界线的迁移。而且，在物理模拟和数值模拟中 HWM/FWM 界线的趋势一致表明，记录到的流动形式与模型规模、物质属性或模拟过程(因为二者有不同)无关。

数值模拟和物理模拟的参数和过程差异导致伸展后底辟的不同形态。物理模拟中的上盘挤出是由于沙箱的拉伸以及基底断层断距的增大并没有被同期沉积完全补偿所造成的。断层增加的断距会形成地势梯度，并使上升底辟上盘一侧盖层的减薄更为明显，FWM 因而被迫流向岩石静压中局部下降的区域，这就解释了上盘悬挂体里出现大量 FWM 的现象。在数值模拟实验中，尽管沉积速率恒定，而且模型缺少伸展作用，但上、下盘仍然发育悬挂体。值得注意的是，这些模型中的上盘悬挂体更薄，这极可能是由于来自上盘的盐供给不够，以及下盘盐体挤入底辟下盘一侧造成的。在物理模拟中，HWM 和 FWM 有利于不对称悬挂体的发育。

我们的实验证明控制悬挂体发育的因素与控制隆升底辟总体形态的因素相同(Koyi, 1998)，但沉积速率和拉伸作用的相互作用可能是最重要的因素。物理模拟和数值模拟一致的特点是，在挤出水平面之上，底辟茎部厚度比挤出之前明显减薄。这种底辟茎部的减薄表明其经历了底辟隆升的复活以及盐供给的减少。

需要强调的是，基底断层之上底辟构造发育中 FWM 和 HWM 的分布在断层活动很早期就被确定了。实际上，数值模拟已经证明，只要盐层之下存在断坡，而且沉积速率和/或拉伸作用能够使得底辟上升，这也可以被休眠基底断层诱发。在整个底辟发育期间，FWM 和 HWM 分别形成了底辟茎部的下盘和上盘部分。除了盆地伸展和正断层作用的情况，FWM 可能包裹了 HWM 的核部，从而形成地势梯度，并导致底辟构造上盘一侧岩石静压力的降低。

反转作用的影响仅可以在物理模拟中可以被观察到。尽管 FWM 和 HWM 的边界在反转之后变得更不规则，以及整个底辟迁移到基底断层的下盘一侧，但 FWM 和 HWM 在底辟茎部的分布与拉伸后是相似的。悬挂体之下底辟茎部的极度减薄反映了底辟对挤压作用的响应。对比伸展后的厚度，该底辟的厚度只有原来的 1/4~1/5，但厚度的变化毫无疑问与模型

图 17-8 数值模拟模型

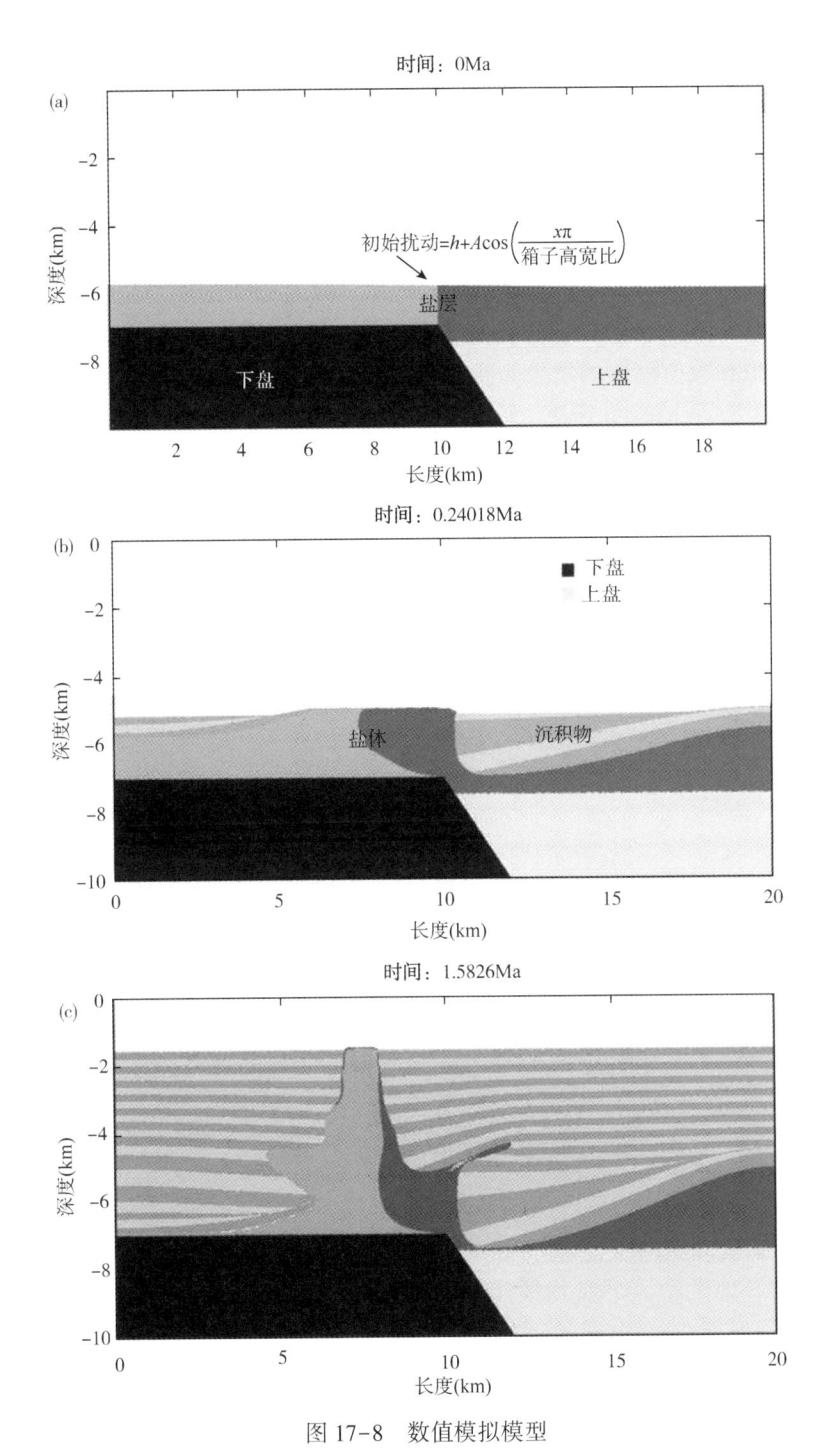

(a)数值模拟初始几何形态,为方便区分,下盘和上盘之上的盐层用不同颜色表示,但它们的力学性质是相同的,初始扰动通过盐层厚度 h、扰动振幅 A(100m)、水平长度 x 和箱子高宽比表示;(b)模型演化早期阶段(500m 基底断阶),表明底辟初期盐供给来源于上盘;(c)模型演化的最后阶段,表示了底辟内盐体的分布

中的伸展和挤压作用有关。有趣的是,悬挂体之上的底辟并没有这么强烈的减薄,这表明悬

挂体可以部分补偿挤压作用。实际上，悬挂体以上的部分向底盘一侧发生旋转(图 17-7c)。底辟茎部的减薄和旋转是由上盘隆升导致的，并推动下盘底辟使其向上挤压，从而增加了总体高度。模型中的挤压作用也得到了底辟内 FWM/HWM 边界的反映。在伸展后的成熟底辟中，该边界在底辟茎部的底部向下盘迁移，而在上部则向上盘迁移。在挤压作用之后，该边界又一次在底辟最上部向下盘倾斜。

尽管盐层内岩性复杂，以及盐层内存在硫酸盐岩、碳酸盐岩、页岩和钾碱岩等，但要区分出自然界中盐构造的上、下盘沉积仍然比较困难，这是因为蒸发岩几乎不发生沉积相的侧向变化。然而，对 KSS 中由重力流—再沉积盐岩和黏土盐形成的沉积物分布的初步观察可能会支持物理模拟和数值模拟的结果。指示近源海底扇(不同粒径的粗粒岩石和支流充填)的沉积相和构造发育在 KSS 的下盘。而指示远源海底扇(细粒岩石类型，内部相同的板状岩层)的沉积相和构造发育在该构造的上盘部分。因此，在下盘一侧，KSS 由沉积于更浅水环境的沉积物供给，而在上盘一侧，KSS 由沉积于开阔盆地的沉积物供给。这些观察结果还有待于进一步的研究。

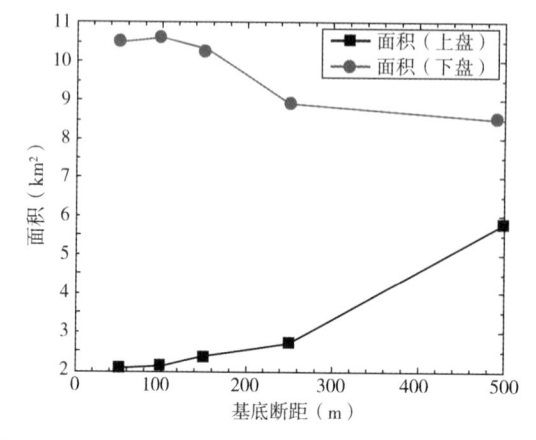

图 17-9 来源于上盘、下盘的盐供给与基底断距的关系
来自上盘一侧的盐供给随着基底断距初始位移的增大而升高

17.8 结论

物理模拟表明活动正断层之上的底辟隆升是来自下盘和上盘的供给。在早期伸展阶段，底辟主要由下盘供给，下盘物质组成构造的最上部以及挤出悬挂体的主要部分。在成熟底辟中，上盘对底辟上部的贡献有所增长。包含了盐体之下静止基底正断层和连续沉积的数值模型证实了底辟构造中下盘物质的供应更为明显。基底断层的反转运动和模型的挤压会导致底辟形态的改变以及构造内塑性物质的重新分布。底辟变得更高更细，在其底部更为明显。FWM 在底辟构造中占主要地位，但 FWM 和 HWM 的含量对比差别要比拉伸作用形成的底辟中的小。反转和挤压作用使底辟底部的大部分 HWM 以及仅由整个底辟茎部向下盘迁移。模拟结果最有可能和陆内反转伸展盆地内发育在基底断层之上的其他线性底辟构造相似。

参 考 文 献

Bobineau, J. P. 1992. Simulations numeriques de phenomenes tectoniques. PhD thesis. Ecole Centrale de Paris, 423.

Brace, W. F. & Kohlstedt, D. L. 1980. Limits on lithospheric stress imposed by laboratory experiments. Journal of Geophysical Research, 85, 6248-6252.

Brun, J. P. & Nalpas, T. 1996. Graben inversion in nature and experiments. Tectonics, 15, 677-687.

Burliga, S. 1996a. Implications for early basin dynamics of the Mid-Polish Trough from deformational structures within salt deposits in central Poland. Geological Quarterly, 40, 185-202.

Burliga, S. 1996b. Kinematics within the Klodawa salt diapir, central Poland. In: Alsop, G. I., Blundell, D. J. & Davidson, I. (eds) Salt Tectonics. Geological Society, London, Special Publications, 100, 11-21.

Burliga, S., Janiow, S. & Sadowski, A. 2005. Mining perspectives in the Kłodawa Salt Mine considering modern knowledge on tectonics of the Kłodawa Salt Structure. Technika Poszukiwan' Geologicznych Geosynoptyka i Geotermia, 4, 17-25 (in Polish with English summary).

Chemia, Z. 2007. Numerical modelling of rise and fall of a dense layer in salt diapirs. Department of Earth Sciences Licentiate Thesis. Uppsala University.

Chemia, Z. & Koyi, H. K. 2008. The control of salt supply on entrainment of an anhydrite layer within a salt diapir. Journal of Structural Geology, 30, 1192-1200.

Chemia, Z., Schmelling, H. & Koyi, H. A. 2009. The effect of viscosity on future evolution of the Gorleben salt diapir, Germany. Tectonophysics, 473, 446-456.

Cotton, J. & Koyi, H. A. 2000. Modelling of thrust folds above ductile and frictional decollements: examples from the Salt Range and Potwar Plateau, Pakistan. Geological Society of America Bulletin, 112, 351-363.

Dadlez, R. 1997. Epicontinental basins in Poland: Devonian to Cretaceous: relationship between the crystalline basement and sedimentary infill. Geological Quarterly, 41, 419-432.

Dadlez, R. 1998. Devonian to Cretaceous epicontinental basins in Poland: relationship between their development and structure (in Polish with English summary). Prace Pan'stwowego Instytutu Geologicznego, 165, 17-30.

Del Ventisette, C., Montanari, D., Sani, F. & Bonini, M. 2006. Basin inversion and fault reactivation in laboratory experiments. Journal of Structural Geology, 28, 2067-2083.

Dooley, T., McClay, K. R., Hempton, M. & Smit, D. 2005. Salt tectonics above complex basement extensional fault systems: results from analogue modeling. In: Dore', A. G. & Vining, B. A. (eds) Petroleum Geology: North-West Europe and Global Perspectives. Proceedings of the 6th Petroleum Geology Conference. Geological Society, London, 1631-1648.

Dooley, T. P., Jackson, M. P. A. & Hudec, M. R. 2009. Inflation and deflation of deeply uried salt stocks during lateral shortening. Journal of Structural Geology, 31, 582-600.

Guglielmo, G., Jackson, M. P. A. & Vendeville, B. C. 1997. Three-dimensional visualization of salt walls and associated fault systems. AAPG Bulletin, 81, 46.

Hoshino, K., Koide, H., Inami, K., Iwamura, S. & Mitsui, S. 1972. Mechanical properties of Japanese Tertiary sedimentary rocks under high confining pressures. Geological Survey of Japan, Report No. 244.

Koyi, H. K. 1991. Gravity overturns, extension, and basement fault activation. Journal of Petroleum Geology, 14, 117-142.

Koyi, H. A. 1998. The shaping of salt diapirs. Journal of Structural Geology, 20, 321-338.

Koyi, H. A. & Petersen, K. 1993. Influence of basement faults on the development of salt structures in the Danish Basin. Marine and Petroleum Geology, 10, 82-94.

Koyi, H. A., Jenyon, M. K. & Petersen, K. 1993. The effect of basement faulting on diapirism. Journal of Petroleum Geology, 163, 285–311.

Krantz, R. W. 1991. Measurements of friction coefficients and cohesion for faulting and fault reactivation in laboratory models using sand and sand mixtures. Tectonophysics, 188, 203–207.

Krzywiec, P. 2004. Triassic evolution of the Klodawa salt structure: basement-controlled salt tectonics within the Mid-Polish Trough(Central Poland). Geological Quarterly, 48, 123–134.

Krzywiec, P. 2006a. Structural inversion of the Pomeranian and Kuiavian segments of the Mid-Polish Trough—lateral variations in timing and structural style. Geological Quarterly, 50, 151–158.

Krzywiec, P. 2006b. Triassic-Jurassic evolution of the Pomeranian segment of the Mid-Polish Trough-basement tectonics and sedimentary pattern. Geological Quarterly, 51, 139–150.

Krzywiec, P. 2009. Geometry and evolution of selected salt structures in the Polish Lowlands in the light of seismic data. Przeglad Geologiczny, 57, 812–818. (in Polish with English summary).

Lokhorst, A. (ed.) 1998. NW European Gas Atlas. British Geological Survey, Bundesanstalt fur Geowissenschaften und Rohstoffe, Danmarks og Gronlands Geologiske Undersogelse, Nederlands Instituut voor Toegepaste Geowetenschappen. Panstwowy Instytut Geologiczny, European Union.

McClay, K. R. 1990. Extensional fault systems in sedimentary basins: a review of analogue model studies. Marine and Petroleum Geology, 7, 206–233.

Mukherjee, S., Talbot, C. J. & Koyi, H. A. 2010. Viscosity estimates of salt in the Hormuz and Namakdan salt diapirs, Persian Gulf. Geological Magazine, 147, 497–507.

Nilsen, K. T., Vendeville, B. C. & Johansen, J. T. 1995. Influence of regional tectonics on halokinesis in the Nordkapp Basin, Barents Sea. In: Jackson, M. P. A, Roberts, D. G. & Snelson, S. (eds) Salt Tectonics: A Global Perspective. American Association of Petroleum Geologists, Tulsa, Memoir, 65, 413–436.

Panien, M., Schreurs, G. & Pfiffner, A. 2005. Sandbox experiments on basin inversion: testing the influence of basin orientation and basin fill. Journal of Structural Geology, 27, 433–445.

Pinto, L., Munoz, C., Nalpas, T. & Charrier, R. 2010. Role of sedimentation during basin inversion in analogue modelling. Journal of Structural Geology, 32, 554–565.

Richardsen, G., Vorren, T. O. & Tørudbakken, O. B. 1993. Post-Early Cretaceous uplift and erosion in the southern Barents Sea: a discussion based on analysis of seismic interval velocities. Norsk Geolgisk Tidsskrift, 7, 3–22.

Roca, E., Sans, M. & Koyi, H. A. 2006. Polyphase deformation of diapiric areas in models and in the ekstern Prebetics(Spain). AAPG Bulletin, 90(1), 115–136.

Scheck, M., Bayer, U. & Lewerenz, B. 2003. Salt redistribution during extension and inversion inferred from 3D backstripping. Tectonophysics, 373, 55–73.

Scheck-Wenderoth, M., Krzywiec, P., Zulke, R., Maystrenko, Y. & Frizheim, N. 2008. Permian to Cretaceous tectonics. In: McCann, T. (ed.) The Geology of Central Europe: Mesozoic and Cenozoic. Geological Society, London, 2, 999–1030.

Schellart, W. P. 2000. Shear test results for cohesion and friction coefficients for different granular materials. Scaling implications for their usage in analogue modeling. Tectonophysics, 324, 1–16.

Vendeville, B. C. & Jackson, M. P. A. 1992a. The fall of diapirs during thin-skinned extension. Marine and Petroleum Geology, 9, 354–371.

Vendeville, B. C. & Jackson, M. P. A. 1992b. The rise of diapirs during thin-skinned extension. Marine and Petroleum Geology, 9, 331–353.

Vendeville, B. C. & Nilsen, K. T. 1995. Episodic growth of salt diapirs driven by horizontal shortening. In: Travis, C. J., Harrison, H., Hudec, M. R., Vendeville, B. C., Peel, F. J. & Perkins, B. F. (eds) Salt,

Sediment, and Hydrocarbons. SEPM Gulf Coast Section 16th Annual Research Fundation Conference, 285-295.

Wagner, R. 1994. Stratigraphy of deposits and development of Zechstein Basin in Polish Lowlands. Prace Panstwowego Instytutu Geologicznego, 146, 5-62.

Wagner, R. 1998. Zechstein. In: Dadlez, R., Marek, S. & Pokorski, J. (eds) Paleogeographic Atlas of Epicontinental Permian and Mesozoic in Poland(1:2500000). Polish Geological Institute, Warszawa.

Weijermars, R. 1986. Flow behaviour and physical chemistry of bouncing putties and related polymers in view of tectonic laboratory applications. Tectonophysics, 124, 325-358.

Weijermars, R., Jackson, M. P. A. & Vendeville, B. C. 1993. Rheological and tectonic modeling of salt provinces. Tectonophysics, 217, 143-174.

Weinberg, R. F. & Schmeling, H. 1992. Polydiapirs: multiwavelength gravity structures. Journal of Structural Geology, 14, 425-436.

Withjack, M. O. & Scheiner, C. 1982. Fault patterns associated with domes: an experimental and analytical study. American Association of Petroleum Geologists Bulletin, 66, 302-316.

Withjack, M. O. & Callaway, S. 2000. Active normal faulting beneath a salt layer: an experimental study of deformation patterns in the cover sequence. AAPG Bulletin, 84, 627-651.

(王怡 译，骆宗强 崔敏 校)

第18章 中欧盆地系统二叠系盐岩区域构造意义

YURIY PETROVICH MAYSTRENKO[1], ULF BAYER[2], MAGDALENA SCHECK-WENDEROTH[1]

(1. Helmholtz Centre Potsdam, GFZ German Research Centre for Geosciences, Section 4.4, Telegrafenberg C4, 14473 Potsdam, Germany;
2. Helmholtz Centre Potsdam, GFZ German Research Centre for Geosciences, Section 4.3, Telegrafenberg B454, 14473 Potsdam, Germany)

摘 要 中欧盆地系统(CEBS)包括以前的南二叠盆地和北二叠盆地,以及叠置的中、新生代次盆。这些盆地含有厚层的上二叠统(Zechstein统)盐岩。受二叠纪之后构造事件的影响,这些盐岩层发生了运动。为了分析中、新生界盖层的构造样式和上二叠统盐岩分布之间的区域关系,本文建立了一个中欧盆地系统的三维构造模型。在这个模型中,二叠系盐岩是整个盆地系统的一个额外层位。根据这个三维构造模型,盐体的强烈变形是盐动力活动的结果。最厚可达9km的盐岩是位于盐墙和盐底辟内。对上覆层和下伏塑性盐岩的关系进行区域三维构造分析表明,沉积盖层的形态受不同类型盐构造的影响而变得十分复杂。除了构造引起的区域沉降外,二叠系盐体的后撤也对中、新生代沉积物的沉积和变形起到了重要作用。

像其他陆内盆地一样,中欧盆地系统(CEBS)也经历了多期演化阶段。尽管盆地有很长的沉降史(约300Ma),但主要还是以陆相河流相和湖相碎屑沉积物的浅水沉积为主,只是在晚二叠世(Zechstein期)、中三叠世(Muschelkalk期)、侏罗纪和晚白垩世发生了海侵。由于中欧盆地系统勘探程度很高,所以非常适合于研究陆内盆地的变形。而且中欧盆地系统还发育了厚层盐岩(Zechstein统),所以还可以用来研究盆地规模的盐动力和构造变形的叠加特征。

尽管前人对中欧盆地系统做了大量研究,但区域变形样式的研究仍主要停留在定性阶段。本文提出了一个有关整个中欧盆地系统的新三维构造模型,并在前人有关盆地背景和演化的研究基础上,分析了主要的构造要素特征。本次研究的主要目的是弄清中欧盆地系统现今的内部构造特征,并评价主要沉积特征导致的盆地演化和变形机制的结果。因此,我们将收集到的资料进行归纳整理后建立了一个统一的三维构造模型。该模型解决了盆地演化的期次,并将上二叠统(Zechstein统)盐岩作为一个单独的层位。

18.1 构造背景

由于存在多期演化,以及在地壳层次和上等部岩石圈地幔层次都存在构造分异作用,(Ziegler, 1990; Bayer 等, 2002; Scheck Wenderoth 和 Lamarche, 2005; Littke 等, 2008),使得中欧盆地系统成为一个复杂的盆地系统。该盆地系统开始形成于石炭纪末期—二叠纪初期,此时在中欧地区广泛的岩浆活动和断层作用(Gast, 1988; Plein, 1990; Ziegler, 1990;

Dadlez 等，1995；Benek 等，1996；Abramovitz 和 Thybo，1999；Bayer 等，1999；Evans 等，2003)形成了东西方向展布的南、北二叠盆地(图 18-1)。二叠纪期间沉积物累计厚度超过 2000m(Bachmann 和 Hoffmann，1997；Lokhorst，1998；Heermans 等，2004；Scheck-Wenderoth 和 Lamarche，2005；Maystrenko 等，2008)。二叠系上部 Zechstein 统发育主要由盐岩组成的厚层蒸发岩沉积。在三叠纪和侏罗纪，一些幕式伸展构造活动对盆地群产生了强烈影响，形成了中央地堑、Horn 地堑和 Glueckstadt 地堑系叠加次盆(Oakman 和 Partington，1998；Clausen 和 Pedersen，1999；Erratt 等，1999；Baldschuhn 等，2001；Evans 等，2003；Moeller 和 Rasmussen，2003；Maystrenk 等，2006)、挪威—丹麦盆地、德国东北盆地、波兰盆地和下萨克森(Lower Saxony)盆地(Betz 等，1987；Jordan 和 Kockel，1991；Dadlez，2003；Scheck 等，2003a，2003b)以及一些其他的小型次盆(Ziegler，1990；图 18-1)。此外，中—晚侏罗世的差异隆升和晚白垩世—古近纪的局部反转作用对盆地系统的中部也产生了影响。此时，欧亚板块和非洲—阿拉伯板块的碰撞造成了整个欧洲地区的挤压作用。沿着 Tornquist 断裂带和 Elbe 断层系发生了最强烈的挤压变形，而且强烈的反转作用导致这些地区的地层向上抬升并遭受剥蚀(Ziegler，1990；Scheck 等，2002；Otto，2003；Mazur 等，2005；Scheck-Wenderoth 和 Lamarche，2005；Krzywiec，2006b；Voigt 等，2008)。最后，盆地系统在新生代重新发生了区域沉降。盐体活动形成了不同时期的构造变形，并使中、新生代盆地的构造样式和演化变得复杂(Scheck-Wenderoth 等，2008；Maystrenko 等，2010b)。所有这些演化阶段均反映在中欧盆地系统现今的构造样式和沉积物的分布特征上。

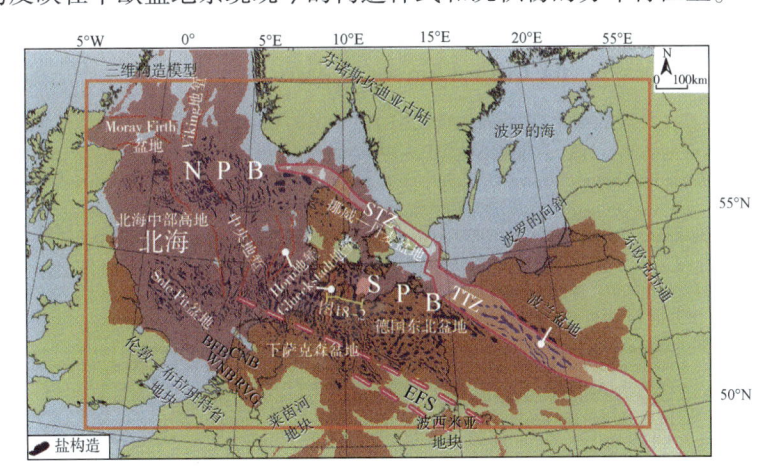

图 18-1　中欧盆地系统主要构造背景以及二叠盆地和二叠纪后次盆的三维构造模型位置图
二叠盆地的边界根据现今二叠系的分布范围划定(据 Ziegler，1990；Vejbæk 和 Britze，1994；Lokhorst，1998；Stemmerik 等，2000；Baldschuhn 等，2001；Sigmond，2002；Evans 等，2003；Heermans 等，2004；Geluk，2005；Stewart，2007)；盐构造的位置参考了 Cameron 等(1992)、Vejbæk 和 Britze(1994)、Lokhorst(1998)、Baldschuhn 等(2001)、Dadlez(2003)和 Evans 等(2003)的研究成果；断层位置参考了 Ziegler(1990)、Pharaoh (1999)、Bayer 等(2002)和 Maystrenko(2006)等的研究；构造单元：BFB—Broad Fourteens 盆地；CNB—荷兰中央盆地；EFS—Elbe 断层系统；NPB—北二叠盆地；RVG—Roer 河谷地堑；SPB—南二叠盆地；STZ—Sorgenfrei-Tornquist 断裂带；TTZ—Teisseyre-Tornquist 断裂带；WNB—西荷兰盆地

在过去的几十年里，商业开发和学术研究已经积累了大量资料。但是，这些资料还没有在盆地尺度上根据资料的密度和质量以及不同的地层对比关系进行归纳总结，尤其是强烈活动的上二叠统(Zechstein 统)盐岩的分布是一个主要挑战。这是由于二叠系盐岩在沉积后的

运动使得盐岩层自身的分布变得复杂。另一方面，盆地系统内的中生界和新生界盖层也受到了盐相关变形的强烈影响（Ziegler，1990；Cameron 等，1992；Vejbæk，1997；Baldschuhn 等，2001；Dadlez，2003；Evans 等，2003；Scheck-Wenderoth 等，2008；Maystrenko 等，2010b）。盐体活动对沉积的主要影响可以用来自 Glueckstadt 地堑的地震测线进行说明（图18-2），该地堑也是中欧盆地系统内最深的次盆之一。沿此地震测线，二叠系盐体的活动主要体现在二叠系盐岩（富盐的 Rotliegend 群和 Zechstein 统）厚度的变化。盐岩厚度在 NNE—SSW 走向的狭长形盐墙内达到最大（图18-1），而在盐构造之间强烈变薄（图18-2）。三叠系的厚度向 Glueckstadt 地堑的中部整体逐渐增大。三叠系厚度的突变和复杂的地震反射表明了二叠系盐岩的同沉积运动。特别需要指出的是，三叠系上部（考依波阶，keuper）内部的底超和顶超反射关系表明差异沉降是对邻近盐构造下沉形成期间盐岩运动的响应（图18-2）。此外，厚层的侏罗系主要集中在盐构造周围。侏罗系构造样式和内部反射特征表明侏罗系明显受到了二叠系盐岩从源盐层运移到生长盐墙的控制，而白垩系没有受到盐体活动的明显影响。白垩系的厚度在剖面上比较稳定只是在朝 Eastholstein-Mecklenburg 区块的方向上发生了轻微的减薄。与此相反，新生界在盐构造之间强烈增厚，并向盐墙脊部强烈减薄，这意味着地层沉积明显与盐岩运动有关。最厚的新生界内部的地震的特征表明，新生代沉积物的强烈增厚很有可能是因为同时期的盐岩活动，它还在 Eastholstein 海槽内部形成了深边缘向斜。

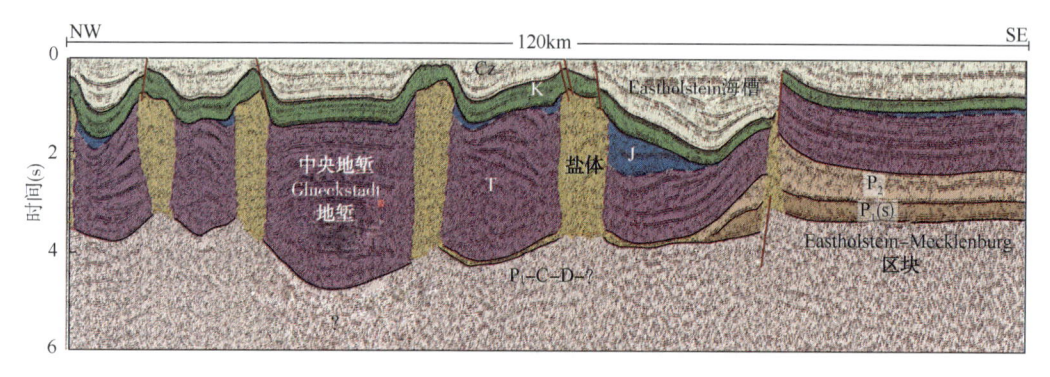

图18-2 穿过中欧盆地系统最深次盆之一的 Glueckstadt 地堑的区域地震剖面（据 Maystrenko 等，2005，修改）地层：P_1-C-D-? —未划分的下二叠统（Rotliegend 群）、石炭系、泥盆系及更老地层；$P_1(s)$—下二叠统上部（富盐的 Rotliegend 群）；P_2—上二叠统（Zechstein 统）；盐岩—上二叠统（Zechstein 统）和下二叠统（Rotliegend 群上部）富盐层序；T—三叠系；J—侏罗系；K—白垩系；Cz—新生界

18.2 数据资料

在欧洲，关于二叠纪、中生代和新生代的最新地质资料是来自 Ziegler（1990）。他的研究仍然是有关欧洲中、西部构造演化最完整的论述之一。另一方面，在过去几十年里，大家对中欧地区构造的认识已经大大提高了许多。这些成果在大量出版物和中欧盆地系统所涉及国家的地图册中都有记载。如丹麦地质调查局提供的系列图集主要描述了挪威—丹麦盆地内的构造特征（Britze 和 Japsen，1991；Japsen 和 Langtofte，1991a，b；Vejbæk 和 Britze，1994）。后来，联邦地球科学和自然资源研究所（BGR）也出版了德国西北部大地构造图集（Baldschuhn 等，1996，2001），覆盖了德国北部盆地的大部分地区。波兰盆地深层构造资料

来自于波兰构造图集(Znosko，1999)以及波兰二叠纪和中生代陆缘古地理图集(Dadlez 等，1998)。荷兰地质调查局(TNO)出版了荷兰地质图集(NITG，2004；Duin 等，2006)，Evans 等(2003)的千禧年图集也对北海中、北部的地质特征进行了介绍。最后，作为商业数据库的北海数字图集对于整个北海地区的构造进行了详细介绍(PGS Reservoir，2003)。

除了对这些最新的区域资料进行整理外，在过去几十年里，前人还针对中欧盆地系统内不同的次盆建立了许多三维构造模型，如德国东北盆地(Scheck，1997；Scheck 和 Bayer，1999；Scheck 等，2003a，2003b)、波兰盆地(Lamarche 等，2003；Lamarche 和 Scheck-Wenderoth，2005)、Glueckstadt 地堑(Maystrenko 等，2005，2006)和德国东北盆地北部(Hansen 等，2007)。本文尝试综合利用所有可用的资料和模型，建立一个覆盖北部和南部二叠盆地，并包括二叠纪后主要构造要素的(图18-1)单一的盆地规模的三维构造模型。

最大的工作量就是对可用数据的汇总和评估。本文的目标不仅仅是解决模型构建的技术难题，但也关注模型分析。为了使读者正确评估我们的工作质量，本文在 DGMK 研究报告 577-2/2(Maystrenko 等，2010a)中提供了所有相关数据库的细节以及在不一致情况下的局限性、不确定性和折中方案。在此，只对三维构造建模的资料来源做一简单介绍。

测深数据来源于世界大洋水深图(GEBCO)的数字图集(IOC、IHO、BODC，2003)。中欧盆地系统三维构造模型的最大资料库是覆盖了整个北海的北海数字图集(NSDA)(PGS Reservoir，2003)。NSDA 的深度转换图已经应用于除德国以外的整个北海地区。对于德国部分，我们使用的是来自德国西北部大地构造图集的资料(Baldschuhn 等，1996，2001)。来自 Cameren 等(1992)有关北海西南部和邻近的英格兰东南部的资料也应用在中欧盆地系统的 3D 模型中。对荷兰的陆上部分使用了荷兰地质图集(NITG，2004)的数字版。除了来自荷兰地质图集(NITG，2004)的资料外，还将下莱茵河盆地新生界的构造深度图(Klett etal.，2002)应用于下莱茵河盆地的东南延伸区域。三维构造模型的比利时部分主要以 Brabant 隆起为代表，它的主要特点是二叠系、三叠系和侏罗系缺失或较薄对模型中的该部分，使用了 Dusar 和 Lagrou(2007)出版的钻井数据得到的新生界和白垩系厚度资料。在德国西北部，地层厚度图则来自德国西北部大地构造图集(Baldschuhn 等，1996，2001)。根据对于 Glueckstadt 地堑及其邻近区域，我们采用了 Maystrenko 等(2005，2006)构建的三维构造模型。德国东部资料则来源于德国东北盆地的三维模型(Scheck，1997；Scheck 和 Bayer，1999；Scheck 等，2003a，2003b)。中欧盆地系统的三维构造模型还包括波罗的海西南部以及邻近的陆上地区(Hansen 等，2007)。由 Lamarche 等(2003)以及 Lamarche 和 Scheck-Wenderoth(2005)发表的波兰盆地地壳尺度的三维模型是波兰地区的主要资料来源。中波兰海槽的三叠系厚度图已根据新资料进行了替换(Dadlez，2003)。对丹麦盆地的陆地区域，使用了丹麦地质调查局出版的构造等深图和厚度图(Britze 和 Japsen，1991；Japsen 和 Langtofte，1991a，1991b；Vejbæk 和 Britze，1994)。丹麦东部的厚度资料来自 Mogensen 和 Korstgard(2003)、Graversen(2004)、Erlström 和 Sivhed(2006)的成果以及可用的钻井资料 GEUS(2007)。对于无资料可用的地区，则使用了来自欧洲中西部地质图集(Ziegler，1990)的资料。

研究区的沉积边缘根据北欧海陆地质图(Sigmond，2002)和欧洲中西部地质图集(Ziegler，1990)确定。上二叠统(Zechstein 统)的边界则根据 Ziegler(1990)、Vejbæk 和 Britze(1994)、Geluk(2000)、Baldschuhn 等(2001)、Sigmond(2002)、Evans 等(2003)、Geluk(2005)和 Stewart(2007)的资料综合确定。

盐构造的位置根据多项资料进行确定,如挪威—丹麦盆地来自 Vejbæk 和 Britze(1994),北海盆地西南部来自 Cameron 等(1992),德国西北盆地来自 Baldschuhn 等(2001),中波兰海槽来自 Dadlez(2003),北海盆地北部来自 Evans 等(2003)。模型内其他地区的盐构造分布资料来自 Lokhorst(1998)。

为了构建中欧盆地系统的三维构造模型,我们利用几个商业软件包对上述所有资料进行了汇总和网格划分。每段地层都被分开进行操作,以确保三维模型中所有的地层厚度图和/或构造深度图在空间上部能保持一致。最后,把网格化的资料利用由 Helmholtz 中心及 GFZ 德国地球科学研究中心(Scheck 等,2003b)研发的软件包应用到三维构造模型中。

三维构造模型覆盖了中欧盆地系统及其相邻地区,其范围从北纬 50.1°到 58.83°,西经 1.68°到东经 26.9°(图 18-1 中的橙色矩形)。因此模型覆盖了整个南、北二叠盆地和二叠纪后的主要构造单元,如北海次盆(莫里福斯湾盆地、中央地堑、Hom 地堑和部分的 Viking 地堑)、挪威—丹麦盆地、荷兰盆地、德国北部盆地和荷兰盆地。此外,三维模型还包括中欧盆地系统南部边缘出露的芬诺斯坎迪亚(Fennoscanelia)古陆、东欧克拉通盆地西北部、英国东部岛屿和隆起的 Variscan 地堑。

构建的三维模型长 1748km,宽 1060km,水平网格间距为 4000m。模型包括六个层系:海水层、新生界、白垩系、三叠系、侏罗系和上二叠统(Zechstein 统)。模型的层系厚度与视厚度一致,纵向以平均海拔为基准点。模型的坐标系是建立在利用 WGS84 数据的 CITM3Z(北半球)的基础上的。

尽管构建中欧盆地系统的三维构造模型利用了大多数有代表性的公开资料和商业资料,但网格化的数据仍有一些不确定性。这些不确定性部分与不同地区或国家的中生代和新生代沉积地层的细分有关。另一方面,明确上二叠统(Zechstein 统)盐岩的分布仍是主要难题。首先,由于上二叠统(Zechstein 统)盐构造之下,盐体底部在地震资料上的成像质量较差(图 18-2),因此盐体底部的图件只能是近似的,特别是在中央地堑、Horn 地堑、Glueckstadt 地堑、Fjerritslev 海槽以及 Himmerland 地堑和波兰盆地的深层都是如此。这些地区的二叠系盐岩在三维模型中的形态仍然是近似的。另外,为了详细分析与盐悬挂体和/或蘑菇状盐构造相关的而且目前还未解决的复杂几何形态,我们还完成了一些补充工作。但是为了排除上文中提到的一些不确定性,其实还需要一些额外的资料以及对整个盆地做进一步调查。

18.3 基于三维构造模型的盆地充填结构

18.3.1 海水层

中欧盆地系统的三维模型的最上部是海水(图 18-3)。三维模型覆盖区域的特点是海底的深度较小,大多数地区的深度均小于 100m(图 18-3)。中欧盆地系统内的最深地区是挪威南部边缘的海沟和波罗的海的中央部位。挪威南部边缘的海沟宽为 50~140km,并向北东方向加深,在 Skagerrak 海峡北部深度超过 700m(图 18-3)。波罗的海中部的海底深度在 150~225m 之间,最深点位于瑞典海岸东南部和 Gotland 岛之间,达到了 459m(图 18-3)。位于隆起的 Scandes 南部的深海沟和波罗的海中部地区在盆地演化历史并不存在,它们有可能是近期形成的特征。

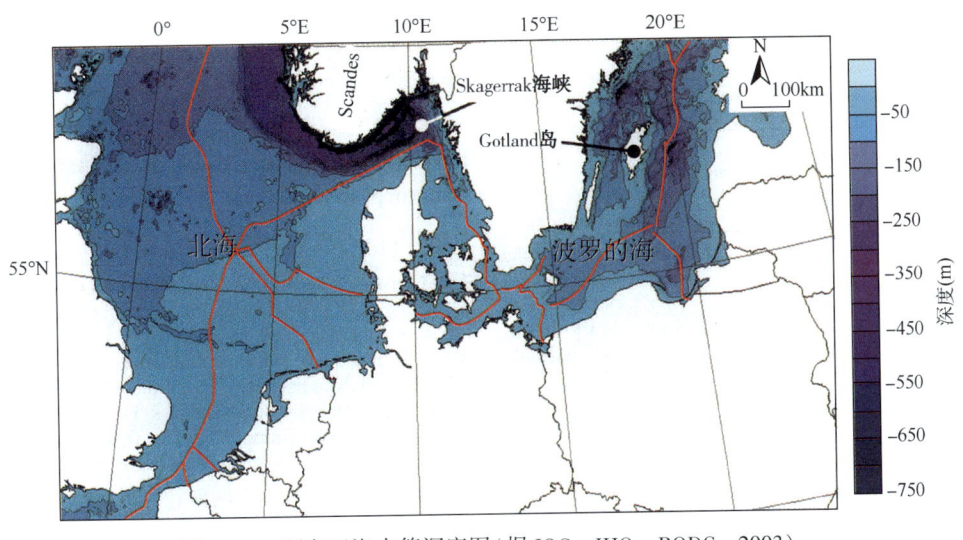

图 18-3 研究区海水等深度图(据 IOC、IHO、BODC, 2003)
红线代表海域的周围总界线

18.3.2 新生界

新生界厚度图的主要特点是在北海的中央部分迅速增厚。从该图可以看出，在位于盆地轴部的 NNW—SSE 向长条形盆地的新生代沉积的厚度超过了 3500m，其底面深度超过 3700m(图 18-4a)。沉积厚度更大的地层发现于 Glueckstad 地堑向北延伸的边缘海槽中，最厚的新生界是位于 Westholstein 地堑(达到 5000m)和 Eastholstein 地堑(超过 3300m)。喀尔巴阡前渊的新生代沉积厚度也较大，超过了 3000m。另外，在 NW—SE 走向的 Roer 河谷和下莱茵地堑中也发生了明显的增厚(图 18-4a)。在这些地区，受与伸展相关的沉降作用影响，新生界的厚度超过了 1800m(Zijerveld 等，1992；Klett 等，2002；Michona 等，2003)。在挪威—丹麦盆地、下萨克森盆地和 NEGB，新生界的平均厚度为 300m。在局部地区，新生界在盐构造附近具有明显的短波状增厚特点(与图 18-1 对比)，这也说明盐体在不断运动。同样地，圆形的局部小型最薄区表明新生界被盐底辟刺穿。

18.3.3 白垩系

白垩系厚度图反映了晚白垩世—早新生代反转之后残留沉积物的分布状况(图 18-5)。它主要表现为 NW—SE 方位的最大和最小值。但不幸的是，数据资料并不允许对上白垩统和下白垩统加以区分，因此该图就包括了两个不同构造阶段的影响，分别是早白垩世的局部沉降和晚白垩世—早新生代的隆升。反转作用使得波兰盆地沿对应于 Teisseyre-Tornquist 断裂带轴部分布的沉积物遭受剥蚀。白垩系的剥蚀带沿 Sorgenfrei-Tornquist 断裂带一直延伸到西北部。白垩系残留厚度最大的两个地区表明沉积中心几乎对称地分布在波兰盆地倒转轴部的 SW 侧和 NE 侧。白垩系厚度在 SW 侧大于 2600m，而在 NE 侧则大于 1700m。Sorgenfrei-Tornquist 断裂带南部也具有相似的特征，该地区的厚层白垩系(厚度达 2250m)向北以缺乏沉积的 NW—SW 走向的线性断裂带为界。

在模型的西南部，沉积物沿着 Sole 凹陷的轴部、荷兰西部以及 Broad Fourteens 盆地发生缺失。而沿着西荷兰盆地的西北延伸部分，厚层的沉积物则被保存下来(图 18-5a)，白垩系

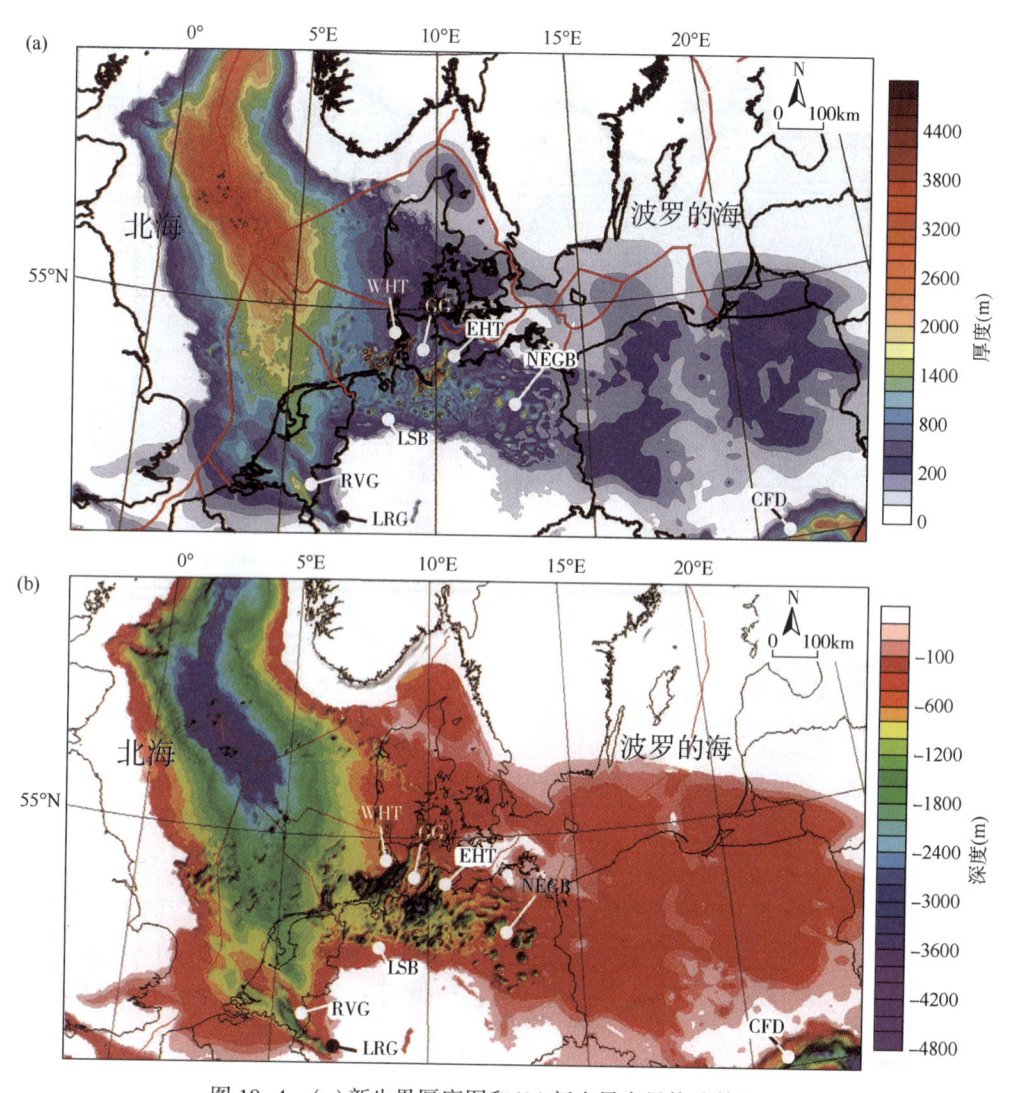

图 18-4 (a)新生界厚度图和(b)新生界底界构造等深图

红线代表海域的国家界线；构造单元：CFD—喀尔巴阡前渊，EHT—Eastholstein 海槽，GG—Glueckstadt 地堑，LRG—下莱茵地堑，LSB—下萨克森盆地，NEGB—德国东北盆地，RVG—Roer 河谷地堑，WHT—Westholstein 海槽

厚度可超过 3300m。中欧盆地系统的整个南缘存是一个明显的剥蚀面，沿 Elbe 断层系统处尤其明显。虽然下萨克森盆地南部也缺失上白垩统(Betz 等，1987；Baldschuhn 等，1996，2001)，但由于下白垩统相对较厚，也存在白垩系的局部增厚。下白垩统于早白垩世伸展作用期间(Mazur 和 Scheck-Wenderoth，2005)。北海地区的厚层白垩系主要位于莫里福斯盆地、中央地堑和 Viking 地堑(图 18-5a)。中央地堑的白垩系厚度达到了 3500m，这也是部分由于厚层的同裂谷期下白垩统的存在。另一方面，中央地堑的肩部被薄许多的白垩系覆盖。北海地区白垩系底面的起伏要比新生界的更为复杂(比较图 18-4b 和图 18-5b)，特别是莫里福斯盆地和中央地堑以及 Viking 地堑的边界在白垩系底面十分明显，而且挪威—丹麦盆地在白垩系底界上存在两个明显的凹陷(图 18-5b)。与新生界特征相似，挪威—丹麦盆地和德国北部盆地也存在短波状厚度最大区和圆形最薄区，表明厚层白垩系局部沉积于盐撤凹陷之上以及白垩系在部分地区被盐底辟刺穿。

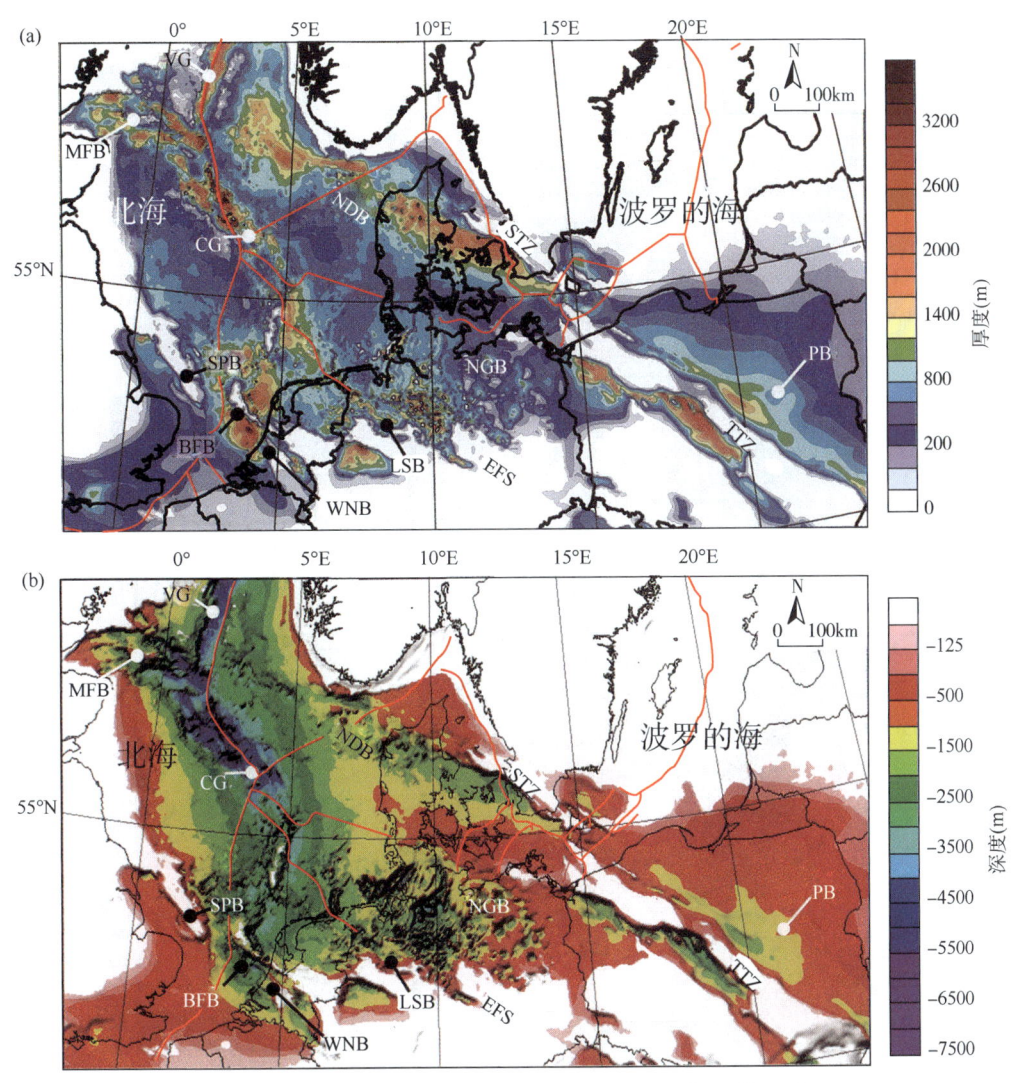

图 18-5　（a）白垩系厚度图和（b）白垩系底界构造等深图

红线代表海域国家界线；构造单元：CG—中央地堑，EFS—Elbe 断层体系，LSB—下萨克森盆地，MFB—Moray Firth 盆地，NDB—挪威—丹麦盆地，NGB—德国北部盆地，PB—波兰盆地，STZ—Sorgenfrei-Tornquist 断裂带，TTZ—Teisseyre-Tornquist 断裂带，SPB—Sole Pit 凹陷，WNB—西荷兰盆地，VG—Viking 地堑

18.3.4　侏罗系

侏罗系厚度图（图 18-6a）及底界构造图（图 18-6b）表明中欧盆地系统的侏罗系具有非常复杂的分布特征，尤其是在北海及其周围地区，侏罗系仅在中央地堑和 Viking 地堑或莫里福斯盆地等南北走向的大型沉积中心中保留较好，其最厚处在丹麦境内的中央地堑，可达到 4400m。北海其余地区的侏罗系部非常薄，甚至发生缺失。沿中欧盆地系统南部边缘的 Sole 凹陷、Broad Fourteens 盆地和西荷兰盆地以及挪威—丹麦盆地的北部边缘存在一个 NW—SE 向的侏罗系最大厚度带。这种 NW—SE 向的分布特征在波兰盆地的中央轴部也比较明显，但在盆地轴部东南侧的 Holy 横断山脉和中欧盆地系统南部边缘，侏罗系完全缺失。侏罗系这种复杂的分布特征是由于中欧盆地系统内发生了两期叠加的剥蚀事件，即中—晚侏罗世的

隆升（Ziegler，1990；Underhill 和 Partington，1993；Graversen，2002）和晚白垩世—早新生代的反转（Ziegler，1990；Lamarche 和 Scheck-Wenderoth，2005；Mazur 等，2005）。一些地区的中—晚侏罗世的沉积中断一直持续到白垩纪初期（Jaritz，1969；Brink 等，1990；Maystrenko 等，2006）。

在侏罗系底界，北海晚侏罗世裂谷系统由一些深窄地堑构成，莫里福斯盆地、中央地堑和 Viking 地堑形成一个三联点。在中央地堑的最深处，侏罗系底界深度超过8500m。与此相反，Sole 凹陷轴部发生强烈隆升（图18-6b），造成部分侏罗系出露于海底（van Hoorn，1987；Cameron 等，1992；Sigmond，2002）。

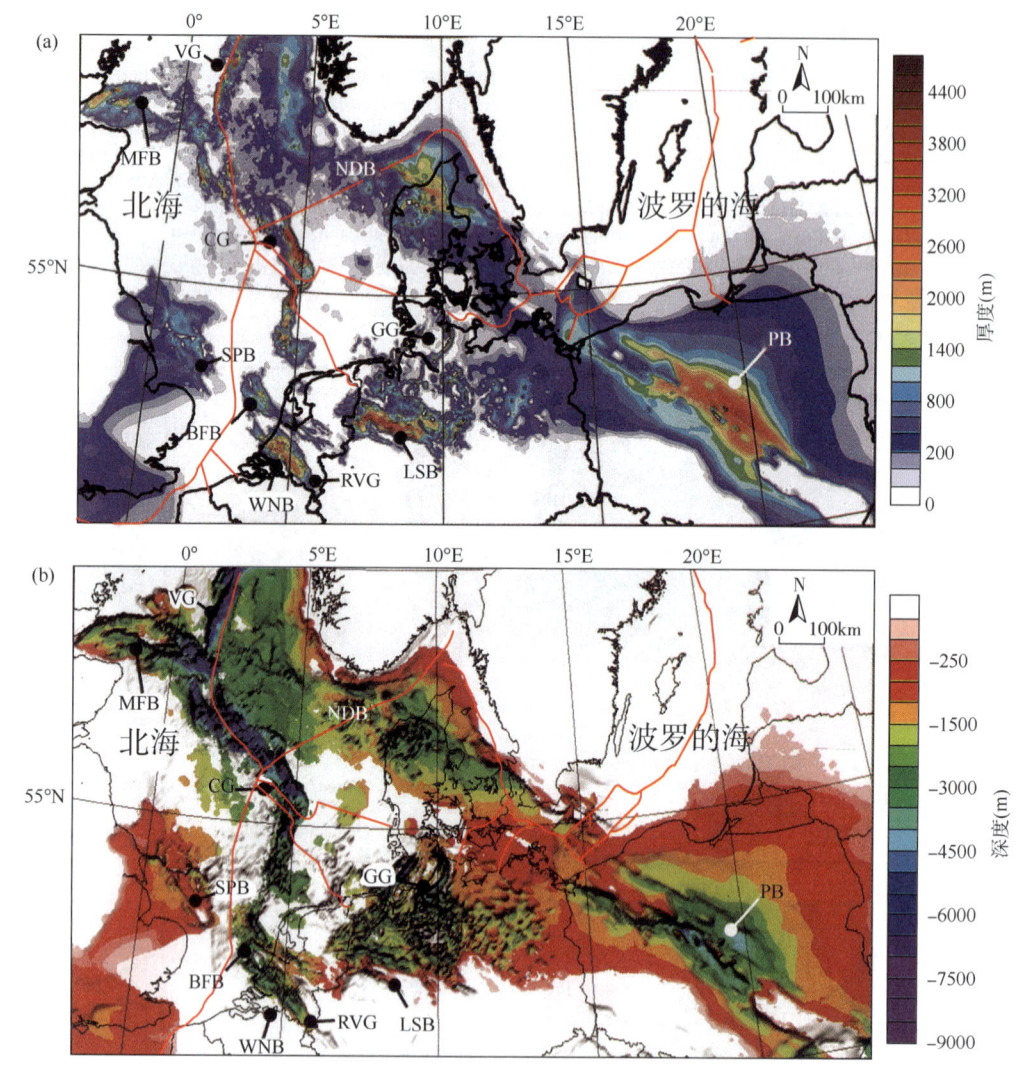

图 18-6　(a)侏罗系厚度图和(b)侏罗系底界构造等深图

红线代表海域国家界线；构造单元：CG—中央地堑，GG—Glueckstadt 地堑，LSB—下萨克森盆地，MFB—莫里福斯盆地，NDB—挪威—丹麦盆地，PB—波兰盆地，RVG—Roer 河谷地堑，SPB—Sole 凹陷，WNB—西荷兰盆地，VG—Viking 地堑

在 Broad Fourteens 盆地、西荷兰盆地和 Roer 河谷地堑内的最大地层厚度表明侏罗系有两个独立的沉积中心，其中在 Broad Fourteens 盆地超过2800m。下萨克森盆地发育一个 ESE—WNW 走向的厚层侏罗系分布带，其厚度在3000~3900m 之间。波兰盆地也存在一个

侏罗系明显增厚的区带，其厚度在 1200~2900m 之间，最大可达 3600m。

挪威—丹麦盆地的侏罗系厚度平均为 1000~1800m，但沿 NW—SE 走向的厚度带的局部地区可达 2600m。大多数区域的侏罗系厚度的强烈增加与晚侏罗世的伸展事件有关，特别是中央地堑和下萨克森盆地受到了晚侏罗世的快速沉降作用影响（Betz 等，1987；Oakman 和 Partington，1998；Erratt 等，1999）。在以前的一些图件中，短波长的侏罗系厚度分布最大值代表盐体运动与沉积作用是同期发生的。

18.3.5 三叠系

三叠系的厚度分布（图 18-7a）表现出一种向挪威—丹麦盆地、德国北部盆地和波兰盆地轴部逐渐增厚的长波长型式，并叠加了南北向局部地层厚度最大的短波长型式的特征。挪威—丹麦盆地发育一个近东西走向的相对较厚的三叠系分布区，其厚度在 2000~3000m 之间，而局部最厚超过 4500m。NW—SE 向的 Fjerritslev 海槽和邻近的南北走向的 Himmerland 地堑内的三叠系厚度增大到 6000~7000m，表明这些地区是局部的沉积中心。相似，而南北走向的 Horn 地堑内三叠系厚度达到 6900m，而周围地区的厚度不足 2000m。

最厚的三叠系是位于 Glueckstadt 地堑内，NNE—SSW 向的地堑中心的沉积厚度可达到 9000m。另一个三叠系沉积中心位于波兰盆地中部，其最大厚度可达到 4500m，而该地区 NW—SE 向的最大厚度分布区与 Teisseyre-Tornquist 断裂带是对应的。

Sole Pit 凹陷、中央地堑和德国东北盆地（Rheinsberg 海槽）与上述地区相比只发生了轻微的增厚。厚层三叠系层序的形成是三叠纪多次伸展作用的结果（Vejbæk，1990；Ziegler，1990；Kockel，2002；Scheck 等，2003a；Krzywiec，2004；Maystrenko 等，2005）。

由于中—晚侏罗世的隆升作用，北海中部 Ringkoebing-Fyn 高地西部和荷兰穹隆的三叠系都发生了缺失。另外，中欧盆地系统南部边缘在晚白垩世—早新生代经历了反转，所以三叠系也局部被剥蚀掉。同样的情形也出现在挪威—丹麦盆地的东北边缘和中欧盆地系统的西部边界。除了上述区域出现的大规模地层缺失外，还发现了许多小的厚度最大区，它们都邻近大型的南北向长条状地堑，但这些地堑在其他地区都表现为圆形到椭圆形。厚度图也有一些三叠系厚度为零的局部地区，表明这些地区的 Zechstein 统盐构造已经刺穿了三叠系。现今的三叠纪底界在波兰盆地内的深度约为 7000m，而在 Fjerritslev 海槽、Horn 地堑和 Glueckstadt 地堑内部超过了 9000m（图 18-7b）。由此，这些深海槽代表了现今三叠系底界的主要特征，而且该界面上一些不规则的地形起伏也反映了下伏盐层的盐底辟形态。

18.3.6 上二叠统（Zechstein 统）

上二叠统（Zechstein 统）厚度图（图 18-8）反映了现今 Zechstein 统蒸发岩的分布状况。中欧盆地系统的多期盐构造运动使 Zechstein 蒸发岩发生了运动。最厚的上二叠统盐岩位于不整合型盐构造中（盐墙和刺穿），如在中欧盆地系统内最深的 Fjerritslev 海槽、中央地堑和 Glueckstadt 地堑内可达到 9000m（图 18-8）。值得注意的是，在 Glueckstadt 地堑及周围地区的盐墙和底辟构造中也存在部分的 Rotliegend 群富盐地层（图 18-2；Baldschuhn 等，1996；Maystrenko 等，2005，2006），但在区域尺度上并不能将盐构造内的 Zechstein 统和 Rotliegend 群富盐层区分开来。因此三维模型中的上二叠统（Zechstein 统）在局部也包括了富盐的 Rotliegend 群。Zechstein 统盐岩沉积后的运动造成盐层明显减薄或完全缺乏。其中挪威—丹麦盆地、Glueckstadt 地堑和下萨克森盆地是盐层相关的减薄最严重的地区。减薄的地区被局限在

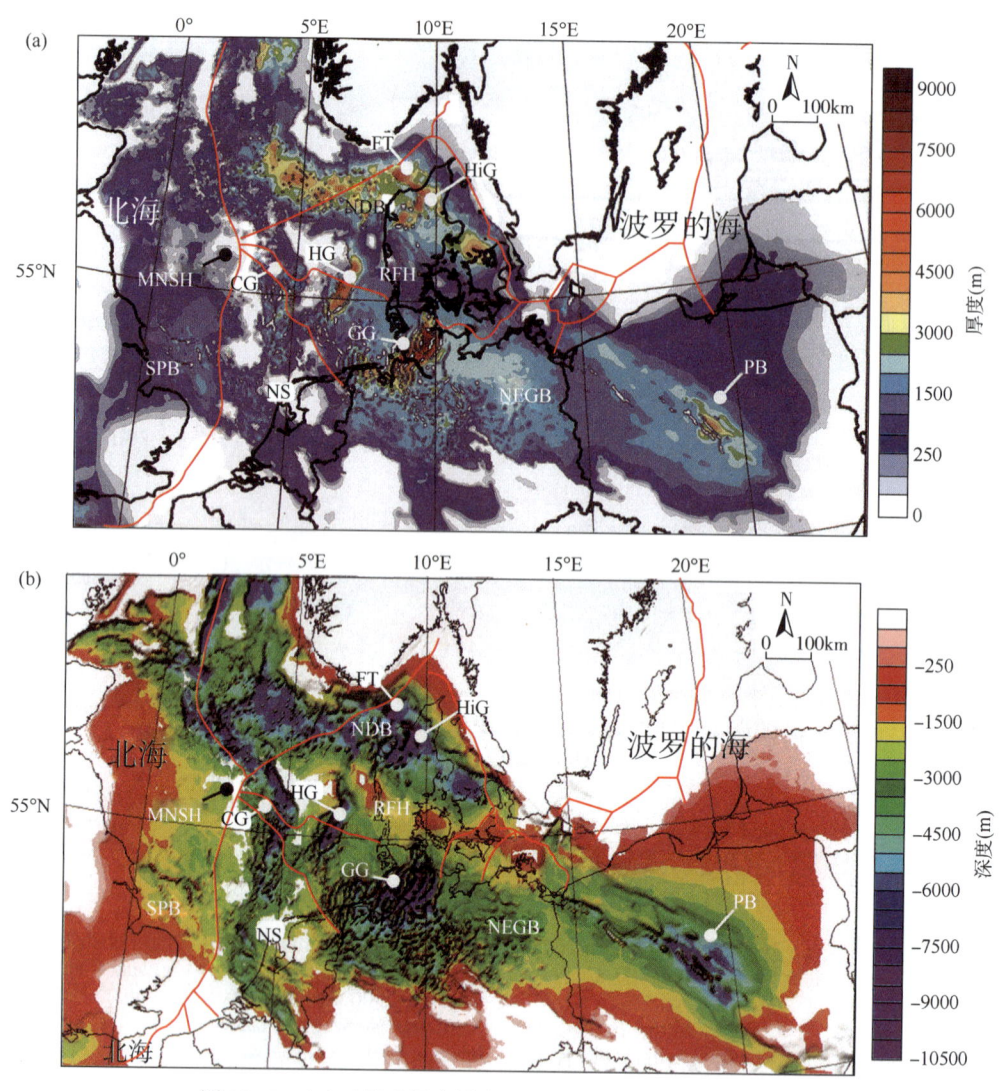

图 18-7 (a)三叠系厚度图和(b)三叠系底界面构造等深图
红线代表海域国家界线；构造单元：CG—中央地堑，FT—Fjerritslev 海槽，GG—Glueckstadt 地堑，
HG—Horn 地堑，HiG—Himmerland 地堑，MNSH—北海中部高地，NS—荷兰隆起，NEGB—德国东北盆地，
PB—波兰盆地，RFH—Ringkoebing-Fyn 高地，SPB—Sole 凹陷

大型盐构造之间，这表明初始较厚的盐层发生了与盐构造运动相关的减薄。在只发生了微弱或没有发生盐构造运动的地区，盐层向沉积边界方向逐渐减薄。北海中部高地和 Ringkoebing-Fyn 高地上二叠统部分缺失的原因是存在沉积限制而不是发生由于剥蚀作用。另一方面，Texel-IJsselmeer 高地也存在上二叠统的部分缺失（图 18-8）。该地区的二叠系与三叠系层序在中—晚侏罗世—早白垩世的沉积间断期间遭受了剥蚀（Geluk, 2005）。另外，中欧盆地系统整个南部边缘的沉积后的剥蚀作用强烈影响了上二叠统沉积。

18.3.7 Zechstein 统底面

Zechstein 的底面形态由于许多局部洼地和高地的发育而变得比较复杂，这也反映了中欧盆地系统自二叠纪以来发生的所有构造事件。尽管 Zechstein 统底面的地形远没有三叠系

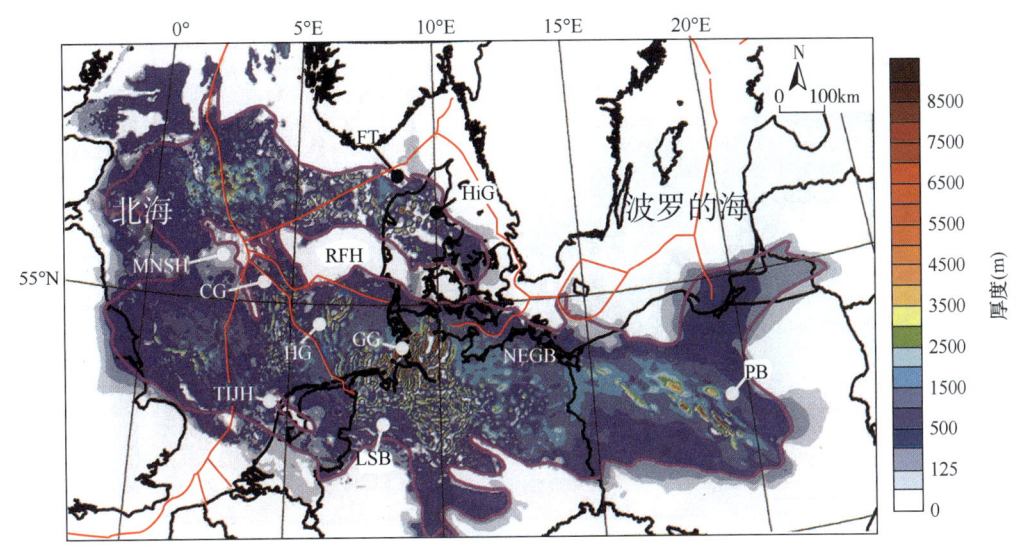

图 18-8　上二叠统(Zechstein 统)厚度图

淡紫色线代表 Zechstein 统盐体边界，红色线代表海域固定界线；构造单元：CG—中央地堑，FT—Fjerritslev 海槽，GG—Glueckstadt 地堑，HG—Horn 地堑，HiG—Himmerland 地堑，LSB—下萨克森盆地，MNSH—北海中部高地，NEGB—德国东北盆地，PB—波兰盆地，RFH—Ringkoebing-Fyn 高地，TIJH—Texel-IJsselmeer 高地

底面/Zechstein 统顶面变化复杂，但由于叠置了二叠纪后盆地，南、北二叠盆地也是比较复杂的。另外，该底面沿着中欧盆地系统南缘和 Teisseyre-Tornquist 以及 Sorgenfrei-Tornquist 断裂带发生了强烈变形，在晚白垩世—早新生代期间发生了强烈的挤压变形，从而导致上二叠统和二叠系之上的部分被剥蚀。中欧盆地系统内最深的部分位于 Glueckstadt 地堑轴部和中央地堑北部，其底面深度可达到 10500m。在挪威—丹麦盆地，前 Zechstein 统顶部深度最大值位于 Fjerritslev 海槽，达到了 10000m。

同一段与上述区域对比，Horn 地堑和波兰盆地的上二叠统至中—新生界的底面埋深较浅，深度在 6000~8500m 之间。北海中部高地和 Ringkoebing-Fyn 高地的 Zechstein 统底面深度则在 1000~3000 之间。

18.3.8　三维构造模型

从综合考虑了不同地层深度和厚度的构造模式(图 18-10)来看，尽管多少存在一些连续的区域沉降作用，但局部沉积中心的位置在时空上还是发生了重复迁移变化的。图 18-10 通过三维构造模型的垂直切片展示了中欧盆地系统的构造背景变化特征。图 18-10a 的垂直切片表示了叠置在北海中部中央地堑之上宽阔的新生代凹陷的构造特征。包括 Fjerritslev 海槽(图 18-10a)、Horn 地堑和 Glueckstadt 地堑(图 18-10b)在内的三个三叠系沉积中心的内部构造特征表明，在三叠纪期间，以前的南、北二叠盆地存在强烈的构造分异。反转的波兰盆地的构造模式(图 18-10a、b)表明，晚白垩世—早新生代挤压事件导致 Teisseyre-Tornquist 断裂带发生了垂直隆升及随后的剥蚀作用。盆地结构的主要特征都与构造事件形成的盐构造有关，盐构造部分影响了中生代、新生代地层的沉积和变形模式(图 18-10a、b)。从图 18-10c 的垂直切片可以看出，中欧盆地系统的南部边缘的沉积物非常薄，甚至缺失了二叠纪后的沉积层序。

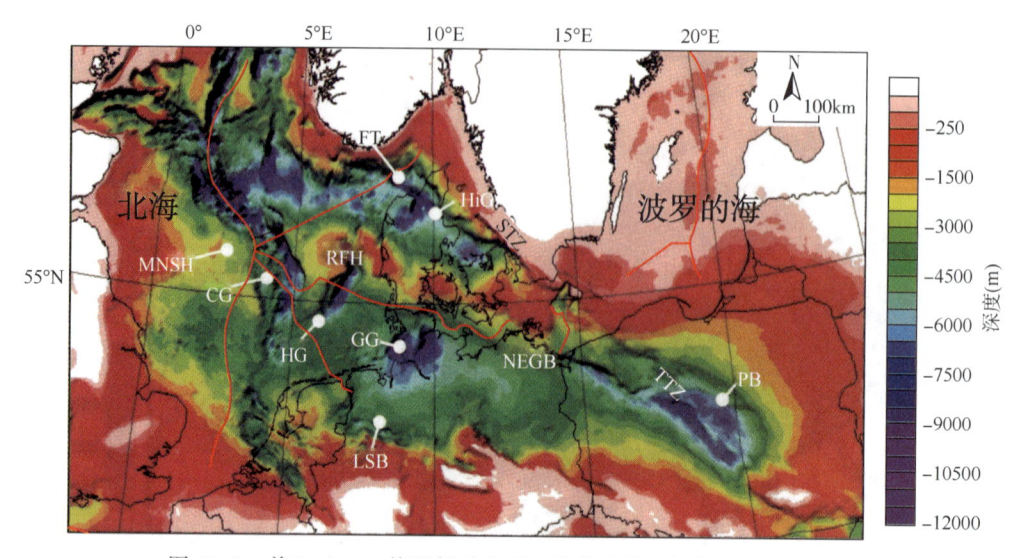

图 18-9 前 Zechstein 统顶部对应于三维构造模型的底面深度位置图

红线代表海域固定界线；构造单元：CG—中央地堑；FT—Fjerritslev 海槽，GG—Glueckstadt 地堑，HG—Horn 地堑；HiG—Himmerland 地堑，LSB—下萨克森盆地，MNSH—北海中部隆起，NEGB—德国东北盆地，PB—波兰盆地，RFH—Ringkoebing-Fyn 隆起，STZ—Sorgenfrei-Tornquist 断裂带，TTZ—Teisseyre-Tornquist 断裂带

18.4 讨论

以前研究工作的重点在于综合分析中欧盆地系统中次盆的构造和演化特征，如挪威—丹麦盆地（Vejbæk，1997；Clausen 和 Pedersen，1999）、德国北部盆地（Baldschuhn 等，1996；Scheck 和 Bayer，1999；Scheck 等，2003a，b；Scheck-Wenderoth 和 Lamarche，2005）、波兰盆地（Dadlez 等，1995；Dadlez，2003；Lamarche 等，2003；Lamarche 和 Scheck-Wenderoth，2005；Krzywiec，2006b）、荷兰的盆地（Nalpas 等，1995）、下萨克森盆地（Betz 等，1987）和次海西盆地（Otto，2003）以及一些南北走向的大型地堑构造（Best 等，1983；Brink 等，1992；Clausen 和 Korstgard，1993；Sundsbo 和 Megson，1993；Erratt 等，1999；Kockel，2002；Maystrenko 等，2006）。得出的主要认识是在中欧盆地系统的演化过程中存在两类基本的构造要素，分别是 NW—SE 走向和 N—S 走向的构造，它们经历了反复的选择性复活，而且大多数构造模式的改变都与区域应力场的变化有关。

由于研究区位于西北部开启的大西洋和南部的先开启后关闭的阿尔卑斯特提新海（Vandycke，1997；Lamarche 等，1999，2002；Grote，1998；Roth 和 Fleckenstein，2001；Marotta 等，2002；Bergerat 等，2007；Heidbach 等，2007；Cacace 等，2009；Sippel 等，2009，2010）之间，因此，自晚白垩世开始，中欧盆地系统内的应力场表现出多层面的古应力场演化特征。盐下基底现今应力场的最大水平构造应力在西欧是 NW—SE 向至 NNW—SSE 向，到德国北部盆地的北段则转变为 S—N 向，在波兰盆地又较变为 NE—SW 向（Heidbach 等，2007）。虽然从上覆层中检测到了不同的应力方向，但 Zechstein 统盐层中没有明显的差异应力和应力方向（Cacace 等，2008）。目前已经有关于中欧盆地系统现今应力和应变状况的新成果发表，主要强调了北欧岩石圈弱化带继承性构造的重要性（Cloetingh 等，2005，2006；Ziegler 和 Dèzes，2006；Cacace 等，2008）。

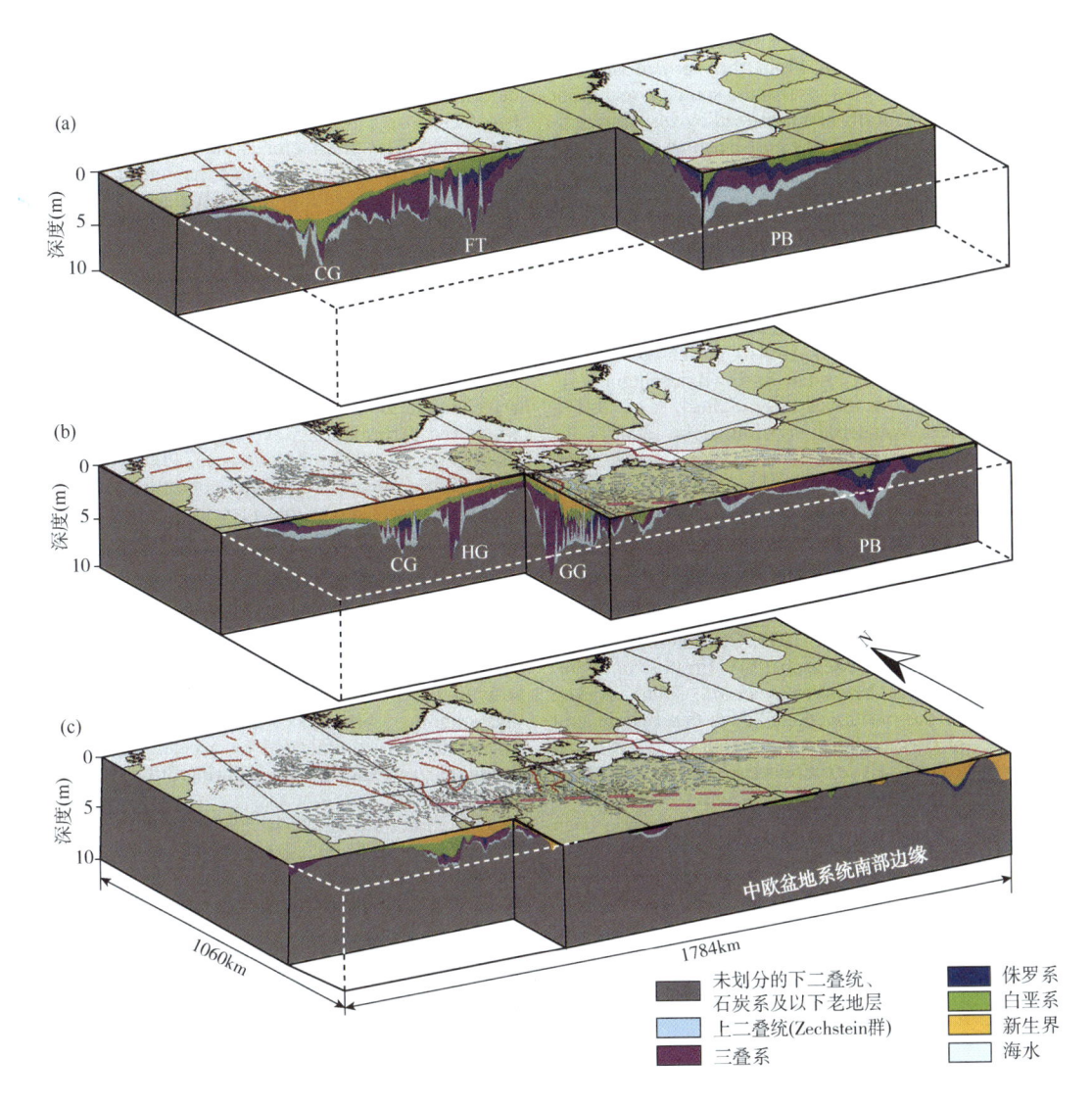

图 18-10 中欧盆地系统及邻近地区的三维构造模型

该模型通过三维模型的垂直切片展示盆地系统的构造背景变化情况;(a)叠置在中央地堑之上的新生代沉积凹陷、Fjerritslev 海槽和波兰盆地西北部的三叠系沉积中心;(b) Horn 和 Glueckstadt 地堑内的三叠系沉积中心以及反转的波兰盆地的构造特征;(c)中欧盆地系统南部边缘;构造单元:CG—中央地堑,FT—Fjerritslev 海槽,HG—Horn 地堑,GG—Glueckstadt 地堑,PB—波兰盆地

另外,以前的研究结果表明区域变形模式主要受两个应力场变化因素的控制。第一个因素是岩石圈强度的横向变化,主要决定了基底卷入变形的位置(Bayer 等,2002;Scheck 等,2002;Mazur 等,2005;Scheck - Wenderoth 和 Lamarche,2005;Cacace 等,2008;Tesauro 等,2009)。第二种因素与盆地范围内可运动的 Zechstein 统盐层的存在有关,盐层在两个构造层次上将变形进行了脱耦:(1)盐上,受短波长变形影响;(2)盐下变形波长更大一些(Scheck 等,2003a;Mazur 等,2005;Cacace 等,2008)。这两种控制因素的作用在中欧盆地系统现今的构造背景下发生了叠置。

通过使用我们的三维构造模型,可以验证之前有关古构造应力场历史的一些假设。另一

— 449 —

方面，通过对残留的地层厚度进行分析可以提供更多信息。地层厚度和构造深度图（图18-4至图18-9）表示出了整个中欧盆地系统内的区域和持续的沉降作用，而且不同阶段内的沉降加速或局部隆升还使得局部地区变得复杂。

我们的构造分析表明，变形作用主要沿着波兰盆地中部内的中欧盆地系统边缘的WNW—ESE向断层系统和盆地系统内部的南—北向伸展构造发生。主要的WNW—ESE走向断层是Elbe断层系统，也是Ringkoebing-Fyn高地的边界断层和主要的岩石圈边界，也就是Tornquist断裂带。第二组构造主要是与约为南—北走向的伸展构造（Viking地堑、中央地堑、Horn地堑、Glueckstadt地堑、Rheinsberg海槽等）有关，它们主要于新生代发育在Elbe断层系统和Tornquist断裂带之间。

晚石炭世—早二叠世的构造事件造成南、北二叠盆地发生裂后热沉降（Ziegler，1990；van Wees等，2000）。区域热沉降在晚二叠世开始减弱，并被早—中三叠世的东西向伸展作用叠加改造，其中沉降高峰期发生在晚三叠世。在伸展构造期间，南、北二叠盆地被位于德国北部盆地的Horn地堑和Glueckstadt地堑以及挪威—丹麦盆地中的Himmerland地堑等较深的三叠系次盆横断（图18-7b）。这些地堑构造在二叠纪之后的沉降过程中，将中欧盆地系统的三叠系"核心"限定在Ringkoebing-Fyn高地附近。根据三维构造模型（图18-10），Glueckstadt地堑是中欧盆地系统中最深的构造之一，前Zechstein统顶部深度可达到11000m。该地区可能是一个在晚石炭世—早二叠世裂谷期间就已形成的宽阔沉积中心（Bachmann和Hoffmann，1997；Lokhorst，1998）。中欧盆地系统另一个最深部分位于中央地堑的北部，前Zechstein统顶部埋深超过11000m。但不幸的是，目前还没有确切资料能表明中央地堑该部位的同裂谷期下二叠统的厚度。

在侏罗纪期间，由于中欧盆地系统中部在中—晚侏罗世至早白垩世期间发生隆升，晚三叠世的区域伸展作用可能会结束。在没有提出复杂的古应力结构之前，这只是区域规模的剥蚀事件。将三叠系和侏罗系厚度进行比较，可以发现三叠系的Horn地堑和Glueckstadt地堑的侏罗系非常薄或缺失（图18-6a和18-7a）。相反，在中央地堑西荷兰盆地，下萨克森盆地和波兰盆地的晚侏罗世充填表明存在厚层的上侏罗统同裂谷期层序（Betz等，1987；Kockel，2002；Evans等，2003；Duin等，2006；Krzywiec，2006a）。这表明晚侏罗世期间的沉积中心已经迁移到西部（中央地堑）、南部（西荷兰盆地和下萨克森盆地）以及北部和东部。在沿Teisseyre-Tornquist断裂带的挪威—丹麦盆地和波兰盆地内，三叠纪的沉降作用一直持续到侏罗纪（图18-6a和18-7a）。这种沉降模式表明以前的三叠系"核心"边缘发生了强烈的侏罗纪构造活动。根据三叠纪和侏罗纪的沉降量，中央地堑相对于Glueckstadt地堑来说可以认为是一个年轻的构造。

在中欧盆地系统中部和波兰盆地，三叠纪的构造活动触发了下三叠统（Buntsandstein统）的盐活动。Horn地堑、Ems海槽，Glueckstadt地堑和波兰盆地内的初始盐构造活动与Buntsandstein统的差异沉积作用有关（Baldschuhn等，2001；Dadlez，2003；Mohr等，2005；Maystrenko等，2010b）。另一方面，盐构造的三叠纪主生长期由晚三叠世的伸展作用控制。伸展作用的高峰期发生在中—晚Keuper期，初始深周缘向斜及同期的盐层衰竭为三叠系沉积物的堆积提供了额外的空间（图18-2；Best等，1983；Brink等，1990，1992；Kockel，2002；Maystrenko等，2006）。挪威—丹麦盆地和波兰盆地也具有相似的特征（Koyi和Petersen，1993；Krzywiec，2004）。而且上三叠统和不协调盐构造的快速生长同时发生，其中一些盐构造到达古地表。这些部位的二叠系盐岩由于地表侵蚀而发生再次沉积，如Glueckstadt

地堑及邻近区域(Trusheim,1960；Maystrenko 等,2005)，包括北海南部(Brunstrom 和 Kent,1967)，Ems 海槽(Mohr 等,2007)以及波兰盆地(Krzywiec,2004)。盐构造活动在三叠纪的主要特点是在 Fjerritslev 海槽、Himmerland 地堑、Horn 地堑和 Glueckstadt 地堑以及波兰盆地内产生了最强烈的盐体流动。这些地区的盐驱动沉降部分影响了三叠系厚层沉积层序。在侏罗纪早期，晚三叠世发生的盐活动在 Fjerritslev 海槽、Himmerland 地堑、Glueckstadt 地堑和波兰盆地的局部地区依然持续发生。这些地区的早侏罗世盐活动在邻近三叠系初次沉积中心的位置形成了二次边缘向斜(Koyi 和 Petersen,1993；Dadlez,2003；Maystrenko 等,2006)。另一方面，由于 Horn 地堑和 Glueckstadt 地堑没有发生晚侏罗世盐岩活动以及 Fjerritslev 海槽和 Himmerland 地堑内较弱的盐构造活动，表明中欧盆地系统的中部没有完全参与到晚侏罗世的裂谷事件中。相反，NW—SE 走向的盐构造开始沿盆地系统边缘发育(Kockel,2002；Evans 等,2003；Mazur 和 Scheck-Wenderoth,2005；Wong,2007)。

北海中部的中侏罗世区域隆升或沉积间断在 Horn-Glueckstadt 地区一直持续到早白垩世中期(Jaritz,1969；Brink 等,1990；Maystrenko 等,2006)。因此，当晚侏罗世构造活动影响中欧盆地系统边缘时，Horn 地堑和 Glueckstadt 地堑是构造稳定区。问题是为什么会出现这种情况？中欧盆地系统内的这种不同构造特征可能是由于晚侏罗世潘基亚古陆破裂引起构造应力发生了变化。Cacace 等(2009)认为，岩石圈初始热状况、力学机制及其组成的非均一性控制了大陆变形的位置。在对中欧盆地系统地壳结构研究的基础上(Pharaoh,1999；Lyngsie 等,2006；Lyngsie 和 Thybo,2007)，我们可以确定晚侏罗世盆地的位置。挪威—丹麦盆地以 Sorgenfrei-Tornquist 断裂带为界，该断裂带也划分了两个具有不同物理性质的岩石圈域(Gregersen 等,2002,2005；Shomali 等,2006)。波兰盆地也具有相似的情况。该盆地沿着 Teisseyre-Tornquist 断裂带分布，该断裂带也是中欧显生宙地壳和东欧克拉通前寒武纪地壳的岩石圈边界(Berthelsen,1992)。Lyngsie 等(2006)推断北海中部的中央地堑和 Viking 地堑在空间上的位置应该对应于劳伦古陆、阿瓦隆尼亚古陆和波罗的古陆之间的地壳缝合线。这条缝合线的主要特点是前寒武纪(波罗的古陆)和加里东期(劳伦古陆和阿瓦隆尼亚古陆)岩石圈的基本物理性质不同。缝合线处地壳构造的各向异性是决定晚侏罗世裂谷期 Viking 地堑和中央地堑断层位置的重要因素(Lyngsie 和 Thybo,2007)。下萨克森盆地也是位于一条非均质的断裂带(Elbe 断裂系统)附近(图 18-1)。相反，Horn 地堑和 Glueckstadt 地堑位于波罗的古陆地壳楔之上(DEKORP 盆地研究组等,1999；Bayer 等,2002)。与之前提到的地区相比，此处的地壳更为稳定。晚侏罗世的构造变形可能发生在不均匀地壳区，而位于 Horn 地堑和 Glueckstadt 地堑之下的波罗的古陆地壳在晚侏罗世伸展/扭张期是一个稳定区域。但这点还需要进一步调查和研究。

此外，中欧盆地系统的边缘侏罗系区在早白垩世期间持续沉降。晚侏罗世—早白垩世裂谷活动和伴随的盐体运动在北海裂谷系(Moray Firth 盆地、中央地堑和 Viking 地堑；Copestake 等,2003；Kyrkjebø 等,2004)、荷兰盆地(Herngreen 和 Wong,2007)和下萨克森盆地(Betz 等,1987；Mazur 和 Scheck-Wenderoth,2005)一直持续到早白垩世末。这些区域的白垩系厚度表明沉降速率较大(图 18-5a)。另一方面，较厚的白垩系局限分布在 Elbe 断层系和 Tornquist 断裂带与晚白垩世—早新生代挤压期的差异隆升和剥蚀作用有关。盆地系统边缘的两次构造事件使白垩系厚度发生变化，一是晚侏罗世—早白垩世的伸展/扭张作用，二是晚白垩世—早新生代的反转作用。根据钻井和地震资料，盆地内的白垩系未受构造影响的厚度(下白垩统的最上部和上白垩统的下部)是基本一致的，这表明了构造稳定区的厚度

— 451 —

分布趋势（Cameron 等，1992；Evans 等，2003；Hansen 等，2005；Mazur 和 Scheck-Wenderoth，2005；Mohr 等，2005；Maystrenko 等，2006；GEUS，2007；Herngreen 和 Wong，2007）。在早白垩世晚期—晚白垩世早期，由于整个盆地系统为缺乏构造触发机制，强烈的盐层活动发生中断。随后在晚白垩世—早新生代挤压运动期间，北海南部（Nalpas 等，1995）、德国北部盆地南部（Sippel 等，2009）、德国东北盆地（Scheck 等，2002）和波兰盆地（Lamarche 等，1999）的反转构造的走向和外形以及断层滑距部发生了变化。沿着 Teisseyre-Tornquist 断裂带和 Elbe 断层系分布的非均匀地壳区再次引发了构造变形。在晚白垩世—早新生代区域挤压期间，挤压变形导致 Elbe 断层系和 Teisseyre-Tornquist 断裂带形成了大规模的向上挠曲。同时期在这些发育运动层的地区还发生了厚皮盐构造运动（Scheck 等，2003a；Mazur 等，2005；Mazur 和 Scheck-Wenderoth，2005）。另一方面，由于挤压应力从反转区转移到盆地内部的盐岩覆盖区，导致盐体运动并没有影响盐底也就是形成薄皮盐构造。（Scheck 等，2003a；Maystrenko 等，2006）。因此，白垩纪的盐运动对白垩系复杂构造样式的形成起到了主要作用（图 18-5）。

  新生代沉积物的厚度和分布也由于二叠系盐体的流动而变得复杂，这种情况在德国北部盆地（Glueckstadt 地堑、下萨克森盆地和德国东北盆地）和北海南部的新生界底面尤其突出（图 18-4b）。在这些地区，盐构造形成了新生代边缘向斜，并造成一些盐丘顶部的沉积物发生减薄（参见图 18-1 所示的盐构造位置）。中欧盆地系统的新生代沉降史可以指示一些应力场的重要变化，也可作为来自现今地震震源机制解和模拟的证据（Marotta 等，2001，2002）。从中欧盆地系统的三维构造模型（图 18-10）可以看出，NE—SW 向新生代盆地更叠置在北海中部中生代地堑构造之上（图 18-4），但目前还没有针对这种沉积中心成因的一种简单解释。很明显这种深凹陷的沉降是更多种因素共同作用的结果（Morgan，1990；Ziegler，1990；Clausen 等，1999；Hansen 和 Nielsen，2003；Scheck-Wenderoth 和 Lamarche，2005）。另外，两个充当了三叠系 Glueckstadt 地堑边界的新生代深海槽分别 Westholstein 和 Eastholstein 海槽。这些边缘海槽的形成部分是由于三叠系 Glueckstadt 地堑边缘的盐辙作用（图 18-2；Sannemann，1968；Baldschuhn 等，2001；Maystrenko 等，2006）。Maystrenko 等（2005）指出，在 Westholstein 和 Eastholstein 海槽中发生的快速沉降很有可能是由于近东西向伸展作用导致在二叠系盐岩底面形成正断层造成的（图 18-2）。这次正断层作用在空间上与莱茵河、莱讷河（Leine）和埃格（Eger）地堑内的伸展事件是同时期发生的。而且，复活的区域变形伴随有变形最强烈地区的局部盐体隆升作用。

  因此，二叠系盐体运动在沉积可容纳空间的增加，上覆层变形和构造驱动沉降及断层相关变形等方面起了重要作用。

18.5 结论

  中欧盆地系统的三维构造模型总结了当前对有关欧洲中部和北部的沉积充填的认识。虽然实际的构造位于地层深部，但沉积物厚度的分布反映了构造演化的各个阶段。中欧盆地系统现今可被划分为一系列次盆：（1）挪威—丹麦盆地；（2）德国北部盆地，向西延伸进北海南部；（3）波兰盆地。另外，北海盆地可以看成是在新生代发展的独立单元。这个模型同时表明盆地系统在石炭纪末期初始形成之后的演化相当复杂，最初是形成了两个次盆，分别是南二叠盆地和北二叠盆地。中生代，在初始盆地区形成了一系列更小的盆地和地堑构造，包括近南北走向的中央地堑 Horn 地堑和 Glueckstadt 地堑,还有沿中欧盆地系统南部边缘分布的 NW—SE 向 Sole 凹陷、Broad Fourteens 盆地、西荷兰盆地、下萨克森盆地和 Subhercynian 盆地。最后还有在新生代形成的 NW—SE 向的北海盆地。晚白垩世—早新生代发生在南、北边界处(Elbe 断层系和 Tornquist 断裂带)的反转运动使盆地构造变得更加复杂。

随着时间变化的应力场使厚层的上二叠统(Zechstein 统)盐层发生运动,导致在中欧盆地系统的最深部形成了许多盐丘和盐墙。盐构造生长影响了区域沉积模式,并造成局部剥蚀和/或沉降,以致在中生界和新生界中留下点状沉积物分布(图 18-4 至图 18-7)。因此,盐驱动沉降的不同类型和强度的典型特征反映了二叠系盐体的后撤部分是对中生界和新生界的沉积和变形的响应。

最后,中欧盆地系统是研究被复杂化的综合内克拉通盆地的很好实例一系列盐构造(盐墙、盐底辟和盐枕;图 18-1、图 18-2、图 18-8 和图 18-10)。

参 考 文 献

Abramovitz, T. & Thybo, H. 1999. Pre-Zechstein structures around the MONA LISA deep seismic lines in the southern Horn Graben area. Bulletin of the Geological Society of Denmark, 45, 99-116.

Bachmann, G. & Hoffmann, N. 1997. Development of the Rotliegend basin in Northern Germany. Geologisches Jahrbuch, 103, 9-31.

Baldschuhn, R., Frisch, U. &Kockel, F. 1996. Geotektonischer Atlas von NW-Deutschland 1 : 300000. Bundesanstalt für Geowissenschaften und Rohstoffe, Hannover.

Baldschuhn, R., Binot, F., Fleig, S. & Kockel, F. 2001. Geotektonischer atlas von nordwest-deutschland und dem deutschen nordsee-sektor-strukturen, struckurenwicklung, paläogeographie. Geologisches Jahrbuch, A153, 1-88, 3 CD-Rs.

Bayer, U., Scheck, M. et al. 1999. An integrated study of the NE German Basin. Tectonophysics, 314, 285-307.

Bayer, U., Grad, M. et al. 2002. The southern margin of the East European Craton: new results from seismic sounding and potential fields between the North Sea and Poland. Tectonophysics, 360, 301-314.

Benek, R., Kramer, W. et al. 1996. Permo-Carboniferous magmatism of the Northeast German Basin. Tectonophysics, 266, 379-404.

Bergerat, F., Angelier, J. & Andreasson, P. -G. 2007. Evolution of paleostress fields and brittle deformation of the Tornquist zone in Scania(Sweden)during Permo-Mesozoic and Cenozoic times. Tectonophysics, 444, 93-110.

Berthelsen, A. 1992. From Precambrian to Variscan Europe. In: Blundell, D. J., Freeman, R. & Mueller, S. (eds) A Continent Revealed-The European Geotraverse. Cambridge University Press, Cambridge, 153-164.

Best, G., Kockel, F. & Schoeneich, H. 1983. Geological history of the southern Horn Graben. Geologie en Mijnbouw, 62, 25-33.

Betz, D., Fürhrer, F. & Plein, E. 1987. Evolution of the Lower Saxony Basin. Tectonophysics, 137, 127-170.

Brink, H. J., Franke, D., Hoffmann, N., Horst, W. & Oncken, O. 1990. Structure and evolution of the North German Basin. In: Freeman, R., Giese, P. & Mueler, St. (eds) The European Geotraverse: Integrative Studies. European Science Foundation, Strasbourg, 195-212.

Brink, H. J., Dürschner, H. & Trappe, H. 1992. Some aspects of the late and post-Variscan development of the Northwestern German Basin. Tectonophysics, 207, 65-95.

Britze, P. & Japsen, P. 1991. The Danish Basin. "Top Zechstein" and the Triassic (Two-Way Traveltime and Depth, Thickness and Interval Velocity), Geological Map of Denmark 1 : 400000. Geological Survey of Denmark,

Copenhagen, Map Series 31.

Brunstrom, R. G. W. & Kent, P. E. 1967. Origin of the Keuper salt in Britain. Nature, 215, 1474.

Cacace, M., Bayer, U., Marotta, A. M. & Lempp, C. 2008. Driving mechanisms for basin formation and evolution. In: Littke, R., Bayer, U., Gajewski, D. & Nelskamp, S. (eds) Dynamics of Complex Sedimentary Basins. The Example of the Central European Basin System. Springer-Verlag, Berlin-Heidelberg, 35-66.

Cacace, M., Bayer, U. & Marotta, A. M. 2009. Late Cretaceous-early Tertiary tectonic evolution of the Central European Basin System(CEBS): constraints from numerical modelling. Tectonophysics, 470, 105-128.

Cameron, T. D. J., Crosby, A., Balson, P. S., Jeffrey, D. H., Lott, G. K., Bulat, J. & Harrison, D. J. 1992. The Geology of the Southern North Sea. United Kingdom Offshore Regional Report, British Geological Survey, Keyworth, Nottingham.

Clausen, O. R. & Korstgard, J. A. 1993. Faults and faulting in the horn Graben area, Danish North Sea. First Break, 11, 127-143.

Clausen, O. R. & Pedersen, P. K. 1999. The Triassic structural evolution of the southern margin of the Ringkøbing-Fyn-High, Denmark. Marine and Petroleum Geology, 16, 653-665.

Clausen, O. R., Gregersen, U., Michelsen, O. &Soerensen, J. C. 1999. Factors controlling the Cenozoic sequence development in the eastern parts of the North Sea. Journal of the Geological Society, 156, 809-816.

Cloetingh, S., Ziegler, P. A. et al. 2005. Lithospheric memory, state of stress and rheology: neotectonic controls on Europe's intraplate continental topography. Quaternary Science Reviews, 24, 241-304.

Cloetingh, S., Cornu, T., Ziegler, P. A., Beekman, F. & ENVIRONMENTAL TECTONICS (ENTEC) WORKING GROUP. 2006. Neotectonics and intraplate continental topography of the northern Alpine Foreland. Earth-Science Reviews, 74, 127-196.

Copestake, P., Sims, A. P., Crittenden, S., Hamar, G. P., Ineson, J. R., Rose, P. T. & Tringham, M. F. 2003. Lower Cretaceous. In: Evans, D., Graham, C., Armour, A. & Bathurst, P. (eds) The Millennium Atlas: Petroleum Geology of the Central and Northern North Sea. Geological Society, London, 191-211.

Dadlez, R. 2003. Mesozoic thickness pattern in the Mid-Polish Trough. Geological Quarterly, 47, 223-240.

Dadlez, R., Narkiewicz, M., Stephenson, R. A., Visser, M. T. & van Wees, J-D. 1995. Tectonic evolution of the Mid-Polish Trough: modeling implications and significance for central European geology. Tectonophysics, 252, 179-195.

Dadlez, R., Marek, S. &Pokorski, J. 1998. Palaeogeographical Atlas of Epicontinental Permian and Mesozoic in Poland 1 : 2500000. Panstwowy Institut Geologiczny, Warszawa.

DEKORP-BASIN RESEARCH GROUP, Bachmann, G. H., Bayer, U. et al. 1999. The deep crustal structure of the Northeast German Basin: new DEKORP-Basin' 96 deep-profiling results. Geology, 27, 55-58.

Duin, E. J. T., Doornenbal, J. C., Rijkers, R. H. B., Verbeek, J. W. & Wong, Th. E. 2006. Subsurface structure of the Netherlands-results of recent onshore and offshore mapping. Netherlands Journal of Geosciences, 85, 245-276.

Dusar, M. & Lagrou, D. 2007. Cretaceous flooding of the Brabant Massif and the lithostratigraphic characteristics of its chalk cover in northern Belgium. Geologica Belgica, 10, 27-38.

Erlström, M. & Sivhed, U. 2006. Lower and middle Triassic aquifers in SW Skåne and adjacent offshore areas-stratigraphy, petrology and subsurface characteristics. Sveriges geologiska undersökning. Forskning och Utveckling, SGU-rapport, 3, 8-9.

Erratt, D., Thomas, G. M. & Wall, G. R. T. 1999. The evolution of the Central North Sea Rift. In: Fleet, A. J. & Boldy, S. A. R. (eds) Petroleum Geology of Northwest Europe; Proceedings of the 5th Conference. The Geological Society, London, 63-82.

Evans, D., Graham, C., Armour, A. & Bathurst, P. 2003. The Millennium Atlas: Petroleum Geology of the Central and Northern North Sea. The Geological Society, London.

Gast, R. E. 1988. Rifting im Rotliegenden Niedersachsens. Geowissenschaften, 6, 115–122.

Geluk, M. C. 2000. Late Permian(Zechstein)carbonatefacies maps, the Netherlands. Netherlands Journal of Geosciences, 79, 17–27.

Geluk, M. C. 2005. Stratigraphy and tectonics of Permo – Triassic basins in the Netherlands and surrounding areas. PhD thesis, Utrecht University. GEUS 2007. Well data summary sheets. Geological Survey of Denmark and Greenland. http://www.geus.dk/departments/geol-info-data-centre/well-datasummary-sheets/well-index.htm.

Graversen, O. 2002. A structural transect between the central North Sea Dome and the South Swedish Dome: Middle Jurassic–Quaternary uplift/subsidence reversal and exhumation across the eastern North Sea Basin. In: Doré, A. G., Cartwright, J., Stoker, M. S., Turner, J. P. & White, N. (eds) Exhumation of the North Atlantic Margin: Timing, Mechanisms and Implications for Petroleum Exploration. Geological Society, London, Special Publications, 196, 67–83.

Graversen, O. 2004. Upper Triassic – Cretaceous stratigraphy and structural inversion offshore SW Bornholm, Tornquist Zone, Denmark. Bulletin of the Geological Society of Denmark, 51, 111–136.

Gregersen, S., Voss, P., Shomali, Z. H. & TOR WORKING GROUP 2002. Summary of Project T: delineation of a stepwise, sharp, deep lithosphere transition across Germany – Denmark – Sweden. Tectonophysics, 360, 61–73.

Gregersen, S., Glendrup, M., Larsen, T. B., Voss, P. & Rasmussen, H. P. 2005. Seismology: neotectonics and structure of the Baltic Shield. Geological Survey of Denmark and Greenland Bulletin, 7, 25–28.

Grote, R. 1998. Die rezente horizontale Hauptspannungsrichtung im Rotliegenden und Oberkarbon in Norddeutschland. Erdoöl Erdgas Kohle, 114, 478–483.

Hansen, D. L. & Nielsen, S. B. 2003. Why rifts invert in compression. Tectonophysics, 373, 5–24.

Hansen, M. B., Lykke-Andersen, H., Dehghani, A., Gajewski, D., Hübscher, C., Olesen, M. & Reicherter, K. 2005. The Mesozoic – Cenozoic structural framework of the Bay of Kiel area, western Baltic Sea. International Journal of Earth Sciences, 94, 1070–1082.

Hansen, M. B., Scheck-Wenderoth, M., Hübscher, C., Lykke-Andersen, H., Dehghani, A. & Gajewski, D. 2007. Basin evolution of the northern part of the Northeast German Basin – Insights from a 3D structural model. Tectonophysics, 437, 1–16.

Heermans, M., Faleide, J. I. & Larsen, B. T. 2004. Late Carboniferous–Permian of NW Europe: an introduction to a new regional map. In: Wilson, M., Neumann, E.-R., Davies, G. R., Timmerman, M. J., Heeremans, M. & Larsen, B. T. (eds) Permo–Carboniferous Magmatism and Rifting in Europe. Geological Society, London, Special Publications, 223, 75–88.

Heidbach, O., Fuchs, K., Müller, B., Reinecker, J., Sperner, B., Tingay, M. & Wenzel, F. 2007. The World Stress Map-Release 2005. Commission of the Geological Map of the World, Paris.

Herngreen, G. F. W. & Wong, T. E. 2007. Cretaceous. In: Wong, T. E., Batjes, D. A. J. & de Jager, J. (eds) Geology of the Netherlands. Publishing House of the Koninklijke Nederlandse Akademie van Wetenschappen(Royal Netherlands Academy of Arts and Sciences), Amsterdam, The Netherlands, 127–150.

IOC, IHO, BODC 2003. Centenary Edition of the GEBCO Digital Atlas, published on CD-ROM on behalf of the Intergovernmental Oceanographic Commission and the International Hydrographic Organization as part of the General Bathymetric Chart of the Oceans; British Oceanographic Data Centre, Liverpool.

Japsen, P. & Langtofte, C. 1991a. The Danish Basin. "Base Chalk" and the Chalk Group(Two-Way Traveltime and Depth, Thickness and Interval Velocity), Geological Map of Denmark 1 : 400000. Geological Survey of Denmark,

Copenhagen, Map Series 29.

Japsen, P. & Langtofte, C. 1991b. The Danish Basin. "Top Trias" and the Jurassic-Lower Cretaceous (Two-Way Traveltime and Depth, Thickness and Interval Velocity), Geological Map of Denmark 1 : 400000. Geological Survey of Denmark, Copenhagen, Map Series 30.

Jaritz, W. 1969. Epiorogenese in Nordwestdeutschl and im höheren Jura und in der Unterkreide. Geologische Rundschau, 59, 114-124.

Jordan, H. & Kockel, F. 1991. Die Leinetal - Structur und ihr Umfeld - ein tektonisches Konzept für Südniedersachsen. Geologisches Jahrbuch, A126, 171-196.

Klett, M., Eichhorst, F. & Schäfer, A. 2002. Facies interpretation from well-logs applied to the Tertiary Lower Rhine Basin fill. Netherlands Journal of Geosciences, 81, 167-176.

Kockel, F. 2002. Rifting processes in NW-Germany and the German North Sea Sector. Netherlands Journal of Geosciences, 81, 149-158.

Koyi, H. & Petersen, K. 1993. The influence of basement fault on the development of salt structures in the Danish Basin. Marine and Petroleum Geology, 10, 82-94.

Krzywiec, P. 2004. Triassic evolution of the Klodawa salt structure: basement-controlled salt tectonics within the Mid-Polish Trough (Central Poland). Geological Quarterly, 48, 123-134.

Krzywiec, P. 2006a. Triassic-Jurassic evolution of the Pomeranian segment of the Mid-Polish Trough-basement tectonics and subsidence patterns. Geological Quarterly, 50, 139-150.

Krzywiec, P. 2006b. Structural inversion of the Pomeranian and Kuiavian segments of the Mid-Polish Trough-lateral variations in timing and structural style. Geological Quarterly, 50, 151-168.

Kyrkjebø, R., Gabrielsen, R. H. & Faleide, J. I. 2004. Unconformities related to the Jurassic-Cretaceous synrift-post-rift transition of the northern North Sea. Journal of the Geological Society, London, 161, 1-17.

Lamarche, J. & Scheck-Wenderoth, M. 2005. 3D structural model of the Polish Basin. Tectonophysics, 397, 73-91.

Lamarche, J., Mansy, J. L. et al. 1999. Variscan tectonics in the Holy Cross Mountains (Poland) and the role of structural inheritance during Alpine tectonics. Tectonophysics, 313, 171-186.

Lamarche, J., Bergerat, F., Lewandowski, M., Mansy, J. L., Swidrowska, J. & Wieczorek, J. 2002. Variscan to Alpine heterogeneous palaeo-stress field above a major Paleozoic suture in the Carpathian foreland (southeastern Poland). Tectonophysics, 357, 55-80.

Lamarche, J., Scheck, M. & Lewerenz, B. 2003. Heterogeneous tectonic inversion of the Mid-Polish Trough related to crustal architecture, sedimentary patterns and structural inheritance. Tectonophysics, 373, 75-92.

Littke, R., Bayer, U., Gajewski, D. & Nelskamp, S. 2008. Dynamics of Complex Sedimentary Basins. The Example of the Central European Basin System. Springer-Verlag, Berlin-Heidelberg.

Lokhorst, A. (ed.) 1998. The Northwest European Gas Atlas. Netherlands Institute of Applied Geoscience TNO, Haarlem.

Lyngsie, S. B. & Thybo, H. 2007. A new tectonic model for the Laurentia-Avalonia-Baltica sutures in the North Sea: a case study along MONA LISA profile 3. Tectonophysics, 429, 201-227.

Lyngsie, S. B., Thybo, H. & Rasmussen, T. M. 2006. Regional geological and tectonic structures of the North Sea area from potential field modelling. Tectonophysics, 413, 147-170.

Marotta, A. M., Bayer, U., Scheck-Wenderoth, M. & Thybo, H. 2001. The stress filed below the NE German Basin: effects induced by the Alpine collision. Geophysical Journal International, 144, F8-F12.

Marotta, A. M., Bayer, U., Thybo, H. & Scheck-Wenderoth, M. 2002. Origin of the regional stress in the North German basin: results from numerical modelling. Tectonophysics, 260, 245-264.

Maystrenko, Y., Bayer, U. & Scheck-Wenderoth, M. 2005. The Glueckstadt Graben, a sedimentary record between the North and Baltic Sea in north Central Europe. Tectonophysics, 397, 113-126.

Maystrenko, Y., Bayer, U. & Scheck-Wenderoth, M. 2006. 3D reconstruction of salt movements within the deepest post-Permian structure of the Central European Basin System-the Glueckstadt Graben. Netherlands Journal of Geosciences, 85, 183-198.

Maystrenko, Y., Bayer, U., Brink, H.-J. & Littke, R. 2008. The Central European Basin System-an Overview. In: Littke, R., Bayer, U., Gajewski, D. & Nelskamp, S. (eds) Dynamics of Complex Sedimentary Basins. The Example of the Central European Basin System. Springer-Verlag, Berlin-Heidelberg, 15-34.

Maystrenko, Y., Bayer, U. & Scheck-Wenderoth, M. 2010a. Structure and Evolution of the Central European Basin System according to 3D modeling. DGMK Research Report 577-2/2, DGMK, Hamburg.

Maystrenko, Y., Bayer, U., Scheck-Wenderoth, M. & Littke, R. 2010b. Salt movements within the Central European Basin System. Erdo̎l Erdgas Kohle 126, Heft 4, 156-163.

Mazur, S. &Scheck-Wenderoth, M. 2005. Constraints on the tectonic evolution of the Central European Basin System revealed by seismic reflection profiles from Northern Germany. Netherlands Journal of Geosciences, 84, 389-401.

Mazur, S., Scheck-Wenderoth, M. & Krzywiec, P. 2005. Different modes of the Late Cretaceous-Early Tertiary inversion in the North German and Polish basins. International Journal of Earth Sciences, 94, 782-798.

Michona, L., Van Balenb, R. T., Merlec, O. & Pagnier, H. 2003. The Cenozoic evolution of the Roer Valley Rift System integrated at a European scale. Tectonophysics, 367, 101-126.

Moeller, J. J. & Rasmussen, E. S. 2003. Middle Jurassic-Early Cretaceous rifting of the Danish Central Graben. Geological Survey of Denmark and Greenland Bulletin, 1, 247-264.

Mogensen, T. E. & Korstgard, J. A. 2003. Triassic and Jurassic transtension along part of the Sorgenfrei-Tornquist Zone in the Danish Kattegat. Geological Survey of Denmark and Greenland Bulletin, 1, 439-458.

Mohr, M., Kukla, P. A., Urai, J. L. & Bresser, G. 2005. Multiphase salt tectonic evolution in NW, Germany: seismic interpretation and retro-deformation. International Journal of Earth Sciences, 94, 917-940.

Mohr, M., Warren, J. K., Kukla, P. A., Urai, J. L. & Irmen, A. 2007. Subsurface seismic record of salt glaciers in an extensional intracontinental setting (Late Triassic of northwestern Germany). Geology, 35, 963-966.

Morgan, R. K. 1990. Cenozoic subsidence and uplift in the North Sea region: Implications for mechanisms of basin formation. Geological Society, London, Special Publications, 55, 369.

Nalpas, T., Le Douaran, S., Brun, J.-P., Unternehr, P. &Richert, J.-P. 1995. Inversion of the broad fourteens basin(offshore Netherlands), a small-scale model investigation. Sedimentary Geology, 95, 237-250.

NITG. 2004. Geological Atlas of the Netherlands-onshore(1: 1000000). Netherlands Institute for Applied Geoscience TNO-National Geological Survey, Utrecht.

Oakman, C. D. & Partington, M. A. 1998. Cretaceous. In: Glennie, K. W. (ed.) Petroleum Geology of the North Sea, Basic Concepts and Recent Advances. 4th edn. Blackwell Scientific Publications, Oxford, 294-349.

Otto, V. 2003. Inversion-related features along the southeastern margin of the North German Basin(Elbe Fault System). Tectonophysics, 373, 107-123.

PGS RESERVOIR. 2003. North Sea Digital Atlas-Version 2. 0 (NSDA-2.0). Industrial Report; PGS Reservoir, Berks, UK(incl. DVD and 26 figures)www. nsda. co. uk.

Pharaoh, T. C. 1999. Palaeozoic terranes and their lithosphere boundaries within the Trans-European Suture Zone (TESZ): a review. Tectonophysics, 314, 17-41.

Plein, E. 1990. The Southern Permian Basin and its paleogeography. In: Heling, D., Rothe, P., Förstner, U. & Staffers, P. (eds) Sediments and Environmental Geochemistry-SelectedAspects and Case Histories. Springer-Verlag, Heidelberg, 124-133.

Roth, F. & Fleckenstein, P. 2001. Stress orientations found in North-East Germany differ from the West European trend. Terra Nova, 13, 289-296.

Sannemann, D. 1968. Salt-stock families in northwestern Germany. In: Braunstein, J. & O'Brien, G. (eds) Diapirism and Diapirs. AAPG, Tulsa, 261-270.

Scheck, M. 1997. Dreidimensionale Strukturmodellierung des Nordostdeutschen Beckens unter Einbeziehung von Krustenmodellen. STR97/10, Geo Forschungs Zentrum Potsdam.

Scheck, M. & Bayer, U. 1999. Evolution of the Northeast German Basin-inferences from 3D structural modelling and subsidence analysis. Tectonophysics, 313, 145-169.

Scheck, M., Bayer, U., Otto, V., Lamarche, J., Banka, D. & Pharaoh, T. 2002. The Elbe Fault System in North central Europe-a basement controlled zone of crustal weakness. Tectonophysics, 360, 281-299.

Scheck, M., Bayer, U. & Lewerenz, B. 2003a. Salt movements in the Northeast German Basin and its relation to major post-Permian tectonic phases-results from 3D structural modelling, backstripping and reflection seismic data. Tectonophysics, 361, 277-299.

Scheck, M., Bayer, U. & Lewerenz, B. 2003b. Salt redistribution during extension and inversion inferred from 3D backstripping. Tectonophysics, 373, 55-73.

Scheck-Wenderoth, M. & Lamarche, J. 2005. Crustal memory and basin evolution in the Central European Basin System-new insights from a 3D structural model. Tectonophysics, 397, 143-165.

Scheck-Wenderoth, M., Maystrenko, Y., Hübscher, C., Hansen, M. & Mazur, S. 2008. Dynamics of salt basins. In: Littke, R., Bayer, U., Gajewski, D. & Nelskamp, S. (eds) Dynamics of Complex Sedimentary Basins. The Example of the Central European Basin System. Springer-Verlag, Berlin-Heidelberg, 307-322.

Shomali, Z. H., Roberts, R. G., Pedersen, L. B. & THE TOR WORKING GROUP 2006. Lithospheric structure of the Tornquist Zone resolved by nonlinear P and S teleseismic tomography along the TOR array. Tectonophysics, 416, 133-149.

Sigmond, E. M. O. 2002. Geological Map, Land and Sea Areas of Northern Europe(1 : 4000000). Geological Survey of Norway, Trondheim.

Sippel, J., Scheck-Wenderoth, M., Reicherter, K. & Mazur, S. 2009. Paleostress states at the south-western margin of the Central European Basin System-application of fault-slip analysis to unravel a polyphase deformation pattern. Tectonophysics, 470, 129-146.

Sippel, J., Saintot, A., Heeremans, M. & Scheck-Wenderoth, M. 2010. Paleostress field reconstruction in the Oslo region. Marine and Petroleum Geology, 27, 682-708.

Stemmerik, L., Ineson, J. R. & Mitchell, J. G. 2000. Stratigraphy of the Rotliegend Group in the Danish part of the Northern Permian Basin, North Sea. Journal of the Geological Society, London, 157, 1127-1136.

Stewart, S. A. 2007. Salt tectonics in the North Sea Basin: a structural style template for seismic interpreters. In: Ries, A. C., Butler, R. W. H., Graham, R. H. & Coward, M. P. (eds) Deformation of the Continental Crust: The Legacy of Mike Coward. Geological Society, London, Special Publications, 272, 361-396.

Sundsbo, G. O. & Megson, J. B. 1993. Structural styles in the Danish Central Graben. In: Parker, J. R. (ed.) Petroleum Geology of Northwest Europe: Proceedings of the 4th Conference. The Geological Society, London, 1255-1268.

Tesauro, M., Kaban, M. K. & Cloetingh, S. 2009. A new thermal and rheological model of the European lithosphere. Tectonophysics, 476, 478-495.

Trusheim, F. 1960. Mechanism of salt migration in North Germany. AAPG Bulletin, 44, 1519-1540.

Underhill, J. R. & Partington, M. A. 1993. Jurassic thermal doming and deflation in the North Sea: implications of the sequence stratigraphic evidence. In: Parker, J. R. (ed.) Petroleum Geology of Northwest Europe: Proceedings of the 4th Conference. The Geological Society, London, 337-345.

Van Hoorn, B. 1987. Structural evolution, timing and tectonic style of the Sole Pit inversion. Tectonophysics, 137,

239-284.

Van Wees, J. -D., Stephenson, R. A. et al. 2000. On the origin of the Southern Permian Basin, Central Europe. Marine and Petroleum Geology, 17, 43-59.

Vandycke, S. 1997. Post - Herzynian brittle tectonics and paleostress analysis in Carboniferous limestones. In: Belgian Symposium on Structural Geology and Tectonics, Aardkundige Mededelingen, 8, 193-196.

Vejbæk, O. V. 1990. The Horn Graben, and its relationship to the Oslo Graben and the Danish Basin. Tectonophysics, 178, 29-49.

Vejbæk, O. V. 1997. Dybe strukturer i danske sedimentære bassiner. Geologisk Tidsskrift, 4, 1 - 31. Vejbæk, O. V. & Britze, P. 1994. Top pre-Zechstein(Two-Way Traveltime and Depth). Sub-and Supercrop Map, Geological Map of Denmark 1 : 750000. Geological Survey of Denmark, Copenhagen, Map Series 45.

Voigt, T., Reicherter, K., von Eynatten, H., Littke, R., Voigt, S. & Kley, J. 2008. Sedimentation during basin inversion. In: Littke, R., Bayer, U., Gajewski, D. & Nelskamp, S. (eds) Dynamics of Complex Sedimentary Basins. The Example of the Central European Basin System. Springer - Verlag, Berlin - Heidelberg, 307-322.

Wong, T. E. 2007. Jurassic. In: Wong, T. E., Batjes, D. A. J. & de Jager, J. (eds) Geology of the Netherlands. Publishing House of the Koninklijke Nederlandse Akademie van Wetenschappen (Royal Netherlands Academy of Arts and Sciences), Amsterdam, The Netherlands, 107-125.

Ziegler, P. 1990. Geological Atlas of Western and Central Europe. 2nd edn. Shell International Petroleum Company, The Hague.

Ziegler, P. A. & Dèzes, P. 2006. Crustal evolution of Western and Central Europe. In: Gee, D. G. & Stephenson, R. A. (eds) European Lithosphere Dynamics. Geological Society, London, Memoirs, 32, 43-56.

Zijerveld, L., Stephenson, R., Cloetingh, S., Duin, E. & Van den Berg, M. W. 1992. Subsidence analysis and modelling of the Roer Valley Graben(SE Netherlands). Tectonophysics, 208, 159-171.

Znosko, J. 1999. Tectonic Atlas of Poland Map(1 : 500 000). Panstwowy Institut Geologiczny, Warszawa.

（杜美迎 译，祁鹏　张凤廉 校）

第19章 楔形体和缓冲区：来自乌克兰陆上第聂伯—顿涅茨盆地的新构造特征

JONATHAN BROWN[1], M. BOWYER[2], V. ZOLOTARENKO[3]

(1. Gaffney, Cline & Associates, Building 5, Chiswick Park, 566 Chiswick High Road, London W4 5YF, UK;
2. Fairfield Energy, Ash House, Fairfield Avenue, Staines TW18 4AB, UK 311-B l. Mazepa Street, Kyiv UA-01010, Ukraine)

摘　要　乌克兰陆上第聂伯—顿涅茨盆地(DDB)是一个大型且局部反转的晚古生代克拉通内盆地。盆地的裂谷期开始于晚泥盆世，并沉积了两套蒸发岩层系，一些地区的石炭纪裂后热坳陷作用伴随有伸展作用。尽管钻井已经识别了大量泥盆系盐岩和底辟构造，但并不像文献所描述的那些典型盐底辟。实际上，在盆地的一些地区，盐体活动已停止并被厚达5km的上覆层所覆盖。第聂伯—顿涅茨盆地存在四期重要的与盐体活动相关的构造事件：杜内期—早维宪期伸展运动，中谢尔普霍夫期伸展运动，晚石炭世—早二叠世伸展和隆升运动以及阿尔卑斯挤压运动。尽管该盆地的地震成像质量较差，但根据重新处理的地震资料提出了三个新的有关盆地形成的构造模式。首先是盆地边缘伸展作用，是由在泥盆系盐岩之上发生薄皮滑脱的铲式断层引起，并在杜内阶同构造期的楔形地层作用下继续发育。该伸展作用还与部分基底裂谷期断层的厚皮反转有关。其次，这些厚皮断层充当了遮挡或缓冲区，并发育了单斜，而且这些褶皱在后期构造活动中继续得到增强。第三，我们认为这些相关联的构造事件可能是由影响了早石炭世裂后热抗力陷过程的坳陷高峰引起的。这三种观点和已经出版的关于杜内期—早维宪期和中谢尔普霍夫期伸展运动的解释一致。但最近的一篇文献综述和新的地震解释清楚地表明，晚石炭世—早二叠世的构造运动使边缘铲式断层和杜内阶楔形地层发生反转，同时也使下倾厚皮断层发生反转，由此造成单斜在阿尔卑斯作用之前继续发育。这与过去约15年内所发表的大多数论文的观点都是相悖的，这也说明晚石炭世—早二叠世的构造事件引起的是盆地挤压而不是伸展。

乌克兰陆上的第聂伯(Dnieper)—顿涅茨(Donets)盆地(DDB)是一个NW—SE走向的局部反转的克拉通内裂谷-坳陷盆地。盆地长600km，宽180km，总面积超过$10 \times 10^4 km^2$。该盆地也是欧洲最深的盆地之一，沉积物厚度达到19km，其中石炭系厚度就超过了11km(Stovba等，1996；Stovba和Stephenson，2003)。第聂伯—顿涅茨盆地位于西南侧的乌克兰地盾和东北侧的Voronezh地体之间，盆地边缘与部分的第聂伯—顿涅茨河平行(图19-1)。该盆地与西北部的Pripyat盆地，以及东南部盛产石炭系煤的顿巴斯褶皱带同属于一个相同的区域构造体系(Ivanyuta等，1998；Ulmishek，2001；Stovba等，2003)。

第聂伯—顿涅茨盆地是乌克兰重要的含油气盆地。《乌克兰石油与天然气田图集》对盆地内的205个油气田做了详细记载，其中油和凝析气的累计产量达$3.5 \times 10^8 m^3$(24×10^8bbl 油当量)，天然气累积产量为$17 \times 10^8 m^3$($60 \times 10^{12} ft^3$)(Ivanyuta等，1998)。侏罗系—泥盆系所有沉积层序都是储层，但主要产层是石炭系。

第聂伯—顿涅茨盆地内有许多与盐构造相关的油田，图19-2是研究区详细的盐构造分布图，其中灰色是盐背斜脊，黑色是盐底辟(Stovba和Stephenson，2003)。在盆地中部的轴

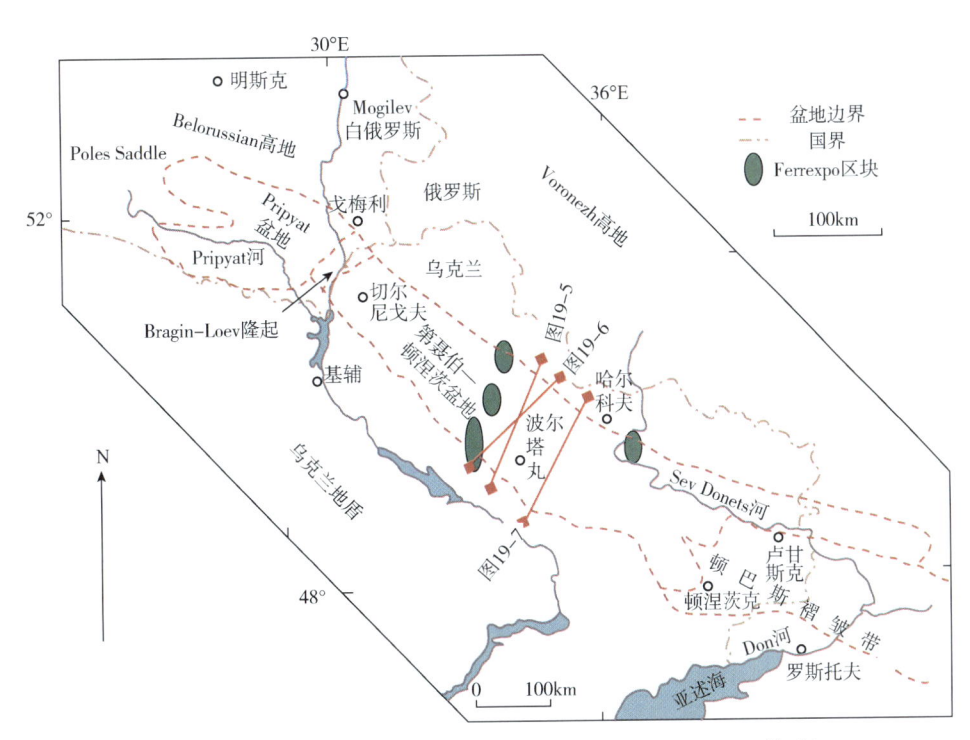

图 19-1 第聂伯—顿涅茨盆地位置图（据 Ulmishek，2001，修改）
表示了三条区域剖面的位置以及 Ferrexpo 勘探区块

部盐脊对应于《乌克兰石油与天然气田图集》中描述的 Solokha-Dykanka 脊（西部灰色的非刺穿型构造）和 Chutove-Rospashne 脊（东部黑色刺穿型构造）（Ivanyuta 等，1998）。图 19-2 中用紫色虚线突出表示了该盐脊。

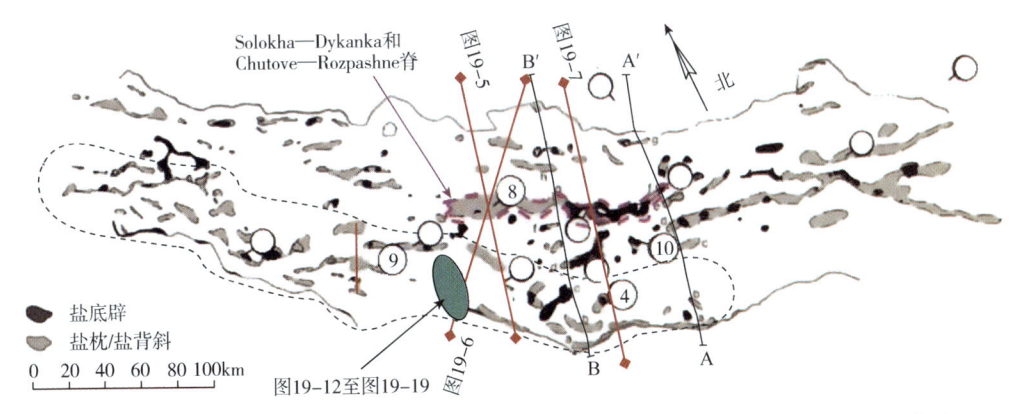

图 19-2 第聂伯—顿涅茨盆地盐构造分布示意图（据 Stovbaa 和 Stephenson，2003，修改）
从图中可以看出轴部的盐脊位置

19.1 构造地层概况

目前关于盆地中前裂谷期地台的资料很少，因为除了盆地边缘的一些钻井钻遇结晶基底以外，很少有井能打到如此深的地层。盆地内的泥盆系可以划分为三个单元：一是中泥盆统盐下沉积物，对该套地层了解不多，但可能是属于静水地台沉积；二是弗拉阶大型蒸发岩层序；三是位于法门阶砂岩、粉砂岩、泥岩和石灰岩，在盆地西北部也表现出蒸发岩层序特征（图 19-3）。

弗拉阶蒸发岩沉积于晚泥盆世裂谷作用开始时，而一些同裂谷期的盐体活动造成石炭系底面不整合的倾斜。整个下石炭统都处于后裂谷坳陷过渡期。石炭系以后裂谷期热坳陷阶段的碎屑岩沉积为主，盆地主要由轴向河流系供应沉积物，其沉积环境由西北部的浅海相过渡到侧翼的潟湖相，而东南部以深海相沉积为主（Dvorjanin 等，1996）。

第聂伯—顿涅茨盆地内的盐构造开始于晚泥盆世—早石炭世，并对整个石炭系沉积有重要影响（Stovba 等，1996）。还有一种说法是，盆地内几个地区的石炭系有效覆盖了泥盆系盐体，以至于阻止了盐活动（Stovba 和 Stephenson，2003）。

通过区域地震测线解释得知，下维宪阶和中谢尔普霍夫阶之间的主要不整合面与盐活动有关。这些事件包括伴随有隆起的伸展作用（图 19-3），而且厚皮断块旋转是这种作用的构造表现形式（Stovba 等，1996；Stovba 和 Ste-phenson，2003）。盐活动和排出形成的可容纳空间可使石炭系异常加厚至 11km（Stovba 和 Stephenson，2003；Stovba 等，2003）。

Stovba 等（2003）在区域地震测线解释的基础上绘制了深度剖面图，如图 19-4 所示。该剖面沿 SE—NE 向展布，经过位于盆地中段南部边缘的泥盆系盐体表现为三角形的盐枕（位置如图 19-2 所示）。地层厚度变化与晚泥盆世（盐上 D_3）、上维宪阶早期（C_1v_2 下部斜线区）和上谢尔普霍夫阶（C_1s_2）期间盐的运动有关（可能是通过热坳陷作用使盆地边缘向 NE 向旋转而产生的局部伸展作用而发生），而且与杜内阶—下维宪阶和中谢尔普霍夫阶盐构造/伸展事件有很好的一致性（图 19-3）。

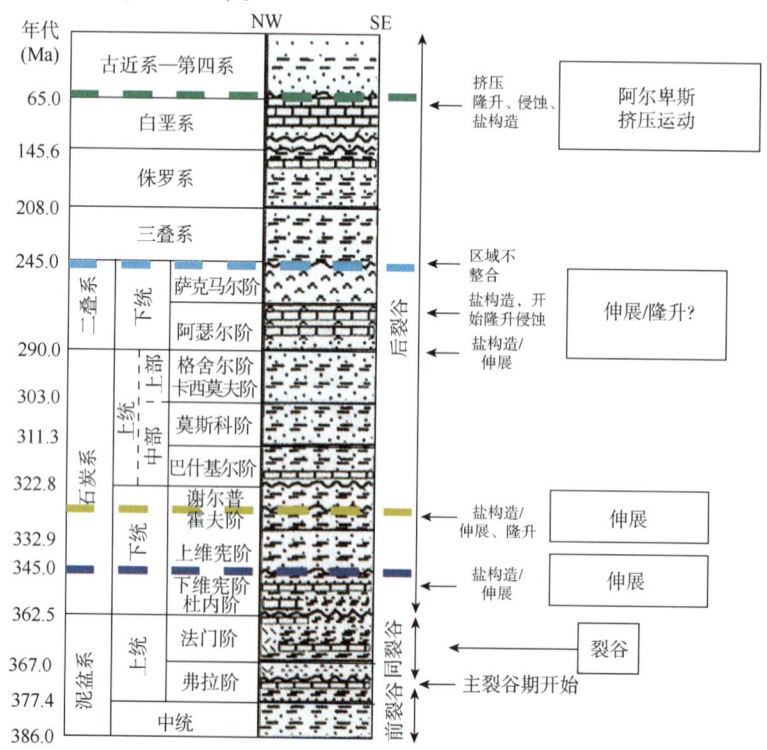

图 19-3 第聂伯—顿尼茨盆地简要地层柱状图（据 Stovba 等，1996，修改）

四个主要不整合用不同彩色虚线表示

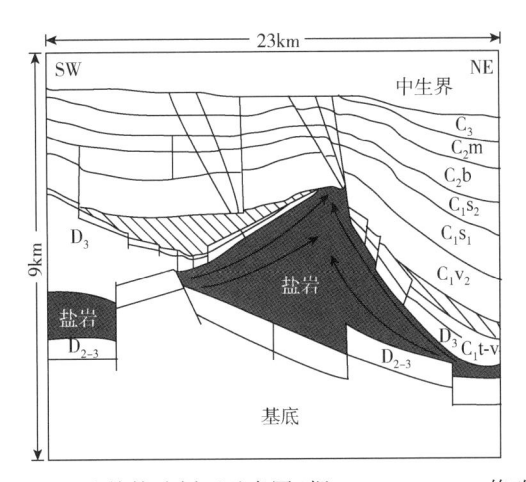

图 19-4　盐枕构造剖面示意图(据 Stovba，2003，修改)
该图主要基于地震解释，盐构造形状与图 19-3 中的两次早期伸展事件有关，剖面位置参见图 19-2

盆地南部边缘在晚石炭世—早二叠世期间一直处于隆升状态，导致从顿巴斯褶皱带的西南边缘到盆地的东南部有累积超过 8km 厚的沉积物被剥蚀掉(位置如图 19-1 所示)(Stovba 和 Stephenson，1999)。尽管不能确定具体的剥蚀量，但毋庸置疑的是，盆地西南边缘的剥蚀量肯定达到了几千米。图 19-4 的剖面中二叠系缺失很有可能是因为这些活动阻止了南部边缘的沉积。二叠纪次盆发育于有蒸发岩层序的盆地中，而且沉积环境逐渐成为陆相。

Stovbaet 等(1996)认为晚石炭世—早二叠世发生了隆升和伸展活动(图 19-3)。坳陷盆地的伸展作用会造成盆地沉降更快，以至于隆升活动看起来并不明显。从图 19-5 能清晰看到二叠纪次盆沿着以泥盆系盐体为核心的背斜脊两侧发育(泥盆系盐体如图中灰色阴影部分所示)。该盐脊作为 Solokha-Dykanka 脊的一部分，收集在《乌克兰石油与天然气田图集》中(Ivanyuta 等，1998)，显示出上石炭统(C_3)和二叠系(P_1)角度削截特征(图 19-5)。上泥盆统碎屑岩(D_3)、下石炭统(C_1)和中石炭统(C_2)在剖面中厚度基本一致，在泥盆系盐体以上的总厚度约为 6km。

仅是密度差并不足以使盐体隆升(Jackson 和 Vendeville，1994)，因此，盐体活动自身也可能形成柱状褶皱。目前还很难理解伸展作用是如何形成这种轴部的盐核脊斜脊和如此明显的角度不整合的，构造挤压作用在其中可能会起了很大作用。这种沿盐底滑脱的挤压型柱状褶皱、盐核褶皱和滑脱褶皱在墨西哥湾北部(Rowan，1997；Cramez，2006)和北海地区(Jenyon，1986)都非常普通。

Ziegler(1990)绘制的欧洲古地理图表明 DDB 在石炭纪—二叠纪存在 SW—NE 方向的挤压作用，Ulmishek(2001)也认为盆地内的裂后坳陷作用因海西期碰撞作用产生的挤压作用而停止。最近，Scheck-Wenderoth 等(2008)再次证实中欧不同国家的露头资料支持晚石炭世古压力体系，以 N—S 向和 NNE—SSW 向挤压应力为主。

晚石炭世到早二叠世活动之后，盆地范围超过泥盆系裂谷边缘，三叠系沉积在主不整合面之上。中生代和古近系—新近系沉积包括以另一个角度不整合划分为海相和陆相沉积，在该不整合面处阿尔卑斯挤压运动使前三叠系构造特征更为突出。这种特征在图 19-5 区域剖面东北翼的古近纪(P_g)次盆内有一定显示。这次挤压隆升导致的剥蚀量累积达到几百米(Ulmishek，2001)。

值得注意的是，DDB 内的三套蒸发岩层序包含许多无盐岩和脆性地层，如硬石膏、白云岩、石膏、黏土、粉砂岩和砂岩(表 19-1)。尽管同裂谷期弗拉阶蒸发岩层序的这种不同岩性变化可能会不利于整个盆地的盐体活动和盐底辟作用，但裂后热沉降阶段蒸发岩层序底部的构造脱耦作用很可能在石炭纪期间都发生了。

表 19-1 第聂伯—顿涅茨盆地三套蒸发岩层序岩性对比表
(据 Khomenko, 1977；Chirviskaja 和 Sollogub, 1980；Eisenverg, 1988；Stovba 等, 1996)

地层		岩性	最大沉积厚度(m)	盆地演化阶段
二叠系	阿瑟尔阶和萨克马尔阶	盐岩、石灰岩、硬石膏、白云岩、石膏、黏土、粉砂岩、砂岩	2000	后裂谷期
泥盆系	上部盐岩 法门阶	盐岩、硬石膏、泥岩、泥灰岩、石灰岩	700	同裂谷期
	下部盐岩 弗拉阶	盐岩、硬石膏、白云岩、石灰岩、泥灰岩、砂岩、石膏、泥岩	500	同裂谷期

弗拉阶"盐岩"包含至少 7 类脆性岩石。

19.2 构造样式

图 19-6 是通过整个盆地的 SW—NE 向示意性区域剖面图，剖面位置如图 19-1 和图 19-2 所示。该剖面也经过了图 19-5 中的轴部盐核背斜脊，该脊也是属于 Solokha-Dykanka 脊的一部分(Ivanyuta 等, 1998)。剖面上盆地形态非常对称，盆地两翼的倾斜程度基本相同。

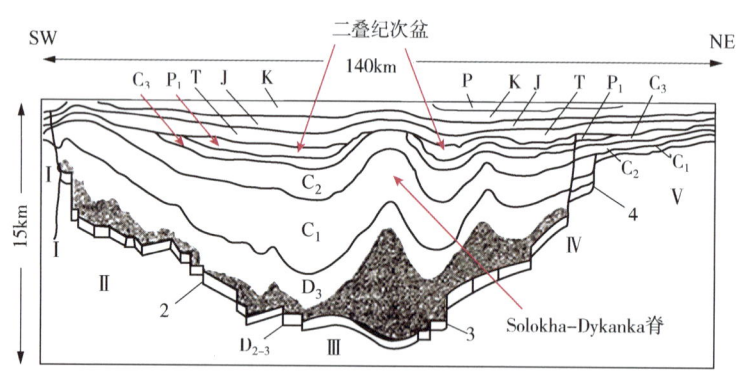

图 19-5 第聂伯—顿涅茨盆地 SW—NE 向地质剖面图(据 Stovba 等, 1996, 修改)
该图主要基于区域地震解释，灰色阴影区指示泥盆系盐体；轴部盐核背斜形似柱状褶皱；剖面位置参见图 19-1 和图 19-2

前泥盆系基底被裂开，但在剖面上很少有断裂作用使剖面伸展，表明裂后热沉降作用比较明显。盆地内发育五个基本等间距排列的背斜构造，它们可能都有泥盆系盐核，且底辟作用没有刺穿上覆层。这五个背斜都是含油气圈闭，油气田的名称标在图 19-6 中。

图 19-6 的粗红虚线表示由背斜和向斜组合成的正弦曲线。最大的背斜构造位于 Solokha-Dykanka 脊部，发育 Solokhov 凝析油气田。另外四个背斜幅度较小，位于盆地翼部。

Gogoleve 和 Bilsk 背斜位于图 19-4 中两个二叠系次盆之下。与图 19-4 一样，三叠系底部之下("T"层之下)的构造表现出挤压特征，而在白垩系底("K"层之下)和古近系—新近系(顶部的薄平盖层)之间的不同倾角表明挤压作用有所增强。

盆地内的构造样式主要表现出薄皮构造特征，其形成与泥盆纪断裂作用和之上的褶皱构造没有太多关系（像毯子一样，滑向两个反方向）。

图 19-7 是盆地沿 SW—NE 走向的另一个斜剖面图，位于图 19-5 和图 19-6 以东约 100km 处（具体位置如图 19-1 和图 19-2 所示）。该剖面图来自《乌克兰石油与天然气田图集》（Ivanyuta 等，1998），其中有关于此图的一些详细解释，泥盆系盐岩的底辟作用刺穿了三处的石炭系沉积地层。作为晚石炭世—早二叠世运动的证据，三叠系底面发育角度不整合（见图 19-7 中的粉红色地层底面），位于剖面顶部古近系—新近系薄层之下的另一个角度不整合则是阿尔卑斯事件存在的证据。

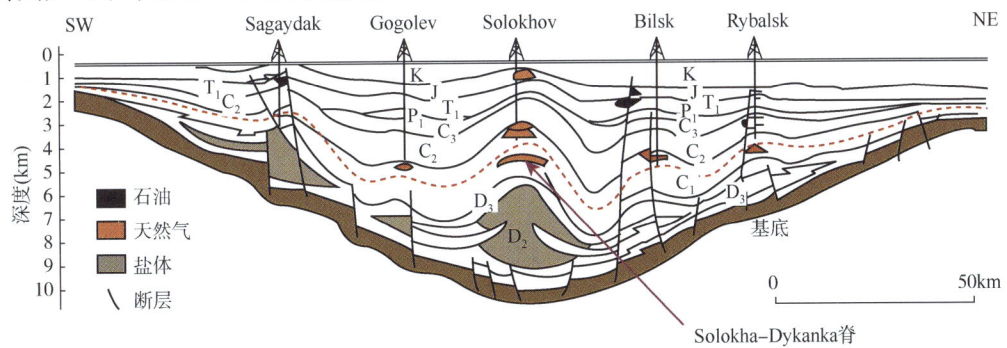

图 19-6 第聂伯—顿涅茨盆地 SW—NE 向地质剖面图（据 Ulmishek，2001，修改）
红色虚线突出了构造样式特征；剖面位置参见图 19-1 和图 19-2

和图 19-6 一样，图 19-7 中的粗红虚线也表示了构造样式的大致形态。此处的正弦波形呈不规则状，西南翼比北东翼更陡峭些。图 19-7 中共发育 7 个油气田，其中有 4 个是位于更为陡峭的西南翼，间隔大致相等。该剖面虽发育薄皮构造，但裂谷期的断层作用可能已经影响了石炭纪热沉降阶段的沉积作用。Chutove-Rospashne 凝析气田与该剖面最大的盐构造有关，并位于同名的脊之上。

图 19-4 中的盐枕构造在图 19-7 中也能看见，具体位于 Novogrygorivka 油气田区，图 19-4 的范围已用棕色虚线所示。沿着盆地西南翼从 Dmukhailivka 油气田到 Novogrygorivka 油气田，甚至到 Dmukhailivka 油气田，可见与边缘向斜发育相关的地层形态，粗红虚线与下—中石炭统（图 19-7 中的灰色和黑色地层）的作用一致。具有边缘向斜形态的盐动力构造样式与更明显的基底构造一致，此处的伸展作用一直持续到坳陷阶段。这也符合 Stovba 等（1996）的观点，他们认为 DDB 内发生的盐构造对整个石炭系的沉积都有很大影响（Stovba 等，1996）。

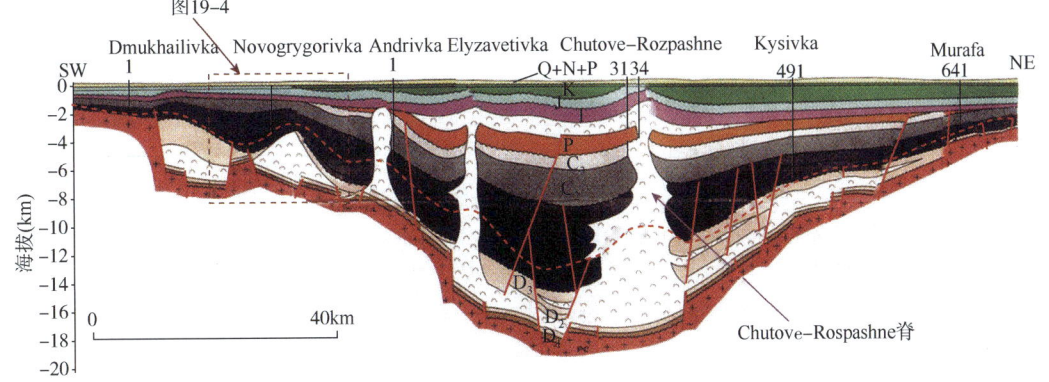

图 19-7 第聂伯—顿涅茨盆地 SW—NE 向地质剖面图（据 Ivanyuta 等，1998，修改）
红色虚线突出了构造样式特征；剖面位置参见图 19-1 和图 19-2

除了图 19-7 中的西南末端外，其他的三个盆地尺度的剖面(图 19-5 至图 19-7)都表明出中—下石炭统具有等厚特征(图 19-5 和图 19-6 中的 C_1 和 C_2，图 19-7 中的灰色和黑色层)。这种形态特征表明坳陷作用在这个时期形成了巨大的可容纳空间。除了剖面图 19-7 的西南末端外，其他的三条剖面中均缺少边缘凹陷，这也表明早—中石炭世很少发生盐体活动。Stovba 和 Stephenson(2003)也认为该时期 DDB 内大部分地区的沉积掩埋了泥盆系盐体，并阻止其发育构造。

19.3 晚石炭世—早二叠世挤压事件及其地震反射特征

在一些区域剖面图(图 19-5 至图 19-7)上，能清楚地看到(图 19-3)中记录的晚石炭世—早二叠世和阿尔卑斯期构造事件，它们都表现出与挤压作用相关的形态特征。晚石炭世—早二叠世构造事件具体与近来的多数文献都相悖，而图 19-4 反映了两个更早期的伸展事件。图 19-4 以及其他的区域剖面均是基于钻井和地震数据绘制而成，但这些原始的区域测线均没有公开出版，因此有必要关注其他公开可用的地震资料。

图 19-8 是通过在图 19-5 和图 19-6(位置如图 19-1 和图 19-2 所示)中作为 Solokha-Dykanka 脊一部分的盐核背斜的地震剖面。在泥炭系盐岩(D_3)之上解释出 6 个层位，受 3 口钻井控制，地震成像质量也较好。上维宪阶(C_1V_2)下部向南逐渐增厚，表明裂后快速热沉降，这可能与杜内期—维宪期晚期的伸展事件(图 19-3)有关。其余 5 层厚度相当，总厚度约 3km(谢尔普霍夫阶 C_1s 单元没有细分为上、下部，所以不能识别出中谢尔普霍夫阶伸展事件)。这也表明从泥盆纪末期(盐上 D_3)到晚石炭世(C_3)初期不存在大型盐体活动。可以从背斜生长之初的北翼看到一些上石炭统的加厚，并一直持续到下二叠统，此时地层超覆在生长的高地之上(粉红色箭头所示)。但背斜顶部被剥蚀至 Moskovian 地层(C_2m)(蓝色箭头)。覆盖于背斜之上三叠系(T)向南逐步增厚表明隆起在三叠纪时期停止了发育。盐核之上侏罗系和白垩系的厚度变化表明发生过后期构造活动，其中包括阿尔卑斯挤压运动，使三叠纪之前的背斜进一步增大。

在伸展和挤压应力下，盐岩比其他岩性的岩石更弱(Jackson 和 Vendeville, 1994)，所以仅仅靠盐体运动就使 3 km 厚的上覆层发生隆升是不可能的。这更可能是构造挤压形成的背斜，而盐层有利于盐上地层发生拆离。

图 19-9 可能是公开出版的盆地最长的地震剖面(Stovba 和 Stephenson, 2003)。该剖面位于盆地南部边缘，南北长 27km(位置如图 19-2 所示)。该剖面质量较好，可以从中观察到一些有趣的现象。图中发育三个盐背斜，并均没有刺穿上覆地层，所以都可被视为整合接触。最南端背斜上的一口钻井显示石炭系蒸发岩存在多种如表 19-1 所示的夹层沉积。中部盐背斜位于基底，正断层之上，浅层并发育一条逆断层。最初把它解释为不协调盐构造，橘色阴影区是盐悬挂体。最北端的背斜与图 19-8 中的 Solokha-Dykanka 脊背斜非常相似，我们将其解释为挤压构造。我们还增加了可能的石炭系底面，由于其他的层位都在三叠系底面("T"底面)发生终止，并用淡蓝色箭头表示剥蚀作用造成的削减。

关于中部盐背斜还有另一种解释，即红色虚线所指的断层最初是同裂谷期伸展断层，并控制了泥盆系沉积物，包括橘色阴影区域可能为同裂谷期泥盆系碎屑物。晚石炭世—早二叠世活动引起挤压作用，并使同裂谷期断层部分发生反转，形成了与图 19-8 所示相似的剥蚀作用。阿尔卑斯运动使背斜进一步发育，并造成基底断层向上发育至石炭系和中生界内。泥

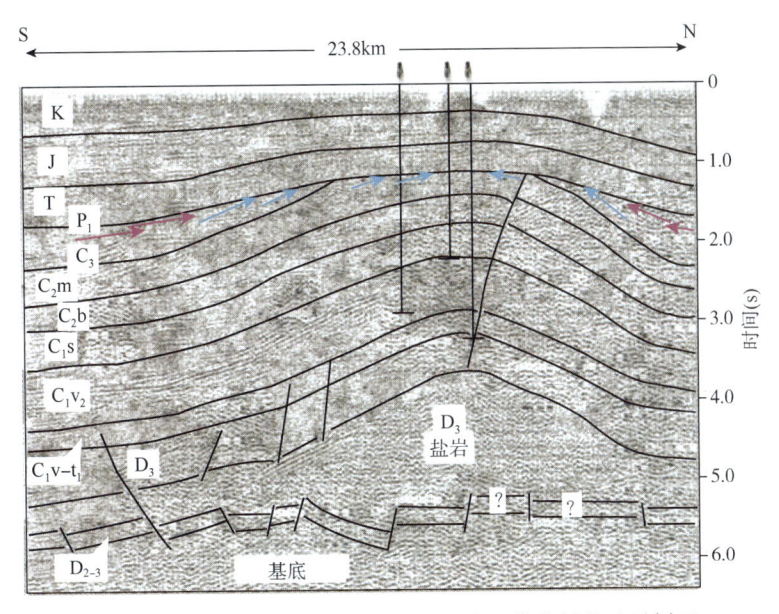

图19-8 通过Solokha-Dykanka脊部分盐核背斜的地震剖面
(据Stovba和Stephenson，2003；Stovba等，1996，修改)
淡蓝色箭头指示三叠系底面剥蚀削截的位置，粉红色箭头指示二叠系内部与背斜发育有关的超覆；剖面
位置参见图19-1和图19-2

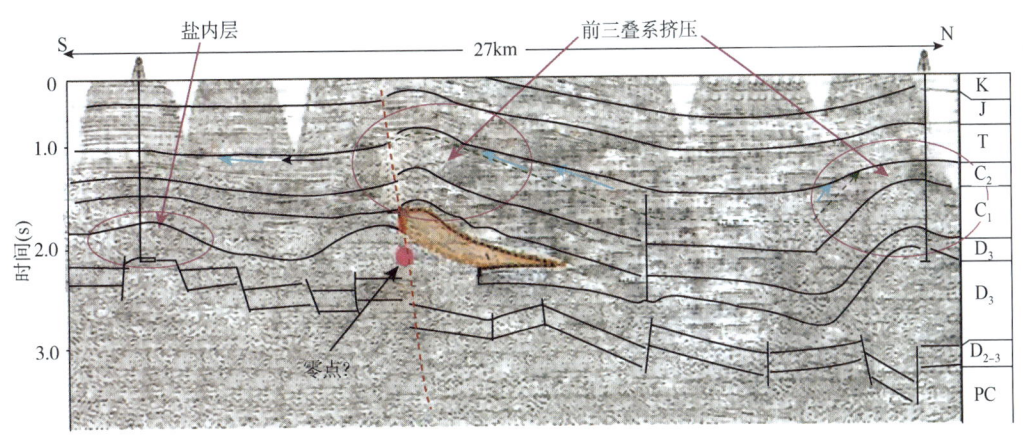

图19-9 通过三个盐核构造的地震剖面(据Stovba和Stephenson，2003，修改)
该图是对三叠系挤压作用的很好证明，同时图中还发育控制中部构造的部分反转的基底断层

盆系盐层在此过程中也表现出一定脆性地层特征，这也可以从那些具有较好地震反射质量的内部夹层中得到证实。图11-9中增加了一个零点，之下是正断距，而之上则是逆断距。

来自Stovba等(1996)的地震剖面图11-10展示了盆地东南部轴部蘑菇状盐株构造特征，与图19-6(位置如图19-2所示)中的Solokhov油气田比较相似。虽然该条地裂剖面质量很差，但还是能清楚看到Moskovian单元的厚度基本相等，不具有典型的边缘凹陷特征。与图19-8中的背斜一样，上石炭统(C_3)和下二叠统阿瑟尔阶单元向"盐株"方向变薄，如图19-8和图19-9所示一样，这就说明此时发育了该构造。

晚石炭世—早二叠世发育的构造更像是挤压背斜，这也可以从后阿瑟尔阶西南翼的逆断

— 467 —

层得到支持。这与非常不规则的阿瑟尔阶破裂地层的形态一致，与 Coward 和 Stewart（1995）的挤压底辟模型也非常相似。

由于图 19-10 成像品质较低，因此很难清晰看到萨克马尔阶盐枕形成面引起的中生界减薄现象。后中生代（阿尔卑斯）运动进一步挤压而形成蘑菇状构造。从图中也很难看出萨克马尔阶之下的盐株边缘。实际上，这可能是一个成像不好的二次盐焊接，沿此部位，泥盆系盐体由于石炭纪—二叠纪挤压作用被挤出至古地表。

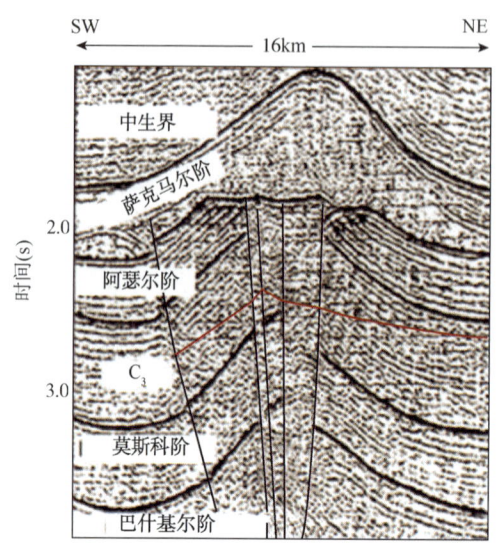

图 19-10　通过蘑菇状盐株构造的低品质地震资料
（据 Stovba 等，1996；Stovba 和 Stephenson，2003，修改）
该构造可能为挤压成因，并不是一个盐体构造；剖面位置参见图 19-1 和图 19-2

总之，上述三条地震测线是已发表的 DDB 的典型地震测线。图 19-9 的剖面长 27km，发育三个大型盐构造，虽然不是整个盆地尺度的地震剖面，但图 19-8 和图 19-10 的剖面更为零碎，质量也要差一些。根据沉积单元的厚度变化可以推测泥盆系盐体流动的时间和方式。盆地中的构造运动可能比盐底辟作用更为重要。DDB 中的许多盐"底辟"可能都是成像不好的部分发生反转的基底断裂。实际上，晚石炭世—早二叠世构造挤压事件就是一个很好的实例。

19.4　Ferrexpo/RDS 项目分析

Ferrexpo/RDS 项目拥有广泛分布在第聂伯—顿涅茨盆地内的 6 个勘探区块（图 19-11）。通过该项目，可以获取具有有限测井资料的钻井资料，以及 1980 年和 1990 年收集的地震资料和一些近期（2007 年）经过重处理的二维测线。这些地震测线都没有超过勘探许可边界，而且没有区域地震测线可利用，但重处理的地震测线质量（虽然不是最佳）已足够观察地层厚度变化。这些散布的地震资料为 Ulmishek 通过盆地中部的西南—北东向区域剖面（图 19-1）提供了详细的版本，这样就很容易地分析整个盆地的构造样式。接下来的三条地震剖面来自 Ferrexpo 项目的 3 个勘探许可区（Mamenkivska、Lubachevska-Sherbakivska 和 Grechano-Goroshkivska），这 3 个许可区均位于盆地南部边缘，距离较近（图 19-1 和图 19-11）。

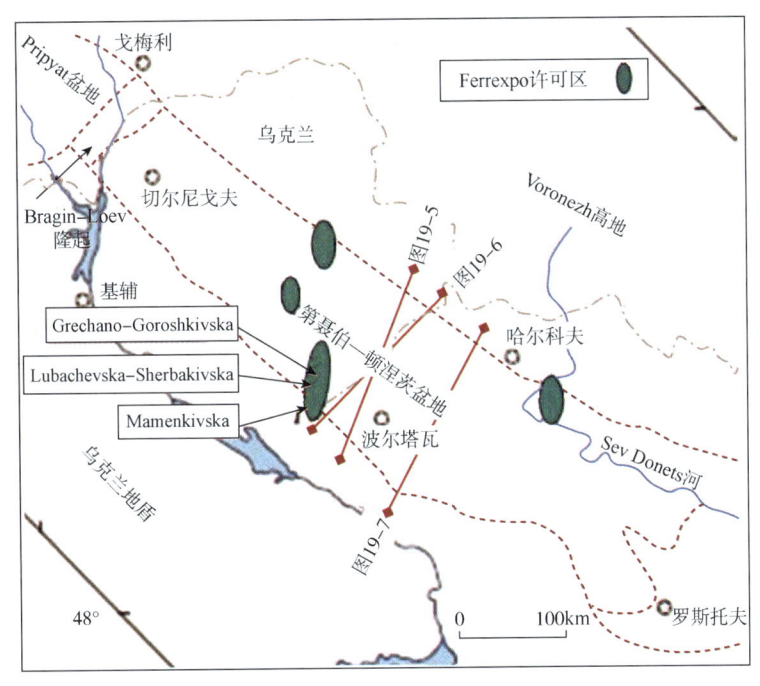

图 19-11 第聂伯—顿涅茨盆地位置图以及三条区域剖面和 Ferrexpo 勘探许可区位置
（据 Ulmishek，2001，修改）

19.4.1 杜内阶楔状岩层

图 19-12 是 Ferrexpo/RDS 项目重处理的地震测线之一，称为测线 21。测线位于 DDB 盆地南缘，走向呈 SW—NE 向，通过 Mamenkivska 许可区。具体位置邻近于剖面图 19-6 的西南末端成像质量较好，但图 19-6 并没有表示出大型的盆地边缘裂谷期断层。

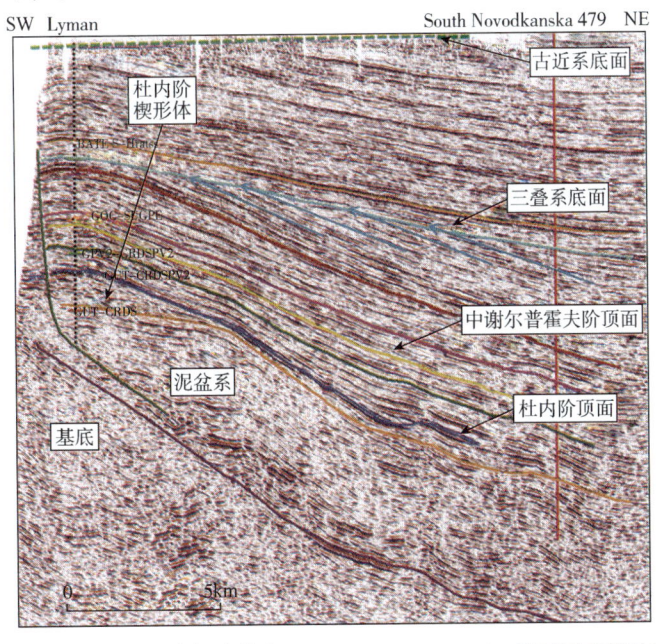

图 19-12 第聂伯—顿涅茨盆地南部边缘的 Ferrexpo's Mamenkivska 许可区重新处理的地震测线 21
该图显示了一个受薄皮铲式断层控制的杜内阶反转楔形体

图 19-3 中的四期构造事件形成了 3 个不整合面：杜内阶顶部不整合面，中谢尔普霍夫阶顶部不整合面，三叠系底以及古近系底不整合面。古近系—新近系底面的位置带有一定推断性质，依据的是它位于地震道顶部且存在反射界面。三叠系底面大型角度不整合面是主要的反射界面，从此处提取钻井资料来校正地震测线，但这条剖面只经过了其中一口钻井，具有地质资料。这口钻井(Pidgoryanska-1)是一口干井，但位于与 Lyman 气田同一个区带，该气田从 Tournaisian 和 Serpukhovian 阶储层中产出凝析气。

浅蓝色箭头突出表示了三叠系底部的地层削截特征，与图 19-5、图 19-8 和图 19-9 比较相似。从图中能清楚地看到位于盆地西南边缘的绿色部分反转铲式断层。断层终止于泥盆系，可能是弗拉阶蒸发岩层序，发育一个影响了泥盆系沉积的滚动构造。

图 19-13 是与图 19-12 相同的地震测线，但对谢尔普霍夫阶顶面(粉红色线)进行了拉平处理，这样有助于突出表示。杜内阶楔形地层是由绿色铲式断层活动产生的空间并被生长沉积物充填而形成的。同时还形成了泥盆系滚动构造。在裂谷—坳陷过渡期内，可能发生了薄皮铲式断层活动，这与图 19-3 中杜内期到早维宪期的伸展运动对应(Stovba 等，1996)。我们认为石炭纪发生了多期裂后热沉降而不是一期的缓慢沉降，这可能是像一幕沉降的结果，本文定义为幕式沉降 1。

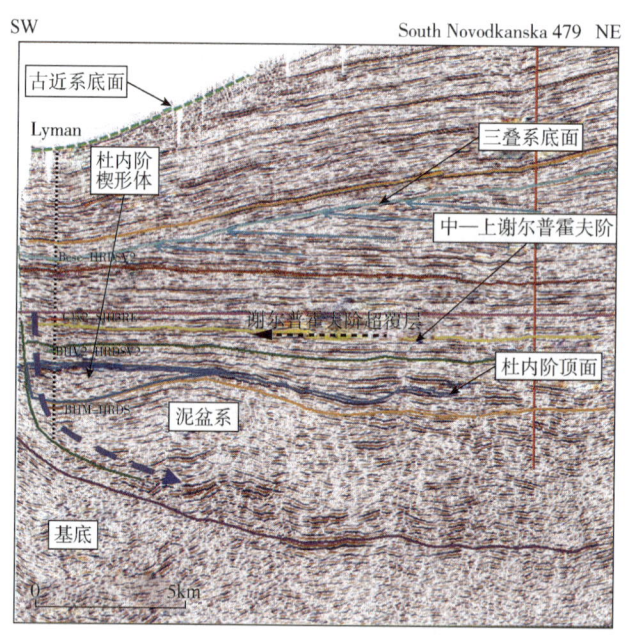

图 19-13 对地震测线 21 的谢尔普霍夫阶顶面(粉红色线)进行拉平处理
蓝色虚箭头表示了正断层活动

从图 19-13 中还可以看出上谢尔普霍夫阶的超覆特征(用水平虚线黑箭头表示)，这与 Stovba 等(1996)认为中谢尔普霍夫阶"盐构造/隆升"事件形成了盆地规模的不整合(图 19-3)是一致的。该时期发生了另外一幕沉降事件，重复了杜内期的活动，并使泥盆系滚动构造继续发育，从而形成中谢尔普霍夫阶的地形特征。本文将其定义为幕式沉降 2。

对谢尔普霍夫阶顶面(粉红色线)进行拉平处理的剖面大致反映了绿色铲式断层的最大正断距。但浅层反射特征也表明在红色线(巴什基尔阶顶)以下也存在少量的正断距。该图也反映了由晚石炭世—早二叠世运动造成的上石炭统被大量剥蚀。在这个地震剖面上可以看到西南部沉积厚度缺失的双程旅行时约为1s，相当于缺失的地层厚度超过1km。

图19-14是对三叠系底面进行拉平处理的结果。位于三叠系底面之上和古近系底面不整合面之下的所有地震事件几乎都是平行的，这也说明在这两个不整合面之间没有大型的构造活动，且图中也没有出现阿尔卑斯构造叠加运动。从图中可以看出杜内阶楔形岩层发生了反转，因为其最厚部分在泥盆系滚动构造之上发生了隆升。而且可以从杜内顶部到谢尔普霍夫阶顶部（粉红色线）看到两个方向的倾斜闭合，这也是晚石炭世—早二叠世该地区存在挤压运动的强有力证据。

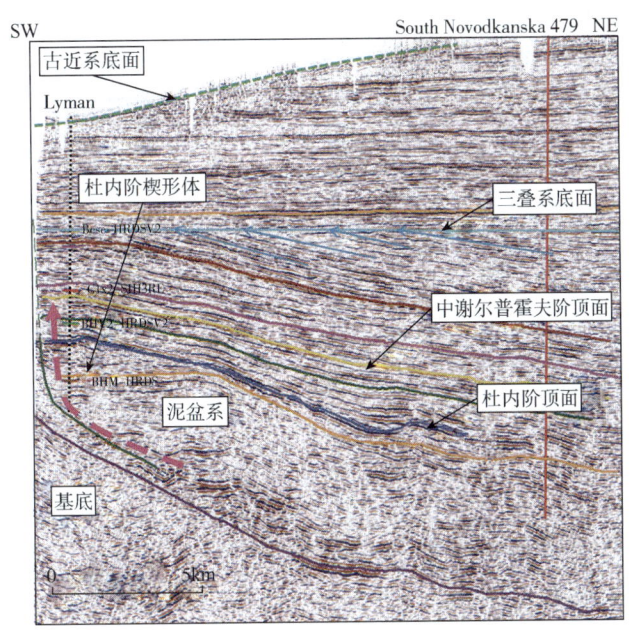

图19-14　对地震测线21的三叠系底面进行拉平处理
粉红色虚箭头指示断层的反转活动，杜内阶楔形体地层也发生了反转

图19-15是通过Ferrexpo项目Lubachevska-Sherbakivska许可区的SW—NE向的地震测线1，距盆地南部边缘20km（图19-1和图19-2），质量也较好。可见图19-3中四次构造事件形成4个不整合面中的3个，即杜内阶顶部不整合面、中谢尔普霍夫阶顶部不整合面（黄色线）以及三叠系底面不整合面。从图19-15中可以清楚看到三叠系底面的角度不整合面（淡蓝色箭头指示地层削截），并被用于垂向校正Shkurupivskaya-2井（红色井）地层。从图19-15中还可以再次看到在泥盆系内终止的部分反转的薄皮铲式断层（红色断层），以及影响了泥盆系的滚动构造。这种解释也得到了Shkurupivskaya-2井底部发现了盐岩的支持。这个断层控制了杜内阶楔状岩层的沉积。而黄色断层看上去并没有控制生长地层，所以应当属于杜内期晚期的断层。

Shkurupivskaya-2井（图19-15、图19-16中的红色井）在杜内阶发现了天然气，这也是一口位于蓝色井上倾部位的评价井。如果这口井实施了钻探，将有助于进一步分析杜内阶楔状岩层的特征。

图19-16是对地震测线1的维宪阶顶面（墨绿色线）进行拉平处理的结果。该图更好地表现出了沉积特征，因为杜内阶楔形地层（蓝色地层）是由红色铲式断层活动（蓝色箭头）产生的空间被生长沉积物充填演化而来。这次活动还形成了一个小型的泥盆系滚动构造，同时

下维宪阶还存在超覆现象，伸展运动向 NW 方向传递到黄色断层。这个薄皮铲式构造和图 19-13 至图 19-15 相似，与图 19-3 中的裂谷—坳陷转换期内的杜内期—早维宪期的伸展作用对应较好，可用幕式沉降 1 解释。

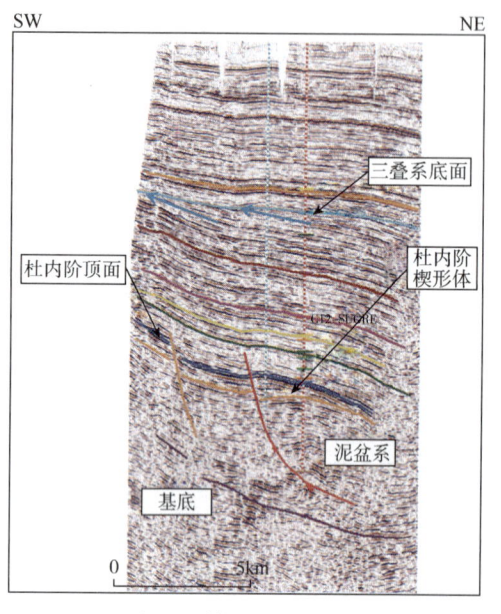

图 19-15 2007 年通过第聂伯—顿涅茨盆地南部边缘 Lubachevska-Sherbakivska 许可区重处理的地震测线 1
图中杜内阶楔形体地层小幅度反转

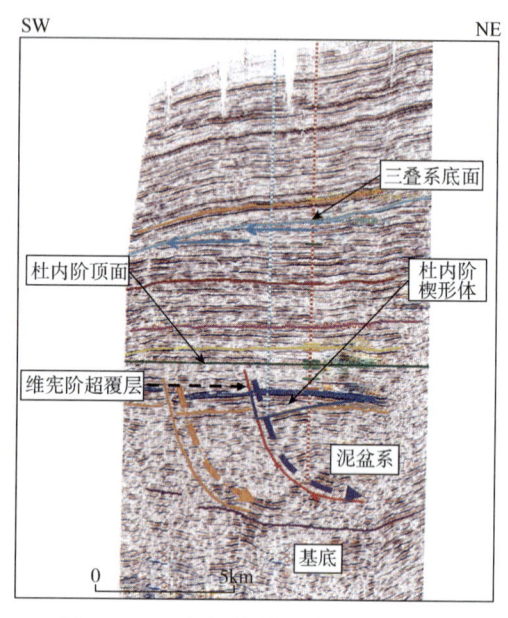

图 19-16 对地震测线 1 的维宪阶顶面进行拉平处理
显示了杜内阶楔形体地层

图 19-17 是对同一条地震测线的三叠系底面进行拉平处理。此层位也经历了隆升和剥蚀作用，但由于地震测线太短而没有表明这种运动是如何发生的，但对照测线 21 可以发现，挤压运动可能是最主要的原因。红色铲式断层在谢尔普霍夫期发生了轻微的反转而形成了向上可达粉红色线(谢尔普霍夫阶顶面)的背斜形态，这可能与幕式沉降 2 有关。

古近系底面已经从地表测线 21 三叠系底面拉平处理后的剖面(图 19-14)中复制过来，如墨绿色虚线所示。尽管地震反射很少，但匹配得还是比较好的。

Ferrexpo/RDS 项目资料为图 19-3 中的四期构造事件提供了高品质的地震资料证据。我们称之为幕式沉降 1 和幕式沉降 2 的前两次构造事件主要激发了盆地西南边缘中部附近的薄皮构造活动。第三次构造事件可能引起了晚石炭世—早二叠世的挤压活动，从中也能看到阿尔卑斯造山运动的影子。借助 Ferrexpo/RDS 数据库也可以检查地震下倾，并更进一步了解发生了厚皮基底相关活动的盆地特征。

19.4.2 缓冲区和单斜褶皱

图 19-18 是经过重处理的另一条 Ferrexpo/RDS 的地震测线，呈 SW—NE 走向，位于 Grechano-Goroshkivska 许可区，距盆地南部边缘 40km。该剖面是一条较老的地震测线，因此有些成像问题，但总体质量还可以。剖面也反映了图 19-3 中四期构造事件形成 4 个不整合面中的 3 个，即杜内阶顶部不整合面、中谢尔普霍夫阶顶部不整合面以及三叠系底部不整合面。从图中可以清楚看到三叠系底部的大型角度不整合面，一些地层削截如蓝色箭头所示。同样，它也被用于校正地震层位。被三叠系底面削截的绿色反射界面代表二叠系底面，

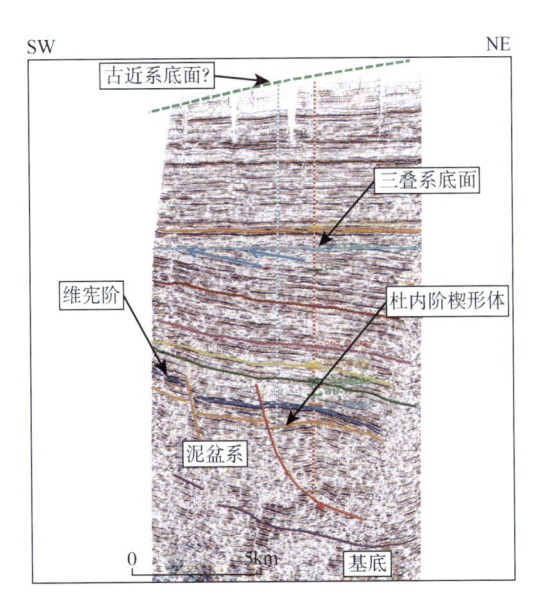

图 19-17 对地震测线 1 的三叠系底面进行拉平处理
图中杜内阶楔形体地层发生轻微反转

该界面之上发育与图 19-5 和图 19-6 中 Solokha-Dykanka 有西南部相似的二叠系次盆。

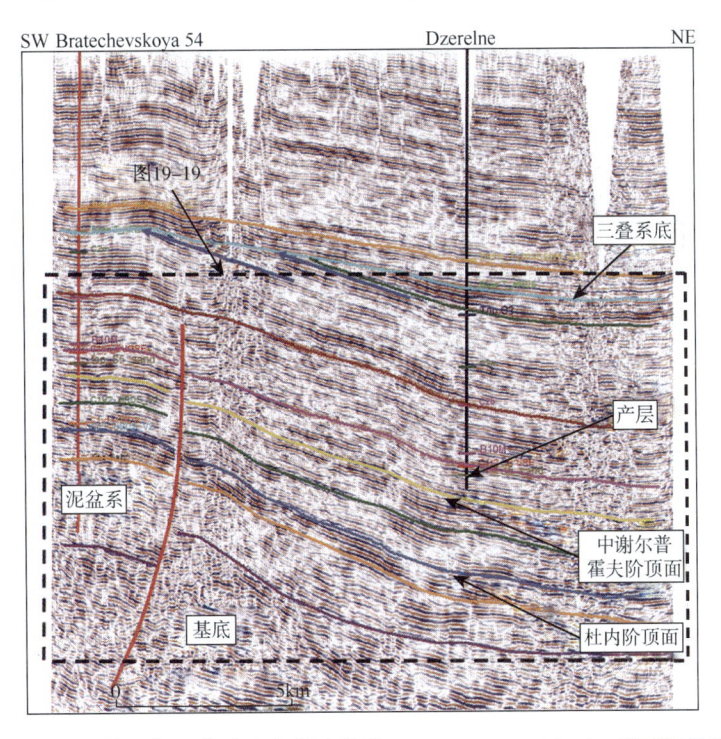

图 19-18 通过第聂伯—顿涅茨盆地南部边缘的 Grechano-Goroshkivska 许可区的地震测线 15
红色断层是控制了单斜的部分反转基底断层；黑色虚线矩形区指示图 19-19 的位置

这条测线穿过两口钻井，都有时间—深度及顶面地质资料。位于西南侧的红色钻井（Bratechevskoya-54）钻遇了向盆地倾斜的单斜脊部，其位置与盆地西南翼 Sagaydalc 油气田

— 473 —

(图19-6)的位置比较相似。单斜的斜坡破裂在垂向上与基底裂谷期断层对应,其西南翼泥盆系上盘在单斜高点之下。这样的构造特征在较大范围内部比较典型。表明Bratechevskoya单斜受基底断层控制,通过基底断层的地层厚度变化表明基底断层发生了部分反转,从而引起了单斜构造的发育。我们认为这种反转作用可能是上倾伸展作用的结果,而伸展作用以厚皮断层的形成起到了缓冲区的作用。黑色所示的Zhitnikoskaya-434井,钻于1981年,是一口地层井。在单斜尾部的上谢尔普霍夫阶薄砂层中发现并采出了天然气(标注为"产层"),称为Dzerelne气藏(Ivanyuta等,1998)。

这个构造更应该受到关注,因为位于Zhitnikoskaya-434天然气发现井上倾方向的Bratechevskoya-54井是一口干井。图19-19是对图19-18中黑色虚线矩形框的放大显示,并对红色线(巴什基尔阶顶部)进行了拉平处理。

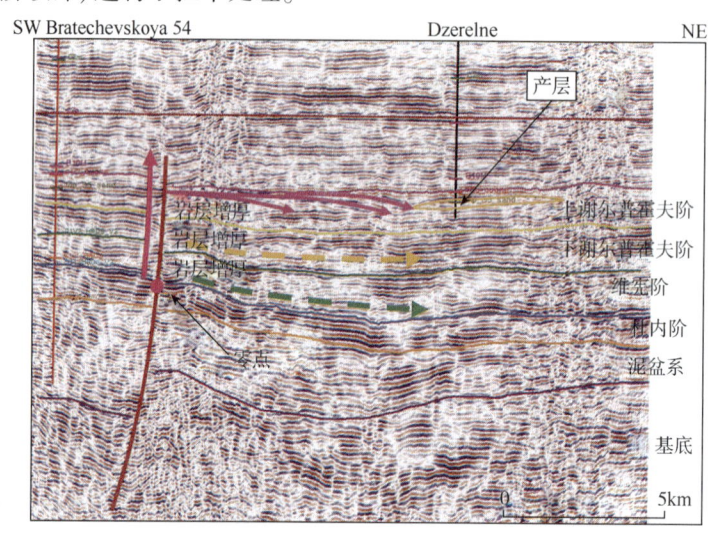

图19-19 对地震测线15的巴什基尔阶顶面进行拉平处理
红色断层上盘的维宪阶和谢尔普霍夫阶更厚;反转程度用零点以上的红色箭头表示;显示了同构期沉积特征

对测线15的层拉平消除了单斜的大部分形态,但由于没有再次形成进入盆地的古斜坡,并没有扩大通过基底断层的厚度变化。在发生部分反转之后,泥盆系和杜内阶都在上盘保持同裂谷期生长,但在这和用粉红色标记的零点之上,维宪阶(绿色虚线箭头)和上(粉红色箭头)—下(黄色虚线箭头)谢尔普霍夫阶在下盘都出现了增厚现象。这3个年轻地层单元由于同反转期沉积都向着盆地方向增厚。

我们认为这些事件是裂后热沉降存在幕式作用的有力证据,而裂后热沉降造成了盆地边缘上倾方向的伸展,由于泥盆系盐岩充当滑脱面,导致基底断层下倾方向部分发生反转。这种部分反转事件可能有利于单斜的早期生长并与上文描述的幕式沉降1和幕式沉降2有关。

测线15指示了3个同反转期的沉积单元的地震相横向变化。维宪阶在古沉积中心可能发育了一个小扇体(幕式沉降1),上、下谢尔普霍夫阶发育一些进积结构单元的"S"形反射体(幕式沉降2)。这些构造演化过程使古海岸线向盆地方向朝Zhitnikoskaya-434钻井所在位置迁移,进积单元可能是三角洲形态。Zhitnikoskaya-434井钻遇的上谢尔普霍夫阶薄层砂岩储层(黄色标注)可能是位于相同单元的"S"形反射体尾部(粉红色箭头)的深海扇体系的一部分。《乌克兰石油与天然气田图集》(Ivanyuta等,1998)认为,Dzerelne油气藏是被周围页岩储层的上倾尖灭所封闭，而不是由上倾断层封闭。

位于单斜构造上的 Bratechevskoya-54 井是口干井，此井位于 Sagaydak 油气田（图 19-6）走向上，距离油气田 SSE 方向 10km 处。Sagaydak 油气田在三叠系、莫斯科阶和谢尔普霍夫阶储层中生产油气。Sagaydak 背斜构造也可能与基底断层的反转有关。

19.5 结论

第聂伯—顿尼茨盆地是乌克兰富含油气的大型克拉通陆内裂陷盆地，在晚泥盆世裂谷阶段沉积的弗拉阶盐岩在盆地构造发育过程中起到了重要作用。裂谷作用之后的热沉降作用一直持续到晚石炭世，也为巨厚的石炭系沉积创造了空间，其最大沉积厚度可达 11km。位于石炭系之下的泥盆纪盐岩充当了滑脱面的作用。

多位学者利用区域地震和钻井资料对盆地的构造样式和演化规律做了大量研究。虽然以前也发表了大量深度剖面和品质较差的地震测线，但并没有对本文所涉及的区域地震测线做出详细的说明。Stovba、Stephenson 和其他合著者认为盐构造是整个盆地内形成杜内阶—下维宪阶和中谢尔普霍夫阶裂后坳陷期不整合的主要原因。这些主要的裂后构造事件在图 19-3 中被标注为"盐构造/伸展"和"盐构造/伸展、隆起"。当然，这也与厚皮断块体的反转有关（Stovba 等，1996；Stovba 和 Stephenson，2003）。

Stovba 和其他合著者认为柱状褶皱作用所反映的晚石炭世—早二叠世运动，二叠系次盆的发育和三叠系底部大型角度不整合（图 19-5），都是伸展作用、"盐构造和隆升作用"的结果（图 19-3），但并没有对此做出机制解释，在引用的文献中也没有完全或显示清楚的区域地震测线（Stovba 等，1996，2003；Stovba 和 Stephenson，1999，2003）。Ulmishek（2001）在没有任何图件的情况下认为海西期的大陆碰撞产生的挤压作用使裂后坳陷作用停止。这与 Ziegler（1990）和 Scheck-Wenderoth 等（2008）的观点一致。虽然盆地内的地震成像品质不高，但许多出版的线性剖面和低—好品质的地震剖面都为晚石炭世—早二叠世的挤压运动提供了确凿证据。

根据 Ferrexpo/RDS 项目资料库可以进一步分析构造样式，这些测线都是位于勘探许可区内（因此都较短），另外还有比较可靠的钻井对比资料。这些地震资料经过重新处理之后尽管不是最好的剖面，但比已出版文章中的资料要好很多。据此，得出了有关盆地南部边缘中部的三个认识。

首先，本文认为上倾方向的薄皮伸展与下倾方向的厚皮反转可能有关联。这与盆地边缘成像较好的杜内阶沉积楔状体有很好的一致性，而沉积楔状体则可能是在泥盆系盐岩内终止的薄皮铲式断层的结果（图 19-12 至图 19-17）。

第二，朝盆地中央方向和在南翼，存在朝盆地轴部倾斜并与部分反转的基底断层有关的单斜褶皱。本文认为 DDB 内的单斜是厚皮断层上盘反转的结果。这些单斜可能早在维宪期早期开始发育，且在上倾伸展遇到倾向边缘的基底断层的缓冲区处就会发生下倾挤压。这些单斜在谢尔普霍夫中期、晚石炭世—早二叠世以及阿尔卑斯运动（晚白垩世—古近纪）期间进一步加强，这些运动都促使厚皮断层发生反转。

第三，我们认为 DDB 的裂后热沉降作用共有幕式特征，而不是连续发生的。其中有两幕沉降作用可以通过杜内阶—维宪阶和中谢尔普霍夫阶的上倾伸展（楔状体）及下倾反转（缓冲区）的地震特征得到反映，这与 Stovba 和 Stephenson 提出的伸展事件和不整合也是相符的。

本文称之为幕式沉降1和幕式沉降2(图19-20)。如果它们都是盆地范围的构造事件,那么就会如Stovba和Stephenso描述的那样,会促使厚皮断块再活化(Stovba等,1996;Stovba和Stephenson,2003)。在重处理的地震资料中可以看到杜内阶和谢尔普霍夫阶的同构造期沉积作用,其中一个可能还可以用于解释地层圈闭的形成。

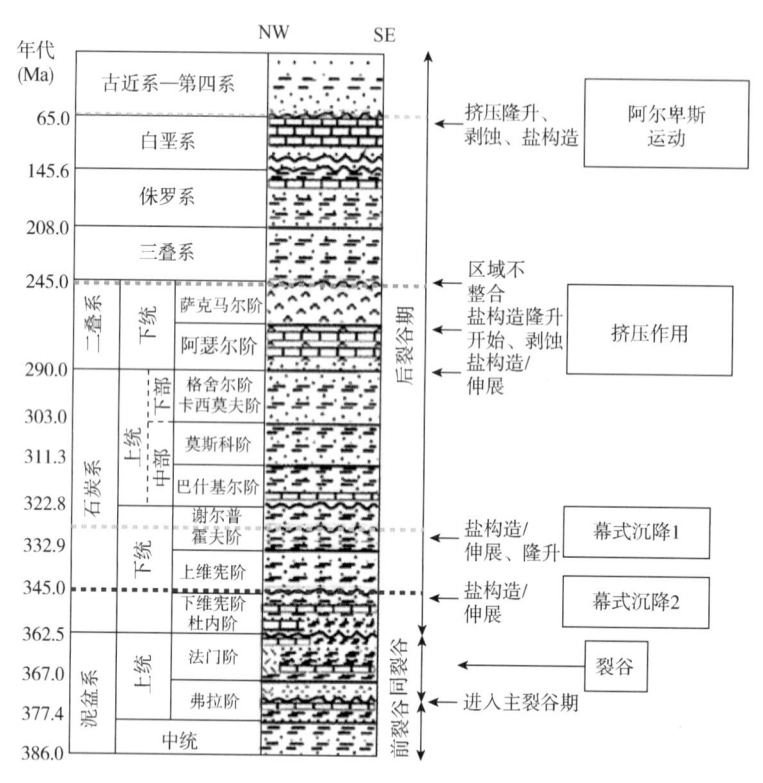

图19-20 重新绘制的第聂伯—顿尼茨盆地地层柱状图
幕式沉降1和幕式沉降2指示伸展事件;而构造挤压造成二叠系隆升、盐构造和剥蚀作用

最后,有非常说服力的证据可以证实晚石炭世—早二叠世发生了构造挤压作用。尽管地震反射质量较差,但基于区域工作的地震资料还是清楚地证明了这一点。还有来自Ferrexpo/RDS项目的地震资料也表明,晚石炭世—早二叠世运动使边缘铲式断层以及杜内阶楔形体发生了反转,也使下倾厚皮断层发生反转以至于造成上盘单斜在阿尔卑斯叠加运动之前发育。与过去15年发表文章的观点相悖的是,本文认为第聂伯—顿涅茨盆地晚石炭世—早二叠世事件造成的是盆地挤压而不是伸展。

参 考 文 献

Chirvinskaya, M. V. & Sollogub, V. B. 1980. Deep Structure of the Dnieper-Donets Aulacogen from Geophysical Data. Naukova Dumka, Kiev(in Russian).

Coward, M. P. & Stewart, S. 1995. Salt influenced structures in the Mesozoic-Tertiary cover of the southern North Sea, U. K. In: Jackson, M. P. A., Roberts, D. G. & Snelson, S. (eds) Salt Tectonics: A Global Perspective. AAPG, Tulsa, Memoir, 65, 229-250.

Cramez, C. 2006. Salt structures. http://homepage.ufp.pt/biblioteca/GlossarySaltTectonics/HomePage.html

Dvorjanin, E. S., Samoluk, A. P., Egurnova, M. G., Zaykovsky, N. Y., Podladchikov, Y. Y., van den Belt, F. J. G. & de Boer, P. L. 1996. Sedimentary cycles and paleogeography of the Dnieper-Donets Basin during the late Visean-Serpukhovian based on multiscale analysis of well logs. Tectonophysics, 268, 169-187.

Eisenverg, D. E. 1988. Geology and Oil and Gas Occurrences of the Dniepr - Donets Depression: Stratigraphy. Naukova Dumka, Kiev(in Russian).

Ivanyuta, M. M., Fedyshyn, V. O., Denega, B. I., Arsiriy, Y. O. & Lazaruk, Y. G. (eds) 1998. Atlas of Oil and Gas Fields of Ukraine. Ukrainian Oil and Gas Academy, Lviv.

Jackson, M. P. A. & Vendeville, B. C. 1994. Regional extension as a geologic trigger for diapirism. Geological Society of America Bulletin, 106, 57-73.

Jenyon, M. K. 1986. Salt Tectonics. Elsevier, London.

Khomenko, V. A. 1977. Lithology of the Devonian Sediments in the Dniepr-Donets Basin. Naukova Dumka, Kiev, (in Russian).

Rowan, M. G. 1997. Three-dimensional geometry and evolution of a segmented detachment fold, Mississippi Fan Foldbelt, Gulf of Mexico. Journal of Structural Geology, 83, 463-480.

Scheck-Wenderoth, M., Krzywiec, P., Zuhlke, R., Maystrenko, Y. & Froitzheim, N. 2008. Permian to Cretaceous tectonics. In: McCann, T. (ed.) The Geology of Central Europe, Volume 2: Mesozoic and Cenozoic. The Geological Society, London, 999-1030.

Stovba, S. M. & Stephenson, R. A. 1999. The Donbas Foldbelt: its relationships with the uninverted Donets segment of the Dniepr Donets Basin, Ukraine. Tectonophysics, 313, 59-83.

Stovba, S. M. & Stephenson, R. A. 2003. Style and timing of salt tectonics in the Dniepr Donets Basin(Ukraine): implications for triggering and driving mechanisms of salt movement in sedimentary basins. Marine and Petroleum Geology, 19, 1169-1189.

Stovba, S. M., Stephenson, R. A. & Kivshik, M. 1996. Structural features and evolution of the Dnieper-Donets Basin, Ukraine, from regional seismic reflection profiles. Tectonophysics, 268, 127-147.

Stovba, S. M., Maystrenko, Yu. P., Stephenson, R. A. & Kusznir, N. J. 2003. The formation of the south-eastern part of the Dnieper-Donets Basin: 2-D forward and reverse modelling taking into account post-rift redeposition of syn-rift salt. Sedimentary Geology, 156, 11-33.

Ulmishek, G. 2001. Petroleum Geology and Resources of the Dnieper - Donets Basin, Ukraine and Russia. U. S. Geological Survey Bulletin 2201-E.

Ziegler, P. A. 1990. Geological Atlas of Western and Central Europe, 2nd and completely revised edition, Shell International Petro. Maatschappi B. V. and Geological Society Publishing House, Bath.

（杜美迎 译，张凤廉 王龙 校）

第四部分

盐体内部及邻区的变形

第 20 章 重力驱动挤压作用下多层厚蒸发岩内的应变分布

JOE CARTWRIGHT[1], MARTIN JACKSON[2], TIM DOOLEY[2], SIMON HIGGINS[3]

(1. School of Earth, Ocean and Planetary Sciences, Park Place, Cardiff University, Cardiff CF10 3YE, UK;
2. Bureau of Economic Geology, Jackson School of Geosciences, University of Texas at Austin, Texas, USA; 3. Statoil A/S, Stavanger, Norway)

摘 要 地中海东部黎凡特(Levant)盆地的三维地震数据被用来量化研究盐构造早期发育阶段中的多层厚墨西拿阶蒸发岩中的纵向应变。重力扩展来自盆地的沉降、盆地边缘的掀斜以及 Nile Cone 的前积。在两个独立的三维地震工区内有相似的挤压构造类型，包括滑脱褶皱、断坡褶皱以及共轭的走滑断层。这些更新世的构造可以用构造输运方向为 NE 到 NEE 向的简单变形来解释，该方向与上新世晚期开始的上倾伸展方向相反。墨西拿阶内的四个主要滑脱层可能发育多层含盐岩的地层。地层的缩短率在底部附近为 1%~2%，而在墨西拿阶顶部附近达到 7%，缩短率从顶部到底部有一个很大的下降。这种缩短率特征是由不对称的泊肃叶流造成的，这表明与上覆层转移速度相比，盐体向下倾方向的流速更快。物理模拟结果表明该推断的流体剖面是合理的，每一个塑性层的流速都要比相邻的能干层更快，而且蒸发岩内的应变要远比上覆层大。本文是已出版文献中第一篇利用地震数据分析区域性盐体内流体机制的文章。

重力构造在可充当滑脱层和提供底辟来源的厚盐层条件下更易形成。因此，除了一些克拉通背景外，大多数含盐盆地都会产生明显变形。在适度的差异负载或者掀斜作用下，盐层具有重力不稳定性，并不断流动而形成在上倾方向伸展和下倾方向挤压的耦合带(Bornhauser, 1958; Winker, 1982; Jackson, 1995; Letouzey 等, 1995; Morley 和 Guerin, 1996; Hudec 和 Jackson, 2007)。由于盐体相对较弱，变形盐层内应变强烈，这就使得发生强烈变形的含盐盆地很难恢复到其初始形态，因而对初始阶段厚盐层是如何响应的知之甚少，尤其是盐体内的初始流体机制，以及滑脱面是否位于盐层内还是沿着盐层接触面。

对大多数含盐盆地来说，盐体内部缺乏地震反射，导致很难对高度变形的盐层。内部的运动学特征进行研究。盐体顶部和底部通常地震成像较好，但是极少能将侧向连续反射成像，而侧向反射可以作为盐体内部变形的标记(van Gent 等, 2010)。实际上，盐体具有典型的无反射特征、不连续的地震相，缺乏反射可以作为识别盐体的一个标志(如 Jenyon, 1986)。

盐体内部缺乏地震反射，这与露头(Zak 和 Freund, 1980; Jackson 等, 1990; Talbot, 1998; Talbot 和 Aftabi, 2004; Talbot 和 Pohjola, 2009)和盐矿中(Stier, 1915; Balk, 1949, 1953; Hoy 等, 1962; Kupfer, 1962; Schachl, 1968; RichterBernburg, 1980; Miralles 等, 2001; Schleder 等, 2008; Szatmari 等, 2008)的盐体内部变形产生了强烈对比。在这些研究中，通过蒸发岩层序中的岩层确定复杂的微型构造，并用来说明总体的动力学特征。

本文研究了重力扩展初期厚原地盐层的内部动力学特征。研究对象是地中海东部黎凡特（Levant）盆地，该处大陆边缘发育一套大约 1.5km 厚的墨西拿阶（中新世末期）盐层。黎凡特盆地是研究早期盐构造的理想对象，因为地震对层状蒸发岩可以成像，以及具有相较对小的应变（Cartwright 和 Jackson，2008）。本文综合利用了地震解释、编图和缩短幅度这种简单的定量分析方法对主要构造进行了分析。本文的创新点是利用少有的地震成像良好的内部层来分析盆地规模的盐构造。利用变形的内部标记层，测量盐体和上覆层的不同级别的应变特征。盐体内部的反射也实现了对盐体中主要构造和其滑脱层的精细解释。此外，本文的物理模型分析了在单期的变形过程中，多层地层在不同层次的应变中的巨大差异。因此，本文的主题也可以说是证明了三维地震解释对理解多层蒸发岩内部动力学特征的巨大价值。

20.1 区域地质背景

黎凡特盆地（图 20-1）从几个方面来说都非常利于进行早期盐构造的研究。该盆地发育一套应变中等的厚盐层，仅受到区域沉降、沉积负载和重力扩展作用影响，而受基底构造影响甚微（Hubscher 等，2007；Cartwright 和 Jackson，2008）。厚度大于 1.5km 的多层蒸发岩在墨西拿阶高含盐度关键期（Ryan 和 Cita，1978）堆积形成，并朝现今的陆架边缘减薄，最终尖灭（Druckman 等，1995；Bertoni 和 Cartwright，2006；Netzeband 等，2006）。在高含盐度关键期之前，强烈的挤压和隆升作用终止了盆地的沉降（Ben Avraham，1978；Eyal 和 Reches，1983；Gardosh 和 Druckman，2006）。盆地在墨西拿阶沉积末期重新接受沉积之后，来自尼罗河的硅质碎屑沉积物占主导地位，而从黎凡特边缘供给的沉积物较少（Tibor 等，1992；Ben Gai，2005；Folkman 和 Mart，2008；Clark 和 Cartwright，2009）。两个重力驱动的变形体系改变了黎凡特斜坡进积作用：（1）随着滑塌作用和滑移作用的持续，局部薄皮斜坡发生破裂（Garfunkel，1984；Frey-Martinez 等，2005）；（2）区域薄皮构造包括整个在墨西拿阶蒸发岩上发生滑脱的上新世—更新世陆架—陆坡的上覆层（图 20-2）（Almagor，1984；Garfunkel 和 Almagor，1985；Netzeband 等，2006；Cartwright 和 Jackson，2008）。现今，这两种重力驱动的变形体系仍处于活动状态。

黎凡特盆地边界条件复杂，这是由于强烈的侧向挤压造成的，而侧向挤压主要来源于：（1）南部 Nile Cone 沉积的重力扩展作用；（2）西部 Eratosthenes 海岭的支撑作用；（3）沿北部塞浦路斯弧的俯冲作用；（4）叙利亚拱曲的褶皱作用，其中东北部更为强烈；（5）与阿拉伯和 Sinai 微板块相对运动有关的黎凡特海岸的压扭隆升作用（图 20-1a）。由于这些干扰边界情况的存在，黎凡特海域墨西拿阶伸展区域和挤压区域的关系非常复杂（Loncke 等，2006；Cartwright 和 Jackson，2008），这也是本文探讨的主题。

蒸发岩地层特征详述如下。

基于阻抗特征以及反射连续性，本文将墨西拿阶蒸发岩划分为 6 个地震—地层单元，即 M_1—M_6（图 20-3）。Bertoni 和 Cartwright（2007a）也根据三维地震相分析定义了 6 个层（4 个层为空白反射，2 个层具有反射特征），而 Netzeband 等（2006）根据二维地震测线解释识别出了 5 个层。

内部分层并未通过钻井进行标定，所以其成因尚不清楚。Garfunkel（1984）认为，分层可能是由于碎屑沉积夹层所导致。相反的，Gradmann 等（2005）和 Netzeband 等（2006）认为，分层是由于富含盐岩和硫酸盐的蒸发岩旋回造成，这也是蒸发岩层序的典型特征（Warren，

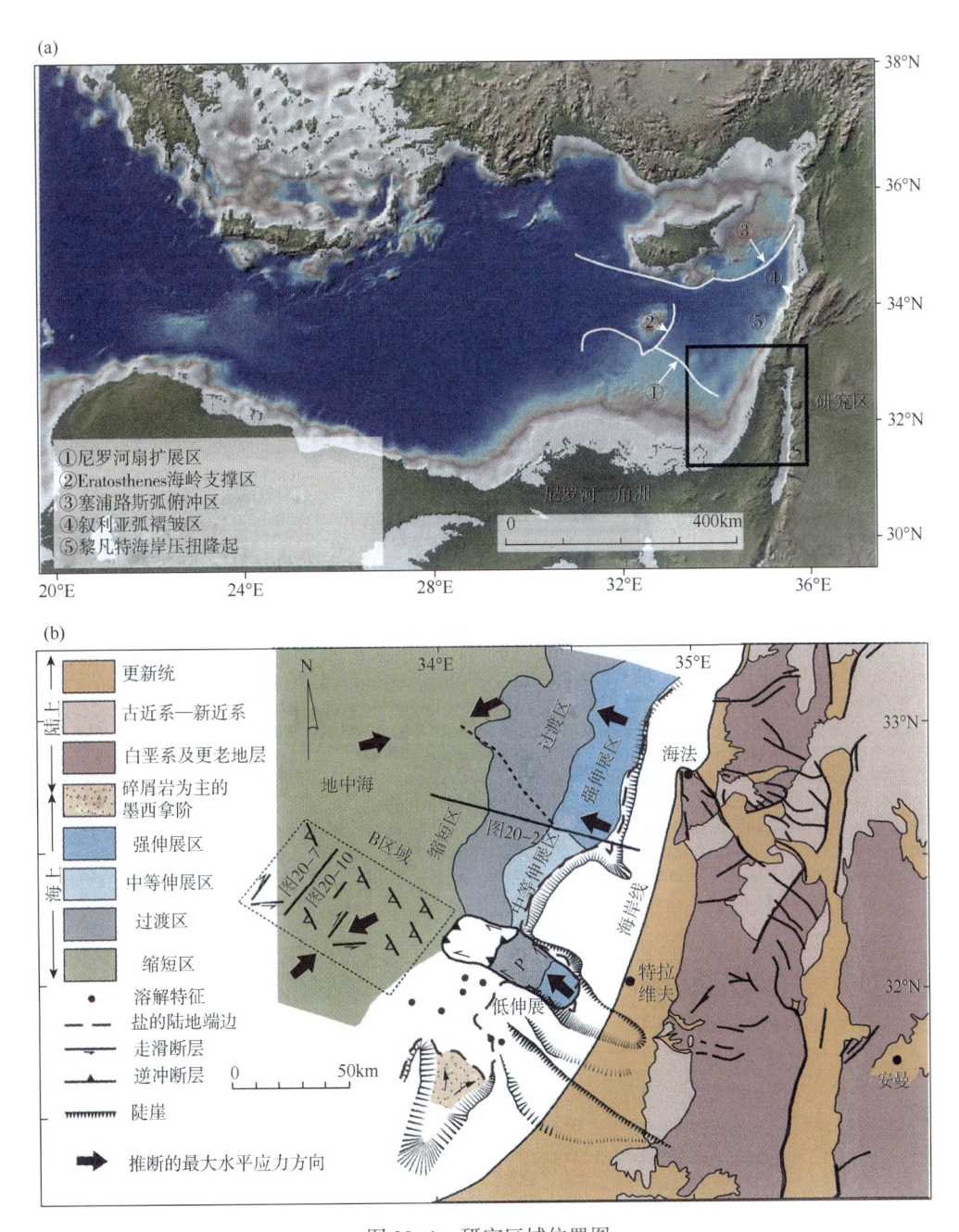

图 20-1 研究区域位置图

(a)东部地中海区域显示黎凡特盆地周缘的远源挤压来源；图片来自 GeoMap APP；(b)黎凡特盆地主要地质特征和简化的陆上露头地质特征；该图展示了 B 区域的平面位置(附着地震剖面位置)，而 A 区域(挤压区北部)出于保密目的，并未精确标识出其具体位置；运动学数据包括逆断层和走滑断层数据；黑色虚线显示的是伸展区域中应变和高应变的可能界线

2006)。Cartwright 和 Jackson(2008)描述了沿黎凡特盆地东部边缘拉伸区的墨西拿阶层序中几乎发育完全但又不均质的盐焊接。通过该研究，他们认为分层层序由交替的纯蒸发岩和非纯蒸发岩组成，但分层层序中包含近乎纯盐岩和硬石膏也是同样可能的。

近期研究结果支持 Cartwright 和 Jackson(2008)对岩性的解释，但确切的岩性在钻井证

— 483 —

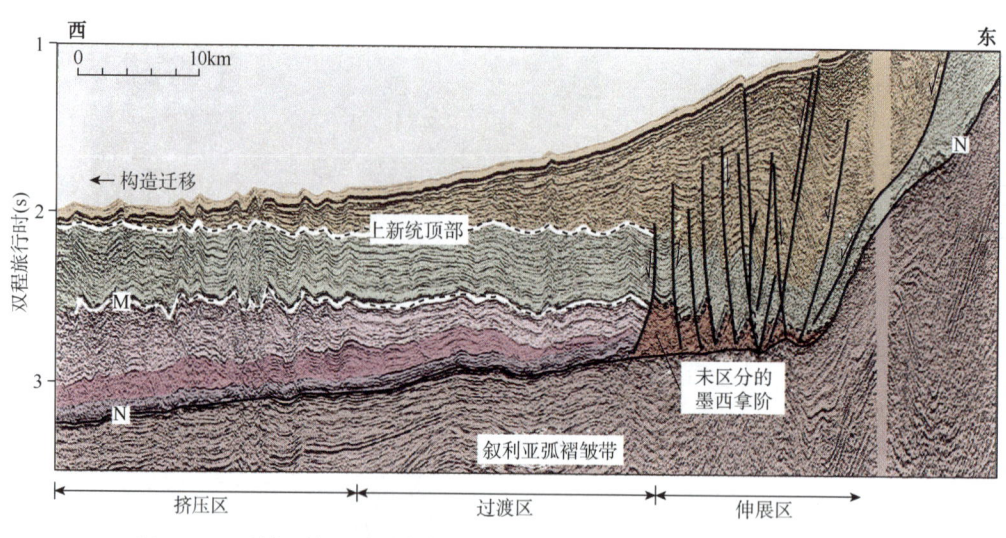

图 20-2 区域二维地震测线表示 A 区域存在从伸展区到挤压区的构造环境

测线位置参见图 20-1b；挤压作用从上新统顶部开始

实之前都还不能确定。地震相和构造样式的紧密联系表明了流变学分层特征。除了 M_6 之外的地层单元在横向上都具有很好的连续性(图 20-3)，这也不支持碎屑物质从边缘输入的特点。基于扇形体的振幅平面图，Bertoni 和 Cartwright(2007b)认为墨西拿阶内的碎屑沉积物来自黎凡特盆地的最南部。但更远端的是，内部反射在横向上连续数十千米，在它们的振幅图上，没有证据显示其运移具有优势方向性(如水道、朵叶体、透镜体)。在本文的研究区域内，低振幅的地震相(透明的；M_2、M_4、M_6)与高振幅(明亮部分)反射连续波组(M_1、M_3、M_5)相间排列。M_1 包含部分低振幅和高振幅地震相，但它们被定义为一个统一的单元，因为这两种相的横向变化是连续的。无反射单元被解释为富含盐岩的地层。高振幅单元被解释为盐岩—硬石膏混杂，可能夹有薄层碳酸盐岩(Cartwright 和 Jackson，2008)。与无反射单元相比，高振幅单元变形更剧烈，除了被逆断层造成的重复外，其厚度更为一致(图 20-3)。

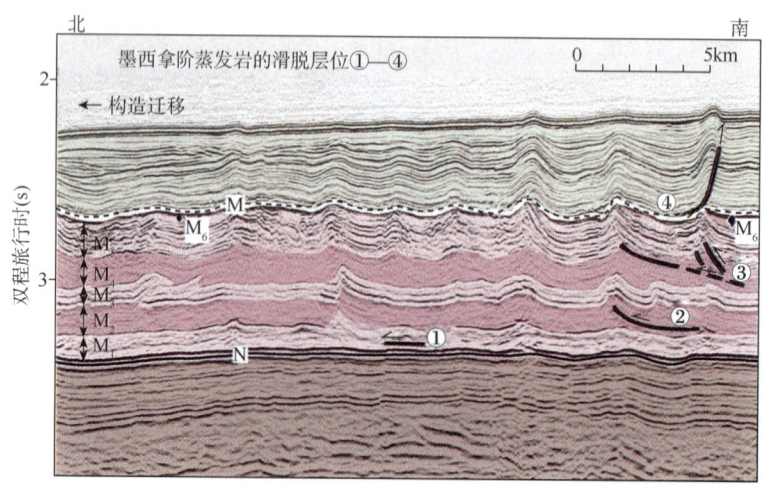

图 20-3 A 区域三维地震剖面显示墨西拿阶蒸发岩层序的变形和分层特征

墨西拿阶包括 M_1—M_6，上覆变形较弱的部分解耦的后墨西拿阶层序，下伏相对未变形的前墨西拿阶层序

20.2 数据和方法

本文的研究基于黎凡特盆地挤压区中 A 区域和 B 区域地震资料的构造解释(图 20-1b)。这两块三维地震测网的覆盖面积分别约为 520km² 和 1140km²，这些数据是 20 世纪 90 年代由 BG-Group 和其合资经营伙伴采集的。

地震数据是近零相位的地震剖面，按勘探地球物理学家协会(SEG)正极性定义，这使得阻抗增加产生正振幅。三维地震数据是叠后时间偏移剖面。地震测网主测线道间距为 6.25m，联络测线间距为 25m，取样间隔 4ms。数据处理之后，两个工区的最终网格为 12.5m×12.5m，包含 6400 网格单元/km²。从上新统至今的地层的主频约为 50Hz，随着深度的增加，频率递减。

采用平均速度为 2000m/s(Frey-Martinez 等，2007)，上新统的垂向和横向分辨率分别为 10m 和 40m。在墨西拿阶蒸发岩中，主频和速度分别是 30Hz 和 4200m/s，所以垂直分辨率大约为 35m。但垂直分辨率会随着蒸发岩单元中明显变化的频率和地震速度而变化。

本文的研究也采用二维多道地震剖面来进行区域对比及成图。曾在 1983 年采集了总长度大约为 6000km 的地震测线并进行了叠后时间偏移，覆盖了黎凡特盆地的大部分地区，网格大约为 10km×10km(Cartwright 和 Jackson，2008)。地震数据根据 8 口具有测井曲线及未公开的地层解释的钻井进行标定。利用钻井数据进行了地层和岩性分析、沉积单元对比以及时间—深度换算。

利用斯伦贝谢公司的 Geoframe 软件(IESX)对墨西拿阶盐岩内部和其上的层位进行了成图。按 100m×50m 网格自动跟踪来完成成图。使用附近钻井的速度数据对地震剖面进行时深转换，以进行剖面平衡复原。

8 个层位的缩短率计算是基于 A 区域内层位长度对比。层长对比具有和平衡剖面相同的假设：(1)平面应变；(2)层长和面积守恒；(3)圆柱状褶皱变形。在平面应变的前提下计算的总是最小的缩短率。为了遵守这些假设，我们测量了与构造运移方向轻微斜交的任意三维地震测线，但保证剖面长度是最大的。与运移方向成 30°相交的剖面线对大部分分析来说已经足够接近(<15%误差；Woodard，1992)。如图 20-6 所示的其他剖面则设计了方位角，以此来表示具有相反走向的不同构造特征。

通过与未变形模板厚度对比或者露头中没有透入性变形的现象，从而证实为了保持层长守恒而没有塑性增厚(如弯滑褶皱作用)的假设。下文描述的墨西拿阶内构造样式表明，多层具有明显的各向异性(抗压强度比抗剪强度大很多；Price 和 Cosgrove，1990)。更弱的富含盐岩地层可能在挤压期间增厚，这就会破坏层长守恒的假设。相反地，本文的分析表明，强度更高的不含盐岩层在挤压作用中会保持长度不变。这个假设严格来说不是正确的，因为它忽略了均匀应变的原则。在后一个部分，本文记录了与地层平行的构造挤压作用，该作用会使地层在逆断层和褶皱作用之前增厚。由于这些原因，本文的分析只是半定量的，表示的只是挤压作用中的相对变化而不是绝对变化。

对于褶皱应该是圆柱体的假设，如果褶皱作用偏离了等距弯曲作用(Lisle，1992)，则地层厚度在三维空间内严格保持守恒。研究区域的褶皱比较简单，最大弧度处一般与褶皱轴正交，因此，圆柱状褶皱的假设是可行的。

20.3 挤压区的三维构造

挤压区的构造纲要图是由 Cartwright 和 Jackson(2008)利用区域二维地震数据绘制的。该区占据包括了黎凡特盆地的斜坡和底部,最西部达到 Eratosthenes 海山(Netzeband 等,2006;图 20-1)。区域二维地震测线间隔太大,不能绘制出挤压区域内的单个构造,但根据两个区域(A 区域和 B 区域)的三维地震数据进行编图可以得到了以下认识。

20.3.1 A 区的构造描述

A 区位于挤压区的北部(图 20-1b),主要包含三个构造要素:(1)一套水平展布的前墨西拿阶,向下进入主褶皱带——叙利亚弧,该弧是由于始新世和渐新世区域挤压作用而形成的(Gardosh 和 Druckman,2006);(2)强烈褶皱和逆冲的墨西拿阶;(3)中度逆冲和褶皱的渐新统—更新统上覆层,它们在不同程度上沿下伏墨西拿阶滑脱(图 20-3)。在所有构造层上,倾向很弱甚至不存在。

墨西拿阶和后墨西拿阶的变形在时间构造图上是很明显的(图 20-4)。内墨西拿阶(M_4 底部、M_3 底部)的构造图(图 20-4b、c)显示,弯曲褶皱和断坡褶皱在走向 140°和 170°两个主要轴迹上的宽/长比为 1:2 到 1:7。走向为 140°的构造是最长的,它被分割成"S"形轴迹排列,高点的雁列式排列表示了左旋剪切特征。后墨西拿阶的层位发生褶皱变形,褶皱通常具有 2km 的波长,走向位于 150°~170°(图 20-4a)。典型褶皱长 5~7km,形成被 10~20km 长、走向在为 30°~40°的也滑断层限定的构造域。在这些构造图以及相邻的构造图上缺乏一致的横切关系,这表明这些走滑断层在挤压作用时期作为斜向侧断坡存在。一组更短的走滑断层走向为 90°,与走向为 30°的走滑断层组成共轭关系。

研究区域被两条大的走向为 140°的走滑断层(图 20-4b 中的 1 和 2)横切。它们的构造样式在剖面图中非常明显(图 20-5)。这些断层向东南方向延伸约 50km,并与伸展区外部边界的正断层相连接。这些大型走滑断层在墨西拿阶底部发生滑脱,并在墨西拿阶和后墨西拿阶中形成横切逆断层和褶皱。走滑断层横切伸展区,该处伸展应变变化明显(Cartwright 和 Jackson,2008;图 20-1b),这表明走滑作用调节了具有不同整体应变的构造域的撕裂作用。

研究区域内 8 个层位构造图的叠合结果表明,褶皱枢纽和逆冲断层在有限的走向长度上的层位是紧密相关的(对比有代表性的图 20-4a-c)。叠合构造图之间的区别可以解释为是由于墨西拿阶蒸发岩局部独立的滑脱作用造成的。

滑脱层的不同也反映在蒸发岩不同的变形强度上。变形样式与地震相有关:高振幅相形成主动作用的小型褶皱和逆冲断层,而低振幅相对应于被动作用。滑脱层被认为不会发育在低振幅地震相内(M_2、M_4 和 M_6)(图 20-3)。M_1 单元包含墨西拿阶底部的滑脱,变形中等。个别小位移(<50m)的逆断层和表现为窄背斜的竖直滑脱褶皱平均波长为 5km 的相对平缓的宽阔向斜分隔。在 M_3 单元,挤压作用更强,更多大振幅(100~200m)的正弦弯曲褶皱夹杂不同倾向的断坡背斜,其位移量为 50~300m,不规则的波长约为 2km。M_5 单元是三个能干层中挤压最强烈的,这三个层发育对称膝折褶皱、断坡褶皱和断距一般为 100~300m 的不同倾向的逆断层,背斜顶部在墨西拿阶顶部(层位 M)被削成。三个软岩层单元(M_2、M_4、M_6)在侧向上厚度不同,表明内部的流动调节了能干层单元之间的应变。这些变化在构造不协调部位或者倾向垂直反转部位更为明显(图 20-3)。软岩层单元 M_6 聚集在褶皱翼部和向斜内部。

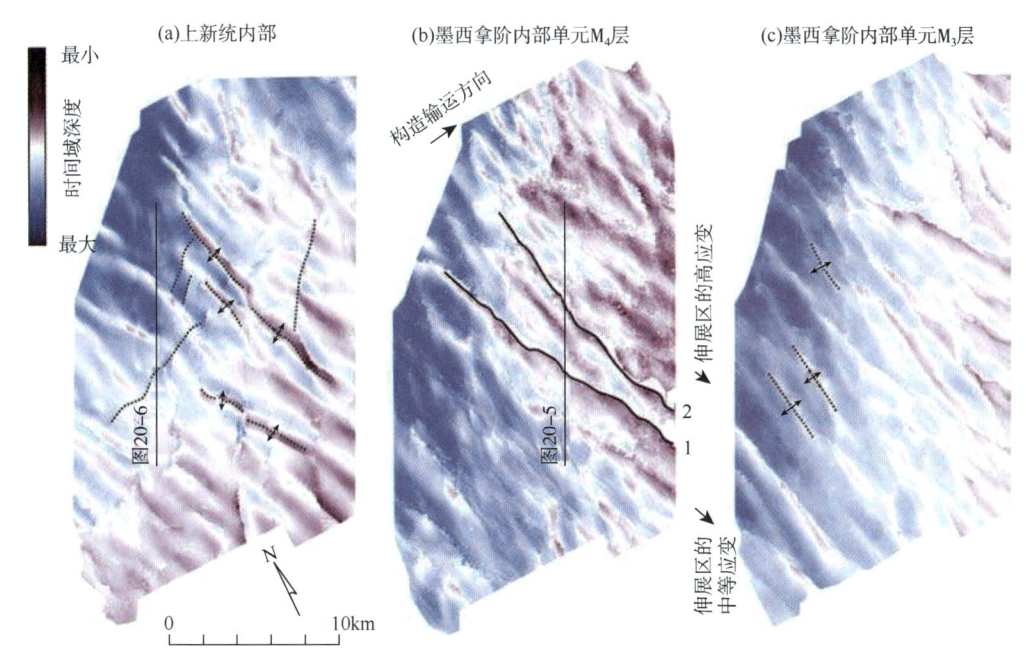

图 20-4 根据 A 区域地震测网所得到的时间域构造图

为了反映褶皱及正交的走滑断层，测线的方向斜交于构造转运方向；这三个时间域构造图表明褶皱和逆断层的优势走向在 140°~170°之间；(a)图中走向为东北—北北东向的点线表示走滑断层，点线表示背形轴迹；(b)图中实线(1、2)是图 20-5 中走滑断层的迹线，解释为图 20-1 伸展区域中高应变和中应变之间界线的远源延伸

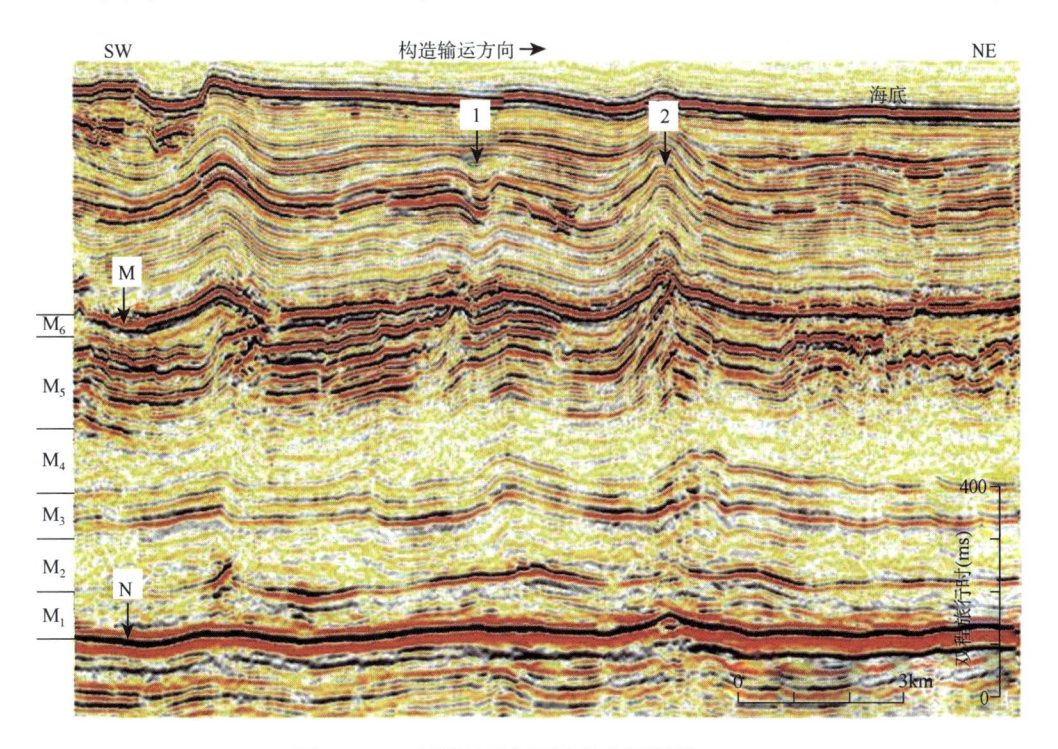

图 20-5 A 区域地震剖面中的走滑断层(1、2)

断层位于伸展区东南方向 50km 处；M 和 N 分别是墨西拿阶顶部和底部；剖面位置参见图 20-4

基于构造图上轴迹的错断以及剖面上倾向和轴迹的变化,我们识别了4个主要的墨西拿阶内部滑脱层(图20-3):D₁,在墨西拿阶底部(层位N)大约50m厚;D₂,是在M₂中分布的大约200m厚的滑脱层;D₃,是在M₄中分布的大约250m厚的滑脱层;D₄,在墨西拿阶顶部之下的大约50m厚的滑脱层。单层滑脱距离可能为5~6km,但也可能持续延伸更远,这隐藏在了低振幅地震相中。上覆层受纵弯褶皱及少量的逆断层控制,其中纵弯褶皱波长大多为2~3km,而逆断层在墨西拿阶蒸发岩最顶部发生滑脱。

上覆的上新统—更新统作为独立的动力学单元而发生变形。在上覆层耦合于墨西拿阶内部构造的地方,上覆地层内中等振幅的背斜直接上覆于墨西拿阶更强烈变形的纵弯背斜或断坡背斜之上(图20-3)。上新统—更新统内褶皱幅度向上减少,直至海底减小为50~100m之间。褶皱翼部的超覆定义了同构造期(生长)地层的底部(图20-6)。同构造期地层的底部在研究区中是可对比的。这个底面是一个明显的标记层,它能够反映研究区的变形开始时期是更新世。

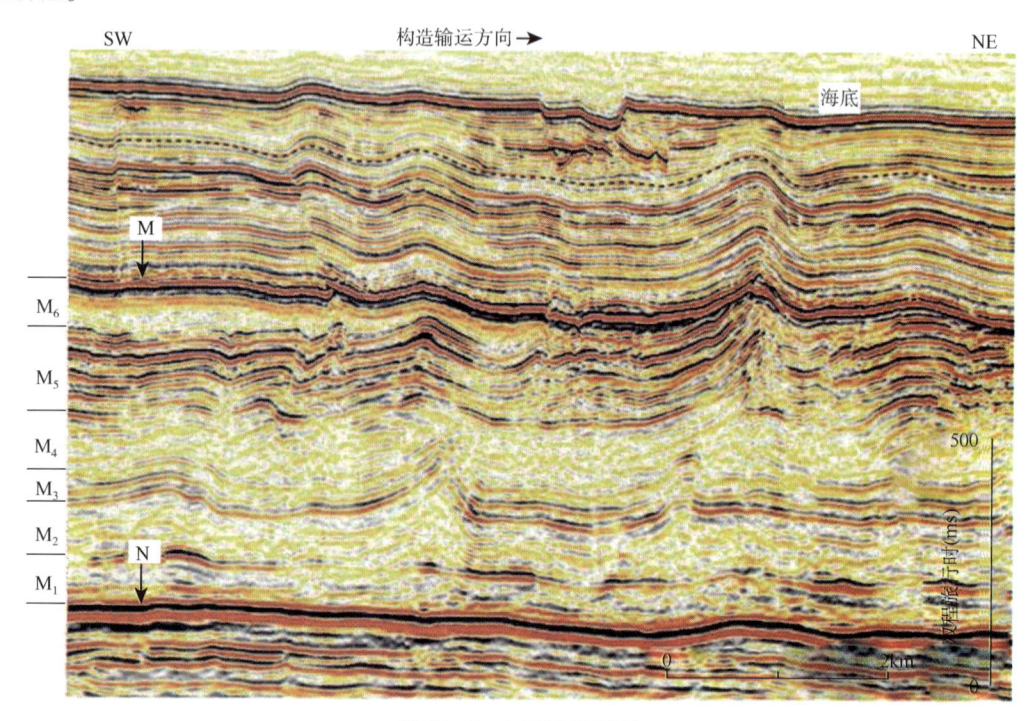

图20-6 A区域剖面图

表示了同期构造(生长)地层底部(点线);墨西拿阶注释参见图20-3和图20-5

20.3.2 B区域的构造描述

B区域位于挤压区的南部,靠近 Nile Cone 斜坡,水深大约1000m(图20-1b)。B区域整体构造特征和A区域类似,发育有强烈褶皱和逆冲的墨西拿阶,其内部构造样式有一定差异,以及中度逆冲和褶皱变形的渐新统—更新统,它们均与下伏墨西拿阶的变化耦合(图20-7)。与A区域的双倾向系统不同的是,B区域构造主要倾向构造运移的NE方向。盐下地层和盐内变形明显不同,但盐下叙利亚弧褶皱带在比A区更浅的位置发生了中等褶皱(图20-7)。

时间域构造图和关键地震层位的时间域倾角属性图能够展示构造的平面形态特征(图

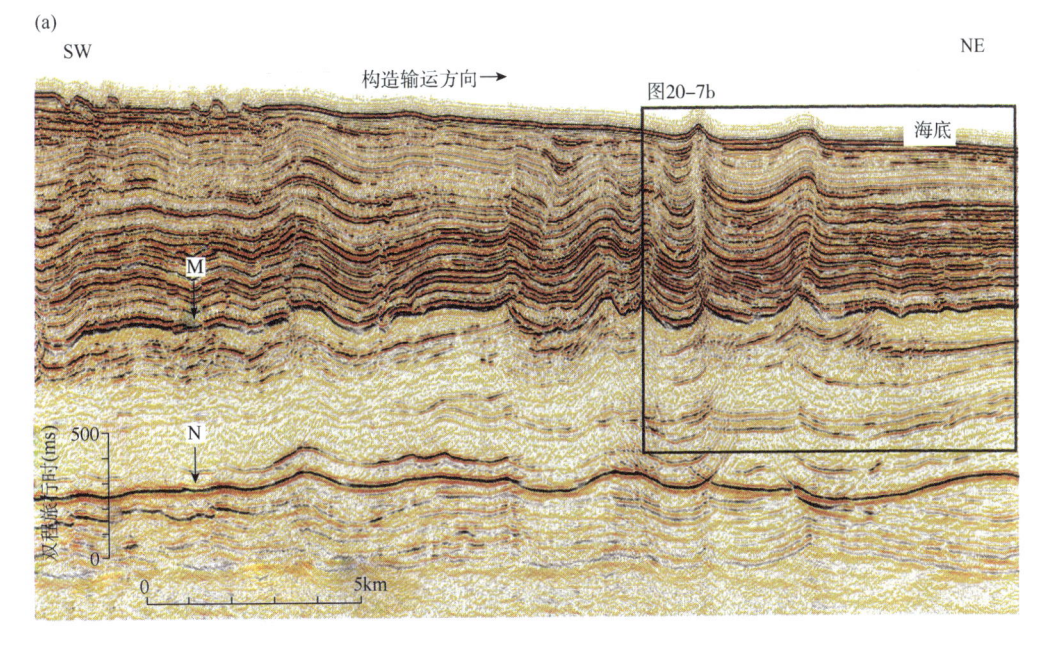

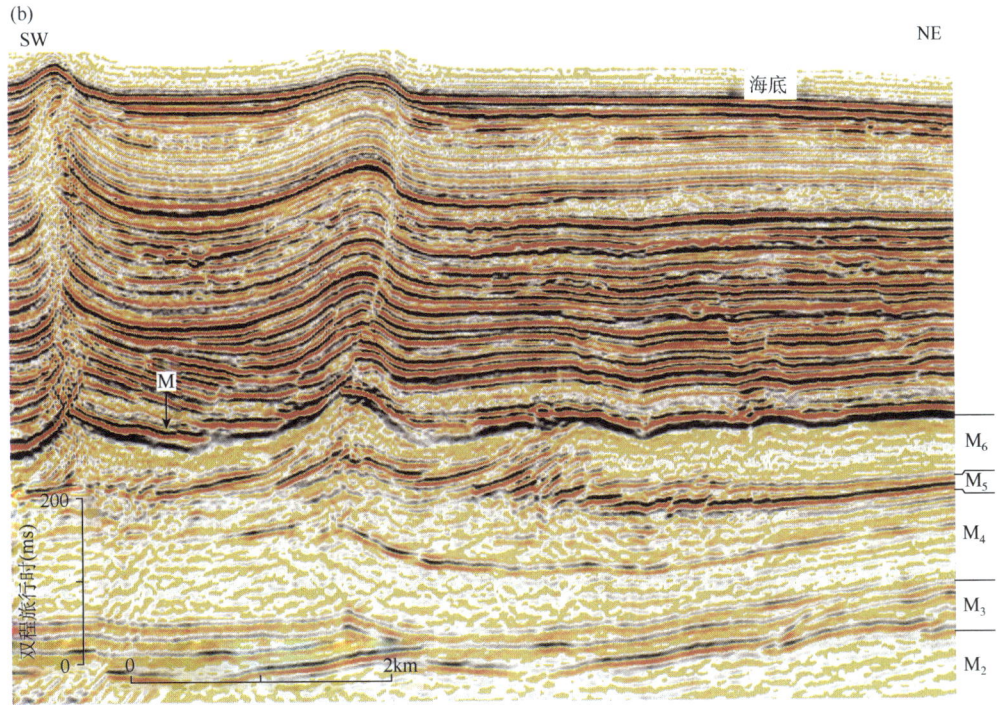

图 20-7 (a)表示 B 区域构造及地层一般特征的地震剖面以及(b)图(a)内的矩形区域的局部放大表示了墨西拿阶上部 M_5/M_6 内的叠瓦状前冲断层

20-8)。墨西拿阶内部和墨西拿阶顶部构造图展现了研究区东北部发育走向为150°的逆冲断层和伴生褶皱(图 20-8a、b)。这些褶皱和逆断层被走向约为25°和70°的两组走滑断层切割。尽管走滑断层的夹角为45°，它们也有可能是共轭的，这是由于它们的等分线几乎重复于逆冲断层和褶皱轴迹。它们的等分线指示了最大水平应力方向，沿逆时针方向，向上从墨西拿阶顶部的60°，变化到上新统顶部的50°，再变化到海底的40°(图 20-8 和图 20-9)。

在海底，沿着走滑断层的运动学特征(图20-9)表明，走向为0°的一组为右旋，走向为70°的一组为左旋。共轭走滑断层与促使海底发生变形的弱背斜走向并不协调，背斜走向表明最大水平应力方位为60°，而不是走向断层所表明的40°。这种时间和空间的变化反映了黎凡特盆地边界条件的变化，尤其是Nile Cone扩展作用的波动情况(图20-1a)。大部分共轭走滑断层并没有错开逆断层或褶皱轴迹，而仅仅是起到了限制作用(图20-8b、c)，这表明这两组构造是同时期的。更为少有的情况(图20-9)是，背斜构造沿走滑断层被错开，这也反映了局部更复杂的位移历史。走滑断层是在墨西拿阶蒸发岩内发生滑脱的强烈变形垂直带(图20-5和图20-10)。

墨西拿阶的构造样式以研究区东部边缘倾向NE的前冲断层和断坡褶皱为主(图20-7)。逆冲断层倾角在10°~40°之间，位移范围为几十米到几百米不等。局部存在后冲断层。在墨西拿阶最顶部常见到位移小于300~400m的小型逆断层叠瓦构造，它们错开了反射更为明显的M_5单元。褶皱幅度从几十米到几百米不等，但波长不规则，而且褶皱成簇出现。

最为强烈的盐内变形位于墨西拿阶最顶部(M_4—M_6)。只有一些小褶皱和小型逆断层在墨西拿阶最下部(M_1—M_3)发育(图20-7和图20-10)。逆断层和褶皱在盐体底部和附近以及M_2，M_4、M_6内的4个层位发生滑脱，这与A区域是相同的。我们无法追踪这些侧向延伸达几千米的滑脱，这也使我们更为确信从A区域中得到的认识，即这些滑脱是局部的，并在每一个滑脱层位上形成无构造系统叠加的被子型叠置。

20.3.3 构造解释

盐岩和上覆层的挤压是对黎凡特边缘和Nile Cone地形重力扩展作用的薄皮响应。盐岩内部及其之上发育的褶皱轴向及逆冲断层和共轭走滑断层的走向表明两个研究区发生了单期挤压，其主轴方向在40°~70°之间。通过插值成图，表明该北—东向挤压作用可能控制了A区域之间的整个挤压区。如果挤压作用仅是由于黎凡特大陆坡上的重力驱动伸展作用引起的，那么挤压区的最大水平应力方向应约为110°。而推测的应力方位为40°~70°，这表明盆地其他边界条件还有附加效应，如图20-1a所示。图20-1b中的挤压主应力发生逆时针旋转，这表明Nile Cone地形向北的扩展作用是引起旋转以及挤压区北—东方向的构造输运的主要原因。

尽管后墨西拿阶的构造部分与下伏盐岩中的构造发生了脱耦，但是所有的动力学特征均表明它们具有相同的北—东向挤压方向。因而，最简单的解释就是，墨西拿阶内部及其之上的挤压作用属于同一个阶段的不同部分。同构造期地层的生物地层测龄结果表明，褶皱作用开始于上新世末期到更新世初期(图20-6)。但是，长距离的联井对比误差为50~100m，相当于时间误差达0.2Ma，这是基于上覆层平均沉积速率得出的。尽管存在这些误差，但是仍然可以确定的是，挤压作用是在上倾伸展作用开始的上新世中期很久之后才开始发生的(Cartwright和Jackson，2008)。这表明，在上倾应变和下倾应变之间可能存在1~2Ma的明显延迟。在离散非均质挤压构造吸收后期的上倾伸展作用之前，上覆层的均质侧向压实可能已经吸收了所有的早期上倾伸展作用。根据岩心样品或者构造平衡理论，其他学者在另外的陆缘上已经推测出侧向压实为10%~25%(Henry等，2003；Butler和Paton，2010)。

以前的研究已经根据多层蒸发岩的厚度变化(Netzeband等，2006)或者盐岩顶部的削减(Bertoni和Cartwright，2007a)推断出墨西拿阶内的盐层存在挤压作用。我们认为盐上挤压作用可以解释一些观察到的现象，它们包括将盐内厚度变化归因于盐岩内滑脱，以及将墨西拿

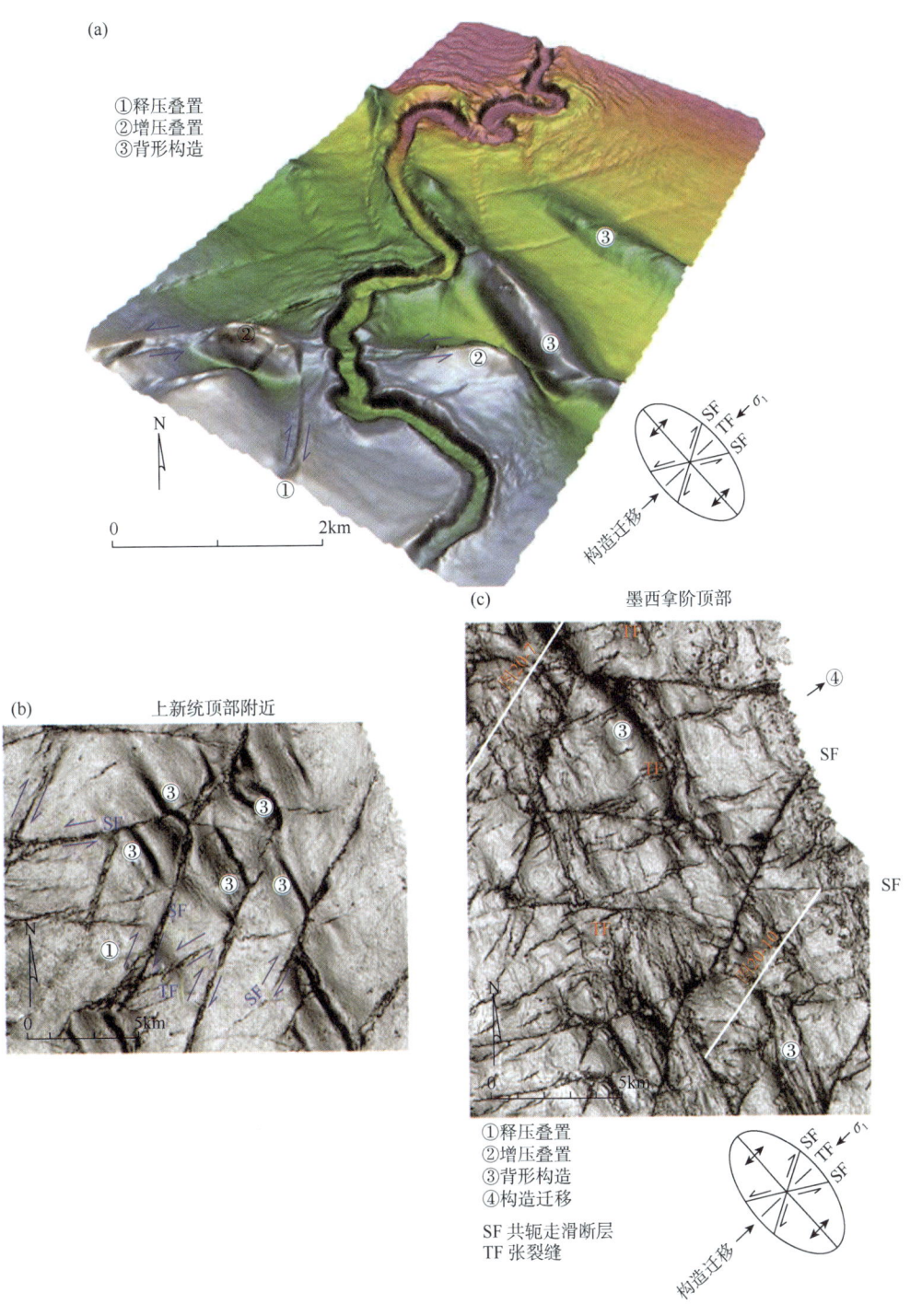

图 20-8 B 区域时间域构造图和时间域倾角属性图

(a)倾斜视角的海底时间域构造图(蓝—灰表示浅层,红色表示深层),表明斜坡河道发育于断坡和滑脱褶皱之间(据 Clark 和 Cartwright,2009);(b)同构造期地层底部(近上新统顶部)的倾角属性图,表明共轭走滑断层限定了 SSE 走向逆断层和相关褶皱的侧向延伸;(c)墨西拿阶顶部(M)的倾角属性图,显示了与图(b)相似的构造特征

阶顶部的削截归因于滑脱作用,尽管剥蚀作用也不能被排除在外。

— 491 —

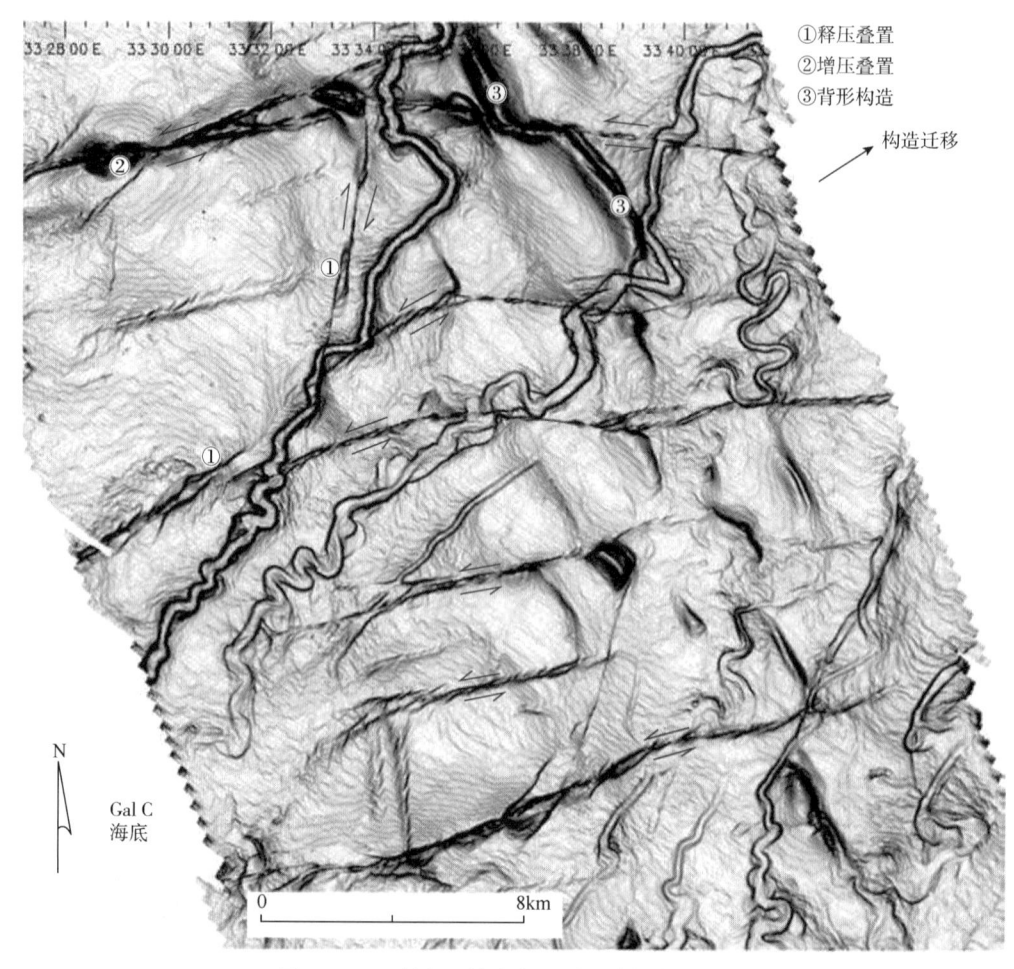

图 20-9 B 研究区域海底的时间域倾角属性图
显示走滑断层的运动学指示标志(释压弯曲和增压弯曲)

20.4 挤压区的缩短率

我们测量了 A 区域与地层平行的缩短率。由于 B 区域平面形状以及走滑断层占优势地位等原因，B 区域并不适合进行此项分析。在沿着主挤压方向的三条深度地震剖面中，线长通过采用 2D Move 软件进行测量。盐岩层速度为 4.2km/s(Netzeband 等，2006)。沿着这些剖面线，6 个能干层的缩短率通过采用三维地震体积方法进行了计算。每一条剖面线的结果以三个紧邻迹线的平均值来表示，这样可以使应变取样不足的影响降到最小(图 20-11)。其结果呈现了一个三段式的变化曲线，平行地层的缩短率从 M_1、M_2 单元的 1%~2%，变化到共有明显反射的单元 M_5 的 5%~7%，在墨西拿阶顶部和上覆层中又急剧下降到 1%~2%。预计深度转换和线平衡的误差总共小于 20%，但这不能改变这种三折线的曲线形态。

蒸发岩上部的缩短率值最大，应变梯度最高。四个解释的滑脱层在图 20-11 中也有标记，M_6 内的滑脱层或墨西拿阶顶部滑脱层具有明显的最高应变梯度，表明此处滑脱最为强烈。

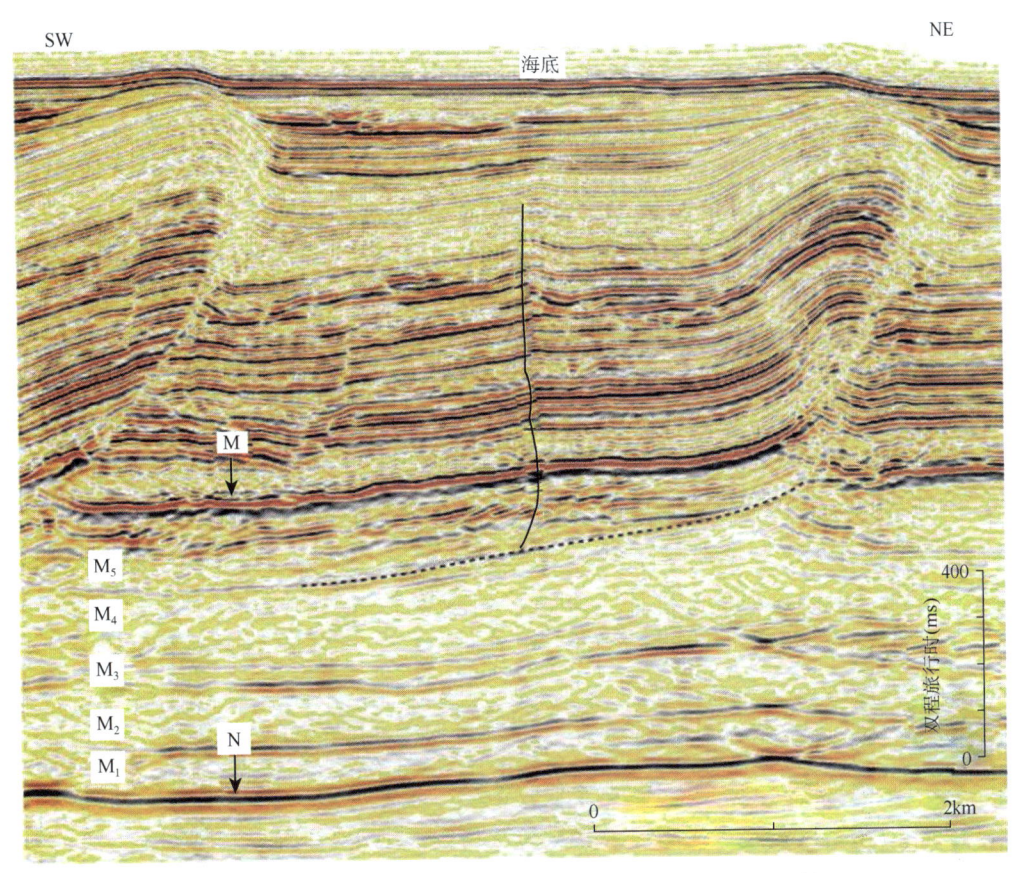

图 20-10　B 区域内穿过走滑断层（图片中部细黑线）的地震剖面

表明近垂直的断层在上墨西拿阶单元 M_4 层（点线）内发生滑脱；上新世晚期—全新世同构造期地层单元
超覆在两个具有海底特征的倾向 NE 的断坡背斜之上

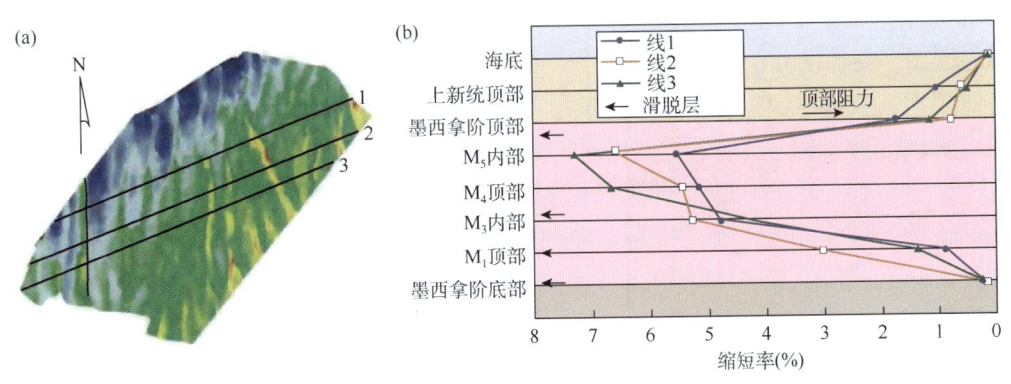

图 20-11　A 区域内的三个剖面线产生的纵向挤压应变

（a）挤压剖面在墨西拿阶内部单元 M_3 层时间域构造图上的位置；（b）相对原始地层位置的水平缩短率图，
显示了应变的不对称变化以及墨西拿阶蒸发岩的四个主要滑脱层

20.5　层状蒸发岩重力驱动变形的物理模拟

如果盐岩及其上覆层是受到了单期重力驱动变形的影响，那么它们的内部构造样式会不

— 493 —

同,但其总体应变会比较相似,但物理模拟的结果与此不同。在变形之前,模型包括90cm长和30cm宽的板状含盐盆地,并向上倾、下倾和侧向均发生尖灭(图20-12a 和图20-13a)。模型的力学地层是基于研究区墨西拿阶蒸发岩地层的构造样式推导出的力学地层得到(图20-12b、c)。富含盐岩的墨西拿阶单元(M_2、M_4、M_{5_2})用硅酮聚合物(类牛顿黏性聚二甲基硅氧烷;Weijermars 等,1993)模拟。这些黏性运动单元被脆性二氧化硅砂岩层和球状玻璃珠分离,它们用来模拟蒸发岩地层中更为能干的地层单元(M_3、$M_{5_{1,3}}$),如硬石膏或者碳酸盐岩(这些材料的物理性质见 McClay,1990;Rossi 和 Storti,2003;Dooley 等,2007)。M_5层包含多层地震各向同性的地层(推测为盐岩),并被薄的、具有反射特征的能干层分隔(图20-12b)。在本文的模型中,M_5单元被简化为两个砂和玻璃层之间的一个薄硅酮层。相似的,M_3层包含叠置的能干层和软弱层,但为了实用起见,采用M_2和M_4硅酮层之间的单个砂岩层来进行模拟。由于M_6呈块状分布,故没有对M_6单元进行建模。底部M_1单元是沙子和硅酮的混合体,比纯硅酮有效黏度更高,故用它来模拟不纯的盐岩。

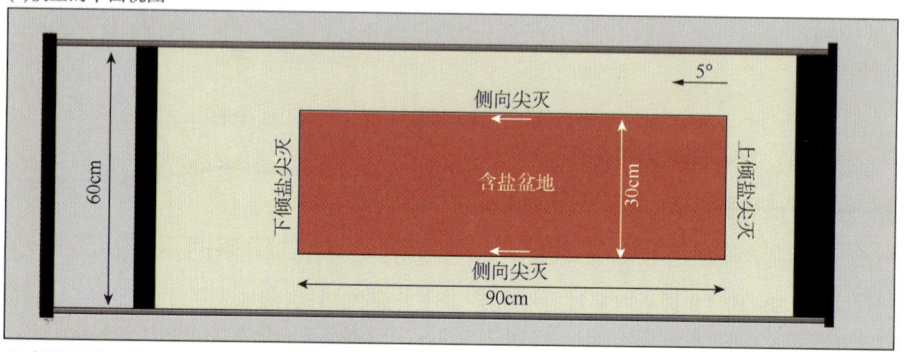

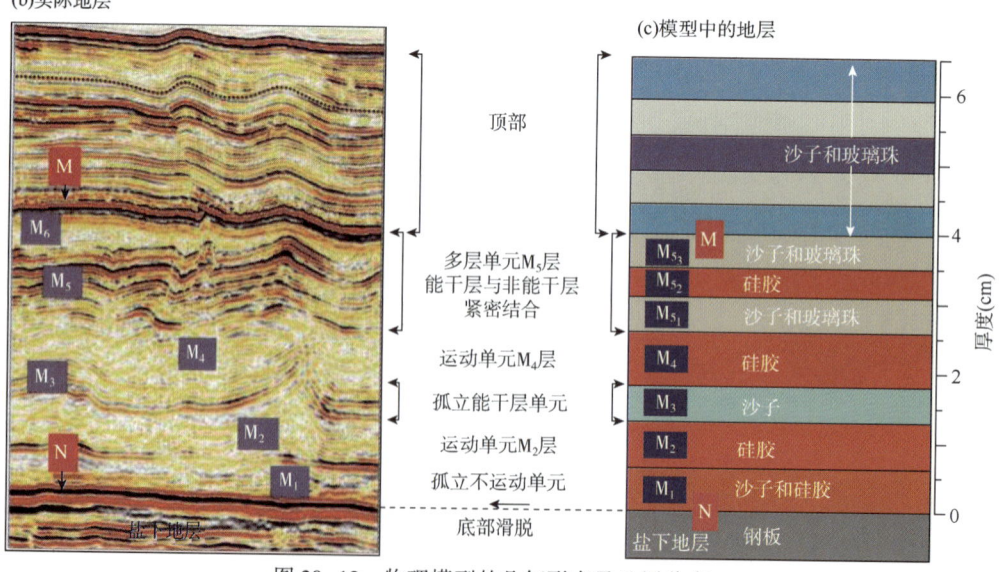

图20-12 物理模型的几何形态及地层分布

(a)模型平面图,展示平面图维度信息;(b)地层原型及力学特征;(c)模型地层,展示各层力学性质及组成

模型的应变要比研究区更高,这是为了更清楚地阐释伸展和挤压连锁体系的几何形态及其运动学特征。其他模型的应变都较低,但蒸发岩地层中的构造样式还是比较相似(图20-

14d；Dooley 等，2008）。

将模型倾斜 5°后开始发生变形（图 20-13a）。同构造期地层开始只充填了沉降到区域下方的伸展区，然后加积到稍微高于该区域线，进而上超到挤压区之上（图 20-13b、c）。变形后，后构造期砂岩添加到模型内，并将模型凝固，然后进行系列切片。由于含盐盆地沿走向变化不大，构造样式只有轻微的侧向变化。图 20-13 和图 20-14 中的横剖面在整个模型中具有代表性。

模型的变形主要表现在盐岩和上覆层在垂向上的应变以及构造域位置和大小的变化（图 20-13c）。上覆层中的构造域是直立的，上倾伸展区比较狭窄，包含三条向盆地方向倾斜的伸展断层。伸展区的下倾边界受向陆倾斜的伸展断层限制（断层 4；图 20-13b）。从过渡区进一步向下倾方向，挤压区包含一个向盆地方向反转的背斜，其顶部地堑被刺穿破裂（图 20-13c）。

与上覆层相反，蒸发岩内应变区的大小和位置完全不同。在蒸发岩中，宽阔的伸展区随着深度的增加而加宽，下倾方向发育窄的过渡区和挤压区（图 20-13c）。层状蒸发岩的构造样式和上覆层也不相同。在宽阔的伸展区，能干的 M_3 层延伸很远的布丁构造被减薄程度不一的 M_2 和 M_4 弱岩层包围（图 20-13c）。在断层 1 上盘，形成完全焊接。在断层 2 下盘，叠置的能干层 M_3 和 M_{5_1} 被圈闭在复活底辟中（图 20-13c）。蒸发岩过渡区缺乏布丁构造或者褶皱，并随着深度增加而变窄（图 20-13c）。与上覆层中简单的挤压区不同，蒸发岩中的挤压作用很明显，对厚层运动单元（M_2 和 M_4）中嵌入的强烈褶曲的 M_3 层尤其如此（图 20-13c）。M_3 层中的弯曲褶皱倾向盆地方向，几乎为平卧状和等斜状以及负等斜状（图 20-13c）。随着褶皱紧闭，由于蒸发岩变厚，下伏的 M_2 盐岩运动到高位，一些向斜的下翼形成焊接（图 20-13c）。上部的蒸发岩层挤压程度低于下部地层。蒸发岩和上覆层的部分脱耦作用在凹陷的 M_{5_2} 向斜中比较明显（图 20-13c）。

脱耦作用表明多层盐岩中的应变要比上覆层高。根据线长度平衡理论，M_3 层的纵向应变要比上覆层大 3 倍，相当于盐岩伸展 30cm，而上覆层伸展 9cm；或是盐岩挤压 35cm，而上覆层挤压 13cm（图 20-13c）。因此，多层盐岩中的应变明显不同于上覆层。从另一个角度来讲，应变明显是不平衡的。多层盐岩的挤压程度比伸展程度大 17%，比上覆层大 44%，为什么会产生如此不平衡的情况呢？

答案在于均匀应变。我们通过恢复挤压区的去弯曲褶皱，以及闭合伸展区的布丁构造，对变形的 M_3 层进行了复原（图 20-14a、b）。在此恢复过程中，M_3 层有多余 8cm 的层长，这是由于它在伸展期间均匀减薄造成的。减薄作用解释了为什么在变形的多盐层中测量的伸展程度要比挤压程度小，原因就是部分伸展被均匀减薄作用隐藏了。同样地，如果一些弯曲段之前是位于增加的伸展区，并在弯曲之前被拉伸，则 M_3 层的挤压作用也可能会被高估。由于砂岩在伸展过程中肯定会发生扩张，这也是另一种形式的均匀应变，基于断层平错测量的上覆层伸展量要小于上覆层的挤压量。

模型表示了不同规模上的流动速度剖面。图 20-14c 显示，一级流动剖面用在复原的剖面上垂直叠置的标记点（$x=0$）定义，但这些标记点会沿着 x 方向向下倾方向移动不同的距离。图 20-14c 中移动的标记点沿着 Y 轴还原到它们的初始位置，以此来阐明没有变形作用下的流动剖面，而这种变形作用是由盐岩的膨胀和压缩造成的。一致流动剖面为不对称的泊肃叶流（理想的泊肃叶流体是沿着圆柱形管流动的黏性层流，中间部分流速最大，靠管壁位置流体保持静止）。

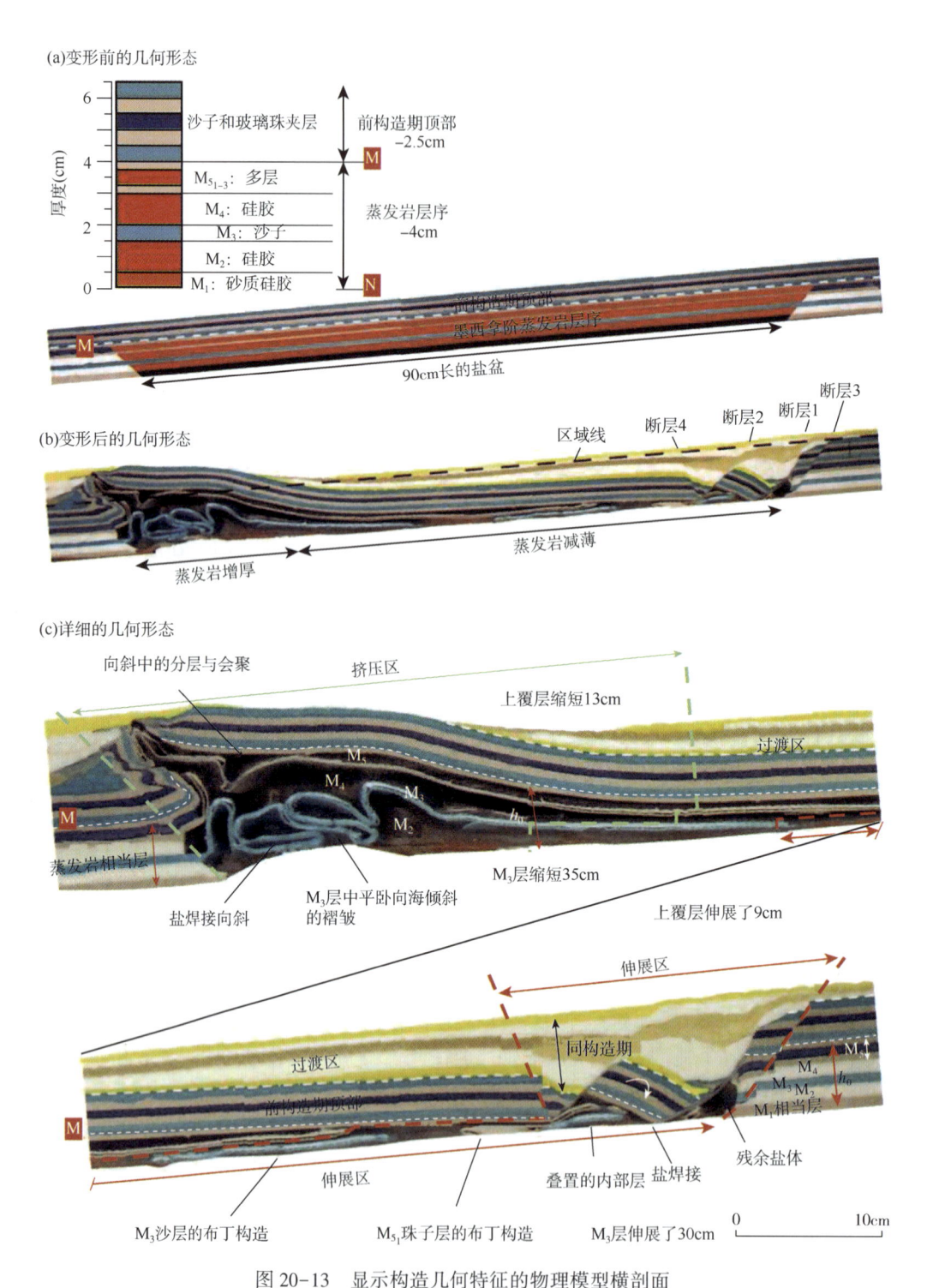

图 20-13 显示构造几何特征的物理模型横剖面

(a)变形前几何形态与多层蒸发岩及其前运动期上覆层的力学地层简化模型；(b)变形模型的横剖面；
(c)显示单层构造样式、应变区边界、强变形能干层 M_3 伸展和挤压特征的详细剖面

物理模型也阐释了流动中的二级变化。彩色硅酮的垂直塞限制了作为流动被动标记的单个运动层(图 20-14d)。每一个被动标记均形成一个流动褶皱，其在剖面上表现为不对称的

泊肃叶流。定位点的偏移突出表示了流动的不对称性，这些定位点表示每一个标记塞附着于边界能干层的点(图20-14d)。在 M_2 和 M_4 中，附着于能干层 M_3 的定位点比相邻附着于 M_2 底部和 M_4 顶部的定位点来说，进一步向下倾方向移动，这表明 M_3 比 M_1 或 M_5 更进一步向下倾运动(图20-14d)。

图20-14d 中的二级扰动可能会出现在所有运动层中，尽管只有低应变模型中的两个运动单元具有标记来证实该扰动的存在。该干扰解释了为什么弱岩层在挤压区变厚，即需要变厚的盐岩是由每个运动层中的二级不对称泊肃叶流提供的。二级流动扰动(图20-14d、e)被叠加到一级流动剖面上(图20-14c)。因此，图20-14c 中流动的精确渲染表示了具有小隆起的整个剖面特征，而这些小隆起在每一个运动层中都向下倾方向投影(图20-14e)。

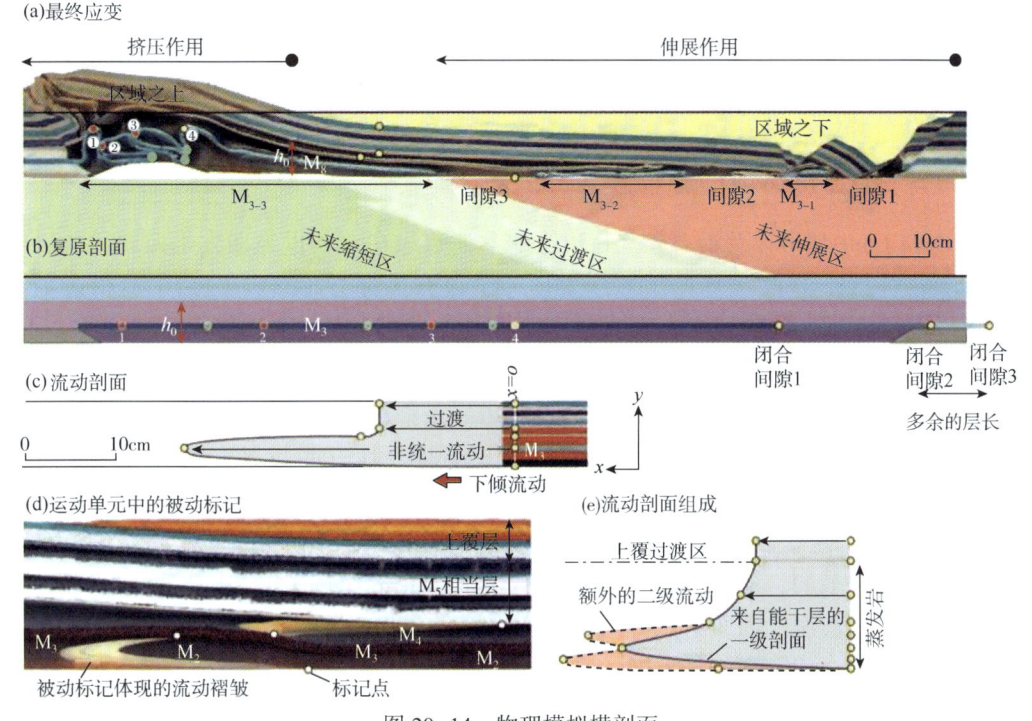

图20-14 物理模拟横剖面

(a)表示有限应变和内部流动的物理模型的剖面图；为做清楚说明，图20-13 中的同构造期沉积被移除，①至④是能干层 M_3 中背斜(红色)和向斜(绿色)的枢纽点，黄圈是用来创建图(c)流体剖面的弱岩层参考点，多层蒸发岩的初始厚度为 h_0。(b) M_3 内部层线长度复原剖面，显示由于均质变薄形成的额外 8cm 层长度。(c)由蒸发岩和上覆层能干层中的参考点定义的一级不对称泊肃叶流体剖面，剖面显示了参考点的相对位移。(d)低应变物理模型中运动单元内的被动标记定义的流动褶皱，代表了二级不对称泊肃叶流；为了明确起见，简化剖面(c)在更具运动性的单元排除了二级流动。(e)结合了源于能干层一级流动剖面以及 M_2、M_4 流动单元二级流动剖面的概要图

尽管主模型中蒸发岩内的应变要比研究区大很多，但模型表示了盐岩及其上覆层中的应变在类型、强度和分布方面是如何产生不同的，即使它们都来自单个变形阶段。即使沿着盐岩顶部没有顶板逆冲的条件下，模型也表示了盐岩中的应变是如何明显高于上覆层的。模型也说明了由于早期均匀减薄或侧向挤压作用，伸展和挤压是如何表现出不平衡的特征。模拟结果也表明总体的流动剖面与不对称泊肃叶流相似。即使在相对较低的有限应变下，自然环境中蒸发岩地层的能干性黏度差异可能会增强分区作用。

20.6 讨论

20.6.1 挤压区的宽度

在两块相距甚远的三维地震工区中，墨西拿阶盐岩及其上覆层的变形样式与共轭走滑断层、逆冲断层和褶皱的 ENE 向挤压作用一致。4 个滑脱层存在于厚度大于 1.5km 的盐层中，并且位于被解释成富含盐岩单元的低振幅地震相中。

由于没有利用二维地震数据产生的严格空间假频数据，变形的细节不能绘制出来，但单个构造在三维和二维地震数据上的相似特征表明，总体的挤压区具有和三维地震区相似的构造。而且，两块三维工区相似的挤压方向表明，该方向可以适应于比 Cartwright 和 Jackson（2008）所定义的更大的挤压区。挤压区的总体大小超越了本次研究的范畴，但可以讨论其中的一些边界效应。

20.6.2 黎凡特盆地远源场的边界效应

随着 Nile Cone 地形以及沿着黎凡特边缘的盆地边缘在上新世晚期发生掀斜，盐岩开始流动（Barber，1981；Loncke 等，2006；Cartwright 和 Jackson，2008）。之后的盐构造主要受陆架和大陆坡，尤其是 Nile Cone 地形的沉积中心的差异沉积负载驱动（Netzeband 等，2006）。该推断受锥状地形向北的地形倾斜以及现今的盐岩顶部倾斜特征所支持（Netzeband 等，2006；图 20-12 和图 20-14）。考虑到这些边界条件，并利用垂直于主要伸展断层的方向代替 Nile Cone 地形中的流动方向，观察到的 ENE 向挤压方向与 Nile Cone 地形中的放射状流向相一致（Loncke 等，2006，图 20-1）。并在南北向黎凡特边缘向西的扩展作用下发生偏斜。将推断出的最大应力轴方向 ENE 与缓海底斜坡（图 20-3、图 20-5 至图 20-7）结合起来进行分析，结果表明，随着它们被挤压，A 区域和 B 区域按 ENE 方向偏离 Nile Cone 地形，并斜向黎凡特海岸，因而斜背对黎凡特伸展区进一步向陆方向。Nile Cone 地形的重力扩展超过了黎凡特海岸隆升的重力扩展。

另外一个远源场影响可能是研究区西部 Eratosthenes 海山的支撑效应，在该地区异地盐岩的窄边缘重叠在海山下部斜坡之上。总体来说，这三个边界效应（Nile Cone 地形、黎凡特边缘和 Eratosthenes 海山，可能还有塞浦路斯俯冲海沟以及叙利亚弧褶皱带）解释了研究区的挤压作用为什么与最近的向东的伸展方向明显斜交的原因（Cartwright 和 Jackson，2008）。

20.6.3 应变垂向变化

根据图 20-11 垂向应变的量化参数可以推断出很多内容。该部分内容可应用于预测比黎凡特海域更高应变和地震成像质量更差区域的构造样式，以及重力驱动变形理论研究（Merle，1998；Schultz-Ela，2000）。

区分位移和应变是非常重要的。对均质黏性层，如纯盐岩或冰中的泊肃叶流来说，沿着上部边界和下部边界的流动具有更大的剪切应变，但其水平位移较小，而黏性层中部流体具有较小的剪切应变，但水平位移较大。与此相反，在发生纵向应变的能干蒸发岩层中（图 20-11），强烈的挤压作用和大位移具有相关性。因此，我们可以通过叠置能干层的纵向应变剖面中推断出蒸发岩层序的位移剖面。

对于一个与黎凡特盆地墨西拿阶蒸发岩(图20-3)相似的,由能干层和非能干层交替组成的盐体来说,应考虑一些对于上覆层和多层盐岩的重力扩展响应的假设(图20-15)。具有最高纵向应变区中的能干单元可能变形最强烈,以图20-15中的弯曲褶皱为特征。库埃特流(两个无限平行板之间的层状黏性流,其中一个平板相对于另一个平板运动)将在盐岩顶部或底部引起最强烈的挤压作用,这取决于主要滑脱层是位于盐岩顶部还是底部。泊肃叶流可能会形成垂直应变的时称梯度,在蒸发岩层中部挤压作用最强。对于混合流来说,泊肃叶流被沿着顶板的库埃特型滑动改变,其应变不对称,接近顶板时达到最高。

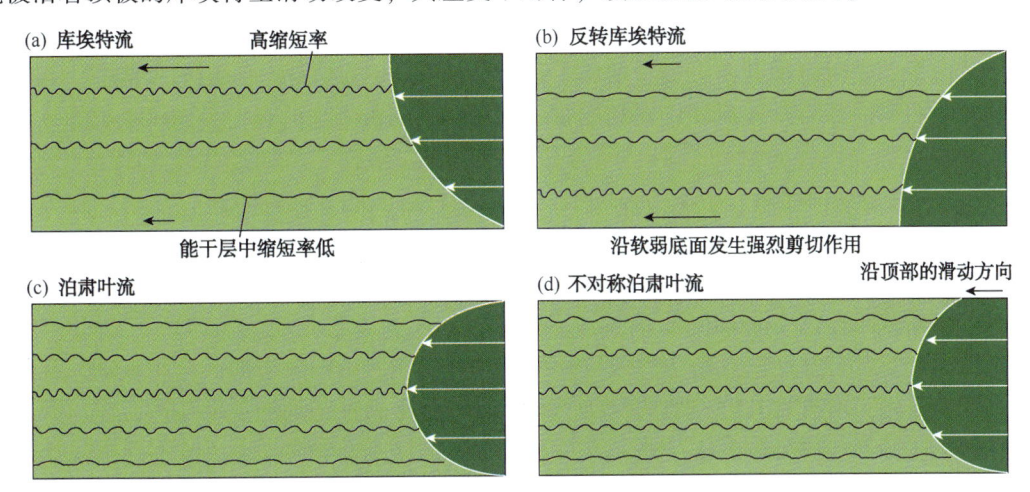

图20-15 通过由能干岩层(黑色)和弱岩层(绿色)交替组成的多层蒸发岩层序的示意性剖面图
能干岩层的挤压作用以弯曲褶皱为标志;纵向应变强度的变化是每个流动域位移场的结果

推断出的流动速度在墨西拿阶顶部比底部更高,但速度最大值恰好在墨西拿阶蒸发岩顶部之下(图20-11)。混合流剖面是不对称的泊肃叶流,与模型中的具有定量相似性(图20-14)。流体剖面的不对称性表明,如重力扩展中的薄皮系统一样,墨西拿阶蒸发岩顶部运动要比底部快。墨西拿阶顶部也是上覆层的底部,它也在运动,但其速度比盐岩慢得多。与之相比,墨西拿阶底部是不发生扩展的盐下地层的顶部,因而,水平速度可以忽略不计。最大剪切应变梯度位于墨西拿阶最上部,表明这是主要的滑脱层。为什么剪切应力集中于此?最简单的解释是,该层位的蒸发岩黏度最低,因而需要很少的力学作用就可以发生剪切。低黏度可能源于弱蒸发岩矿物的更高聚集。或者,如果盐岩的流变系是剪切减薄,那任何开始于滑脱作用的剪切随着岩层黏度下降,可能会在该处聚集剪切应变。

上覆层中的缩短率向上从2%降低到接近为0。这种下降可以反映出同构造期的挤压作用,因此,老的上覆层比年轻的上覆层受挤压作用时间更长。挤压开始于更新世初期就是支持该观点的证据(图20-5):上新世—更新世地层比起全新世地层的挤压作用更久、更长。另外,上覆层中的挤压作用向下增加可能是由于盐岩的剪切拖曳造成。即使盐岩比上覆层弱,其内部的大应变可以对上覆层施加拖曳力,就像河流侵蚀河岸一样。与此相反,如果上覆层拖曳盐岩,则会形成库埃特流,对伸展作用来说可能是这样的(Schultz-Ela和Walsh,2002;Brun和Mauduit,2009)。然而,上覆层运动快于下伏盐岩这一情况是不可接受的,因为在本文模型中,两个三维工区中的墨西拿阶盐岩中的应变都要远高于上覆层。更南部的另一个三维地震工区中的应变也更高(Bertoni和Cartwright,2006,2007a),在其他二维地震剖面中也表现为更高(Netzeband等,2006)。

20.6.4 在上覆地层沉积之前，墨西拿阶蒸发岩发生过挤压作用吗？

黎凡特盆地可能遭受过两期挤压作用的影响：第一期是墨西拿期（中新世末）晚期的挤压，第二期是更新世—全新世的挤压。这种两期挤压的历史与之前对盆地边缘墨西拿阶顶部的研究特定相吻合的，这形成了贯穿墨西拿阶沉积晚期褶皱蒸发岩最上部的剥蚀削截（Bertoni 和 Cartwright，2007a）。这是，这两个阶段的假设要求两个研究区域从墨西拿阶沉积晚期到更新世的挤压方向要相似。逆冲断层和褶皱枢纽优势走向的一致表明这两个阶段的挤压有一定的不合理性，但还不足以否定该假设。

推测的墨西拿阶流动剖面进一步削弱了这两个阶段同时存在挤压作用的可能性。如果未被掩埋的墨西拿阶盐岩开始流动，而它此时还具有空气或水之下的自由界面——就像冰川一样——那么它将会在表面流动最快，因为这不受拖曳力阻挡，从而产生库埃特流（图20-15）。而推断的速度剖面是一个不对称的泊肃叶剖面，这表明受运动较慢的顶板的拖曳，因此是在上覆层沉积之后流动的。我们无法排除盐岩以两个同轴阶段流动的可能性：(1) 静态上覆层之下蒸发岩的上新世泊肃叶流，其后是 (2) 更新世库埃特和泊肃叶混合流，这发生在黎凡特海岸抬升之后（Cartwright 和 Jackson，2008）。

过度简化黎凡特盆地的复杂边界效应，可能会使其相对影响随着时间产生波动。我们更倾向于这种解释：所有黎凡特盆地的挤压来源于开始于更新世初期的早期变形，它比开始于上新世的上倾伸展作用稍微晚了一些。支持这种解释的证据总结如下：(1) 不同层位盐岩和上覆层中的逆断层和背斜的走向相似；(2) 逆冲断层从墨西拿阶向上生长到上覆层中，其位移值具有连续性（对比 Briggs 等，2006）；(3) 推测的不对称泊肃叶流的控制作用；(4) 模拟结果表明，盐岩应变远高于其上覆层，即使它们的变形是同时期、同轴的。然而，考虑到墨西拿阶顶部的剥蚀削减作用（虽然距离黎凡特海岸线更近），两个阶段的挤压作用仍是有可能存在的。

20.6.5 更广泛的应用

本文已经展示了线平衡是怎样用来量化纵向应变分布以及变形盐体中的位移量的。该技术用于盐岩内反射成像质量较高的地区更为可靠。尽管变形最强烈的蒸发岩地层缺乏必需的内部反射特征，但地震偏移技术确实提高了 Zechstein 盐盆、巴西海上桑托斯盆地和安哥拉海上宽扎盆地的多层盐岩的成像质量。相似的技术可能可以更广泛地应用于其他具有多层蒸发岩的盆地中。这些研究可能会帮助量化分析蒸发岩地层中能干层的运动学特征，即使它们低估了更具塑性的地震空白层中的更大流动。

20.7 结论

据我们所知，本研究是第一个量化分析含盐盆地重力扩展早期阶段厚蒸发岩层序中的纵向应变重向变化的研究，其中主要岩层是完整的，并可以通过三维地震数据进行分析。

墨西拿阶最上部的挤压程度大约是墨西拿阶下部和上覆层的三倍。盐岩和上覆层的挤压程度要比伸展程度大，这是由于一些挤压被在早期的均匀应变隐藏了，这种早期的均匀应变包括上覆层的侧向压实作用。挤压作用和构造输运方向为 ENE 向，明显斜交于伸展作用的 NW 方向。这种斜交源于尼罗河沉积中心的重力扩展作用，并受黎凡特盆地东部边缘的沉积负载作用发生偏斜。我们认为盐岩和上覆层遭受了单一阶段的挤压作用。

在墨西拿阶蒸发岩中，至少有四个主要滑脱层被识别出来，它们与富含盐岩的地层对应。最重要的滑脱层是靠近墨西拿阶顶部的滑脱层。物理模型和墨西拿阶蒸发岩中纵向应变的垂向分布表现出不对称的泊肃叶流机制，显示盐岩向下倾方向的流动快于上覆层移动。能干层与软弱层的交替会对一级流动剖面产生二级扰动，其中每一个运动层的流动都要快于毗邻的能干层。

参 考 文 献

Almagor, G. 1984. Salt‐controlled slumping on the Mediterranean slope of central Israel. Marine Geophysical Research Letters, 6, 227-243.

Balk, R. 1949. Structure of Grand Saline salt dome. AAPG Bulletin, 33, 1791-1829.

Balk, R. 1953. Salt structure of Jefferson Island salt dome. AAPG Bulletin, 37, 2455-2474.

Barber, P. M. 1981. Messinian subaerial erosion of the proto-Nile delta. Marine Geology, 44, 253-272.

Ben Avraham, Z. 1978. The structure and tectonic setting of the Levant continental margin, eastern Mediterranean. Tectonophysics, 46, 313-331.

Ben Gai, Y., Ben Avraham, Z., Buchbinder, B. & Kendall, C. G. 2005. Post‐Messinian evolution of the southern Levant Basin based on two-dimensional stratigraphic simulation. Marine Geology, 221, 359-379.

Bertoni, C. & Cartwright, J. A. 2006. Controls on the basinwide architecture of late Miocene(Messinian)evaporites on the Levant margin(Eastern Mediterranean). Sedimentary Geology, 118, 93-114.

Bertoni, C. & Cartwright, J. A. 2007a. Major erosion at the end of the Messinian Salinity Crisis: evidence from the Levant Basin, Eastern Mediterranean. Basin Research, 19, 1 – 18, http://dx.doi.org/10.1111/j.1365-2117.2006.00309.

Bertoni, C. & Cartwright, J. A. 2007b. Clastic bodies at the base of the late Messinian evaporites of the Levant region, Eastern Mediterranean. In: Schreiber, C. (ed.) Evaporite Deposits. Geological Society, London, Special Publications, 285, 37-52.

Bornhauser, M. 1958. Gulf Coast tectonics. AAPG Bulletin, 42, 339-370.

Briggs, S. P., Davies, R. J., Cartwright, J. A. & Morgan, R. 2006. Multiple detachment levels and their control on fold styles in the contractional domain of the deepwater west Niger Delta. Basin Research, 18, 435-450.

Brun, J.-P. & Mauduit, T. P. 2009. Salt rollers: structure and kinematics from analogue modelling. Marine and Petroleum Geology, 26, 249-258.

Butler, R. W. H. & Paton, D. A. 2010. Evaluating lateral compaction in deepwater fold and thrust belts: how much are we missing from 'nature's sandbox'? GSA Today, 20, 4-10.

Cartwright, J. A. & Jackson, M. P. A. 2008. Initiation of gravitational collapse of an evaporite basin margin: the Messinian saline giant, Levant Basin, Eastern Mediterranean. Geological Society of America Bulletin, 120, 399-413.

Clark, I. & Cartwright, J. A. 2009. Interactions between submarine channel systems and deformation in deepwater fold belts. Marine and Petroleum Geology, 26, 1466-1482.

Dooley, T. P., Jackson, M. P. A. & Hudec, M. R. 2007. Initiation and growth of salt-based thrustbelts on passive margins: results from physical models. Basin Research, 19, 165-177.

Dooley, T. P., Jackson, M. P., Cartwright, J. A. & Hudec, M. R. 2008. Modeling of strain partitioning during gravity-driven deformation of layered evaporites and overburden. AAPG Annual Convention and Exhibition, Abstracts Volume, 17, 46.

Druckman, Y., Buchbinder, B., Martinotti, G. M., Siman Tov, R. &Aharon, P. 1995. The buried Afiq Canyon(eastern Mediterranean, Israel): a case study of a Tertiary submarine canyon exposed in Late Messinian times. Marine Geology, 123, 167–185.

Eyal, Y. &Reches, Z. 1983. Tectonic analysis of the Dead Sea Rift region since the Late Cretaceous based on mesostructures. Tectonics, 2, 167–185.

Folkman, Y. &Mart, Y. 2008. Newly recognised eastern extension of the Nile deep-sea fan. Geological Society of America Bulletin, 36, 939–942.

Frey-Martinez, J., Cartwright, J. &Hall, B. 2005. 3D seismic interpretation of slump complexes: examples from the continental margin of Israel. Basin Research, 17, 83–108.

Frey-Martinez, J., Cartwright, J., Hall, B. &Huuse, M. 2007. Clastic intrusion at the base of deep-water sands: a trap-forming mechanism in the Eastern Mediterranean. In: Hurst, A. &Cartwright, J. (eds) Sand Injectites: Implications for Hydrocarbon Exploration and Production. American Association of Petroleum Geologists, Tulsa, Memoir, 87, 49–63.

Gardosh, M. &Druckman, Y. 2006. Seismic stratigraphy, structure and tectonic evolution of the Levantine Basin, offshore Israel. In: Robertson, A. H. F. & Mountrakis, D. (eds) Tectonic Development of the Eastern Mediterranean Region. Geological Society, London, Special Publication, 260, 201–227.

Garfunkel, Z. 1984. Large-scale submarine rotational slumps and growth faults in the eastern Mediterranean. Marine Geology, 55, 305–324.

Garfunkel, Z. &Almagor, G. 1985. Geology and structure of the continental margin off northern Israel and the adjacent part of the Levantine Basin. Marine Geology, 62, 105–131.

Gradmann, S., Hübscher, C., Ben Avraham, Z., Gajewski, D. &Netzeband, G. 2005. Salt tectonics off northern Israel. Marine and Petroleum Geology, 22, 597–611.

Henry, P., Jouniaux, L., Screaton, E. J., Hunze, S. & Saffer, D. M. 2003. Anisotropy of electrical conductivity record of initial strain at the toe of the Nankai accretionary prism. Journal of Geophysical Research, 108, http://dx.doi.org/101029/2002JB002287.

Hoy, R. B., Foose, R. M. &O'Neill, B. J. 1962. Structure of Winnfield salt diapir. AAPG Bulletin, 46, 1444–1459.

Hübscher, C., Cartwright, J. A., Cypionka, H., De Lange, G. J., Robertson, A., Suc, J-P. & Urai, J. L. 2007. Global look at salt giant. Eos, 88, 177–179.

Hudec, M. R. &Jackson, M. P. A. 2007. Terra infirma: understanding salt tectonics. Earth-Science Reviews, 82, 1–28.

Jackson, M. P. A. 1995. Retrospective salt tectonics. In: Jackson, M. P. A., Roberts, D. G. &Snelson, S. (eds) Salt Tectonics, A Global Perspective. American Association of Petroleum Geologists, Tulsa, Memoir, 65, 1–28.

Jackson, M. P. A., Cornelius, R. R., Craig, C. H., Gansser, A., Stocklin, J. &Talbot, C. J. 1990. Salt Diapirs of the Great Kavir. Geological Society of America, Boulder, Memoir, 177.

Jenyon, M. K. 1986. Salt Tectonics. Elsevier Applied Science, London.

Kupfer, D. H. 1962. Structure of Morton salt company mine, Weeks Island salt dome. AAPG Bulletin, 46, 1460–1467.

Letouzey, J., Colletta, B., Vialli, R. &Charmette, J.-C. 1995. Evolution of salt-related structures in compressional settings. In: Jackson, M. P. A., Roberts, D. G. &Snelson, S. (eds) Salt Tectonics, A Global Perspective. American Association of Petroleum Geologists, Tulsa, Memoir, 65, 41–60.

Lisle, R. 1992. Constant bed-length folding: threedimensional geometrical implications. Journal of Structural Geology, 14, 245–252.

Loncke, L., Gaullier, V., Mascle, J., Vendeville, B. & Camera, L. 2006. The Nile deep–sea fan: an example of interacting sedimentation, salt tectonics, and inherited subsalt paleotopographic features. Marine and Petroleum Geology, 23, 297–315.

McClay, K. R. 1990. Extensional fault systems in sedimentary basins: a review of analogue model studies. Marine and Petroleum Geology, 7, 206–233.

Merle, O. 1998. Emplacement Mechanisms of Nappes and Thrust Sheets. Kluwer Academic Publishers, Dordrecht.

Miralles, L., Sans, M., Gali, S. & Santanach, P. 2001. 3-D rock salt fabrics in a shear zone (Su'ria Anticline, South-Pyrenees). Journal of Structural Geology, 23, 675–691.

Morley, C. K. & Guerin, G. 1996. Comparison of gravity-driven deformation styles and behaviour associated with mobile shales and salt. Tectonics, 15, 1154–1170.

Netzeband, G. L., Hübscher, C. P. & Gajewski, D. 2006. The structural evolution of the Messinian evaporites in the Levantine Basin. Marine Geology, 230, 249–273.

Price, N. J. & Cosgrove, J. 1990. Analysis of Geological Structures. Cambridge University Press, Cambridge.

Richter-Bernburg, G. 1980. Salt tectonics interior structures of salt bodies. Bulletin Centres Recherches Exploration Production Elf Aquitaine, 4, 373–393.

Rossi, D. & Storti, F. 2003. New artificial granular materials for analogue laboratory experiments: Aluminium and siliceous microspheres. Journal of Structural Geology, 25, 1893–1899.

Ryan, W. B. F. & Cita, M. B. 1978. The nature and distribution of Messinian erosional surfaces—indicators of a several-kilometer-deep Mediterranean in the Miocene. Marine Geology, 27, 193–230.

Schachl, E. 1968. Mine Mariaglück, Höfer: International Symposium on Geology of Saline Deposits, Excursion, Fieldguide A21, Hannover, Germany. UNESCO.

Schleder, Z., Urai, J. L., Nollet, S. & Hilgers, C. 2008. Solution-precipitation creep and fluid flow in halite: a case study from the Zechstein (Z1) rocksalt from Neuhof salt mine (Germany). Geologisches Rundschau, 97, 1045–1056.

Schultz-Ela, D. D. 2000. Excursus on gravity gliding and gravity spreading. Journal of Structural Geology, 23, 725–731.

Schultz-Ela, D. D. & Walsh, P. 2002. Modeling of grabens extending above evaporites in Canyonlands National Park, Utah. Journal of Structural Geology, 24, 247–275.

Stier, K. 1915. Strukturbild des Benther Salzgebirges. Jahrebericht des Niedersächsischer geologischen Vereins, Hannover, 8, 1–15.

Szatmari, P., Tibana, P., De Araujo Simoes, I. A., Senna De Carvalho, R. S. & Cezar Leite, D. C. 2008. Atlas petrográfico dos evaporitos. In: Mohriak, W., Szatmari, P. & Couto Anjos, S. M. C. (eds) Sal geologia e tectônica: Exemplos nas bacias brasileiras. Beca Edic, ões-Petrobras, São Paulo, Brasil, 43–63.

Talbot, C. J. 1998. Extrusions of Hormuz salt in Iran. In: Blundell, D. J. & Scott, A. C. (eds) Lyell, the Past is the Key to the Present. Geological Society, London, Special Publications, 143, 315–334.

Talbot, C. J. & Aftabi, P. 2004. Geology and models of salt extrusion at Qum Kuh, central Iran. Journal of the Geological Society of London, 161, 321–334.

Talbot, C. J. & Pohjola, V. 2009. Subaerial salt extrusions in Iran as analogues of ice sheets, streams and glaciers. Earth-Science Reviews, 97, 155–183.

Tibor, G., Ben Avraham, Z., Steckler, M. & Fligelman, H. 1992. Late Tertiary subsidence history of the Southern Levant Margin, Eastern Mediterranean Sea, and its implications to the understanding of the Messinian event. Journal of Geophysical Research, 97, B12, 17593–17614.

Van Gent, H., Urai, J. L. & De Keijzer, M. 2011. The internal geometry of salt structures–a first look using 3 seismic data from the Zechstein of the Netherlands. Journal of Structural Geology, 33, 292–311, http: //

dx. doi. org/10. 1016/j. jsg. 2010. 07. 005.

Warren, J. K. 2006. Evaporites: Sediments, Resources and Hydrocarbons. Springer-Verlag, Berlin.

Weijermars, R., Jackson, M. P. A. &Vendeville, B. C. 1993. Rheological and tectonic modeling of salt provinces. Tectonophysics, 217, 143-174.

Winker, C. D. 1982. Cenozoic shelf margins northwestern Gulf of Mexico. Gulf Coast Association of Geological Societies Transactions, 32, 427-448.

Woodward, N. B. 1992. Deformation styles and geometric evolution of some Idaho-Wyoming thrust belt structures. In: Mitra, S. &Fischer, G. W. (eds) Structural Geology of Fold and Thrust Belts. (Johns Hopkins Studies in Earth and Space Sciences). The John Hopkins University Press, Baltimore, 5, 191-206.

Zak, I. &Freund, R. 1980. Strain measurements in eastern marginal shear zone of mount sedom salt diapir, Israel. AAPG Bulletin, 64, 568-581.

（王怡　译，骆宗强　崔敏　校）

第21章 巴西桑托斯盆地 BM-S-8 和 BM-S-9 区块层状蒸发盐的褶皱作用和变形分析

J. CARL FIDUK[1,2], MARK G. ROWAN[3]

(1. CGGVeritas, 10300 Town Park Dr., Houston, TX 77072, USA;
2. Present address: WesternGeco, 10001 Richmond Ave, Houston, TX 77042, USA;
3. Rowan Consulting, Inc., 850 8th St, Boulder, CO 80302, USA)

摘 要 近些年来，在桑托斯盆地深水区圣保罗高原盐下发现了多个油气田。该地区发育一套厚层状蒸发盐层序，主要包含盐岩、硬石膏、光卤石及少量的其他矿物。该层序可分为六个地层段：三套发育石膏的能干层和三套相对较弱的非能干层。该地区的构造形态由简单到复杂，包括：直立开阔褶皱、倾斜逆冲褶皱、平卧等斜褶皱、鞘褶皱和叠加褶皱。多重滑脱形成了多重调和褶皱、不协调褶皱和紧闭褶皱。该区内的主要背斜构造包含下部两套能干层中破碎和强变形碎片周围的地震反射空白区。变形是非同轴的，而且背斜形成多边形模式，褶皱枢纽高度弯曲。圣保罗高原位于挤压区，其形成是陆缘会聚重力滑动/扩展期间阿尔布阶裂谷近端伸展作用的结果。挤压缩短作用可能开始于蒸发盐沉积的衰退阶段，但运动主要发生在圣通期—始新世中期。蒸发盐层序的缩短作用要比上覆层强烈，这是因为上覆层之下的盐岩沿上倾方向减少且向盆地流动引起的。由于内部滑脱层的应变分区作用，使得深部的蒸发岩缩短更加明显。

巴西大西洋边缘最南端的桑托斯盆地深水区有盐岩和石油发现。桑托斯盆地圣保罗(São Paulo)高原区内好多地方最近在盐下发现了油气，如 Jupiter、Tupi、Tupi Sul、Parati、Carioca、Bem-Te-Vi(Aka Sugar Loaf)、Caramba、Guara 和 Iara(Berman, 2008；图21-1)。所有这些发现均位于区块 BM-S-8-9-10-11-21-24 内。这些区块和干涉区被统称为"集群"，集群地区的地震采集工作开始于2001年，并持续到2002年。2008年，这些数据从叠前时间偏移(PSTM)转化为叠前深度偏移(PSDM)。集群区的数据体覆盖了水深1900m以下的区域，其面积为23200km^2(图21-1)。

人们早已认识到盆地的沉积历史受到了盐构造的强烈影响。Cobbold 和 Szatmari(1991)阐述了区域范围内的盐相关变形，Demercian 等(1993)描述了桑托斯盆地的"上部伸展域"和"下部挤压域"的特征。许多后来的研究者也承认上倾伸展和下倾挤压在数百千米的范围内部有联系(Mohriak 等, 1995; Meisling 等, 2001; Mohriak 和 Szatmari, 2001; Guerra 和 Underhill, 2010; Quirk 等, 2010)。上倾伸展区最突出的特点就是卡布弗里乌(Cabo Frio)断裂带及相关的"阿尔布阶裂谷"(Mohriak 等, 1995; Modica 和 Brush, 2004)。卡布弗里乌断裂带是一个大部分向陆倾斜并在阿普特阶蒸发岩上发生滑脱的铲式生长正断层。断裂带沿共走向延伸185km，而且阿尔布阶的断距达到60km(Guerra 和 Underhill, 2010)，阿尔布阶碳酸盐岩也发生缺失或强烈减薄(图21-2)。下伏蒸发岩也在向盆地方向移动的阿尔布阶裂谷内大量缺失,(Quirk 等, 2010)。蒸发岩和盖层运动也并非沿着单一的方向发生，而是在桑托斯盆地北部的大部分地区发生径向挤压流动(Cobbold 和 Szatmari, 1991; Demercian 等, 1993; Guerra 和 Underhill, 2010)。

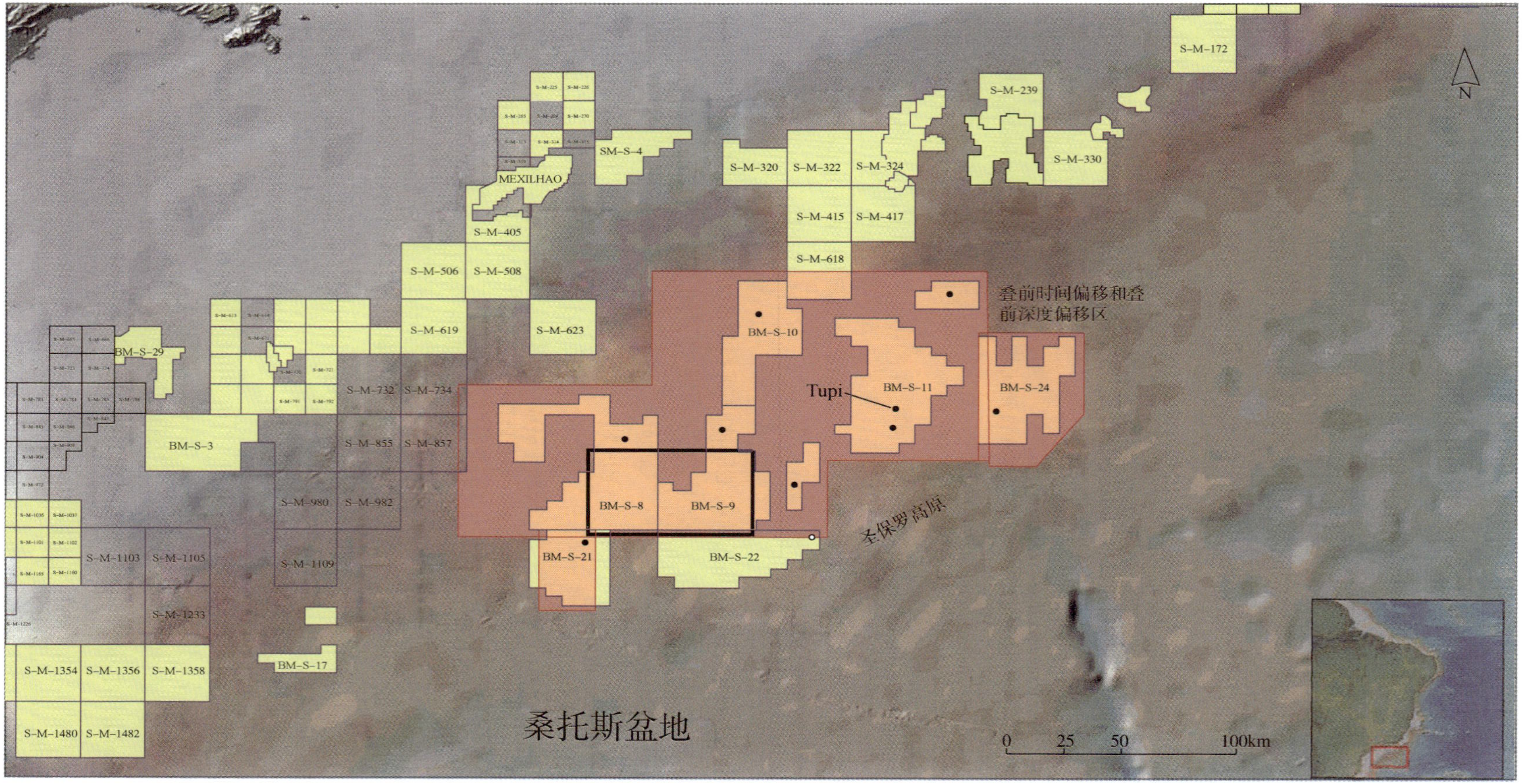

图21-1 巴西桑托斯盆地圣保罗高原的"集群"数据覆盖范围（红色阴影区域）
黄色表示区块，黑色圆圈表示近期的有盐下发现，空心圆表示近期的干井；黑色矩形框为本文的重点研究区域

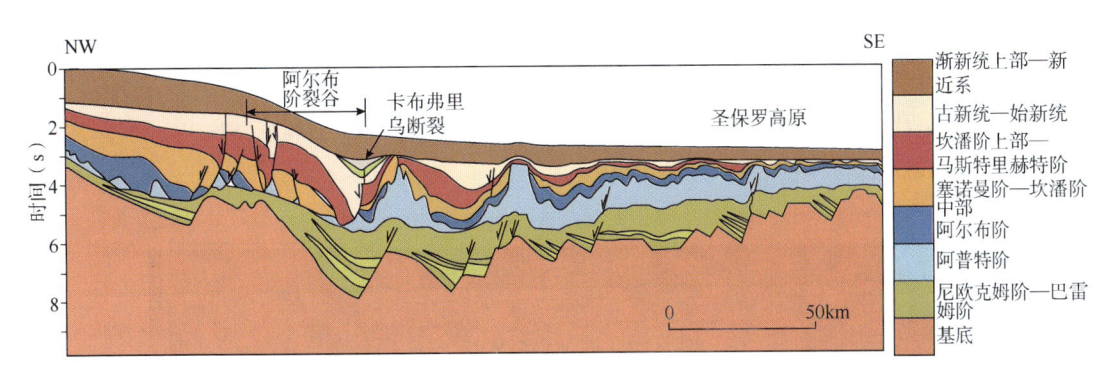

图 21-2 桑托斯盆地 NW—SE 向剖面（据 Modica 和 Brush，2004，修改）

表明阿尔布阶裂谷的上倾伸展和圣保罗高原下倾挤压之间存在联系，它们都在阿普特阶蒸发岩层发生滑脱；
阿尔布阶裂谷在这个剖面上有约 40km 的延伸

关于阿尔布阶裂谷的形成还有另外一种解释，即它的形成是运动盐层之上沉积物的进积负载作用，而不是盐岩及其上覆层的重力驱动伸展作用的结果（Szatmari 等，1996；Ge 等，1997；Gemmer 等，2005）。在此情况下，盐岩向盆地方向流动，而上覆层，如果有的话，也只是经历了很弱的伸展作用以及向盆地方向的转换作用。但这种解释与更远端圣保罗高原盖层中观察到的挤压作用是不一致的，与缺乏盐上走滑断层也不一致，而盐上走滑断层对桑托斯盆地南部和坎波斯盆地南部分隔盖层中伸展域和向盆地方向的过渡域起重要作用。Quirk（2010）还概括了其他反对这种进积负载作用的观点。

不考虑阿尔布阶裂谷的成因，蒸发岩从卡布弗里乌断裂带上盘之下向下倾方向朝圣保罗高原运动（Gamboa 等，2008；Quirk 等，2010）。阿普特阶盐层包括一厚层蒸发盐层序（LES），其内部变形强烈（Demercian 等，1993；Cobbold 等，1995；Mohriak 等，2004；Gamboa 等，2008）。通过圣保罗高原的一条东西向地震剖面显示了 LES 的厚度变化、构造样式和内部反射特征（图 21-3）。在 LES 内，大面积的层状、连续由混乱或空白的地震反射窄带分开。后者下伏在 LES 顶部的高点，而 LES 在平面图中具有不规则样式，其走向从线性变化到多边形（图 21-4）。LES 中的混乱和空白的反射被认为是在持续的蒸发岩沉积过程中形成的底辟和异地盐舌（Demercia 等，1993；Gamboa 等，2008；Davison 等，2012）。

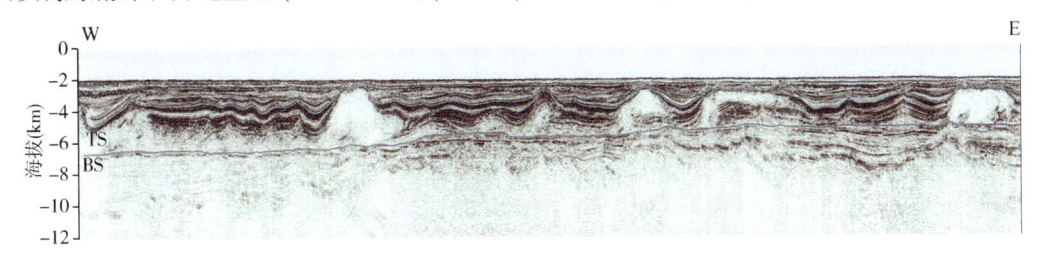

图 21-3 东—西向通过"集群"区的深度偏移地震剖面（剖面位置如图 21-4 所示）

在盐顶（TS，浅蓝色）和盐底（BS，深蓝色）之间的层状蒸发岩层序有连续的地震反射，并被空白的地震
反射窄带分隔，这些空白反射可能是底辟和异地盐舌发育区；盐底有起伏较小的地形地貌，与下伏的
裂谷盆地形态有关；垂向放大 2 倍

本文重点评价了面积约 2800km² 的 BM-S-8 和 BM-S-9 区块 LES 内的构造样式（图 21-1 和图 21-4）。在整个圣保罗高原的 LES 内部发生了变形，但该地区的地震成像是最好的，同时也是最强烈的。我们首先在 LES 中定义了六套地层，描述了所观察到的构造样式，最后认为变形是 LES 在阿普特期后挤压作用的产物，而不是阿普特期同沉积底辟作用

的结果。本文并不是对变形的详细或区域分析，而是对圣保罗高原构造形态特征的描写。本文不涉及更多的桑托斯盆地的区域成因，以及盐下裂谷盆地和坳陷盆地的形态，或是对蒸发岩沉积的控制作用。这些主题均可在其他出版物见到（Karner，2000；Meisling 等，2001；Mohriak 等，2008）。

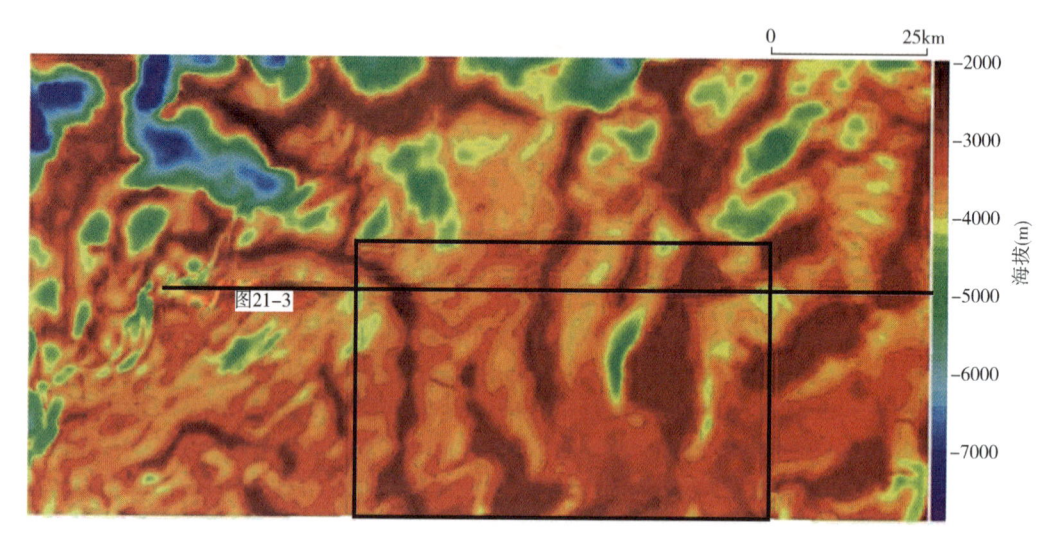

图 21-4　层状蒸发岩层序（LES）顶部图

显示了不同方向的线性走向和高点的多边形形态；在西北角的深部低点是盐撤凹陷，下伏有盐焊接，但研究区（黑色矩形框）内不存在盐焊接；图 21-3 的区域剖面位置用黑线表示

21.1　观察

21.1.1　多层地层

LES 的内部变形分布并不一致。存在蒸发岩的通道，其变形很弱或不发生变形（一般为盐顶的低点；图 21-4），这些通道部位的 LES 的内部反射较强，并具有良好的连续性（图 21-5）。在这些通道内，有可能对几十千米的单个反射进行解释和成图。这与 Gamboa 等（2008）解释的桑托斯盆地内距离 270km 的井间的连续沉积模式是一致的。

Gamboa 等（2008）将 LES 细分为四个地层，底部是 20m 厚的硬石膏层、下部盐岩层、上部盐岩层和顶部的层状蒸发岩层。我们在这里定义了 6 套层序，其中三个称之为"能干层"，三个鉴定为滑脱层（图 21-5）。三个能干层在地震上具有高振幅连续强反射的特征，可以观察到层内的应变特征。三个滑脱层被定义为这些能干层之间共有弱反射和连续性较差的地层。这些滑脱层通常在声学上有透明性，其厚度变化从薄层到厚的块状蒸发岩。由于整个地层都由易变形的蒸发岩组成，所以对不同的地层采用"能干层"和"滑脱层"也是相对的。

能干层 1 出现在阿普特阶 LES 的顶部（图 21-5），通常在膨胀构造之上缺失，但在构造低点有多达 5~6 个相关的反射层。该层并没有卷入 LES 的内部变形，其变形特征完全与上覆层一致。

能干层 2 包括 9 层反射，是 LES 中最连续的地层（图 21-5）。我们能够对大部分集群数据体中的能干层 2 进行成图，并将其与 Tupi 井联系起来。在 Tupi 井中，LES 由约 84.5%的

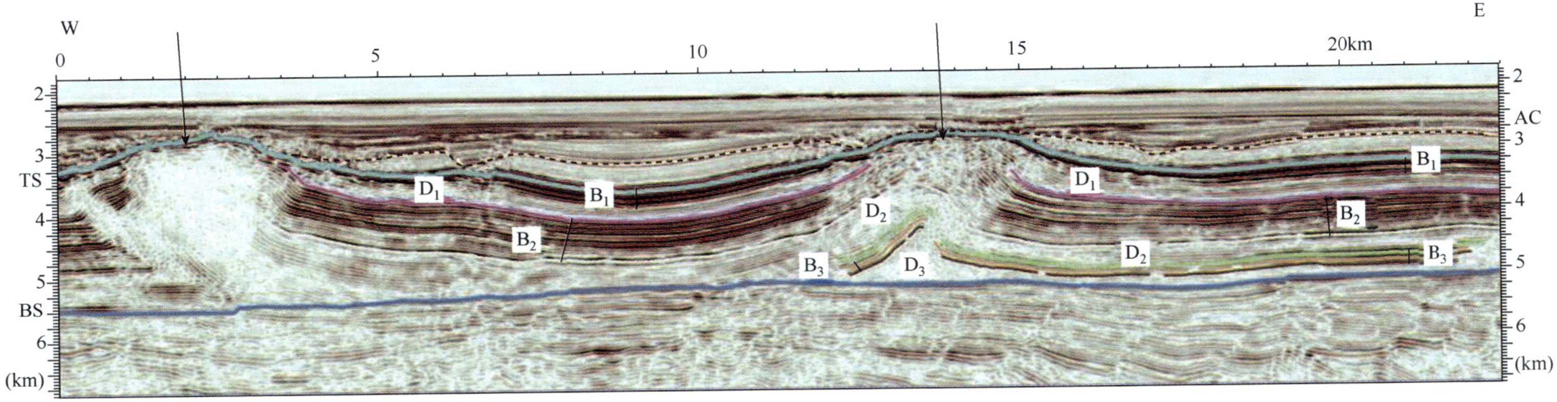

图21-5 深度偏移地震剖面

显示盐顶（TS，浅蓝色）和盐底（BS，深蓝色）之间的变形比上覆层序（B_1、B_2、B_3）和良好地震成像的通道位于膨胀构造之间，而膨胀构造的变形更为强烈，地震成像也较差；在许多通道内，LES可以划分为六套层序：三套为相对能干层（B_1、B_2、B_3），三套为较弱的滑脱层（D_1、D_2、D_3），表示出了能干层3（绿色和棕色）、能干层2顶面和能干层2底面（粉红色）和能干层（棕褐色）的反射层；滑脱层有弱反射或是空白反射，就与背斜构造核部的能干层一样；白色虚线为阿尔布阶/塞诺曼阶（AC）顶面；垂向无放大

盐岩、7.7%的硬石膏和7.0%的光卤石和其他微量蒸发盐矿物组成。在Tupi井发现能干层2含有超过一半的硬石膏(55.7%)，在井位的8个地震反射层中有7个对应于硬石膏层。尽管硬石膏很多，但能干层2仍然含有主要的盐岩(80.1%)。该层参与了LES的内部变形。

能干层3是最底部的能干层，通常包含3个或4个反射层，且常发生强烈变形(图21-5)。在研究区外，能干层3很难进行对比，并且无法和Tupi井进行可靠的对比。在Tupi井区可能存在对应的相当层，但是它有不同的地震反射特征。在许多地区，能干层3在未变形的通道底部是缺失的。

每个能干层之下都存在一个滑脱层(图21-5)，上部滑脱层(D_1)具有最常见的整合特征，但下部滑脱层(D_3)显示明显的厚度变化。这些地层以盐岩、光卤石(比盐岩更弱)和极少的硬石膏为主。Gamboa等(2008)的下部盐岩层包括两个下部滑脱层和一个内部的能干层(D_2、B_3和D_3)。

LES中通道之间具有良好反射特征的是内部成像不一致和弱到不连续反射的构造(箭头；图21-5)。这些构造通常分布在LES顶部的高点之下，并且在声学上具有透明性。在内部，可见的反射可能是陡峭垂直、褶皱、逆冲、削截、掀斜、在相关地层滑脱、多重反复的或强烈扭曲的。从通道到构造中反射特征通常具有梯度变化，这种变化包括：(1)从明显、连续反射到；(2)连续性差或是错断的反射；到(3)其有微弱连续性或没有连续性的弱反射；到(4)几乎没有反射(箭头；图21-5)。Modica和Brush(2004)指出蒸发岩内部变形程度和反射率衰减之间存在明显的相关性。

21.1.2 构造样式

圣保罗高原LES中发育多种褶皱样式。最简单的是单个的直立开阔褶皱及其褶皱列(图21-6)。随着挤压作用轻微增强，褶皱可以保持直立，但褶皱翼部更陡，如图21-5右侧的构造特征。另外，褶皱可能表现为不对称和倾斜状，有时发育切到掀斜翼的逆冲断层或剪切断层(图21-7)。随着挤压作用大幅度增强，直立褶皱可能变为等斜褶皱，而倾斜褶皱变为平卧等斜褶皱(图21-8)。在多个滑脱层内，可能发育如多重协调褶皱、不协调褶皱或有局部较小滑脱的紧闭褶皱等异常构造样式(图21-9)。其他构造样式则包括叠加褶皱(图21-8)、鞘褶皱(图21-10)和千米级的肠状褶皱(在研究区域外部观察到)。

与褶皱作用紧密联系在一起的是盐岩膨胀过程，图21-5至图21-10中的所有构造样式都与不同程度的膨胀作用有关，从而在上覆层和LES的顶部形成构造高点。膨胀块体通常可由层状蒸发岩顶部的不整合得到反映，在该不整合能干层1(有时还包括能干层2)发生剥蚀削截(图21-5、图21-7、图21-8和图21-10)。在最大的膨胀盐墙内，能干层2和/或能干层3发生强烈变形，并被包裹在"透声块"中(图21-8和图21-10)。这些块体包括来自不同滑脱层的物质，尤其是D_3滑脱层，而且还有来自能干层2和能干层3的完全破裂的地层。例如在图21-8中，平卧向斜上部翼部的能干层2的最老地层在邻近南部褶皱枢纽的部位有连续反射，但向北逐步破碎，直至消失在"透声块"中。

褶皱几何形态的另一个特征是能干层也会变薄或增厚，而不只是在滑脱层内发生厚度变化。由于平面之外倾角的变化，所以有些增厚现象可能很明显，但图21-6中的能干层2和图21-9、图21-10右侧的能干层1和能干层2在三维空间里确实是变薄了。现在不能立即确定厚度变化是否是沉积成因，或是反映了阿普特期的褶皱或后期变形的构造作用。当然，构造减薄主要发生在多重弱滑脱作用或其他复杂变形的地方(图21-7和图21-9)。

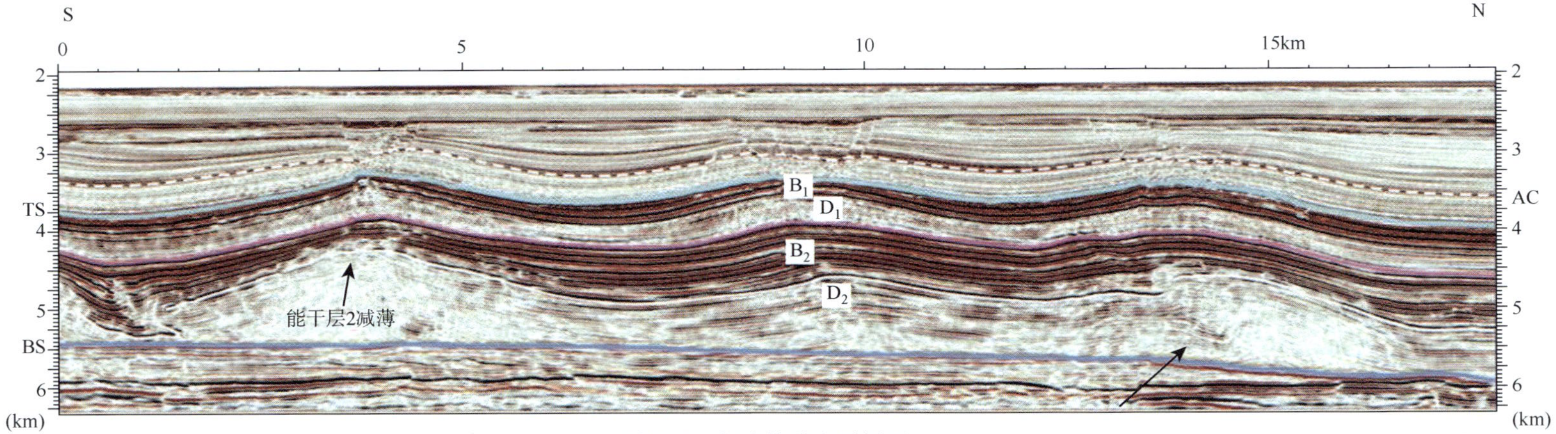

图21-6 深度偏移地震剖面

显示了规则波长约5km的对称开阔褶皱，上覆层和LPS都显示出相同的变形程度和类型（忽视褶皱核部）；能干层1上部显示出向中部褶皱明显的变薄，能干层2在左侧褶皱顶部有明显部的变薄；大前头指向右侧褶皱核部的小型不对称背斜—向斜；地层缩写的含义参见图21-5；垂向无放大

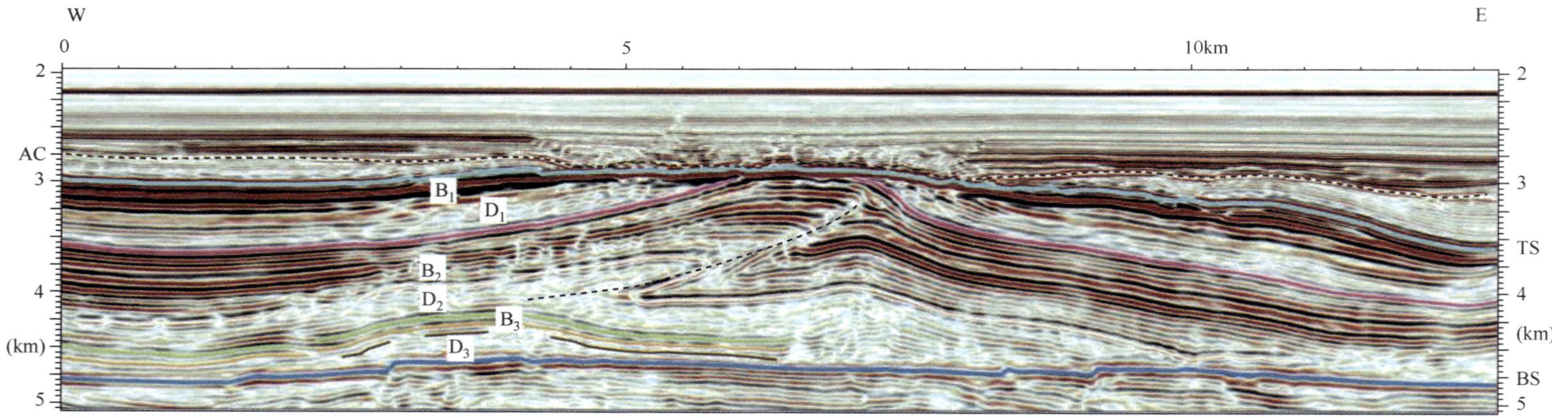

图21-7 通过非对称逆冲褶皱的深度偏移地震剖面

逆冲断层（虚线）断开了大部分能干层2，断层在滑脱层2中发生滑脱；褶皱顶部的剥蚀消截切断了能干层1、滑脱层1和能干层的最顶部；整个下部的蒸发盐层序在右侧缺失，但能干层2发育在盐下；注意LES中的挤压作用强于上覆层；地层缩写的含义参见图21-5；垂向无放大

— 512 —

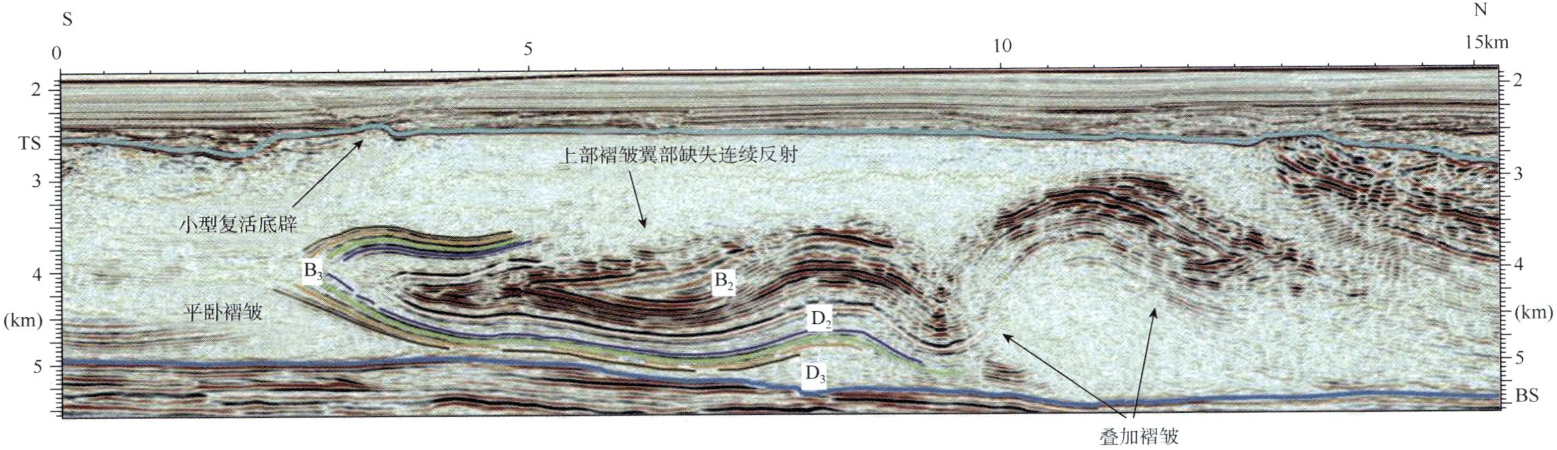

图21-8 深度偏移地震剖面

显示盐墙内部增厚至2.5km，盐墙顶部大部分呈水平状，被小型复活底辟破坏（黑色箭头）；在盐墙中间偏左可见由能干层3和能干层2组成的平卧、等斜向斜，其长度超过5km；小型复活底辟（蓝色），但在早期的图中没有显示，能干层2缺失了最顶部地层；右侧未解释的构造是能干层2的延伸，表现出叠加褶皱的特征。能干层3包括顶部层位（蓝色）形成的等斜向斜；大部分盐墙是透声的，推测其包含滑脱层物质以及能干层2和能干层3完全被破坏的部分；渐进破坏可以在平卧向斜的上部翼部观察还有一个本身褶皱形成的等斜向斜；地层缩写的含义参见图21-5；垂向无放大

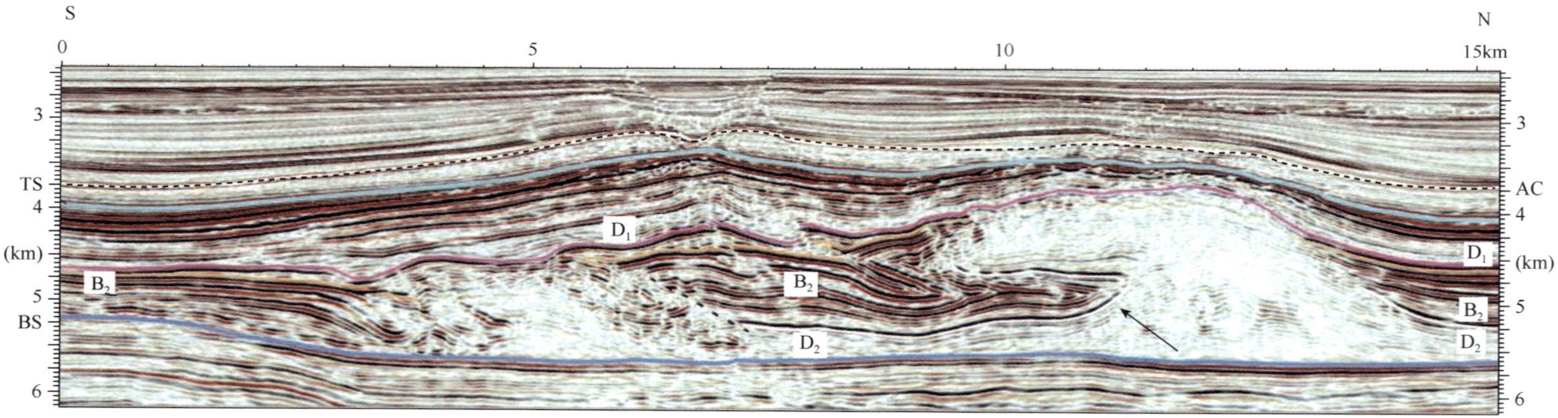

图21-9 显示多重滑脱和复杂变形的深度偏移地震剖面

LES上部显示出多重协调变形特征。上覆层内发育两个大波长的褶皱，上部层2上部（粉色）的小波长褶皱分隔开；其下方是另外一个分隔了上部多重协调褶皱和下部一系列不对称褶皱以及逆冲断层（黑色虚线）的滑脱层；最后，第三个滑脱层调节了紧闭褶皱（箭头），在此部位没有空间容纳平卧、等斜向斜内的能干层2的上部地层；注意所有地层在剖面间两侧的含义是整合的；地层缩写的含义参见图21-5；垂向无放大

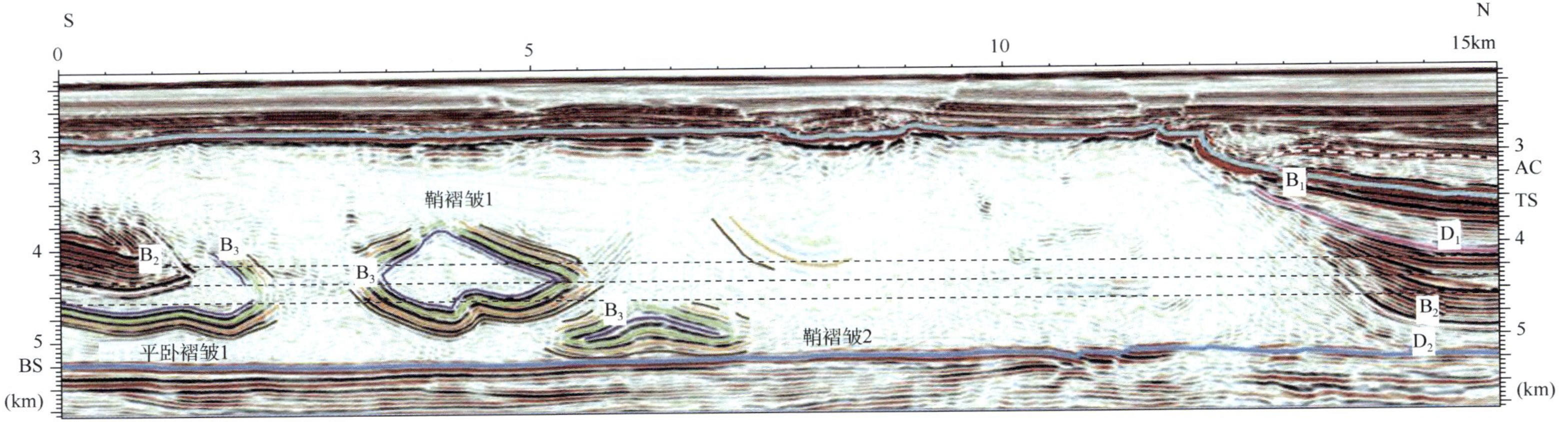

图21-10 通过另一个膨胀盐墙的深度偏移地震剖面

左侧有由能干层2和能干层3组成的平卧向斜，朝中部发育两个由能干层3组成的鞘褶皱；两个鞘褶皱像"猫眼"一样，R'值（纵横直径之比）小于1，表明鞘褶皱变形成干筒单剪切作用（Alsop等，2007）；注意右侧盐墙上蒸发岩的减薄，可能是沉积或构造原因；虚线代表图21-12的深度切片，地层缩写的含义参见图21-5；垂向无放大

21.1.3 三维几何形态

通过 LES 的二维地震剖面分析变形强度和构造复杂程度是非常困难的。图 21-8 至图 21-10 中显示的复杂构造需要挤压、膨胀、多重滑脱和大量蒸发岩的侧向流动发生。此外，鞘褶皱的存在使得褶皱枢纽在三维空间中表现为曲线，并在渐进非共轴变形中形成（Alsop 和 Holdsworth，2004，2007）。这些特征在不同的二维剖面中表现出明显的变化。

为了分析 LES 内部变形的三维复杂性，我们在图 21-10 中褶皱附近选择一个 2km×15km 大小的区域。六条南北向间距约为 400m 的剖面，表示了变形的复杂性（图 21-11）。在数据体的西部终点处，只有平卧褶皱（RF$_1$）和鞘褶皱（SF$_1$）存在于剖面 A，平卧褶皱（RF$_1$）从西到东的形状变化不大，而呈椭圆形的鞘褶皱（SF$_1$）会逐渐地收缩，直到褶皱在剖面 D 和剖面 E 之间发生终止。鞘褶皱（SF$_2$）在相反方向，闭合并从剖面 B 向东变大，其初始的长椭圆形得到延伸，并被剖面 E 分隔。在剖面 F 的盐墙中心附近可见鞘褶皱（SF$_2$）分段部分的细微线索。

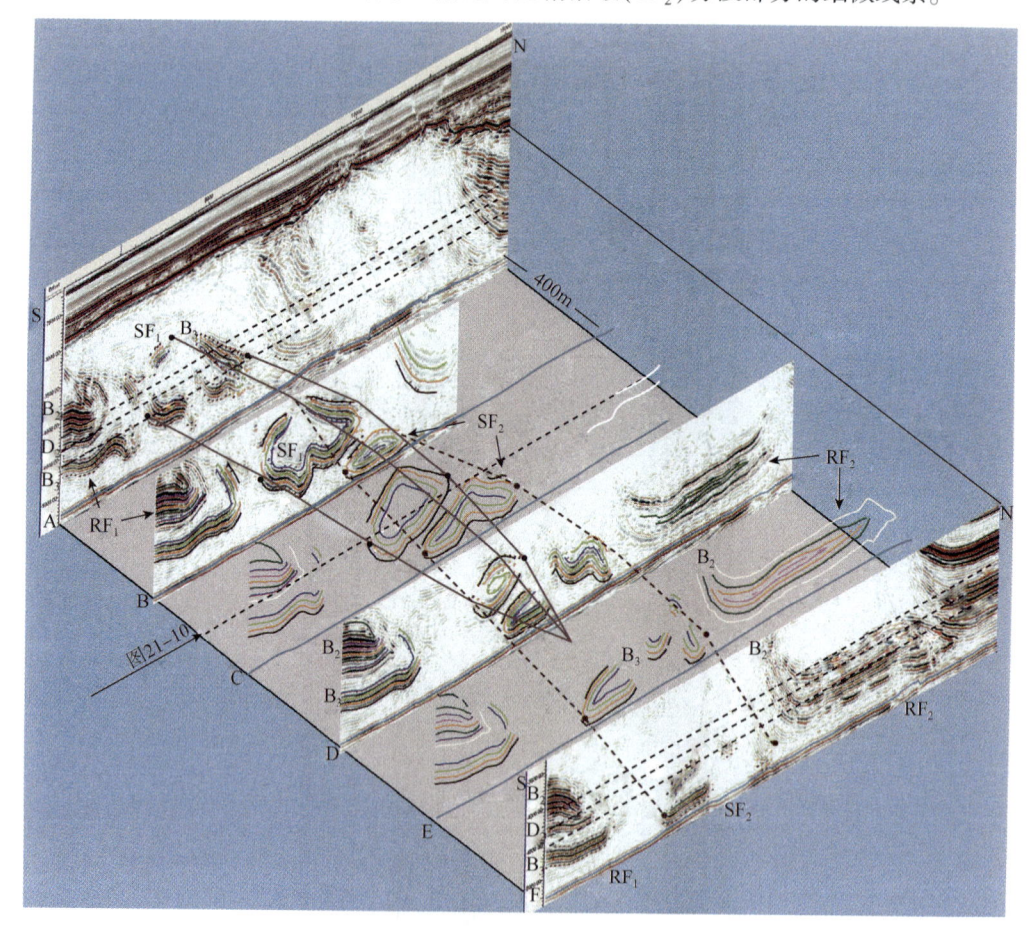

图 21-11 六条南北向剖面的透视图

剖面间隔 400m，从图 21-10 中的盐墙提取（位置指示）；该图展示了平卧褶皱 1（RF$_1$）、平卧褶皱 2（RF$_2$）和鞘褶皱 1（SF$_1$）、鞘褶皱 2（SF$_2$）在 2km 范围内的形态变化；棕色实线和红色虚线显示了两鞘褶皱的三维形态，可见它们向相反方向开口；剖面 C 和剖面 E 为了更直观地显示，只保留了褶皱形态；两端剖面上的虚线表示图 21-12 的深度切片；地层缩写的含义参见图 21-5，为了有助于显示，在能干层 2 中解释了另外一些地层；垂向放大 2 倍

第二个平卧褶皱（RF_2）在剖面 A 中并没有出现，而是第一次出现在剖面 C 中。与平卧褶皱（RF_1）不同的是，该褶皱仅由能干层 2 组成。在剖面 F 平卧褶皱（RF_2）正常地层位置的南部边缘下方发现了能干层 3 存在的线索。鞘褶皱（SF_2）可能代表了最初与平卧褶皱（RF_2）相关的分层能干层 3。这种可能性不能在图上得到确认，然而，它们的方位有很大的不同。我们推测每个褶皱能干层的中和面都位于能干层的底部，所以背斜因此拉张而发生破裂，但向斜处于挤压中，从而能保持构造的完整性。有趣的是，图 21-11 中的平卧褶皱和鞘褶皱都是向斜，这在圣保罗高原也是非常普遍的特征。

包括了图 21-11 区域的三个叠置的深度切片进一步说明了变形的复杂性（图 21-12），平卧褶皱（RF_1）和鞘褶皱（SF_1）在三个深度切片上部有发育。从东端开始，褶皱向西延伸，并与由能干层 2 组成的大型构造连接在一起。它们被根部位于成图像区央空白处的背斜分隔，该区域也是 LES 内大型背斜构造的核部（图 21-13）。上部的深度切片表明鞘褶皱 1（SF_1）内的能干层 2 和能干层 3 呈大范围整合接触。下部两层深度切片显示了一个从鞘褶皱（SF_1）向斜发出的逆冲断层或剪切带（黄色虚线）。

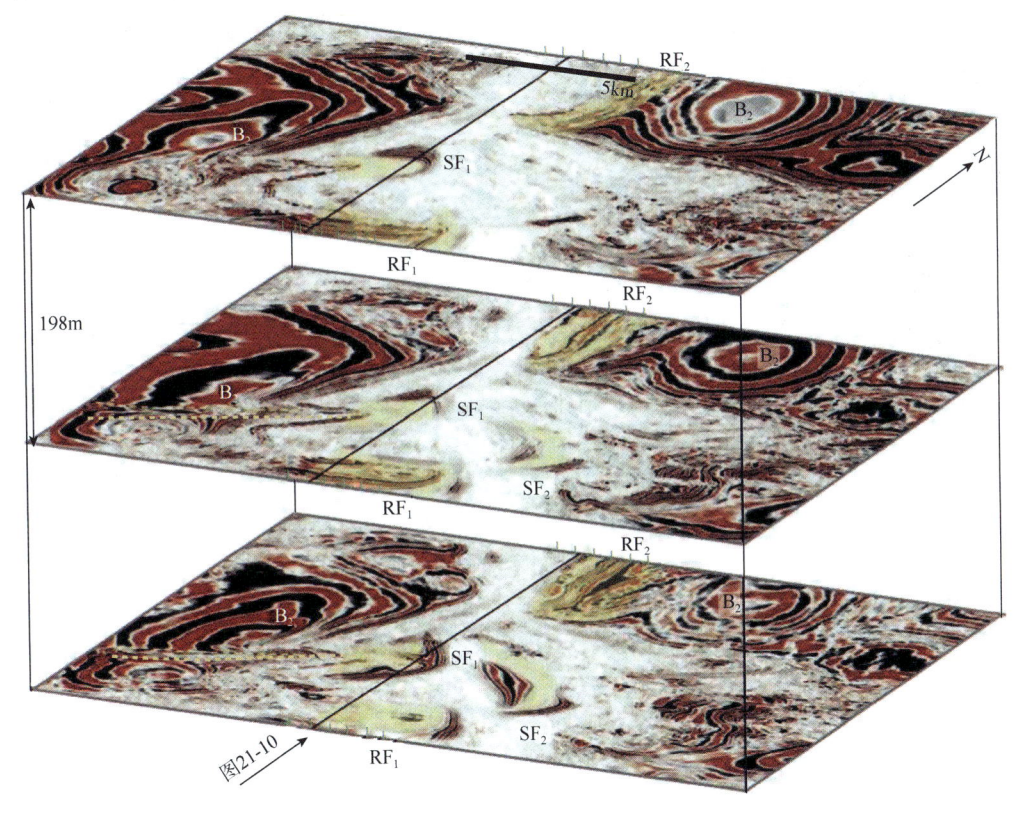

图 21-12　三个深度切片的透视图（深度分别为 4188m、4386m 和 4584m）

从另一方面表示了变形的复杂性；绿色记号标记指示图 21-11 所示剖面的终点；褶皱用黄色突出显示，其编号与图 21-11 相同；下部两个深度切片上的黄色虚线是表示从向斜发出的逆冲断层或剪切带

平卧褶皱（RF_2）和鞘褶皱（SF_2）更复杂（图 21-12），下部的两个深度切片切过了平卧褶皱（RF_2）的主要部位，而上部切片垂直切过重褶皱向斜的翼部（见图 21-11 中的剖面 E 和剖面 F）。平卧褶皱（RF_2）向东变化到由相对未变形能干层 2 组成的宽阔通道，与对应于平卧褶皱（RF_2）的未变形距离只有 1.5km。相反的是，鞘褶皱（SF_2）出现在盐墙中部之外，并与其他大型构造无明显关联。与能干层 2 的完全剥离、褶皱程度以及自身的破裂（图 21-9）都

表明鞘褶皱(SF$_2$)是最复杂的构造。

由于不同的褶皱向不同的方向打开,所以向斜没有一致的倾向(图21-12和图21-13)。褶皱枢纽高度弯曲,指示了非共轴变形,而且褶皱的尖部或鼻部从它们主要的平面方位发生快速改变(图21-12和图21-13)。该地区的大规模几何形态以具有空白反射的背斜构造为主,膨胀盐体走向为NNW向(图21-13;粗黑线)。次级背斜轴部向多个方向分支(黑色细线),在平卧向斜和鞘褶皱之间形成多边形样式(蓝色粗虚线)。

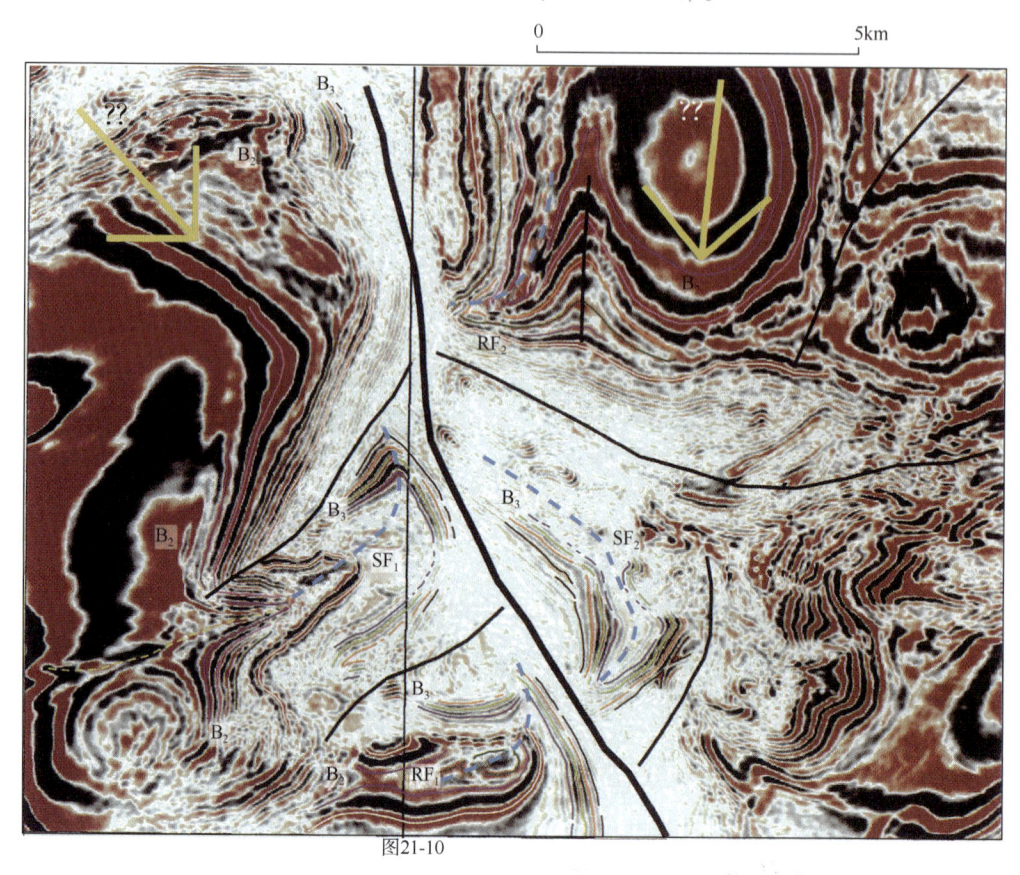

图21-13 深度为4386m(图21-12的中间切片)的切片
显示了背斜褶皱枢纽的多边形样式(粗黑线代表主要盐墙,细黑线代表次级背斜),强烈弯曲的向斜枢纽用粗蓝色虚线表示,左下方的黄色虚线代表从向斜发生的逆冲断层或剪切带;大的黄色箭头表示可能会聚的盐流方向;褶皱缩写与图21-11相同,地层缩写的含义参见图21-5

21.2 讨论

我们对圣保罗高原褶皱的LES的构造分析表明变形是主要由蒸发岩的大量挤压导致的,其内部形态与简单的盐撒和盐底辟并不一致。能干层2就是最好的证据,它在主要的膨胀构造内发生强烈变形,但在干涉向斜内不发生延伸或切割,而这种情况只在局部盐流入生长底辟下发生。而且,我们未见到任何离散盐体发生异地流动的证据。实际上,浅层的地震反射空白区(图21-8和图21-9)可能代表了平卧褶皱和等斜褶皱,而且这些部位的地层已经破裂和切割。因此,我们的分析与已经发表的变形机制是一致的,即蒸发岩发生大规模的向盆地方向的流动，从而从更近端的位置进入圣保罗高原，并在 LES 内产生挤压作用。这种流动可能是对陆缘重力破裂期间上倾伸展作用（Cobbold 和 Szatmari，1991；Demercian 等，1993；Cobbold 等，1995；Gamboa 等，2008；Guerra 和 Underhill，2010），蒸发岩的进积负载和排出（Szatmari 等，1996；Ge 等，1997；Gemmer 等，2005）或蒸发岩沉积期间和之后掀斜盐体的下倾排驱（Quirk 等，2010；Davison 等，2012）的响应。

可以有几种方式产生如图 21-4 和图 21-13 所示的非共轴变形和挤压构造的多边形样式。一种是由 Cobbold 和 Szatmari（1991）与 Demercian 等（1993）提出的边缘凹向盆地的几何形态及其导致的会聚滑动/扩散作用。另一种是近端沉积中心的侧向偏移可能随时间面发生变化（与 M. Guerra 的个人通信，2010），所以在穿时的变形事件影响下，更多的线状模式会演变成复杂的穿隆和盆地形态。无论哪种情况，对图 21-13 中背斜和向斜样式的一种可能解释是这个主要的北北西走向的背斜是一个会聚流动带。该构造与这个地区总体边缘倾向近于平行，并类似于会聚重力滑动（Cobbold 和 Szatmari，1991）形成的倾向背斜。在向盆地方向的流动方向和流量中的任何差异（图 21-13）都将会形成一个压扭构造。这种解释可能有助于解释弯曲的褶皱形态（图 21-13），尽管如果鞘褶皱的形态是非等斜型的，也会形成这种几何形态，这种情况也是比较常见的（Alsop 和 Holdsworth，2007）。

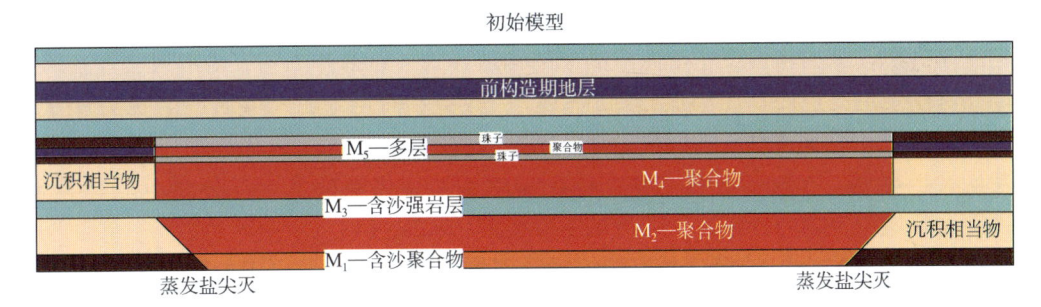

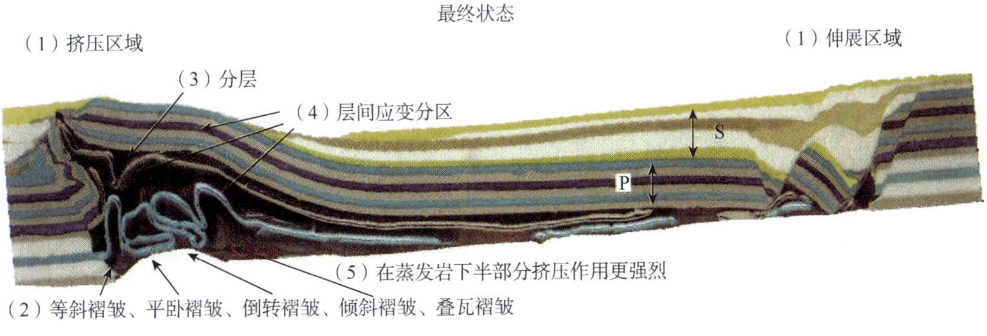

图 21-14 沙箱实验显示初始模型结构和重力驱动变形后的最终状态
（据 Dooley 等，2008，修改）

蒸发岩模拟物包括相对能干层（M_1、M_3 和 M_5 多层中的珠子）和非能干层（M_2、M_4 和 M_5 多层中的聚合物）；最终形态再现了桑托斯盆地中的许多特征，包括：(1)伸展区和挤压区，(2)变化的复杂褶皱样式，(3)沿软弱层的分层，(4)盖层和蒸发岩层之间的重向应变分区，(5)蒸发岩层序下部更多的挤压作用；P—前构造期地层，S—同构造期地层

存在两个实例可对盐底的少量偏移和上覆 LES 内的构造进行明显的对比（图 21-5，2.5km；图 21-7，3km），但由于这些构造并不是形成在这些位置，而是在盐体向盆地方向的流动过程中被移到目前的位置。因此，对它们进行任何成因关联都是不可行的。在该区域

主要滑脱层(D_3)两侧构造之间任何的空间相关性都是纯粹的巧合。

LES 中变形开始的时间在还是不确定的。阿尔布阶裂谷的覆盖层内的近端伸展直到圣通期才开始，并大多在始新世中期结束（Guerra 和 Underhill，2010），但早在阿尔布期其他断层中有少量伸展作用发生（Quirk 等，2010）。这个时间与研究区的观察是一致的，阿尔布阶—塞诺曼阶厚度一致，因此是前构造期地层，但上覆层显示出明显的生长形态（图 21-5 和图 21-6）。即使阿尔布阶—塞诺曼阶显示出轻微或没有挤压作用，Gamboa 等（2008）还是认为 LES 内的大部分变形都是发生在这个时期。

蒸发岩层的变形明显比上覆层多，这可能表明 LES 中的一些变形至少发生在阿普特期。例如，Gamboa 等（2008）指出在上覆层状蒸发岩沉积过程中下部盐岩层有一定的活动性，Davison 等（2012）也提出，随着更多的蒸发岩被沉积，盐撤、盐底辟和盐冰川的挤出也在阿普特期发生。从定性来看，在能干层 1 和只有轻微褶皱的上覆层之间，以及在具有明显挤压的能干层 2 和明显能干层 3 之间都存在复杂程度的明显差异扭曲。这可以被解释为进积式生长的代表，其中 LES 中的大部分变形都是发生在能干层 1 沉积之前。

另一种解释是根据具有多个滑脱层的层状蒸发岩中重力驱动变形物理模拟提出的（Dooley 等，2008；Cartwright 等，2012）。初始模型由互层的较弱的聚合物，代表 LES 的能干层组成并上覆前构造期地层（图 21-14）。在变形过程中掀斜模型产生重力滑动作用，并增加同构造期沉积。该实验再现了圣保罗高原的构造样式，包括开阔到等斜褶皱、直立到平卧褶皱以及偶尔发生的逆冲叠瓦构造（图 21-14）。更重要的是，能干层通过滑脱层有分层特征，而且上覆层和层状蒸发岩之间以及 LES 内部存在应变分区。层状蒸发岩的应变强度要比上覆层大 2~3 倍。另外，更多的挤压作用集中在蒸发岩层的下半部分而不是上半部分，这是因为深部地层更多的衰减发生在近端的伸展域（图 21-14）。

应用 Dooley 等（2008）的模型并不能根据圣保罗高原层状蒸发岩中的明显生长确定变形时间。厚度的变化可能是盐构造而不是由沉积引起的。变形可能发生在圣通期—始新世中期阿尔布阶裂谷开始发育的时候，尽管不能排除一些少量的挤压作用发生在蒸发岩沉积的衰退期（如能干层 1 不一致的厚度所暗示的）。我们认为 LES 比上覆层经历了更多的挤压作用，这是由于上覆层之下蒸发岩的上倾减薄及朝向盆地方向的流动造成的。另外，由于通过内部滑脱层的应变分区，所以 LES 的深层经历了更强的变形。在这种解释中，位于阿尔布阶裂谷各等近端位置的残留蒸发岩可能代表了初始 LES 的上部地层。

21.3 结论

桑托斯盆地南部深水区的圣保罗高原以厚层状蒸发岩层序为主，可进一步细分为三个相对的能干层和三个弱的滑脱层。能干层是 LES 内含有较强的硬石膏，而滑脱层由盐岩和次级的光卤石组成。

LES 内的构造样式包括直立开阔褶皱、不对称逆冲褶皱、平卧等斜褶皱、鞘褶皱和叠加褶皱。由于多重滑脱作用，不协调褶皱、多重协调褶皱和倒转褶皱比较常见。连续反射一般反映向斜构造，而背斜构造往往是几乎没有反射的破裂带。

褶皱枢纽呈高度弯曲，其变形是非共轴的，这导致分隔再次褶皱的向斜的背斜表现出多边形样式。

变形并不是阿普特期盐体排出、底辟作用和异地挤出的结果。实际上，它代表了近端伸展的远端挤压作用，大多发生在圣通期—始新世中期的阿尔布期裂谷。重力滑动/扩展作用是会聚的。

LES 的挤压作用要比上覆层大，并且其深层变形也更对强烈，这很有可能是由于通过多滑脱层的应变分区和近端伸展域内随深度增加的减薄量造成的。

参 考 文 献

Alsop, G. I. & Holdsworth, R. E. 2004. The geometry and topology of natural sheath folds: a new tool for structural analysis. Journal of Structural Geology, 26, 1561-1589.

Alsop, G. I. & Holdsworth, R. E. 2006. Sheath folds as discriminators of bulk strain type. Journal of Structural Geology, 28, 1588-1606.

Alsop, G. I. & Holdsworth, R. E. 2007. Flow pertur bation folding in shear zones. In: Ries, A. C., Butler, R. W. H. & Graham, R. D. (eds) Defor mation of the Continental Crust: The Legacy of Mike Coward. Geological Society, London, Special Publi cations, 272, 77-103.

Alsop, G. I., Holdsworth, R. E. & Mc Caffrey, K. J. W. 2007. Scale invariant sheath folds in salt, sediments and shear zones. Journal of Structural Geology, 29, 1585-1604.

Berman, A. 2008. Three super-giant fields discovered in Brazil's Santos Basin. World Oil, February issue, 23-24.

Cartwright, J., Jackson, M. P. A., Higgins, S. & Dooley, T. 2012. Strain partitioning in gravity-driven shortening of a thick, multilayered evaporite sequence. In: Alsop, G. I., Archer, S. G., Hartley, A. J., Grant, N. T. & Hodgkinson, R. (eds) Salt Tectonics, Sediments, Prospectivity. Geological Society, London, Special Publications, 363, 329-356.

Cobbold, P. R. & Szatmari, P. 1991. Radial gravitational gliding on passive margins. Tectonophysics, 213, 97-138.

Cobbold, P. R., Szatmari, P., Demercian, L. S., Coelho, D. & Rosello, E. 1995. Seismic and exper- imental evidence for thin-skinned horizontal shorten ing by convergent radial gliding on evaporites, deep-water Santos Basin, Brazil. In: Jackson, M. P. A., Roberts, D. G. & Snelson, S. (eds) Salt Tectonics: A Global Perspective. AAPG, Tulsa, Memoir, 65, 305-321.

Davison, I., Anderson, L. & Nuttall, P. 2012. Salt deposition, loading and gravity drainage in the Campos and Santos Salt basins. In: Alsop, G. I., Archer, S. G., Hartley, A. J., Grant, N. T. & Hodgkinson, R. (eds) Salt Tectonics, Sediments and Prospectivity. Geological Society, London, Special Publications, 363, 157-172.

Demercian, S., Szatmari, P. & Cobbold, P. R. 1993. Style and pattern of salt diapirs due to thin-skinned gravita- tional gliding, Campos and Santos basins, off shore Brazil. Tectonophysics, 228, 393-433.

Dooley, T., Jackson, M. P. A., Cartwright, J. & Hudec, M. R. 2008. Modeling of strain partitioning during grav- ity-driven deformation of multilayered evaporites and overburden. AAPG Annual Convention and Exhibition Ab- stracts Volume, 17, 46.

Gamboa, L. A. P., Machado, M. A. P., da Silveira, D. P., de Freitas, J. T. R. & da Silva, S. R. P. 2008. Evapor itos estratificados no Atlântico Sul: interpretac, ão sísmica e controle tectono-estratigráfico na Bacia de Santos. In: Mohriak, W., Szatmari, P. & Anjos, S. M. C. (eds) Sal: Geologia e Tectô nica, Ex- emplos nas Basicas Brasileiras. Beca Edic, õ es Ltda, São Paulo, Brasil, 340-359.

Ge, H., Jackson, M. P. A. & Vendeville, B. C. 1997. Kinematics and dynamics of salt tectonics driven by progra- dation. AAPG Bulletin, 81, 398-423.

Gemmer, L., Beaumont, C. & Ings, S. J. 2005. Dynamic modelling of passive margin salt tectonics: effects of water loading, sediment properties and sedimentation patterns. Basin Research, 17, 383-402.

Guerra, M. C. M. & Underhill, J. R. 2010. Interplay of Salt Tectonics and Sediments in the Santos Basin, Off-shore Brazil. Geological Society of London - SEPM Conference on Salt Tectonics, Sedimentation, and Pro spectivity. Abstracts with Program, 20.

Karner, G. D. 2000. Rifts of the Campos and Santos basins, southeastern Brazil: distribution and timing. In: Mello, M. R. & Katz, B. J. (eds) Petroleum Systems of South Atlantic Margins. AAPG, Tulsa, Memoir, 73, 301-315.

Meisling, K. E., Cobbold, P. R. & Mount, V. S. 2001. Segmentation of an obliquely rifted margin, Campos and Santos basins, southeastern Brazil. AAPG Bulletin, 85, 1903-1924.

Modica, C. J. & Brush, E. R. 2004. Post-rift sequence stratigraphy, paleogeography, and fill history of the deep-water Santo Basin, offshore SE Brazil. AAPG Bulletin, 88, 923-945.

Mohriak, W. U. & Szatmari, P. 2001. Salt tectonics and sedimentation along Atlantic margins: insights from seismic interpretation and physical models. In: Koyi, H. A. & Mancktelow, N. S. (eds) Tectonic Modeling: A Volume in Honor of Hans Ramberg. Geo logical Society of America, Boulder, Memoir, 193, 131-151.

Mohriak, W. U., Macedo, J. M. et al. 1995. Salt tec tonics and structural styles in the deep water provinces of the Cabo Frio region, Rio de Janeiro, Brazil. In: Jackson, M. P. A., Roberts, D. G. & Snelson, S. (eds) Salt Tectonics: A Global Perspective. AAPG, Tulsa, Memoir, 65, 273-304.

Mohriak, W. U., Biassusi, A. S. & Fernandez, B. 2004. Salt tectonic domains and structural provinces: analo gies between the South Atlantic and the Gulf of Mexico. In: Post, P. P., Olson, D. L., Lyons, K. T., Palmes, S. L., Harrison, P. F. & Rosen, N. C. (eds) Salt-Sediment Interactions and Hydrocarbon Pro spectivity: Concepts, Applications, and Case Studies for the 21st Century. Society of Economic and Paleo ntologists and Mineralogists, Gulf Coast Section, 24th Annual Bob F. Perkins Research Conference, CD-ROM.

Mohriak, W. U., Nemcok, M. & Enciso, G. 2008. South Atlantic divergent margin evolution: rift-border uplift and salt tectonics in the basins of SE Brazil. In: Pankhurst, R. J., Trouw, R. A. J., Brito Neves, B. B. & de Wit, M. J. (eds) West Gondwana Pre-Cenozoic Correlations across the South Atlantic Region. Geological Society, London, Special Publi cations, 294, 365-398.

Quirk, D. G., Schødt, N. et al. 2012. Salt tectonics as passive margins: Examples from Santos, Campos, and Kwanza basins. In: Alsop, G. I., Archer, S. G., Hartley, A. J., Grant, N. T. & Hodgkinson, R. (eds) Salt Tectonics, Sediments and Prospectivity. Geological Society, London, Special Publications, 363, 207-244.

Szatmari, P., Guerra, M. C. M. & Pequeno, M. A. 1996. Genesis of a large counter-regional normal fault by flow of Cretaceous slat in the South Atlantic Santos Basin. In: Alsop, G. I., Blundell, D. J. & Davison, I. (eds) Salt Tectonics. Geological Society, London, Special Publications, 100, 259-264.

（崔敏　罗腾文　译，汪立　王龙　校）

第22章 利用三维地震资料研究复杂的盐内变形：以荷兰海域西部上二叠统 Zechstein 统 Z_3 细脉为例

F. STROZYK[1,2], H. VAN GENT[2], J. L. URAI[2], P. A. KUKLA[1]

(1. Structural Geology, Tectonics and Geomechanics, RWTH Aachen University, Lochnerstraße 4-20, Haus A, D-52056 Aachen, Germany;
2. Geological Institute, RWTH Aachen University, Wüllnerstraße 2, D-52056 Aachen, Germany)

摘 要 三维地震数据可以提供大多数地下蒸发岩的构造信息。然而，从盐矿和盐底辟露头得到的数据只能提供有限的蒸发岩内部构造信息。至少10m厚的脆性盐内层(碳酸盐岩、硬石膏、黏土)可以在蒸发岩内形成良好的反射，但关于盐体运动中这些"细脉"的构造和动力学机制知之甚少。本文利用荷兰海域某个地区的三维地震数据分析了盐内 Zechstein 统 Z_3 细脉的变形特征。结果表明，内部的复杂变形包括石香肠构造、褶皱和叠加构造。薄陡细脉部分的反射明显减少，本文提出了不同的构造模型，并进行了验证分析，同时还与来自盐矿和物理/数值模拟的盐内变形模式进行了对比。细脉的上表面与盐顶形态基本一致，但规模较小的细脉的几何形态与此截然不同，表现出石香肠构造特征。挤压褶皱的不协调样式证实了盐内变形的复杂性，这与盐矿中的观察结果也一致。这可能是层状盐体的流变学性质、复杂的三维体盐流动、基底构造活动的不同阶段与形式以及上覆层运动之间相互作用的结果。

欧洲西北部的南二叠盆地是一个典型的盐构造发育区(Ziegler，1990；Taylor，1998；Mohr 等，2005；De Jager，2007；Geluk 等，2007；Hübscher 等，2007；Littke 等，2008)。盆地的盐构造演化与被动边缘背景有很大的不同(如尼日利亚、墨西哥湾；Hübscher 等，2007；Littke 等，2008)。本文研究区位于该盆地的荷兰海域部分，至少发育晚二叠世 Zechstein 统下部的四个蒸发岩旋回，总厚度达400~1000m，埋深约1.5~3km(Z_1—Z_4，局部可能发育Z_5；图22-1b)。厚的 Z_3 旋回包含一个相对脆性的硬石膏、碳酸盐岩和黏土层，它们完全被包裹在大块的盐岩中("细脉")。但 Z_1、Z_2 和 Z_4 也有局部的反射层，Z_1 和 Z_2 与下伏层发生力学耦合，而 Z_4($+Z_5$)是与上覆层发生耦合。而 Z_3 细脉反射层与盐上和盐下沉积物为力性脱耦关系(van Gent 等，2011；图22-1b)。Taylor(1998)认为盐体运动主要受 Z_2 的流动控制，但 Z_3 和 Z_4 也发生了或多或少的"被动"运移。盐动力作用强烈影响了 Z_3 细脉的几何形态(Geluk，1995；Burliga，1996；Behlau 和 Mingerzahn，2001；Bornemann 等，2008；van Gent 等，2011)。荷兰海域的 Z_3 细脉显示了多种样式的局部限制和强烈变化的变形特征，如石香肠构造和褶皱，它们分别与挤压或剪切和伸展或剪切有关(Zulauf 和 Zulauf，2005；Zulauf 等，2009)。这些特征与盐墙、盐枕和盐丘的形成(Geluk，2000b；Geluk 等，2007；van Gent 等，2011)以及延伸的 Z_2 和 Z_3 盐层变薄和盐上沉积盆地的生长有关(可与 Mohr 等(2005)的数据对比)。在盐矿中也观察到了类似的构造(Fulda，1928；de Boer，1971；Richter-Bernburg，1972；Schléder 和 Urai，2005；Schléder，2006；Alsop 等，2007；图22-2d)。野外数据来自出露的盐底辟，如伊朗的 Dasht-e-kavir(Jackson 等，1990)、阿曼(Reuning

等，2009；Schoenherr 等，2009）的扎格罗斯山脉（Kent，1979）和西班牙比利牛斯山脉（Wagner 等，1971），它们可能代表了埋藏盐构造的参照物（Geluk，2000b）。

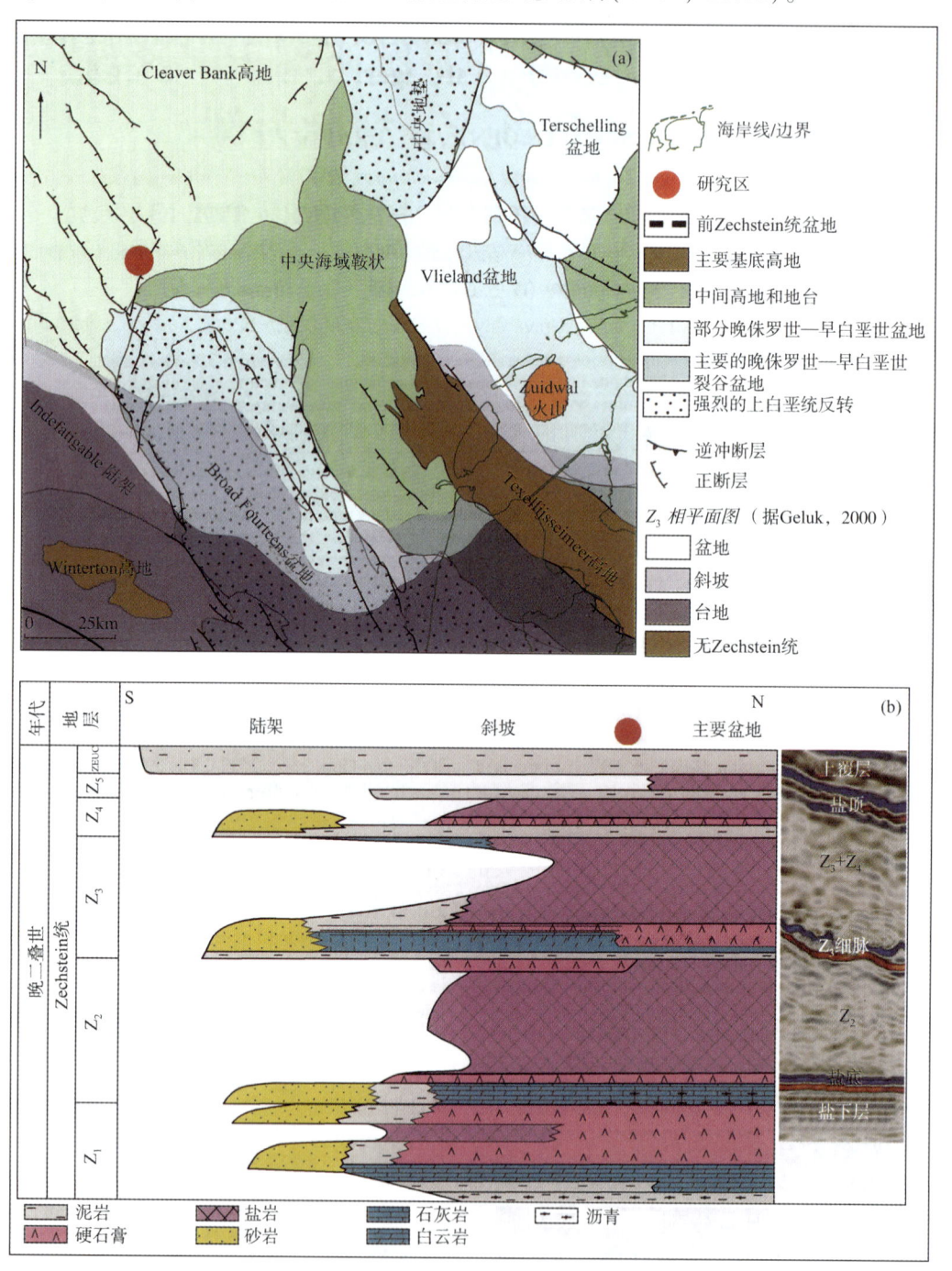

图 22-1 研究区位置和主要构造要素及地层特征

(a)研究区位置图（红点）和主要构造要素（据 de Jager，2007）及荷兰海域附近 Z_3 古地理特征（据 Geluk，2000a）；(b)荷兰 Zechstein 统地层特征（据 Geluk，2007；基于 van Adrichem-Boogaert 和 Kouwe，1993—1997；Geluk，2000；TNO-NITG，2004）；红点代表研究区的投影位置，右列显示了地震成像中地层单元的位置；注意只有 Z_3 细脉在地震反射数据中可见，并且完全被包裹在 Z_2 和 Z_3+Z_4 盐岩中

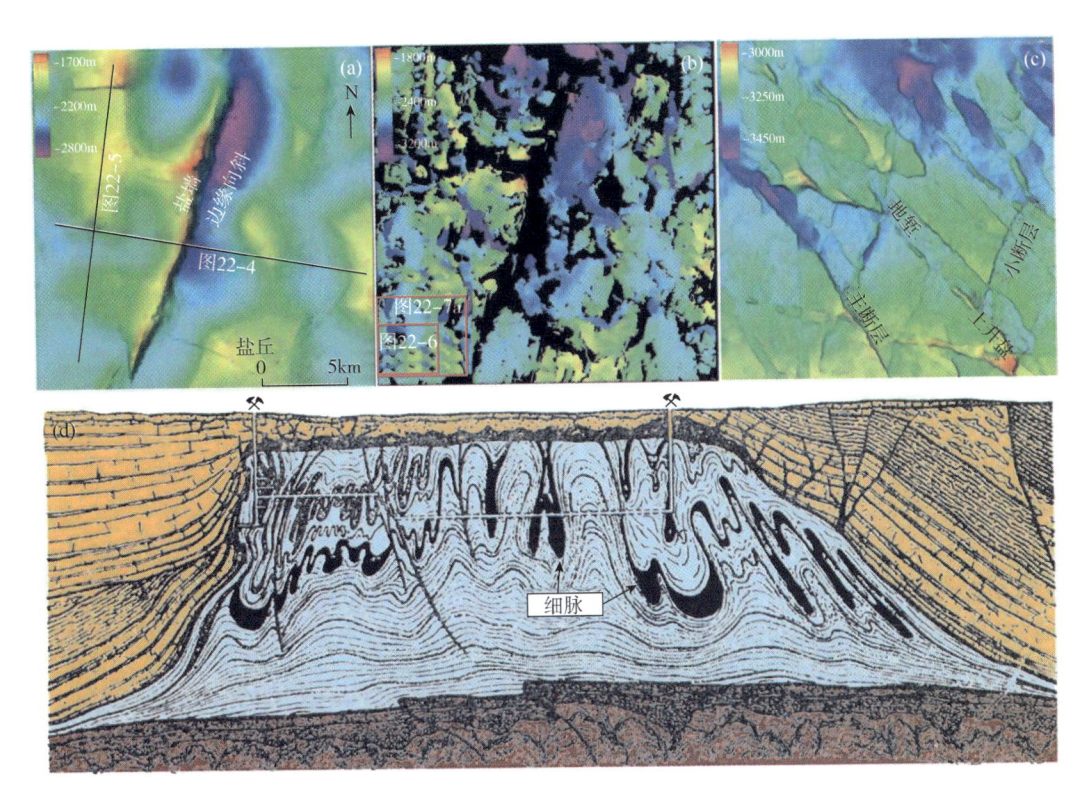

图 22-2 研究区盐顶深度图(a)、Z₃细脉顶深度图(b)和盐下层顶部/盐底深度图(c)以及
从盐矿角度解释盐体内部构造特征(d)

(a)Zechstein统盐体顶面的插值解释面,其显著特征是中部SSW—NNE走向的盐墙以及盐墙东翼相邻的深边缘向斜和位于NW和SE部的几个较大的盐丘和盐枕(也可见图22-3a);(b)Z₃细脉表面是高度破碎的("漂浮"),在大部分地区是无地震反射的,特别是在中部的N—S向盐墙和其他发育明显盐构造的地区;与此相反,细脉的成像质量很好,并且很光滑,如西南部地区;(c)盐下地层顶部的插值解释面对应于盐底,注意占优势的SE—NW向地堑和上升盘,以及近SSW—NNE走向的小断层;(d)通过一个盐丘的示意性剖面(据Seiall,1921),注意一个连续细脉层(黑色)褶皱的复杂性

虽然如此,与盐构造外部形态相比,我们对盐内构造形态仍然知之甚少。野外观测结果显示,初始或多或少连续的细脉发生了复杂的褶皱和断裂作用,同时,现代的高分辨率三维地震数据也显示细脉发生了强烈的破碎(van Gent等,2011)。因此,不确定的细脉和造成主要钻井事故意外的相关压力井涌严重阻碍了对Zechstein统的商业钻探(Williamson等,1997;Kukla等,2011)。本文主要研究了荷兰海域西部Z₃细脉强烈变形的几何形态,并讨论了以下方面的应用潜力:(1)利用三维地震数据识别和跟踪强烈变形的盐内细脉;(2)将部分变形模式与已知的主要盐构造内部和外部的盐流动域以及盐矿中的盐内观测结果进行量化对比。本文结果有助于分析三维盐内构造,并建立针对地下孔洞形成前的盐内构造的非破坏性预测方法。

22.1 方法

我们利用地震解释软件包Petrel 2007和Petrel 2009(斯伦贝谢公司)研究了面积约20km×

20km 区域内和 3.5km 深度的三维地震数据体的 PSDM(叠前深度偏移)数据(图 22-2)。横向和纵向最小分辨率为 20m。由于 Z_3 细脉(碳酸盐岩、硬石膏、黏土)和 Z_2、Z_3 盐上和盐下之间的高波阻抗差异,双反射的 Z_3 细脉在地震数据中成像良好。但也存在一些与地震质量和分辨率(频率含量、噪声水平、处理细节),以及和细脉陡倾变薄部分(Sleep 和 Fujita,1997;van Gent 等,2011)相关的成像限制。因此,如果细脉的厚度低于调谐厚度 30~35m 许多,则它也是不可见的,或是最有微弱的对比度,从而需要进行精细解释。这也涉及细脉的内部构造,由于硬石膏(顶部)和碳酸盐岩(底部)的边界很有可能低于地震数据的分辨率。此外,由于盐底和盐顶都有强反射,因此在接近盐顶或盐底的地方高速层的部位可能会出现对细脉解释的局部误差。

为了追踪 Z_3 细脉,我们综合利用了人工层位解释、3D 自动追踪和表面插值等方法。在细脉碎片的强烈褶皱和重叠(堆积)区(图 22-2b),还解释了另外一些层位。另外,还应用了一个"断层解释"技术,允许赋予双 z 值,而这在传统的层面解释中无法实现。通过获得的高密度点,还应用了我们对 Z_3 细脉的顶面进行插值,获得平面"A"(图 22-3b),并将其平滑成平面"B"(图 22-3c)。平滑面 B 类似于会包络面的概念(Park,1997),但在这种情况下,它切过细脉而不覆盖。这些平面可以使局部(平面 A)和区域(平滑面 B)细脉几何形态和盐顶(图 22-3b)进行对比。和 Gent 等(2011)一样,我们也采用了分别与 Z_3 碳酸盐岩(ZEZ_3C)和硬石膏(ZEZ_3A)顶底反射层不同的厚度、几何形态和构造样式的概念。

22.2 研究区

研究区位于荷兰海域(Gent 等(2011)提出的"西部海域";图 22-2)Cleaver Bank 高地上,位于 Broad Fourteens 盆地正北部,邻近 Sole Pit 盆地和中央地堑(图 22-1a)。虽然这些盆地在白垩纪和古近纪—新近纪发生反转,但研究区位于剥蚀区之外,因此很少受到这些特征的影响(Geluk,2000a,2005;de Jager,2003,2007)。晚石炭世,Cleaver Bank 高地发生构造活动和隆升,而在二叠纪和侏罗纪 Cleaver Bank 高地没有经历显著的构造活动,但在晚侏罗世—早白垩世,Cleaver Bank 高地发生隆升,并遭受强烈的剥蚀作用(Ziegler,1990)。对于区域背景以及荷兰海域 Zechstein 统的地层和流复杂性质的更多细节,可参见 de Jager(2003)和 Geluk(2000a,2005,2007)的文献。

22.2.1 盐下和盐顶

在区域范围内,对代表盐底或下伏层顶面的反射层进行编图,可见 SE—NW 走向的地堑构造和上升盘断块,它们与 Broad Fourteens 盆地的中生代构造反转有关(van Gent 等,2011;图 22-2c)。此外,存在走向 SEE—NWW 和 SW—NE 的次级断裂(de Jager,2003;Schroot 和 de Haan,2003;van Gent 等,2011;图 22-2c)。这些构造特征与盐下地层的多期构造活动有关(Geluk,2000a,2005)。Zechstein 统顶部的主要构造特征是发育一个走向为 NE—SW 向的大型盐墙,并具有铲式断层和顶部不对称的地堑,下降盘之下有个不对称的盐撒,而上升盘之下有个堆积区。另外,可以识别出几个盐丘或盐枕,其中最大的发育在研究区的西北和东南部(图 22-2a 和图 22-3a)。对比图 22-2a 和图 22-2c,可以发现区域范围内的盐厚度和盐顶的几何形态与盐下地层的构造特征没有明显联系。

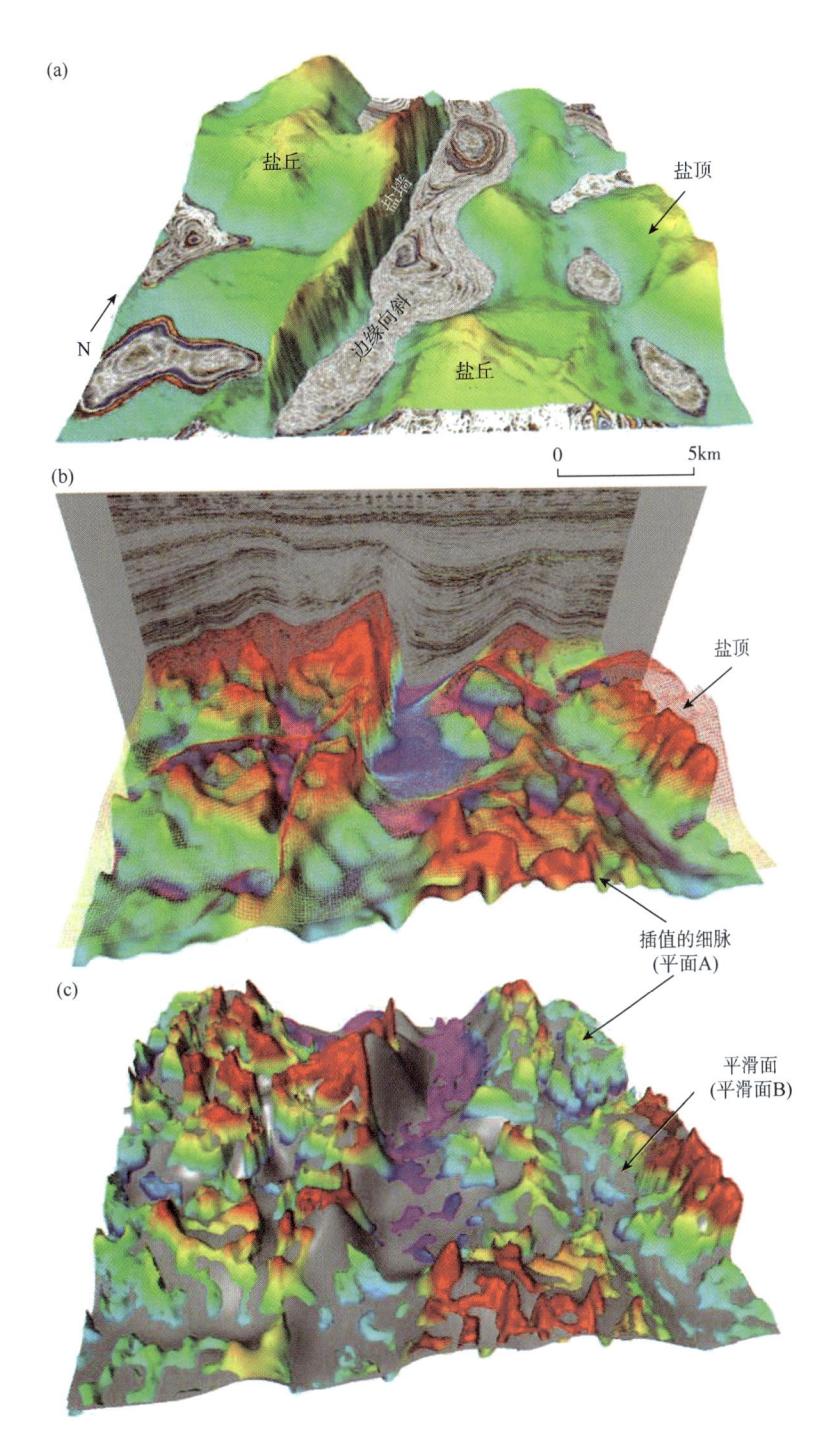

图 22-3 盐体三维可视图

（a）从南面对解释的盐体顶面进行观察的三维可视图（也可参见图 22-2a），并结合了地震数据体约 2km 深度的 Z 轴切片；研究区中部的 N—S 向盐墙及相邻的边缘向斜很可能是该地区盐体排出的结果；在西北和东南部的大型盐丘以及东北和西南部的小型盐枕证实发生了多期复杂的盐体运动。（b）从南面对盐顶（彩色鱼网）和平面 A 之下 Z₃ 细脉顶面进行观察的三维可视图；细脉表面表现出复杂的褶皱样式，并与盐顶明显不同（如图 22-6a 所示）。（c）插值细脉平面 A（彩色）和平滑面 B（灰色），其中平滑面 B 与盐顶一致

22.2.2 区域范围内的 Z_3 细脉

van Gent 等(2011)的研究表明，平均 40~50m 厚的 Z_3 细脉(图 22-2b 和图 22-3b)具有复杂的构造特征，以石香肠构造和褶皱为主，并经常垂直错开整个 Zechstein 统的一半厚度以上(图 22-4 和图 22-5)。平均下来细脉之上的 Zechstein 统盐层厚度要小于下部。因此，细脉更可能靠近盐顶。然而，单个的细脉碎片也可能在局部地区位于盐层的中、下部，其厚度也大于平均值(在研究区可达到 70m；图 22-5 左侧)。对于"厚带"的概念，可参见 van Gent 等(2011)的文献。

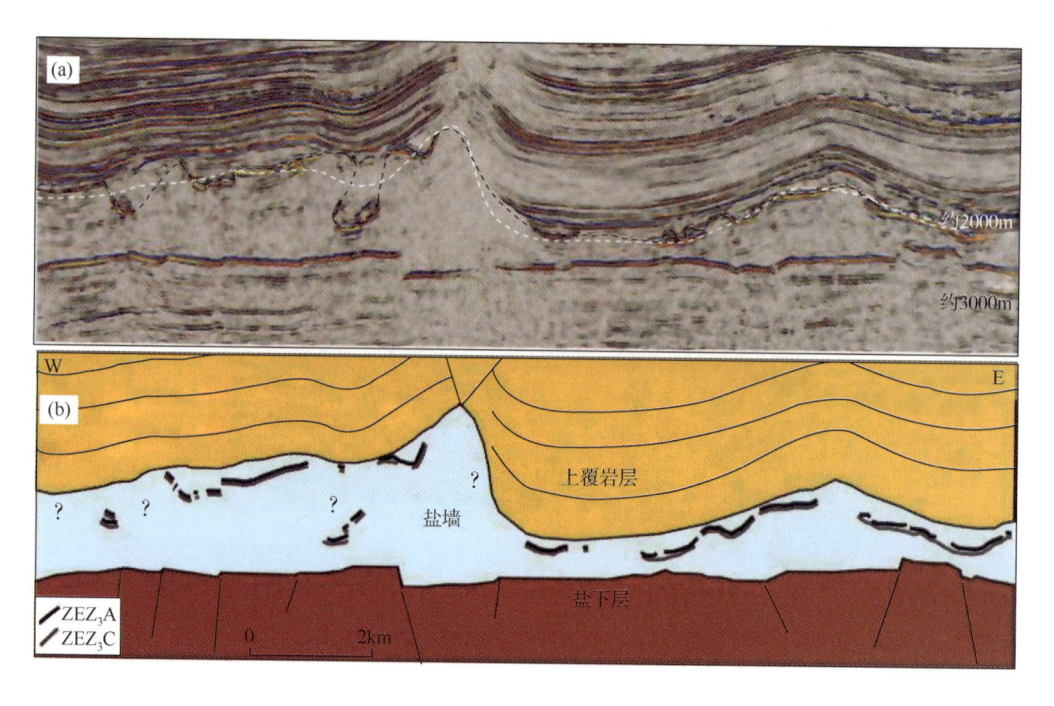

图 22-4 (a)通过研究区的东—西向地震剖面(位置参见图 22-2a)，显示了插值的细脉平面 A(黑色虚线)和平滑面 B(白色虚线)以及(b)地震剖面解释图

在图(b)中，蓝色代表盐下层、褐色 Zechstein 统底面、Rotliegend 群和石炭系及黄色上覆岩层之间的 Z_2—Z_4 盐岩层；注意中部盐墙西侧和东侧 Z_3 细脉几何形态的不同和盐顶构造特征有关

一般情况下，平滑面 B(见剖面 2)显示了与盐顶(图 22-4a 和图 22-5a 中的白色虚线)一致的大规模褶皱作用，这是由于平滑作用消除了细脉中与盐顶不协调的构造(图 22-3c)。在更小尺度上，平滑面 A(图 22-4a 和图 22-5a 中的黑色虚线)与平滑面 B(图 22-3c)并不协调，显示出平均波长为 400m 和褶皱幅度小于 200m 的复杂挤压和开阔到等斜褶皱的叠加模式。这与盐矿的细脉形态比较相似(图 22-2d)。在许多地区，即使细脉的倾斜程度较弱，也不存在连续的反射(图 22-2b、图 22-4b 和图 22-5b)。这可能代表细脉破裂成为单个孤立的碎片，特别是在中部的盐墙(图 22-2b)和研究区 NW 和 SE 部的盐丘区。本文假定所研究的蒸发岩层序在变形之前是平滑和封闭的地层(Geluk，2007)，而不考虑其他对盐连续性的影响(如无沉积、剥蚀等)。

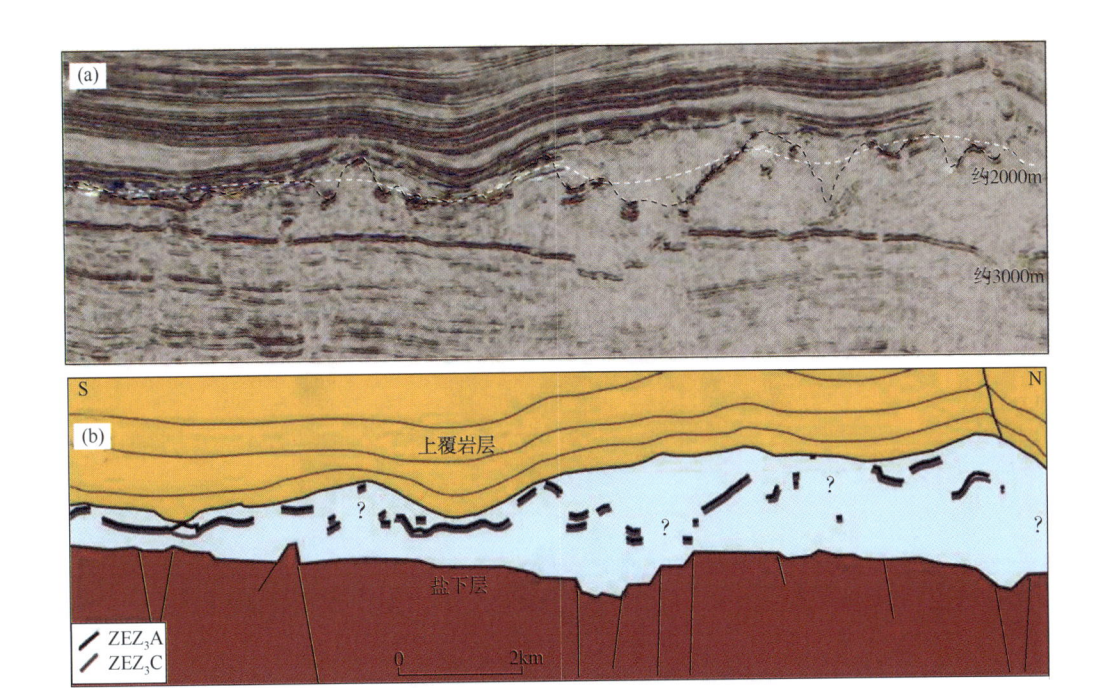

图 22-5　(a)通过研究区中部盐墙西侧的南—北向地震剖面(位置参见图 22-2a)
及(b)地震剖面解释图

图(a)中黑色虚线：插值的细脉平面 A，白色虚线：平滑面 B；注意部分复杂的细脉形态可能与盐下构造有关，如下伏层中的地堑(剖面图中部)；然而，对比细脉、盐顶和盐下，发现盐内变形与下伏层和上覆岩层的构造特征并没有明显关系

22.3　观测与结果：局部范围内细脉的褶皱作用与复杂偏移

由于研究区内 Z_3 细脉几何形态的复杂性，对其进行精确跟踪并不总是可能的，尤其是在细脉厚度小于地震资料分辨率(即小于 20m)和/或细脉非常陡峭的区域。因此，在三维地震数据中也没有明确的证据表明可见细脉碎片之间的间隔由薄和陡峭的细脉部分连接。

基于 van Gent 等(2011)的研究成果，本文重点关注研究区西南部(位置如图 22-2b 所示)的一个小示范区(约 400m×400m；图 22-6)。平面 A(图 22-6a)反映了光滑开放到紧闭褶皱的复杂样式。既然我们对细脉的解释(图 22-6b 的暗色区域)并不完全支持连通的细脉，那褶皱作用就应被视为唯一的构造过程。通过对比地震可分辨的细脉碎片(图 22-6b)和平滑面 A 的梯度测量结果(图 22-6c)，可见局部陡倾(即倾角达 70°)的细脉部分也成像了，而且轻微倾斜(即倾角<30°)部分并不可见。因此，这些区域可以被解释为很有可能代表石香肠构造的"真实"间隔(相对于初始连续的 Z_3 蒸发岩层)。

在一些选定的间距为 250m 的地震剖面上(图 22-7；剖面 B—剖面 D)对这些几何形态进行追踪，表明细脉内的垂直偏移可达 450m(图 22-7；剖面 C)。本文建立了两个如图 22-7e 所示的概念性端元模型。细脉变形样式之间在这点上并没有差异。盐间构造比相对平滑的盐顶和平滑面 B 的形态更为复杂(参见图 22-3b)。因此，这种偏移使细脉更为复杂，并表明细脉的整体形态不能用简单的褶皱或石香肠构造模型来解释。

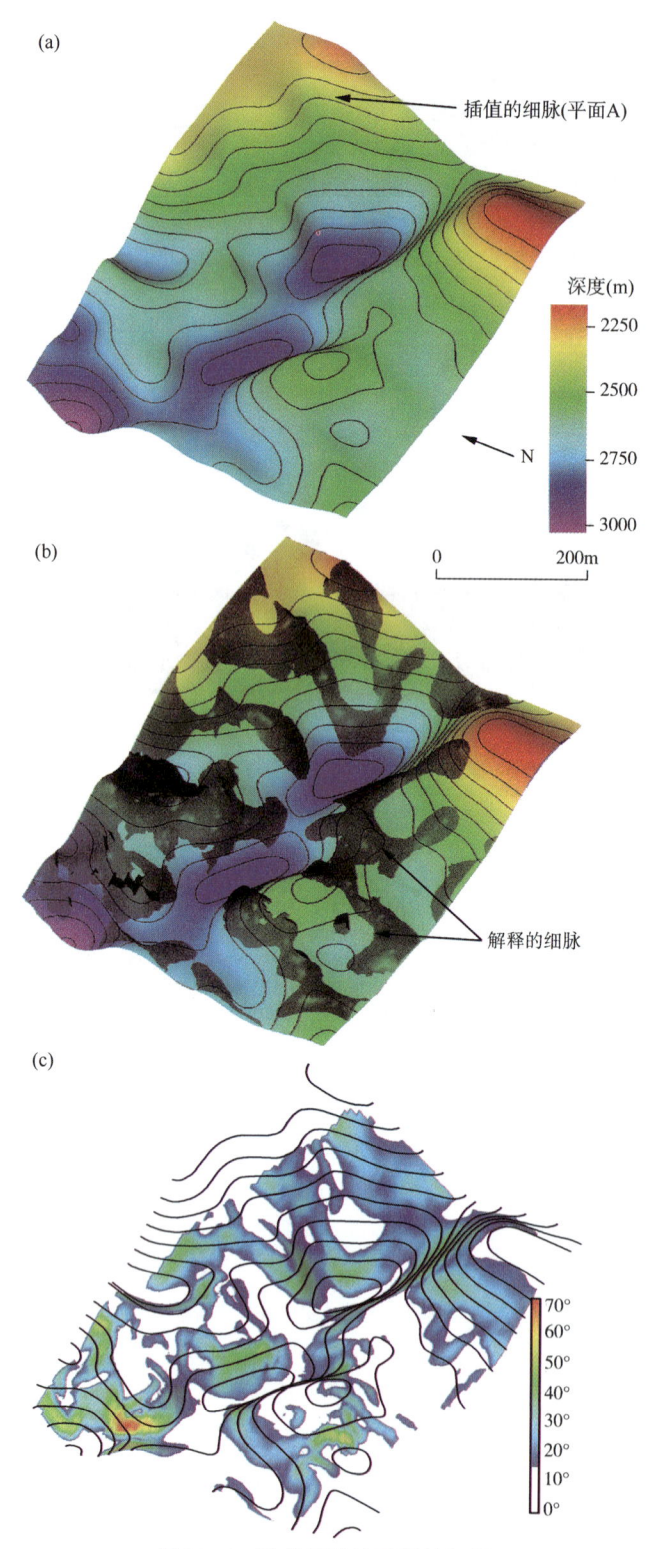

图 22-6 示范区的地震资料解释

(a)根据 Z_3 细脉解释成果生成的插值面(平面 A),表示细脉(位置参见图 22-2b)开阔—紧闭褶皱的叠加复杂样式;(b)插值的细脉平面(a)与地震资料的细脉基本解释的对比:无论是相连细脉面的褶皱作用,还是细脉严格破碎为碎片,在该区域都不能完全分辨,而两种情况的复合是最有可能的;(c)插值细脉表面的梯度图,与图(b)相比,细脉在很陡峭的部分也可以被解释出来;与地震资料的分辨率有关,这些间隔很可能代表了石香肠构造

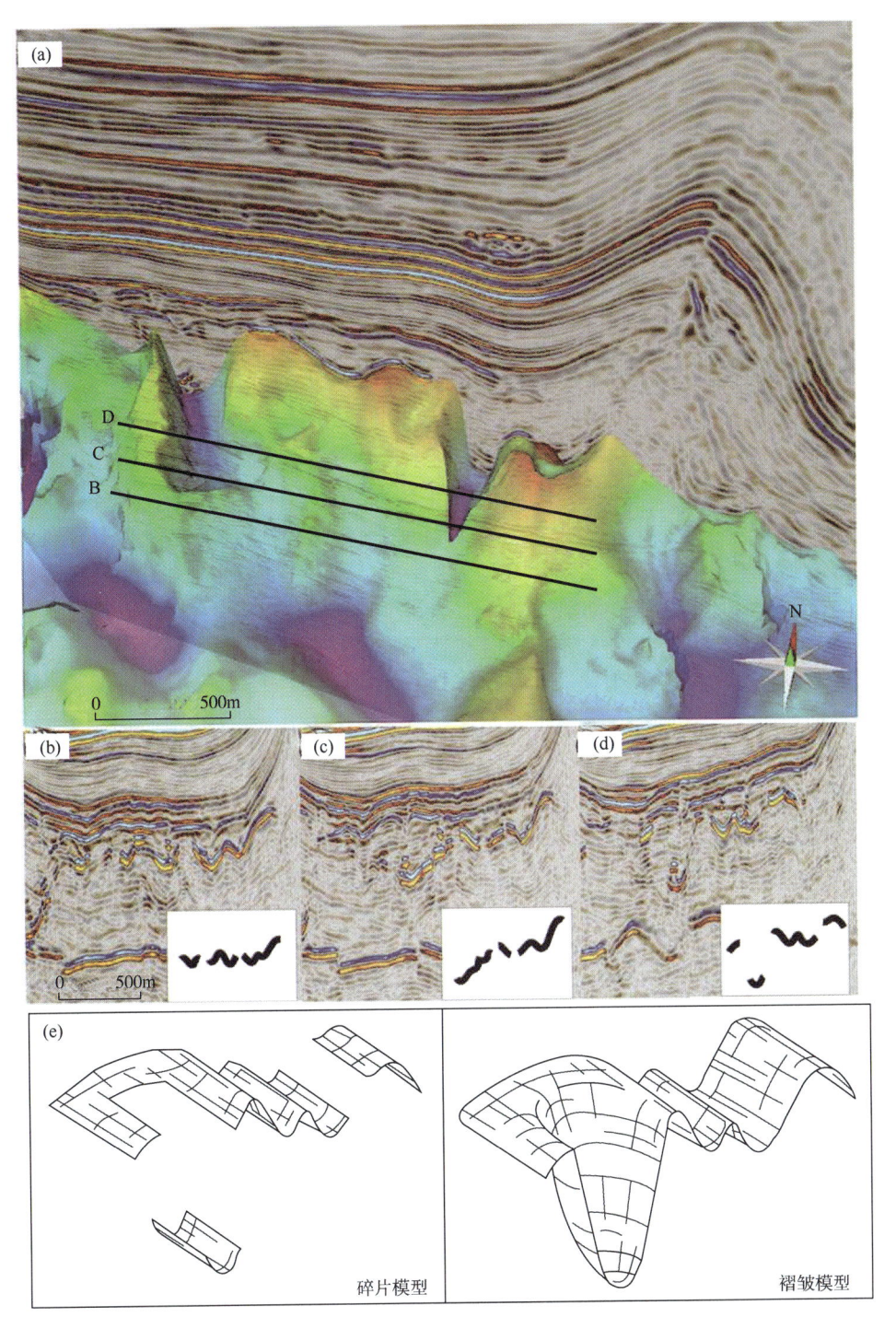

图 22-7 选定间距的地震资料解释

(a)插值的细脉面(平面 A；位置参见图 22-2b)以及 E—W 向切片地震剖面，显示陡峭细脉深度偏移切割了平面；(b)至(d)描述了一系列 NW—SE 向间距 250m 的地震剖面，显示了细脉内观察到的陡倾和深部偏移的详细信息(白框内的解释)；(e)解释图(d)中偏移的可能端元模型示意图，解释了这种"偏移"在自然界中的形态，左图显示了细脉的破裂以及随后碎片被盐体垂直流动的错开，右图表示了具有陡倾褶皱的连续细脉，由于薄和陡峭的褶皱翼部，该褶皱在地震资料上不能被分辨；根据在盐矿中的观察结果(参见图 22-2d)，第二模型可以解释地震数据未成像的细脉部分

22.4 讨论

关于盐内细脉及其在蒸发岩变形分析中的应用，对盐构造内部构造和变形有重要意义的因素和过程包括(Geluk, 2000b)：蒸发盐的流变学和力学性质；厚度及空间分布；盐构造样式，局部和区域应力场历史。本文已经证实，研究区内的细脉构造并不易与盐顶几何形态结合起来。因此，本文的数据和解释表明盐内的变形在局部可能比均匀盐流变学和盐顶几何形态下的变形更为强烈。此外，盐动力作用的高（盐丘和底辟）、低（盐层和盐枕）程度与细脉的变形量并不一定相关（可参见巴西盐盆；Gamboa 等，2008；Fiduk 和 Rowan，2012）。

22.4.1 局部范围

从本文对 Z_3 细脉的褶皱和破裂作用的解释(图 22-3b)开始，对 10~100m 尺度的详细观测结果(图 22-6 和图 22-7)表明变形的复杂性不能被以下模型所解释：(1)与细脉减薄和陡倾部分有关的褶皱作用；(2)石香肠构造。前者可能是基于盐矿观察(图 22-2d)的模式，显示了连续和复杂的褶皱层。后者可成像在地震数据上，在一些盐矿(Schléder 和 Urai，2005；Schléder，2006)和模拟模型(Zulauf 和 Zulauf，2005)中也可观察到。在第一个模型中，盐岩上部和下部中孤立的、强烈偏移的细脉碎片可能代表了向斜和背斜褶皱的枢纽。细脉碎片之间的地震反射模糊区可能是不成像的、陡倾和薄的褶皱翼部(图 22-7e，右侧)。这些与地震成像良好的碎片相交的薄和陡倾细脉部分已经得到了油气钻井的证实。它们证实了一个有关褶皱作用复杂和叠加样式的模型，该模型可成为地震不可见细脉的一部分。另一方面，细脉碎片之间的模糊区可能代表了与石香肠构造有关的真实间隔，这些石香肠在局部被盐岩中的垂直落差所错开(图 22-7e，左侧)。

以前的研究分析在盐矿和露头中存在的细脉，结果表明盐内地层的变形可能与不同尺度的褶皱和石香肠构造结合在一起(Schléder，2006)，细脉的连通性有可能比地震数据解释预期的还要高。然而，这些模型(如石香肠构造和褶皱作用)在该阶段不能被分开。根据本文解释结果，我们认为 Z_3 细脉的总体褶皱形态，不管是否代表了一个连续或破碎的地层，都表示了不同规模下盐体的复杂褶皱作用。此外，这也意味着盐体的变形并不一定与下伏层和上覆层的变形耦合在一起。

22.4.2 区域范围

在区域（千米）范围内，中部盐墙及其东部的大型长条状边缘向斜是盐岩排驱的主要动力，西北和东南部的盐构造可能也很重要，它们形成了叠加的盐体流动域(Geluk，1995，2005)。常见的盐体向盐构造流动的简单模型(Chemia 等，2008)与观察到的垂直断距并不匹配，这种现象在受侧向盐流动影响较弱的地区也有发现(图 22-5 和图 22-7a 至 c)。细脉偏移的不同方位反映了更多的复杂性(如主要方位平行于中部的盐墙，但还有 NW—SE 向、N—S 向和 NE—SW 向)。因此，我们认为盐体流动中存在要比一些盐矿文献(Fulda，1928，Bornemann，2008；图 22-2d)预期大得多的重向分量。

为了验证一些有关 Z_3 细脉几何形态如何形成的假设，我们首先预测了下伏地层中构造(如地垒和断块)和上覆层中边缘向斜的影响。对此下伏层与盐层中细脉碎片的偏移量(如图 22-4 和图 22-5 对此图 22-2b 和 22-2c)，可以发现在大范围内，下伏地层构造的影响对盐内变形来说并不是最主要的影响因素。在局部范围内，下伏层的偏移可能有利于局部限制的复杂三维盐体流动。例如，上升盘断块和地堑构造可能会导致"角流"，其细脉的褶皱和破裂强度更大(图22-5)。

如果对比上覆层构造特征与总体细脉形态(平面A)，我们认为弱变形细脉区边缘向斜的发育(图22-3a)对其变形产生了重要影响。由此产生的大规模的盐体消耗可能会形成一个盐体的截点以阻止盐体(和细脉)进一步排驱到盐丘和底辟中(图22-5中右侧的盐构造)。因此，我们认为上覆层的变形在大范围内对盐内构造变形有更大的影响，而下伏岩层的变形小范围内可以产生一些局部影响(如"角流")。换句话说，尽管盐下构造和上覆层的沉积历史和构造可能在区域(千米)范围内对构造特征有主要影响，但细脉的复杂性只能用更复杂的盐流模式来解释。这可能与盐体中的流变学分层有关。Z_3盐体含有水氯镁石、水镁矾、光卤石和钾盐，其上部含有更易流动的钾—镁盐层(可见Williamson等，1997；Geluk等，2007；Urai等，2008的数据)。Zechstein统盐岩内部力学地层对内部构造样式的影响要比Urai等(2008)认为的大很多。

另一种要讨论的可能机制是盐岩内单个孤立的细脉碎片的重力下沉作用(Koyi，2001；Chemia等，2008)，这可能可以用来解释图22-7c中高度偏移的细脉。然而，研究区盐动力作用的主要阶段是在中生代和新生代(Geluk，2000a，2005)，并考虑数值模拟(Chemia和Koyi，2008；Li等，2012)和物理模拟(Koyi，2001；Callot等，2006)得到的盐内地层的平均沉降速度，所有这些分隔开的细脉碎片从此之后都已经出露地表了(van Gent等，2011)。根据地震资料，我们认为没有确凿的证据能证明盐体活动结束之后发生了下沉作用。相反，我们提出了一个在盐体流动过程中形成的非圆柱状向斜褶皱的模型，并且所有地震不可见的褶皱翼部和石香肠碎片造成的真实间隔能出现在地震可分辨的褶皱枢纽之间。导致的细脉碎片样式最终来自Zulauf和Zulauf(2005)的叠加多期褶皱和石香肠作用，该模式忽视了重力驱动下沉作用的影响。

22.5 结论

荷兰海域南二叠盆地Z_3细脉表示出复杂的三维构造形态，这与盐矿和露头中观察到的比较一致，但后者的波长要比盐顶短许多，而幅度要比均一盐流变化情况下的大许多。这和预期的盐岩中流变学分层是一致的，受盐下上升断块周围细脉和角流的影响而进一步加强。脆塑性细脉变形的多期叠加样式表明在伸展和挤压作用中不同的行为。我们的资料并没有完全证明盐动力作用结束之后细脉碎片发生了显著的重力下沉。由于陡倾细脉变薄的部分不能很好地进行地震成像，本文对数据的解释受到了一定限制。为了定量分析这种效果，需要进一步对比钻井和地震资料。

参 考 文 献

Alsop, G. I., Holdsworth, R. E. & Mc Caffrey, K. J. W. 2007. Scale invariant sheath folds in salt, sediments and shear zones. Journal of Structural Geology, 29, 1585-1604.

Behlau, J. & Mingerzahn, G. 2001. Geological and tec tonic investigations in the former Morsleben salt mine (Germany) as a basis for the safety assessment of a radioactive waste repository. Engineering Geology, 61, 83-97.

Bornemann, O., Behlau, J. et al. 2008. Standortbes chreibung Gorleben Teil 3: Ergebnisse der über und untertägigen Geologischen Erkundung des Salinars. Geologisches Jahrbuch Reihe C Heft 73, Hannover.

Burliga, S. 1996. Kinematics within the Klodawa salt diapir, central Poland. In: Alsop, G. I., Blundell, D. J. & Davison, I. (eds) Salt Tectonics. Geological Society, London, Special Publications, 100, 11–21.

Callot, J. P., Letouzey, J. & Rigollet, C. 2006. Stringers Evolution in Salt Diapirs, insight from Analogue Models. AAPG International Conference and Exhibi tion, Perth, Australia.

Chemia, Z. & Koyi, H. 2008. The control of salt supply on entrainment of an anhydrite layer within a salt diapir. Journal of Structural Geology, 30, 1192–1200.

Chemia, Z., Koyi, H. & Schmeling, H. 2008. Numerical modelling of rise and fall of a dense layer in salt diapirs. Geophysical Journal International, 172, 798–816.

de Boer, H. U. 1971. Gefügeregelung in Salzstöcken und Hü llgesteinen. In: Kali und Steinsalz, 5, 403–425.

De Jager, J. 2003. Inverted basins in the Netherlands, similarities and differences. Netherlands Journal of Geosciences/Geologie en Mijnbouw, 82, 355–366.

De Jager, J. 2007. Geological development. In: Wong, Th. E., Batjes, D. A. J. & de Jager, J. (eds) Geology of the Netherlands. Royal Netherlands Academy of Arts and Sciences, Amsterdam, 5–26.

Fiduk, J. C. & Rowan, M. G. 2012. Analysis of folding and deformation within layered evaporites in Blocks BM–S–8 & –9, Santos Basin, Brazil. In: Alsop, G. I., Archer, S. G., Hartley, A. J., Grant, N. T. & Hodg kinson, R. (eds) Salt Tectonics, Sediments and Pro spectivity. Geological Society, London, Special Publications, 363, 469–481.

Fulda, E. 1928. Die Geologie der Kalisalzlagerstätten. In: Krische, P. (ed.) Das Kali, II. Teil. Enke's Bibliothek für Chemie und Technik unter berü cksichtiging der Volkswirtschaft 7. Ferdinand Enke. Stuttgart, Germany, 24–136.

Gamboa, L. A. P., Machado, M. A. P., da Silveira, D. P., de Freitas, J. T. R. & da Silva, S. R. P. 2008. Evaporitos estratificados no Atlântico Sul: interpretac, ão sísmica e controle tectono–estratigráfico na Bacia de Santos. In: Mohriak, W., Szatmari, P. & Anjos, S. M. C. (eds) Sal: Geologia e Tectônica, Exemplos nas Basicas Brasileiras. Beca Edic, ões Ltda, São Paulo, Brasil, 340–359.

Geluk, M. C. 1995. Stratigraphische Gliederung der Z_2–(Staßfurt–) Salzfolge in den Niederlanden: Bes- chreibung und Anwendung bei der Interpretation von halokinetisch gestö rten Sequenzen. Zeitschrift derdeutschen Gesellschaft fü r Geowissenschaften, 146, 458–465.

Geluk, M. C. 2000a. Late Permian (Zechstein) carbonate– facies maps, the Netherlands. Geologie en Mijnbouw/ Netherlands Journal of Geosciences, 79, 17–27.

Geluk, M. C. 2000b. Steps towards prediction of the internal tectonics of salt structures. In: Geertman, R. M. (ed.) Proceedings of the 8th World Salt Symposium, May 2000. Elsevier, Amsterdam.

Geluk, M. C. 2005. Stratigraphy and Tectonics of Permo – Triassic Basins in the Netherlands and Surrounding Areas. Thesis, Utrecht University.

Geluk, M. C. 2007. Permian. In: Wong, T. E., Batjes, D. A. J. & De Jager, J. (eds) Geology of the Netherlands. Royal Netherlands Academy of Arts and Sciences, Amsterdam, 63–84.

Geluk, M. C., Paar, W. A. & Fokker, P. A. 2007. Salt. In: Wong, T. E., Batjes, D. A. J. & De Jager, J. (eds) Geology of the Netherlands. Royal Netherlands Academy of Arts and Sciences, Amsterdam, 283–294.

Hü bscher, C., Cartwright, J., Cypionka, H., De Lange, G., Robertson, A., Suc, J. P. & Urai, J. L. 2007. Global look at salt giants. Eos, 88, 177–179.

Jackson, M. P. A., Cornelius, R. R., Craig, C. H., Gansser, A., Stocklin, J. & Talbot, C. J. 1990. Salt Diapirs of the Great Kavir, Central Iran. Geological Society of America, Tulsa, Memoir.

Kent, P. E. 1979. The emergent Hormuz salt plugs of southern Iran. Journal of Petroleum Geology, 2, 117–144.

Koyi, H. 2001. Modeling the influence of sinking anhydrite blocks on salt diapirs targeted for hazardous waste disposal. Geology, 29, 387-390.

Kukla, P. A., Reuning, L., Becker, S., Urai, J. L. & Schoenherr, J. 2011. Distribution and mechanisms of overpressure generation and deflation in the late Neoproterozoic to early Cambrian South Oman Salt Basin. Geofluids, 11, 349-361.

Li, S., Abe, S., Reuning, L., Becker, S., Urai, J. L. & Kukla, P. A. 2012. Numerical modelling of the displacement and deformation of embedded rock bodies during salt tectonics: Case study from the South Oman Salt Basin. In: Alsop, G. I., Archer, S. G., Hartley, A. J., Grant, N. T. & Hodgkinson, R. (eds) Salt Tectonics, Sediments and Prospectivity. Geological Society, London, Special Publications, 363, 497-514.

Littke, R., Bayer, U., Gajewski, D. & Nelskamp, S. 2008. Dynamics of Complex Intracontinental Basins. The Example of the Central European Basin System. Springer-Verlag, Berlin-Heidelberg.

Mohr, M., Kukla, P. A., Urai, J. L. & Bresser, G. 2005. Multiphase salt tectonic evolution in NW Germany: seismic interpretation and retro-deformation. International Journal of Earth Sciences (Geologische Rundschau), 94, 914-940.

Park, R. G. 1997. Foundations of Structural Geology. Chapman & Hall, London, 32-34.

Reuning, L., Schoenherr, J., Heimann, A., Urai, J., Littke, R., Kukla, P. A. & Rawahi, Z. 2009. Constraints on the diagenesis, stratigraphy and internal dynamics of the surface-piercing salt domes in the Ghaba Salt Basin (Oman): A comparison to the Ara Group in the South Oman Salt Basin. Geo Arabia, 14, 83-120.

Richter-Bernburg, G. 1972. Saline deposits in Germany: a review and general introduction to the excursion. Geology of Saline Deposits, Proceedings Hannover Symposium 1968, Unesco, 275-287.

Schléder, Z., 2006. Deformation mechanisms of naturally deformed rocksalt. Ph D thesis, Rheinisch-Westfälische Technische Hochschule Aachen.

Schléder, Z. & Urai, J. 2005. Microstructural evolution of deformation-modified primary halite from the Middle Triassic Röt Formation at Hengelo, The Netherlands. International Journal of Earth Sciences, 94, 941-955, http://dx.doi.org/10.1007/s00531-005-0503-2.

Schoenherr, J., Reuning, L., Kukla, P. A., Littke, R., Urai, J. L., Siemann, M. & Rawahi, Z. 2009. Halite cementation and carbonate diagenesis of intra-salt. Sedimentology, 56, 567-589.

Schroot & De Haan, H. B. 2003. An improved regional structural model of the Upper Carboniferous of Cleaver Bank High based on 3D seismic interpretation. In: Nieuwland, D. A. (ed.) New Insights into Structural Interpretation and Modelling. Geological Society, London, Special Publications, 212, 23-37.

Seidl, E. 1921. Schürfen, Belegen und Schachtabteufen auf deutschen Zechsteinsalzhorsten. Archäologische Lagerstätten-Forschung, 26, Berlin (Geol. L.-A.).

Sleep, N. H. & Fujita, K. 1997. Principles of Geophysics. Blackwell Science, USA.

Taylor, J. C. M. 1998. Upper Permian – Zechstein. In: Glennie, K. W. (ed.) Petroleum Geology of the North Sea. Basic Concepts and Recent Advances. 4th edn. Blackwell Science, Oxford, 174-211.

TNO-NITG. 2004. Geological Atlas of the Subsurface of the Netherlands e Onshore. TNO-NITG, Utrecht, 103.

Urai, J. L., Schléder, Z., Spiers, C. J. & Kukla, P. A. 2008. Flow and Transport Properties of Salt Rocks. In: Littke, R., Bayer, U., Gajewski, D. & Nelskamp, S. (eds) Dynamics of Complex Intracontinental Basins: The Central European Basin System. Springer-Verlag, Berlin-Heidelberg, 277-290.

Van Adrichem-Boogaert, H. A. & Kouwe, W. F. P. 1993-1997. Stratigraphic nomenclature of the Nether- lands; revision and update by RGD and NOGEPA. TNO-NITG. Mededelingen Rijks Geologische Dienst, Haarlem, 50, 1-37.

van Gent, H. W., Urai, J. & De Keijzer, M. 2011. The internal geometry of salt structures-a first look using 3D seismic data from the Zechstein of the Netherlands. Journal of Structural Geology, 33, 292-311, http://dx. doi. org/10. 1016/j. jsg. 2010. 07. 005.

Wagner, R. H., Winkler Prins, C. F. & Riding, R. E. 1971. Lithostratigraphic units of the lower part of the Carboniferous in northern León, Spain. Trabajos de Geología, 4, 603-663.

Williamson, M. A., Murray, S. J., Hamilton, T. A. & Copland, M. A. 1997. A review of Zechstein drilling issues. SPE Drilling & Completion, 13, 174-181.

Ziegler, P. A. 1990. Geological Atlas of Western and Central Europe. 2nd edn. Elsevier Scientific Publishing Company, The Hague, Amsterdam.

Zulauf, J. & Zulauf, G. 2005. Coeval folding and boudinage in four dimensions. Journal of Structural Geology, 27, 1061-1068.

Zulauf, G., Zulauf, J., Bornemann, O., Kihm, N., Peinl, M. & Zanella, F. 2009. Experimental deformation of a single-layer anhydrite in halite matrix under bulk constriction. Part 1: geometric and kinematic aspects. Journal of Structural Geology, 31, 460.

（罗腾文 译，汪立 王龙 校）

第23章 盐构造过程中嵌入岩体的位移与变形的数值模拟——以南阿曼盐盆为例

SHIYUAN LI[1], STEFFEN ABE[1], LARS REUNING[2],
STEPHAN BECKER[2], JANOS L. URAI[1,3], PETER A. KUKLA[2]

(1. Structural Geology, Tectonics and Geomechanics, RWTH Aachen University, Lochnerstrasse
4-20, D-52056 Aachen, Germany;
2. Geologisches Institut, RWTH Aachen University, Wüllnerstrasse 2, D-52056, Germany;
3. Department of Applied Geoscience German University of Technology in Oman (GUtech),
Way No. 36, Building No. 331, North Ghubrah, Sultanate of Oman)

摘　要　大型岩石包裹体被嵌入到许多盐体中，它们在盐体运动过程中发生多种不同的变形方式，包括位移作用、褶皱作用和断裂作用。盐构造的一种模式是下沉形成作用，即一个正在发育的底辟的顶部仍然保持在同一垂直位置，而周围的上覆层沉积物发生沉降。本文研究了盐体顶部表面的位移差，而这是由下沉形成作用诱发的塑性盐流动所引起的。在有限元模型中，通过迭代程序结合自适应网格，监测和模拟变形开始的位置，来研究脆性细脉的相关变形。模型的建立主要根据对南阿曼盐盆的观测结果，这里的盐层包裹了大量的碳酸盐岩岩体，从而形成大量的油气远景区带。模型显示，由于盐岩顶部的位移，细脉在盐构造开始后不久就可以发生破裂，并以不同的方式发生变形。如果沿包裹体的伸展作用占主导，则细脉就会以拉伸断裂的方式发生破裂，并且在相对较浅的深度形成石香肠构造。石香肠—边界断层的间距大约是细脉厚度的3~4倍。反之当沿包裹体发生盐体挤压时，就会引起细脉的褶皱或逆冲作用。

包裹在盐层中的大型岩石包裹体（即所谓的筏体、浮体或细脉）具有巨大的经济价值。了解这些岩体破裂和再分配流体的时间与方式具有实践意义，因为这些包裹体含有超压流体或油气，可成为勘探目标，也可能带来钻探事故（Williamson等，1997；Koyi，2001；Al-Siyabi，2005；Schoenherr等，2007a，2008；Kukla等，2011）。此外，细脉与地下洞穴和废物处理设施的规划和运行也有关。细脉变形的影响对理解细脉区带的成岩演化和储层物性有重要作用（Schoenherr等，2008；Reuning等，2009）。对细脉的研究也有助于理解盐底辟内部的变形机制（Talbot 和 Jackson，1987，1989；Talbot 和 Weinberg，1992；Koyi，2001；Chemia等，2008）。通过对地表刺穿盐丘（Kent，1979；Reuning等，2009）和盐矿（Richter-Bernburg，1980；Talbot 和 Jackson，1987；Geluk，1995；Behlau 和 Mingerzahn，2001）的研究，分析了细脉的几何形态及相关变形。另外，最近地震成像的改进促进了对大型三维细脉几何形态的可视化和分析（van Gent等，2011；Strozyk等，2012）。这些研究都揭示了非常复杂的细脉几何形态，如开阔到等斜褶皱、剪切带和不同规模的石香肠构造，并且对它们在盐构造中的形成过程提出了重要见解。但是，大多数盐构造都经历了被动、复活和主动阶段（Mohr等，2005；Warren，2006；Reuning等，2009），从而使得细脉的几何形态变得更为复杂。内部构造地质的复杂性和广泛发育的地下水溶解作用也导致了包裹体的结构重组（Talbot 和 Jackson，1987；Weinberg，1993）。因此，对大型盐体中脆性层的早期构造演化的解释(Hübscher 等,2007)仍然是比较困难的。

物理模拟结果显示细脉从盐动力作用的初始阶段到结束都可形成于塑性盐体中(Escher 和 Kuenen,1929;Zulauf 和 Zulauf,2005;Callot 等,2006;Zulauf 等,2009)。在这个演化过程中,嵌入的包裹体经历了伸展作用,形成石香肠构造以及旋转。这也揭示出,底辟中的包裹体在负浮力作用下向下沉降,当底辟生长和盐源供应不能很快补偿时,包裹体就将向下运动(Koyi,2001)。

在数值模型中,盐通常被视为相对均质的材料。一些研究揭示了盐层中细脉的演化,主要关注盐底辟生长过程中塑性细脉的隆升和下沉(Weinberg,1993;Koyi,2001;Chemia 等,2008)。据我们所知,目前还没有数值模拟分析了盐构造初始阶段单个细脉的脆性变形。

本文的目的在于分析下沉形成作用过程中脆性细脉的动力学特征。本文使用了有限元法(FEM)模拟嵌入在塑性变形盐层中的脆性层的变形和破裂作用。

23.1 地质背景

研究区位于阿曼苏丹国(以下简称阿曼)南部和南阿曼盐盆(SOSB)的西南部(图 23-1)。南阿曼盐盆形成于新元古代晚期—早寒武世,是一个大型盐盆的一部分。这个大型盐体由一个从阿曼到伊朗(霍尔木兹盐层)、巴基斯坦(盐脊)和进入东喜马拉雅山的蒸发岩盆地带组成(Mattes 和 Conway Morris,1990;Allen,2007)。

南阿曼盐盆是一个不同寻常的石油生产区。南阿曼盐盆盐层中嵌入碳酸盐岩细脉的自充注代表了一种独特的盐内含油气系统,该系统发育大量的油气聚集,并在最近几年已经成功钻探(Al-Siyabi,2005;Schoen-herr 等,2008,Grosjean 等,2009)。然而,预测地下细脉的几何形态和储集物性仍然是一个重大的挑战。南阿曼盐盆走向为东北—西南向,侧向延伸达 400km×150km。盆地西缘是西部变形前缘(图 23-1),这是一个具有压扭特征的构造复合区(lmmerz 等,2000)。盆地东部边缘就是所谓的东翼(图 23-1),这是一个构造高位(Amthor 等,2005)。

向东减薄的盆地充填物覆盖在新元古代早期结晶基底之上,由新元古代晚期至今的沉积物组成,总厚度达 7km(Heward,1990;Amthor 等,2005;Al-Barwani 和 McClay,2008)。盆地最古老的沉积物为新元古代—早寒武世(800—530Ma)的 Huqf 超级群(Gorin 等,1982;Hughes-Clarke,1988;Burns 和 Matter,1993;Loosveld 等,1996;Brasier 等,2000;Bowring 等,2007)。Huqf 超级群下部由 Abu Mahara 组和 Nafun 组的陆相硅质碎屑岩与海相碳酸盐岩组成(图 23-2),沉积物沉积于早期走滑和晚期(相对静止的)区域沉降的构造背景下(Amthor 等,2005)。伴随 Nafun 组末端沉积物(550.5—547.36Ma;图 23-2)的是一个大型基底隆起,并导致盆地分段,形成以断层为边界的次盆(Immerz 等,2000;Grotzinger,2002;Amthor 等,2005)。在埃迪卡拉纪,盆地限制导致在这些以断层为边界的次盆在极浅水区内沉积了第一个 Ara 组盐岩(Mattes 和 Conway Morris,1990;Schröder 等,2003;Al-Siyabi,2005)。南阿曼盐盆的差异沉降时期导致形成海侵—高位体系域,造成孤立碳酸盐岩台地的生长。Ara 组碳酸盐岩到蒸发岩(盐岩、石膏)总计发育六个沉积层序,从底部到顶部分别称为 A_0、A_1、……、A_6(Mattes 和 Conway Morris,1990;图 23-2)。Ara 组盐层溴的地球化学特征和 20~200m 厚碳酸盐岩地层中的海洋化石清晰地指示了 Ara 组蒸发岩的海相来源。

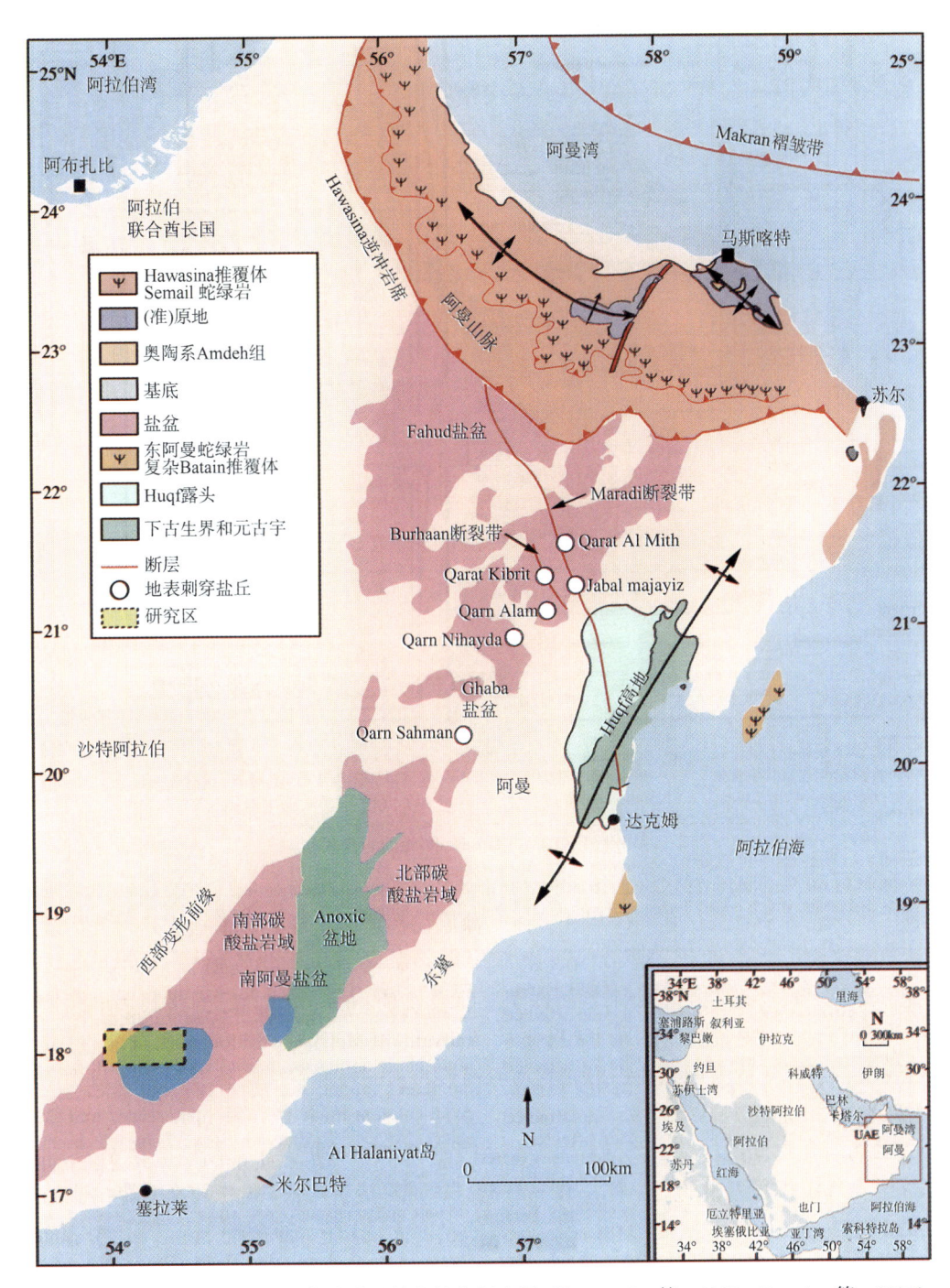

图 23-1 晚埃迪卡拉世—早寒武世阿曼内盐盆概略图（据 Schröder 等，2005；Reuning 等，2009）
研究区（黄色区）位于南阿曼盐盆西南部；这个向东减薄的盆地沉积充填厚度达7km，西面以压扭的西部变形前缘为边界，东面以东翼的构造高地为边界

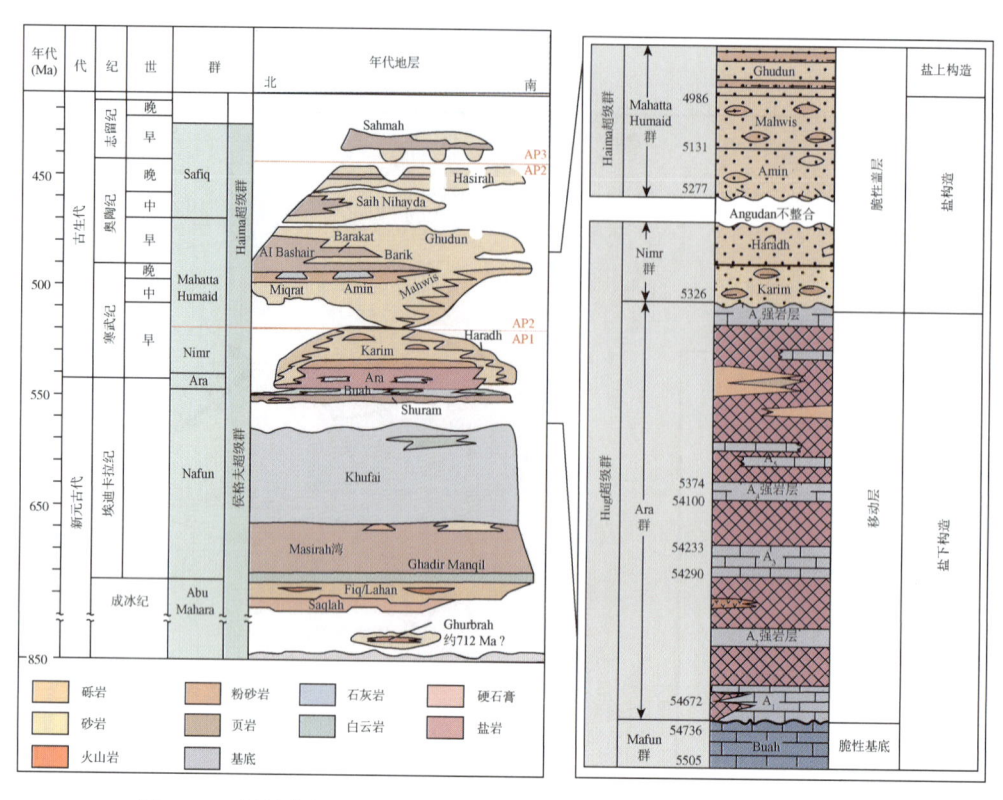

图 23-2 阿曼内部地下岩石年代地层综合柱状图（据 Reuning 等，2009）

地质年代据 Al-Husseini(2010)；Huqf 超级群下部岩石地层据 Allen(2007) 和 Rieu 等(2007)；Huqf 超级群上部和 Haima 超级群的岩石地层据 Boserio 等(1995)、Droste(1997)、Blood(2001) 和 Sharland 等(2001)；右侧的岩石地层组合(不按比例)显示了 Ara 群 6 个碳酸盐岩到蒸发岩的沉积层序，上覆 Nimr 群和 Mahatta Humaid 群硅质碎屑岩；可移动的蒸发岩层序上覆的硅质碎屑岩沉积引起了剧烈的盐动力作用，并在 Ghudun 组沉积过程中终止（据 Al-Barwani 和 Mcclay，2008）

具有可移动性的 Ara 组盐层上覆的陆相硅质碎屑岩的沉积引起了强烈的盐构造运动。差异负载作用形成了 5~15km 宽的碎屑透镜体和盐底辟构造，这导致碳酸盐岩台地发生褶皱作用，并被破碎成孤立的细脉漂浮在 Ara 组盐层中。盐构造作用早期阶段开始于直接上覆 Nimr 组开始沉积时，这些沉积物来自西部变形前缘和 Ghudun 高地隆起的基底。早期盐动力作用受先存断层、不对称盐脊和微盆控制（Al-Barwani 和 McClay，2008）。在大量的 Amin 组沉积过程中，沉积环境由近源冲积扇变为远源河流为主的环境，而盐脊充当了屏障作用，直到盐焊接形成（Hughes-Clark，1988；Droste，1997）。在 Mahwis 组沉积过程中，盐脊的不断上升和/或可容纳空间的迁移，导致在盐上沉积物中形成一些铲式生长断层。在 Mahwis 组和 Ghudun 组下部沉积过程中的盐溶作用在一些盐脊顶部形成 1~2km 宽的次盆。盐构造的结束以下 Ghudun 组沉积为标志，这是由于盐脊上升速度无法跟上地层的快速沉积（Al-Barwani 和 McClay，2008）。Ara 盐层广泛的近地表溶解作用影响了东翼，尤其是在石炭纪—二叠纪冰期，从而形成了现今没有分隔盐层的"叠置"状碳酸盐岩台地（Heward，1990）。

石炭纪，重新复活的基底断层引起一些盐脊运动，从而形成新的点源底辟。这种新的下沉形成作用在白垩纪变为挤压盐底辟作用（Al-Barwani 和 McClay，2008）。这种复杂的盐构造作用序列导致南阿曼盐盆现今的盐层厚度可以从几米变化到 2km。

关于研究区的盐构造详述如下。

通过 PDO 勘探项目的地震测线来研究研究区的盐构造演化(图 23-3)。可移动的 Ara 层之上 Nimr 群的沉积作用导致早期的下沉形成作用和第一期 Nimr 微盆的形成，并且在透镜体翼部形成一些小型盐枕。硅质碎屑岩的沉积使透镜体继续下沉到盐体中，并造成盐体的进一步流动(Ings 和 Beaumont，2010)。由于盐体的垂向上升和侧向减薄，早期盐枕逐渐演变为

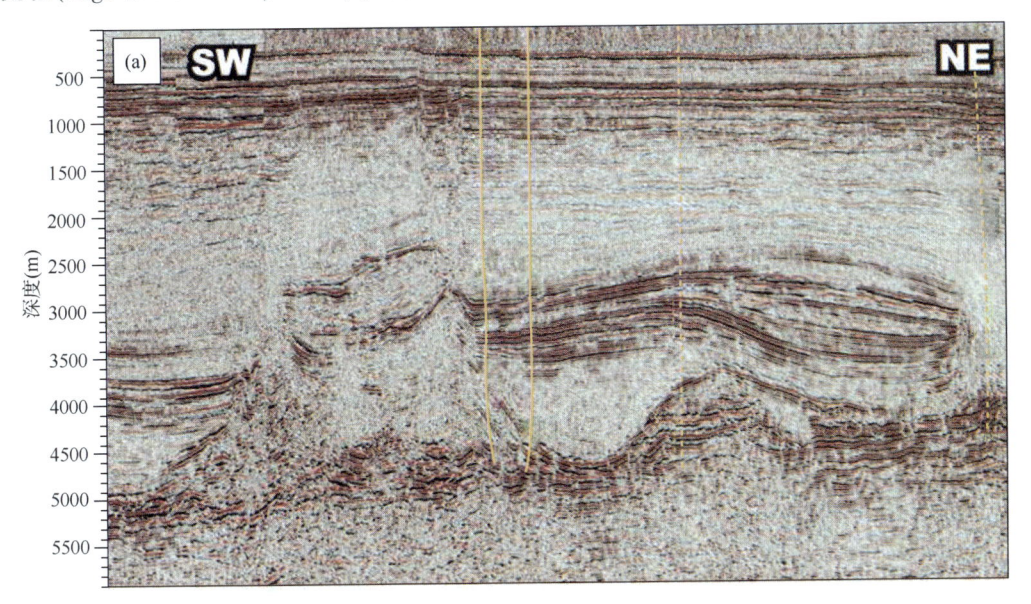

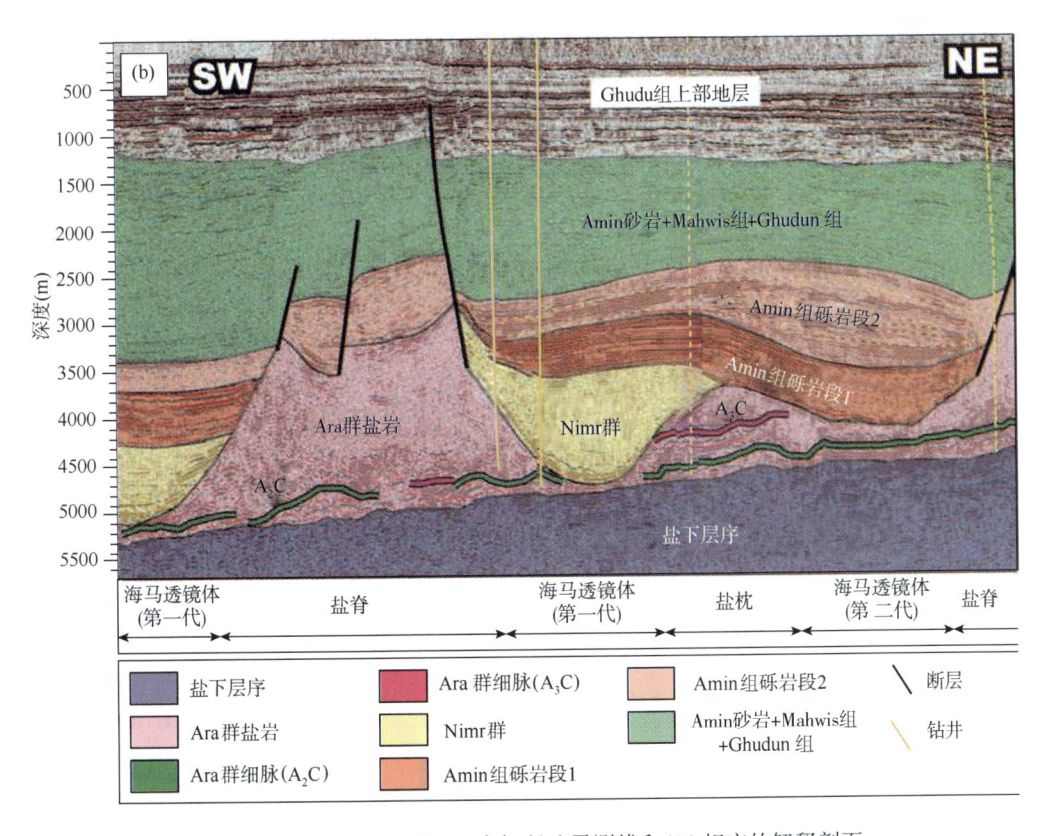

图 23-3　通过研究区的(a)未解释地震测线和(b)相应的解释剖面

硅质碎屑 Nimr 微盆的被动下沉作用形成盐枕和盐脊，并导致盐内碳酸盐岩台地发生强烈的褶皱和破碎作用

盐脊。盐体挤压作用促使盐脊不断上升,并在其翼部形成铲式生长断层。生长断层可形成新的局部可容纳空间,从而在 Amin 组砾岩沉积过程中引起差异负载作用。这种差异负载作用在已经存在的盐脊顶部形成了第二代透镜体。这个新的透镜体发育两条新的盐脊。研究区西南部的生长断层位于盐脊翼部,与已经存在的盐脊的生长有关。在研究区内,盐溶作用形成的小型次盆是次要的。Ghudun 组横向厚度的一致表明盐构造作用的结束。

23.2 盐构造地质力学建模

地质构造的地质力学建模是一个快速发展的研究领域。数值技术可以结合真实的流变学特征、复杂的几何形态和边界条件,并非常适用于不同参数变化下,对系统依赖性的敏感性分析,其缺点是存在很少已知的初始条件和有争议的适宜流变性质情况下变形位置有关的数值问题。

除了解释了一些关键问题的简化分析模型外(Triantafyllidis 和 Leroy, 1994; Fletcher 等, 1995; Lehner, 2000),大部分工作都是基于有限元法的数值技术(Woidt 和 Neugebauer, 1980; Last, 1988; Podladchikov 等, 1993; Poliakov 等, 1993; Schultz-Ela 和 Jackson, 1993; van Keken, 1993; Daudré 和 Cloetingh, 1994; IsmailZadeh 等, 2001; Kaus 和 Podladchikov, 2001; Schultz-Ela 和 Walsh, 2002; Gemmer 等, 2004; Ings 和 Beaumont, 2010)。

到目前为止,所有的工作都是二维数值模拟,重点研究了不同尺度系统的正演模型,并结合了模型不同部分的不同复杂程度。例如,一些模型尝试结合盐体实际的两组分流变学特征,而一些模型仅使用简单的只受温度影响的流变性。有些模型详细描述了盐丘周围油气储层中的应力场,但只考虑了小变形。如果考虑局部变形,上覆层的流变性在某些情况被认为是摩擦—塑性的,但有些模型则认为是线性—黏性的。尽管大多数模型的模拟结果在某些方面与自然界原型相近,但目前还不清楚模型在不同阶段的简化组合如何产生看起来比较真实的结果。因此,盐构造的数值模拟是一个迅速发展的领域。近年来,已经模拟出了相当逼真的结果。然而,在完全理解盐构造系统的复杂性之前,还有很多工作要做。

23.3 建模方法

尽管图 23-3 中的分析证明了这个剖面的重要性,但也应该知道南阿曼盐盆的盐构造具有明显的非平面应变特征。为了进行全面解析,需要进行三维分析和模拟(Al-Barwani 和 McClay, 2008)。本文提出的模型提供了充分认识这个复杂系统中细脉动力学特征的第一步。

本文在研究中采用了商业性有限元建模软件 ABAQUS 进行建模,并结合了幂次律蠕变、弹—塑性流变学和网络自适应技术。

23.3.1 模型建立

为了反映该系统的基本特征,根据图 23-3 测线位于两个盐高点之间西南部分特征,建立了一个简单的成因模型(图 23-4)。

该模型的基底向西南倾斜,宽度达 18km,倾角为 3.2°。盐层初始厚度达 1600m,并向东北方向减薄为 600m。碳酸盐岩细脉位于基底之上 360m 处,长度为 12km,厚度为 80m(表 23-1)。Haima 透镜体的被动下沉形成作用在模型中部最为强烈,并且盐层的体积在变形过

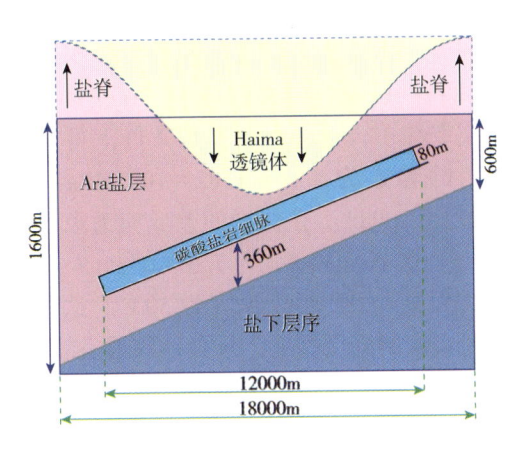

图 23-4 本文针对图 23-3 剖面建立的简单模型

未按比例尺显示

程中保持不变，同时 Haima 透镜体在模型中部发生堆积和沉降。在这个简单模型中，盐顶形态开始是正弦形状，其幅度随着时间推移而增大。

表 23-1 边界条件和输入参数

参数	数值
盐体宽度（W）	18000m
盐体高度（H）	1600m
细脉厚度（h）	80m
细脉长度（l）	12000m
盐体密度	2040kg/m³
细脉密度	2600kg/m³
盐体流变性	$A=1.04\times10^{-14}\mathrm{MPa}^{-5}/\mathrm{s}$，$n=5$
盐体温度	50℃
细脉弹性	$E=40\mathrm{GPa}$，$\upsilon=0.4$
基底弹性	$E=50\mathrm{GPa}$，$\upsilon=0.4$
基底密度	2600kg/m³
计算时间	6.3Ma

变形的持续时间与速率是根据上覆硅质碎屑层的厚度变化进行预测。解释的地震测线表明 Nimr 群在研究区具有透镜体特征，具有最明显的横向厚度变化（图 23-3）。这表明主要的盐变形发生在 Nimr 群沉积时期。因此，采用的变形时间大约为 6.3Ma（2×10¹⁴s）。

验证该模型有效性的一个重要方法就是将计算出的差异应力与南阿曼盐盆岩心盐样的亚晶粒压力测试结果进行对比（Schoenherr 等，2007a）。表 23-1 列出了该模型的一些关键属性。

盐的流变性用不同差异应力与应变率之间的幂次律关系表示：

$$\dot{\varepsilon}=A(\Delta\sigma)^n=A_0\exp\left(-\frac{Q}{RT}\right)(\sigma_1-\sigma_3)^n$$

式中：$\dot{\varepsilon}$ 为应变率；$(\sigma_1-\sigma_3)$ 为差异应力；A_0 为材料的实验参数；Q 为激活能；R 为气体常数（$R=8.314\mathrm{J/mol}$）；T 为温度；n 为幂指数。

在主动底辟作用的应力和温度条件下，盐层的两种主要变形机制是压溶蠕变($n=1$)和错位蠕变($n=5$)(Urai 等，2008)。Urai 等(2008)认为，在主动底辟作用下，变形发生在这两种机制的边界处，因此，流变性在合适的材料参数条件下可简化为 $n=5$。本文在三轴变形实验中对 Ara 组盐岩使用的参数为：$A_0=1.82\times10^{-9}\,\mathrm{MPa^{-5}/s}$，$Q=32400\,\mathrm{J/mol}$，$n=5$ (Schoenherr 等，2007b；Urai 等，2008)。在盐岩的差异应力条件下，本文模型在主动变形过程中，有效黏度 η_{eff} 将从 $2.5\times10^{19}\,\mathrm{Pa\cdot s}$ 变化为 $7.3\times10^{20}\,\mathrm{Pa\cdot s}$。

为了简化模型，本文对整个盐体采用恒定温度为 50℃。这种简化对于厚度相对较小的盐层来说是合理的。如果采用真实的温度梯度，只会导致很小的温度和流变性差异。

模型中细脉的力学属性是基于南阿曼盐盆中典型的碳酸盐岩属性得到的。弹性属性相对来说已经了解较多，但破裂强度主要来自实验测定的小样品。因此，目前仍较难推断 10~100m 规模的破裂强度，而这与本文建立的模型有关。在这个尺度上，一些了解较少的属性(如小规模的裂缝密度)对破裂强度也有很大的影响。

本文的模型采用了一个比较保守的方法，即大尺度下的破裂强度与未破坏的碳酸盐岩比较接近。因此，选择了莫尔—库伦破裂准则，其内聚力为 35MPa，拉伸强度为 25MPa，内摩擦角为 30°，弹性模量 $E=40\,\mathrm{GPa}$，泊松比 $\upsilon=0.4$。如果考虑盐层和细脉上覆沉积物大约 1000m 的厚度，可以得到一个约为 25MPa 的完全垂直的应力。因此，假设静水孔隙压力条件，有效的垂向应力为 15MPa。鉴于这些应力条件，细脉的破裂机理应是拉伸作用。因此，通过对比细脉内最小主应力和拉伸破裂强度，以决定在特定时间步长内细脉是否发生破裂。

23.3.2 盐层顶部位移

模型受顶部 Ara 群盐顶部在不同时间段内的位移约束。设计一个正确位移模型的方法是正演模拟和沉积物的进积式沉积(Gemmer 等，2004，2005；Ings 和 Beaumont，2010)，同时调整模型，以产生观察到的位移。然而，这种方法非常耗时，而且可能产生不是唯一的位移。因此，本文采用了另一种模拟方法，即通过施加一个预定的位移场来实现盐层顶部的位移。在此阶段，该边界(相当于完全耦合的盐层—沉积物界面)该模型不能发生水平运动。通过亚晶粒压力测试盐内的差异应力得到了验证。我们通过在模型顶部施加一个位移边界条件，并在模型底部施加一个恒定向上的负载，从而使盐层顶部表面上的垂向载荷保持不变。

正如前面所讨论的，初始模型的盐层顶部为正弦形状，并在 6.3Ma($2\times10^{14}\,\mathrm{s}$)的时间间隔内，以一定的速率增加其幅度。在今后的工作中，该模型可以很容易地应用于上段层的二维和三维古地理重建(Mohr 等，2005)。

23.3.3 细脉破裂的迭代方案

目前研究的主要困难之一是模拟嵌入盐层的脆性岩层的破裂，因为盐层的变形方式是塑性变形。目前的数值模拟无法全面描述裂缝的开启与发育以及塑性物质的填充。因此，本文采用了一种非常简化的 ABAQUS 迭代方法，检测裂缝的开始条件，并对随后的细脉破裂进行模拟。

为此，根据物质属性在重力场中建立了一个初始模型。然后模型开始运行(也就是盐体发生变形)，同时监测细脉的应力。如果一部分细脉的应力超过确定的破裂标准，模拟就停止。通过用盐取代细脉一段柱状材料的空间，以实现细脉的"破裂"(图 23-5)。然后模拟继续，直到另一部分细脉的应力也超出了破裂标准。重复这个过程，直到细脉任意部位的应力都没有超过破裂标准而实现盐体的最终变形。

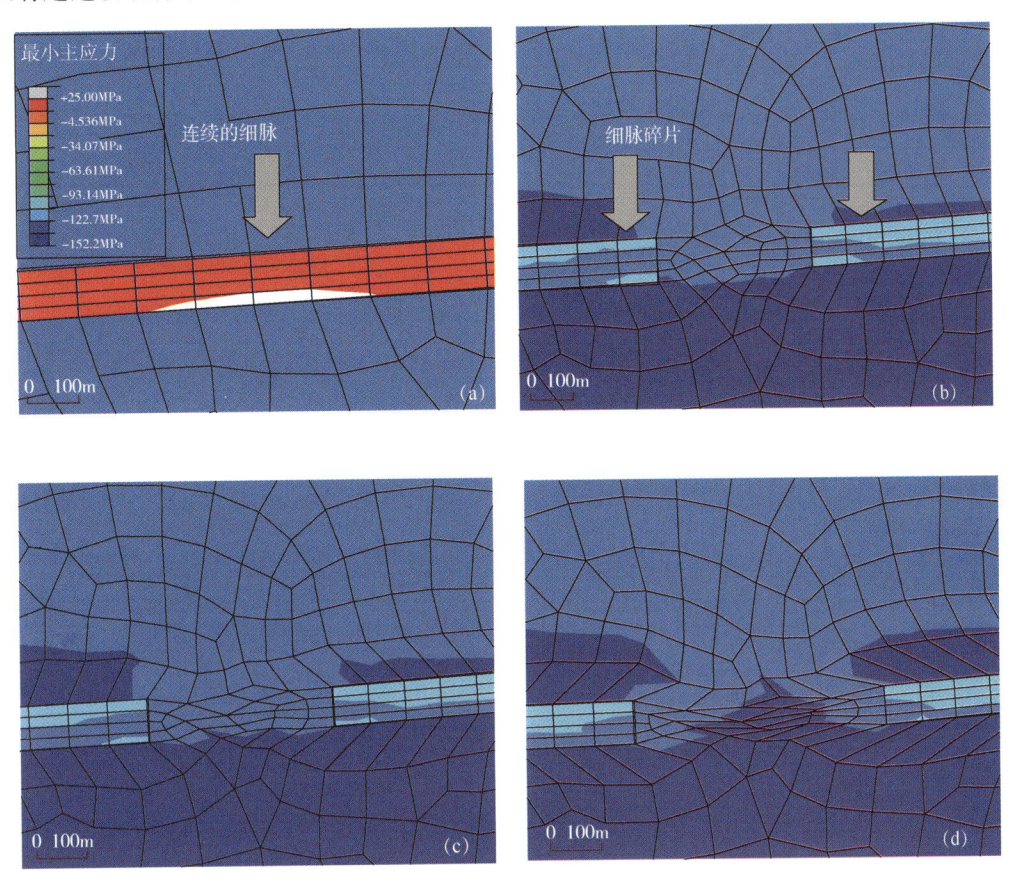

图 23-5 细脉破裂及随后的碎片分离

(a)第一步用最小主应力检测细脉的拉伸破裂，如果超出拉伸强度，则这个位置的细脉就会破裂；(b)第一次破裂后，盐层进入破裂部位，细脉的最小主应力减小，随着顶部的进一步位移，细脉周围的最小主应力也随之减小；(c)随着顶部表面进一步位移，两个细脉进一步分离；(d)两个细脉继续分离，同时盐层中的最小主应力减小

23.3.4 模型的自适应网格化

模型包含物质边界，而在标准的有限元法中，该物质边界需要定位在一个元素边界。因此，模型变形也要求有限元的网格变形。

细脉周围盐体的非均匀变形会引起局部的强应变，从而导致有限元网格的局部强烈扭曲。然而，如果网格扭曲太大，就可能导致数值不稳定性和不准确。这个过程限制了给定网格的有限元模型的最大可实现的变形。

为了克服这些局限性，本文使用了 ABAQUS 内置的自适应网格划分程序创建新元素，同时在新网格上映射旧网格的应力和位移。由于网格需要发生变形，以跟随模型中移动的物质边界，这将导致网格扭曲，最后可能会变得非常大。经过一定量的变形后，一个新网格是根据物质边界的新位置建立的，并且将场变化从旧的网格映射到新的网格。计算继续使用新网格，直到需要进行另一个网格化过程。

23.4 模拟结果

图 23-4 说明了简化模型的建立，但未按比例显示。图 23-6 显示了下沉形成作用过程中变形的网格和细脉的破裂次序以及盐层顶部的位移。

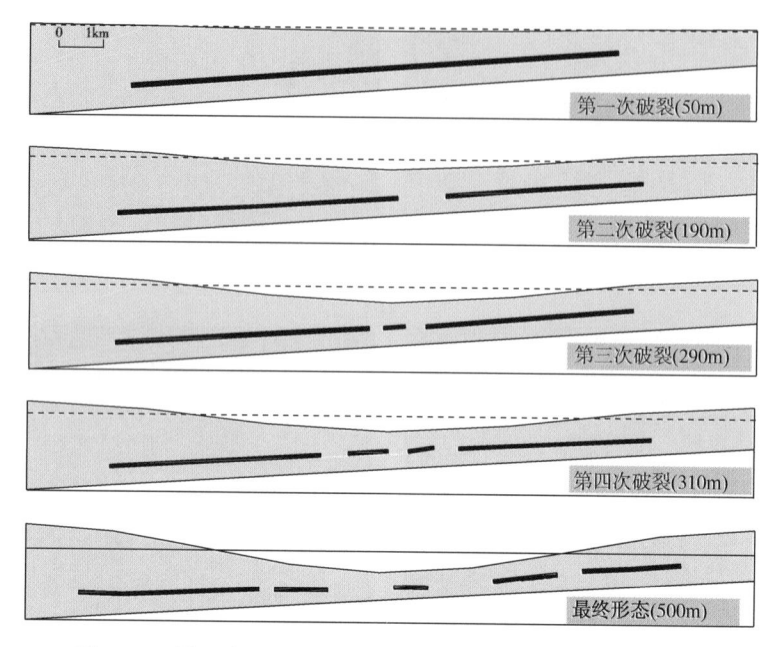

图 23-6　模型演化的几何形态以及第一次、第二次、第三次、
第四次和最后一次破裂的结构

每个步骤中初始盐层顶部的中间节点位移分别为 50m、190m、290m、310m 和 500m；考虑到盐顶规定位移的正弦形态，这将导致大 2 倍的总变形幅度，即盐层顶部表面的最高点和最低点在对应的时间间隔下的高度差分别为 100m、380m、580m、620m 和 1000m

细脉的第一次发生在模型中部偏向上坡的部位。在该区域，由于基底的倾斜，盐层顶部表面的向下运动是最快的。破裂之后，两个细脉碎片分离，同时盐层的速率场重新分布。图 23-7 给出了相对初始基准面的最大垂向位移。第二次和第三次破裂也是发生在模型的中部区域，但第四次破裂是发生在模型的右侧，该地区细脉之上的盐层明显比左侧薄许多。石香肠的长度是细脉厚度的 3~4 倍。在这个模型中，细脉褶皱和逆冲最强烈的区域的位移不断增加（如靠近模型两侧边界的水平挤压区）。因此，在石香肠的两端，细脉只发生了轻微的褶皱和旋转。

如上所述，将莫尔—库伦破裂准则和最小主应力值（图 23-7）作为评判细脉破裂的标准。如图 23-8 所示，如果超出标准，在应力超过破裂强度的位置，细脉就会发生破裂。

从图 23-9 可以观察到，在细脉将要发生破裂的位置下面，盐层有一个应力阴影区（也就是差异应力比周围低的区域），而且应力在细脉破裂和盐层在两侧连通后发生增加。在图 23-8 中也可以看到，由于细脉的伸展和弯曲，也可以达到破裂条件。图 23-6 显示，在第四次破坏中，细脉没有发生进一步破裂，这也是发生在盐层顶部中部的位移达到 310m，以及模拟结束，盐层顶部中部位移为 500m 之后。

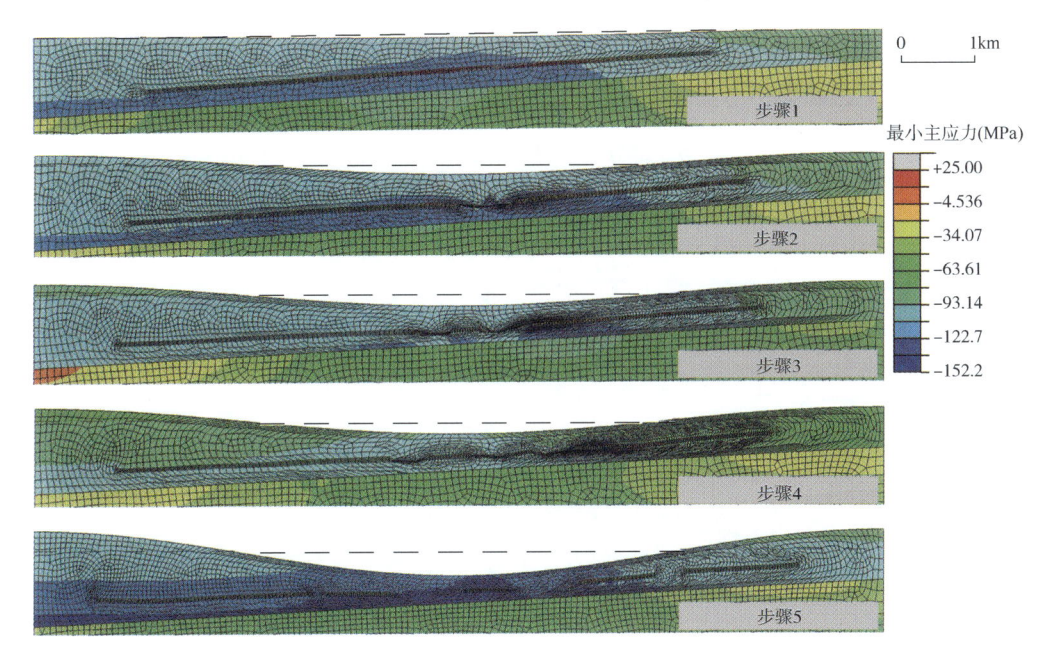

图 23-7 步骤 1 至步骤 5 模型演化中的最小主应力
虚线表示初始盐层顶部的位置

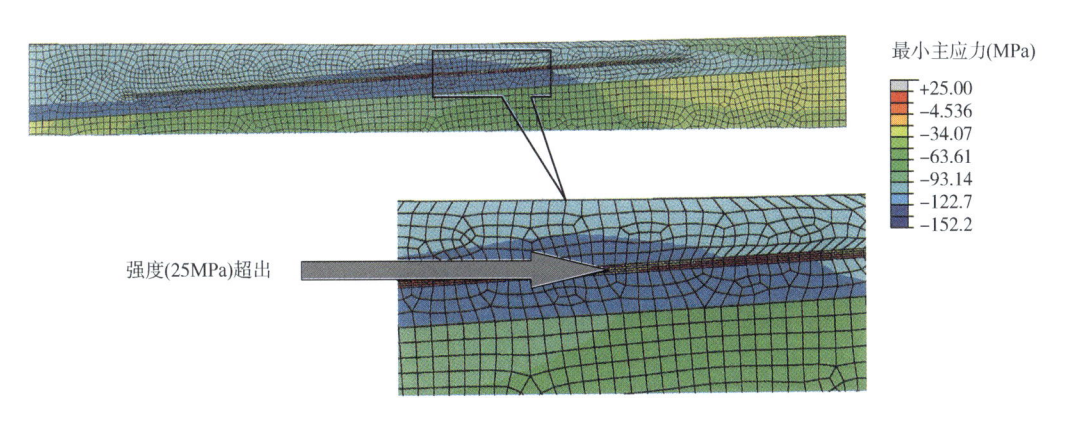

图 23-8 步骤 1 中细脉超出引起拉伸破裂的最小主应力
在超过拉伸强度的位置，细脉发生破裂；虚线显示初始盐层顶部的位置

细脉周围的盐体流动造成了伸展，这取决于盐体流动模式和细脉碎片的长度（Ramberg，1955）。如果细脉长度足够小，应力就不会超过破坏强度，从而没有进一步的破裂发生。

图 23-9 显示了模型中差异应力（J_1-J_3）的等值线。从中可以看出，盐层内的差异应力值在 600kPa 和 1.4MPa 之间。这与 Ara 盐层通过亚晶粒测量的差异应力差 1.0MPa 是比较吻合的（Schoenherr 等，2007a）。这也表明本文的模型和选择的边界条件在内部具有一致性。

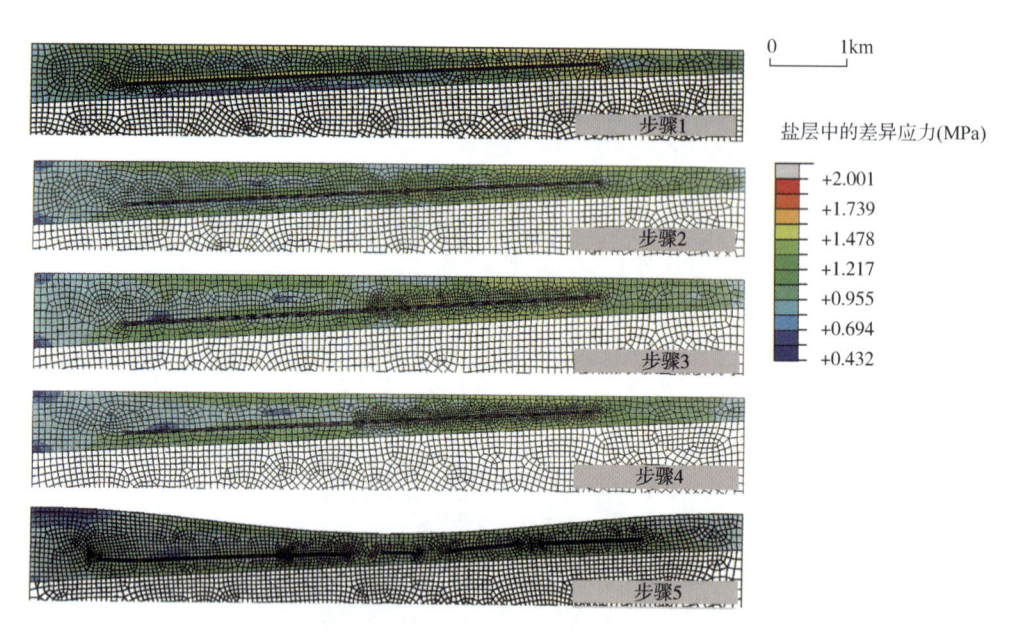

图 23-9 步骤 1 至步骤 5 模型演化过程中盐层内的差异应力

差异应力绘制在未变形的有限元网格上；而之所以没有绘制在变形的网格上，是因为其他所有的数据在所使用的软件版本中是一个限制；由于步骤 4 和步骤 5 之间大规模的局部变形而对模型重新进行了网格化，所以步骤 5 的差异应力是绘制在一个部分变形的网格上

通过比较模型不同演化阶段的应力方向（图 23-10），可以发现在细脉破裂条件下，主应力方向是如何变化的（图 23-11），这在模型的中部清晰可见。在步骤 1 中，应力方向在破裂

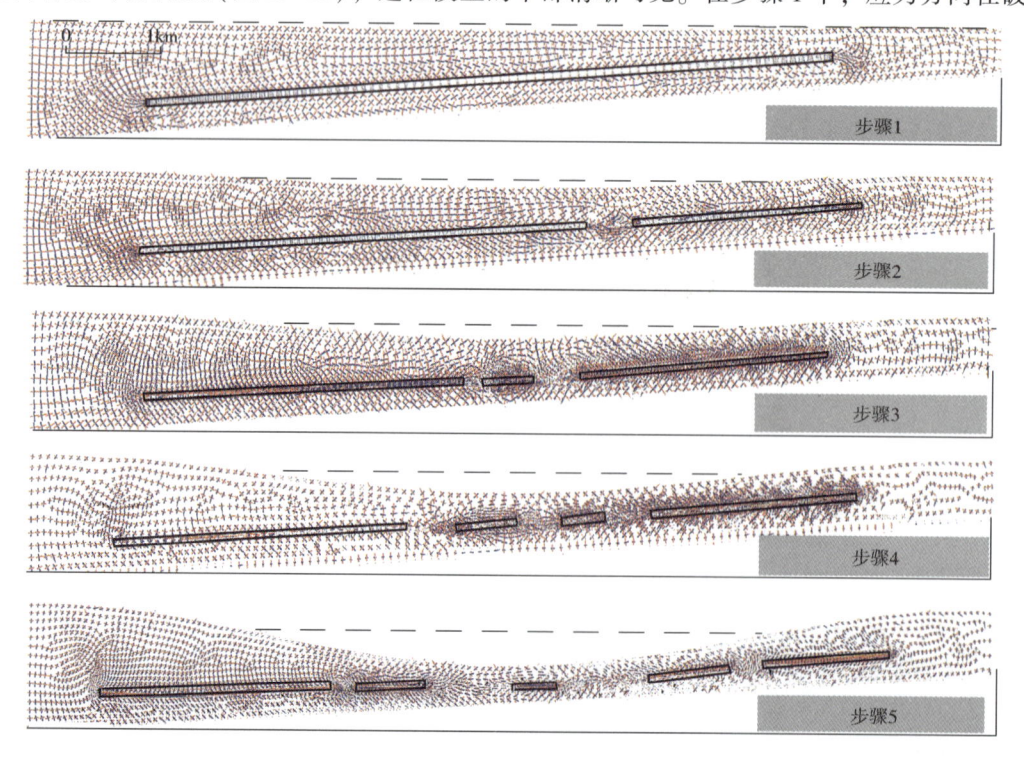

图 23-10 步骤 1 至步骤 5 模型演化过程中盐层内的应力方向

细脉层周围的应力方向清晰可见；细脉中的最小主应力是水平的；虚线表示初始盐层顶部的位置

部位发生改变。在细脉的顶部，主应力方向旋转可达 90°。在其他步骤中也可以看到这种演化（图 23-12）。如图 23-13 所示，在细脉破裂之前，在细脉将要破裂的区域上方的盐层流动模式是一种特别强烈的水平离散流。值得注意的是，基底与细脉之间的盐体流动速率远低于上部。正如预期的一样，这个区域的盐体流动模式主要是库埃特流。在细脉破裂成两个碎片之后，盐体流动模式如图 23-14 所示。此时，一个强烈的流动通过两个正在分离的细脉碎片之间的空隙，从而引起细脉的弯曲和旋转。受这种运动影响，在细脉和基底岩石之间相对较薄的盐层内也存在更快速地流动。

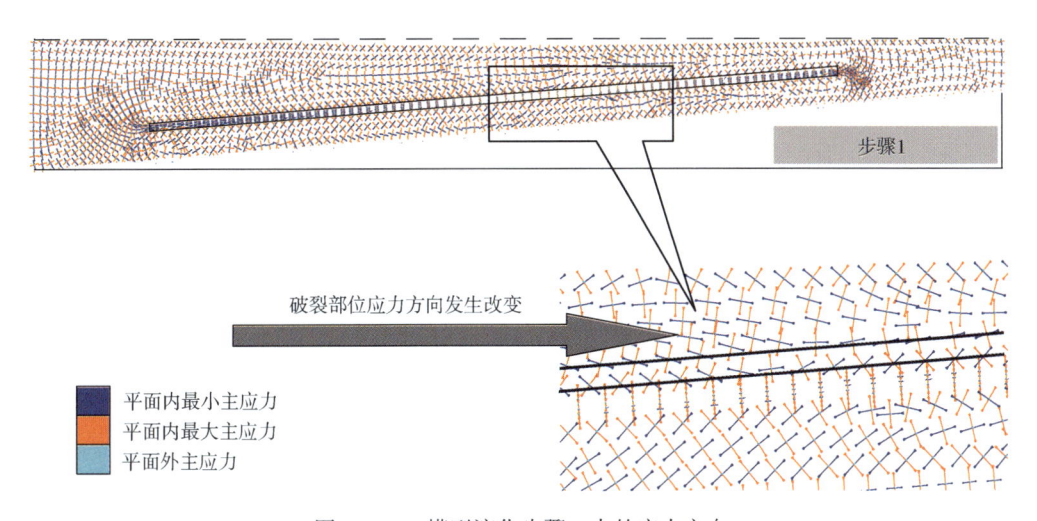

图 23-11　模型演化步骤 1 中的应力方向

破裂部位的应力方向变化清晰可见；细脉中的最小主应力是水平的；虚线表示初始盐层顶部的位置

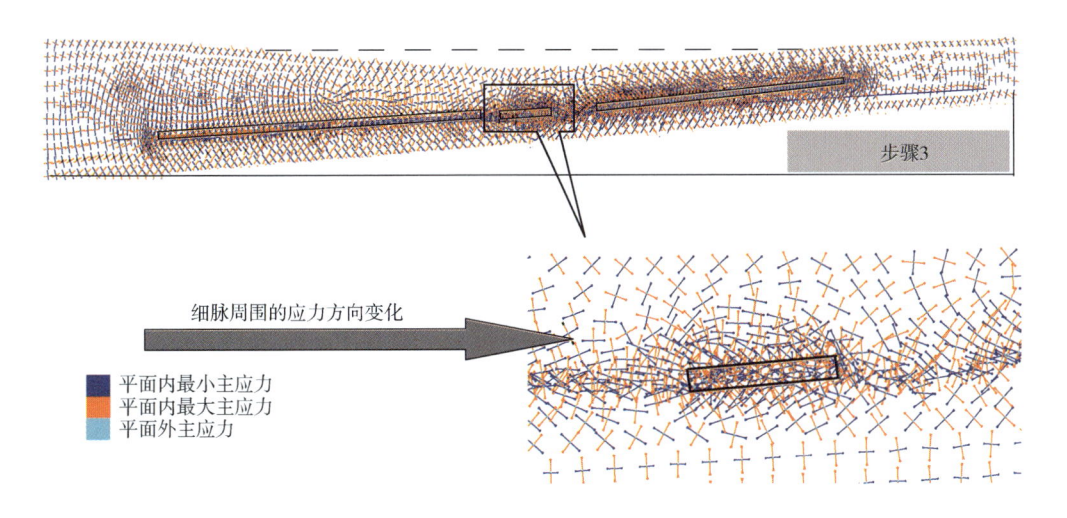

图 23-12　模型演化步骤 3 中的应力方向

破裂部位的应力方向变化清晰可见；细脉中的最小主应力是水平的；虚线表示初始盐层顶部位置

— 549 —

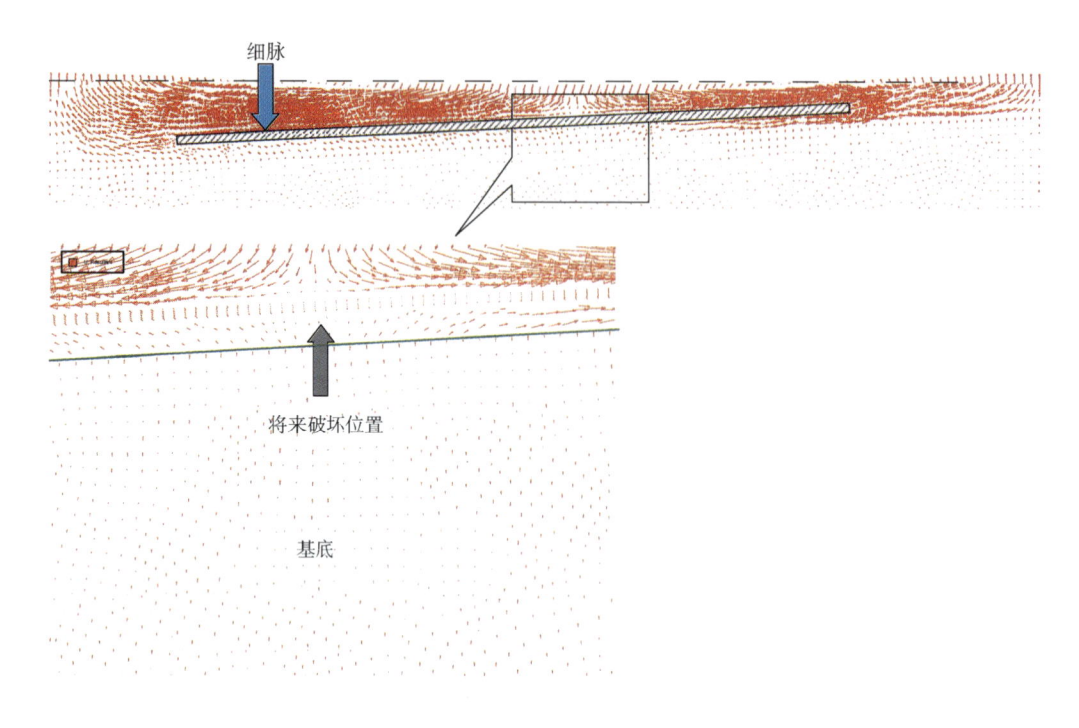

图 23-13 位于细脉将要发生破裂位置的盐体内的速度梯度

细脉下方的流动速率很小；蓝色箭头指向细脉；灰色箭头指示将要发生破裂的位置；虚线表示初始盐层顶部的位置

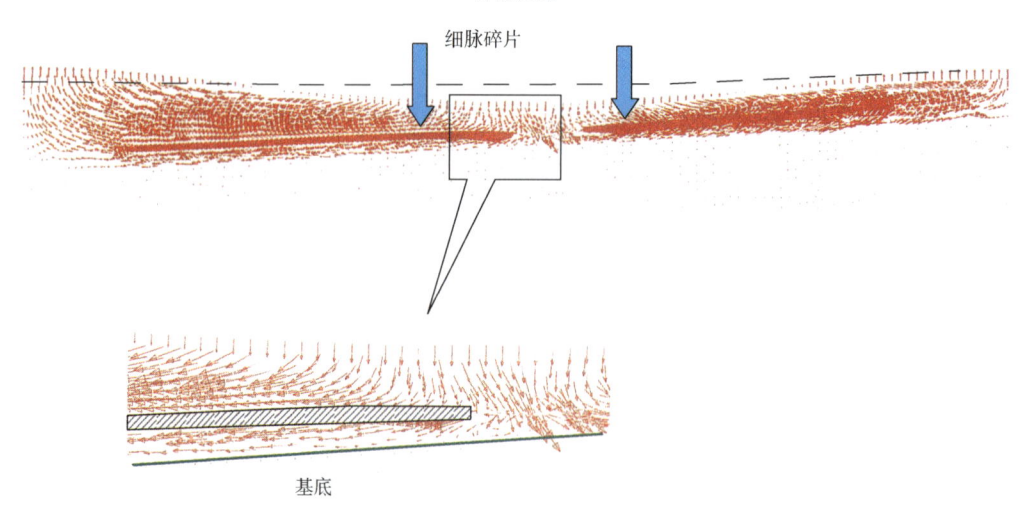

图 23-14 通过两个正在分离的细脉碎片之间空隙的强流动

在细脉和基底之间相对较薄的盐层内也可以观察到明显的流动；虚线表示初始盐层顶部位置

23.5 讨论

本文提出了一种针对嵌入在塑性盐层中的脆性层变形和破裂的数值模拟方法。尽量充分和全面认识石香肠构造是一个非常复杂的过程，但这个方法是合理可行的，而且描述了盐细脉形成过程中的许多关键过程。尽管对石香肠构造开始发育的基本原理已经有很长时间的认识,但对于一组石香肠构造在开始形成后的演化了解很少。对石香肠—细颈演化的细节和细脉中孔隙压力的演化也是未知的(Schenk 等,2007)。因此,考虑到细脉的高强度,这些计算是非常保守的。由于南阿曼盐盆许多碳酸盐岩细脉中存在超压,实际中的细脉可能会比模型更早发生破裂(Kukla 等,2011)。

嵌入到盐层中的碳酸盐岩细脉在模型中被认为是脆弹—塑性材料,而盐层为非牛顿黏性流体($n=5$)。而以前的研究都将盐层和嵌入的岩体作为黏性物质(Weinberg,1993;Koyi,2001;Chemia 等,2008),在针对盐底辟构造中下沉的硬石膏块体的数值模拟中(Koyi,2001),硬石膏的黏性要比盐体高 10^4 倍,但这两种物质都被认为是牛顿黏性流体($n=1$)。相反,在同一篇文章中提出的物理模型使用了莫尔—库仑材料,也就是沙子作为硬石膏细脉的模拟材料。在 Chemia 等(2008)的模型中,盐体再次被认为是牛顿流体,而硬石膏被认为是具有幂次律流变性($n=2$)的非牛顿流体。此外,上覆沉积物也被认为是非牛顿黏性材料,只是幂次律指数 $n=4$。Chemia 等(2009)已经证明了非牛顿盐体流变性对含有硬石膏等大量包裹体的盐底辟内部变形的影响。

本文与以前针对嵌入盐层的岩体变形的数值模拟有一个很重要的区别,就是本文的模型允许(脆性)细脉发生破裂,而以前的大多数数值模型都使(黏性)细脉产生褶皱或扭动和膨胀。从本文的模拟结果(图 23-6 至图 23-13)可以看出,细脉的不同变形方式主要取决于局部应力和应变条件。在模型的中部,盐层的侧向离散流模式导致细脉伸展,并被拉伸破裂和石香肠化。石香肠与边界断层的间距大概是细脉厚度的 3~4 倍。地震数据解释结果(图 23-3)表明,在 Haima 透镜体下方的盐层中的细脉确实发生了破裂和石香肠化,这与模拟的结果是一致的。但是细脉也被解释为褶皱,这也与盐矿的观察结果(Borchert 和 Muir,1964)以及欧洲中部盆地的三维地震显示结果一致,这些地区的地震数据分辨率更高(Strozyk 等,2012)。在这项研究中,细脉被认为是弹—塑性材料,而在自然界中它们表现出脆性和塑性的混合特征。在本文的模拟中,当脆性细脉被拉伸,应力的变化将导致细脉的破裂,并形成石香肠构造。在挤压负载作用下,模型发生缩短和弯曲,并且在合适的盐流条件下,也可能发生逆冲(Leroy 和 Triantafyllidis,2000)。盐体的逐渐变形可能会形成这些效应的复杂组合,如石香肠构造形成后的逆冲推覆作用。

在今后的研究中,除了目前的弹—塑性材料外,我们还将考虑细脉的黏—塑性特征,从而模拟细脉的塑性变形行为。

23.6 结论

本文首次提出了下沉形成作用过程中,盐层中脆性包裹体的动力学研究结果。虽然模型很简单,但它提供了一种分析包括脆性破裂的复杂细脉运动和变形的实用方法。

本文在保守条件下进行了模拟,表明在下沉形成作用的早期(盐顶微盆沉降约 50m),在水平盐体伸展明显的地区,细脉通过伸展作用而发生破裂,并形成石香肠构造。石香肠构造是由细脉周围的盐流动重组造成的。盐流的垂向分量引起细脉的旋转和弯曲。数值模型中计算的盐内流动应力与亚晶粒压力测试数据一致。本文的模型可以很容易地模拟更复杂的几何形态和位移过程。

参 考 文 献

Al-Barwani, B. & McClay, K. R. 2008. Salt tectonics in the Thumrait area, in the southern part of the South Oman Basin: implications for mine-basin evolution. GeoArabia, 13, 77-108.

Al-Husseini, M. 2010. Middle East geological time scale: Cambrian, Ediacaran and Cryogenian periods. GeoArabia, 15, supplement, 137-160.

Allen, P. A. 2007. The Huqf Supergroup of Oman: basin development and context for neoproterozoic glaciation. Earth-Science Reviews, 84, 139-185.

Al-Siyabi, H. A. 2005. Exploration history of the Ara intrasalt carbonate stringers in the South Oman Salt Basin. Geo Arabia, 10, 39-72.

Amthor, J. E., Grotzinger, J. P., Schröder, S., Bowring, S. A., Ramezani, J., Martin, M. W. & Matter, A. 2003. Extinction of Cloudina and Namacalathus at the Precambrian-Cambrian boundary in Oman. Geology, 31, 431-434.

Amthor, J. E., Ramseyer, K., Faulkner, T. & Lucas, P. 2005. Stratigraphy and sedimentology of a chert reservoir at the Precambrian-Cambrian Boundary: the Al Shomou Silicilyte, South Oman Salt Basin. Geo Arabia, 10, 89-122.

Behlau, J. & Mingerzahn, G. 2001. Geological and tectonic investigations in the former Morsleben salt mine (Germany) as a basis for the safety assessment of a radioactive waste repository. Engineering Geology, 61, 83-97.

Blood, M. F. 2001. Exploration for a frontier salt basin in Southwest Oman. Society of Exploration Geophysicists, 20, 1252-1529.

Borchert, H. & Muir, R. O. 1964. Salt Deposits: The Origin, Metamorphism and Deformation of Evaporites. Van Nostrand, D, London.

Boserio, I. M., Kapellos, C. & Priebe, H. 1995.

Cambro-Ordovician tectonostratigraphy and plays in the South Oman Salt Basin. Middle East Petroleum Geosciences, GEO'94, Bahrain, Gulf Petrolink, 1.

Bowring, S. A., Grotzinger, J. P., Condon, D. J., Ramezani, J. & Newall, M. 2007. Geochronologic constraints on the chronostratigraphic framework of the Neoproterozoic Huqf Supergroup, Sultanate of Oman. American Journal of Science, 307, 1097-1145.

Brasier, M., McCarron, G., Tucker, R., Leather, J., Allen, P. & Shields, G. 2000. New U-Pb zircon dates for the Neoproterozoic Ghubrah glaciation and for the top of the Huqf Supergroup, Oman. Geology, 28, 175-178.

Burns, S. J. & Matter, A. 1993. Carbon isotopic record of the latest Proterozoic from Oman. Eclogae Geologicae Helvetiae, 86, 595-607.

Callot, J. P., Letouzey, J. & Rigollet, C. 2006. Stringers evolution in salt diapirs, insight from analogue models. AAPG International Conference and Exhibition, Perth, Australia.

Chemia, Z., Koyi, H. & Schmeling, H. 2008. Numerical modelling of rise and fall of a dense layer in salt diapirs. Geophysical Journal International, 172, 798-816.

Chemia, Z., Schmeling, H. & Koyi, H. 2009. The effect of the salt rheology on future evolution of the Gorleben diapir, Germany. Tectonophysics, 473, 446-465.

Daudré, B. & Cloetingh, S. 1994. Numerical modeling of salt diapirism – influence of the tectonic regime. Tectonophysics, 240, 59-79.

Droste, H. H. J. 1997. Stratigraphy of the lower Paleozoic Haima Supergroup of Oman. GeoArabia, 2, 419-492.

Escher, B. G. & Kuenen, P. H. 1929. Experiments in connection with salt domes. Leidsche Geologische Mededeelingen, 3, 151-182.

Fletcher, R. C., Hudec, M. R. & Watson, I. A. 1995. Salt glacier and composite sediment-salt glacier models for the emplacement and early burial of allochthonous salt sheets. Salt Tectonics: A Global Perspective, 65, 77-107.

Geluk, M. C. 1995. Stratigraphische Gliederung der Z_2 – (Staßfurt-) Salzfolge in den Niederlanden. Zeitschrift der Deutschen Geologischen Gesellschaft, 146, 458-465.

Gemmer, L., Ings, S. J., Medvedev, S. & Beaumont, C. 2004. Salt tectonics driven by differential sediment loading: stability analysis and finite-element experiments. Basin Research, 16, 199-218.

Gemmer, L., Beaumont, C. & Ings, S. J. 2005. Dynamic modelling of passive margin salt tectonics: effects of water loading, sediment properties and sedimentation patterns. Basin Research, 17, 383-402.

Gorin, G. E., Racz, L. G. & Walter, M. R. 1982. Late Precambrian – Cambrian sediments of Huqf group, Sultanate of Oman. Bulletin of the American Association of Petroleum Geologists, 66, 2609-2627.

Grosjean, E., Love, G. D., Stalvies, C., Fike, D. A. & Summons, R. E. 2009. Origin of petroleum in the Neoproterozoic-Cambrian South Oman Salt Basin. Organic Geochemistry, 40, 87-110.

Grotzinger, J. P. 2002. Stratigraphy, facies, and paleoenvironmental setting of aterminal Proterozoic carbonate ramp, Nama Group (ca. 550-543 Ma), Namibia: Johannesburg, South Africa, 16th International Sedimentological Congress, Field Guide, 71.

Heward, A. P. 1990. Salt removal and sedimentation in Southern Oman. In: Robertson, A. H. F., Searle, M. P. & Ries, A. C. (eds) The Geology and Tectonics of the Oman Region. Geological Society, London, Special Publications, 49, 637-652.

Hübscher, C., Cartwright, J., Cypionka, H., De Lange, G., Robertson, A., Suc, J. & Urai, J. L. 2007. Global look at Salt Giants. Eos, Transactions, American Geophysical Union, 88, 177-179.

Hughes-Clarke, M. W. 1998. Stratigraphy and rock unit nomenclature in the oil – producing area of interior Oman. Journal of Petroleum Geology, 11, 5-60.

Immerz, P., Oterdoom, W. H. & El-Tonbary, M. 2000. The Huqf/Haima hydrocarbon system of Oman and the terminal phase of the Pan – African orogeny: evaporite deopsition in a compressive setting. GeoArabia, 5, 113-114.

Ings, S. J. & Beaumont, C. 2010. Shortening viscous pressure ridges, a solution to the enigma of initiating salt'withdrawal' minibasins. Geology, 38, 339-342.

Ismail-Zadeh, A. T., Talbot, C. J. & Volozh, Y. A. 2001. Dynamic restoration of profiles across diapiric salt structures: numerical approach and its applications. Tectonophysics, 337, 23-38.

Kaus, B. J. P. & Podladchikov, Y. Y. 2001. Forward and reverse modeling of the three – dimensional viscous Rayleigh-Taylor instability. Geophysical Research Letters, 28, 1095-1098.

Kent, P. E. 1979. The emergent Hormuz salt plugs of southern Iran. Journal of Petroleum Geology, 2, 117-144.

Koyi, H. A. 2001. Modeling the influence of sinking anhydrite blocks on salt diapirs targeted for hazardous waste disposal. Geology, 29, 387-390.

Kukla, P. A., Reuning, L., Becker, S., Urai, J. L., Schoenherr, J. & Rawahi, Z. 2011. Distribution and mechanisms of overpressure generation and deflation in the Neoproterozoic to early Cambrian South Oman Salt Basin. Geofluids, 11, 349-361.

Last, N. C. 1988. Deformation of a sedimentary overburden on a slowly creeping substratum. In: Swoboda, G. (ed.) Numerical Methods in Geomechanics. Innsbruck, Balkema, Rotterdam, 577-585.

Lehner, F. K. 2000. Approximate theory of substratum creep and associated overburden deformation in salt basins and deltas. In: Lehner, F. K. & Urai, J. L. (eds) Aspects of Tectonic Faulting. Springer-Verlag, Berlin, 109-140.

Leroy, Y. M. & Triantafyllidis, N. 2000. Stability analysis of incipient folding and faulting of an elasto-plastic layer on a viscous substratum. In: Lehner, F. K. & Urai, J. L. (eds) A spects of Tectonic Faulting. Springer-Verlag, Berlin, 109-140.

Loosveld, R. J. H., Bell, A. &Terken, J. M. J. 1996. The tectonic evolution of Interior Oman. GeoArabia, 1, 28-51.

Mattes, B. W. & Conway Morris, S. 1990. Carbonate/evaporite deposition in the Late Precambrian-Early Cambrian Ara formation of Southern Oman. In: Robertson, A. H. F., Searle, M. P. & Ries, A. C. (eds) The Geology and Tectonics of the Oman Region. Geological Society, London, Special Publications, 49, 617-636.

Mohr, M., Kukla, P. A., Urai, J. L. & Bresser, G. 2005. New insights to the evolution and mechanisms of salt tectonics in the Central European Basin: An integrated modelling study from NW-Germany. International Journal of Earth Sciences, 94, 917-940.

Podladchikov, Y., Talbot, C. & Poliakov, A. N. B. 1993. Numerical-models of complex diapirs. Tectonophysics, 228, 189-198.

Poliakov, A. N. B., Vanbalen, R., Podladchikov, Y., Daudre, B., Cloetingh, S. & Talbot, C. 1993. Numerical - analysis of how sedimentation and redistribution of surficial sediments affects salt diapirism. Tectonophysics, 226, 199-216.

Ramberg, H. 1955. Natural and experimental boudinage and pinch-and-swell structures. Journal of Geology, 63, 512-526.

Reuning, L., Schoenherr, J., Heimann, A., Urai, J. L., Littke, R., Kukla, P. & Rawahi, Z. 2009. Constraints on the diagenesis, stratigraphy and internal dynamics of the surface-piercing salt domes in the Ghaba Salt Basin(Oman): acomparison to the Ara formation in the South Oman Salt Basin. GeoArabia, 14, 83-120.

Richter-Bernburg, G. 1980. Salt tectonics, interior structures of salt bodies. Bulletin des Centres de Recherches Exploration-Production Elf Aquitaine, 4, 373-393.

Rieu, R., Allen, A. P., Cozzi, A., Kosler, J. & Bussy, F. 2007. A composite stratigraphy for the neoproterozoic Huqf Supergroup of Oman: integrating new litho-, chemo-, and chronostratigraphic data of the Mirbat area, southern Oman. Journal of the Geological Society, 164, 997-1009.

Schenk, O., Urai, J. L. & van der Zee, W. 2007. Evolution of boudins under progressively decreasing pore pressure-a case study of pegmatites enclosed in marble deforming at high grade metamorphic conditions, Naxos, Greece. American Journal of Science, 307, 1009-1033.

Schoenherr, J., Urai, J. L. et al . 2007a. Limits to the sealing capacity of rock salt: A case study of the Infra-Cambrian Ara Salt from the South Oman Salt Basin. AAPG Bulletin, 91, 1-17.

Schoenherr, J., Schléder, Z., Urai, J. L., Fokker, P. A. & Schulze, O. 2007b. Deformation mechanisms and rheology of Pre-cambrian rocksalt from the South Oman Salt Basin. Proceedings of the 6th Conference on the Mechanical Behavior of Salt (SaltMech6), Hannover, Germany.

Schoenherr, J., Reuning, L., Kukla, P., Littke, R., Urai, J. L. & Rawahi, Z. 2008. Halite cementation and carbonate diagenesis of intra-salt carbonate reservoirs of the Late Neoproterozoic to Early Cambrian Ara Group (South Oman Salt Basin). Sedimentology, 56, 567–589.

Schröder, S., Schreiber, B. C., Amthor, J. E. & Matter, A. 2003. A depositional model for the terminal Neoproterozoic–Early Cambrian Ara Group evaporites in south Oman. Sedimentology, 50, 879–898.

Schröder, S., Grotzinger, J. P., Amthor, J. E. & Matter, A. 2005. Carbonate deposition and hydrocarbon reservoir development at the Precambrian–Cambrian boundary: The Ara Group in South Oman. Sedimentary Geology, 180, 1–28.

Schultz-Ela, D. D. & Jackson, M. P. A. 1993. Evolution of extensional fault systems linked with salt diapirism modeled with finite elements. AAPG Bulletin, 77, 179.

Schultz-Ela, D. D. & Walsh, P. 2002. Modeling of grabens extending above evaporites in Canyonlands National Park, Utah. Journal of Structural Geology, 24, 247–275.

Sharland, P. R., Archer, R. et al. 2001. Arabian plate Sequence stratigraphy. GeoArabia Special Publication, 2, 371.

Strozyk, F., van Gent, H., Urai, J. L. & Kukla, P. A. 2012. 3D seismic study of complex intra-salt deformation: An example from the Upper Permian Zechstein 3 stringer, western Dutch offshore. In: Alsop, G. I., Archer, S. G., Hartley, A. J., Grant, N. T. & Hodgkinson, R. (eds) Salt Tectonics, Sediments and Prospectivity. Geological Society, London, Special Publications, 363, 489–501.

Talbot, C. J. & Jackson, M. P. A. 1987. Internal kinematics of salt diapirs. AAPG Bulletin, 71, 1068–1093.

Talbot, C. J. & Jackson, M. P. A. 1989. Internal kinematics of salt diapirs: reply. AAPG Bulletin, 73, 946–950.

Talbot, C. J. & Weinberg, R. F. 1992. The enigma of the Persian salt dome inclusions: discussion. Eclogae Geologicae Helvetiae, 85, 847–850.

Triantafyllidis, N. & Leroy, Y. M. 1994. Stability of a frictional material layer resting on a viscous half-Space. Journal of the Mechanics and Physics of Solids, 42, 51–110.

Urai, J. L., Schléder, Z., Spiers, C. J. & Kukla, P. A. 2008. Flow and Transport Properties of Salt Rocks. In: Littke, R., Bayer, U., Gajewski, D. & Nelskamp, S. (eds) Dynamics of Complex Intra continental Basins: The Central European Basin System. Springer-Verlag, Berlin-Heidelberg, 277–290.

vanGent, H. W., Urai, J. L. & DeKeijzer, M. 2011. The internal geometry of salt structures–a first look using 3D seismic data from the Zechstein of the Netherlands. Journal of Structural Geology, Special Issue: Flow of rocks: Field analysis and modeling. In celebration of PaulF. Williams' contribution to mentoring, 33, 292–311.

van Keken, P. E. 1993. Numerical modeling of thermochemically driven fluid flow with non-Newtonian rheology: applied to the Earth's lithosphere and mantle. PhD thesis. Faculty of Geosciences, Utrecht Univerisity, Utrecht.

Warren, J. K. 2006. Evaporites: Sediments, Resources and Hydrocarbons. Springer, Berlin.

Weinberg, R. F. 1993. The upward transport of inclusions in Newtonian and power-law salt diapirs. Tectonophysics, 228, 141–150.

Williamson, B. P., Walters, K., Bates, T. W., Coy, R. C. & Milton, A. L. 1997. The viscoelastic properties of multigrade oils and their effect on journal-bearing characteristics. Journal of Non-Newtonian Fluid Mechanics, 73, 115-116.

Woidt, W. D. & Neugebauer, H. J. 1980. Finite-element models of density instabilities by means of bicubic spline interpolation. Physics of the Earth and Planetary Interiors, 21, 176-180.

Zulauf, J. & Zulauf, G. 2005. Coeval folding and boudinage in four dimensions. Journal of Structural Geology, 27, 1061-1068.

Zulauf, G., Zulauf, J., Bornemann, O., Kihm, N., Peinl, M. &Zanella, F. 2009. Experimental deformation of a single-layer anhydrite in halite matrix under bulk constriction. Part 1: Geometric and Kinematic Aspects. Journal of Structural Geology, 31, 460-474.

（汪立 译，罗腾文 王龙 校）

# 第 24 章 裂缝样式分析在区域应力与底辟构造局部应力相互作用研究中的应用——以西班牙巴斯克比利牛斯山脉波萨德拉萨尔底辟为例

A. QUINTÀ, S. TAVANI, E. ROCA

(GEOMODELS, Departament de Geodinàmica i Geofísica, Universitat de Barcelona, Spain, C/Martí i Franquès s/n, Barcelona 08028, Spain)

摘 要 在底辟构造演化过程中，底辟应力场和远端"区域"应力场相互作用产生了局部应力场。上覆层中的裂缝样式反映了这种相互作用，并为分析底辟动力学机制提供了重要信息。本文以波萨德拉萨尔(Poza de la Sal)底辟为例，该底辟刺穿了巴斯克比利牛斯山脉同造山期的地层。本文通过对野外收集的断层、节理和高分辨率正射影像数字化的裂缝等中型构造数据的综合分析，建立了底辟周围构造应力场的演化模型。结果表明在底辟演化过程中，应力场经历了从区域应力为主到底辟应力为主的演变。对比其他地质数据(地震数据、地质图和剖面)，不同方法提供了互为补充的信息，并与本文提出的波萨德拉萨尔底辟演化模型相一致。

研究与盐底辟生长相关的裂缝发育具有学术和工业价值。事实上，裂缝在盐底辟相关油气藏的流体运移和聚集过程中发挥了重要作用(Johnson 和 Bredeson, 1971; Koestler 和 Ehrmann, 1987; Davison 等, 2000a, b)。另一方面，对裂缝样式的分析有助于研究主构造的演化(Thorbjornsen 和 Dunne, 1997; Tavani 等, 2008)。此外，还可为分析盐底辟的运动学特征提供有用信息(Alsop, 1996; Stewart, 2006; Yin 和 Groshong, 2007; Yin 等, 2009)。

与盐底辟(和常见的穿隆构造)相关的裂缝模式可分为两类，即放射状和同心圆状(图 24-1a、b; Parker 和 McDowell, 1955; Withjack, 1979; Squyres 等, 1992; Branney, 1995; Malthe-Sorenssen 等, 1999; Rowan 等, 1999, 2003; Davison 等, 2000a, b; Freed 等, 2001; Stewart, 2006)。这种裂缝模式主要发育在简单构造中，与盐底辟相关应力场相比，其远端应力场几乎可以忽略不计。当这种条件不能被验证时，两个应力场的相互作用可以形成更为复杂的裂缝样式(Odé, 1957; Withjack 和 Scheiner, 1982)。区域和刺穿构造相关应力场相互作用的研究(Odé, 1957)表明，底辟引起的应力影响随着远离穿隆(刺穿构造)而逐渐减小。因此，远离盐底辟时，裂缝样式受远端应力场影响；而靠近盐底辟时，裂缝样式趋于放射状和同心圆状(图 24-1c)。尽管有几位研究者在不同的构造中观察到了这些样式(Withjack 和 Scheiner, 1982; Mege 和 Masson, 1996; Ernst 等, 2003)，但有关的详细的应力场研究尚未展开。

本文提出一个简单的二维应力场理论模型。该模型假定由远端与盐底辟应力场相互作用产生的应力张量(距底辟中心一定距离)是一个 2×2 矩阵，并由两个应力张量的水平分量总和构成。与此矩阵相关联的特征向量被认为是局部应力场的主轴。假设当应力场发生变化，在这些应力场下发育的裂缝(节理)的方位也会发生改变。通过分析底辟构造应力场与区域应力场的相互作用，可以预测裂缝发育的方位。为了检验这个理论模型的有效性，本文把它应用到一个位于比利牛斯山脉西部出露良好的盐底辟(波萨德拉萨尔底辟)中。该底辟上覆碳酸盐岩，为一受复杂裂缝影响的近圆形底辟。结果表明，尽管本文提出的应力模型比较简单，但也对盐底辟动力学分析来说也是一个有用的工具。因此，本文通过这个理论模型，并结合其他的野外地质调查或三维地震资料解释等分析方法，提出了获取断裂模式的方法。

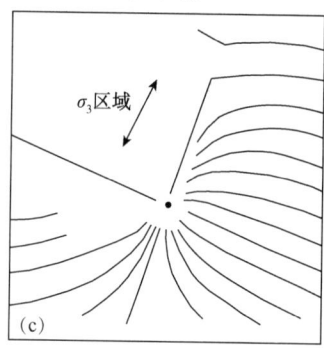

图 24-1 与盐丘作用相关的构造实例
(a)放射状断裂(据 Stewart，2006，修改)；(b)同心圆状断裂(据 Stewart，2006，修改)；(c)从火星上破火山口构造裂缝痕迹推断出的应力轨迹(据 Mege 和 Masson，1996，修改)

24.1 地质背景

波萨德拉萨尔(Poza de la Sal)底辟位于比利牛斯山脉(西班牙北部)西部巴斯克(Basque)—坎塔布连(Cantabrian)盆地的南缘。巴斯克—坎塔布连地区现今的结构特征反映阿尔卑斯挤压作用与显著的中生代伸展作用发生了叠加，巴斯克—坎塔布连盆地发育于中生代的伸展作用阶段，而该伸展作用与北大西洋和比斯开湾的打开有关(Le Pichon 和 Sibuet，1971；Montadert 等，1979；Ziegler，1988；García-Mondéjar，1996)。从晚白垩世到早新生代，板块构造格局由离散转变为会聚(Boillot 和 Capdevila，1977；Roest 和 Srivastava，1991；Muñoz，2002)。同时，巴斯克—坎塔布连盆地早期的构造发生复活。研究区内的会聚方向为近 N—S 向，与继承性构造的 WNW—ESE 走向斜交。因此，阿尔卑斯逆冲断层、褶皱和右行走滑断层的走向平行于中生代正断层系统。关于该地区阿尔卑斯构造的争论，许多研究者认为倾向滑动模式占主导(Espina 等，1996；Cámara，1997；Vergés 和 García Senz，2001；Gómez 等，2002；Muñoz，2002)，有些研究者则强调右旋运动的重要性(Boillot 和 Malod，1988；Lepvrier 和 Garcia，1990；Hernaiz，1994；Tarani 等，2011)。

巴斯克—坎塔布连盆地发育大量核部为三叠系蒸发岩的盐构造，如波萨德拉萨尔底辟(Serrano 等，1989，1994；Serrano 和 Martinezdel Olmo，1990，2004；Klimowitz 等，1999)。大多数底辟构造开始发育于中生代伸展背景下，并形成于该伸展及晚期伸展阶段(Serrano 等，1989；Klimowitz 等，1999)。具体来看，波萨德拉萨尔底辟阿普特阶底部的不整合可能指示了早白垩世晚期的盐体活动(Gil，1999；Klimowitz 等，1999)。古近纪—新近纪的不协调和渐新世—中新世同构造期的沉积物则记录了该底辟的晚期生长阶段。

该底辟发育在平坦的白垩系岩石板片隆起的东角，该板片的边界是影响了中新世同造山期沉积物的 ENE—WSW 和 WNW—ESE 走向单斜。底辟由三叠系蒸发岩和泥岩以及一些基性的次火山岩组成，并刺穿了由侏罗系石灰岩、同裂谷期与后裂谷期的下白垩统硅质碎屑物，以及上白垩统石灰岩和渐新统—中新统硅质碎屑物组成的脆性褶皱上覆层(图 24-2a 至 c)。在靠近底辟的部位，上覆层发生弯曲，并受到断层和节理的影响(Ramsay 和 Huber，1987)。上覆层的弯曲程度在底辟周围变化显著，从西翼、北翼和南翼的 20°~35°，增加到东翼的 70°~75°，这表明该底辟呈向东倾斜的近椭圆状。

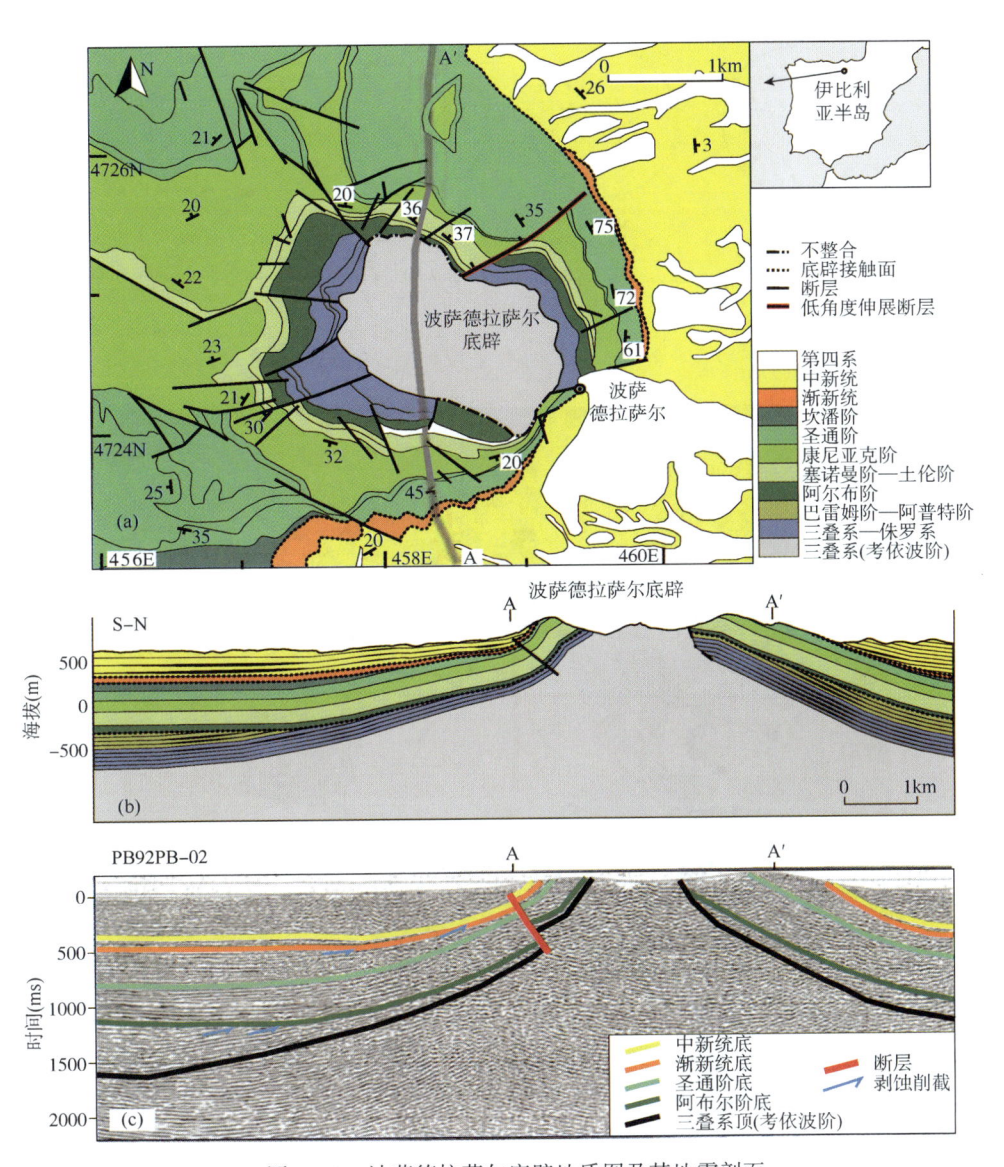

图 24-2 波萨德拉萨尔底辟地质图及其地震剖面

(a) 波萨德拉萨尔底辟地质图(据 Enresa, 1994; Hempel, 1967, 修改); (b) 由野外地质调查数据和地震数据得到的通过波萨德拉萨尔底辟的南北向剖面, 剖面位置与 92PB-02 剖面(图 24-2c)一致, 位置参见图 24-2a; (c) 南北向 92PB-02 剖面图, 垂向比例尺减少 70%; 南部上覆层的中生界层位深度引自 Klimowitz 等(1999); 古近系底面深度引自 Gil(1999)

24.2 节理数据分析

为了分析波萨德拉萨尔底辟演化末期的裂缝演化模式, 本文采集了康尼亚克阶石灰岩中的节理数据。因此, 我们可以获得自康尼亚克期到现今底辟构造演化的记录, 而且这些节理数据没有受到先前变形事件的影响。野外地质调查专注于系统采集沿底辟上覆层西翼一段走向为 120°的弧形连续出露的石灰岩中的节理(位置见图 24-3)。东翼地层近垂直, 而且由于地层沿水平轴可能发生了旋转, 因此这一部分已经不合适进行节理野外地质调查工作了。由于岩性均为石灰岩, 所以认为节理特征的变化不是由岩性差异引起的。采集的方法是从几个点中每个采集约 20 个具有代表性的节理数据。

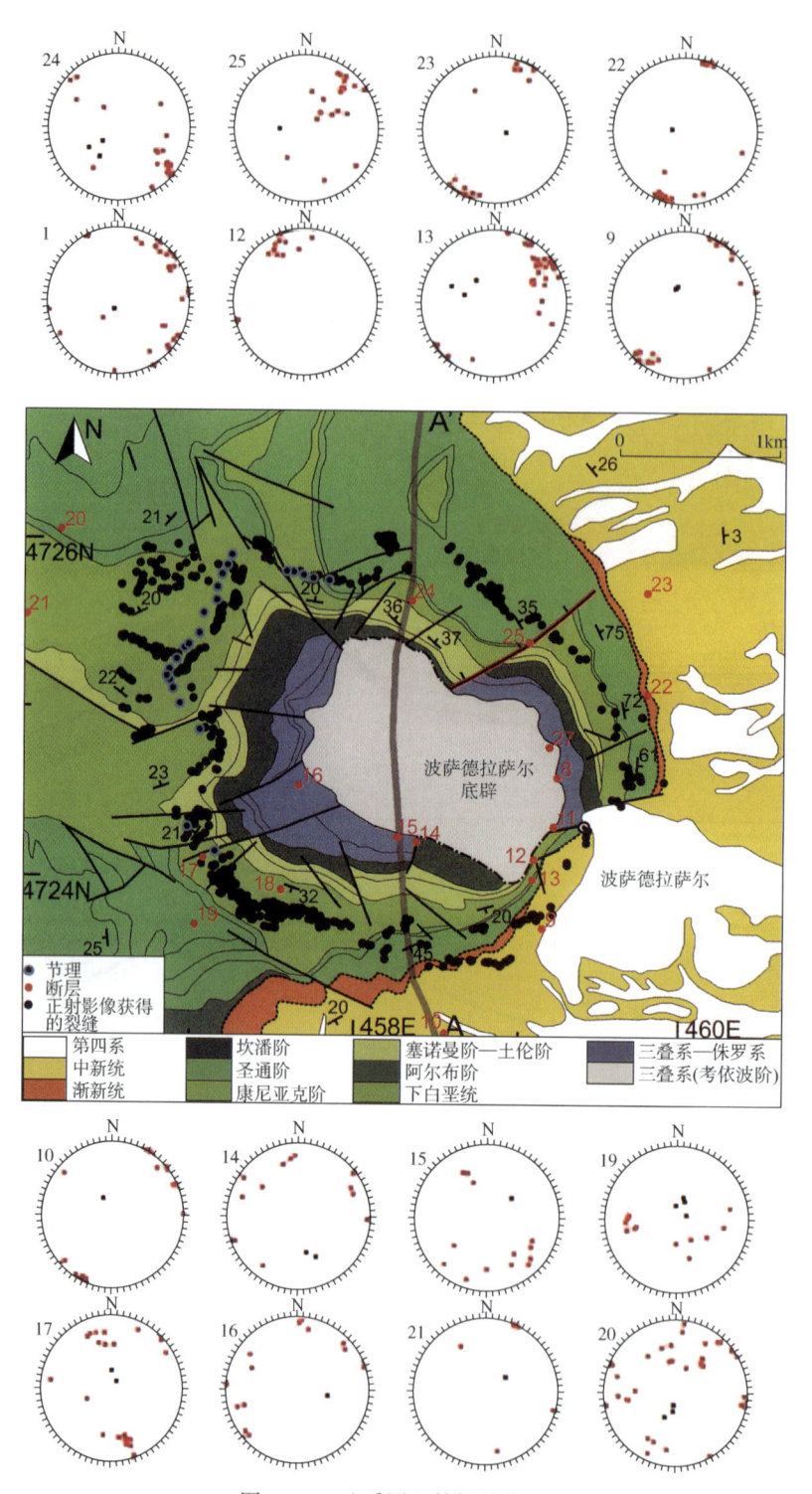

图 24-3 地质图上数据的位置

蓝色点对应节理，红色点代表断层，黑色点代表高分辨率航空遥感正射影像获得的裂缝；在地质位置的上方和下方有一些有代表性的断层数据(红色)与参考层为(黑色)的赤平投影图

节理在这些石灰岩中大量发育，其间距一般为分米级。在野外现场采集了 377 条节理数据，走向集中在 NNW—SSE 和 WSW—ENE 两组方向(二者与地层都呈高角度相交，一般超

— 560 —

过75°；图24-4a、c)。节理具有非唯一的截切关系，表明它们可能是同期发育的。为了确定节理的发育时期，我们将这些层理旋转到参考地层的方位。结果显示方位角发生了微小变化(图24-4b、d)。节理仅影响上白垩统而没有影响古近系—新近系，这一事实可以让我们将节理发育时期确定为晚白垩世。

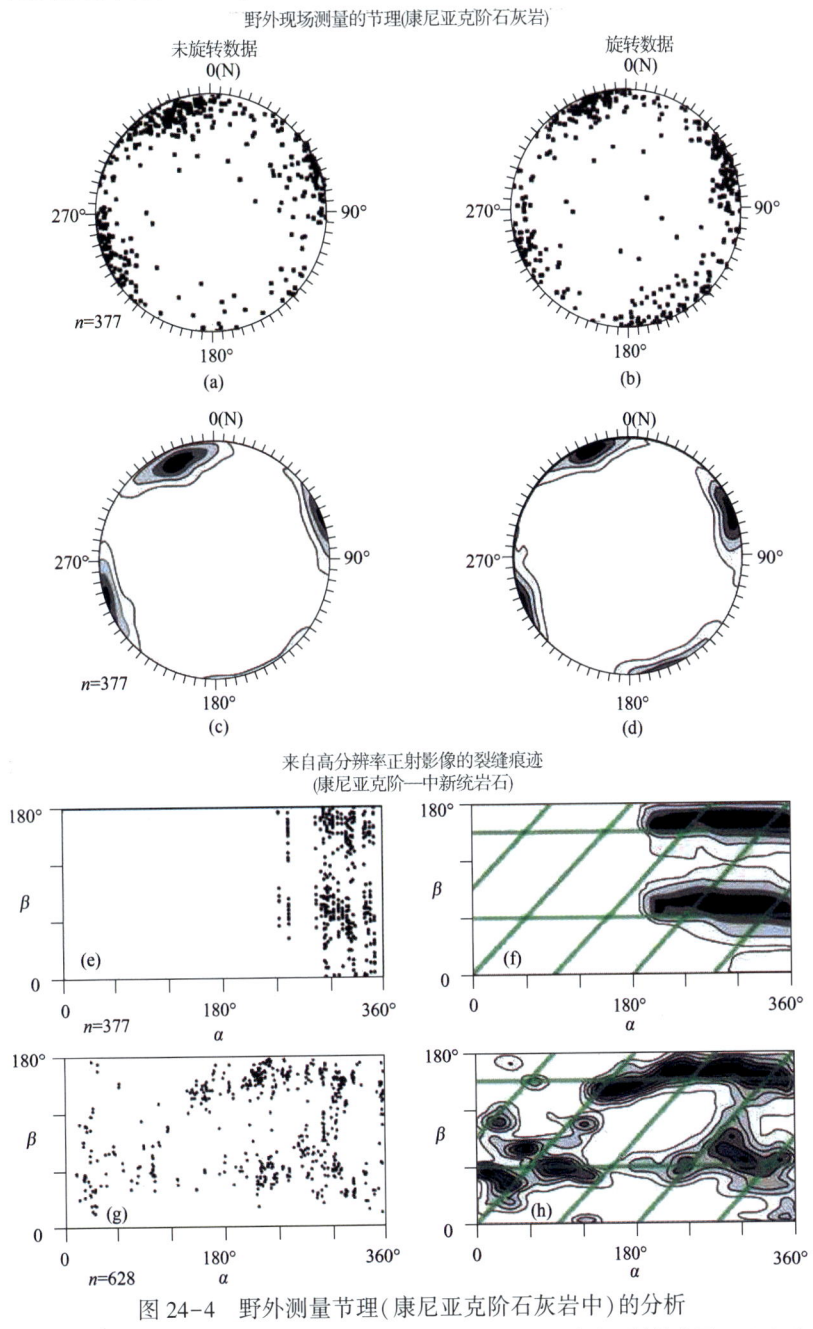

图 24-4　野外测量节理(康尼亚克阶石灰岩中)的分析

(a)377 条节理的赤平投影(未旋转位置)；(b)377 条节理的赤平投影(根据参考层旋转位置)；(c)对 377 条节理进行高斯平滑(未旋转位置)；(d)对 377 条节理进行高斯平滑(根据参考层旋转位置)；(e)采集到的节理方位角 β 与相对底辟中心的角位置 α 之间的关系图；(f)对采集到的节理方位角 β 与相对底辟中心的角位置 α 之间的关系进行高斯平滑，裂缝痕迹来自对高分辨率正射影像(康尼亚克阶—中新统)的分析；(g)裂缝痕迹方位角 β 与相对底辟中心的角位置 α 之间的关系图；(h)对裂缝痕迹方位角 β 与相对底辟中心的角位置 α 之间关系进行高斯平滑

24.3 断层数据分析

我们通过野外地质调查共采集了 341 条断层的数据，遍布波萨德拉萨尔底辟整个出露的上覆层(位置如图 24-3 所示)。这些断层来自侏罗系—中新统，它们的密度随岩性的不同而有所变化(上白垩统石灰岩中的断层要比中新统砂岩多)。这些断层通常切割最古老的沉积物直到圣通阶为止。然而，在该底辟的一些部位，断层也切割了坎潘阶、渐新统和下中新统。因此，我们认为这些断层形成于中新世。相反，中新世晚期沉积物(断层已减少或消失)在靠近波萨德拉萨尔底辟的位置发生褶皱。因此，测定断层形成的年代为中新世，同步或早于中新世地层的褶皱作用。

大多数断层方位为 NW—SE 向和 NE—SW 向(图 24-5a、c)。图 24-3 表示出了这些断层的位置和方位。在东翼主要表现为 NW—SE 向，而位于西翼的露头显示出总体的分散状。如果参考地层旋转这些断层，方位角的变化会很小(图 24-5b、d)。但是，如果参考沿水平轴旋转，变化可能会更大些。断层擦痕提供了大约了 20% 测量断层的运动方向信息。其中，9% 为正断层、8% 为右行走滑断层，2% 为左行断层、1% 为逆断层(图 24-5e)。图 24-5f 显示断层擦痕存在两个主要方向，一个是主要的走滑组(倾角约为 176°)，一个是次要的倾滑组。在这种情况下，测量褶皱作用之后形成的断层擦痕方位是有效的。在其他情况下，如果测量的断层擦痕是形成于褶皱作用之前，则倾角变化会很大，同时，走滑断层也会变为倾滑断层，反之亦然(图 24-5g)。部分测量的断层擦痕也有可能早于或晚于褶皱作用形成。

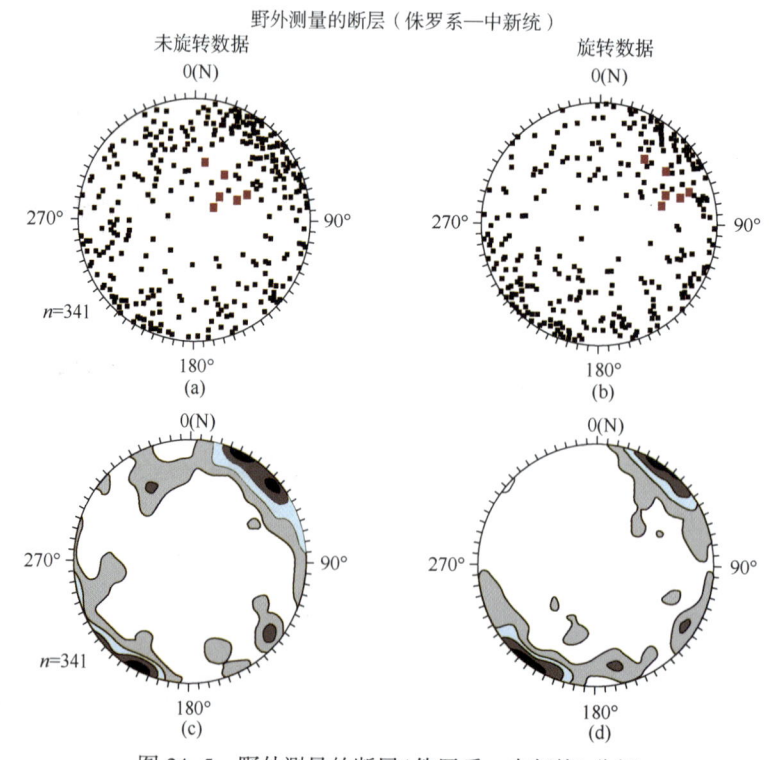

图 24-5 野外测量的断层(侏罗系—中新统)分析

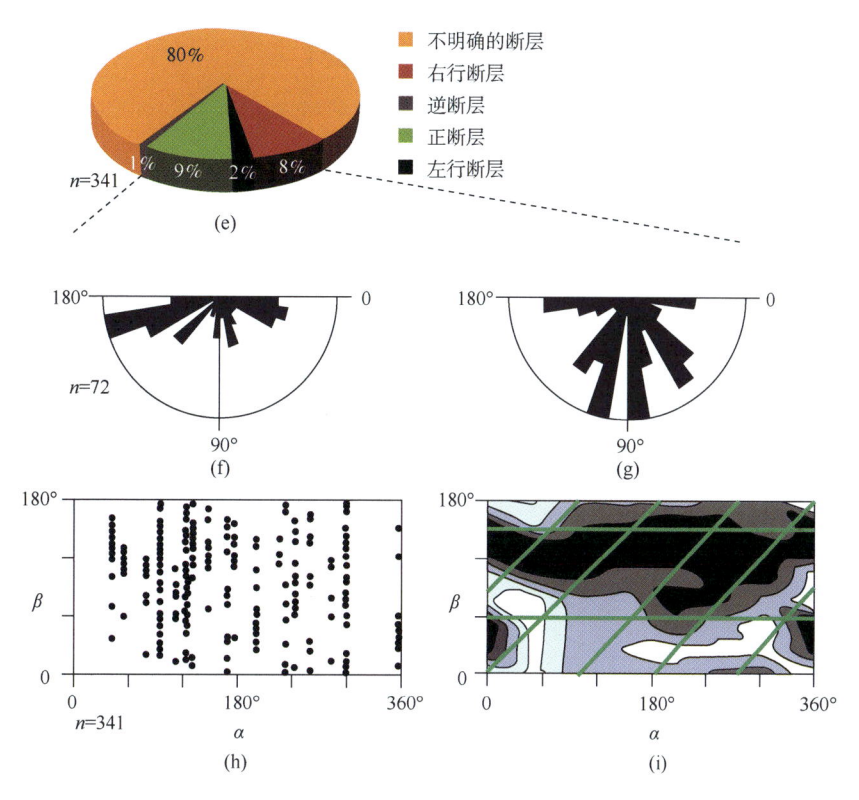

图 24-5　野外测量的断层(侏罗系—中新统)分析(续)

(a)341 条断层的赤平投影(未旋转位置)；(b)341 条断层的赤平投影(根据参考层旋转位置)；(c)对 341 条断层进行高斯平滑(未旋转位置)；(d)对 341 条断层进行高斯平滑(根据参考层旋转位置)；(e)含有擦痕运动方向的断层在总的测量断层中所占比例；(f)测量断层的倾角方向图(未旋转位置)；(g)测量断层的倾角方向图(根据参考层旋转位置)；(h)断层痕迹方位角 β 与相对底辟中心的角位置 α 之间的关系图；(i)对断层痕迹方位角 β 与相对底辟中心的角位置 α 之间关系进行高斯平滑

24.4　应力场模型

在距离圆柱状底辟中心一定范围内，应力场是一个由两个独立应力张量组成的 2×2 的对称矩阵(M)，其中一个是具有恒定大小和方向的远端张量(M_r)(在笛卡尔坐标系中)，另一个是具有恒定大小的径向和轴向分量的与底辟相关的张量(M_d)。特征向量 M(也就是 ξ_1 和 ξ_2)提供了应力场的主要方向。ξ_1 和 ξ_2 取决于 M_r 和 M_d 的最大和最小应力分量差异($\Delta\sigma_r$ 和 $\Delta\sigma_d$)以及所选取的位置(α；图 24-6a)。当 $\Delta\sigma_d$ 与 $\Delta\sigma_d$ 相比可以忽略不计时，ξ_1 和 ξ_2 趋向于与 σ_{r1} 和 σ_{r2} 一致(图 24-6b)。相反($\Delta\sigma_r$ 相对于 $\Delta\sigma_d$ 很小时)，ξ_1 和 ξ_2 的方向趋于放射状和同心圆状(图 24-6f)。在这两种端元情况之间，可能还有未完成的组合(图 24-6c 至 e)。然而，它们都是由"区域"方向与放射状和同心圆状方向的相互作用定义的固定点。就这些固定点之间的 α 值而言，ξ_1 和 ξ_2 的特征取决于 $\Delta\sigma_r$ 和 $\Delta\sigma_d$ 的比值。当 $\Delta\sigma_r > \Delta\sigma_d$ 时，它们更接近"区域方向"(图 24-6c、d)；当 $\Delta\sigma_d > \Delta\sigma_r$ 时，它们倾向于遵循放射和同心圆模式(图 24-6e)。

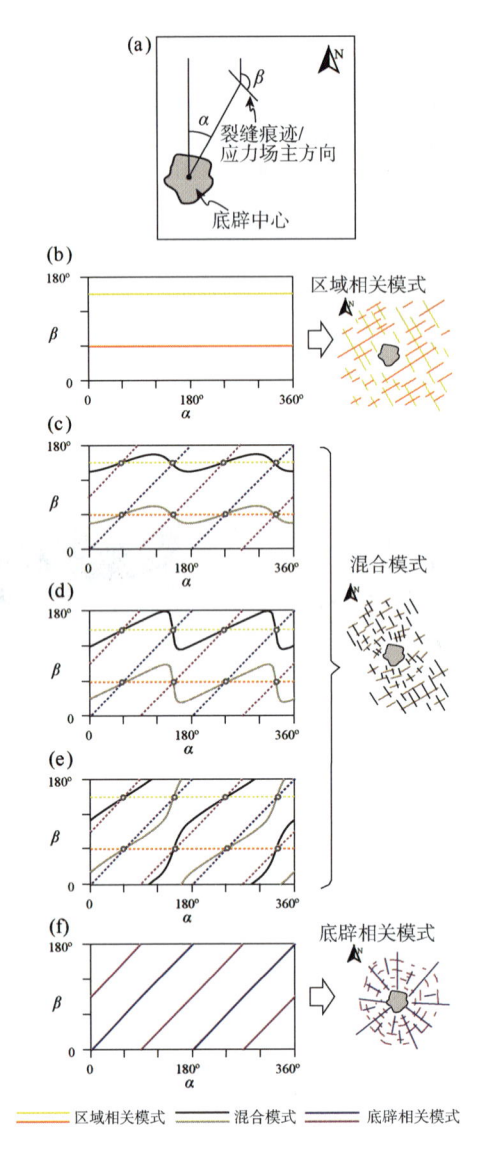

图 24-6 区域与底辟相关应力场的相互作用

(a)标记方式；(b)至(f)不同区域和底辟相关应力场内的应力场主方向 β 与角坐标 α 的关系

24.5 裂缝数据与应力场理论模型对比

  底辟周围的地形几乎与地层一致，地层倾角普遍低于 20°，而且在高分辨率的正射影像上能够通过岩石的喀斯特作用观察到清晰的裂缝痕迹。从这个意义上讲，为了对节理进行全面分析，需要把已采集的节理和断层与 628 条利用高分辨率航空正射影像进行数字化的裂缝痕迹结合起来(位置见图 24-3)。这种采集方法的综合分析能够确定底辟周围和远端的裂缝方位是如何变化的。

  本文对正射影像裂缝特征与野外采集的节理和断层进行了对比。结果显示底辟周围的裂缝的间距和方位更类似于节理，而不是断层。因此，我们认为正射影像的裂缝很可能是节理。野外节理数据与正射影像裂缝痕迹的综合信息可以充分研究波萨德拉萨尔底辟周围节理方位的变化(图 24-3h、i)。通过对节理(图 24-4e、h)的分析,确定其方位角(β,$0<\beta<180°$;图 24-6a)在底辟(α 为角坐标,$0<\alpha<360°$,假设底辟中心为原点;图 24-6a)周围是如何变化的。

通过观察这些图件,推断底辟两翼($180°<\alpha<360°$)的断层具有放射状模式的特征,地层倾角范围在 20°~35°之间。在东翼,地层更陡,倾角达到 75°,断层样式似乎表现为区域模式,但我们应该考虑这些断层轴在水平旋转下会如何变化。对高分辨率航拍正射影像裂缝的分析表现出和野外采集的节理相同的主方向。在这些情况下,垂直节理组显示出底辟周围细微但重要的方位角变化(图 24-4c 至 f)。一些裂缝痕迹呈放射状分布(大多数分布在底辟东部,$0<\alpha<180°$),虽然它们仅代表了小部分的数据集合。大多数痕迹走向约为 N65°和 N155°,显示出一个有微小偏差的近区域模式,这也与图 24-6c、d 的特征相类似。

24.6 讨论

本文使用了两种不同的方法研究波萨德拉萨尔底辟的构造演化,同时,还讨论了这些方法的适用性。一方面,我们进行大比例尺的工作,从波萨德拉萨尔的地震数据和地质图,以及根据野外地质调查和地震数据绘制的南北向剖面获取信息。另一方面,我们还开展了中比例尺的工作,从底辟上覆层中的裂缝模式分析中获取信息。

宏观信息(地震、地质图和剖面)显示阿尔布阶底面发育不整合,并剥蚀了较老的下白垩统和侏罗系(见深灰色的反射面;图 24-2c)。这个不整合与下白垩统顶部沉积期(阿普特期—阿尔布期)的隆升有关,这也是波萨德拉萨尔发生的早期隆升。由于伸展断层引起差异负载,该隆起阶段导致复活底辟。实际上,巴斯克—坎塔布连盆地广泛发生了早白垩世晚期的盐体活动(Serrano 等,1989,1994;Serrano 和 Martinez del Olmo,1990,2004;Klimowitz 等,1999)。在盐体活动初始阶段之后,发生了一次热沉降(见地震剖面上阿尔布阶—坎潘阶内的连续平行反射组;图 24-2b、c)。之前的盐构造在新生代再次复活。在最后的构造事件中,形成了一系列渐新统和中新统不整合(削蚀了坎潘阶和圣通阶;图 24-2a、b),中新统沉积物在底辟附近(几十米范围内)发生褶皱,角度为 0~75°。图中的关系表明,一些断层切割了中新统,所以它们的活动应该是发生在中新世或晚于中新世。

当产生的应力场主要由远端区域应力场控制时,即康尼亚克期(上白垩统,也就是我们采集数据的沉积物的年龄)底辟复活(隆起)的早期阶段之后,形成了中等规模的节理。在这一阶段,节理走向大致为 NNW—SSE 和 WSW—ENE 方向。在东翼,我们只观察到了 WSW—ENE 方向的一组,而在西部两组都发育,但 NNW—SSE 向的一组占有优势。东侧地层的高角度旋转可能是缺少 WSW—ENE 向节理的原因。这个阶段可能发生在渐新世,以前这与位于渐新统碎屑层序底部的不整合面是一致的。

断层影响了整个出露的上覆层,表明波萨德拉萨尔底辟在中新世或之后刺穿了上覆层。在底辟的西翼(地层倾角大多低于 40°),观察到的断层模式是一部分放射状断层。这些断层记录了底辟演化的末期阶段,此时的应力场主要由底辟相关作用控制,而不是由远端区域作用控制。因此,在渐新世与中新世之间,地层的掀斜作用增加,并且在这个底辟生长的高级阶段形成了放射状断层。然而,在底辟的东翼,地层的倾角大多数高于 40°,并没有观测到放射状模式的断层。这可以解释为底辟的连续褶皱作用晚于使它们发生褶皱的放射状断层的形成。

总而言之，波萨德拉萨尔底辟的断层和裂缝模式记录了应力场从区域相关（后康尼亚克期和前渐新世）为主到底辟相关（渐新世—中新世）为主的转变。这种中尺度信息与宏观信息共同提供了具体的波萨德拉萨尔盐底辟的演化过程（图24-7）。就对储层影响而言，值得注意的是，在应力场相互作用之前发育的节理具有高透入性，增加了岩石的孔隙度。另一方面，断层具有低透入性，但它们的滑动加强了裂缝的连通性。

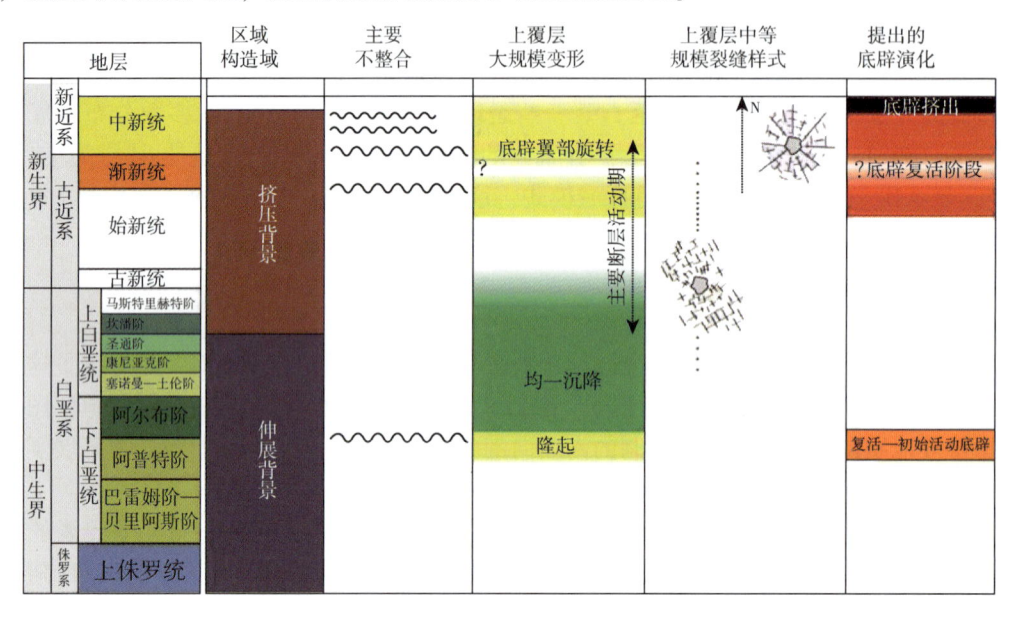

图24-7　可用于分析波萨德拉萨尔底辟演化的主要标志及其演化模式图

本文提出的裂缝模式变化在构造数据受限或裂缝信息缺失的情况下，可以成为获取节理方位的有用方法。正如在本文所做的一样，良好的野外露头是实施这种方法的理想对象。由于高质量的地震数据能够区分裂缝，三维地震研究也适用于此方法，但这并不能提供一个约束良好的裂缝模式。要将这些裂缝模式合并到一个模型中，需要根据数据以不同的标准选择模型，否则，信息可能是错误的。根据本文所描述的方法，有两种方法可以选，从而选出更适合哪类样式。一方面，如果沉积地层保存良好，并且包含了前、同期和/或后底辟期沉积物，那么这些数据可以用于确定构造演化的时期，并归于对应的裂缝模式。另一方面，如果在底辟某些部位具有代表性的裂缝方位数据，那么可以根据现有的模式填补数据空白的位置。这些关系应该被应用在底辟周围的时间和空间范围内。

24.7　结论

本文提出了一个应力场理论模型，并遵循了从区域应力场到底辟相关应力场的过渡演化。图24-6中显示了放射状构造中心周围的演化变化。本文对比了应力场的理论变化与波萨德拉萨尔底辟构造周围裂缝痕迹的方位。这种对比结果与波萨德拉萨尔底辟构造上覆层观测的裂缝数据显示，断层与裂缝记录了应力场从区域相关应力（后康尼亚克期和前渐新世）为主到底辟相关应力（渐新世—中新世）为主的转变。这种应力场的演变与宏观尺度信息（地震剖面、地质图、剖面图；图24-7）是一致的。因此，我们认为尽管本文提出的应力场模型比较简单，但对分析盐底辟的运动学特征也是非常有用的。在这项工作中，我们针对使用这个理论模型并结合野外地质调查或三维地震解释等其他分析方法提出了指导意见。

参 考 文 献

Alsop, I. 1996. Physical modelling of fold and fracture geometries associated with salt diapirism. In: Alsop, G. I., Blundell, D. J. and Davison, I. (eds) Salt Tectonics. Geological Society, London, Special Publications, 100, 227-241.

Boillot, G. & Capdevila, R. 1977. The Pyrenees: subduction and collision? Earth and Planetary Science Letters, 35, 151-160.

Boillot, G. & Malod, J. 1988. The North and North-West Spanish continental margin. Revista de la Sociedad Geológica de España, 1, 295-316.

Branney, M. J. 1995. Downsag and extensionat calderas: new perspectives on collapse geometries from ice-melt, mining and volcanic subsidence. Bulletin of Volcanology, 57, 303-318.

Cámara, P. 1997. The Basque-Cantabrian basin's Mesozoic tectono-sedimentary evolution. Mémoires de la Société Géologique de France, 171, 187-191.

Davison, I., Alsop, G. I., Evans, N. G. & Safaricz, M. 2000a. Overburden deformation patterns and mechanisms of salt diapir penetration in the Central Graben, North Sea. Marine and Petroleum Geology, 17, 601-618.

Davison, I., Alsop, I. et al. 2000b. Geometry and late-stage structural evolution of Central Graben salt diapirs, North sea. Marine and Petroleum Geology, 17, 499-522.

ENRESA. 1994. AFA Project. Unpublished internal report.

Ernst, R. E., Desnoyers, D. W., Head, J. W. & Grosfils, E. B. 2003. Graben-fissure systems in Guinevere Planitia and Beta Regio (264°-312°E, 24°-60°N), Venus, and implications for regional stratigraphy and mantle plumes. Icarus, 164, 282-316.

Espina, R. G., Alonso, J. L. & Pulgar, J. A. 1996. Growth and propagation of buckle folds determined from syntectonic sediments (the Ubierna fold Belt, Cantabrian Mountains, N Spain). Journal of Structural Geology, 18, 431-441.

Freed, A. M., Melosh, H. J. & Solomon, S. C. 2001. Tectonics of mascon loading: resolution of the strike-slip faulting paradox. Journal of Geophysical Research-Planets, 106, 20603-20620.

García-Mondéjar, J. 1996. Plate reconstruction of the Bay of Biscay. Geology, 24, 635-638.

Gil, A. 1999. Modelización geodinámica y numérica de estructuras evaporíticas (cuencas surpirenaica y cantábrica). PhD thesis, Universitat de Barcelona.

Gómez, M., Vergés, J. & Riaza, C. 2002. Inversion tectonics of the northern margin of the Basque Cantabrian Basin. Bulletin de la Societé Geologíque de France, 173, 449-459.

Hempel, P. M. 1967. Der Diapir von Poza de la Sal (Nordspanien). Beiheft Geologisches Jahrbuch, 66, 95-126.

Hernaiz, P. P. 1994. Lafallade Ubierna (margen SO de la cuenca Cantábrica). Geogaceta, 16, 39-42.

Johnson, H. A. & Bredeson, D. H. 1971. Structural development of some shallow salt domes in Louisiana Miocene productive belt. AAPG Bulletin, 55, 204-226.

Klimowitz, J., Malagón, J., Quesada, S. & Serrano, A. 1999. Desarrollo y evolución de almohadillas salinas mesozoicas en la parte suroccidental de la Cuenca Vasco-Cantábrica (norte de España): implicaciones exploratorias. In: AGGEP (eds) Libro Homenaje a José Ramírez del Pozo. Madrid, 159-166.

Koestler, A. G. & Ehrmann, W. U. 1987. Fractured chalk overburden of salt diapir. Laegerdorf, NW Germany-exposed example of possible hydrocarbon reservoir. In: Lerche, I. & O'Brien, J. J. (eds) Dynamical Geology of

Salt and Related Structures. Academic Press, London, 457-477.

Le Pichon, X. & Sibuet, J. C. 1971. Western extension of boundary between European and Iberian plates during the Pyrenean opening. Earth and Planetary Science Letters, 12, 83-88.

Lepvrier, C. & Martínez-Garcia, E. 1990. Fault development and stress evolution of the post-Hercynian Asturian Basin (Asturias and Cantabria, northwest Spain). Tectonophysics, 184, 345-356.

Malthe-Sorenssen, A., Walmann, T., Jamtveit, B., Feder, J. & Jossang, T. 1999. Simulation and characterization of fracture patterns in glaciers. Journal of Geophysical Research-Solid Earth, 104, 23157-23174.

Mege, D. & Masson, P. 1996. A plume tectonics model for the Tharsis province, Mars. Planetary and Space Science, 44, 1499-1546.

Montadert, L., Charpal, O., Roberts, D. G., Guennoc, P. & Sibuet, J. C. 1979. Northeast Atlantic passive margins: rifting and subsidence processes. American Geophysics Union, Revue, 3, 154-186.

Muñoz, J. A. 2002. The Pyrenees. In: Gibbons, W. &Moreno, T. (eds) The Geology of Spain. Geological Society, London, 370-385.

Odé, H. 1957. Mechanical analysis of the dike pattern of the Spanish Peaks area. Geological Society of America Bulletin, 68, 567-578.

Parker, T. J. & McDowell, A. N. 1955. Model studies of salt-dome tectonics. AAPG Bulletin, 39, 2384-2470.

Ramsay, J. G. & Huber, M. I. 1987. The Techniques of Modern Structural Geology. 2 Folds and Fractures. Academic Press, London.

Roest, W. R. & Srivastava, S. P. 1991. Kinematics of the plate boundaries between Eurasia, Iberia, and Africa in the North Atlantic from the Late Cretaceous to the present. Geology, 6, 613-616.

Rowan, M. G., Jackson, M. P. A. & Trudgill, B. D. 1999. Salt - related fault families and fault welds in the northern Gulf of Mexico. AAPG Bulletin, 83, 1454-1484.

Rowan, M. G., Lawton, T. F., Giles, K. A. &Ratliff, R. A. 2003. Near - salt deformation in La Popa basin, Mexico, and the northern Gulf of Mexico: a general model for passive diapirism. AAPG Bulletin, 87, 733-756.

Serrano, A. &MartinezdelOlmo, W. 1990. Tectónica salina en el Dominio Cántabro-Navarro: evolución, edad y origen de las estructuras salinas. In: Orti, F. & Salvany, J. M. (eds) Formaciones evaporíticas de la Cuenca del Ebro y cadenas periféricas, y de la zona de Levante. Nuevas Aportaciones y Guia de Superficie. Empresa Nacional De Residuos Radiactivos S. A, ENRESA-GPPG, Barcelona, 39-53.

Serrano, A. & Martínez del Olmo, W. 2004. Estructuras diapíricas de la zona meridional de la Cuenca Vasco-Cantábrica. In: Vera, J. A. (ed.) Geología de España. Sociedad Geológica de España—Instituto Geológico y Minero de España, Madrid, 334-338.

Serrano, A., Martínez del Olmo, W. & Cámara, P. 1989. Diapirismo del Trias salino en el dominio Cántabro-Navarro. In: AGGEP (eds) Libro Homenaje a Rafael Soler. Madrid, 115-121.

Serrano, A., Hernaiz, P. P., Malagón, J. &Rodríguez Cañas, C. 1994. Tectónica distensiva y halocinesis en el margen SO de la cuenca Vasco-Cantábrica. Geogaceta, 15, 131-134.

Squyres, S. W., Janes, D. M., Baer, G., Bindschadler, D. L., Schubert, G., Sharpton, L. & Stofan, E. R. 1992. The morphology and evolution of coronae on Venus. Journal of Geophysical Research-Planets, 97, 13611-13634.

Stewart, S. A. 2006. Implications of passive salt diaper kinematics for reservoir segmentation by radial and concentric faults. Marine and Petroleum Geology, 23, 943-853.

Tavani, S., Storti, F., Salvini, F. & Toscano, C. 2008. Stratigraphic v. structural control on the deformation pattern associated with the evolution of the Mt. Catria anticline, Italy. Journal of Structural Geology, 30, 664-681.

Tavani, S., Quintá, A. & Granado, P. 2011. Cenozoic right-lateral wrench tectonics in the Western Pyrenees (Spain): The Ubierna Fault System. Tectonophysics, 509, 238-253.

Thorbjornsen, K. L. & Dunne, W. M. 1997. Origin of a thrust-related fold: geometric vs kinematic tests. Journal of Structural Geology, 19, 303–319.

Vergés, J. & García Senz, J. M. 2001. Mesozoic evolution and Cenozoic inversion of the Pyrenean Rift. In: Ziegler, P. A., Cavazza, W., Robertson, A. H. F. & Crasquin-Soleau, S. (eds). Peri-Tethys Memoir 6: Peri-Tethyan Rift/Wrench Basins and Passive Margins. Mémoires Muséum National d'Histoire Naturelle, Paris, 186, 187–212.

Withjack, M. 1979. An analytical model of continental rift fault patterns. Tectonophysics, 59, 59–81.

Withjack, M. & Scheiner, C. 1982. Fault patterns associated with domes – an experimental and analytical study. AAPG Bulletin, 66, 302–316.

Yin, H. & Groshong, R. H. 2007. A three-dimensional kinematic model for the deformation above an active diapir. AAPG Bulletin, 91, 343–363.

Yin, H., Zhang, J., Meng, L., Liu, Y. & Xu, S. 2009. Discrete element modeling of the faulting in the sedimentary cover above an active salt diapir. Journal of Structural Geology, 1, 989–99.

Ziegler, P. A. 1988. Late Jurassic-Early Cretaceous Central Atlantic sea-floor spreading, closure of Neo-Tethys, and opening of canada Basin. Evolution of the Arctic-North Atlantic and the western Tethys. American Association of Petroleum Geologists, Tulsa, Memoir, 43, 1–198.

（汪立 译，纪沫 孙瑞 罗腾文 校）

第 25 章　英国萨默塞特郡布里斯托尔海峡沿岸盐相关构造研究

JAMES TRUDE[1], ROD GRAHAM[2], ROBIN PILCHER[1]

(1. Hess Corporation, 1501 McKinney, Houston, TX 77010, USA;
2. Hess Ltd., The Adelphi Building, 1-11 John Adam St., London WC2N 6AG, UK)

摘　要　本文对英国南部沃切特地区布里斯托尔海峡南部沿岸的著名露头进行了新的解释。近年来，针对墨西哥湾和巴西盐构造的高质量三维地震数据为本文研究带来了重要启示。前人将沃切特地区的露头构造解释为拉张、反转和走滑构造。但本文通过研究认为，研究区的部分构造并不能简单地用上述任何一种成因机制来解释，它们实际上是与盐撤有关的滑塌构造，并指示盐底辟作用发生在晚三叠世和早侏罗世。

布里斯托尔海峡(Bristol Channel)沿岸可能是侏罗系伸展断层的最佳露头发育区，这些断层切穿了位于基尔福(Kilve)和沃切特(Watchet)之间的蓝里亚斯(Blue Lias)组。尽管研究区在晚白垩世或新生代发生了局部掀斜或反转，但这些断层的简单性使该地区成为极佳的天然实验室。在这里，对教科书上的伸展断层的结构、连接和位移梯度都可以进行三维研究，而这些也正是研究伸展断层的关键所在。这种构造样式与位于沃切特和布卢安克(Blue Anchor)小镇之间，距基尔福西部不远处的露头构造样式形成了鲜明对比，这里的三叠系红层及上覆的瑞替阶和里阿斯(Liassic)统表现出更为复杂的构造特征。

尽管这是著名的露头，但本文认为通过高质量地震数据得出的盐构造样式可以让我们从另一个角度来分析露头的构造关系。沃切特地区的一些构造并不符合伸展、反转或走滑模式，因此，本文提出了盐构造模式。

25.1　地层

萨默塞特(Somerset)郡海岸北部三叠系—侏罗系的详细解释可见 Ruffell(1990)、Warrington 等(1995)和 Howard 等(2008)的文献。三叠系包括粉砂质和泥质红层以及称为麦西亚(Mercia)泥岩组的蒸发岩(图25-1c)，向上发育布卢安克群(Blue Anchor)湖相和海相含石膏泥灰岩、粉砂岩、砂岩和白云岩。随后发育珀纳斯(Penarth)群(瑞替阶)浅海相泥岩，并最终过渡为下侏罗统蓝里亚斯组的海相泥灰岩和石灰岩。这种沉积相带的变化反映了侏罗纪发生过一次遍及欧洲的海侵作用(Anderton 等, 1979; Ruffell, 1991)。

英国乃至欧洲三叠系沉积层序的沉积中心以蒸发岩为主(Ruffel, 1991)。根据钻井和露头进行的三叠系区域对比(Warrington 等, 1995; Harvey 和 Stewart, 1998)表明，英国盐盆内的蒸发岩层序厚度发生了很大的局部变化(Howard 等, 2008)，其中包括韦塞克斯(Wessex)盆地，而萨默塞特郡盐盆西部是其一部分(Ruffell, 1991)。

韦塞克斯盆地的可容纳空间和地层厚度变化与沉积过程中的正断层作用有关(Miliorizos 和

Rufell，1998）。钻井和露头数据（Rufell，1991）表明基底高部位，如门迪普/托克（Mendip/Quantock）地块，是被白云质砾石超覆，而白石质砾石在较短的侧向距离内变为蒸发岩。

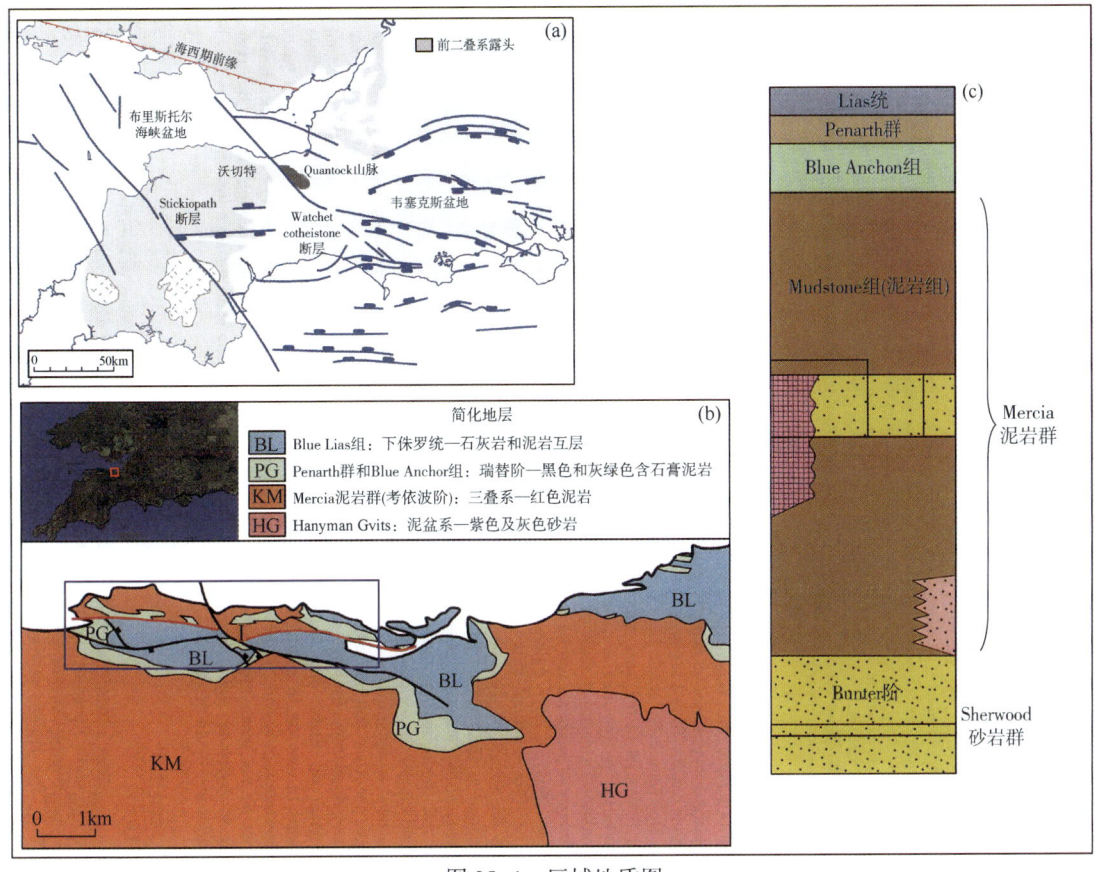

图 25-1 区域地质图

(a) 英国西南部构造格架图（据 Dart 等，1995）；(b) 研究区地质图，以布里斯托尔海峡南岸的沃切特镇为中心（参见小图的位置），蓝色矩形框表示图 25-2 谷歌地球图像的区域；(c) 英国西南部上三叠统—下侏罗统地层柱状图（据 Howard 等，2008，修改）

25.2 构造

许多研究人员分析过研究区的构造演化历史，并将其划分为两个阶段，拉张阶段和挤压阶段。Miliorizos 和 Ruffell（1998）分析了 Watchet-Cothelstone-Hatch 断层（图 25-1a）的同沉积期运动并将其作为三叠纪伸展运动的证据。Dark 等（1995）认为沃切特和基尔福之间海滩的伸展断层为侏罗纪—白垩纪断层。一些构造在晚白垩世或新生代区域挤压期间发生了轻微反转，从而形成了上盘拱曲背斜。Dart 等（1995）将这些构造与从布里斯托尔海峡地震数据中识别出的大规模挤压特征联系起来，他们把这种挤压特征解释为反转背斜。需要注意的是，布里斯托尔海峡的构造也被解释为重力驱动构造，是由伸展环境下基底旋转块体之上覆盖岩层的薄片滑动所引起的（Stewart 等，1997）。

25.3 野外观测

布卢安克与沃切特之间的沃伦湾（Warren Bay）的海岸线显示在了简化地质图（图 25-1b）

和谷歌卫星影像图(图 25-2)。图上的注释包括本部分将要讨论的图件位置、方位和对应的编号。从卫星图像中很容易可以看出宽阔的浪蚀台被大量东西展布的正断层所切割,这些正断层切开了考依波(keuper)阶泥灰岩层(麦西亚泥岩群)和蓝里亚斯组。考依波阶泥灰岩层被填充了可流动石膏的裂缝高度破坏(Philipp,2008)。

初看起来,沿陡崖线延伸 200m 或更远范围内的里阿斯统与考依波阶泥岩层呈正断层接触关系(图 25-2 中红色虚线和图 25-3 中白色虚线)。根据下文列举的证据,我们认为该种构造不仅仅是一个简单的正断层,为了描述方便,本文称之为沃切特不连续面。其走向为近东—西向,蓝里亚斯组在它的上盘形成了一个平缓的向斜,岩层倾向由悬崖后方的 50°/030 变化为在接触面上的 15°/040。下盘的地层向南倾斜约 10°~20°,但沃切特不整合面自身的倾向沿走向方向是不同的。在图 25-3 的 X 点,它的倾向为 50°/178,但在图 25-3 和图 25-4 的 Y 点,倾向显著的变小为(5°~10°/180)。露头上大多数区域均为这种平缓的倾向,它和下盘的麦西亚泥岩是近乎平行的(图 25-4)。因此,上盘的蓝里亚斯组与三叠系呈低角度不整合,与下超或旋转上超的关系比较类似。

在靠近沃切特海港的位置(图 25-5;图 25-2 的地点⑤),地形上表现为海滩上一个明显岩石柱形,出露为一个平缓的倾向错动面。表面看来它可能是一个逆冲断层,但事实上并非如此。麦西亚泥岩的陡倾岩层(60°/170)被一个具有正位移的平缓倾斜的变形带(20°/050)错开(图 25-5)。将断层的几何形态恢复为一个倾斜 60°左右的典型正断层,表明断层和岩层已经向南旋转了 30°。

沿沃切特不连续面走向向西,在图 25-2 中地点⑥,上盘强烈变形和非常紧闭褶皱的石膏质布卢安克组与下盘相对未变形的麦西亚泥岩(Mercia Mudstone)发生了接触(图 25-6)。距不连续界面几米范围内,褶皱轴面呈高角度倾斜,但随后逐渐贴近不连续界面,表明这是一个韧性剪切带。在萨莫塞特郡北部其他地区没有发现这种塑性变形。它与断层无直接关系,更不可能在相对较浅的坚硬岩石的断层带中出现。本文认为这种紧闭褶皱与软沉积变形有关,或与深部埋藏(>10km)及相关的变质作用有关。即使萨莫塞特郡北部的中生代岩石发生了隆升(由于剥蚀作用,上覆的新生代岩层剥蚀厚度达 1~2km),但这些岩石没有发生任何变质。

在沃伦湾靠近前人描述的露头区(Skipp,1988)Watchet-Cothelstone-Hatch 断层错开了沃切特不连续面。Watchet-Cothelstone-Hatch 构造是一条北西—南东向展布的基底断裂系,具有复杂的运动历史,包括华力西期、白垩纪和新生代的走滑阶段和伸展及反转阶段(Miliorizos and Ruffell,1998)。它从布里斯托尔海峡向东南方向延伸超过 40km(图 25-1a)。

在沃伦湾西末端,布卢安克组向海方向(向北)倾斜 50°~60°,并发育 3~5m 的夹层,夹层内可见适度紧闭的褶皱对及其相关的薄皮逆冲构造,在向陆方向上切割了顶部(南;图 25-7)。该夹层上、下界面受平行的布卢安克组限定。下部接触面向北切穿平缓的下部地层,而上部边界尚未准确界定,但可以确定的是上覆地层未发生褶皱变形。类似的构造与伸展断层的区域性反转无关,我们把它们称为层内滑塌。相关的逆冲断层是由构造楔作用形成的反冲断层。向海方向的陡倾本身是异常的。小型褶皱作用向北,穿过海滩,至少延伸至沃切特不连续面的延伸部分(图 25-1b,红线)。这个褶皱和逆冲断层链不太可能与任何区域性挤压作用导致的逆冲断层有关。这是薄皮构造,但这个地区未见任何薄皮逆冲断层的证据。

图 25-2 研究区谷歌地图图像解析

构造特征解释参考了 Dart 等（1995）的研究;蓝色圆圈代表了位置以及后续图件的方向,红色虚线代表了沃切利沃特不连续面的（焊接面）露头区

图 25-3 麦西亚泥岩群（MMG，考依波阶泥灰岩）和蓝里亚斯组（BL）接触关系示意图

在悬崖顶部可以清晰地观测到相对连续平缓向南倾斜的麦西亚泥岩群和整体向北倾斜并发育东西向褶皱的蓝里亚斯组；X 处接触面倾斜 50°/178，Y 处为（5°~10°）/180；长虚线表示了一个焊接面；点 X 的侧视图详见图 25-6，悬崖高度约为 40m

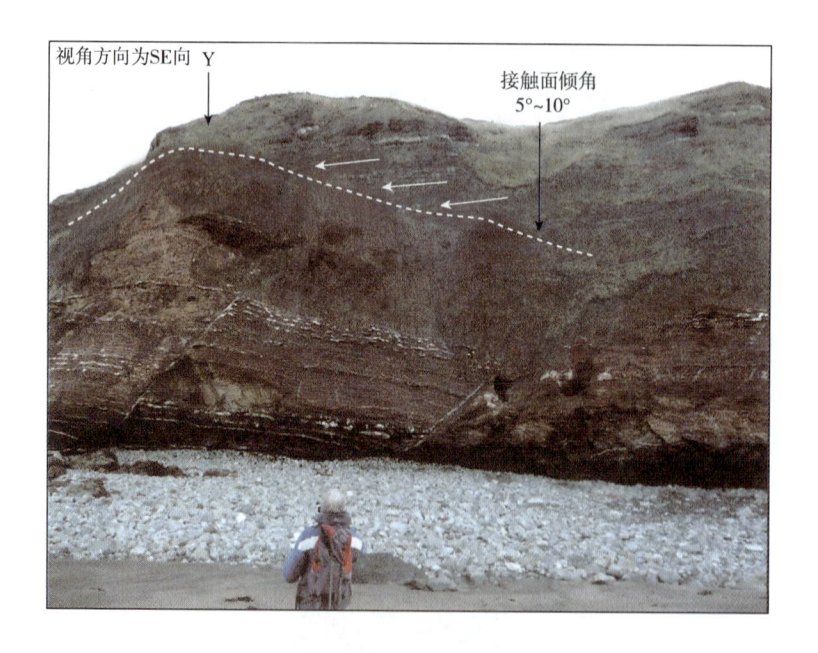

图 25-4 麦西亚泥岩群和上覆蓝里亚斯组之间的近水平接触面

位置参见图 25-2 和图 25-3，麦西亚泥岩群倾向为 10°/175，蓝里亚斯组倾向为 15°/012；接触面大概向 180°方向倾斜 5°~10°；注意蓝里亚斯组在接触面处的低角度削截

图 25-5　与沃切特港(背景)毗邻的海滩

麦西亚泥岩群中发育低角度正断层；白色带状物质为石膏；地层向南陡倾；位置参见图 25-2

图 25-6　等斜褶皱的含石膏布卢安克组向下与相对未变形的麦西亚泥岩群呈断层接触

该变形与研究区其他断层区的变形完全不同，与相对弱的区域反转构造相关的变形也有所不同；本文认为该变形是由于塌陷引起的，在这种情况下，在地堑横切 Watchet-Cothelstone-Hatch 断层的位置，发育一个"拱心石"地堑；认为这个断层交点应该是底辟作用的核心点，也就是图 25-1b 中的点 I

图 25-7 沃切特沃伦湾西部末端布卢安克组中的褶皱

褶皱地层的下部边界是布卢安克组的平行地层,该边界向南切割上部地层;上部边界不清晰,但上覆岩层中的褶皱也不明显;褶皱在海滩上继续发育;注释剖面上悬崖高度约为30m

向西追索,在悬崖底部可见向陆陡倾的沃切特不连续面(图 25-8)。此处上盘的布卢安克组与麦西亚泥岩层以几米宽的强烈韧性变形带相接触。应变主要集中于断层上盘,造成上盘岩石表面形成一种类似于泥岩表面强烈鳞片化的结构。无论断层是否发生反转,这种结构都不可能与浅层坚硬岩石形成的正断层有关。这和基尔福周围与侏罗系伸展断层有关的空间分布更为局限的泥岩涂抹带非常不同。这种强烈的变形作用使岩石在较浅深度变软,直至发生塑性变形,而不是在它们沉积很长一段时间之后发生。

图 25-8 分隔考依波阶和蓝里亚斯组断层的强烈韧性变形

这对于轻微反转的正断层来说,这是一个不常见的结构;把它解释为盐焊接区

25.4 讨论

在萨莫塞特北部地区后华力西期构造演化历史中,侏罗纪的伸展应力受到了后期反转作用的改造(Ruffel,1991;Dart 等,1995),但上文所提到的野外构造关系很难仅用伸展和反转作用做出解释。另外一种更可能的解释就是沃切特地区复杂的构造与盐构造有关。相关证据总结如下。

25.4.1 构造证据

构造证据包括:(1)"断层"(沃切特不连续面)倾角由 50°变为 5°~10°(图 25-3 和图 25-4);(2)麦西亚泥岩组内部存在一条强烈旋转的正断层;(3)一系列层内断滑褶皱以及相关的逆冲断层;(4)沃切特不连续面的陡倾部分发育宽阔的塑性变形带。

对墨西哥湾地震数据的解释(Roman 和 Inman,2005)以及已知底辟构造的野外观测(Giles 和 Lawton,1999)表明,焊接盐墙和底辟可能会沿其延伸方向发生倾向、走向及断距的改变。图 25-9a 中的地震剖面反映了墨西哥湾微盆间的盐焊接,焊接面的倾角随深度变化较大,深度越浅,倾斜程度越平缓。本文认为这种相互关系与图 25-3 中是类似的。

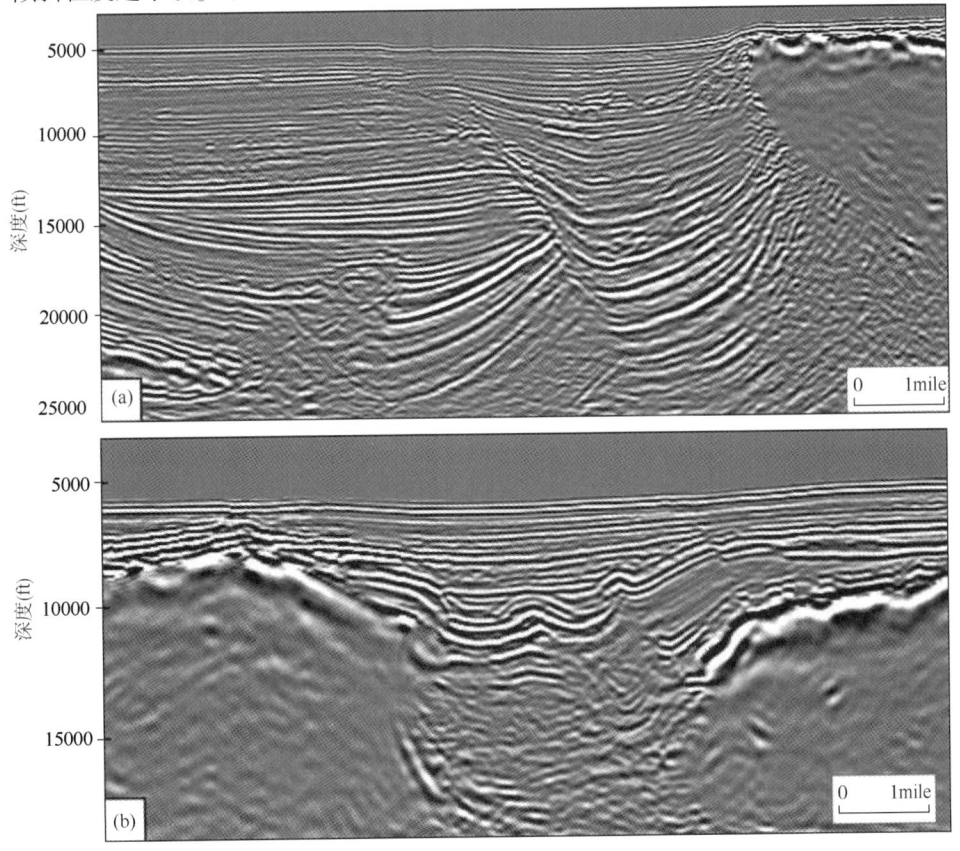

图 25-9 通过墨西哥湾两个相邻微盆的地震剖面

(a)两个相邻微盆之间的盐焊接,根据观测层位的不同,焊接面具有铲式或反铲式几何形态,与地层的交角也有相应的变化;该断层与下伏沿走向延伸至底辟中的盐滚有关。(b)墨西哥湾盐体翼部微盆内沉积物的褶皱作用,两个盐体向内倾斜的翼部的滑塌引起上覆沉积物发生褶皱和逆冲作用

图 25-10 是图 25-3 至图 25-5 中构造的示意性演化模型。本文认为晚三叠世—侏罗纪的伸展作用导致了图 25-3 中邻近断层的盐层加厚。随着伸展作用的持续，盐体膨胀形成底辟，最终挤出在古海底上。盐体依次被下侏罗统超覆。考依波阶内部滑脱层上的重力滑塌在底辟构造的侧翼形成断裂（图 25-5 和图 25-10a）。随后底辟的紧缩和异地盐篷（由盐撤或溶解作用引起）使得上覆地层向焊接面崩塌（图 25-10b）。在原地盐膨胀体之上的考依波阶内，盐撤作用引起正断层旋转为近于水平（图 25-5）。在异地盐层上，蓝里亚斯组向麦西亚（Mercia）泥岩的塌陷形成了一个平缓倾斜的盐焊接（图 25-10b）。Watchet-Cothelstone-Hatch 断层的交点处不同于上述模式，在此处布卢安克组强烈变形为一系列紧闭到等斜的褶皱（图 25-6）。

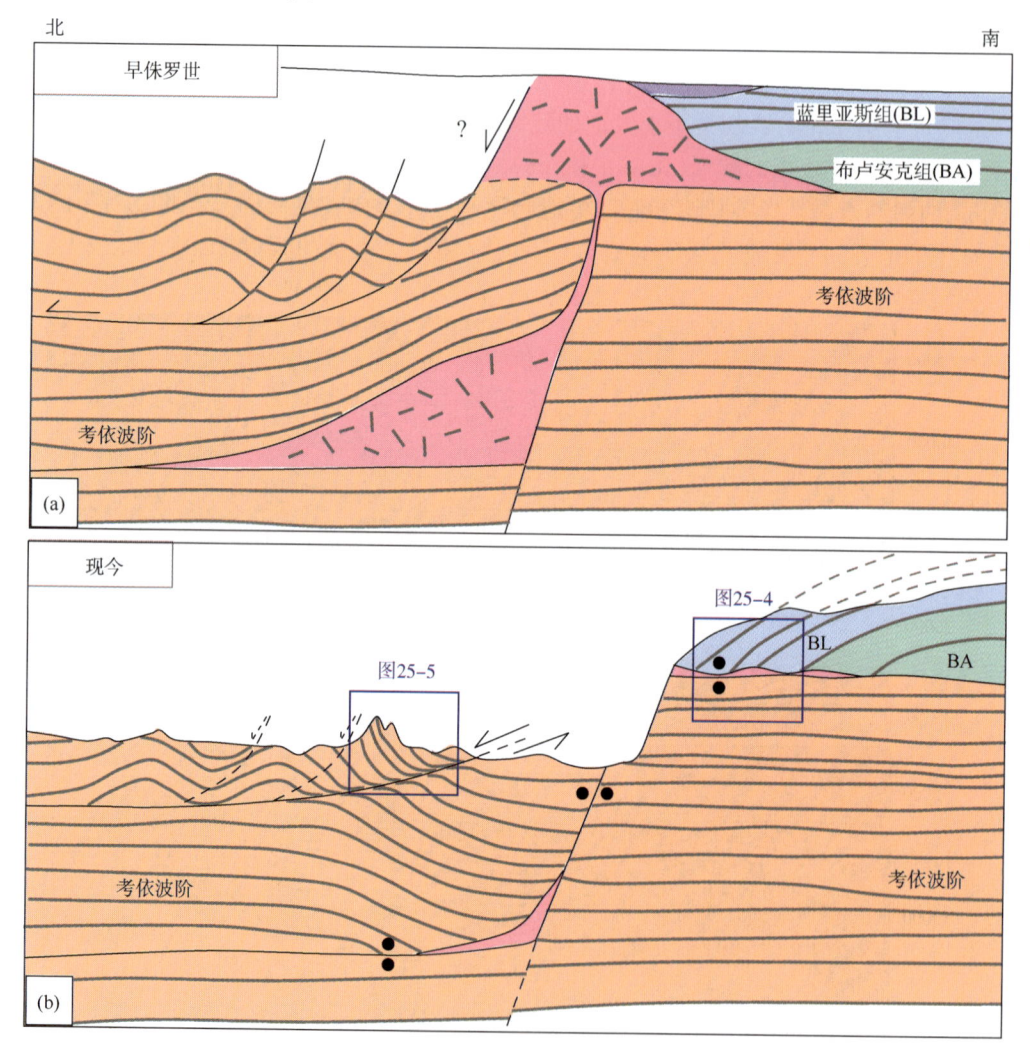

图 25-10 研究区沃切特海滩构造的示意性演化模型
(a) 三叠纪—侏罗纪早期形成一个局部底辟，其成因可能与伸展断层上盘盐层的局部增厚有关；盐体以小型盐篷的形式挤出到古海底，并被下侏罗统超覆；盐体侧翼的重力塌陷体在考依波阶内发生滑脱。(b) 初始盐枕和异地盐篷的紧缩（由连续的盐撤和或溶解作用引起）导致上覆地层向焊接面塌陷

这类构造与其他断层发育区所看到的完全不同，其强度比推测的较弱的阿尔卑斯期构造反转或更高构造层次的走滑断层重新活动要大许多。本文认为这种变形可以利用沃切特不连

续面(盐焊接)与 Watchet-Cothelstone-Hatch 断层交会处布卢安克组向盐体上方"拱心石"型地堑内的塌陷作用来解释(图 25-11)。我们认为断层交会处可能是早侏罗世盐体发生破裂的位置和局部盐底辟的中心(图 25-1b 点 I),随后的盐类溶解或持续的伸展作用导致盐底辟崩塌(Vendeville 和 Jackson,1992b),从而形成盐焊接。

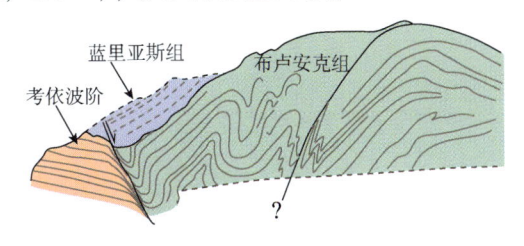

图 25-11 沃切特沃伦湾复杂变形/塌陷带示意图

图 25-5 中的正断层和图 25-7 中的旋转和断滑褶皱以及相关的逆冲断层和它们之前浪蚀台上的褶皱最好解释为紧缩盐枕或盐底辟翼部的重力滑塌构造(如图 25-12 所示)。由盐撤作用引起的不稳定性会导致向正在发育的盐撤凹陷内的滑塌,以及与滑塌体内反冲断层有关的楔形体的形成。悬崖剖面的上部不连续可解释为顶板逆冲断层或海底断滑褶皱的剥蚀削截。在墨西哥湾的地震剖面上也可见到相似的情况。图 25-9b 显示了两个盐体之间的微盆中发育一系列的褶皱。这些褶皱显示出逆冲作用的特征,并被水平的平行地层超覆。因此,它们是在同期的沉积物表面形成的,可能是由微盆倾斜侧翼的滑动形成。本文认为该过程与沃伦湾类似。

25.4.2 地层证据

布卢安克组在沃切特和布卢安克湾间的海岸发育良好(这也是该地层的典型区域),但在英国的西南部也不是处处发育。Dart 等(1995)将它解释为盐沼。Mayall(1981)认为下部单元(Rydon 段)代表了蒸发性湖相环境,上部单元(Williton 段)代表海相环境,并向上与含化石的海相珀纳斯组呈不整合接触关系。湖相沉积层序包括结核(图 25-13a)和主要的石膏层、并夹有黑色沥青质页岩、粉砂岩、砂岩和白云岩(图 25-13b)。石膏在这种海相组合中的存在指示了一种富盐(广义的)的环境。基于以上观点,并结合含石膏的布卢安克横向展布范围的局限性(仅布卢安克组有这种特征),我们推测底辟的存在引起了底辟周围局部的石膏的溶解和沉淀。

露头中盐岩的缺乏并不能作为推翻晚三叠世和侏罗纪曾发生底辟作用的证据。由盐底辟崩塌形成的构造在近地表的出露部分几乎不含盐(Gile 和 Lawton,1999;Rowan 等,2003),尽管石膏经常大量出现(Hudec,1995;Graham 等,2012)。沃切特麦西亚泥岩组大量富集石膏层和次级石膏矿脉。

麦西亚泥岩剖面中的盐岩足够形成底辟吗?根据钻井资料可知,韦塞克斯盆地以盐岩为主的地层厚度达到了 180m(Gallois,2003 和 Porter,2006)。萨莫塞特盐岩厚度与托克北部相当,但向托克构造高点逐渐变薄(Ruffel,1991)。托克地块位于 Watchet-Cothelstone-Hatch 断层的下盘,伸展作用与麦西亚泥岩群的沉积作用是同时期进行的。因此,沃切特地区断层上盘很有可能沉积了等厚或更厚的盐层。由于复活底辟的隆升主要受伸展量和可供应底辟的盐体量控制(Vendeville 和 Jackson,1992a),本文认为这已经足够引起底辟作用了。

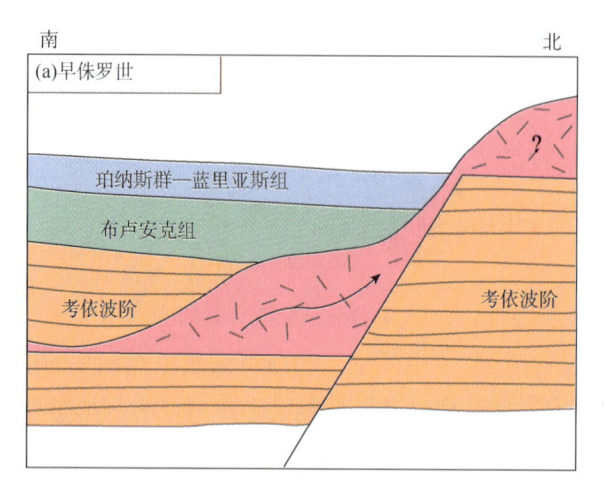

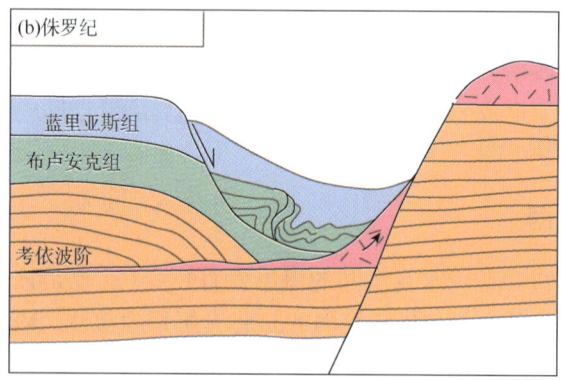

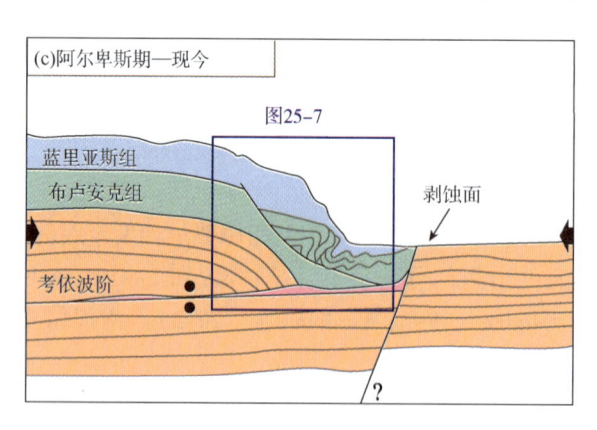

图 25-12　沃伦湾布卢安克组褶皱演化示意图

(a)盐体从局部盐岩中的撤出形成底辟和盐篷,并导致图(b)向盐撤凹陷的重力塌陷和滑塌,反冲断层使年轻地层(蓝里亚斯组)上覆在老地层(布卢安克组)之上,从而形成重力滑脱面的前缘反冲断层;(c)现今的几何形态

图 25-13 布卢安克组沿萨默塞特海岸发育良好，
但英国西南部也不是处处都如此

它包含了(a)结核和(b)主要的石膏层，夹有黑色页岩、粉砂岩、砂岩和石灰岩层；图(a)的范围有 1m 宽，图(b)的范围为 2m 宽

25.5 结论

我们承认伸展作用和反转作用很难解释沃切特地区布里斯托尔海峡沿岸的复杂构造。尽管我们承认反转作用在这个地区起到了相当大的作用，但本文还是认为沃切特地区的构造是伸展环境下盐动力作用的结果，而不是以前解释的纯伸展或反转伸展构造。本文认为盐体的局部运动、底辟作用、异地流动及盐撤和焊接作用均于晚三叠世—早侏罗世发生在三叠系麦西亚泥岩群中。主要事件如下：(1) 一个可能与伸展断层上盘局部盐体膨胀有关的盐枕或盐膨胀体，沿走向排出盐体，以供应盐底辟（随着盐体撤出，上覆盖层向盐源层滑塌形成盐焊接）；(2) 底辟作用排出的盐体在侏罗纪海底形成了小型盐篷，并被早侏罗世沉积物超覆；(3) 底辟构造侧翼的重力滑塌断层在考依波阶内部发生滑脱，在考依波阶和布卢安克组内形成了紧闭褶皱链；(4) 盐篷中的盐撤（和/或溶解）作用导致布卢安克组和蓝里亚斯组向考依波阶内崩塌，从而形成了低角度异地盐焊接；(5) 底辟茎部被挤压而形成了盐焊接（很可能发生在英国南部阿尔卑斯期反转阶段）。

研究区的构造几何形态与许多盐盆中三维地震数据显示出的盐构造特征（如盐脊、盐焊接、底辟构造附近的变形）非常相似。

参考文献

Anderton, R., Bridges, P. H., Leeder, M. R. & Sellwood, B. W. 1979. A Dynamic Stratigraphy of the British Isles; a Study in Crustal Evolution. George Allen & Unwin Ltd., London, UK.

Dart, C. J., McClay, K. & Hollings, P. N. 1995. 3D analysis of inverted extensional fault systems, southern Bristol Channel basin, UK. In: Buchanan, J. G. & Buchanan, P. G. (eds) Basin Inversion. Geological Society, London, Special Publications, 88, 393-413.

Gallois, R. W. 2003. The distribution of halite (rock-salt) in the Mercia Mudstone Group (mid to late Triassic) in south-west England. Geoscience in South-West England, 10, 383-389.

Gallois, R. W. & Porter, R. J. 2006. The stratigraphy and sedimentology of the Dunscombe Mudstone Formation (Late Triassic) of south-west England. Geoscience in South-West England, 11, 174-182.

Giles, K. & Lawton, T. F. 1999. Attributes and evolution of an exhumed salt weld, La Popa basin, north eastern Mexico. Geology, 27, 323-326.

Graham, R., Jackson, M., Pilcher, R. & Kilsdonk, B. 2012. Allochthonous salt in the sub-Alpine fold-thrust belt of Haute Provence, France. In: Alsop, G. I., Archer, S. G., Hartley, A. J., Grant, N. T. & Hodgkinson, R. (eds) Salt Tectonics, Sediments and Prospectivity. Geological Society, London, Special Publications, 363, 589-609.

Harvey, M. J. & Stewart, S. A. 2003. Influence of salt on the structural evolution of the Channel Basin. In: Underhill, J. R. (ed.) Development, Evolution and Petroleum Geology of the Wessex Basin. Geological Society, London, Special Publications, 133, 241-266.

Howard, A. S., Warrington, G., Ambrose, K. & Rees, J. G. 2008. A Formation Framework for the Mercia Mudstone Group (Triassic) of England and Wales. Research Report RRR/08/04, British Geological Survey.

Hudec, M. R. 1995. The Onion Creek salt diapir; an exposed diapir fall structure in the Paradox Basin, Utah. Salt, Sediment and Hydrocarbons; Papers Presented at the Gulf Coast Section Society of Economic Paleontologists and Mineralogists Foundation Sixteenth Annual Research Conference, 16, 125-134.

Mayall, M. J. 1981. The late Triassic Blue Anchor Formation and the initial Rhaetian marine transgression in south west Britain. Geological Magazine, 118, 377-384.

Miliorizos, M. & Ruffell, A. 1998. Kinematics of the Watchet-Cothelstone-Hatch fault system; implications for the fault history of the Wessex Basin and adjacent areas. In: Underhill, J. R. (ed.) Development, Evolution and Petroleum Geology of the Wessex Basin. Geological Society, London, Special Publications, 133, 311-330.

Philipp, S. L. 2008. Geometry and formation of gypsum veins in mudstones at Watchet, Somerset, SW. England Geological Magazine, 145, 831-844.

Rowan, M. G. & Inman, K. F. 2005. Counterregional-style deformation in the deep shelf of the northern Gulf of Mexico. Gulf Coast Association of Geological Societies Transactions, 55, 716-724.

Rowan, M. G., Lawton, T. F., Giles, K. A. & Ratliff, R. A. 2003. Near-salt deformation in La Popa basin, Mexico, and the northern Gulf of Mexico: A general model for passive diapirism. AAPG Bulletin, 87, 733-756.

Ruffell, A. 1990. Stratigraphy and structure of the Mercia Mudstone Group (Triassic) in the western part of the Wessex Basin. Proceedings of the Ussher Society, 7, 263-267.

Ruffell, A. 1991. Palaeoenvironmental analysis of the late Triassic succession in the Wessex Basin and correlation with surrounding areas. Proceedings of the Ussher Society, 7, 402-407.

Skipp, B. O. 1988. Faults near hinkley point nuclear power station. Quarterly Journal of Engineering Geology and Hydrogeology, 21, 111.

Stewart, S. A., Ruffell, A. H. & Harvey, M. J. 1997. Relationship between basement-linked and gravity-driven fault systems in the UKCS salt basins. Marine and Petroleum Geology, 14, 581-604.

Vendeville, B. C. &Jackson, M. P. A. 1992a. The rise of diapirs during thin-skinned extension. Marine and Petroleum Geology, 9, 331-353.

Vendeville, B. C. & Jackson, M. P. A. 1992b. The fall of diapirs during thin-skinned extension. Marine and Petroleum Geology, 9, 354-371.

Warrington, G., Ivimey-Cook, H. C., Edwards, R. A. & Whittaker, A. 1995. The late Triassic-early Jurassic succession at Selworthy, west Somerset, England. Proceedings of the Ussher Society, 8, 426-432.

(史毅 译,纪沫 孙瑞 李鹏 校)

第五部分

挤压背景下的盐和盐冰川

第 26 章 扎格罗斯山脉先存盐构造及褶皱作用

JEAN-PAUL CALLOT[1,2], VINCENT TROCMÉ[3], JEAN LETOUZEY[1],
EMILY ALBOUY[3], SALMAN JAHANI[3], SHARAM SHERKATI[3]

(1. Institut Français du Pétrole, 1 et 4 Av. de Bois-Préau, 92852 Rueil-Malmaison Cedex, France;
2. Present address: LPC-R UMR 5150, IPRA, Université de Pau et des Pays
de l'Adour, Pau, France; 3. GDF Suez La Plaine, Saint Denis, France)

摘 要 四维模拟 X 射线断层扫描成像技术已被应用于研究先存盐构造在挤压变形过程中所起到的作用。初始的线状盐构造逐渐演化为更具轴对称特征的盐底辟。根据底辟几何形态及其相对于整个沉积层的厚度,底辟构造可以:(1)遭受缩短,并形成倒转尖棱褶皱,在垂向上表现为管状的底辟构造;(2)充当最优方位的断坡,底辟参与褶皱作用而形成枕状底辟。盐脊对褶皱的侧向展布和方位有很大影响,它们将岩墙两侧的褶皱切断。盐脊之间的挤压岩桥可以使盐墙两侧发生褶皱式的连接。伊朗南部扎格罗斯山脉有多种类似构造,它们与作为区域滑脱层的霍尔木兹盐层有关。大部分盐构造从早古生代活跃至今。一级临界楔角受霍尔木兹滑脱层的分布及其厚度控制。褶皱的几何形态和规模局部受先存盐构造控制,这也是非均匀变形的主要原因。

许多褶皱冲断带是由于软弱岩层上部沉积地层的滑脱作用形成的,如页岩或蒸发岩形成底部的滑脱层。滑脱类型可分为两类端元:塑性型(蒸发岩)和摩擦型(页岩)(Weijermars, 1986; Costa 和 Vendeville, 2005)。物理模拟、数值模拟和野外研究表明,这两种滑脱类型会形成不同的变形样式(Chapple, 1978; Davis 和 Engelder, 1985; Koyi, 1988; Cobbold 等, 1989; Price 和 Cosgrove, 1990; Dixon 和 Liu, 1992; Liu 等, 1992; Talbot, 1992; Letouzey 等, 1995; Cotton 和 Koyi, 2000; Costa 和 Vendeville, 2002)。摩擦带发育一个地表倾向前陆达几度的楔状体(Dahlen 等, 1984)。摩擦带在生长和增生的同时保持了自相似的几何形态,并通过前方向前传播的伸长以补偿后方的增厚。临界楔的形态主要受沉积物和滑脱层的内摩擦角及岩石内聚力的共同控制。

与此相反,塑性滑脱层之上的构造带具有不同的构造样式。西阿尔卑斯造山带前缘侏罗系就是受此类滑脱层控制的一个很好实例,该地区中生代的坚硬岩层(主要是碳酸盐岩)在三叠系软弱蒸发岩层之上发生褶皱作用(Laubscher, 1977)。如果滑脱层足够厚的话,则可能发育滑脱褶皱(即连续滑脱层之上的未被断裂的褶皱链)(Sherkati 等, 2005; Jahani 等, 2009)。滑脱褶皱的运动学特征由于其最终的几何学与运动学过程的关系尚不明确而一直存在争议(Homza 和 Wallace, 1997; Mitra, 2003)。然而,褶皱中沉积体内的力学地层的重要性是公认的。与最后一个方面相关的滑脱褶皱重要性问题就是底辟作用所起的作用,或者更广泛地说就是盐岩的流动性所起的作用。

在挤压环境下,与摩擦滑脱层相比,塑性滑脱层能使变形前缘更快地传播,并形成更小的楔形角(Davis 和 Engelder, 1985; Letouzey 等, 1995; Talbot 和 Alavi, 1996; Cotton 和 Koyi, 2000)。不管上覆层是在厚层滑脱层上发生褶皱变形(如法尔斯(Fars)弧; Jahani 等,

2009)还是逆冲作用(如侏罗山造山带；Philippe 等，1996)，褶皱或逆冲断层的构造倾向上更具有对称性。此外，在构造带生长过程中，许多构造可以同时演化(Costa 和 Vendeville，2002)。然而，如果上述两类滑脱层存在于同一构造区内，则会导致在两个滑脱层的边界处形成复杂的构造样式(Cotton 和 Koyi，2000；Koyi 等，2000)。演化模式也会由于地层中存在几个不同的滑脱面而发生改变，并形成不同波长的褶皱和逆冲断层，它们可能会表现出与扎格罗斯褶皱冲断带中相似的相互作用。

底部滑脱层的空间变化(区域范围、厚度、深度)会引起变形样式的变化，如褶皱作用、断层作用和应变分区作用，进而引起楔形角以及沉积物分布的变化。塑性地层的不均匀分布会形成一个由前断坡和侧断坡组成的不规则变形前缘，并影响了变形前缘和变形带宽度传播速率的变化。对滑脱褶皱冲断带经典演化模式的另一个可能修改之处就是先存薄弱点。盐构造(如盐底辟和盐墙)与盐滑脱层具有相似的力学特征。Letouzey 和 Sherkati(2004)对扎格罗斯中部地区(伊泽(Izeh)、扎格罗斯高地和法尔斯北部)先存底辟对褶皱和断层传播的影响进行了研究。结果表明，霍尔木兹盐塞与平行于扎格罗斯高地褶皱走向的主要逆冲断层密切相关。盐塞也可成为 Talbot 和 Alavi(1996)提出的拉分构造，或是沿南北向走滑断层的横推断层发育的突出构造。

伊朗扎格罗斯山脉是由伊朗中部区域和阿拉伯板块之间的新特提斯洋的开启与闭合形成的。在该造山带的外带内，所谓的扎格罗斯简单褶皱带(ZSFB)代表了阿拉伯地台在新生代在碰撞带前缘发生了褶皱作用。扎格罗斯简单褶皱带因其规则而又成熟的几何形态而被视为大规模滑脱褶皱的典型实例(Colman-Sadd，1978)。扎格罗斯褶皱冲断带(ZFTB)是目前地质研究的热点地区，发表了一系列通过整个构造带的平衡剖面(Blance 等，2003；Letouzey 和 Sherkati，2004；McQuarrie，2004；Molinaro 等，2005；Sherkati 等，2006)。上述研究结果表明构造样式以位于下古生界(霍尔木兹组)底部的塑性滑脱层之上的褶皱作用为主。在褶皱冲断带东南部(法尔斯弧)，大量先存底辟的存在使得褶皱几何形态变得更为复杂，也使得在地下数据缺乏的情况下分析深部几何形态的工作变得更为困难(Callot 等，2007；Jahani 等，2009)。本文的目的是在大量物理模拟实验的基础上，总结盐构造对褶皱冲断带发育过程的潜在影响。

26.1 地质背景

26.1.1 构造地层背景

扎格罗斯山脉位于阿尔卑斯—喜马拉雅造山带中部，全长 1800km，呈北西—南东走向，从土耳其东北部 Taurus 山延伸到伊朗霍尔木兹海峡(Stocklin，1968；Falcon，1969；Haynes 和 McQuillan，1974；Alavi，1994)。褶皱冲断带东北部边界为扎格罗斯主逆冲断层(MZT)，西南部以波斯湾为界，现今表现为活动的前陆盆地。研究区位于法尔斯省东部(图 26-1)。

扎格罗斯褶皱冲断带，发育过程可以分为以下几个阶段：古生代的地台阶段，二叠纪和三叠纪的裂谷作用阶段，侏罗纪—早白垩世新特提斯洋被动大陆边缘阶段，晚白垩世蛇绿岩侵位(仰冲)阶段，最后是新近纪以来的碰撞与地壳挤压阶段(Falcon，1969；Ricou 等，1977；Berberian 和 King，1981；Agard 等，2005；Sherkati 等，2006)。盐构造最初发育的时期可能为早古生代(早二叠世末期)，并一直发育至今(Player，1969；Ala，1974；Motiei，1995；Jahani 等，2007)。

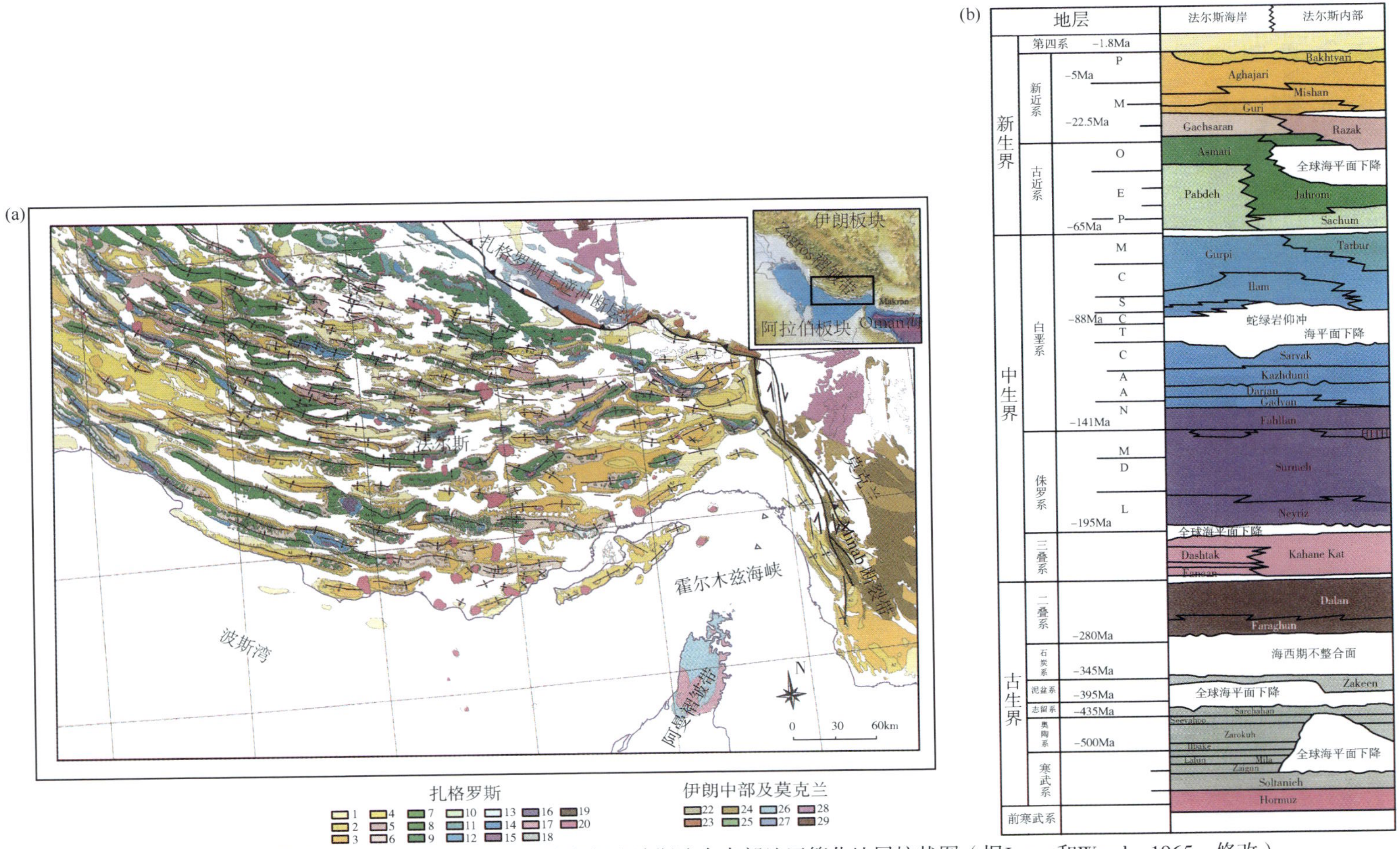

图26-1 （a）研究区位置图及（b）扎格罗斯褶皱冲断带东南部和波斯湾东南部地区简化地层柱状图（据James和Wynd，1965，修改）
伊朗南部扎格罗斯山脉的地质图（由伊朗国家石油公司（NIOC）编制，未出版的地质图），主要的盐底劈和构造要素分别用红色和黑色线条表示；1—更新统；2—上新统；3—中中新统；4—新近系；5—中中新统（Razak）；6—下中新统（Gachsaran）；7—上新统—下中新统（Asmari）；8—古近系；9—古近系（Jahrum）；10—古近系（Pabdeh）；11—马斯特里赫特阶（Tarbur）；12—下古近系（Gurpi）；13—上白垩系（Pabdeh-Gurpi）；14—中白垩系；15—上白垩统；16—上侏罗统；17—三叠系；18—上古生界；19—下古生界；20—前寒武系上部下寒武系（霍尔木兹盐层）；21—古近系（莫克兰复理层）；22—古近系下部—白垩系超基性蛇绿岩；23—上白垩统—古近系；24—上白垩统（混合色）；25—中生界（放射虫组）；26—中生界；27—侏罗系白垩系；28—侏罗系；29—古生界

法尔斯省西部的地震资料表明扎格罗斯山脉至少有一部分区域存在前霍尔木兹组沉积物（Letouzey 和 Sherkati，2004）。早古生代，浅海相和河流相砂岩、粉砂岩、页岩沉积在前寒武纪基底或霍尔木兹盆地之上的地势起伏较小的剥蚀面上。继海西期区域性不整合之后，浅海相海进和底部滨海相碎屑物（Faraghan 组）在二叠纪覆盖了整个地区（Berberian 和 King，1981）。在晚二叠世和早三叠世，扎格罗斯地区沉积了海相碳酸盐岩，随后发育蒸发性台地（Setudehnia，1978；Murris，1980；Koop 和 Stoneley，1982），向北相变为白云岩，这说明与新特提斯洋发生了连通（Setudehnia，1978；Szabo 和 Kheradpir，1978；Murris，1980）。

侏罗纪—白垩纪中期，沉积物沉积在主要受主要基底断层垂向运动和挠曲控制的持续沉降盆地中（Berberian 和 King，1981）。由扎格罗斯东南部的台地相变化为西北部的盆地相是该时期最显著的特征（Setudehnia，1978）。这个又长又宽的大陆边缘的挤压变形作用开始于康尼亚斯早期—圣通晚期（Ricou，1971；Falcon，1974）。厚层坎潘阶—马斯特里赫特阶沉积物（深水泥灰岩、页岩、泥灰岩和浊积岩）沉积于蛇绿岩推覆体前缘。晚白垩世及古近纪沉积物的厚度和沉积相受蛇绿岩仰冲之后的持续变形影响很大（Koop 和 Stoneley，1982；Alavi，1994；Sherkati 和 Letouzey，2004；Homke 等，2009）。

大陆碰撞在阿拉伯板块的北部海角可能开始于渐新世（Agard 等，2005），并于早中新世向东方向传递（Sherkati 等，2006）。阿加贾里（Aghajari）组（晚中新世—上新世）上部生长地层与褶皱作用的主要阶段有关（Berberian 和 King，1981；Homke 等，2009；Sherkati 等，2005）。这也是在阿斯马里（Asmari）组和 Gachsaran 组沉积过程中发生前导构造运动的证据（Hessami 等，2001；Sherkati 等，2005，2006）。Bakhtiari 砾岩（上新世—更新世）沉积于褶皱作用主要阶段之后，但受到了持续变形作用的影响。最新的扎格罗斯褶皱冲断带的运动学模式（Molinaro 等，2005；Sherkati 等，2006）提出了一个由中新世薄皮阶段和上新世以来的基底卷入阶段组成的两阶段演化模式。

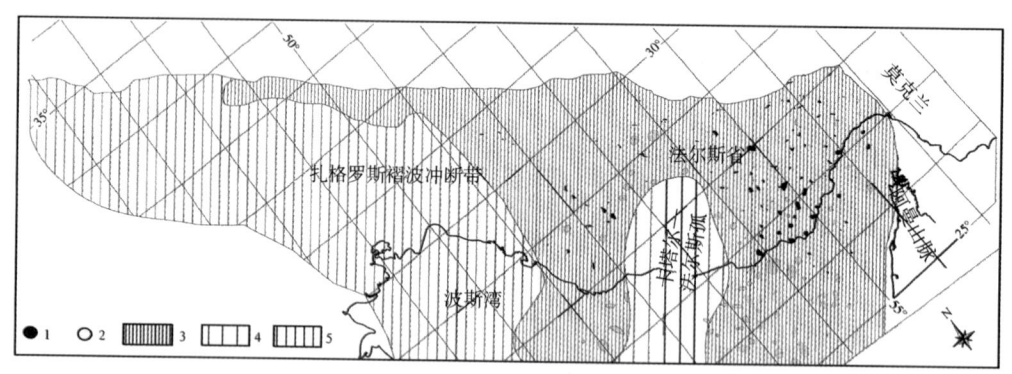

1—黑色区域表示出露的霍尔木兹盐底辟；2—浅灰色区域表示推测的隐伏霍尔木兹盐底辟；
3—密线区代表得到出露盐底辟证实的厚盐层分布区；4、5—疏松竖线代表了薄霍尔木兹盐层分布范围
图 26-2 前寒武纪晚期—寒武纪早期的霍尔木兹盐和蒸发性盆地地质图（据 Kent，1958；Stocklin1968；Player，1969；Edgell，1996；Bahroudi 和 Koyi，2003；Sepehr 和 Cosgrove，2005；修改）

26.1.2 盐构造作用

霍尔木兹盐盆向西至古正断层发生尖灭，而该断层也是卡塔尔（Qatar）弧和稳定阿拉伯板块的边界，但盐盆向北可延伸至法尔斯省东南部的陆上（图 26-2）。虽然关于这个问题的主要看法不一致，但是 Harrison（1930）、Kent（1958，1970）、Player（1969）和 Jahani 等

(2007)在野外观测(即可移动的霍尔木兹沉积物和逐渐发育的不整合面,也就是盐底辟附近的生长层)的基础上提出扎格罗斯东部的盐运动与褶皱作用是相互独立的。研究人员认为法尔斯南部的盐体运动有的发生于晚白垩世的底辟中,有的甚至发生于晚二叠世(Motiei,1995)。通过波斯湾或法尔斯弧的地震测线(Jahani等,2009)表明盐构造具有从构造顶部到边缘向斜层厚逐渐增加的特征,而这被认为是深部中—下古生界渐进拖曳作用和侧向微盆下沉形成作用的证据(Jackson和Talbot,1991;Vendeville和Jackson,1992;Rowan等,2003a,b;Schultz-Ela,2003;Jahani等,2007,2009)。大部分盐丘的隆升和生成都开始于早古生代,并一直持续至今。盐构造的演化历史应该与阿曼(Oman)盐盆比较相似,而阿曼盐盆的几何形态由于地震数据质量较好而比较清晰。Ara盐构造的演化可分为几个变形阶段,并主要受西部和西北部的沉积物进积作用驱动(Al-Barwani和McClay,2008)。

差异负载最可能是早古生代霍尔木兹盐盆盐构造作用的主要诱发和驱动机制(图26-3a)。微盆是沉积负载作用下同沉积期盐体运动的结果。盐下基底中的先存构造对于盐体上方微盆和相关盐脊的方位和位置有一定影响。波斯湾的地震数据表明,古生代末期的盐构造近于圆形,或是埋藏盐丘,或是露的底辟。圆形盐构造的形成可归因于极小的沉积物差异或盐脊上方的局部剥蚀引起的盐向局部高点的会聚作用。低位期或隆升期的盐底辟和溶解作用就是发生于该时期(图26-3b)。早古生代强烈的沉积作用诱发了某些圆形底辟翼部的进一步盐撤,并在底辟附近形成盐焊接。这类焊接机制可以解释一些埋藏底辟,而与盐层连通较好的底辟继续生长(图26-3c)。在晚古生代—中生代,对一些底辟来说,圆形深埋底辟上方的拖曳作用仍然很活跃。但出露地表或几乎出露地表的底辟仍然保持活动,这主要取决于可

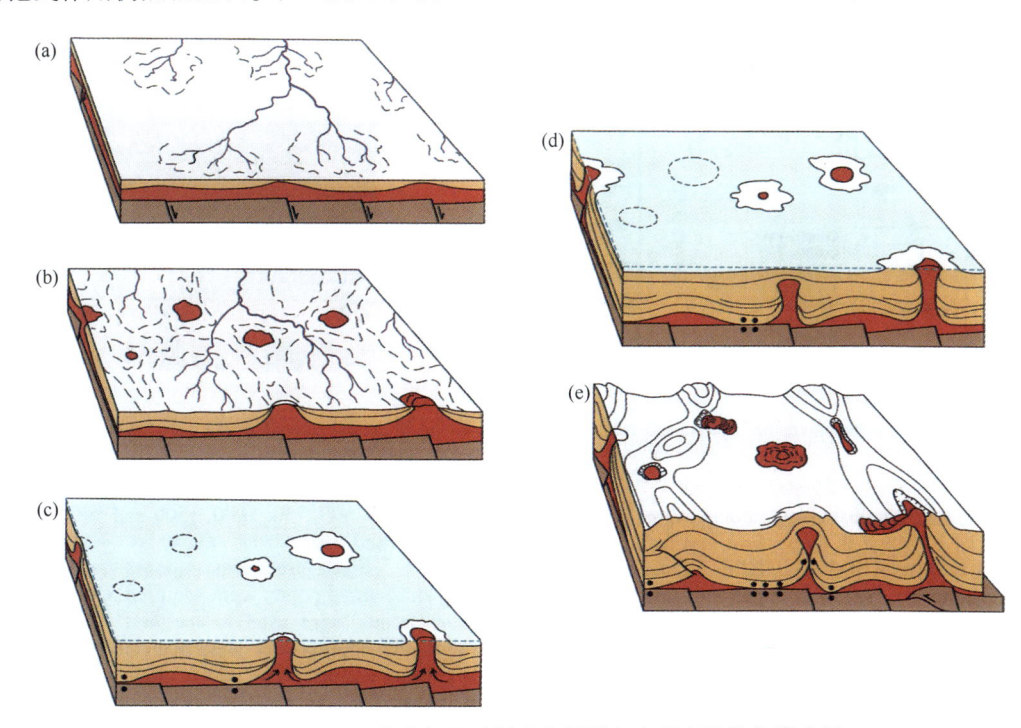

图26-3 扎格罗斯东部和波斯湾南部霍尔木兹底辟演化模式图
(a)受沉积物沉积和基底断层复活控制的盐脊和微盆;(b)盐体向局部高地运移;(c)地表或近地表的盐体高地促进了圆形盐构造的形成;(d)深埋圆形底辟之上的拖曳作用;(e)晚期挤压作用使大部分盐丘中的盐体向上运动

容纳空间、剥蚀过程和局部的深部盐供给(图 26-3d)。波斯湾的地震数据显示,在古生代末期,盐构造是近圆形的埋藏盐丘或是出露的底辟。

晚白垩世—古近纪的挤压作用使大部分盐丘中的盐体重新向上运移,同时伴随褶皱和剥蚀作用,大部分突破地表(图 26-3e)。因此,垂直于构造趋势的出露底辟的持续挤压作用发生在褶皱带内。对法尔斯弧 73 个盐底辟露头的几何形态研究表明,在阿斯马里组和更老地层中,一般的底辟直径更小,并更连续。在阿斯马里组之上的呈蘑菇形底辟中,直径显著增加(图 26-4)。该时期对应于扎格罗斯碰撞和褶皱事件。该事件标志着应力场的变化以及碎屑物沉积作用的开始。作为一个不可被压缩的介质,盐体被更迅速地向上挤压,并改变了底辟的向上运动和沉积埋藏之间的平衡。

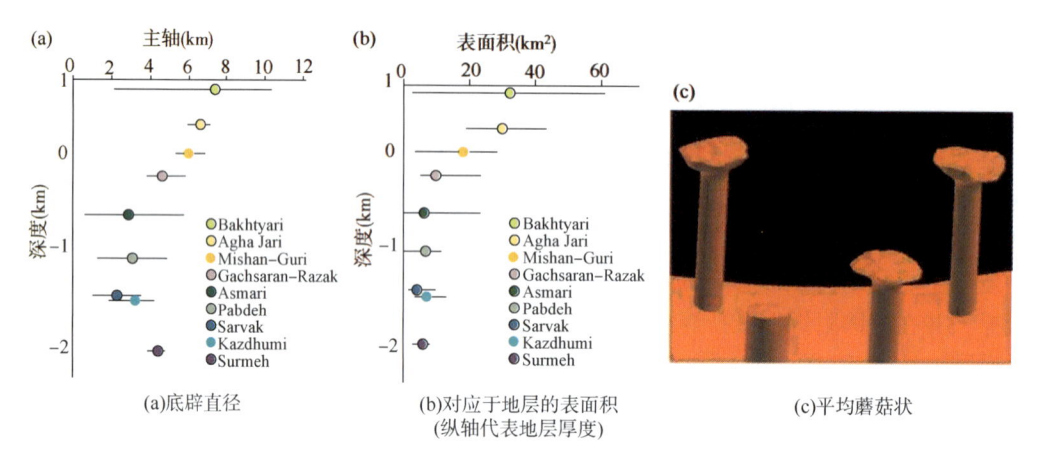

(a)底辟直径　　(b)对应于地层的表面积(纵轴代表地层厚度)　　(c)平均蘑菇状

图 26-4　对研究区 73 个刺穿底辟的统计分析

26.2　模拟实验装置

26.2.1　模拟材料

模拟材料包括以下 3 种:(1)干燥颗粒状物质模拟遵循莫尔—库仑破裂准则的脆性沉积岩;(2)黏性牛顿物质模拟塑性岩石,如蒸发岩;(3)一种黏性物质(硅橡胶)与沙子的混合物增加了黏性层的黏度,并提高了脆性地层的内聚力。

典型的脆性模拟物由干砂和 100mm 直径的金刚砂晶粒组成。它们的轻微密度对比足以在 X 射线图像中显示出来。塑性模拟物包括在低应变下具有牛顿流体性质的硅胶腻子(叠前深度偏移(PDMS),道康宁公司的 SGM36),黏度为 5×10^4Pa·s,密度为 970kg/m³。

沙子和硅胶腻子的混合物是以各自 50% 的体积混合,混合物密度为 1.4g/cm³,牛顿黏度为 1.5×10^5Pa·s。黏度是由德国地理研究中心测定的(GFZ,波茨坦,德国)。从 Rheo Tec Meßtechnik 有限公司引进了一台配有直径为 25mm 平行板的由压力控制的流变仪,该仪器在样品的上表面施加了一个力矩,并用 0.8mrad 的分辨率测量转速。为进一步降低样品的剪切速率,样品厚度为 1mm。为了使剪切速率尽可能低平 $1\times10^{-3}\cdot s^{-1}$,施加的剪切应力分别为 250Pa、500Pa、750Pa、1000Pa、1500Pa 和 2000Pa。每次应力施加持续 300s,在此期间获得三个点的数据。只有后两点被作为第一个收集点每次应用的应力,表明更高的剪切速率是由于在剪切应力作用下的弹性和动态黏弹性的变形作用。每一组压力都要施加三次。尽管得到的剪切应变率要比典型的模拟实验测定的稍高，幂律还是拟合得很好。应力指数为 1.05，接近于牛顿性质。

26.2.2 实验设置和规模

模拟模型建在一个 80cm×40cm 的变形箱中。霍尔木兹厚滑脱层由 1cm 厚的硅胶层模拟，但薄的霍尔木兹层序由 4mm 厚的硅胶层模拟。脆性地层由两个 12mm 厚的砂层组成，中间夹有一个 10mm 厚的夹砂硅酮层。流动墙的移动速度为 10mm/h。本文选择了自然界中的 1km 对应于模型中的 1cm，所以长度比例为 $L_{模型}/L_{实际} = 10^{-5}$。应力比是长度比、密度比和重力比的综合体现，其值为 $0.5×10^{-5}$。硅橡胶的黏度为 $10^4 Pa·s$，对应于盐岩在地质时间尺度的黏度为 $10^{16} \sim 10^{18} Pa·s$（Weijermars，1986）。这个比例使得黏度比为 10^{-14}。应变速率比是应力与黏度的比值，其值在 $5×10^8$ 的范围内。在无惯性力作用条件下，时间比等于黏度比与应力比的比值，约为 $2×10^{-9}$。速度比等于长度与应变速率的比值。实验中每小时缩短 1cm 或更少对应于自然界中每年缩短 2cm，这个速度与扎格罗斯褶皱冲断带等活跃造山带的缩短速度具有相同数量级。

在实验过程中，变形箱被放置在一个医用扫描仪中，以获得模型的实时无损坏 X 射线图像。计算机 X 射线断层扫描技术应用于模拟沙箱模型中，可以使我们能够在不破坏模型的基础上分析运动学演化和三维几何形态（Colletta 等，1991）。本文使用不同的边界条件模拟不同的构造体系。当边界条件完全吻合时，变形模型中形成的构造也相互吻合，这说明构造并不是随意发育的，而是明显受流变性质和边界条件控制的（Colletta 等，1991）。

26.3 实验结果

26.3.1 硅脊向硅底辟的过渡

为了再现与沉积作用有关的盐体上升运动，做了一组无应变试验（图 26-5）。在此模型中，在上覆层沉积到更圆的底辟上时，初始的长条状硅脊在不断演化。硅脊是由轴对称的沉积作用形成的，随后地层的沉积与硅胶构造的生长达到平衡，从而没有任何特定的沉积模式触发过渡发生。在硅脊生长过程中，硅胶中的薄砂层可以用来追溯它的演化过程。硅脊逐渐从它的顶部形成独立的硅底辟，并演变为越来越厚型的构造。

26.3.2 有或无先存硅构造的褶皱带：剖面演化

第一组实验的目的是分析单个硅底辟对褶皱位置、生长和构造演化的影响（图 26-6；也可见 Callot 等，2007）。第二组实验的目的是研究缩短过程中沿几个构造的剖面发生的平面应变的演化特征（图 26-7 和图 26-8）。

单个底辟演化：先存圆柱形硅底辟可能会对构造变形产生影响，尤其是对褶皱类型和几何形态，这主要受控于其形状及其与沉积物的相对高度。

相对较小的底辟（其高度约为脆性地层厚度的一半或更小）对变形作用影响不大（图 26-6a），尽管它们处于作为潜在的断坡成核点而可能确定变形的初始位置。类似的模式也可以在具有平缓翼部斜坡的高底辟中观察到，该斜坡充当了优势断坡，并发育了经典的断弯褶皱。这些褶皱可能会运输切断底辟顶部的硅胶核部，其最终会成为顶部塌陷构造的位置。

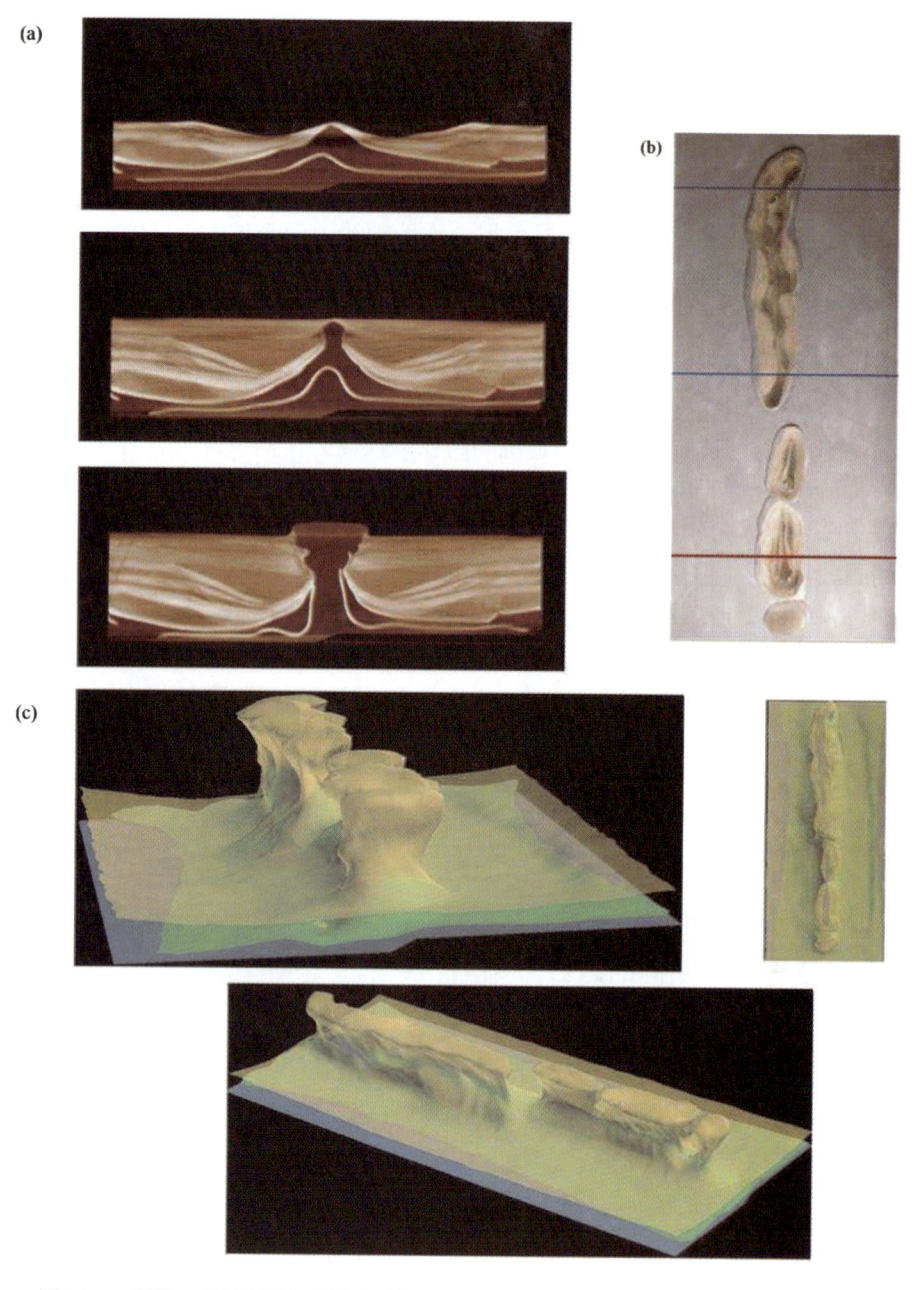

图 26-5 利用 X 射线断层扫描技术进行的沙箱模型分析，显示了由硅脊向硅底辟的过渡
(a) 沿红色剖面的演化过程，黑色层位是硅胶(含薄砂夹层)顶面，剖面通过三维块体；
(b) 模型最后阶段的顶视图，显示了硅胶在表面的流动，同时要注意硅脊和硅底辟的内部；
(c) 模型最后阶段的地质模型，包括了硅胶层底面(蓝色)、顶面(黄色)以及夹砂层(绿色)

高底辟通过硅胶的侧向挤压和垂向延长作用引起部分缩短作用。底辟构造的后续演化受控于它与地表的距离及其与硅质母岩层的联系。与源盐层分离的底辟构造首先会形成褶皱，再形成一个陡倾断坡，该断坡将使底辟与滑脱层分离，并向褶皱核部运移(图 26-6b)。越接近地表，底辟初始越紧闭，形成更多的局部褶皱。连接底辟或初始接近地表的底辟易发生垂向延伸，形成一个在顶部发育紧闭褶皱的垂直焊接(图 26-6c)。不是所有的缩短作用都是由硅胶的挤压作用导致的，周围沉积地层记录了有限的变形模式。持续的挤压作用会导致在

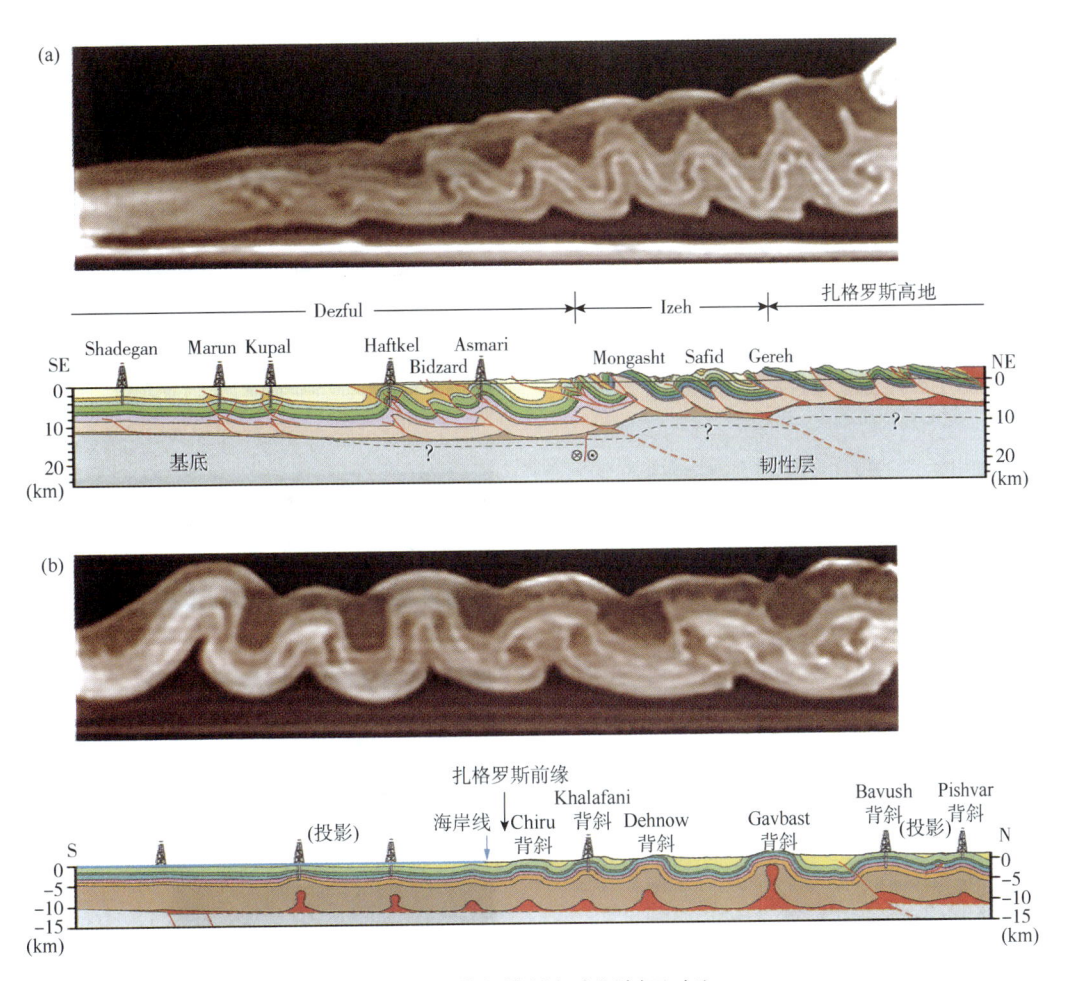

图 26-6　模拟结果与实际剖面对比

(a)在薄滑脱层上滑脱的褶皱冲断带的形态与扎格罗斯中部地区二维剖面的对比(据 Sherkati 等，2006)，显示进入叠瓦逆冲岩席的连续不对称逆冲褶皱的向前传播；(b)在厚滑脱层上滑脱的褶皱冲断带的形态与法尔斯南部二维剖面的对比(据 Jahani 等，2009)，显示了滑脱褶皱特征

所有的硅胶全部向上挤出后，沿焊接带的周围岩石发生褶皱作用。剥蚀作用会加速褶皱的演化，为褶皱顶部的硅胶提供逃逸路径。

平面应变的剖面演化：第一个实验的目的是研究薄皮挤压作用过程中滑脱层厚度的相对影响(图 26-7)。所有实验的滑脱层和沉积层的初始厚度都相同。滑脱层厚度控制了它的阻力和构造样式(Costa 和 Vendeville，2002)。薄的滑脱层可引起不对称褶皱的前陆方向的传播，从而演变为逆冲断层(图 26-7a)，该特征与法尔斯东部或洛雷斯坦(Lurestan)的情况类似(Sherkati 等，2006；图 26-7b)。与此相反，具有低阻力的厚滑脱层在断滑褶皱作用基础上形成了分布式变形(图 26-7c)，其波长主要受脆性/韧性比控制(即沉积地层厚度与滑脱层厚度比值)。这种变形模式与法尔斯东部背景构造样式一致，尽管先存盐底辟的存在进一步复杂化了构造样式(图 26-7；Jahani 等，2009)。

第二组实验分析了平面应变条件下硅底辟构造的影响，首要考虑了与底辟相关的边缘向斜(图 26-8a)的力学影响，其次考虑了底辟间距(图 26-8b)。底辟生长过程中边缘向斜的发育使脆性地层厚度局部增加，并产生阻力，这个阻力会阻止底辟构造发生挤压。另一个方面是向斜下方的滑脱层的局部减薄会导致沉积层紧邻基底层，从而形成一个完全焊接(也会阻

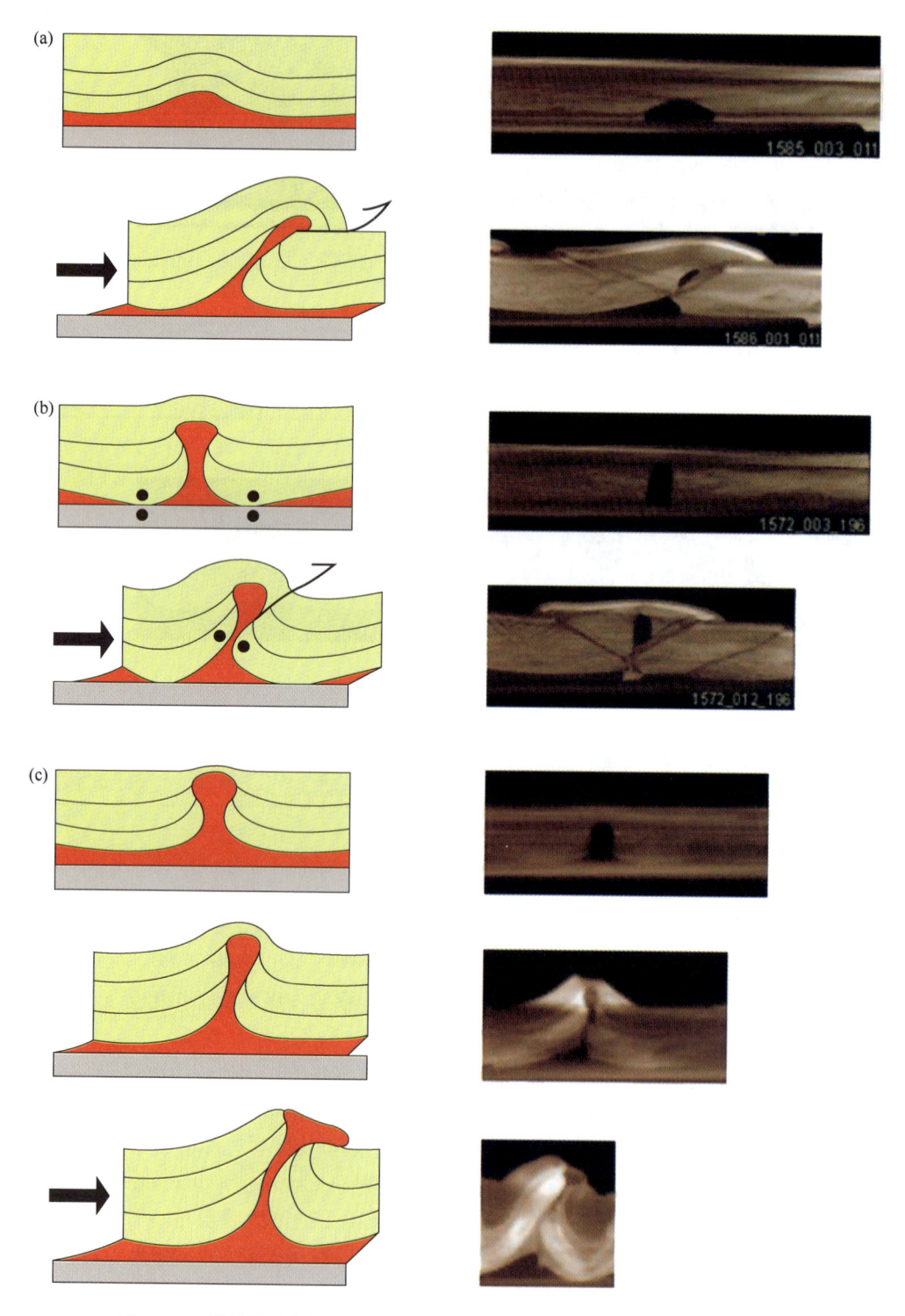

图 26-7 褶皱作用期间不同形态盐底辟的演化（据 Callot 等，2007，修改）

(a)盐枕使逆冲断层成核；(b)底辟被阻止其演化的逆冲断层滑脱；(c)伴随剥蚀作用的挤出底辟发育成为一个主动底辟，同时在底辟翼部形成盐推覆

止变形影响盐丘）。在这种情况下，本文认为在厚层微盆内，底辟受影响较小，保持孤立状态，而该厚层微盆在挤压过程中发育了低幅向斜。

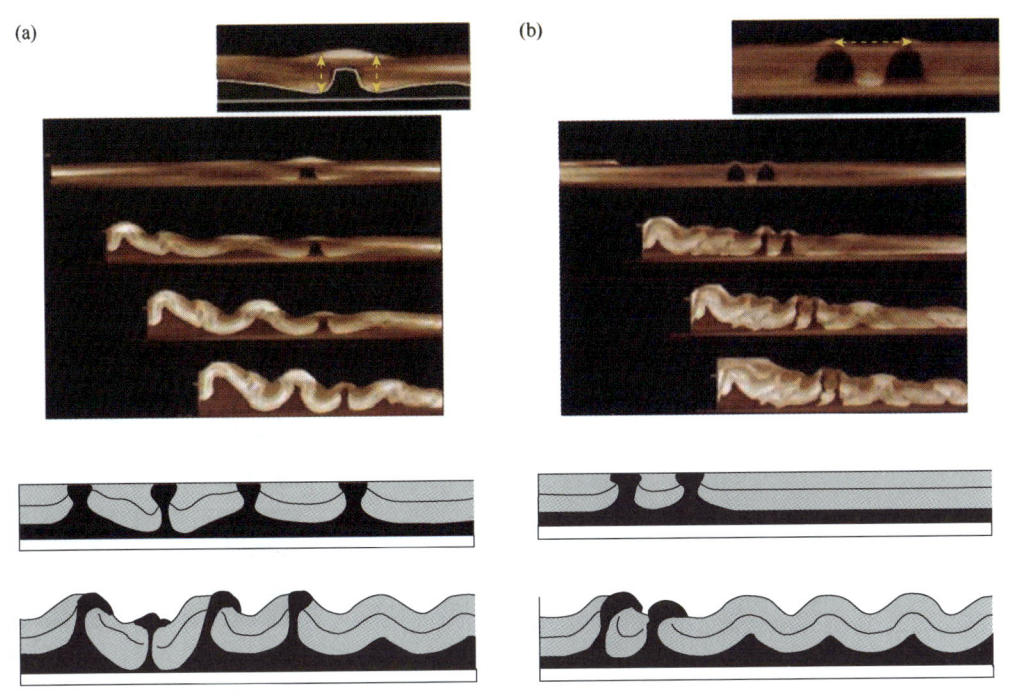

图 26-8 表示生长褶皱冲断带和先存底辟相互作用的模拟实验及概念示意

(a)微盆和边缘向斜中沉积层序的增厚会阻止褶皱发育,也解释了向斜中底辟或底辟之间大型向斜的形成;(b)底辟间距较短会影响褶皱间距,也能解释一些位于翼部或邻近背斜的底辟的形成

沿缩短方向的底辟间距也会影响变形的位置。在缺乏硅底辟情况下的主要变形模式是发育波长受脆性/韧性比值控制的不协调褶皱。硅底辟最初位于未来发育褶皱的部位。然而,如果硅底辟最初位于未来的向斜区,则可能会不受褶皱作用影响,并且如果受厚层边缘向斜保护的话,会保存在向斜内。因此,底辟间距和褶皱波长的相互作用可以解释褶皱的位置和增大,以及未变形底辟在向斜中的保存。

26.3.3 存在先存硅底辟与硅脊的褶皱带的三维演化

硅脊和硅底辟构造的三维效应通过 14 个不同的沙箱模型进行了研究,研究综合了不同方向的硅脊和分布在表面的底辟(图 26-9)。图 26-9a 为参考等厚模型。流变地层沉积在 1cm 厚的滑脱层之上,并由含砂硅胶、沙子和金刚砂交替出现的脆性/韧性层组成。该模型显示了一个广泛分布在盆地中的不协调褶皱的典型样式,从移动的后方挡板开始,褶皱向前陆方向增大。

图 26-9b 中的模型解释了底辟间的相互作用,间距较大或紧密相邻的底辟对齐排列,模拟了沿核方向的初始硅脊。分隔较远和孤立的底辟一般与边缘向斜有关,并在大型微盆中部的变形中保存下来,而该微盆在褶皱冲断带中形成向斜。与此相反的是,底辟系列会引起强烈的局部褶皱作用,如果底辟系列垂直于缩短方向,或者雁列褶皱通过侧向传播发生连接,则会形成一个初始连续的褶皱。沿着一个特定的褶皱,底辟倾向于集中缩短作用,因此在平面图上使褶皱波长变短。

硅脊也会影响变形作用(图 26-9c)。连续硅脊沿其轴线集中缩短作用,发育压扭褶皱,并能够切断硅脊两侧的褶皱。硅脊终止传播褶皱,并发生弯曲与缩短方向垂直。狗腿式硅脊能以挤压或伸展的方式发育。挤压传递带通常形成褶皱,而伸展传递带(图 26-9c)则会形成

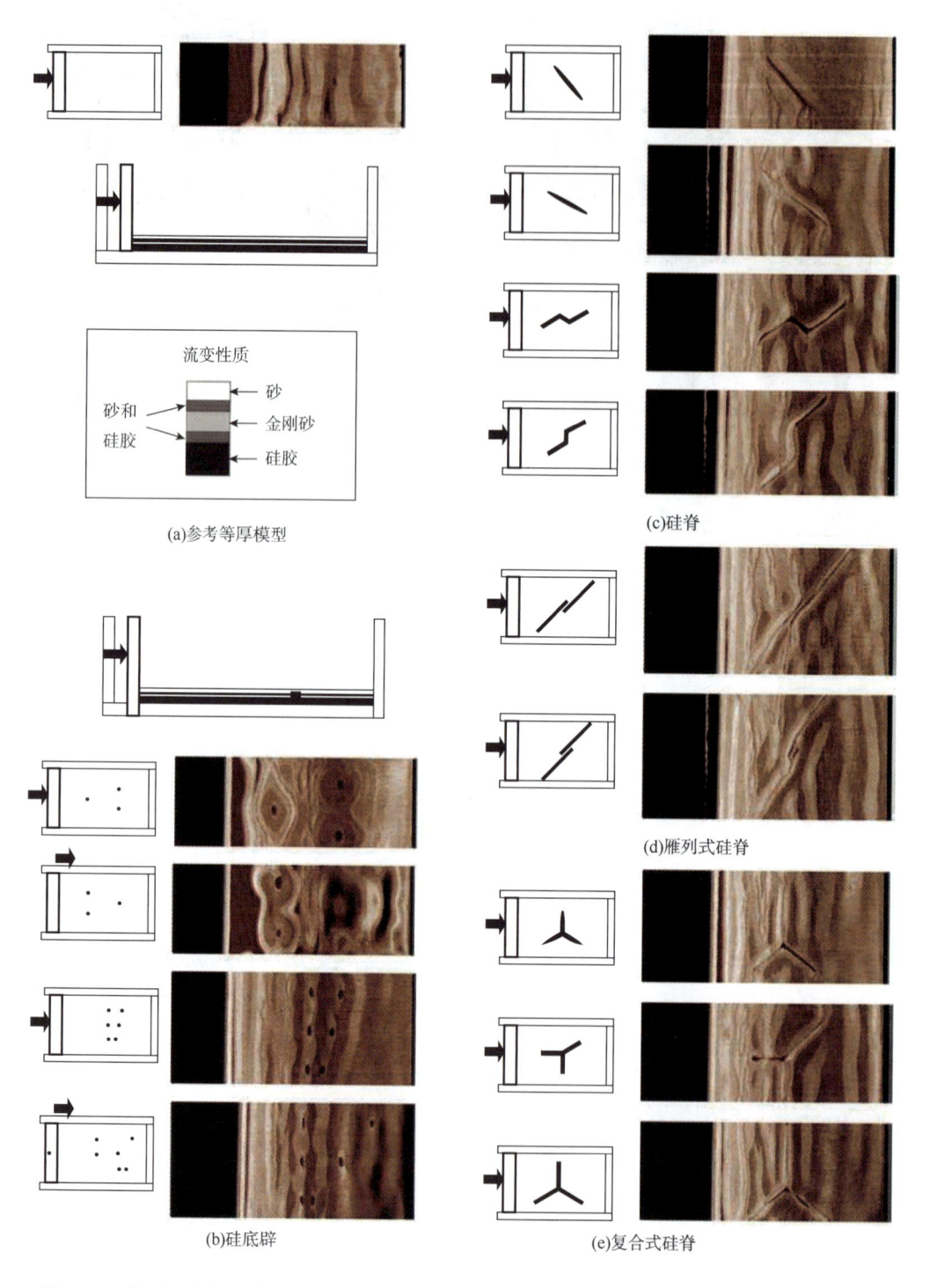

图 26-9 针对生长褶皱冲断带和先存硅构造(先存硅脊和硅底辟具有不同间隔方位和分布)的三维相互作用开展的一系列实验结果

表示了最初形态以及缩短后的最终形态(模型内部水平 X 射线影像图)

拉分构造，传递带使两侧的变形不发生关联。雁列式硅脊也表现出挤压或伸展传递带特征（图26-9d）。挤压传递带可以使硅脊的两段通过褶皱连接起来。硅脊自身表现出扭压褶皱特征。与此相反，伸展传递带不仅切断了硅脊两侧的两个盆地，也切断了硅脊自身。每个硅脊都在远离传递带的位置终止传播褶皱，于是会在中部形成一个拉分传递带。最终，分叉的硅脊表示微盆周围连接的盐墙（Jackson和Vendeville，1994）被缩短了。不同分支硅脊的影响与上文叙述的单个硅脊类似，除了平行于缩短方向的硅脊几乎无应变，而只是发生了简单的侧向增厚（图26-9e）。令人意外的是，这类硅脊与生长褶皱间没有太多相互作用，一部分褶皱穿过硅脊，但未发生任何重要的改变。这类硅脊起到了一个将模型不同部分完全解耦的被动转换带的作用。

26.4 讨论和结论

26.4.1 硅脊向底辟的过渡

本文的实验显示了一个初始为线状硅脊的可重复的演化模式。在边界条件缺失（代表了区域应变）以及沉积物单一控制条件下，大多数硅脊由于硅的流变学特征而发育成为圆形构造。作为一种黏性流体，最有可能的平衡模式就是单个构造的球形或构造相互作用下的六边形硅墙（Jackson和Talbot，1989，1991；Vendeville和Jackson，1992；Jackson等，1994）。在盐体活动强烈受构造边界条件控制的含盐地区，我们认为盐构造具有线性形态，并最有可能受以下构造的几何形态控制：(1)下伏构造轮廓（德国北部；Jackson和Talbot，1986）以及(2)传递到盖层的平均伸展应力方向（北海；Nalpas和Brun，1993），或受这些作用的共同控制。

伊朗含盐区的盐构造演化与阿曼盐盆类似，而后者的演化可分为几个变形阶段，并主要受从西部到西北部的沉积物进积作用驱动（Al-Barwani和McClay，2008）。法尔斯南部盐盆的先存地貌和区域断层在诱发和限定区域盐构造走向方面起到了很大作用。初始连续盐脊代表了微盆界限，并在盐体供给量达到最大的盐脊交叉点处逐步演化为局部底辟，这也是滨里海盆地盐构造的演化机制（Barde等，2002）。由于深部围岩强度增加，一些浅层条件，如未压实沉积物薄盖层或由于剥蚀作用导致的局部盐体出露，对盐脊向圆形底辟的过渡是非常必要的。由于早古生代盐体向上运移是霍尔木兹盐盆的一个明显特征，我们认为早期构造迅速演化成为现今观测到的圆柱状底辟。

26.4.2 滑脱层和底辟的耦合效应：与法尔斯弧的对比

滑脱类型及几何形态对主要楔形体以及薄皮挤压褶皱带的褶皱类型的影响已被广泛研究（Costa和Vendeville，2002）。强烈摩擦型滑脱与短而陡的楔形体有关，而有效的滑脱层发育低角度且长的临界锥。摩擦型滑脱表现出非对称褶皱和逆冲断层向前陆方向的传播次序，而蒸发岩等有效滑脱层发育不协调对称褶皱。在扎格罗斯褶皱冲断带上，这些特征都较为明显，洛雷斯坦省、伊泽、笛兹富勒（Dezful）区域的构造样式为相当陡峭的楔状几何形态（Blanc等，2003；Sherkati和Letouzey，2004），而法尔斯弧发育了更加圆形的滑脱褶皱（Jahani等，2009）。盐底辟的分布也为分析霍尔木兹地层最厚分布区提供了依据。但这一观点建立在伊泽东部地区底辟与大地构造尤其是晚期构造密切相关的基础之上（Sherkati和Letouzey，2004)。法尔斯东部的盐构造是先存底辟构造，它指示了厚盐层的真实存在(Jahani 等，2007，2009)。

模拟实验已经再现了滑脱性能的独特分布规律(Bahroudi 和 Koyi，2003)。该模型再现了笛兹富勒北部和伊泽地区的薄滑脱层、法尔斯弧的厚滑脱层以及沿卡塔尔隆起以及笛兹富勒湾的无塑性滑脱层。这种分布特征形成了具有低角度和陡峭临界楔的分段式褶皱—断层带，模拟了现今褶皱的几何形态和构造样式。然而，还需要考虑扎格罗斯褶皱冲断带的另一个特征，即先存底辟构造。上文提到的地区内的褶皱是长且窄，并有固定间距的，即使在厚滑脱层之上。然而，巨厚滑脱层之上的褶皱与早期底辟作用有关，表现出短、宽、弯曲的特征，并与底辟构造有关(Rowan 和 Vendeville，2006；Jahani 等，2009)。

本文的实验重现了扎格罗斯南部霍尔木兹滑脱层的主要分布、深度和厚度，以及在盆地最厚部位的一些先存盐脊和底辟构造(图26-10)。该模型除了在滑脱层最厚处增加了几个硅胶构造(代表盐脊和底辟)外，可以与 Bahroudi 和 Koyi(2003)提出的模型进行对比。与 Bahroudi 和 Koyi(2003)的描述类似，我们观察到了受滑脱层局部性能控制的低角度陡倾临界锥的理想分布以及走滑转换带(图26-10)。在初始等厚的滑脱层之上，褶皱很长，并与缩短方向垂直，但转换带是个明显的例外，它们发生旋转以调节水平传播的差异。与此相反，最厚层滑脱层之上的先存盐底辟和盐脊对变形模式影响很大。虽然主要的构造几何形态(也就是锥角和规模)被保存下来，但褶皱的几何形态及其相互作用发生了改变。褶皱比预期的更短，在传播过程中朝底辟弯曲。压扭性褶皱沿盐脊发育，并抑制了附近的褶皱。如果将法尔

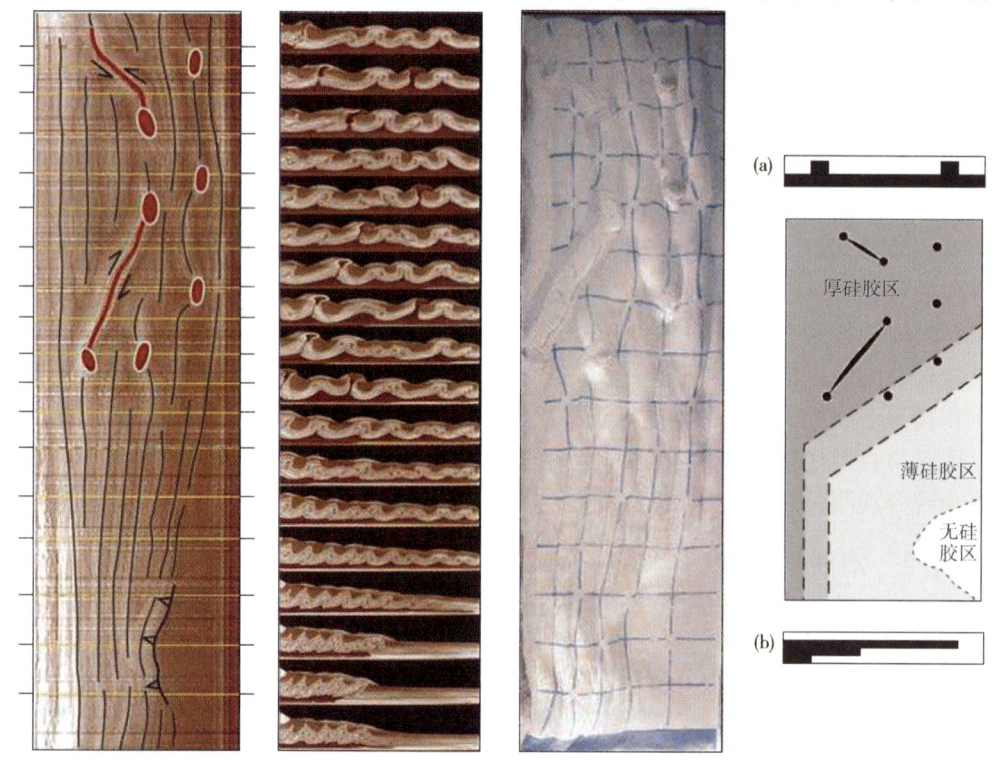

图26-10 物理模拟实验结果

再现了扎格罗斯南部霍尔木兹滑脱层的主要分布、深度和厚度，以及盆地最厚部层的一些先存盐脊和底辟，从左至右：时间切片表示最后阶段的褶皱分布和系列剖面，表面俯视图表示了褶皱的上部地层；(a)表示了沙子和硅胶的初始分布，水平的；(b)剖面解释了流变学分层性

斯弧的总体几何形态与模型的最终几何形态相比较，可以发现褶皱逆冲带几何形态的大尺度样式和褶皱的局部形态都有很好的可比性(图26-11)。特别是重现了褶皱纵横比(在法尔斯弧受盐控制的地区更短、更大)和轴向的局部调整。

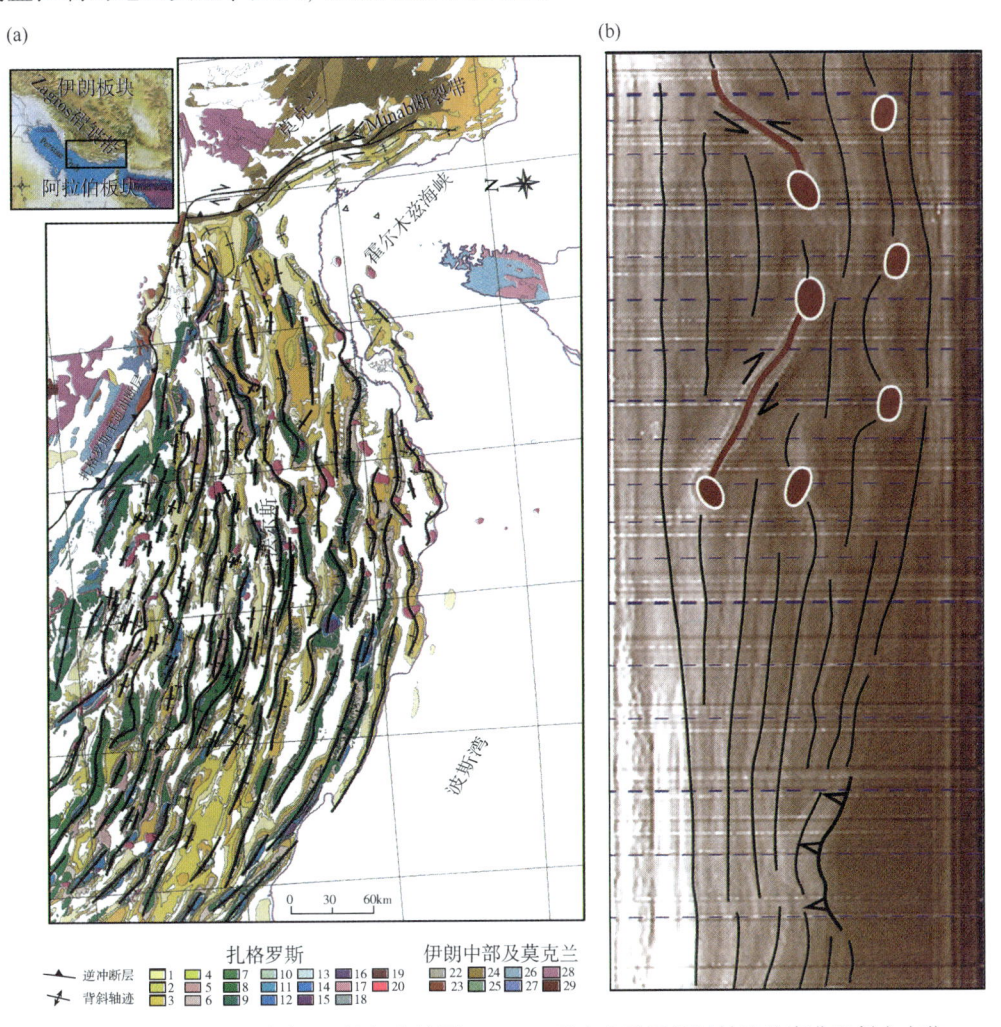

图26-11 (a)法尔斯东部地质图(参见图26-1)，重点表示了褶皱轴迹的弯曲和斜方方位；(b)模拟模型的平面图，表示了主要硅胶体和主褶皱的走向

这些实验证实了在局部范围内，盐构造对变形模式和褶皱几何形态的控制作用。褶皱带的主要几何形态受滑脱层的主要几何形态控制，其结果是形成经典的楔体形态，而且其角度和长度都直接与滑脱层阻力有关。但在较小的范围内，盐构造主要影响了褶皱的形态、大小以及其相互作用。而且，盐构造会强烈影响微盆的几何形态，因此也会改变沉积模式的演化。因此，大型盆地中盐构造的综合研究对于理解变形和盆地的综合演化是一个关键问题。

参 考 文 献

Agard, P., Omrani, J., Jolivet, L. & Mouthereau, F. 2005. Convergence history across Zagros (Iran): Constraints from collisional an earlier deformation. International Journal of Earth Sciences, 94, 401-419, http://dx.doi.org/10.1007/s00531-005-0481-4.

Ala, M. A. 1974. Salt diapirism in southern Iran. AAPG Bulletin, 58, 758–770.

Alavi, M. 1994. Tectonics of the Zagros orogenic belt of Iran: new data and interpretation. Tectonophysics, 229, 211–238, http://dx.doi.org/10.1016/0040-1951(94)90030-2.

Al-Barwani, B. & McClay, K. 2008. Salt tectonics in the Thumrait area, in the southern part of the South Oman Salt Basin: implications for mini-basin evolution. GeoArabia, 13, 77–108.

Bahroudi, A. & Koyi, H. A. 2003. Effect of spatial distribution of Hormuz salt on deformation style in the Zagros fold and thrust belt: an analogue modeling approach. Journal of Geological Society, 160, 719–733, http://dx.doi.org/10.1144/0016-764902-135.

Barde, J. P., Gralla, P., Harwijanto, J. & Marsky, J. 2002. Exploration at the eastern edge of the Precaspian basin: impact of data integration on upper Permian and Triassic prospectivity. AAPG Bulletin, 86, 399–415.

Berberian, M. & King, G. C. P. 1981. Towards a paleogeography and tectonic evolution of Iran. Canadian Journal of Earth Sciences, 18, 210–265, http://dx.doi.org/10.1139/e81-019.

Blanc, E. J. P., Allen, M. B., Inger, S. & Hassani, H. 2003. Structural styles in the Zagros simple folded zone, Iran. Journal of Geological Society London, 160, 401–412.

Callot, J. P., Jahani, S. & Letouzey, J. 2007. The role of pre-existing diapirs in fold and thrust belt development. In: Lacombe, O. et al. (eds) Thrust Belt and Foreland Basin. Springer, Berlin, 307–323.

Chapple, W. M. 1978. Mechanics of a thin-skinned fold-and-thrust belt. Geological Society of American Bulletin, 89, 1189–1198.

Cobbold, P. R., Rossello, E. A. & Vendeville, B. 1989. Some experiments on interacting sedimentation and deformation above salt horizons. Bulletin de la Société Géologique de France, 8, 453–460.

Colletta, B., Letouzey, J., Pinedo, R., Ballard, J. F. & Balé, P. 1991. Computerized X-ray tomography analysis of sandbox models: examples of thin-skinned thrust systems. Geology, 19, 1063–1067.

ColmanSadd, S. P. 1978. Fold development in Zagros simply folded belt, Southwest Iran. AAPG Bulletin, 62, 984–1003.

Costa, E. & Vendeville, B. B. 2002. Experimental insights on the geometry and kinematics of fold-and-thrust belt above weak, viscous evaporitic décollement. Journal of Structural Geology, 24, 1729–1739.

Cotton, J. T. & Koyi, H. A. 2000. Modelling of thrust fronts above ductile and frictional décollements: application to structures in the Salt Range and Potwar Plateau, Pakistan. Geological Society of America Bulletin, 112, 351–363.

Dahlen, F. A., Suppe, J. & Davis, D. 1984. Mechanics of fold-and-thrust belt and accretionary wedges: cohesive Coulomb theory. Journal of Geophysical Research, 89, 10087–10101.

Dahlstrom, C. D. A. 1990. Geometric constraints derived from the law of conservation of volume and applied to evolutionary models for detachment folding. AAPG Bulletin, 74, 339–344.

Davis, D. M. & Engelder, T. 1985. The role of salt in fold and thrust belt. Tectonophysics, 119, 67–88.

Dixon, J. M. & Liu, S. 1992. Centrifuge modelling of the propagation of thrust faults. In: McClay, R. R. (ed.) Thrust Tectonics. Chapman and Hall, London, 53–69.

Edgell, H. S. 1996. Salt tectonics in the Persian Gulf basin. In: Alsop, G. L., Blundell, D. L. & Davison, I. (eds) Salt Tectonics. Geological Society, London, Special Publication, 100, 129–151, http://dx.doi.org/doi:10.1144/GSL.SP.1996.100.01.10.

Falcon, N. L. 1969. Problems of the relationship between surface structures and deep displacements illustrated by the Zagros range. In: Kent, P. E., Satterthwaite, E. & Spencer, A. M. (eds) Time and Place in Orogeny. Geological Society, London, Special Publication, 3, 9–22.

Falcon, N. 1974. Southern Iran: Zagros mountains. In: Spencer, A. (ed.) Mesozoic-Cenozoic Orogenic Belts. Geological Society, London, Special Publication, 4, 199–211.

Harrison, J. 1930. The geology of some salt-plugs in Laristan, Southern Persia. Quarterly Journal of Geological Society, 86, 463-522, http://dx.doi.org/10.1144/GSL.JGS.1933.086.01-04.18.

Haynes, S. J. & McQuillan, H. 1974. Evolution of the Zagros suture zone, Southern Iran. Geological Society of American Bulletin, 85, 739-744, http://dx.doi.org/10.1130/0016-7606.

Hessami, K., Koyi, H. A. & Talbot, C. J. 2001. The significant of strike-slip faulting in the basement of Zagros fold and thrust belt. Journal of Petroleum Geology, 24, 5-28, http://dx.doi.org/10.1111/j.1747-5457.2001.tb00659.

Homke, S., Verges, J. et al. 2009. Late Cretaceous Paleocene formation of the Proto-Zagros foreland basin, Lurestan Province, SW Iran. Geological Society of American Bulletin, 121, 963-978.

Homza, T. X. & Wallace, W. K. 1997. Detachment folds with fixed hinges and variable detachment depth, northeastern Brooks Range, Alaska. Journal of Structural Geology, 19, 337-354.

Jackson, M. P. A. & Talbot, C. J. 1986. External shapes, strain rates, and dynamics of salt structures. Geological Society of American Bulletin, 97, 305-323.

Jackson, M. P. A. & Talbot, C. J. 1989. Anatomy of mushroom shaped diapirs. Journal of Structural Geology, 11, 211-230.

Jackson, M. P. A. & Talbot, C. J. 1991. A Glossary of Salt Tectonics. Bureau of Economic Geology, University of Texas at Austin, Geological Circular, 91-4.

Jackson, M. P. A. & Vendeville, B. C. 1994. Regional extension as a geologic trigger for diapirism. Geological Society of America Bulletin, 106, 57-73, http://dx.doi.org/10.1130/0016-7606(1994)106,0057:REAAGT>2.3.CO;2.

Jackson, M. P. A., Vendeville, B. C. & Schultz-Ela, D. D. 1994. Structural dynamics of salt systems. Annual Review of Earth and Planetary Sciences, 22, 93-177.

Jahani, S., Callot, J. P., Letouzey, J., Frizon de Lamotte, D. & Leturmy, P. 2007. The salt plug of the eastern Fars province (Zagros, Iran): A brief outline of their past and present activity. In: Lacombe, O., Lavé, J., Roure, F. & Verges, J. (eds) Thrust Belts and Foreland Basins: from fold kinematics to hydrocarbon systems. Springer, Berlin, 289-308.

Jahani, S., Callot, J. P., Letouzey, J. & Frizon de Lamotte, D. 2009. The eastern termination of the Zagros fold and thrust belt (Iran): relationship between salt plugs, folding and faulting. Tectonics, 28, TC6004, http://dx.doi.org/10.1029/2008TC002418.

Kent, P. E. 1958. Recent studies of south Persian salt diapirs. AAPG Bulletin, 42, 2951-2972.

Kent, P. E. 1970. The salt diapirs of the Persian Gulfregion, Trans. Leicester Liter. Philosophical Society, 64, 55-58.

Koop, W. J. & Stoneley, R. 1982. Subsidence history of the Middle East Zagros Basin, Permian to Recent, Philos. Transactions of Royal Society London, Series A, 305, 149-168.

Koyi, H. 1988. Experimental modeling of role of gravity and lateral shortening in Zagros mountain belt. AAPG Bulletin, 72, 1381-1394.

Koyi, H. A., Hessami, K. & Teixell, A. 2000. Epicenter distribution and magnitude of earthquakes in foldthrust belts: insights from sandbox model. Geophysical Research Letters, 27, 273-276.

Laubscher, H. P. 1977. Fold development in the Jura. Tectonophysics, 37, 337-362.

Letouzey, J. & Sherkati, S. 2004. Salt movement, tectonic events, and structural style in the Central Zagros Fold and Thrust Belt (Iran). 24th Annual GCSSEPM Foundation Bob F. Perkins Research Conference: Salt-Sediment Interactions and Hydrocarbon Prospectivity: Concepts, Applications, and Case Studies for the 21st Century, Houston, TX.

Letouzey, J., Colletta, B., Vially, R. & Chermette, J. C. 1995. Evolution of salt-related structures in compressional settings. In: Jackson, M. P. A., Roberts, D. G. & Snelson, S. (eds) Salt Tectonics. A Global Perspective. American Association of Petroleum Geologists, Tulsa, Memoirs, 65, 41–60.

Liu, H., McClay, K. R. & Powell, D. 1992. Physical models of thrust wedges. In: McClay, K. R. (ed.) Thrust Tectonics. Chapman and Hall, London, 71–81.

McQuarrie, N. 2004. Crustal scale geometry of the Zagros fold–thrust belt, Iran. Journal of Structural Geology, 26, 519–535.

Mitra, S. 2003. Three-dimensional structural model of the Rhourde el Baguel Field, Algeria. AAPG Bulletin, 87, 231–250.

Molinaro, M., Leturmy, P., Guezou, J. C., Frizon de Lamotte, D. & Eshragi, S. A. 2005. The structure and kinematics of the south-eastern Zagros fold-thrust belt, Iran: From thin-skinned to thick-skinned tectonics. Tectonics, 24, TC3007, http://dx.doi.org/10.1029/2004TC001633.

Motiei, H. 1995. Petroleum Geology of Zagros, 1 and 2 (in Farsi). Geological Survey of Iran, Tehran. Murris, R. J. 1980. Middle East: Stratigraphic evolution and oil habitat. AAPG Bulletin, 64, 597–618.

Nalpas, T. & Brun, J. P. 1993. Salt flow and diapirism related to extension at crustal scale. Tectonophysics, 228, 349–362.

Philippe, Y., Colletta, B., Deville, E. & Mascle, A. 1996. The Jura fold and thrust belt: a kinematic model based on map balancing. In: Ziegler, P. A. & Horvath, F. (eds) Pery Tethys Memoir 2: Structure and Prospects of Alpine Basins and Foreland. Museum d'Histoire Naturelle de Paris, Paris, Mémoire, 235–261.

Player, R. A 1969. The Hormuz salt plugs of southern Iran. PhD thesis, University of Reading.

Price, N. J. & Cosgrove, J. W. 1990. Analysis of Geological Structures. Cambridge University Press, Cambridge.

Ricou, L. E. 1971. Le croissant ophiolitique périarabe. Une ceinture de nappes mises en place au Crétacésupérieur. Revue de Geographie Physique et de Geologie Dynamique, 13, 327–350.

Ricou, L., Braud, J. & Brunn, J. H. 1977. Le Zagros. Geological Society of France, Paris, Memoirs, 8, 33–52.

Rowan, M. G. & Vendeville, B. 2006. Foldbelts with early salt withdrawal and diapirism: Physical model and examples from the northern Gulf of Mexico and the Flinders Ranges, Australia. Marine and Petroleum Geology, 23, 871–891, http://dx.doi.org/10.1016/j.marpetgeo.2006.08.003.

Rowan, M. G., Lawton, T. F. & Giles, K. A. 2003a. Variable expression of shortening along an exposed vertical salt weld, La Popa basin, Mexico. AAPG International Conference and Exposition, Barcelona, Spain.

Rowan, M. G., Lawton, T. F., Giles, K. A. & Ratliff, R. A. 2003b. Near-salt deformation in La Popa basin, Mexico, and the northern Gulf of Mexico: A general model for passive diapirism. AAPG Bulletin, 87, 733–756, http://dx.doi.org/10.1306/0115 0302012.

Schultz-Ela, D. D. 2003. Origin of drag folds bordering salt diapirs. AAPG Bulletin, 87, 757–780, http://dx.doi.org/10.1306/12 200201093.

Sepehr, M. & Cosgrove, J. W. 2005. Role of the Kazerun Fault Zone in the formation and deformation of the Zagros Fold–Thrust Belt, Iran. Tectonics, 24, TC5005, http://dx.doi.org/10.1029/2004TC001725.

Setudehnia, A. 1978. The Mesozoic sequence in southwest Iran and adjacent areas. Journal of Petroleum Geology, 1, 3–42.

Sherkati, S. & Letouzey, J. 2004. Variation of structural style and basin evolution in the central Zagros (Izeh zone and Dezful Embayment), Iran. Marine and Petroleum Geology, 21, 535–554, http://dx.doi.org/10.1016/j.marpetgeo.2004.01.007.

Sherkati, S., Molinaro, M., Frizon de Lamotte, D. & Letouzey, J. 2005. Detachment folding in the Central and eastern Zagros fold-belt (Iran): Salt mobility, multiple detachments and final basement control. Journal of Structural Geology, 27, 1680-1696, http://dx.doi.org/10.1016/j.jsg.2005.05.010.

Sherkati, S., Letouzey, J. & Frizon de Lamotte, D. 2006. Central Zagros fold-thrust belt (Iran): new insights from seismic data, field observation, and sandbox modeling. Tectonics, 25, TC4007, http://dx.doi.org/10.1029/2004TC001766.

Stocklin, J. 1968. Structural history and tectonics of Iran: A review. AAPG Bulletin, 52, 1229-1258.

Szabo, F. & Kheradpir, A. 1978. Permian and Triassic stratigraphy, Zagros basin, south-west Iran. Journal of Petroleum Geology, 1, 57-82.

Talbot, C. J. 1992. Centrifuge models of Gulf of Mexico profiles. Marine and Petroleum Geology, 9, 412-432.

Talbot, C. & Alavi, J. M. 1996. The past of a future syntaxis across the Zagros. In: Alsop, G. L., Blundell, D. L. & Davison, I. (eds) Salt Tectonics. Geological Society, London, Special Publications, 100, 89-109.

Vendeville, B. C. & Jackson, M. P. A. 1992. The rise of diapirs during thin-skinned extension. Marine and Petroleum Geology, 9, 331-354, http://dx.doi.org/10.1016/0264 8172(92)90047-1.

Weijermars, R. 1986. Flow behaviour and physical chemistry of bouncing putties and related polymers in view of tectonic laboratory applications. Tectonophysics, 124, 325-358.

（史毅　译，纪沫　孙瑞　李鹏　校）

第27章 伊朗北部加姆萨尔盐推覆体及基于合成孔径雷达干涉成像技术对周缘断层的季节性反转的分析

SHAHRAM BAIKPOUR[1], SHRISTOPHER J. TALBOT[2,3]

(1. Department of Geology and Palaeontology, J. W. Goethe Universität, Frankfurt, Germany;
2. Hans Ramberg Tectonic Laboratory, Uppsala University, Uppsala, Sweden;
3. 14 Dinglederry, Olney, Bucks MK46 5ES, UK)

摘 要 加姆萨尔(Garmsar)盐推覆体的异地古近系—新近系盐岩是来自 Alborz 山脉前缘最南端,并被 Zirab-Garmsar 走滑断层切开。本文利用从 2003 年到 2006 年欧洲航天局 ENVISAT 卫星获取的 11 张下降的高级合成孔径雷达干涉(SAR)图像,绘制了在 30 个月到 2 个月的时间范围内超过 23 幅的位移增量图。该地区 30 个月的合成孔径雷达干涉图显示了位于山前南部的区域性褶皱和断层仍处于活动状态,但受到了异地盐岩的影响否则仅会表现为随季节的变化而发生活动速率的减小。干涉图像在更小的时间尺度上显示了围岩内的断块体存在着随季节变化的升降模式。对比综合分析干涉图像表示的地表位移和同期地震记录,本文认为地震断层反复再活化,而且它们的运动学特征在较短的时间内发生反转。发现地震断层会发生重复性的重新活化同时在极其短的时间尺度上其运动机制发生反转。地震扰动的传播非常缓慢,断层比预计的震级小于 3.5 的地震的更长,表明区域应变比前期研究预测的高,是一种非地震的应变。

加姆萨尔镇位于德黑兰东南部 100km,Alborz 山脉"V"形转折端的正南方(图 27-1a)。Eyvanerey 高原位于伊朗中部 Great Kavir 盆地北部周缘加姆萨尔以西 10km(图 27-1b)。Eyvanekey 高原由一个 20km×20km×0.3km 的古近系—新近系异地盐席(NaCl)组成,盐岩由向南推进的 Alborz 山前缘挤出,并被长约 100km 的北东—南西向 Zirab-Garmsar 走滑断层切开 9km。在对世界范围内超过 35 个沉积盆地内存着的数千个异地盐席的评述中,Hudec 和 Jackson(2007)将研究区内的异地盐席命名为加姆萨尔盐推覆体,并将加姆萨尔盐推覆体(2007)作为沿 Alborz 山前缘逆冲断层挤出的盐席实例,该推覆体在经历露趾型增生之前,由于其破碎顶部向盐体内坍陷而成为一个大型的筏状构造。

早期合成孔径雷达干涉(InSAR)研究(Baikpour 等,2010)主要关注干涉图及同一区域在较短时限(<18 个月)内的时间序列分析。他们认为加姆萨尔推覆体目前正以随季节变化而改变的速率挤出。本文首先通过一个 30 个月的干涉光谱(图 27-2),将加姆萨尔盐推覆体与初始源底辟联系起来,然后通过构造变形样式推断其源盐层可能依然原地保存于研究区的大部分区域内。最后通过观察较短时间内的光谱图,并分析部分断层的运动学特征是否在 18 个月内发生了三次反转。

27.1 InSAR 的方法原理及数据

SAR 干涉图像因其空间覆盖广(约 $10^4 km^2$)、空间分辨率高(约 $10^2 m^2$)和精度高(约 1cm

等特点,在绘制地表细微位移领域已经成为一种广泛使用并且是有价值的一种方法(Zebker 和 Goldstein,1986;Gabriel 等,1989;Fielding 等,1998;Massonnet 和 Feigl,1998)。

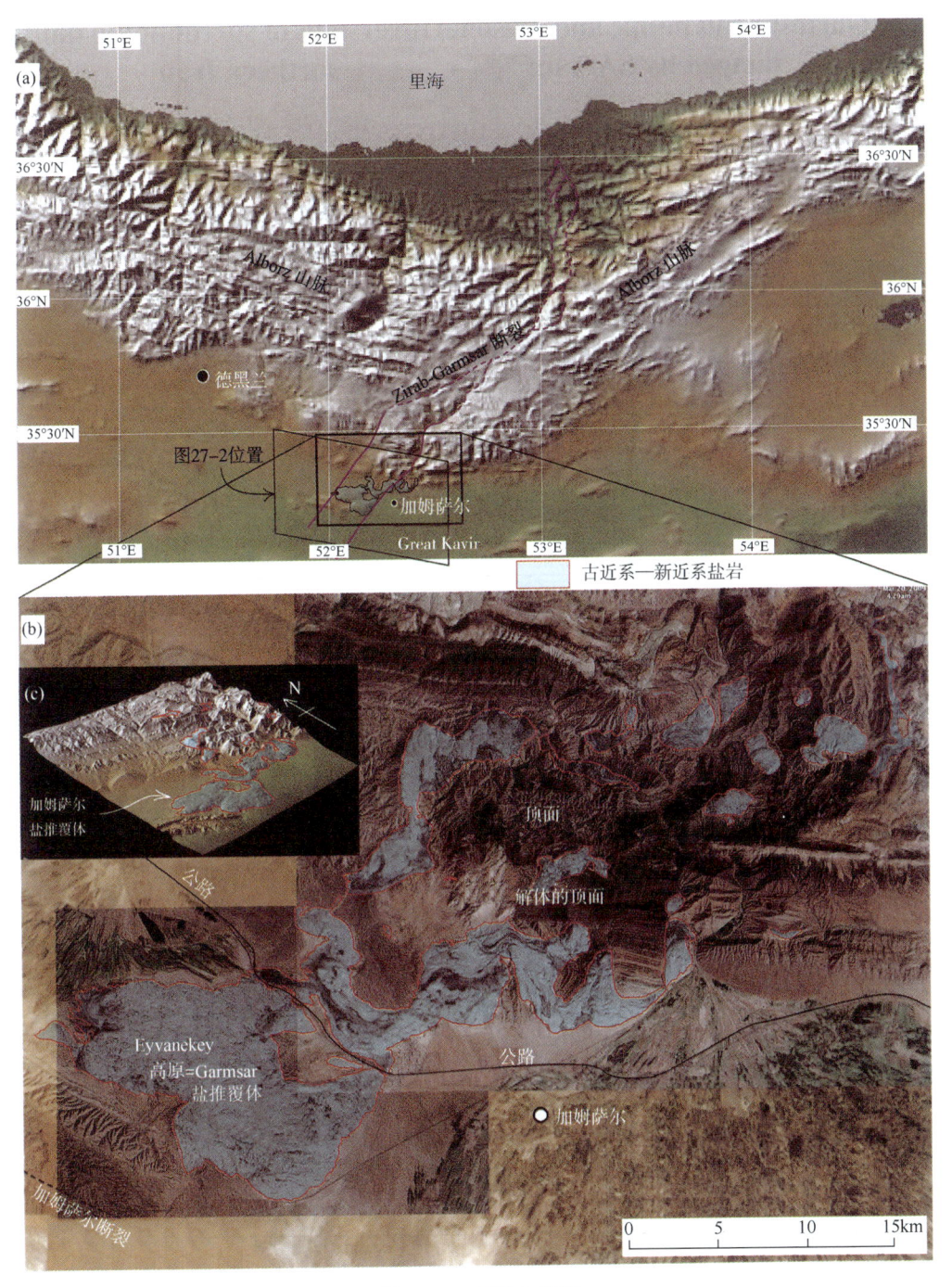

图 27-1 区域地形图

(a)加姆萨尔盐推覆体位置,Alborz 山前缘被 Zirab-Gramsar 断层错断(据 GeoMapApp);(b)出露地表的盐岩分布在 Google Earth 图片上;(c)透视地形图上的盐岩(垂直放大两倍),从 SW 方向观察(据 GeoMapApp)

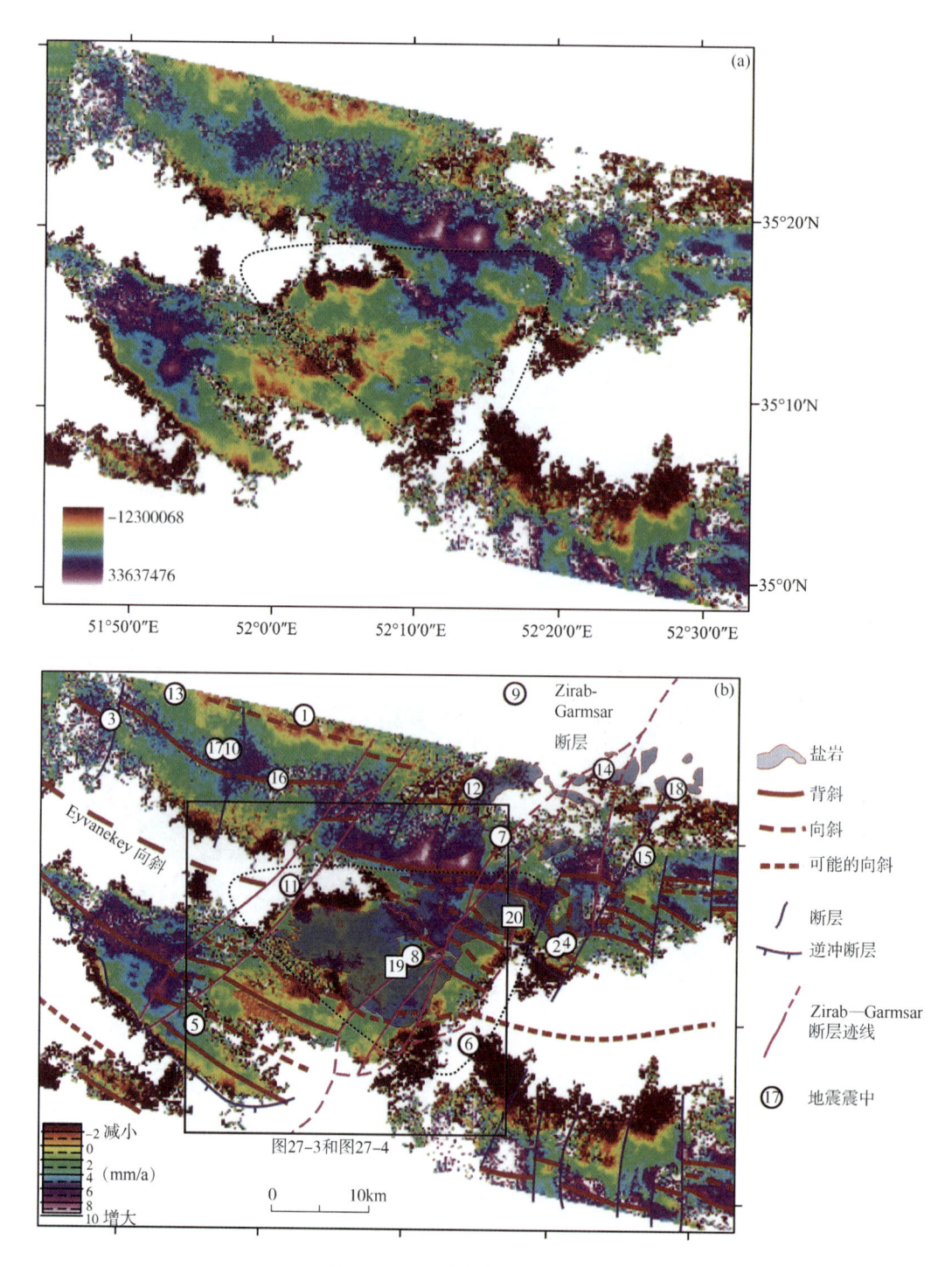

图 27-2 30 个月的干涉光谱图

(a) 2003 年 8 月 16 日至 2006 年 2 月 13 日的 30 个月的拉平干涉图(据 Baikpour 等, 2001; http://www.geolsoc.org.uk/SUP18383); 白色区域代表两组图像相当像素之间不相关的干涉; 不同的颜色代表从卫星视角参考的地面位移; (b)解释: 蓝色和紫色线代表沿颜色突变区的断层迹线, 红色线表示活动褶皱的轴迹, 具有激变的颜色梯度, 经纬度参见图(a)

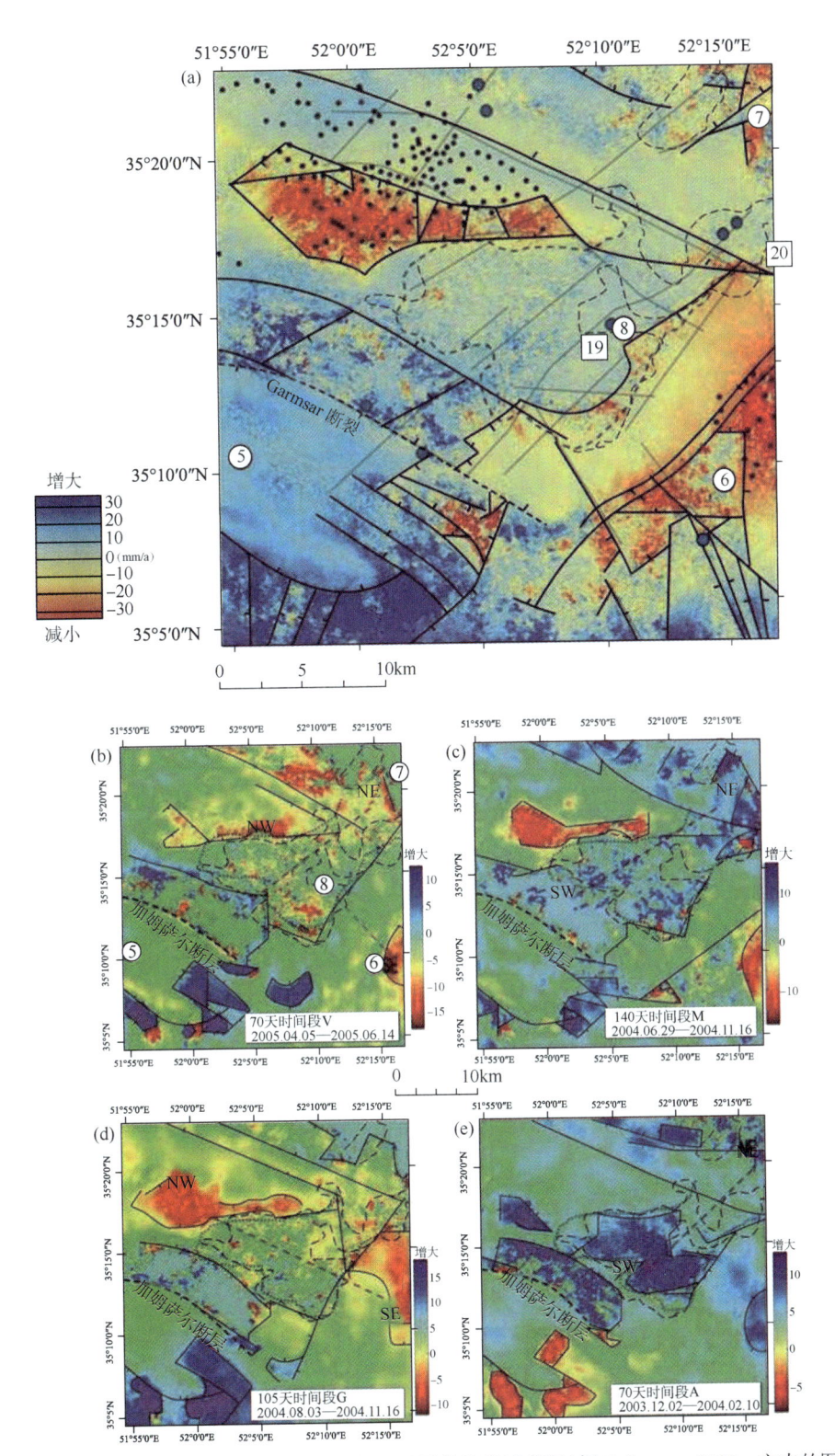

图 27-3 2003 年 12 月 2 日至 2005 年 6 月 14 日平均位移速率图(据 Baikpour, 2010, 文中的图 8)
(a)注意颜色级别几乎与图 27-2 相反,黑点为水井,蓝色实心圆代表地震震级为 2 和 3 的震中(据 Baikpour, 2010),带数字的白色圈和正方形代表表 27-2 中列出的地震,黑色虚线代表地表盐体轮廓,速度单位被重新定义为 mm/a,黑色线代表每个时期内的活动断层,虚线代表断层的下降盘;(b)至(e)为显示季节效应而选择的两对之间的差异干涉图像(据 Baikpour, 2010, 文中的图 6);每个时期的起止时间和长度已在图中标出;颜色条带的比例为厘米;黑色线代表活动断层

InSAR 利用同一区域不同时间不同相位的两张 SAR 图像的差异,以卫星的视距(LOS)绘制地表位移,其精度可以达到毫米级别。干涉图上相位变化反映地形信息、地表位移、大气延迟和大气噪声的综合结果。成功的 InSAR 的生成需要消除地形因素,而仅反映地表位移。

大气因素主要是由于位于卫星和地表之间大气层中水含量的变化。现今还不能够应用软件(Zhenhong 等,2006)校正大气圈中的湿度梯度因为它们还是未知的(这个问题在后文将进行讨论)。

本次研究数据来源于欧洲航天局(ESA)的环境卫星(ENVISAT),该卫星正常轨道周期为 35 天。图 27-1 为该卫星对研究区 2003 年 12 月至 2006 年 2 月的成像结果,成像分辨率为 100m。

图 27-2 为 2003 年 8 月 19 日和 2006 年 2 月 14 日降低轨道 ENVISAT 图的干涉图。图 27-3 和图 27-4 是基于 2003 年 8 月至 2005 年 2 月 9 张 106 低轨道上高级合成孔径雷达(ASAR)图像(表 27-1),其基线小于 500m。差异干涉图反映了 23 个阶段,长短从 30 个月至 2 个月不等的地表位移图,并将地表位移标注在干涉图上,以记录同期地震活动。

本文利用两步法(Massonnet 和 Feigl,1998)和由伊朗地质调查局遥感部门提供的 GAMMA 软件的支持。生成 2003 年 12 月至 2006 年 6 月内从 35 天至 385 天不同时间间隔(时代)的变化干涉图,使用了 NASA 全球地貌测绘计划(SRTM)(http://srtm.usgs.gov)提供空间分辨率为 90m 的数字高程模型(DEM),以去掉地形因素和实现对光谱图的定位,而不是使用原始数据来生成本次研究的数字高程模型。

干涉图上每个彩色条纹或者等值线代表以卫星视距(LOS)的地表位移,等同于 ENVISAT SAR 卫星的雷达波长的一半,其值为 28mm。由于所有的图像都来自较低的卫星轨道,无法分别区分垂直和水平组分,因此本文将沿着 ENVISAT 卫星的视角(对于轨道下降的卫星,是垂直偏向东 23°)的地面位移全部表示出;在仅有垂直运动的情况下,一个条纹代表 31mm 的位移。无论地表是上升或下降,在图 27-2 至图 27-4 中都可以至少被一种级别的颜色所代表。

利用 MATLAB 软件计算图中平均位移的速率,单位为 mm/a,时间间隔可短至 35 天。

27.2 地质背景

现今位于 Alboz 中南部的晚三叠世伸展地堑在古新世新特提斯洋闭合过程中伊朗地块拼合到欧亚大陆之上时,反转为逆冲断层(Zanchi 等,2006)。这些逆冲断层将前寒武系—新近系沿 SSW 方向在伊朗北部逆冲为高 3~5km、长 1000km 和宽 100km 的 Alborz 造山带(Alavi,2009)。沿 Alborz 山脉南缘地壳厚度为 48km,沿中心线厚度为 55~58km(Radjaee 等,2010)。东西向的逆冲断层和褶皱表明在晚新生代的压扭作用之后形成了东西向右行走滑断层,这些断层与 WSW 向褶皱和 ESE—WNW 向至 SE—NW 向型的 ENE 逆冲断层和左旋走滑断层有关,其中一些使早期的东西向右行走滑断层发生了反转(Zanchi 等,2006)。

Alborz 山脉目前调节了中伊朗和欧亚大陆之间的南北向会聚以及南里海盆地相对于欧亚大陆的向 NW 方向的运动(Ritz 等,2006)。这些运动造成在过去 5±2Ma 内的左旋剪切作用和 NNE—SSW 向压拥作用。斜向挤压作用沿与山脉平行的左旋走滑断层和从山系边缘向内倾斜的逆冲断层发生分区(Allen 等,2003)。通过德黑兰经度山脉的缩短约为 30km(25%~

30%)。Guest 等(2007)预测中伊朗盆地在受中新世阿拉伯—欧亚板块碰撞的影响而沉降了 3~6km,位于海平面之上约 1km。

早期全球卫星定位(GPS)研究表明,Alborz 山脉中部沿主要断层以 10mm/a 的速率发生快速隆升(Masson 等,2005)。后期的 GPS 研究表明通过 Alborz 山系的近南北向挤压速率为 (8±2)mm/a(Vernant 等,2004a,b)。沿东西向低摩擦走滑断层的左旋剪切速率为(4±2) mm/a(Vernant 等,2004a,b)。构造变形向南延伸超出山脉前缘,但伊朗中部的陆壳地块相对缺乏地震活动,而且南北向的挤压速率小于 2mm/a(Vernant 等,2004a,b)。Alborz 地震应变速率张量的轴向与根据 GPS 研究所得结果相似。Alborz 山脉以大型的历史性地震为特征,通过对比地震和大地应变速率,表明 30%~100%的变形是 Alborz 高应力区域的地震活动(地震较小的扎格罗斯山脉小于 5%;Masson 等,2005)。

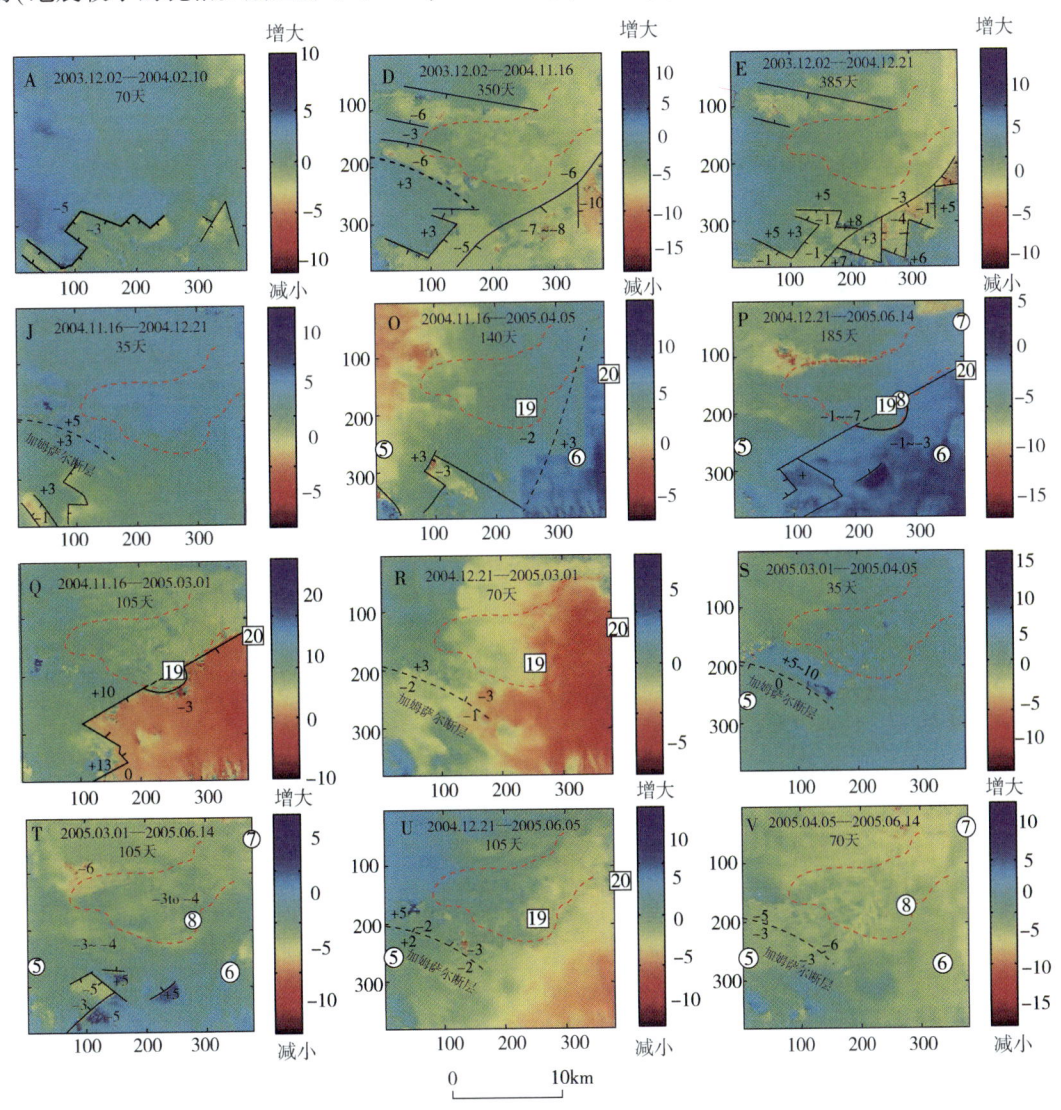

图 27-4 根据表 27-1 中 ESA 数据绘制的拉平差异干涉图

图中标出了每个时期的起始时间和时限;红色点线代表盐推覆体的轮廓;每个时期的颜色条带以毫米为单元;黑色线和白色圈或框分别代表每个时期活动的地震震中(也在表 27-2 中列出)

表 27-1　9 张下降的 ESA(ENVISAT ASAR)图像的详细信息(据 Baikpour 等,2010)

日期	纪录	轨道	天数(天)	基线(m)
2003.12.02	106	3507	245	364
2004.02.10	106	4509	315	318
2004.06.29	106	6513	455	-310
2004.08.03	106	7014	490	518
2004.11.16	106	8517	595	76
2004.12.21	106	9018	630	274
2005.03.01	106	10020	700	418
2005.04.05	106	10521	735	-15
2005.06.14	106	11523	805	413

27.3　主要结果

27.3.1　区域构造

图 27-2 为时限最长(30 个月)的拉平干涉图,而且也包括了 Baikpour 等(2010)的补充数据。这样长的时限有一个缺点,即大部分地区内的信号不连续,导致难以辨别围限 Alborz 山系的冲积扇。信号不连续的原因很可能是由于地表植被和地表的无规则的变化导致,而这些变化是由近地表水和农作物的变化以及斜坡的不稳定性引起。当干涉图基线最短时(<10m),这种连续性信号的损失主要原因是时限的长短。

这种干涉图的优点是足够长的时限能够使大部分基岩和盐岩区的不同地表位移形成连续信号。图 27-2a 中的彩色标尺以毫米为单位表示了 30 个月内的地表位移,在图 27-2b 已转换为以 mm/a 为单位。我们将最重要的变形构造叠合在图 27-2b 中。这些活动褶皱的轴迹平行于 Alborz 山脉前缘,而山脉被大部分垂直于前缘的断层切割。

Alborz 的主要走向为 WNW—ESE 方向,向西延伸至 Zirab-Garmsar 断层(ZGF;在图 27-1a 和图 27-2b 中用紫色表示),向东转为 SW—NE 向。本文图 27-1a 和图 27-2b 对 Zirab-Garmsar 断层分支的解释与 Baikpour 等(2010)的图 2 有所不同。Zirab-Garmsar 断层的东支和西支围限组成图 27-2b 中的 SW—NE 向构造带,其中包括加姆萨尔盐推覆体,并由东至西以不等的间隔分隔了构造。该构造带两侧的两个主要的背斜轴以大于 9mm/a 的速度隆升,向斜轴迹则大于 3mm/a 的速度下沉。这些速度与 Masson 等(2005)所研究的 10mm/a 基本一致。Baikpour 等(2010)认为主要褶皱轴向右偏移量为 9km,但本文认为是沿着 Zirab-Garmsar 断层西支发生。

Zirab-Garmsar 断层西部褶皱波长近 20km,但通过西支和盐推覆体后快速减小为 8km,向东侧减为 6km。围岩中短波长褶皱(<10km)可能表明在 Zirab-Garmsar 断层西部、南部和东部原地盐岩之上滑脱的薄皮弯曲作用。

同样地,Zirab-Garmsar 断层西支西侧断层间隔约为 20km,向东减小为 6km。一些 Zirab-Garmsar 断层的分支平行或者重合于出露地表的盐岩边缘。但一般来说,图 27-2 中的颜色分布与盐岩几乎不具有关系。相反，它们与Alborz山前向南延伸的褶皱和断层相关（Vernant等，2004a，b）。因此，加姆萨尔盐推覆构造北缘大部分陷入Eyvanekey向斜的不连续信号区，而且东缘与沿Zirab-Garmsar断层东支两个走滑双重构造的部分发生重叠。

一些隆升最快的围岩位于加姆萨尔盐推覆构造西南角逆冲断层的后方（图27-2b），这些地区的Alborz山脉前缘正隆升在发生破裂和位移的原始盐体顶部的背部之上而现今是位于Garmsar盐推覆体内（图27-1b）。沿着Alborz山前缘挤出的底辟可能在过去为加姆萨尔盐推覆构造提供了源盐。然而，一条东西走向的河流（沿着去往德黑兰的高速公路）在这些底辟的盐体和现今已经处于静态的盐体之间侵蚀成为一个沟谷。这个沟谷增加了推覆体沿Zirab-Garmsar断层和山前缘挤出的可能性。

加姆萨尔盐推覆构造至今仍有深部盐岩供应的证据不足。加姆萨尔盐推覆构造中任意50个点的变形速率与时间关系的投点图表明，有8个点在2004年夏季以2.5mm/a的速率隆升，在2005年冬季有6个点也以几乎相同的速度隆升（Baikpour等（2010）的图10）。然而值得注意的是，Baikpour等（2010）的研究表明在2004年6月至11月的140天内，盐推覆体的最末端发生了隆起，而且此时远端的异地盐岩也发生了隆起（Baikpour等（2010）的图7d）。加姆萨尔盐推覆体的大部分在2003年11月至2004年2月的冬季70天时间内仅隆升了25mm（Baik Pour等（2010）的图7e）。他们认为盐岩可能隆升进入Eyvanekey盐岩席头部，并向西北方向流动，而且在重力作用下以NE—SW向为轴向四周流动。但同样的地表位移也可能发生在湿盐的膨胀或平盐的收缩情况下。通常情况下，挤出盐体的顶部会发生持续陷落，且陷落的速率与降雨量有明显的关系（Baikpour等，2010；Aftabi等，2010）。

围岩中几乎很少有断层能够切穿200~300m厚的加姆萨尔盐推覆体，这也说明了盐岩的高塑性特征。与之相反，围岩中的褶皱能够贯穿盐推覆体，但褶皱作用明显减弱（图27-2）。一种比较简单的解释就是SW—NE方向走廊内的塑性异地盐体抑制了（减小了褶皱幅度）下伏地层中区域性褶皱的活动。

地形图（图27-1a、c）表明加姆萨尔盐推覆体西部和西北部的断背斜出露于地层中。但相同的主要背斜好像影响了沙漠地貌特征（可能是以一种极其微弱的方式进行，以至于在这个区域内无法被识别）。

27.3.2　较短时期的干涉图

图27-3再次显示了从70天至18个月的5个不同时段的干涉图（Baikpour等，2010）。要注意的是图27-3和图27-4中的颜色标尺与图27-2比几乎相反。Baikpour等（2010）认为图27-3b至e的颜色差异是由盐岩的季节效应引起的，因为盐岩湿润时会发生膨胀，而干燥时会发生收缩，这毫无疑问是正确的。本文采取了另一种方法，并关注围岩对盐岩的作用。我们认为每个时期一般的颜色模式更可能表示活动断块，而不是遭受不同降雨量的区域或具有不同水含量和气溶剂含量的对流层。因此，颜色的突变可以解释为活动断层的地表痕迹（图27-3和图27-4中的黑色线）。

图27-3的最重要特征是不同时期的断块隆升和下降具有不同的模式。图27-2至图27-4干涉图上的构造模式明显地随着时间段变短而发生变化，尽管所有的干涉图上没有地形信息。一般情况下，从30个月（图27-2）的断裂褶皱变化为18个月（图27-3a）或70天（图27-3b、e）的不同断块模式。图27-3和图27-4强调了陆相岩石中的一个普遍现象，即老断层的重复活动而不是形成新的断层。确定活动断层的模式在如此简短的阶段内是极其复杂

的，但我们还不知道是否还有其他与之相当的方法。

尽管最长的时间段已达到 140 天，但图 27-3b 至 e 中每个时间段干涉图的颜色标尺（与 Baik Pour 等（2010）文中的图 6 相同）已经转化为以 cm/a 为单位。图 27-3a（与 Baikpour 等（2010）的图 8 相同）中的颜色标尺表示平均位移速度，其单位为 mm/a。这种差异表示了图 27-3b 至 e 中的位移与图 27-3a 相比的结果。与短时期（图 27-3b 至 e）相比，最长时限的干涉图（图 27-3a）上的断层更多。

图 27-4 的干涉图用来表示一个特定时期的断层位移（图 27-5 将所有时间段 A—V 联系在一起）。图 27-4A 和 V 是对图 27-3b 和 e 中数据的不同方式表达。它们的颜色标尺是不同的，这是由于图 27-4A 和 V 是表示两个 70 天时间内的地表位移，而图 27-3e 是将相同的数据转化为以 cm/a 为单位的位移速度。

图 27-3b 和 e 中的差异速率放大显示了图 27-4A 和 V 中的差异位移。

27.3.3　地震和断层

研究区在研究时期内的地震记录来源于德黑兰大学地球物理学院伊朗地震地质研究所（http：//irsc.ut.ac.ir）编纂的文集。这项研究中所涉及的 180 次地震事件由德黑兰区域地震台网记录，但大多数地震记录不能确定其精确地点。国际地震工程和地震研究所（IIEES）的 M. Tartar 将最初的地震记录缩减为 20 个，它们的震中都在地震台网范围内，并在表 27-2 中列出，位置如图 27-2 所示，图 27-5 为数据投点图。其中大部分地震事件部至少被 5 个地震台记录（包括 4 个纵波和 1 个横波记录仪记录），垂向和水平误差小于 5km，接收信号的方位角差距小于 180°，震中的水平和垂直误差分别为 0.8km 和 2.4km。第 19 次和第 20 次地震事件的深度误差分别为 7.4km 和 26.9km。遗憾的是，这些被准确定位的地震由于一次地震台网的升级，从而在初始的 8 个时间段内（A-H）并没有记录到（图 27-5）。

研究区在 30 个月的时间内的 20 个小型地震（震级为 1.1~2.6）的震中都位于图 27-2 中一条断层或其他断层的附近。只有 6 次地震发生在图 27-3a 所表示的时间段和区域内，另有 4 次发生在图 27-3b 所表示的时间段和区域内。目前对研究区内的任何一次地震活动还都没有合理的运动学解释。

在一天内成对出现两次震级相同的地震在不同时期共出现三次。

地震 2 和地震 3 沿着 Alborz 山脉发生在 18 分钟内，二者相距 51.5km，震源深度分别为 25.65km 和 15km。假定是由第一次地震，引发了第二次地震那么地震扰动以 14.35m/s 的速度在 18 分钟内传播了 51.5km。

地震 7 和地震 8 发生在 120 分钟 20 秒的时间内，二者相距震级和深度均相似的 15km（垂直于 Alborz 山脉），表明地震扰动以 2m/s 的速度在 7280 秒的时间内传播了 15km。

地震 19 和地震 20 发生在 320 分钟内，二者相距 15km（同样垂直于 Alborz），表明任何地震扰动经过二者之间的速度都为 0.7m/s。

假定在成对出现的地震中，第一次地震诱发了第二次地震，那三次地震扰动的传播速度都明显小于脆性裂缝的传播速度，后者传播速度往往能达到每秒数千米的级别。

表27-2 地震记录表

序号	日期	起始时间 (h/min/s)	北纬(°)	东经(°)	震源深度 (km)	震级	次数	方位角(°)	方位角差(°)	震中最小距离(km)	剩余时间均方根(s)	水平误差(km)
1	2005.01.05	0516 21.23	35.46317	52.04233	17.67	1.4	5	136	12.7	0	0	0
2	2005.03.01	0017 19.26	35.24967	52.33900	25.65	1.3	8	144	45.8	0.04	0.2	1.1
3	2005.03.01	0035 59.03	35.45750	51.81250	15.00	2.1	12	86	23.9	0.15	0.6	2.3
4	2005.03.02	0510 59.66	32.25517	52.35400	10.23	2.5	7	105	46.2	0.07	0.5	1.8
5	2005.04.08	1823 9.62	35.17533	51.90933	9.74	1.1	5	164	26.0	0.01	0.1	0.1
6	2005.04.14	0714 45.80	35.15850	52.24033	9.28	2.1	7	172	50.2	0.03	0.3	0.7
7	2005.04.28	1612 53.97	35.35067	52.27500	19.00	1.8	8	145	33.4	0.08	0.7	2.5
8	2005.04.28	1733 48.00	35.24233	52.17017	21.00	1.7	8	155	39.2	0.04	0.3	1.3
9	2005.06.05	0904 36.94	35.48517	52.28667	10.96	1.3	6	155	25.2	0.22	2.3	4.4
10	2005.06.26	0802 5.30	35.43217	51.95450	15.00	1.3	5	131	17.6	0.16	2.6	4.9
11	2005.09.22	2331 44.34	35.30717	52.02517	15.00	1.9	8	157	30.0	0.07	0.5	2.3
12	2005.10.18	1228 36.36	35.39583	52.24267	21.09	1.5	7	167	27.7	0.24	2.3	4.9
13	2005.11.08	0310 22.70	35.48450	51.88800	10.60	2.2	7	144	16.6	0.14	1.1	2.0
14	2005.11.10	2217 1.40	35.41400	52.39767	8.85	1.7	7	135	37.8	0.06	0.5	1.4
15	2005.12.03	1333 43.45	35.33583	52.44633	20.67	2.1	9	150	43.9	0.11	0.7	3.0
16	2005.12.07	0323 43.50	35.40367	52.00867	15.00	1.6	8	157	19.4	0.17	2.0	4.3
17	2005.12.20	2021 16.88	35.43267	51.93600	12.25	1.7	8	135	18.3	0.19	1.1	3.2
18	2006.02.06	0031 27.69	35.39567	52.47783	9.55	0	12	145	37.0	0.18	0.7	2.0
19	2005.02.08	1830 22.74	35.23200	51.15533	22.86	2.2	8	186	39.9	0.35	2.6	7.4
20	2005.02.08	2150 12.40	35.27833	52.28900	15.00	2.6	6	192	40.5	0.33	3.9	26.9

注：数据来源于伊朗地震地质研究所地震文集，时间范围为2003.08.17至2006.02.13的30个月，分布范围为北纬34.90°至35.50°和东经51.34°至52.53°；第19次和第20次地震的位置精度小于其他地震；震级（MN）为持续时间震级，不是某一范围；表中列出的20次地震事件的深度平均误差为2.4km。

在 Zirab-Garmsar 断层分支西北部成对出现的地震 7 和地震 8 的震源深度分别为 19km 和 21km。成对出现的地震 19 和地震 20 的深度不太好确定，但二者的震中都靠近 Zirab-Garmsar 断层，表明至少 Zirab-Garmsar 断层的东支是近垂直的，而且切入深度大。

地震滑动面的半径一般约为沿地震滑动面位移的 10^4 倍（Slunga，1991）。沿着可能为研究区内断层线的最大垂直位移约为 16mm（图 27-4），这表明滑动面距离 9~25km 深度范围内的震源的半径约为 160m。但全部的线状构造（图 27-4 中长度在 1~32km 之间）一般来说都发生了重新活动。因此，许多已经运动的断层要比根据这些小地震推测的活动要长许多。

27.3.4 断层反转

尽管图 27-4 的干涉图上已经去除了相同的地形，但还是表现出不同的模式这些不同模式具有很多共同的特征。P 和 Q 两个时期的干涉图极有可能记录了同一断层的地表位移。图 27-4 的 P 和 Q 中的大部分 SW—NE 向线状构造比较平直，局部与加姆萨尔盐推覆体南缘一致，并向南延伸。但这使盐推覆体东南角形成一个明显的弯曲，表明断层在盐席底部停止位移。图 27-4P 中的地表位移表明断层上盘向西北方向发生位移，而图 27-4Q 反映断层上盘向东南方向发生位移。

在图 27-4 中，NW—SE 走向的加姆萨尔断层同样在两个不同的干涉图中发生了反转。在所有图中均以深色虚线表示的加姆萨尔断层与一个局部的坡折破裂一致（图 27-1）。该断层在图 27-2 中并不明显，平行于南部 9km 之外的一个北倾逆冲断层。加姆萨尔断层上盘在 7 个时段内（A、F、J、N、Q、R 和 S）均向北部发生位移但在另外 7 个时段（B、C、D、G、M、P、T）向南发生运移。在其他 8 个时段内（E、H、I、K、L、N、O 和 U）的相同断层的任何运动均不明显。两条具有不同运动学特征的断层具有一致的迹线，更可能的是同一断层的北部断块相对于南部断块在 2003 年 12 月至 2004 年夏季和 2004 年 11 月至 2005 年春季发生隆升，但在期间几个月中发生了反转（图 27-6）。最后的三次反转在 R 和 U 时期的干涉图上可以观察到，此时期通过加姆萨尔断层的相对位移沿其走向发生反转，并表明了剪刀式运动的不同阶段（图 27-4R、U 和 27-6）。

加姆萨尔断层北块的地形上要比南块高（图 27-6g），这表明北部断块的位移量一般大于南部断块。如果断层向北倾斜（Amini 和 Rashid（2005）的图 5），则断块运动使加姆萨尔断层长期保持逆冲。

这些褶皱作用，成对出现的地震干扰波在两个震中之间的缓慢传播，活动断层的长度大于由这些小型地震推测而来的长度，以及沿许多断层一侧或两侧的位移不同，都表明研究区内抗震变形比较明显。尽管这一区域发生了多次小型地震，但这些发现表明存在更大的塑性应变，超过了总复形的 50%~100%，Alborz 地区就是一个典型区（Jackson 和 Mckenzie，1988），或者超过了 30%~100%（Masson 等，2005）。

27.4 讨论

我们已经意识到短时间段的单个干涉图极易受到对流层湿度的影响。然而，不同关系表明基本地质作用依然反应在干涉图上。我们认为这种颜色变化，当断层太陡时是大气条件引起的，因此，它们记录了差异地表运动。

断层经常分割了具有不同力学性质的单元，因此，通过断层的差异地表变形可能反映了具有不同孔隙度、渗透率、溶解度和膨胀度的土壤中不同的含水量。因此，图 27-4 中的颜色模式反映了土壤湿润或者干燥条件下以不同的速度膨胀或者收缩，而不是反映了实际的断层位移。但是沿图 27-4 中断层发育的相对抬升和沉降区是非常确定的，并且切过了地势平缓区，而这些地势平缓区在地质图(Amini 和 Rashid，2005)和卫星图上(图 27-1b)具有相似的岩石和土壤类型。可能最有说服力的断层模式是图 27-2 中的断层模式，但这些断层中仅有少数在地质图上有显示。

与加姆萨尔盐推覆体东部边缘一致的线状构造在其东南角形成一个明显的弯曲(图 27-4P、Q 和图 27-5)。这表明不仅断层位移在盐席底部停止，而且记录了地质过程而不是大气过程的效应。

大部分断层要比 Anderssohn 等(2008)在伊朗东北部 Kashmar 河谷沉降底部的干涉图上识别的大部分断层更为清楚。而且他们还有效，系统地分析了这些断层的运动学和动力学特征。

由于潜在的大气影响，我们很少关注沿断层的局部位移量及其速率(图 27-3 和图 27-4 中没有列出)。但是我们注意到了它们沿断层发生的变化，特别是从一个时期到另一个时期的明显反转。

总而言之，我们认为图 27-4 中的颜色模式更可能记录了与附近地震震中相关的断层活动的反转，而与对流层效应和阶段滑动关系不大。

27.4.1 盐岩

盐岩现今依然从 Alborz 山前缘和推覆体破碎和分散的顶部后方挤出(图 27-1b 和图 27-2)。在 Alborz 山前缘的一些盐底辟为加姆萨尔盐推覆体提供盐岩，因此现今还在活动(图 27-2)。Alborz 山前缘的后方也发育部分活动底辟，但它们已经不在 SAR 的覆盖区内。然而，沿着去往德黑兰的高速公路的河谷内的河流引起的侵位后的剥蚀作用，已将盐推覆体与河流北部的源盐分隔开来。这些数据表明这个 200~300m 厚的盐推覆体之上的土壤和膨胀盐体的表面在潮湿条件下扩张了约 5mm，在干燥条件下也收缩了相同的量。但我们还没有发现其他可用于测量潮湿条件下多个盐体发生了扩张的方法。

我们推测加姆萨尔盐推覆体已经不能从深部提供新的盐岩。实际上，加姆萨尔盐推覆体现在处于消耗状态，溶解作用的存在是毋庸置疑的，可能的原因还包括重力扩展作用。

理论研究(Talbot 和 Jarvis，1984)表明，暴露地表的盐岩处于 25℃ 时的溶解量可以达到年降雨量的 17%。但野外测量表明，暴露地表的盐岩的溶解量在自然条件下可以超过这个速率(Bruthans 等，2007)，或许是受微生物作用影响。因此，暴露于伊朗东南部海岸的盐岩在过去五年内的平均年降雨量为 103mm/a 的条件下的溶解速率可达到 30~40mm/a。对于残积土壤之下的盐岩的溶解速率降低为 3.5mm/a(Bruthans 等，2007)。这些数据表明加姆萨尔附近的出露盐岩在十年内溶解了 29%~39%，而十年内的平均降雨量为 124mm/a(也就是溶解速率为 37~50mm/a)。但由于残积土壤层保护了大部分加姆萨尔盐推覆体，可能将盐岩的溶解速率降低为 4mm/a 左右，这与 Baikpour 等(2010)的时间序列分析结果是一致的。

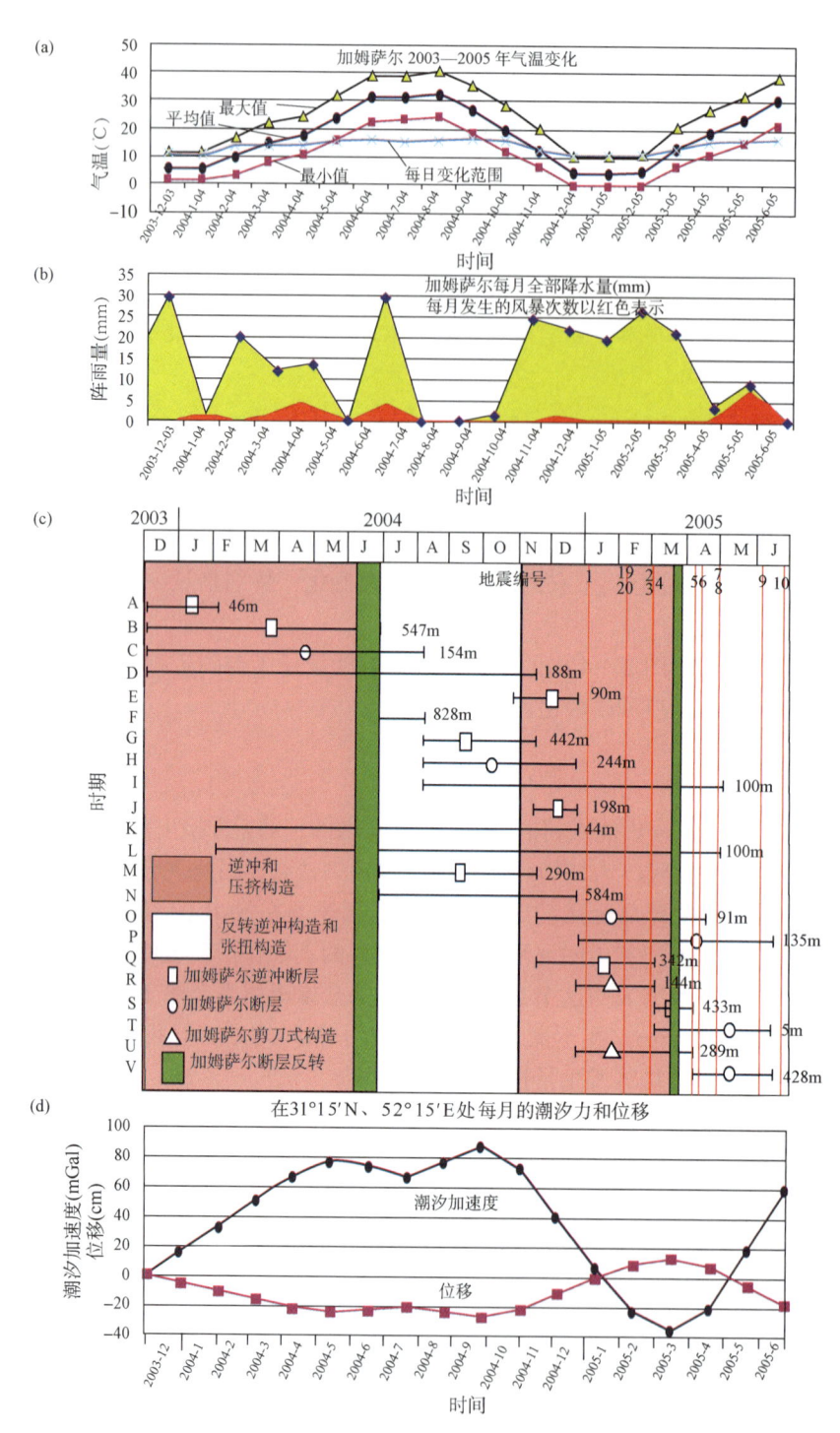

图 27-5 图 27-3a 对应时间段内以月为单位的天气、地震、潮汐
加速度和加姆萨尔断层地表位移对比

(a)每日范围内温度的最大值、最小值和平均值；(b)总降水量(蓝色)和每月的风暴次数(红色)；数据来源于伊朗气象组织 Semnan 省加姆萨尔台(http://www.irimo.ir/english/)；(c)22 个 InSAR 时期(A—V)，基线单位为米，表 27-2 中列出的地震用细红色垂线表示，每个时期的关键标示表示图 27-4 中特征，如背景阴影表示压扭性或张扭性断层位移；(d)相关时间段内的潮汐力(以 mGal 为单位)和位移(以 cm 为单位)
(http://www.taygeta.com/)

27.4.2 褶皱作用

早期 GPS 研究表明 Alborz 山系中部的抬升速率为 9mm/a（图 27-2），接近 10mm/a（Massion 等，2002）。这些研究人员认为沿着与山脉平行的重要断层具有不同的隆升速率。但图 27-2 表明加姆萨尔地区的大多数运动主要是沿着 Zirab-Garmsar 断层的褶皱偏移和许多与山系垂直的小型断层。地震和 GPS 大地测量研究都表明，通过 Alborz 山脉的南北向缩短速率为 (8±2)mm/a，要大于沿此山脉的左旋剪切速率 (4±2)mm/a（Vernant，2004a，b）。

27.4.3 幕式断层反转

Alborz 山系内的构造变形是由于阿拉伯板块和欧亚板块的南北向挤压碰撞作用（速率约为 3cm/a；Massion 等，2002）以及南里海盆地相对于伊朗向西的运动引起的（Allen 等，2003）。许多学者强调 Alborz 山系内构造变形的复杂性。Allen 等（2003）认识到平行于山系的右旋走滑断层在上新世（(5±2)Ma；Rizt 等，2006）反转为左旋走滑断层。从此时起，斜向挤压作用沿平行山系的左旋走滑断层和从山系边缘向内倾斜的逆冲断层发生分区。

Ritz 等（2006）认为 Alborz 中部的部分地区自更新世中期以来由于 NNE—SSW 向压扭作用而没有受到左旋剪切作用的影响。实际上，它们表现出活动的张扭特征，其 WNW—ESE 向伸展轴形成于南里海盆地开始俯冲后。我们的数据支持加姆萨尔地区交替出现这两种应力场。

文献中描述了两种主要类型的构造动力反转。第一种是局部应力场在关键值的两侧交替出现。因此，使褶皱冲断带和增生楔锥角度大的活动侧向挤压阶级可以和使锥角减小的重力扩展和/或滑动阶段交替出现（Platt，1986）。具体到加姆萨尔地区而言，就是 Alborz 山前更为陡峭的南北向挤压阶段（图 27-6a、c 和 e）可能和地下盐岩底部滑脱面之上重力滑动导致的斜坡降低阶段（图 27-6b、d 和 f）交替出现。

第二种类型是局部应力场在两个远场应力场之间发生变化。因此，叠加在 Qom Kuh 出露盐体（加姆萨尔西南 168km）之上的两组区域节理的成因为南北向的挤压作用与东西向的挤压作用交替出现，而东西向的挤压作用形成了伊朗中部的走滑断层（Talbot 和 Aftabi，2004）。具体到加姆萨尔地区而言，就是随有 NNE—SSW 向扭压作用的南北向挤压作用（图 27-6a、c 和 e）与伴随有 WNW—ESE 向张扭作用的南北向挤压作用（图 27-6b、d 和 f）交替出现。

加姆萨尔断层在冬季表现为一个北倾的逆冲断层（图 27-6a、c 和 e），但在夏季反转为一个正断层（图 27-6b、d 和 f）。沿加姆萨尔断层的剪刀式运动（图 27-4R 和 u）可能代表了覆盖范围之内的这种持续反转。相似地，SW—NE 向的主要活动断层在图 27-6a、c 和 e 中为左旋压扭逆冲断层，在图 27-6b、d 和 e 中为张扭正断层。这表明了图 27-5 和图 27-6 中压扭应力场和张扭应力场的转变。因此，NNE—SSW 向压扭作用导致的左旋剪切和 SSW—NNE 向最大挤压轴改变为有效伸展轴为 WNW—ESE 向的张扭，仅仅是 σ_1 和 σ_2 轴之间发生了交换。图 27-3a 中一些断层系统的运动学特征在 18 个月内反转了三次，表明一个反转周期约为 6 个月（图 27-5 和图 27-6）。

板块运动的速度通常被认为是稳定的，因为数百万年内的平均速度为每年几毫米。但地震监测、大地测量、GPS 研究和 InSAR 技术都表明研究区内断层的活动在转短时间段内越来越没有规律。相关地质文献中的断层反转一般发生在数百万年内（Allen 等，2003；Zanchi 等，2006），这是因为他们所使用的数据只能识别如此长的时间间隔。实际上，InSAR 的短时间跨度可以实现对更短时间间隔内的构造反转的识别。

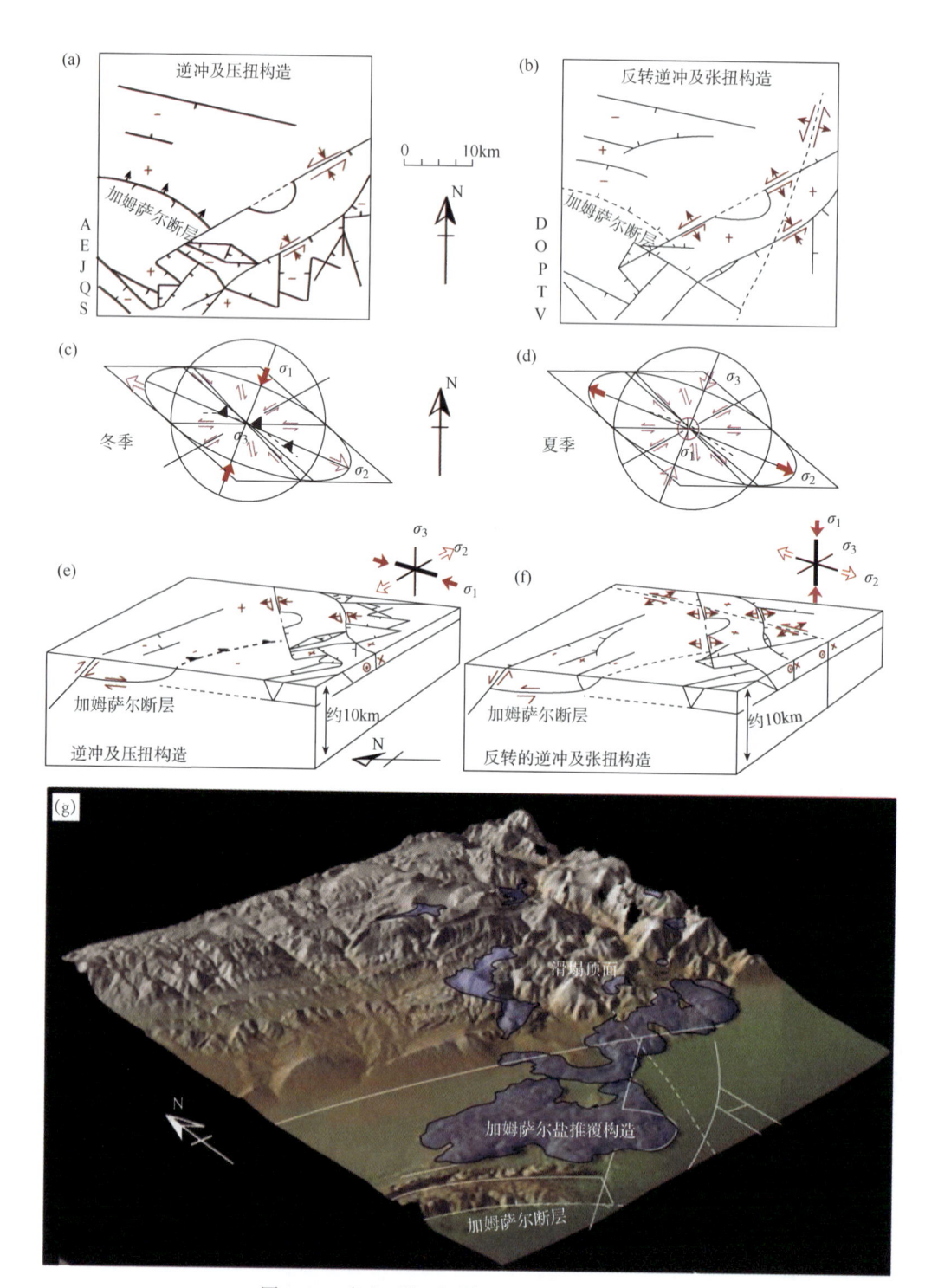

图 27-6 各个时期活动断层的运动学特征解释

图 27-4 中的活动断层的运动学特征分为两组：(a)A、E、J、Q、S 和(b)D、O、P、T、V；(c)和(d)分别为冬季和夏季的应变椭圆，用于推导的变形圆仅适用于 Alborz 地区 100km² 范围，在过去的 5Ma 中的左旋剪切速率为 4mm/a，南北向挤压速率为 6mm/a(据 Vernant 等，2004)；箭头指示断层可能的运动学机制和相应的主应力轴方向；立体示意图表明冬季(e)和夏季(f)不同的运动学机制，图中标出了主应力轴 σ_1 和 σ_3 的方向；值得注意的是(e)至(g)中的指北方位与图 27-1b 有所不同；加姆萨尔逆冲断层切入浅层原地盐岩层，加姆萨尔盐推覆体滑塌顶部驱动形成；滑脱断层上盘发生相比于西部具有更短波长的褶皱和断层作用；(g)从地形透视图的 SW 方向观察图 27-4 中的主要活动断层以及地形和地表盐体

图 27-6c、d 表示了 Alborz 地区 5Ma 之前半径为 100km 的圆的特征。应力椭圆总结了 Alborz 地区在 4mm/a 的左旋剪切和 6mm/a 的南北向挤压(Vernant 等，2004a，b)的速率下依次发生的构造变形特征。这些速率与在德黑兰经度处发生的 30km 缩短是一致的(Allen 等，2003)。

图 27-6c 至 f 表示了两组时期内引起断层返转运动的应力场特征。逆冲断层和压扭构造阶段有一个 SSW—NNE 方向的最大水平轴(σ_1)，一个 WNN—ESE 方向的中间轴(σ_2)，重力为最小主应力(σ_3)。正断层和张扭构造的反转制只涉及垂直主应力从最小转变为最大。这个解释说明以上两种解释构造反转的模式都可以应用到加姆萨尔地区。研究区的局部应力场可以说是在关键值的两侧交替出现(Platt，1986)以及在两个远场应力场之间发生变化(Allen 等，2003；Ritz 等，2006)。

在冬季，阿拉伯板块和亚洲板块之间的南北向挤压作用，通过沿着 SW—NE 向走滑断层的具有压扭性质的逆冲断层(和褶皱)使得 Alborz 山系的锥角变大。相反地，在夏季，由于重力作用超过侧向应力，断层的运动学机制发生反转，地下盐体底部之上的重力滑动作用使 Alborz 山前缘的锥角变小。沿 Alborz 山系的左旋张扭作用使得南里海相对于伊朗向西运动，因此里海盆地南部发生俯冲作用。这种解释表明阿拉伯板块和亚洲板块之间的大部分南北向挤压发生在冬季的逆时针压扭作用阶段，并且沿 Alborz 山系的逆时针张扭作用使里海盆地南部在夏季发生俯冲。

图 27-5 以月为单位记录了温度、降雨量、潮汐加速度和加姆萨尔断层的位移情况，所对应的时期与图 27-3 和图 27-4 的干涉图相同。2004 年 7 月(对应 F 时期)发生的 4 次暴风雨至少是十年内第一次明显的夏季降雨。运动学特征是与降雨量而不是温度或固体地球的潮汐具有更好的相关性(图 27-5)。

Alborz 山区的降雨量肯定高于 Great Kavir 地区。这表明加姆萨尔地区地下水的深度具有很大季节性波动的特点。引起的地下水压力变化与固体地球的潮汐变化共同引起了应力场的变化。

27.5 结论

综上所述，我们的 InSAR 结果与前人对 Alborz 构造变形的研究成果基本一致，但增加了一些更为吸引人的细节。由于 Alborz 山前缘在过去的 5Ma 内向 SSW 方向推进，山系从而覆盖在加姆萨尔盆地的盐层之上，并使盐体挤出在 Great Kavir 地区的地之上，从而形成了加姆萨尔盐推覆体。在此外，从 Zirab-Garmsar 断层错开了山系前缘的约 9km(Baikpour 等，2010)。Zirab-Garmsar 断层东部短波长的褶皱和断层表明盐岩现今依然处于原地，并位于距离推覆体西侧 10km 以及距离南侧和东侧未知的范围内。

地震之间扰动的低速传播，比小型地震预测更长的活动断层和明显的褶皱作用等均表明构造应变的比例高于预测的非地震应变的比例。

加姆萨尔盐推覆体现今并非表现为地下挤出盐体的膨胀作用，而是表现出非活动和缩小特征，这可能是由于持续的重力扩展作用引起的消耗而导致的，但更可能是由一般的溶解作用引起的。由于盐岩具有良好的延展性，而无法形成脆性断裂，盐肩破坏了其周围及下部围岩中活动褶皱的幅度。

我们期待将来能够进一步研究明确 Alborz 活动构造能够向山系前缘南部延伸多远的距

离。通过 Zirab-Garmsar 断层及其南部和东部的褶皱和断层的距离分析层的地理特征也是令人感兴趣的。但更令人感兴趣的是活动断层的幕式反转，以及它们是否只发生在原地盐层作为浅层滑脱层的地区。利用 InSAR 技术进行持续观测是非常具有价值的，局部一系列的 GPS 台站也可以监测运动机制的变化，局部一系列的地震仪也可以提供地震方法来监测动力学特征。

参 考 文 献

Aftabi, P., Roustaie, M., Alsop, G. I. & Talbot, C. J. 2010. InSAR mapping and modelling of an active Iranian salt extrusion. Journal of the Geological Society, London, 167, 155-170.

Alavi, M. 1996. Tectonostratigraphic synthesis and structural style of the Alborz mountain system in Northern Iran. Journal of Geodynamics, 21, 1-33.

Allen, M. B., Ghassemi, M. R., Shahrabi, M. &Qorashi, M. 2003. Accommodation of late Cenozoico blique shortening in the Alborz range, northern Iran. Journal of Structural Geology, 25, 659-672.

Amini, B. & Rashid, H. 2005. Garmsar Geological Map, 1: 100000 Scale. Geological Survey of Iran, Tehran.

Anderssohn, J., Wetzel, H. L., Walter, T. R., Motagh, M., Djamour, Y. & Kaufmann, H. 2008. Land subsidence pattern controlled by old alpine basement faults in the Kashmar Valley, northeast Iran: Results from InSAR and leveling. Geophysical Journal International, 174, 287-294.

Baikpour, S., Zulauf, G., Dehghani, M. & Bahroudi, A. 2010. InSAR maps and time series observations of surface displacements of rock salt extruded near Garmsar, northern Iran. Journal of the Geological Society, London, 167, 171-181.

Bruthans, J., Asadi, N., Filippi, M., Wilhelm, Z. &Zare, M. 2007. A study of erosion rates on salt diapir surfaces in the Zagros Mountains, SE Iran. Environmental Geology, 53, 1079-1089.

Fielding, E. J., Blom, R. G. & Goldstein, R. M. 1998. Rapid subsidence over oil fields measured by SAR interferometry. Geophysical Research Letters, 25, 3215-3218.

Gabriel, A. K., Goldstein, R. M. & Zebker, H. A. 1989. Mapping small elevation changes over large areas: differential radar interferometry. Journal of Geophysical Research, 94, 9183-9191.

Guest, B., Guest, A. & Axen, G. 2007. Late Tertiary tectonic evolution of northern Iran: a case for simple crustalfolding. Global and Planetary Change, 58, 435-453.

Hudec, M. R. & Jackson, M. P. A. 2007. Terra Infirma: understanding salt tectonics. Earth Science Reviews, 82, 1-28.

Jackson, J. & Mckenzie, D. 1988. The relationship between plate motions and seismic moment tensors, and the rates of active deformation in the Mediterranean and Middle East. Geophysical Journal, 93, 45-73.

Masson, F., Sedighi, M. et al. 2002. Present-day surface deformation and vertical motion in the Central Alborz (Iran) from GPS and absolute gravity measurements. EGS XXVII General Assembly, Nice, 21-26 April 2002, abstract #455.

Masson, F., Chéry, J., Hatzfeld, D., Martinod, J., Vernant, P., Tavakoll, F. & Ghafory - Ashtiani, M. 2005. Seismic v. aseismic deformation in Iran inferred from earthquakes and geodetic data. Geophysical Journal International, 160, 217-226.

Massonnet, D. & Feigl, K. L. 1998. Radar interferometry and its application to changes in the Earth's surface. Reviews of Geophysics, 36, 441-500.

Platt, J. P. 1986. Dynamics of orogenic wedges and the uplift of high-pressure metamorphic rocks. Geological Society of America Bulletin, 97, 1037-1053.

Radjaee, D., Rham, M., Mokhtari, M., Tatar, K., Priestley, & Hatzfeld, D. 2010. Variation of Moho depth in the central part of the Alborz Mountains, northern Iran. Geophysical Journal International, 181, 173-184.

Ritz, J.-F., Nazari, H., Ghassemi, A., Salamati, R., Shafei, A., Solaymani, S. & Vernant, P. 2006. Active transtension inside central Alborz: a new insight into northern Iran-southern Caspian geodynamics. Geology, 34, 477-480.

Slunga, R. S. 1991. The Baltic Shield earthquakes. Tectonophysics, 189, 323-331.

Talbot, C. J. & Aftabi, P. 2004. Geology and models of salt extrusion at Qum Kuh, central Iran. Journal of the Geological Society, London, 161, 1-14.

Talbot, C. J. & Jarvis, R. J. 1984. Age, budget and dynamics of an active salt extrusion in Iran. Journal of Structural Geology, 6, 521-533.

Vernant, P. H., Nilforoushan, F. et al. 2004a. Deciphering oblique shortening of central Alborz in Iran using geodetic data. Earth and Planetary ScienceLetters, 223, 177-185.

Vernant, P., Nilforoushan, F., Hatzfeld, D., Abbassi, M. R., Vigny, C. & Masson, F. 2004b. Present-dayc rustal deformation and plate kinematics in the Middle East constrained by GPS measurements in Iran and northern Oman. Geophysical Journal International, 157, 381-398.

Zanchi, A., Berra, F., Massimo Mattei, M., Ghassemi, M. R. & Sabouri, J. 2006. Inversion tectonics in central Alborz, Iran. Journal of Structural Geology, 28, 2023-2037.

Zebker, H. A. & Goldstein, R. M. 1986. Topographic mapping from interferometric synthetic aperture radar observations. Journal of Geophysical Research, 91, 4993-4999.

Zhenhong, L., Fielding, E. J., Cross, P. & Muller, J.-P. 2006. Interferometric synthetic aperture radaratmospheric correction: medium resolution imaging spectrometer and advanced synthetic aperture rada rintegration. Geophysical Research Letters, 33, L06816, http://dx.doi.org/10.1029/2005GL025299.

(李鹏 译，纪沫 孙瑞 史毅 校)

第28章 突尼斯北部海底"盐冰川"
——一个北非白垩纪被动陆缘三叠系盐岩流动性的实例

AMARA MASROUHI[1], HEMIN A. KOYI[2]

(1. Department of Earth Sciences, Faculty of Sciences of Gabes, Gabes University, 6072 Gabes, Tunisia; 2. Hans Ramberg Tectonic Laboratory, Department of Earth Sciences, Uppsala University, Villavagen 16, Uppsala SE-752 36, Sweden)

摘 要 本文综合利用突尼斯北部 Medjez-el-Bab(MEB)地区的地层学、沉积学、构造资料和布格重力图等，对被动陆缘之上的白垩系盐岩挤出特征进行研究。研究区位于 Teboursouk 逆冲前缘南部(也是古近纪—新近纪持续挤压作用所使用的优势滑脱面)，MEB 为一个简单的 N40°E 箱状背斜。恢复两期古近纪—新近纪褶皱作用(始世世和中新世)后可以明确研究区海底盐冰川的原始特征。三叠系盐岩表现为夹于两套正常地层极性的白垩系之间的阿尔布阶夹层，表明三叠系盐岩在白垩纪呈与地层平行的方式挤出(在沉积物—水的界面上)。这种盐岩挤出的方式与伸展断层作用(可能包括上覆层和基底中的断层)有关，也与这种斜坡和向盆地方向的盐岩流动有关。该模式也类似于其他被动边缘盐构造区异地盐体的形成特征。

在阿特拉斯(Atlas)褶皱冲断带东北部(阿尔及利亚东北部和突尼斯北部)，有大量主要呈 NE—SW 向展布的盐构造野外露头(图28-1)。这些盐构造主要为三叠系盐体(250—200Ma)，分布范围由数平方米至数平方千米不等。北非盐岩省的盐岩侵位模式可归纳为两类，一类是底辟或穿隆模式(Bolze, 1950; Perthuisot, 1978; el Ouardi, 1996; Perthuisot 等，1998; Jallouli 等，2005; Benassi 等，2006)，下部盐岩主动刺穿上覆岩层，并使构造翼部的上覆岩层厚度发生减薄。另一类是"盐冰川"模式(Vila, 1995; Vila 等，1996, 2002; Ghanmi 等，2001)，沿沉积物—水界面或薄层海相沉积物之下的盐岩流动形成与下伏沉积物一致的异地盐体。盐岩被认为是沿着同沉积正断层出露地表，而同沉积正断层是形成于白垩纪被动陆缘沉积物的薄皮伸展作用阶段，其中被动陆缘沉积是由东南向西北方向进积。然而，北非含盐地区的主要海底盐冰川是形成于始新世和中新世的挤压事件过程中。这种多阶段的构造演化历史使盐岩初始侵位的解释出现了矛盾。除北非含盐岩区域之外，其他大型海底盐冰川地区(墨西哥湾、哈萨克斯坦、乌克兰、也门红海边缘、安哥拉边缘、摩洛哥大西洋边缘)都利用地质资料和/或二维和三维地震资料对其进行了大量研究(Curnelle 和 Marco, 1983; Wu 等，1990; Diegel 等，1995; Fletcher 等，1995; Hudec 和 Jackson, 2004; Mc Bride, 1998; Mc Bride 等，1998; Hafid, 2000; Barde 等，2002; Rowan 等，2003; Canerot 等，2005; Hudec 和 Jackson, 2006)，也利用物理模拟和/或数值模拟进行了分析(Koyi, 1988, 1996, 1998; Fletcher 等，1995; Guglielmo 等，1998; Gaullier 和 Vendeville, 2005; Vendeville, 2005; Roca 等，2006)，近些年也有文献对其进行了确认(Jackson, 1995; Hudec 和 Jackson, 2007; Mohr 等，2007)。本文以北非陆缘(突尼斯北部)Medjez-El-Bab 盐构造为研究对象，表示了北非白垩纪被动陆缘之上三叠系盐岩形成的盐冰川的流动性。本文主要利用地层学、沉积学和构造资料以及布格重力图对 Medjez-el-Bab(MEB)盐冰川的演化过程进行了解释。

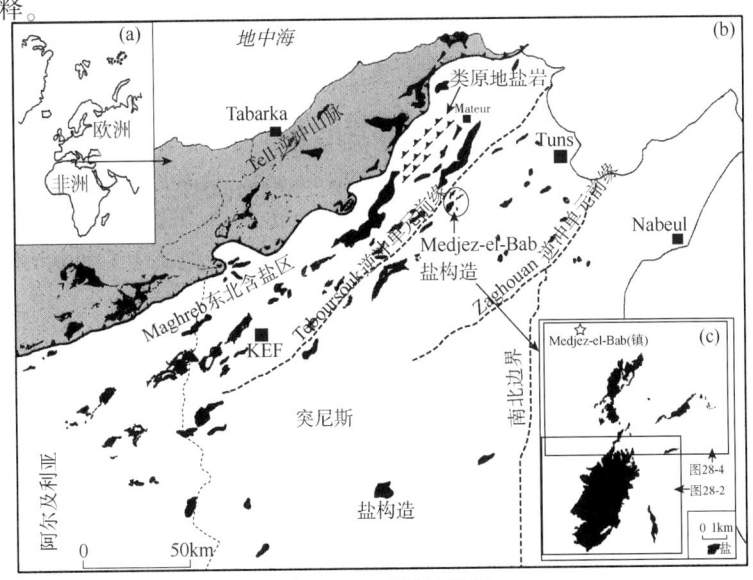

图 28-1 区域地质图

(a)北非地区位置图；(b)突尼斯北部区域构造图，显示了三叠系盐岩露头在区域内的分布，以及 Medjez-el-Bab 构造的一些重要特征及其位置；(c)Medjez-el-Bab 地区盐岩露头的分布以及图 28-2 和图 28-4 地质图的具体位置

28.1 地质背景

突尼斯北部位于 Atlas 构造体系东北部(摩洛哥、阿尔及利亚和突尼斯)，靠近非洲板块的西北部边缘。北非大陆边缘的中—新生代演化过程可以划分为两个主要阶段，第一个阶段为三叠纪—晚白垩世旋回，此时南特提斯边缘为被动大陆边缘(Souquet 等，1997；Bouaziz 等，2002；Masrouhi 等，2008)；第二个旋回为后森诺期旋回，受古近纪—新世纪非洲板块和欧洲板块碰撞影响，此时以构造挤压为点，并夹有相对平构造平静期(Tlig 等，1991；Guiraud 等，2005；Masrouhi 等，2007，2008；Frizon de Lamotte 等，2009)。

由于这两期构造幕的叠加造成盐构造与围岩之间复杂的几何学关系，给盐构造样式的解释带来了更大困难。研究区多期构造演化历史可以简单概述如下：早中生代的裂谷作用形成三叠纪盆地，发生盐岩沉积，并覆盖了突尼斯地区(Kamoun 等，2001)。在特提斯洋的西南部，其边缘以伸展作用、地壳减薄和沉降作用为特征。三叠系为陆相沉积，由厚层蒸发岩(盐岩和石膏)和陆缘的黏土岩与白云岩，以及部分地区的玄武岩组成。之后直至晚白垩世均为被动陆缘盆地构造特征。在整个突尼斯地区，三叠系盐岩被形成于 Maghrebian 特提斯裂谷阶段的侏罗系碳酸盐岩覆盖(Soussi，2003；Boughdiri 等，2007)。在早白垩世，随着突尼斯中南部台地和北部深海槽(突尼斯海槽)的形成，古地理分异作用增强。突尼斯海槽在早白垩世接受了厚层硅质碎屑沉积物和碳酸盐岩沉积物的沉积，在晚白垩世沉积了开阔海相页岩和浅海相碳酸盐岩互层沉积。

突尼斯北部现今呈 NE—SW 向展布的构造带位于 Zaghouan 山与突尼斯北部地中海海岸线之间约 150km 宽范围内。该构造带可以划分为两个区域。第一个是北部 Tell 逆冲山脉，主要由中中新世的逆冲岩席组成；第二个位于 Tellian 山脉的东南部，突尼斯北部 Atlas 带通常也被划分为两个主要的构造单元：(1)南部为 Zaghouan 构造单元，由一些较薄的地层组成，特别是阿普特期凝缩地层（Zaghouan 逆冲系统受古近纪—新近纪挤压作用影响而形成，构造位置处于阿特拉斯阿尔卑斯山脉前缘）；（2）位于 Maghreb 谷盐区东北部突尼斯境内的 Teboursouk 构造单元，以大量的盐构造出露地表为特征，也被称为底辟区（Perthuisot，1978；Perthuisot 等，1998）。由于三叠系蒸发岩区白垩纪发生重新分布，这一区域也被称为海底盐冰川（Uila 等，1996，2002；Ghami 等，2001）。

在本文中，MEB 盐构造由于其地质位置而在 Maghreb 东北部含盐区中显得比较突出。MEB 构造位于 Teboursouk 逆冲前缘南部（也是古近纪—新近纪持续挤压作用所使用的优势滑脱面；图28-1），是一个简单的 N40°E 向破裂箱状褶皱，开始在北非白垩纪被动陆缘上出露时是一个简单的海底盐冰川。除此之外，MEB 构造在该地区也是一个比较特殊的构造，最新的沉积物并未完全被剥蚀掉。在突尼斯北部阿特拉斯构造域的其他地方，构造往往以相反的形态出现，如高耸的向斜和被严重剥蚀的背斜。本文利用新的构造和沉积资料来论证盐冰川在北非白垩纪被动陆缘上发生流动。这在其他含盐区已经得到了广泛认可，但在突尼斯地区还有一定争论。

28.2 地质露头数据及构造模式

MEB 地区主要发育三个盐岩露头，即西南部的 Jebel-el-Mourra（图28-2 和图28-3）和东北部的 Bou Mouss 和 Bou Rahal Jebels（图28-4）。前人已经各自独立地研究过这些盐岩露头（el Ouardi，1996；Benassi 等，2006）。在北部和南部之间，沿着连接 Oued Zerga 和 Tunis 的高速公路，有两个不同探槽内的剖面（Masrouhi，2006）出露了第四系土壤之下的盐岩（图28-2 和图28-4）。这些剖面证实了对应于白垩纪挤出的单一盐岩的出露盐岩形成一个海底盐冰川的地质模式（Fletcher 等，1995；Mohr 等，2007），也有其他学者称之为异地盐席模式（Wu 等，1990；Hudec 和 Jackson，2006）。

虽然古近系盐岩未出露地表，但 Meddeb 和 Chikhaoui（1997）提到的 Kef Lasfar 地区的矿井（KL1 和 KL2）和 Oued Djebes 的矿井（OJ1 和 OJ2）在地下 100m 深处都钻遇了相对较厚的盐岩层（图28-3）。除此之外，Jebel-el-Mourra 地区的数个泉水和河道都以含盐水为特征（如阿拉伯的 Oued Djebs"石膏河谷"；Oued Meleh"盐谷"）。

三叠系盐岩出现在岩帽之下，而岩帽的时代还未知。因此，典型的 Louision 岩帽带在突尼斯还未被识别出来（Kassaa，1998）。这个岩帽可以被认为具有变化的早期盐动力学特征，或者是多种连续性溶解作用的结果。我们认为只有三叠系上部是混乱的，而深部的三叠系主要为蒸发岩。

在位于 Jebel-el-Mourra 东北部的 Aïn Blal，白垩系出露并与主要盐体整合接触（图28-2 和图28-3；X—X′和 W—W′剖面）。倾伏于杂乱的三叠系之下的白垩系有如下特征（从底部到顶部）：（1）板状灰岩包含一些不稳定沉积的标志物（在薄片上，石灰岩中含有阿尔布早期的 *Favusella washitensis*）；（2）具有滑塌特征的稍大结核灰岩与泥灰岩互层，而泥灰岩中含有夹单成分角砾状透镜体（在薄片上，该岩层包含大量阿尔布中期的 *pithonella*）。

三叠系混杂堆积于白垩系之上，主要包括石膏、少量的白云岩和黏土岩。由于砾岩的存在，白垩系与三叠系是以一种"沉积"的方式相接触。在箱状褶皱的核部，由于 *Planomalina chiniourensis* 的存在，白垩系应该属于阿普特末期。此外，在 Jebel-el-Mourra 周缘北部地区，在三叠系之下，背斜两翼地层相当于阿普特阶下部。这些白垩系露头在探槽两侧清晰地倾伏于三叠系之下（图28-3，W—W′剖面）。因此，我们认为三叠系是以沉积接触的方式覆盖在阿普特阶之上。

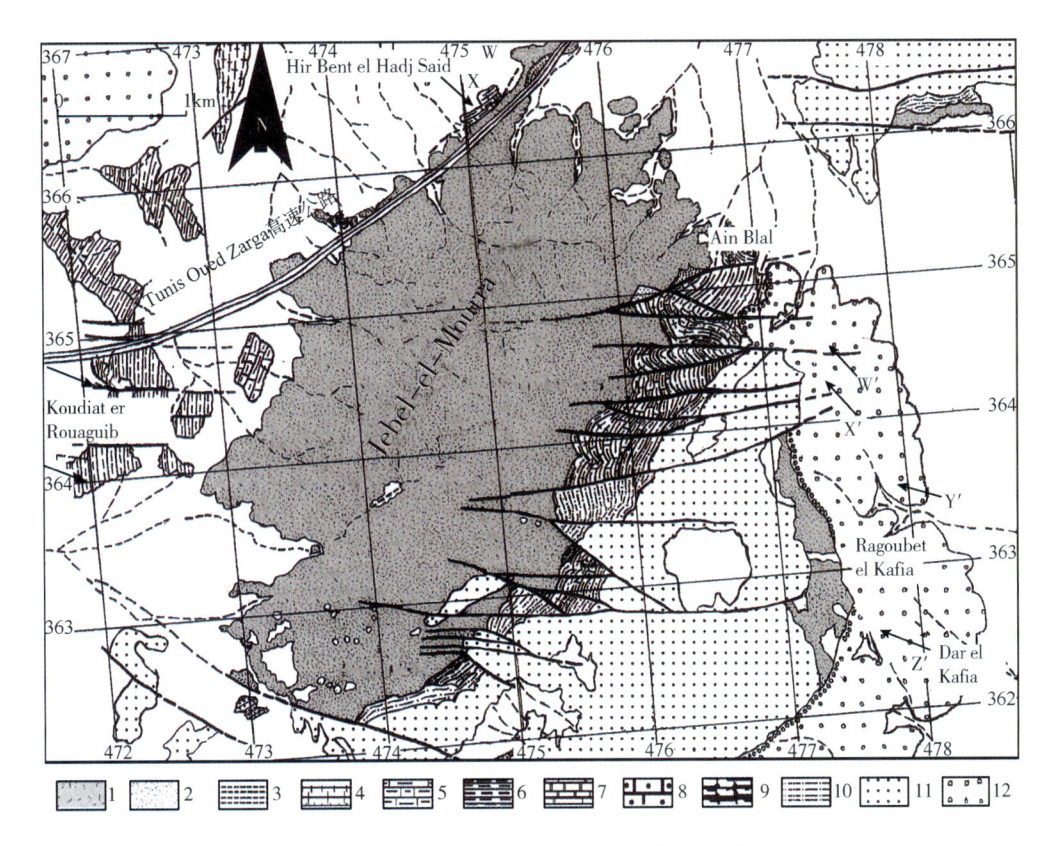

图 28-2 Jebel-el-Mourra 地区简化地质图

白色—第四系；细线—地层界限；细虚线—水文情况(河流)；粗线—断层；(1)三叠系盐体；(2)巴雷姆阶上部—阿尔布阶下部；(3)阿尔布阶；(4)塞诺曼阶；(5)塞诺曼阶—土伦阶；(6)下森诺阶；(7)上森诺阶；(8)始新统下部；(9)始新统中部；(10)始新统上部；(11)渐新统—中新统下部；(12)中新统上部—上新统

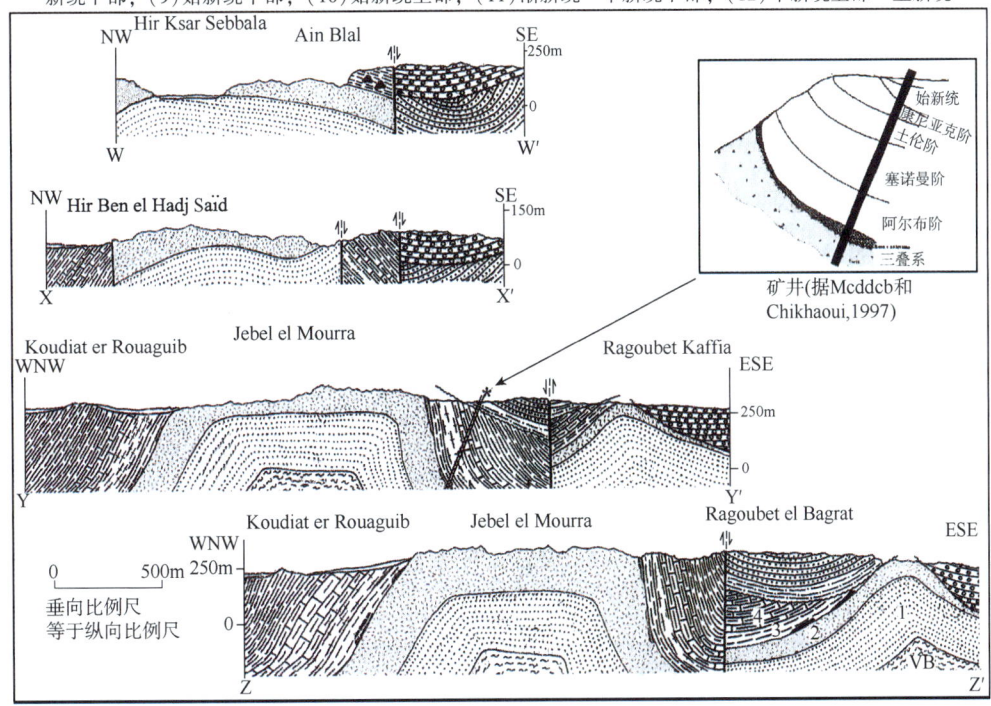

图 28-3 根据地表资料绘制的地质剖面图

位置参见图 28-2，表示了 Jebel-el-Mourra 地区的构造特征；岩性符号与图 28-2 中的岩性符号一致

Jebel-el-Mourra 地区三叠系盐岩之上的白垩系出露于西南部。在 Oued Jebs（图 28-2 和图 28-3；Y—Y'和 Z—Z'剖面），这些盖层垂直出露并上覆于三叠系之上。在白垩系和三叠系之间存在一些褐色白云岩。在薄片上，这些白云岩对应于无层理的鲕粒岩和角砾结构的砂砾质泥岩。少数微晶薄片证明了 *Planomalina buxtorfi* 动物群存在阿尔布阶顶部，而在过去很长一段时间内，人们认为该动物群只存在上部的灰色泥灰岩中（el Ouardi，1996）。三叠系之上的小型碳酸盐岩透镜体说明砂砾状接触改造了三叠系。成矿的重晶石集中在接触面上部说明了热液成矿流体的循环。Bouhlel 等（1988）和 Kassaa 等（1988）通过区域性的地球化学方法研究证实了这种循环也存在于相同地质历史时期的其他地区。现今已经白云石化的碳酸盐岩透镜体确定了阿普特阶在三叠系之上的海侵特征（图 28-3）。这些相当于同期的珊瑚藻类礁体（Purse，1973）的稍具层理或者无层理的透镜体首次在 Jebel-el-Mourra 地区被描述（图 28-2、图 28-3 和图 28-5），此后也在其他盐构造区被描述了（Vila 等，1996；Ghanmi 等，2001）。这些不连续的珊瑚藻礁发育在不稳定的三叠系中。相同的地层序列在 Calamine 矿东北部 1km 处也有发现，二者具有相同的年代地层特征（图 28-3；Z—Z'剖面），这也证明了盖层是海侵在三叠系之上的。除此之外，两个地区的阿尔布阶构成了 Jebel-el-Mourra 地区三叠系的盖层。阿尔布阶被正常的上白垩统覆盖，表明：（1）阿尔布阶顶部石灰岩（年代由 *Planomalina buxtorfi* 确定）上超于珊瑚藻礁之上；（2）由 *Globotrancana appenenica* 确定年代的塞诺曼阶覆盖于阿尔布阶顶部石灰岩之上；（3）土伦阶石灰岩位于塞诺曼阶之上，而土伦阶由 *helvetoglobotruncana Helvetica* 确定年代；（4）塞诺阶下部（康尼亚克阶—圣通阶）位于土伦阶之上，前者由底部的 *Globotruncana coronata*、*Dicarinella concavata* 和顶部的 *Dicarinella concavata assymetrica* 共同确定年代。构成三叠系盖层的整个地层序列倾角较大（85°）。

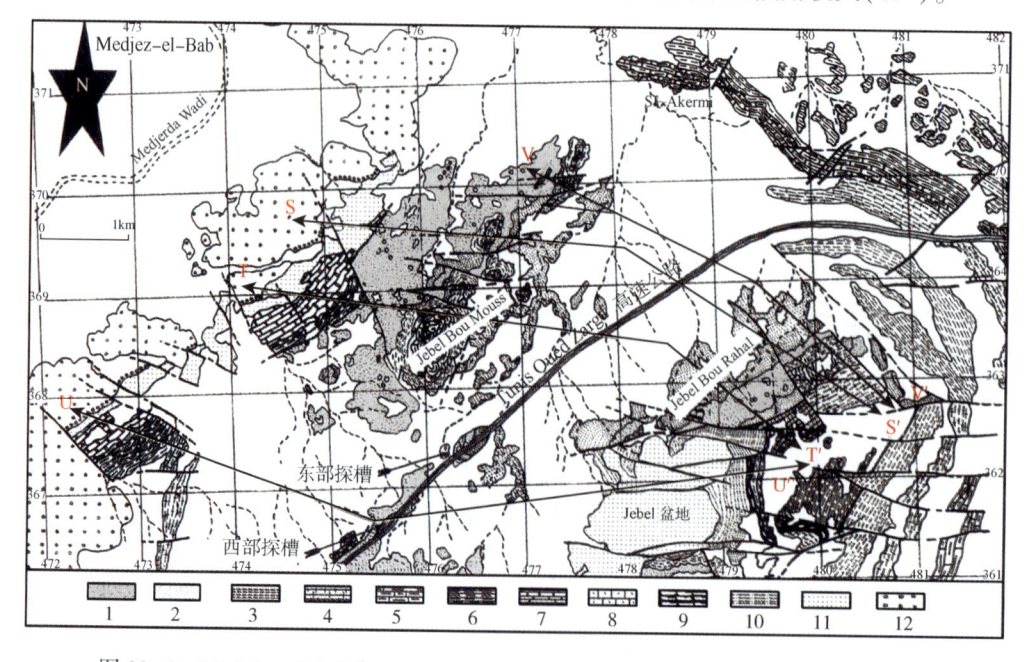

图 28-4 Jebel Bou Rahal 和 Jebel Bou Mouss 地区简化地质图（图例与图 28-2 相同）

MEB 构造的东北部对应于 Jebel Bou Mouss 和 Jebel Bou Rahal 地区（图 28-4 和图 28-6）。相比于 Jebel Mourha，三叠系盐岩与白垩系和古近系—新近系之间的构造关系在这里有更好的出露，但 MEB 箱状背斜核部的剥蚀更为严重。MEB 背斜核部是巴雷姆阶泥灰岩及少量黑色石灰岩夹层，这些地层可以由 *Lenticulina eichenbergi*、*L. barremiana*、*Dorothia oxycona* 和 *D. sp.* 确定其年代(el Ouardi，1996)。这些地层中包含泥质和含石英质夹层的灰质沉积物。这些沉积物根据岩相(Masrouhi，2006)和微古生物(el Ouardi，1996)确定的年龄为晚—中阿普特期，其上覆层为具有连续石英质夹层的灰泥层(图28-4、图28-6和图28-7)。它们的时代通过 *Planomalina chiniourensis* 可以很好地确定为阿普特晚期。在上部30m之上为外来岩席，包括了三叠系盐岩及其相关物质，该处为泥质沉积，并夹有滑塌结构和龟背石的石灰岩层。这些夹层中仅发育 *Favusella wachitensis*，表明阿普特早期的特征。前述下白垩统由一个东西向展布的右行走滑断层所限制(图28-4和图28-6)，或被三叠系覆盖后沿 MEB 褶皱的两翼发生倾伏(Masrouhi 等，2005)。在 Jebel Bou Rahal(MEB 褶皱南翼)的剖面图(el Ouardi，1996)上，三叠系盐岩的几何特征类似于一个简单的盐冰川。这种盐岩露头在 Maghreb 东南部含盐区是相对容易辨识的(Vila 等，1996，2002；Ghanmi 等，2001)。三叠系夹层的位置可以通过地质图(图28-4)，沉积接触关系和顶底部之间的地层连续性很好地得到说明(图28-4和图28-7)。中—上阿普特阶—塞诺曼阶或受限于走滑断层，或与上文所描述的相反，是通过三叠系不溶组分以砾岩透镜体"沉积"方式叠合于三叠系之上。在后一种情况，Jebel Bou Mouss 和 Jebel Bou Rahal 地区的上白垩统具有如下特征(由下至上)：(1)泥灰岩颜色由灰色至黑色，含有上阿普特阶沉积早期的 *Ticinella breggiensis*、*Rotalipora subticinesis* 和 *Planomalina praebuxtorfi* 微古生物；(2)板状石灰岩含上阿尔布阶的 *Planomalina buxtorfi*；(3)塞诺曼阶石灰岩可以由 *Rotalipora appenninica* 确定其年代；(4)土伦阶以 *Helvetoglobotruncana helvetica* 确定其年代；(5)Aleg 组康尼亚克阶—圣通阶石灰岩底部有 *Globotruncana coronata* 和 *Dicarinella concavata*，顶部有 *Pseudolinneiana sp.*，*Dicarinella asymetrica* 和 *D. concavata*。这些地层被整合覆盖在 MEB 的 Jebel Bou Mouss 和 Sidi Akermi 穹状背斜闭合中，上覆地层为坎潘阶—马斯特里赫特阶石灰岩，其底部可以用 *Globotruncana ventricosa* 确定年代；中部以 *Globotruncana calcarata* 确定年代；上部以 *Globotruncana falsostuarti* 确定年代。与此相反，塞诺阶上部在 MEB 构造南翼(Jebel Bou Rahal)全部缺失(图28-2和图28-4)，其原因是早—晚塞诺期过渡期间发生的正构造反转造成的适度剥蚀作用(Masrouhi 等，2008)。我们注意到了古新统在整个 MEB 构造中的缺失。

图28-5 白垩纪稍具层理—无层理的珊瑚藻礁发育在盐席之上

位于 Medjez-el-Bab 至 Goubellat 的 15 号国家公路两侧的 NE—SW 方向剖面(Masrouhi, 2006)平行于北部 Jebel Bou Mous 和南部 Jebel-el-Mourra 的构造。在所谓的东部探槽(相对于公路)，三叠系(包括上部和下部接触面)有出露(图 28-4)。

位于 Jebel-el-Mourra 北部边界的西部探槽长度为 1km。沿着 400m 的剖面出露一个背斜构造，其中三叠系覆盖于下白垩统之上(图 28-2 和图 28-3)。

三叠系的"夹层"位置在新高速公路的探槽中非常明显(图 28-2 和图 28-4)，与白垩系中的盐岩具有同样的位置(在 Jebels 系列露头中)，这也说明盐体协调覆盖于下阿尔布阶沉积物之上。这种观测也表明变形的盐冰川存在于 MEB 构造中。

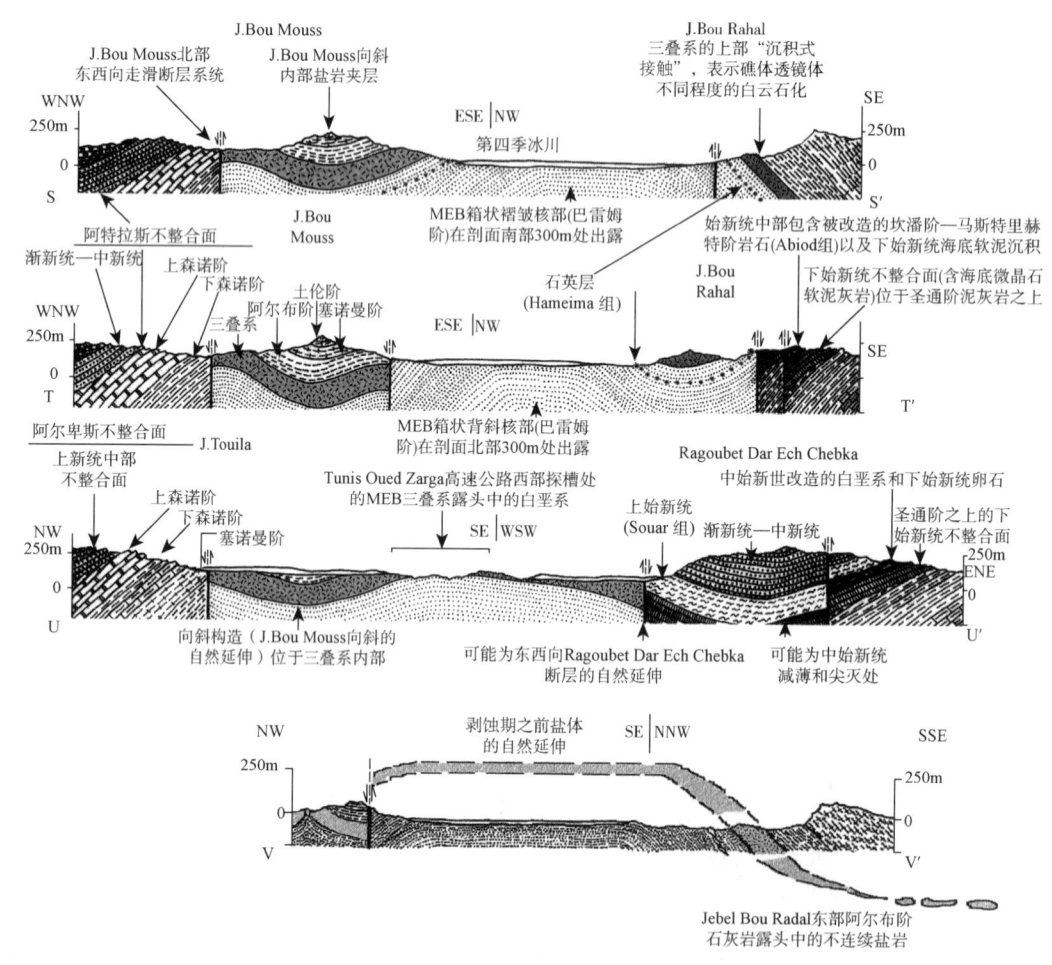

图 28-6 根据地表资料绘制的地质剖面图
位置参见图 28-4，地层岩性标示与图 28-4 相同

28.3 重力数据

本文中的布格重力异常图(图 28-8)来自对研究区内测网密度为每平方米一个点的地表测量结果(Sial Geosciences Inc, 1998)，而有些地区的测网密度更大。为了确定三叠系蒸发岩是否在深部存在，因地表露头良好而无须使用回剥或建模的方法(Nely, 1980)。

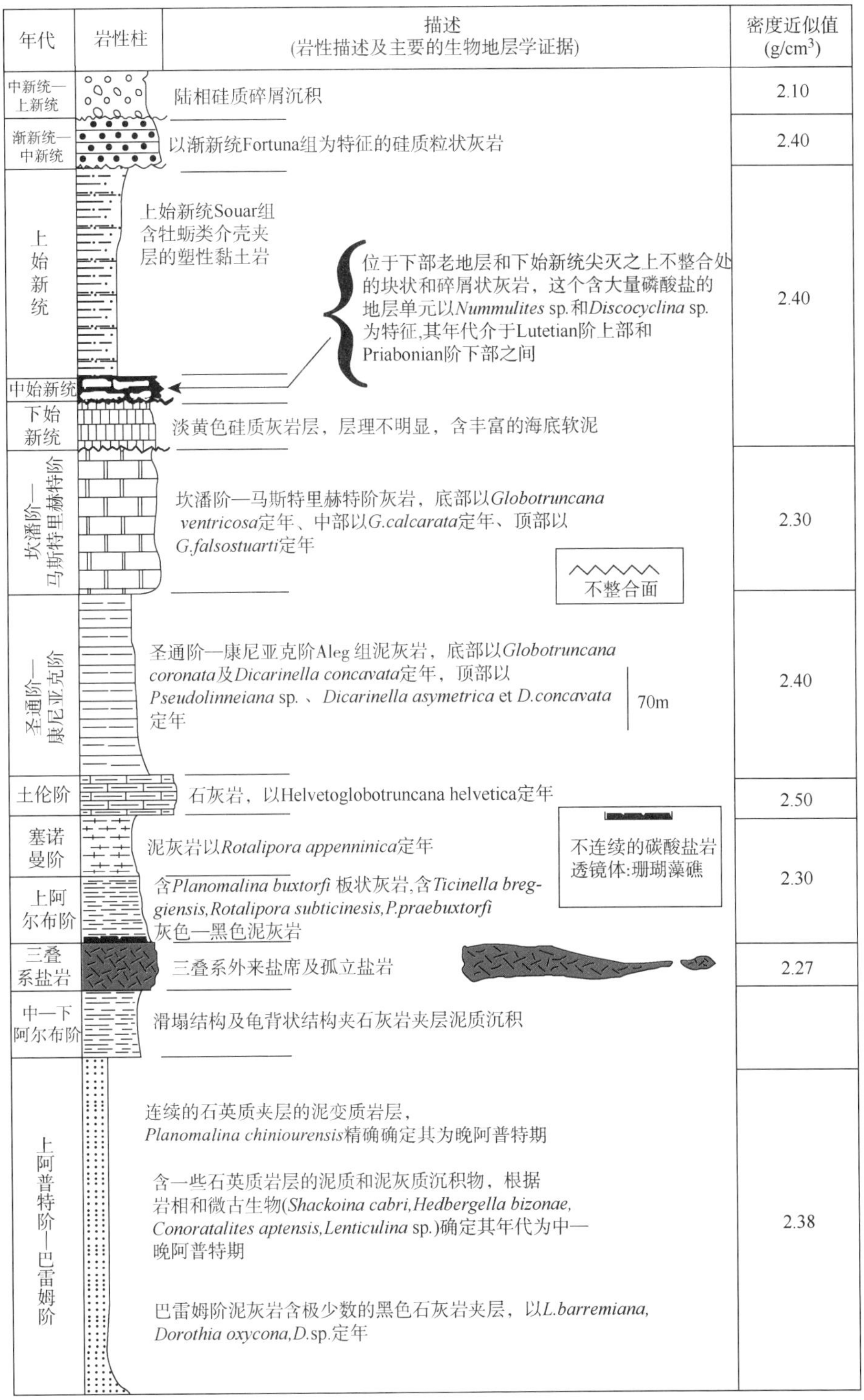

年代	岩性柱	描述 (岩性描述及主要的生物地层学证据)	密度近似值 (g/cm³)
中新统—上新统		陆相硅质碎屑沉积	2.10
渐新统—中新统		以渐新统Fortuna组为特征的硅质粒状灰岩	2.40
上始新统		上始新统Souar组含牡蛎类介壳夹层的塑性黏土岩 位于下部老地层和下始新统尖灭之上不整合处的块状和碎屑状灰岩，这个含大量磷酸盐的地层单元以 *Nummulites* sp. 和 *Discocyclina* sp. 为特征，其年代介于Lutetian阶上部和Priabonian阶下部之间	2.40
中始新统			
下始新统		淡黄色硅质灰岩层，层理不明显，含丰富的海底软泥	
坎潘阶—马斯特里赫特阶		坎潘阶—马斯特里赫特阶灰岩，底部以*Globotruncana ventricosa*定年、中部以*G.calcarata*定年、顶部以*G.falsostuarti*定年	2.30
		不整合面	
圣通阶—康尼亚克阶		圣通阶—康尼亚克阶Aleg组泥灰岩，底部以*Globotruncana coronata*及*Dicarinella concavata*定年，顶部以*Pseudolinneiana* sp.、*Dicarinella asymetrica* et *D.concavata*定年 70m	2.40
土伦阶		石灰岩，以*Helvetoglobotruncana helvetica*定年	2.50
塞诺曼阶		泥灰岩以*Rotalipora appenninica*定年	
上阿尔布阶		含*Planomalina buxtorfi*板状灰岩，含*Ticinella breggiensis,Rotalipora subticinesis,P.praebuxtorfi*灰色—黑色泥灰岩 不连续的碳酸盐岩透镜体：珊瑚藻礁	2.30
三叠系盐岩		三叠系外来盐席及孤立盐岩	2.27
中—下阿尔布阶		滑塌结构及龟背状结构夹石灰岩夹层泥质沉积	
上阿普特阶—巴雷姆阶		连续的石英质夹层的泥变质岩层，*Planomalina chiniourensis*精确确定其为晚阿普特期 含一些石英质岩层的泥质和泥灰质沉积物，根据岩相和微古生物(*Shackoina cabri,Hedbergella bizonae, Conoratalites aptensis,Lenticulina* sp.)确定其年代为中—晚阿普特期 巴雷姆阶泥灰岩含有极少数的黑色石灰岩夹层，以*L.barremiana, Dorothia oxycona,D.*sp.定年	2.38

图 28-7 研究区综合地层柱状图
包含生物地层学证据(古生物)和露头地层的体积密度

— 631 —

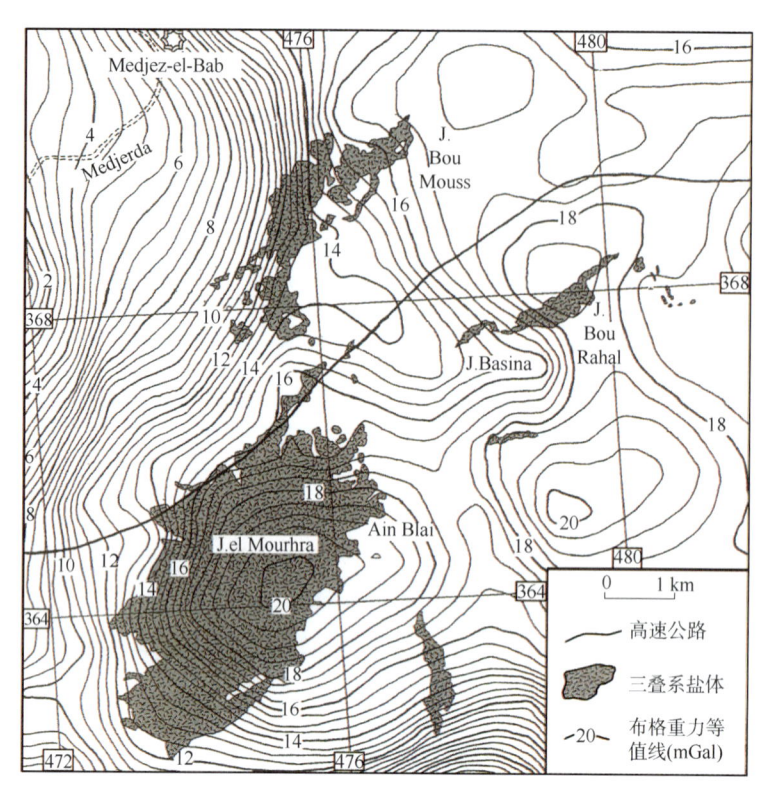

图 28-8 叠加了三叠系盐岩露头的布格重力图

布格重力异常简单显示了三叠系的边界。Jebel-el-Mourra 盐构造的核部显示出最高的布格重力异常值。这一现象与底辟模型是相矛盾的，因为底辟构造的核部应该为布格重力异常最低值。Jebel-el-Mourra 构造核部布格重力异常值增加 6mGal，而且布格重力异常与背斜轮廓一致。除此之外，布格重力异常值在向下一个向斜的褶皱一翼急剧减小。我们推断布格重力异常曲线与构造的地质界限重合非常好。垂直出露的三叠系之上的白垩系盖层向下其倾角急剧下降，表明相邻向斜的出现。这种几何形态也得到了矿井资料的证实（Meddeb 和 Chikhaoui，1997）。这些结果都证实了浅层存在高密度基岩（与盐岩密度相反；图 28-7）。例如，在 Jebel-el-Mourra 地区，从东北部到构造核部，重力异常值由 4mGal 增加到 20mGal；而核部的异常值与通过地质资料识别的背斜核部很一致（图 28-8）。这种异常值在 Aïn Blal 和高速公路西部探槽中也观察到了。在东北部（Jebel Bou Mouss 和 Jebel Bou Rahal），许多部位的构造都使下白垩统出露在盐席之下，这说明盐岩侵入到了白垩系之中。我们还注意到重力异常值在 MEB 构造的南北部之间表现出东西向趋势，这也反映了该部位存在的东西向断层（图 28-4 和图 28-8）。

28.4 讨论和结论

我们的野外数据表明放射状断层及其周缘向斜不发育，而它们恰恰与盐底辟有关联（Parker 和 McDowell，1955），特别是在盐底辟具有盐根的情况下。限制三叠系的接触面是"沉积"性质的，表现为发育砾岩（重新改造）和海绿石矿物；或是构造原因的，也就是和东西向的右旋走滑断层有关（图 28-2 和图 28-4）。

MEB 地区的露头为上巴雷姆阶—下森诺阶，其沉积相为深海盆地相，由泥灰质和钙质沉积物组成（图 28-7 和图 28-9）。这些沉积物包括了阿普特期碎屑滑塌沉积，这也反映海底斜坡的存在，我们认为盐冰川是在此斜坡上流动的。这些盐冰川可能沿一条边缘断层挤出，该断层现今表现为走滑断层。矿井（Meddeb 和 Chikhaoui，1997）和地震资料（Rigo 等，1996）表明这些走滑断层在地表垂直，而在深部发生面倾斜。盐冰川之上的沉积物首先是一些礁体（Masrouhi 等，2005；Masrouhi，2006），然后是深海盆地相沉积物，这也反映了盆地

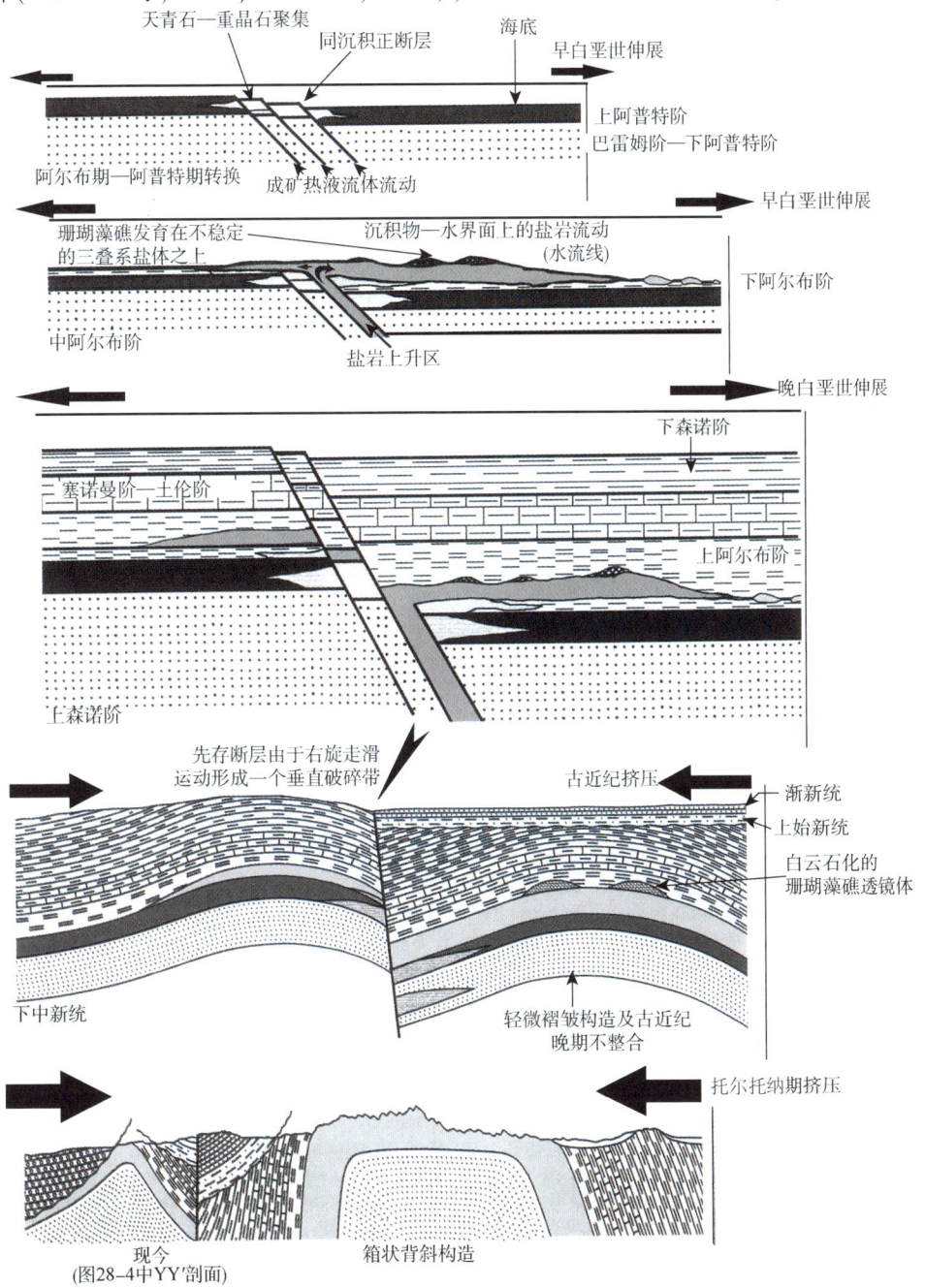

图 28-9　Medjez-el-Bab 盐构造的五个构造—沉积演化阶段示意图（未按比例显示）
要注意这些示意性剖面并不是用来表示最初盐岩侵入的触发机制

的加深(图28-9)。上覆于盐体之上的上阿尔布阶—下塞诺曼阶(el Ouardi, 1996)厚度变化明显，在 Jebel Bou Mouss 地区厚度为10m，而在 Si Akermi 背斜闭合处达数百米(图28-4和图28-10)。这种厚度的变化与由深海相至半深海相的变化是不一致的。实际上，这些地层具有丰富的沉积特征(结核改造作用、滑塌结构和单成分砾岩透镜体)，表明不规则的海底是活动伸展构造环境影响的结果。

在研究区存在两个主要的不整合，它们均与三叠系无关。第一个明显的不整合发生在晚始新世—渐新世。该时期的沉积物在 Jebel-el-Mourra 以角度不整合的方式与三叠系之上的白垩系发生接触。将上始新统恢复去褶皱后并不支持侵入底辟构造的发育，实际上证实了前始新世褶皱的存在(翼间角于20°~30°)。在前始新世构造中，三叠系位于两个正常极性和互为补充的白垩系中，表明三叠系盐岩在白垩纪发生了顺层侵入。第二个不整合发生在中新世—上新世，也是在阿尔卑斯 Tortonia 期内构造阶段(Tlig 等，1991；Guiraud et Bosworth，1997；Masrouhi 等，2008)。在该构造阶段，所有的构造都发生褶皱(翼间角为40°~50°)。

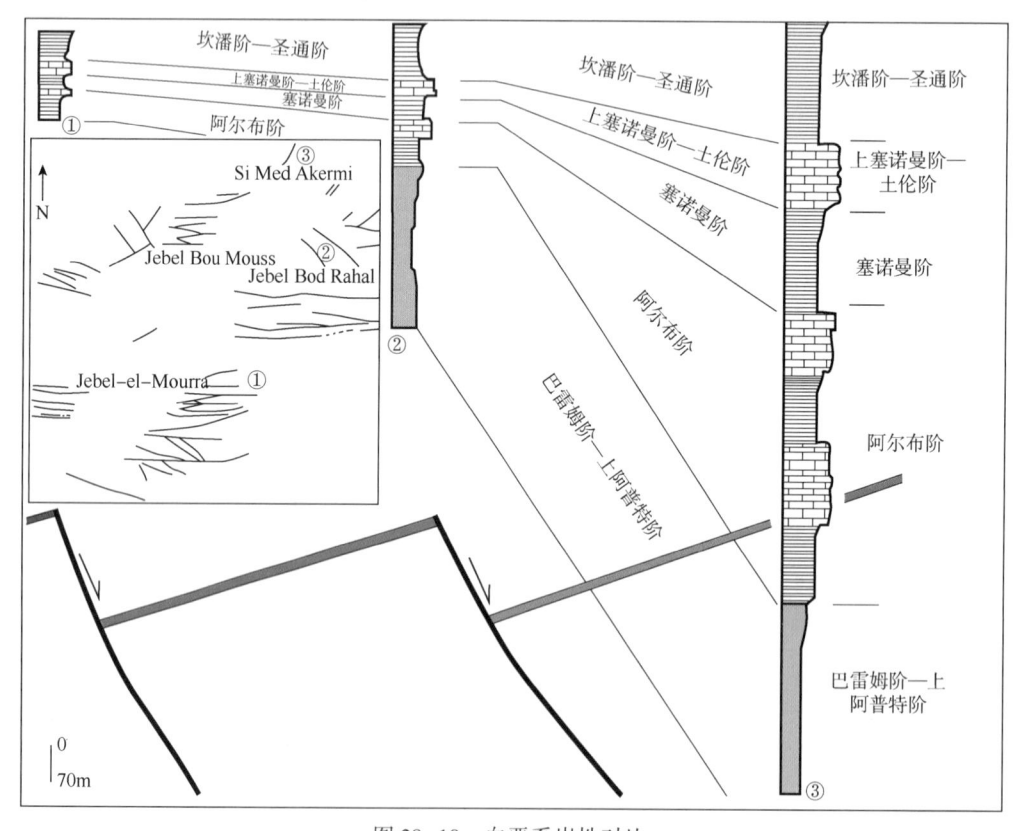

图28-10 白垩系岩性对比

来源于露头数据，表示断层特征以及同沉积断层对岩层厚度变化的影响

综合考虑盐体的几何形态及其与周围沉积地层的关系，我们认为三叠系混杂堆积以互层形式存在于阿尔布阶之中。将两期古近纪褶皱复原后(也就是去褶皱)，三叠系以水平透镜体形式存在于白垩系之中。盐岩现今以夹层形式存在于白垩系中，并且上、下部均以"沉积"方式接触。这种构造被称为盐冰川(Vila，1995；Vila 等，1996；Ghanmi 等，2001；对西部类似构造的研究)，与现今密西西比峡谷的侏罗系异地盐岩(Fletcher 等，1995)非常相似。

重力资料与我们对地层、沉积和构造数据的解释都相一致，即 MEB 构造代表一个阿尔布阶盐冰川。这种模式也解释了夹于两套白垩系协调地层之间的盐体的几何学位置，三叠系的地质背景，大量的重晶石和天青石聚集以及三叠系大型露头区缺少布格重力负异常的原因。根据几何形态、沉积接触的性质、新的定年数据和重力资料，本文认为三叠系蒸发岩以夹层形式侵入到阿尔布阶中，将阿尔布阶海底盐冰川的运动学演化过程划分为以下几个阶段（图 28-11）。

（1）三叠系盐岩在阿尔布期向盆地方向迅速扩张，当时盆地整体处于伸展构造背景，前人已从区域构造（Dercourt 等，1993；Guiraud 和 Bosworth，1997；Guiraud 等，2005，Masrouhi 等，2008）和地球化学方面（Laaridhi Ouazaä，1994；Kassaa，1998）对此进行了证实。三叠系沿先存斜坡扩张，这也得到了瘤状结核的改造、滑塌结构和单成分砾岩透镜体的证实。三叠系挤出的主要断层同时成为重晶石和天青石成矿热液的上升通道。

（2）地下和水下大规模三叠系之上的阿尔布阶礁体的发育，表明盐体流动之后形成异地盐体。

（3）上阿尔布阶半深海石灰岩整体超覆于盐体之上。

（4）晚白垩世（塞诺曼期）发生了一次构造反转，随后在中始新世形成第一期挤压作用，这在 Maghreb 边缘得到了证实（Masrouhi 等，2008；De Lamotte 等，2009；Khomsi 等，2009）。期间形成的部分构造发生轻微的褶皱作用，翼部倾角为 20°～30°。古近系和部分上白垩统由于褶皱抬升作用而遭受剥蚀。

（5）Tortonia 期为主要的构造挤压期（Tlig 等，1991；Masrouhi 等，2007；Dhahri 和 Boukadi，2010），形成褶皱闭合（两翼倾角为 50°），并形成 NE—SW 向的箱状褶皱。

图 28-11 Tunis Oued Zarga 高速公路探槽东侧路肩（2003 年 3 月 19 日）
展示了上白垩统和三叠系盐岩；1—上阿尔布阶；2—滑塌的下阿尔布阶
显示其与三叠系是分离的；3—盐席下部的槽状接触；4—三叠系盐岩；
5—盐席的上部接触；6—上阿尔布阶

从整体来看，古近纪—新近纪变形的复位显示三叠系盐岩是以水平透镜状侵入到阿尔布阶中。该模式与其他含盐区的异地盐席相似，如墨西哥湾（Fletcher 等，1995）的密西西比峡谷（Wu 等，1990），它们都具有被动大陆边缘特征。这些盐岩岩席的挤出与伸展断层作用（可能包括盖层和基底中的断层）、斜坡的存在和向盆地方向的盐岩流动有关（Koyi，1991；Vendeville 和 Jackson，1992；Koyi 和 Petersen，1993；Koyi 等，1993；Fletcher 等，1995；McClay 和 Dooley，1996）。

在这个背景之内，Maghrebian 被动陆缘的白垩系薄皮伸展背景可以使盐层发生复活。另外，在阿尔布期，差异负载作用是黏度较低的三叠系盐岩发生流动，以占据沿突尼斯被动陆缘伸展作用形成的潜在空间。

总之，本文中的 MEB 构造是白垩纪北非被动陆缘盐岩流动的典型实例。研究区内由于构造反转和古近纪挤压构造环境使得对盐体原始特征和运动学机制的理解变得更加困难。然而，由于其地质位置恰好处于 Teboursouk 逆冲单元南部，MEB 构造保留了海底盐冰川的特征。我们把 MEB 构造在 Fletcher 等(1995)的分类方案中属于一个简单的盐冰川，在 Hudec 和 Jackson(2006)的分类方案中属于露趾型增生异地岩席。

参 考 文 献

Barde, J. P., Gralla, P., Harwijanto, J. & Marsky, J. 2002. Exploration at the eastern edge of the Precaspian basin: impact of data integration on Upper Permian and Triassic prospectivity. AAPG Bulletin, 86, 399–415.

Benassi, R., Jallouli, Ch., Hammami, M. & Turki, M. M. 2006. The structure of Jebel El Mourra, Tunisia: a diapiric structure causing a positive gravity anomaly. Terra Nova, 18, 432–439, http://dx.doi.org/10.1111/j.1365-3121.2006.00709.x.

Bolze, J. 1950. Diapirs triasiques et phases orogéniquesdans les Monts de Teboursouk. Comptes Rendus of Academy of Sciences Paris, 231, 480–482.

Bouaziz, S., Barrier, E., Soussio, M., Turki, M. M. &Zouari, H. 2002. Tectonic evolution of Northern African margin in Tunisia from paleostress data and sedimentary record. Tectonophysics, 357, 227–253.

Boughdiri, M., Cordey, F., Sallouhi, H., Maalaoui, K., Masrouhi, A. & Soussi, M. 2007. Jurassic radiolarian-bearing series of Tunisia: biostratigraphy and significance to western Tethys correlations. Swiss Journal of Geoscience, 100, 431–441, http://dx.doi.org/10.1007/s00015-007-1237-x.

Bouhlel, S., Fortune, J. P., Guilhaumou, N. &Touray, J. C. 1988. Les minéralisations stratiformes a F-Ba de Hammam Zriba, Jebel Guebli (Tunisie Nord orientale): l'apport des études d'inclusions fluides à la modélisation génétique. Mineral Deposita, 23, 166–173.

Canerot, J., Hudec, M. R. & Rockenbauch, K. 2005. Mesozoic diapirism in the Pyrenean orogen: salt tectonics on a transform plate boundary. AAPG Bulletin, 89, 211–229, http://dx.doi.org/10.1306/09170404007.

Curnelle, R. & Marco, R. 1983. Reflection profiles across the Aquitaine basin (salt tectonics). In: Bally, A. W. (ed.) Seismic Expression of the Structural Styles. Detached Sediments in Extensionaln Provinces/salt Tectonics. American Association of Petroleum Geologists, Tulsa, Studies in Geology, 15, 2.3, 11–17.

De Lamotte, D.-F., Leturmy, P. et al. 2009. Mesozoic and Cenozoic vertical movements in the Atlas system(Algeria, Morocco, Tunisia): an overview. Tectonophysics, 475, 9–28, http://dx.doi.org/10.1016/j.tecto.2008.10.024.

Dercourt, J., Ricou, L. E. & Vrielinck, B. 1993. Atlas Tethys Palaeoenvironmental Maps. Gauthier-Villars, Paris.

Dhahri, F. & Boukadi, N. 2010. The evolution of preexisting structures during the tectonic inversion process of the Atlas chain of Tunisia. Journal of African Earth Sciences, 56, 139–149, http://dx.doi.org/10.1016/j.jafrearsci.2009.07.002.

Diegel, F. A., Karlo, I. F., Schuster, D. C., Shoup, R. C. & Tauvers, P. R. 1995. Cenozoic structural evolution and tectonostratigraphic framework of the northern Gulf Coast continental margin. In: Jackson, M. P. A., Roberts, D. G. & Snelson, S. (eds) Salt Tectonics: A Global Perspective. AAPG Memoir, 65, 109–151.

El Ouardi, H. 1996. Halocinèse et rôle des décrochements dans l'évolution géodynamique de la partie médiane de la zone des dômes. PhD thesis, Universityof Tunis II, Tunis.

Fletcher, R. C., Hudec, M. R. & Watson, I. A. 1995. Salt Glacier and composite sediment-Salt Glacier models for the emplacement and early burial of allochthonous salt sheets. In: Jackson, M. P. A., Roberts, D. D. G. & Snelson, S. (eds) Salt Tectonics: A Global Perspective. AAPG, Tulsa, Memoir, 65, 77-108.

Gaullier, V. & Vendeville, B. C. 2005. Salt tectonics driven by sediment progradation: part II—Radial spreading of sedimentary lobes prograding above salt. AAPG Bulletin, 89, 1081-1089, http://dx.doi.org/10.1306/03310503064.

Ghanmi, M., Ben Youssef, M., Jouirou, M., Zargouni, F. & Vila, J. M. 2001. Halocinèse crétacée au Jebel Kebbouch (Nord-Ouest tunisien): mise en place àfleur d'eau et évolution d'un 《glacier de sel》 albien, comparaisons. Eclogae Geologicae Helvetiae, 94, 153-160.

Guglielmo, G. Jr, Jackson, M. P. A. & Vendeville, B. C. 1998. Animation of extensional diapirs modified by later compression. Bureau of Economic Geology, http://www.utexas.edu/research/beg/mmedia/AGL98-MM-006.

Guiraud, R. & Bosworth, W. 1997. Senonian basin inversion and rejuvenation of rifting in Africa and Arabia: synthesis and implications to platescale tectonics. Tectonophysics, 282, 39-82.

Guiraud, R., Bosworth, W., Thierry, J. & Delplanque, A. 2005. Phanerozoic geological evolution of Northern and Central Africa: an overview. Journal of African Earth Sciences, 43, 83-143, http://dx.doi.org/10.1016/j.jafrearsci.2005.07.017.

Hafid, M. 2000. Triassic-early Liassic extensional systems and their Tertiary inversion, Essaouira Basin, Morocco. Marine and Petroleum Geology, 17, 409-429.

Hudec, M. R. & Jackson, M. P. A. 2004. Regional restoration across the Kwanza Basin, Angola: salt tectonicstriggered by repeated uplift of a metastable passive margin. AAPG Bulletin, 88, 971-990.

Hudec, M. R. & Jackson, M. P. A 2006. Advance of allochthonous salt sheets in passive margins and orogens. AAPG Bulletin, 90, 1535-1564, http://dx.doi.org/10.1306/05080605143.

Hudec, M. R. & Jackson, M. P. A 2007. Terra infirma: understanding salt tectonics. Earth-Science Reviews, 82, 1-28, http://dx.doi.org/10.1016/j.earscirev.2007.01.001.

Jackson, M. P. A. 1995. Retrospective salt tectonics. In: Jackson, M. P. A., Roberts, D. G. & Snelson, S. (eds) Salt Tectonics: A Global Perspective. AAPG, Tulsa, Memoir, 65, 1-28.

Jallouli, C., Chikhaoui, M., Brahem, A., Turki, M. M., Mickus, K. & Benassi, R. 2005. Evidence for Triassic salt domes in the Tunisian Atlas from gravity and geological data. Tectonophysics, 396, 209-225.

Kamoun, F., Peybernes, B., Ciszak, R. & Calzada, S. 2001. Triassic paleogeography of Tunisia. Paleogeography, Paleoclimatology, Paleoecology, 175, 223-242.

Kassaa, S. 1998. Petrologie des matériaux carbonates, Sulfures etstrontianifères dans leur cadre stratigraphique, halocinétique et structural à Guern Halfaya, et au Jebel bou Khil (Domaine des 'diapirs' et des 'glaciers de sel', Tunisie du Nord-Ouest). PhD thesis, Universityof Tunis II, Tunis.

Khomsi, S., Ben Jemia, M.-G., De Lamotte, D.-F., Maherssi, Ch., Echihi, O. & Mezni, R. 2009. An overview of the Late Cretaceous-Eocene positive inversions and Oligo-Miocene subsidence events in the foreland of the Tunisian Atlas: structural style and implications for the tectonic agenda of the Maghrebian Atlas system. Tectonophysics, 475, 38-58, http://dx.doi.org/10.1016/j.tecto.2009.02.027.

Koyi, H. 1988. Experimental modeling of the role of gravity and lateral shortening in the Zagros mountain belt. AAPG Bulletin, 72, 381-1394.

Koyi, H. 1991. Gravity overturns, extension and basement fault activation. Journal of Petroleum Geology, 14, 117-142.

Koyi, H. 1996. Salt flow by aggrading and prograding overburdens. In: Alsop, G. I., Blundell, D. &Davison, I. (eds) Salt Tectonics, Geological Society, London, Special Publications, 100, 243-258.

Koyi, H. 1998. The shaping of salt diapirs. Journal of Structural Geology, 20, 321–338.

Koyi, H. & Petersen, K. 1993. The influence of basement faults on the development of salt structures in the Danish Basin. Marine and Petroleum Geology, 10, 82–94.

Koyi, H., Jenyon, M. K. & Petersen, K. 1993. The effect of basement faulting on diapirism. Journal of Petroleum Geology, 16, 285–312.

Laridhi-Ouazaä, N. 1994. Etude minéralogique et géochimique des manifestations volcaniques mésozoïqueset miocènes de la Tunisie. PhD thesis. University of Tunis II, Tunis.

Masrouhi, A. 2006. Les appareils salifères des régions de Mateur, Tébourba et de Medjez-el-Bab (Tunisie du Nord). PhD thesis, Univivery of Tunis-el-Manar, Tunis.

Masrouhi, A., Ghanmi, M., Ben Youssef, M., Zargouni, F. & Vila, J.-M. 2005. Halocinèse crétacée et halotectonique tertiaire dans les monts de Medjez-el-Bab: nouvelles observations, datations et données gravimétriques; extension des 《glaciersde sel》 sous-marins jusqu'à l'est du méridien deTéboursouk. Notes et Mémoires du Service Géologiquedu Tunisia, 73, 107–122.

Masrouhi, A., Ghanmi, M., Ben Youssef, M., Vila, J.-M. & Zargouni, F. 2007. Mise en évidence d'unenappe de charriage à deux unités paléogènes auplateau de Lansarine (Tunisie du nord): définitiond'un nouvel élément structural de l'Atlas tunisien etréévaluation du calendrier des serrages tertiaires. Comptes Rendus Géoscience, 339, 441–448, http://dx.doi.org/10.1016/j.crte.2007.03.007.

Masrouhi, A., Ghanmi, M., Ben Slama, M.-M., BenYoussef, M., Vila, J.-M. & Zargouni, F. 2008. New tectono-sedimentary evidence constraining the timing of the positive tectonic inversion and the Eocene Atlasic phase in northern Tunisia: implication for the North African paleo-margin evolution. Comptes Rendus Géoscience, 340, 771–778, http://dx.doi.org/10.1016/j.crte.2008.07.007.

Meddeb, M. N. & Chikhaoui, M. 1997. Prospection tactique du secteur Oued Jebs-Kef Lasfar par sondage mécanique. Internal report, O.N.M no. 2039 B, 24p. Office national des mines.

McBride, B. C. 1998. The evolution of allochthonous salt along a megaregional profile across the northern Gulf of Mexico basin. In: Gulf of Mexico Petroleum Systems. AAPG Bulletin, 82/5B, 1037–1054.

McBride, B. C., Rowan, M. G. & Weimer, P. 1998. The evolution of allochthonous salt systems, Northern Green Canyon and Ewing Bank (offshore Louisiana), In: Gulf of Mexico Petroleum Systems. AAPG Bulletin, 82/5B, 1013–1036.

McClay, K. R. & Dooley, T. 1996. Analogue models of pull-apart basins. Geology, 23, 711–714.

Mohr, M., Warren, J. K., Kukla, P. A., Urai, J. L. &Irmen, A. 2007. Subsurface record of salt glaciers in an extensional intracontinental setting (Late Triassic of northwestern Germany). Geology, 35, 963–966.

Nely, G. 1980. Seismic facies and morphology of evaporates, Bulletin des Centre de Recherches Exploration Production Elf-Aquitaine, 4, 395–410.

Parker, T. J. & Mc Dowell, A. N. 1955. Model studies of salt-dome tectonics. AAPG Bulletin, 39, 2383–2470.

Perthuisot, V. 1978. Dynamique et pétrogenèse des extrusions triasiques de Tunisie septentrionale. PhD thesis, Travaux du Laboratoire de Géologie. Presses de l'Ecole Normale Supérieure, 12.

Perthuisot, V., Rouvier, H. & Smati, A. 1998. Style etimportance des déformations anté-vraconniennes dans le Maghreb oriental: exemple du diapir du Jebel Slata. Bulletin de la Société Géologique de France, 8/IV, 389–398.

Purser, B. H. 1973. Sedimentation around bathymetric highs in the Southern Persian Gulf. In: Purser, B. H. (ed.) The Persian Gulf. Holocene Carbonate Sedimentation and Diagenesis in Shallow Epicontinental Sea. Springer-Verlag, Berlin, 157–191.

Rigo, L., Garde, S., El Euch, H., Bandt, K. & Tiffert, J. 1996. Mesozoic fractured reservoirs in a compressional structural model for north-eastern Tunisia atlasic zone. Entreprise Tunisienne d'Activités Pétrolières,

Mémoires Entreprise Tunisienne D'Activités Petrolières, 10, 233-355.

Roca, E., Sans, M. & Koyi, H. 2006. Polyphase deformation of diapiric areas in models and in the eastern Prebetics (Spain). AAPG Bulletin, 90, 115-136, http://dx.doi.org/10.1306/07260504096.

Rowan, M. G., Lawton, T. F., Giles, K. A. & Ratliff, R. A. 2003. Near-salt deformation in La Popa Basin, Mexico, and the northern Gulf of Mexico: a general model for passive diapirism. AAPG Bulletin, 87, 733-756.

SIAL GEOSCIENCES INC. 1998. Gravimétrie en Tunisie. Internal report, Services des Mines, Office National des Mines, Tunisie.

Souquet, P., Peybernes, B. et al. 1997. Séquences etcycles d'ordre 2 en régime extensif ettranstensif : exemple du Crétacé inférieur de l'Atlas tunisien. Bulletin de la Société Géologique de France, 168, 373-386.

Soussi, M. 2003. New Jurassic lithostratigraphic chart for the Tunisian atlas. Geobios, 36, 761-773, http://dx.doi.org/10.1016/geobios.2003.03.001.

Tlig, S., Erraoui, L., Ben Aissa, L., Alaouni, R. &Tagorti, M.-A. 1991. Tectogenèses alpine et atlasique: deux événements distincts dans l'histoire géologique de la Tunisie. Corrélation avec les événements clés en méditerranée. Comptes Rendus de l'Académie desSciences Paris, 312, 295-301.

Vendeville, B. 2005. Salt tectonics driven by sediment progradation: Part I—Mechanics and kinematics. AAPG Bulletin, 89, 1071-1079, http://dx.doi.org/10.1306/03310503063.

Vendeville, B. & Jackson, M. P. A. 1992. The rise of diapirs during thin skinned extension. Marine and Petroleum Geology, 9, 331-353.

Vila, J.-M. 1995. Première etude de surface d'un grand'glacier de sel' sous-marin: l'est de la structure Ouenza-Ladjbel-Méridef (confins algéro-tunisiens). Proposition d'un scénario de mise en place et comparaisons. Bulletin de la Société Géologique de, France, 166/2, 149-167.

Vila, J.-M., Ben Youssef, M., Chikhaoui, M. &Ghanmi, M. 1996, un grand 'glacier de sel' sous marin albien du Nord-Ouest tunisien ($250km^2$?): le matériel salifère triasique du 《 diapir》 de Ben Gasseur et de l'anticlinal d'El Kef. Comptes Rendus de l'Académie des Sciences, Paris, 322, 221-227.

Vila, J.-M., Ghanmi, M., Ben Youssef, M. & Jouirou, M. 2002. les 'glaciers de sel' sous marins des marges continentales passives du nord-est du Maghreb(Algérie-Tunisie) et de la Gulf Coast (USA): comparaisons, nouveau regard sur les 'glaciers de sel' composites, illustré par celui de Fedj el Adoum (Nord-Ouesttunisien) et revue globale. Eclogae Geologicae Helvetiae, 95, 347-380.

Wu, S., Bally, A. W. & Cramez, C. 1990. Allochthonous salt structure and stratigraphy of the northeastern Gulf of Mexico, Part II: structure, Mar. Petroleum Geoscience, 7, 334-370.

（李鹏　译，纪沫　孙瑞　史毅　校）

第 29 章　法国上普罗旺斯地区次阿尔卑斯褶皱冲断带的异地盐体

ROD GRAHAM[1,2], MARTIN JACKSON[3],
ROBIN PILCHER[4], BILL KILSDONK[4]

（1. Hess Corporation, Adelphi Building, 1-11 John Adam Street, London WC2N 6AG, UK；2. Present Address: 125 Thame Road, Warborough, Oxon OX10 7DS, UK；3. Bureau of Economic Geology, Jackson School of Geology, University of Texas at Austin, Texas, USA；4. Hess Corporation: 1501 McKinney Street, Houston TX 77010, USA）

摘　要　法国东南部上普罗旺斯地区阿尔卑斯褶皱冲断带出露良好的中生代沉积层序，其厚度与沉积相的快速变化与利古里亚(Ligurian)特提斯边缘侏罗纪和白垩纪的伸展作用相关，而且在晚白垩世到上新世的阿尔卑斯挤压期间发生了变形。尽管几十年来该地区的地质特征已经研究得较为透彻，但构造方面依然存在一些未解决的难题，而且中生代的伸展作用或阿尔卑斯挤压作用都不能用来解释这些构造现象。我们推断一些变形是由于盐构造作用形成的。Barles 村附近一个完全反转的侏罗系凝缩段剖面呈现出了一个被抬升的深海盆地中的三叠系盐体顶面。当盐体突破海底时，这个凝缩段作为中侏罗统中的翻滚构造而发生反转，并以异地挤出的方式覆盖在反转的翻滚构造之上，这与墨西哥湾或安哥拉深水区的构造是相似的。随后的阿尔卑斯挤压作用就利用了这个盐席的较弱性，Digne 逆冲断层运动到这个反转的翻滚构造之上。尽管这个翻滚构造发育在逆冲断层的下盘，但其中的软沉积变形和其他异常构造都可证实它初始时并不是一个翻转的下盘向斜。

我们认为可靠的地震解释是建立在了解或者参考野外地质构造基础之上的。但对于许多类型的盐相关构造来说，有人可能会认为上述说法是错误的。丰富的地震资料和物理模型显示，存在许多不同构造背景和不同构造演化阶段的盐构造类型。利用对这些相似盐构造的分析有助于我们解释盐构造本来可能具有的面貌，即使它们是在造山带内发生变形。我们不是第一个尝试这样做的，以前的研究者包括 Mascleet 等（1988）、Dardeau 和 de Graciansky（1990）、deRuig（1992）、Jackson 等（2003）、McClay 等（2004）、Canerot 等（2005）、Jackson 和 Harrison（2006）以及 Sherkati 等（2006）。其中上述最早的两篇文献专门研究了本文将要探讨的许多有关阿尔卑斯的普遍性问题。

本文尝试对研究区的野外地质特征进行更专业的重新解释，虽然大家对这些地质特征已经比较了解，但仍然还有一些令人费解的异常现象。本文可能是第一篇有关造山前挤出，但现今在造山带中仍然保留了能够被辨识的沉积记录的真正异地盐体的文献。

29.1　构造背景及历史

上普罗旺斯地区次阿尔卑斯山已经被研究了很多年，所以大家对其地层和构造特征都已比较熟知。Lemoine（1973）、Gigot 等（1974）、Gidon（1975）、Lemoine 等（1986）、Fry

(1989)、Lickorish 和 Ford(1998)、Ford 和 Lickorish(2004)都对该地区的特提斯被动大陆边缘演化过程及在阿尔卑斯挤压期间的变形过程进行了研究。Gidon 的个人网站(Gidon, 2010)上的剖面图、表和照片很详细地说明了法国阿尔卑斯山脉这部分区域的地质特征。

Digne 冲断系统是上普罗旺斯地区次阿尔卑斯弧很重要的一部分(图 29-1)。Vann 等(1986)描述了 Digne-les-Bains 市南部山前带的多期演化过程，Lickorish 和 Ford(1998)也详细研究了 Digne 冲断系统的演化过程。

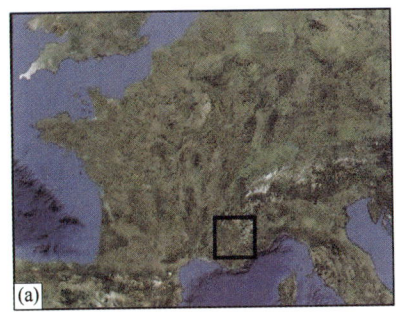

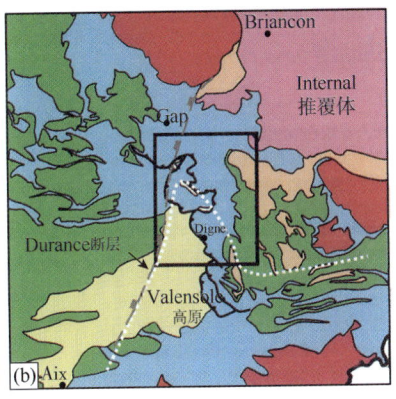

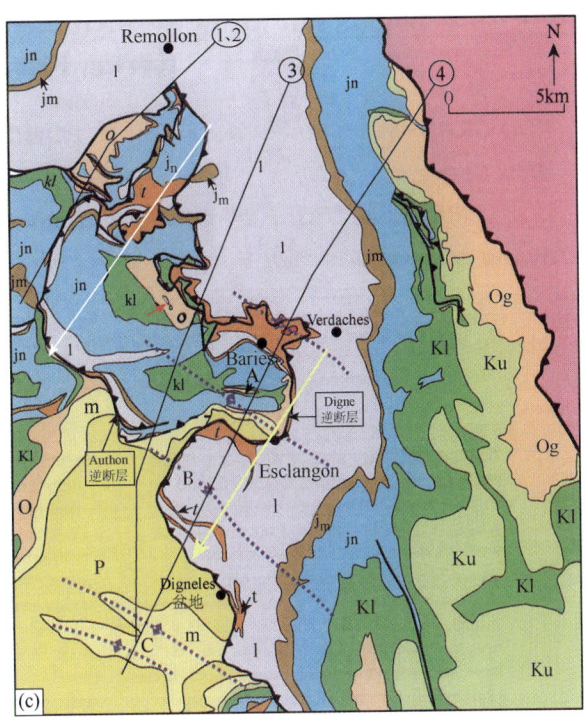

图 29-1 次阿尔卑斯带和 Digne 逆冲系统地质图

(a)和(b)上普罗旺斯(Haute Provence)次阿尔卑斯带和 Digne 逆冲系统的位置和简要地质图；白色点线为早—中侏罗世的 Valensole 台地的大致边缘，灰色虚线断层线为 Durance 断层迹线；矩形表示图(c)的位置；(c)研究区更为详细的地质图；点状轴迹为最年轻(长波长)的古近纪—新近纪褶皱，白色和黄色箭头分别表示 Authon 逆冲岩席和 Digne 逆冲岩席的最小位移和输送方向，红色箭头表示侏罗系滑动岩体，图 29-4 和图 29-5 中的剖面线的位置用标有数字的黑色线条表示；图 29-2 给出了色标含义

Digne 冲断系统的滑脱面位于上三叠统(考依波阶)石膏质泥岩层(图 29-2)，膏岩层形成了上盘地层的底面。根据 Boyer 和 Elliott (1982)的"弓箭"法则和前从研究成果(如 Fry, 1989；Lickorish 和 Ford, 1998)，判断其输送方向为 SW 向。在 Digne-les-Bains 的中部，有两个明显的逆冲岩席覆盖于前陆之上。下部的 Authon 逆冲岩席沿其输送方向从 Digne-les-Bains (Melan 附近)西北部的超覆前缘到 Remollon 附近 Rochebrune 南部的底部(图 29-1c 中的白色箭头)的最小位移可达 20km。上部的 Digne 逆冲推覆体从 Digne-les-Bains 附近的山前到剥蚀区到 Barles 东北部 Clue de Verdaches 的最东部露头(图 29-1c 中的黄色箭头)的最小滑移量为 20km。

Digne 冲断系统具有多期变形演化历史。因为 Chateauredon 附近的 Digne 逆冲构造一侧上的东或东南走向的褶皱(图 29-3)不整合于普利亚本期的货币虫灰岩之下，所以冲断活动肯定开始于始新世之前。在 Digne-les-Bains 北部的 Authon 逆冲岩席内货币虫灰岩的沉积范围外，东西走向的向斜(典型的比利牛斯—普罗旺斯褶皱)被渐新统红层磨拉石充填和掩埋(图 29-1c 中的 A)。在渐新世或其之后，Digne 和 Authon 逆冲岩席(也可能是单一的逆冲岩席)向前推覆于渐新统红层中的与地层平行的下盘断坪之上。这些断坪上推进的逆冲岩席剥蚀和覆盖的侏罗系滑动岩体表明这些断坪是出露地表的。这些特征在 Baudinard 村北部(图 29-1c 中的红色箭头)，Esclangon 东部 Digne 断冲岩席南部和 Le Caire 村(4°30′、49°16′)北部也可以观察到。

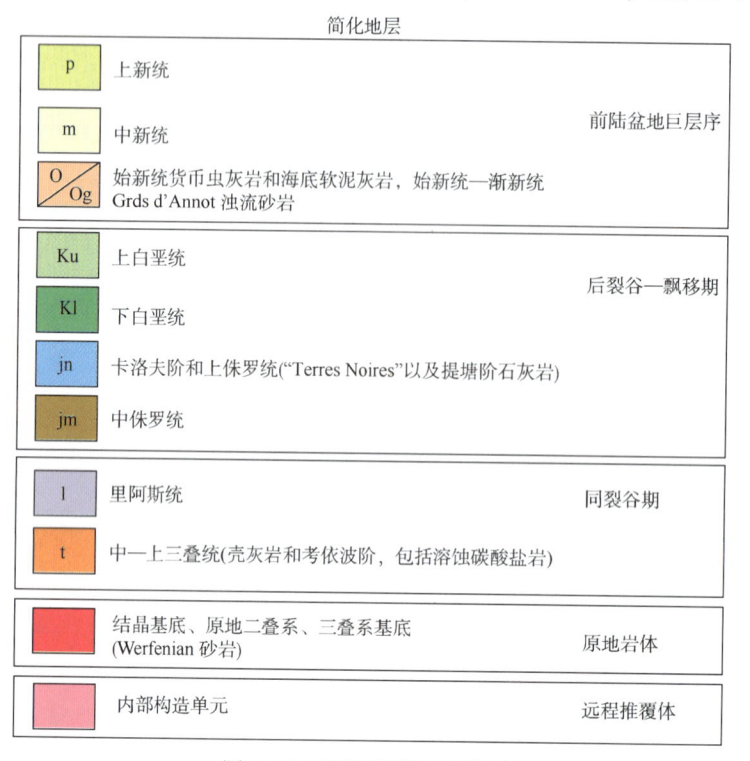

简化地层

图例	说明	分期
p	上新统	前陆盆地巨层序
m	中新统	
O/Og	始新统货币虫灰岩和海底软泥灰岩，始新统—渐新统 Grds d'Annot 浊流砂岩	
Ku	上白垩统	后裂谷—飘移期
Kl	下白垩统	
jn	卡洛夫阶和上侏罗统("Terres Noires"以及提塘阶石灰岩)	
jm	中侏罗统	
l	里阿斯统	同裂谷期
t	中—上三叠统(壳灰岩和考依波阶，包括溶蚀碳酸盐岩)	
	结晶基底、原地二叠系、三叠系基底(Werfenian 砂岩)	原地岩体
	内部构造单元	远程推覆体

图 29-2 研究区简要地层图

在地质图(图 29-1、图 29-3 和图 29-9)和剖面图(图 29-4 至图 29-6、图 29-14 和图 29-21)中均使用相同颜色的图例

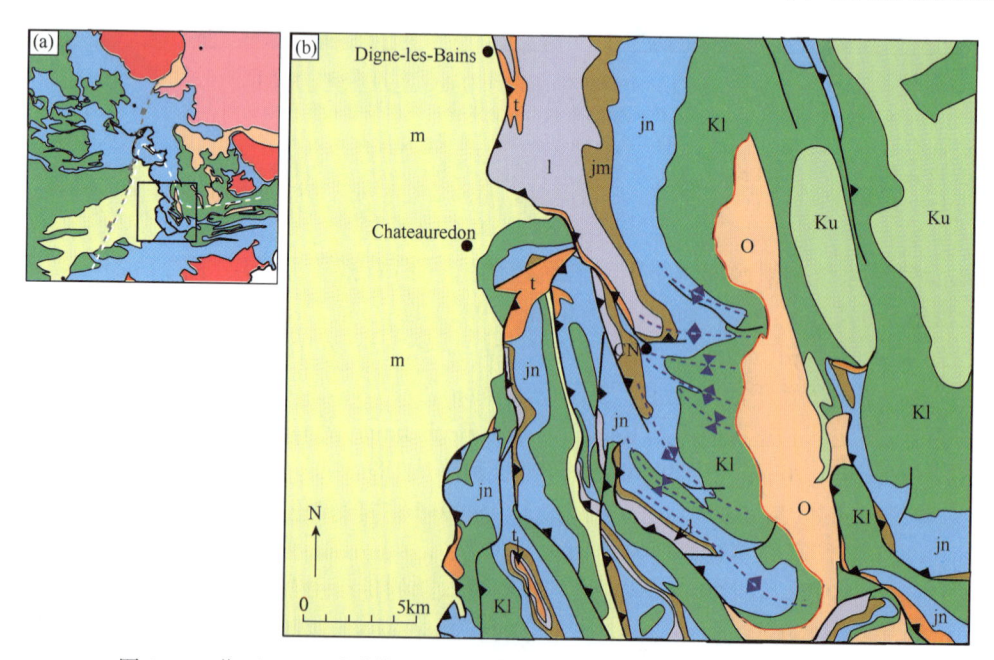

图 29-3 位于 Digne 逆冲带上部顶端的褶皱被 Chaudon Norante(CN)附近的
始新世货币虫灰岩不整合覆盖
图例参见图 29-2

中新统海相沉积物的超覆沉积标志着Authon逆冲岩席活动的停止，Digne逆冲岩席在上新世至少有12km的"失序"位移发生在前陆盆地(Valensole高原)中—渐新世磨拉石沉积之上。因为下伏于逆冲岩席之下的残余提塘阶石灰岩的滑塌岩体可以在Digne附近的逆冲前缘露头区观察到，所以这种位移似乎也是发生在陆地表面之上的。在渐新世和上新世期间，地表的沉积物充填作用可能形成了一个水平面，从而有利于主要逆冲岩席的位移活动。三叠系蒸发泥页岩(也可能是盐岩)则形成了良好的底部滑脱面。

最后，上新世之后的挤压作用使Digne逆冲岩席发生褶皱变形，从而形成了La Robine向斜(图29-1c中B)以及Barles和Verdache半构造窗(图29-1c中表示出其轴迹)。在Digne-les-Bains逆冲带前缘西南部Mirabeau背斜冲断带的现今剥蚀线(图29-1c中的C)，同时也覆盖了上新统。

以前未发表的横截面图(图29-4和图29-5)以及构造史恢复结果(图29-6)表明了这些构造的一些关系。Digne逆冲断裂破坏了特提斯边缘的侏罗系伸展构造，并使较厚的盆地相地层单元覆盖在Valensole高原较薄的台地相层序之上。冲断系统上盘里阿斯统(下侏罗统)最大厚度可达1700m(岩性主要是页岩)，而在Barles处厚度小于250m，岩性主要为石灰岩(Haccard等，1989)。沿输送方向，上盘内的地层逐渐减薄，盆地相也更不明显。因此，在Digne-les-Bains山前带(图29-5中剖面④上A处)的里阿斯统只有几百米厚，其岩性以石灰岩为主，并可与Barles段处的剖面(图29-5中剖面④上B处)进行对比。实际上，Digne逆冲断裂的下盘尖灭处靠近Barre de Chine(本文主要研究区，图29-5中剖面④上B处)的倒转地层的南部剥蚀边界，而上盘尖灭处靠近山前带(图29-5中剖面④上A处)。因此，该逆冲推覆系统标志着从盆地到台地的过渡。

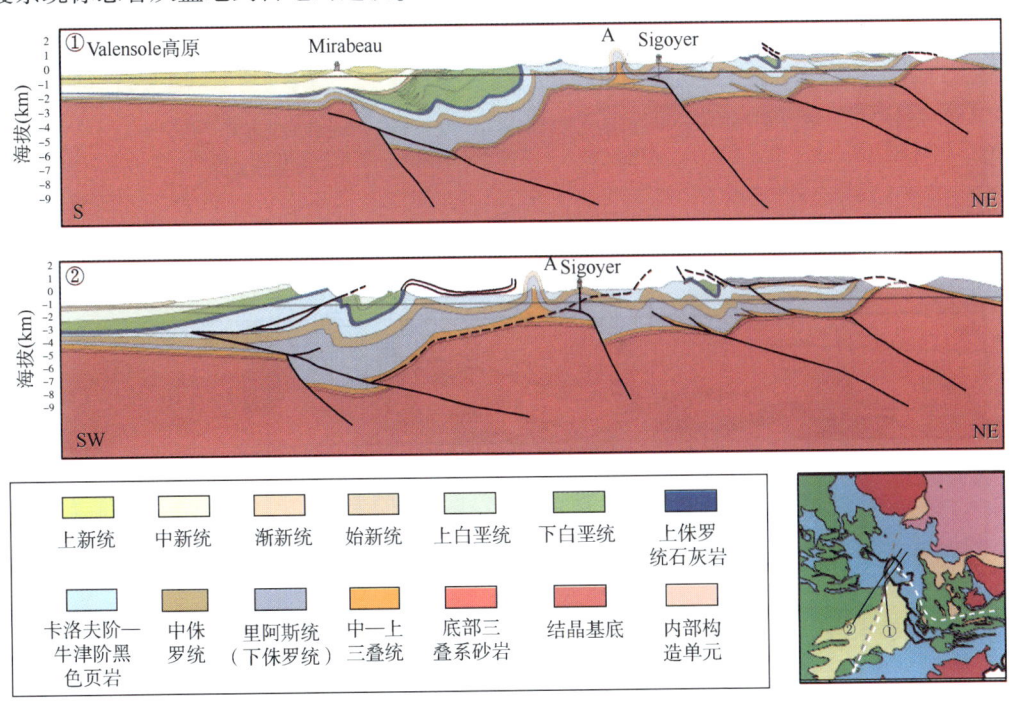

图29-4 研究区西北部解释剖面①和②

"A"为以溶蚀碳酸盐岩为核心，并具有减薄的中—下侏罗统的等斜背斜，可能是一个挤压盐底辟；剖面的纵横比例尺相同，图例可参见图29-2

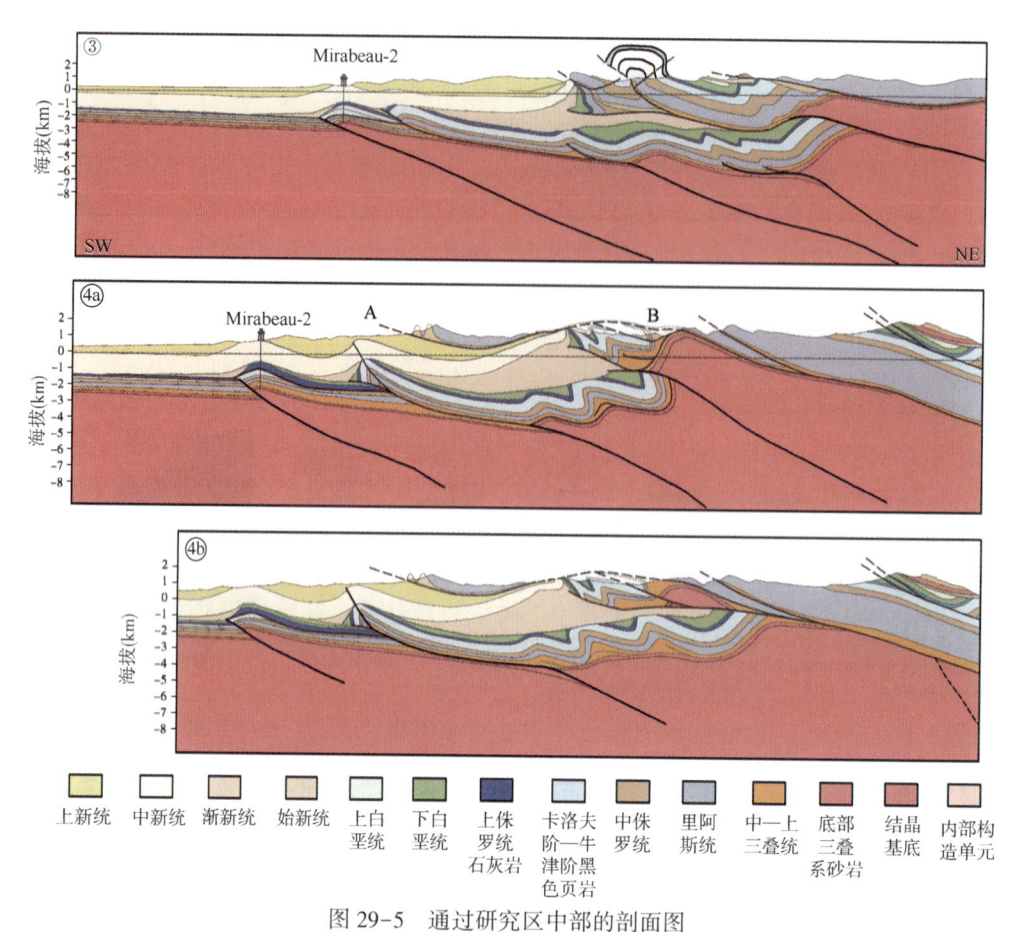

图 29-5　通过研究区中部的剖面图

剖面④展示了区域背景下的 Barre de Chine(剖面中标为 B);剖面④的两张图表示深部构造的不同解释,④a 解释为基底卷入的逆冲断层,而④b 解释为下盘截切;剖面的纵横比例尺相同,图例可参见图 29-2

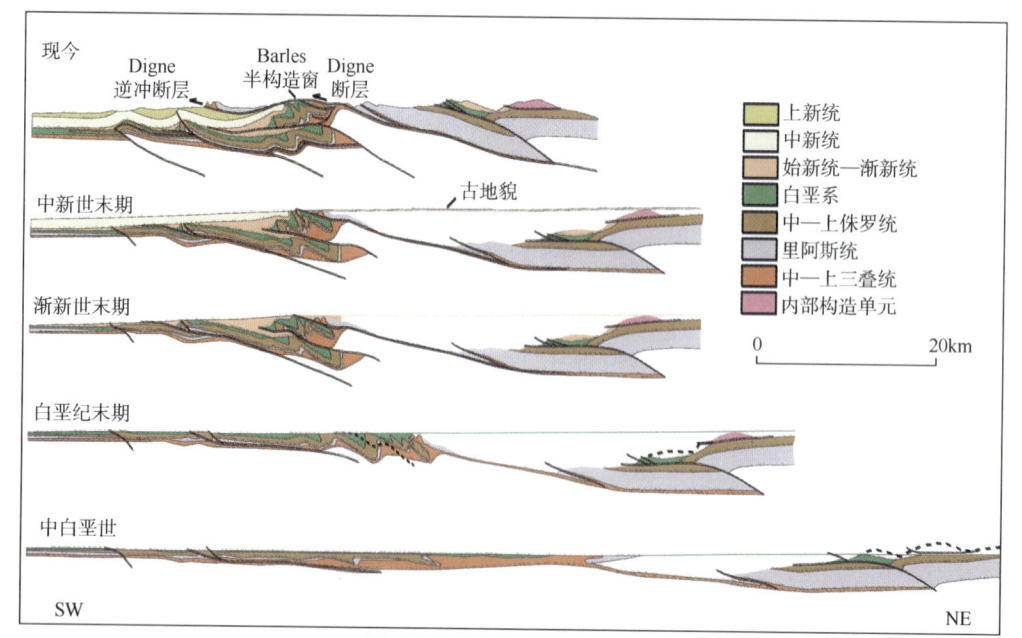

图 29-6　剖面④a 的复原剖面

表示了 Digne 逆冲带上盘阿尔卑斯前陆台地上的盆地相地层的转换;使用 2D Move 恢复;图例可参见图 29-2

Digne 逆冲断裂露头的东北部边界在其上、下盘的三叠系内部与地层平行,并被深部的逆冲岩席影响而发生褶皱变形。因为该逆冲岩席使石炭系煤层和底部三叠系砂岩(位于上三叠统滑脱面之下)发生抬升,所以它可能是基底卷入的构造变形。剖面④(图 29-5)的两种不同解释实际上就是对下部逆冲岩席的不同解释:一种是基底卷入的逆冲断裂,另一种是中生代伸展断裂的下盘截切。

Digne 逆冲断裂整个上盘地层的厚度为 7~10km,由中生界裂后期的地层层序(上侏罗统—上白垩统)和前陆盆地巨层序的最老地层(Grès d'Annot 的始新世泥灰岩和始新世—渐新世浊流沉积)组成。

29.2 Barre de Chine 的倒转地层(与异地盐体有关的翻滚?)

虽然比较复杂,但 Digne 冲断系统内的构造样式还是可以与世界其他地区造山带的外带进行对比。逆冲相关褶皱是典型的不对称褶皱,有长的平缓翼和短的陡峭或轻微掀斜的翼部,而没有与造山带更内部的推覆体有关的大量倒转。但也存在两种不同于传统样式的构造样式。一种是等斜直立背斜,具有变薄的中—下侏罗统,发育在 Nibles(Chateaufort)附近(图 29-4 中的 A 处);另一种也是本文的主题,就是位于 Barles 西南部的 Barre de Chine。在此外,Digne 冲断系统下盘是水平的,但也有异常薄的和反转的中—下侏罗统石灰岩和页岩。

从 Barles 公路追溯到山坡上,近垂直的瑞替阶—中侏罗统翻转为水平(图 29-7),从而形成一个令人印象深刻的石灰岩悬崖,也就是 Barre de Chine,覆盖在出露不好、易风化的

图 29-7 Barre de Chine 倒转翼部的 Digne 逆冲断层(现今剥蚀)和右侧峡谷
(推测的底辟位置)三叠系碳酸盐岩角砾

— 645 —

卡洛夫阶—牛津阶黑色页岩之上。上述几何形态在谷歌地球图片和地质图上都表现得比较清楚(图29-8和图29-9)。

图29-8 Barre de Chine翼部的谷歌地球图像
视野方向朝西,地形垂向上放大了1.5倍,翼部反转向西南方,倒转地层一般标记了"Y"

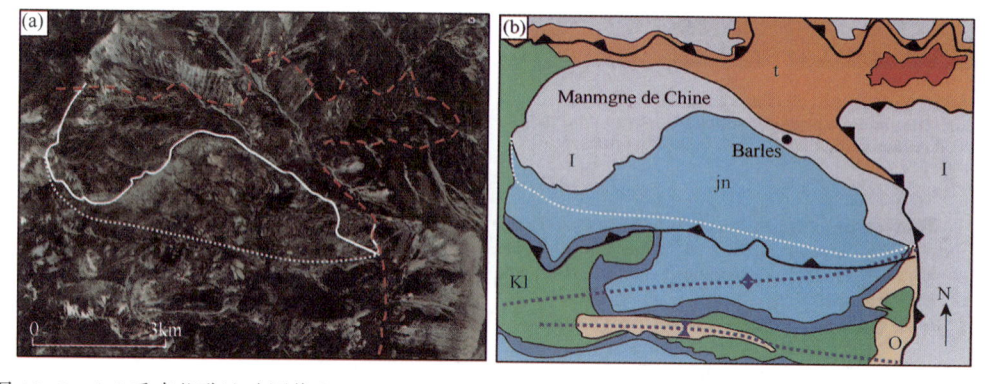

图29-9 (a)垂直谷歌地球图像和(b)Barre de Chine翻滚构造上表明现今范围(白色实线)和剥蚀前可能的原始范围(白色虚线)的简要地质图

Digne逆冲断层形迹在地图上用红色虚线标出,在地质图上标为黑色实线;红色为原地石炭系和下三叠统砂岩;橙色(t)为三叠系页岩、白云质碳酸盐岩和蒸发岩;紫红色(l)为里阿斯统和中侏罗统的一部分;纯蓝色(jn)为卡洛夫阶—牛津阶"Terres Noires"(黑色页岩);深蓝色为上侏罗统石灰岩;绿色(Kl)为下白垩统;浅黄褐色(O)为渐新统红层;更多细节可参见图29-2

倒转翼部在构造输运方向上长约3km,沿其走向宽约2.5km,但在近期剥蚀之前,它可能长约4km,沿走向宽约7km(假设的剥蚀区位于图29-9a中白色实线和虚线之间)。

翻滚构造的地层是完整的,但其厚度只有1.5km之外Digne冲断系统上盘相应地层厚度的1/7。翻滚构造地层会有坚硬的地层和菊石、海百合和双壳类组合,这代表着开阔海或远洋沉积环境的中止(图29-10a)。虽然它们在翼部完全倒转,但中—下侏罗统石灰岩内部并没有发生变形。不发育劈理,缝合线与层面平行,也没有迹象表明发生过剪切应变(图29-10b)。碳酸盐颗粒已经重结晶而且形成孪晶,但是没有证据表明发生了明显的内部应变(图29-10c)。因为这些完全倒转的岩层是位于Digne逆冲断层的下盘(其位移至少为20km),这种应变的缺少是不正常的。参考简单剪切的基本模型(Ramsay,1967;Ramsay和Graham,1970),如果石灰岩层在与逆冲相关的水平韧性简单剪切导致的倒转和变薄之前已经成岩,那在早—中侏罗世的减薄意味着剪切应变应该超过6,相当于应变率超过40:1。在Digne冲断带上盘地层之下有7~10km深,如此高的应变会形成碳酸盐片岩和糜棱岩,但并不存在这样的岩石。

图29-10 (a)Barles下侏罗统剖面内表明沉积中止的化石组合和(b)下侏罗统石灰岩内压实作用形成的与层面平行的未变形的缝合线及(c)表明缺乏明显内部应变的下侏罗统石灰岩薄片

在倒转翼的微小构造也是不常见的。微褶皱的不对称并不是在阿尔卑斯挤压作用形成的倒转下盘向斜中常见的"Z"形(图29-11),我们也未见到Gidon(2010)提到的在Barre de Chine剖面中的"Z"形褶皱,并且不确定这是否只是图解。我们所看到的褶皱都是"S"形的,并且倾向SW。

在翼部出露的悬崖也被多条向SW倾斜的正断层切割(图29-11)。这些断层通过坚硬的石灰岩地层时呈相对板状,如果断层是在反转后活动,那它们就可能在出露不好并反转的牛津阶页岩内终止。像褶皱一样,这些断层并不能与倒转下盘向斜内的造山变形联系起来。它们应该是倒转之前形成的重力破裂断层,或是与倒转之后沉积负载导致的扩展或地层减薄有关的断层。无论哪种方式,微褶皱和断层都反映地层的变形是软变形,而且冷到足够在低温和低压条件下发生褶皱变形,但这对断层变形来说已足够脆性了。

更多的软沉积变形的证据是位于翻滚构造近垂直翼部的中侏罗统石灰岩—页岩地层的顶部。坚硬的石灰岩形成宽阔的透镜体,这很可能与墨西哥La Popa盆地中底辟附近的石灰岩透镜体相似,形成于海平面下降和底辟浅滩出露期(Giles和Lawton,2002)。其中错断过了这些石灰岩透镜体的一条断层尤其明显(图29-12)。在出露范围内它的断面平行于层面,但朝露头下部,它断到了卡洛夫阶黑色页岩。这里的上盘已经变成混杂的碎屑岩。这种构造表明,刚沉积的沉积物发生了由重力驱动滑塌,它们一般在海底发生解体。不能确定准确的输

图 29-11　Barre de Chine 露头区的"S"形褶皱(蓝色点线)和一系列小型伸展断层(黑线)
这些构造给人的错觉是由 Digne 逆冲断层的下盘应变而形成的,但本文认为它们是因重力驱动
(倒转之前向下坡方向的滑动或是在倒转之后在下伏软地层上的扩展)

运方向,但是断坡断开的地层是倾向 SW 的。该断层应该形成于一个不稳定的斜坡,但是地层的倾向在后期被褶皱倒转。

图 29-12　Barles 附近的陡峭翼部(Barre de Chine 是天际线)
脆性的石灰岩形成透镜体(白色箭头);逆冲断层是重力驱动下的同沉积滑动构造,
并切割了在其上盘有一些杂乱碎片的地层

29.3　三叠系蒸发岩

区域性的三叠系包括底部的石英砂岩(Werfenian)及其上覆的 Muschelkalk 白云岩和考依波阶含石膏页岩(图 29-2)。在构造变形强烈的地区,混有海绵状杂乱角砾岩的碳酸盐岩和

蒸发岩露头被认为是与石膏导致的硫酸化有关的脱白云化作用形成的(Grandjacquet 和 Haccard, 1975)。

Digne 和 Authon 逆冲岩席上覆在石膏质页岩上，出露在 Barles 东部 Digne 逆冲断层上盘的页岩层厚度仅为 20m(参见图 29-1)。与此形成鲜明对比的是，在 Barles 北部的下降盘，存在大约 2km 宽的细胞状白云质角砾和石膏质土壤聚集带(图 29-13)下伏于(构造上是上覆于)异常倒转地层之下。这种溶蚀与这种近地表出露的蒸发岩底辟上的杂乱岩帽角砾岩比较相似，在 Great Kavir 和霍尔木兹盆地(伊朗)、Paradox 盆地(美国)、La Popa 盆地(墨西哥)以及 Maritimes 和 Sverdrup 盆地(加拿大)也比较普通。

图 29-13 (a)杂乱的溶蚀角砾岩和(b)Barles 附近褶翼北部三叠系露头中强烈变形的片理化膏岩

29.4 Barles 褶翼的地质异常

褶翼尽管翻转了 180°但没有发生应变，其厚度也只有附近相应地层的 1/7。因此，在阿尔卑斯山挤压过程中，Digne 逆冲断裂下盘向斜不会形成完全倒转的翼部。

掀斜翼中的小型褶皱和断层在几何形态上与逆冲断层下盘向斜中发育的构造并没有相似性。实际上，这些正断层和非对称小型褶皱是倾斜海底在中侏罗世重力引起的蠕动和滑塌作用的结果。

掀斜翼部的地层形成于开阔海洋沉积环境中，尽管厚度很薄，但下里阿斯统到卡洛夫阶的沉积层序完整。

沉积层序中的坚硬表面反映了沉积作用的终止，说明此时位于盆地较高的位置。

异常的褶翼紧邻大量杂乱的角砾状岩石，这与近地表出露的蒸发岩底辟风化后溶解残留物比较相似。

上述所有特征都代表了靠近海底的环境，而且肯定不会发生在 Digne 逆冲断裂形成的 7~10km 上覆层之下。我们认为这些异常特征明确指示了盐构造的存在。尽管 Barles 地区没有盐岩出露，但近地表出露的盐底辟是比较常见的。我们的解释还考虑了褶翼形成之后上覆盐体发生焊接或溶解作用的可能性。

29.5 解释

本文认为 Barre de Chine 掀斜的侏罗系其实是盐相关的翻滚构造，它最初是宽阔、平缓和浅埋藏盐体的薄顶。这些顶板沉积物因盐体膨胀而发生掀斜，地层在破裂和在反转褶翼之上滑动之前沿其周缘褶皱陡崖发生旋转(图 29-14)。

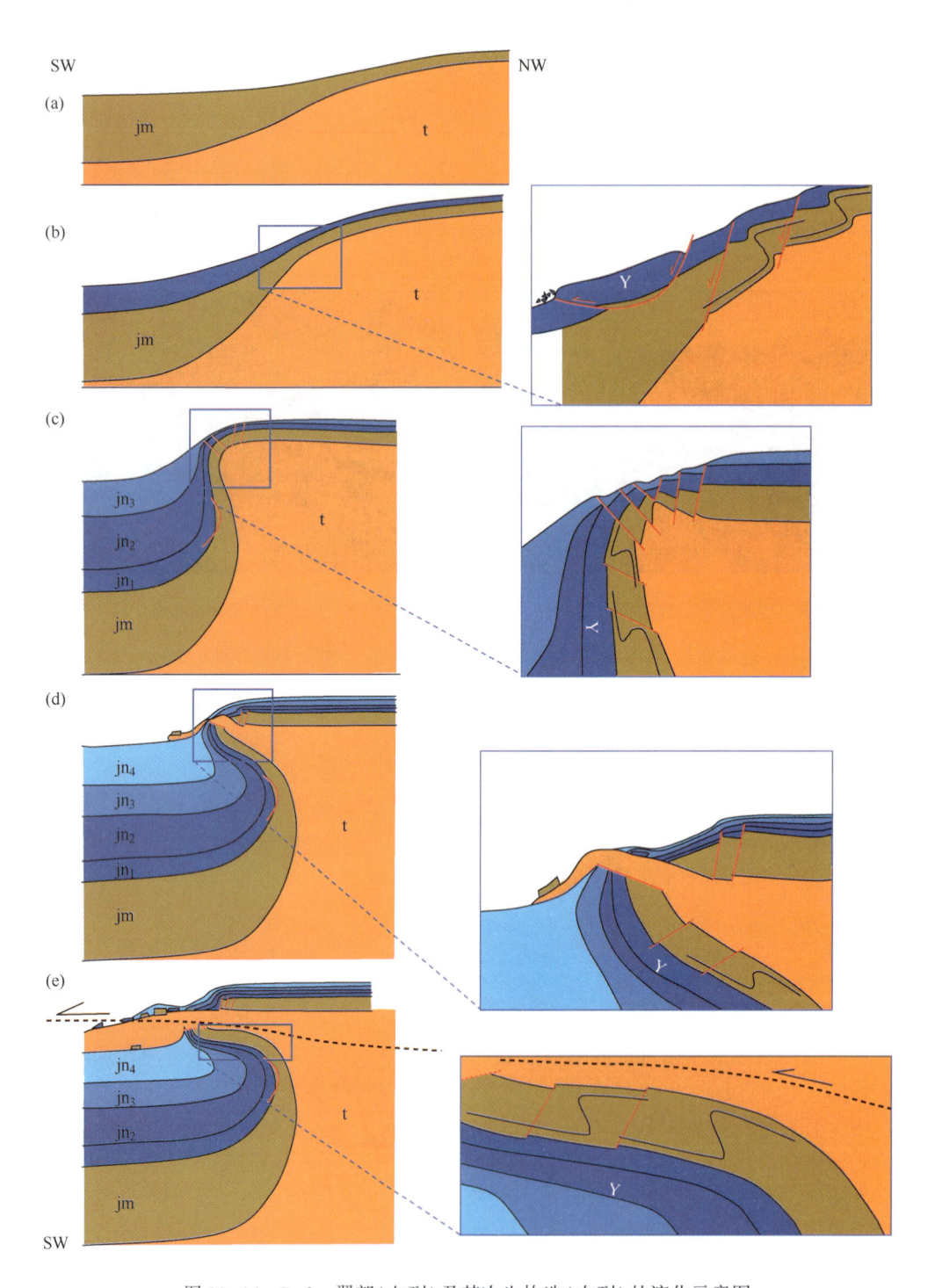

图 29-14 Barles 翼部(左列)及其次生构造(右列)的演化示意图

(a)和(b)膨胀盐体陡翼的重力不稳定性形成中侏罗统褶皱和断层;(c)底辟肩部的外弧伸展作用使顶部减薄并引起复活底辟作用;(d)随着顶部沉积物的持续旋转使老构造发生旋转,膨胀盐体发生破裂;(e)翼部在上侏罗统"Terres Noires"黑色页岩的压实作用下旋转为水平,并使老构造发生反转;在古近纪,异地盐篷或盐焊接被 Digne 逆冲断裂利用

异常薄的中—下侏罗统是一个凝缩段,它在利古里亚洋的开阔洋盆环境中缓慢沉积在盐构造升高的顶板上(图 29-14a)。褶翼的地层厚度都一致较薄,这说明在早—中侏罗世期间盐体顶面是平坦的,宽约几千米,形成了一个盐台地。这个台地可能因来自其他地区在厚层沉积负荷作用下的盐体挤出而增大。原来的盐体可能成为一个与顶板不协调的底辟或与顶板协调的盐枕(在本文演化图中简单表示为盐枕)。顶板地层表明底辟开始形成于里阿斯统沉积早期,其生长经历了里阿斯统裂谷期—里阿斯统沉积晚期—中侏罗统裂后沉降期。该盐体在区域上位于 Valensole 台地和阿尔卑斯(Dauphinois)盆地之间的过渡带上,后期因 Digne 逆冲断裂而缩短。

随着盐构造的持续膨胀和隆升,它拱起了顶部的里阿斯统和中侏罗统(图 29-14b)。沿着上升盐体的周缘,水下褶皱陡崖形成一个单斜,并把升高的顶部与周缘低部位地层分隔开。这些海底的褶皱陡崖也可见于现今的墨西哥湾,西格斯比(Sigsbee)断崖下的盐体一直在膨胀(图 29-15)。西格斯比断崖,膨胀盐体之上的褶皱陡崖有几千米宽,高可达 1km。

具有未成岩沉积物的褶皱陡崖不能无限地变陡而不破裂。Barles 褶皱陡崖向下坡方向剪切而形成小型"S"形褶皱,其不对称性与重力作用形成的膝折或层叠褶皱比较相似。陡崖也通过正断层延伸。一些正断层高角度切割了地层,如 Barre de Chine 断崖的一些断层(图 29-11)。另外当褶皱陡崖以滑塌或滑动体形式远离陡崖而发生分层时,就会坍落或下滑,发生

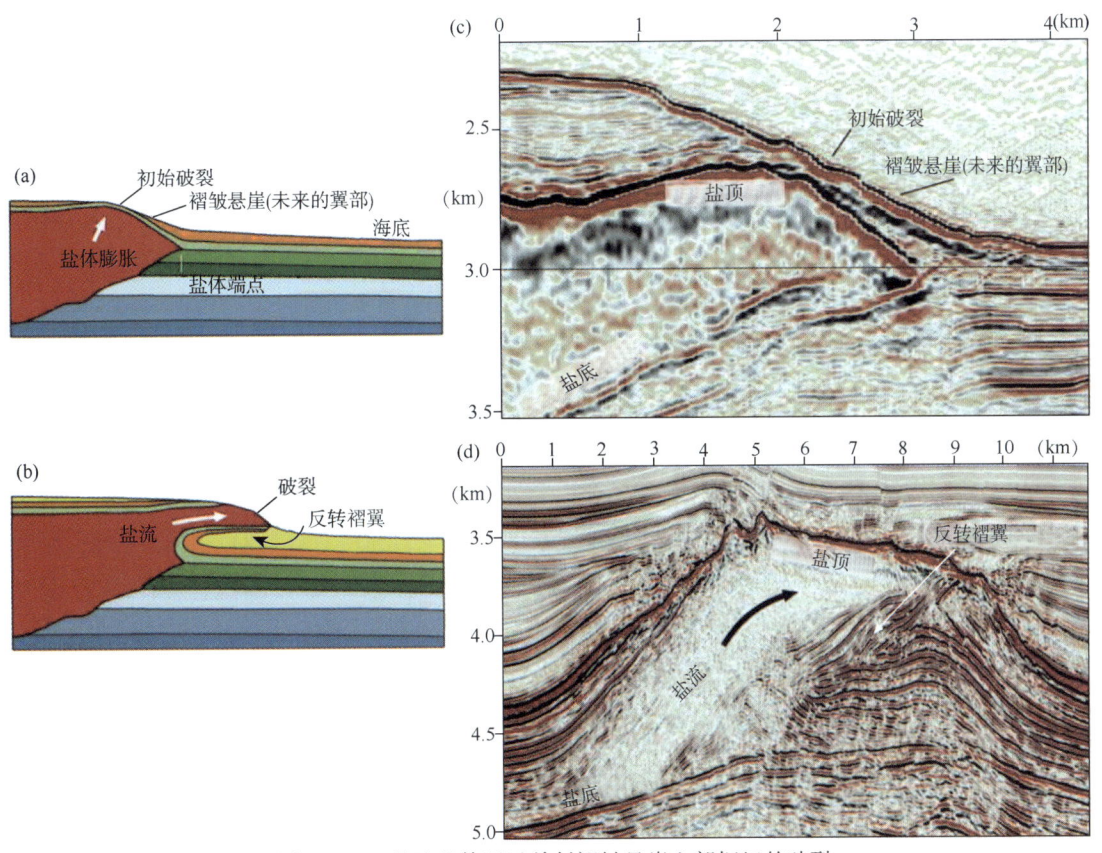

图 29-15 异地盐体通过单斜褶皱悬崖上部枢纽的破裂

(a)和(c)分别是来自墨西哥湾北部 Sigsbee 断崖破裂前的示意性剖面和地震剖面;(b)和(d)分别是来自巴西桑托斯盆地的示意性剖面和地震剖面,完全反转的翼部是由单斜褶皱翼部的旋转而形成,盐体顶部破裂而出;(d)翼部地层和上覆异地推覆体都是阿普特层状蒸发岩的一部分,但其规模与 Barles 翼部相似;示意性剖面据 Hudce 和 Jackson(2006),地震剖面来自 CGG Veritsa

逃逸运动，形成如图29-12和图29-14所示的同沉积断层。盐体有时突破顶板并逸出海底与外弧伸展形成的顶部地堑比较相似(图29-14c至e)。拖拽单斜的物理模拟证实了这种顶部地堑和相关复活底辟盐墙的形成过程(Vendeville等，1995；Withjack和Callaway，2000)。Barles褶翼盐体破裂的位置和机制将在下面进行讨论。

虽然近期的剥蚀作用使它的所有标志已经消失，但我们推断在卡洛夫阶—牛津阶黑色页岩(Terres Noires)沉积时期，盐体开始在海底流动，下部掀斜的石灰岩褶翼发生褶皱作用(图29-14和图29-15b)。石灰岩是盐岩和泥岩之间的强硬单元，下伏牛津阶泥岩的构造压实作用对翼部的收紧和掀斜有影响。Barre de Chine下伏卡洛夫阶—牛津阶的出露程度较低，难以揭示褶翼发生倒转时形成的不整合和褶皱超覆现象。

海底盐体破裂面积至少有4km×7km，可与组成现今墨西哥湾Sigsbee断崖的异地盐体对比。该地区的盐焊接和滑塌作用形成Barles北部的溶蚀角砾岩(本文称之为岩帽)。盐岩通过塑性流动和溶解而移走后，近水平的盐焊接覆盖于掀斜地层之上。我们认为这个软弱面被阿尔卑斯变形中的Digne逆冲断裂利用了。

地震剖面和模型中的类似褶翼构造将在下面章节中进行描述。

29.6　讨论

海相盐动力作用背景下的石灰岩褶翼发生反转带来了一系列地质问题，对它们解释的可靠程度也不一样。

29.6.1　重力构造能否使石灰岩板片发生完全反转？

这个答案是肯定的。同Barles构造可对比的褶翼也曾被Harrison和Falcon(1936)研究过，它们主要是针对伊朗扎格罗斯前陆盆地Dezful湾的实例(图29-16)，实际上也是这些作者引用了"flap"这个词汇来描述这种类型的构造。他们研究了抗剥蚀能力较强的阿斯玛瑞(Asmari)石灰岩在蒸发性Gachsaran组沉积过程中的弯曲，然后因重力崩塌而形成不同的次级构造，其中三个次级构造特征如下。(1)在紧闭背斜翼部，石灰岩地层在页岩等较弱地层上发生滑脱而形成寄生褶皱。在重力作用下形成弯曲的膝折，这些寄生膝折褶皱已成熟表现出不对称形态，其短翼背离主背斜。这种不对称的膝折褶皱和Barles褶翼中的"S"褶皱一样，但不同于弯曲作用形成的不对称寄生褶皱。(2)和Barles褶翼一样，当紧闭膝折褶皱的枢纽带破裂及其陡翼向后弯曲远离背斜顶部而成为完全倒转而没有破裂时，阿斯玛瑞石灰岩也形成翻滚构造。(3)阿斯玛瑞石灰岩的滑动岩席发生分层，并以正面朝上的完整板片向下坡方向滑动。在Barles直立的翼部中有一些和同沉积断层平行的板片(图29-12和图29-14)。阿斯玛瑞石灰岩褶翼被异地的Gachsaran组石膏质泥灰岩岩席覆盖，就像本文认为Barles褶翼被三叠系蒸发岩覆盖一样。Maxwell(1959)和Hsu(1967)曾对亚平宁山脉中的Argille Scagliosa(尺度10~20km)进行过研究(图29-17)。所有这些实例都说明即使石灰岩在重力作用下旋转180°而形成等斜平卧褶皱时也能够保持其完整性。

在无造山作用背景下，被盐体覆盖的最大的倒转褶翼分布在巴西桑托斯盆地的阿普特阶蒸发岩中(Mohriak等，2008)(图29-15d)。在一些地区，蒸发岩的下部单元已经刺穿上部层状的蒸发岩。一些盐内的底辟具有在0.5km厚和5km宽的层状蒸发岩的倒转褶翼上发生不对称扩展的特征。

29.6.2 褶翼如何发生倒转？

对此我们并不确定。阿尔卑斯期改造作用破坏了推断的底辟及其异地流动，所以这些证据都是间接的。几种理论的可能性主要取决于盐体顶部破裂的时间和部位。释放褶翼的破裂可以发生在肩部（图29-14）或顶部（图29-18a、b）。在每一种模型中，褶翼都保持附着于盐体的侧翼——它从未破裂而形成筏体。这种使褶翼发生旋转的褶皱作用可能在盐体破裂之前或之后发生（图29-18a、b），其成因机制应该涉及固定或滚动的枢纽（图29-18a、b；讨论如下）。

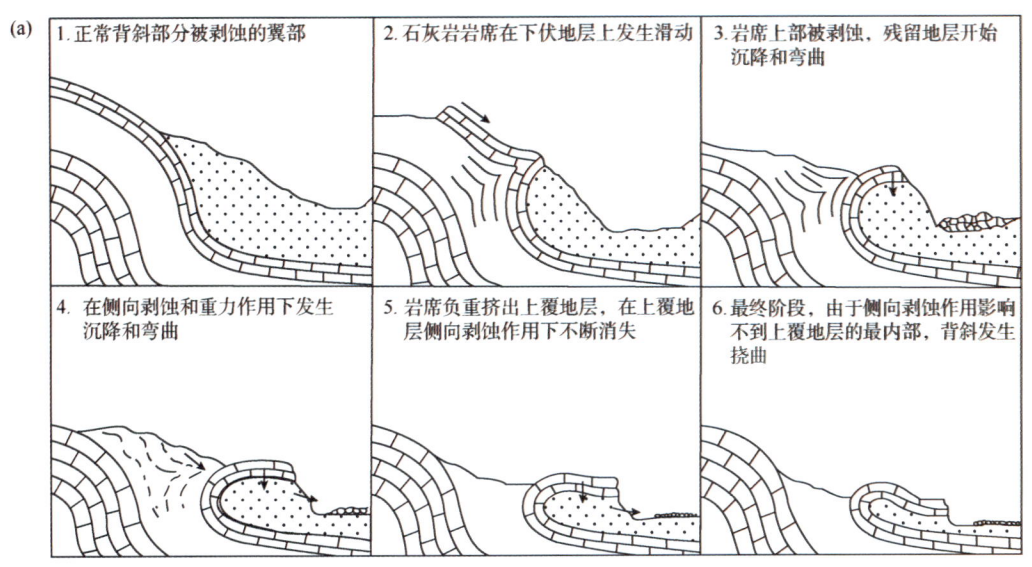

图 29-16 伊朗扎格罗斯山脉的倒转褶翼

(a) Harrison 和 Falcon（1936）对于褶翼如何从背斜一翼分离并在重力下发生倒转的解释；(b) 阿斯玛瑞石灰岩中的平卧等斜向斜的野外照片，这相当于(a)中褶翼倒转的最后阶段；照片来源于 Sherkati 等（2006），由 Jean Letouzey 提供

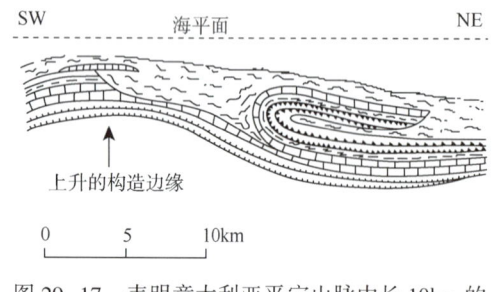

图29-17 表明意大利亚平宁山脉中长10km的等斜倒转翼的剖面(据Maxwell，1959)

一个陡峭且狭窄的肩部通常围绕着正在膨胀的平顶底辟分布。在构造上，这个肩部是一个周缘单斜，其中间翼部定义了一个褶皱悬崖，如沿部分Sigsbee悬崖分布的褶皱悬崖(图29-15a、c)。单斜顶部的外弧伸展作用能够最终撕裂肩部。由这个出口逃逸的膨胀盐体沿陡峭的褶皱悬崖向下挤出(图29-14、图29-15b和图29-19)。没有拱起顶部的覆盖，单斜的中间翼部向外发生旋转，越过垂直线而形成倒转的褶翼。

还有一种可能就是盐体从尖底辟的顶部挤出，因为外弧伸展作用使顶部发生减薄。如果是这样的话，顶部的一半在最后倒转形成褶翼之前开始变陡，并向外旋转。对于规模相同的底辟来说，这种褶翼比从狭窄肩部反转形成的要大得多。

上述两种假设推测出一个固定的枢纽，沿此枢纽，长度固定的翼部像活板门一样可以向上和向外摆动。现今的褶翼是3km长，所以初始盐体必须具有明显的海拔高度，尤其是如果褶翼代表了其周缘的褶皱陡崖。在这种活板门的旋转中，如果没有充填沉积物保护的话，褶翼可能易于遭受剥蚀。

Harrison和Falcon(1936)赞同用这种固定枢纽的观点来解释位于伊朗的褶翼(图29-16)。他们设想，一旦向斜的上翼旋转超过垂线，其在自身重力下发生下沉。重力扩展作用会从平卧向斜的核部排出下伏的Gachsaran石膏质泥灰岩。侧向剥蚀作用随之剥去挤出的泥灰岩。

另一种针对褶翼旋转的假说涉及一个滚动式枢纽。如果盐层直到发生显著的侧向位移后才发生破裂(图29-18a)，那么由于顶部地层发生旋转，背斜枢纽应该已经发生移动(好像被送入坦克履带的前方一样)。如果盐体破裂较早，褶翼的西缘应该已经同顶部其他部分分离，并且被异地蒸发岩岩席所覆盖。然后这个向斜的上翼就会通过向前(向西)翻滚，就像

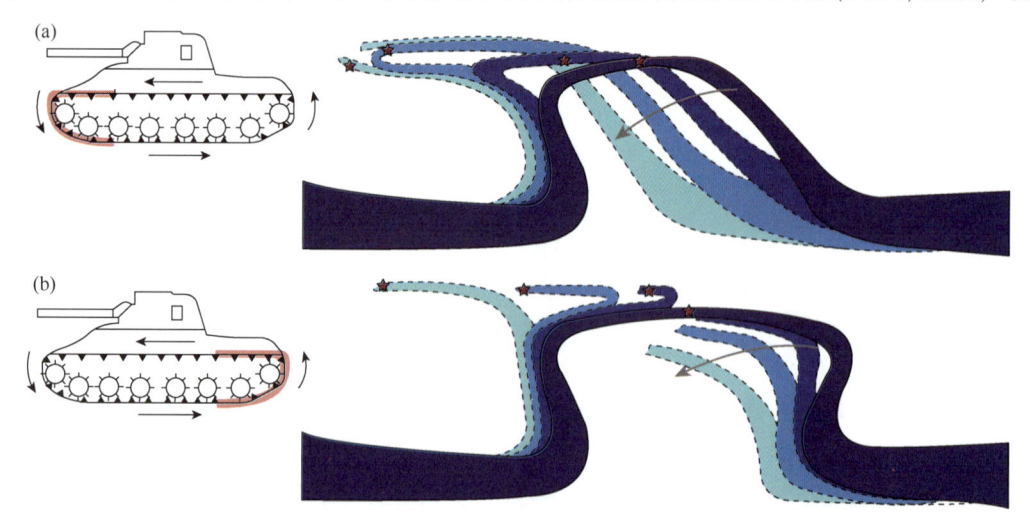

图29-18 倒转褶翼的滚动枢纽模型示意图
(a)滚动背斜枢纽使顶部地层在盐体破裂前发生倒转，这类似于坦克履带前端；
(b)滚动向斜枢纽使褶翼在早期顶部盐体破裂后发生倒转，这类似于坦克履带后端

坦克履带的后面一样成为倒转的褶翼(图29-18b)。不管是背斜还是向斜类型的滚动枢纽，倒转的褶翼不需要隆升高于区域平面太多。

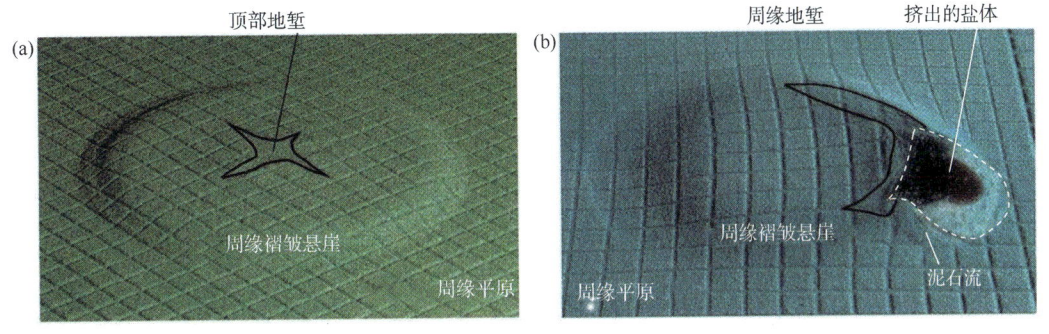

图29-19　表示底辟盐体从伸展地堑不同部位破裂的三个物理模型

(a)从地堑顶部挤出；(b)从地堑周缘挤出；(c)表示初始顶部的连续倒转褶翼和底辟周缘薄泥石流的剖面图；在左侧，异地盐体在倒转边缘之上挤出，并进入周缘的平原；在右侧，顶部是沿其上盘的异地盐体被逆冲到倒转褶翼和泥石流之上；模型由 Tim Dooley 提供

29.6.3　褶翼在翻转过程中如何被保护？

这种保护主要来自上覆的蒸发岩和邻近的上超地层。由于三叠系蒸发岩在岩性上是位于中—下侏罗统褶翼之下，但在构造上是位于其上。所以当褶翼发生旋转时，三叠系蒸发岩应该已经发生埋藏并保护了褶翼。挤出的三叠系蒸发岩的重量会增加负荷，从而使倒转褶翼变平。

与此同时，在褶翼发生旋转时，侏罗系黑色页岩可能已经超覆其上，从而为其侧翼提供了保护。更老的牛津阶上超层应该具有一个低角度，反映了当时褶皱悬崖还是比较平缓的。随着褶翼变陡，更年轻的上超地层可能具有更高的角度。随着褶皱作用进行，加积速率和旋转速率之间的相对快慢会在上侏罗统黑色页岩中产生其他的不协调特征。这些速率需要合适的平衡。如果加积太快，它将会充填斜坡，从而消除许多可驱动倒转的重力不稳定性。如果加积太慢，暴露和无保护支撑的褶翼将会被剥蚀和退积作用分解或被破坏。黑色页岩本身在向斜核部中滚动时也会发生变形。所有这些特征在山坡草地中部不容易被发现。

29.6.4　翻转前后在褶翼中是否有小型褶皱和断层形成？

我们对此并不确定。小型褶皱和断层应该发生在褶翼旋转的早期或晚期阶段(或是翻转前沿古斜坡的重力滑动，或是在已经翻转翼部之上的重力滑动)。

在早期阶段，褶皱层岩在重力作用下向下坡方向发生蠕动，就如图29-14描述的一样。与之可对比的褶皱也分布于北海一些活动的盐底辟之上(Davision 等，2000)。

Davision 等(2000)用剪切牵引力对平卧褶皱的形成进行解释。这些褶皱规模较小，但在其他方面与邻近也门海岸的 Jabal al Milh 底辟的倒转褶翼相似(图29-20a)。但是，弱蒸发岩使下伏沉积物发生剪切的能力需要石灰岩褶翼具有不切实际的弱化能力。因此，我们认为重力驱使机制更为可能。

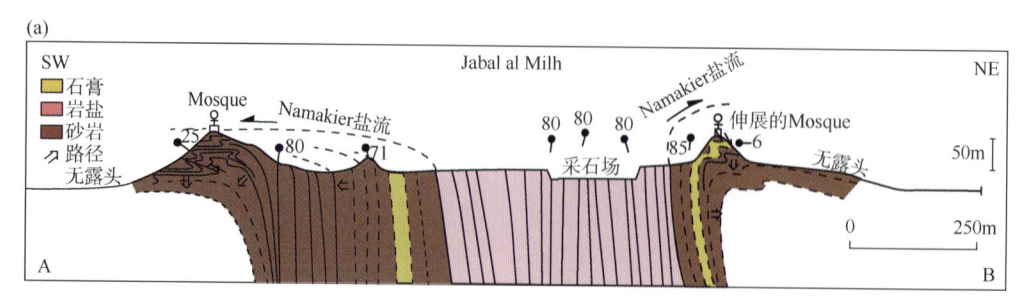

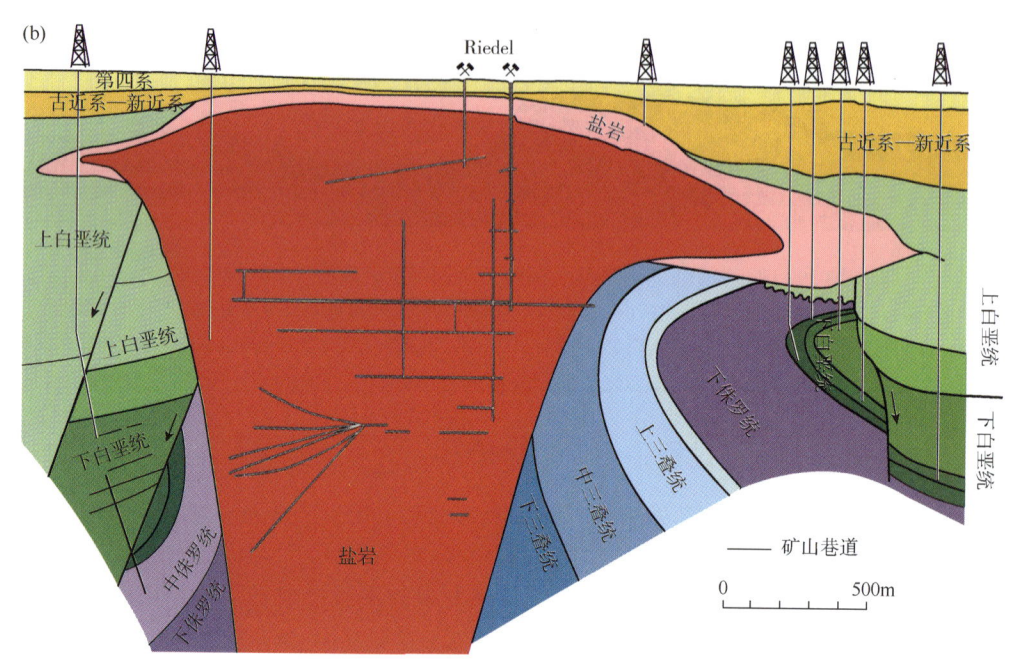

图 29-20　通过侧向挤出的盐底辟翼部的倒转翼的剖面图

(a) 也门 Jabal el Milh 底辟构造(据 Davison 等, 1996) 和(b) 德国 Hänigsen 底辟的 Riedel 矿；
这些褶翼明显小于 Barles 的褶翼

与底辟相关的一些褶翼显示出是造山运动驱动而非重力驱动的特征。例如，德国 Hänigsen 底辟具有向斜褶翼，其上部翼部倒转 170°(图 29-20b)。欧特里夫阶的向斜核部说明倒转发生应不早于早—中白垩世。褶翼的上部被异地盐体的挂体和不整合所削截，这两种作用均发生于晚白垩世。因此，褶翼倒转后异地盐体才挤出，而非引起倒转的原因。另外，1km 厚的褶翼和成岩的 100Ma 时间跨度将不仅仅需要上覆盐体的剪应力来倒转褶翼。相反地，晚白垩世的区域挤压作用可能会使坚硬的厚层褶翼发生倒转，并挤压底辟，因此而排出盐体。晚白垩世的挤压盐构造在该盆地中也有许多实例(Baldschuhn 等, 2001)。

Barles 褶翼中的小型正断层代表了脆性的且与地层平行的伸展作用。与小型褶皱一样，一种情况是断层在倒转前(如图 29-14 中描述)在斜坡的重力不稳定性驱动下，通过检查在褶翼之下出露不好的山坡中正断层的向下延伸程度，可以判定这些正断层是形成于旋转前还是旋转后。如果断层紧邻上超的上侏罗统黑色页岩迅速终止，则断层应该形成于倒转之前。另一方面，如果褶翼的断层向下断穿黑色页岩，则说明断层应该形成于倒转之后(或至少是再活化的)。

29.6.5 异地盐体的推进方向是否同盆地结构一致?

关于这个问题还有一定的争议。在墨西哥湾、巴西和其他被异地盐构造影响的被动陆缘,盐席大部分向海方向推进,主要受大陆边缘上的前积沉积物的负载驱动,方向由区域倾向决定。在中—下侏罗统,Valensole 高原下的台地为一个大的断块体,其西部边界为 Durance 断层(图 29-21)。断层西部为法国盆地的东南部,该盆地形成于三叠纪到中侏罗世,其埋深可能已经大于 Ualensole 地块东北部的利古里亚特提斯盆地(Debrand-Passard 和 Courbouleix,1984)。Barles 邻近地块的北部边界,在这里块体倾伏进入盆地。在这样的背景下推测异地盐体向西推进是可能的。在中侏罗世之后,盆地向东部变深(图 29-21)。此时,异地盐体已经开始向西推进。实际上,这在之前的盆地向西加深的背景下就已经开始了。

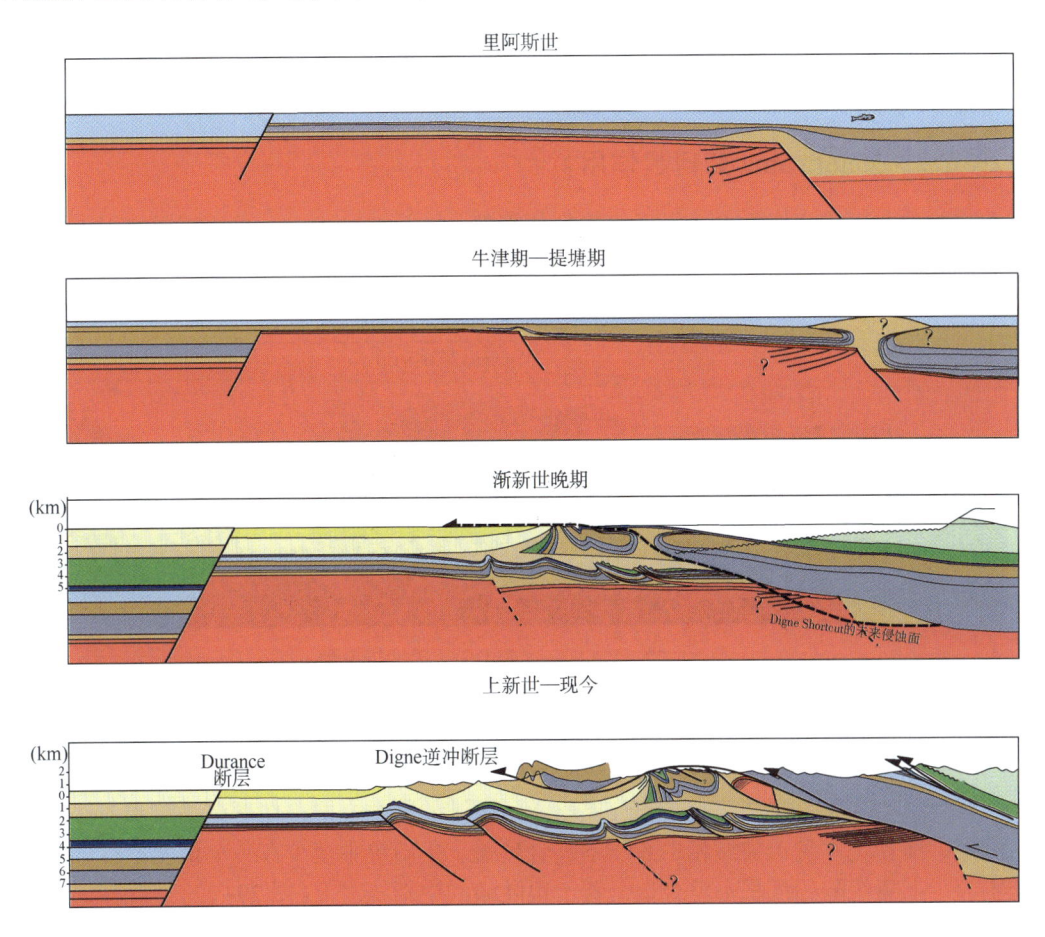

图 29-21　表示区域背景下 Barles 底辟和 Digne 逆冲断层连续演化的示意性剖面图
剖面的横纵比例尺为 1:1,图例参见图 29-2

29.6.6　褶翼是否影响了局部的阿尔卑斯期挤压作用?

是的,通过为主逆冲断层提供一个软弱、平坦的下盘而施加了影响。Digne 逆冲断层上覆于褶翼之上,但在 Barre de Chine 被近期剥蚀作用剥蚀掉。逆冲断层不会在露头中出现,直至 Barles 半构造窗的西南侧。在此部位,逆冲断层向下切入广阔的 La Robine 向斜的近地表之下，并出现在 Digne-les-Bains 的山脉前缘（图 29-1c）。在这里，一系列中等紧闭的以三叠系为核心部的背斜上覆于逆冲断层的一个平缓倾斜的面状地层之上（图 29-5 的剖面④）。我们较早意识到这些构造有效地反映了 Digne 逆冲断层上盘截断的特征，还有它们的地层与 Barre de Chine 的褶翼极其吻合（图 29-5 的剖面④）。它们削顶的几何形态说明这些构造是 Barles 盐体内盐核背斜的顶部。

我们认为 Digne 逆冲断层的路径是由 Barles 异地盐体或从中演化而来的盐焊接控制（图 29-21）。这个假设被逆冲盐席非常远距离的推进所证实。Digne 逆冲断层的走向长度从 Serres 东北部的北部端点到 Castellane 弧顶不大于 80km，然而它的最大位移是 20km，下部的 Authon 盐席也只有相似的位移。这是一个不正常的位移对走向长度的比例，远远超过典型的 7%~10% 的范围（Boyer 和 Elliott, 1982）。当然，一些位移是发生在褶皱期间，还有少量的位移与端点之外的逆冲作用，因此其宽度可能更大（就像如果 Digne-les-Bains 西部被剥蚀的上盘增加的话，则其位移也可以更大一样）。异地盐体中的润滑盐席能够很好地解释冲断推进的异常高效。Bulter 等（1987）解释了滑脱作用如何促进冲断系统向前翻滚。Digne 冲断系统的边界因此可能也标志着侏罗系异地盐体的原始范围。

29.6.7 Velodrome 如何起作用？

我们对此并不确定。在 Barles 半构造窗的南部，在褶皱的 Digne 逆冲断层之下，是一个复杂的倒转向斜。因其半椭球体非圆柱形的形状而冠以地质昵称，这已在现在的法国文献中被广泛提及。与一个弧形的周期轨道非常相似。

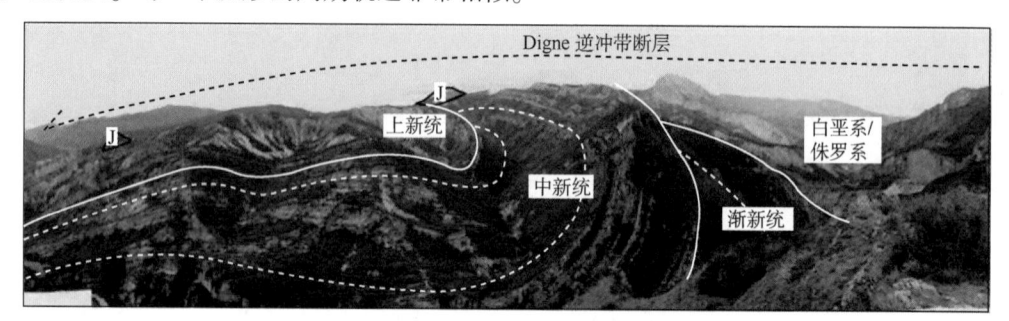

图 29-22 Velodrome 和 Digne 逆冲带全景

逐渐旋转的不整合面（上侏罗统和下白垩统上覆的渐新统、渐新统上覆的中新统、中新统内部、中新统上覆的上新统）记录了这个向斜在古近纪—新近纪的倒转；Digne 逆冲带断层是天际线，此外残留的上侏罗统石灰岩的滑动岩体（J）证实了在地表的输运

在很陡峭的北翼，倒转的渐新统红层以强烈褶皱的不整合覆盖在下白垩统和上侏罗统石灰岩之上。渐新统本身也被海相中新统不整合覆盖。中新统中至少有一个角度不整合和多个褶皱上超。上新统陆相沉积不整合地上覆于很陡峭的中新统之上（图 29-22）。

这些现象的一般解释（也可能是最合理的）遵循山前前缘的渐进变形，这和 Riba（1976）的描述也是一致的。但是不整合在微盆边缘更为常见，如 Giles 和 Lawton（2002）对墨西哥东北部 La Popa 地区的描述。看似不可能的是古近纪—新近纪时深部的盐撤有利于 Velodrome 几何形状态形成。Authon 逆冲断裂的前缘位于 Velodrome 边缘的不整合之下（图 29-5 的剖面④）。始新统地表上的 Authon 冲断岩席的长"断坪"被始新世的陆相盐冰川所促进形成，同时在现今 Velodrome 之下发生逐渐收缩和焊接。

29.7 结论

Mascle 等(1988)可能是第一批认识到如何在阿尔卑斯挤压构造的改造中重建在中生代特提斯边缘演化的同裂谷晚期和裂后阶段的盐底辟作用。Dardeau 和 de Graciansky(1990)以及 Dardeau 等(1990)均对此进行了详细研究,并对法国阿尔卑斯山脉和次阿尔卑斯山大量的盐底辟进行了构造复原。这些作者引用的底辟作用存在的证据和本文介绍的是一样的,如局部的地层减少、局部不整合和相变、岩帽角砾岩、泥石流、沉降和不整合接触,以及其他不可能由伸展断层或其反转单独能形成的一些异常构造。

本文已比之前的文章稍微前进了一些。在中侏罗世,至少在阿尔卑斯山脉的一部分,三叠系盐体实际上已成为异地盐体,并在海底形成一个大型的盐推覆体。这可与现今墨西哥湾 Sigsbee 异地盐体的一个朵叶体进行对比。这个结论是通过解释 Barles 附近的 Barre de Chines 的中—下侏罗统露头得到的。当盐体在侏罗纪海底之上流动时,褶翼的剥蚀残余在盐下发生了反转。

当我们开始以这种方式来分析阿尔卑斯地质特征时,就知道附近(如 Velodrome 的不整合)或更远区域内的野外关系都是合理的。本文指出了,在 Digne 逆冲断层系统具有异常的长度—位移比率,并想知道异地盐体是否影响了逆冲断层的推进。如果是这样的话,有多少其他的阿尔卑斯逆冲岩席已经被异地挤出盐体润滑? 有多少其他的垂直等斜褶皱和邻近 Digue 山前端的褶皱一样核部被侏罗系盐墙充填? 多少盐墙演变成为阿尔卑斯逆冲焊接? 有多少其他明显的附近的阿尔卑斯构造实际上是老的盐动力构造? 这些都是需要解答的问题。

参 考 文 献

Baldschuhn, R., Binot, F., Frisch, U. & Kockel, F. 2001. Geotektonischer Atlas von Nordwest- Deutschland und dem deutschen Nordsee-Sektor \ [Tectonic Atlas of Northwest Germany and the German North Sea Sector \ ]. Geologisches Jahrbuch, v. A 153; 3 CD-ROM.

Boyer, S. E. & Elliott, D. 1982. Thrust systems. AAPG Bulletin, 66, 1196-1230.

Butler, R. W. H., Coward, M. P., Harwood, G. M. & Knipe, R. J. 1987. Salt control on thrust geometry, structural style and gravitational collapse along the Himalayan mountain front in the Salt Range of northern Pakistan. In: Lerche, I. & O'brien, J. J. (eds) Dynamical Geology of Salt and Related Structures. Academic Press, Orlando, 339-418.

Canérot, J., Hudec, M. R. & Rockenbauch, K. 2005. Mesozoic diapirism in the Pyrenean orogen: salt tectonics on a transform plate boundary. AAPG Bulletin, 89, 211-229.

Debrand-Passard, S. & Courbouleix, S. 1984. Synthèse Géologique du sud-est de la France, Volume 2, Atlas. Mémoire du Bureau de recherches géologiques et minières, BRGM, Orleans, 126.

Dardeau, G. & De Graciansky, P. C. 1990. Halocinèse et rifting téthysien dans les Alpes - maritimes (France). Bulletin Centres Recherche Exploration-Production Elf-Aquitaine, 14, 443-464.

Dardeau, G., Fortwengler, D., De Graciansky, P. C., Jacquin, T., Marchand, D. & Martinod, J. 1990. Halocinèse et jeu de blocs dans les Baronnies: Diapirs de Propiac, Montaulieu, Condorcet (Départment de la Drôme, France). Bulletin Centres Recherche Exploration-Production Elf-Aquitaine, 14, 111-159.

Davison, I., Bosence, D., Alsop, I. & Al-Aawa, M. 1996. Deformation and sedimentation around active Miocene salt diapirs on the Tihama Plain, northwest Yemen. In: Alsop, G. I., Blundell, D. J. & Davison, I. (eds) Salt Tectonics. Geological Society, London, Special Publications, 100, 23-29.

Davison, I., Alsop, G. I., Evans, N. G. & Safaricz, M. 2000. Overburden deformation patterns and mechanisms of salt diapir penetration in the Central Graben, North Sea. Marine and Petroleum Geology, 17, 601–618.

De Ruig, M. J. 1992. Tectono-sedimentary evolution of the Prebetic fold belt of Alicante (SE Spain). A study of stress fluctuations and foreland basin deformation. PhD thesis, Vrije Universiteit, Amsterdam.

Ford, M. &Lickorish, H. 2004. Foreland basin evolution around the western Alpine Arc. In: Joseph, P. & Lomas, S. A. (eds) Deep Water Sedimentation in the Alpine Basin of SE France. Geological Society, London, Special Publications, 221, 39–63.

Fry, N. 1989. Southwestward thrusting and tectonics of the western Alps. In: Coward, M. P., Park, R. G. & Dietrich, D. (eds) Alpine Tectonics. Geological Society, London, Special Publications, 45, 83–109.

Gidon, M. 1975. Sur l'allocthone du Dome de Remollon' (Alpes francaises du sud) et ses consequences. Comptes Rendus de l'Academie des Sciences, Paris, 280D, 2829–2832.

Gidon, M. 2010. Geol-Alp. http://geol-alp.com.

Gigot, P., Grandjacquet, C. & Haccard, D. 1974. Evolution tectono-sedimentaires de la zone septentrionale du basin tertiare de Digne depuius l'Eocene. Bulletin de la Société Géologique de France, 16, 128–139.

Giles, K. A. &Lawton, T. F. 2002. Halokinetic sequence stratigraphy adjacent to the El Papalote diaper, northeastern Mexico. AAPG Bulletin, 86, 823–840.

Grandjacquet, C. & Haccard, D. 1975. Analyse des sédiments polygéniques néogènes à faciès de cargneules associés à des gypses dans les Alpes du Sud. Extension de ces faciès au pourtour de la Méditerranée occidentale. Bulletin Société Géologique de France, 7, 242–259.

Haccard, D., Beaudoin, B., Gigot, P. &Jorda, M. 1989. Notice explicative de la faille La Javie a 1/50000. Carte Geologique de la France a 1/50000, Editions du BRGM, Orleans, France.

Harrison, J. V. & Falcon, N. L. 1936. Gravity collapse structures and mountain ranges, as exemplified in south-western Iran. Quarterly Journal Geological Society of London, 92, 91–102.

Hsu, K. J. 1967. Origin of large overturned slabs of Appenines, Italy. AAPG Bulletin, 51, 65–72.

Hudec, M. R. & Jackson, M. P. A. 2006. Advance of allochthonous salt sheets in passive margins and orogens. AAPG Bulletin, 90, 1535–1564.

Jackson, M. P. A. & Harrison, J. C. 2006. An allochthonous salt canopy on Axel Heiberg Island, Sverdrup Basin, Arctic Canada. Geology, 34, 1045–1048.

Jackson, M. P. A., Warin, O. N., Woad, G. M. &Hudec, M. R. 2003. Neoproterozoic allochthonous salt tectonics during the Lufilian orogeny in the Katangan Copperbelt, central Africa. Geological Society of America Bulletin, 115, 314–330.

Lemoine, M. 1973. About gravity gliding tectonics in the western Alps. In: De Jong, K. & Scholten, R. (eds) Gravity and Tectonics. Wiley, New York, 201–216.

Lemoine, M., Bas, T. et al. 1986. The continental margin of the Mesozoic Tethys in the western Alps. Marine and Petroleum Geology, 3, 179–199.

Lickorish, W. H. & Ford, M. 1998. Sequential restoration of the external Alpine Digne thrust system, SE France, constrained by kinematic data and synorogenic sediments. In: Mascle, A., Puigdefabregas, C., Luterbacker, H. P. & Fernandez, M. (eds) Cenozoic Foreland Basins of Western Europe. Geological Society, London, Special Publication, 134, 189–211.

Mascle, G., Arnaud, H. et al. 1988. Salt tectonics, Tethyan rifting and Alpine folding in the French Alps. Bulletin Société Géologique de France, 8, 747–758.

Maxwell, J. C. 1959. Orogeny, gravity tectonics, and turbidites in the Monghidoro area, northern Appenine Mountains, Italy. Transactions of the New York Academy of Sciences, 21, 269–280.

Mcclay, K., Muñoz, J.-A. & García-Senz, J. 2004. Extensional salt tectonics in a contractional orogen: a newly identified tectonic event in the Spanish Pyrenees. Geology, 32, 737-740.

Mohriak, W., Szatmari, P. & Couto Anjos, S. M. 2008. Sal geologia e tectônica: Exemplos nas bacias Brasileiras. Beca Edições-Petrobras, Sao Paulo, Brasil.

Ramsay, J. G. 1967. Folding and Fracturing of Rocks. McGraw-Hill, New York.

Ramsay, J. G. & Graham, R. H. 1970. Strain variations in shear belts. Canadian Journal of Earth Sciences, 7, 786-813.

Riba, O. 1976. Syntectonic unconformities of the Alto Cardener, Spanish Pyrenees: a genetic interpretation. Sedimentary Geology, 15, 213-233.

Sherkati, S., Letouzey, J. & Frizon De Lamotte, D. 2006. Central Zagros fold-thrust belt (Iran): new insights from seismic data, field observations and sandbox modeling. Tectonics, 25, TC4007, http://dx.doi.org/10.1029/2004TC001766.

Vann, I. R., Graham, R. H. & Hayward, A. B. 1986. The structure of mountain fronts. Journal of Structural Geology, 8, 215-227.

Vendeville, B. C., Ge, H. & Jackson, M. P. A. 1995. Scale models of salt tectonics during basement-involved extension. Petroleum Geoscience, 1, 179-183.

Withjack, M. O. & Callaway, S. 2000. Active normal faulting beneath a salt layer: an experimental study of deformation patterns in the cover sequence. AAPG Bulletin, 84, 627-651.

（孙钰皓　译，骆宗强　崔敏　校）